高坝通航建筑物设计与研究

钮新强
童　迪
吴俊东　等著

『十三五』国家重点研发计划项目
『高山峡谷复杂条件下的高坝通航技术』资助
『十四五』国家重点出版物出版规划项目

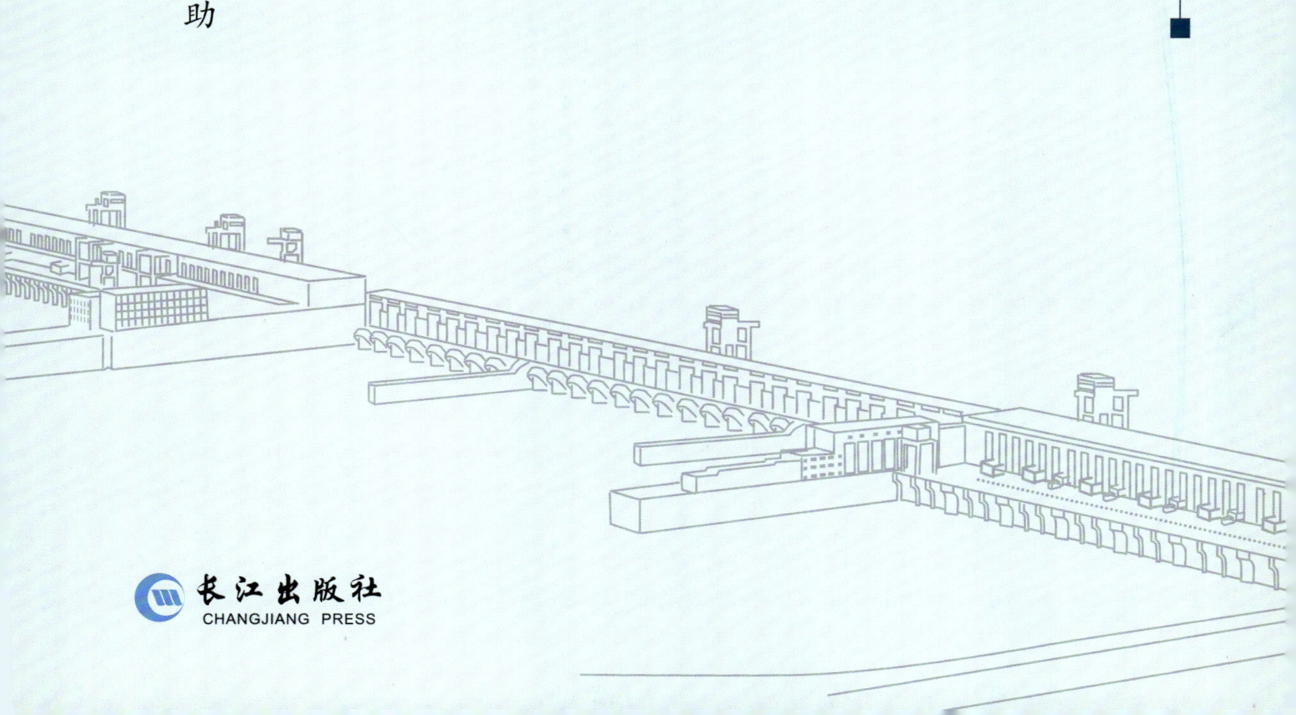

长江出版社
CHANGJIANG PRESS

编写人员

钮新强	童　迪	吴俊东	周　勤
廖乐康	祝　龙	聂利英	许晓亮
陈小虎	周　浩	汪亚超	张雨霆
王乐华	王　程	王小威	冷　飞
陶桂兰	段　波	蒋筱民	陈　明
侯　极	刘火箭	李　彬	张春泽
王　蒂	邓润兴	王　可	

前言

水运是国家综合交通运输体系的重要组成部分，具有“占地少、成本低、能耗小、污染轻、运能大、效益高”等十分明显的绿色特征，是资源环境综合成本最小、环境效益优越的运输方式，在区域综合立体交通体系中的优势非常突出。我国西部地区资源丰富，运输需求强烈，但建设公路、铁路等交通基础设施的成本高、难度大，水运成为大宗干散货物长距离运输的最优方式。随着我国水利水电建设逐步向西部山区推进，工程建设为西部地区发展航运提供了有利条件。高山峡谷地区高坝通航建设具有以下特殊性：一是两岸山体雄浑，谷坡陡峻，大多为深谷河段，地质构造背景复杂，通常存在高地应力、高地震烈度、高渗透水压力等复杂地质环境条件；二是枢纽均为高坝大库，较中下游河流通航水头明显增大，通航建筑物总体设计难度显著增加；三是河流如金沙江、澜沧江、怒江、雅砻江、大渡河等大多河床狭窄，建筑物布置空间有限，工程建设不可避免地要涉及数百米级甚至更高的岩质边坡的开挖，常规布置工程投资巨大；四是河道弯曲、水流湍急、比降大、下游水位陡涨陡落，通航建筑物设计需要克服较大的水位变幅、复杂的通航水流条件的不利影响；五是我国西部大部分地区生态环境脆弱，森林覆盖率不足，水土流失严重，生态环境的敏感性、不稳定性、摆动性问题突出，生态保护需求强烈，要求工程建设尽量减小对周围山体、植被的破坏，防止水土流失和生境恶化。

我国的科学技术水平正向前快速发展。通过设计、科研等各方的共同努力，通航建筑物建设技术同样取得了长足进步，但这并不意味着我们在前进的道路上已经没有障碍，不会再遇到新的挑战。科学技术的发展是永无止境的，通航建筑物设计同样会在不断解决各种技术难题的过程中继续前

PREFACE

前　言

进。思考如何更好地适应建设需要，针对高山峡谷地区高坝通航建筑物建设面临的关键技术难题开展设计与研究，是非常必要的。

在“十三五”国家重点研发计划“重大水利枢纽通航建筑物建设与提升技术”项目的支持下，长江勘测规划设计研究院组织开展了高山峡谷复杂条件下的高坝通航技术研究，主要内容包括高山峡谷地区通航建筑物通航条件及标准、高水头衬砌式船闸、高扬程大型垂直升船机、长距离隧洞通航、高架通航渡槽抗震、通航建筑物高陡边坡岩体变形控制等关键技术问题的设计与研究，取得了一系列的成果。为使高山峡谷高坝通航技术得到更广泛的应用，作者在系统总结项目研究成果和国内外大中型通航建筑物设计技术成果的基础上，结合长期的设计研究和工程实践，撰写此书。

本书可供从事水利水电工程、通航建筑物工程的设计科研人员、建设管理人员，以及大专院校水工及港航专业师生使用和参考。

作　者

2022年8月

目录

第1章 绪 论

1.1 通航建筑物建设与发展

1.1.1 国内通航建筑物建设与发展

在20世纪50年代末期，我国开始在水利水电枢纽上修建船闸，早期修建的船闸规模、水头较小。我国高水头船闸的建设始于20世纪60年代，1966年建成总水头21.7m的西津水电站连续二级船闸，1970年建成设计水头19m的富春江七里垅水电站船闸。20世纪80年代先后建成的长江葛洲坝水利枢纽$1^{\#}$、$2^{\#}$、$3^{\#}$船闸以及赣江万安水电站船闸，把我国高水头船闸的建设迅速推向世界水平。2003年6月通航的三峡工程双线连续五级船闸，其总设计水头达113.0m，中间级设计水头45.2m，是目前世界上规模最大、设计水头最高、技术难度最复杂的内河船闸。自21世纪以来，红水河大化、乐滩、桥巩，桂江巴江口，嘉陵江草街，乌江银盘等船闸相继建成。此外，西江流域贵港二线船闸、西津二线船闸、红花二线船闸、大藤峡船闸，湘江株洲二线船闸、大源渡二线船闸，大渡河安谷船闸等一大批工程正在建设，我国在船闸建设技术方面已达到国际先进水平。

国内水头20m以上船闸主要技术指标见表1.1-1。

表1.1-1　　国内水头20m以上船闸主要技术指标一览表(按设计水头大小排序)

序号	船闸名称	河流	线数	设计水头(m)	级数	有效尺度(m×m×m，长×宽×最小槛上水深)	建成时间(年)
1	三峡	长江	2	113.0	五	280×34×5	2003
2	五强溪	沅水	1	60.5	三	130×12×2.5	1995
3	双牌	潇水	1	43.0	二	56×8×2	1962
4	水口	闽江	1	41.7	三	160×12×3	1994
5	酒埠江	攸水	1	38.5	二	29×9.2×1.5	1959
6	安谷	大渡河	1	37.65	一	120×12×3	在建
7	银盘	乌江	1	34.65	一	120×12×3	2017
8	万安	赣江	1	32.5	一	175×14×2.5	1989
9	乐滩	红水河	1	29.1	一	120×12×3	2006

续表

序号	船闸名称	河流	线数	设计水头(m)	级数	有效尺度(m×m×m,长×宽×最小槛上水深)	建成时间(年)
10	大化	红水河	1	29.0	一	120×12×3	2006
11	水府庙	涟水	1	28.0	二	56×8×1.8	1963
12	葛洲坝1#	长江	1	27.0	一	280×34×5	1984
13	葛洲坝2#	长江	1	27.0	一	280×34×5	1981
14	葛洲坝3#	长江	1	27.0	一	120×18×3.5	1981
15	洪江	沅水	1	26.95	二	80×12×2	2003
16	草街	嘉陵江	1	26.7	一	180×23×3.5	2010
17	巴江口	桂江	1	26.6	一	80×8×1.5	2006
18	桥巩	红水河	1	24.65	一	120×12×3	2008
19	东西关	嘉陵江	1	24.5	一	120×16×3.5	2000
20	沙溪口	沙溪	1	24.2	一	130×12×2.5	1990
21	小江	小江	1	23.1	一	53×11×1.2	1978
22	麻石	融江	1	22.0	一	40×8×1.2	1972
23	西津	郁江	1	21.7	二	190×15×4.5	1966
24	富春江	钱塘江	1	21.22	一	300×23×4.5	2017(改建)
25	昭平	桂江	1	20.0	一	60×8×1.5	1994

我国早期升船机规模较小,至20世纪70年代中期建成的最大升船机为丹江口水利枢纽垂直—斜面升船机,最大干运船舶为150t铁驳船,最大湿运船舶为50t船舶。自20世纪50年代以来,以三峡水利枢纽为背景,开展了升船机结构形式和技术研究,特别是在"七五"至"九五"科技攻关期间,以三峡全平衡钢丝绳卷扬式垂直升船机为对象进行的升船机关键技术研究,为我国升船机的发展打下了坚实的基础。其中在20世纪90年代建设的清江隔河岩第一、二级全平衡钢丝绳卷扬式垂直升船机,确定为三峡升船机的试验机;20世纪末在闽江水口成功建设了2×500吨级全平衡钢丝绳卷扬式垂直升船机。自此以后,升船机由于在高坝通航上的技术优势,在我国大型高水头水利枢纽建设中一直是不可缺少的比选方案,并在工程中得到成功的应用。至今已先后建成红水河岩滩,闽江水口,清江隔河岩、高坝洲,乌江彭水、思林、沙沱,嘉陵江亭子口等钢丝绳卷扬式垂直升船机,以及长江三峡、金沙江向家坝齿轮齿条爬升式,澜沧江景洪水力浮动式等多种形式的升船机,此外乌江构皮滩,红水河龙滩、岩滩,右江百色等多座垂直升船机正在建设。三峡升船机提升高度113.0m,提升重量15500t,可通过3000t大型船舶,是世界上升船机建设的新里程碑。澜沧江景洪水力浮动式垂直升船机是世界首创,具有完全自主知识产权的一种新型升船机。建设中的乌江构皮滩三级垂直升船机的总提升高度为199.0m,其中间级升船机的提升高度高达127.0m,居世界之最。一系列升船机的成功建设和运用表明,我国升船机的建设水平已跃居世界前列。

国内垂直升船机主要技术指标见表1.1-2。

表 1.1-2　国内垂直升船机主要技术指标一览表(按过船吨位排序)

项目 升船机	河流	升船机形式	过船吨位(t)	提升高度(m)	升降速度(m/min)	承船厢水域有效尺度(长×宽×水深,m×m×m)	承船厢总重量(t)	平衡方式	驱动方式	安全保证方式	建成时间(年)
三峡	长江	全平衡齿轮齿条爬升式垂直升船机	3000	113	12	120×18×3.5	15500	由平衡重全部平衡	齿轮沿固定齿条爬升	长螺母柱—短螺杆	2016
向家坝	金沙江	全平衡齿轮齿条爬升式垂直升船机	1000	114.2	12	116×12×3	9200	由平衡重全部平衡	齿轮沿固定齿条爬升	长螺母柱—短螺杆	2018
水口	闽江	全平衡钢丝绳卷扬式垂直升船机	2×500	59	12	114×12×2.5	5500	由平衡重全部平衡	钢丝绳卷扬	安全制动器+沿程锁定	2005
亭子口	嘉陵江	全平衡钢丝绳卷扬式垂直升船机	2×500	85.4	15	116×12×2.5	6100	由平衡重全部平衡	钢丝绳卷扬	安全制动器+沿程锁定	2019
彭水	乌江	全平衡钢丝绳卷扬式垂直升船机	500	66.6	12	59.0×11.7×2.5	3250	由平衡重全部平衡	钢丝绳卷扬	安全制动器+沿程锁定	2010
思林	乌江	全平衡钢丝绳卷扬式垂直升船机	500	76.7	12	59×12×2.5	3300	由平衡重全部平衡	钢丝绳卷扬	安全制动器+沿程锁定	2017
沙沱	乌江	全平衡钢丝绳卷扬式垂直升船机	500	74.9	12	59×12×2.5	3300	由平衡重全部平衡	钢丝绳卷扬	安全制动器+沿程锁定	2016
构皮滩	乌江	第一级:部分平衡钢丝绳卷扬式垂直升船机	500	47	8	59×11.7×2.5	3250	由平衡重部分平衡	钢丝绳卷扬	安全制动器	在建
		第二级:平衡钢丝绳卷扬式垂直升船机	500	127	15	59×11.7×2.5	3400	由平衡重全部平衡	钢丝绳卷扬	安全制动器	在建
		第三级:部分平衡钢丝绳卷扬式垂直升船机	500	79	8	59×11.7×2.5	3250	由平衡重部分平衡	钢丝绳卷扬	安全制动器	在建

续表

项目 升船机	河流	升船机形式	过船吨位(t)	提升高度(m)	升降速度(m/min)	承船厢水域有效尺度(长×宽×水深，m×m×m)	承船厢总重量(t)	平衡方式	驱动方式	安全保证方式	建成时间(年)
丹江口(新)	汉江	钢丝绳卷扬移动式垂直升船机	300	62	5	湿运:28×10.2×1.4，干运:34×10.2	890		钢丝绳卷扬	安全制动器	2016
高坝洲	清江	全平衡钢丝绳卷扬式垂直升船机	300	40.3	7.5	10.8×42×1.7	1560	由平衡重全部平衡	钢丝绳卷扬	安全制动器+沿程锁定	2008
隔河岩	清江	全平衡钢丝绳卷扬式垂直升船机	300	42/82	7/15	42×10.2×1.7	1495	由平衡重全部平衡	钢丝绳卷扬	安全制动器+沿程锁定	2008
景洪	澜沧江	水力浮动式垂直升船机	300	66.42	12	53×12×2	2240	由浮动式平衡重全部平衡	水浮力	安全制动器	2016
岩滩	红水河	部分平衡钢丝绳卷扬式垂直升船机(承船厢在下游下水)	250	68.5	11.4	40×10.8×1.8	1430	由平衡重部分平衡	钢丝绳卷扬	安全制动器	2000
丹江口(旧)	汉江	钢丝绳卷扬移动式垂直升船机	150	45	8	湿运:24×10.7×0.9，干运:32×10.7	450		钢丝绳卷扬	安全制动器	1973

1.1.2 国外通航建筑物建设与发展

国外设计水头20m以上的船闸主要集中在美国、俄罗斯等国家。美国设计水头30m以上的单级船闸有6座，苏联自20世纪50年代以来建造了古比雪夫、高尔基、第聂伯等大型船闸，葡萄牙和巴西近年来建设了一批设计水头30m以上的高水头船闸。目前，国外单级船闸最高设计水头在37m左右，但闸室规模较小，闸室规模巨大的船闸一般为海船闸，设计水头较小。

德国在19世纪80年代开始修建省水船闸，在美因—多瑙运河，从班贝克到克尔海姆共建造了14座省水船闸。随着运河港池的建设，欧洲还建造了多座大型海船闸，比利时于1967年修建的参德夫利特船闸有效长度为500m，有效宽度为57m，是世界上最长的海船闸；法国于1971年修建的勒阿弗尔港弗朗索瓦1号船闸有效长度为400m，有效宽度为65.4m，是世界上最宽的海船闸。

国外已建的各种类型升船机60余座，其中垂直升船机10余座，斜面升船机40余座。升船机最大提升高度73.5m，最大过机船舶吨位1350t。

高坝通航建筑物主要集中在美国、俄罗斯等国家。美国和俄罗斯在高水头船闸建设及通航水力学基础理论研究方面有较丰富的经验，德国、比利时在垂直升船机建设方面有较领先的技术，法国最先提出了广泛应用于高水头船闸的等惯性输水系统。

国外设计水头20m以上船闸主要技术指标见表1.1-3；国外大、中型垂直升船机主要技术指标见表1.1-4。

1.1.3 高坝通航技术发展趋势

①为适应水利水电枢纽高水头的特点，随着船闸水力学研究工作的发展、船闸设计水头的日益提高，多级的低水头船闸趋于为单级的高水头船闸或提升高度较大的升船机所代替，高坝通航将是我国今后通航建筑物建设的主要对象。

②随着河道的梯级开发，天然河流逐步渠化。通航条件的改善，为提高河道的通过能力、充分发挥通航效益创造了条件，航道尺度标准化、过坝船舶(队)大型化的进程将逐步加快。

③随着物联网、大数据、BIM技术、GIS技术等新一代信息化技术的发展，通航建筑物运行管理的安全可靠性和效率不断提高，通航建筑物的运行调度将向智慧化和精细化发展。

表 1.1-3 国外水头 20m 以上船闸主要技术指标一览表(按设计水头大小排序)

序号	船闸名称	国家	河流	线数	设计水头(m)	级数	有效尺度(长×宽×最小槛上水深,m×m×m)	建成时间(年)	备注
1	布赫达明	哈萨克斯坦	额尔齐斯河	一	68.5	四	100×18.0	1963	平面尺度
2	石山咀	哈萨克斯坦	额尔齐斯河	一	42.0	一	100×18.0×3.00	1953	
3	第聂伯 1#	乌克兰	第聂伯河	一	38.7	三	120×18.0×3.65	1932	
4	新第聂伯	乌克兰	第聂伯河	一	38.4	一	290×18.0	1980	平面尺度
5	扎波罗热 2#	乌克兰	第聂伯河	一	37.4	一	100×18.0	1975	平面尺度
6	图库鲁伊	巴西	托坎廷斯河	一	36.5	二	210×33.0×6.50	在建	
7	约翰德	美国	哥伦比亚河	一	34.5	一	206×26.2×4.75	1968	
8	铁门 1	南斯拉夫	多瑙河	二	34.4	二	310×34.0×4.50	1970	
9	铁门 2	罗马尼亚	多瑙河	二	34.4	二	310×34.0×4.50	1970	
10	巴甫洛夫	哈萨克斯坦	美法河	一	33.0	一	120×15.0×2.00	1989	
11	冰港	美国	斯内克河	一	31.4	一	206×26.2×4.75	1962	
12	下纪念碑	美国	斯内克河	一	31.4	一	206×26.2×4.75	1969	
13	小鹅	美国	斯内克河	一	30.8	一	206×26.2×4.75	1970	
14	下花岗岩	美国	斯内克河	一	30.8	一	206×26.2×4.75	1975	
15	新威尔逊	美国	田纳西河	一	30.5	一	183×33.5×3.96	1959	
16	老威尔逊	美国	田纳西河	一	30.5	二	183×33.5	不详	平面尺度
17	古比雪夫	俄罗斯	伏尔加河	二	29.0	二	290×30.0	1955	平面尺度
18	伏尔加格勒	俄罗斯	伏尔加河	二	27.0	二	290×30.0	1958	平面尺度
19	达莱斯	美国	哥伦比亚河	一	26.8	一	206×26.2×4.60	1957	
20	乔治	美国	恰塔贺齐河	一	26.8	一	154×25.0×4.00	1962	
21	麦克纳里	美国	哥伦比亚河	一	25.6	一	206×26.2×6.00	1953	

续表

序号	船闸名称	国家	河流	线数	设计水头(m)	级数	有效尺度(长×宽×最小槛上水深,m×m×m)	建成时间(年)	备注
22	卡因奇	尼日利亚	尼日尔河	一	25.3	一	198×12.2	1969	平面尺度
23	劳登堡	美国	田纳西河	一	24.4	一	110×18.3×3.60	1943	
24	沃特金	俄罗斯	卡马河	一	22.5	一	240×30.0×5.00	1961	
25	老邦纳维尔	美国	哥伦比亚河	一	23.0	一	152×23.1×7.37	1938	
26	新邦纳维尔	美国	哥伦比亚河	一	23.0	一	205×26.2×5.79	1993	
27	肯塔基	美国	田纳西河	一	22.4	一	183×33.6×3.40	1944	
28	巴克莱	美国	坎伯藏河	一	22.2	一	224×33.5	1964	平面尺度
29	瓦特巴尔	美国	田纳西河	一	21.3	一	110×18.3×3.60	1942	

表 1.1-4　国外大、中型垂直升船机主要技术指标一览表(按过船吨位排序)

项目 升船机	国家—河流	升船机形式	过船吨位(t)	提升高度(m)	升降速度(m/min)	承船厢水域有效尺度(长×宽×水深,m×m×m)	承船厢总重量(t)	平衡方式	驱动方式	安全保证方式	建成时间(年)
尼德芬诺(新)	德国—霍亨索伦运河	全平衡齿轮齿条爬升式垂直升船机	3110	38	14.4	115×12.5×4	9000	由平衡重全部平衡	齿轮沿固定齿条爬升	长螺母柱—短螺杆	在建
吕内堡	德国—易北河支运河	全平衡齿轮齿条爬升式垂直升船机	1350	38	12	100×12×3.5	5700	由平衡重全部平衡	齿轮沿固定齿条爬升	长螺杆—短螺母	1975
斯特勒比	比利时—中央运河	全平衡钢丝绳卷扬式垂直升船机	1350	73.8	12	112×12×3.35～4.15	7500～8800	由平衡重部分平衡	钢丝绳卷扬	安全制动器	2001

续表

项目 升船机	国家—河流	升船机形式	过船吨位(t)	提升高度(m)	升降速度(m/min)	承船厢水域有效尺度(长×宽×水深，m×m×m)	承船厢总重量(t)	平衡方式	驱动方式	安全保证方式	建成时间(年)
亨利兴堡(新)	德国—多特蒙得—埃姆斯运河	浮筒式垂直升船机	1350	14.5	15	90×12×3.0	5000	由浮筒浮力平衡	长螺杆在固定螺母内转动	长螺杆—短螺母	1962
罗滕湖	德国—中德运河—易北河	浮筒式垂直升船机	1000	18.67	15	85×12×2.5	5400	由浮筒浮力平衡	螺母绕固定螺杆转动	短螺母—长螺杆	1938
尼德芬诺(旧)	德国—霍亨索伦运河	全平衡齿轮齿梯爬升式垂直升船机	1000	36	7.2	85×12×2.5	4300	由平衡重全部平衡	链轮沿固定链梯爬升	长螺母柱—短螺杆	1934
Peterborough	加拿大—Trent-Severn	水压式垂直升船机	800	19.81		42.67×10.06×2.13	1542	由水压平衡	超载水重力		1904
Kirk-field	加拿大—Trent-Severn	水压式垂直升船机	800	14.39		42.67×10.06×2.13	1700	由水压平衡	超载水重力		1907
中央运河	比利时—中央运河	水压式垂直升船机	300	16.93		45×5.8×3.5	974～1048	由水压平衡	超载水重力		1917

1.2　高坝通航建筑物总体布置要点

1.2.1　通航建筑物形式与选择

1.2.1.1　船闸

船闸是目前世界上采用最多的一种通航建筑物形式，由闸室和位于闸室两端的闸首，以及上下游引航道 3 个部分组成。按照各种不同的分类方式，船闸可以分为多种不同的形式。高坝通航建筑物采用的船闸通常为单级或多级船闸，主体结构采用钢筋混凝土衬砌式。下面着重对适应高坝通航的几种船闸形式的技术特点进行介绍。

（1）单级船闸

1）普通单级船闸

普通单级船闸的闸首和闸室结构相对比较简单，运行方便灵活，船闸的设计水头一般在 40m 以下时，目前的输水技术能够满足船闸闸室快速、安全输水的要求。这种形式的船闸占目前世界上已建船闸的绝大多数。

普通单级船闸布置示意图见图 1.2-1。

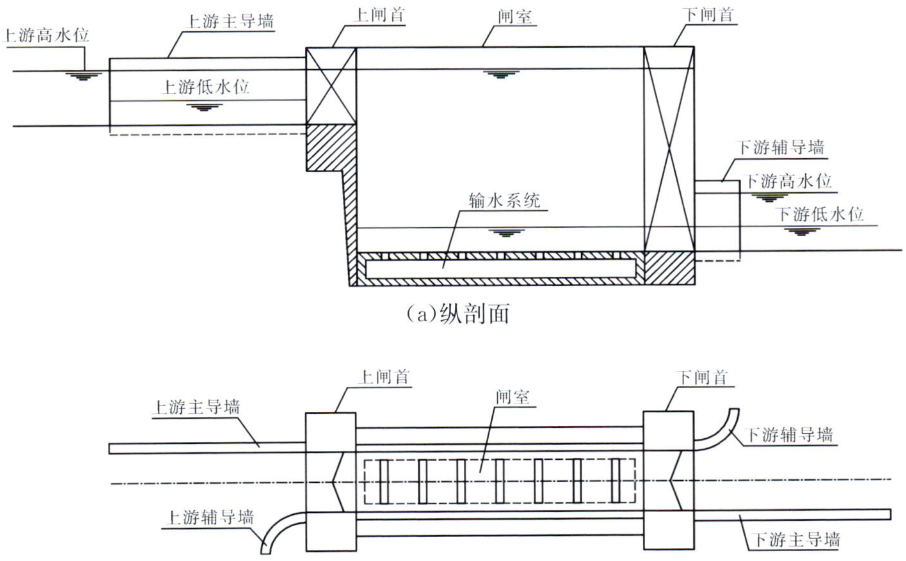

（a）纵剖面

（b）平面

图 1.2-1　普通单级船闸布置示意图

2）井式船闸

井式船闸的设计水头、闸首、闸室的结构高度较大，上、下游水位变幅较小。从减小上、下闸首闸门高度和改善闸首结构受力条件考虑，在船闸闸首底槛以下和通航净空以上不用闸门，分别设置帷墙和胸墙。井式船闸通常在地形、地质条件合适，水头较高的单级船闸为优化闸首结构和减小闸门高度时采用。

井式船闸布置示意图见图 1.2-2。

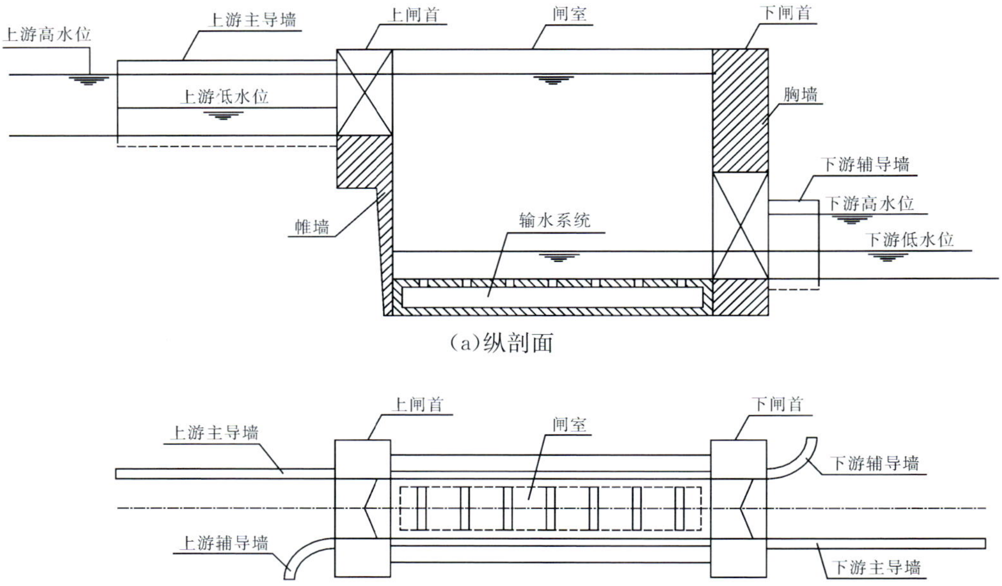

(a)纵剖面

(b)平面

图 1.2-2　井式船闸布置示意图

3)省水船闸

省水船闸从节省船舶过闸耗水量考虑,在船闸闸室的旁侧设置分层的省水池,在闸室泄水时,利用闸室的分层水体与省水池分层之间的水位差,逐层将闸室的大部分水体泄入省水池;充水时再利用两者分层水体之间的水位差,将省水池内的水体充入闸室,达到船闸省水的目的。省水船闸除节省过闸耗水量外,还可以减小船闸的输水水头,解决高水头船闸的输水问题。缺点是一次过闸充、泄水需要通过分层多次操作阀门完成,充、泄水时间明显延长,省水系统的设备布置复杂,目前仅在用水十分宝贵的少数船闸上采用。

省水船闸布置示意图见图 1.2-3。

(2)多级船闸

船闸为两级以上时,称为多级船闸。按照船闸分级后的布置,多级船闸又有分散式和连续式两种布置方式。

1)分散式多级船闸

多级船闸的各级分开布置,相当于一组由中间渠道相连接的多个单级船闸。由于可以在中间渠道内设置弯道,与连续多级船闸相比,船闸布置条件和运行方式相对比较灵活,基本上与一般的单级船闸相同,主要是中间渠道存在比较突出的通航水流条件问题和泥沙淤积问题,船闸的线路长,运行管理相对不便。

分散式多级船闸布置示意图见图 1.2-4。

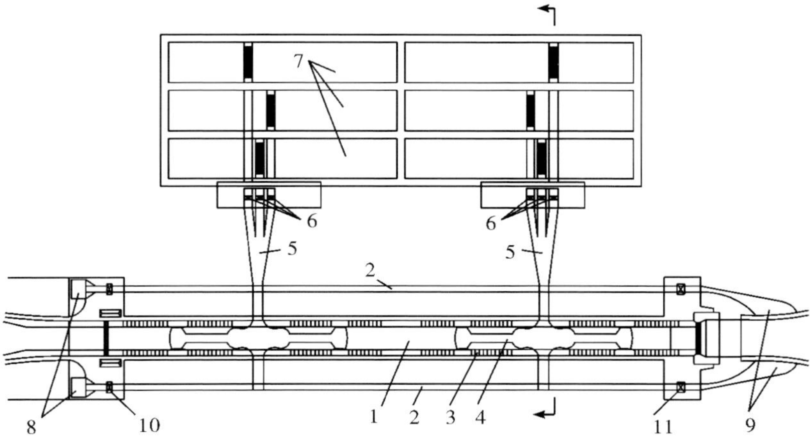

(a)平面

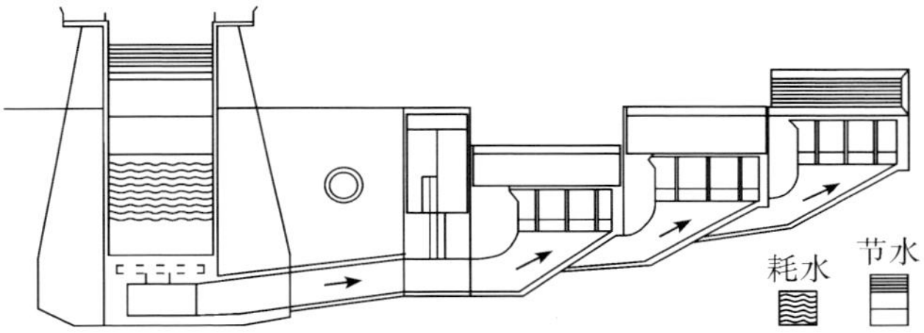

(b)横剖面

图 1.2-3　省水船闸布置示意图

1. 闸室；2. 纵向廊道；3. 底部廊道；4. 分配廊道；5. 横向廊道；6. 省水室阀门；7. 省水室；8. 进水口；9. 出水口；10. 灌水阀门；11. 泄水阀门

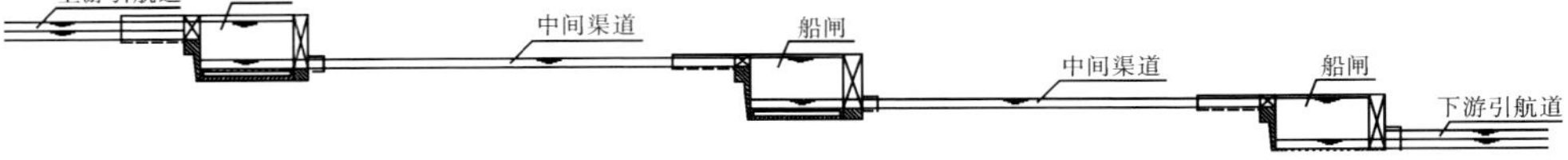

(a)纵剖面

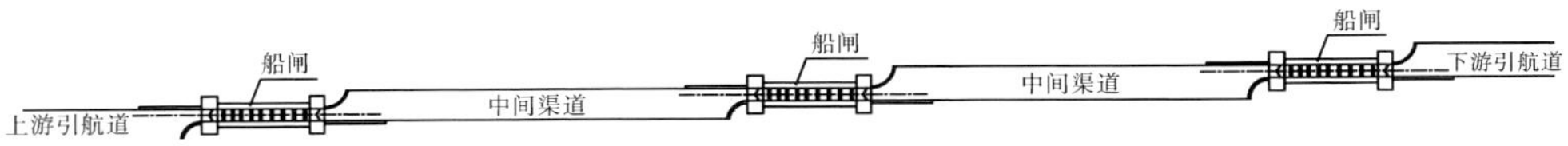

(b)平面

图 1.2-4　分散式多级船闸布置示意图

2)连续式多级船闸

连续式多级船闸的各级连续布置在一条线上。船闸划分的级数和分级后的最大输水水头主要取决于船闸有效尺度的大小和对船闸输水时间的要求。这种形式的船闸，布置比较紧凑，运行管理比较方便。在解决船闸水力学问题的同时，由于各级船闸的连续布置，船舶在上、下行之间换向的时间较长，当船闸为单线时，对通过能力的影响比较明显。但船闸同时修建双线时，基本上不存在这种影响。

连续式多级船闸布置示意图见图 1.2-5。

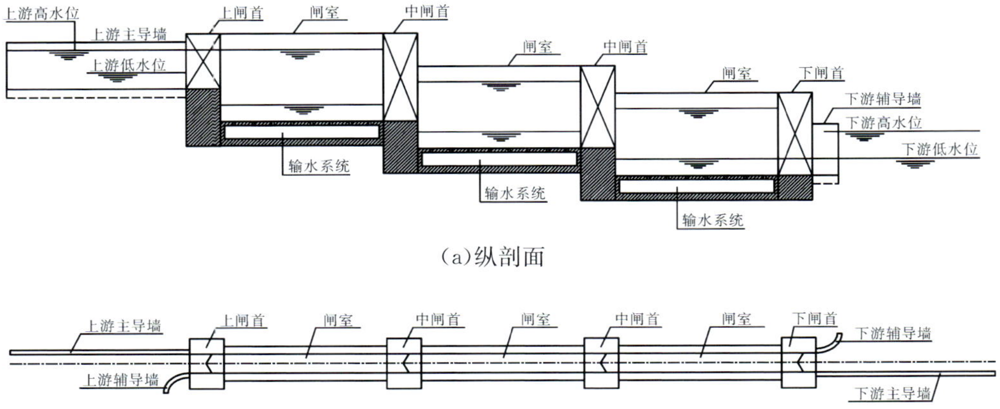

(a)纵剖面

(b)平面

图 1.2-5　连续式多级船闸布置示意图

船闸形式的最终选定，需要通过不同方案的技术经济综合比较确定。各种船闸形式的优缺点及适用情况比较见表 1.2-1。

表 1.2-1　　各种船闸形式的优缺点及适用情况比较表

船闸形式		优点	缺点	适用情况	备注
单级船闸	普通型	1. 布置集中，管理方便；2. 船闸的运行方式比较灵活，船舶过闸历时较短；3. 通过降低上闸首底槛，可解决枢纽施工期通航问题	1. 船闸的设计水头受到船闸水力学条件的限制；2. 设计水头较高时，过闸耗水量大	设计水头在 40m 以下的单级船闸常用	国内外已建船闸大多数采用此种形式
	井式	1. 布置集中，管理方便；2. 船闸的运行方式比较灵活；3. 可降低闸首工作闸门高度	1. 船闸的设计水头受到船闸水力学条件的限制；2. 船闸下闸首结构整体性要求较高；3. 下闸首闸门需要采用提升式平板门	水头较高，通航净空较小的船闸采用	在已建船闸中极少采用此种形式
	省水式	1. 闸室耗水量省；2. 通过分层输水，输水水力学问题较易解决；3. 通过降低上闸首的底槛，可解决枢纽施工期通航问题	1. 船闸设置省水系统，使船闸结构和设备相对复杂；2. 充、泄水时间较长，相同有效尺度船闸的通过能力较普通型为小；3. 管理工作复杂，工程量和维修工作量增加	在水资源稀缺的地区采用	在已建船闸中较少采用。德国的于尔岑船闸为设有 3 个省水池的省水船闸。巴拿马运河船闸扩建用此方案

续表

船闸形式		优点	缺点	适用情况	备注
多级船闸	分散式	1.船闸的设计水头基本没有限制；2.船闸耗水量与级数成反比；3.船闸相当于多个单级船闸，运行比较灵活；4.船闸的通过能力与单级船闸相当	1.布置线路长、控制设备多；在枢纽中的布置、工程量造价、管理和维修工作量较大；2.船舶过坝的总历时长；3.有中间渠道水力学和泥沙淤积难题	在船闸的设计水头大于单级船闸的允许范围时采用	我国在湖南双牌建有此类船闸，船闸充泄水时，中间渠道无法通航
多级船闸	连续式	1.船闸的设计水头基本没有限制；2.船闸耗水量与级数成反比；工程量、造价较分散式低；3.中间级充泄水条件较相同水头的单级船闸好；4.双线时通过能力与单级船闸相当	1.布置线路较长、控制设备较多；2.船闸运转的灵活性差；3.管理和维修工作量较大，船舶过坝历时较长；4.当船闸为单线时通过能力与船闸的级数成反比	在船闸的设计水头大于单级船闸的允许范围时采用	已建成的三峡船闸为双线连续五级船闸

高坝通航一般采用普通型单级船闸或连续式多级船闸。

1.2.1.2 升船机

升船机是常用的另一种通航建筑物形式，包括垂直升船机和斜面升船机两大类。高山峡谷地区高坝通航建筑物一般采用垂直升船机。以下对垂直升船机的形式作简要介绍。

（1）全平衡式

全平衡垂直升船机建筑物主要由上下游引航道、上下闸首和承船厢室段组成。升船机采用湿运形式，即船舶进入盛水承船厢中，由机械设备驱动承船厢在承船厢室中上、下运行。承船厢总重（包括厢内水体和结构及其设备的重量）全部由平衡重平衡，承船厢升降仅需要克服误载水体的重量、钢丝绳僵性阻力、轴承摩擦阻力和惯性力等荷载。按照升船机驱动方式的不同，全平衡垂直升船机有以下几种主要形式。

1）钢丝绳卷扬式

升船机主体部分由承船厢及其机电设备、平衡重系统，钢筋混凝土承重结构及其顶部机房等组成。承船厢结构设备及厢内水体的重量，由多根钢丝绳悬吊的平衡重块全部平衡，承船厢的升降通过主提升机的正、反向运转实现。主提升机上设有安全制动器和工作制动器，在停机状态对主提升机实施安全制动，并在电气传动系统失效事故状态下对主提升机实施紧急制动。全平衡钢丝绳卷扬式垂直升船机技术成熟，设备制造安装难度和工程造价相对较低，可以适应较大的提升高度；根据事故的设防要求，设置不同类型的安全装置，可保证升船机整体运行的安全可靠性。该形式升船机在我国升船机工程的设计、建设中应用比较广泛。

全平衡钢丝绳卷扬式垂直升船机总布置示意图见图 1.2-6。

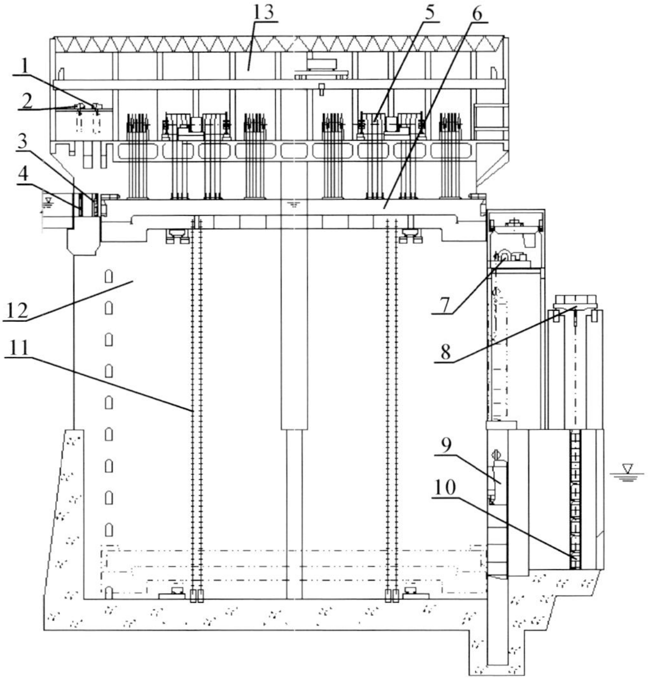

图 1.2-6　全平衡钢丝绳卷扬式垂直升船机总布置示意图

1. 上闸首工作门启闭机；2. 上闸首检修门启闭机；3. 上闸首工作门；4. 上闸首检修门；5. 主提升机；6. 承船厢；7. 下闸首工作门启闭机；8. 下闸首检修门启闭机；9. 下闸首工作门；10. 下闸首检修门；11. 平衡链；12. 混凝土承重结构；13. 机房

2)齿轮齿条爬升式

全平衡齿轮齿条爬升式垂直升船机的组成与全平衡钢丝绳卷扬式垂直升船机基本相同，主要差异是承船厢驱动设备的形式与布置不同，以及安全保障系统的构造与工作原理不同。升船机承船厢的驱动设备布置在承船厢上，采用开式齿轮或链轮沿竖向齿条或齿梯驱动承船厢升降。事故安全机构采用长螺母柱—旋转短螺杆式（或长螺杆—旋转短螺母式），通过机械轴与相邻的驱动机构连接并同步运转。承船厢正常升降时，安全机构螺母与螺杆的螺纹副间保持一定的间隙。当升船机的平衡状态遭到破坏时，驱动机构停机，螺杆或螺母停止转动，在不平衡力的作用下，安全机构螺纹副的间隙逐渐减小直至消失，最后使承船厢锁定在长螺母柱或长螺杆上。全平衡齿轮齿条爬升式垂直升船机应对承船厢漏水事故的能力强，设备安装和混凝土承重结构施工的精度要求高，设备制造和工程施工的难度大，工程造价高。

全平衡齿轮齿条爬升式垂直升船机总布置示意图见图 1.2-7。

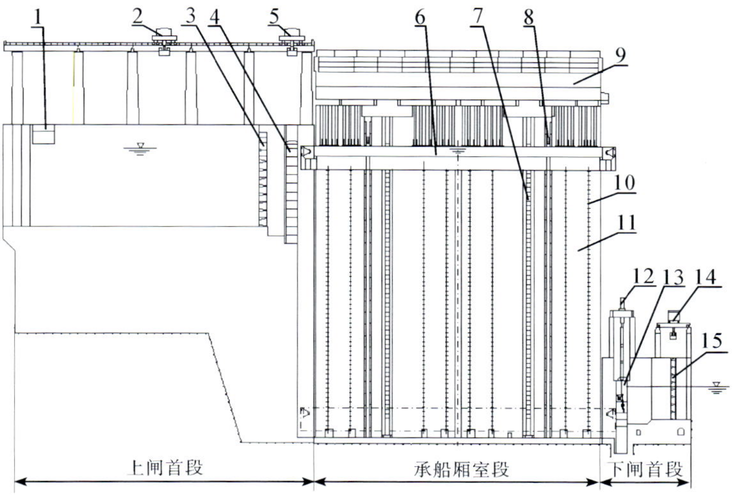

图1.2-7 全平衡齿轮齿条爬升式垂直升船机总布置示意图

1. 活动桥;2. 上闸首辅助门启闭机;3. 上闸首辅助门;4. 上闸首工作门;5. 上闸首工作门启闭机;6. 承船厢;7. 齿条;8. 螺母柱;9. 机房;10. 平衡链;11. 混凝土承重结构;12. 下闸首工作门启闭机;13. 下闸首工作门;14. 下闸首检修门启闭机;15. 下闸首检修门

3)浮筒式

浮筒式垂直升船机承船厢的重量，由其底部浸没在若干个密闭盛水竖井中的钢结构浮筒的浮力平衡，井壁由钢筋混凝土衬砌，承船厢由钢结构支架支承在浮筒上，浮筒及其支架设有导向装置。水下浮筒的浮力与承船厢、筒体及支架等活动部件的总重量相等，保持升船机处于全平衡状态。在浮筒内部注入压缩空气，防止浮筒进水降低浮力。承船厢及浮筒的升降，由4套通过机械同步的螺杆—螺母系统实现。驱动方式有螺杆固定、螺母旋转和螺母固定、螺杆旋转两种。螺杆—螺母驱动系统螺纹副的螺旋角小于其材料的摩擦角。当平衡状态遭到破坏时，驱动系统停机，承船厢即自行锁定在螺母系统上。浮筒式垂直升船机的通航规模和提升高度都不能太大。驱动系统兼作安全机构，其螺纹副的自锁可靠性相对较差，该升船机形式在工程中应用较少。

浮筒式垂直升船机总布置示意图见图1.2-8。

4)水压式

这种形式的垂直升船机，根据流体静压平衡的原理工作，均采用双线布置。承船厢底部连接有活塞，由活塞井中作用在活塞上的水压力平衡承船厢的重量。通过活塞在充满压力水且密闭的活塞井内的上、下运动，带动承船厢升降。两线升船机的活塞井通过管路相互连通，当两线升船机承船厢的载水量相等时，两线承船厢处于静止状态。升船机运转，下行承船厢在上游位置时，通过在承船厢内多装载一部分水体，并打开设在管路上的阀门，使两线升船机井与井之间的水体连通，驱动下行一线的承船厢下降，同时带动另一线承船厢上升，在承船厢到达对接位置时，将多装载的水体泄掉，恢复两线升船机之间的平衡状态。如再对处于上位的承船厢多装载部分水体，并控制操作设在管路中的连通阀，即可重新启动两线升船机承船厢的升降运行。

水压式垂直升船机工作原理示意图见图 1.2-9。

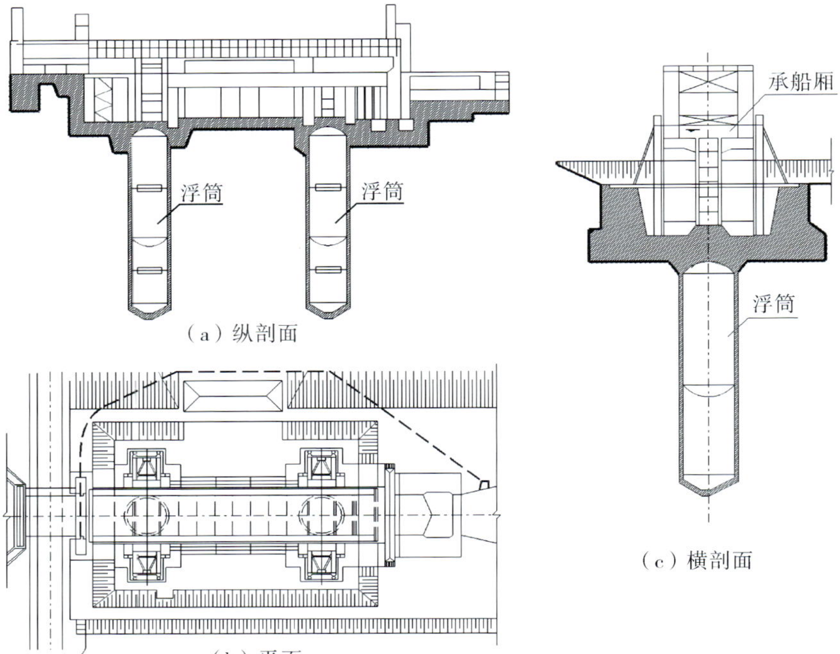

（a）纵剖面

（b）平面

（c）横剖面

图 1.2-8　浮筒式垂直升船机总布置示意图

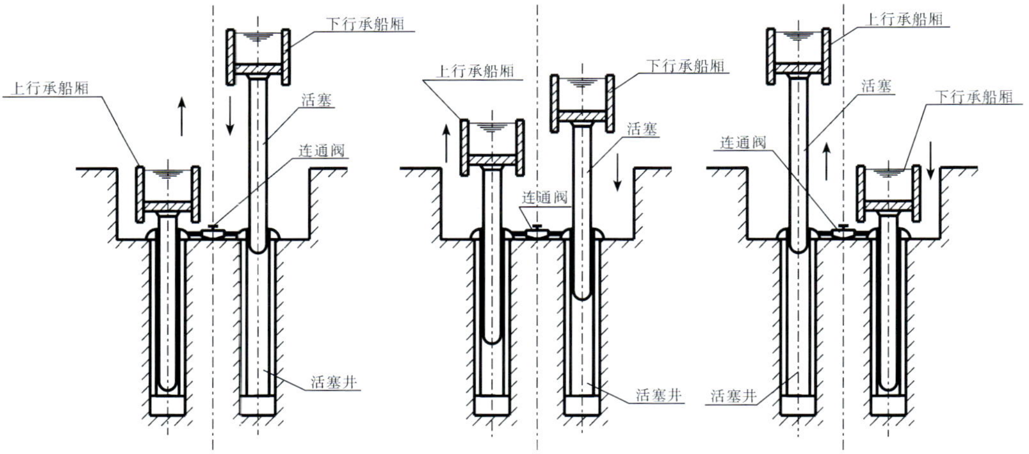

（a）承船厢上行（下行）起始位置　（b）承船厢上行（下行）中间位置　（c）承船厢上行（下行）终了位置

图 1.2-9　水压式垂直升船机工作原理示意图

（2）下水式

部分平衡钢丝绳卷扬式垂直升船机的承船厢可直接进入引航道水域，以适应引航道较大的水位变幅和较快的水位变率。主要有部分平衡钢丝绳卷扬式、钢丝绳卷扬移动式，以及水力浮动式等几种形式。

1)部分平衡钢丝绳卷扬式

部分平衡钢丝绳卷扬式垂直升船机的设备布置及结构形式与全平衡钢丝绳卷扬式垂直升船机基本相同，只是平衡重重量的配置不同，为减小主提升设备的规模，采用部分平衡的方式，应对承船厢入水前后重量发生的变化。升船机的平衡重通常按主拖动电机恒扭矩或恒功率的原则进行配置。部分平衡钢丝绳卷扬式垂直升船机，可适应航道下游较大的水位变幅和较快的水位变率，应对承船厢漏水事故的能力相对较强，设备相对简单、运行环节较少，主提升机构规模较大。

部分平衡钢丝绳卷扬式垂直升船机总布置示意图见图 1.2-10。

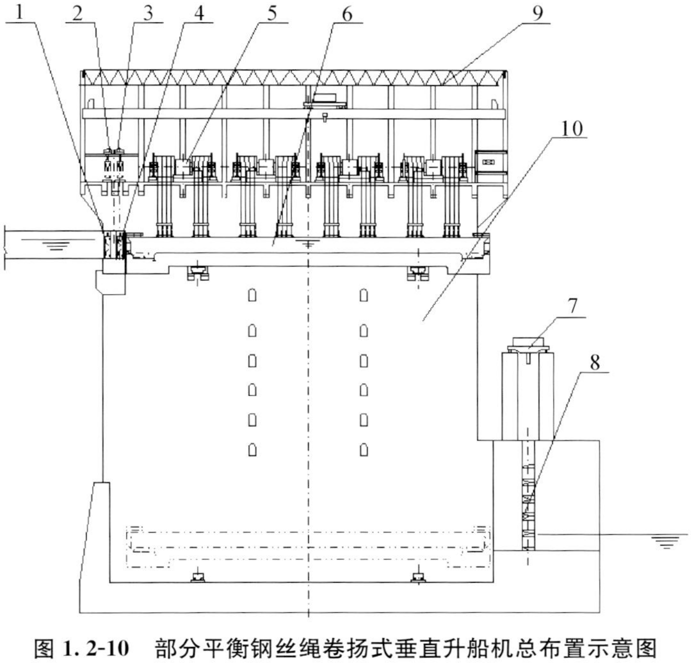

图 1.2-10 部分平衡钢丝绳卷扬式垂直升船机总布置示意图

1.上闸首检修门；2.上闸首检修门启闭机；3.上闸首工作门启闭机；4.上闸首工作门；5.主提升机；6.承船厢；7.下闸首检修门启闭机；8.下闸首检修门；9.机房；10.混凝土承重结构

2)钢丝绳卷扬移动式

钢丝绳卷扬移动式升船机的承船厢由 4 吊点移动式提升机悬吊，其提升机布置在排架上，线路从上游水域横跨坝顶后一直延伸到下游航道内。提升机构的卷扬机提升承船厢竖直升降，行走机构使承船厢水平移动翻越坝顶。升船机的移动提升机构有桥机式和门机式两种形式。该形式升船机一般为干运，也可干、湿两用。钢丝绳卷扬移动式升船机能很好地适应上、下游水位变幅和变率，土建结构相对简单，设备技术成熟，运行环节相对较少，在通航规模较小或已建碍航闸坝上，仍有较广泛的应用前景。

钢丝绳卷扬移动式升船机总布置示意图见图 1.2-11。

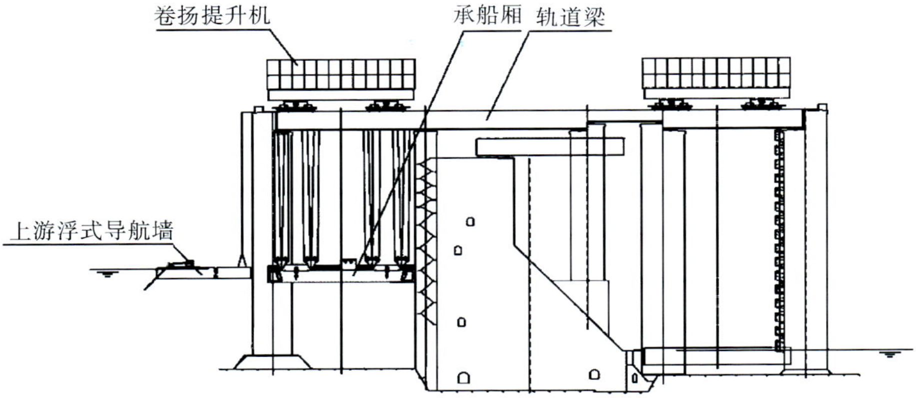

图 1.2-11 钢丝绳卷扬移动式升船机总布置示意图

3)水力浮动式

水力浮动式垂直升船机综合了浮筒式和钢丝绳卷扬式的特点，将由钢丝绳悬吊的平衡重改为布置在充水的钢筋混凝土竖井内，总重量与承船厢总重量相等的装水浮筒。通过控制分别与上游水库和下游引航道连通的管路上的阀门，向竖井内充水或泄水，浮筒式的平衡重在混凝土竖井内随水位升降，驱动在平衡滑轮另一侧的承船厢升降。水力浮动式垂直升船机承船厢可以下水，能够适应下游较大的水位变幅和变率，应对承船厢漏水事故的能力较强，但保证升船机运行所需的阀门控制技术以及相关的水力学问题较为复杂。该升船机形式目前尚未经过工程运行实践的检验。

水力浮动式垂直升船机运行原理示意图见图 1.2-12。

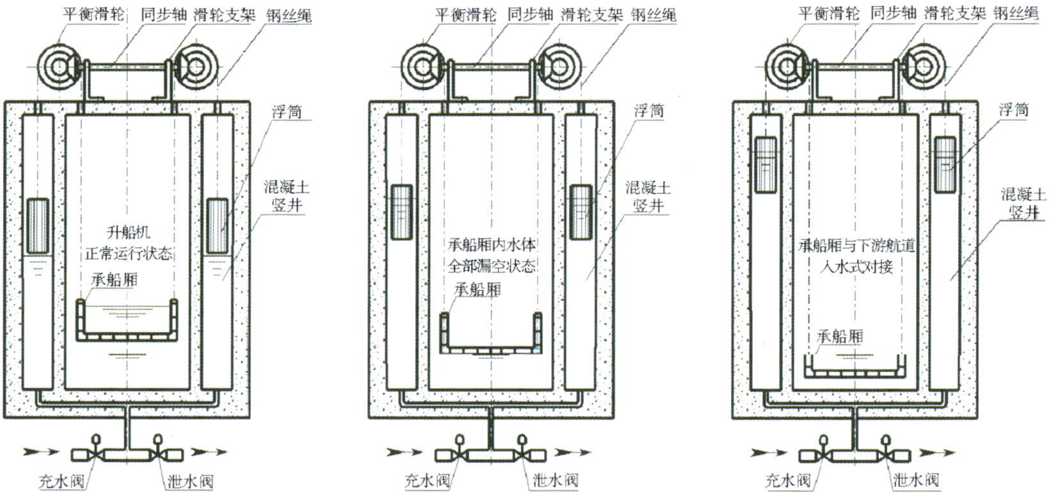

图 1.2-12 水力浮动式垂直升船机运行原理示意图

垂直升船机的选择涉及建设条件、技术条件、经济性,应从以下几个方面综合考虑。

①升船机总体布置、土建结构与机电设备布置的协调性,建设难易程度,对枢纽各种条件的适应性。

②设备运行和升船机防御重大事故的能力及安全设施的可靠性。

③土建结构和机电设备关键技术问题解决的难度和合理性。

④升船机满足船舶过坝要求的适应程度。

⑤设备操作、维护和工程运行管理条件的优劣。

⑥工程量、造价及运转费用的高低。

高坝通航通常采用的机型为全平衡钢丝绳卷扬式垂直升船机、全平衡齿轮齿条爬升式垂直升船机、部分平衡钢丝绳卷扬式垂直升船机。

1.2.1.3 船闸和升船机的技术特点及形式选择

(1)船闸和升船机的技术特点

1)船闸

船闸作为通航建筑物的一种形式,用于解决高坝通航有以下主要的技术特点:

①闸室有效尺度通常根据规划船队的尺度确定,对过坝船舶(队)的尺度几乎没有限制,通过能力大。

②单级船闸对适应的水头有一定限制。当采用多级船闸时枢纽的总水头基本不受限制。

③较易于适应枢纽上、下游较大的水位变幅。

④船舶(队)过坝的间隔时间决定于船舶(队)和船闸在完成一个水级的过闸程序的效率,当为连续布置的多级船闸时,船舶(队)过坝的时间相对较长。

⑤船舶(队)过闸需要消耗水量。

⑥技术相对比较成熟,当船闸的设计水头较高时,水力学问题比较复杂。

⑦设计、施工和运行经验相对较多。

2)升船机

升船机作为通航建筑物的另一种形式,用于解决高坝通航有以下主要的技术特点:

①承船厢有效尺度通常根据单个设计船舶(队)的尺度确定,对一次过坝船舶(队)的尺度有一定限制,通过能力相对较小。

②可适应高水头。

③船舶(队)过坝的速度快。

④基本不耗水,在设置平衡重平衡承船厢重量后,承船厢的提升功率不大,运行费用相对较低。

⑤适应枢纽上、下游水位变幅能力较差。

⑥技术难度相对较高。目前垂直升船机尚存在涌浪影响承船厢水深时,如何克服较大

的不平衡力等技术问题。

(2)形式选择

通航建筑物形式选择具有决定性的几个因素，包括设计水头、过坝船舶(队)的尺度和过坝的速度、规划货运量和过坝耗水等。对一个具体枢纽应该选择何种通航建筑物形式，需要根据船闸和升船机的不同特点，结合坝址的地形、地质条件等，对多种因素进行分析论证。原则上，根据坝址地形地质条件，当规划要求的过坝运量大，运量以货运为主，过坝船舶(队)的尺度大，过闸耗水占枢纽有效用水量的比重不大时，一般可优先考虑采用船闸；当枢纽水头大，过坝船舶(队)主要为客、货单船且尺度相对较小，要求快速过坝，过坝运量小和对枢纽水量有效利用的要求高时，一般可优先考虑采用升船机。高山峡谷地区高坝通航建筑物水头高，布置条件复杂，可根据需要采用不同通航建筑物形式的组合，进行全面的技术经济比较确定。

1.2.2 连接建筑物形式与选择

1.2.2.1 连接建筑物形式

布置在上下游的通航建筑物由上下游引航道连接天然航道，两座通航建筑物之间则通过中间渠道连接，在各种运行工况条件下，引航道和中间渠道形成的限制性航道水域需要满足船舶(队)航行要求。构成引航道和中间渠道的连接建筑物形式多种多样，与总体布置、地形地质条件、设计技术和施工条件密切相关。连接建筑物形式主要有通航明渠、通航渡槽和通航隧洞等或由其组合而成。不同连接建筑物典型断面布置示意图见图 1.2-13。

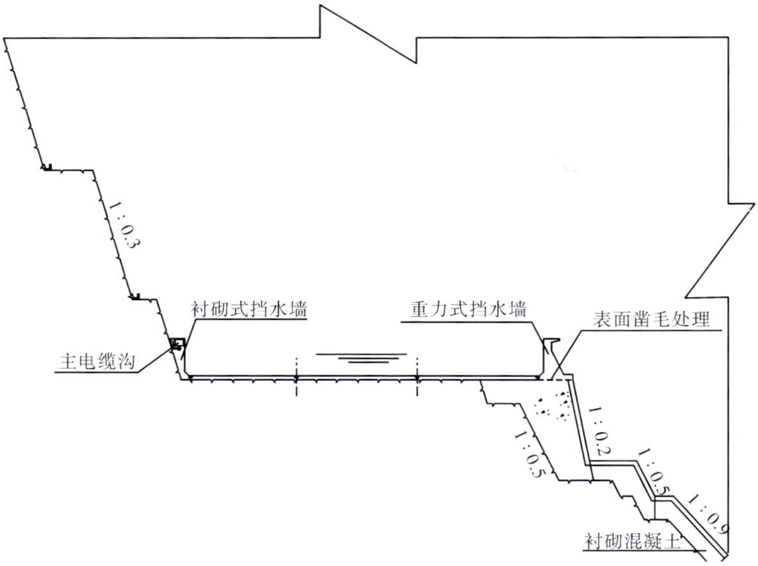

(a)通航明渠

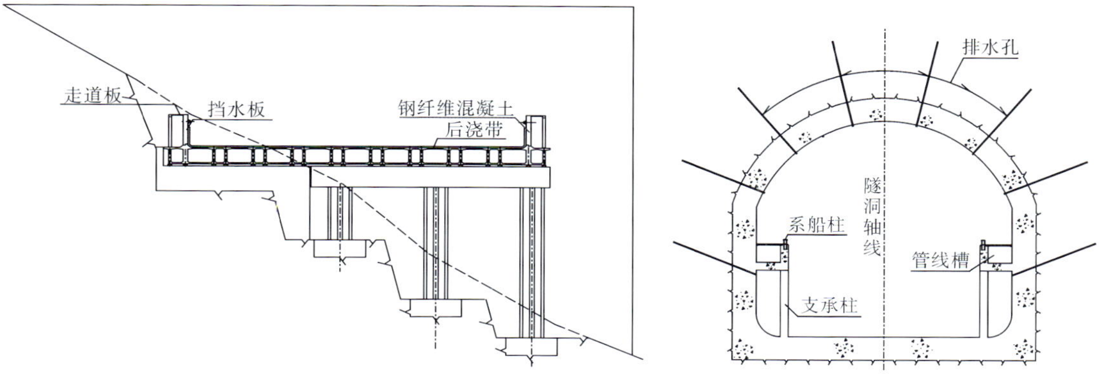

(b)通航渡槽　　(c)通航隧洞

图 1.2-13　不同连接建筑物典型断面布置示意图

1.2.2.2　连接建筑物选择

高山峡谷地貌两岸山体雄浑，谷坡陡峻，连接建筑物采用何种形式，取决于中间渠道所处的地形、地质条件。对于高山峡谷地区高坝通航建筑物布置而言，由于布置的局限性较大，通航建筑物的线路选择需要综合考虑枢纽总体布置要求、上下游通航水流条件要求和通航建筑物的布置要求。中间渠道采用的连接建筑物形式通常依据地形地质条件进行相应选择。明渠结构简单，运行安全可靠，当线路靠岸坡布置，地质条件较好，两侧开挖边坡不高时，宜采用开挖明渠方案；当中间渠道需要穿过河谷或低洼地段时，则需要采用渡槽跨越；中间渠道需要穿越高耸山体时，采用明渠开挖量大，两侧开挖边坡高，从减少开挖工程量考虑，采用通航隧洞穿过较为合理。

例如，隔河岩垂直升船机中间渠道上半段位于挖方段，用混凝土衬砌的通航明渠，下半段为预应力钢筋混凝土连续刚构渡槽；彭水通航建筑物中间渠道分为两段，上半段在山体中开挖形成，采用明渠，下半段为渡槽段；构皮滩通航建筑物第一级中间渠道由通航明渠、通航隧洞和通航渡槽组成，第二级中间渠道由通航明渠和通航渡槽组成。

1.2.3　通航建筑物总体布置

1.2.3.1　总体布置要求

(1)主要工作内容

通航建筑物在枢纽中的布置，主要按照在充分发挥枢纽工程综合效益的前提下，尽可能地满足船舶(队)通航要求的原则，通过处理好通航建筑物与自然条件和各相邻建筑物之间的关系，确定通航建筑物在枢纽中的位置和通航建筑物各组成部分的合理布置。在通航河流上，通航建筑物作为枢纽的一个重要组成部分，也是在枢纽坝轴线比较时需要考虑的主要因素之一。

高山峡谷地区通航建筑物通常由上游引航道、船闸、升船机、连接建筑物(渡槽、隧洞、明渠）和下游引航道等或其中的一部分建筑物组成。在主体段内主要有闸首、闸室、输水系统，垂直升船机的承船厢室，闸、阀门及其启闭机和电气设备。在中间渠道及上下游引航道内，布置有导航和靠船建筑物等。总体布置的工作重点是研究确定线路位置、主体建筑物形式及组合方式、连接建筑物形式、关键技术问题的解决方案等。

（2）线路选择

1）一般原则

①沿线的地形和地质条件，应尽可能与通航建筑物各组成部分的要求相适应，整体的工程量少。

②引航道口门区的流速、流态满足船舶（队）航行的要求，泥沙淤积少。

③线路布置与枢纽整体布局协调，与枢纽其他相邻建筑物之间布置的矛盾小，施工的干扰少。

④建筑物的运行管理比较方便，线路与岸边的交通联系好。

⑤尽可能为工程的远景发展保留必要的扩建余地。

2）线路直线段长度

根据船舶（队）运行的需要，连接建筑物或上下游引航道的闸前直线段，应与相邻通航建筑物的主体段布置在一条直线上。直线段的长短，往往决定线路布置的难度和工程造价。

3）线路位置和方向

通常根据确定的直线段长度，坝址的地形、地质条件，考虑与其他建筑物之间的关系和引航道上下游口门的水流、泥沙淤积条件，在坝址河段的左、右两岸，通过不同线路方案比较后选定。

4）建筑物的组合形式及挡水建筑物的位置

主要根据通航水头的分配，沿线的地形、地质条件确定挡水建筑物的位置以及主体建筑物和连接建筑物的组合形式。挡水建筑物（船闸或升船机上闸首）相对于枢纽坝轴线的位置，通常有3种不同的布置形式可供选择。

①上闸首布置在坝轴线上。上闸首为枢纽挡水前沿的组成部分，其他主体建筑物由坝轴线依次向下游进行布置。采用这种布置，通航工程度汛及调度运行与枢纽运行协调一致，挡水前沿长度最短，在许多船闸中广为采用。

②上闸首布置在坝轴线上游。挡水建筑物由其他闸首承担，上闸首连同部分主体结构伸入水库中，这部分建筑物长期在水库内，受力条件较差，但坝顶交通通过上闸首下游的其他闸首，桥下通航净空容易得到满足。通常在下游引航道直线段或口门布置困难，与将这些建筑物布置在坝轴线下游相比有明显优势时采用。

③上闸首布置在坝轴线下游。在坝轴线下游的上闸首通过其他建筑物与挡水坝连接。枢纽挡水前沿的长度较大，结构条件较差，除上下游引航道直线段和口门的布置条件确有困

难，或坝轴线附近的地质条件明显不适合作为通航建筑物基础的情况外，这种布置通常极少采用。

5)通航建筑物轴线与坝轴线的交角

通航建筑物轴线与坝轴线间一般采用直角相交，建筑物的结构关系比较简单，但也有通航建筑物轴线为满足闸前直线段长度的要求而与坝轴线斜交。

(3)建筑物及相关设备布置

1)布置的内容

主要包括船闸主体段的闸首、闸室、输水系统，引航道内的导航墙和靠船墩等分部建筑物，及其闸门、阀门、启闭机、系船柱等相关设备；垂直升船机的上下闸首、承船厢室段，引航道内的导航墙和靠船墩等分部建筑物，及其闸门、阀门、启闭机、系船柱等相关设备。其中部分平衡钢丝绳卷扬式垂直升船机，下游不布置工作下闸首。

2)各分部建筑物平面尺度

主要包括从上闸首上缘至下闸首下缘之间各个建筑物的长度和顶、底部的宽度，上下游导航、靠船建筑物的长度和顶、底部的宽度。

在方案布置阶段，分部建筑物的布置尺度，主要根据地形、基础条件和通航建筑物的形式、水头、分级情况、闸室有效尺度等，在基本确定输水系统形式、各分部建筑物形式和主要机电设备形式的基础上，通过初步的结构计算和运行管理需要，并参照已有工程的经验确定。

3)各分部建筑物高程

各分部建筑物的顶部和底部高程，对船闸可分别按照运行高水位加顶部超高和运行低水位减最小槛上水深确定。对垂直升船机承船厢室承重结构的顶部高程，按上游最高通航水位和通航净空的要求确定；承船厢室的底部高程，按承船厢在下游最低通航水位以下需要在承船厢底部预留的净空确定。不同等级航道要求的通航净空可参见《内河通航标准》(GB 50139—2014)或根据河道规划标准船舶(队)在水面以上高度的要求确定。

(4)中间渠道布置

中间渠道可以采用弯道的形式，且水深较小，对地基应力要求较低，适应跨越不良地质条件和低洼地段，与连续多级船闸相比，多级带中间渠道的通航建筑物布置可在直线段距离较小的地段采用，布置更加灵活、方便。

中间渠道的布置包括高程和平面尺度的确定。高程主要是指底部高程和墙顶高程，底部高程由中间渠道运行低水位减水深确定，墙顶高程由中间渠道运行高水位加挡水结构的超高确定。平面尺度的确定，因各级通航建筑物是独立运行的，上一级通航建筑物的下游中间渠道即是下一级通航建筑物的上游中间渠道，中间渠道的长度应包括导航段、调顺段、停泊段等，中间渠道的宽度按船舶双向过闸要求确定。船闸泄水对中间渠道水流条件的影响主要与中间渠道的长度、宽度、水深、船闸水力特性有直接联系，船闸中间渠道尺度决定了通航效率以及通航质量。中间渠道根据运行要求有多种布置形式，某枢纽通航建筑物中间渠道布置示意图见图 1.2-14。双向运行时，船闸下游为直线出闸，曲线进闸；船闸运行速度较快，先行到中间渠道的船舶，在中间渠道右侧的等待码头停靠，待后到船舶在此错船后再启航继续过闸。

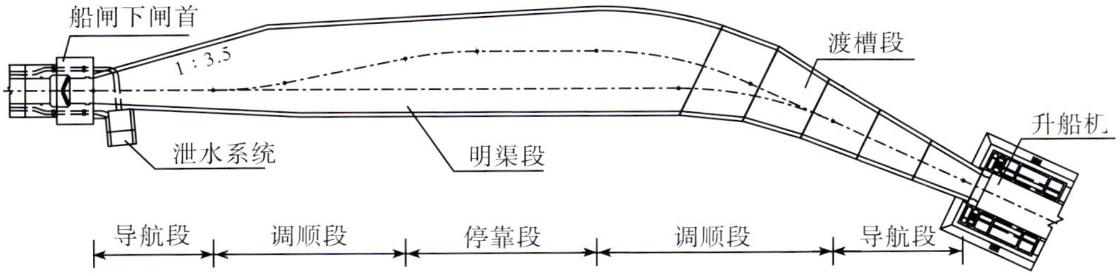

图 1.2-14　中间渠道布置示意图

中间渠道水力特性主要受两个方面的影响：一方面受灌泄水非恒定流影响，中间渠道中的水流也呈非恒定流特性；另一方面则受中间渠道布置的影响，在两端封闭的中间渠道中出现涌浪的往复运动及叠加现象。

当船闸输水系统直接在中间渠道内取水或泄水时，改变了中间渠道的水体平衡，在中间渠道内形成不稳定流，水面随不同时刻发生波动变化。上一级船闸开始泄水时，中间渠道上游端水位上升，引起波沿水流方向下传。下一级船闸灌水时，从中间渠道内吸取水体，中间渠道下游端水位下降引起的波，其传播方向与水流方向相反。当船闸灌泄水过程结束后，中间渠道内已形成的涌浪仍以浅水长波的形式继续往复运动，渠道上、下两端周期性地交替出现波峰和波谷，对船舶的航行和停泊造成不利的影响。

涌浪是长周期的水面升降运动，它对船舶航行的影响主要是加大了由水面坡降产生的坡降阻力以及涌浪和水流共同作用的水流阻力。在最低通航水位时，涌浪引起的水面下降减小了有效水深。

改善中间渠道通航水流条件的措施有以下 3 种：

1)工程措施

在上一级船闸泄水段和下一级船闸取水段修建分散取、泄水系统，加宽、加深渠道断面，增加富裕水深，加大渠道糙率等，这些措施可有效降低涌浪高度。设置与中间渠道分隔的旁侧水池，把过船渠道水体与船闸的充泄水体隔开，解决中间渠道的水流问题。

2)变速开启阀门

流量值越大，涌浪越高。为了削减涌浪，阀门采用曲线形变速开启，削减流量峰值，对减缓水面坡降、削减涌浪有明显的效果。

3)优化运行方式

采用合理的运行方式，错开灌泄水起始时刻，使渠道内不同闸室灌泄水生成的涌浪互相抵消，无疑有利于减缓水面坡降和涌浪传播速度。但无论采用何种调度方式，削减波幅的范围是有限的，最大波幅不会小于初始波波幅。

(5)引航道布置

1)通航水流条件

目前，大中型水利枢纽判断引航道通航水流条件能否满足要求的主要方法，是通过水工、泥沙模型试验，将取得的流速资料与《船闸总体设计规范》(JTJ 305—2001)的规定值进行对比。规范对不同级别船闸引航道口门区水面最大流速的规定见表1.2-2。

表1.2-2 引航道口门区水面最大流速限值表 (单位：m/s)

船闸级别	平行航线的纵向流速	垂直航线的横向流速	回流流速
Ⅰ～Ⅳ	≤2.0	≤0.30	≤0.40
Ⅴ～Ⅶ	≤1.5	≤0.25	

对引航道内流速的规定为：在闸前约3.5倍设计船舶(队)长度范围内，应为静水区；其他部位纵向流速不大于0.5m/s，横向流速不大于0.15m/s。

实践表明，在一些条件下，高山峡谷地区高坝通航建筑物引航道的流速流态难以完全满足最大流速限值要求，流速流态过于严格，将对通航建筑物的线路位置、总体布置及工程造价产生十分明显的影响。因此，在判定引航道通航水流条件能否满足要求时，有以下几点意见供参考：

①合理确定通航流量。

引航道的流速、流态，取决于泄水的流量、坝前的水位、地形和引航道的布置。因此，首先应该合理确定与流速有密切关系的通航流量。山区河流汛期容易出现流量陡增、水位陡涨现象，但持续时间较短，为满足持续时间较短的最大通航流量条件下的通航水流要求，所需增加通航建筑物工程投资的必要性应进行技术经济论证。

②合理确定流速标准。

在一定的流速流态情况下，航行条件的好坏，与船舶(队)的航行性能密切相关。目前，过闸船舶以机动货船为主，船舶的性能比船队有较大的提高，对引航道的水力要求存在可以适当放宽的可能。因此，在判定引航道的通航水流条件时，应通过科学论证。由于船闸一般需要在引航道内充(泄)水，闸前部位很难实现静水区，设计应以保证船舶(队)在引航道内安全错船和进、出闸为原则。

③恰当地应用模型的流速资料。

在采用水工模型试验的流速资料，对照有关规定判断引航道的通航条件时，应同样注重参照已建成类似工程实际运行流速的情况，对引航道各部位的流速，进行深入的对比分析和论证。已建通航建筑物的运行经验表明，在水工模型试验资料中，个别乃至部分测点出现的瞬时超标准流速，对船舶(队)的正常航行并不产生明显的不利影响。

总体而言，高山峡谷地区高坝通航建筑物布置条件、通航水流条件等比较复杂，当局部通航水流条件难以满足规范要求时，应通过专题论证和模型试验研究解决。

2）基本尺度要求

基本尺度主要根据设计船舶（队）的性能和尺度，以及通航建筑物的线数和运行方式确定。《船闸总体设计规范》（JTJ 305—2001）对引航道的通航水流条件和泥沙防治、引航道的平面布置、引航道的尺度、口门区和连接段布置等均有相关的规定。

引航道各部分布置尺度，按《船闸总体设计规范》（JTJ 305—2001）的规定，见表 1.2-3。

表 1.2-3　　引航道布置尺度参考表

项目名称		单线单级船闸	双线单级船闸
直线段长度（m）		$\geqslant 3.5L_c$	$\geqslant 3.5L_c$
底宽	正常段（m）	$\geqslant (2\sim4)b_c$	$\geqslant (4\sim6)b_c$
	停靠段（m）	$\geqslant 3.5b_c$	$\geqslant 7.0b_c$
水深	Ⅳ级以上（m）	$\geqslant 1.5T$	
	Ⅴ级以下（m）	$\geqslant 1.4T$	
弯道半径	Ⅲ级及以上（m）	$\geqslant 4L_c$	
	Ⅳ级及以下（m）	$\geqslant 3L_c$	

注：1. 表中 L_c 为设计船舶（队）的最大长度。b_c 为设计船舶（队）的最大宽度。T 为设计船舶（队）满载吃水深度。

2. 双线多级船闸的闸前直线段长度，可充分利用双线引航道宽度较大的条件适当缩短。

3. 靠船建筑物的布置长度，一般不小于规划船舶（队）长度的 2/3 倍。

引航道轴线在口门区内、外应布置成直线，船闸引航道口门区的宽度，一般不小于 1.5 倍引航道正常段的宽度；口门区的长度，一般大于或等于 2.0 倍规划船舶（队）的长度。

3）布置要点

①一般要求。

引航道应根据船闸的级别、线数、运行方式，船舶（队）的性能，坝址的地形、地质、水流、泥沙等条件，通过综合分析对布置进行比选；对于单线单级、单线分开布置的多级或双线单级船闸，一般应按迎向运行的要求布置引航道；对于双线多级船闸，一般不可能同时采用迎向运行的方式，只有当一线船闸检修、另一线船闸单向运行定时换向时，才采用迎向运行。因此，一般可按双线船闸不同时迎向运行的要求布置引航道；在闸前应根据不同运行方式的需要，布置导航及靠船建筑物；引航道内应尽可能不再布置其他的取水和泄水建筑物，在无法避免时，这些建筑物产生的水流，不得对过闸的船舶（队）正常的航行和停泊造成影响；引航道内应严禁布置客货运码头及其他有碍过坝船舶（队）正常航行、停泊安全和影响船闸通过能力发挥的建筑物。

②闸前段布置。

上下游引航道为满足船舶在闸前错船的需要，由闸首逐渐向一侧或两侧扩大。按照船闸不同的运行方式，闸前段的布置一般可分为以下几种形式。

a. 反对称式。上下游引航道的闸前段沿闸首迎水面，一侧布置直线，另一侧布置成斜度约为 1∶2 的斜线或圆弧，且上下游布置的方向相反。采用这种布置通航建筑物的运行方式十分灵活，上下行船舶（队），分别可采用直进曲出、曲进直出，或一个方向直进直出、另一个方向曲进曲出等不同的运行方式。在我国的通航建筑物上较多采用这种布置形式。

b. 不对称式。这种布置形式与上一种形式之间的差别，就是闸前段引航道在一侧的上下游均为直线，另一侧均为斜线。这种布置形式的运行方式，与上一种形式同样灵活。两者在布置上的不同，主要出于对地形、地质、水流、泥沙及与上下游航道的连接等因素的不同考虑。

c. 对称式。当船舶（队）在上下游采用曲进、曲出的运行方式时，通常在闸首前采用同时向两侧按 1∶3～1∶4 的斜度逐渐扩大的对称式布置。这种布置形式，通常适用于吨位不太大、以自航为主、船舶操纵性能比较好的情况，在欧洲的通航建筑物上采用较多。

单线船闸引航道闸前段布置示意图见图 1.2-15。

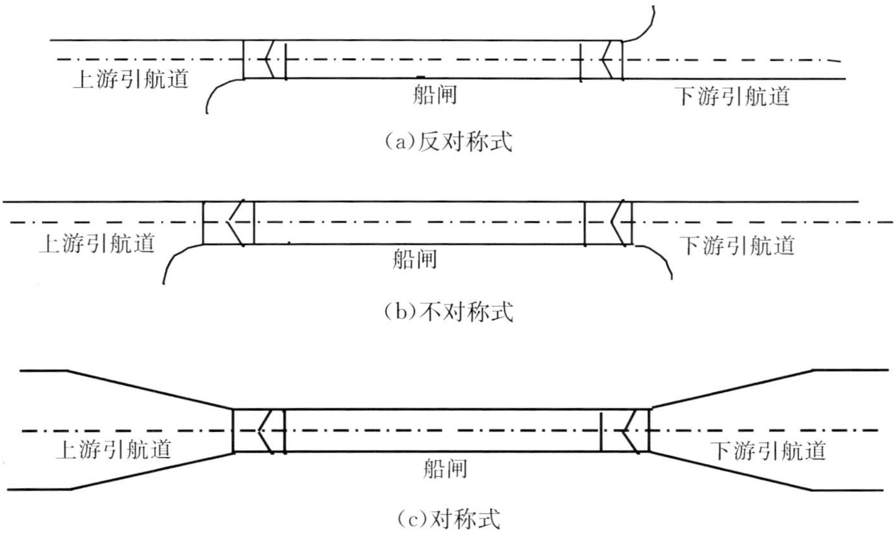

图 1.2-15　单线船闸引航道闸前段布置示意图

双线单级或多级船闸，通常共用引航道。引航道的闸前段一般为对称式。船闸上下游引航道左、右两侧通常与双线船闸闸首靠岸一侧的迎水面的延长线相对应，布置主导墙。闸前的辅导墙一般由双线船闸中间隔墩向前延伸形成。

双线并列船闸引航道闸前段布置示意图见图 1.2-16。

图 1.2-16　双线并列船闸引航道闸前段布置示意图

在船舶(队)长度控制引航道闸前直线段长度时,曲线进闸可以缩短引航道闸前直线段长度,但可能延长船舶(队)的进闸时间。目前已在船闸中采用的曲线进闸布置示意图见图 1.2-17,限制性引航道曲线布置示意图见图 1.2-18。

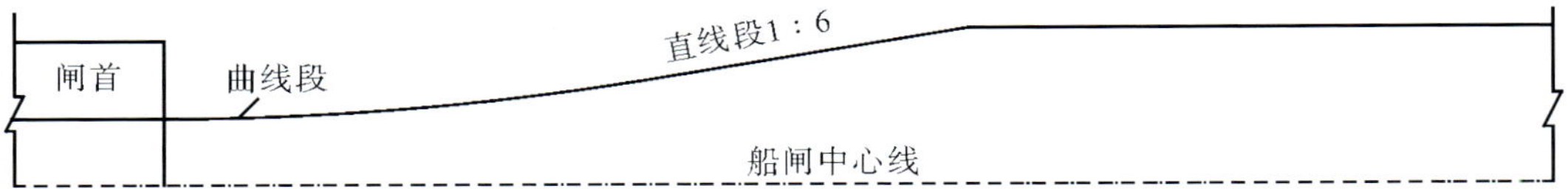

图 1.2-17　曲线进闸布置示意图

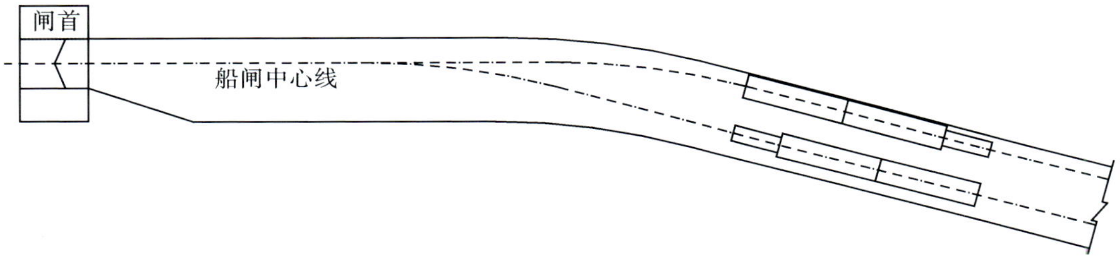

图 1.2-18　限制性引航道曲线布置示意图

③口门区布置。

口门区的位置,应布置在河道的深水区和建库后泥沙淤积较少的区域;口门区以外一定距离内应有清晰的视野,口门区内外各 1 倍船舶(队)长度范围的航线应布置为直线。

为获得良好的流速、流态,口门区中心线与河道水流流向的夹角,在无试验条件时根据经验最大不应超过 25°,口门区应无导致不良水流的水下地形。在有模型试验的条件下,口门区的位置可通过水工模型试验得出的口门区的流速、流态,对照规划船舶(队)的航行性能确定。

1.2.3.2　高坝通航工程实例

(1)隔河岩水利枢纽通航建筑物

根据航运规划,清江为Ⅴ级航道,最大船舶为 300 吨级。枢纽建成后,最大通航流量 $1312m^3/s$。上游通航水位 160～200m;下游通航水位 78.0～81.5m。按 300t 分节驳单驳过坝设计承船厢有效尺度。

通航建筑物形式比较了升船机和船闸两种方案。船闸因造价高被淘汰。升船机又比较双向下水式斜面升船机，上游坝前部分平衡钢丝绳卷扬式垂直升船机、坝后全平衡钢丝绳卷扬式垂直升船机加下游全平衡斜面升船机、两级全平衡钢丝绳卷扬式垂直升船机等方案。两级全平衡钢丝绳卷扬式垂直升船机方案具有通过能力大、金属结构和机电设备的类型及规模均属常规范围、制造及安装技术相对落实、土建工程技术基本解决等优点而被采用。

1)总体布置

两级垂直升船机位于左岸，总提升高度 122m，其中第一级为 40m，第二级为 82m，升船机轴线长 1301.45m。通航建筑物主要由上游引航道、第一级垂直升船机、中间渠道、第二级垂直升船机和下游引航道等组成。在上、下游水域设船队编解队区，隔河岩水利枢纽总体平面布置示意图见图 1.2-19，垂直升船机总体布置示意图见图 1.2-20。

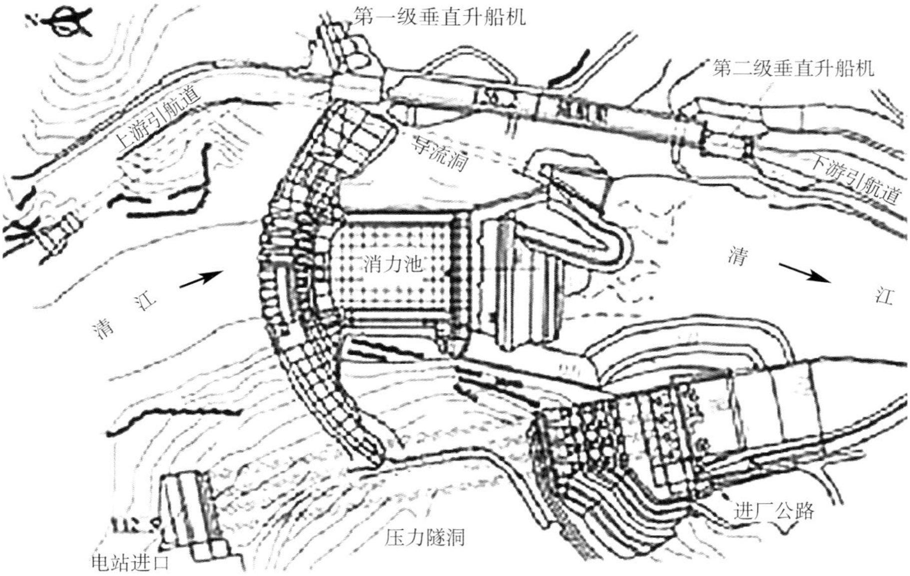

图 1.2-19 隔河岩水利枢纽总体平面布置示意图

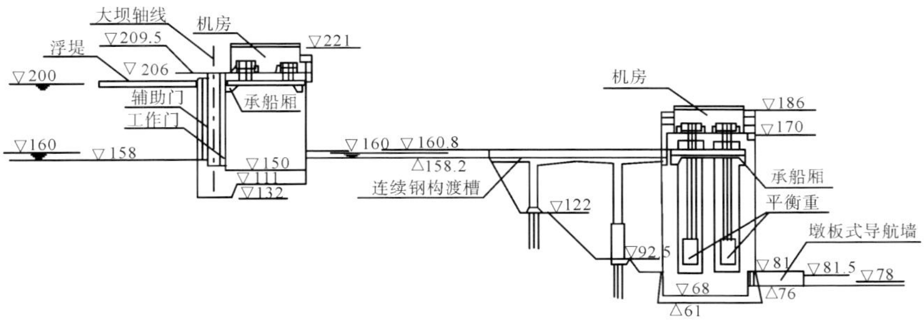

图 1.2-20 隔河岩水利枢纽垂直升船机总体布置示意图

上游引航道长 410m，闸前直线段长 100m，以半径 165m、中心角 42°的曲线向右转，再以直线段与上游水库衔接，引航道宽 45m，底高程 158m，最小水深 2.0m，通航水位变幅 40m。

在上闸首右侧布置一艘长60m、宽10m、吃水深1.5m、型高3.0m的浮式导航趸船,供船舶(队)进出船厢导航和单向过坝停靠用,距坝轴线上游230m处设泊位长60m的靠船墩。上游编解队区布置在上游口门区左侧的倒渔溪内,设一艘长60m、宽10m、型高3m的浮趸船。

第一级垂直升船机位于27#坝段处,地基为坚硬的石龙洞灰岩,由上闸首、升船机机室和下闸首组成。上闸首和升船机机室为整体结构,长63.5m,宽34m,建筑总高度95m。

中间渠道长410m,其中上半段长210m,位于挖方段,用混凝土衬砌;下半段为预应力钢筋混凝土连续刚构渡槽。水面净宽30m,水深1.8m,可满足两艘300吨级船队错船及拖轮助航要求。

第二级垂直升船机位于坝轴线下游463.5m处,由上、下闸首和升船机机室组成,长61.8m,宽37.6m,建筑高度为124.5m。

下游引航道长414m,闸前直线段长114.2m,以半径165m、中心角18°的曲线向右转,再以直线段与主河道衔接。引航道在右侧布置长407m的混凝土重力式隔流堤,在左侧静水水域内分别布置导航及船队编解队码头。引航道底高程76m,水深2.0m,航宽35~70m。经水工模型试验验证,口门区通航水流可满足要求。

2)主要建筑物

①第一级垂直升船机。

第一级垂直升船机系将挡水和通航建筑物合为一体的结构。上闸首和升船机机室为整体式槽形结构,两者联合受力,既是枢纽挡水建筑物,又是船舶过坝的航槽和升船机的承重结构,总长63.5m,底宽34m。上闸首长16m,航槽有效宽度10.2m,门槛最小水深2.0m。左右边墩宽11.5m,高48~56m。上闸首设工作门、检修门及其启闭机,水位计井,闸门间的充泄水管道和中间渠道补水管道等。

升船机机室长47.5m,宽15.6m,底板厚9.0m,建筑总高度87m。其两侧为升船机承重结构,宽9.3m,高56m,由长方形薄壁筒体组成,顶部布置升船机提升设备、电气设备及其机房。每侧承重结构内设两组(6个)平衡重井,其中4个平面尺度为4.1m×6.3m,两个为5.1m×6.3m,井内设平衡重导轨。机室中部和两端分别设承船厢顶紧槽和导承轨,升船机机室内设有消防系统和7层疏散廊道,升船机机室下段左右各设一座管理楼,其内布置闸阀、交通梯、电梯和办公房。

②通航渡槽。

渡槽长200m,荷载大,技术复杂。先后研究过预应力简支梁、双“T”形刚构、单“T”形刚构和连续刚构等方案,因连续刚构方案具有技术难度小、结构工作可靠、施工相对方便和造价低等优点而被采用。

渡槽采用预应力钢筋混凝土两厢四室三跨连续刚架结构。两边跨度各50m,中间跨度100m,梁高度在主墩处为8.0m,边跨端部和中跨中部为3.5m,梁的截面由两个平行的箱形梁组成,底宽11.0m,厚0.35~0.85m,顶宽17.0m,厚0.3m,腹板厚0.4~0.8m。渡槽顶板为平坡,底缘按半径109.23m的曲线变化。箱形梁顶两侧设高7m的挡水墙,水深1.8m,水面以上超高0.8m;墙上设橡胶防撞设施、系船柱及照明灯柱等,墙外伸1.7m悬臂,作为交通和管线通道。

③第二级垂直升船机。

第二级垂直升船机由承重结构,上、下闸首和上部机房等组成,建筑总高度124.5m。

承重结构长61.8m,宽37.6m,高106m,由6个长方形薄壁筒体、承重厢梁、横向联系箱形梁和筏形基础组成。筏形基础位于石牌页岩上,建基高程64.0m,顶部高程84.0m,基础板厚4.0m,筏形基础周围填土至高程84m,承重筒体位于筏形基础上,高102m。4个边筒长8.4m,宽8.0m,壁厚0.8m,两个中筒长7.0m,宽8.0m,壁厚0.8m。筒体形成的升船机机室长47.5m,宽15.6m,为承船厢升降的空间。

上、下闸首分别布置在承重结构的上下游端,位于高程158.2～160.8m和72.0～84.0m处。门槛最小水深分别为1.8m和2.0m,航槽净宽10.2m,均设有工作门、检修门和启闭机房。上闸首与通航渡槽相接,水位高程恒为160m,下闸首与下游引航道相接,通航水位78.0～81.5m。

(2)彭水水电站通航建筑物

彭水水电站通航建筑物的设计规模为500吨级,总水头81.6m。根据坝址地形、地质条件和河势特点,以及枢纽布置格局要求,对通航建筑物的线路和形式进行了船闸加全平衡钢丝绳卷扬式垂直升船机、一级全平衡钢丝绳卷扬式垂直升船机、双向下水式斜面升船机、两级全平衡钢丝绳卷扬式垂直升船机和三级连续船闸等方案的比选。综合技术经济指标表明,左岸船闸加全平衡钢丝绳卷扬式垂直升船机的总布置方案具有明显优势,其工程技术较成熟,安全可靠,运行条件较简单,通过能力大,总体工程量最省,造价最低。

1)总体布置

通航建筑物主要由上游引航道、船闸、中间渠道、全平衡钢丝绳卷扬式垂直升船机和下游引航道组成。其中船闸可适应库水位变幅,最大水头为15.0m,垂直升船机最大提升高度为66.6m,船闸和垂直升船机之间采用中间渠道连接,中间渠道为恒水位静水航道,尺度满足上下行船舶(队)双向运行要求。

上游引航道长210.5m,底部开挖高程为275.0m,底宽40.0m,其中中心线左宽11.0m,右宽29.0m,引航道边坡最大开挖高度约为105.0m。

船闸由上闸首、闸室、下闸首和输水系统组成。船闸最大工作水头为15.0m,闸室有效尺度为62m×12m×3.0m。由于船闸位于岸坡,为有利于闸基岸坡稳定、减少开挖工程量,闸首、闸室均采用整体式结构。

中间渠道位于船闸和垂直升船机之间,长421.1m,最大水面宽48.2m,渠道恒水位278.0m,通航水深2.7m,渠底高程275.3m。中间渠道分为两段,上半段在山体中开挖形成,长283.2m;下半段为渡槽段,长137.9m。渠道边坡最大开挖高度约100.0m。

垂直升船机上游为恒水位278.0m,下游通航水位为211.4～227.0m,最大提升高度

66.6m,采用全平衡钢丝绳卷扬式垂直升船机。结构由上闸首、承船厢室段和下闸首组成,总长 102.8m,总宽 52.4m,总建筑高度 113.0m。

下游引航道长 362.8m,底高程 208.5m,底宽 40.0m,其中轴线左宽 11.0m,右宽 29.0m。下游引航道最大开挖边坡高度约 160.0m。

彭水水电站平面布置示意图见图 1.2-21,通航建筑物布置示意图见图 1.2-22。

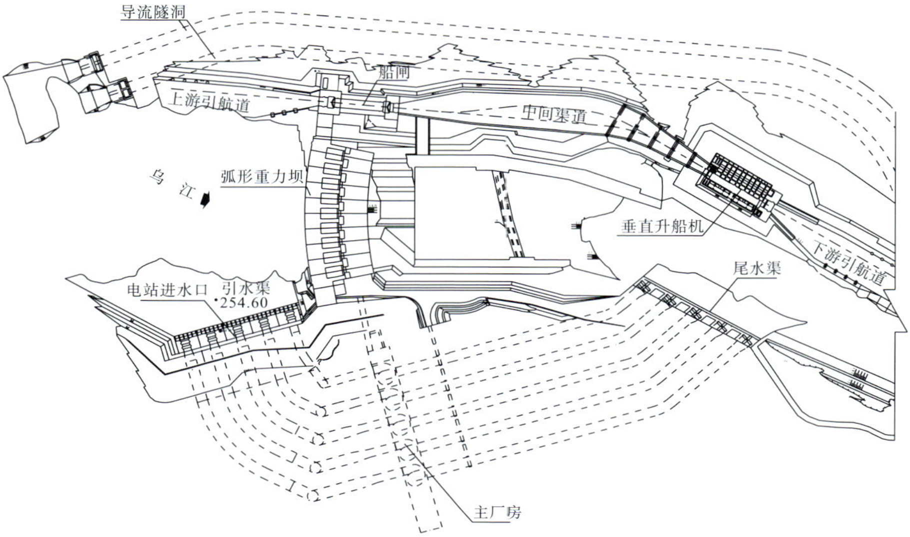

图 1.2-21　彭水水电站平面布置示意图

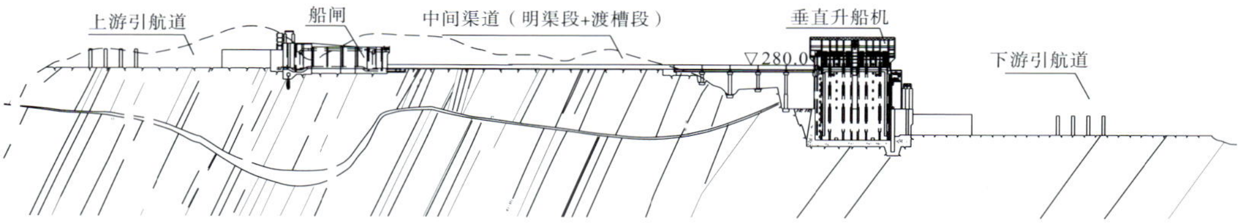

图 1.2-22　彭水水电站通航建筑物布置示意图

2)主要建筑物

①船闸。

上闸首作为挡水建筑物的一部分,总长 28.20m,总宽 32.0m,其中闸室利用长度 8m,两侧边墩各宽 10.0m,闸顶高程为 301.5m,底板顶高程为 275.0m,建基面高程为 264.0~269.0m。上闸首底板距上游面 4.0m 处设有断面尺寸为 3.0m×3.5m 的城门洞形帷幕灌浆排水廊道,与右侧非溢流坝段灌浆廊道相接。两侧边墩内设有充水廊道及相应的工作阀门井和检修阀门井。充水阀门由设在闸顶容量为 200kN 的液压启闭机操作,检修阀门采用流动机械启闭。

闸室结构长 58.0m,沿长度方向分为 4 段,每段长 14.5m。为满足交通要求,闸室顶采用 1∶12 斜坡道与上、下闸首连接,闸室建基面高程 269.5m,底板顶高程 274.75m,底板宽

25.0m，边墙顶宽 6.5m，航槽宽 12.0m。两侧边墙共布置 4 对浮式系船柱以及水尺、爬梯等运行设施。

下闸首总长 17.0m，总宽 32.0m，其中人字闸门支持体长 11m，门前门龛段长 6.0m，两侧边墙宽 10.0m，墙顶高程 297.5m，闸槛高程 275.0m，建基面高程 269.5m。下闸首工作门为人字闸门，其孔口尺度、设计水头、门重及启闭机械均与上闸首人字闸门相同。人字闸门下游设 1 扇检修门，检修门孔口尺寸为 12m×2.6m，设计水头 2.5m。下闸首边墙内布置有人字工作门启闭机房、泄水廊道及相应的工作阀门井和检修阀门井。泄水阀门由设在闸顶容量为 200kN 的液压启闭机操作，检修阀门采用流动机械启闭。在人字闸门后设 5.0m 宽的交通桥连接左右岸。

输水系统经比较研究，选用闸墙长廊道侧支孔出水分散式输水系统。上闸首上游设 12m 长的侧向进水口段，同时兼作导航墙，每侧进水口由 2 个尺寸为 1.5m×2.6m 的孔口组成，进水口顶高程 275.0m，进口设拦污栅。泄水系统由泄水箱涵与设在下闸首下游右侧的水池、溢流堰组成。两条泄水箱涵与下闸首左右边墙内的泄水主廊道相连，溢流堰紧接蓄水池，顶高程为 278.0m，堰宽 15.0m，上游面为直立面，下游直线段坡度为 1：0.5，采用台阶消能，闸室水体通过水池右侧的溢流堰泄入主河床。

②中间渠道。

中间渠道上、下游右侧均设有 60.0m 长的导航墙。上游导航墙为衬砌式结构，建基面高程 275.0m，底宽 0.5m，顶高程 280.0m，顶宽 2.0m；下游导航墙为渡槽右侧挡水板。在中间渠道中段，距船闸下闸首下游面 180.0m 处的右侧挡水墙上，沿下游方向布置 4 个间距为 15.0m 的系船柱，双向运行时，供先行至此的船舶（队）等待过闸停泊之用。

a. 中间渠道明渠段。对于建基面高程低于 280.0m 的中间渠道明渠段右侧设置混凝土挡水墙，其建基面高程随地形变化，顶高程为 280.0m，顶宽 2.0m，渠道内侧为直立式，外侧坡度为 1：0.5。中间渠道明渠段底板及左、右侧开挖段均采用衬砌混凝土防渗，衬砌混凝土厚度为 30cm。

b. 中间渠道渡槽段。根据渡槽水荷载大、水密性要求高和变宽度的特点，采用由框架式支墩、简支预应力箱形梁和挡水板及防渗层等组成的结构。渡槽总长 137.9m，共分 5 跨，从上游至下游方向前 4 跨长 27.6m，第 5 跨长 27.5m。渡槽上部“U”形盛水承重结构两侧为 50cm 厚的挡水板，顶高程为 280.0m，顶部设 2.0m 宽的人行道。为了充分吸收和分散船舶撞击能量，在挡水墙迎水面设置橡胶护舷。

c. 中间渠道的补、溢水设施。中间渠道水位为恒水位 278.0m，正常水深为 2.7m。中间渠道的补水通过船闸输水系统进行，即关闭廊道泄水阀门，开启输水廊道的灌水阀门和下闸首人字闸门，使水体进入中间渠道。在渡槽挡水板、中间渠道右侧挡水墙上布置溢水管和溢流堰供中间渠道泄水和溢水用。在溢流堰外侧布设放空阀，必要时可将闸室和中间渠道的水体放空。

③垂直升船机。

上闸首设在垂直升船机上游端的两个组合筒体之间，高程268.1～280.0m，长4.3m，宽度18.0m，其中航槽净宽12.0m。上闸首底板既是渡槽的支撑结构，又是升船机的横向连接体系，采用箱形梁结构。箱形梁两端固结在筒壁上，顶高程275.5m，底高程268.1m。上闸首设1道检修门和1道工作门，均采用滑动平板门，孔口尺度分别为12m×2.5m、12m×2.6m，分别由布置在高程290.0m机房内，容量为2×80kN、2×100kN的固定卷扬机启闭。

垂直升船机承重塔柱为筒体结构，以垂直升船机轴线为中心左、右对称布置两列，每列有两个组合筒体。筒体下部用筏形基础联成整体，上部用箱形板连接，构成上部机房的基础，机房屋盖为钢网架结构。

垂直升船机基础除连接上部承重结构、传递荷载的功能外，还是正常运行时保持升船机机室无水的挡水结构，采用长80.75m、宽52.4m、筏板厚6.5m的筏式基础。建基面高程196.5m，四周侧墙及回填土高程235.0m，构成对外交通和工作平台。

筒体结构根据承船厢、平衡重、主提升设备和附属设备布置要求及运行条件确定，采用长方形薄壁箱形钢筋混凝土结构。筒体在平面上分为左、右两列，对称布置，每列有两个组合筒体，筒体内在高程270.0m、277.3m和282.5m处设有平衡重安装、检修及锁定平台，上游筒体内布置楼梯间及电梯井。

两列塔柱之间为承船厢室，平面尺寸为71.4m×18.0m(长×宽)。承船厢为钢质板梁结构，有效水域尺寸为59m×11.4m×2.3m(长×宽×水深)，外形尺寸为71m×16m×7m(长×宽×高)，承载标准水深时重3100t。

下闸首总长22.05m，总宽42.4m，其中航槽宽12.0m，边墩宽15.2m，建基面高程187.5～196.5m，墩顶高程235.0m。下闸首工作门采用下沉式平板门，可适应通航水位变幅15.6m；在工作大门的槽形缺口上设置卧倒小门，供船舶(队)通过使用。卧倒门门高5.4m，可适应下游2.0m的水位变化，采用液压启闭机操作。

(3)构皮滩水电站通航建筑物

构皮滩水电站通航建筑物布置在左岸，是枢纽三大主要建筑物之一，最高通航水头199m，设计代表船型为500吨级机动驳。构皮滩通航建筑物具有以下突出特点：一是通航水头高，上游通航水位变幅大，下游通航水位变率快；二是地形地质条件和下游出口段河势复杂；三是作为前期缓建项目，其布置和施工方案受到在建工程施工及工程蓄水计划的制约，必须统筹兼顾。根据构皮滩通航工程的技术特点、自然条件和建设要求，经过多方案技术经济比较，最终推荐采用带中间渠道的三级垂直升船机方案，其中第一、三级采用部分平衡钢丝绳卷扬式垂直升船机，第二级采用全平衡钢丝绳卷扬式垂直升船机。

1)总体布置

通航建筑物线路选择在左岸煤炭沟至野狼湾一线，轴线方位角109°，上游引航道位于库区开敞水域，下游引航道布置在马鞍山“S”形急弯河段出口段，右侧设隔流堤与主河道隔开，通航建筑物线路总长约2306m。

上游引航道全长454m，开挖底高程587m，其导航、靠船建筑物按直线进闸、曲线出闸方式布置，在引航道的左侧布置有长72m的浮式导航堤和4个中心距为15m的靠船墩。

第一级垂直升船机布置在水库内，用于适应上游590～630m通航水位变幅，下游以通航隧洞穿过左坝肩高耸山体；第一级垂直升船机采用船厢下水的布置方案，逆向运行，最大提升高度47m，第一级中间渠道相应工作水位637m。第二级垂直升船机布置于大园沟上游侧宽缓台地处，采用全平衡钢丝绳卷扬式垂直升船机，其上、下游工作水位分别为恒水位637m、510m，升船机工作升程为127m。第三级垂直升船机布置在马鞍山左侧拦河槽沟出口处，用于克服第二级中间渠道与下游引航道之间最大79m的水位落差，也采用部分平衡钢丝绳卷扬式垂直升船机，以适应其下游水位变幅大、变率快的运行特点。

下游引航道按曲线进闸、直线出闸方式布置，全长200m，引航道底高程428m，底宽38m。引航道左侧设有长45m的辅导墙和4个中心距为15m的靠船墩，引航道右侧布置长200m的导航隔流堤，隔流堤下游段采用分层透水式结构，以改善口门区通航水流条件。

三级垂直升船机最大总提升高度253m，两级中间渠道均设有可供船舶(队)迎向运行的错船段，各级升船机可独立运行。构皮滩通航建筑物布置示意图见图1.2-23。

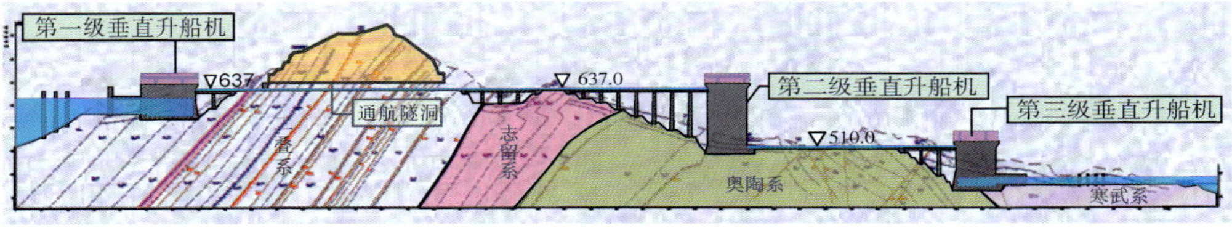

(a)纵剖面

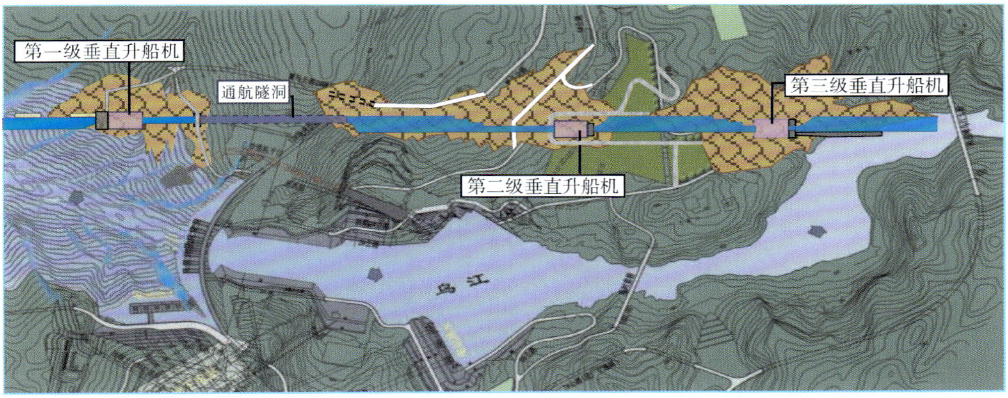

(b)平面

图1.2-23 构皮滩通航建筑物布置示意图

2)主要建筑物布置

①第一级垂直升船机。

第一级垂直升船机由上闸首、承船厢室和下闸首三部分组成，结构总长105m，总宽

44m，总建筑高度 95.5m。上闸首采用整体“U”形结构，长 26m，建基面高程 576m，闸顶高程 647.5m，布置有 1 道检修门和 1 道检修排水、升船机机室充水及第一级中间渠道补水设施，闸首左侧设有交通桥连通左岸场内公路。承船厢室结构长 79m，采用平板筏形基础，建基面高程 576m，筏板厚度 6.5m；两侧承重塔柱采用封闭式筒体结构，筒体平面尺寸均为 75.3m×10.0m，各设 8 个平衡重竖井、1 个渗漏集水井和 1 个楼梯井；两侧塔柱之间为宽 18m 的承船厢室，塔柱顶部通过梁板连成整体，构成上部主机房的基础；主机房内对称布置有 8 套主提升机及其辅助设备，机房上空设有 1 台双向桥机，供主提升机安装、检修之用。下闸首布置在承船厢室下游、连接两侧筒体的箱梁顶部，采用钢闸首，布置有提升式平板工作门以及与承船厢对接的密封机构、间隙充泄水系统和防撞梁。

②第一级中间渠道。

第一级中间渠道通航水位 637.0m，全长 979.5m，自上游至下游依次为 1# 通航渡槽、1# 通航明渠、通航隧洞、2# 通航明渠、2# 通航渡槽、3# 通航明渠、3# 通航渡槽。中间渠道错船段位于通航隧洞下游，航宽 38m，按上、下行船舶均直线进闸、曲线出闸运行方式布置。通航明渠段总长 177.5m，均为开挖明渠，明渠两侧设 5m 高重力式挡水墙，渠底设 50cm 厚混凝土板。通航隧洞长 425m，为城门洞形，采用钢筋混凝土衬砌，衬砌后隧洞净高 14m，通航净宽 12m，水域宽 16m，工作水深 4m，两侧高程 639m，各设宽 2m 人行通道，通航隧洞进口设挡水闸首，闸首顶高程 640.5m，布置有平板闸门，可抵御水库校核洪水，闸首顶部设公路桥与大坝连通。通航渡槽段总长 467m，为高架简支渡槽，单跨长度一般为 33m，渡槽上部承重结构由梁高 2.8m 的预应力“T”形梁拼装而成，渡槽下部结构视架空高度不同分别采用重力式桥台、柱式桥墩和矩形薄壁空心墩等形式，渡槽最大墩高 105m。

③第二级垂直升船机。

第二级垂直升船机上闸首同样采用钢结构，布置在船厢室上游、连接两侧筒体的箱形梁顶部，上闸首设有提升式平板工作门、检修门以及与承船厢对接的密封机构、间隙充泄水系统。船厢室结构总长 79m，总宽 44m，建筑总高度 178.5m，采用平板筏形基础，建基面高程 495m，筏板厚度 5m，周边回填土至高程 512m，构成对外交通和安装平台；机室两侧承重塔柱为左、右对称布置的 4 个组合筒体，每侧筒体各设 6 个平衡重井、1 个楼梯井和 1 个电梯井，两侧塔柱间为宽 18m 的升船机机室，塔柱顶部通过梁板连成整体，构成上部主机房的基础；主机房内对称布置有 4 套卷扬提升机构、8 套平衡滑轮组及其辅助设备，机房上空设有 1 台双向桥机供主机安装、检修之用；下闸首主体结构长 13m，总宽 32m，高 19m，布置有提升式工作门、检修门和对接密封机构、间隙充泄水系统及升船机渗漏排水设施。

④第二级中间渠道。

第二级中间渠道通航水位 510.0m，正常工作水深 3.0m，由 4# 通航明渠、4# 通航渡槽组成，全长 386.4m，按上行船舶曲进、直出，下行船舶直进、曲出运行方式布置。4# 通航明渠长 287.4m，上、下游段为挖方段，中段为填方段；4# 通航渡槽总长 99m，共 3 跨，每跨长 33m，渡槽上部承重结构由预制“T”形梁拼装而成，下部结构采用柱式墩，最大墩高 57.5m。

⑤第三级垂直升船机。

第三级垂直升船机上闸首结构形式及设备布置与第二级垂直升船机上闸首基本相同。承船厢室结构总长 82m，总宽 48m，建筑总高度 127.5m，同样采用平板筏形基础，建基面高程 417m，筏板厚度 6.5m，周边回填至高程 450m，构成对外交通和安装平台；承船厢室两侧承重塔柱和上部主机房的结构形式及设备布置与第一级升船机基本相同。下闸首主体结构长 16m，总宽 50m，高 33m，布置有检修叠梁门及升船机检修排水、对接充水设施。

(4)三峡水利枢纽通航建筑物

1)船闸

三峡船闸设计总水头 113m，最大通航流量 56700m^3/s，设计水平年 2030 年规划通过坝址的货运量，年单向为 5000 万 t。船闸采用双线五级连续布置，闸室输水的最大工作水头 45.2m，闸室有效尺寸按照通过万吨级船队设计，为 280m×34m×5m(长×宽×门槛最小水深)。船闸在坝址左岸深切开挖的岩槽中修建，开挖边坡的最大高度达 170m。

①线路选择及布置。

三峡船闸先后在左岸研究了多条线路。线路的主体结构，均位于山体深切开挖的岩槽中。经比较，选用船闸中心线与坝轴线交点距升船机轴线 950m 的位于坛子岭左侧的Ⅳ线。Ⅳ线方案线路总长 6442m。引航道口门轴线与主河道水流之间的夹角较小，线路更平顺，比其他线路能更好地适应水库淤积平衡后口门区的水流条件。

上游引航道中心线从第一闸首上游面往上为 930m 的直线段，接半径为 1000m、圆心角为 42°的弯段，再接 450m 长的直线段，至上游隔流堤堤头，引航道全长 2113m，正常段底宽 180m，航道底高程 130m。上游引航道口门区长 530m，口门底宽 220m，往上游再接半径为 1200m、圆心角为 28°的弯段后，用切线与库区航线相接。上游引航道右侧，布置有长 2680m 的隔流堤。

每线船闸有 5 个闸室、6 个闸首，级间最大输水水头 45.2m。第二级上闸首位于坝轴线的延长线上。两线船闸中心线相距 94m，中间保留底宽为 57m 的岩石隔墩，两侧开挖边坡高度为 100～170m。船闸主体段全长 1621m。

下游引航道中心线从第六闸首下游面往下为 930m 的直线段，接半径为 1000m、圆心角为 54°的弯段，再接 850m 的直线段，至下游隔流堤堤头，引航道全长 2708m，正常段底宽 180m，航道底高程 56.5m。下游引航道口门以下为 530m 长的口门区，口门宽度 200m，往下游再接半径为 1000m、圆心角为 10°的弯段后与主河道连接。下游引航道右侧，布置有长 3550m 的隔流堤。

三峡船闸主体结构布置示意图见图 1.2-24。

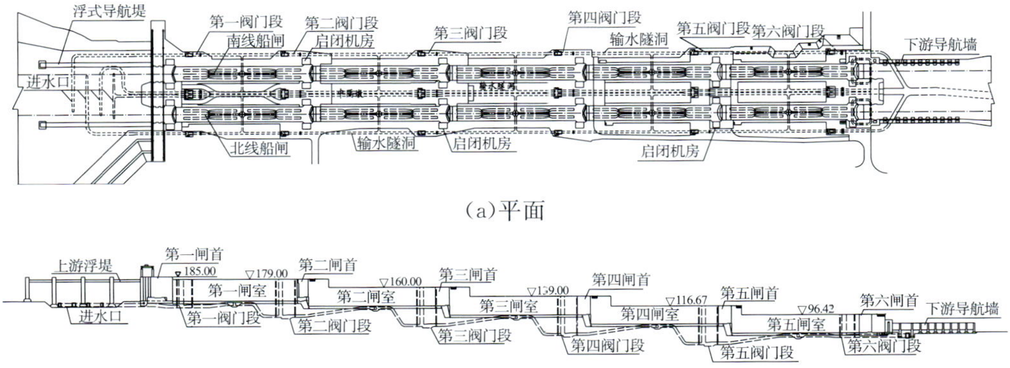

(a)平面

(b)纵剖面

图 1.2-24　三峡船闸主体结构布置示意图

②主体建筑物。

闸首：第一闸首闸顶高程 185.00m，闸首结构长 70m，设两条垂直流向的施工缝，将其分为 3 段，施工后期进行接缝灌浆，将 3 段连成整体。第一段闸墩上游面设有宽 1.5m、深 1.2m 的浮堤导槽，两侧设宽 5.0m、深 1.35m 的事故检修门槽。第二、三段迎水面设人字闸门门库，门库长 26m、深 5.4m，顶部设人字闸门启闭机房。第一闸首底板长 70m，顺流向分为 3 段，第一段长 15m，在闸室中心线上设结构缝，板顶高程 131m。第二段长 41m，宽 30m，人字闸门底槛高程 139.00m。第三段长 14m，宽 30m，板顶高程 131.00m。第一闸首两侧及中隔墩接非溢流挡水坝段，挡水前沿总宽 323.5m，左侧挡水坝分 5 个坝段，中隔墩挡水坝为 1 个坝段，右侧挡水坝分为 4 个坝段。

第一闸首结构布置示意图见图 1.2-25。

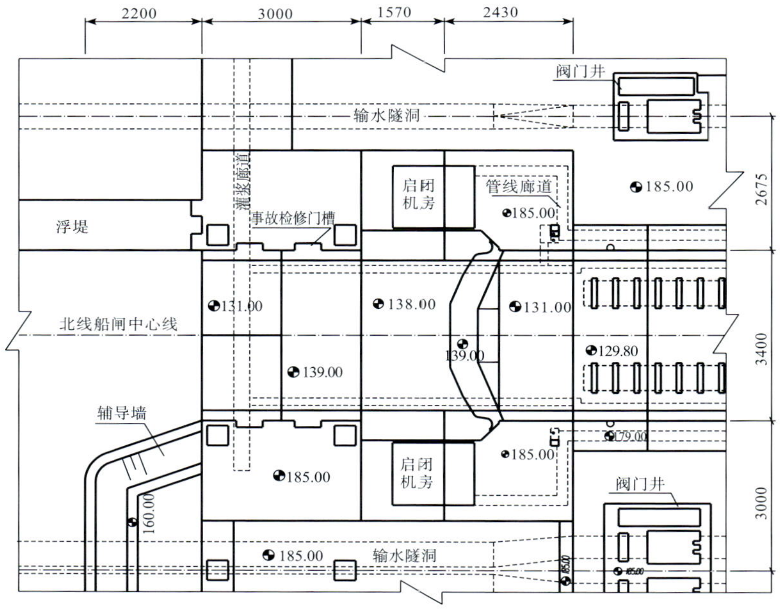

(a)平面

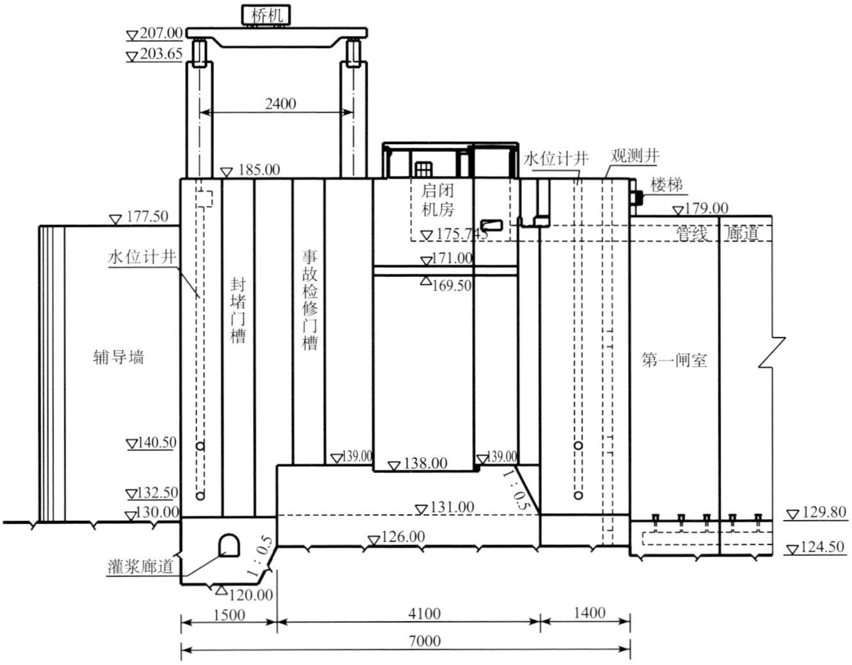

(b)纵剖面

图 1.2-25 第一闸首结构布置示意图(单位:高程,m;其他,cm)

第二、三、四闸首闸顶高程分别为 179.00m、160.00m、139.00m。第二、三闸首结构长 43.5m,第四闸首结构长 41.5m。闸首结构顺流向分为两段。第二、三闸首门龛段长 24.8m,人字闸门支持墙长 18.7m。第四闸首门龛段长 22.8m,人字闸门支持墙长 18.7m。第二、三闸首门龛段两侧设有开槽尺寸为 2.4m×2.5m 的防撞警戒装置导槽,3 个闸首门龛段两侧布置长 24m、深 5.4m 的人字闸门门库。第二、三、四闸首底板结构纵向分为 2 段。第 1 段为闸首帷墙,贴坡浇筑,墙高分别为 26.25m、27.05m、27.05m,宽 30m,人字闸门底槛高程分别为 139.00m、119.25m、98.50m;第 2 段在闸室中心线设一纵缝,结构长 12.5m、宽 15m,底板顶高程分别为 118.25m、97.50m、76.75m,底板基础高程分别为 112.75m、92.20m、71.45m。

第二、三、四闸首结构布置基本相同,第三闸首结构布置示意图见图 1.2-26。

第五闸首上游段闸顶高程为 116.67m,下游段闸顶高程为 96.42m,闸首结构南、中南、中北闸墙长 52.8m,北闸墙长 66.0m,闸首结构顺流向分为两段,其中门龛段 22.8m,人字闸门支持墙南、中南、中北闸墩为 30m,北支持墙为 43.2m。人字闸门支持墙设 1 条垂直流向的施工缝,施工后期进行接缝灌浆。门龛段两侧设长 24m、深 5.4m 的人字闸门门库。第五闸首底板结构纵向分为 2 段,第 1 段为闸首帷墙,墙高 27.05m,贴坡浇筑,宽 30m,人字闸门底槛高程 77.75m,基础高程 50.70～71.45m,第 2 段在闸室中心线设一纵缝,结构长 12.5m,宽 15m,底板顶高程 56.00m,底板基础高程 50.70m。

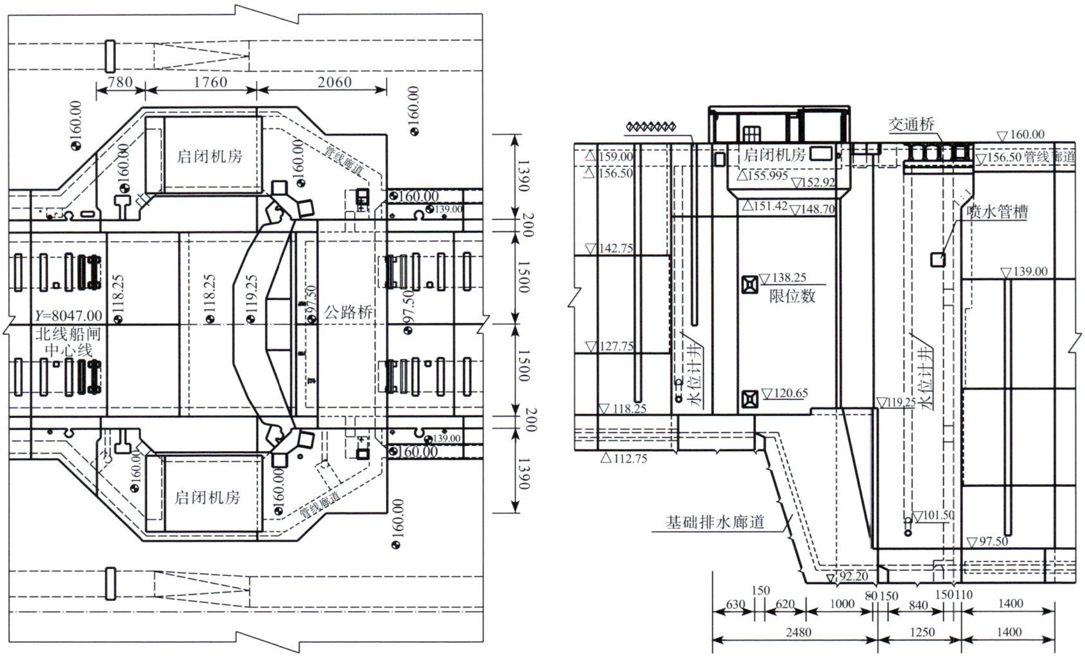

(a)平面　　　　(b)纵剖面

图 1.2-26　第三闸首结构布置示意图(单位:高程,m;其他,cm)

第六闸首闸顶高程 96.42m,闸首结构长 56m,顺流向分为两段,其中门龛段 16.71m,人字闸门支持墙长 39.29m。门龛段两侧设长 24m、深 5.4m 的人字闸门门库,顶部布置 16.0m×13.5m 的启闭机房,机房底高程 92.745m。第六闸首边墩布置有辅助泄水廊道及 1 道检修闸门门槽和 1 道工作阀门门槽,门槽尺度顺流向检修门槽 1.02m,工作门槽 0.82m,宽均为 5.2m,辅助泄水廊道自工作门槽下游面 7.3m 以上断面高 3.75m、宽 3.6m,以下高度保持不变,逐渐扩宽为 5.6m。第六闸首底板长 58m,设垂直流向永久缝将底板分成 3 段,长分别为 16.71m、22.29m、19.00m,宽 30.00m。人字闸门底槛高程 57.00m,基础高程 49.00m,第一段和第三段分别设辅助泄水廊道的进水孔和出水孔。

闸室:第一、二、三、四、五闸室结构段长分别为 265.0m、263.5m、265.5m、265.5m、254.2m,墙顶高程分别为 179.00m、160.00m、139.00m、116.67m、96.62m,各级闸室底板顶面控制高程分别为 130.00m、119.25m、98.50m、77.75m、57.00m,除第一分流口外,各级闸室基底高程分别为 124.50m、112.75m、92.20m、77.45m、50.70m。

各闸室闸墙沿高程向设水平结构缝,第一闸室北墙分别设在高程 145.20m、161.20m、174.50m,中北墙分别设在高程 138.00m、153.70m、170.00m,南、中南墙分别设在高程 145.20m,160.00～165.00m。第二闸室闸墙水平结构缝分别设在高程 127.75m、142.75m、155.50m,第三闸室闸墙水平结构缝分别在高程 107.20m、122.20m、134.50m。第四、五闸室上部为重力墙,下部为衬砌墙结构,水平缝高程根据地质条件确定。

第一、二、三、四闸室每侧闸墙共分为 21 个结构块,第五闸室每侧闸墙共分为 20 个结构块，顺流向长一般为 12m。布置分支廊道的上、下游 4 块闸室底板，沿闸室中心线设一道永久结构缝，结构顺流向长 12～14m，垂直流向宽 15m，第一、二分流口结构长 24m、宽 30m，其他结构一般长 12m、宽 30m。

各级闸室结构布置基本相同，第三闸室结构布置示意图见图 1.2-27。

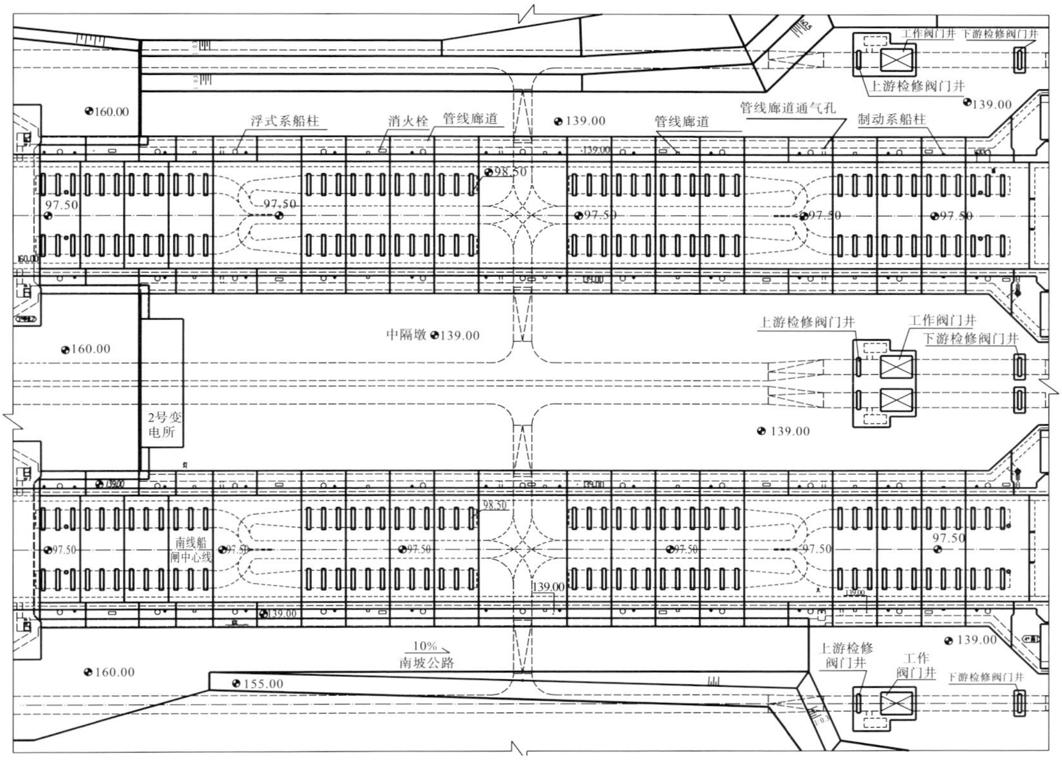

图 1.2-27 第三闸室结构布置示意图(单位:高程,m;其他,cm)

2)升船机

垂直升船机是三峡水利枢纽的通航设施之一，其主要作用是为客货轮和特种船舶提供快速过坝通道，并与双线五级船闸联合运行，加大枢纽的航运通过能力和保障枢纽通航的质量。三峡升船机是国内首次采用的全平衡齿轮齿条爬升式垂直升船机，其过船规模为 3000 吨级，最大提升高度 113m，上游通航水位变幅 30m，下游通航水位变幅 11.8m。

①总体布置。

升船机布置在枢纽左岸 7、8 号非溢流坝段之间，由上游引航道、上闸首、承船厢室段、下闸首和下游引航道等组成，从上游口门至下游口门全线总长约 5000m。

上游引航道采用隔流堤与主流隔开，升船机与船闸共用部分上游引航道的布置形式。升船机上游引航道在上闸首以上以 400m 长的直线段接弧长 286m 的弯段，弯段以上再以直线段与船闸的上游引航道相接。上游引航道运行期最低通航水位 145m，清淤高程 139m，布置有导航浮堤、靠船墩。

a. 上闸首。

上闸首位于大坝的非溢流坝段，既是大坝挡水前沿的一部分，又是船舶（队）进出升船机的上游口门。在正常运行工况下，能适应库水位 145.0～175.0m 的水位变幅。上闸首顶高程 185.0m 与坝顶齐平，为适应通航及防洪挡水的需要，在闸首上布置有活动公路桥、闸首检修门槽、泄水系统、辅助门、工作门和闸门启闭机等设备。

b. 承船厢室段。

承船厢室段位于上、下闸首之间，是升船机的主体部分，由承船厢、承重结构、平衡重系统、机房结构及电气设备等组成。承船厢室段长 119.0m、宽 57.8m，其中承船厢室宽 25.8m。在承船厢室的两侧对称布置 2 个钢筋混凝土承重结构，每个承重结构长 119m、宽 16m，由封闭的混凝土塔柱和承重墙组成，承重墙与塔柱之间在不同高程通过联梁连接。每侧承重结构的顶部布置一个长 119m、宽 20m 的机房，机房内有平衡滑轮和检修桥机等设备。在每个塔柱的承船厢室侧设有容纳承船厢驱动系统和安全机构的凹槽，塔柱结构的内部沿程均设有供平衡重组上下运行的轨道、疏散楼梯和电梯等设施。

c. 下闸首。

下闸首是升船机的下游挡水建筑物，在正常运行条件下，能适应下游 62.0～73.8m 的通航水位变幅，在汛期可挡下游 80.9m 的最高洪水位。下闸首闸顶高程 84.0m，布置有工作大门、检修叠梁门和工作门启闭机等设备。

下游引航道总长约 4400m，分为两段。与船闸共用的引航道长约 1800m，底宽 180m，口门拓宽为 200m，航道底面高程 56.5m。升船机引航道长约 2600m，航道底宽 80.0～90.0m，底面高程 58.0m。引航道右侧设有长约 3550m 的隔流堤，以阻隔主流，形成静水航道，堤顶高程为 76.0～78.0m。

②主要建筑物布置。

a. 上闸首。

上闸首兼有挡水坝段和升船机闸首的双重功能，在正常运行工况下适应枢纽上游 30m 的水位变化。根据设备布置及闸首稳定的要求，上闸首顺流向总长 130.0m，垂直流向总宽 62.0m，其中航槽宽 18.0m，航槽两侧边墩挡水部分宽 19.0～22.0m，航槽内最小水深 4m。上闸首沿顺流向分别设有挡水门、辅助门和工作门。工作门设在航槽尾部，由 1 扇高 17.0m 并带有卧倒式过船小门的平板闸门和 7 节高 3.75m 的叠梁组成；辅助门在工作门的上游侧，两门相距 8m，由 1 扇高 12.5m 的平板门和 8 节高 3.5m 的叠梁组成；挡水门槽设在闸首的上游端，与辅助门共用闸门。工作门、辅助门和挡水门由 2 台设于闸首顶部排架上的 2×2500kN 和 2×1500kN 的桥式启闭机分别操作。上闸首采用整体“坞式”结构，底板采用预应力钢筋混凝土结构。上闸首结构布置示意图见图 1.2-28。

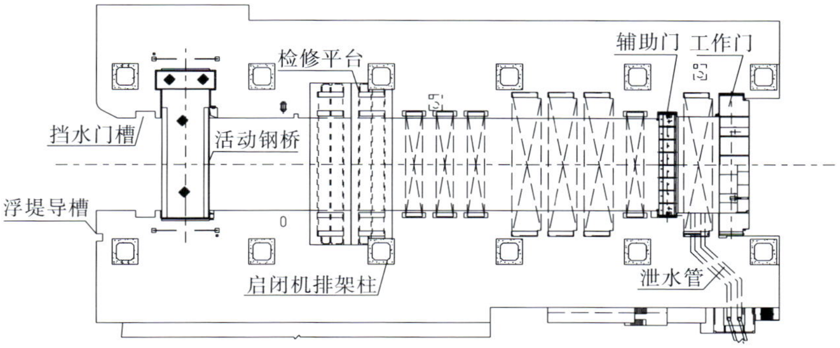

图 1.2-28 上闸首结构布置示意图

b. 承船厢室段。

承船厢室段建筑物的平面尺寸为121.0m×59.8m，底板厚2.5m，其上为承重塔柱结构，与上、下闸首净距1.0m，对称布置在升船机中心线两侧。每侧塔柱由“墙、筒体、墙、筒体、墙”组成，墙与筒体之间通过沿高程分布的纵向联梁实现连接，两侧塔柱在顶部高程196.0m通过7根横向联梁和2个平台实现横向连接。塔柱总长119.0m，总宽16.0m，总高146.0m。两侧塔柱之间的距离25.8m，为升船机船厢室的宽度。驱动系统齿条和安全机构螺母柱均安装在筒体部分凹槽内的墙壁上。每侧塔柱内设有8个用于容纳平衡重组升降运行的平衡重井。塔柱顶部左、右侧还分别布置1个长119m、宽21.7m、高约21m的机房。承船厢采用盛水与承载合为一体的自承式结构，有效水域为120m×18m×3.5m(长×宽×水深)，总长132m，标准段宽23m，高10.5m。承船厢结构、设备和标准水深的水体总质量约15500t。

承船厢室段结构布置示意图见图1.2-29。

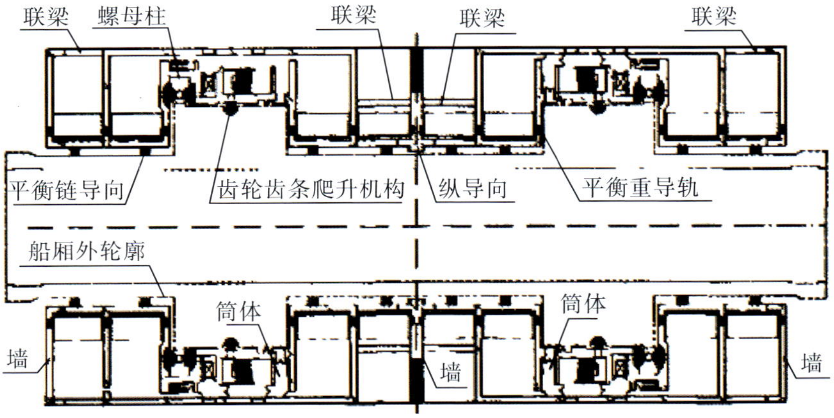

图 1.2-29 承船厢室段结构布置示意图

c. 下闸首。

下闸首长37.15m，宽58.4m，其中中间航槽宽18m，右边墙因布置检修门门库，局部加宽4.8m，闸面高程84.5m，航槽底板高程58.0m，建基面高程47.5m，由于工作门采用下沉式方案，工作门槽部位局部下挖至41.5m。下闸首右边墩内设有集水井，相应设置抽水泵房和抽水泵。集水井与工作门槽相连，承船厢室底板汇集的雨水、渗水和闸门漏水等自流进入下闸首的工作门槽内，然后经集水井抽排至下游。下闸首采用分离式结构。

三峡水利枢纽通航建筑物布置示意图见图1.2-30。

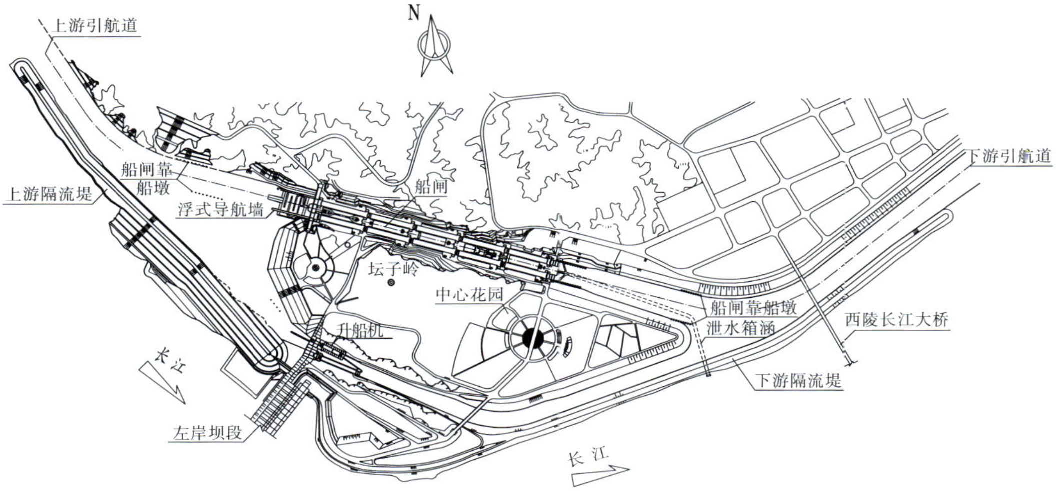

图1.2-30　三峡水利枢纽通航建筑物布置示意图

(5)向家坝水电站通航建筑物

向家坝水电站是金沙江下游河段规划的最末一个梯级，工程以发电为主，同时改善航运条件，兼顾防洪和灌溉，并具有拦沙和对溪洛渡水电站进行反调节等综合作用。通航建筑物按Ⅳ级航道标准设计，通航规模为2×500吨级顶推船队，同时兼顾1000吨级单船。根据向家坝升船机过机船型的条件，依据《内河通航标准》(GB 50139—2014)，2×500吨级船队尺寸为111.00m×10.80m×1.60m(长×宽×吃水深)，1000吨级机动货船尺寸为85.00m×10.80m×2.00m(长×宽×吃水深)，承船厢有效尺寸为116.00m×12.00m×3.00m(长×宽×水深)。

1)总体布置

向家坝水电站采用1000吨级全平衡齿轮齿条爬升式垂直升船机，升船机布置于枢纽左岸，中心线与坝轴线的交角为90°，沿坝轴线左、右分别与冲沙孔坝段和厂房坝段相邻，升船机纵轴线全长约1530m，最大提升高度114.20m。

①上游引航道。

上游引航道为向左侧单向扩宽的不对称形式。引航道底高程367.50m。左侧布置长度为12m的辅导航墙，右侧布置浮式导航墙，长度为110m，供上、下行船舶导航之用。

②上闸首。

上闸首由挡水坝段和渡槽段组成，兼有挡水坝段和升船机闸首的双重功能。挡水坝段沿升船机中心线长 115.50m，坝顶高程 384.00m，航槽的上游侧布置上闸首事故检修闸门，在挡水坝段后设置渡槽段，渡槽段下游端布置上闸首工作闸门，闸门选择下沉式平面闸门，保证升船机适应上游水位变化，满足不同通航水位运行的要求。

③承船厢室段。

承船厢室段位于升船机上、下闸首之间，包括塔柱及其基础、机房等土建结构，船厢及其设备、平衡重系统、检修起吊设备，以及承船厢电气及其他辅助系统、升船机监控与图像监视系统、检测系统、消防系统、供电系统、暖通系统、给排水系统、电梯等。

④下闸首。

下闸首紧邻承船厢室段下游端，下闸首布置有工作闸门，闸门形式为下沉式平面闸门，保证升船机适应下游水位变化，满足不同通航水位运行的要求。

⑤下游引航道。

下游引航道采用向左侧单向扩宽的不对称形式。基本宽度为 40m，引航道底高程为 262.00m，紧邻下闸首 109m 长度为渐变段，宽度由 12m 渐扩至 40m。左侧设重力式辅导航墙，右侧设重力式主导航墙，顶高程为 280.85m，沿升船机中心线的长度为 808.2m。

为保证升船机在下游水位变率较大时的运行安全，在下游引航道内增设辅助船闸。

向家坝升船机总体布置剖面示意图见图 1.2-31。

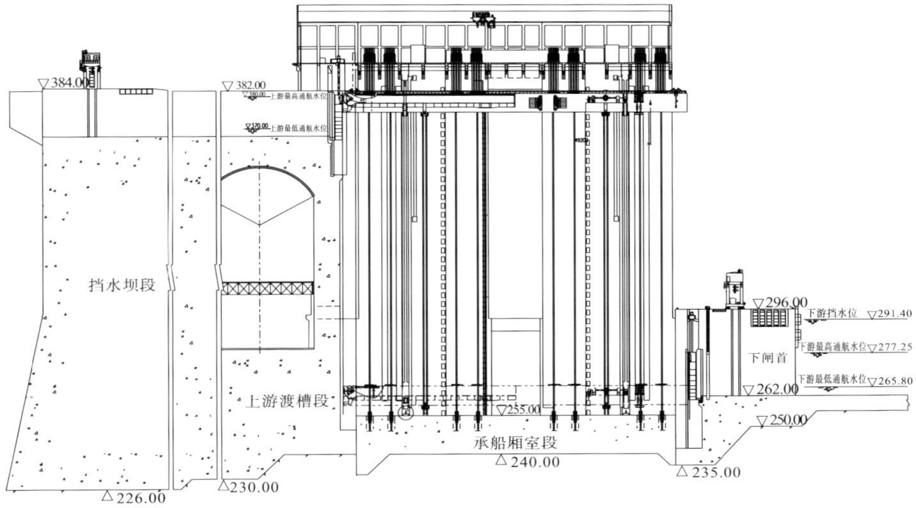

图 1.2-31　向家坝升船机总体布置剖面示意图

2)主要建筑物

①上闸首。

挡水坝段沿升船机中心线长 115.50m，宽 30.05m，坝顶高程 384.00m，建基面高程 215.00～230.00m。航槽宽 12.00m，底高程 366.50m。航槽的上游侧布置事故检修闸门，用于升船机正常和事故检修、库水位超过上游最高通航水位 380.00m 时防洪挡水。事故检修闸门后布置坝顶活动公路桥。根据坝后厂房安装间的布置需要，在挡水坝段后设置长85.45m的渡槽段，其顶、底高程分别为382.00m和222.00m。在高程280.74～361.50m设一跨度为39.50m、垂直于升船机中心线的横向贯通洞，作为厂房的安装间。渡槽段下游端布置上闸首工作闸门，门槛高程为367.00m。

②承船厢室段。

承船厢室段建筑物总长116.00m，在高程296.00m以上总宽47.00m，沿升船机中心线对称布置；承船厢室段左侧在高程292.50m以下与二期纵向围堰结合。承船厢室宽19.00m，底板顶高程255.00m，建基面高程240.00m（上游有部分基础为碾压混凝土），承重塔柱结构顶高程393.00m，结构总高153.00m。

4个筒状塔柱结构对称布置在承船厢室两侧，每个塔柱顺流向长47.20m，垂直流向宽14.00m（高程296.00m以上），上、下游两个塔柱间距19.60m，与上、下闸首之间各有1.00m的间隙。每个塔柱的内侧分别布置一个长16.00m、宽5.40m的凹槽，凹槽的墙壁上设有驱动机构的齿条和安全机构的螺母柱。每个塔柱内部分别设4个平衡重竖井。

顶部机房布置在塔柱高程393.00m，为覆盖左、右侧塔柱和承船厢室的整体大机房，并延伸到上闸首22.95m。机房顺流向长137.95m，宽47.00m，净空约24.00m。与承船厢设备相对应，机房内布置滑轮设备和检修吊装设备的桥机，同时还布置中控室、变电所等。

承船厢及承船厢设备布置在4个塔柱围成的承船厢室内，承船厢驱动机构和安全机构布置在两侧的4个侧翼结构上，通过驱动机构小齿轮沿齿条的运转，实现船厢的垂直升降。当承船厢升降时，与驱动机构同步运行的螺杆在螺母柱内空转，遇到事故时可将承船厢锁定在塔柱结构上。

承船厢结构、设备连同厢内的水体总重约8150t，由相同重量的平衡重完全平衡。平衡重分成16组，分别布置在4个塔柱的16个平衡重井内。承船厢与平衡重块之间通过128根ϕ76mm的钢丝绳连接，钢丝绳转向滑轮布置在塔柱顶部的机房内。升船机承船厢室段结构和设备平面布置示意图见图1.2-32。

③下闸首。

下闸首紧邻承船厢室段下游端布置，为整体坞式结构，其长40.00m，宽52.10m，顶高程296.00m，上游段底高程为233.00～235.00m，下游段底高程为252.00m，中间段渐变连接，结构最大高度63.00m。

下闸首的航槽宽12.00m，底高程262.00m。布置有工作闸门和检修闸门，分别供升船机运行、检修使用，以及防止下游河道水体倒灌入承船厢室内。在下闸首下游侧布置防撞装置，用于保护闸门免受失速船舶的撞击。在下闸首顶部布置一台门机，用于下闸首检修闸门的启闭、其他设备的安装和检修。

④辅助船闸。

辅助闸室总长118.00m，沿纵向分为6段。辅助闸室为分离式结构，左、右边墙顶高程分别为280.85m和286.40m，底高程均为258.00m，结构高度分别为22.85m和28.40m。

辅助闸室底板顶高程为 260.50m，厚 2.50m。

辅助闸首设在辅助闸室下游侧，长 20.00m，航槽宽 24.00m，底板顶高程 260.50m，采用分离式结构。边墩顶高程 296.00m，建基面高程 256.50m，结构最大高度 39.50m。辅助闸首布置有防撞装置和工作闸门。

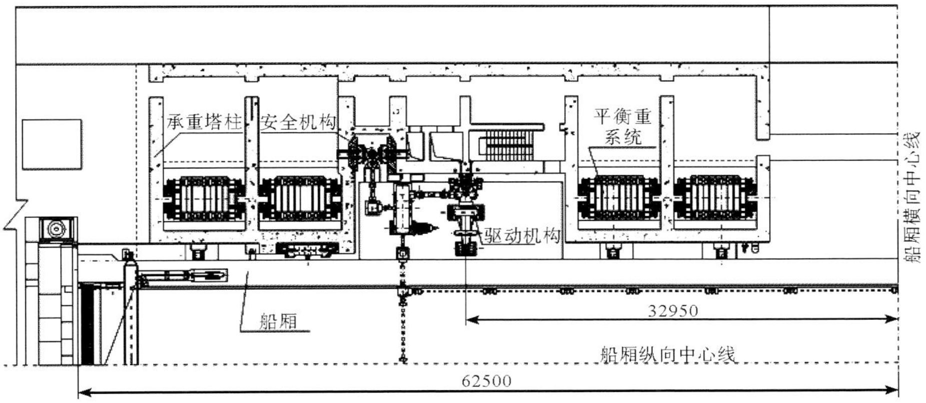

图 1.2-32　升船机承船厢室段结构和设备平面布置示意图（单位：mm）

1.2.4　水工及泥沙模型试验

1.2.4.1　研究解决的主要问题

大中型水利枢纽通航建筑物通航水流条件能否满足船舶（队）安全顺利地过坝，主要取决于通航建筑物的线路和引航道口门区的布置。由于影响通航建筑物布置的制约因素多且复杂，在不能简单地按照一般规定或经验，布置选定通航建筑物的线路时，需要通过物理模型或数学模型，对线路的通航水流条件和泥沙淤积情况进行验证和分析。

针对设计推荐的通航建筑物布置方案，通过对坝区水流及河道演变规律的研究，希望达到以下目的：

①验证通航建筑物布置方案的通航水流条件；

②研究引航道泥沙淤积的变化及其对水流条件的影响；

③验证改善通航水流条件和减少引航道泥沙淤积的工程措施；

④验证船舶（队）通过通航建筑物的适航性能；

⑤获取对通航建筑物布置及工程措施进行优化的意见或建议。

1.2.4.2　研究和分析的主要方法

（1）物理模型

1）坝区水工模型试验研究

大中型水利枢纽通航建筑物的通航条件，与坝区的河道地形、大坝上游来水流量的大小、不同运行期库水位的高低、枢纽过水建筑物的运行调度、通航建筑物引航道及其口门区的布置、过坝船舶(队)的大小和航行性能等有着十分密切的关系,仅按经验或一般规定布置的线路往往难以判断通航建筑物建成后,在整个运行年限内的通航条件。水工模型试验(在多沙河流上的水利枢纽水工模型试验,尚应配合坝区泥沙模型),可以综合地反映上述各种因素之间的关系,借以对坝址上、下游水流条件的变化及其对通航的影响进行分析和判断。

通航建筑物水工模型试验研究,通常在 1∶60～1∶120 的模型上进行。试验研究的主要内容包括:引航道口门区及其附近河段的流速、流态,枢纽泄洪或通航建筑物充、泄水在引航道内引起的流速、流态变化。

2)船模航行试验研究

在参照水工模型试验取得的流速、流态成果,直接对照现行有关规定判断通航建筑物引航道的通航条件时,往往存在一定的困难,在同样的规定和试验成果面前,对各种因素的影响分析往往会得出不同的结论。船模航行试验可以得到反映方案布置的水流条件对设计船舶(队)进出引航道的航速、操舵数据和航迹线等综合适航性能的资料,在一定程度上可以弥补这方面的不足。目前进行这方面试验采用的方法大致有以下两种。

①按照相似性原理,制作与设计船舶(队)性能相似的小比尺模型船,在设计的通航建筑物布置、通航流量和通航水位的同比尺水工模型上,对船模进行由主河道进出引航道的航行试验,记录航行过程中的航速和舵角,测量航行过程中的航迹线,分析论证船舶(队)进出引航道的航行条件。

②利用通航建筑物布置资料,以及在水工模型上取得的流速和设计船舶(队)的性能等资料,在模拟器上对船舶进出引航道,进行航行性能和航行条件的模拟试验。同样通过记录在模拟船航行过程中的操控资料,分析判断原型船舶(队)进出引航道的航行条件。

以上两种方法都必须有水工模型提供设计船舶(队)航行性能和流速资料,但后者不需要制作船模,只需要使用物理模型的流速、流态资料和由计算机及模拟操纵器组成的一套通用设备及相关的软件。与前者相比,模型制作的工作量明显减少,对试验条件的改变也比较方便,且只要有相关资料,还可以模拟风、夜航等航行条件。

3)坝区泥沙模型试验研究

在含沙河流上通航建筑物的通航条件与水库泥沙淤积的关系十分密切。泥沙淤积不仅使引航道及其口门附近的通航尺度发生变化,同时随着水下地形的改变,将导致通航水流条件产生变化,因此需要通过泥沙模型对一定年限以后通航建筑物的水流条件及泥沙冲淤变化进行长系列的验证试验。

坝区泥沙模型试验的工作,通常在正态 1∶100～1∶150 的模型上进行,试验场地有困难时,模型比尺可适当缩小,或采用变态模型,但缩小后的模型比尺,不宜小于 1∶200。按照通航建筑物的布置和设计通航流量及相应水位,采用经过论证确定的偏安全的水沙过程,在研究水库泥沙淤积基本规律的基础上,试验研究以下主要内容:

①不同水沙典型年,水库、通航建筑物引航道及其口门区附近泥沙淤积的数量和过程;

②淤积物的颗粒组成;

③引航道及其口门区附近泥沙淤积的部位和形态;

④泥沙淤积在引航道口门区附近引起的对水流条件的影响。

(2)数值模拟研究

坝区、引航道水流条件和泥沙冲淤变化的物理模型研究,在解决问题的同时,存在研究工作投入大、时间长,引航道布置方案改变,重复试验的工作量较大等弊端。随着科学技术的进步,数值模拟研究得到了迅速发展,与物理模型研究相比,其特点是速度快、效率高、费用省,在不长的时间内可研究的方案多。因此,以物理模型为主、数值模拟为辅的研究手段,将逐步向以数值模拟为主,辅以必要的物理模型研究的方向发展。

(3)试验研究的主要成果

进行通航建筑物水工、泥沙模型试验的目的,是为不同的通航建筑物布置方案提供比选和决策的依据。在满足模型相似性的前提下,通常要求用图表和文字提供以下成果。

1)水工模型试验

①引航道口门区及其附近河段的流速表、流速分布图。

②引航道内的通航水流条件,包括流态、流速和涌浪等。

③能满足船舶(队)通航条件要求的引航道与主河道的连接形式。这包括口门区的位置、引航道轴线与主河道主流流线间的交角,以及改善通航水流条件措施的建议。

2)船模航行试验

①航速过程线和与之对应的用舵记录。

②航行过程中的航迹线。

③船舶在闸前错船时的各种航行参数。

④对方案布置修改的意见和建议。

3)泥沙模型试验

①水库达到冲淤平衡的年限。

②航道及其口门区附近由泥沙淤积导致碍航的起始时间。

③引航道及其口门区附近年内和年际汛期泥沙淤积的速率。

④典型年引航道及其口门区附近的泥沙淤积地形图。

⑤各典型年和泥沙冲淤平衡年最大通航流量条件下,引航道及其口门区附近的流速分布图。

⑥方案布置研究的基本结论,以及引航道及其口门区防淤减淤和改善水流流态措施的建议。

1.3 高山峡谷地区高坝通航关键技术

1.3.1 高山峡谷地区高坝通航的主要特点

随着我国水利水电建设逐步向西部山区推进，在高山峡谷地区兴建的水利水电枢纽日益增多。这些枢纽往往具有发电、防洪、航运、灌溉等多种功能。由于水电站位于高山峡谷地区，高坝通航具有以下主要特点。

(1)地形地质条件复杂

高山峡谷两岸山体雄浑，谷坡陡峻，大多为深谷河段。物理地质现象主要有滑坡、崩塌堆积、变形体、泥石流等。高山峡谷地区地质构造背景复杂，河谷下切的过程导致了边坡岩体风化、卸荷作用强烈。这些区域通常还存在高地应力、高地震烈度、高渗透水压力等复杂的地质环境条件。

(2)通航水头高

高山峡谷河段的枢纽均为高坝大库，金沙江下游乌东德水电站通航水头为161.2m，白鹤滩水电站通航水头为243.6m，溪洛渡水电站通航水头为228.5m，较中下游河流通航水头明显增大，通航建筑物总体设计难度也随之显著增加。为适应高坝通航需求，必须解决高水头船闸、高扬程垂直升船机、长通航隧洞及高架通航渡槽等关键技术问题。

(3)建筑物布置难度大

高山峡谷地区的河流，如金沙江、澜沧江、怒江、雅砻江、大渡河等大多河床狭窄，建筑物布置空间有限，泄洪建筑物占据河床，常规布置通航建筑物不可避免地要涉及数百米级甚至更高的岩质边坡的开挖，开挖工程量巨大，需要根据地形条件进行多种组合式通航建筑物布置研究。

(4)通航水流条件复杂

高山峡谷河道弯曲狭窄，水流湍急，比降大，流态复杂，通航水流条件较差，受河势和电站运行影响，下游水位陡涨陡落，日水位或小时水位变幅较大，高坝通航建筑物设计要克服较大的水位变幅和变率等复杂的通航水流条件的不利影响，在保证通航安全的前提下需要有针对性地研究通航水流控制标准。

(5)生态环境要求高

我国西部大部分地区生态环境脆弱，森林覆盖率不足，水土流失严重，生态环境的敏感性、不稳定性等问题突出。西部高山峡谷地区的生态保护需求强烈，要求工程建设尽量减小对周围山体、植被的破坏，防止水土流失和生境恶化。

1.3.2 高山峡谷地区通航建筑物通航条件及标准研究

1.3.2.1 河流特性对通航条件的影响

高山峡谷地区水利水电枢纽的建设，一方面在其上游会形成宽广的水库，淹没上游急、弯、浅、险等各类碍航险滩，较大幅度地改善通航条件，提高航道的通过能力；另一方面需要建设高坝通航建筑物以克服枢纽上、下游形成的水位差。引航道口门区及连接段通航水流条件对船舶(队)能否畅通过坝、安全运行以及枢纽航运效益的发挥有较大影响。为了保证船舶运行安全、防止海损事故的发生，《船闸总体设计规范》(JTJ 305—2001)和《内河通航标准》(GB 50139—2014)对口门区的通航水流条件作了具体规定，对口门区的纵向、横向和回流流速指标等作出了明确要求。由于高山峡谷河道弯曲狭窄、水流湍急、比降大、受河势和枢纽运行影响大，引航道口门区及连接段通航水流条件较差，流态复杂，尤其是金沙江下游已建枢纽水头大，枢纽下泄流量大，通航建筑物下游引航道口门区及连接段河宽较窄，没有足够的空间对水流进行充分的消能，水位波动较为剧烈，若按规范要求的洪水重现期来确定最大通航流量，往往历时短、洪量大，对枢纽下游的水流流速、流态等影响较大，局部通航水流条件较难完全满足规范规定的最大流速限值要求，有时采取工程措施后仍达不到很好的效果。因此，针对高山峡谷地区河流特性需要研究解决以下问题。

1.3.2.2 关键技术问题

(1)最大通航流量的合理选择

最大通航流量的确定，大致有高水保证率(或历时率)法、某频率年—容许停航天数法(频率—保证率法)、频率(或重现期)法、警示水位法等计算方法。世界上一些航运比较发达的国家如美国、德国等，在确定渠化河流航运梯级工程的最大通航流量标准时，通常结合河道本身通航条件的限制因素和有效通航历时的要求综合确定。新中国成立初期，我国参照苏联的计算方法，采用频率年—容许停航天数法来确定。在实际工程中确定最高通航水位时，均按频率法计算，大多未考虑停航期。在高山峡谷地区河流的运用上遇到了不少的问题，对于山区河流水位过程线呈尖瘦型时，按现行规范计算的最大通航流量大多偏高；洪水频率法标准没有考虑天然河道实际允许最大通航流量的限制条件。为了提高通航流量标准而过分地加大河势整治工程，在经济上是不合理的，而且在实际运用中往往是不必要的。通过对高山峡谷地区比较典型的通航建筑物最大通航流量计算方法进行研究分析，以提出合理的最大通航流量确定方法。

(2)引航道口门区及连接段通航水流条件

引航道口门区及连接段通航水流条件的好坏，直接关系到船舶(队)能否顺利过闸，是设计关心的问题。苏联、美国陆军工程师兵团、德国联邦水工研究所均提出了下游引航道口门区保证安全通航的水流条件。我国于20世纪50—60年代，在进行水利枢纽通航建筑物进出口条件试验研究中认识到航道水流的复杂性和对船舶性能的影响，70 年代针对葛洲坝水利枢纽中船闸进出口门的布置，进行了实船和模型试验，研究改善水流条件的措施，规定流速的限值和范围。通过不断的工程实践和科学研究，《船闸总体设计规范》(JTJ 305—2001)中明确提出了引航道口门区水面最大流速限值要求，对连接段的通航水流条件要求参照口门区水面最大流速限值执行。对于高山峡谷地区通航建筑物，引航道口门区及连接段流速限制要求通常难以完全满足，且根据实船试验和实际运行来看，在突破标准规定限值一定范围时，船舶仍能安全进出闸，为此需要在相关规程规范的基础上，进一步探讨适合高山峡谷通航建筑物的通航水流条件。

(3)口门区及连接段内的波浪限值标准

目前的规范仅给出了口门区及连接段内的波浪限值标准设计原则，《船闸总体设计规范》(JTJ 305—2001)要求引航道和口门区航行条件及波稳条件应考虑风浪的影响。枢纽泄水在引航道和口门区产生的非恒定往复流的波动应不影响过闸船舶、船队安全航行和停泊。船闸自引航道取水或向引航道泄水时，引航道内和口门区非恒定流水面波动、比降等应满足过闸船舶、船队安全停泊和航行要求。《内河通航标准》(GB 50139—2014)要求船闸口门区及连接段应避免出现影响船舶、船队航行和停泊安全的泄水波、泡漩和乱流等不良水流条件。波浪限值是通航标准制定的控制性因素之一，波浪的成因各不相同，各种波流的影响程度亦有所不同。分析不同成波因素对船舶运行安全的限值影响，以实际船型对各种限值进行校验，通过数值模拟研究船舶各自由度运动量对不同波浪方向的响应情况，提出口门区及连接段内的波浪限值标准。

1.3.3 高水头衬砌式船闸设计与研究

1.3.3.1 主要特点

衬砌式船闸是针对基础为岩石，且岩性较好的条件，为充分利用良好基岩，闸首和闸室采用衬砌式结构，并通过锚杆或锚索的作用，使得衬砌式结构与支撑岩体联合受力，满足运行要求。这种形式的船闸，其结构断面较小，可大幅度节省岩石开挖和结构混凝土工程量，降低工程造价。衬砌式船闸具有以下主要特点：

(1)有利于枢纽的总体布置

衬砌式船闸总体布置紧凑，在枢纽总体布置中灵活性大。采用衬砌式船闸与采用其他形式的船闸相比，衬砌式船闸在枢纽布置中占用的宽度明显减小，具有在两侧河岸上进行布置的有利条件。为在河床宽度较小、布置水工建筑物比较紧张的枢纽总体布置，提供了更大的余地。

(2)与基岩联合工作，结构受力合理

充分利用基岩比较完整、抗压强度高的有利条件，闸室墙和闸首支持体采用与岩体共同作用的薄衬砌结构，岩体与混凝土结构联合受力，共同承受结构荷载。即在高水位工况下，利用墙后岩体的支承作用以抵抗人字闸门推力、内水压力等荷载；在完建、检修工况下，利用结构锚杆将混凝土结构与岩体连成整体，共同承受渗压力等荷载。与重力式结构相比，可明显地减少岩石开挖和结构混凝土工程量，降低船闸主体工程的造价。

(3)有利于船闸输水系统布置

重力式船闸的输水系统主廊道，通常布置在结构内部。为解决高水头船闸输水廊道阀门段产生空化气蚀问题，考虑降低输水主廊道阀门段布置高程时，闸墙结构断面尺寸、结构工程量及施工难度会增加。衬砌式船闸在山体内开挖隧洞及竖井形成输水主廊道，输水阀门段高程降低只少量增加隧洞的长度，在船闸工程量和施工难度变化很小的情况下，就能较方便地实现降低阀门段廊道高程，满足输水廊道阀门段防空化气蚀所需淹没水深的要求。

(4)开挖工艺要求严格

岩体作为结构的组成部分，对船闸岩槽的开挖爆破工艺要求更加严格，岩面成型要求高。为保证岩体边坡的稳定，控制边坡变形，需要加大支护工程量。但与采用其他结构形式的船闸相比，衬砌式船闸在技术先进性和经济合理性方面仍具有十分明显的优势。

1.3.3.2 结构形式

衬砌式船闸根据地形、地质条件，按其布置方式的不同，可分为明挖衬砌式船闸和地下衬砌式船闸两种。布置在地面，航槽由明挖形成的衬砌式船闸称为明挖衬砌式船闸；布置在地下，航槽由洞挖形成的衬砌式船闸称为地下衬砌式船闸。

(1)明挖衬砌式船闸

明挖衬砌式船闸的结构形式与岩石性质、可利用基岩顶部高程等有密切的关系。在一般情况下可根据结构衬砌范围、衬砌形式及结构受力状态进行分类。明挖衬砌式船闸根据主体结构衬砌范围的不同，可分为全衬砌式船闸和部分衬砌式船闸两大类。

1)全衬砌式船闸

全衬砌式船闸的主要特点是船闸的闸首、闸室结构均采用衬砌式结构，充分利用基础岩体条件。通过船闸闸首和闸室结构与基础岩体联合受力，节省较多的岩石开挖和结构混凝土工程量。由于闸首的受力条件比较复杂，闸门设备对结构变形控制的要求更高，采用全衬砌式船闸的技术复杂性和施工难度相对较大，一般需要进行详细的分析论证。

全衬砌式船闸闸室结构横剖面示意图见图 1.3-1。

2)部分衬砌式船闸

部分衬砌式船闸只在闸室部位，利用基础岩体的有利条件，采用衬砌式结构，闸首部分不采用衬砌式结构。这种船闸形式同样可以节省石方开挖和混凝土浇筑的工程量。

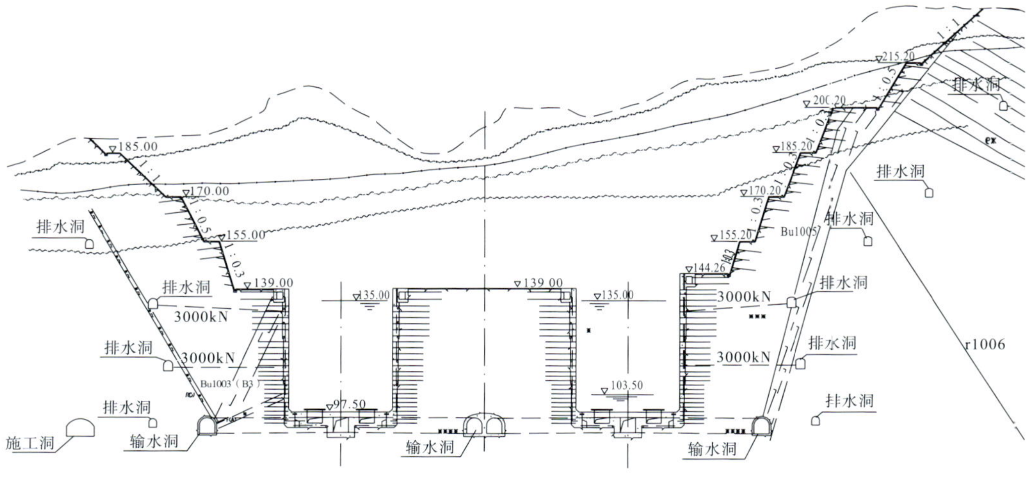

图 1.3-1　全衬砌式船闸闸室结构横剖面示意图

（2）地下衬砌式船闸

山区河流的枢纽建设经常会遇到坝址河床狭窄、两岸山体高陡的地形。在这些坝址进行枢纽的总体布置时，河床宽度往往会被泄洪建筑物所占据，使通航建筑物无法在河床中进行布置。当船闸主体结构位于枢纽河岸上，需要开挖的闸槽深度大，导致闸槽开挖后高陡边坡的技术难度和工程量、造价较大。当在船闸通航净空以上，岩体有足够的覆盖厚度和采用洞挖成洞条件较好，将船闸的主体建筑物布置在山体内部时，即为地下衬砌式船闸。

这种船闸形式，可在基础岩石的物理力学特性较好的水利枢纽中布置，是衬砌式船闸的另一种形式。在相同条件下，这种船闸形式与明挖衬砌式船闸相比，可更大程度地节省石方开挖工程量，相应地获得更大的经济效益。

地下衬砌式船闸布置示意图见图 1.3-2。

图 1.3-2　地下衬砌式船闸布置示意图

1.3.3.3 输水系统

输水系统布置形式的选择与船闸最大设计水头之间并无统一标准。输水系统水力设计要求闸室充、泄水时，输水主廊道不产生强烈声振和空蚀破坏，输水系统上游进水口无危害闸室停泊条件的吸气漩涡，下游泄水不影响船舶的安全停泊。集中输水系统充、泄水过程中，在闸室出水区域一定范围内，形成水流翻滚旋转消能，同时水流在闸室内有纵向流动，对过闸船舶产生水流作用力，应用受到一定限制，适用低水头船闸，不适用高水头船闸。

高水头衬砌式船闸需要采用分散式输水系统布置，通过设在闸墙或闸室底板内的纵向主输水廊道，以及与其相连的纵向或横向分支廊道及出水孔将水体分散、均匀地充入或泄出闸室。常见的进水口布置方式，有闸首边墩及槛上多支孔进口、导墙上侧向多支孔进口、引航道底部横支廊道进口和旁侧进口等。主廊道可直接布置在闸室底板内，与出水分支廊道相结合，也可布置在闸室边墙或两侧岩体内。闸室出水支廊道布置形式主要包括闸墙内长廊道分散式侧支孔，底板分区段分散式顶支孔出水。

1.3.3.4 关键技术问题

(1)结构布置

衬砌式船闸在天然山体中开挖形成的岩槽内建设，为充分利用良好基岩的条件，边坡下部修建闸首和闸室混凝土结构，并通过锚杆的作用，使衬砌结构与支撑岩体在各种工况的荷载作用下能联合受力，满足运行要求。高陡边坡高度通常较大，沿船闸轴线方向的长度较长、坡面的几何形态复杂。衬砌式船闸结构要根据受力条件和混凝土温控的要求合理进行分缝分块，根据不同功能要求，选定闸首、闸室衬砌墙的结构尺度，布置衬砌结构与岩体间的结构锚杆，选定墙后高效、可靠的排水系统，严格控制墙后地下水位，确保结构与岩体联合工作条件。

(2)结构分析

受力体系为混凝土、锚杆、岩体三者共同工作，要求受力体在各种工况下能够充分发挥各自的材料特性，保证工程安全可靠。由于混凝土与岩体间存在接触问题，混凝土与岩体为非线性材料，需要研究闸墙与岩体协调工作的机理，保证闸墙与岩体成为可靠的联合工作体；结构锚杆是受力体系联合工作的关键，受力条件复杂，不仅承受轴力，而且还承受由闸墙自重及温度变形产生的弯、剪应力。改善结构锚杆复杂的受力状态，充分发挥锚杆的抗拉强度，同时通过锚杆实施，进一步提高墙后岩体的稳定性，需要对锚杆的布置、材质、构造进行研究。

(3)输水技术

从高山峡谷地区高坝通航建筑物的布置条件、通航水头等方面考虑，按照减小工程技术难度、节省工程投资、方便运行管理、保证工程安全可靠、保持工程技术先进性的原则，研究高水头衬砌式船闸输水技术及输水系统布置，合理选择阀门防空蚀、防声振技术。研究高水头大型船闸闸室消能机理，等惯性输水廊道流量分配与内消能技术等，发展输水系统布置形式，满足高山峡谷高坝通航的要求。

1.3.4 高扬程垂直升船机设计与研究

1.3.4.1 高扬程垂直升船机的形式及特点

国内垂直升船机应用重视机型选择的研究，各工程针对自身特点，在借鉴已有建设经验的基础上，选择合适的机型，并进行创新发展，以提高升船机运行适应性和安全可靠性，机型呈多样化。目前，我国规模最大的全平衡钢丝绳卷扬式垂直升船机为水口和亭子口的2×500吨级升船机，提升高度分别为59.0m和85.4m，提升高度最大的为500吨级构皮滩水电站第二级全平衡钢丝绳卷扬式垂直升船机，工作升程127m。规模最大的全平衡齿轮齿条爬升式垂直升船机为三峡升船机，最大过船规模为3000吨级，爬升高度为113m。不同形式的高扬程大型垂直升船机具有以下特点：

(1)全平衡钢丝绳卷扬式垂直升船机

全平衡钢丝绳卷扬式垂直升船机，承船厢的总重量与平衡重总重量相等，承船厢升降运行由钢丝绳卷扬式主提升机驱动。平衡重系统中设置了可控平衡重装置，通过与力矩平衡重和重力平衡重的合理配置，确保承船厢有足够的防事故能力。可控平衡重装置的卷筒为设置有安全制动器的无动力驱动随动卷筒，不与主提升传动系统连接，提高了运行安全性，并且为承船厢的维修创造了便利的条件。由于高扬程大型垂直升船机的提升高度和承船厢总重量大，一是导致卷扬机卷筒缠绕的钢丝绳较长，钢丝绳直径较大，要求卷筒的直径和长度大，主提升机纵向布置空间加大，承船厢总长度被动增加，卷筒设备加工制造困难；二是由于承船厢悬吊长度较长，且承船厢仅由提升绳支承，支承刚度弱，船厢的纵倾稳定问题更加突出。

(2)部分平衡钢丝绳卷扬式垂直升船机

这种升船机采用承船厢入水的部分平衡形式，也称部分平衡钢丝绳卷扬式垂直升船机。该机型是针对电站下游水位变率较大的特点，在全平衡钢丝绳卷扬式机型的基础上发展形成，承船厢在下游入水运行，以适应通航水位变化，承船厢没有与下游对接的过程，运行流程比较简单。部分平衡钢丝绳卷扬式垂直升船机平衡重总重量小于船厢的总重量，承船厢升降运行依然采用主提升机驱动，主提升机的卷筒和减速器远大于全平衡钢丝绳卷扬式垂直升船机，其卷筒结构和减速器设备的加工制造技术是主要问题。此外，升船机在船厢出入水过程中的电气传动系统的荷载与控制特性也是一个需要重点研究的问题。

(3)齿轮齿条爬升式垂直升船机

齿轮齿条爬升式垂直升船机，承船厢通过齿轮刚性支承于铺设在土建结构的齿条上，其升降运行时的水平度和稳定性较高，布置在承船厢上的驱动机构、安全机构等设备可以适应承船厢与土建承重结构之间在各个方向的相对变位，确保承船厢在各种工况条件下安全运行。升船机运行过程中，在任何位置发生承船厢水漏空、对接水满厢、对接沉船等事故，导致升船机平衡系统遭到破坏时，安全机构采用机械方式锁定承船厢，可靠性高。承船厢上设置了适应地震工况的纵向、横向导向机构，保证在地震条件下承船厢不与塔柱结构碰撞，不发生倾覆、坠落事故。承船厢升降过程中齿轮与齿条之间始终要保持精准啮合状态，随着提升高度和提升重量的增加，设备制造、安装的难度加大，混凝土承重结构施工的精度要求更高。

1.3.4.2 关键技术问题

(1)垂直升船机总体方案

高扬程大型垂直升船机总体方案中，工程的技术可行性和先进性、经济性和运行安全性是设计的重要内容之一。升船机总体方案设计应根据升船机的运行条件，分析不同形式升船机的特性和布置要点，选择合适的机型，提出承重结构的形式、主提升机和驱动系统设备布置，确定总体技术参数和布置方案。

(2)承船厢纵倾稳定与水平控制技术

承船厢纵倾稳定与水平控制是全平衡钢丝绳卷扬式垂直升船机特有的安全问题。由于提升绳属于变形较大的弹性构件，外载的变化会引起钢丝绳弹性伸长量的改变，承船厢在水体的扰动下可能发生动态失稳，同时提升绳作为承船厢的支承构件，为承船厢提供了多支点竖向弹性支承，承船厢倾斜将导致钢丝绳张力的变化。研究承船厢纵倾失稳的机理，提出保证运行稳定性的有效技术措施以及钢丝绳液压调平设计方案、调试技术是保证全平衡钢丝绳卷扬式垂直升船机安全运行的关键。

(3)驱动机构齿轮浮动支承系统及其超载支承转换技术

齿轮齿条爬升式垂直升船机采用安装在承船厢上的开式齿轮与安装在塔柱上的齿条啮合的方式，实现承船厢沿塔柱结构的竖直升降。齿条安装在混凝土塔柱上，自身不可避免地存在制造、安装误差，并且会随着塔柱结构的变形而产生变位。驱动机构需要保证齿轮与齿条的精确啮合，合理解决驱动机构与塔柱结构的变形协调问题，是关系到齿轮齿条爬升式垂直升船机设计成败的关键技术问题之一。

(4)电气传动与控制系统研究

高扬程大型全平衡钢丝绳卷扬式垂直升船机的主提升机，一般采用多卷扬机的多电动机分散驱动、机械轴连接的机械传动方案，要实现承船厢多电动机同轴运行的出力均衡、速度同步和行程同步，电气传动系统各驱动单元的交流变频传动装置必须进行协调控制。全平衡齿轮齿条爬升式垂直升船机承船厢驱动系统是一个多轴联动的机械系统，电气传动系统被控对象是一个复杂的多变量、多子系统相互耦合的复合传动系统，主要研究双电机出力均衡加四驱动点行程同步控制技术。部分平衡钢丝绳卷扬式垂直升船机需要适应引航道较大的水位变幅及较快的水位变率，同时承船厢入水前和入水后的受力有很大的变化，主要技术难点是解决下游较快的水位变率，并根据航道水位变化快速寻找减速点和停位点，以及负载过零动态控制技术。

(5)升船机抗震设计

升船机抗震设计主要是以不同机型的高扬程大型垂直升船机为分析对象，建立塔柱结构、承船厢、承船厢水体动力耦合模型，进行结构系统的地震动力响应研究，提出地基、塔柱结构、承船厢与厢内水体耦合作用下，系统整体的动力特性及地震响应特性，解决高扬程升船机塔柱结构抗震难题。

1.3.5 长距离隧洞通航设计与研究

1.3.5.1 长距离隧洞通航的特点

通航隧洞是穿越山岭的特殊限制性航道。当高山峡谷地区河床狭窄、两岸山体高陡，通航建筑物布置困难，明挖式航道工程量巨大，或已建枢纽增扩建通航建筑物布置条件受限时，采用通航隧洞线路选择灵活，可以减少对已建枢纽的影响。通航隧洞的横断面形状有圆形、城门洞形、椭圆形和马蹄形等，主要根据地质条件、施工技术、隧洞的跨度和使用条件确定。当围岩较坚固完整、地应力不大、隧洞断面宽度较小时，可采用拱顶直边墙断面；当隧洞断面宽度较大、地质条件较好时，可采用高拱形；当隧洞断面宽度较大时，为改善围岩应力，减小开挖量，可采用拱顶斜边墙；当外水压力较大时可采用圆形；当隧洞断面宽度较大、地质条件较差、水平地应力较大时，可考虑曲线形。通航隧洞断面尺寸需要适应水位变幅，满足船舶安全通航要求，通常洞室断面规模较大，工程造价高。目前设计和通航运行尚无规范标准可循。

通航隧洞典型断面示意图见图 1.3-3。

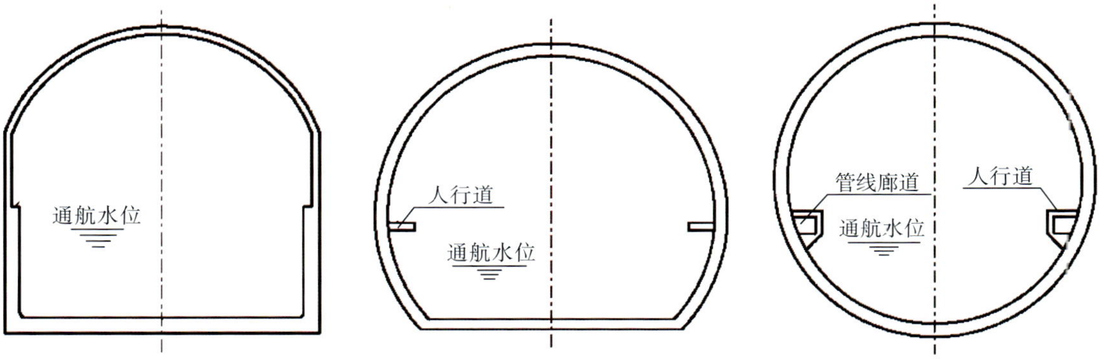

图 1.3-3　通航隧洞典型断面示意图

1.3.5.2 关键技术问题

(1)断面尺寸合理选择

通航隧洞断面尺寸与通行的船舶吨位、船舶过洞方式相关。与公路、铁路交通洞相比，通航隧洞具有断面大，船舶、水体、洞室三者相互制约，水力学条件复杂的特点。受洞室稳定、施工和工程造价的限制，通航隧洞通常难以满足规范规定的限制性航道断面系数要求，为典型的浅水狭窄型航道。因断面系数较小，船舶航行阻力及纵倾增加、速度降低、舵效变差、操纵性能降低，且船舶两侧可能的不对称水域及船行波、充泄水振荡波的反射叠加，将对船体产生不对称的侧向力，增加控制航向难度。通航隧洞断面尺寸的选择涉及船舶通过隧洞的航速、运行方式等，应与通航建筑物的设计参数相适应，满足通过能力要求，特别是通过大型船舶的通航隧洞，断面尺寸的大小与工程的技术可行性、工程投资密切相关，必须从技术、经济、运行安全等多方面综合分析。

(2)通航隧洞水力特性

通航隧洞水力特性与隧洞的布置、水下断面形式和尺寸、船舶航行状态、初始水深、隧洞两端通航建筑物运行方式等密切相关。影响通航条件的水力参数主要有波高(波幅)、船艉(艏)下沉量、流速、流态等，也是评价通航隧洞通航水流条件的重要指标，因此需要系统分析隧洞内关键水力参数变化特征及规律，探索通航水流条件与隧洞断面尺寸、初始水深等之间的内在联系。

(3)船舶航行特性

通航隧洞中船舶航行特性研究采取数值模拟、物理模型试验等手段，一是从船舶航行状态出发，分析研究船舶航行过程中的航速、船艉(艏)下沉量等变化过程及各航行参数指标与隧洞断面尺寸、初始水深等的内在规律；二是从船舶控制过程出发，基于船艉(艏)下沉量、航行阻力等航行特性指标分析船舶航行过程中的适宜航速、合理间距等，指导船舶安全行驶。

1.3.6 高架通航渡槽抗震技术研究

1.3.6.1 抗震特点

高架通航渡槽是跨越山岭谷地的架空限制性航道，其线路布置及结构尺寸由通航建筑物的总体设计确定。高架通航渡槽一般由钢筋混凝土或钢结构材料建成，大体上可分为上部“U”形盛水承重结构和下部支撑结构。通航渡槽具有荷载大、水密性要求高和变宽度的特点。

我国的西部地区是传统的强震区，也是水利水电工程开发的主要地区。在高水头枢纽通航建筑物设计中，通航渡槽是为适应地形变化而采用的连接建筑物，通常与升船机相连接。从功能上看，通航渡槽与通航建筑物是链式结构，任何一个结构功能丧失，均意味着通航功能丧失；从通航渡槽的地震动分析角度看，升船机是通航渡槽的动力边界。升船机结构刚度大，相邻的通航渡槽为高墩结构，两者基本周期差异大，且高墩有较大的位移变形能力，因此通航渡槽属于纵向地震作用下易发生剧烈碰撞的结构。

通航渡槽在强震下首选隔震耗能设计体系，总体性能要求是结构基本保持弹性，以隔震设计耗能装置研究为主。在通常情况下隔震设计会延长结构周期，增加结构的位移，而增加结构位移显然不利于结构安全，因此需要以耗能设计为主。

通航渡槽和升船机之间根据结构情况设置单向或双向滑动支座，横向可采用固定或滑动的构造。由于结构的功能要求不同，升船机相邻的通航渡槽与升船机动力特性在横向上差异很大。通航渡槽和升船机之间横向连接，无论是采用固定或滑动连接均存在一定隐患。因此，需要对通航渡槽和升船机之间横向连接做针对性的研究。

1.3.6.2 关键技术问题

在通航渡槽耗能设计方法的研究中，主要涉及两大部分：一部分是从工程角度进行适用于结构抗震设计的阻尼修正系数（DMF）参数研究；另一部分是基于地震波时程的 DMF 的纵向阻尼器参数设计方法研究。

（1）基于地震动衰减关系的 DMF 研究

DMF 是一个重要的结构抗震设计参数，主要用于调整结构阻尼比非 5%情况下反应谱的谱值。DMF 预测公式的研究主要集中在地震工程的衰减公式类研究中，是基于地震动记录统计分析建立的。从地震工程角度出发，对于每一个地震动记录，震级、距离、场地类别等 DMF 公式参数均是已知参数。对于一个高烈度区的实际工程场地，工程场地附近存在远近不同、活跃性不同的断层，未来地震的震级以及震源距存在多种可能，因此，在结构抗震设计领域，在实际的 DMF 应用中，震级和距离参数是无法唯一确定的，仅有场地类别是明确的，需要建立起适用于结构抗震设计的 DMF 公式。一方面明确 DMF 与震级、距离等地震参数的关系以及仅含周期、阻尼比两个参数时的概率含义；另一方面为后续进一步发展基于反应谱的纵向耗能装置目标化设计方法奠定基础。

（2）基于地震波时程 DMF 的纵向耗能装置目标化设计方法研究

地震作用下黏滞阻尼器参数的选取，通常是针对具体结构，根据同类工程经验选取阻尼系数和速度指数的合理取值范围，设定步长，得到若干阻尼系数和速度指数组合，逐一进行地震响应分析，最终以阻尼力、梁端位移、结构的内力响应等因素综合判断，选出阻尼器设计参数。此方法工作量大、耗时长、效率低。当通航渡槽纵向需要设置多个阻尼器时，问题变得尤为突出。因此，以 DMF 与附加阻尼比为工具，结合设计位移目标减震效率，提出黏滞阻尼器阻尼参数的设计分析方法，并进行合理性验证以及工程应用。

（3）通航渡槽钢阻尼器横向抗震优化设计研究

根据通航渡槽与升船机的结构特点，其横向连接应该满足静力下通航渡槽与升船机之间有一定的横向刚度，适应两者间横向力的传递要求，大震下发挥减震耗能作用。基于此，研究新型三角钢板阻尼器，通过预设等效屈服力，以实现静力下通航渡槽与升船机之间有一定的横向刚度，限制升船机传向通航渡槽的横向力的要求，同时可方便更换，满足维护需求，并在大震下发挥减震耗能作用。

1.3.7 高陡边坡岩体稳定与变形控制技术

1.3.7.1 通航建筑物高陡边坡的特点

高山峡谷地区地质构造背景复杂，河谷下切的过程导致了边坡岩体风化、卸荷作用强烈，同时这些区域通常还存在高地应力、高地震烈度、高渗透水压力等复杂的地质环境条件。在高山峡谷地区建设高坝通航建筑物，不可避免地要涉及众多高陡岩质边坡的开挖，高度在数百米级甚至更高，大体量的开挖卸荷将导致工程区域岩体的进一步损伤劣化，而且即使是已建成运行的岩体工程，随着加固结构的逐渐老化，将诱发工程岩体再次卸荷。高山峡谷地区通航建筑物的高陡岩质边坡不仅具有规模大、几何形态复杂、深切开挖地应力释放变形，运行要求不同于一般边坡工程的特点，对于衬砌式船闸，衬砌闸墙与岩体联合受力，下部岩体还是结构的一部分，设计中不仅要考虑高陡边坡岩体在施工期和运行期的稳定安全，使岩体与衬砌结构协同工作，还要考虑边坡岩体变形对船闸结构，特别是对闸门及启闭设备运行的影响。与其他岩体工程相比，高坝通航建筑物对工程岩体的变形控制要求更高。

1.3.7.2 关键技术问题

(1)岩体自然卸荷特征

我国西南地区地处青藏高原的东侧以及印藏板块碰撞带附近，存在多条规模巨大的板块缝合线，基本上是中生代以来长期演化的造山带，主要可以划分为川青块体和川滇块体。作为世界上最年轻的造山带，我国西南地区河流边坡具有高陡复杂的特征，河谷附近形成高地应力集中区。典型的工程地质条件特征主要表现为边坡高陡、坡型复杂、高地应力，但边坡后期卸荷变形与区域性地质条件特征的内在联系还需要进一步探究，相应的边坡岩体演化过程和自然卸荷特征也需要进一步认识。

(2)岩体卸荷流变力学特性

岩体力学参数是变形稳定分析的基础，为了分析通航建筑物高陡边坡施工期和运行期全过程稳定状态，需要以典型高陡边坡岩体为对象，开展三轴压缩试验和三轴卸荷—流变试验，分析不同应力路径条件下岩体的力学特性、变形机制和破坏特征，建立能够模拟高陡边坡岩体卸荷蠕变力学特性的岩体卸荷—流变力学模型，探究长期强度确定方法，为通航建筑物高陡边坡设计提供技术支持。

(3)开挖卸荷区划分方法

岩体开挖卸荷效应集中体现为：在开挖面周围的区域出现卸荷分区，对于西南地区高地应力条件下的高陡边坡，确定卸荷区的划分对于坡体变形稳定计算至关重要，目前并无通用的方法，需要以典型工程为研究对象，采用数值模拟与现场监测数据分析相结合的方法，建立卸荷区划分指标体系，并基于应力划分的结果，研究位移、点安全系数的卸荷区划分方法，为更切实际地模拟研究工程边坡的稳定性奠定基础。

(4)施工期开挖卸荷变形演化机理及变形控制技术

高陡边坡开挖是一个复杂的物理过程,涉及很多的物理参量,需要以典型工程边坡对象为原型,研究确定有代表性的单值物理量,确定模型试验的相似准则,使模型与原型的变形、破坏、失稳相似,研制模型试验的相似材料,并提出从原料优选、物理指标定量分析到预测验证的相似材料配比研究方法。同时开展物理模型试验,研究坡体不同应力方向上的卸荷特征和高陡边坡施工期开挖卸荷变形演化机理,研究考虑地应力释放速率、不同开挖和加固方案下高陡边坡的变形响应,提出高陡边坡施工期变形控制技术。

(5)运行期变形预测模型及变形控制技术

通航建筑物高陡边坡变形控制是保障坡体稳定的关键所在,其中研究的主要内容之一是变形预测,现有预测方法较多,都尝试给出某一条件的确定值。因此有必要从风险控制的理念出发,通过识别影响变形的主要因素并建立起各因素与变形间的内在关系,提出在一定保证率条件下的坡体变形预估模型,同时通过三维数值仿真分析高陡边坡不同工况下的长期变形规律,提出通航建筑物高陡边坡运行期变形控制方案,并对施工期加固方案进行反馈,形成高陡边坡运行期变形控制技术。

参考文献

[1] 刘志明,温续余. 水工设计手册:第 7 卷　泄水与过坝建筑物[M]. 北京:中国水利水电出版社,2014.

[2] 钮新强. 全衬砌船闸设计[M]. 武汉:长江出版社,2011.

[3] 钮新强,宋维邦. 船闸与升船机设计[M]. 北京:中国水利水电出版社,2007.

[4] 中华人民共和国住房和城乡建设部,中华人民共和国国家质量监督检验检疫总局. 内河通航标准:GB 50139—2004 [S]. 北京:中国计划出版社,2004.

[5] 中华人民共和国交通运输部. 船闸总体设计规范:JTJ 305—2001[S]. 北京:人民交通出版社,2001.

[6] 中华人民共和国交通运输部. 船闸输水系统设计规范:JTJ 306—2001 [S]. 北京:人民交通出版社,2001.

[7] 中华人民共和国交通运输部. 船闸水工建筑物设计规范:JTJ 307—2001[S]. 北京:人民交通出版社,2001.

[8] 中华人民共和国水利部. 水工混凝土结构设计规范:SL 191—2008[S]. 北京:中国水利水电出版社,2008.

[9] 国家能源局. 水工建筑物抗震设计规范:DL 5073—2000[S]. 北京:中国电力出版社,2000.

[10] 中华人民共和国住房与城乡建设部,中华人民共和国国家质量监督检验检疫总局. 升船机设计规范:GB 51177—2016[S]. 北京:中国计划出版社,2016.

[11] 中华人民共和国交通运输部. 内河航道与港口水文规范:JTJ 214—2000[S]. 北京:人民交通出版社,2000.

[12] 龚德成,白成亮,杨世胜. 通航建筑物口门区及连接段通航水流条件探讨[J]. 中国水运(学术版),2007(1):31-32.

[13] 胡旭跃,李彪,徐立君. 水利枢纽通航水流条件研究综述[J]. 水运工程,2005(11):65-70.

[14] 周华兴,郑宝友. 船闸引航道口门区通航水流条件改善措施[J]. 水道港口,2002(2):81-86.

[15] 林太举,朱翼挺. 金沙江向家坝高坝垂直升船机[J]. 水力发电,2014,40(1):66-68.

[16] 国家能源局. 水电工程水工建筑物抗震设计规范:NB 35047—2015[S]. 北京:中国电力出版社,2015.

[17] 中华人民共和国住房和城乡建设部,中华人民共和国国家质量监督检验检疫总局. 建筑抗震设计规范:GB 50011—2010[S]. 北京:中国建筑工业出版社,2010.

[18] 中华人民共和国交通运输部. 公路工程抗震规范:JTG B02—2013[S]. 北京:人民交通出版社,2013.

[19] 黄润秋. 中国西部地区典型岩质滑坡机理研究[J]. 地球科学进展,2004,19(3):443-450.

[20] 王兰生. 斜坡稳定问题的工程地质研究[J]. 水文地质工程地质,1989(4):27-29.

[21] 黄润秋,张倬元,王士天. 论岩体结构的表生改造[J]. 水文地质工程地质,1994(4):1-6.

[22] 黄润秋. 中国西南岩石高陡边坡的主要特征及其演化[J]. 地球科学进展,2005,20(3):292-297.

[23] 李建林. 卸荷岩体力学原理与应用[M]. 北京:科学出版社,2016.

第2章 高山峡谷地区通航建筑物通航条件及标准研究

2.1 高山峡谷地区河流特性及对通航的影响

我国在天然河流上修建了数万座大坝。这些枢纽的建设，一方面在其上游形成宽广的水库，淹没了急、弯、浅、险等各类碍航滩险，提高了航道的通过能力；另一方面使得枢纽上下游形成水位差，对于高坝这个水位差甚至超过200m。高山峡谷地区河道的通航建筑物通常具有布置空间狭小、水头较高以及地质条件较为复杂等特点。无论采用升船机或者船闸作为通航建筑物，其引航道口门区及连接段通航水流条件的好坏，都直接关系到船舶(队)能否安全过坝以及枢纽通航能力的大小。枢纽上下游引航道口门区及连接段通航水流条件，以及通航建筑物最大通航流量与枢纽运行方式密切相关。高山峡谷地区枢纽水头高、流量大，大坝泄洪、电站发电以及船闸灌、泄水对下游引航道口门区及连接段水流条件的影响较大，对船舶(队)安全进出通航建筑物下游引航道尤为不利。

为保障船舶(队)及通航建筑物安全，使船舶(队)在口门区及连接段保持良好的航行状态，且易于操纵控制，结合我国通航建筑物建设的经验和教训，《船闸总体设计规范》(JTJ 305—2001)和《内河通航标准》(GB 50139—2014)对口门区的纵向流速、横向流速和回流流速等指标作出了明确规定。根据大量已有研究成果，高山峡谷地区通航建筑物下游引航道口门区及连接段的通航水流条件较为复杂，如金沙江下游已建枢纽水头高，泄流量大，加之通航建筑物下游引航道口门区及连接段河宽较窄，无足够消能空间，下泄水流水位波动剧烈。现行规范并未对口门区水位波动限值以及连接段的通航水流条件各要素指标限值提出具体要求。因此，合理选择高山峡谷地区通航建筑物最大通航流量，研究通航建筑物口门区及连接段的通航水流条件控制标准是高山峡谷地区通航关键技术的重要内容之一。

2.2 最大通航流量的合理选择

2.2.1 国内外有关规定及计算方法

2.2.1.1 国外有关规定及计算方法

航运比较发达的国家如美国、德国等，在确定通航建筑物最大通航流量时，通常综合考虑河道通航条件的限制因素和通航历时的要求。如美国陆军工程师兵团《EM1110-2-2601 设计手册》中要求:在记录的最大洪水期内最长的停航期范围为 10～15d;另外也规定大于最大通航流量的历时,在一次洪水过程中不超过 7d。

由于水位、流量是控制船舶通航的主要因素,通常国际上确定最大通航流量或者最大流量对应的最高通航水位的计算方法可以归纳为如下几类:

(1)高水保证率(或历时率)法

美国的密西西比河、欧洲的多瑙河、亚洲的孟加拉国和印度的河流等均采用此法。

(2)某频率年容许停航天数法(或简称频率—保证率法)

俄罗斯以及我国的河流 1990 年前均采用此法。即先按航道等级确定频率,再从选定的某频率年的水位过程线上,扣除该航道的容许停航天数得出相应的水位。

(3)频率(或重现期)法

德国与泰国等国的河流都采用频率法,在湄公河上按 15 年重现期确定,泰国其他河流按 18 年确定。印度的河流有时也采用此法,频率为 10 年或 20 年。

(4)警示水位法

德国莱茵河、斯特拉斯堡下游的设计最高通航水位规定采用历史最高水位,同时还受沿河城市及低水位码头的警示水位所控制。

2.2.1.2　国内有关规定及计算方法

1959 年后,我国参照苏联,采用频率年容许停航天数法来确定最高通航水位(最大通航流量对应水位),该方法在 1957 年三门峡规划时出现了问题。由于三门峡水位过程线呈尖瘦多峰型,尽管 20 年一遇水位较高,但从该年水位过程线顶水位往下扣除容许停航天数以后,所得到的设计最高通航水位却低了许多,而且这个水位没有任何概念。于是有人提出采用保证率—频率法确定最高通航水位,即计算每年的容许停航天数,然后计算频率。1959 年全国水运网会议上,时任交通部副部长谭真在设计最高通航水位的确定方法时提出:设计最高通航水位按频率法计算确定,是否考虑停航期,按具体情况研究。1963 年《全国内河通航试行标准》中采用了这种方法。自此之后,在实际工程中确定设计最高通航水位时均按频率法计算,大多未考虑停航期。直至 1990 年修订的《内河通航标准》中,在确定最高通航水位时,删除了“是否考虑停航期,按具体情况研究”的表述。该规定一直沿用至今,频率法成为我国现行规范中最高通航水位的确定方法。

(1)上游设计最高通航水位

对于上游设计最高通航水位应采用枢纽正常蓄水位或设计挡水位,并比较表 2.2-1 规定的洪水重现期计算的水位,取其中的高值。当预计枢纽运行后正常蓄水位有可能提高时,应计入提高值;当泥沙淤积将影响水位时,应计入泥沙淤积引起的水位抬高值。

表 2.2-1　　通航建筑物设计最高通航水位的洪水重现期

通航建筑物级别	Ⅰ、Ⅱ	Ⅲ、Ⅳ	Ⅴ～Ⅶ
洪水重现期(年)	100～20	20～10	10～5

注:1. 对出现高于设计最高通航水位历时很短的山区河流,Ⅳ级和Ⅴ级通航建筑物洪水重现期可采用5～3年,Ⅵ级和Ⅶ级通航建筑物可采用3～2年;

2. 平原地区运输繁忙的Ⅴ～Ⅶ级通航建筑物设计最高通航水位,洪水重现期可采用20～10年;

3. 山区中小型通航建筑物经论证允许溢洪的,其上游设计最高通航水位可根据具体情况通过论证确定,但不应低于通航建筑物修建前的通航标准。

(2)下游设计最高通航水位

枢纽下游设计最高通航水位,应采用按表2.2-1规定的洪水重现期计算的枢纽下泄最大流量所对应的最高水位。当枢纽下游有梯级衔接时,应采用下一梯级的上游设计最高通航水位,并计入动库容的水位抬高值。

上述规定在实际运用中,特别是在山区河流的运用中,遇到了不少的问题,主要有:

①当山区河流水位过程线呈尖瘦型时,按现行规范计算所得的最高通航水位大多偏高,最大通航流量也相应偏大。这也是标准中为什么注明"对于高于设计通航水位历时很短的山区河流,其最大通航水位可以适当降低"的原因。一方面,由于山区河流本身就具有暴涨暴落的特性,"历时很短"无法量化处理;另一方面,即便按照注明降低洪水重现期,不少通航建筑物仍旧难以达到上述标准。如根据四川省嘉陵江中游若干航运梯级的实际通航情况,其最大通航流量仅能达到8000m^3/s左右,而按照现行规范要求,嘉陵江中游梯级为Ⅲ级航道标准,最大通航流量即使降至10年一遇,也将超过20000m^3/s。

②"洪水频率法"标准没有考虑天然河道实际允许最大通航流量的限制条件。通常某一天然河道的实际允许最大通航流量在一定的条件下,是不随通航建筑物建设规模而改变的。即使经过整治和渠化提高了航道等级,并使之与建筑物规模相适应,河道的最大通航流量也不可能有很大程度的提高。其主要原因是,河道洪水期的水流条件主要是受河势条件和断面形态特征制约。为了提高通航流量标准而过分地加大河势整治工程,在经济上是不合理的,而且往往是不必要的。如嘉陵江中游河段本身航道条件便不能达到规范要求,且按现行规范降低标准的最大通航流量与海事部门实际禁航流量相比仍较大,该流量发生时早已禁航。

2.2.2　最大通航流量计算

我国现行标准明确山区河流的最大通航流量可适当降低要求,但实际上对多数山区河流的通航建筑物而言,尤其是高山峡谷地区,受河道及来水流量特性的影响,要满足现行规范要求几无可能。对于山区河流,洪水暴涨暴落历时很短,降低其最大通航流量标准对实际通航并无实质影响。因此,本节研究适用于高山峡谷地区河流最大通航流量的计算方法,并以金沙江向家坝水利枢纽、乌江银盘水利枢纽为例,分析各种计算方法的适用性。

2.2.2.1 计算方法拟定

(1)频率法

遵循我国现行规范规定，按照频率法确定通航建筑物的最高通航水位对应流量。对于向家坝水利枢纽，由于所在金沙江航道为Ⅲ级航道，最大通航流量对应的洪水重现期为 20 年，考虑到金沙江为山区河流，最大通航流量对应的洪水重现期可降至 10 年一遇，分别对 20 年一遇、10 年一遇洪水进行计算。

(2)高水保证率法

参照美国、德国等欧美国家在密西西比河(保证率取 98%)、多瑙河(保证率取 97%)等采用的通航保证率，结合山区河流的研究，采用 98%、99%的通航保证率计算最大通航流量。

(3)最大容停天数法

参照美国陆军工程师兵团《EM1110-2-2601 设计手册》中要求，在记录的最大洪水期内最长的停航期范围为 10～15d，大于最大通航流量的历时，在一次洪水过程中不超过 7 d。考虑到我国山区河流洪水暴涨暴落，拟定一次最大容停天数范围为 3～7d。

(4)保证率—频率法

在频率法的基础上，考虑容停天数，是保证率法和频率法的结合。考虑最大容停天数 3d 或者 5d，按照现行规范确定频率，对应金沙江为 20 年一遇，计算最大通航流量。

最大通航流量计算方法与水文资料密切相关，为保证结果具有代表性，所选取的水文系列不少于 20 年。

2.2.2.2 金沙江屏山站最大通航流量计算

(1)基本资料

1)水文站分布及水文资料

金沙江是长江的上游河段，属山区河流，发源于青海省唐古拉山主峰各拉丹冬雪山西南侧的沱沱河，流经青海玉树进入四川境内，于宜宾汇入长江。青海玉树以上称通天河，玉树至宜宾称金沙江，全长 2136km，流域面积 47.32 万 km^2。金沙江干流下游的屏山设有屏山水文站，该站为基本水文站，设置时间早，实测资料系列长，观测断面稳定，资料较可靠。该站观测断面下距金沙江与岷江汇合口 61km，集水面积 45.86 万 km^2，约占金沙江全流域面积的 97%，是向家坝枢纽设计依据站。屏山站基本情况见表 2.2-2。

表 2.2-2　　屏山站基本情况表

站名	集水面积(km^2)	设立时间	水位观测年限	流量观测年限	观测项目
屏山	458591.7	1939 年 8 月	1939 年 8 月至今	1945 年 8 月至今	水位、流量等

2)径流特性

金沙江流域的径流与降水趋势是一致的,从上游往下游增大。径流年际之间的变化随着流域面积的增大而趋于相对稳定。金沙江流域径流特性(水文年)分析见表 2.2-3。

表 2.2-3　金沙江流域径流特性(水文年)分析表

项目	沱沱河	直门达	石鼓	金江街	攀枝花	巧家	屏山
流域面积(km^2)	15671	137732	214184	244489	259177	425948	458592
多年平均流量(m^3/s)	25.0	392	1350	1760	1920	4030	4600
多年平均径流深(mm)	50.3	89.8	199	227	234	298	316
C_v	0.406	0.234	0.177	0.172	0.172	0.170	0.160
C_s/C_v	2	2	2	2	2	2	2
最大年平均流量(m^3/s)	45.6	576	1810	2340	2600	5350	6190
最小年平均流量(m^3/s)	8.89	222	880	1230	1160	3090	3510
实测最大流量(m^3/s)	750	3380	7800	10900	12200	25800	29000
实测最小流量(m^3/s)	0	34.9	295	366	409	820	1090
实测最大与实测最小比		96.8	26.4	29.8	29.8	31.5	26.6
最大平均流量与多年平均流量比	1.82	1.47	1.34	1.33	1.35	1.33	1.35
最小平均流量与多年平均流量比	0.356	0.566	0.652	0.699	0.604	0.767	0.763

金沙江流域径流年内分配不均,汛期 6—10 月径流占年径流的比重上游大、中下游小。上游青藏高原地区,由于冬春二季河流封冻,枯期径流比重很小,汛期径流比重较大。上游沱沱河站汛期 6—10 月的径流占年径流的 91%,直门达站占全年的 81.5%,比较集中。而中下游的石鼓、金江街、攀枝花、巧家、屏山各站汛期 6—10 月径流所占年径流的比重在 74.1%~75.9%范围内。金沙江流域径流年内分配见表 2.2-4。

表 2.2-4　金沙江流域径流年内分配表　(单位:m^3/s)

月份	沱沱河	直门达	石鼓	金江街	攀枝花	巧家	屏山
1	0.412	65.6	450	623	686	1360	1630
2	0.202	64.5	411	552	599	1170	1400
3	0.267	71.6	420	547	580	1100	1320
4	5.67	151	553	685	712	1250	1490
5	15.5	269	882	1050	1080	1900	2230
6	32.3	546	1650	1930	2020	4310	4920

续表

月份	沱沱河	直门达	石鼓	金江街	攀枝花	巧家	屏山
7	73.3	1066	2890	3600	3860	8310	9370
8	91.0	930	3020	4090	4520	9040	10200
9	57.7	852	2810	3820	4240	8960	10000
10	16.4	419	1690	2280	2530	5870	6690
11	3.39	166	896	1220	1350	2960	3490
12	1.24	79.7	577	804	889	1820	2190
年平均流量	25.0	392	1350	1760	1920	4030	4600
6—10 月占全年(%)	91.0	81.5	74.2	74.1	74.4	75.9	75.0
资料来源	规划	规划	1939—2001 年	1939—2001 年	1939—2001 年	规划	规划

从金沙江径流地区组成可以看出，金沙江流域内径流的地区组成与流域面积的比重不成正比例关系，沱沱河—直门达区间，区间径流的增率远远小于区间面积的增率，主要是由青藏高原地区单位集水面积上的产水量较小所致。从直门达以下各区间径流的增率均大于或接近区间流域面积的增率，这也与金沙江流域的降雨分布特性相吻合。

3)洪水特性

金沙江暴雨的时空分布极不均匀，上段基本属于无暴雨区，暴雨主要分布在中下游及雅砻江下游、支流安宁河。流域内暴雨一般出现在 6—11 月，其中以 7—9 月居多，中下游在此期间出现暴雨的频率在 80%以上。金沙江流域从 5 月开始受西南或东南季风影响，暖湿气流不断输入本流域，降雨逐渐增多，一般雨季开始时间上游早于下游，雨区也自上游向下游移动发展。流域内的暴雨强度和降雨量从上游向下游逐步增大。

金沙江洪水主要由暴雨形成，上游地区有部分冰雪融水补给。融水在洪水中的占比，自上至下逐渐减少。金沙江岗拖、雅砻江甘孜以北高原地区，涨落较平缓，对中下游洪水起垫底作用。金沙江石鼓、雅砻江雅江以下以及攀枝花河段洪水组成以暴雨汇水为主，由于流域面积大，一般降雨历时长，造成洪水涨落较平缓，连续多峰，峰高量大，一次洪水持续时间最短在 15d，最长可达 40d。洪水一般发生在 6—10 月，尤以 7—9 月最为集中，7、8 月出现年最大洪峰流量的频率占 85%。洪水的年际变化不大。

4)历史洪水

根据长江水利委员会(简称“长江委”)编印的《金沙江流域历史洪水调查资料汇编》，对攀枝花水文站的历史洪水及重现期考证如下：1959 年 10 月、1964 年 10 月、1964 年 12 月和 1966 年 3 月，4 次调查的洪水年份为 1924 年、1962 年洪水，洪痕位置在攀枝花水文站基本断面上游 17.8km 的河门口渡口附近。1967—1969 年，长江委水文局在参与渡口市城市规划时，补充调查测量并绘制了河门口—雅砻江口河段 1924 年、1962 年、1966 年洪水水面线。

根据1924年水面线与攀枝花水文站水位—流量关系推算出1924年洪水的洪峰流量为16100m³/s。攀枝花地处偏僻，人烟稀少，依靠本河段资料确定1924年洪水的重现期较困难，根据石鼓—屏山段本年洪水沿程逐渐加大的特点，参考屏山站历史文献记载及当地居民的反映，攀枝花1924年洪水定为1813年以来第一大洪水，重现期为190年。在实测洪水系列中1962年洪水小于1966年洪水。

根据《金沙江流域历史洪水调查资料汇编》，对屏山水文站的历史洪水及重现期考证如下：1860年、1892年、1905年、1924年等各年洪痕，多分布在屏山水文站附近，根据实测和调查的洪水水面线，按水面比降将洪痕水位推算至屏山水文站，将实测的1966年水位—流量关系外延，推求各年历史洪水的洪峰流量(表2.2-5)。

历史文献中的屏山河段洪水在《马湖府志》(马湖府即今屏山县)、《屏山县志》、《屏山县续志》等历史文献中有较为详细的记载，在屏山河段，洪水具有较好的一致性。根据历史文献和调查资料，确定屏山站1924年、1860年、1892年、1905年、1928年、1966年等6年大洪水的重现期见表2.2-5。

表2.2-5　屏山水文站历史洪水洪峰重现期成果表

站名	项目	1924年	1860年	1892年	1905年	1928年	1966年
屏山	洪峰(m^3/s)	36900	35000	33200	30700	29400	29000
	排位	1	2	3	4	5	6
	重现期(年)	190	95	64	48	38	32

(2)计算结果

1)频率法

利用屏山水文站1998—2017年实测洪水系列，加入1924年、1860年、1892年、1905年、1928年、1966年历史洪水，组成不连序系列，进行频率计算。历史洪水经验频率采用数学期望公式$P_M=M/(N+1)\times100\%$计算，实测洪水系列经验频率采用公式$Pm=[a/(N+1)+(1-a/(N+1))\times(m-l)/(n-l-1)]\times100\%$计算，以矩法计算统计参数的初值，采用$P$—Ⅲ型曲线适线，确定统计参数及设计值。屏山水文站设计洪水成果见表2.2-6，屏山水文站洪峰流量频率曲线见图2.2-1。

表2.2-6　屏山水文站设计洪水成果表

C_v	C_s/C_v	洪峰流量(m^3/s)								
		均值	$P=1\%$	$P=2\%$	$P=5\%$	$P=10\%$	$P=20\%$	$P=33.3\%$	$P=50\%$	$P=90\%$
0.32	4	17200	34800	31800	27800	24600	21200	18500	16100	11300

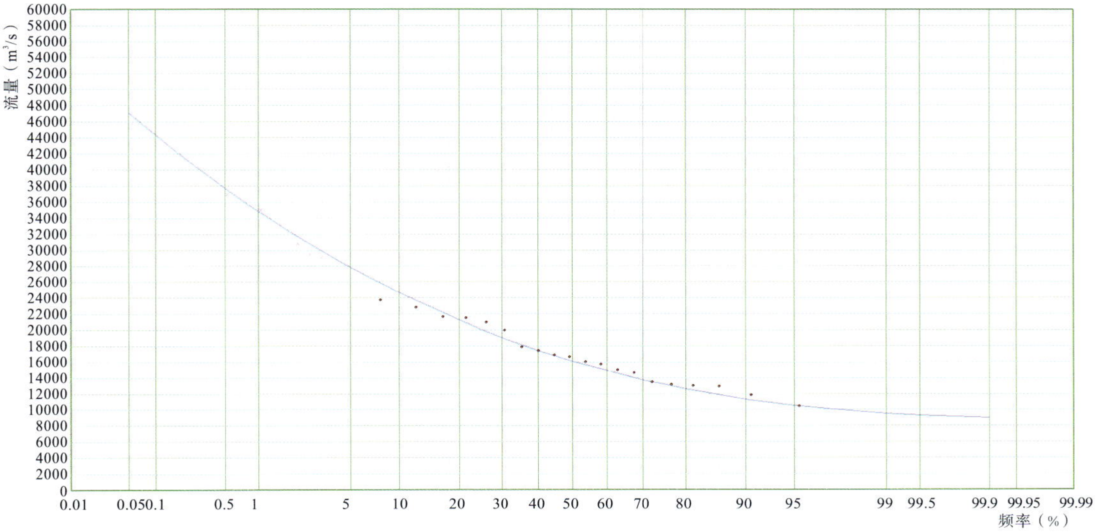

图 2.2-1　屏山水文站洪峰流量频率曲线

2)保证率法

利用屏山水文站 1998—2017 年实测日均流量系列，统计出该站通航历时保证率成果（表 2.2-7，图 2.2-2）。

表 2.2-7　　屏山水文站通航历时保证率成果表(1998 年)

通航历时保证率(%)	相应洪峰流量(m^3/s)	年平均出现天数(d)	年最多出现天数
99	17900	3.65	45
98	15900	7.30	61
97	14600	10.95	67

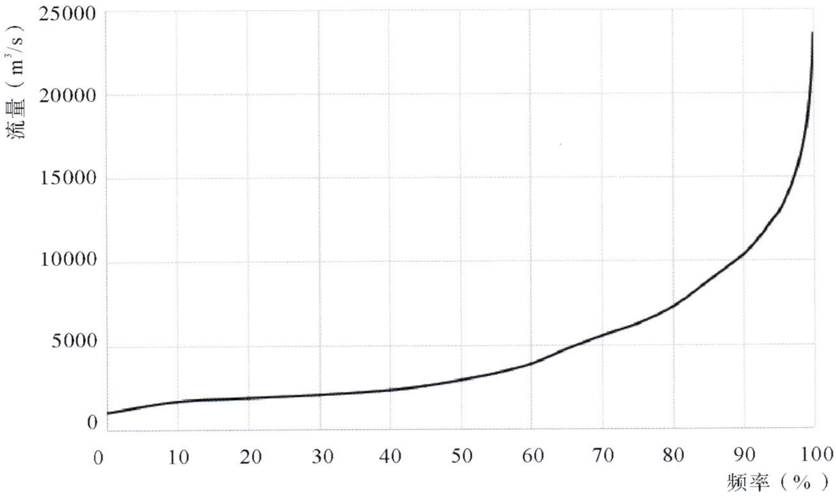

图 2.2-2　屏山水文站通航历时保证率曲线

3)最大容停天数法

利用屏山水文站 1998—2017 年实测日均流量系列，统计出系列年内该站最大一次洪水过程洪峰成果(表 2.2-8)。

表 2.2-8　屏山水文站最大一次洪水过程洪峰成果(1998 年)

项目	3d	5d	7d	9d	11d	13d	15d
洪峰流量(m^3/s)	22800	20200	19900	19900	19900	19100	18400

4)保证率—频率法

利用屏山水文站 1998—2017 年实测日均流量系列，统计出各年度扣除最大容停 3d、5d 洪峰流量成果(表 2.2-9)。

表 2.2-9　屏山水文站扣除最大容停 3d、5d 洪峰流量成果表

年份	1998	1999	2000	2001	2002	2003	2004	2005	2006	2007
扣除最大容停 3d 洪峰流量(m^3/s)	22800	19500	18600	20900	21300	15800	15200	19700	9740	17100
扣除最大容停 5d 洪峰流量(m^3/s)	20200	18300	18400	19600	19000	15000	14700	18400	9740	15700
年份	2008	2009	2010	2011	2012	2013	2014	2015	2016	2017
扣除最大容停 3d 洪峰流量(m^3/s)	15300	16100	12900	11100	16100	10400	14300	12600	12600	11700
扣除最大容停 5d 洪峰流量(m^3/s)	14500	14600	10800	10400	15800	10100	13200	12400	11900	11600

利用屏山水文站扣除最大容停 3d、5d 洪峰流量系列(1998—2017 年)，经验频率采用公式 $Pm=[a/(N+1)+(1-a/(N+1))\times(m-l)/(n-l-1)]\times100\%$计算，以矩法计算统计参数的初值，采用 P—Ⅲ型曲线适线，确定统计参数及设计值。屏山水文站扣除最大容停 3d、5d 洪峰流量设计洪水成果见表 2.2-10、表 2.2-11 及图 2.2-3、图 2.2-4。

表 2.2-10　屏山水文站扣除最大容停 3d 洪峰流量设计洪水成果表

C_v	C_s/C_v	洪峰流量(m^3/s)						
		均值	$P=1\%$	$P=2\%$	$P=5\%$	$P=10\%$	$P=20\%$	$P=50\%$
0.27	3.5	15700	28400	26400	23600	21400	18900	15000

表 2.2-11　屏山水文站扣除最大容停 5d 洪峰流量设计洪水成果表

C_v	C_s/C_v	洪峰流量(m^3/s)						
		均值	$P=1\%$	$P=2\%$	$P=5\%$	$P=10\%$	$P=20\%$	$P=50\%$
0.23	3.5	14700	24500	23000	20900	19200	17300	14300

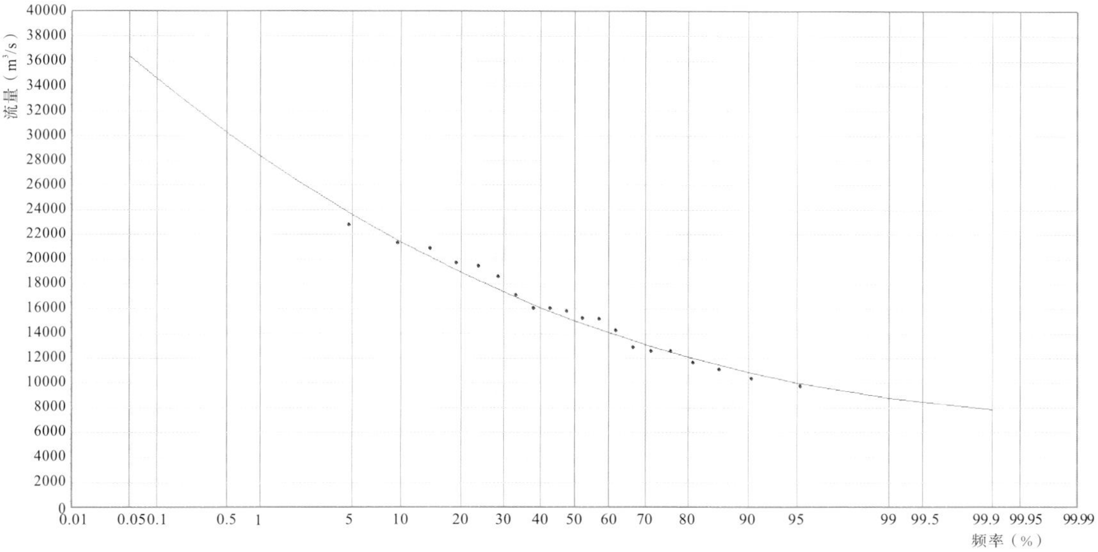

图 2.2-3　屏山水文站扣除最大容停 3d 洪峰流量频率曲线

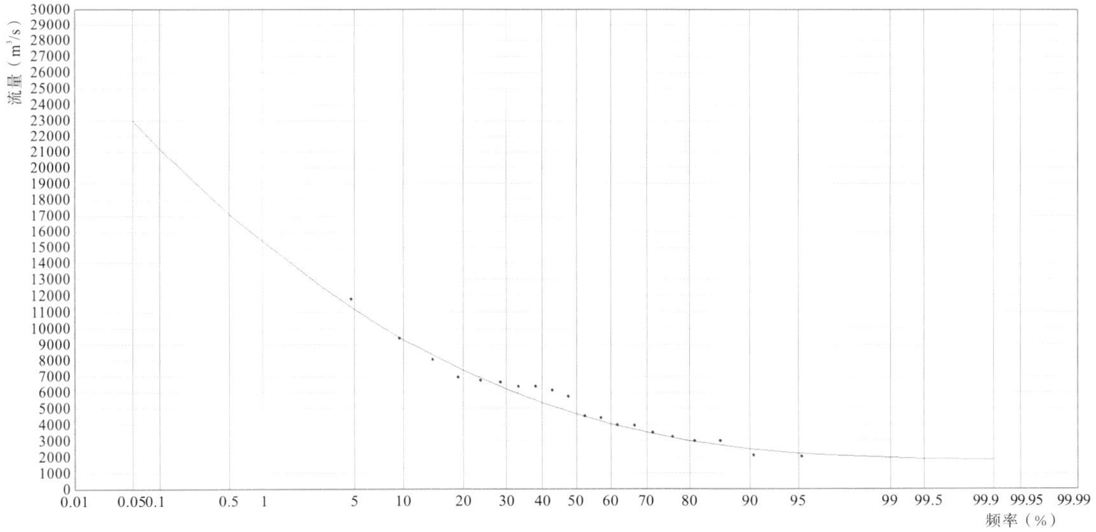

图 2.2-4　屏山水文站扣除最大容停 5d 洪峰流量频率曲线

2.2.2.3　乌江武隆站最大通航流量计算

(1)基本资料

1)水文站分布及水文资料

乌江是长江右岸的主要支流之一，流经贵州和重庆，在重庆涪陵汇入长江，乌江流域绝大部分位于山峦重叠、地形起伏的云贵高原东北部，河道蜿蜒于峡谷之中，岸壁陡峭，滩陡流急。两岸多是深切的“U”形、“V”形峡谷，河道比降大，其中化屋基至涪陵河段平均比降为 1.02‰。

武隆水文站为乌江控制站，集水面积 83035km²，占乌江流域集水面积的 94.4%。武隆水文站于 1951 年 6 月由长江委上游局设立，位于武隆县中兴乡，称武隆(二)站。因其断面控制条件差，于 1954 年 4 月迁至下游 9.6km 处的武隆巷口镇，称武隆(一)站，1956 年 5 月 1 日又将基本水尺上迁 80m，施测水位、流量、泥沙、降水等项目至今。

武隆(一)站施测河段顺直，基本水尺上游约 800m 的土脑子滩低水流急，落差大，滩下河槽呈深潭，下延至施测河段内，河床呈倒坡；基本水尺下游约 180m 左岸有卵石碛滩，低水使河床束窄向右弯，形成约 200m 的长滩，起低水控制作用；当水位在 175m 时，碛坝淹没，长滩随之消失，其下紧接猪土坝，起中水控制作用；再下游 2km 进入武隆峡，起高水控制作用；下游 800m 有长头河从左岸汇入，当山洪暴发又遭遇乌江低水时，受短暂顶托影响。断面为单一河槽，河床两岸为石灰岩层，主槽为卵石夹砂，洪水期略有冲刷变化。

1954 年架设高架浮标缆道，1961 年开始全部采用流速仪测流。1955 年以后浮标系数按不同水位级别取 0.86～0.96，1960 年进行了流速仪测点精简分析，改为两点流速，1975 年实现可控硅无级调速岸上操作，测流精度较高，成果较为可靠，历年水位—流量关系稳定。该站的水位、流量、泥沙资料整编成果合理，精度较高，可满足计算要求。

2)径流特性

武隆水文站统计资料(表 2.2-12)表明，5—10 月径流量占全年径流量的 77.97%，6—9 月径流量占全年径流量的 57.04%，12 月至次年 3 月径流量占全年径流量的 10.3%。洪水水位陡涨陡落，历时短，变幅大，汛期为 5—9 月，枯水期为 12 月至次年 3 月，其余为中水期。

表 2.2-12　　武隆水文站径流年内分配成果表

月份	1	2	3	4	5	6	7	8	9	10	11	12	年
径流量亿(m³)	11.2	10.8	15.3	32.4	64.8	94.1	91.1	58.4	44.6	41	26.7	14.7	505
占全年径流量(%)	2.23	2.13	3.03	6.43	12.8	18.6	18	11.6	8.84	8.13	5.29	2.91	100

根据 1952—2009 年统计资料，武隆水文站实测最大流量为 22800m³/s(1999 年 6 月 30 日)，实测最小流量为 208m³/s(1979 年 12 月 9 日)，相差 110 倍；实测最高水位为 204.63m(冻结)，实测最低水位为 168.19m(冻结)，变幅达 36.44m；实测最大年输沙量为 6040 万 t(1977 年)，实测最小年输沙量为 442 万 t(2005 年)，相差 14 倍。洪水期水位暴涨暴落，日变幅一般在 16.5m 左右。武隆水文站水沙特征值统计见表 2.2-13。

表 2.2-13　　武隆水文站水沙特征值统计表

站名	特征值		水位(m,冻结)	流量(m^3/s)	含沙量(kg/s)	年输沙量(万 t)
武隆	最大	数值	204.63	22800	25.8	6040
		时间	1999 年 6 月 30 日	1999 年 6 月 30 日	1979 年 6 月 4 日	1977 年
	最小	数值	168.19	208	0.000	442
		时间	1999 年 2 月 25 日	1979 年 12 月 9 日	1956 年 1 月 1 日	2005 年
	平均	数值	172.72	1570	0.531	2630

根据表 2.2-14,在三峡水库蓄水前,1952—2002 年武隆水文站多年平均径流量为 501 亿 m^3,径流量年内分配不均,其中汛期 5—9 月径流量约占全年总量的 69.1%,6—7 月径流量约占全年总量的 35.9%。在三峡水库蓄水后,2003—2009 年武隆水文站年径流量呈减少现象,与 1952—2002 年相比,年径流量平均减少了 14.8%。

表 2.2-14　　武隆水文站年径流量、输沙量年内分配及组成表

时间	径流量(亿 m^3)					输沙量(万 t)				
	年均径流量	5—9 月		6—7 月		年均输沙量	5—9 月		6—7 月	
		径流量	占全年(%)	径流量	占全年(%)		输沙量	占全年(%)	输沙量	占全年(%)
1952—2002	501	346	69.1	180	35.9	2724	2498	91.7	1558	57.2
2003—2009	427	286	67.0	147	34.4	867	795	91.7	523	60.3

3)洪水特性

乌江流域为降水补给河流,洪水主要由暴雨形成,暴雨集中在 5—10 月。年最大洪峰流量出现在汛期,集中在 6、7 月(表 2.2-15),尤以 6 月中、下旬发生的机会最多。乌江为山区河流,由于暴雨急骤,汇流迅速,洪水涨落快,峰型尖瘦,洪量集中。乌江下游一次洪水过程约 20d,其中大部分水量集中在 7d 内,7d 洪量占 15d 洪量的 65%以上,3d 洪量占 7d 洪量的 60%,而 1d 洪量占 3d 洪量的 40%,大水年份则更为集中。8 月副高脊线位置偏北,乌江流域出现年最大洪峰流量次数骤减。9、10 月副高脊线南撤至北纬 20°附近时,乌江流域常出现次大洪峰,个别年份还发生年最大值,如 1994 年 10 月 10 日武隆站出现年最大洪峰流量 9670m^3/s。年最大洪水出现在 10 月下旬的多属中、小洪水年。

根据统计资料,武隆水文站年最大洪峰以及 24h、72h、168h 和 240h 洪量,属于同次洪水占系列年数的 90%,所以短时段的峰、量关系较好。

表 2.2-15　　武隆水文站年最大洪峰流量出现次数统计

项目	月份						
	5	6	7	8	9	10	5—10
次数	3	22	20	4	1	4	54
最大洪峰出现次数占比(%)	5.56	40.7	37.0	7.4	1.9	7.4	100
最大洪峰流量(m^3/s)	10500	26200	20900	14000	8340	9670	26200
年份	1972	1999	1996	1957	1988	1994	1999

4)历史洪水

武隆县远年洪水记载较少，为满足乌江流域规划及枢纽设计需要，长江委及有关单位曾先后于 1953 年、1956 年、1959 年、1965 年在乌江进行过多次历史洪水调查。思南以下河段主要历史洪水简述如下：

①1297 年(元大德元年)洪水。

1297 年洪水石刻位于彭水县城关镇历史有名的十大景之一的绿阴轩迎江岩石上，至今保存完好，是迄今乌江流域发现最早的历史洪水刻字。根据石刻标记的水位及历史洪水描述，考虑到 1830 年历史洪水有“郁江亦涨”的记载，估算当时洪水的洪峰应大于 1830 年。

②1830 年(清道光十年)洪水。

主要雨区偏于乌江南岸苗岭北坡及佛顶山至武陵山一带，上游在三岔河一带。沿江各调查点除鸭池河外，均有反映。在乌江渡河段调查到该年洪水为第三位，愈往下游反映愈强。据调查分析，1830 年洪水在江界河及其下游各站均为首大洪水。《彭水县志》记载：“是日黔水陡涨，郁水亦涨，高数十丈，两水冲激，咽而不流。彭水官署尽淹，及县署屋脊。邑令避长寿寺，署内粮册籍皆漂去，民畜庐舍多淹没。”《重修涪陵志》记载：“五月十三日，涪陵江水泛。巷口、土坎、民舍湮没过半，中嘴场灾尤甚，东隅一椽仅存，武隆司署水及檐。”武隆河段 1830 年洪水刻字有两处。经左右岸、上下游、干支流洪水刻字比较，该年水位高程可靠，是全流域性特大洪水。

③1878 年(清光绪四年)洪水。

从历史文献来看，洪水灾害在地区上分布虽较广，但时间先后不一，且乌江中游干流河段调查到的洪痕点可靠性差，武隆的调查洪水位可靠性也不高，仅供参考。从调查情况分析，1878 年洪水在乌江河段有可能略大于 1909 年，因此，在历史洪水排位上有参考价值。

④1909 年(清宣统元年)洪水。

1909 年洪水在乌江干流思南以下均能调查到较为可靠的洪水位。武隆河段虽未发现 1909 年洪水刻字，但年代较近，年事稍长者都知道，调查点据多，高程较可靠。根据武隆河段历史洪水调查，历史洪水主要有 1830 年、1878 年、1909 年等。1984 年在乌江干流规划工作中，拟定了干流上下游各水文站综合水位—流量关系，根据调查历史洪水位，推算了武隆水文站历史洪水水位、流量(表 2.2-16)。

表 2.2-16　　武隆水文站历史洪水水位、流量表

项目	年份		
	1830 年	1878 年	1909 年
水位(黄海,m)	212.81	210.74	209.50
流量(m^3/s)	31000	28500	27400

在武隆水文站历史洪水的洪峰流量推算中,1999 年发生了武隆设站以来最大的一次洪水。因此,用武隆水文站 1964 年、1999 年等年份大洪水资料及大断面成果,对综合水位—流量关系进行了检验,结果表明原推算历史洪水 1830 年、1878 年、1909 年洪峰流量是合适的。武隆 1878 年调查洪水位精度不高,因此仅在历史洪水排位和重现期考证时予以考虑,不加入洪水系列进行频率计算。

由于武隆历史洪水记载较少,上游彭水、思南历史洪水记载较为详细,因此武隆历史洪水重现期需要综合分析上游彭水、思南历史洪水确定。

据考证,《思南县志》初编对 1536 年,1533 年、1587 年、1588 年大水都有记载。而《彭水县志》补编始于 1709 年,上述大水无记载,可能遗漏。17 世纪和 18 世纪,思南特大洪水年 1696 年、1786 年彭水也缺记载。道光《重庆府志》记载:"清乾隆五十一年江津大水,涪州羊角碛之间的彭水县该年亦应为大水。"又如《彭水县志》关于文庙的一段文字记载,"文庙今在县治东山,其初迁毁无常。非一处矣,明洪武间创于河西之壶头山下。永乐间迁县城南门外,万历年间知县黄永瓒迁于桂岭之山麓。湮于水,后迁于城北"。在思南县城 1587 年的洪水比 1830 年的大,彭水县城万历年间文庙湮于水,有可能是 1587 年的洪水。

据此对武隆 1830 年、1909 年历史洪水重现期作了许多方案的比较,其主要的考证计算方法如下:

a. 1830 年洪水重现期计算。

Ⅰ. 考证期为 1297—2017 年(共 721 年)。从思南历史文献考证,由于 1830 年洪水至南门外蛮彝司署大门,因此以洪水是否进入思南城南门,作为定性判断洪水是否大于 1830 年洪水的标志。根据文献资料对洪水的描述,可以判断大于或等于 1830 年洪水的年份有 1587 年、1588 年、1696 年、1786 年,从彭水县城绿阴轩迎江岩石洪水刻字可以定性判断 1297 年洪水大于 1830 年洪水,因此大于或等于 1830 年的洪水年份为 1297 年、1587 年、1588 年、1696 年、1786 年和 1830 年等 6 年,则 $N_{1830}=120$ 年。

Ⅱ. 考证计算期为 1612—2010 年(共 399 年),大于或等于 1830 年洪水的年份有 1696 年、1786 年、1830 年等 3 年,则 $N_{1830}=135$ 年。

另外,该年思南洪水重现期约 90 年,1830 年洪水据流域文献记载,愈下游,干支流遭遇程度愈严重。从乌江渡起,下游洪水愈来愈大,思南 1830 年洪水未入南门,彭水、武隆这年洪水为文献记载中最大,故武隆重现期应大于思南。

综合分析确定武隆 1830 年洪水平均重现期约 120 年一遇。

b. 1909 年洪水重现期计算。

Ⅰ. 考证期为 1297—2017 年(共 721 年),大于或等于 1909 年的洪水年份有 1297 年、1510 年、1533 年、1587 年、1588 年、1653 年、1696 年、1760 年、1775 年、1786 年、1878 年、1830 年、1909 年等 13 年,则 $N_{1909}=55$ 年。

Ⅱ. 考证计算期为 1612—2017 年(共 406 年),大于或等于 1909 年的洪水年份有 1653 年、1696 年、1760 年、1775 年、1786 年、1878 年、1830 年、1909 年等 8 年,则 $N_{1909}=51$ 年。

综合考虑,确定武隆 1909 年洪水重现期为 50 年一遇。

(2)计算结果

1)频率法

利用武隆水文站 1998—2017 年实测洪水系列,加入 1830 年、1878 年、1909 年历史洪水,组成不连序系列,进行频率计算。武隆水文站设计洪水成果见表 2.2-17,武隆水文站洪峰流量频率曲线见图 2.2-5。

历史洪水经验频率采用数学期望公式 $P_M=M/(N+1)\times 100\%$ 计算,实测洪水系列经验频率采用公式 $Pm=[a/(N+1)+(1-a/(N+1))\times(m-l)/(n-l-1)]\times 100\%$ 计算,以矩法计算统计参数的初值,采用 P—Ⅲ型曲线适线,确定统计参数及设计值。

表 2.2-17　　武隆水文站设计洪水成果表

C_v	C_s/C_v	洪峰流量(m^3/s)								
		均值	$P=1\%$	$P=2\%$	$P=5\%$	$P=10\%$	$P=20\%$	$P=33.3\%$	$P=50\%$	$P=90\%$
0.47	3	12000	30500	27300	25400	19500	16000	13200	10700	6140

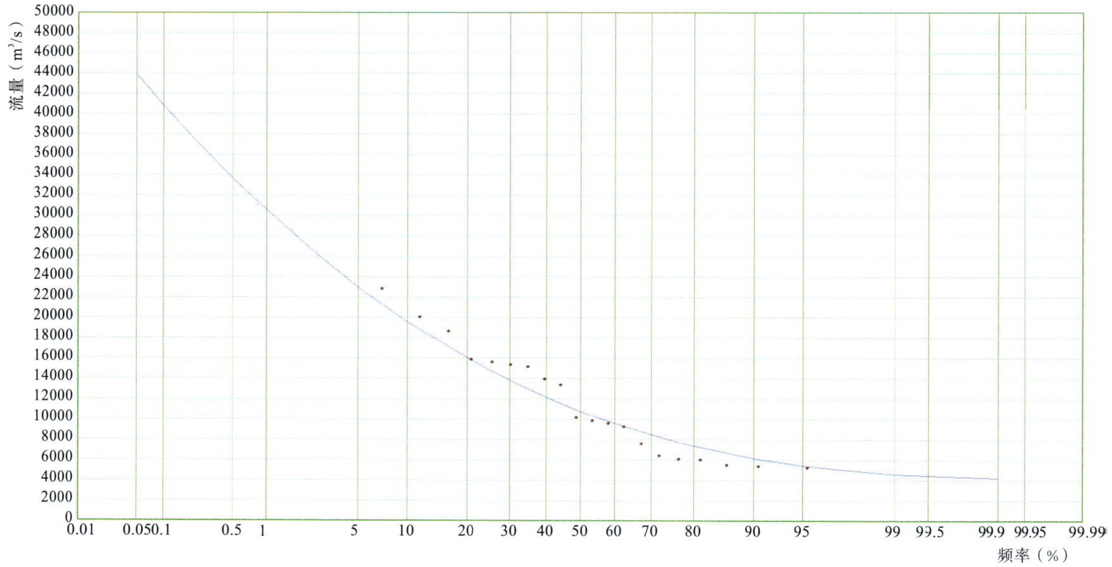

图 2.2-5　武隆水文站洪峰流量频率曲线

2)保证率法

利用武隆水文站 1998—2017 年实测日均流量系列,统计出该站通航历时保证率成果(表 2.2-18,图 2.2-6)。

表 2.2-18 武隆水文站通航历时保证率成果表(1999 年)

通航历时保证率(%)	相应洪峰流量(m^3/s)	年平均出现天数(d)	年最多出现天数
99	8000	3.55	12
98	6250	7.1	21
97	5090	10.65	30

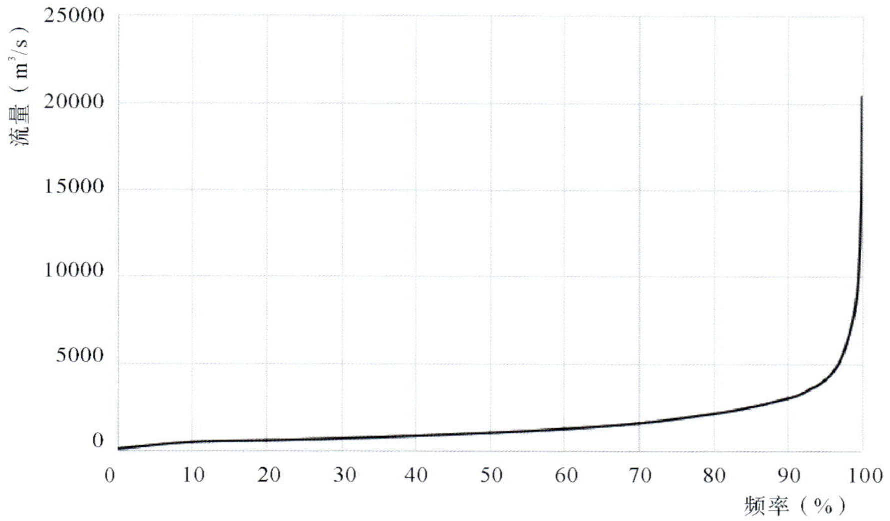

图 2.2-6 武隆水文站通航历时保证率曲线

3)最大容停天数法

利用武隆水文站 1998—2017 年实测日均流量系列,统计出系列年内该站最大一次洪水过程洪峰成果(表 2.2-19)。

表 2.2-19 武隆水文站最大一次洪水过程洪峰成果表(1999 年)

项目	3d	5d	7d	9d	11d	13d	15d
洪峰流量(m^3/s)	13100	11800	11400	7630	4740	3260	2990

4)保证率—频率法

利用武隆水文站 1998—2017 年实测日均流量系列,统计出各年度扣除最大容停 3d、5d 洪峰流量(表 2.2-20)。

武隆水文站扣除最大容停 3d、5d 洪峰流量设计洪水成果见表 2.2-21、表 2.2-22 及图 2.2-7、图 2.2-8。

表 2.2-20　　武隆水文站扣除最大容停 3d、5d 洪峰流量成果表

年份	1998	1999	2000	2001	2002	2003	2004	2005	2006	2007
扣除最大容停 3d 洪峰流量(m^3/s)	8380	13100	15200	7580	11500	9830	4230	4950	3500	8000
扣除最大容停 5d 洪峰流量(m^3/s)	6360	11800	9440	6760	6650	8080	3010	4450	3300	6960
年份	2008	2009	2010	2011	2012	2013	2014	2015	2016	2017
扣除最大容停 3d 洪峰流量(m^3/s)	6520	4100	7100	3090	3500	2730	11900	4240	5790	5130
扣除最大容停 5d 洪峰流量(m^3/s)	6130	3560	3990	2040	3030	2140	6370	4030	5760	4570

表 2.2-21　　武隆水文站扣除最大容停 3d 洪峰流量设计洪水成果表

C_v	C_s/C_v	洪峰流量(m^3/s)						
		均值	$P=1\%$	$P=2\%$	$P=5\%$	$P=10\%$	$P=20\%$	$P=50\%$
0.6	3.5	7020	22400	19400	15400	12500	9510	5680

表 2.2-22　　武隆水文站扣除最大容停 5d 洪峰流量设计洪水成果表

C_v	C_s/C_v	洪峰流量(m^3/s)						
		均值	$P=1\%$	$P=2\%$	$P=5\%$	$P=10\%$	$P=20\%$	$P=50\%$
0.54	3	5420	15400	13600	11200	9310	7390	4670

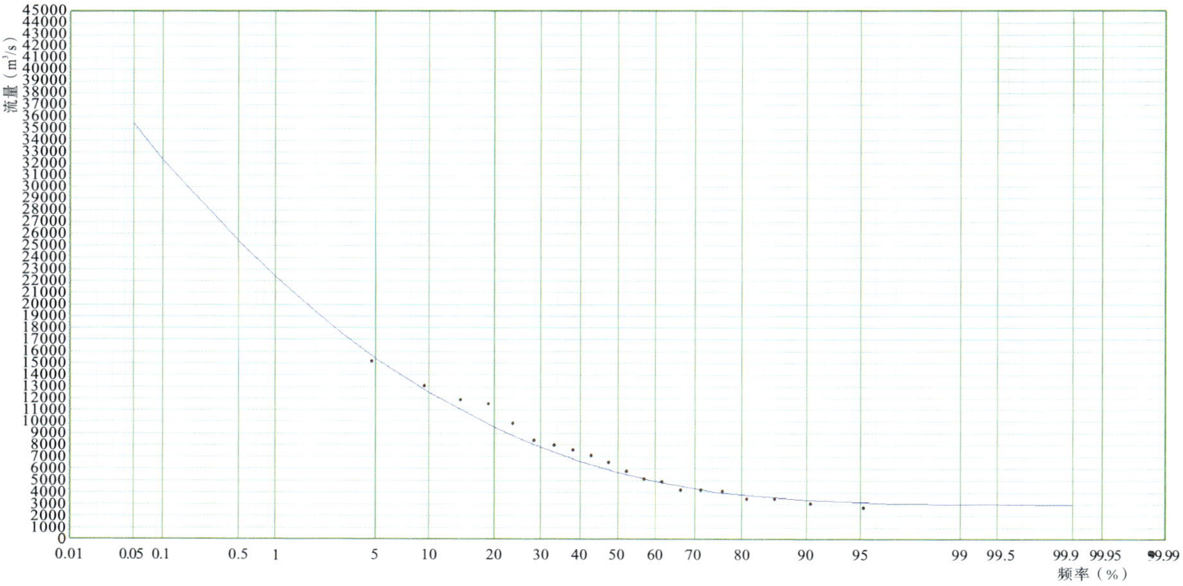

图 2.2-7　武隆水文站扣除最大容停 3d 洪峰流量频率曲线

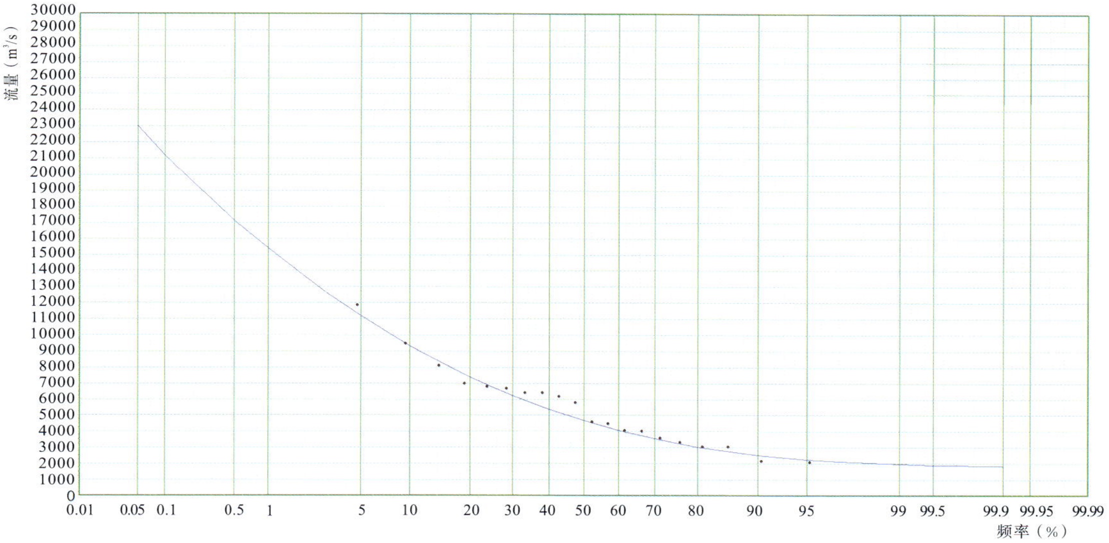

图 2.2-8　武隆水文站扣除最大容停 5d 洪峰流量频率曲线

2.2.2.4　成果分析

根据屏山和武隆水文站的水文资料，采用不同方法计算的有关最大通航流量计算成果对比见表 2.2-23。

表 2.2-23　　　　屏山、武隆水文站有关最大通航流量计算成果对比表

		频率或保证率(%)	屏山水文站	武隆水文站
方法一		$P=5$	27800	25400
		$P=10$	24600	19000
方法二		99	17900(12600)	8000
		98	15900(11700)	6250
方法三		7d	19900	11400
		15d	18400	2990
方法四	扣除 3d	$P=5$	23600	15400
		$P=10$	21400	12500
	扣除 5d	$P=5$	20900	11200
		$P=10$	19200	9310

注：括号内表示考虑到向家坝水库调蓄后的成果。

(1)频率法

按现行规范计算的最大通航流量为 4 种方法中的最高值，在山区河流特别是高山峡谷地区河流上，大多通航建筑物的最大通航流量均达不到规范标准，即使付出很高的工程代价也无法达到，从山区河流洪水暴涨暴落特性上来看，付出的工程代价和所取得的通航效益不成正比，国家标准中也对山区河流进行了降频处理，但即使这样，大多数通航建筑物仍能难达到规范标准，且从各个河流的实际禁航流量看，未达到相应频率早已禁航，本方法确定的最大通航流量与山区河流通航条件的适应性相对较差。

(2)保证率法

保证率法是综合考虑了洪水及对通航的影响而提出的计算方法。不少山区河流通航建筑物在采用大量的工程措施仍达不到国家标准时，在模型试验研究的基础上，最大通航流量大多数采用保证率法进行论证。这表明该方法确定的最大通航流量既能照顾工程实际，对通航影响也不大。以金沙江向家坝、乌江银盘等水利枢纽为例，计算金沙江屏山水文站99%、98%多年历时保证率分别为17900m^3/s和15900m^3/s，乌江武隆水文站99%、98%多年历时保证率分别为8000m^3/s和6250m^3/s。而物理模型试验表明，向家坝水电站的下游引航道口门区最大通航流量仅能达到12000m^3/s，对应的保证率仅为94%，但向家坝水电站具有调蓄作用。根据向家坝站2013—2017年实测逐日流量进行分析，向家坝水电站下游99%、98%多年历时保证率对应的流量分别为12600m^3/s、11700m^3/s，说明向家坝水电站实际可达到的通航保证率为98%～99%。乌江银盘水利枢纽，其最大通航流量可达到9220m^3/s，其保证率按照1983—2002年系列则为99%左右。综合上述分析说明，采用保证率99%计算高山峡谷地区通航建筑物最大通航流量大致合理，结合其他山区河流枢纽通航研究成果来看，包括嘉陵江、渠江、赣江等河流采用此方法的适应性也较好。

(3)最大容停天数法

本方法最大的问题在于对洪峰尖瘦型的河流，若容停天数短则计算出来的流量偏大，若容停天数长则由于洪水暴涨暴落，其流量过小，以乌江武隆水文站为例，若一次容停天数取15d，则对应的最大通航流量仅为2990m^3/s。这将严重影响到枢纽通航效益的发挥，对航运发展也较为不利，因此此方法适用范围较小。

(4)保证率—频率法

保证率—频率法基于山区河流特性进行了降频处理。根据金沙江屏山水文站、乌江武隆水文站计算成果，扣除3d后，10年一遇洪水流量对应的洪水频率大致相当于各站的5年和3年一遇洪水，扣除5d后对应的洪水频率大致相当于各站的3年和2年一遇洪水。这种方法实际上与现行规范中对山区河流的特殊处理原则一致。由于该方法较为复杂，且并未很好地适应通航实际，不推荐使用。

综上分析，建议高山峡谷地区通航建筑物的最大通航流量按保证率法进行计算，结合通航需求，多年历时保证率取99%。

2.3 口门区及连接段通航水流条件

2.3.1 相关规定及存在的问题

2.3.1.1 相关标准简介

20 世纪 80 年代后，科研部门针对许多通航工程的通航水流条件进行过全面系统的研究，包括实船试验、水工和船模系列试验，如船队在不同水流条件下的航迹、航迹带、漂角、漂移、偏转等航态和相互关系，枢纽泄水波及其产生的涌浪对船队航行的影响等。《内河航道与港口水文规范》(JTJ 214—2000)对通航建筑物上下游引航道及其口门区的通航水流条件作了相关规定：要求引航道口门区应避免出现泡水和漩涡等不良流态，口门区水面最大流速限值应符合表 2.3-1 的规定。特殊情况下，局部流速略超出表 2.3-1 的规定值时，必须进行充分论证，确保船舶(队)安全航行。

表 2.3-1　　引航道口门区水面最大流速限值表

船闸等级	平行航线的纵向流速(m/s)	垂直航线的横向流速(m/s)	回流流速(m/s)
Ⅰ～Ⅳ	≤2.0	≤0.30	≤0.4
Ⅴ～Ⅶ	≤1.5	≤0.25	

根据大量的水工模型结合遥控自航船模试验和实船试验研究成果，船模动水校核研究成果，参考国内工程通航建筑物运行资料，《船闸总体设计规范》(JTJ 305—2001)中规定，“在通航期内，口门区的水面最大流速，应符合表 2.3-1 的规定。特殊情况下，局部最大流速略有超出表 2.3-1 的规定值时，必须经过充分论证，确保船舶航行安全。引航道、口门区宜避免出现如泡漩、乱流等不良流态，当条件限制而不能避免时，应采取措施，达到无害程度。

该规范对口门区和连接段的布置作了相关规定。第 5.6.1 条规定，引航道口门宽度不宜小于 1.5 倍引航道宽度，当受水流、风、浪的影响较小时，可适当减小。口门宽度应向引航道内延伸(0.5～1.0)L_c 的长度，渐变至引航道直线段末段过渡。第 5.6.2 条规定，当口门区不能与主航道直接平顺衔接时，应设置连接段。连接段应与口门区及主航道平顺衔接，确保船舶、船队安全通畅行驶。连接段的宽度和水深应与口门区相同，连接段的长度视条件而定，其通航水流条件可参照口门区通航水流条件的规定。当连接段航道尺度和通航水流条件达不到要求时，应采取工程措施，满足通航要求。第 5.6.3 条规定，引航道口门与主航道之间应有足够距离的视野，使航行船舶、船队能看清其他船舶、船队的动态和引航道口门，并能进行有效的控制。第 5.6.4 条规定，引航道、口门区和连接段的中心线与河流或引河的主流流向之间的夹角宜缩小。在没有足够资料的情况下，夹角不宜大于 25°。

为保障船舶(队)进出引航道的安全，《内河通航标准》(GB 50139—2014)中新增了对引航道、口门区及连接段通航水流条件的规定，对口门区水流条件的要求与其他规范基本相同；对连接段水流条件，要求船闸引航道口门区外连接段与主航道的水流应平稳过渡，连接段的水流表面最大流速不应影响过闸船舶(队)的安全航行。

《航道整治工程技术规范》(JTJ 312—2003)规定："当枢纽通航建筑物引航道口门外连接段存在急流、泡漩、横流和回流等碍航水流，影响船舶(队)顺利进出引航道时，应针对碍航水流产生的原因，采取切嘴、削坡、填沱、引流压泡或筑坝调整流速分布等措施进行整治。"

2.3.1.2 存在的问题

引航道口门区是引航道与主航道相连接的区域，是船舶(队)进出通航建筑物的必经之路。该区域为河流动水与引航道静水交界的水域，河道水流在该区域受边界条件影响，形成横流和回流。当船舶(队)经过该水域时，船身可能出现横漂和扭转，严重时会出现失控，甚至发生海损事故。为保证船舶(队)航行的安全，这种水流的作用和影响必须控制在一定的范围内。船闸引航道口门区及连接段通航水流条件的好坏，直接关系到船舶、船队能否畅通过坝、安全运行，是制约枢纽航运效益发挥的重要因素，也是船闸设计不可疏忽的重要因素。为了保证船舶(队)安全进出引航道，对引航道口门区流速限值，国内外均制定了相关标准供设计参考，但对于高山峡谷地区通航建筑物，难以完全满足标准要求，且根据试验和实际运行，在部分突破规定限值时，船舶仍能安全过闸。

对于连接段的通航水流条件，国内外较少研究，基本还处于探索阶段，在《船闸总体设计规范》(JTJ 305—2001)中，对连接段的通航水流条件，要求参照口门区水面最大流速限值执行，从实际情况看，要求偏高，达到要求的难度较大。

2.3.2 通航水流条件标准研究

2.3.2.1 纵向流速

船舶(队)在引航道口门区及连接段航行时，由于航线与水流方向的不一致，导致水流对船舶(队)航行产生斜向作用，使得船舶(队)偏离航线，如果斜流过大，则容易引起安全事故。

为了便于分析和衡量斜流对船(舶)队航行的影响程度，斜向流速 V_s 分解为平行于航线的纵向流速 V_y 和垂直于航线的横向流速 V_x，当斜向流速 V_s 与航线之间的夹角为 α 时，$V_x=V_s\sin\alpha$，$V_y=V_s\cos\alpha$。此处为动静相交的水域，产生的横向作用对船舶(队)航行具有非常明显的影响，因此研究船舶(队)在口门区及连接段的通航条件时，V_y、V_z 是研究的重点。

一般说来，纵向流速限值主要受船舶推力影响，如果船舶推力大于水流阻力，船舶可以克服水流阻力上行。另外，由于船舶的舵效与对水航速密切相关，随着对水航速降低，舵效变差，当对水航速过低时，对航行于口门区的船舶(队)安全带来很大的威胁，因此对纵向流速指标限值不仅要考虑上行克服水流阻力，也需要考虑对水航速过低，导致舵效差的问题。

(1)航行阻力与船舶推力

1)船舶推轮有效推力估算

推轮有效推力与其功率大小及对水航速等有关,可用式(2.3-1)进行估算:

$$T_0=\frac{e\times 75H_p}{V_s} \tag{2.3-1}$$

式中:T_0——机动船有效推力,kgf;

H_p——主机总功率,Ps;

e——有效推力系数,可使用船舶设计书或出厂时实测成果所提供的数据;

V_s——上水船的船水相对速度按式(2.3-2)计算。

$$V_s=V_f+V_w \tag{2.3-2}$$

式中:V_f——水流表面流速,m/s;

V_w——船舶上行时应保持的最低对岸速度,取0.3m/s。

2)船舶(队)航行阻力估算

船舶(队)航行时需要克服的阻力包括比降阻力 R_J 和水流阻力 R_V,可分别按式(2.3-3)至式(2.3-5)计算。

$$R_J=\beta wJ \tag{2.3-3}$$

式中:w——船队总排水量,t;

J——船队长度范围内的平均比降;

β——比降修正系数,中小船取1.1~1.2。

船队水流阻力包括推轮和驳船的水流阻力,分别以 R_{V1} 和 R_{V2} 表示:

$$R_{V1}=f\Omega V_1^{1.83}+\xi_1\delta A_m V_1^{1.7+4F_r} \tag{2.3-4}$$

$$R_{V2}=f\Omega V_1^{1.83}+\xi_2\delta A_m V_1^{1.7+0.03V_1} \tag{2.3-5}$$

式中:f——摩阻系数,钢壳船取0.17;

ξ_1——机动船剩余阻力系数;

ξ_2——驳船剩余阻力系数,可参照式(2.3-9)进行计算;

V_1——考虑浅水影响,修正后的水流对船舶的相对速度,m/s,可按式(2.3-6)计算。

$$V_1=\eta V_s \tag{2.3-6}$$

式中:η——受浅水、窄槽、紊流等影响引入的相对流速修正系数,可取1.15~1.30。

$$\Omega=L(C_1T+\delta B) \tag{2.3-7}$$

式中:Ω——船舶浸水面积,m^2;

δ——船舶方形系数,机动船取0.58~0.60,驳船取0.75~0.80。

$$A_m=\beta BT \tag{2.3-8}$$

式中:A_m——船舶浸水部分舯剖面面积,m^2;

β——船舶断面系数,机动船可取0.93,驳船取0.95~0.99。

$$\xi_1 = \frac{17.7\delta^{2.5}}{\left(\frac{L}{6B}\right)^3 + 2} \tag{2.3-9}$$

3)航行阻力

航行阻力按式(2.3-10)计算。

$$R = R_J + \sigma(R_{V1} + R_{V2}) = R_J + \left[R_{V1} + \sum_{i=1}^{n} R_{V2i}\right] \tag{2.3-10}$$

式中:R——船队航行的航行阻力,kgf;

R_J——比降阻力,kgf;

R_{V1}——机动船的航行阻力,kgf;

R_{V2}——驳船的航行阻力,kgf,不同型号的驳船应分别计算;

σ——船舶编队系数,由实船试验确定;

n——驳船数。

按照上述计算公式,暂不考虑500t以下的中小型船舶,对500～5000t过闸船舶或船队进行验算,下游引航道口门区水流比降不应超过2‰,可得当水流流速不超过4.0m/s时,船舶可克服水流阻力上行;若考虑到船队,结合川江船型资料,采用2×500t～2×2000t船队,比降不超过2‰,计算出当水流流速不超过3.5m/s时,船舶可克服水流阻力上行。

因此,从船舶推力能够克服的水流阻力来看,对通航建筑物引航道口门区,当纵向流速不超过3.5m/s时船队可上行,当纵向流速不超过4.0m/s时单船可上行。

(2)船舶舵效及安全航速

船舶逐步向大型化、快速化发展,使得船舶运输更加方便、快捷,但也给船舶避让和防止海损带来困难。船舶航速快则惯性冲程大,若避让不及或防浪措施不当,极易导致船舶发生碰撞事故和海损事故。在通常情况下,船舶航速快是导致碰撞的重要原因之一,引航道口门区边界及水流条件复杂,为避免事故发生,船舶航行必须控制安全航速。

安全航速的概念由1972年《国际海上避碰规则》首次提出,是船舶在任何时候都应使用的一种航速,在《内河交通安全管理条例》和《内河避碰规则》中专门对此作了相应规定。这充分体现出了船舶控制安全航速的重要性。安全航速并不一定是降低航速,由于船舶需要采取避让行动时需要一定的时间,而这个时间又与航速有关。当航速太大或太小,就可能不利于采取适当而有效的避让行动,具体来说,若航速太大,船舶在能见度不良、夜航、弯曲航段、不能会船的狭窄航段等条件下航行时,突然发现与他船存在碰撞危险或正在形成紧迫局面,就可能在时间上来不及采取适当而有效的避让行动。若航速过小,当船舶减速到失去舵效或失去维持其航向操纵能力的程度,遇碰撞危险或紧迫局面时,要改变航向实施避让就难以奏效。航速既与时间有关,又与距离有关,换言之,所采取的避让行动,要在时间和距离上留有充分的余地,船舶才能安全避让。在一定航速下,距离越长,避让时间才越充分;在一定的距离内,航速越大,避让时间就越仓促。

回顾曾发生的碰撞事故，绝大多数驾驶员在碰撞之前，采取了减速、停车甚至倒车措施，但仍然发生了碰撞。其中一个重要原因就是船速超过了当时环境和情况所允许的安全航速，当出现紧迫局面时，不能在安全距离以内把船停住。所谓“适合当时环境和情况”，是指适合当时能见度情况，通航密度情况，船舶操纵性能，风、浪、流、航道情况和周围环境，以及雷达性能和技术水平等。

各类船舶(队)操纵性能各异，所处的航区水域情况也不同，而且其水域航行条件随水位变化而变化；所处的天气或能见度、通航密度以及雷达性能和技术水平等因素也不一样，客观水域情况十分复杂，因此对船舶安全航速难以作出定量的规定。安全航速是由多个“自变量”共同决定的“因变量”，并非定值，目前还无法建立起它们之间的数学模型。尽管如此，通常情况下安全航速应考虑的因素主要有：

①能见度不良时船舶不宜高速行驶。

②船舶在港口、锚地等通航密度大的水域行驶，应当控制航速能灵活避让。

③根据船舶操纵性能，驾驶员应掌握改变航向和控制船速最佳时机。

④船舶应充分估计风、浪、流及航道情况和周围环境等外界因素对安全航速的影响。

基于上述原则，对于引航道口门区及连接段，特别是对于通航较为繁忙的通航建筑物引航道口门区而言，其通航密度较大，水流条件也十分复杂，这给船舶安全航速提出了较高的要求。在一般情况下，手动操舵保持舵效的最低航速范围为 1～1.5m/s。考虑到口门区要求船舶在任何时候都需要保持舵效，其最低航速不低于 1m/s。

(3)纵向流速限值的确定

结合船舶航行需要克服的水流阻力，对水航速与舵效间的关系及船舶安全航速等方面的分析论述可以得出以下基本要求：对于船队，口门区水流纵向流速不应大于 2.0m/s；对于单船，口门区水流纵向流速不应大于 2.5m/s。

这个数值比现行规范规定的纵向流速限值 2.0m/s 略大。结合横向流速指标的研究，考虑到船舶在上游引航道口门区下行进闸时，由宽阔水域驶入狭窄水域，航行难度本身较大，若遇横流、回流较强，或者其他不良流态，船舶操纵更加困难，稍有不慎则容易出现海损事故。结合山区河流枢纽通航建筑物上游引航道口门区通航条件，当上游引航道纵向流速超过 2.0m/s 时，往往伴随着较强横流和回流，因此对上游引航道口门区纵向流速限值仍定为 2.0m/s，连接段可放宽至 2.5m/s。而对于下游引航道口门区，其下行船舶尽管舵效相对较差，但船舶由狭窄水域驶入宽阔水域，船舶可操纵空间相对较大，当船舶上行时舵效好，因此下游引航道口门区纵向流速限值可适当提高至 2.5m/s。

2.3.2.2 横向流速

垂直于航线方向上的横向流速 V_x，可以使船舶产生横向漂移，如果作用于船体的 V_x 是非均匀的，将对船舶产生扭转力矩，使其转动。

横向流速对船舶(队)产生横向推力按式(2.3-11)计算。

$$F_x = \xi\gamma \frac{V_x^2}{2g} S \tag{2.3-11}$$

式中：F_x——横向推力，kgf；

V_x——横向流速，m/s；

ξ——系数；

γ——水的密度，$1\times10^3 \mathrm{kg/m^3}$；

S——受横流作用的船舶面积，$\mathrm{m^2}$；

g——重力加速度。

船舶(队)受到的横向推力 F_x 与船舶(队)受横流作用的面积有关。当 S 一定时，F_x 与横向流速 V_x 的平方成正比，受横向力的作用，船舶(队)将发生侧向漂移，偏离航线。

相关文献对船舶由横向流速作用引起的横漂距离进行了研究，认为横漂距离 ΔL_x 可用式(2.3-12)计算：

$$\Delta L_x = \frac{B}{A}\left[t + \frac{1}{A}\mathrm{e}^{-At}\right]V_x \tag{2.3-12}$$

$$或\ \Delta L_x = V^* t = V^* l/(V_y - V_s) \tag{2.3-13}$$

$$或\ \Delta L_x = \overline{V}_x t/(V_y - V_s) \tag{2.3-14}$$

式中：A，B——系数；

t——水流作用于船体的时间，t；

V^*——船舶(队)受水流 V_x 作用而产生 x 方向的位移速度，m/s；

V_s——船舶(队)的静水航速，m/s；

l——船舶(队)的航行距离，m。

涂启明等提出了船(舶)队横向漂移速度 V^* 与横向流速的关系见式(2.3-15)：

$$V^* = (\overline{V}_x - c)/0.76 \tag{2.3-15}$$

式中：V^*——船(舶)队横向漂移速度，m/s；

c——系数，顶推船队一般取 0.09，拖带船队一般取 0.07。

陈永奎提出的船舶受到横流作用后重心所产生的横向漂移速度 V_x^* 和横漂距离 ΔL_x 的计算公式分别见式(2.3-16)、式(2.3-17)：

$$V_x^* = \frac{A}{B}(1 - \mathrm{e}^{-At})V_x \tag{2.3-16}$$

$$\Delta L_x = B\left(t + \frac{1}{A}\mathrm{e}^{-At}\right)V_x \tag{2.3-17}$$

式中：t——时间，t。

A，B——一对系数，该系数与船舶质量、船体的附加质量以及作用于船体上流量质量有关。当 V_x 为常量，且 $V_x = V_x{}^*$ 时，$A = B = 1.0\text{s}^{-1}$。

船舶在非均匀流场航行时，由于船体两侧动水压力差的作用点不在船舶的重心，横流还将对船舶产生力矩作用。如果横向流速简化为 V_x 按线性分布，则从能量定理可以得到力矩 M 与 V_x 的关系，即式(2.3-18)。

$$M = KV_x \tag{2.3-18}$$

式中：K——系数，与水流作用长度、作用深度、作用点偏心率、船舶(队)自身及周边几何形状、水流绕船体运动时的阻力等因素有关。

由此可见，口门区垂直航向的横向流速使船舶产生漂移，且当横向流速非均匀分布时，船舶受不均匀流侧压影响发生回转运动，使船舶偏离航向。船舶为保持航向需要操纵舵角，如果这种运动超出了船舶正常操作能力即舵力所允许的范围，就会出现失控，严重时会发生船舶不能进入引航道或船舶冲撞翻船事故。

高山峡谷地区通航建筑物上游，口门区及连接段处于水库常年回水区，通常情况下流速较小，汛期降低运行水位后流速有所增加，但仍不大。上游引航道口门区为动静水交界区域，存在横流和回流，船舶下行进闸时由宽阔水域驶入狭窄水域，操纵难度大，且船舶下行舵效较差。因此对上游引航道口门区及连接段，船舶下行进闸为控制性工况，下行进闸的流速限值即为上游引航道口门区及连接段流速指标限值。

下游引航道口门区通航条件相对于上游引航道口门区要复杂得多。电站或泄洪建筑物下泄水流斜入口门区及连接段，导致下游引航道口门区纵、横向流速均较大，受边壁的阻挡形成一定范围的回流。高山峡谷地区河道狭窄，下泄水流还会引起水面的波动，水流扩散条件差，通常情况下游引航道口门区及连接段的通航条件均较差。上行进闸的船舶尽管舵效相对较好，但需要克服的水流阻力及不良流态相对于下行出闸船舶而言，操控难度明显更大，因此上行进闸的难度更大，多为下游引航道口门区及连接段的控制性工况，其流速限值可作为下游引航道口门区及连接段的水流条件标准限值。

以下利用物理模型与数学模型相结合的方法，对船舶所受横向流速(横向力)与船舶舵角(舵力)的关系进行研究。

(1)概化物理模型试验

1)概化物理模型布置

概化物理模型采用 1∶30 的正态模型，模型长 30m、宽 10m、高 0.167m，对应的原型长 900m、宽 300m、高 5m。制模时精准控制，保证水池底部平整。模型由两个量水堰共同供水，最大供水能力约为 400L/s。为确保模型内为恒定均匀流，在进口布置了较长的前池，并在前池进口布置了跌落槛及消能、消波格栅。模型水位利用尾部尾门控制，模型内上下游水位基本一致，水面比降接近零。由于模型供水能力有限，无法满足整个试验模型内大流速工况，为此模型将分为小流速试验(1.5m/s)和大流速试验(1.5m/s 以上)两部分。当流速超过 1.5m/s，模型宽度将缩窄至 4～5m。

2)自航船舶试验

①实船船型与船模比尺。

实船船型为3000t机动货驳,船模比尺与水工模型比尺相同,为1∶30。自航船模见图2.3-1。

图2.3-1　大比尺(1∶30)3000t自航船模

②几何船模相似条件。

船模运动是一个力学过程,显然这个力学过程的模拟,应该满足一定的相似条件。根据《内河航道与港口水流泥沙模拟技术规程》(JTS/T 231—4—2018),用于通航条件试验的船模,应该满足几何相似和重力相似条件。对于满足几何相似条件的船模,其几何尺度、形状、吃水和排水量都应与实船相似;对于满足重力相似条件的船模,其运动速度及时间也应与实船相似;为了满足船模通航试验的要求,还必须做到操纵性能相似,根据量纲分析,满足本试验几何相似和重力相似的正态船模,其物理量之间的比尺关系如下。

比尺:$\lambda=\lambda_L=\lambda_H=30$;

时间比尺:$\lambda_t=\lambda_L{}^{1/2}=5.477$;

速度比尺:$\lambda_v=\lambda_L/\lambda_t=5.477$;

排水量比尺:$\lambda_\Delta=\lambda_L{}^3=27000$;

力的比尺:$\lambda_f=\lambda_L{}^3=27000$。

③几何相似($L\times B\times T$)。

3000t机动货驳:实船为86.80m×16.20m×3.50m(长×宽×高),船模为289.33cm×54.00cm×11.67cm(长×宽×高)。

④排水量相似率定。

3000t机动货驳:实船为3962t,船模为146741g。

⑤静水航速运动相似率定。

静水航速运动相似率定成果见表2.3-2。

表 2.3-2 静水航速运动相似率定成果表

实船静水航速(m/s)	船模静水航速(m/s)
3.0	0.55
2.5	0.46
2.0	0.36
1.5	0.27
1.0	0.18
0.5	0.09
0.0	0
0.5	0.09
1.0	0.18

⑥舵角相似。

3000t 机动货驳与实船均为:左 35°～右 35°无级比例操舵。

⑦浮态相似调整。

根据实船资料,对船模在静水中的吃水线及平面重心位置进行调整,满足与实船浮态相似的要求。

⑧操纵性指数 K' 和 T'。

根据提供的实船操纵性指数 K' 和 T' 相关数据,在静水水池中进行"Z"形操纵试验,对船模的操纵性指数 K' 和 T' 进行相关率定,将 K' 值误差控制在±10%以内,T' 值误差控制在±5%以内。

船模与实船操纵性率定偏差见表 2.3-3。

表 2.3-3 船模与实船操纵性率定偏差表

船型		K'		T'	
		数值	偏差(%)	数值	偏差(%)
3000t 机动货船	实船	1.812		0.586	
	1/30 船模	1.708	−5.74	0.598	+2.05

3)试验方案设计及试验工况

试验主要是研究不同航速在不同流场情况下的船舶航行参数。根据模型设计,模型通过控制流量及宽度调整流场大小,在纵向 0.5～2.5m/s 均匀流场下,对 3000t 满载船舶不同航行角度及不同航速的船舶参数进行试验。试验组合工况见表 2.3-4。

试验工况涵盖了横向流速 0.04～0.41m/s、纵向流速 0.5～3.0m/s 的多组流场组合,测量了船舶行进姿态、船舶漂角、舵角、航迹线等参数,获取了多次平均值,分析了船舶在多种流场组合下不同航速的航行参数。

表 2.3-4　　试验组合工况

纵向流速(m/s)	0.5			1.0			1.5			2.0			2.5		
船舶与流速夹角(°)	5	15	20	5	15	20	5	10	15	3	5	8	3	5	8
航行方向	逆水上行、顺水下行														
航速(m/s)	1.0	1.0	1.0												
	2.0	2.0	2.0	2.0	2.0	2.0	2.0	2.0		2.5	2.5	2.5			
	32.0	3.0	3.0	3.0	3.0	3.0	3.0	3.0	3.0	3.0	3.0	3.0	3.0	3.0	3.0

(2)船舶航行数值模拟

1)基本原理

船舶运动非常复杂,一般具有 6 个自由度。通常采用直角坐标系来研究船舶在平面的三自由度运动。将船舶看作船艏艉方向、正横方向的并进运动及绕船重心垂直轴的回旋运动,即将船舶运动视为前进、横移和旋回的复合运动。根据牛顿第二定律,对船舶的运动描述见式(2.3-19),船舶运动基本原理见图 2.3-2。

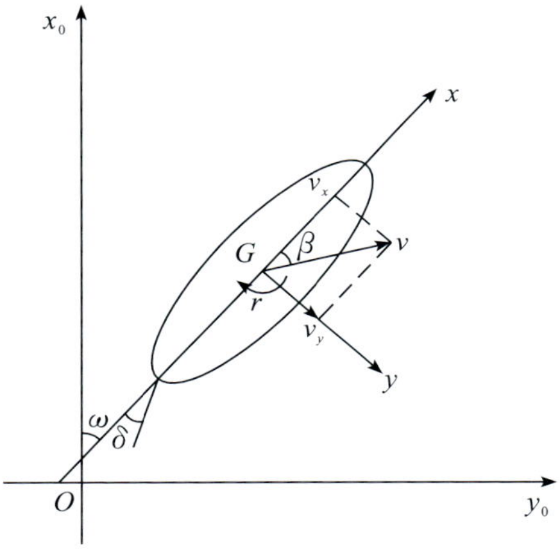

图 2.3-2　船舶运动基本原理图

$$\left.\begin{aligned} X_0 &= m\ddot{x}_{0G} \\ Y_0 &= m\ddot{y}_{0G} \\ N &= I_z\ddot{\psi} \end{aligned}\right\} \tag{2.3-19}$$

式中:X_0——作用于船 x_0 轴方向的合力,kgf;

Y_0——作用于船 y_0 轴方向的合力,kgf;

N——绕船重心垂直轴的合力矩,kgf·m;

m——船的质量,t;

ψ——船的艏向角，rad；

x_{0G}、y_{0G}——在 t_0 时刻船重心 G 的坐标；

I_z——绕 z 轴的船的质量惯性矩，m^4。

2)船舶运动方程

①静水中的船舶运动方程。

为应用简便，通常采用船体运动坐标系(xGy)。以船体重心 G 为原点，船艏艉为 x 轴，垂直于船艏艉向为 y 轴。

固定坐标系与运动坐标系内的运动学参数关系见式(2.3-20)：

$$\left.\begin{aligned}\dot{x}_0 &= v_x\cos\psi - v_y\sin\psi\\ \dot{y}_0 &= v_x\sin\psi + v_y\cos\psi\\ \dot{\psi} &= r\end{aligned}\right\}\tag{2.3-20}$$

固定坐标系与运动坐标系内的动力学参数关系见式(2.3-21)：

$$\left.\begin{aligned}X_0 &= X\cos\psi - Y\sin\psi\\ Y_0 &= X\sin\psi + Y\cos\psi\\ N_0 &= N\end{aligned}\right\}\tag{2.3-21}$$

通过推导即可得到在静水中船体运动坐标系的方程见式(2.3-22)：

$$\left.\begin{aligned}(m+m_{11})\dot{v}_x-(m+m_{22})v_y r &= X\\ (m+m_{22})\dot{v}_y+(m+m_{22})v_x r &= Y\\ (I_z+m_{66})\dot{r} &= N\end{aligned}\right\}\tag{2.3-22}$$

式中：v_x、v_y——船体与水流的相对速度，m/s；

r——转首角速度，rad/s；；

X——作用于船 x 轴轴方向的合力，kgf；

Y——作用于船 y 轴轴方向的合力，kgf；

N——绕船重心垂直轴的合力矩，kgf·m；

m_{11}、m_{22}、m_{66}——x 向的附加质量、y 向的附加质量和附加惯性矩；

其他符号同前。

②动水中的船舶运动方程。

当船舶在动水中航行时，设在固定坐标系中水流的绝对速度和方向为 V_F、ψ_F，在动坐标系下的水流速度见式(2.3-23)：

$$\left.\begin{aligned}u_{cx} &= V_F\cos(\psi_F-\psi)\\ u_{cy} &= V_F\sin(\psi_F-\psi)\end{aligned}\right\}\tag{2.3-23}$$

可得到水流的相对速度见式(2.3-24)：

$$\left.\begin{aligned}v_x&=u_x-u_{cx}=u_x-V_F\cos(\psi_F-\psi)\\v_y&=u_y-u_{cy}=u_y-V_F\sin(\psi_F-\psi)\end{aligned}\right\}\tag{2.3-24}$$

式中：u_x、u_y——动坐标原点速度，m/s；

v_x、v_y——船舶对水速度，m/s；

u_{cx}、u_{cy}——水流速度，m/s；

ψ——艏向角，rad。

由式(2.3-24)求导得：

$$\left.\begin{aligned}\dot{v}_x&=\dot{u}_x-V_Fr\sin(\psi_F-\psi)\\\dot{v}_y&=\dot{u}_y+V_Fr\cos(\psi_F-\psi)\end{aligned}\right\}\tag{2.3-25}$$

将式(2.3-24)、式(2.3-25)代入式(2.3-23)，即可得以动坐标原点速度 u_x、u_y 为表征的形式，见式(2.3-26)：

$$\left.\begin{aligned}(m+m_{11})\dot{u}_x&=X(v_x,v_y,r)+(m+m_{22})v_yr+(m+m_{11})V_Fr\sin(\psi_F-\psi)\\(m+m_{22})\dot{u}_y&=Y(v_x,v_y,r)-(m+m_{11})v_xr-(m+m_{22})V_Fr\cos(\psi_F-\psi)\\(I_z+m_{66})\dot{r}&=N(v_x,v_y,r)\end{aligned}\right\}\tag{2.3-26}$$

3)水动力表达式

式(2.3-26)右边，即力的表达式是整个求解的关键。采用通常的水动力模型，可将 X、Y、N 表达为式(2.3-27)：

$$\left.\begin{aligned}X&=X_H(v_x,v_y,r)+X_R(v_x,v_y,r)+X_P(v_x,v_y,r)+X_W+X_{WV}\\Y&=Y_H(v_x,v_y,r)+Y_R(v_x,v_y,r)+Y_P(v_x,v_y,r)+Y_W+Y_{WV}\\N&=N_H(v_x,v_y,r)+N_R(v_x,v_y,r)+N_P(v_x,v_y,r)+N_W+N_{WV}\end{aligned}\right\}\tag{2.3-27}$$

式中：下标 H、R、P、W、WV——作用在裸船体、舵、螺旋桨、风及波浪所产生的力和力矩。

考虑到螺旋桨引起的横向力和力矩较小，难以测定其值，也难以从测量中分离出来，通常将其合并表述，见式(2.3-28)：

$$\begin{gathered}v_x'=v_x/V;v_y'=v_y/V;r'=r(L/V)\\\dot{v}_x'=\dot{v}_x(L/V^2);\dot{v}_y'=\dot{v}_y(L/V^2);\dot{r}'=\dot{r}(L^2/V^2)\\X'=X/(\frac{\rho}{2}LdV^2);Y'=Y/(\frac{\rho}{2}LdV^2);N'=N/(\frac{\rho}{2}L^2dV^2)\end{gathered}\tag{2.3-28}$$

式中：V——对水航速，$V=\sqrt{v_x^2+v_y^2}$，m/s；

ρ——水密度，$1\times10^3\text{kg/m}^3$；

L——船长，m；

d——吃水，m。

忽略风、波浪影响，则式(2.3-28)表达为式(2.3-29)：

$$\left.\begin{aligned} X' &= X_H{}' + X_R{}' + X_P{}' \\ Y' &= Y_{HP}{}' + Y_P{}' \\ N' &= N_{HP}{}' + N_R{}' \end{aligned}\right\} \tag{2.3-29}$$

对于各水动力的导数，可通过船模试验获得，也可利用已有估算公式结合参数辨识的方法得到。

4)螺旋桨纵向力

螺旋桨纵向力见式(2.3-30)：

$$X_P = (1-t)\rho n^2 D^4 K_T J_P \tag{2.3-30}$$

式中：t——推力减额系数。

n——螺旋桨转速，rad/s。

D——螺旋桨直径，m。

K_T——螺旋桨敞水推力系数，由螺旋桨敞水性征曲线求得。

J_P——螺旋桨进速系数，$J_P = \dfrac{v_x(1-\omega_P)}{nD}$，其中 ω_P 为螺旋桨的有效伴流系数，受操纵运动幅度的影响，与直航时的 ω_{PO} 不同。

据相关斜拖试验结果，螺旋桨的有效伴流系数 ω_P 可按式(2.3-31)估算：

$$\omega_P = \omega_{PO}\exp(-4.0\beta_P^2) \tag{2.3-31}$$

$$\omega_{PO} = 0.7C_P - 0.3$$

式中：β_P——螺旋桨位置处的几何冲角，rad.，$\beta_P = \beta - x_P{}'r'$，其中 r' 为无因次回转角速度，rad/s；$x_p{}'$为无因次桨坐标，$x_P{}' \approx -0.5$。

C_p——纵向棱形系数。

推力减额系数 t 见式(2.3-32)：

$$t = 0.325C_b - 0.1885D/\sqrt{Bd} \tag{2.3-32}$$

式中：D——螺旋桨直径，m；

B——船体宽度，m；

d——平均吃水，m。

5)舵力及其力矩

舵力及其力矩见式(2.3-33)：

$$\left.\begin{aligned} X_R &= (1-t_R)F_N\sin\delta \\ Y_R &= (1+a_H)F_N\cos\delta \\ N_R &= (x_R + a_H x_H)F_N\cos\delta \end{aligned}\right\} \tag{2.3-33}$$

舵的法向力见式(2.3-34)：

$$F_N = -\frac{1}{2}\rho f_a A_R V_R^{\ 2} \sin\alpha_R \tag{2.3-34}$$

有关参数见式(2.3-35)、式(2.3-36)：

$$f_a = \frac{6.13\lambda}{2.25+\lambda} \tag{2.3-35}$$

$$\left.\begin{aligned}
V_R^2 &= V^2(1-w_R)^2\{1+K_G(s)\} \\
G(s) &= \eta k\{2-(2-k)s\}s/(1-s)^2 \\
s &= 1-(1-w_p)/(1-w_R) \\
\eta &= D_P/H_R \\
k &= 0.6(1-w_P)/(1-w_R) \\
w_R &= (w_{R0} \cdot w_P)/w_{P0} \\
\alpha_R &= \delta-\gamma \cdot \beta_R \\
\beta_R &= \beta - 2x_R{}' \cdot r', x_R{}' \approx -0.5 \\
K &= \begin{cases} 1.065 & (\delta \geqslant 0) \\ 0.935 & (\delta < 0) \end{cases}
\end{aligned}\right\} \tag{2.3-36}$$

式中：D_p——螺旋桨直径，m；

w_R——有效伴流系数；

H_R——舵高，m，直航时舵处有效伴流分数 w_{R0} 可近似取 0.25；

γ——整流系数，可按式(2.3-37)估算。

$$\gamma = 1.1633 - 1.9828C_b + 1.3902C_b{}^2 \tag{2.3-37}$$

其余有关参数见式(2.3-38)：

$$\left.\begin{aligned}
1-t_R &= 0.7382 - 0.0539C_b + 0.1755C_b{}^2 \\
a_H &= 0.6784 - 1.3374C_b + 1.8891C_b{}^2 \\
x_H &= -(0.4+0.1C_b)L \\
x_R &= -0.5L
\end{aligned}\right\} \tag{2.3-38}$$

6)船舶操纵运动方程的求解

式(2.3-26)船舶操纵运动方程是具有一阶导数的常微分方程组，求解析解极为困难，而龙格—库塔法则是求解这类方程的有效数值方法。在实际工程运用中，考虑计算精度和稳定性，对于船舶操纵运动方程的数值求解可采用四阶格式计算。

7)船舶位置确定

在求出以上参数后，船舶任一时刻位置和有关参数可由式(2.3-39)确定：

$$\left.\begin{aligned}
x_{i+1} &= x_i + (u_{xi}\cos\psi_i - u_{yi}\sin\psi_i)\Delta t \\
y_{i+1} &= y_i + (u_{xi}\sin\psi_i + u_{yi}\cos\psi_i)\Delta t \\
\psi_{i+1} &= \psi_i + r_i\Delta t \\
v_{x,i+1} &= u_{x,i+1} - V_F\cos(\psi_F - \psi_{i+1}) \\
v_{y,i+1} &= u_{y,i+1} - V_F\sin(\psi_F - \psi_{i+1})
\end{aligned}\right\} \tag{2.3-39}$$

8)计算工况

计算工况与概化物理模型试验组合工况基本一致,见表 2.3-4。

(3)下游引航道口门区及连接段横向流速限值

1)概化物理模型试验

概化物理模型自航船舶上行试验参数统计见表 2.3-5。

表 2.3-5　　自航船舶上行试验参数统计表

工况		船速	最大舵角(°)		最大漂角(°)		航速(m/s)		航程	平均航速
流速(m/s)	航向(°)	(m/s)	右	左	右	左	最大	最小	(m)	(m/s)
0.5	5	1.0	15.85	15.76	6.41	2.97	1.06	0.84	365	0.98
		2.0	14.64	14.11	3.29	0.63	1.71	1.42	369	1.67
		3.0	13.1	13.99	3.19	1.66	1.79	1.45	366	1.68
	15	1.0	24.16	23.37	23.63	38.79	0.7	0.47	381	0.54
		2.0	22.73	21.51	9.25	11.28	3.56	1.23	370	1.36
		3.0	20.94	16.53	10.63	0.6	1.91	1.37	380	1.73
	20	2.0	27.77	28.94	9.95	2.19	1.58	1.3	385	1.45
		3.0	26.64	27.3	8.68	0.36	1.89	1.37	376	1.57
1.0	5	2.0	11.81	21.99	5.5	2.38	1.25	1.13	359	1.2
		3.0	10.17	16	4.36	2.44	1.71	1.36	365	1.55
	15	2.0	12.63	10.64	8.88	1.89	1.41	1.13	370	1.28
		3.0	13.42	14.16	7.8	2.54	1.71	1.37	374	1.59
	20	2.0	25.4	24.13	11.74	3.73	1.39	1.15	387	1.25
		3.0	22.73	23.86	9.39	3.08	1.81	1.45	385	1.63
1.5	5	2.0	15.96	16.85	8.62	3.97	0.95	0.71	374	0.81
		3.0	14.69	13.66	6.6	1.88	1.53	1.27	374	1.42
	10	2.0	17.76	19.05	20.11	0.4	1.24	0.77	369	0.92
		3.0	17.17	20.8	10.96	5.12	1.52	1.29	372	1.43
	15	3.0	22.79	23.67	18.48	6.21	1.39	1.05	381	1.2

续表

工况		船速	最大舵角(°)		最大漂角(°)		航 速(m/s)		航程	平均航速
流速(m/s)	航向(°)	(m/s)	右	左	右	左	最大	最小	(m)	(m/s)
2.0	3	2.5	12.04	16.23	20.71	13.13	0.8	0.42	365	0.54
		3.0	9.24	7.3	16.03	6.87	0.61	0.42	362	0.56
	5	2.5	11.77	14.14	18.07	1.4	0.95	0.51	362	0.66
		3.0	7.74	17.92	16.16	3.67	1.07	0.75	363	0.91
2.5	3	3.0	20.11	22.05	15.67	1.92	1.04	0.67	364	0.76

注:1. 所有数据已换算为原型值,数值为 3～8 组试验的平均值;

2. 航向是指船艏与水流方向的夹角。

概化物理模型试验表明:

①在 0.5m/s 均匀流场、5°～20°航向条件下,3000t 满载船舶在 1～3m/s 船速逆水上行时均能保持较好的航行姿态,舵角、漂角均满足要求,船舶漂距在安全范围内,超过 20°后,船舶操纵较为困难,难以按指定航线行驶。

②在 1.0m/s 均匀流场、5°～15°航向条件下,3000t 满载船舶在 2～3m/s 船速逆水上行时均能保持较好的航行姿态,舵角、漂角均满足要求,船舶漂距在安全范围内,但在夹角为 20°、船速为 2m/s 的工况下,逆水上行难以保持航线,操作难度大,船舶漂移距离大,舵角增大。在 3m/s 船速下,上行虽难度大,舵角大,但尚在可控范围内。

③在 1.5m/s 均匀流场、5°～10°航向条件下,3000t 满载船舶在 2～3m/s 船速逆水上行时均能保持较好的航行姿态,舵角、漂角均满足要求,船舶漂距在可控范围内。在航向 15°工况下,只能在 3m/s 船速下勉强上行,上行过程用舵增大,船舶漂移距离大。

④在 2.0m/s 均匀流场、3°～5°航向条件下,3000t 满载船舶在 2.5～3m/s 船速逆水上行时均可保持较好的航行姿态,舵角、漂角均满足要求,船舶漂距在可控范围内。在航向 8°工况下,上行难度增大,舵角增大,漂移距离增大,当尚可控制。同时试验对 10°以上工况进行了试验,结果显示超过 10°后船舶难以控制。

⑤在 2.5m/s 均匀流场、3°～5°航向条件下,3000t 满载船舶在 3m/s 船速逆水上行时均能保持较好的航行姿态,舵角、漂角均满足要求,船舶漂距在可控范围内。在航向 8°工况下,上行过程尚能控制,但航行风险大。

通过试验分析可知,在相同流场(横向流速,流向法向方向流速)条件下,船速越高则舵效越好,船舶操舵所用舵角越小;而在相同船速条件下,横向流速越大则所需舵力越大,船舶克服横漂所需要的舵角也越大。此外,船舶受横向流速产生的横漂作用也可以通过调整船舶航行时艏向角来克服,但在口门区航行时船舶艏向角不宜过大,船舶受横向作用力产生的漂距也不宜过大,因此要求船舶航线与流向的交角不宜过大,一般不宜大于 15°。

2)数模计算

由于自航船模试验船舶无法自动控制,操舵时受人为影响因素较大,自航船模试验大多为定性描述船舶是否可以进出闸,很难通过试验总结出定量的规律性,为此开展了一系列的数模计算。根据数模计算总结出横向流速与舵角之间的关系见图 2.3-3 至图 2.3-5。

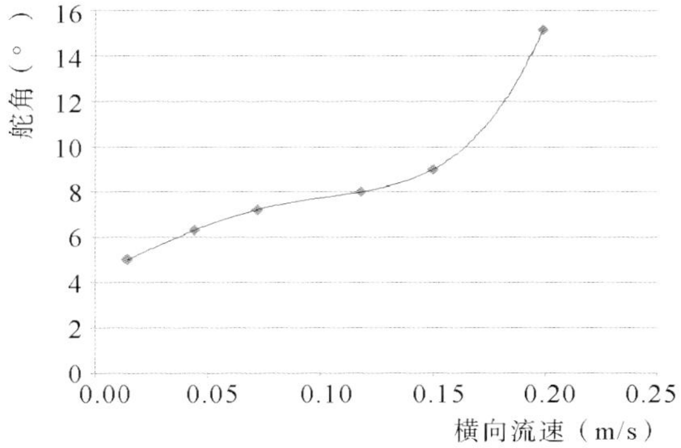

(a)船舶航线与流向交角为 5°

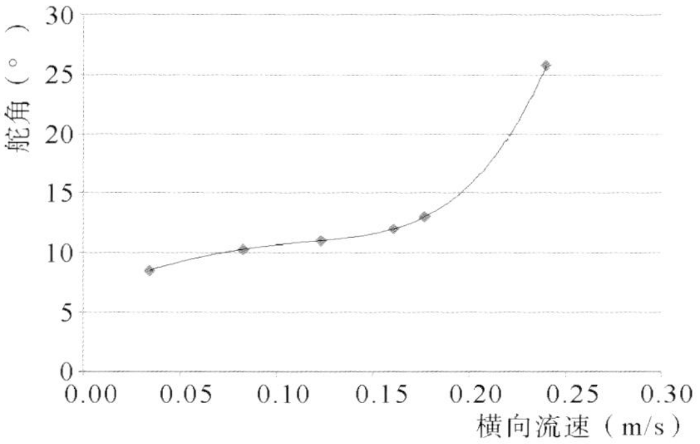

(b)船舶航线与流向交角为 10°

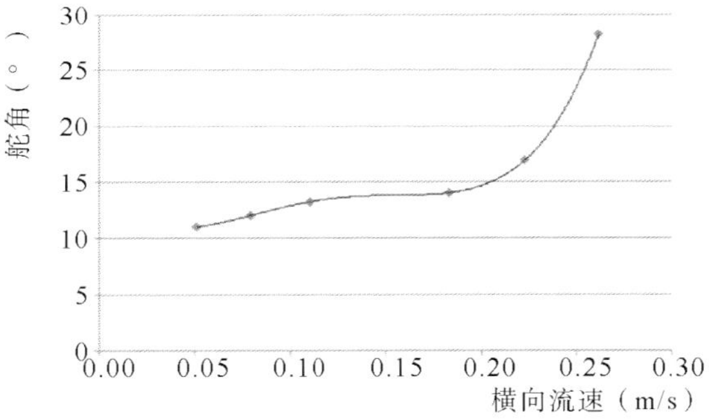

(c)船舶航线与流向交角为 15°

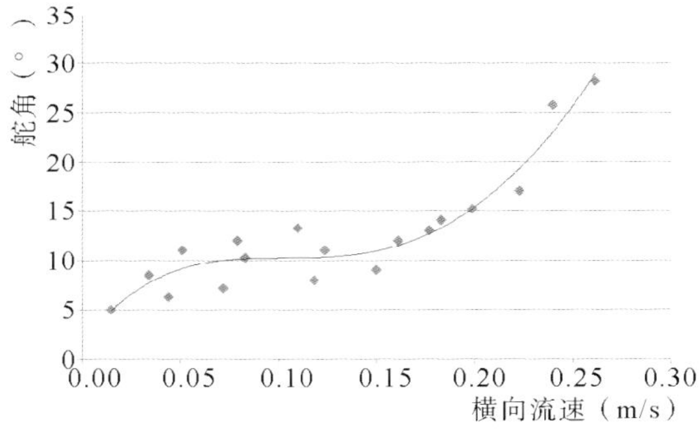

(d)船舶航线与流向交角为 5°~15°

图 2.3-3 船舶上行航速 1m/s 时横向流速与舵角关系曲线

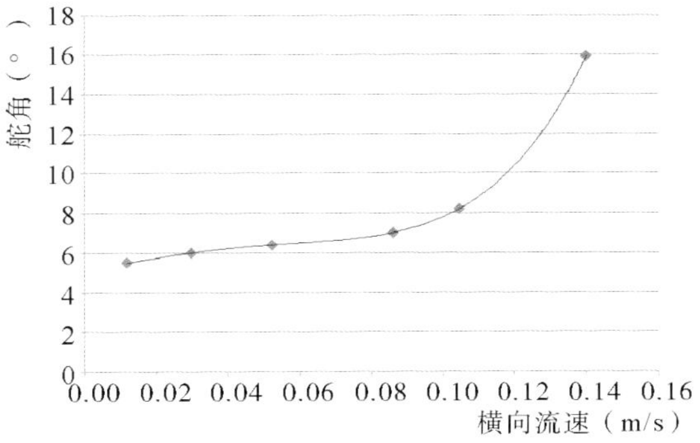

(a)船舶航线与流向交角为 5°

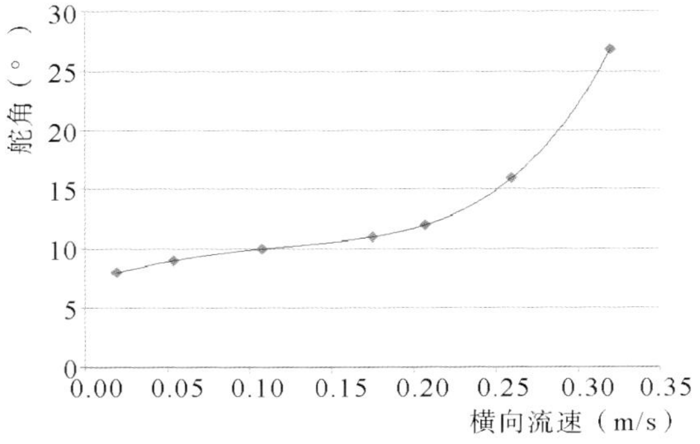

(b)船舶航线与流向交角为 10°

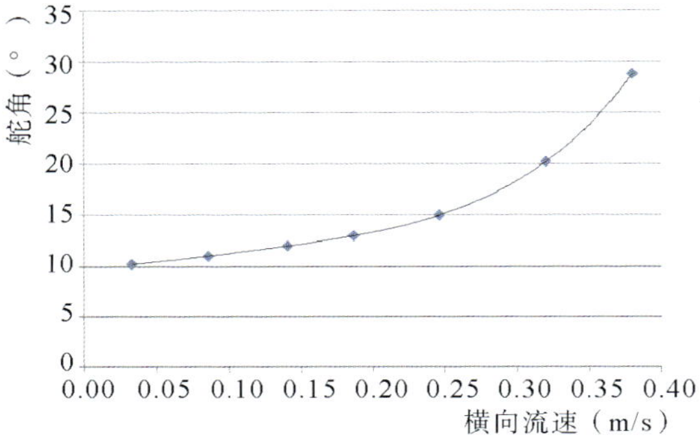

(c)船舶航线与流向交角为 15°

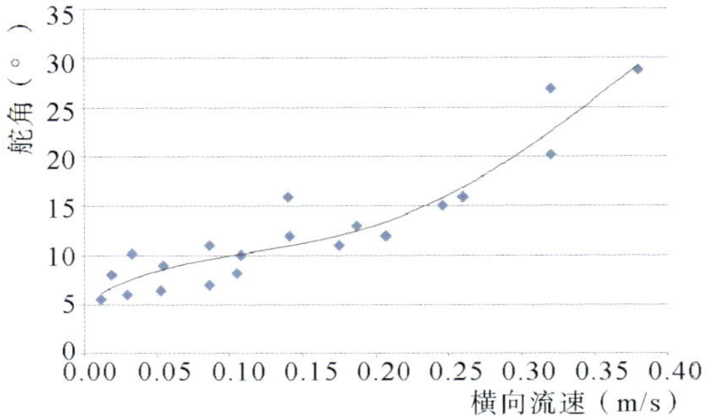

(d)船舶航线与流向交角为 5°～15°

图 2.3-4　船舶上行航速 2m/s 时横向流速与舵角关系曲线

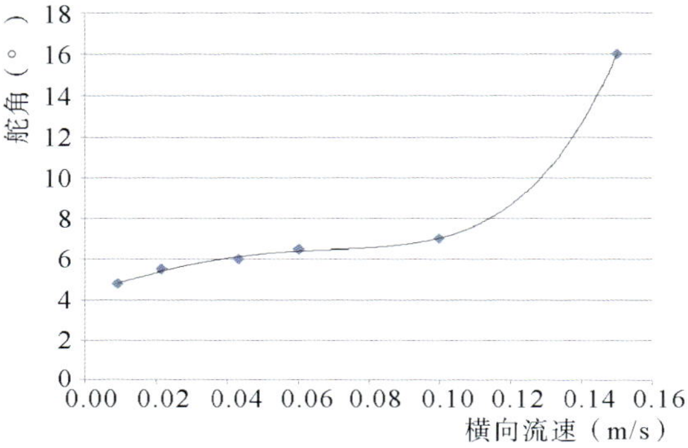

(a)船舶航线与流向交角为 5°

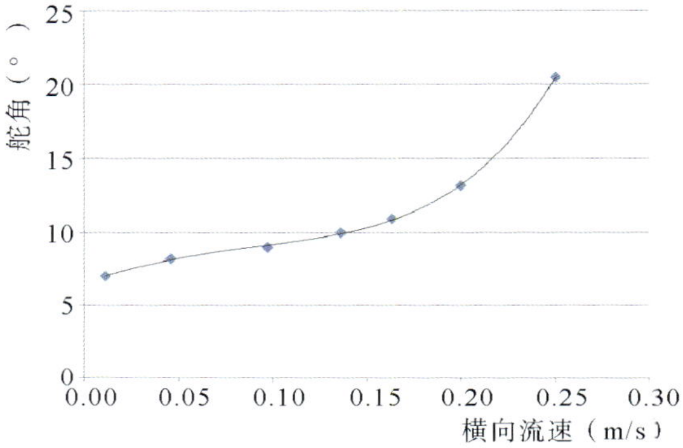

(b)船舶航线与流向交角为 10°

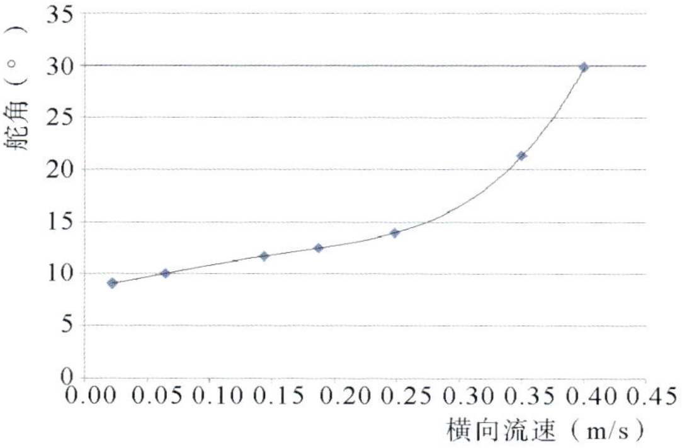

(c)船舶航线与流向交角为 15°

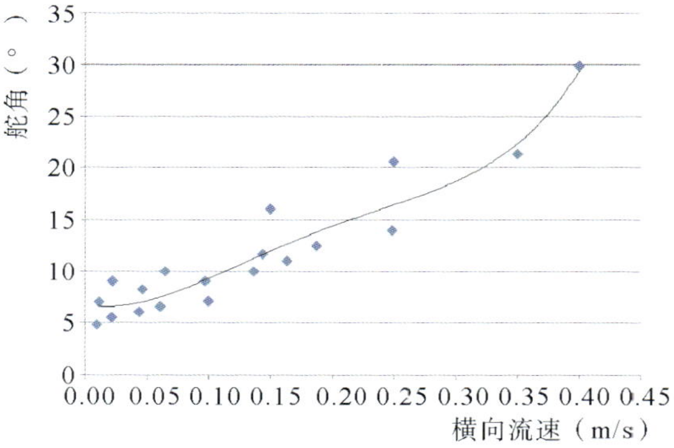

(d)船舶航线与流向交角为 5°～15°

图 2.3-5　船舶上行航速 3m/s 时横向流速与舵角关系曲线

分析数模计算成果可知：

①当船舶上行航速(对岸航速，下同)为 1m/s，船舶航线与流向交角分别为 5°、10°、15°时，随着横向流速的增大，船舶所受的横向力增大，因此要保持船舶按既定航线行驶所需的舵角就越大，船舶舵角与横向流速呈正相关关系。这种相关关系并不呈线性增加，当横向流速在一定范围内时舵角增加缓慢，当横向流速增大到一定程度后，舵角迅速增大，说明当横

向流速超过一定值后，船舶操控难度明显增加，按既定航线行驶十分困难。当航线与流向呈5°交角时，横向流速为 0.12m/s 和 0.15m/s，船舶按既定航线行驶所需要的舵角分别为 8°和9°，增加幅度并不大，当横向流速增至 0.20m/s，舵角增加到 15.2°；当航线与流向呈 10°交角时，横向流速为 0.12m/s、0.16m/s、0.18m/s，船舶按既定航线行驶所需要的舵角分别为11°、12°、13°，增加幅度并不大，当横向流速增至 0.24m/s，舵角增加到 25.8°；当航线与流向呈 15°交角时，横向流速为 0.11m/s、0.18m/s，船舶按既定航线行驶所需要的舵角分别为13.2°和 14°，增加幅度并不大，但当横向流速增至 0.26m/s，舵角增加到 28.2°。

根据船舶上行航速为 1m/s 时的计算数据，可以拟合出该航速下横向流速与舵角的关系曲线（图 2.3-6），按照舵角不超过 25°的安全航行原则，可得该 1m/s 航速下的横向流速限值为 0.24m/s。

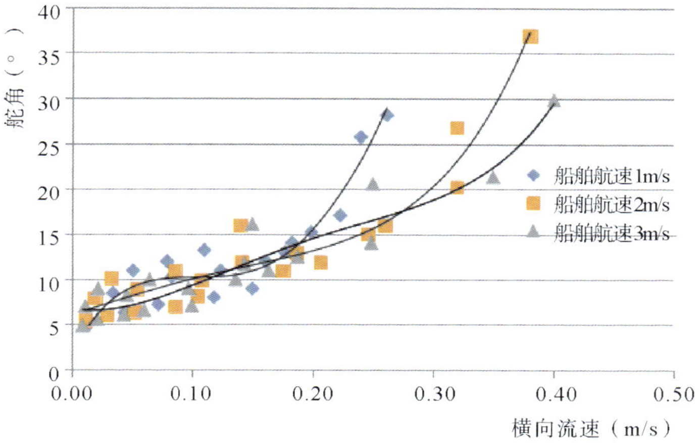

图 2.3-6　横向流速与舵角关系曲线（船舶上行）

②当船舶上行航速为 2m/s，船舶航线与流向交角分别为 5°、10°、15°时，船舶舵角与横向流速呈正相关关系，但横向流速超过一定值后，船舶操控难度迅速增加，按既定航线行驶十分困难。当航线与流向呈 5°交角时，横向流速为 0.09m/s、0.10m/s，船舶按既定航线行驶所需要的舵角分别为 7°、8.2°，增加幅度并不大，但当横向流速增至 0.14m/s 时，舵角增加到15.9°；当航线与流向呈 10°交角时，横向流速为 0.18m/s、0.21m/s，船舶按既定航线行驶所需要的舵角分别为 11°、12°，但当横向流速增至 0.32m/s 时，舵角增加到 26.9°；当航线与流向呈 15°交角时，横向流速为 0.14m/s、0.19m/s、0.25m/s，船舶按既定航线行驶所需要的舵角分别为 12°、13°、15°，但当横向流速继续增加至 0.32m/s、0.36m/s 时，舵角则迅速增加至20°和 35°。

根据船舶上行航速为 2m/s 时的计算数据，可以拟合出该航速下横向流速与舵角的关系曲线（图 2.3-6），按照舵角不超过 25°的安全航行原则，可得该 2m/s 航速下的横向流速限值为 0.33m/s。

③当船舶上行航速为 3m/s，船舶航线与流向交角分别为 5°、10°、15°时，同航速 1m/s 和

2m/s 一样，船舶舵角与横向流速呈正相关关系，但横向流速超过一定值后，船舶操控难度迅速增加，按既定航线行驶十分困难。当航线与流向呈 5°交角，横向流速为 0.06m/s 和 0.10m/s，船舶按既定航线行驶所需要的舵角分别为 6.5°和 7°，但当横向流速增至 0.15m/s 时，舵角迅速增加到 16°；当航线与流向呈 10°交角时，横向流速为 0.14m/s、0.16m/s，船舶按既定航线行驶所需要的舵角分别为 10°和 11°，但当横向流速增至 0.25m/s 时，舵角增加到 20.5°；当航线与流向呈 15°交角时，横向流速为 0.19m/s、0.25m/s，船舶按既定航线行驶所需要的舵角分别为 12.5°、14°，但当横向流速继续增加至 0.35m/s、0.4m/s 时，舵角则迅速增加至 21.3°和 29.8°。

根据船舶上行航速为 3m/s 时的计算数据，可以拟合出该航速下横向流速与舵角的关系曲线（图 2.3-6），按照舵角不超过 25°的安全航行原则，可得该 2m/s 航速下的横向流速限值为 0.37m/s。

综合上述分析，当横向流速相对较小时，船舶维持航线行驶所需的舵角不大，在 15°内，但随着横向流速的增大，船舶保持航线行驶所需的舵角迅速增大，且船舶航速越大舵效越好，能够克服的横向流速越大。一般情况下口门区的航速为 1.5～2.5m/s，下游引航道口门区内横向流速应不超过 0.3m/s。考虑到概化物理模型试验时为均一流场，船舶需要克服横向力比实际大，因此对下游引航道口门区内的横向流速限值可以适当放宽至 0.35m/s。对于连接段，其船舶航速为 2.5～3.5m/s，其对应横向流速限值应不高于 0.35～0.37m/s，同理其横向流速限值可放宽至 0.37m/s。

(4)上游引航道口门区及连接段横向流速限值

概化物理模型自航船模下行试验参数统计见表 2.3-6。

表 2.3-6　　　　自航船模下行试验参数统计表

工况		船速	最大舵角(°)		最大漂角(°)		航速(m/s)		航程	平均航速
流速(m/s)	航向(°)	(m/s)	右	左	右	左	最大	最小	(m)	(m/s)
0.5	5	1.0	17.17	17.49	1.37	3.6	1.99	1.36	368	1.63
		2.0	16.57	16.23	0.69	2.76	2.7	2.19	356	2.4
		3.0	15.23	13.88	2.41	2.32	2.38	1.89	365	2.18
	15	1.0	24.22	24.39	7.17	26.6	1.49	1.18	364	1.34
		2.0	23.61	23.59	2.09	7.82	2.43	1.78	371	2.15
		3.0	22.39	21.54	2.2	8.47	2.9	2.21	382	2.6
	20	2.0	29.98	30.15	1.4	8.92	2.44	1.86	379	2.2
		3.0	28.43	27.73	1.33	8.72	2.63	1.77	374	2.28
1.0	5	2.0	15.39	21.91	1.08	4.54	2.67	2.07	362	2.31
		3.0	16.75	18.18	2.16	3.63	2.85	2.36	363	2.57

续表

工况		船速	最大舵角(°)		最大漂角(°)		航速(m/s)		航程	平均航速
流速(m/s)	航向(°)	(m/s)	右	左	右	左	最大	最小	(m)	(m/s)
1.0	15	2.0	17.47	13.59	2.47	7.49	2.63	2.19	373	2.48
		3.0	15.32	12.03	3.54	7.45	2.95	2.35	372	2.72
	20	2.0	29.74	28.09	7.18	9.86	2.7	2.03	368	2.34
		3.0	25.54	23.89	3.75	9.27	2.92	2.12	375	2.6
1.5	5	2.0	19.67	18.27	0.76	4.92	2.96	2.39	374	2.63
		3.0	17.56	17.06	0.38	3.83	3.61	2.92	376	3.3
	10	2.0	24.12	23.02	1.78	5.96	3.26	2.66	368	2.97
		3.0	20.31	19.15	1.03	5.94	3.64	3.08	372	3.36
	15	3.0	25.47	26.32	4.18	8.11	3.56	2.75	365	3.22
2.0	3	2.5	19.46	18.16	1.83	5.14	3.07	1.74	359	2.43
		3.0	13.87	13.43	0.29	5.66	3.15	1.76	363	2.48
	5	2.5	15.03	21.56	1.39	4.66	3.26	2.07	355	2.71
		3.0	12.51	14.6	1.61	4.5	3.44	1.93	360	2.71

注:1. 所有数据已换算为原型值,数值为 3～8 组试验的平均值;
2. 航向是指船艏与水流方向的夹角。

概化物理模型试验表明:

①在 0.5m/s 均匀流场、5°～15°航向条件下,3000t 满载船舶在 1～3m/s 航速顺水下行时均能保持较好的航行姿态,舵角、漂角均满足要求,船舶漂距在安全范围内,下水过程操纵难度及船舶各参数较上行增大,超过 20°后船舶下行操纵难以保持航线,舵角陡增。

②在 1.0m/s 均匀流场、5°～15°航向条件下,3000t 满载船舶在 2～3m/s 船速顺水下行时均能保持较好的航行姿态,舵角、漂角均满足要求,船舶漂距在安全范围内,但在夹角为 20°、船速为 2～3m/s 的工况下,下行难以保持航线,操纵难度大,船舶漂移距离大,舵角增大,船舶难以控制。

③在 1.5m/s 均匀流场、5°～10°航向条件下,3000t 满载船舶在 2～3m/s 船速顺水下行时均能保持较好的航行姿态,舵角、漂角均满足要求,船舶漂距在可控范围内。但在 2m/s 船速下,航向 10°顺水下行工况,控制难度大,船舶横向漂移距离大,用舵增大。在航向 15°顺水下行工况不可控。

④在 2.0m/s 均匀流场、3°～5°航向条件下,3000t 满载船舶在 2.5～3m/s 船速顺水下行时均能保持较好的航行姿态,舵角、漂角均满足要求,船舶漂距在可控范围内。在航向 8°工况下,下行难度增大,舵角增大,漂移距离增大,但尚可控制。同时试验对 10°以上工况进行了试验,结果显示超过 10°后船舶难以控制。

⑤在 2.5m/s 均匀流场、3°～5°航向条件下,3000t 满载船舶在 3m/s 船速顺水下行时均

能保持较好的航行姿态，舵角、漂角均满足要求，船舶漂距在可控范围内。在航向 8°工况下，下行过程船舶漂移量大，无法保持航线，船舶无法控制。

通过试验分析可知，船舶下行难度明显大于上行，这主要是由于船舶舵效与对水航速有关，对水航速越大舵效越好，越容易操控，反之则越难操控。这说明下行时对横向流速的要求比上行高，对于上游引航道口门区及连接段横向流速限值应比下游引航道口门区严格。

受航速对舵效的影响，船舶下行时舵效相对较差，需要克服相同水流阻力所需要的舵角更大，对船舶操控的要求更大，特别是对于上游引航道口门区及连接段。下行为进闸航线，船舶由宽阔水域驶入狭窄水域，对操控要求很高，因此对上游引航道横向流速的指标不宜加大，仍维持在 0.3m/s，但连接段可放宽至 0.37m/s。

2.3.2.3 回流流速

(1)口门区回流结构

当水流发生局部收缩、扩散等变形时，会产生流动分离的现象。在水流的分离面上出现摩擦力，在摩擦力的作用下，分离面附近的水体将随主流一起向下游运动，为填补分离空隙，周边水体将流入补充，形成一个封闭的水流系统，即回流。在口门区附近，因局部变形和斜向水流的作用，河流动水带动引航道静水形成旋转水流，即口门区回流。引航道口门区斜向水流与回流示意图见图 2.3-7。

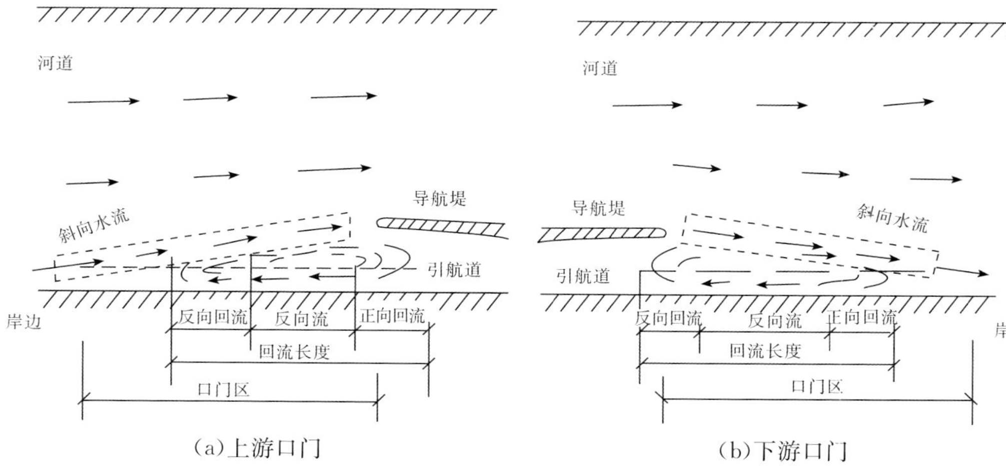

图 2.3-7 引航道口门区斜向水流与回流示意图

水流绕过导航堤，在口门区形成狭长的回流区。该回流区除了回流强度外，长度也是一个重要指标。回流区长度的估算对工程设计有重要的参考意义，因此许多学者对回流区长度进行了大量研究。主要的研究集中在对丁坝回流区长度计算，且大多通过水槽试验获得经验公式。

李国斌和韩信从水流运动基本方程入手，推导出丁坝下游回流区长度的计算公式，见式(2.3-40)：

$$L=\frac{C_0^2 H\ln\frac{B}{B_1}}{k_b+k_c C_0^2\frac{H}{b-B_1}\ln\frac{B}{B_1}} \tag{2.3-40}$$

式中：L——回流长度，m；

B——河道宽度，m；

b——引航道宽度，m。

B_1——河道除引航道以外宽度，m，$B_1=B-b$。

H——水深，m；

C_0——谢才系数，

k_b、k_c——系数。

付国岩通过突扩水流的回流长度试验研究，由实测数据导出回流长度的经验公式，见式(2.3-41)：

$$L=4.2b\left(\frac{B}{B_1}\right)\left(\frac{H_1}{H_0}\right)Fr^{0.32} \tag{2.3-41}$$

式中：L——回流长度，m；

B——突扩前的河道宽度，m；

B_1——突扩后的河道宽度，m；

H_0——突扩前的水深，m；

H_1——突扩后的水深，m；

b——引航道宽度，m；

F_r——弗劳德数。

程天金和谢葆玲在突扩水流的回流长度研究中，从能耗最小的原理出发，假定突然扩散的水流将以能量最小的方式扩散至下游两岸，主回流交界线将以能耗最小的方式实现最优化。基于以上假设，利用实测资料，结合影响回流长度的因素进行曲线拟合，导出回流长度的计算公式，见式(2.3-42)：

$$L=3.5\frac{B}{B_1}\left(B-\frac{B_1}{2}\right)\left(\frac{H}{B_1}\right)Fr^{0.25} \tag{2.3-42}$$

式(2.3-42)中的符号意义与式(2.3-40)及(2.3-41)中相同。

引航道口门区水流虽与单侧突扩水流和丁坝扰流不尽相同，但仍有较多的相似之处。单侧突扩水流可看作丁坝宽度无限大的极限情况，引航道口门区水流可看作正挑丁坝勾头长度部分近似无限的情况，若把引航道内水体近似成静止不动，且在引航道长度足以使水流平顺过渡的情况下，引航道口门区水流可近似看作单侧突扩水流，其回流的形成也是由水流的突然扩散引起的。

影响回流长度的主要因素是河道宽度与引航道的相对关系、水深、流速。根据以上回流长度计算方法，对比回流长度与相对宽度、水深的变化，回流长度与相对宽度 B/b 的变化关系见图 2.3-8，回流长度与水深 h 的变化关系见图 2.3-9。

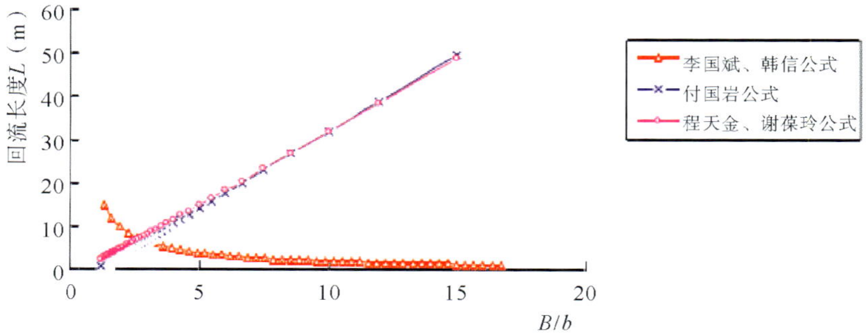

图 2.3-8　回流长度与相对宽度 *B/b* 的变化关系图

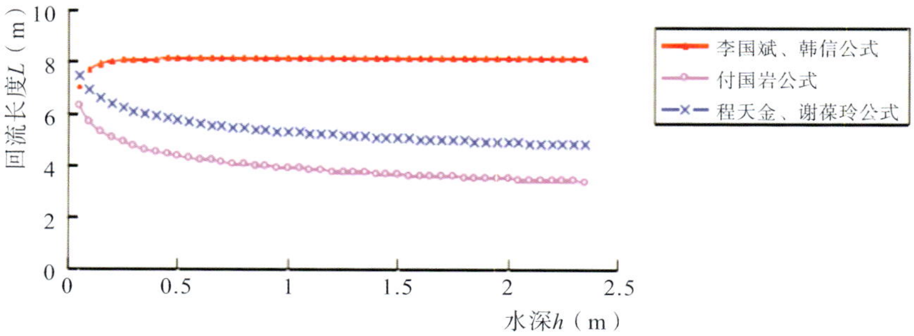

图 2.3-9　回流长度与水深 *h* 的变化关系图

通过回流长度与相对宽度 B/b 关系的对比分析，李国斌和韩信公式、付国岩公式、程天金和谢葆玲公式呈相反的趋势。其原因是前者是计算丁坝回流长度的公式，水流中由丁坝的设置引起水流流速场和压力场的变化，丁坝上游形成壅水和收缩，下游则骤然扩大，受丁坝阻水作用，一部分水流绕坝头而下，另一部分则沿上游坝面下潜转向，绕坝头而下，就时均流场而言，有一直保持前进运动的主流区和具有闭合流线的回流区；而后两者是计算单侧突扩水流的公式，回流的形成是由水流的突然扩散引起的，其形成机理有所不同，导致回流长度趋势有所不同。

通过回流长度与水深关系的对比分析，付国岩公式、程天金和谢葆玲公式计算结果表明，随水深增加，回流长度有所减小；李国斌和韩信公式的回流长度对水深有一定程度的增加作用，但作用并不明显，其趋势不同是由回流形成机理不同引起的。

(2)回流长度对船舶(队)作用力的影响

根据大量的口门区水流条件分析成果，回流发生的位置不同，流速绝对值差异较大，回流呈椭圆形旋转，其两端的水流方向是相反且与航线基本垂直。在回流区内，水流与航线存在一定夹角，在椭圆形两端尤甚。船舶(队)在回流区范围内因流速不均和流向不一致，产生转动力矩，对船舶的舵效作用有较大影响，船艏、船艉甚至可能受到方向相反的水流作用，对舵效影响更大，其中横向的回流流速则是影响船舶产生转动力矩的关键。

船舶(队)穿越回流区示意图见图 2.3-10。

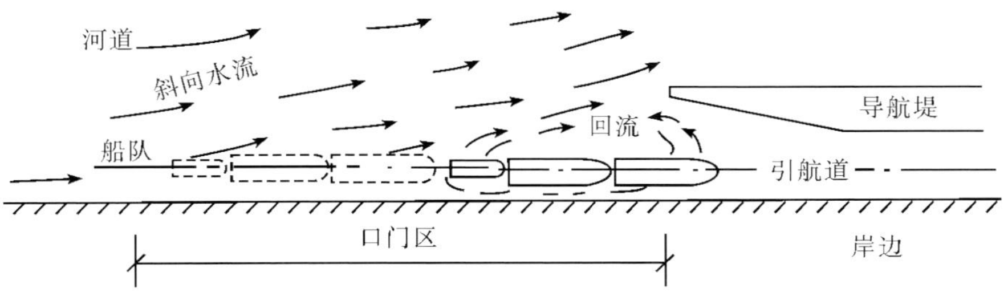

图 2.3-10 船舶(队)穿越回流区示意图

横向流速对船舶(队)产生的横向推力见式(2.3-43)。

$$P_x = \xi \cdot \frac{\rho}{2} \cdot V_x^2 \cdot L \cdot T \qquad (2.3\text{-}43)$$

式中:P_x——横向推力,kgf;

ξ——系数;

ρ——水的密度,$1 \times 10^3 kg/m^3$;

V_x——横向流速,m/s;

L——船舶(队)长度,m;

T——船舶(队)吃水深度,m。

由式(2.3-43)可以看出,该力与船舶(队)的长度、吃水深度有关,而当 L、T 一定时,横向推力与横向流速的平方成正比,横向推力受横向流速影响更为明显。

根据回流区的水流结构可以看出,椭圆形回流区沿水流方向的最外侧横流最大,因此,当船舶仅处于回流区中心上游或仅处于中心下游时,回流对船舶(队)的影响受同一方向横流的影响,但船舶(队)处于回流区中心区域时,则受到不同方向横流的作用,产生平面上的旋转力矩,此时,船舵法向力足以克服该旋转力矩时,船舶(队)才能受控制航行。

除船舵法向力外,回流范围的大小对船舶(队)的影响程度是不一样的。当回流长度远大于一倍船舶(队)长度时,水流对船舶的影响更加接近于斜流的影响,如果回流长度小于 0.5 倍船舶(队)长度时,回流对其影响不大。但是,当回流长度接近于一倍船舶(队)长度时,回流流速对船舶(队)影响最大,此时,回流长度与船舶(队)长度相近。当船舶(队)正好处于回流的中心区,水流对船艏和船艉施加相反的作用力,即对船舶(队)产生很大的平面旋转力矩,船舶(队)相当于在旋转平面内航行,用舵很难克服,当回流速度较大时,容易失控发生事故。

(3)回流流速标准研究

船舶(队)行进至回流范围内,对船舶影响最明显的是由水流产生的旋转力矩引起的船舶转向失控。根据此前的分析,假设引航道口门区的回流为上下游对称的回流,船舶(队)位于回流中心区域时,中心点至船艏和船艉的横向推力为线性分布,考虑船长与回流长度比L_c/L 分别为 2、1、0.5,且尽可能考虑船舶在回流区的最不利工况,将以上各种情况概化如下:

当 $L_c/L=1$ 时，船舶（队）最不利工况则是船舶（队）完全且刚好位于回流区域内（图 2.3-11）。

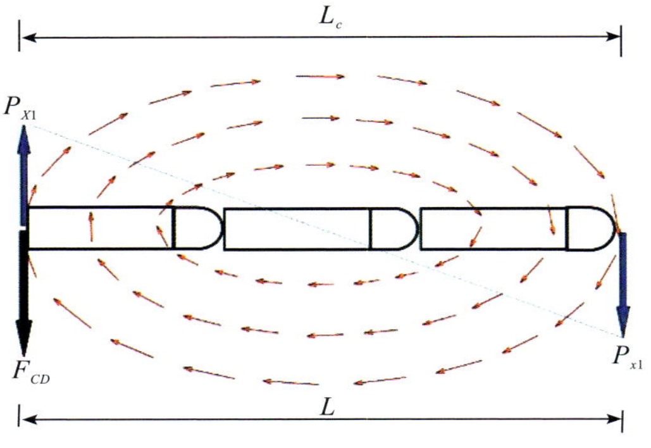

图 2.3-11　船舶(队)穿越回流区示意图($L_c/L=1$)

此时，船舶（队）受到最大的旋转力矩见式（2.3-44）：

$$M_1=\int_{-L_c/2}^{L_c/2}P_{x1}\cdot\frac{x}{L_c/2}\cdot x\,dx \tag{2.3-44}$$

而船舵法向力 F_{CD} 所产生的力矩见式（2.3-45）：

$$M_{c1}=F_{CD}\cdot\frac{L_c}{2} \tag{2.3-45}$$

仅当 $M_1=M_{c1}$ 时，船舶（队）才可因船舵的法向力保持不旋转，联立式（2.3-44）、式（2.3-45）可得式（2.3-46）：

$$F_{CD}=\frac{1}{3}P_{X1}L_c \tag{2.3-46}$$

随着回流长度减小，旋转力矩会随之减小。当 $L_c/L=2$ 时，船舶的最不利工况为船舶（队）正好处于回流的中心区域（图 2.3-12）。

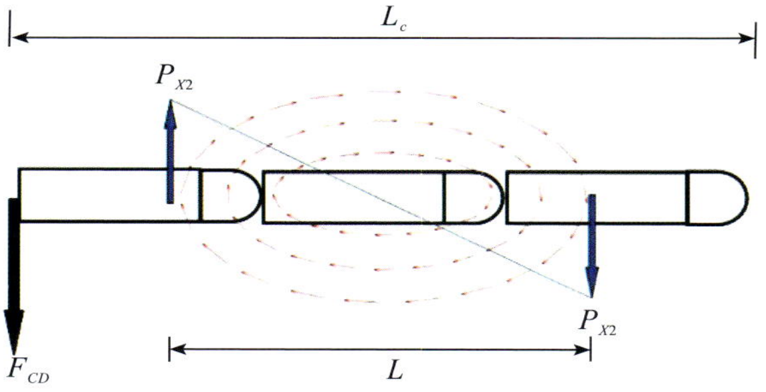

图 2.3-12　船舶(队)穿越回流区示意图($L_c/L=2$)

此时，船舶（队）受最大的旋转力矩见式（2.3-47）：

$$M_2=\int_{-L_c/4}^{L_c/4}P_{x2}\cdot\frac{x}{L_c/4}\cdot x\,dx \tag{2.3-47}$$

而船舵法向力 F_{CD2} 所产生的力矩见式(2.3-48)：

$$M_{c2}=F_{CD2}\cdot\frac{L_c}{2} \tag{2.3-48}$$

仅当 $M_2=M_{c2}$ 时，船舶因船舵的法向力保持不旋转，联立式(2.3-47)、式(2.3-48)可得式(2.3-49)：

$$F_{CD}=\frac{1}{12}P_{X2}L_c \tag{2.3-49}$$

《船闸总体设计规范》(JTJ 305—2001)要求口门区的水面最大流速不得大于 0.4m/s。根据前述分析，当 $L_c/L=1$ 时，回流对船舶稳定最不利，然而随着回流长度的减小，水流产生的旋转力矩也随之减小。结合水流对船舶(队)的法向力公式(2.3-49)，当 $L_c/L=1$ 时，船舶(队)允许的最大回流流速 V_{X1} 为 0.4m/s；当 $L_c/L=2$ 时，船舶(队)允许的最大回流流速 V_{X2} 为 0.8m/s。随着 L_c/L 的增加，回流长度减小，允许的最大回流亦会增加。

随着回流长度的增加，船舶(队)艏、艉的力矩会较 $L_c/L=1$ 时小，回流的影响会逐渐减弱。当 $L_c/L=0.5$ 时，最不利工况为船舶(队)正好处于回流区的上游或下游一侧，此时船舶(队)受到同一方向的力，横向水流作用明显，平面上的旋转力矩消失。

当 $L_c/L=0.5$ 时，船舶(队)穿越回流区示意图见图 2.3-13。

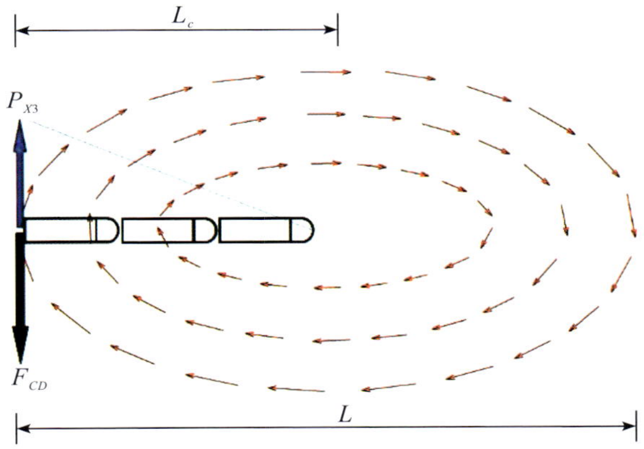

图 2.3-13　船舶(队)穿越回流区示意图($L_c/L=0.5$)

(4)原型观测成果分析

1986—1987 年在不同流量条件下，对葛洲坝三江进行了不同载重量的船队通过下口门区的航行轨迹观测工作。结合 1986 年以前观测资料，研究了下口门通航水流条件以及口门区航道中心线与长江主流交角对船舶(队)航行的影响，航迹线观测成果见表 2.3-7。

观测表明，在三江航道里程 0.0～0.6km 范围内，主要存在斜流与回流两种流态，在船闸泄水影响下，还间隙出现往复流。斜流是指大江、二江泄流汇合后的长江主流相对于三江下口门航道中心线方向，斜流流速随流量增大而增大，所测主流表面最大流速为 3.43m/s。

表 2.3-7　葛洲坝下口门区流速流向观测成果表

序号	观测日期（年-月-日）	宜昌站日平均水位（吴淞，m）	宜昌站日平均流量（m^3/s）	表面最大流速（m/s）	长江水流与三江下口门航道中心线交角（°）
1	1986-04-04	39.21	3860	1.03	39～49
2	1983-07-31	46.83	19600	2.00	42～44
3	1986-07-14	47.18	22900	2.45	41～49
4	1983-08-16	48.52	26700	2.35	42～44
5	1987-07-18	48.41	28300	3.30	44～45
6	1983-08-07	51.29	41300	3.32	40～41
7	1987-07-01	50.61	43400	3.43	43～46

回流一般呈逆时针方向旋转，有时出现顺时针方向的回流，汛期回流区与长江主流区界限清晰，回流流速随流量增大而增大（表 2.3-8）。

表 2.3-8　回流流速观测成果表

流量（m^3/s）	3860～19600	22900～28300	43400
最大回流流速（m/s）	0.73	1.12	1.52

航迹线观测表明，船舶在进出口门区时，根据流量大小、船队大小等因素，其航行方向与位置均有所不同。洪、枯水期下行船舶（队）的航迹线位置相近，变化较小。洪水期上行各类船舶（队）航迹线位置相差不大，枯水期上行各类船舶（队）航迹线则表现为大型船舶（队）偏右，对长江主流而言，也就是相对靠上游一些。根据实测计算，船舶（队）航速一般是出下口门时较大，平均下行航速为 4.17m/s，小型船队航迹线弯曲半径较大型船队大。

由于下口门区水域相对宽阔，回旋余地大，行船条件较好。3000 吨级船队的航迹线偏于左侧一些，航行曲度半径较大；而大型船队（如 6000 吨级和 9000 吨级），进出下口门区时的航迹线偏右一些，对斜流来说，也就是偏上一些。例如，1986 年 3 月 27 日，6000 吨级上行试航船队，其航迹线右距航道中心线 80～100m（在口门外）；1986 年 3 月 29 日，9000 吨级上行试航船队，其航迹线右距航道中心线达 130m 左右。由此可以推断，万吨级船队的航迹与 9000 吨级试航船队航迹位置大致相近。当然，船位偏离下口门航道中心距离与船舶技术性能、驾驶人员航行习惯等因素有关。但总体来说，随着长江流量的增大及船队尺度、载重量的增加，船队航迹线右距口门航道中心线的距离在增加，其航速也在减小，操作更为困难。

葛洲坝三江下口门区的实船试验表明，口门区存在斜流、回流和往复流。下泄流量的变化，使得泄流侵入回流区，引起主、回流交界面经常发生变动，加上船闸泄水时下游引航道的往复流，叠加下口门区的回流，形成了该处复杂的水流流态，对船队进出口门区的操作十分不利（表 2.3-9）。斜流方向与口门引航道中心线的交角一般大于 40°，因此起主要作用的还是斜流。若下泄流量增大，斜流流速增大，口门区横向流速亦随之增大，增加了船舶（队）所受的横向推力，船舶（队）进出口门更加困难。

表 2.3-9 三江下口门区航迹观测成果表

观测日期（年-月-日）	水位（m）	流量（m^3/s）	上行或下行	船队组成	船队长/宽（m）	最小航迹线曲度半径(m/s)	平均航速（m/s）	航迹线与水流夹角(°)	艏艉线与水流夹角(°)	船位相对距离位置(m)
1986-03-29	39.4	4200	上行	02021＋9×1000t	263.7	470	2.62	55	13	130
1986-03-27	39.58	4300	上行	02021＋6×1000t	196.4	780	2.91	59	46	80
1986-03-19	39.94	4900	上行	02025＋3×1000t	169.1	680	3.38	33	33	－35
1986-07-14	47.16	22400	上行	02020＋2×1000t	118	640	4.07	37	32	－86
1987-07-18	48.68	29200	上行	02024＋3×1000t	165/23.5	660	4.07	30	22	30
1987-07-02	50.78	43000	上行	02025＋3×1000t	137.4/21	640	3.17	35	24	－60
1986-03-29	39.44	4200	下行	02021＋9×1000t	263.7	820	2.57	40	20	30
1986-03-27	39.58	4300	下行	02021＋6×1000t	196.4	＞1200	3.14	50	42	20
1986-03-19	39.94	4900	下行	02025＋3×1000t	120	1080	4.15	46	49	－6
1987-08-06	46.53	21100	下行	02024＋2×1000t	121/21	＞1240	4.78	30	20.5	－60
1987-08-12	48.45	27500	下行	02022	46.2/10	1100	5.50	35	35	－36
1987-07-01	50.58	42600	下行	02025＋2×1000t	121/23.5	940	4.92	36	42	24

(5)物理模型试验

物理模型试验成果,包括贵港、西津、草街、山秀、新政等船闸及景洪升船机(表 2.3-10)。

表 2.3-10　　物理模型试验成果汇总表

名称	位置	流量(m^3/s)	回流流速(m/s)	船模试验结论
贵港二线船闸	下引航道口门	9000	≤0.4	可顺利通过
西津二线船闸	上引航道口门	9122	0.2～0.44	可顺利通过
	下引航道口门	9122	0.3～0.74	可顺利通过
草街船闸	上引航道口门	15000	0.34～0.61	可顺利通过
	下引航道口门	15000	0.30～0.49	可顺利通过
山秀二线船闸	上引航道口门	5380～7440	0.4～0.45	7440m^3/s 时船舶航行困难
新政船闸	下引航道口门	8000	0.34～0.93	可顺利通过
景洪升船机	下引航道口门	7100	0.67	可顺利通过

从表 2.3-10 可以看出,尽管很多枢纽都存在回流指标超标的问题,但在船模试验中又能顺利通过。这是因为大多数引航道口门区回流区多为扁长形,且长轴为顺航线方向,短轴为垂直航线方向,只要船舶能够顺利通过长轴两端横流最大的区域,就能够顺利驶过回流区。多数回流区发生在隔流堤堤头附近,也有发生在口门外(图 2.3-14)。

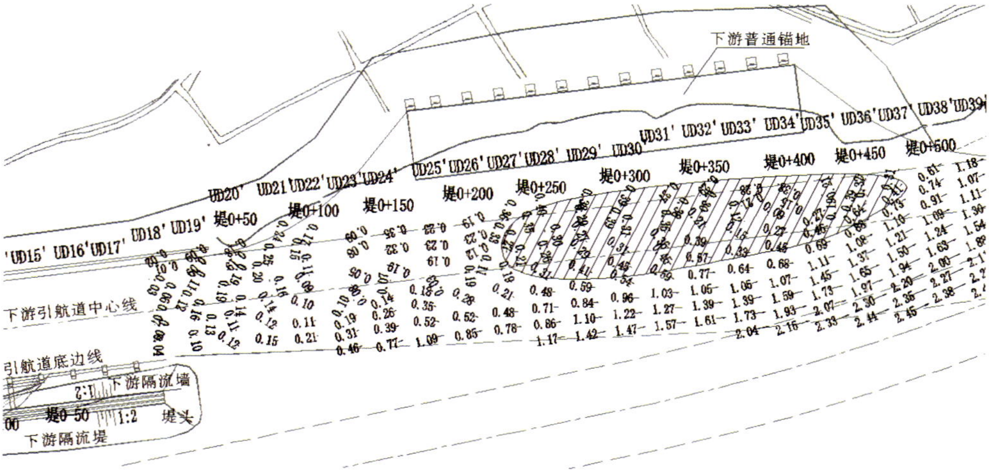

图 2.3-14　引航道口门区流场图(山秀二线船闸)

(6)概化模型试验成果分析

1)回流范围影响试验

为了进一步研究船舶航行与回流性态的关系,专门开展了回流概化模型试验,模型比尺为 1∶30,船模模拟 3000t 机动船(主尺度 86.80m×16.20m× 3.50m,长×宽×高)。试验工况见表 2.3-11，船舶航迹带见图 2.3-15 至图 2.3-28。

表 2.3-11　　回流概化模型试验工况汇总表

船速 $V_{船}$(m/s)	流速 $V_{水}$(m/s)	回流半径 R(m)	横向漂移距离(m)	最大舵角(°)	最大漂角(°)
1.00	0.8	5	4.86	20.90	2
1.50			6.17	18.50	1
2.00			6.19	19.20	1
1.00	1.0	8	5.93	21.36	2
1.50			3.86	19.49	1
2.00			4.35	22.00	1
1.00	0.8	10	1.33	19.84	3
1.50			3.01	13.33	1
2.00			3.78	11.22	4
1.00	1.0	10	4.31	24.55	2
1.50			4.29	14.16	1
2.00			3.75	10.92	2
1.00	1.2	10	6.57	20.08	1
1.50			3.12	18.61	1
2.00			4.43	13.83	1
1.00	1.5	10	15.86	36.47	3
1.50			12.18	25.43	3
2.00			10.62	27.72	1
1.00	1.8	10	18.81	38.98	5
1.50			2.10	28.87	1
2.00			0.06	18.21	1
1.00	1.2	15	8.42	30.21	2
1.50			5.12	14.71	1
2.00			4.56	16.29	1
1.00	1.5	15	17.61	29.53	5
1.50			8.99	25.58	1
2.00			9.15	25.26	2
1.00	2.0	20	9.10	25.22	3
1.50			6.39	26.05	3
2.00			9.68	26.71	2

续表

船速 $V_{船}$(m/s)	流速 $V_{水}$(m/s)	回流半径 R(m)	横向漂移距离(m)	最大舵角(°)	最大漂角(°)
1.00	2.4	20	14.35	34.44	3
1.50			10.35	32.55	1
2.00			8.32	19.81	1
1.00	3.0	22	28.05	33.72	10
1.50			25.22	25.28	5
2.00			21.59	23.16	5
1.00	3.0	25	20.62	37.31	3
1.50			18.48	32.19	2
2.00			13.19	24.90	1
1.00	3.5	30	49.54	32.41	12
1.50			31.85	39.33	8
2.00			21.93	29.98	4

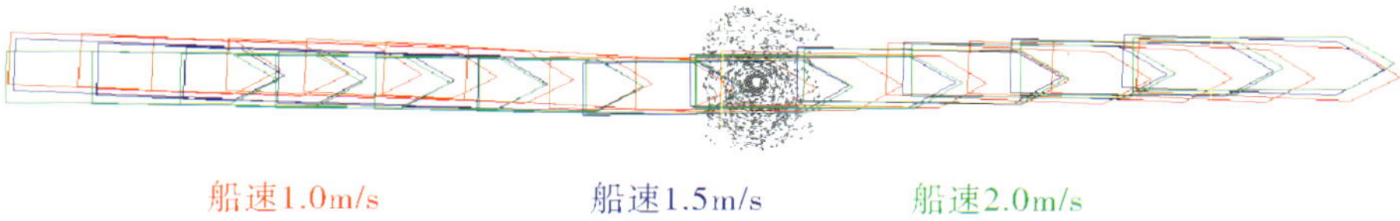

图 2.3-15　R=5m 时船舶航迹带(最大流速 0.8m/s)

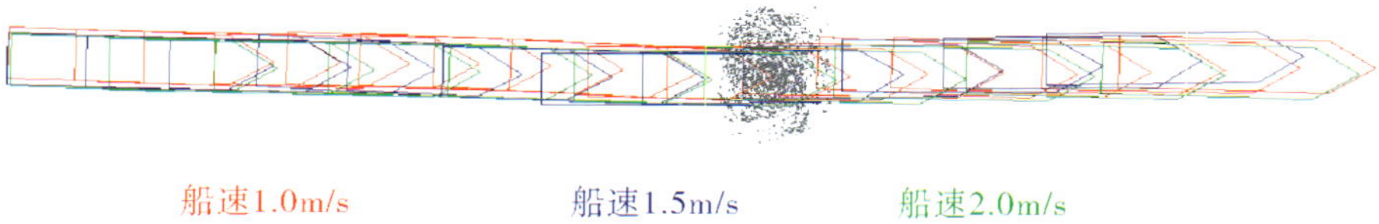

图 2.3-16　R=8m 时船舶航迹带(最大流速 1m/s)

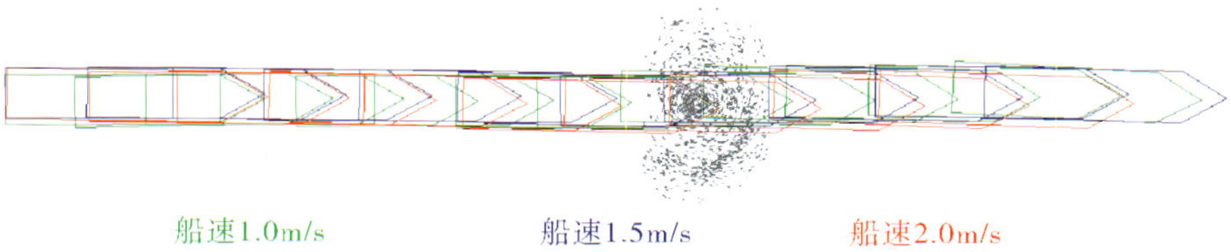

图 2.3-17　R=10m 时船舶航迹带(最大流速 0.8m/s)

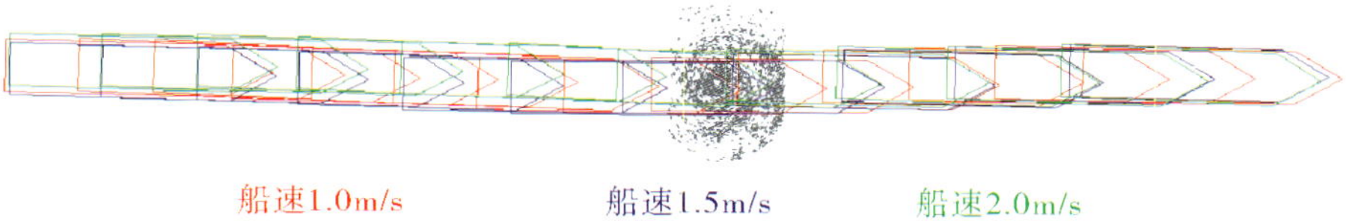

图 2.3-18　R=10m 时船舶航迹带(最大流速 1m/s)

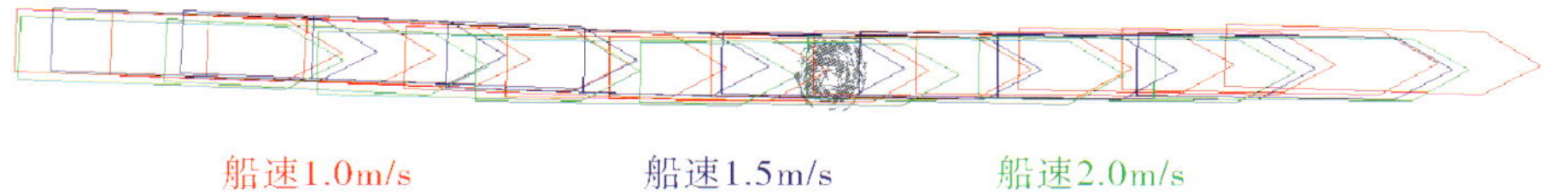

图 2.3-19　R=10m 时船舶航迹带(最大流速 1.2m/s)

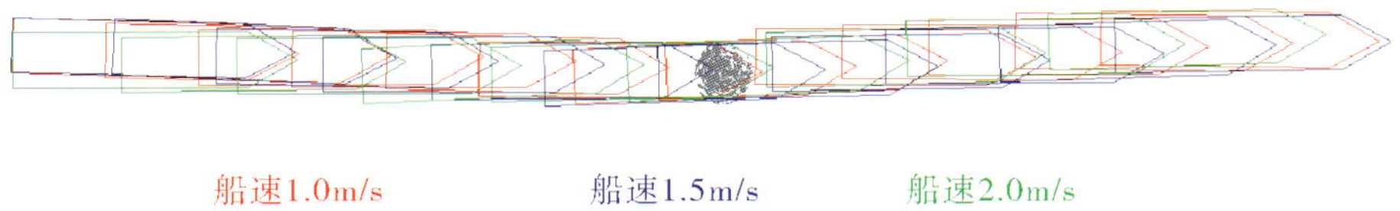

图 2.3-20　R=10m 时船舶航迹带(最大流速 1.5m/s)

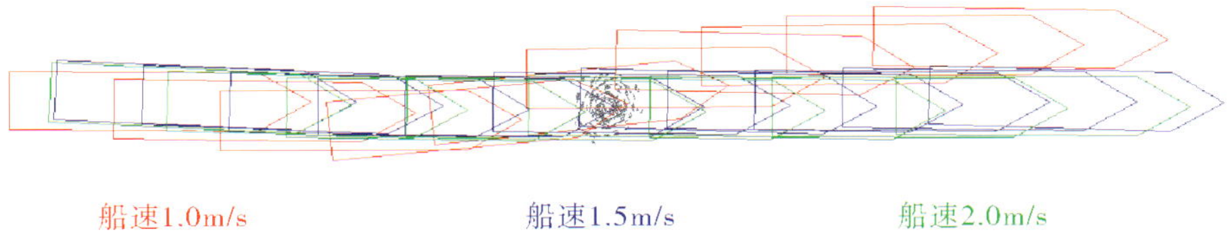

图 2.3-21　R=10m 时船舶航迹带(最大流速 1.8m/s)

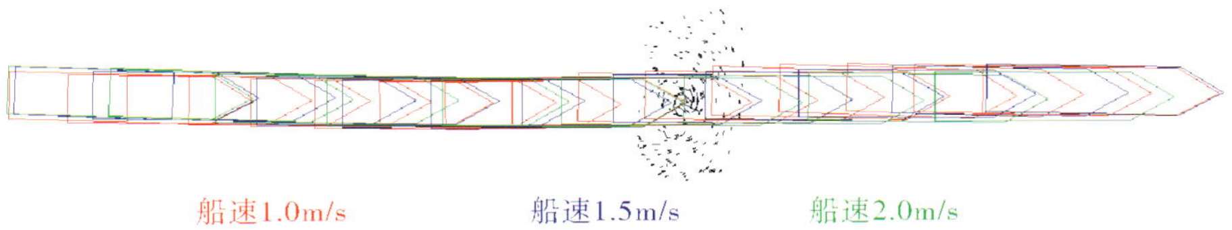

图 2.3-22　R=15m 时船舶航迹带(最大流速 1.2m/s)

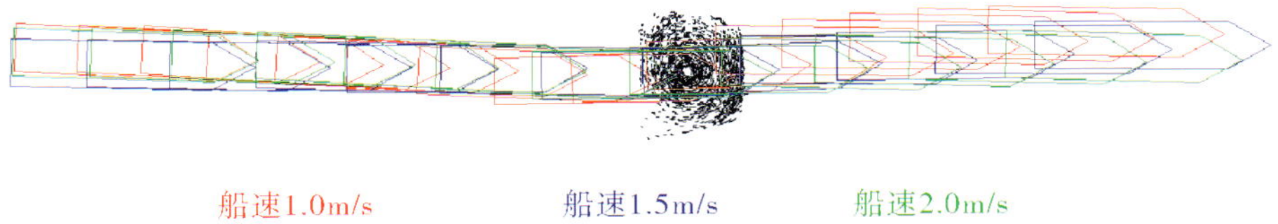

图 2.3-23　R=15m 时船舶航迹带(最大流速 1.5m/s)

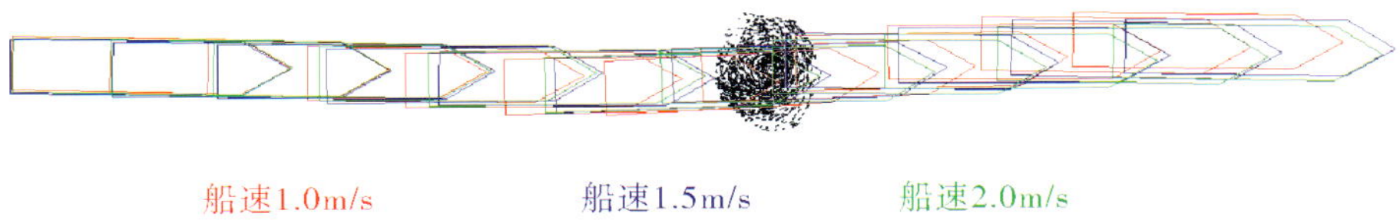

图 2.3-24　R=20m 时船舶航迹带(最大流速 2m/s)

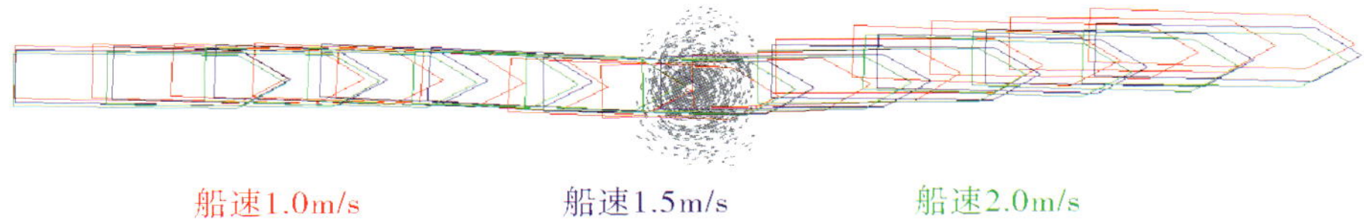

图 2.3-25　R=20m 时船舶航迹带(最大流速 2.4m/s)

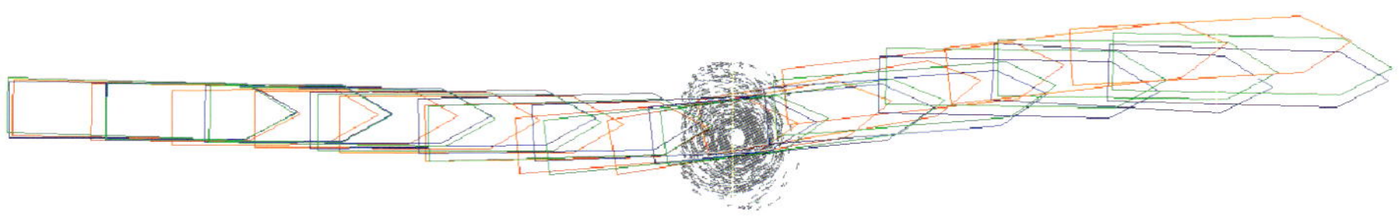

图 2.3-26 $R=22m$ 时船舶航迹带(最大流速 3m/s)

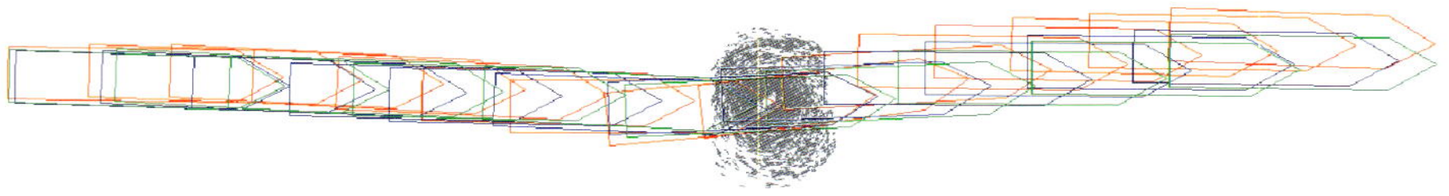

图 2.3-27 $R=25m$ 时船舶航迹带(最大流速 3m/s)

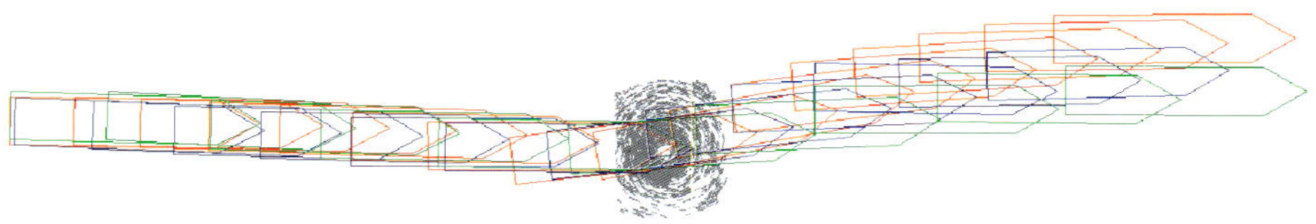

图 2.3-28 $R=30m$ 时船舶航迹带(最大流速 3.5m/s)

试验结果表明：

①船舶经过相同回流半径的回流时，航速越大，横向漂移距离越小；当以相同的航速通过回流时，回流半径越大，横向漂移距离越大；当回流半径小于 1/2 船宽时，回流对船舶航行影响较小；超过 1/2 船宽时，在同等条件下影响逐渐加剧。

②在回流半径约为 1/2 船宽时，以回流半径 8m 为例，当最大回流流速小于 1.0m/s，船舶通过回流，最大舵角 22°，最大漂角 2°，船舶的横向漂移距离在 6m 以内。回流对船舶航行影响不大。

③在回流半径接近 1 倍船宽时，以回流半径 15m 为例，当最大回流流速 1.2m/s，船舶通过回流，最大舵角 30.21°，最大漂角 2°，船舶的横向漂移距离为 8.42m。当回流流速达到 1.5m/s，船舶通过回流，最大舵角 29.53°，最大漂角 5°，船舶的横向漂移距离为 17.61m。随着流速增大，船舶的漂角和横向漂移距离相应地增大。

④在回流半径为 20m，最大回流流速为 2m/s，船舶通过回流时，最大舵角 26.71°，最大漂角 3°，船舶的横向漂移距离为 9.68m；在最大回流流速 2.4m/s，船舶通过回流时，最大舵角 34.44°，最大漂角 3°，船舶的横向漂移距离为 14.35m。

⑤在回流半径为 30m，最大回流流速为 3.5m/s，船舶通过回流时，最大舵角 39.33°，最大漂角 12°，船舶的横向漂移距离达到 49.54m。

上述试验成果是在回流发生器产生漩涡式回流的情况下取得的，与引航道口门区的回流在形式上有所区别。漩涡式回流的流速分布是中间流速大、向外流速逐渐减小；而引航道口门区的回流是由结构物挡水造成动静水交换形成的回流，回流流速最大值出现在回流中心之外，流速是向两侧逐渐减小的。虽然两者有所差别，但对于穿过回流区的船舶运动，其影响是基本一致的，得到的一般规律也是基本一致的。

2)船舶尺度对回流范围敏感性试验

为了研究不同船舶尺度与不同回流半径的关系，开展了船舶尺度与回流范围的敏感性试验。

模型比尺：1∶100。

模拟船舶：3000 吨级船舶和 8000 吨级船舶；

回流半径：35m、40m、50m；

回流最大流速：1～1.2m/s；

船舶航速：1.2～2.8m/s。

船舶尺度与回流范围关系试验成果汇总见表 2.3-12，3000 吨级和 8000 吨级船舶与回流范围的关系见图 2.3-29。

表 2.3-12　　船舶尺度与回流范围关系试验成果汇总表

船舶吨位（吨级）	回流半径（m）	流场强度（m/s）	船速（m/s）	最大漂角（°）	最大横向漂移距离（m）		
					第一次	第二次	最大值
3000	35	0.3～1.0	1.50～2.00	14.14	13.81	6.21	13.81
			2.00～2.30	14.75	10.31	2.32	10.31
			2.50～2.80	11.64	1.46	1.86	1.86
	40	0.3～1.0	2.00	15.86			
			2.50	15.06	9.76	13.01	13.01
			3.00	12.61	7.23	2.01	7.23
	50	0.3～1.2	2.00	13.46	29.81	24.22	29.81
			2.30	14.42	19.59	14.67	19.59
			2.50	10.57	16.42	18.33	18.33
8000	35	0.3～1.0	1.20	4.32	6.06	9.04	9.04
			2.00	3.26	4.8	5.76	5.76
			2.30～2.50	3.97	4.53	5.5	5.5
	40	0.3～1.0	1.20～1.50	10.55	9.01	19.89	19.89
			2.00	5.43	7.61	7.74	7.74
			2.50	8.65	3.82	3.19	3.82
	50	0.3～1.2	1.50	8.70	18.86	20.55	20.55
			2.00	4.45	11.56	8.34	11.56
			2.50	4.76	3.12	1.11	3.12

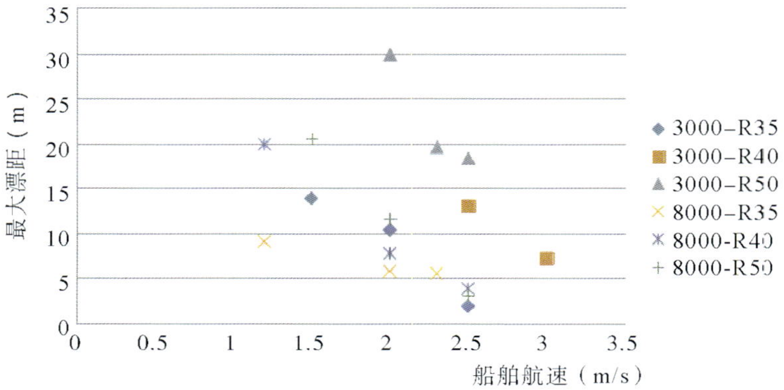

图 2.3-29　3000 吨级和 8000 吨级船舶与回流范围的关系图

试验结果表明，在相同的回流半径和航速条件下，船舶吨位越大，最大漂角、最大横向漂移距离越小；在相同的回流半径和船舶吨位工况下，航速越快，最大漂角、最大横向漂移距离越小；在相同的船舶吨位和航速工况下，回流半径越大，最大漂角、最大漂距越大。在试验过程中，受人为操作影响，自航船舶每次进入回流的位置和角度有所差异，而这种差异对结果影响较大，因此试验结果虽然反映了一般性的规律，但难以量化。

(7)回流限值的确定

根据工程实践和概化模型试验成果可以得到以下结论：

①船舶(队)进出引航道口门区的状态与口门区回流的范围、强度、船舶(队)的尺度、航速有十分密切的关系。当口门区回流长度小于 1/2 船长时，其回流强度可适当放宽，考虑一定的安全裕量，可放宽至 0.6m/s。

②船舶(队)经过回流时，其漂移距离与回流大小及船舶(队)航速密切相关。当船速相同时，回流范围越大则横向漂移距离越大；当回流范围和强度相同时，船舶(队)航速越小则横向漂移距离越大。

2.3.2.4　向家坝升船机下游引航道通航条件研究

向家坝水电站紧接水富河段，长约 4.0km，河道微弯，河床窄深。坝下从右至左布置有地下厂房尾水出口、泄洪闸消力池、电站尾水出口以及升船机引航道右导墙。坝下水域宽约 500m，至临江西路时河道束窄至 220m 左右；临江西路至牛皮滩长约 1.4km，河宽 150～250m，枯水水深可达 15m，沿岸有基岩突嘴、石梁伸向河中。牛皮滩至横江口长约 1.5km，河面扩宽至 250m 左右，枯水平均水深约 15m，河床断面呈左陡右缓的不对称形式，右岸为水富县城及水富港区所在地。出水富县城时有内昆线跨金沙江铁路大桥，桥下右岸石盘石梁伸入河中，下纳横江入汇，河口以下河道逐渐由西南转向东北，河道放宽至 400m 左右，左岸为瞌睡坝长边滩，主槽沿河道右岸分布，其间有 3 块巨石耸立江边，至烧瓦沱时江中有大小马皮包暗礁潜伏，以下受左岸和尚岩及右岸打渔碛的约束，河道局部束窄至 220m，槽深可达 20m；打渔村渡口以下河岸向右展宽，主槽紧贴右岸，左岸有和尚岩石质边滩伸向江中，枯水期滩上水浅，主槽弯窄，水流湍急，横流强劲而碍航，为著名的和尚岩浅险滩。

向家坝水电站下游的水富河段主要有水富港码头、重大件码头，横江口以下有小岸坝码头、国网公司码头、烧瓦沱码头等，河段内已建桥梁从上至下分别为向家坝大桥和内昆铁路安边大桥。其中向家坝大桥位于坝址下游 1.5km 处，主跨宽 170m，2 个主墩分设河道两侧，基本为 1 孔跨越通航水域。内昆铁路安边大桥位于坝址下游 3.1km 处，上距向家坝大桥 1.6km，距水富港码头约 250m，大桥在河槽内共设 9 个桥墩，主跨宽约 125m。

向家坝水电站河段河势见图 2.3-30。

图 2.3-30　向家坝水电站河段河势

(1)通航建筑物概况

枢纽过坝建筑物为垂直升船机，位于河床偏左，右侧为冲沙底孔坝段。垂直升船机长 1520m，上游引航道为向左侧单向扩宽的不对称形式，引航道底高程 364.5m，其中左侧辅导航墙为挡水坝伸出的悬臂结构，长 12m，顶高程 382.0m，右导墙为浮式导航墙，长 110m。下游引航道利用二期施工导流明渠布置，升船机下闸首左侧为冲沙底孔出口，紧接下闸首下游设有辅助闸门，与升船机下闸首之间构成辅助闸室，闸室长约 130m，宽 12m。引航道上段为直线段，长 237.5m，左侧设有靠船墩，其后接一半径 330m、转角 30°的圆弧段，以下由直线段与河道相接。引航道右侧为重力式隔流堤，下段左侧边坡线与二期导流明渠边坡线相结合，渠底宽 60m，底高程为 260.0m。

向家坝水电站布置见图 2.3-31。

图 2.3-31　向家坝水电站布置

每年 6 月中旬至 9 月上旬，坝前水位维持在汛限水位 370.0m 运行；9 月上旬开始蓄水，9 月底水库达到正常蓄水位 380.0m；汛后 10—12 月，水库一般维持在正常蓄水位 380.0m，12 月下旬至次年 6 月上旬为供水期，水库水位逐渐下降，直至 6 月上旬末坝前水位降至 370.0m。

(2)模型试验

1)模型设计

为研究向家坝电站日调节和大坝泄洪非恒定流对坝下游河段通航条件的影响，开展了整体枢纽及坝下游长河段非恒定流物理模型试验。模型按正态、几何比尺 1∶100 设计(模型比尺见表 2.3-13)，模型范围包括向家坝枢纽及以下的金沙江干流和长江干流宜宾—李庄河段、横江河口段、岷江菜坝—宜宾段，模型总长约 760m(相当于原型 76km)。

表 2.3-13　　模型比尺汇总表

序号	比尺名称	符号	关系式	比尺值	备注
1	几何比尺	λ_L、λ_h	$\lambda_L=\lambda_h$	100	
2	流速比尺	λ_V	$\lambda_v=\lambda_h^{1/2}$	10	
3	流量比尺	λ_Q	$\lambda_Q=\lambda_L\lambda_h\lambda_v$	100000	
4	比降比尺	λ_J	$\lambda_J=\lambda_h/\lambda_L$	1	
5	河床糙率比尺	λ_n	$\lambda_n=\lambda_h^{1/6}\left(\frac{\lambda_h}{\lambda_L}\right)^{1/2}$	2.15	
6	水流运动时间比尺	λ_t	$\lambda_t=\frac{\lambda_L}{\lambda_v}$	10	
7	排水量比尺	λ_W	$\lambda_W=\lambda_L^3$	1000000	船模
8	力的比尺	λ_F	$\lambda_F=\lambda_L^3$	1000000	船模

2)模型制作

河道模型采用水泥砂浆抹面,向家坝枢纽主要过流部分由聚氯乙烯塑料板(管)制作,非溢流坝、消力池、引航道等由水泥砂浆制作,大桥桥墩由木料制作,水富港中心作业区的多用途码头、中嘴作业区的散货码头等采用有机玻璃制作,其他码头采用水泥砂浆抹面。

模型制作过程中严格控制精度,反复对河床断面和主要控制点、建筑物过流尺度进行校正。模型制作结束后进行了系统检验,检验结果表明,模型平面误差在±0.5cm以内,高程误差在±1.0mm以内,过流孔口尺度误差小于±0.5mm,模型无系统误差,符合几何相似要求。

3)模型验证

①水面线验证试验。

为了满足模型与原型河道的阻力相似,对模型进行了瞬时水面线验证试验。验证河段范围为牛皮滩—横江口河段,验证流量包括1587m^3/s、7690m^3/s和13085m^3/s,验证水尺8处。根据试验观测结果,模型河道采用水泥砂浆抹面糙率偏小,不能满足阻力相似性要求,因此对模型河道加糙。牛皮滩—横江口河段水位验证见表2.3-14。

从表2.3-14可以看出,在枯、中、洪三级流量情况下,模型水位与原型水位均较为接近,其差值多在±0.1m以内,达到了模型与原型河道阻力相似的要求。

根据向家坝出库流量与下游水文站实测水位资料(2015年),模型还对向家坝专用水文站Q=1200~12000m^3/s共7级流量的实测水位进行了验证(未考虑下游横江入汇影响),验证结果见图2.3-32。

从试验结果来看,模型水位与原型水位差值除个别略超0.1m外,其余多在±0.05m以内,表明模型水面线与原型水面线吻合较好。

②表面流速流向验证试验。

收集了牛皮滩—铁路桥河段枯水(Q=1587m^3/s)、中水(Q=7690m^3/s)、洪水(Q=13085m^3/s)三级流量和铁路桥—横江口河段洪水(Q=13085m^3/s)等原型观测的表面流速流向资料。模型据此进行了表面流速流向验证。由图2.3-32可见,相应流量下模型水流的表面流速流向与原型基本一致,水流流态(回流、泡漩、挑流、水埂、扫弯水等)与原型流态相吻合。

③断面流速验证。

依据所收集的试验河段各断面的流速分布资料,对模型进行验证。除洪水期部分测点略有差异外,其余各断面流速大小及分布均与原型基本吻合。

表 2.3-14 牛皮滩—横江口河段水位验证表

水尺编号	岸别	金沙江流量 1587m^3/s,横江流量 143m^3/s			金沙江流量 7690m^3/s,横江 431m^3/s			金沙江流量 13085m^3/s,横江 1210m^3/s		
		原型(m)	模型(m)	差值(m)	原型(m)	模型(m)	差值(m)	原型(m)	模型(m)	差值(m)
J30	左	266.362	266.31	−0.052	272.624	272.53	−0.094	277.112	277.09	−0.022
	右	266.327	266.37	0.043	272.499	272.50	0.001	276.969	276.89	−0.079
J29	左	266.348	266.41	0.062	272.479	272.44	−0.039	276.749	276.73	−0.019
	右	266.336	266.35	0.014	272.505	272.44	−0.065	276.796	276.82	0.024
J28	左	266.330	266.40	0.070	272.414	272.48	0.066	276.772	276.84	0.068
	右	266.333	266.33	−0.003	272.411	272.46	0.049	276.769	276.81	0.041
H1	左				272.084	272.20	0.116	276.408	276.44	0.032
	右				272.270	272.35	0.080	276.351	276.40	0.049
J27	左				272.067	272.01	−0.057	276.331	276.39	0.059
	右				272.039	272.12	0.081	276.332	276.38	0.048
J26	左				271.466	271.51	0.044	275.799	275.84	0.041
	右				271.686	271.75	0.064	276.120	276.15	0.030

注:1. 枯水实测时间为 2008 年 4 月 13 日;

2. 中洪水实测时间为 2008 年 7 月 13 日;

3. 洪水实测时间为 2008 年 8 月 12。

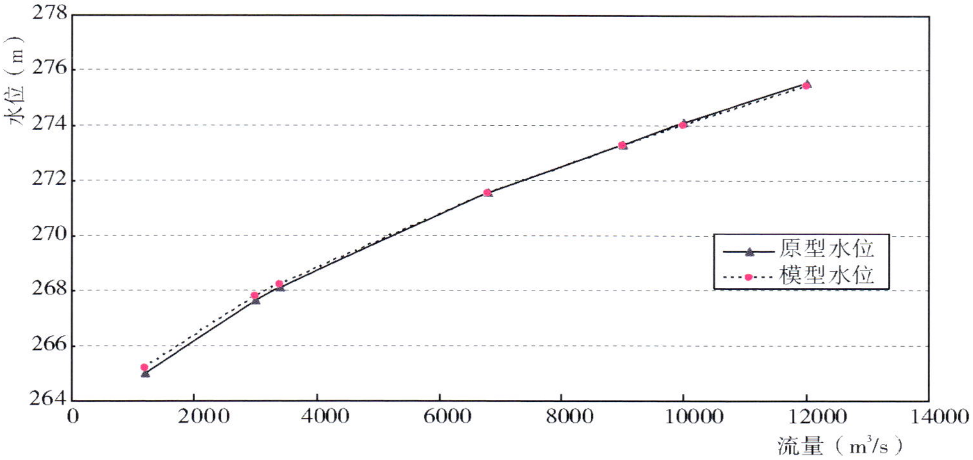

图 2.3-32　向家坝水文站水位—流量关系曲线

(3)船模

①几何比尺:1∶100。

②船型:1000t 机动货船。

③尺度($L\times B\times T$,长×宽×吃水深):85cm×10.8cm×2.0cm。

④静水船速:上行 0.50m/s(相当于原型 18km/h),下行 0.40m/s(相当于原型 14.4km/h)

⑤舵角:左 35°～右 35°无级比例操舵。

(4)水流条件试验成果

下游引航道通航条件试验成果见表 2.3-15,下游引航道口门区流速分布见图 2.3-33。

实测成果表明:当中水流量为 6800m^3/s(左、右电厂满发)时,口门区最大纵向流速为 1.54m/s,最大横向流速为 0.35m/s,最大回流为 0.18m/s。当流量为 8500m^3/s(左、右及扩机电厂满发)时,口门区最大纵向流速为 1.63m/s,最大横向流速为 0.46m/s,最大回流为 0.21m/s。当洪水流量为 10000m^3/s(电厂满发＋左泄洪)时,口门区最大纵向流速为 1.99m/s,最大横向流速为 0.51m/s,最大回流为 0.38m/s。当流量为 12000m^3/s(电厂满发＋左泄洪)时,口门区最大纵向流速为 2.04m/s,最大横向流速为 0.60m/s,最大回流为 0.50m/s。

由以上实测资料可以看出,当枯水流量时,口门区水流较为平稳,流态较好,适宜船舶(队)航行。当中洪水流量时,口门区左岸岸边附近回流流速以及右下角区域(YH0＋150m～0＋200m)个别点横向流速略有超标,超标范围为 50×(15～45)m(长×宽),其余大部分区域纵、横向流速基本满足设计船舶航行要求,只要通过合理选择航线和正确操作方法,船舶可以正常进出升船机下游引航道。

表 2.3-15 下游引航道通航条件试验成果汇总表 (单位:m/s)

工况	YH0+00m			YH0+50m			YH0+100m		
	纵向流速	横向流速	回流	纵向流速	横向流速	回流	纵向流速	横向流速	回流
Q=6800(m^3/s)	0～0.68	0～0.15	0～0.18	0～0.73	0～0.06	0～0.17	0～1.27	0～0.30	0～0.08
Q=8500(m^3/s)	0～0.79	0～0.11	0～0.14	0～0.97	0～0.07	0～0.21	0～1.52	0～0.28	0～0.13
Q=10000(m^3/s)(左泄洪)	0～0.79	0～0.11	0～0.38	0～0.81	0～0.17	0～0.27	0～1.42	0～0.35	0～0.33
Q=12000(m^3/s)(左泄洪)	0～0.93	0～0.19	0～0.50	0～0.92	0～0.24	0～0.42	0～1.54	0～0.33	0～0.25

工况	YH0+150m			YH0+200m		
	纵向流速	横向流速	回流	纵向流速	横向流速	回流
Q=6800(m^3/s)	0.09～1.54	0.09～0.34	0	0.51～1.52	0.14～0.35	0
Q=8500(m^3/s)	0.02～1.55	0.11～0.40	0	0.52～1.63	0.17～0.46	0
Q=10000(m^3/s)(左泄洪)	0.03～1.77	0.23～0.45	0	0.59～1.99	0.23～0.51	0
Q=12000(m^3/s)(左泄洪)	0.10～1.91	0.28～0.50	0	0.55～2.04	0.30～0.60	0

注:测流断面间距50m,每个断面布置5个测点,测点间距15m。

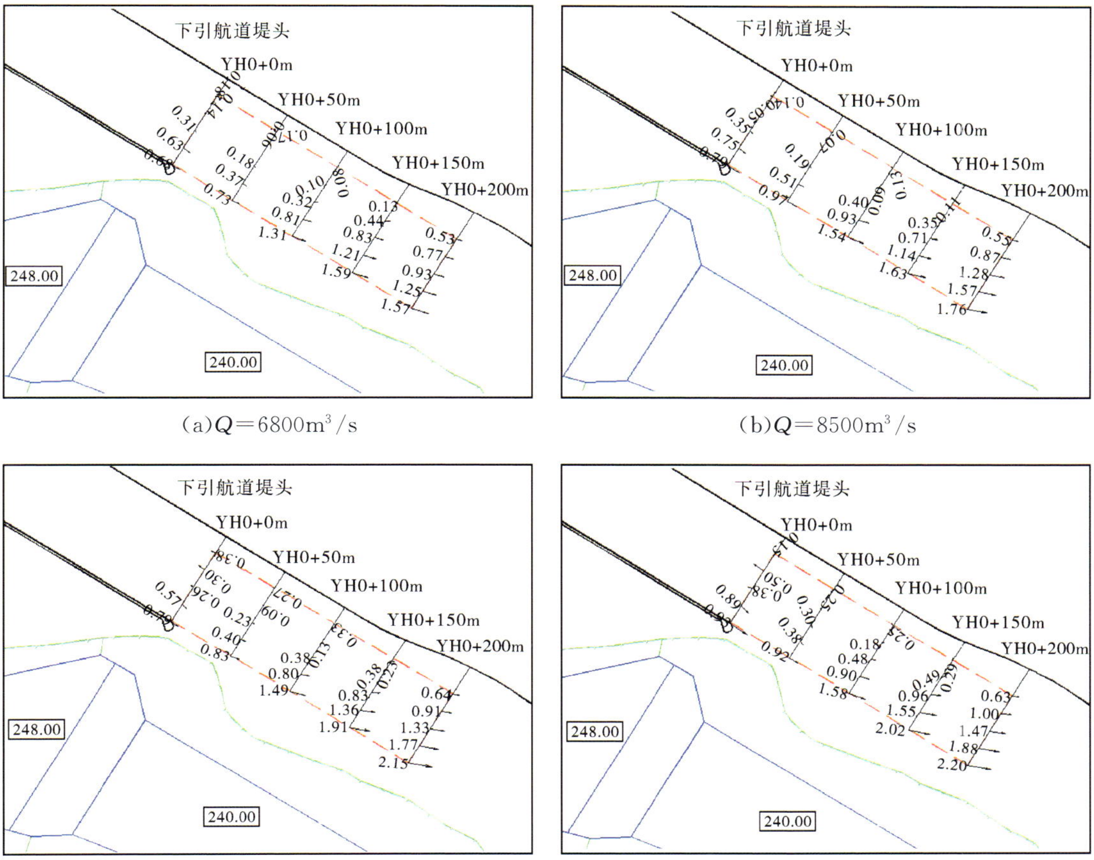

(a)Q=6800m³/s (b)Q=8500m³/s

(c)Q=10000m³/s (d)Q=12000m³/s

图 2.3-33 下游引航道口门区流速分布

(5)船模试验成果

1)船舶上行进引航道

在流量为 6800m³/s(电站发电、泄洪闸关闭)、8500m³/s(电站发电、泄洪闸关闭)、10000m³/s(电站发电、泄洪闸控泄)和 12000m³/s(电站发电、泄洪闸控泄)时,船舶上行平均航程分别为 1306m、1267m、1389m 和 1402m,最大舵角分别为 18.99°、19.49°、21.85°和 24.53°,最大漂角分别为 19.89°、21.96°、24.18°和 47.55°,最小航速分别为 2.42m/s、1.86m/s、1.39m/s 和 1.09m/s(8.71km/h、6.70km/h、5.00km/h 和 3.92km/h),航行时间分别为 6.93min、8.17min、10.17min 和 12.97min,平均航速分别为 3.14m/s、2.59m/s、2.30m/s 和 1.82m/s(11.30km/h、9.32km/h、8.28km/h 和 6.55km/h)。

以上数据可以看到,向家坝枢纽下游引航道口门区航段,在流量为 6800m³/s、8500m³/s、10000m³/s 和 12000m³/s 的 4 种工况船模试验中,船舶上行进闸的最大舵角分别为 18.99°、19.49°、21.85°和 24.53°,最大漂角分别为 19.89°、21.96°、24.18°和 47.55°,均是随流量增大而加大,最小航速分别为 2.42m/s、1.86m/s、1.39m/s 和 1.09m/s,则随流量增加而减小,说明船舶航行难度随流量的加大而加大。

船模试验数据还可以看到，下游引航道所进行的4种工况船模试验中，船舶上行进闸，最大舵角分别为18.99°、19.49°、21.85°和24.53°，均未超过船模试验舵角安全限值(25°)；最小航速分别为2.42m/s、1.86m/s、1.39m/s和1.09m/s，均高于船模试验最低航速安全限值(0.4m/s)。

船模试验成果表明，向家坝枢纽下游引航道口门区航段，在流量为6800m^3/s、8500m^3/s、10000m^3/s和12000m^3/s 4种工况时，舵角、航速都未超过船模试验安全限值，只要操纵得当，上行进闸的船舶(队)均可以自航通过下游连接段、口门区进入下游引航道。

在不同流量条件下，上行最大舵角比较见图2.3-34。

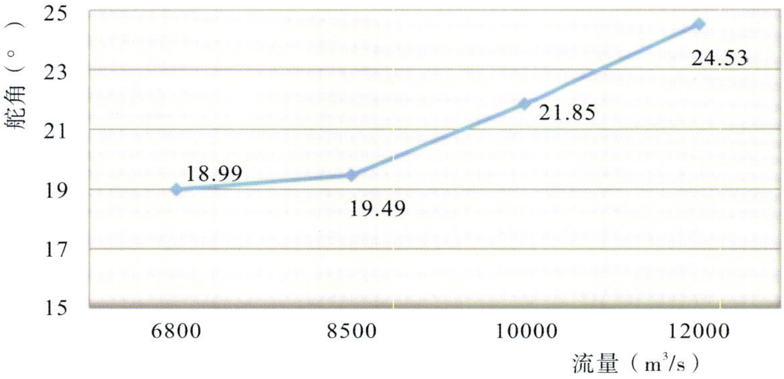

图2.3-34　上行最大舵角比较图

2)船舶下行出引航道

船舶在流量为6800m^3/s、8500m^3/s、10000m^3/s和12000m^3/s时，下行平均航程分别为1287m、1293m、1294m和1279m，最大舵角分别为20.07°、21.84°、22.44°和24.08°，最大漂角分别为24.40°、25.32°、27.70°和33.01°，最大航速分别为6.69m/s、6.78m/s、6.85m/s和6.77m/s，航行时间分别为3.78min、3.64min、3.88min和3.95min，平均航速分别为5.68m/s、5.92m/s、5.56m/s和5.40m/s。

从以上数据可以看到，向家坝枢纽下游引航道口门区航段，在流量为6800m^3/s、8500m^3/s、10000m^3/s和12000m^3/s的4种工况船模试验中，船舶出引航道下行的最大舵角分别为20.07°、21.84°、22.44°和24.08°，最大漂角分别为24.40°、25.32°、27.70°和33.01°，均是随流量增大而加大，说明船舶航行难度随流量的加大而加大。

在不同流量条件下，下行最大舵角比较见图2.3-35。

从船模试验数据还可以看到，在下游引航道所进行的4种工况船模试验中，船舶出闸下行，最大舵角分别为20.07°、21.84°、22.44°和24.08°，均未超过船模试验舵角安全限值(25°)。

船模试验成果表明，向家坝枢纽下游引航道口门区航段，在流量为6800m^3/s、8500m^3/s、

$10000m^3/s$ 和 $12000m^3/s$ 工况时，下行最大舵角都未超过船模试验安全限值，只要操纵得当，出闸航行的船舶可自航下行通过引航道口门区和连接段驶向下游。

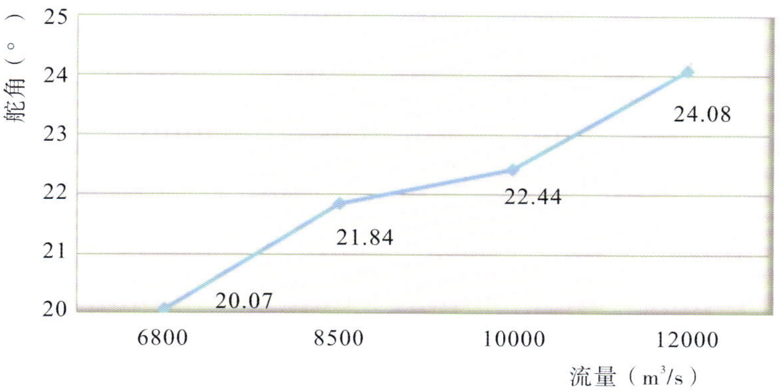

图 2.3-35　下行最大舵角比较图

(6)成果分析

根据向家坝试验成果可知，在流量为 $6800m^3/s$ 时，下游引航道口门区最大横向流速达到 0.35m/s，超过现行规范 0.30m/s 的要求，但船模上、下行最大舵角、漂角等均在安全范围内，且有一定的安全余量，说明将下游引航道口门区的横向流速放宽至 0.35m/s 是基本安全的。

在流量为 $8500m^3/s$ 和 $10000m^3/s$ 时，实测下游引航道口门区最大横向流速为 0.46m/s 和 0.51m/s，超过现行规范标准值 0.30m/s，也超过了前述建议值 0.35m/s。分析表明，该超标区域出现在口门区的尾端，此时船速较高且超标区域基本控制在半个船长和船宽范围内，对船舶的影响不及概化模型试验时均一流场超标时的影响，且船模试验下行最大舵角接近 22°，尽管船舶可以安全进出闸，从规范建议限值角度来讲，安全余量不大，不建议在横向流速限值 0.35m/s 的基础上继续提高。

在流量为 $12000m^3/s$ 时，口门区最大纵向流速为 2.04m/s，最大横向流速为 0.60m/s，最大回流为 0.50m/s。上述 3 个测值均超过了现行规范规定的流速限值，但其纵向流速未超过前述建议值 2.5m/s，横向流速超标区范围仍控制在半个船长及船宽范围内。回流范围为超过 1/2 船长，回流强度仍在建议值 0.6m/s 范围内。结合船模试验可知，该工况下船舶上下行的舵角分别达到了 24.53°和 24.08°，均十分接近舵角限值 25°，但船舶选择航线合理仍可上下行，由此说明下游引航道口门区及连接段内适当放宽流速指标是可行的。

向家坝枢纽口门区船模试验成果见表 2.3-16。

表 2.3-16　　向家坝枢纽口门区船模试验成果表

流量(m³/s)	航向	最大舵角(°)		最大漂角(°)		车挡(m/s)		航速(m/s)		航程(m)	航行时间(min)	平均航速(m/s)
		右	左	右	左	最大	最小	最大	最小			
6800	上行	0.0	0.0	0.0	0.0	5.00	5.00	0.0	0.0	1306	0.0	0.0
8500		0.0	0.0	0.0	0.0	5.00	5.00	0.0	0.0	1267	0.0	0.0
10000		0.0	0.0	0.0	0.0	5.00	5.00	0.0	0.0	1389	0.0	0.00
12000		0.0	0.0	0.0	0.0	5.00	5.00	0.0	0.0	1402	0.0	0.0
6800	下行	0.0	0.0	0.00	0.0	4.00	4.00	0.0	0.0	1287	0.0	0.0
8500		0.00	0.0	0.0	0.0	4.00	4.00	0.0	0.00	1293	0.04	5.92
10000		0.0	0.0	27.70	0.0	4.00	4.00	0.0	0.0	1294	0.01	1.18
12000		0.0	0.0	5.54	0.0	4.00	4.00	0.0	0.0	1279	0.01	1.420

注：所有数据均已换算为原型值。

2.4 口门区及连接段波浪限值

2.4.1 水面波动对通航的影响研究现状

近年来，通过对相关事故的分析以及研究手段的不断提高，对波浪中船舶的稳性有了进一步的认识。研究表明，当波长等于船长时，船舶稳性的变化量最大，此时若船舶处于波峰，则船舶稳性大幅降低，发生倾覆的概率大增。波浪高度与船的稳性呈负相关关系，当波浪高度超过甲板高度或者低于船底时，则容易发生船舶失稳。目前，关于波浪对船舶航行的影响大多聚焦于海域船舶航行问题，此时浪的影响相对于流的影响更加显著，但在内河中，流对船舶航行影响相对较大，通常的研究也更多着眼于此方面。目前，我国现行规范中并未对口门区或者连接段波浪限值进行明确规定，仅《船闸总体设计规范》(JTJ 305—2001)中提出“引航道内波浪不高于 0.25m”。实际上，对于高山峡谷地区的枢纽泄洪时，近坝区下游水位波动剧烈，再加上口门区及连接段的复杂水流条件作用，其波浪的影响也不容忽视。

波浪限值是通航标准制定的重要指标，波浪的成因各不相同，主要包括风生波、电站泄水波、船闸充泄水涌波、电站日调节波，不同因素所致波流具有不同特点，影响区域也不尽相同。枢纽上下游条件的不对称性，各种波流的影响程度亦有所不同，如船闸充水时，波动影响枢纽上游侧，船闸泄水、电站泄水以及日调节时，波动主要影响枢纽下游侧。另外，风生波与泄水波为短波，由于受隔流堤阻挡，主要影响范围为口门区及连接段；而船闸充泄水和日调节过程产生长波，除口门区及连接段外，还可以绕过隔流堤进入引航道。

目前就不同特性的波浪尚缺少深入和针对性的研究，相关技术标准和规范对波浪影响大多仅提出指导原则。

2.4.2 波流中船舶安全影响因素

2.4.2.1 基本概念

(1)坐标系统与自由度

当船舶在波浪中停泊或航行时,受波浪的扰动将产生摇荡运动。虽然波浪条件复杂,引起船舶的运动也非常复杂,但往往是几种简单运动的叠加。船舶在水流中的运动通常有6个自由度,设船体为刚体,将船舶在波浪中的摇荡运动分解为重心的线性运动和船体绕重心的角运动,可通过3个右手笛卡尔坐标系对其进行定义:

1)空间固定坐标系 $O_1\xi\eta Z$

坐标面 $O_1\xi\eta$ 与静水面重合,O_1Z 垂直于静水面,该坐标系用于描述海浪。

2)动坐标系 $Gx_by_bz_b$(也称联船坐标系)

动坐标系的原点位于船舶重心 G 处,Gx_b 在船中线面内与龙骨线平行,船艏方向为正;Gz_b 在船中线面内与 Gx_b 垂直,向上为正;Gy_b 垂直于船中线面,向左舷为正。

3)随船坐标系 $Oxyz$

该坐标系随船以相同速度 v 前进,不随船体摇荡。Oxy 位于静水面上,Ox 正向与航速 v 同向。

随船坐标系的坐标原点在空间固定坐标系下的位置变化描述了船体的线位移,随船坐标系相对于平衡坐标系的转动量描述了船体的角位移。

坐标系体系见图2.4-1。

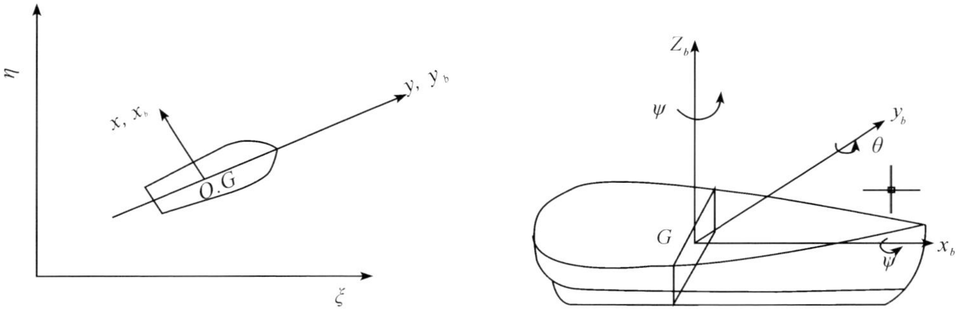

(a) (b)

图2.4-1 坐标系体系

结合上述坐标系,可以由以下符号表示船舶6个自由度的摇荡运动:$x(t)$为纵荡,$\varphi(t)$为横摇,$y(t)$为横荡,$\theta(t)$为纵摇,$z(t)$为垂荡(或升沉),$\psi(t)$为艏摇。

(2)船舶基本性能

船舶的基本性能通常包括浮性、稳性、抗沉性、快速性、耐波性和操纵性,其中稳性和耐波性是影响船舶航行安全性和舒适性的主要因素,良好的稳性,可以使船舶在外力(风、浪、流)的作用下发生一定的倾斜而不致倾覆,保障船舶安全,而优良的耐波性可以减小船舶在风浪中的摇荡运动,提高船舶的舒适性能。

1)船舶稳性

静水中,当船舶在外力作用下发生倾斜时,水下部分体积中心(浮心)由 B 向倾斜一侧移动至 B_1,当船舶具备稳性时(图 2.4-2),此时浮力与重力对船体产生一个力矩 M_R,船舶在此力矩的作用下,可恢复到原平衡状态;当船舶重心过高,或倾角过大时,船舶不再具备稳性,此时浮力与重力对船体产生的力矩 M_R 会加速船舶倾斜(图 2.4-3),直至倾覆。

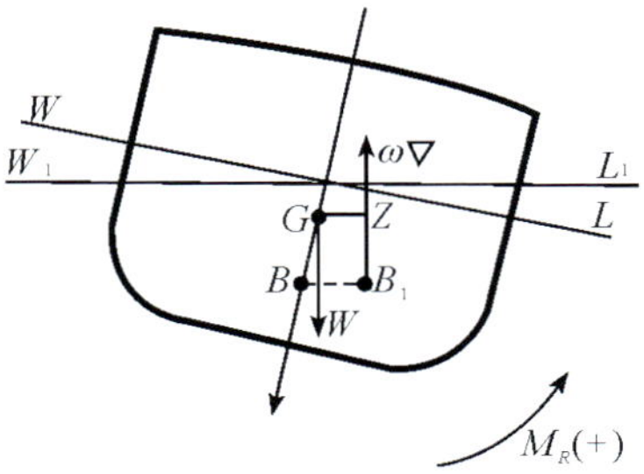

图 2.4-2　船舶具备稳性时受力情况

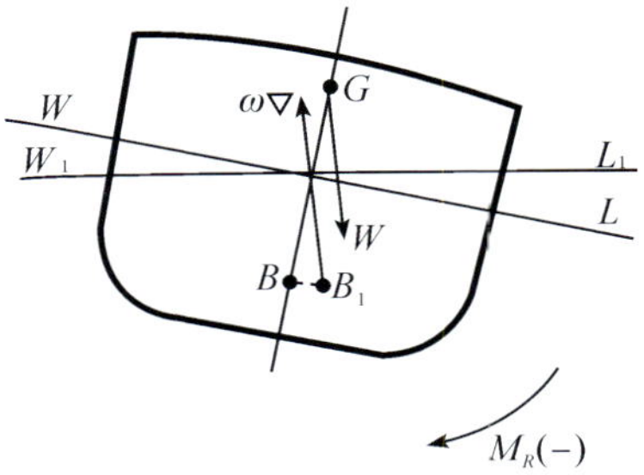

图 2.4-3　船舶不具备稳性时受力情况

为保证船舶具备稳性,需要控制船舶重心位置和倾角。对于过坝航行船舶,装载状态和船舶重心位置不变,为确保安全则需要船舶航行过程中的倾角不超过极限倾角,而倾角的大小则取决于过坝航行过程中风、浪、流等水文环境因素。

2)船舶耐波性

船舶耐波性即在风、浪、流共同作用下船舶的航行运动性能。风、浪、流对船舶的主要作用是使船舶产生各种姿态的摇荡运动,包括横摇、纵摇、艏摇、横荡、纵荡及垂荡,而其中横摇、横荡、垂荡对内河过坝船舶航行安全和舒适性影响最大。主要体现为剧烈的横摇可致船舶倾角过大而失去稳性,波浪引起的船舶横荡引起船舶操纵困难,提高了船舶驶入口门区的难度,船舶垂荡所引起的加速度变化,会导致晕船。

衡量船舶耐波性的优良主要由船体运动幅值、横摇运动周期和绝对加速度等指标决定。

2.4.2.2　模拟工具

选择 AQWA 为船波运动模拟工具。

应用 AQWA-Line 针对船舶摇荡开展计算分析和频域数值计算,AQWA-AGS 进行后处理。采用 ANSYS 软件作为前期的建模工具,建立船体模型,划分网格,然后通过 ANSYS 与 AQWA 之间的接口 ANSTOAQWA,将模型数据导入 AQWA-Line 进行频域计算,根据计算结果确定船舶运动特征参数。

2.4.2.3　基本假设

为了能够采用速度势的方法分析波浪荷载及船体结构物在波浪中的摇荡运动,引入下述基本假设：

①流体是不可压缩的理想流体，忽略表面张力效应；

②摇荡运动无旋，即存在速度势 $\Phi(x,y,z,t)$，其梯度 $\nabla\Phi(x,y,z,t)$ 即为流体质点的速度矢量；

③对于船体与波浪的相互作用，假设自由表面的波浪运动及船体摇荡运动都是微幅的，则可将其分为绕射问题和辐射问题分别进行分析。

2.4.2.4 船体在波浪中的定解问题

基于船舶运动模拟的基本假设，流场中流体的运动可用非定常速度势表示。模型中求解一阶速度势 $\Phi(x,y,z,t)$ 的控制方程和定解条件见式(2.4-1)至式(2.4-4)。

拉普拉斯方程：

$$\nabla^2\Phi(x,y,z,t)=0 \quad (\text{在流场内}) \tag{2.4-1}$$

自由面条件：

$$\frac{\partial^2\Phi}{\partial t^2}+g\frac{\partial\Phi}{\partial z}=0 \quad (\text{在 } z=0 \text{ 上}) \tag{2.4-2}$$

物面条件：

$$\frac{\partial\Phi}{\partial n}\Big|_s=U_n \tag{2.4-3}$$

底部条件：

$$\frac{\partial\Phi}{\partial n}\Big|_{z=-H}=0 \tag{2.4-4}$$

辐射条件：索末菲辐射条件。

式中：U_n——船体法向速度，m/s；

n——船体湿表面上指向内部的单位法向量；

t——时间，s。

由于已假定其自由表面的波浪运动及船体摇荡都是微幅的，即流场内速度势是线性的，则上述定解条件和控制方程都是线性的，因此应用叠加原理，总的速度势可分解为式(2.4-5)所示：

$$\Phi(x,y,z,t)=\Phi^I(x,y,z,t)+\Phi^D(x,y,z,t)+\Phi^R(x,y,z,t) \tag{2.4-5}$$

其中：Φ^I——入射波速度势；

Φ^D——绕射势；

Φ^R——辐射势。

基于船体在平衡位置做微幅简谐振荡的基本假设，可将非定常速度势 $\Phi(x,y,z,t)$ 做时空分离，即表示为空间速度势和时间因子的乘积见式(2.4-6)：

$$\Phi(x,y,z)=\mathbf{Re}\{\varphi(x,y,z)e^{-i\omega t}\} \tag{2.4-6}$$

式中：$\Phi(x,y,z)$——空间速度势，$\Phi(x,y,z)$ 与时间无关。

同样，对入射波速度势、辐射势和绕射势做时空分离，见式(2.4-7)至式(2.4-9)：

$$\Phi^I(x,y,z,t)=\mathbf{Re}\{\varphi^I(x,y,z)e^{-i\omega t}\} \tag{2.4-7}$$

$$\Phi^D(x,y,z,t)=\mathbf{Re}\{\varphi^D(x,y,z)e^{-i\omega t}\} \tag{2.4-8}$$

$$\Phi^R(x,y,z,t)=\mathbf{Re}\{\varphi^R(x,y,z)e^{-i\omega t}\} \tag{2.4-9}$$

分离时间因子，则空间速度势也可表示为入射波速度势、辐射势和绕射势的线性叠加，见式(2.4-10)：

$$\varphi(x,y,z)=\varphi^I(x,y,z)+\varphi^D(x,y,z)+\varphi^R(x,y,z) \tag{2.4-10}$$

(1)入射波速度势及其数学模型

假定 φ^I 为单一方向、单一频率的平面入射波速度势，则可根据线性波浪理论，将其表示为式(2.4-11)所示：

$$\varphi^I=-\frac{Ag}{\omega}\frac{\cosh k(z+h)}{\cosh kh}\exp[ik(x\cos\beta+y\sin\beta)] \tag{2.4-11}$$

式中：A——波幅，m；

k——波数；

h——水深，m；

g——重力加速度；

β——波浪传播方向与 x 轴正方向的夹角，rad；

k——波数，$k=2\pi/\lambda$，其中 λ 为波长，根据色散关系确定波长与频率之间的关系；

ω——色散关系，见式(2.4-12)。

$$\omega^2=kg\tanh(kh) \tag{2.4-12}$$

(2)绕射势及其数学模型

绕射势 $\varphi^D(x,y,z)$可以根据拉普拉斯方程，以及自由面、物面、海底和无穷远端的边界条件进行求解，见式(2.4-13)至式(2.4-17)。

拉普拉斯方程：

$$\nabla^2\varphi^D(x,y,z)=0 \quad (在流场内) \tag{2.4-13}$$

自由面条件：

$$-\omega^2\varphi^D+g\frac{\partial\varphi^D}{\partial z}=0 \quad (在\ z=0\ 上) \tag{2.4-14}$$

物面条件：

$$\frac{\partial\varphi^D}{\partial n}\Big|_s=-\frac{\partial\varphi^I}{\partial n}\Big|_s \tag{2.4-15}$$

底部条件：

$$\frac{\partial\varphi^D}{\partial n}\Big|_{z=-H}=0 \tag{2.4-16}$$

辐射条件：

$$\lim_{R\to\infty}\sqrt{R}\left(\frac{\partial\varphi^D}{\partial R}-ik\varphi^D\right)=0 \tag{2.4-17}$$

其中 $R=\sqrt{x^2+y^2}$。

(3)辐射势及其数学模型

设船体在平衡位置做微幅的简谐振荡运动，其圆频率为 ω，瞬时位移见式(2.4-18)：

$$x_j=\mathbf{Re}\{\bar{x}_j e^{-i\omega t}\} \tag{2.4-18}$$

式中：j——表征摇荡模态，$j=1,2\cdots,6$；

$\bar{x}_j$——第 j 个模态的复数摇荡幅值，则可将辐射势也分解为 6 个摇荡模态上的分量，即式(2.4-19)。

$$\varphi^R(x,y,z)=-i\omega\bar{x}_j\varphi_j^R(x,y,z) \tag{2.4-19}$$

式中：$\varphi_j^R(x,y,z)$——第 j 个模态的单位振幅摇荡引起的辐射势，称为规范化辐射势，其定解问题见式(2.4-20)至式(2.4-24)。

拉普拉斯方程：

$$\nabla^2\varphi_j^R(x,y,z)=0\quad(\text{在流场内}) \tag{2.4-20}$$

自由面条件：

$$-\omega^2\varphi_j^R+g\frac{\partial\varphi_j^R}{\partial z}=0\quad(\text{在 } z=0 \text{ 上}) \tag{2.4-21}$$

物面条件：

$$\frac{\partial\varphi_j^R}{\partial n}\Big|_s=\tilde{n}_j \tag{2.4-22}$$

底部条件：

$$\frac{\partial\varphi_j^R}{\partial n}\Big|_{z=-H}=0 \tag{2.4-23}$$

辐射条件：

$$\lim_{R\to\infty}\sqrt{R}\left(\frac{\partial\varphi^D}{\partial R}-ik\varphi^D\right)=0 \tag{2.4-24}$$

式中：$\tilde{n}_j$——物体第 j 个摇荡模态的广义法向分量。

其中，$R=\sqrt{x^2+y^2}$。

(4)摇荡运动预报

规则波中的频域计算结果包括运动幅频响应函数 RAO、波浪力传递函数、附加质量以及附加阻尼系数等，结合频谱分析理论，可对指定水文条件下的摇荡运动、环境荷载等进行统计分析。这种方法与模型试验结果能较好吻合，具有适用性。

1)一阶波浪力模型

根据三维船舶运动理论求得入射波速度势、绕射势和辐射势之后，按照 Lagrange 积分公式得式(2.4-25)：

$$p(x,y,z,t)=-\rho\frac{\partial\varphi}{\partial t}-\rho gz \tag{2.4-25}$$

根据式(2.4-25)即可得到流场的压力分布，压力沿物表面积分，即得浮体结构的总流体作用力，即流体静力和流体动力，见式(2.4-26)。

$$F_i=\iint_s p\cdot\tilde{n}_i\,\mathrm{d}s \tag{2.4-26}$$

式中：F_i——总流体作用力，kgf；

p——压力，kgf；

$\tilde{n}_i$——广义法向量的分量，$i=1,2,\cdots,6$。

船舶水动力主要由三部分组成，即流体静力、辐射力、波浪扰动力。其中，波浪扰动力由傅汝德—克雷洛夫力和绕射力组成，见式(2.4-27)：

$$F_i^w=F_i^I+F_i^D \tag{2.4-27}$$

由入射波速度势可直接求得傅汝德—克雷洛夫力，见式(2.4-28)：

$$F_i^I=-\rho\iint_s\frac{\partial\Phi^I}{\partial t}\tilde{n}_i\,\mathrm{d}s=i\rho\omega\iint_s\Phi^I\tilde{n}_i\,\mathrm{d}s \tag{2.4-28}$$

零航速情况下的绕射力，可表示为式(2.4-29)：

$$F_i^D=-\rho\iint_s\frac{\partial\Phi^D}{\partial t}\tilde{n}_i\,\mathrm{d}s=i\rho\omega\iint_s\Phi^D\tilde{n}_i\,\mathrm{d}s \tag{2.4-29}$$

式中：F_i^w——波浪扰动力，kgf；

F_i^I——傅汝德—克雷洛夫力，kgf；

F_i^D——绕射力，kgf；

ρ——密度，kg/m^3；

Φ^I——入射波速度势；

Φ^D——绕射势。

流体静力主要是指船体的静回复力，而辐射力常用附加质量系数和辐射阻尼系数表征。

2)水动力模型

流体反作用力(辐射力)由辐射势所引起的压力积分得到，可如式(2.4-30)、式(2.4-31)所示。

$$F_i^R=-\rho\iint_s\frac{\partial\Phi^R}{\partial t}\tilde{n}_i\,\mathrm{d}s=\mathbf{Re}\left\{\mathrm{e}^{-i\omega t}\omega^2\bar{x}_j\rho\iint_s\varphi_j^R\frac{\partial\varphi_i^R}{\partial n_i}\mathrm{d}s\right\} \tag{2.4-30}$$

$$\mu_{ij}+\frac{i\lambda_{ij}}{\omega}=\rho\iint_s\varphi_j^R\frac{\partial\varphi_i^R}{\partial n_i}\mathrm{d}s \tag{2.4-31}$$

式中：F_i^R——辐射力，kgf；

ρ——密度，kg/m^3；

Φ^R——辐射势；

μ_{ij}——附加质量系数；

λ_{ij}——阻尼系数。

3)静水力模型

船体在波浪中受到由船体偏离平衡位置而引起的静水回复力(矩)，静水回复力(矩)的大小与对应摇荡方向的位移成正比，即式(2.4-32)：

$$F_i^S = \sum_{j=1}^{6} k_{ij} x_j \tag{2.4-32}$$

式中：k_{ij}——第 j 模态引起第 i 模态的回复力系数，见式(2.4-33)。

$$K = \begin{bmatrix} 0 & 0 & 0 & 0 & 0 & 0 \\ 0 & 0 & 0 & 0 & 0 & 0 \\ 0 & 0 & \rho g A_W & 0 & \rho g \bar{x}_f & 0 \\ 0 & 0 & 0 & \rho g (A_W d_3^2 + z_B \Delta) & 0 & 0 \\ 0 & 0 & \rho g \bar{x}_f & 0 & \rho g (A_W d_1^2 + z_B \Delta) & 0 \\ 0 & 0 & 0 & 0 & 0 & 0 \end{bmatrix} \tag{2.4-33}$$

式中：A_W——水线面面积；

d_1, d_3——水线面绕 OZ 轴和 OX 轴的惯性半径；

z_B——浮心垂向坐标；

x_f——水线面漂心的纵坐标；

Δ——船体排水量。

(5)求解运动方程

根据牛顿第二定律，船体摇荡方程见式(2.4-34)：

$$M_{ij} \ddot{x}_j = F_i \tag{2.4-34}$$

式中：F_i——流体作用在船体上的力(矩)，包括静水回复力、辐射力及波浪干扰力，即式(2.4-35)。

$$M_{ij} \ddot{x}_j = F_i^I + F_i^D + F_i^R + F_i^S \tag{2.4-35}$$

代入静水回复力与辐射力表达式，则船体在频域下的一阶摇荡方程为式(2.4-36)：

$$(m_{ij} + \mu_{ij}) \ddot{x}_j + \lambda_{ij} \dot{x}_j + k_{ij} x_j = F_{wi} (i = 1, 2, \cdots, 6; j = 1, 2, \cdots, 6) \tag{2.4-36}$$

式中：F_i^I——傅汝德—克雷洛夫力；

F_i^D——绕射力；

F_i^R——辐射力；

F_i^S——静水回复力；

m_{ij}——刚体质量系数；

μ_{ij}——附加质量系数；

λ_{ij}——阻尼系数。

通过求解该方程，进而得到船体在频域下的摇荡响应。

(6)船舶运动模型的建立

1)数值计算几何建模

以 1000 吨级货船船型为参考，建立 1∶1 船舶数值模型，为提升计算效率，对船舶尾部进行了概化处理，优化了尾部型线，并忽略螺旋桨和船舵对船舶运动的影响。上层建筑在计算过程中不与流体直接接触，建模过程中予以省略，但其重量重心引起的惯性质量(矩)已计入船舶整体转动惯量。船舶主要参数见表 2.4-1，船舶数值三维模型见图 2.4-4，模型坐标原点位于船中基线处，参照右手螺旋法则建立，X 轴沿船长方向，指向船头为正，Y 轴沿船宽方向，指向左舷为正，Z 为船高方向，向上为正。

表 2.4-1　船舶主要参数

项目	数值
船长 L(m)	75
船宽 B(m)	10.2
型深 D(m)	4.0
吃水 d(m)	2.6
船舶重量 m(t)	1435

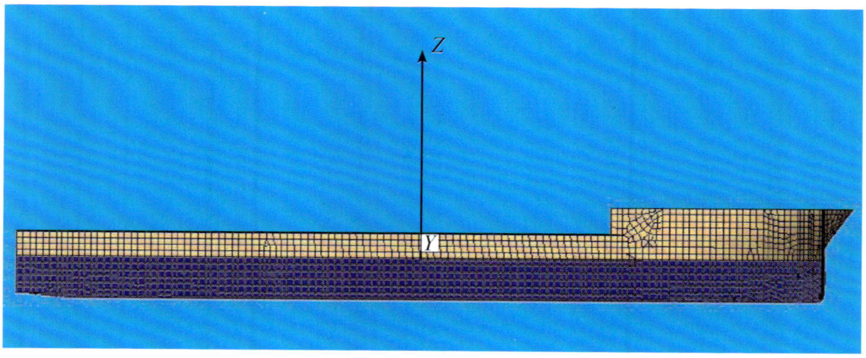

图 2.4-4　船舶数值三维模型

根据船舶满载装载条件，确定船舶重心位置。为准确描述船舶摇荡运动，需要确定船舶在 3 个坐标轴上的转动惯量(质量惯性矩)。

船舶横摇附加惯性矩的计算通常采用近似公式(式(2.4-37))，并且一般是将船舶本身横摇的惯性矩与附加惯性矩合并考虑，根据杜埃尔公式可得 X 轴转动惯量为 $1.864\times10^{7}\,kg\cdot m^{2}$。

$$I_x=\frac{\nabla}{12g}(B^2+4z_g^2) \tag{2.4-37}$$

其中：I_x——X 轴转动惯量；

z_g——船舶重心距基线高度。

虽然此公式没有考虑附加惯性矩 λ_{44}，但其计算值很接近船舶总转动惯量，因此可以认为杜埃尔公式中包含了附加惯性矩 λ_{44}。

船舶纵摇和艏摇惯性矩见式(2.4-38)：

$$I_y = I_z = \frac{\nabla}{g}(0.25L)^2 \tag{2.4-38}$$

式中：I_y、I_z——Y 轴、Z 轴转动惯量，$kg \cdot m^2$；

经计算得到船舶纵摇和艏摇惯性矩为 5.044 亿 $kg \cdot m^2$。

2)计算参数设置

本节主要研究船舶在规则波中的运动响应情况，为准确分析船舶在不同波浪方向、不同波浪频率中的运动响应，结合向家坝水电站下游引航道口门区附近波浪特征，计算波浪频率范围为 0.4～1.45，计算波浪角度范围为 −180°～180°，为研究泄水闸门开启方式对口门区船舶通行安全的影响提供依据。

(7)不同因素下的波浪限制

1)风在口门区引起的波高限值

较大等级风生波对船舶航行和停泊造成显著危害，如在口门区航行时，船舶(队)船体水下部分受波浪影响，而船体水上部分受风力作用，船舶会因此发生偏航。风生波的阵发性，增加了船舶(队)进入引航道的航行操作难度，并且增加各船舶之间的缆绳受力。

针对我国各个不同水系和航区，船舶检验局制定了《内河航区分级规范》，提出相应波高值，航区等级分为 A、B、C 三个等级。

A 级：计算波高 2.5m×计算波长 30.0m，波高范围 1.5～2.5m 。国内内河所有水系中只有长江水系江阴以下至吴淞口，珠江水系中珠江自虎门至香港、澳门，以及磨刀门经洪湾水道至澳门为 A 级航区。

B 级：计算波高 1.5m×计算波长 15.0m，波高范围 0.5～1.5m。国内内河水系中有黑龙江水系中的松花湖等；淮河水系中梅山等水库；长江水系中宜昌至江阴，益阳至洞庭湖，常德至洞庭湖等；钱塘江水系中桐庐至新安江水库；京航运河水系中南四湖等；珠江水系中梧州至各口门等均为 B 级航区。

C 级：计算波高 0.5m×计算波长 5.0m，波高范围 0.5m 以下。国内各水系及河流中除 A 级与 B 级航区以外，全部为 C 级航区。

鉴于各水系的水利水电枢纽工程，尤其高山峡谷地区通航建筑物基本都处在 C 级航区。C 级航区的波高限值为 0.5m，也是依据水文、气象条件和安全航行技术条件所制定。根据内河风力与波高实测值(表 2.4-2)，当风力为 4 级时，波高将接近甚至大于 0.5m。即当高山峡谷地区通航建筑物附近出现蒲氏 4 级以上大风时，来往待过闸船舶应停止驶向枢纽引航道和口门区，就近寻找停泊区泊靠避风。

表 2.4-2　　长江南通附近江面风力与波高实测值

测次	风级	风速(m/s)	波高(m)	最大波高(m)	周期(s)	波长(m)
1	4	7~7.9	0.4~0.7	0.5~1.0	2.6~3.4	—
	5	9.0~10	0.6~0.8	0.6~1.0	2.8~3.6	—
	6	10.6~13.2	0.7~1.2	0.8~1.5	2.9~3.8	20~30
	7	14~16.5	1.2~1.5	1.5~2.0	3.7~4.3	20~30
2	4	—	0.5~0.7	—	3.0	15
	5	—	0.7~1.0	—	3.4	18
	6	—	1.0~1.3	—	4.0	25
	7	—	1.3~1.7	—	4.5	32
3	4	5.7~7.6	0.3~0.8	—	2.7~4.7	—
	5	10~10.3	0.5~0.8	—	4.2~4.3	—
	6	10.6	0.8	—	4.3	—

2)枢纽泄洪引起的波高限值

枢纽泄洪水体携带巨大能量,形成强烈的泄水波。泄水波的脉动性很强,对通航安全构成较严重威胁。该波动使各船舶之间连接缆绳受力增加,造成船队在口门区航行振荡颠簸,导致推轮与驳船间猝发相对升沉;若泄水波的波向与航线不平行,将造成船队偏航,增加操作难度。其影响也可能延伸至引航道,增加船舶(队)向靠船墩泊靠难度。

据长江航道局对葛洲坝通航枢纽安全通航允许泄水波研究,泄水波与涌浪、船行波有显著不同,它具有更强的脉动性和不规则性。

长江航道局曾利用原型观测手段,通过对 3×1000 吨级和 6×1000 吨级船队波高与系缆绳受力关系的观测,建立了缆绳安全系数与波高之间的关系(图 2.4-5)。由图 2.4-5 可知,当安全系数为 3 时,6×1000 吨级船队允许波高为 0.8m,3×1000 吨级船队允许波高为 0.4m。通常泄水波强度越大则钢缆受力也越大,而不同编队和不同规模的船队,其抵抗泄水波的能力存在明显差别,梭形 3×1000 吨级船队在泄水波作用下,其横摇、颠簸较双“品”字形 6×1000 吨级船队更剧烈;同为 3×1000 吨级船队,宽 33m 的“品”字形编队抗浪能力强,缆绳受力小;上行船队各船之间连接缆绳受力大于下行船队。

原型观测认为,3×1000 吨级梭形船队和 6×1000 吨级双“品”字形船队可以分别代表三峡水利枢纽航行中的中小型船队和大型船队,其允许泄水波波高标准建议值分别为 0.5m 和 0.6m。

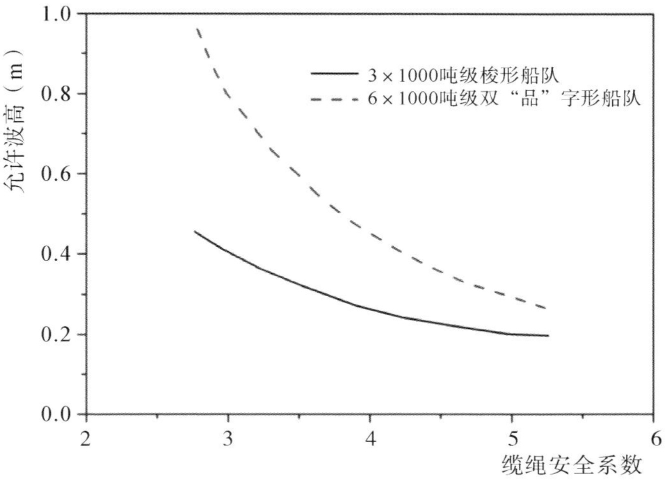

图 2.4-5 船队间缆绳安全系数与波高的关系

3)枢纽日调节或船闸充泄水引起的波浪限制

涨水和退水将在下游引航道形成水体的往复运动和振荡，水面长时间周期性升高和降低，即形成往复流和浅水重力长波运动。在涨水过程中，水体自口门向内倒灌并缓慢向封闭端运移，涨水波向边壁、弯道、岔道、束窄和封闭端反射，形成反射波，反射波与后续原生波叠加，使水面隆起后又跌落，如此反复，导致水面在抬升的过程中波动不已。在退水过程中，下游引航道内的水体经由口门向主河槽入汇，落水波逆向而行，同样发生反射。快慢不一的相邻水体发生能量的转换和传递，形成次生波，导致水面起伏不断，对通航船舶安全产生较大影响。

船舶体型较大，其自摇周期相应较大。当航道波长较短时，船舶相应的共振波长大于内河航道实有波长，横摇角将不会达到最大值。当来流为长波时，波浪统计周期将随着波长增加而增加，当波浪周期接近或等于船舶自摇周期时，船舶与波浪发生共振，此时的横摇角最大。因此，在长波情况下，船舶安全行驶限值不能仅仅只考虑波高。

(8)波高限值检验

对于内河船舶，最常见且影响最大的摇荡运动为横摇。角度较大的横摇会影响船舶航行安全，可能使舱室进水，货物移动，并且使船舶主机功率得不到充分利用，稳性下降，操纵困难，影响船舶驾驶性能。相关规范规定，在计算最小倾覆力矩时要考虑横摇的影响。

1)横摇角度对船舶舒适性与安全性的约束

一般认为，垂向加速度值在 0.10～0.20g 是人类承受力允许的极限。国外学者也研究了船舶摇荡的频率和晕船率之间的关系，发现频率在 0.1～0.3Hz 的纵摇和垂荡运动引起的晕船率最高。摇荡运动对舒适性和安全性的影响主要表现如下：

①对舒适性的影响。

船舶在航行过程中，需要给乘员提供一个合适的环境，使他们能有效地进行工作。而乘员的工作能力受两种运动特性的影响，即加速度和横摇幅值。当加速度超过一定限度就会引起晕船。一般来说，乘船者发生晕船的概率随横摇加速度的增加而增加。横摇幅值对乘船者运动能力的影响可以按以下方式划分：在0°～4°范围内对人的活动没有明显影响；在4°～10°范围内，人的运动能力明显下降；10°以上时，乘船者吃饭、睡觉及走动都发生困难。

参考《船舶设计适用手册》中关于各类人员所能忍受的加速度与横摇的标准值，初步确定指标参考值范围见表2.4-3。

表2.4-3　船舶过坝安全性和舒适性指标参考值

垂向加速度 g	横向加速度 g	横摇幅值(°)	人员分类
0.2	0.1	6.0	船长、船员
0.15	0.07	4.0	船员、水手
0.10	0.05	3.0	船上工作人员
0.05	0.04	2.5	一般旅客
0.02	0.03	2.0	游船旅客

注：表中 g 为重力加速度。

②对安全性的影响。

横摇运动降低了船舶的抗风能力，当船舶摇晃至最大角度时，会因突然受到阵风的影响而失去稳性。横摇程度不仅与风、浪、流等水文参数有关，还取决于船型、船舶装载状况等因素。同时，对于引航道口门区附近的限制航道而言，过大的横向加速度会导致船舶操纵困难，严重时可能发生碰壁，损伤水工建筑物。

综上所述，船舶横摇角以不超过10°为宜。

2）横摇角计算

内河船舶的横摇角计算方法与海船计算方法的体系一致，即按船舶无航速时，计算船舶舷向二因次规则波中的共振横摇角，并考虑不规则波的影响。

在规则波中，当波浪周期 T_w 等于船舶自摇周期 T_θ 时，船舶与波浪发生共振，此时的横摇角最大。当航道波长较短，部分船舶的自摇周期较大时，其相应的共振波长有可能大于内河航道实有波长，此时船舶的横摇角要小于共振时的横摇角。所以要引入船舶的自摇周期与波浪周期不等时的修正系数。另外，若船舶装有舭龙骨，舭龙骨起到增大阻尼的作用，将使横摇角减少，因此引入相关系数加以修正。

根据耐波性理论，横摇角为式(2.4-39)所示：

$$\theta = KMC_2\sqrt{\frac{\pi\alpha_m}{2N}} = KMC_2\sqrt{\frac{\pi^2 K_\theta\delta \times 57.3}{2N}} \tag{2.4-39}$$

式中：α_m——有效波倾角，$\alpha_m = K_\theta\alpha_0$，$\alpha_0 = \pi\delta$，rad；

δ——波陡，m，$\delta = \dfrac{H}{\lambda}$，其中，$H$ 为波高，m，λ 为波长，m；

K_θ——有效波倾角系数；

N——平方横摇阻尼系数；

K——不规则波影响系数，取 0.7；

M——船舶自摇周期与波浪周期不等时的修正系数；

C_2——舭龙骨修正系数。

3)横摇角公式参数选取

①船舶自摇周期 T_θ 计算。

由耐波性理论可得船舶自摇周期 T_θ，见式(2.4-40)：

$$T_\theta = \frac{2.01C'B_s}{\sqrt{h_0}} \tag{2.4-40}$$

式中：C'——惯性系数。

B_s——船宽，m。

h_0——未计及自由液面修正的初稳性高度，m。在通常情况下，内河航道中客货船初稳性高度取 0.2～0.25B_s。

根据上海船舶运输科学研究所内河船模试验资料，惯性系数 C'可表示为：

$$C' = 0.276 + 0.0358\frac{B_s}{d} \tag{2.4-41}$$

将式(2.4-41)代入式(2.4-40)可得：

$$T_\theta = \frac{CB_s}{\sqrt{h_0}} \tag{2.4-42}$$

其中，$C = 0.555 + 0.072\dfrac{B_s}{d}$。

②有效波倾角系数 $K_\theta{}'$。

由耐波性理论可得有效波倾角系数 K'_θ，见式(2.4-43)：

$$K_\theta{}' = \frac{2}{\pi}\frac{\Delta\theta}{\theta}\left(\frac{\theta}{a}\right)_{T_w - T_\theta} \tag{2.4-43}$$

式中：θ——共振横摇角；

$\left(\dfrac{\theta}{a}\right)_{T_w - T_\theta}$——$T_w = T_\theta$ 时横摇角与波倾角之比；

$\Delta\theta$——对应共振横摇角 θ 时的消灭曲线衰减角，$\Delta\theta = A\theta + B\theta^2$，其中 A，B 为阻尼消灭系数。

根据上海船舶运输科学研究所实船资料，得到建议有效倾角系数 K_θ，见式(2.4-44)：

$$K_\theta = 0.186 + 0.23\frac{z_g}{d} \tag{2.4-44}$$

式中：z_g——由基线起算的重心高度。

③波陡 δ。

对于规则波，波长 λ 与波浪统计周期 $\overline{T}_w$ 具有如式(2.4-45)所示的关系：

$$\lambda = 1.56\overline{T}_w^{\,2} \tag{2.4-45}$$

当波长较短时，对于充分发展的波浪，波浪统计周期 $\overline{T}_w$ 与有义波高 $\overline{\xi}_{w\frac{1}{3}}$（有义波高是各种不同波长、波高和陡度的波）的关系见式(2.4-46)：

$$\overline{T}_w = 3.81\sqrt{\overline{\xi}_{w\frac{1}{3}}} \tag{2.4-46}$$

由此可得式(2.4-47)：

$$\sqrt{\delta} = \sqrt{\frac{\overline{\xi}_{w\frac{1}{3}}}{1.56\overline{T}_w^{\,2}}} \tag{2.4-47}$$

④自摇周期与波浪周期不等时的修正系数。

当内河航道中波长较短，而相应船舶共振波长较大时，船舶将不发生共振，其横摇角要小于共振值，因而令修正系数 M 为：

$$M = \frac{\theta}{\theta_{\max}} \tag{2.4-48}$$

式中：θ——对应时 T_θ 的横摇角；

$\theta_{\max}$——对应时 $T_\theta = T_w$ 的横摇角；

根据不规则波中横摇角计算资料统计出 M 值(表 2.4-4)。

表 2.4-4　系数 M 与 T_θ/T_w 的关系

$T_\theta = T_w$	1.0	1.1	1.2	1.3	≥1.4
M	1.0	0.935	0.833	0.714	0.571

⑤阻尼系数 N。

上海船舶运输科学研究所根据大量实船试验核算，得到建议阻尼公式，见式(2.4-49)：

$$N = f + 0.00288\frac{B_s}{d} \tag{2.4-49}$$

式中：f——系数，由表 2.4-5 给出。

表 2.4-5　系数 f 与 T_θ 的对应关系

T_θ	2	3	4	5	5.5
f	0.00863	0.00863	0.00851	0.00794	0.00702
T_θ	6	6.5	7	8	≥9
f	0.00518	0.00299	0.00196	0.00127	0.00115

⑥舭龙骨修正系数 C_2。

舭龙骨面积的百分比值在表列数字之间者，按表 2.4-6 中 C_2 选取。

表 2.4-6　舭龙骨修正系数 C_2

$\frac{A_b}{LB_s}(\%)$	0	1.0	1.5	2.0	2.5	3.0	3.5	≥4
C_2	1.0	0.98	0.95	0.88	0.84	0.82	0.81	0.8

4)不同种类波流限值核算

通过对两组典型船舶横摇角的计算来核算引航道与口门区波高限值。代表船型参数见表 2.4-7。

表 2.4-7　代表船型参数

项目	船型	
	1000 吨级	3000 吨级
船长 L(m)	75	86.8
船宽 B(m)	10.2	16.2
吃水 d(m)	2.6	3.5
船舶重量 m(t)	1435	3962
重心高度(m)	2.6	3.0

在通常情况下,电站泄水或风生波均为短波,而电站日调节与船闸充泄水波为长波。在规则波中,当波浪周期 T_w 等于船舶自摇周期 T_θ 时,船舶与波浪发生共振,此时的横摇角最大。然而当航道波长较短,而船舶的自摇周期较大时,其相应的共振波长大于内河航道实有波长,横摇角将不会达到最大值。

①短波情况。

根据计算,1000 吨级与 3000 吨级船舶自摇周期 T_θ 分别为 5.3s 与 7.1s,波浪统计周期 $\overline{T}_w$ 由式(2.4-46)求得,按照内河 C 级航区取波浪有义波高为 0.5m,计算可得两船横摇角分别为 6.7°、7.2°,满足船舶安全性要求,略超过驾驶人员的舒适性,船上其他人员会感觉到明显不适。因此可认为对于短波情况(电站泄水或风生波),波高限值取 0.5m 是合理的。

②长波情况。

当影响船舶运动的波流主要为长波时,波浪统计周期 $\overline{T}_w$ 与波长 λ 对应关系见表 2.4-8。

表 2.4-8　波浪统计周期 $\overline{T}_w$ 与波长 λ 对应关系表

λ(m)	40	50	60	70	80	100	120	140
$\overline{T}_w$ (s)	5.1	5.7	6.2	6.7	7.1	8.0	8.4	9.5

若水流波长取 λ=40m,相应波浪统计周期 $\overline{T}_w$=5.1s。按照内河 C 级航区取波浪有义波高为 0.5m,可得两船横摇角分别为 11.2°与 7.3°。由此可知,当水流波长为 40m 时,即使

波高限值为 0.5m，1000 吨级船舶仍会剧烈横摇，不满足船舶行驶的安全性要求，而 3000 吨级船舶虽可满足安全性要求，但不满足船上人员舒适性要求。

若水流波长取 $\lambda=80$m，相应波浪统计周期 $\overline{T}_w=7.1$s。同样按照内河 C 级航区取波浪有义波高为 0.5m，可得两船横摇角分别为 11.3°与 11.4°。由此可知，当水流波长为 80m 时，即使波高限值为 0.5m，两种船舶均会剧烈横摇，不满足船舶行驶的安全性要求。

由上述计算可知，对于电站日调节或船闸充泄水等长波工况，不能仅从限制波高来保证其安全性，还要考虑其波长因素。为方便度量电站和船闸运行时船舶进出闸的安全限值，建议电站日调节或船闸充泄水过程中，需要保证 15min 内水位变幅不超过 0.4m。

(9)泄水波方向的影响

根据三维线性频域理论，基于 AQWA-line 分析模块计算船舶水动力传递函数，以分布在 0.4～1.45rad/s 频率范围内的 12 个单位振幅规则波作为激励荷载，得到该船舶摇荡运动频率响应。该响应结果是下一阶段进行谱分析与不规则波时域分析的前提。由现有船舶坐标系可得船舶上行时波浪入射角度为 0°～－180°；下行时波浪入射角度为 0°～180°，计算角度间隔为 30°。

1)横摇运动响应计算结果

横摇运动响应计算结果见图 2.4-6 至图 2.4-8。由图 2.4-6、图 2.4-7 可知，船舶整体横摇运动响应随波浪频率的增大呈递减趋势，由于计算仅限于频域，船舶无航速，仅受艏艉型线不同的影响，上下行船舶横摇运动响应一致，且略有差别。受船舶自身固有横摇特性的影响，波浪频率在 1.2Hz 附近时，船舶受艏艉斜浪(30°，150°)影响较大，单位波浪所引起的横摇幅度会有所增大，之后随波浪频率的增加迅速衰减。

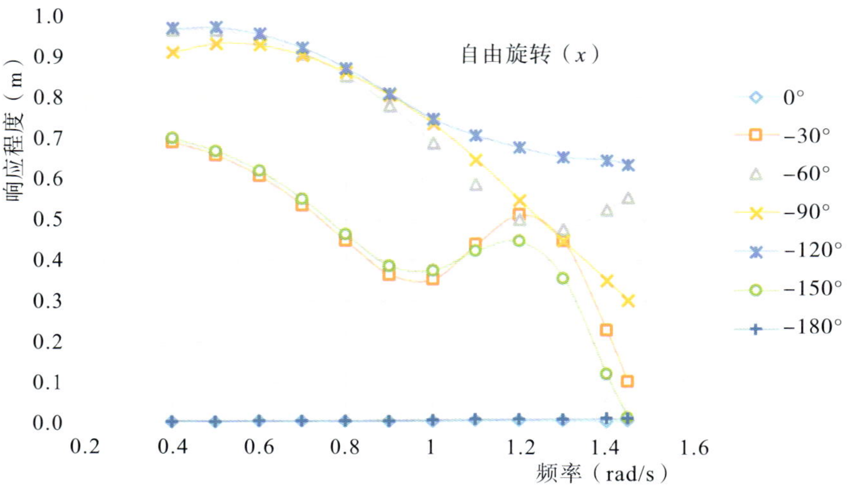

图 2.4-6　上行船舶不同波浪方向横摇响应

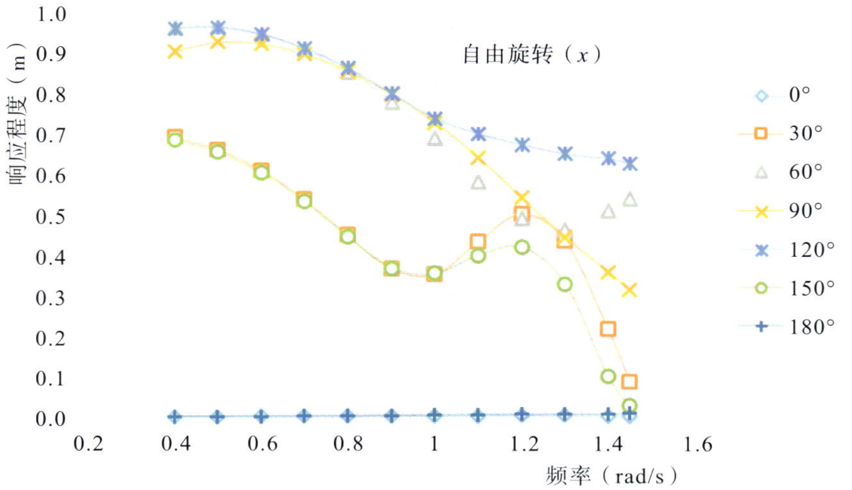

图 2.4-7　下行船舶不同波浪方向横摇响应

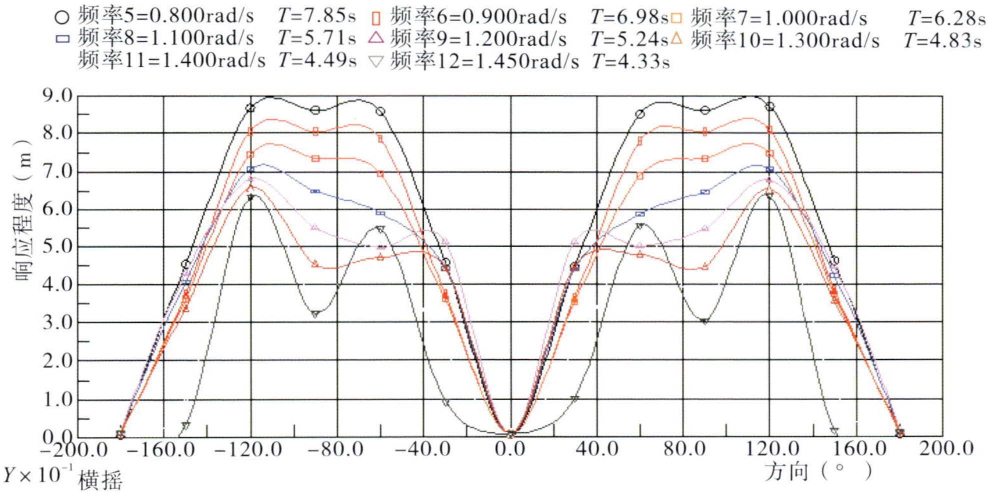

图 2.4-8　不同波浪方向对船舶横摇运动响应的影响

由图 2.4-8 可知，船舶对于低频波浪的运动响应较大。对于横摇运动响应来说，横浪附近最大，相应单位波浪引起的横摇运动幅值较大，随着波浪频率的增大，横摇运动响应有所减小，当波浪频率大于 1Hz 之后，船舶的运动响应在横浪附近存在明显的波谷，表明艏艉斜浪的影响已大于横浪的影响，在实际航行过程中，需要着重注意艏艉斜浪。

2）艏摇运动响应计算结果

艏摇运动响应计算结果见图 2.4-9 至图 2.4-11。由图 2.4-9 至图 2.4-11 可知，艏摇对不同波浪方向的响应差别较显著，波浪方向与船艏成 60°或 120°时对艏摇影响最大，当波浪频率大于 1Hz 之后影响逐渐减小。由于船长远大于波长，船舶在顺浪和逆浪中的艏摇运动响应均较小。

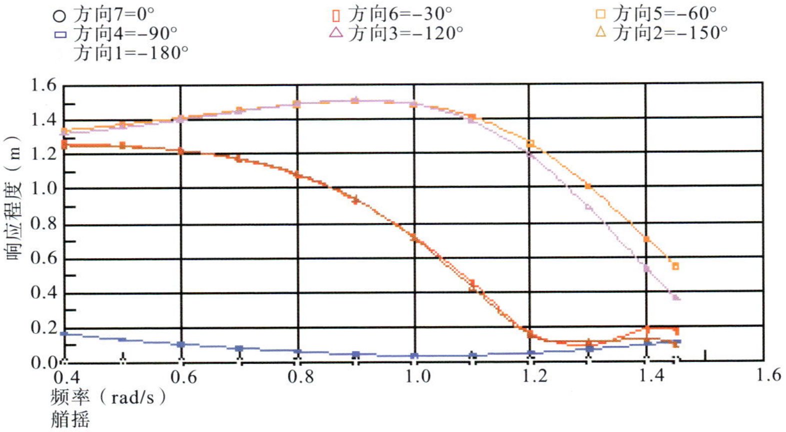

图 2.4-9 上行船舶不同波浪方向艏摇运动响应

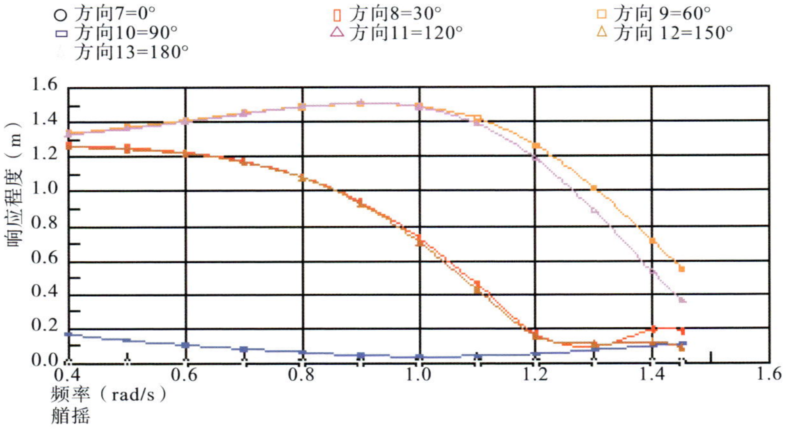

图 2.4-10 下行船舶不同波浪方向艏摇运动响应

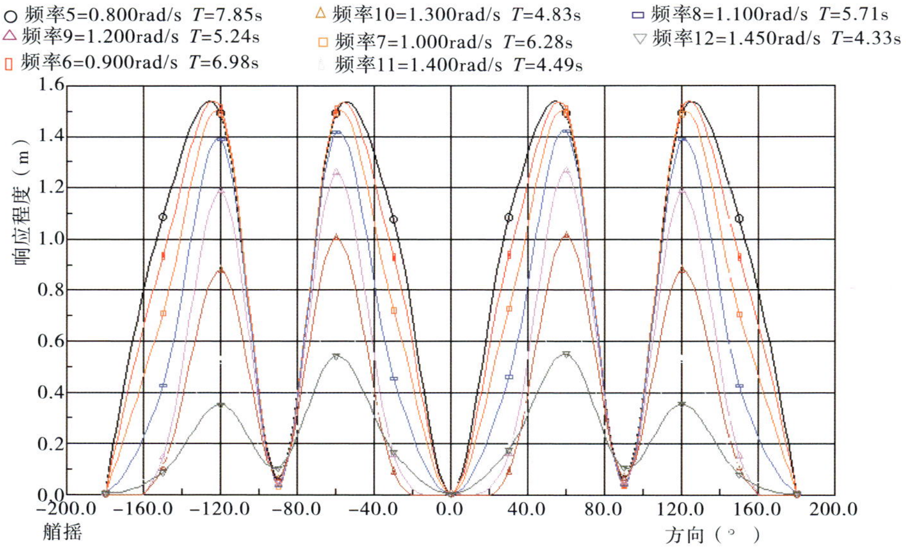

图 2.4-11 不同波浪方向对艏摇运动响应的影响

由图 2.4-11 可知，低频时波浪方向的改变对艏摇影响较大，这种影响随频率的增大而逐步减小；低频时艏艉斜浪与横浪对艏摇的影响基本相当，而随着频率的增大，这种影响出现一定差别，60°附近的斜浪影响明显大于 120°附近斜浪的影响。计算结果表明，在实际航行过程中，需要着重注意艏艉斜浪对艏摇引起的船舶航向的影响。

3)垂荡运动响应计算结果

垂荡运动响应计算结果见图 2.4-12 至图 2.4-14。由图 2.4-12 至图 2.4-14 可知，低频时波浪方向的改变对垂荡运动响应较小，而横浪时船舶垂荡运动最大，随着波浪频率的增加，有先增大后减小的趋势。由图 2.4-14 可知，对于船舶垂荡运动响应来说，波浪方向影响明显，横浪影响最大，顺(逆)浪影响最小，频率的变化对垂荡运动影响较小。结果表明，计算垂荡运动时，需要着重考虑波浪方向影响。

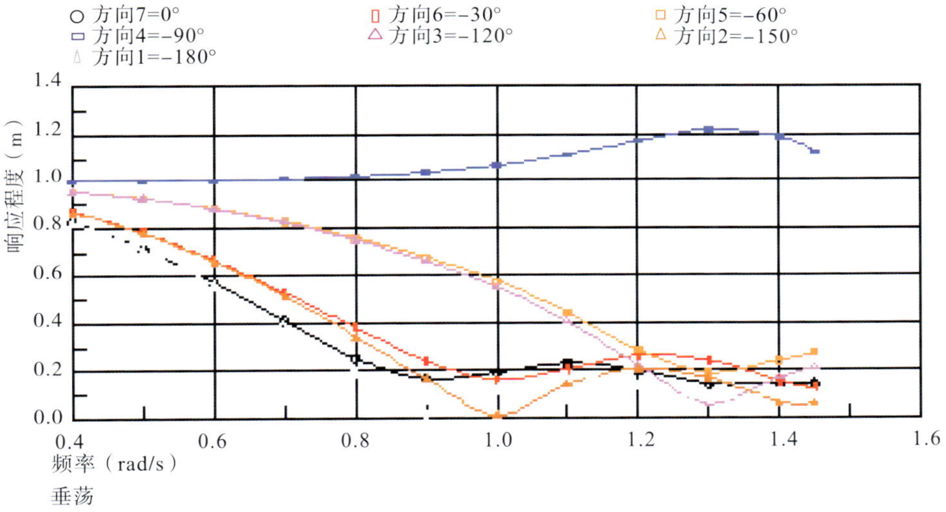

图 2.4-12 上行船舶不同波浪方向垂荡运动响应

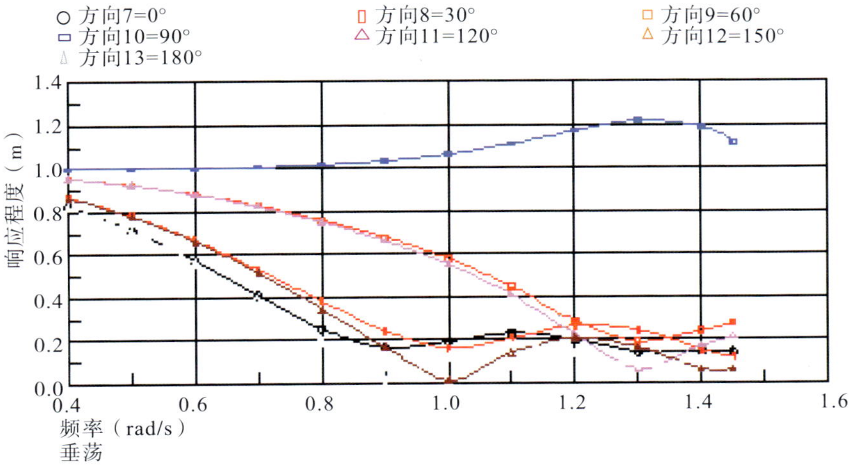

图 2.4-13 下行船舶不同波浪方向垂荡运动响应

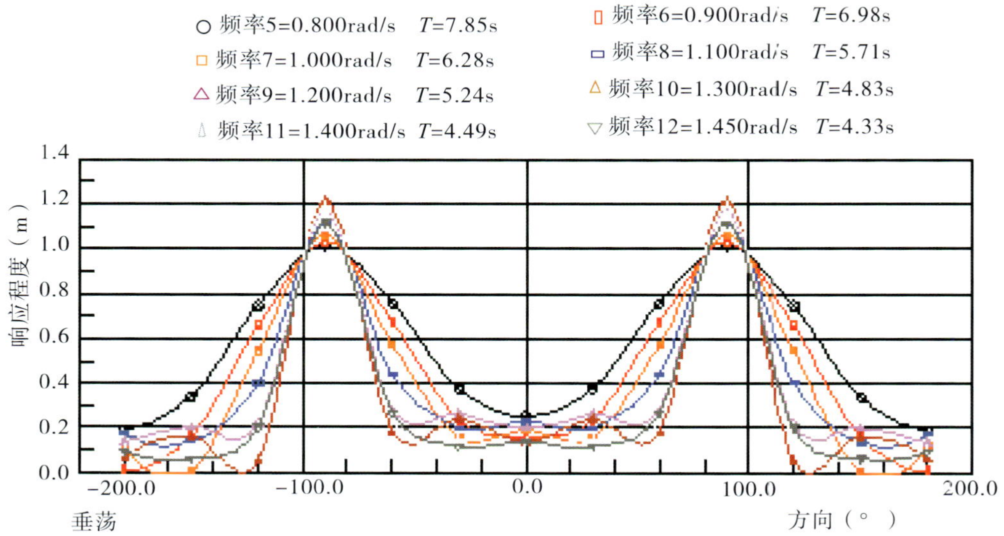

图 2.4-14　不同波浪方向对船舶垂荡运动响应的影响

由上述模拟分析可知，船舶横摇、艏摇以及垂荡这 3 个自由度的运动对波浪方向均较为敏感。当波浪方向与船舶艏艉线垂直时，横摇和垂荡的运动响应相对更加显著，当波浪方向为 60°或 120°时，艏摇的运动响应就会变得更加显著。

2.5　小结

围绕高山峡谷地区通航建筑物通航水流条件及控制标准问题，分别开展了最高通航流量计算方法、口门区及连接段水流条件与波浪限值控制标准等研究。

①根据频率法、保证率法、最大容停天数法和保证率一频率法等对最高通航流量计算的适应性分析，推荐高山峡谷地区通航建筑物的最高通航流量采用保证率法确定，建议多年历时保证率取 99%。

②上游引航道口门区及连接段的纵、横向流速限值基本维持现行规范不变，横向流速连接段可放宽至 0.37m/s，当回流长度小于 1/2 船长时，回流流速限值可提高至 0.6m/s。

③下游引航道口门区及连接段纵向流速限值可提高至 2.5m/s，横向流速限值提高至 0.35m/s，连接段可放宽至 0.37m/s，当回流长度小于 1/2 船长时，回流流速限值可提高至 0.6m/s。

④对于风生波，当出现蒲氏 4 级以上大风时，过闸船舶应就近寻找停泊区泊靠避风；电站泄水波允许波高限值为 0.5m；电站日调节或船闸充泄水引起的长波不仅要限制波高，还要考虑波长因素。

参考文献

[1] 中华人民共和国交通运输部. 船闸总体设计规范:JTJ 305—2001[S]. 北京:人民交通出版社,2001.

[2] 中华人民共和国交通运输部. 船闸输水系统设计规范:JTJ 306—2001 [S]. 北京:人民交通出版社,2001.

[3] 中华人民共和国住房和城乡建设部,中华人民共和国国家质量监督检验检疫总局. 内河通航标准:GB 50139—2004 [S]. 北京:人民交通出版社,2001.

[4] 中华人民共和国交通运输部. 内河航道与港口水文规范:JTJ 214—2000[S]. 北京:人民交通出版社,2000.

[5] 龚德成,白成亮,杨世胜. 通航建筑物口门区及连接段通航水流条件探讨[J]. 中国水运(学术版). 2007(1):31-32.

[6] 魏志刚. 长江三峡(初期运用期)——葛洲坝水利枢纽枯季下泄流量对长江中游航道的影响分析[C]//三峡工程建成后对长江中游的影响——2007 中国科协年会分论坛之十论文集,2007.

[7] 黄建九. 葛洲坝枢纽大江航道范围的确定与认识[J]. 水运工程,1991(8):36-38.

[8] 陈有国. 葛洲坝三江航道船舶安全航行条件综合谈[J]. 水运工程,1990(10):34-36.

[9] 中华人民共和国交通运输部. 内河航道与港口水流泥沙模拟技术规程:JTJ/T 232—1998[S]. 北京:人民交通出版社,1998.

[10] 胡旭跃,李彪,徐立君. 水利枢纽通航水流条件研究综述[J]. 水运工程,2005(11):65-70.

[11] 周华兴,郑宝友. 船闸引航道口门区通航水流条件改善措施[J]. 水道港口,2002(2):81-86.

[12] 朱冬健,马宁,顾解忡,等. 波浪中船舶操纵横摇预报及舵效影响分析[J]. 中国造船,2015,56(S1):146-154.

[13] 洪碧光,高孝日,李强,等. 港内船舶低速航行时的舵效[J]. 大连海事大学学报,2010,36(2):6-10.

[14] 刘元丰,唐兴莉. 基于模糊综合评判方法的船舶航行安全评价[J]. 重庆交通学院学报,2004(3):123-126.

[15] 丁勇,闵美松,赵晓东,等. 随浪中船舶舵效损失试验研究[J]. 中国造船,1997(3):23-27.

[16] 许慧,李国斌,尚倩倩,等. 淹没丁坝群二维水流数值模拟新方法[J]. 水科学进展,2014,25(3):407-413.

[17] 肖立敏,孙林云,孙波,等.天津港大港港区口门布置优化水流条件[J].中国港湾建设,2014(11):38-41.

[18] 窦国仁.明渠和管道中层流和紊流的总规律[J].中国科学,1982(5):472-480.

[19] 窦国仁.全沙河工模型试验的研究[J].科学通报,1979(14):659-663.

[20] 谢葆玲.长江三峡水库对变动回水区河段的再造床问题[J].水利学报,1994(4):50-54,11.

[21] 程天金,谢葆玲.单边突扩浅水回流水流结构研究[J].水动力学研究与进展(A辑),1992(4):396-402.

[22] 谢葆玲,明宗富,黄金堂,等.回流附近的水流结构及回流淤积的试验研究[J].泥沙研究,1989(3):10-20.

[23] 陈景梁,付国岩,赵克玉.浑水水库排沙的数学模型及物理模型试验研究[J].泥沙研究,1988(1):77-86.

[24] 刘超,张世宝,张金明,等.沥口枢纽上游口门区通航水流条件试验研究[J].水运工程,2019(4):141-146.

[25] 谭先泽,郝岭,吴文凤.山区河流船闸引航道布置形式[J].水运工程,2006(4):69-72.

[26] 曹民雄,马爱兴,王秀红,等.内河航道横流对船舶航行的影响[J].交通运输工程学报,2008(1):61-67.

[27] 聂军,杨素军,范余明,等.自航船模直流电机遥控遥测系统研究[J].船舶,2008(1):28-31.

[28] 郑宝友,戈龙仔,周华兴.对《船闸总体设计规范》中引航道布置及尺度的讨论[J].水利水运工程学报,2012(4):44-48.

[29] 郑宝友,周华兴,孟祥玮,等.船闸口门区水流结构与连接段航道范围的探讨[J].水道港口,2008(3):199-204.

[30] 李一兵,江诗群,李富萍.船闸引航道口门外连接段通航水流条件标准[J].水道港口,2004(4):179-184.

[31] 张幸农,陈长英,刘慧.论感潮河段航运工程水文标准分界与衔接[J].水科学进展,2015,26(5):707-713.

[32] 谭艺.《航道整治工程技术规范》(JTJ 312—2003)简介[J].水运工程,2004(10):119-120.

[33] 卢文蕾,陈作强.通航建筑物口门区及连接段通航水流条件研究[J].西南公路,2008(3):69-75.

[34] 周勤,尹崇清.山区河流船闸引航道连接段通航水流条件标准[J].水运工程,2007

(12):77-79,102.

[35] 尹崇清,刘世伟,刘洋,等.嘉陵江苍溪航电枢纽通航水力学试验研究[J].重庆交通大学学报(自然科学版),2013,32(5):1022-1026,1030.

[36] 卢文蕾,陈作强.通航建筑物口门区及连接段通航水流条件研究[J].西南公路,2008(3):69-75.

[37] 杨宇,余之光,韩昌海,等.分散式布置枢纽引航道口门区水流条件优化措施[J].水运工程,2016(12):95-100,112.

[38] 叶玉康,刘晓平,张宇,等.弯曲河段船闸口门区通航水流条件探讨[J].长江科学院院报,2017,34(6):72-75,87.

[39] 杨本新.枢纽通航建筑物最大通航流量设计标准探讨[J].人民长江,2004(10):24-26,60.

[40] 唐存本,贡炳生,张贤明.山区天然河流设计最高通航水位确定方法的探讨[J].水运工程,2007(4):66-69.

[41] 郝岭,谭先泽,吴文凤.山区河流船闸设计最高通航水位研究[J].水运工程,2005(4):52-55.

[42] 李靖.以洪水频率确定山区河流船闸最高通航水位的方法探讨[J].低碳世界,2016(19):125.

[43] 米哈依洛夫.船闸[M].华东水利学院,等译.上海:上海科学技术出版社,1957.

[44] 周华兴,郑宝友,李金合.船闸引航道口门区水流条件限值的探讨[J].水运工程,2002(1):38-42.

[45] 涂启明.船闸总体设计中的通航水流条件[J].水运工程,1985(10):19-21.

[46] 周华兴,郑宝友.再论《船闸引航道口门区水流条件限值的探讨》[J].水运工程,2005(8):49-52.

[47] 李一兵,江诗群,李富萍.船闸引航道口门外连接段通航水流条件标准[J].水道港口,2004,25(4):179-184.

[48] 张文斌,姚震球,蒋志勇.船舶稳性理论研究的方法及进展[J].华东船舶工业学院学报(自然科学版),2002(1):7-11.

[49] 於健.船舶在波浪中航行时的安全操纵[J].中国航海,2006(1):46-48.

[50] 李一兵.内河船舶航行阻力计算方法讨论[J].水道港口,2002(1):7-11.

[51] 闵朝斌.关于内河设计最高通航水位的标准和计算方法的研究[J].水运工程,2004(7):52-55.

[52] 李国斌,韩信,傅津先.非淹没丁坝下游回流长度及最大回流宽度研究[J].泥沙研

究,2001(3):68-73.

[53] 付国岩,丁利民. 一侧突扩高含沙水流试验研究[J]. 西北水资源与水工程,1995,6(1):55-59.

[54] 陈永奎. 斜流效应的分析计算[J]. 长江科学院院报,1996,13(3):1-5.

第 3 章　高水头衬砌式船闸设计与研究

3.1　衬砌式船闸结构布置

3.1.1　结构形式及其选择

按岩坡的条件和结构的构成情况，闸首和闸室的形式通常可分为：主要依靠岩坡维持稳定的薄壁衬砌式，靠自重与岩坡共同维持稳定的重力衬砌式，上部重力式与下部衬砌式结合的混合式 3 种形式。

3.1.1.1　薄壁衬砌式

当船闸两侧岩体坚硬、完整，岩槽可直立开挖时，衬砌墙可采用薄壁衬砌式，衬砌结构主要靠与岩体联合受力保持稳定，结构的底部宽度较小，结构断面较薄。

对水头较小、基岩完整性较好，且基础透水性小的船闸，衬砌墙可采用透水式。对水头较高的船闸，衬砌墙通常采用不透水式；为保证结构安全，墙后需要设置可靠的排水系统和锚固体系。

3.1.1.2　重力衬砌式

当船闸两侧可利用岩体较坚硬，但不能满足与结构联合受力的条件，或岩石质地松软、裂隙发育，岩槽开挖边坡较缓时，衬砌墙宜采用重力式，靠自重满足稳定要求，底部宽度和断面面积较大。

3.1.1.3　混合式

当船闸两侧可利用的岩体顶面高程，位于墙顶和基础面之间，在可利用岩石顶面以下衬砌墙可采用薄壁衬砌式或重力衬砌式、岩石顶面以上可采用重力式、扶壁式或空箱等结构。

以上 3 种闸墙结构的工作特点及适用条件见表 3.1-1。

衬砌式船闸根据结构受力状态的不同，可分为整体式和分离式。

整体式船闸闸首边墙、闸室边墙与底板之间不设永久结构缝，整体受力。当边墙和底板自身不能满足稳定要求，闸门对变形的要求较高时，可采用整体式结构，整体式船闸结构稳定性好、边墙不均匀变形小，闸门的工作条件较好。但整体式结构的受力条件复杂，受闸墙的影响，底板拉应力比较大、钢筋用量高，施工期温控要求高、施工难度大。

表 3.1-1　　衬砌式船闸结构工作特点及适用条件表

闸墙形式	结构工作特点	适用条件	备注
薄壁衬砌式	利用基岩与结构共同受力，结构轻巧，混凝土工程量省；对基岩条件要求较高，需要利用锚杆维持结构与岩体间联合受力，需要在结合面上设置排水系统，施工难度较大	岩体坚硬、完整，岩槽开挖深度较大，基本上为直立开挖	水头不高时两者结合面上可不设排水系统，甚至采用透水式闸墙
重力衬砌式	结构简单，施工方便，钢筋用量相对薄壁衬砌式结构节省，结构自身具有较好的抗倾覆能力；混凝土工程量相对薄壁衬砌式结构大	闸墙两侧可利用岩体较坚硬，但不能满足与结构联合受力	两侧边坡的坡度按结构和边坡的稳定要求确定
混合式	下部为薄壁或重力衬砌式、上部为重力式或其他结构，同时具有衬砌式和重力式或其他结构的特点	闸墙两侧可利用岩体顶面处于墙顶和墙底之间时考虑采用	上部闸墙也可采用轻型结构

分离式船闸闸首边墙、闸室边墙与底板之间设永久结构缝，分开受力。当边墙和底板通过工程措施能满足稳定要求，其变形不影响闸门等设备的正常工作时，可采用分离式结构。分离式结构受力明确，施工相对简单。

3.1.1.4　结构形式选择

（1）闸首

衬砌式船闸的闸首结构形式大多数可采用分离式。闸首边墙根据出露的可利用基岩面的高程位置，采用重力衬砌式结构或混合式结构。

（2）闸室

衬砌式船闸的闸室，通常为分离式结构。两侧闸墙根据闸室部位出露的可利用基岩面的高程位置，采用薄壁衬砌式结构、重力衬砌式或混合式结构。分离式结构是衬砌式船闸闸室的主要特点之一。

3.1.2　布置要求

3.1.2.1　明挖衬砌式船闸

明挖衬砌式船闸结构布置与船闸的地质条件和基础岩石的性质有十分密切的关系。参照《水利水电工程地质勘察规范》(GB 50487—2008)、《岩土工程勘察规范》(GB 50021—2001)的规定，岩石坚硬程度及完整程度可按表 3.1-2 至表 3.1-4 确定。

表 3.1-2　　岩石坚硬程度分类

坚硬程度	坚硬岩	较硬岩	较软岩	软岩	极软岩	
饱和单轴抗压强度(MPa)	$f_{rk}>60$		$60\geqslant f_{rk}>30$	$30\geqslant f_{rk}>15$	$15\geqslant f_{rk}>5$	$f_{rk}\leqslant 5$

注：1. 当无法取得饱和单轴抗压强度数据时，可用点荷载试验强度换算，换算方法按《工程岩体分级标准》(GB 50218—2014)执行；

2. 当岩体完整程度为极破碎时，可不进行坚硬程度分类。

表 3.1-3　　岩石坚硬程度等级的定性分类

坚硬程度等级		定性鉴定	代表性岩石
硬质岩	坚硬岩	锤击声清脆，有回弹，震手，难击碎，基本无吸水反应	未风化—微风化的花岗岩、闪长岩、辉绿岩、玄武岩、安山岩、片麻岩、石英岩、石英砂岩、硅质砾岩、硅质石灰岩等
	较硬岩	锤击声较清脆，有轻微回弹，稍震手，较难击碎，有轻微吸水反应	微风化的坚硬岩，未风化—微风化的大理岩、板岩、石灰岩、白云岩、钙质砂岩等
软质岩	较软岩	锤击声不清脆，无回弹，较易击碎，浸水后指甲可刻出印痕	中等风化—强风化的坚硬岩或较硬岩，未风化—微风化的凝灰岩、千枚岩、泥灰岩、砂质泥岩等
	软岩	锤击声哑，无回弹，有凹痕，易击碎，浸水后手可掰开	强风化的坚硬岩或较硬岩，中等风化—强风化的较软岩，未风化—微风化的页岩、泥岩、泥质砂岩等
极软岩		锤击声哑，无回弹，有较深凹痕，手可捏碎，浸水后可捏成团	全风化的各种岩石；各种半成岩

表 3.1-4　　岩体完整程度分类

完整程度	完整	较完整	较破碎	破碎	极破碎
完整性指数	>0.75	0.75～0.55	0.55～0.35	0.35～0.15	<0.15

注：1. 完整性指数为岩体压缩波速度与岩块压缩波速度之比的平方，选定岩体和岩块测定波速时，应注意其代表性。

2. 重力衬砌式闸墙对岩石的要求相对较低，当基岩为硬质岩或较完整的较软岩、边坡开挖坡比不缓于 1∶0.5 时，可采用该形式。

3. 薄壁衬砌式闸墙对岩石的要求相对较高，当基岩为较完整的硬质岩、与闸墙共同受力的岩体基本上可直立开挖时，应考虑采用该形式。

(1)闸首

船闸闸首结构一般由门前段、门龛段和支持墙段 3 个部分组成。在初步拟定闸首的尺度时，一般应先根据输水系统的水力条件、工作闸门、输水阀门和检修闸门及启闭机械的运行要求进行布置，然后进行稳定和强度验算，布置时应注意以下几个方面：

①闸首长度需要满足闸门、阀门、输水廊道布置和结构的受力要求。输水廊道的工作阀门、检修闸门及其机械设备、电气设备等应尽可能集中布置在闸首范围内，尽量减少不能作为闸室有效长度利用的检修门和工作门段的布置长度。当按照布置要求确定的闸首尺度，不能满足整体稳定和基底应力要求时，应优先考虑延长闸门支持墙段的长度。

②闸首闸墙顶部宽度需要满足阀门及其启闭机械布置、检修交通和闸面管理工作的需要。闸墙底部宽度，主要根据输水廊道布置和结构受力要求确定。应设置必要的锚杆支护系统，保证两侧岩体的稳定，保证衬砌结构与岩体能联合受力。闸首闸墙与岩体接触面应布置可靠的排水系统，使接触面上的渗水尽可能不形成高的渗压作用。

③闸首平面顺流向布置长度示意图见图 3.1-1。

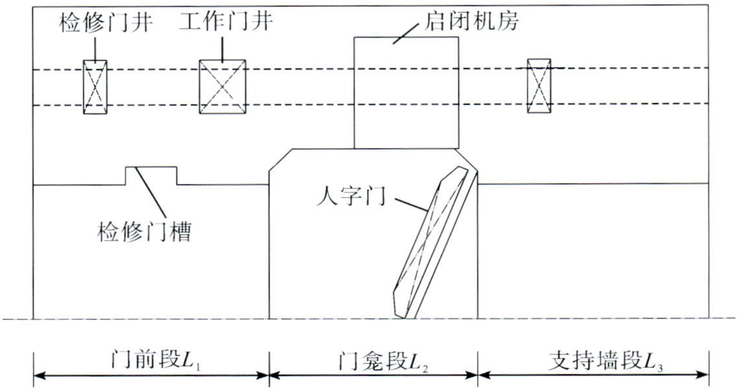

图 3.1-1 闸首平面顺流向布置长度示意图

a. 门前段长度 L_1，即上闸首与引航道的连接段或下闸首与闸室的连接段，上闸首门前段的结构长度应根据检修门尺度、门槽构造和检修要求确定。

上闸首门前段长度 L_1 有 3 个部分，即检修门前段长度 L_{1-1}、检修门槽长度 L_{1-2} 和检修门后段长度 L_{1-3}。

检修门前段长度 L_{1-1} 一般可取 0.5～1.0m，当该段设有水位计井和检修门布置有单独的启闭设备时，检修门前段长度 L_{1-1} 还应满足启闭设备及水位计井的布置要求。

检修门槽长度 L_{1-2} 主要取决于检修门的宽度和挡水高度，可按式(3.1-1)和式(3.1-2)估算：

$$L_{1-2}=\left(\frac{1}{6}\sim\frac{1}{8}\right)B_K \tag{3.1-1}$$

$$L_{1-2}=0.035H\sqrt{B_K} \tag{3.1-2}$$

式中：L_{1-2}——检修门槽长度，m；

B_K——航槽宽度，m；

H——检修门挡水高度，m。

检修门后段长度 L_{1-3} 即为支撑检修门的结构尺度，需要满足检修门支撑段结构强度及裂缝限制的要求，通过结构计算确定，中小型船闸一般可采用1.5～2.0m。对于高水头大型船闸，其支承结构的尺度相应较大，如三峡船闸第一闸首事故检修门最大门推力达6500kN，其门后段长度需6.4m。

对于工作门采用人字闸门或平板门的闸首，门前段长度 L_1 还可按式(3.1-3)估算：

$$L_1 = (2.0 \sim 3.5) + C_1 \tag{3.1-3}$$

式中：L_1——门前段长度，m；

C_1——检修门槽宽度，m。

对于工作门采用横拉门的闸首，应考虑输水廊道进口的布置。门前段长度 L_1 可按式(3.1-4)估算：

$$L_1 = (1.5 \sim 2.5) + C_1 + b \tag{3.1-4}$$

式中：L_1——门前段长度，m；

C_1——检修门槽宽度，m；

b——廊道进口隧洞断面宽度，m。

下闸首及多级船闸中间闸首的门前段长度 L_1 较短，一般可根据设备布置要求取0.5～4.0m。

b. 门龛段长度 L_2，即为工作门开启时所对应的结构段，其长度应根据工作门的形式和尺度确定。

人字闸门门龛段长度 L_2 可按式(3.1-5)计算：

$$L_2 = (1.1 \sim 1.2)\frac{B_K + d}{\cos\theta} \tag{3.1-5}$$

式中：L_2——门龛段长度，m；

B_K——航槽宽度，m；

d——门龛深度，m，初步布置可取 $(0.1 \sim 0.15)B_K$；

θ——人字闸门的布置角度，一般取 $20° \sim 22.5°$。

人字闸门门龛段长度 L_2，通常为门扇长度的1.1～1.5倍；门龛深度 d 通常为人字闸门厚度的1.3～1.5倍，在特殊情况下可进一步增加至1.8倍。

平板门门龛段长度 L_2 可按式(3.1-6)计算：

$$L_2 = \left(\frac{1}{6} \sim \frac{1}{8}\right)B_K \tag{3.1-6}$$

横拉门门龛段长度 L_2 可按式(3.1-7)计算：

$$L_2 = \left(\frac{1}{4} \sim \frac{1}{7}\right)B_K \tag{3.1-7}$$

三角门门龛段长度 L_2 可按式(3.1-8)计算：

$$L_2 = (0.5 \sim 0.7)B_K \tag{3.1-8}$$

弧形门门龛段长度 L_2 可按式(3.1-9)计算：

$$L_2 = 1.5h \tag{3.1-9}$$

式中：L_2——门龛段长度，m；

h——闸首门槛最小水深，m。

c. 支持墙段长度 L_3，即承受闸门推力的结构段。其长度主要取决于支持墙的强度和稳定条件；当闸首边墙布置有输水廊道时，还需要满足输水廊道布置的要求。

上闸首支持墙段长度 L_3 可按式(3.1-10)计算：

$$L_3 = \left(\frac{1}{3} \sim 1.2\right) H \tag{3.1-10}$$

式中：L_3——支持墙段长度，m；

H——闸首边墙在底板以上的自由高度，m。

当支持墙段布置有输水廊道出口时，其长度还需要满足输水廊道布置要求。

下闸首支持墙段布置有下游检修门，其长度还应满足检修门的布置要求，其中检修门槽段长度按式(3.1-1)和式(3.1-2)计算，一般为1.5～2.0m；检修门门后段长度一般为0.5～1.0m。

④闸首的宽度。

闸首总宽度等于闸首航槽的宽度和两侧边墙的厚度之和。在一般情况下，两侧边墙的布置是对称的，但也有不对称的布置。边墙的厚度主要取决于门龛深度，输水廊道的断面尺寸、布置方式及闸门、阀门启闭机械的布置，同时还应满足强度和稳定的要求。

a. 闸墙下部宽度。

闸墙下部宽度，一般按结构受力条件和输水廊道的布置确定。高水头船闸，闸墙下部宽度通常由结构受力要求控制，需要根据闸首结构形式，通过稳定、强度和变形验算确定。当闸首采用重力衬砌式时，闸墙底部宽度一般较大，通常不考虑墙后锚杆作用，闸墙宽度按衬砌结构能够维持自身稳定的要求控制。

b. 闸墙顶部宽度。

闸墙顶部宽度应根据启闭机械、机房、交通要求和其他设备的布置、管理、维修所需的场地等因素确定，闸墙顶部可根据布置要求加宽。

⑤闸首底板厚度。

当衬砌式船闸闸首采用整体式结构时，底板厚度应根据强度和构造要求确定，一般可取0.16～0.25倍的闸墙自由高度；当底板内设有输水廊道时，其厚度还应满足廊道布置的要求。当衬砌式船闸闸首采用分离式结构时，底板厚度通常由满足抗浮稳定要求确定。为控制底板厚度，底板自重不能满足抗浮稳定要求时，可采取加设抗浮锚杆或在底板下设纵横排水系统等方法解决。

⑥结构分缝。

闸首结构尺度较大，且轮廓形状和受力状态比较复杂，为防止温度收缩和地基不均匀沉降等变形导致结构裂缝，同时为改善结构突变部位的应力状态，需要对闸首结构进行合理分缝。闸首分缝位置一般应选择在基础性质和结构工作条件、外形、重量有较大变化的位置，分缝间距主要取决于基础性质、浇筑能力及温控要求，岩基上的闸首分缝间距一般不宜超过 20m。

闸首分缝包括永久缝和临时缝两大类。闸首边墙一般不设横缝，但当边墙纵向长度较大时，为控制混凝土施工的仓面面积，减小温度应力，可在边墙内增设横缝。边墙横缝不应设在闸门支持墙段，一般设在门龛段。当分缝后的各结构块能独立满足稳定和强度要求时，横缝应采用永久缝，缝面一般为垂直贯通平面，缝宽可采用 1～2cm，在缝周设止水。当闸首承受的结构荷载很大，分缝后的各结构块不能独立满足稳定和强度要求时，横缝为临时施工缝。临时施工缝有宽槽缝和键槽缝两种典型形式，闸首底板一般采用宽槽缝，边墙通常采用键槽缝。压剪型临时缝只需要在施工后期选择有利温度进行宽槽回填或接缝灌浆即可。对于有受拉或受弯要求的临时缝，则需要布设过缝钢筋并在缝周设止水。通常可在缝周设置浅槽，利用浅槽布置过缝钢筋的接头，过缝钢筋连接后再进行浅槽回填。浅槽槽宽应满足过缝钢筋接头错开布置的要求，一般可采用 1.0～1.5m，槽深根据过缝钢筋的排数确定，但不宜小于 20cm。过缝钢筋的连接，以往一般采用焊接接头，焊接时的局部高温，会在接头处产生很大的焊接应力，还容易烧伤混凝土，焊接时需要采取降温措施，施工效率低。近年来，随着钢筋机械连接技术的发展，机械连接接头施工速度快、不产生附加应力，在过缝钢筋的连接上有其独特的优势，宜优先采用。

(2)闸室

闸室布置应满足以下要求：

1)闸室结构长度

闸室结构长度，对分散输水系统，按闸室有效长度扣除上、下闸首可利用的长度确定。闸墙顶部宽度需要满足管线廊道布置、船闸运行管理的需要。

2)闸室结构基本断面尺寸

闸室结构基本断面尺寸，主要取决于闸室结构受力和设备布置的要求。在结构布置阶段，可参考已建同类工程拟定，再通过结构稳定、强度计算确定。

衬砌式船闸的 3 种结构形式，供参考的结构轮廓尺度见图 3.1-2 和表 3.1-5。

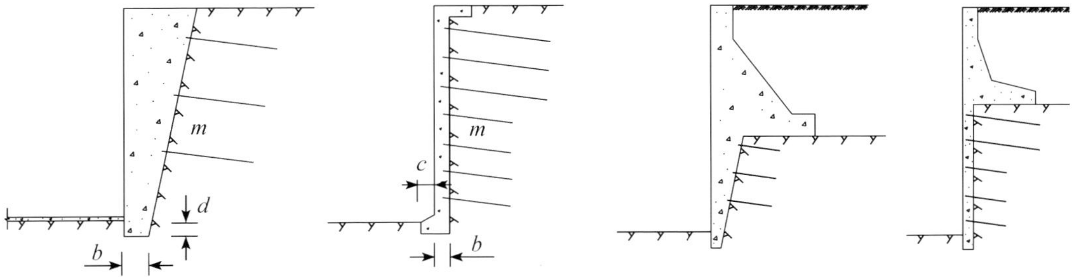

(a)重力衬砌式　(b)薄壁衬砌式　(c)混合式

图 3.1-2　衬砌式船闸闸室墙断面尺寸示意图

表 3.1-5 衬砌式船闸闸室墙断面尺寸参考表

形式	b(m)	c(m)	d(m)	m
重力衬砌式	1.5～2.0		≥0.4	1∶(0.05～0.5)
薄壁衬砌式	0.8～1.5	1.0	≥0.4	接近垂直开挖

注:混合式结构尺度参照重力式和衬砌式。

闸墙采用薄壁衬砌式,闸墙厚度一般为 0.8～2.0m。闸墙采用重力衬砌式,墙内布置输水廊道时,闸墙底部宽度需要满足输水廊道布置和结构受力要求,同时闸墙宽度需要满足系船柱、爬梯等附属设施布置的要求。

3)衬砌墙与岩体间

为保证衬砌墙与岩体联合受力,衬砌墙与岩体之间,应设置可靠的锚固系统,以保证两者间的联合工作。结构锚杆通过计算,按照上稀下密的形式进行布置,根据结合面的受力要求和锚杆直径、材质,锚杆的间距一般为 1.3～3.0m。为使锚杆更好地适应衬砌墙的温度变形,在接触面的岩体内,锚杆需要设置一定长度的自由段。衬砌墙的墙背设置竖向和纵向相互连通的排水系统。

4)闸室结构的分缝

为适应沉降、温度收缩等变形,需要对闸室结构进行分缝。闸室结构缝有永久结构缝和临时施工缝两大类。永久结构缝又分纵缝、横缝和水平缝 3 种。

衬砌式船闸的闸墙结构与底板间,通常在距闸墙迎水面 1～2m 的位置,设一条纵缝。闸墙结构横向分缝的间距,主要根据基础条件、混凝土浇筑强度、温控要求、闸墙结构轮廓沿闸室纵向变化的情况,以及输水系统布置等因素确定。闸墙的分缝间距一般为 12～18m,闸室底板横缝的间距通常与闸墙一致。但在输水系统分流口,可在采取足够的温控措施后适当加大。

当衬砌式船闸的闸墙高度大于横缝距离的 2 倍时,闸墙考虑设置水平缝。对下部为薄壁衬砌式结构的混合式闸墙,通常在衬砌墙与重力墙之间设水平缝分开,以改善重力墙的稳定条件和降低衬砌墙的锚固力。但当下部衬砌墙高度较小、墙体宽度较大时,在下部衬砌墙与上部重力墙的连接处,可不再设置水平缝。

衬砌式船闸的闸室较少采用临时施工缝,在跨度较大的衬砌式船闸的闸室底板,为减小温度应力,可采用键槽缝或宽槽缝。

5)闸室结构的止水

所有结构缝都应设置止水片,止水片可根据船闸的不同等级、水头大小,设置两道紫铜止水片,或一道紫铜止水片、一道塑料止水片或一道紫铜止水片。船闸结构缝,往往是船闸防渗系统的薄弱环节,特别是水平止水片下面的混凝土振捣时排气比较困难,很容易在止水片下面出现由局部不密实混凝土形成的渗漏通道。因此,在止水系统设计时,应考虑止水片横断面的形状便于混凝土振捣时的排气和对止水渗漏进行处理,如将标准的止水片断面,加工成两翼略为上翘的异形断面并将止水系统进行分区，在两道止水之间设置检查槽，在船闸进水之前进行压水检查，对有渗漏的分区，利用止水检查槽灌注遇水膨胀材料进行封堵或在结构缝缝面，嵌填塑性止水材料和粘贴防渗盖片等。

3.1.2.2 地下式船闸

(1)国内大型地下洞室

目前，国内大型地下洞室建设以一大批水利水电工程地下电站为代表，在大型地下电站的勘测、设计、施工及运行和科研工作方面积累了丰富的经验。国内部分跨度在 30m 以上的大型地下厂房主要参数见表 3.1-6。

根据我国大型地下电站的建设经验，围岩地质条件对工程安全、施工进度和工程投资影响较大，地下洞室应尽可能布置在区域地质稳定、岩体坚硬和比较完整的地段，围岩的类别不低于Ⅱ类和Ⅲ类。

地下洞室纵轴线的选择，在满足建筑物布置的基础上应重点考虑围岩岩体主要结构面产状和地应力(大小与方向)两大因素。在低地应力区，应以考虑岩体结构条件为主；在高地应力区，应以考虑地应力因素为主。

地下洞室顶部以上或傍山洞室边坡一侧的岩体厚度，应根据岩体完整性程度、风化程度、地应力大小、地下水活动情况、洞室规模及施工条件等因素综合分析确定。若覆盖岩层太薄，顶部构造弱面的切割而不利于自承拱的形成。根据我国已建大中型地下厂房的经验，洞室顶部岩体厚度一般不小于洞室开挖跨度的 2 倍，同时也要注意使顶拱位置距上部规模较大、胶结较差的断层、软弱夹层之间的距离尽可能满足要求。

表 3.1-7 为不同围岩类别上覆岩体最小厚度参考值。

(2)布置基本要求

地下式船闸布置不仅要满足通航建筑物功能，同时需要结合地下洞室的特点进行考虑。在满足地下洞室布置要求的同时，还要满足船舶过闸运行的总体布置，具有良好的运行管理条件。

1)工程地质条件

地下式船闸主体段布置在山体内，洞室的轮廓尺度较大，围岩地质条件对工程安全、施工进度和工程投资影响较大，主体建筑物位置应布置在地质构造简单、岩体完整坚硬、地下水微弱以及山坡稳定的地段，避开较大断层、节理裂隙发育区、破碎带以及高地应力区；不宜布置在背斜和向斜的轴部，当无法避开时，应使洞室的纵轴线与褶曲的纵轴线呈较大的夹角；船闸洞口位置应避开风化严重或有较大断层通过的高陡边坡地带。

表 3.1-6　国内部分跨度在 30m 以上的大型地下厂房主要参数统计

序号	工程名称	河流	竣工时间(年)	装机容量(万 kW)	岩性	埋深(m)	变形模量(GPa)	地应力(MPa)	主厂房尺度(长×宽×高,m×m×m)	高宽比	主厂房位移
1	二滩	雅砻江	2000	330	正长岩、辉长岩	200～400	30	18～26	280×30.7×65.4	2.13	数值:边墙 3.18cm
2	龙滩	红水河	2005	630	砂岩、粉砂岩、泥板岩，Ⅱ类、Ⅲ类围岩	120～240	5～20	5.8～10.5	398.5×30.7×74.5	2.42	监测:边墙 4.14cm
3	彭水	乌江	2009	175	灰岩、串珠体页岩，以Ⅱ类、Ⅲ类围岩为主	130～200	6～25	10～13	252×30×78.5	2.62	监测:拱顶 0.04cm，边墙 1.25～4.2cm，数值:边墙 6.5cm
4	小湾	澜沧江	2010	420	花岗片麻岩、角闪斜长片麻岩，Ⅰ类、Ⅱ类围岩	300～500	20～28	16.4～26.7	298×30.6×79.8	2.61	数值:拱顶 2.2cm，边墙 3.5～4.0cm
5	三峡右岸	长江	2011	420	斜长花岗岩和闪长岩	63～98	30	7.4～13.9	310×32.6×87	2.67	数值:边墙一般为 2cm，监测：边墙 2.4cm
6	官地	雅砻江	2012	240	二叠系上统玄武岩，Ⅱ类、Ⅲ类围岩	154～427	5～20	19.6～40.4	243.4×31.1×76.8	2.47	监测:拱顶 0.7cm，边墙 1～4cm，最大 6.3cm，数值：边墙 9.1cm
7	向家坝	金沙江	2012	640	巨厚层细至中细砂岩，少量泥岩和粉质砂岩，Ⅲ类围岩	110～220	14	10～15	255×31×87.7	2.83	监测:拱顶 1.34cm，边墙 0.67cm

续表

序号	工程名称	河流	竣工时间(年)	装机容量(万 kW)	岩性	埋深(m)	变形模量(GPa)	地应力(MPa)	主厂房尺度(长×宽×高,m×m×m)	高宽比	主厂房位移
8	拉西瓦	黄河上游	2010	420	花岗岩,灰白色中粗粒块状,Ⅱ类、Ⅲ类围岩	225～429	13～20	25.6～32	342×31.5×75.4	2.39	数值:拱顶 3cm,边墙 7.5cm
9	黄登	澜沧江	2016	160	火山角砾岩、细变质火山角砾岩夹变质凝灰岩,Ⅱ类、Ⅲ类围岩	270	12～14	9.4～15.2	228×30.3×76.5	2.52	数值:拱顶 0.79cm,边墙 1.29～2.5cm
10	大岗山	大渡河	2015	260	灰白色、微红色中粒黑云二长花岗岩,并出露后期侵入的辉绿岩脉	390～520	8～20	11.4～19.3	206×30.8×73.8	2.40	数值:拱顶 3.0cm,边墙:2.7～6.4cm
11	溪洛渡	金沙江	2014	1260	由二叠系峨眉山玄武岩组成,为间歇性多期喷溢的陆相基性火山岩流岩体,Ⅱ类、Ⅲ类围岩	340～480	9～20	14.79～18.44	443.3×31.9×75.6	2.37	监测:顶拱 1.47cm,边墙 4.72cm

表 3.1-7　上覆岩体最小厚度参考值

围岩类别	上覆岩体最小厚度
Ⅰ	(1.50～2.00)B
Ⅱ	(2.00～2.50)B
Ⅲ	(2.50～3.00)B

注:B 为洞室开挖跨度。

2)纵轴线要求

船闸纵轴线走向与围岩的主要构造弱面(断层、节理、裂隙、层面等)的夹角不宜小于30°,对于层间结合疏松的陡倾角薄岩层,其夹角不宜小于45°;围岩构造弱面往往有多组,选择洞室纵轴线时,不仅要考虑主要构造弱面的方向,还要兼顾受次要的构造弱面的影响,以期减少构造弱面的裸露,有利于围岩的稳定。评价构造弱面的影响时,不仅要考虑它的数量、倾角,还要考虑其性质,特别是抗剪强度等。

洞室开挖使洞壁原有的地应力释放和围岩应力重分布,在应力超过岩体极限强度区域,岩体发生塑性屈服变形而滑移或塌落,因此在高地应力地区,应考虑地应力对洞室围岩稳定性的影响,船闸洞室纵轴线走向与最大主应力水平投影方向应一致或尽量减小其夹角,以利于边墙稳定,减小侧向应力或变形。

3)岩体覆盖厚度

地下式船闸洞室顶部以上或傍山洞室边坡一侧的岩体厚度,应根据岩体完整性程度、风化程度、地应力大小、地下水活动情况、洞室规模及施工条件等因素综合分析确定。若覆盖岩层太薄,由于顶部构造弱面的切割而不利于自承拱的形成。

为减少作用在洞室衬砌混凝土上的山岩压力,应尽量使船闸洞室顶部岩体厚度不小于洞室开挖宽度的2倍,同时也要注意使顶拱位置距上部规模较大、胶结较差的断层、软弱夹层之间的距离尽可能满足要求。

4)交通布置

地下式船闸可结合上下游引航道的开挖布置到达闸首和闸室的交通道路;为减小洞室开挖宽度,也可以根据工程区场内交通布置情况,另外布置交通洞。交通洞的宽度及高度应满足设备运输要求,如兼作其他用途时,其断面尺寸还应满足其他使用要求;交通洞的进口位置,应布置在校核洪水位以上,并避开泄流的雾化区,进口段宜呈反坡,进口高程若低于校核洪水位,应采取可靠的防洪、防淹措施和设置人员的安全进出通道;受地形条件限制,当布置到达主体建筑物的道路或交通洞有困难时,经论证也可采用竖井及电梯垂直运输的方式。

5)排水系统

地下式船闸的排水系统通常由洞室外排水系统和结构排水系统两部分组成。洞室外排水系统可参照地下厂房厂外排水设计原则进行布置,一般为平行于船闸洞室纵轴线的排水洞。排水洞的位置不宜离洞室太远,但要布置在主体洞室松弛影响圈以外一定距离,不影响洞室围岩稳定和系统支护的布置,并应尽量利用勘探洞或施工支洞。衬砌结构自身排水系统宜采用竖向和纵向相互连通的排水管网。

6)通风、照明和防潮

地下式船闸的通风、照明条件比明挖式船闸差,洞内湿度大,为保证运行管理人员的健康、减少安全事故、改善工作环境、延长机电设备的使用寿命,应保证地下式船闸有充足均匀的照明、良好的通风和防潮条件。

7)施工布置

地下式船闸主体段布置在山体内部,施工作业面狭窄,施工条件比明挖式船闸差,施工总体布置在为地下洞室施工创造有利条件的同时,应与排水系统、交通系统、通风系统等布置综合考虑。

3.2 衬砌式船闸结构分析

3.2.1 结构整体稳定分析

3.2.1.1 薄壁衬砌式闸墙

薄壁衬砌式闸墙的主要特点是衬砌结构自身难以满足整体稳定要求,某些工况需要通过结构锚杆将衬砌墙与墙后支撑岩体连成整体,共同承受外荷载的作用,在闸室高水位时,依靠岩体承受闸室内水荷载,衬砌墙结构不存在稳定问题。闸室低水位运行或检修状态,作用在衬砌墙结构的外水压力,通过锚杆传递至岩体,依靠结构锚杆与岩体联合受力维持结构稳定。因此,衬砌墙的整体稳定计算,可转化为对衬砌墙结构锚杆的设计。

3.2.1.2 重力衬砌式闸墙

重力衬砌式闸墙,根据岩体开挖边坡的形状,通常可以概化为矩形和倒梯形两种典型的计算模式。当岩体条件较好,开挖边坡由小台阶与直立的开挖梯段形成,总体上为直立式开挖时,闸墙可简化为矩形断面进行计算。当可利用岩体条件相对较差,开挖边坡由马道与按一定斜度的梯段形成,总体上为斜坡式开挖时,闸墙可简化为倒梯形断面计算。这两种断面形式的重力衬砌式闸墙,均可作为闸首或闸室的边墙。

(1)闸门支持墙段稳定计算

闸门支持墙一般为重力衬砌式结构,受两个方向的外荷载共同作用,在上游高水位运行工况下,当重力衬砌式支持墙下游有足够的完整岩体与其联合受力或支持墙纵向的长度根据布置需要较长时,其整体稳定一般不需要计算。当重力衬砌式支持墙下游岩体不能提供足够的抗力或支持墙的纵向长度较短时,高水位运行工况,在门推力和航槽迎水面的水压力共同作用下,需要按不利的荷载组合,验算支持墙的整体稳定,计算中不计锚杆的作用。在检修或低水位运行工况下，需要考虑锚杆的作用，验算支持墙在外荷载作用下的整体稳定。

对于矩形断面的重力衬砌式支持墙，在检修工况下需要考虑锚杆拉力的作用时，为简化计算，一般假定锚杆拉力分布与墙后渗压力分布相同，为上小下大的三角形分布，且底排锚杆最大拉力不超过其设计抗拉强度。抗滑稳定的安全系数 K_c 依照《船闸水工建筑物设计规范》(JTJ 307—2001)的有关规定取值，按式(3.2-1)计算：

$$K_c=\frac{f(G-U)}{\sqrt{(E_H-0.5NF_m)^2+(E_Z-0.5MF_m)^2}} \tag{3.2-1}$$

式中：f——衬砌墙沿建基面的摩擦系数；

G——衬砌墙自重，kN；

U——作用在衬砌墙建基面的扬压力，kN；

E_Z、E_H——作用在衬砌墙上的纵、横向水平外荷载，kN；

N、M——布置在衬砌墙墙背面和下游面的锚杆数量；

F_m——锚杆设计抗拉力，kN。

矩形断面支持墙的抗倾稳定与锚杆受力状态密切相关，而锚杆的受力状态又取决于衬砌结构抗滑稳定条件和结构体系的刚度。当衬砌结构自身不能满足抗滑稳定要求时，锚杆反力可考虑按与墙后渗压力成正比呈三角形分布，底排锚杆达到设计抗拉强度，其抗倾稳定安全系数 K_0 依照《船闸水工建筑物设计规范》(JTJ 307—2001)的有关规定取值，按式(3.2-2)计算：

$$K_0=\frac{M_R+\sum_{i=1}^{N}(h_i-\frac{h_i{}^2}{H})F_m}{M_0} \tag{3.2-2}$$

式中：M_R——结构及设备自重(包括填料和水重)、浮托力等对衬砌墙建基面前趾产生的稳定力矩之和，kN·m；

M_0——水压力、门推力、渗透压力等荷载对衬砌墙建基面前趾的倾覆力矩之和，kN·m；

N——衬砌墙上抗倾计算方向的有效锚杆数量；

h_i、H——衬砌墙前趾距各排锚杆、顶排锚杆的垂直距离，m；

F_m——锚杆设计抗拉力，kN。

当重力衬砌式结构自身能满足抗滑稳定要求时，锚杆反力分布则取决于结构体系刚度，应采用数值分析方法计算锚杆受力，按受力最大的锚杆达到其设计强度计算锚杆总抗倾力矩。通常重力衬砌式闸墙的刚度较大，锚杆受力多呈上大下小的倒三角形分布，为充分发挥大部分锚杆强度的作用，可在锚杆过缝处设置自由段，使锚杆受力分布更加均匀。

倒梯形断面的重力衬砌式支持墙，与矩形断面的重力衬砌式支持墙相比，增加了倾斜部分的结构自重，一般不计锚杆的作用，计算方法与矩形断面基本相同。

(2)闸室边墙稳定计算

倒梯形断面的重力衬砌式闸墙，在高水位运行工况下，闸墙与岩体共同受力，整体稳定满足要求。当闸室检修，计算不考虑锚杆作用时，考虑受结构倾斜部分下滑力的影响，假定重力衬砌式闸墙在外力作用下沿衬砌墙基底面 bc 滑动，重力衬砌式闸墙抗滑稳定计算图式见图 3.2-1。

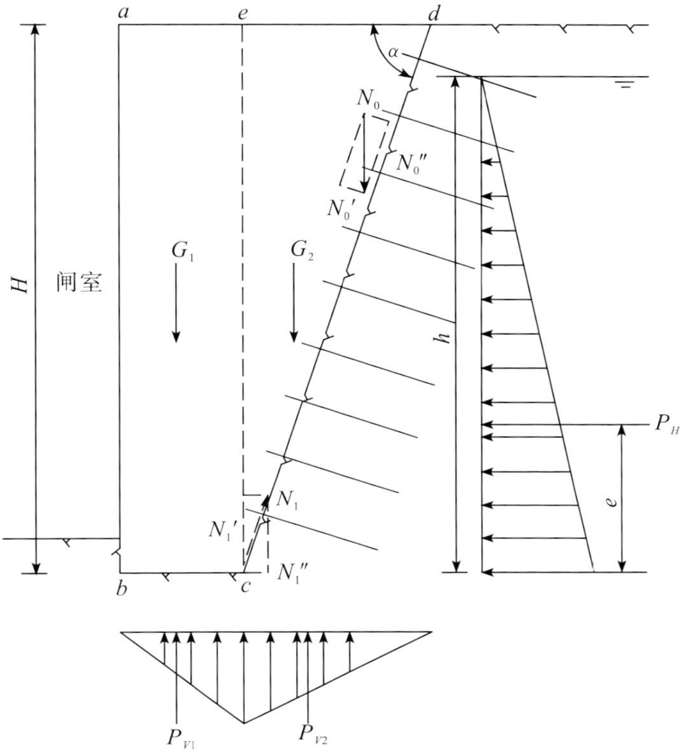

图 3.2-1 重力衬砌式闸墙抗滑稳定计算图式

先将作用于衬砌墙斜坡部分(cde)的总垂直力 N_0($N_0=G_2-P_{V2}$)分解为垂直于斜坡面的分力 N'_0($N'_0=N_0\cos\alpha$)和平行于斜坡面的分力 N''_0($N''_0=N_0\sin\alpha$)，再把 N''_0 扣除 N'_0 在斜坡面上的摩擦力，即得剩余下滑力 N_1($N_1=N''_0-fN'_0$)，将 N_1 作为斜坡部分作用于衬砌墙的外荷载，并分解为垂直分力 N'_1($N'_1=N_1\sin\alpha$)和水平分力 N''_1($N''_1=N_1\cos\alpha$)，其中：α 为衬砌墙斜面的倾角(°)。

重力衬砌式闸墙的抗滑稳定按《船闸水工建筑物设计规范》(JTJ 307—2001)计算。

$$K_C=\frac{f\sum V}{\sum H} \tag{3.2-3}$$

式中：K_C——抗剪计算的抗滑稳定安全系数；

f——结构与地基的抗剪摩擦系数；

$\sum V$——作用在基底面 bc 的竖向力总和 $\sum V=N+N'_1$，kN；

$\sum H$——作用在基底面 bc 的水平力总和 $\sum H=P_H+N''_1$，$N=G_1-P_{V1}$，kN。

作用在墙背的水压力和墙底处扬压力产生的倾覆力矩 M_0 使墙体绕闸墙前趾 b 点倾覆，而自重产生的稳定力矩 M_R 维持墙体的稳定。为防止墙体倾覆，必须满足稳定力矩 M_R 不小于倾覆力矩 M_0 乘以抗倾安全系数 K_0。

重力衬砌式闸墙的抗倾稳定按《船闸水工建筑物设计规范》(JTJ 307—2001)计算。

$$K_0=\frac{M_R}{M_0} \tag{3.2-4}$$

式中：K_0——抗倾稳定安全系数；

M_R——对计算截面前趾的稳定力矩之和，kN·m；

M_0——对计算截面前趾的倾覆力矩之和，kN·m。

矩形断面的重力衬砌式闸墙，在检修工况考虑锚杆的作用时，锚杆的反力分布可参照矩形断面的重力衬砌式支持墙的计算假定。

3.2.1.3 混合式闸墙

混合式闸墙在荷载作用下，宜采用弹性力学方法进行结构计算。

对于下部为薄衬砌墙的混合式闸墙，其下部衬砌墙法向刚度较小，可假定上部重力式闸墙与下部重力衬砌式闸墙之间只传递垂直荷载、不传递水平荷载，将两者作为独立体分别进行计算。

对于下部为重力衬砌式结构的混合式闸墙，一般按上部重力式闸墙与下部重力衬砌式闸墙联合受力考虑(图 3.2-2)。

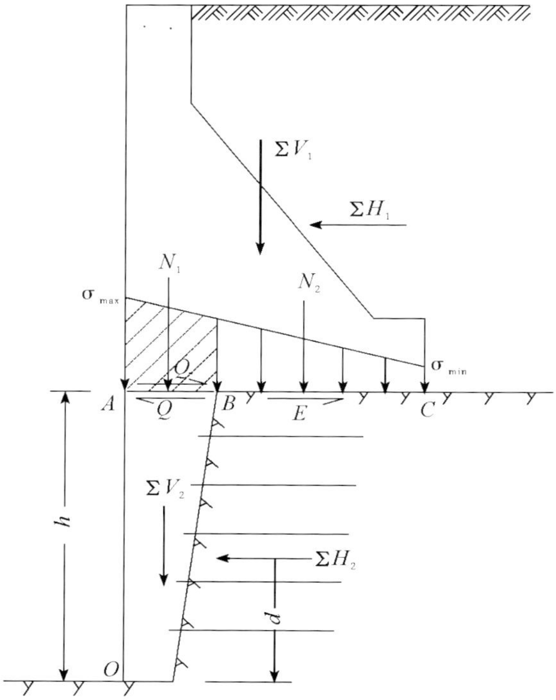

图 3.2-2 混合式闸墙计算简图

下部重力衬砌式闸墙的刚度较大，一般可不考虑墙背锚杆的作用，其整体抗倾稳定验算，可将闸墙视为刚性整体，并假定在极限平衡条件下，上部重力式闸墙基底面 BC 处于脱开状态，按常规静定结构验算整个闸墙在外荷载作用下绕衬砌墙前趾 O 点的抗倾稳定性。验算上部重力式闸墙和下部重力衬砌式闸墙稳定条件时，可先按偏心受压公式计算上部重力式闸墙的基底应力分布，并按应力图形面积求出上部重力式闸墙作用于衬砌墙顶面的垂直力 N_1；再考虑上部重力式闸墙与下部重力衬砌式闸墙交联面的剪力 Q，按脱离体各自稳定要求，由式(3.2-5)或式(3.2-6)验算上部重力式闸墙建基面的抗剪强度 E 或抗剪断强度 E'，如 E、E'不能满足要求，应调整闸墙断面或采取其他工程措施。

$$E=N_2\cdot f\geqslant[K_c]\cdot\left(\sum H_1+[K_0]\sum H_2\frac{d}{h}\right)-[K_c]\left(N_1\cdot\frac{e_1}{h}+\sum V_2\cdot\frac{e_2}{h}\right) \tag{3.2-5}$$

$$E'=N_2\cdot f'+c'\cdot A\geqslant[K_c']\cdot\left(\sum H_1+[K_0]\sum H_2\frac{d}{h}\right)-[K_c']\left(N_1\cdot\frac{e_1}{h}+\sum V_2\cdot\frac{e_2}{h}\right) \tag{3.2-6}$$

式中：$\sum H_1$——作用于重力墙上的水平外荷载的合力，kN；

$\sum H_2$——作用于衬砌墙上的水平外荷载的合力，kN；

$\sum V_2$——作用于衬砌墙的竖向外荷载的合力，kN；

N_1——重力墙作用于衬砌墙顶面的垂直力，kN；

N_2——重力墙作用于基岩面 BC 的垂直力，kN；

e_1、e_2——N_1、$\sum V_2$ 对衬砌墙前趾 O 点的偏心距，m；

f、f'——重力墙与基岩的抗剪、抗剪断摩擦系数；

c'——重力墙与基岩接触面的抗剪断黏结力，kPa；

A——重力墙建基面 BC 的压应力面积；

$[K_c]$、$[K_c']$——抗剪、抗剪断稳定安全系数允许值；

$[K_0]$——抗倾稳定安全系数允许值。

当下部重力衬砌式结构需要考虑墙背锚杆的作用或混合式结构作为闸门支持墙时，采用弹性力学方法进行整体结构计算。

3.2.1.4 底板

岩基上分离式闸室的底板一般用纵缝与闸墙分开，设计时应进行底板的抗浮稳定验算。当底板自重不能满足抗浮稳定要求时，可采用锚杆将底板锚固在基岩上，并在底板下设置纵横排水系统，以减小作用在底板上的扬压力。底板抗浮稳定安全系数 K_f 可按式(3.2-7)计算：

$$K_f=\frac{a^2(\gamma_h\cdot t+\gamma_s\cdot h)+F_m}{a^2\cdot\gamma_s\cdot H} \tag{3.2-7}$$

式中：K_f——闸室底板抗浮稳定安全系数；

a——按正方形布置的抗浮锚杆间距，m；

t、h——底板厚度、闸室内水深，m；

γ_h、γ_s——闸室底板材料容重、水的容重，kN/m^3；

F_m——抗浮锚杆设计抗拔力，kN；

H——作用于底板上的扬压力水头，m。

根据《船闸水工建筑物设计规范》(JTJ 307—2001)规定，底板的抗浮稳定安全系数，Ⅰ、Ⅱ级建筑物 $K_f \geqslant 1.1$，Ⅲ～Ⅴ级建筑物 $K_f \geqslant 1.05$。

3.2.2 结构应力及变形分析

3.2.2.1 结构力学法计算

(1)闸首

1)闸墙强度计算

衬砌式船闸闸首的闸墙在外荷载作用下，为衬砌结构—锚杆—岩体联合受力的结构体系，不但具有一般闸首闸墙的空间受力特性，而且边界条件十分复杂，特别是衬砌结构与岩体结合面具有接触非线性的传力性质，难以采用结构力学或材料力学的方法进行结构分析。

闸首闸墙的门前段和门龛段工作条件及受力情况与闸室的闸墙基本相同，可参照闸室的闸墙按平面问题计算。

对于支持墙段为简化计算并出于安全考虑，通常假定支持墙段与其他部分设缝分开，支持墙段独立承受全部闸门推力。作用在支持墙段上的荷载有建筑物和其上设备重量、水压力(E_1、E_2)、背面及下游面作用力(E_t)等，在工程设计中还需要考虑支持墙与门龛段之间的缝内渗压力(E_3)、与底板之间的缝内渗压力(E_4)，但均应乘以小于 1 的折减系数，一般取 0.5。闸首支持墙计算简图见图 3.2-3。

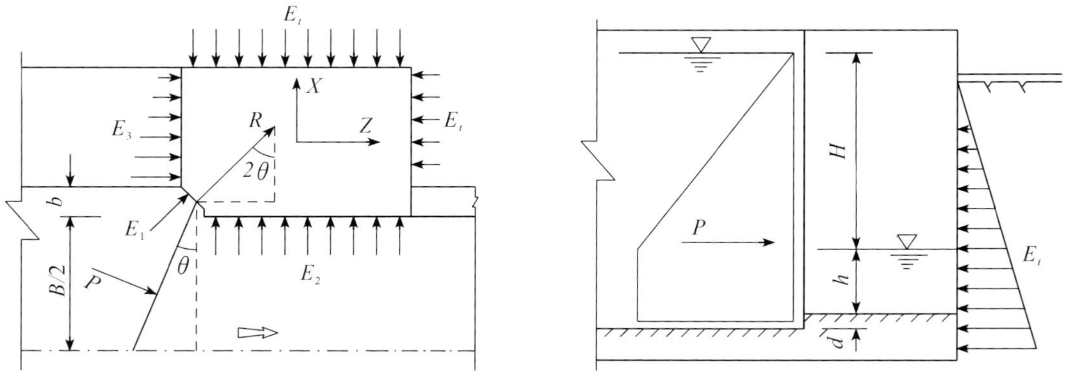

(a) 平面　　(b) 剖面

图 3.2-3　闸首支持墙计算简图

闸门传到支持墙上的荷载，根据闸门形式而不同，对于平面闸门及横拉闸门，其值等于作用在闸门上的水压力总和的一半；对于人字闸门，由于门扇结构起三铰拱的作用，传到支持墙上的闸门推力 R 可按式(3.2-8)计算：

$$R=\frac{P}{2\sin\theta} \tag{3.2-8}$$

式中：P——作用在每一扇闸门上的总水压力，kN；

θ——闸门关闭时门轴线与闸门在两侧支撑点间连线的夹角，°。

人字闸门推力 R 分解为平行于船闸轴线的纵向分力 R_Z 和垂直于船闸轴线的横向分力 R_X，可分别按式(3.2-9a)、式(3.2-9b)计算：

$$R_Z=R\sin 2\theta \tag{3.2-9a}$$

$$R_X=R\cos 2\theta \tag{3.2-9b}$$

支持墙的强度难以用结构力学或材料力学的方法计算，当支持墙采用上部重力式、下部衬砌式的混合式结构时，可假设上部重力墙与下部衬砌墙为独立结构，按双向弯曲用式(3.2-10)计算上部重力墙4个角点的应力。

$$\sigma=\frac{\sum N}{A}\pm\frac{\sum M_X}{W_X}\pm\frac{\sum M_Z}{W_Z} \tag{3.2.10}$$

式中：A——上部重力墙的底面面积，m^2；

W_X、W_Z——重力墙的底面对 X、Z 轴的截面模量，m^3；

M_X——纵向水平力对 X 轴力矩的总和，kN·m；

M_Z——横向水平力及垂直力对 Z 轴力矩的总和，kN·m。

为保证闸首闸墙的整体受力，通常在支持墙段与门龛段之间设置纵向水平钢筋(腰筋)。当支持墙能独立满足水平抗滑稳定要求时，腰筋可按构造要求配置，否则应配置受力钢筋，其所承受的荷载可按式(3.2-11)计算：

$$E_g=E_m+E_s+\alpha E_f-\frac{f\sum V}{K_c} \tag{3.2-11}$$

式中：E_g——带形钢筋所承受的力，kN；

E_m——闸门推力纵向分力，kN；

E_s——作用于支持墙门库的纵向水压力，kN；

E_f——缝面上的纵向水压力，kN；

α——系数，取0.5；

f——支持墙与底板之间的摩擦系数；

$\sum V$——作用于支持墙计算面上的垂直力总和，kN；

K_c——支持墙抗滑稳定安全系数，取1.4～1.5。

2)底板强度计算

闸首底板强度计算可分为分离式结构底板和整体式结构底板两种情况。

①分离式结构底板。

衬砌式船闸的闸首采用分离式结构时，底板地基反力和内力可按弹性地基梁计算；当底板内布置有廊道时，可按弹性地基上的框架进行计算。对于设置锚杆的闸首底板，可视为支承在锚杆上的无梁楼盖计算，计算方法与衬砌式闸墙相同。

②整体式结构底板。

整体式结构底板，根据其结构布置和受力特点，属变断面空间结构。在能满足设计精度要求的情况下，一般简化为平面问题，沿纵向将底板划分成若干个截面厚度、自由跨度和荷载条件均大致相同的特征段，再在各特征段中，截取垂直于船闸轴线的横向段，计入不平衡剪力，作为弹性地基梁计算，然后考虑整体影响，将各段计算内力进行调整。

不平衡剪力计算：作用于闸首底板各特征段上的荷载可按该段上的实际荷载计算，但必须计入各特征段的不平衡剪力。不平衡剪力可按式(3.2-12)计算：

$$Q_i = R_i - V_i \tag{3.2-12}$$

式中：Q_i——各特征段的不平衡剪力，kN；

R_i——闸首按直线反力法计算所得的作用于该特征段的地基反力，kN；

V_i——该特征段上的垂直力总和，kN。

不平衡剪力 Q_i 在闸首横断面上的分布，视闸首横断面的构造不同而不同。当闸墙刚度较底板刚度大时，通常假定该力以集中力的方式作用于两侧闸墙的中点上；当底板刚度较闸墙刚度大时，则认为此力以均布力的方式作用于整个底板上。对介于上述两者之间的情况，在闸墙上可按集中力考虑，在底板上按均布力考虑，其分配可按弹性力学中常截面梁的弯曲理论进行计算，各特征段闸墙截面上的不平衡剪力计算示意见图 3.2-4，不平衡剪力可按式(3.2-13)计算；底板上的不平衡剪力可按式(3.2-14)计算。

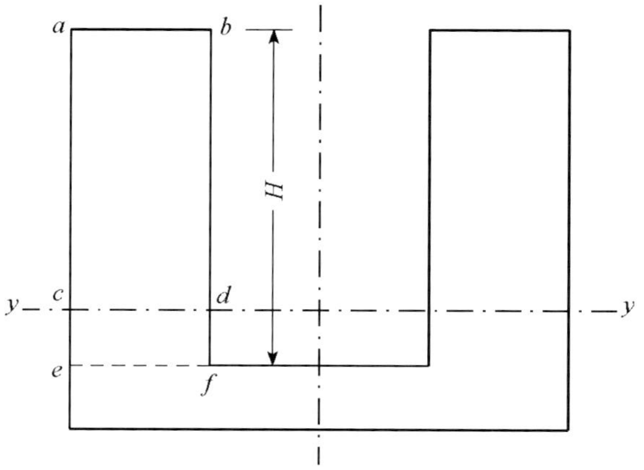

图 3.2-4 不平衡剪力计算示意图

$$Q_t = \frac{Q_i}{J_y}\left[H(S_y)_{abcd} - \frac{1}{2}(J_y)_{abef}\right] \tag{3.2-13}$$

$$Q_h = Q_i - 2Q_t \tag{3.2-14}$$

式中：Q_t——相应特征段上闸墙截面的不平衡剪力，kN；

Q_i——各特征段的不平衡剪力，kN；

J_y——闸墙和底板截面对 y 轴的惯性矩，m^4；

H——闸墙高度，m；

$(S_y)_{abcd}$——$abcd$ 截面对 y 轴的静矩，m^3；

$(J_y)_{abef}$——$abef$ 截面对 y 轴的惯性矩，m^4；

Q_h——底板上的不平衡剪力，kN。

计算分析表明，在一般情况下，分配于闸墙上的剪力值约占总不平衡剪力值的 80%左右。在工程设计中，一般可不进行剪力分配计算，而按一固定的百分数进行分配，对于采用人字闸门的闸首，闸墙和底板可分别按相应特征段的总不平衡剪力的 85%和 15%取值。

横向荷载的分配：闸首闸墙墙后的荷载沿船闸纵轴线方向变化不大，计算时可按各段实际荷载采用。但在闸门前后，由于上下游水位不同，作用在闸墙上的水压力和闸门推力沿船闸纵轴线方向变化较大，有的还是集中荷载。由于闸首闸墙的整体作用，这些荷载通过闸墙传递到闸首底板的一定范围内，而使直接受荷部分实际承受的弯矩减少，因此闸首底板分段后，应将这些横向荷载沿船闸纵轴线方向作适当调整，分配到各特征段上。

对于设置人字闸门的闸首，在闸首的下游段，作用有闸门推力。闸门推力垂直于船闸轴线的横向分力沿闸首长度分配如下：将闸门推力的横向分力沿高度分成若干个集中力 E_{yi}，每个集中力按 45°沿闸首闸墙自上向下扩散，分布在一定范围内。

通过闸墙传递到单位长度底板上的横向力 T 及其所产生的弯矩 M 可按式(3.2-15)、式(3.2-16)计算：

$$T = \sum_{i=1}^{n} \frac{E_{yi}}{L_i} \tag{3.2-15}$$

$$M = \sum_{i=1}^{n} \frac{E_{yi} h_i}{L_i} \tag{3.2-16}$$

式中：h_i——横向力 E_{yi} 距闸首底板中心轴的距离，m；

L_i——横向力 E_{yi} 在闸首底板处的分布宽度，m。

当闸首支持墙前后设置施工缝时，一般将闸门推力全部作用在支持段上，而不进行分配。

在工程设计中作用在闸首闸墙上的静水压力可按以下假定沿闸首长度进行分配。由于静水压力沿闸首长度分布不均匀，闸墙在水压力作用下将发生扭曲变形，假定通过闸墙传递到底板上的横向力与闸墙截面受扭所产生的横向变形 Δx 成正比，按式(3.2-17)、式(3.2-18)计算作用在闸墙上的横向水压力分配值。

$$P_a \Delta_a = P_b \Delta_b \tag{3.2-17}$$

$$\frac{1}{2}(P_a + P_b)L = P \tag{3.2-18}$$

式中：P——作用在闸墙上的横向水压力的总和，kN；

L——闸首长度，m；

P_a、P_b——闸首闸墙上、下游端经过调整所得横向力强度，kPa；

Δ_a、Δ_b——对应于水压力合力作用点高程的闸墙上、下游端的变位值，m。

对于均质材料的闸墙结构，在水压力作用下的弯扭变位值 Δ_a 或 Δ_b 可按式(3.2-19)计算：

$$\Delta_a(\text{或 }\Delta_b) = -\frac{P \cdot Z^3}{3E \cdot J} \pm m \cdot \tan\left(\frac{7200M_K \cdot Z}{17\pi \cdot E \cdot J_K}\right) \tag{3.2-19}$$

式中：P——作用于闸墙闸门上游(或下游)的侧向水压力总和，kN；

Z——合力 P 作用点至底板顶面的距离，m；

E——闸墙的弹性模量，kPa；

J——闸墙的惯性矩，m^4；

m——闸墙截面形心至上游或下游端面的最大距离，m；

M_K——合力 P 对闸墙截面形心点的扭矩，kN·m；

J_K——闸墙截面扭转时的惯性矩，m^4。

作用在闸墙上的横向力确定后，即可求得由横向力所产生作用在底板上的力矩。经过横向力的调整分配或求得不平衡剪力后，连同原作用于底板的荷载，按弹性地基梁计算各段底板的内力。在工程设计中考虑到横向力的调整，对底板内力的计算值影响不大，对中小型船闸通常不进行横向力的分配，仅计算不平衡剪力。

③内力调整。

各特征段底板的计算内力，应根据底板的结构特征进行调整。对纵向断面变化不大的底板，可用加权平均的方法进行调整。各特征段弯矩及剪力的加权平均值 M_C、Q_C 可按式(3.2-20)与式(3.2-21)计算：

$$M_C = \frac{\sum M_i b_i}{\sum b_i} \tag{3.2-20}$$

$$Q_C = \frac{\sum Q_i b_i}{\sum b_i} \tag{3.2-21}$$

式中：M_i——作用在底板 i 段横截面上的弯矩，kN·m；

Q_i——作用在底板 i 段横截面上的剪力，kN；

b_i——各段的长度，m。

对各段的内力则认为介于分段计算所得的值与加权平均值之间，因此各特征段调整后的计算弯矩及计算剪力可按式(3.2-22)、式(3.2-23)计算：

$$M_{ip} = \frac{M_i + M_C}{2} \tag{3.2-22}$$

$$Q_{ip} = \frac{Q_i + Q_C}{2} \tag{3.2-23}$$

式中：M_{ip}——各特征段调整后的计算弯矩，kN·m；

Q_{ip}——各特征段调整后的计算剪力，kN。

对纵向断面变化较大或有帷墙的底板，各特征段的内力可按刚度条件调整。

（2）闸室

1）基本结构尺度

衬砌式闸墙的结构厚度较小，需要设置结构锚杆承担闸墙后渗压力等荷载。衬砌式闸墙的厚度主要取决于锚头布置及其施工要求。衬砌厚度计算示意图见图3.2-5。

衬砌式闸墙最小厚度$\delta_{\min}$可按式(3.2-24)和式(3.2-25)计算。

$$\delta_{\min} = \delta_R + \delta_D + \delta_C \tag{3.2-24}$$

$$\delta_R \geqslant \sqrt{\frac{{d_m}^2}{4} + \frac{K \cdot T_m}{1.4\pi \cdot f_{tk}}} - \frac{d_m}{2} \tag{3.2-25}$$

式中：$\delta_{\min}$——衬砌式闸墙最小厚度，m；

δ_R——锚杆抗拔出最小锚入深度，m；

δ_D——锚头段长度，m；

δ_C——锚头保护层厚度，m；

d_m——锚垫板直径，m；

T_m——锚杆拉拔力，kN；

f_{tk}——衬砌混凝土轴心抗拉强度标准值，kPa；

K——混凝土抗拉拔破坏强度安全系数，可按《水工混凝土结构设计规范》(SL 191—2008)表3.2-4取值，通常取1.9～2.2。

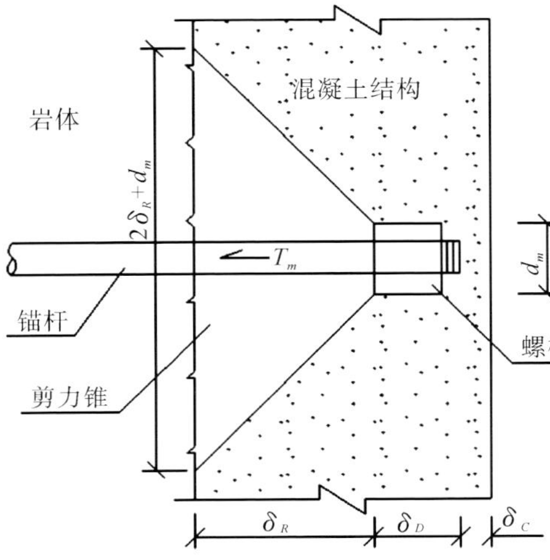

图3.2-5 衬砌厚度计算示意图

为改善锚头附近的混凝土受力状态，锚头应尽量靠近闸墙迎水面，并不使相邻锚头在混凝土内的剪力锥产生重叠，即锚杆间距满足 $\Delta \geqslant 2\delta_R + d_m$。此外，衬砌式闸墙厚度还应满足闸墙施工及结构构造的基本要求。

2)衬砌式闸墙结构计算

衬砌式闸墙结构计算简图见 3.2-6，先按满足整体稳定要求拟定锚杆的布置。

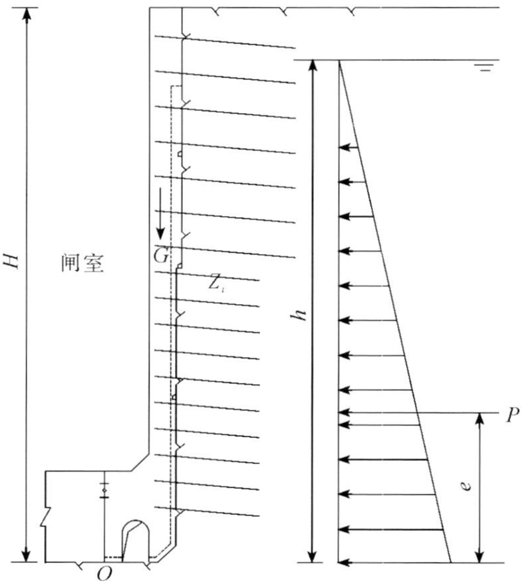

图 3.2-6 衬砌式闸墙结构计算简图

作用在衬砌式闸墙墙背的水压力 P 使墙体产生向闸室方向的水平滑动，而阻止墙体水平滑动的是衬砌墙与岩基之间的水平摩擦力(不计两者的黏结力)，以及锚杆拉力的水平分力。为了保证墙体抗滑稳定，则要求锚杆的拉力满足式(3.2-26)要求：

$$\sum Z_i \cos\beta_i + (G - V_i) f \geqslant P \tag{3.2-26}$$

式中：G——衬砌墙自重，kN；

V_i——作用在衬砌墙上的扬压力，kN；

β_i——锚杆的倾角，°；

f——混凝土与岩基间的摩擦系数；

Z_i——锚杆的拉力，kN。

为求解锚杆的拉力，通常假定锚杆拉力与其对应的墙后水压力分布面积 A_i 成正比，即

$$Z_i = K_1 A_i \tag{3.2-27}$$

$$K_1 = \frac{1}{\sum A_i \cos\beta_i}[P - (G - V_i) f] \tag{3.2-28}$$

求得 K_1 值后，由式(3.2-27)可计算得到保证衬砌墙抗滑稳定各锚杆应承受的拉力 Z_i。同时作用在墙背的水压力 P 和扬压力产生的倾覆力矩 M_P 和 M_V，使墙体绕 O 点倾覆，

而锚杆拉力和自重产生的抗倾力矩 M_Z 和 M_G 维持墙体的稳定。为防止墙体倾覆，必须满足抗倾力矩不小于倾覆力矩，见式(3.2-29)。

$$M_Z + M_G \geqslant (M_P + M_V) \tag{3.2-29}$$

即

$$\sum Z_i \times z_i + G \times a \geqslant P \times e + \sum V_i b_i \tag{3.2-30}$$

式中：z_i——各锚杆距 O 点的力臂，m；

a——衬砌墙重心距 O 点的力臂，m；

b_i——衬砌墙扬压力距 O 点的力臂，m；

e——墙后水压力合力距 O 点的力臂，m；

G——衬砌墙自重，kN；

Z_i——锚杆的拉力，kN；

P——墙后水压力合力，kN；

V_i——衬砌墙的扬压力，kN。

为求解各锚杆的拉力，通常假定各锚杆拉力与距 O 点力臂 z_i 成正比，即

$$Z_i = K_2 z_i \tag{3.2-31}$$

$$K_2 = \frac{1}{\sum z_i}\left(P \times e + \sum V_i b_i - G \times a\right) \tag{3.2-32}$$

求得 K_2 值后，由式(3.2-31)可计算得到保证衬砌墙抗倾稳定的各锚杆应承受的拉力 Z_i。

根据衬砌式闸墙满足抗滑稳定及抗倾稳定两个条件求得锚杆拉力后，选择其中最大的 Z_i 作为锚杆设计的依据，如取闸墙的单位长度进行计算，则求得的 Z_i 值应乘以锚杆的纵向间距，作为锚杆轴向拉力设计值。

在拟定锚杆间距和衬砌厚度后，当衬砌式闸墙较薄时，可忽略衬砌式闸墙的法向刚度对体系受力的影响，即不考虑衬砌式闸墙基底面约束作用，按以锚杆为支撑的无梁楼盖进行计算。其锚杆拉力及衬砌式闸墙最大应力可按式(3.2-33)和式(3.2-34)计算。衬砌墙最大应力一般出现在锚杆支点处。

$$T_m = q \cdot a^2 \tag{3.2-33}$$

$$\sigma_{\max} = q\,\frac{a^2}{4t^2}\left[2.4\ln\frac{a}{2t} + 1.1\right] \tag{3.2-34}$$

式中：T_m——计算部位锚杆所受的拉力，kN；

$\sigma_{\max}$——计算部位衬砌墙最大应力，kPa；

a——按正方形布置的锚杆间距，m；

t——薄壁衬砌墙的计算厚度，m；

q——作用于衬砌墙计算部位由4个锚杆支点围成的正方形中心点的水压力强度，kPa。

利用上述公式计算出锚杆拉力和衬砌式结构支点处最大应力，即可进行结构强度和配筋计算。也可先拟定衬砌厚度和结构最大容许拉应力，反算锚杆间距和拉力。

当衬砌墙较厚，且在墙底有可靠的嵌固条件，结构受力按以锚杆为弹性支点支撑的多跨悬臂梁（板）进行计算，计算图式见图 3.2-7。

锚杆的拉力自上而下呈曲线分布，曲线形状取决于墙后渗压力分布、衬砌式闸墙刚度及锚杆弹性系数等因素，最大锚杆拉力通常出现在衬砌墙的中下部（图 3.2-8）。

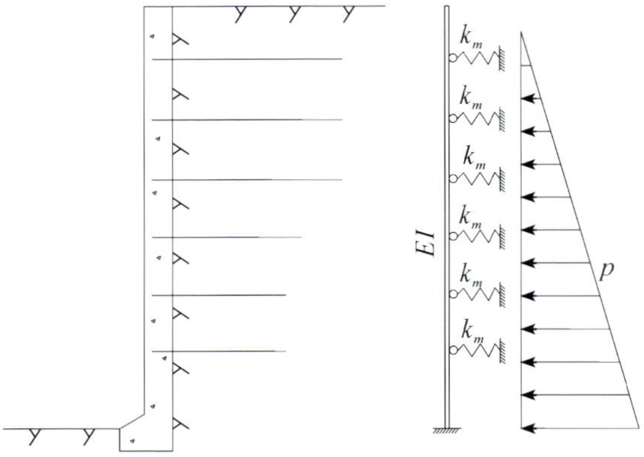

图 3.2-7　衬砌式闸墙计算简图

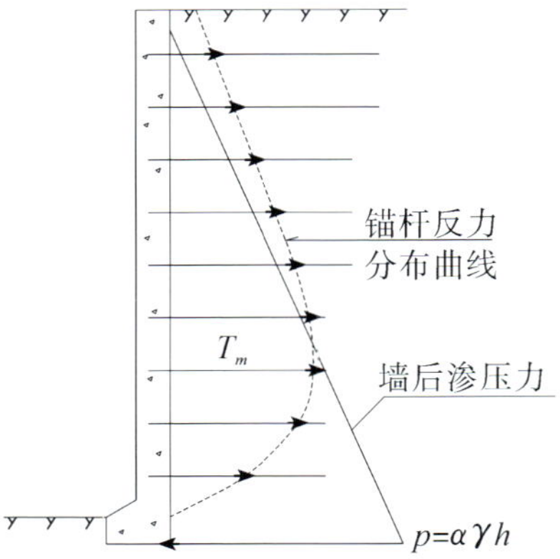

图 3.2-8　锚杆反力示意图

计算时，应根据悬臂梁固端处内力的计算结果，复核衬砌墙基底抗滑稳定及截面应力，满足抗滑稳定及基底面不出现拉应力的要求。若基底不满足抗滑稳定要求，则应按式（3.2-33）、式（3.2-34）计算锚杆反力；若基底能满足抗滑稳定要求，但拉应力较大，衬砌式闸墙底部宜采用铰支模式。

3）混合式闸墙结构计算

通常假设下部衬砌式闸墙与上部重力式闸墙为独立结构，分别进行计算。

在检修或低水位运行工况时，混合式闸墙下部的衬砌式结构受上部重力式闸墙传递的水平力和衬砌式闸墙墙背渗压力作用，衬砌式闸墙会产生弯曲变形，其锚杆反力分布为曲线（图 3.2-9），锚杆反力的曲线形状取决于衬砌式闸墙的刚度、锚杆弹性等多种因素，结构按弹性支撑的多跨悬臂梁（板）进行近似计算。衬砌式闸墙内力计算简图见图 3.2-10。

下部衬砌较厚的混合式闸墙，应按上部重力式闸墙与下部衬砌式闸墙联合受力分析计算。

上部的重力式闸墙截面应力计算同常规重力式闸墙，选取截面突变处及底面为控制计算断面，按材料力学偏心受压公式自上而下依次分层计算各截面的正应力，计算时应对各种可能的最不利荷载组合工况分别进行计算，保证各截面强度要求，即截面最大垂直应力应小于基岩或混凝土的允许承载力，最小垂直应力应大于零。

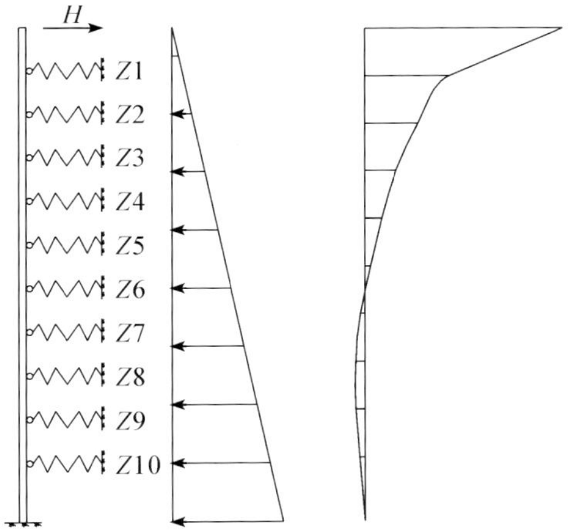

图 3.2-9 锚杆反力分布示意图

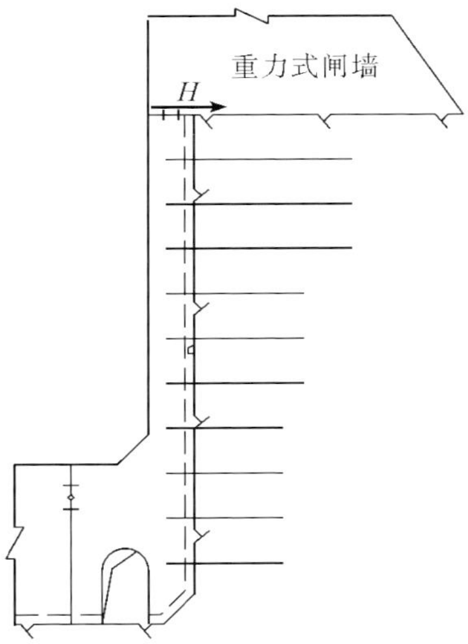

图 3.2-10 衬砌式闸墙内力计算简图

4)底板结构计算

衬砌式船闸闸室一般为分离式结构，闸室底板与衬砌式闸墙间设永久结构缝，底板单独受力，有锚杆的底板在扬压力作用下的受力状态通常可不考虑底板与基岩结合面的黏结作用。底板所承受的主要荷载有结构自重、水压力和底板下的扬压力，其结构受力可按下述两种情况计算：

无水检修：底板结构自重不足以抵抗底板下的扬压力，锚杆受拉，将底板视为以锚杆为支点的连续板，按无梁楼盖进行计算，计算方法与闸墙相同。

高水运行：底板结构自重与水压力的合力大于底板下的扬压力，底板地基反力和内力可按弹性地基梁计算。

(3)局部结构强度计算

1)孔洞及廊道

孔洞及廊道的局部应力，可根据结构布置按杆件系统简化为平面框架计算，或按弹性力学无限弹性体中孔洞应力进行计算。

2)门槽及支枕垫

高水头船闸的闸首检修门槽和工作闸门支枕垫部位，直接承担闸门传来的集中荷载。这些部位往往会有应力集中现象，需要复核其局部抗压强度，可按《水工混凝土结构设计规范》(SL 191—2008)局部受压的方法进行计算。当闸门压力较大时，直接承压部位应采用高强度等级混凝土并按构造要求配置承压钢筋网。此外，对于检修门槽支撑部位，也需要进行强度及正常使用复核，可截取单位厚度水平截面作为平面问题处理，根据闸墙轮廓形状，按水工钢筋混凝土中的牛腿或弧门支座模式复核。

3.2.2.2 有限元法计算

(1)计算的特殊性

衬砌式船闸结构的有限元分析过程与其他结构相同,但由于衬砌式船闸结构的受力分析需要考虑混凝土、岩体、锚杆三者的共同作用,有时甚至还需要考虑衬砌墙钢筋的作用,加之锚杆与岩体之间、钢筋与混凝土之间存在着接触面,混凝土与岩体为非线性材料,因此,衬砌式船闸结构的有限元分析要比一般结构复杂得多。衬砌式船闸结构的有限元分析存在下列特殊问题,这些问题都有一定的技术难度。

1)单元模型

锚杆、钢筋与混凝土结构和岩体相比相对细小,如何合理有效地处理锚杆与钢筋是衬砌式船闸结构有限元分析的首要问题,也是它的特点之一。根据对锚杆与钢筋处理方法的不同,单元模型可分为分离式与埋置式两大类。

分离式单元模型是将锚杆、钢筋、混凝土和岩体作为不同单元处理。如锚杆可采用梁单元或杆单元,钢筋一般采用杆单元,混凝土和岩体采用块体单元。在锚杆与岩体之间、钢筋与混凝土之间可设置黏结单元来模拟它们之间的黏结和滑移,也可假定它们之间黏结良好无滑移。这种模型概念简单,且能模拟锚杆与岩体之间、钢筋与混凝土之间的黏结滑移。但是,由于锚杆布置间距一般在1.5m左右,衬砌式闸墙中的钢筋间距更小,一般在200mm左右,因此采用分离式单元模型势必会使计算量过大,难以承受。另外,为了使梁单元与杆单元落在块体单元的棱线上,划分块体单元时必须考虑锚杆与钢筋的位置,使网格划分困难。

埋置式单元模型是将锚杆与钢筋埋置在块体单元内部,分别求出块体单元、锚杆或钢筋的刚度,然后叠加形成单元刚度矩阵。埋置式单元模型又可分为有黏结埋置式单元与无黏结埋置式单元两类。在无黏结埋置式单元模型中,假定锚杆、钢筋与块体单元之间变形协调无滑移;锚杆、钢筋的应变由块体单元的结点位移决定,锚杆、钢筋没有独立的结点编号。在有黏结埋置式单元模型中,锚杆、钢筋有独立的结点编号,在块体边界上设置与锚杆、钢筋结点有相同坐标的虚结点,并在虚结点与锚杆、钢筋结点之间设置界面单元,以模拟锚杆与岩体、钢筋与混凝土之间黏结滑移。埋置式单元模型不但可以大大减少计算工作量,而且在岩体、混凝土结构网格剖分时,不必考虑锚杆、钢筋的位置,使网格划分方便。

2)衬砌式结构与岩体接触面的模拟

衬砌式结构与岩体之间存在着薄弱面,也就存在着接触问题。是否模拟衬砌式结构与岩体的接触或采用界面单元模拟这种接触后接触面参数取值的大小,特别是在计算衬砌式结构温度作用时,将直接影响计算结果。当假定衬砌式结构与岩体完全黏结或当接触面的剪切刚度、摩擦系数、凝聚力等参数的取值较大时,衬砌式结构的温度变形受到岩体的约束强,温度应力就大,反之则小。因此,如何合理模拟衬砌式结构与岩体间的接触,也是衬砌式结构有限元计算的一个关键问题，也是其一大特点。然而，至今尚没有合理确定界面单元参数的方法，在工程应用时往往假定衬砌式结构与岩体完全黏结或完全脱开两种极端情况来估算衬砌式结构的温度应力。

3)锚杆与岩体、钢筋与混凝土之间黏结滑移的模拟

锚杆或钢筋是通过黏结力与岩体或混凝土共同工作的，模拟它们之间的接触也是衬砌式结构有限元分析的一个特点。锚杆与岩体、钢筋与混凝土的黏结滑移直接影响到衬砌式结构的受力状态。在锚杆与岩体、钢筋与混凝土的界面上，不仅作用着沿钢筋轴向的黏结力，还作用有垂直方向的正应力。当两者黏结完好时，相邻处的相对滑移很小，可忽略；黏结受损后，两者沿轴向发生的相对滑移不可忽略。为描述锚杆与岩体、钢筋与混凝土的黏结滑移状况，可在两者之间设置黏结单元。这类黏结单元有不同的物理模型，如双弹簧单元、4结点或6结点平面界面单元等。

合理描述锚杆与岩体、钢筋与混凝土的黏结滑移状况最大的困难在于它们黏结滑移关系曲线的选择与确定。目前，对钢筋与混凝土的黏结滑移已经做了不少试验，给出了不少表达式，但至今还没有一个大家公认的表达式，也缺乏短龄期的黏结滑移曲线。锚杆与岩体实际上并不直接接触，它们之间存在着两个界面：一是存在于锚杆与灌浆体之间，另一个是存在于灌浆体与岩体之间。已有一些文献对这些界面进行了研究，但主要集中于黏结力沿锚杆长度方向分布形状的研究，至今未见锚杆与岩体黏结滑移表达式的报道。

4)混凝土裂缝的处理

混凝土抗拉强度低，容易开裂。当衬砌式结构受到温度作用时，由于温度变形受到岩体及结构自身的约束，就会产生温度应力。混凝土开裂，约束减弱，温度应力也随之减小。因此，在计算衬砌式结构温度分缝或温度配筋时应考虑混凝土的开裂。如何处理裂缝又是衬砌式结构有限元计算的一个特点。在有限元中，裂缝模型有分离裂缝模型和片状裂缝模型两种。

分离裂缝模型假定裂缝沿单元边界形成，将裂缝作为边界处间隙。在相邻单元的混凝土达到开裂条件后，将其共同的结点断开，将原来一个结点分为两个结点。当主拉应力相对单元边界成倾斜分布时，应调整单元边界方向，使形成的裂缝方向垂直于主拉应力。采用分离裂缝模型时，随着裂缝的出现与发展，需要不断改变网格，增加结点，计算麻烦，而且在计算过程中，网格的改变使得积分点位置发生变化，积分点的应力应变全量会出现误差。分离裂缝模型能模拟裂缝间的骨料咬合与钢筋的销栓作用，在分析这些特殊性能时应采用分离裂缝模型。

片状裂缝模型是将裂缝弥散到整个单元中。当单元应力达到开裂条件后，将垂直主拉应力方向的弹性模量取为零，即片状裂缝模型是用单元的弹性矩阵变化来模拟裂缝。片状裂缝模型计算简单，目前大型结构计算时一般采用片状裂缝模型。

(2)分离式单元模型

当采用分离式单元模型分析衬砌式船闸结构时,混凝土与岩体一般采用块体单元,如空间 8～20 结点常规等参单元与非协调等参单元、平面 4～8 结点常规等参单元与非协调等参单元。锚杆与钢筋相对细长,一般不采用块体单元,当需要考虑锚杆与钢筋的剪切作用时采用梁单元,否则可采用更为简单的杆单元。在实际应用时一般不考虑钢筋的剪切作用,采用杆单元模拟;当采用梁单元模拟锚杆时,要注意梁单元与块体单元自由度的协调。衬砌式结构与岩体之间的接触可采用界面单元;锚杆与岩体、钢筋与混凝土之间的接触可采用双弹簧单元或界面单元。这些单元为常规单元,为了节约篇幅不再列出其相关公式,可参考相关文献。

(3)埋置式单元模型

采用分离式单元模型时,模拟锚杆与钢筋的梁单元或杆单元通过结点与模拟岩体、混凝土的块体单元连接,即梁单元或杆单元必须放置在块体单元的棱线上,使网格划分困难且计算量过大。

在埋置式单元模型中,梁单元或杆单元不必通过块体单元的结点,而是埋置于块体单元的内部。如此,划分块体单元网格时不必考虑锚杆与钢筋的位置,一个块体单元中可包含几根锚杆或钢筋,既方便网格划分,又可以减小块体单元的数目,减小计算规模。当不考虑梁单元或杆单元与块体单元之间的黏结滑移时,还可以省略梁单元与杆单元的自由度,进一步减小计算规模。下面介绍在衬砌式结构空间有限元计算时可能采用的几种埋置式单元模型。

1)带黏结滑移埋置式空间杆单元

在衬砌式船闸结构中,钢筋一般忽略其剪切作用,按杆单元计算,这时可采用图 3.2-11 所示的带黏结滑移埋置式空间杆单元模型。

带黏结滑移埋置式空间杆单元模型的设想是:钢筋采用杆单元,杆单元结点为实结点,即具有结点编号。在块体单元钢筋两端结点对应的位置上构造虚拟结点,该虚拟结点的位移由块体单元的结点位移采用形函数插值得到,在杆单元与块体单元之间设置黏结单元,利用黏结单元建立杆单元自由度与块体单元自由度之间的联系,同时用于考虑杆单元与块体单元之间的黏结滑移,从而建立可以考虑黏结滑移的带黏结滑移埋置式空间杆单元模型。

在带黏结滑移埋置式空间杆单元模型中,钢筋 ab 两端埋置于块体中,块体采用 8～20 结点等参单元,钢筋采用杆单元,黏结单元采用 4 结点界面单元(图 3.2-11)。其中,结点 a、b 为梁单元结点,a'、b'为位于等参单元上与梁单元结点位置相同的虚结点。a'、b'、a、b 形成等参单元与杆单元之间的黏结单元。

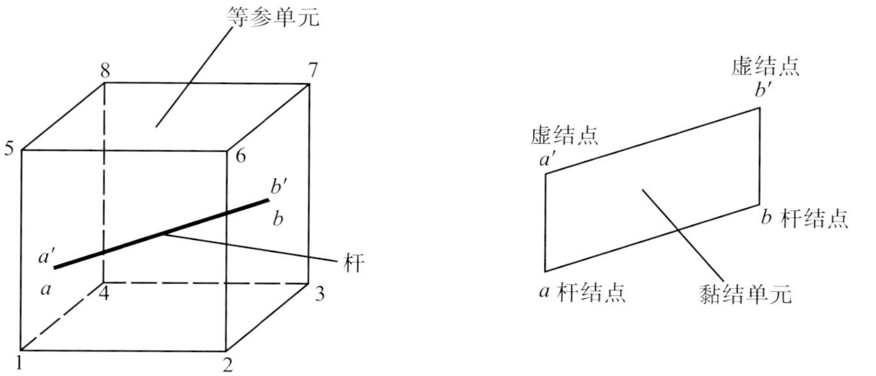

图 3.2-11 带黏结滑移埋置式空间杆单元模型

下面分别给出黏结单元对组合单元的贡献和组合单元的平衡方程。

①黏结单元对组合单元的贡献。

虚结点 a'、b'的平动位移可由等参单元结点位移插值得到：

$$\begin{Bmatrix} \delta_a{}' \\ \delta_b{}' \end{Bmatrix} = \begin{bmatrix} N(\xi_a,\eta_a,\zeta_a) \\ N(\xi_b,\eta_b,\zeta_b) \end{bmatrix} \begin{Bmatrix} \delta_1 \\ \delta_2 \\ \cdots \\ \delta_i \\ \cdots \\ \delta_n \end{Bmatrix} \quad (n=8\sim 20) \tag{3.2-35}$$

其中：

$$[N(\xi,\eta,\zeta)] = \begin{bmatrix} N_1 & 0 & 0 & \cdots & N_n & 0 & 0 \\ 0 & N_1 & 0 & \cdots & 0 & N_n & 0 \\ 0 & 0 & N_1 & \cdots & 0 & 0 & N_n \end{bmatrix} \quad (n=8\sim 20) \tag{3.2-36}$$

式中：n——等参单元的结点数；

$[N(\xi,\eta,\zeta)]$——等参单元形函数矩阵，$N_i=N_i(\xi,\eta,\zeta)$；

$\{\delta_i\}$——等参单元的结点位移，$\{\delta_i\}=\{u_i \quad v_i \quad \omega_i \quad \}(i=1\sim n)$；

(ξ_i,η_i,ζ_i)——杆单元结点对应的等参单元局部坐标$(i=a,b)$。

从而，黏结单元(空间一维界面单元)的位移列阵可写为：

$$\begin{Bmatrix} \delta_a \\ \delta_a{}' \\ \delta_b \\ \delta_b{}' \end{Bmatrix} = [N_l^*] \begin{Bmatrix} \delta_a \\ \delta_1 \\ \cdots \\ \delta_n \\ \delta_b \end{Bmatrix} \quad (n=8\sim 20) \tag{3.2-37}$$

其中：

$$[N_l^*]=\begin{bmatrix} I_{3\times3} & 0 & 0 & 0 & \cdots & 0 & 0 & 0 & 0 \\ 0 & N_{1a} & 0 & 0 & \cdots & N_{na} & 0 & 0 & 0 \\ 0 & 0 & N_{1a} & 0 & \cdots & 0 & N_{na} & 0 & 0 \\ 0 & 0 & 0 & N_{1a} & \cdots & 0 & 0 & N_{na} & 0 \\ 0 & 0 & 0 & 0 & \cdots & 0 & 0 & 0 & I_{3\times3} \\ 0 & N_{1b} & 0 & 0 & \cdots & N_{nb} & 0 & 0 & 0 \\ 0 & 0 & N_{1b} & 0 & \cdots & 0 & N_{nb} & 0 & 0 \\ 0 & 0 & 0 & N_{1b} & \cdots & 0 & 0 & N_{nb} & 0 \end{bmatrix}(n=8\sim20) \tag{3.2-38}$$

式中：$N_{ia}=N_i(\xi_a,\eta_a,\zeta_a)$，$N_{ib}=N_i(\xi_b,\eta_b,\zeta_b)(i=1\sim n)$，$I_{3\times3}$ 为 3 阶单位矩阵。

黏结单元的平衡方程为：

$$\begin{Bmatrix} F_a \\ F_a' \\ F_b \\ F_b' \end{Bmatrix}=[k_l]^e\begin{Bmatrix} \delta_a \\ \delta_a' \\ \delta_b \\ \delta_b' \end{Bmatrix} \tag{3.2-39}$$

式中：$[F_a\quad F_a'\quad F_b\quad F_b']^{\mathrm{T}}$——黏结单元的结点力，其中$[F_a'\quad F_b']^{\mathrm{T}}$ 为虚结点的结点力，$[F_a\quad F_b]^{\mathrm{T}}$ 为实结点（梁单元结点）的结点力；

$[k_l]^e$——黏结单元在整体坐标下的刚度矩阵。

通过形函数将黏结单元中的虚结点的结点力$\{F_a'\}$、$\{F_b'\}$转换为等参单元的结点力并相加，得：

$$\begin{Bmatrix} F_1^c \\ F_2^c \\ \cdots \\ F_n^c \end{Bmatrix}=\begin{Bmatrix} F_1 \\ F_2 \\ \cdots \\ F_n \end{Bmatrix}_{c1}+\begin{Bmatrix} F_1 \\ F_2 \\ \cdots \\ F_n \end{Bmatrix}_{c2}=[N(\xi_a,\eta_a,\zeta_a)]^{\mathrm{T}}\{F_a'\}+[N(\xi_b,\eta_b,\zeta_b)]^{\mathrm{T}}\{F_b'\} \tag{3.2-40}$$

再将上式与黏结单元中实结点的结点力$\{F_a\}$和$\{F_b\}$合并有：

$$\begin{Bmatrix} F_a \\ F_1^c \\ \cdots \\ F_n^c \\ F_b \end{Bmatrix}_l=[N_l^*]^{\mathrm{T}}\begin{Bmatrix} F_a^b \\ F_a' \\ F_b^b \\ F_b' \end{Bmatrix}(n=8\sim20) \tag{3.2-41}$$

式中：$\{F_i^c\}$——等参单元的结点力$(i=a,b,1\sim n)$。

对式(3.2-39)两边同时左乘$[N_l^*]^{\mathrm{T}}$，并将式(3.2-37)和式(3.2-41)代入得：

$$\begin{Bmatrix} F_a \\ F_1^c \\ \cdots \\ F_n^c \\ F_b \end{Bmatrix}_l = [N_l^*]^{\mathrm{T}}[k_l]^e[N_l^*]\begin{Bmatrix} \delta_a \\ \delta_1 \\ \cdots \\ \delta_n \\ \delta_b \end{Bmatrix} = [k_l^*]^e\begin{Bmatrix} \delta_a \\ \delta_1 \\ \cdots \\ \delta_n \\ \delta_b \end{Bmatrix}(n=8\sim 20) \tag{3.2-42}$$

式中：$[k_l^*]^e$——黏结单元对组合单元的刚度贡献，$[k_l^*]^e=[N_l^*]^{\mathrm{T}}[k_l]^e[N_l^*]$。

②组合单元的平衡方程。

在式(3.2-42)的基础上再叠加杆与等参单元的平衡方程，就得到组合单元的平衡方程：

$$\begin{Bmatrix} F_a \\ F_1 \\ \cdots \\ F_n \\ F_b \end{Bmatrix}^e = \begin{Bmatrix} 0 \\ F_1 \\ \cdots \\ F_n \\ 0 \end{Bmatrix}_e + \begin{Bmatrix} F_a \\ 0 \\ \cdots \\ 0 \\ F_b \end{Bmatrix}_s + \begin{Bmatrix} F_a \\ F_1^c \\ \cdots \\ F_n^c \\ F_b \end{Bmatrix}_l = \left(\begin{bmatrix} 0_{3\times 3} & 0 & 0 \\ 0 & K_c^e & 0 \\ 0 & 0 & 0_{3\times 3} \end{bmatrix} + [k_s^*]^e + [k_l^*]^e\right)\begin{Bmatrix} \delta_a \\ \delta_1 \\ \cdots \\ \delta_n \\ \delta_b \end{Bmatrix}(n=8\sim 20) \tag{3.2-43}$$

式中：$[K_c]^e$——8～20 结点等参单元的刚度矩阵；

$[k_s^*]^e$——杆单元对组合单元刚度矩阵的贡献，$[k_s^*]^e=\begin{bmatrix} I_{3\times 3} & 0 & 0 \\ 0 & 0_{3n\times 3n} & 0 \\ 0 & 0 & I_{3\times 3} \end{bmatrix}[k_s]^e$；

$[k_l^*]^e$——黏结单元对组合单元的刚度贡献，$[k_l^*]^e=[N_l^*]^{\mathrm{T}}[k_l]^e[N_l^*]$。

$[k_c]^e$、$[k_l]^e$、$[k_s]^e$ 及形函数 $N_i(\xi,\eta,\zeta)$的计算公式可参见有关文献。

式(3.2-43)是只含有一根杆单元的组合单元平衡方程。若组合单元中含有多根杆单元，对每根杆单元进行循环即可得到其平衡方程。

2)带黏结滑移埋置式空间梁单元

在衬砌式船闸结构中，锚杆一般需要考虑其剪切作用，按梁单元计算，这时可采用带黏结滑移埋置式空间梁单元。为减小锚杆对混凝土衬砌的切向约束，降低混凝土衬砌墙的温度应力，常在岩石和衬砌墙交界面一定范围内对锚杆设置自由变形段(简称自由段)，见图 3.2-12。

在图 3.2-12 中，锚杆 AB 段和 DE 段两端都埋置于混凝土衬砌墙或岩体中，需要采用带黏结滑移埋置式空间梁单元。自由段锚杆 BD 段只有两端结点埋置于混凝土衬砌墙或岩体中，在计算时 BD 段可划分为多个梁单元，中间单元可采用常规梁单元，两端的单元需要采用一端埋置另一端自由的梁单元。有时，锚杆在混凝土衬砌墙外侧还会做锚头，锚头的变形与混凝土变形相同。因此，带黏结滑移埋置式空间梁单元模型有 3 种：带黏结滑移两端埋置式空间梁单元，一端埋置另一端自由埋置式空间梁单元，带黏结滑移一端埋置固结另一端埋置式空间梁单元。

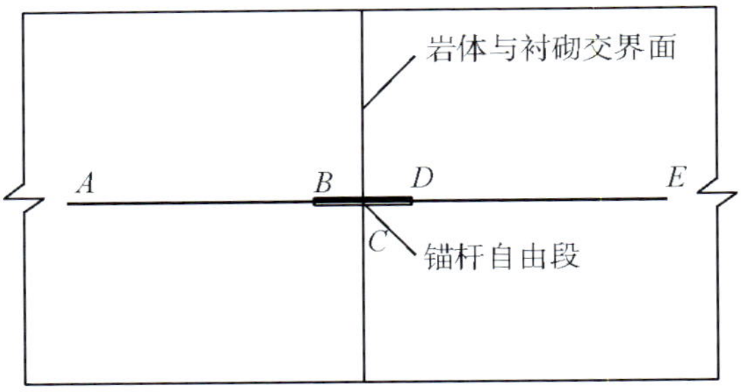

图 3.2-12　锚杆自由变形段示意图

带黏结滑移埋置式空间梁单元模型的设想是：锚杆采用梁单元，梁单元结点为实结点，即具有结点编号。在块体单元锚杆两端结点对应的位置上构造虚拟结点，该虚拟结点的平动位移由块体单元的结点位移采用形函数插值得到，在梁单元与块体单元之间设置黏结单元，利用黏结单元建立梁单元的平动自由度与块体单元的自由度之间的联系，同时用于考虑梁单元与块体单元之间的黏结滑移；而梁单元结点转角位移采用弹性理论小转动情况下的转角与平动位移之间关系，由块体单元的结点位移插值得到，从而建立可以考虑黏结滑移和锚杆剪切变形的带黏结滑移空间埋置式组合梁单元模型。下面分别给出 3 种梁单元的推导过程。

①带黏结滑移两端埋置式空间梁单元。

在带黏结滑移两端埋置式空间梁单元模型中，锚杆 ab 两端埋置于块体中，块体采用 8～20 结点等参单元，锚杆采用梁单元，黏结单元采用 4 结点界面单元（图 3.2-13）。其中，结点 a、b 为梁单元结点，a'、b' 为位于等参单元上与梁单元结点位置相同的虚结点。a'、b'、a、b 形成等参单元与梁单元之间的黏结单元。

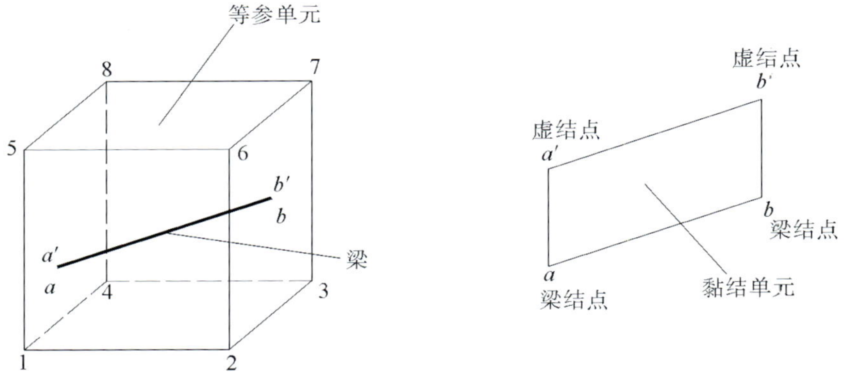

图 3.2-13　带黏结滑移两端埋置式空间梁单元模型

下面分别给出黏结单元和梁单元对组合单元的贡献，以及组合单元的平衡方程式。

a. 黏结单元对组合单元的刚度贡献。

虚结点 a'、b' 的平动位移可由等参单元结点位移插值得到：

$$\begin{Bmatrix} \delta_a{}' \\ \delta_b{}' \end{Bmatrix} = \begin{bmatrix} N(\xi_a,\eta_a,\zeta_a) \\ N(\xi_b,\eta_b,\zeta_b) \end{bmatrix} \begin{Bmatrix} \delta_1 \\ \delta_2 \\ \cdots \\ \delta_i \\ \cdots \\ \delta_n \end{Bmatrix} \quad (n=8\sim 20) \tag{3.2-44}$$

从而,黏结单元(空间一维界面单元)的位移列阵可写为:

$$\begin{Bmatrix} \delta_a \\ \delta_a{}' \\ \delta_b \\ \delta_b{}' \end{Bmatrix} = [N_l^*] \begin{Bmatrix} \delta_a \\ \delta_1 \\ \cdots \\ \delta_n \\ \delta_b \end{Bmatrix} \quad (n=8\sim 20) \tag{3.2-45}$$

其中:

$$[N_l^*] = \begin{bmatrix} I_{3\times3} & 0 & 0 & 0 & \cdots & 0 & 0 & 0 & 0 \\ 0 & N_{1a} & 0 & 0 & \cdots & N_{na} & 0 & 0 & 0 \\ 0 & 0 & N_{1a} & 0 & \cdots & 0 & N_{na} & 0 & 0 \\ 0 & 0 & 0 & N_{1a} & \cdots & 0 & 0 & N_{na} & 0 \\ 0 & 0 & 0 & 0 & \cdots & 0 & 0 & 0 & I_{3\times3} \\ 0 & N_{1b} & 0 & 0 & \cdots & N_{nb} & 0 & 0 & 0 \\ 0 & 0 & N_{1b} & 0 & \cdots & 0 & N_{nb} & 0 & 0 \\ 0 & 0 & 0 & N_{1b} & \cdots & 0 & 0 & N_{nb} & 0 \end{bmatrix} \quad (n=8\sim 20) \tag{3.2-46}$$

式中:$N_{ia}=N_i(\xi_a,\eta_a,\zeta_a)$,$N_{ib}=N_i(\xi_b,\eta_b,\zeta_b)(i=1\sim n)$,$I_{3\times3}$ 为 3 阶单位矩阵。

黏结单元的平衡方程为:

$$\begin{Bmatrix} F_a \\ F_a{}' \\ F_b \\ F_b{}' \end{Bmatrix} = [k_l]^e \begin{Bmatrix} \delta_a \\ \delta_a{}' \\ \delta_b \\ \delta_b{}' \end{Bmatrix} \tag{3.2-47}$$

式中:$[F_a \quad F_a{}' \quad F_b \quad F_b{}']^T$——黏结单元的结点力,其中$[F_a{}' \quad F_b{}']^T$ 为虚结点的结点力,$[F_a \quad F_b]^T$ 为实结点(梁单元结点)的结点力;

$[k_l]^e$——黏结单元在整体坐标下的刚度矩阵。

通过形函数将黏结单元中的虚结点的结点力$\{F_a{}'\}$、$\{F_b{}'\}$转换为等参单元的结点力并相加,得:

$$\begin{Bmatrix} F_1^c \\ F_2^c \\ \cdots \\ F_n^c \end{Bmatrix} = \begin{Bmatrix} F_1 \\ F_2 \\ \cdots \\ F_n \end{Bmatrix}_{c1} + \begin{Bmatrix} F_1 \\ F_2 \\ \cdots \\ F_n \end{Bmatrix}_{c2} = [N(\xi_a,\eta_a,\zeta_a)]^{\mathrm{T}}\{F_a{}'\} + [N(\xi_b,\eta_b,\zeta_b)]^{\mathrm{T}}\{F_b{}'\} \tag{3.2-48}$$

再将上式与黏结单元中实结点的结点力$\{F_a\}$和$\{F_b\}$合并，有：

$$\begin{Bmatrix} F_a \\ F_1^c \\ \cdots \\ F_n^c \\ F_b \end{Bmatrix}_l = [N_l^*]^{\mathrm{T}} \begin{Bmatrix} F_a^b \\ F_a{}' \\ F_b^b \\ F_b{}' \end{Bmatrix} \quad (n=8 \sim 20) \tag{3.2-49}$$

式中：$\{F_i^c\}$——等参单元的结点力($i=a,b,1\sim n$)。

对式(3.2-45)两边同时左乘$[N_l^*]^{\mathrm{T}}$，并将式(3.2-47)和式(3.2-49)代入得：

$$\begin{Bmatrix} F_a \\ F_1^c \\ \cdots \\ F_n^c \\ F_b \end{Bmatrix}_l = [N_l^*]^{\mathrm{T}}[k_l]^e[N_l^*] \begin{Bmatrix} \delta_a \\ \delta_1 \\ \cdots \\ \delta_n \\ \delta_b \end{Bmatrix} = [k_l^*]^e \begin{Bmatrix} \delta_a \\ \delta_1 \\ \cdots \\ \delta_n \\ \delta_b \end{Bmatrix} \quad (n=8 \sim 20) \tag{3.2-50}$$

式中：$[k_l^*]^e$——黏结单元对组合单元的刚度贡献，$[k_l^*]^e=[N_l^*]^{\mathrm{T}}[k_l]^e[N_l^*]$。

b. 梁单元对组合单元的刚度贡献。

将梁单元的结点位移拆成平动位移$\{\delta_i\}$和转角位移$[\delta_{xi} \quad \delta_{yi} \quad \delta_{zi}]^{\mathrm{T}}$两部分表示：

$$\{\delta_i\}=[u_i \quad v_i \quad \omega_i]^{\mathrm{T}}, \{\delta_{\theta i}\}^{\mathrm{T}}=[\theta_{xi} \quad \theta_{yi} \quad \theta_{zi}]^{\mathrm{T}} (i=a,b) \tag{3.2-51}$$

以顺时针方向旋转为正，在小转动的情况下，根据弹性理论，单元内任一点的转角为：

$$\theta_x=\frac{1}{2}\left(\frac{\partial \omega}{\partial y}-\frac{\partial v}{\partial z}\right), \theta_y=\frac{1}{2}\left(\frac{\partial u}{\partial z}-\frac{\partial \omega}{\partial x}\right), \theta_z=\frac{1}{2}\left(\frac{\partial v}{\partial x}-\frac{\partial u}{\partial y}\right) \tag{3.2-52}$$

结合位移插值模式有：

$$\{\delta_{\theta i}\}=\frac{1}{2}\begin{bmatrix} 0 & -\frac{\partial N_1}{\partial z} & \frac{\partial N_1}{\partial y} & \cdots & 0 & -\frac{\partial N_n}{\partial z} & \frac{\partial N_n}{\partial y} \\ \frac{\partial N_1}{\partial z} & 0 & -\frac{\partial N_1}{\partial x} & \cdots & \frac{\partial N_n}{\partial z} & 0 & -\frac{\partial N_n}{\partial x} \\ -\frac{\partial N_1}{\partial y} & \frac{\partial N_1}{\partial x} & 0 & \cdots & -\frac{\partial N_n}{\partial y} & \frac{\partial N_n}{\partial x} & 0 \end{bmatrix} \begin{Bmatrix} \delta_1 \\ \delta_2 \\ \cdots \\ \delta_n \end{Bmatrix} (i=a,b) \tag{3.2-53}$$

梁单元的结点位移列阵：

$$\begin{Bmatrix} \delta_a \\ \delta_{\theta a} \\ \delta_b \\ \delta_{\theta b} \end{Bmatrix} = [N_b^*] \begin{Bmatrix} \delta_a \\ \delta_1 \\ \delta_2 \\ \cdots \\ \delta_n \\ \delta_b \end{Bmatrix} \quad (n = 8 \sim 20) \tag{3.2-54}$$

其中：

$$[N_b^*] = \begin{bmatrix} I_{3\times3} & 0 & 0 & 0 & \cdots & 0 & 0 & 0 & 0 \\ 0 & 0 & -\frac{1}{2}\frac{\partial N_{1a}}{\partial z} & \frac{1}{2}\frac{\partial N_{1a}}{\partial y} & \cdots & 0 & -\frac{1}{2}\frac{\partial N_{na}}{\partial z} & \frac{1}{2}\frac{\partial N_{na}}{\partial y} & 0 \\ 0 & \frac{1}{2}\frac{\partial N_{1a}}{\partial z} & 0 & -\frac{1}{2}\frac{\partial N_{1a}}{\partial x} & \cdots & \frac{1}{2}\frac{\partial N_{na}}{\partial z} & 0 & -\frac{1}{2}\frac{\partial N_{na}}{\partial x} & 0 \\ 0 & -\frac{1}{2}\frac{\partial N_{1a}}{\partial y} & \frac{1}{2}\frac{\partial N_{1a}}{\partial x} & 0 & \cdots & -\frac{1}{2}\frac{\partial N_{na}}{\partial y} & \frac{1}{2}\frac{\partial N_{na}}{\partial x} & 0 & 0 \\ 0 & 0 & 0 & 0 & \cdots & 0 & 0 & 0 & I_{3\times3} \\ 0 & 0 & -\frac{1}{2}\frac{\partial N_{1b}}{\partial z} & \frac{1}{2}\frac{\partial N_{1b}}{\partial y} & \cdots & 0 & -\frac{1}{2}\frac{\partial N_{nb}}{\partial z} & \frac{1}{2}\frac{\partial N_{nb}}{\partial y} & 0 \\ 0 & \frac{1}{2}\frac{\partial N_{1b}}{\partial z} & 0 & -\frac{1}{2}\frac{\partial N_{1b}}{\partial x} & \cdots & \frac{1}{2}\frac{\partial N_{nb}}{\partial z} & 0 & -\frac{1}{2}\frac{\partial N_{nb}}{\partial x} & 0 \\ 0 & -\frac{1}{2}\frac{\partial N_{1b}}{\partial y} & \frac{1}{2}\frac{\partial N_{1b}}{\partial x} & 0 & \cdots & -\frac{1}{2}\frac{\partial N_{nb}}{\partial y} & \frac{1}{2}\frac{\partial N_{nb}}{\partial x} & 0 & 0 \end{bmatrix}$$

$$(n = 8 \sim 20) \tag{3.2-55}$$

式中：$I_{3\times3}$——3 阶单位矩阵。

梁单元的平衡方程为：

$$\begin{Bmatrix} F_a \\ F_{\theta a} \\ F_b \\ F_{\theta b} \end{Bmatrix} = [k_b]^e \begin{Bmatrix} \delta_a \\ \delta_{\theta a} \\ \delta_b \\ \delta_{\theta b} \end{Bmatrix} \tag{3.2-56}$$

式中：$[F_a \quad F_{\theta a} \quad F_b \quad F_{\theta b}]^{\mathrm{T}}$——梁单元的结点力；

$[k_b]^e$——梁单元在整体坐标下的刚度矩阵。

通过形函数将梁结点的弯矩转换为等参单元的结点力并相加，得：

$$\begin{Bmatrix} F_1^c \\ F_2^c \\ \cdots \\ F_n^c \end{Bmatrix}^{\theta} = \begin{Bmatrix} F_1 \\ F_2 \\ \cdots \\ F_n \end{Bmatrix}_{c1}^{\theta} + \begin{Bmatrix} F_1 \\ F_2 \\ \cdots \\ F_n \end{Bmatrix}_{c2}^{\theta} =$$

$$\frac{1}{2}\begin{bmatrix} 0 & \frac{\partial N_{1a}}{\partial z} & -\frac{\partial N_{1a}}{\partial y} \\ -\frac{\partial N_{1a}}{\partial z} & 0 & \frac{\partial N_{1a}}{\partial x} \\ \frac{\partial N_{1a}}{\partial y} & -\frac{\partial N_{1a}}{\partial x} & 0 \\ \cdots & \cdots & \cdots \\ 0 & \frac{\partial N_{na}}{\partial z} & -\frac{\partial N_{na}}{\partial y} \\ -\frac{\partial N_{na}}{\partial z} & 0 & \frac{\partial N_{na}}{\partial x} \\ \frac{\partial N_{na}}{\partial y} & -\frac{\partial N_{na}}{\partial x} & 0 \end{bmatrix}\{F_{\theta a}\} + \frac{1}{2}\begin{bmatrix} 0 & \frac{\partial N_{1b}}{\partial z} & -\frac{\partial N_{1b}}{\partial y} \\ -\frac{\partial N_{1b}}{\partial z} & 0 & \frac{\partial N_{1b}}{\partial x} \\ \frac{\partial N_{1b}}{\partial y} & -\frac{\partial N_{1b}}{\partial x} & 0 \\ \cdots & \cdots & \cdots \\ 0 & \frac{\partial N_{nb}}{\partial z} & -\frac{\partial N_{nb}}{\partial y} \\ -\frac{\partial N_{nb}}{\partial z} & 0 & \frac{\partial N_{nb}}{\partial x} \\ \frac{\partial N_{nb}}{\partial y} & -\frac{\partial N_{nb}}{\partial x} & 0 \end{bmatrix}\{F_{\theta b}\}$$

$$(n=8\sim 20) \qquad (3.2\text{-}57)$$

再将上式与平动的结点力相加：

$$\begin{Bmatrix} F_a \\ F_1^c \\ \cdots \\ F_n^c \\ F_b \end{Bmatrix}_b = [N_b^*]^{\mathrm{T}} \begin{Bmatrix} F_a \\ F_{\theta a} \\ F_b \\ F_{\theta b} \end{Bmatrix} \quad (n=8\sim 20) \qquad (3.2\text{-}58)$$

式中：$\{F_i^c\}$——等参单元的结点力($i=a,b,1\sim n$)；

$[F_a \quad F_b]_b^{\mathrm{T}}$——梁单元的平动结点力。

对式(3.2-56)两边同时左乘$[N_b^*]^{\mathrm{T}}$，并将式(3.2-54)和式(3.2-58)代入得：

$$\begin{Bmatrix} F_a \\ F_1^c \\ \cdots \\ F_n^c \\ F_b \end{Bmatrix}_b = [N_b^*]^{\mathrm{T}}[k_b]^e[N_b^*]\begin{Bmatrix} \delta_a \\ \delta_1 \\ \cdots \\ \delta_n \\ \delta_b \end{Bmatrix} = [k_b^*]^e\begin{Bmatrix} \delta_a \\ \delta_1 \\ \cdots \\ \delta_n \\ \delta_b \end{Bmatrix} \quad (n=8\sim 20) \qquad (3.2\text{-}59)$$

式中：$[k_b^*]^e$——梁单元对组合单元的刚度贡献，$[k_b^*]^e=[N_b^*]^{\mathrm{T}}[k_b]^e[N_b^*]$。

综上所述，则得组合单元的平衡方程为：

$$\begin{Bmatrix} F_a \\ F_1 \\ \cdots \\ F_n \\ F_b \end{Bmatrix}^e = \begin{Bmatrix} 0 \\ F_1 \\ \cdots \\ F_n \\ 0 \end{Bmatrix}_e + \begin{Bmatrix} F_a \\ F_1^c \\ \cdots \\ F_n^c \\ F_b \end{Bmatrix}_b + \begin{Bmatrix} F_a \\ F_1^c \\ \cdots \\ F_n^c \\ F_b \end{Bmatrix}_l = \left(\begin{bmatrix} 0_{3\times3} & 0 & 0 \\ 0 & K_c^e & 0 \\ 0 & 0 & 0_{3\times3} \end{bmatrix} + [k_b^*]^e + [k_l^*]^e \right) \begin{Bmatrix} \delta_a \\ \delta_1 \\ \cdots \\ \delta_n \\ \delta_b \end{Bmatrix}$$

$$(n=8\sim 20) \tag{3.2-60}$$

式中：$[F_1 \quad \cdots \quad F_n]_e^{\mathrm{T}}$——等参单元结点力；

$[K_c^e]$——等参单元刚度矩阵。

式(3.2-60)为只含有一根梁单元时组合单元的平衡方程。若组合单元中含有多根梁单元，对每根梁单元进行循环可得到其平衡方程。

②一端埋置另一端自由埋置式空间梁单元。

在一端埋置另一端自由埋置式空间梁单元模型中，锚杆 ab 只有一端(结点 a)与和前面推导的带黏结滑移两端埋置式空间梁单元相接，即结点 a 的转角位移仍由等参单元 A 的结点位移所决定；另一端(结点 b)可和其他梁单元相接或自由。块体和锚杆仍采用 8～20 结点等参单元和空间梁单元，见图 3.2-14。

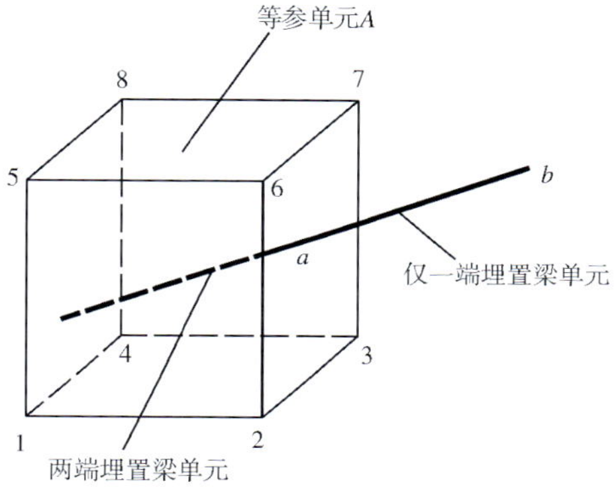

图 3.2-14 一端埋置另一端自由埋置式空间梁单元模型

将梁单元的结点位移拆成平动位移 $\{\delta_i\}$ 和转角位移 $\{\delta_{\theta i}\} = [\delta_{xi} \quad \delta_{yi} \quad \delta_{zi}]^{\mathrm{T}} (i=a)$ 两部分表示，并结合位移插值模式有：

$$\{\delta_{\theta a}\} = \frac{1}{2}\begin{bmatrix} 0 & -\frac{\partial N_{1a}}{\partial z} & \frac{\partial N_{1a}}{\partial y} & \cdots & 0 & -\frac{\partial N_{na}}{\partial z} & \frac{\partial N_{na}}{\partial y} \\ \frac{\partial N_{1a}}{\partial z} & 0 & -\frac{\partial N_{1a}}{\partial x} & \cdots & \frac{\partial N_{na}}{\partial z} & 0 & -\frac{\partial N_{na}}{\partial x} \\ -\frac{\partial N_{1a}}{\partial y} & \frac{\partial N_{1a}}{\partial x} & 0 & \cdots & -\frac{\partial N_{na}}{\partial y} & \frac{\partial N_{na}}{\partial x} & 0 \end{bmatrix} \begin{Bmatrix} \delta_1 \\ \delta_2 \\ \cdots \\ \delta_n \end{Bmatrix} (i=a) \tag{3.2-61}$$

梁单元的结点位移列阵：

$$\begin{Bmatrix} \delta_a \\ \delta_{\theta a} \\ \delta_b \\ \delta_{\theta b} \end{Bmatrix} = [N_b^{*\prime}] \begin{Bmatrix} \delta_a \\ \delta_1 \\ \cdots \\ \delta_n \\ \delta_b \\ \delta_{\theta b} \end{Bmatrix} \quad (n=8\sim 20) \tag{3.2-62}$$

其中：

$$
[N_b^{*\prime}]=\begin{bmatrix}
I_{3\times3} & 0 & 0 & 0 & 0 & 0 & 0 & 0 & 0 \\
0 & 0 & -\frac{1}{2}\frac{\partial N_{1a}}{3z} & \frac{1}{2}\frac{\partial N_{1a}}{\partial y} & \cdots & 0 & -\frac{1}{2}\frac{\partial N_{na}}{\partial z} & \frac{1}{2}\frac{\partial N_{na}}{\partial y} & 0 \\
0 & \frac{1}{2}\frac{\partial N_{1a}}{\partial z} & 0 & -\frac{1}{2}\frac{\partial N_{1a}}{\partial x} & 0 & \frac{1}{2}\frac{\partial N_{na}}{\partial z} & 0 & -\frac{1}{2}\frac{\partial N_{na}}{\partial x} & 0 \\
0 & -\frac{1}{2}\frac{\partial N_{1a}}{\partial y} & \frac{1}{2}\frac{\partial N_{1a}}{\partial x} & 0 & 0 & -\frac{1}{2}\frac{\partial N_{na}}{\partial x} & \frac{1}{2}\frac{\partial N_{na}}{\partial x} & 0 & 0 \\
0 & 0 & 0 & 0 & 0 & 0 & 0 & 0 & I_{6\times6}
\end{bmatrix}
$$

$$(n=8\sim20) \qquad (3.2\text{-}63)$$

式中：$I_{3\times3}$——3 阶单位矩阵；

$I_{6\times6}$——6 阶单位矩阵。

梁单元的平衡方程为：

$$
\begin{Bmatrix} F_a \\ F_{\theta a} \\ F_b \\ F_{\theta b} \end{Bmatrix} = [k_b]^e \begin{Bmatrix} \delta_a \\ \delta_{\theta a} \\ \delta_b \\ \delta_{\theta b} \end{Bmatrix} \qquad (3.2\text{-}64)
$$

式中：$[F_a \quad F_{\theta a} \quad F_b \quad F_{\theta b}]^{\mathrm{T}}$——梁单元结点力；

$[k_b]^e$——整体坐标下的梁单元刚度矩阵。

通过形函数将梁结点的弯矩转换为等参单元的结点力，得：

$$
\begin{Bmatrix} F_1^c \\ F_2^c \\ \cdots \\ F_n^c \end{Bmatrix}^{\theta} = \begin{Bmatrix} F_1 \\ F_2 \\ \cdots \\ F_n \end{Bmatrix}_{c1}^{\theta} = \frac{1}{2}\begin{bmatrix}
0 & \frac{\partial N_{1a}}{\partial z} & -\frac{\partial N_{1a}}{\partial y} \\
-\frac{\partial N_{1a}}{\partial z} & 0 & \frac{\partial N_{1a}}{\partial x} \\
\frac{\partial N_{1a}}{\partial y} & -\frac{\partial N_{1a}}{\partial x} & 0 \\
\cdots & \cdots & \cdots \\
0 & \frac{\partial N_{na}}{\partial z} & -\frac{\partial N_{na}}{\partial y} \\
-\frac{\partial N_{na}}{\partial z} & 0 & \frac{\partial N_{na}}{\partial x} \\
\frac{\partial N_{na}}{\partial y} & -\frac{\partial N_{na}}{\partial x} & 0
\end{bmatrix}\{F_{\theta a}\} \quad (n=8\sim20) \qquad (3.2\text{-}65)
$$

再将上式与平动的结点力和自由端的转动结点力合并：

$$\begin{Bmatrix} F_a \\ F_1^c \\ \cdots \\ F_n^c \\ F_b \\ F_{\theta b} \end{Bmatrix} = [N_b^{*}{}']^{\mathrm{T}} \begin{Bmatrix} F_a \\ F_{\theta a} \\ F_b \\ F_{\theta b} \end{Bmatrix} \quad (n = 8 \sim 20) \tag{3.2-66}$$

式中：$\{F_i^c\}$——等参单元的结点力；

$[F_a \quad F_b]^{\mathrm{T}}$——梁单元的平动结点力；

$\{F_{\theta b}\}$——梁单元自由端的转动结点力。

对式(3.2-64)两边同时左乘$[N_b^{*}{}']^{\mathrm{T}}$，并将式(3.2-62)和式(3.2-66)代入得：

$$\begin{Bmatrix} F_a \\ F_1^c \\ \cdots \\ F_n^c \\ F_b \\ F_{\theta b} \end{Bmatrix} = [N_b^{*}{}']^{\mathrm{T}} [k_b]^e [N_b^{*}{}'] \begin{Bmatrix} \delta_a \\ \delta_1 \\ \cdots \\ \delta_n \\ \delta_b \\ \delta_{\theta b} \end{Bmatrix} \quad (n = 8 \sim 20) \tag{3.2-67}$$

上式即一端埋置另一端自由埋置式空间梁单元的平衡方程，其中，$[k_b]^e$ 为梁单元在整体坐标下的刚度矩阵。

③带黏结滑移一端埋置固结另一端埋置式空间梁单元。

在带黏结滑移一端埋置固结另一端埋置式空间梁单元中，锚杆 $a'b$ 一端(a'端)固结埋置于块体中，块体采用 8～20 结点等参单元，锚杆采用梁单元，黏结单元采用 4 结点界面单元(图 3.2-15)。

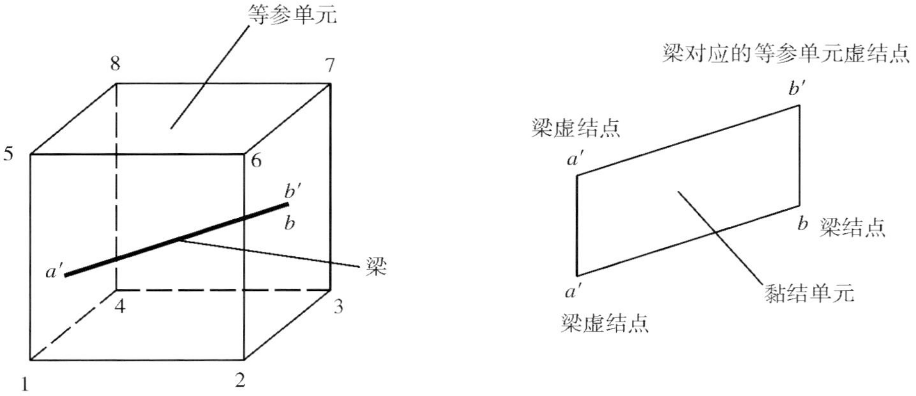

图 3.2-15 带黏结滑移一端埋置固结另一端埋置式空间梁单元

在图 3.2-15 中，结点 b 为梁单元结点，a'为非独立的混凝土和梁单元的虚结点、b'为位于等参单元上与梁单元结点位置相同的虚结点。a'、a'、b、b'形成等参单元与梁单元之间的黏结单元。下面给出黏结单元和梁单元对组合单元的贡献，以及组合单元的平衡方程。

a. 黏结单元对组合单元的刚度贡献。

虚结点 b'的平动位移可由等参单元结点位移插值得到：

$$\{\delta_b'\}=[N(\xi_b',\eta_b',\zeta_b')]\begin{Bmatrix}\delta_1\\ \delta_2\\ \cdots\\ \delta_i\\ \cdots\\ \delta_n\end{Bmatrix}\quad (n=8\sim 20)\tag{3.2-68}$$

从而可得：

$$\begin{Bmatrix}\delta_b\\ \delta_b'\end{Bmatrix}=[N_l']\begin{Bmatrix}\delta_1\\ \cdots\\ \delta_n\\ \delta_b\end{Bmatrix}\quad (n=8\sim 20)\tag{3.2-69}$$

其中：

$$[N_l']=\begin{bmatrix}0 & 0 & 0 & \cdots & 0 & 0 & 0 & I_{3\times3}\\ N_{1b} & 0 & 0 & \cdots & N_{nb} & 0 & 0 & 0\\ 0 & N_{1b} & 0 & \cdots & 0 & N_{nb} & 0 & 0\\ 0 & 0 & N_{1b} & \cdots & 0 & 0 & N_{nb} & 0\end{bmatrix}\quad (n=8\sim 20)\tag{3.2-70}$$

式中：$[N_{ib}]$——b 结点处等参单元形函数，$N_{ib}=N_i(\xi_b,\eta_b,\zeta_b)$；

$I_{3\times3}$——3 阶单位矩阵。

黏结单元的平衡方程为：

$$\begin{Bmatrix}F_a'\\ F_a'\\ F_b\\ F_b'\end{Bmatrix}=[k_l]^e\begin{Bmatrix}\delta_a'\\ \delta_a'\\ \delta_b\\ \delta_b'\end{Bmatrix}\tag{3.2-71}$$

式中：$[F_a'\quad F_a'\quad F_b\quad F_b']^{\mathrm{T}}$——黏结单元的结点力；

$[k_l]^e$——黏结单元在整体坐标下的刚度矩阵。

由于黏结滑移单元中结点 a'没有相对滑移，因此黏结滑移单元平衡方程可改写为：

$$\begin{Bmatrix}F_b\\ F_b'\end{Bmatrix}=[k_l']^e\begin{Bmatrix}\delta_b\\ \delta_b'\end{Bmatrix}\tag{3.2-72}$$

式中：$[k_l']^e$——局部黏结单元刚度矩阵，即$[k_l]^e$ 矩阵的右下部分，两个方向阶数各为$[k_l]^e$

的一半：

$$[k_l]^e = \begin{bmatrix} \cdots & \cdots \\ \cdots & k_l{}'^e \end{bmatrix} \tag{3.2-73}$$

通过形函数将黏结单元中的虚结点 b' 的结点力 $\{F_b{}'\}$ 转换为等参单元的结点力，即

$$\begin{Bmatrix} F_1^c \\ F_2^c \\ \cdots \\ F_n^c \end{Bmatrix} = \begin{Bmatrix} F_1 \\ F_2 \\ \cdots \\ F_n \end{Bmatrix}_b' = [N(\xi_b, \eta_b, \zeta_b)]^{\mathrm{T}} \{F_b{}'\} \tag{3.2-74}$$

再将上式与黏结单元中实结点的结点力 $\{F_b\}$ 相加，有：

$$\begin{Bmatrix} F_1^c \\ \cdots \\ F_n^c \\ F_b \end{Bmatrix}_l = [N_l{}']^{\mathrm{T}} \begin{Bmatrix} F_b \\ F_b{}' \end{Bmatrix} \quad (n = 8 \sim 20) \tag{3.2-75}$$

式中：$\{F_i^c\}$——等参单元的结点力。

对式(3.2-72)两边同时左乘 $[N_l{}']^{\mathrm{T}}$，并将式(3.2-69)和式(3.2-75)代入得：

$$\begin{Bmatrix} F_1^c \\ \cdots \\ F_n^c \\ F_b \end{Bmatrix}_l = [N_l{}']^{\mathrm{T}} [k_l{}']^e [N_l{}'] \begin{Bmatrix} \delta_1 \\ \cdots \\ \delta_n \\ \delta_b \end{Bmatrix} = [k_l^*]^e \begin{Bmatrix} \delta_1 \\ \cdots \\ \delta_n \\ \delta_b \end{Bmatrix} \quad (n = 8 \sim 20) \tag{3.2-76}$$

式中：$[k_l^*]^e$——黏结单元对组合单元的刚度贡献，$[k_l^*]^e = [N_l{}']^{\mathrm{T}} [k_l{}']^e [N_l{}']$。

b. 梁单元对组合单元的刚度贡献。

将梁单元的结点位移拆成平动位移 $\{\delta_i\}$ 和转角位移 $\{\delta_{\theta i}\} = [\delta_{xi} \quad \delta_{yi} \quad \delta_{zi}]^{\mathrm{T}}$ 两部分表示，并结合位移插值模式有：

$$\{\delta_{\theta i}\} = \frac{1}{2} \begin{bmatrix} 0 & -\frac{\partial N_1}{\partial z} & \frac{\partial N_1}{\partial y} & \cdots & 0 & -\frac{\partial N_n}{\partial z} & \frac{\partial N_n}{\partial y} \\ \frac{\partial N_1}{\partial z} & 0 & -\frac{\partial N_1}{\partial x} & \cdots & \frac{\partial N_n}{\partial z} & 0 & -\frac{\partial N_n}{\partial x} \\ -\frac{\partial N_1}{\partial y} & \frac{\partial N_1}{\partial x} & 0 & \cdots & -\frac{\partial N_n}{\partial y} & \frac{\partial N_n}{\partial x} & 0 \end{bmatrix} \begin{Bmatrix} \delta_1 \\ \delta_2 \\ \cdots \\ \delta_n \end{Bmatrix} \quad (i = a, b) \tag{3.2-77}$$

虚结点 a' 的平动位移可由等参单元结点位移插值得到：

$$\{\delta_a{}'\}=[N(\xi_a{}',\eta_a{}',\zeta_a{}')]\begin{Bmatrix}\delta_1\\ \delta_2\\ \cdots\\ \delta_i\\ \cdots\\ \delta_n\end{Bmatrix}\quad (n=8\sim20) \tag{3.2-78}$$

从而,梁单元的结点位移列阵:

$$\begin{Bmatrix}\delta_a{}'\\ \delta_{\theta a'}\\ \delta_b\\ \delta_{\theta b}\end{Bmatrix}=[N_b^*]\begin{Bmatrix}\delta_1\\ \delta_2\\ \cdots\\ \delta_n\\ \delta_b\end{Bmatrix}\quad (n=8\sim20) \tag{3.2-79}$$

其中:

$$[N_b^*]=\begin{bmatrix}
N_{1a'} & 0 & 0 & \cdots & N_{na'} & 0 & 0 & 0\\
0 & N_{1a'} & 0 & \cdots & 0 & N_{na'} & 0 & 0\\
0 & 0 & N_{1a'} & \cdots & 0 & 0 & N_{na'} & 0\\
0 & -\frac{1}{2}\frac{\partial N_{1a}{}'}{\partial z} & \frac{1}{2}\frac{\partial N_{1a}{}'}{\partial y} & \cdots & 0 & -\frac{1}{2}\frac{\partial N_{na}{}'}{\partial z} & \frac{1}{2}\frac{\partial N_{na}{}'}{\partial y} & 0\\
\frac{1}{2}\frac{\partial N_{1a}{}'}{\partial z} & 0 & -\frac{1}{2}\frac{\partial N_{1a}{}'}{\partial x} & \cdots & \frac{1}{2}\frac{\partial N_{na}{}'}{\partial z} & 0 & -\frac{1}{2}\frac{\partial N_{na}{}'}{\partial x} & 0\\
-\frac{1}{2}\frac{\partial N_{1a}{}'}{\partial y} & \frac{1}{2}\frac{\partial N_{1a}{}'}{\partial x} & 0 & \cdots & -\frac{1}{2}\frac{\partial N_{na}{}'}{\partial y} & \frac{1}{2}\frac{\partial N_{na}{}'}{\partial x} & 0 & 0\\
0 & 0 & 0 & \cdots & 0 & 0 & 0 & I_{3\times3}\\
0 & -\frac{1}{2}\frac{\partial N_{1b}}{\partial z} & \frac{1}{2}\frac{\partial N_{1b}}{\partial y} & \cdots & 0 & -\frac{1}{2}\frac{\partial N_{nb}}{\partial z} & \frac{1}{2}\frac{\partial N_{nb}}{\partial y} & 0\\
\frac{1}{2}\frac{\partial N_{1b}}{\partial z} & 0 & -\frac{1}{2}\frac{\partial N_{1b}}{\partial x} & \cdots & \frac{1}{2}\frac{\partial N_{nb}}{\partial z} & 0 & -\frac{1}{2}\frac{\partial N_{nb}}{\partial x} & 0\\
-\frac{1}{2}\frac{\partial N_{1b}}{\partial y} & \frac{1}{2}\frac{\partial N_{1b}}{\partial x} & 0 & \cdots & -\frac{1}{2}\frac{\partial N_{nb}}{\partial y} & \frac{1}{2}\frac{\partial N_{nb}}{\partial x} & 0 & 0
\end{bmatrix}$$

$$(n=8\sim20) \tag{3.2-80}$$

式中:$I_{3\times3}$——3 阶单位矩阵。

梁单元的平衡方程为:

$$\begin{Bmatrix}F_a{}'\\ F_{\theta a'}\\ F_b\\ F_{\theta b}\end{Bmatrix}=[k_b]^e\begin{Bmatrix}\delta_a{}'\\ \delta_{\theta a'}\\ \delta_b\\ \delta_{\theta b}\end{Bmatrix} \tag{3.2-81}$$

式中：$[F_a{}' \quad F_{\theta a'} \quad F_b \quad F_{\theta b}]^{\mathrm{T}}$——梁单元的结点力；

$[k_b]^e$——梁单元在整体坐标下的刚度矩阵。

通过形函数将虚结点 a' 的结点力以及 b 结点的弯矩转换为等参单元的结点力并相加，得

$$\begin{Bmatrix} F_1^c \\ F_2^c \\ \cdots \\ F_n^c \end{Bmatrix} = \begin{Bmatrix} F_1 \\ F_2 \\ \cdots \\ F_n \end{Bmatrix}_a' + \begin{Bmatrix} F_1 \\ F_2 \\ \cdots \\ F_n \end{Bmatrix}_a^{\theta'} + \begin{Bmatrix} F_1 \\ F_2 \\ \cdots \\ F_n \end{Bmatrix}_b^{\theta'} = \begin{bmatrix} N_{1a'} & 0 & 0 \\ 0 & N_{1a'} & 0 \\ 0 & 0 & N_{1a'} \\ \cdots & \cdots & \cdots \\ N_{na'} & 0 & 0 \\ 0 & N_{na'} & 0 \\ 0 & 0 & N_{na'} \end{bmatrix} \{F_a{}'\} +$$

$$\frac{1}{2}\begin{bmatrix} 0 & \dfrac{\partial N_{1a}{}'}{\partial z} & -\dfrac{\partial N_{1a}{}'}{\partial y} \\ -\dfrac{\partial N_{1a}{}'}{\partial z} & 0 & \dfrac{\partial N_{1a}{}'}{\partial x} \\ \dfrac{\partial N_{1a}{}'}{\partial y} & -\dfrac{\partial N_{1a}{}'}{\partial x} & 0 \\ \cdots & \cdots & \cdots \\ 0 & \dfrac{\partial N_{na}{}'}{\partial z} & -\dfrac{\partial N_{na}{}'}{\partial y} \\ -\dfrac{\partial N_{na}{}'}{\partial z} & 0 & \dfrac{\partial N_{na}{}'}{\partial x} \\ \dfrac{\partial N_{na}{}'}{\partial y} & -\dfrac{\partial N_{na}{}'}{\partial x} & 0 \end{bmatrix} \{F_{\theta a'}\} + \frac{1}{2}\begin{bmatrix} 0 & \dfrac{\partial N_{1b}}{\partial z} & -\dfrac{\partial N_{1b}}{\partial y} \\ -\dfrac{\partial N_{1b}}{\partial z} & 0 & \dfrac{\partial N_{1b}}{\partial x} \\ \dfrac{\partial N_{1b}}{\partial y} & -\dfrac{\partial N_{1b}}{\partial x} & 0 \\ \cdots & \cdots & \cdots \\ 0 & \dfrac{\partial N_{nb}}{\partial z} & -\dfrac{\partial N_{nb}}{\partial y} \\ -\dfrac{\partial N_{nb}}{\partial z} & 0 & \dfrac{\partial N_{nb}}{\partial x} \\ \dfrac{\partial N_{nb}}{\partial y} & -\dfrac{\partial N_{nb}}{\partial x} & 0 \end{bmatrix} \{F_{\theta b}\}$$

$$(n = 8 \sim 20) \qquad (3.2\text{-}82)$$

再将上式与平动的结点力相加：

$$\begin{Bmatrix} F_1^c \\ \cdots \\ F_n^c \\ F_b \end{Bmatrix}_b = [N_b^*]^{\mathrm{T}} \begin{Bmatrix} F_a{}' \\ F_{\theta a'} \\ F_b \\ F_{\theta b} \end{Bmatrix} \quad (n = 8 \sim 20) \qquad (3.2\text{-}83)$$

式中：$\{F_i^c\}$——等参单元的结点力；

$\{F_b\}_b$——梁单元的平动结点力。

对式(3.2-81)两边同时左乘$[N_b^*]^{\mathrm{T}}$，并将式(3.2-79)和式(3.2-83)代入得：

$$\begin{Bmatrix} F_1^c \\ \cdots \\ F_n^c \\ F_b \end{Bmatrix}_b = [N_b^*]^{\mathrm{T}}[k_b]^e[N_b^*]\begin{Bmatrix} \delta_1 \\ \cdots \\ \delta_n \\ \delta_b \end{Bmatrix} = [k_b^*]^e\begin{Bmatrix} \delta_1 \\ \cdots \\ \delta_n \\ \delta_b \end{Bmatrix} \quad (n=8\sim 20) \tag{3.2-84}$$

式中：$[k_b^*]^e$——梁单元对组合单元的刚度贡献，$[k_b^*]^e=[N_b^*]^{\mathrm{T}}[k_b]^e[N_b^*]$。

综上所述，则得组合单元的平衡方程为：

$$\begin{Bmatrix} F_1 \\ \cdots \\ F_n \\ F_b \end{Bmatrix}^e = \begin{Bmatrix} F_1 \\ \cdots \\ F_n \\ 0 \end{Bmatrix}_e + \begin{Bmatrix} F_1^c \\ \cdots \\ F_n^c \\ F_b \end{Bmatrix}_b + \begin{Bmatrix} F_1^c \\ \cdots \\ F_n^c \\ F_b \end{Bmatrix}_l = \left(\begin{bmatrix} K_c^e & 0 \\ 0 & 0_{3\times 3} \end{bmatrix} + [k_b^*]^e + [k_l^*]^e\right)\begin{Bmatrix} \delta_1 \\ \cdots \\ \delta_n \\ \delta_b \end{Bmatrix} (n=8\sim 20) \tag{3.2-85}$$

式中：$[F_1 \quad \cdots \quad F_n]_e^{\mathrm{T}}$——等参单元结点力；

$[K_c^e]$——等参单元刚度矩阵。

式(3.2-85)为只含有一根梁单元的组合单元的平衡方程。若组合单元中含有多根梁单元，对每根梁单元进行循环可得到其平衡方程。

(4)埋置式单元模型的前处理

上述的埋置式组合单元，必须首先确定钢筋在混凝土单元中的坐标位置(梁、杆的结点坐标)，这项工作如果由人工完成比较困难。事实上，在已经形成的混凝土等参单元网格的基础上，采用一定的算法，可由程序求得埋置在等参单元内各钢筋段的坐标信息。

1)整体坐标的逆映射

在进行埋置式单元模型的前处理，以及在处理上述单元模型中的黏结单元，包括求黏结单元的刚度系数矩阵$[K_i]$及求黏结单元对总体刚度矩阵的贡献$[K_i^*]^e$、梁单元对总体刚度矩阵的贡献$[k_b^*]$时，首先应求得$[N^*]$，因此都需要求整体坐标(x,y,z)相对应的局部坐标(ξ,η,ζ)，即求整体坐标的逆映射，这时可采用下列方法。

等参单元中任一点的坐标可表示为：

$$\begin{Bmatrix} x \\ y \\ z \end{Bmatrix} = \begin{bmatrix} N & 0 & 0 \\ 0 & N & 0 \\ 0 & 0 & N \end{bmatrix}\begin{Bmatrix} X \\ Y \\ Z \end{Bmatrix} \tag{3.2-86}$$

式中：N——空间单元的形函数矩阵，对 n 结点的等参单元有$\{N\}=\{N_1 \quad N_2 \quad \cdots \quad N_n\}$；

$[X \quad Y \quad Z]^T$——单元结点坐标向量。

由数学知识可知：

$$\begin{cases} \mathrm{d}x = \dfrac{\partial x}{\partial \xi}\mathrm{d}\xi + \dfrac{\partial x}{\partial \eta}\mathrm{d}\eta + \dfrac{\partial x}{\partial \zeta}\mathrm{d}\zeta \\ \mathrm{d}y = \dfrac{\partial y}{\partial \xi}\mathrm{d}\xi + \dfrac{\partial y}{\partial \eta}\mathrm{d}\eta + \dfrac{\partial y}{\partial \zeta}\mathrm{d}\zeta \\ \mathrm{d}z = \dfrac{\partial z}{\partial \xi}\mathrm{d}\xi + \dfrac{\partial z}{\partial \eta}\mathrm{d}\eta + \dfrac{\partial z}{\partial \zeta}\mathrm{d}\zeta \end{cases} \tag{3.2-87}$$

将上式改写成矩阵形式，为：

$$\begin{Bmatrix} \mathrm{d}x \\ \mathrm{d}y \\ \mathrm{d}z \end{Bmatrix} = \begin{bmatrix} \dfrac{\partial x}{\partial \xi} & \dfrac{\partial x}{\partial \eta} & \dfrac{\partial x}{\partial \zeta} \\ \dfrac{\partial y}{\partial \xi} & \dfrac{\partial y}{\partial \eta} & \dfrac{\partial y}{\partial \zeta} \\ \dfrac{\partial z}{\partial \xi} & \dfrac{\partial z}{\partial \eta} & \dfrac{\partial z}{\partial \zeta} \end{bmatrix} \begin{Bmatrix} \mathrm{d}\xi \\ \mathrm{d}\eta \\ \mathrm{d}\zeta \end{Bmatrix} = [J] \begin{Bmatrix} \mathrm{d}\xi \\ \mathrm{d}\eta \\ \mathrm{d}\zeta \end{Bmatrix} \tag{3.2-88}$$

则有：

$$\begin{Bmatrix} \mathrm{d}\xi \\ \mathrm{d}\eta \\ \mathrm{d}\zeta \end{Bmatrix} = [J]^{-1} \begin{Bmatrix} \mathrm{d}x \\ \mathrm{d}y \\ \mathrm{d}z \end{Bmatrix} \tag{3.2-89}$$

式中：$[J]$——雅各比矩阵。

对整体坐标中一点 $P(x,y,z)$，其局部坐标(ξ,η,ζ)应符合下式：

$$\begin{Bmatrix} x \\ y \\ z \end{Bmatrix}_p - \begin{bmatrix} N & 0 & 0 \\ 0 & N & 0 \\ 0 & 0 & N \end{bmatrix} \begin{Bmatrix} X \\ Y \\ Z \end{Bmatrix} = \begin{Bmatrix} 0 \\ 0 \\ 0 \end{Bmatrix} \tag{3.2-90}$$

因此，可采用牛顿—拉斐逊法计算求等参单元中任一点整体坐标(x,y,z)所对应的局部坐标(ξ,η,ζ)，迭代格式为：

$$\begin{Bmatrix} \xi \\ \eta \\ \zeta \end{Bmatrix}_p^{m+1} = \begin{Bmatrix} \xi \\ \eta \\ \zeta \end{Bmatrix}_p^{m} + \begin{Bmatrix} \Delta\xi \\ \Delta\eta \\ \Delta\zeta \end{Bmatrix}_p^{m+1} \tag{3.2-91}$$

$$\begin{Bmatrix} \Delta\xi \\ \Delta\eta \\ \Delta\zeta \end{Bmatrix}_p^{m+1} = [J^n]^{-1} \left\{ \begin{Bmatrix} x \\ y \\ z \end{Bmatrix}_p - \begin{bmatrix} N^m & 0 & 0 \\ 0 & N^m & 0 \\ 0 & 0 & N^m \end{bmatrix} \begin{Bmatrix} X \\ Y \\ Z \end{Bmatrix} \right\} \tag{3.2-92}$$

式中：m——迭代次数。

用牛顿—拉斐逊法求解非线性方程组时，在真实解附近具有二阶收敛速度，可较快地由整体坐标确定其相应的局部坐标。

2)埋置式梁、杆单元钢筋信息的自动生成

如图 3.2-16 所示，设 P_1P_2 为一直线段钢筋，其参数方程为：

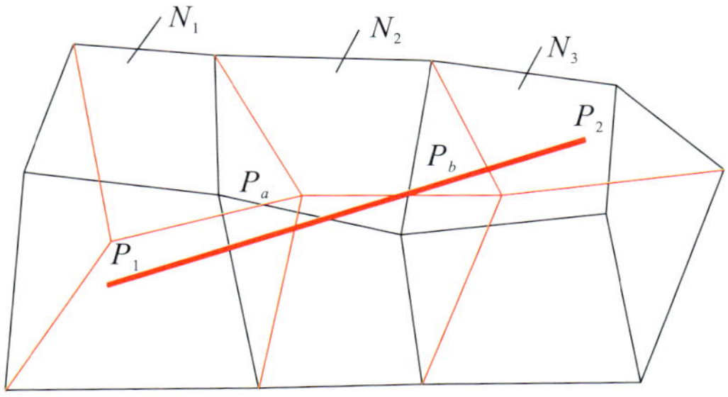

图 3.2-16　钢筋梁、杆与混凝土单元边界的交点

$$\begin{Bmatrix} x(s) \\ y(s) \\ z(s) \end{Bmatrix} = \begin{Bmatrix} x \\ y \\ z \end{Bmatrix}_{P_1} + s\left\{ \begin{Bmatrix} x \\ y \\ z \end{Bmatrix}_{P_2} - \begin{Bmatrix} x \\ y \\ z \end{Bmatrix}_{P_1} \right\} \tag{3.2-93}$$

那么，确定 P_1P_2 与等参单元边界面交点的坐标可按下列步骤进行：

①对每个混凝土单元循环，用逆映射方法确定 P_1、P_2 点所在的单元 N_1、N_2。对每个单元都能求得和 P_1、P_2 点相应的局部坐标，但只有满足 $-1\leqslant\xi,\eta,\zeta\leqslant1$ 的单元才是 P_1、P_2 点所在的单元 N_1、N_2。

②求 P_1P_2 与单元 N_1 的交界点，设混凝土单元边界面的方程为：

$$Ax + By + Cz + D = 0 \tag{3.2-94}$$

联立求解上式与钢筋参数方程可得钢筋与边界面的交点坐标。对六面体单元可求得 P_1P_2 与该单元 6 个面的交点，但只有满足下列条件的交点才是所要求的交点：

$$0 \leqslant s \leqslant 1;\ -1 \leqslant \xi,\eta,\zeta \leqslant 1 \tag{3.2-95}$$

③确定钢筋段进入的下一个单元 N_3。根据 P_1P_2 在单元 N_1 边界面上的结点信息，对除 N_1 外的单元循环，找到与单元 N_1 相邻的单元，此单元即为钢筋将要进入的下一个单元 N_3。

④以 N_3 为起点，重复第 2、3 步，直到 $N_3=N_2$，即求得了 P_1P_2 与其通过的混凝土单元边界面交点的所有结点坐标，这些坐标即为杆单元起点与终点的整体坐标，而杆单元的中点坐标可用中点插值方法求得。

(5)接触面本构关系模型

衬砌式船闸结构有限元计算时常会遇到块体与块体(岩体与混凝土、混凝土与混凝土)、锚杆与岩体、钢筋与混凝土等多种界面接触问题，如何处理这些接触面直接影响到计算结果。

目前，处理接触面的方法有直接法、接触力学法、接触面单元法 3 种。

直接法是将接触面上的相互作用问题作为一个二次规划问题考虑，即数学规划法。

接触力学法是基于接触力学原理提出的罚函数法和拉格朗日乘子法，将接触面处理成一类边界条件，拉格朗日乘子法中的乘子和罚函数中的罚值相当于接触面上的接触应力或接触力，求出了其中的乘子，就可以得到接触面上的力或应力分布，该法计算精度较高。

接触面单元法是在接触问题的接触边界上引入接触面单元。它是一种无厚度的或厚度很薄的特殊单元，在相邻接触物体间起过渡作用，其中空间 8～16 结点接触面单元用于空间问题块体与块体之间的接触，空间 4～6 结点一维界面单元用于空间问题杆、梁单元与块体的接触；平面 4～6 结点界面单元用于平面问题块体与块体之间或杆、梁单元与块体的接触；双弹簧单元用于杆、梁单元与块体的接触。这种方法是基于事先假定的接触面本构关系，通过增量和迭代手段调整单元本构模型中的参数，近似地模拟接触面应力—应变关系。因为它具有概念清晰、简单易行等优点，所以在工程领域的接触分析问题求解中应用十分广泛。这种方法的关键是采用合理的接触面上的本构关系。

所谓接触面本构关系，是指接触面上作用应力的法向分量和切向分量与接触面上相对位移的法向分量与切向分量之间的相互关系。下面对各种界面的本构关系进行介绍。

1)块体与块体(岩体与混凝土、混凝土与混凝土)接触面的物理方程

在建立块体与块体(岩体与混凝土、混凝土与混凝土)接触面的物理方程时，一般需要考虑下列几个因素：

①由于变温和其他方面的原因，缝面可能存在各种间隙。这些间隙将随缝面位置、结构高程和荷载作用而变化，而间隙的大小与分布对荷载的传递能力有很大的影响，本构关系应考虑间隙的影响。

②大多数缝面属于空间问题，因此本构关系应能考虑缝面两个方向剪应力的相互影响。

③缝面可能是平直缝，也可能是键槽缝。若是键槽缝，则沿键槽缝的不同方向，接触面的抗剪能力是不同的。本构关系应能反映缝面上键槽的方向性，即沿键槽的不同方向，可以具有不同刚度。

一般来说，块体与块体接触面本构关系有传剪模型和部分传剪模型两种。

a. 传剪模型。

开挖后岩体一般不平整，当认为岩体与混凝土衬砌墙始终有骨料咬合作用时，采用传剪模型，即认为接触面闭合时传压与传剪；传剪接触面张开时不传压、不传拉，但传剪。若同时考虑岩体与混凝土衬砌墙存在抗拉强度，则界面首次张开前，界面单元本构关系可表示为：

$$\sigma_z = K_z(\Delta w + d) \quad (\text{当 } \sigma_z \leqslant f_n) \tag{3.2-96a}$$

$$\tau_x = \begin{cases} G_x \Delta u_x & (\text{当} \sqrt{\tau_x^2 + \tau_y^2} < c - f\sigma) \\ c - f\sigma & (\text{当} \sqrt{\tau_x^2 + \tau_y^2} \geqslant c - f\sigma) \end{cases} \tag{3.2-96b}$$

$$\tau_y = \begin{cases} G_y \Delta u_y & (\text{当} \sqrt{\tau_x^2 + \tau_y^2} < c - f\sigma) \\ c - f\sigma & (\text{当} \sqrt{\tau_x^2 + \tau_y^2} \geqslant c - f\sigma) \end{cases} \tag{3.2-96c}$$

当首次张开后，式(3.2-96a)改为：

$$\sigma_z = \begin{cases} K_z(\Delta w + d) & (\text{当 } \Delta w + d \leqslant 0) \\ 0 & (\text{当 } \Delta w + d > 0) \end{cases} \tag{3.2-96d}$$

式中：d——缝面初始间隙；

σ_z、K_z 和 Δw——z 向的法向应力、法向刚度和法向位移差；

τ_x、G_x 和 Δu_x——x 向的切向应力、切向刚度和切向位移差；

τ_y、G_y 和 Δu_y——y 向的切向应力、切向刚度和切向位移差；

f_n——界面抗拉强度；

c——界面黏聚力；

f——界面摩擦系数。

若界面法向应力为受拉，则计算最大剪应力 $c-f\sigma$ 时取 $\sigma=0$。

b. 部分传剪模型。

部分传剪模型界面本构关系假定：界面法向闭合时传压传剪，法向张开时不传力。若同时考虑界面存在抗拉强度，则界面首次张开前，界面单元本构关系可表示为：

$$\sigma_z=K_z(\Delta w+d)\quad(\text{当 }\sigma_z\leqslant f_n)\tag{3.2-97a}$$

$$\tau_x=\begin{cases}G_x\Delta u_x & (\text{当 }\sqrt{\tau_x^2+\tau_y^2}<c-f\sigma\text{ 且 }\sigma_z\leqslant f_n)\\ c-f\sigma & (\text{当}\sqrt{\tau_x^2+\tau_y^2}\geqslant c-f\sigma\text{ 且 }\sigma_z\leqslant f_n)\end{cases}\tag{3.2-97b}$$

$$\tau_y=\begin{cases}G_y\Delta u_y & (\text{当}\sqrt{\tau_x^2+\tau_y^2}<c-f\sigma\text{ 且 }\sigma_z\leqslant f_n)\\ c-f\sigma & (\text{当}\sqrt{\tau_x^2+\tau_y^2}\geqslant c-f\sigma\text{ 且 }\sigma_z\leqslant f_n)\end{cases}\tag{3.2-97c}$$

当首次张开后，本构关系变为：

$$K_z=\begin{cases}K_z & (\text{当}(\Delta w+d)<0)\\ 0 & (\text{当}(\Delta w+d)\geqslant 0)\end{cases}\tag{3.2-98a}$$

$$\tau_x=\begin{cases}u_xG_x & (\text{当}(\Delta w+d)<0\text{ 且}\sqrt{\tau_x^2+\tau_y^2}<c-f\sigma)\\ c-f\sigma & (\text{当}(\Delta w+d)<0\text{ 且}\sqrt{\tau_x^2+\tau_y^2}\geqslant c-f\sigma)\\ 0 & (\text{当}(\Delta w+d)>0)\end{cases}\tag{3.2-98b}$$

$$\tau_y=\begin{cases}\Delta u_yG_y & (\text{当}(\Delta w+d)<0\text{ 且}\sqrt{\tau_x^2+\tau_y^2}<c-f\sigma)\\ c-f\sigma & (\text{当}(\Delta w+d)<0\text{ 且}\sqrt{\tau_x^2+\tau_y^2}\geqslant c-f\sigma)\\ 0 & (\text{当}(\Delta w+d)>0)\end{cases}\tag{3.2-98c}$$

2)钢筋与混凝土之间的黏结滑移

钢筋与混凝土之间的黏结滑移可用空间 4～6 结点一维界面单元、平面 4～6 结点界面单元与双弹簧单元来模拟，但前提是已知刚度系数矩阵或刚度矩阵。对于空间 4～6 结点一维界面单元，刚度系数矩阵[λ]为：

$$[\lambda]=\begin{bmatrix}\lambda_h & 0 & 0\\ 0 & \lambda_n & 0\\ 0 & 0 & \lambda_n\end{bmatrix}\tag{3.2-99}$$

式(3.2-99)中的 λ_n 为垂直于钢筋方向的刚度系数，模拟混凝土对钢筋与锚杆的挤压，计算时一般取一个大数；λ_h 为沿钢筋方向的刚度系数，模拟钢筋、锚杆与混凝土的黏结滑移，由黏结滑移公式求得。

钢筋与混凝土的黏结滑移是钢筋混凝土结构研究的基本问题之一，已有不少的研究。早期研究的是未锈蚀钢筋与混凝土之间的黏结滑移，近期主要研究锈蚀钢筋与混凝土之间的黏结滑移。下面列出几个主要的未锈蚀钢筋的黏结滑移公式。

有学者根据拉伸试件试验结果，提出如下以多项式表示的关系式：

$$\tau = 9.81 \times 10^2 s - 5.74 \times 10^4 s^2 + 0.837 \times 10^6 s^3 \tag{3.2-100}$$

式中：τ——黏结应力，N/mm^2；

s——局部滑移，mm。

达到最大黏结应力时的滑移量建议取 11×10^{-3}mm。

有学者根据配有 3 种不同直径钢筋的 62 个拉伸试件和 6 个梁端拔出试件的试验结果，提出式(3.2-101)：

$$\tau = (5.30 \times 10^2 s - 2.52 \times 10^4 s^2 + 5.87 \times 10^5 s^3 - 5.47 \times 10^6 s^4)\sqrt{\frac{f'_c}{40.7}} \tag{3.2-101}$$

式中：f_c'——圆柱体抗压强度，N/mm^2。

其他符号的意义和式(3.2-100)相同。

在实际应用时，还要考虑下降段。图 3.2-17 中的上升段是表达式(3.2-101)，下降段为二折线。

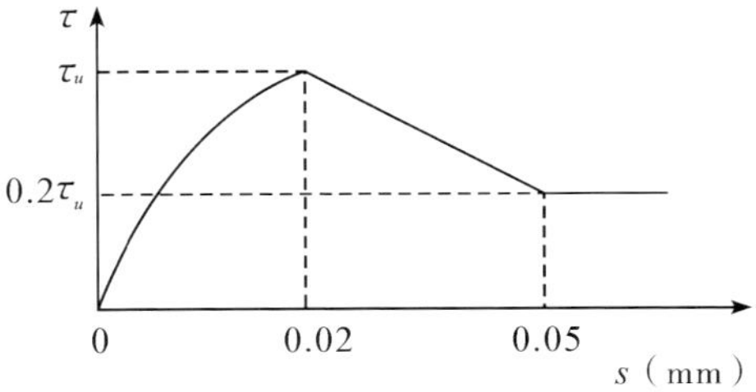

图 3.2-17 上升段采用 Houde 的 $\tau-s$ 关系

金芷生、朱万福等进行了受弯梁的黏结滑移试验，求出将各级荷载作用下出现最大黏结应力附近点的 τ 和 s，再由最小二乘法最佳拟合 $\tau-s$ 曲线为：

$$\tau = 14.90 \times 10^3 s - 1.16 \times 10^6 s^2 - 0.07 \times 10^9 s^3 \tag{3.2-102}$$

式中符号意义及单位与式(3.2-100)相同。

徐有邻、沈文都等通过对试验结果的回归统计，给出了黏结滑移曲线。该曲线分为 5 段，用 4 个特征点来描述。这 4 个黏结锚固特征点分别定义为：

内裂点(τ_s，s_s)，表现为胶结滑脱渗透到自由端，宏观表现为试件自由端开始滑移，$\tau_s = 0.99 f_t$，$s_s = 0.08d$。

劈裂点（τ_{cr}，s_{cr}），纵向劈裂发生并贯通保护层，$P-s$ 曲线明显转折，$\tau_{cr}=(1.6+0.7c/d)f_t$，$s_{cr}=0.024d$。

极限强度（τ_u，s_u），咬合齿挤压破碎，达到荷载极限，$P-s$ 曲线出现峰值，$\tau_u=(1.6+0.7c/d+20\rho_{sv})f_t$，$s_u=0.0268d$。

残余强度（τ_r，s_r），咬合齿切断，$P-s$ 曲线下降段的终点和水平段起点，$\tau_r=0.98f_t$，$s_r=0.540d$。

在以上各点的强度值中，f_t 为混凝土抗拉强度，d 为钢筋直径，c 为保护层厚度。当 $c/d>4.5$ 时，取 $c/d=4.5$。

曲线的 5 段方程为：

①微滑移段（原点到内裂点）。

$$\tau=\tau_s\sqrt[4]{\frac{s}{s_s}}\qquad(0<s<s_s)\tag{3.2-103a}$$

②滑移段（内裂点到劈裂点）。

$$\tau=K_1+K_2\sqrt[4]{s}\qquad(s_s<s<s_{cr})\tag{3.2-103b}$$

③劈裂段（劈裂点到极限点）。

$$\tau=K_3+K_4s+K_5s^2\qquad(s_{cr}<s\leqslant s_u)\tag{3.2-103c}$$

④下降段（极限点到残余点）。

$$\tau=\tau_u-\frac{\tau_u-\tau_r}{s_r-s_u}(s-s_u)\qquad(s_u<s\leqslant s_r)\tag{3.2-103d}$$

⑤残余段。

$$\tau=\tau_r\qquad(s>s_r)\tag{3.2-103e}$$

其中：

$$K_1=\tau_{cr}-K_2\sqrt[4]{s_{cr}},K_2=\frac{\tau_{cr}-\tau_s}{\sqrt[4]{s_{cr}}-\sqrt[4]{s_s}}$$

$$K_3=\tau_u-K_4s_u-K_5s_u^2$$

$$K_4=\frac{2s_u(\tau_u-\tau_{cr})}{(s_u-s_{cr})^2}$$

$$K_5=-\frac{\tau_u-\tau_{cr}}{(s_u-s_{cr})^2}$$

文献[19]对 HRB500 钢筋进行黏结滑移试验，并根据文献[18]给出了黏结滑移曲线。该曲线也分为 5 段，各段代表式也与文献[18]相同，但 4 个特征点的取值与文献[18]不同，分别为（图 3.2-18）：

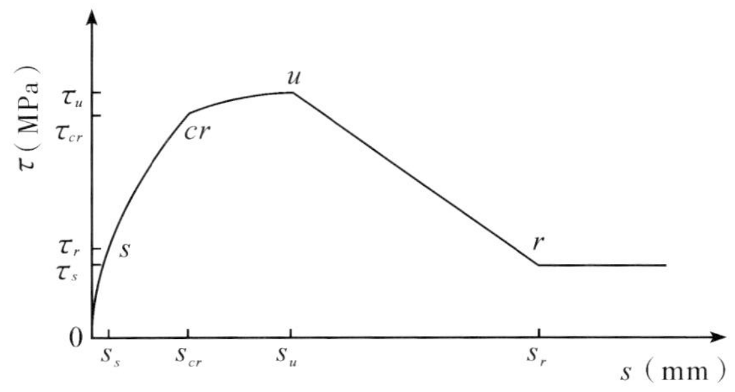

图 3.2-18 文献[18]的 $\tau-s$ 关系

内裂点(τ_s, s_s):$\tau_s = 0.92f_t, s_s = 0.0021d$。

劈裂点(τ_{cr}, s_{cr}):$\tau_{cr} = (1.2 + 0.8c/d)f_t, s_{cr} = 0.0344d$。

极限强度(τ_u, s_u):$\tau_u = (1.2 + 0.8c/d + 24\rho_{sv})f_t, s_u = 0.0562d$。

残余强度(τ_r, s_r):$\tau_r = 0.90f_t, s_r = 0.612d$。

式中:f_t——混凝土抗拉强度,N/mm^2;

d——钢筋直径,mm;

c/d——保护层厚度与钢筋直径的比值,试验采用范围为 $c/d = 0.833 \sim 4.5$,大多数试件 $c/d = 3.667$;

ρ_{sv}——配箍率,试验中绝大多数试件未配置箍筋,只有小部分试件配置了箍筋。

有了钢筋与混凝土黏结滑移曲线,就可求得刚度系数和单位刚度系数。对于双弹簧单元有:

$$\lambda_t = \frac{d\tau}{ds}A \tag{3.2-104}$$

式中:λ_t——钢筋方向的弹簧刚度,N/mm;

A——从属于黏结单元的钢筋表面积,$A = n\pi dl$,其中,d 为钢筋直径,l 为单元包括的钢筋长度,n 为钢筋根数。

对于空间 4~6 结点一维界面单元、平面 4~6 结点界面单元有:

$$\lambda_t = \frac{d\tau}{ds}s \tag{3.2-105}$$

式中:λ_t——沿钢筋方向的单位刚度系数,N/mm^2;

s——钢筋周长,$s = n\pi d$,其中,d 为钢筋直径,n 为钢筋根数。

3)锚杆与岩体界面的模拟

对于拉力型锚杆,它的传力过程为锚杆$\xrightarrow{剪应力}$灌浆体$\xrightarrow{剪应力}$岩体,因此在锚杆的锚固段存在 3 个界面。第一界面是指锚杆与锚固剂之间的界面;第二界面是指锚固剂与孔壁(岩体)之间的界面;第三界面发生在锚孔壁周围被加固岩体介质内部,是一个广义的"界面",一般很少考虑这个界面。

当锚杆的锚固段处在硬质岩中时,灌浆体和岩体的黏结强度可能比锚杆和灌浆体黏结强度高，黏结破坏发生于锚杆和灌浆体的结合面（第一界面）；当锚杆锚固段处在软岩中时，灌浆体和岩体的黏结强度要低于灌浆体和岩体的黏结强度，黏结破坏发生于灌浆体和岩体的结合面（第二界面）。

有文献认为，由于砂浆锚杆的钻孔直径至少比锚杆径大50%，根据一些学者的实验结果，如果在保证足够的锚固长度的前提下，砂浆锚杆最常见的破坏是发生在锚杆与砂浆交界面的黏结破坏（第一界面）；而短高强锚杆的破坏则经常发生在灌浆体和岩体的结合面（第二界面）。

由于锚杆的锚固段存在两种界面，而且两种界面都有可能出现破坏，至今尚未见到锚杆与岩体黏结应力 τ 与滑移 s 曲线的报道。在锚杆有限元计算时可采用简化的 $\tau-s$ 关系（图 3.2-19）。在图 3.2-19 中，τ_u 表示锚杆与岩体界面的剪切强度，δ_m 是对应于剪切强度的 τ_u 滑移；τ_f 表示黏结完全破坏后残余的摩擦应力；λ_h 表示界面剪切刚度。这些参数应由试验确定。

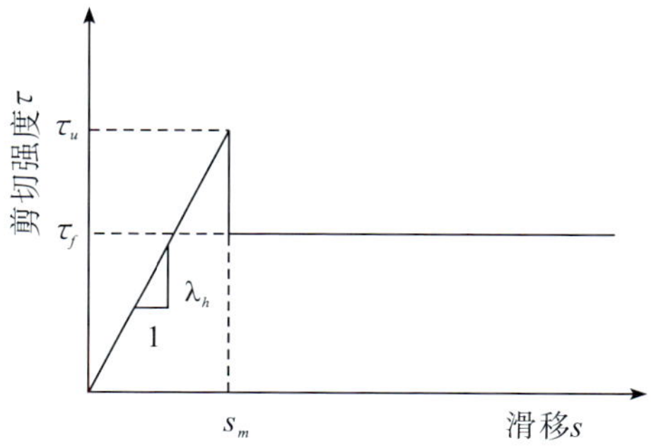

图 3.2-19　锚杆与岩体简化的 $\tau-s$ 关系

当缺乏试验资料时，对于砂浆锚杆，切向刚度系数 λ_h 和法向刚度矩阵 λ_n 可按下式计算：

$$\lambda_h = G/r \tag{3.2-106a}$$

$$\lambda_n = E/r \tag{3.2-106b}$$

式中：G,E——砂浆的剪切模量，弹性模量；

r——砂浆灌浆孔的半径。

同时采用莫尔—库伦准则作为锚杆界面剪切滑移的屈服面：

$$f = \tau - c + \sigma_n \tan\varphi \tag{3.2-107}$$

式中：τ,σ_n——界面的剪应力，正应力；

c,φ——砂浆的黏聚力，内摩擦角。

λ_h 也可更简单取为：当 $\tau < \tau_u$ 时，锚杆不滑动，$\lambda_h = \infty$（即取一个大值）；当 $\tau \geq \tau_u$ 时，锚杆滑动，$\lambda_h = 0$。

（6）温度场与温度应力计算

对于重要的衬砌式结构，温度场一般根据其温度边界值的条件，按连续介质热传导理论由有限元计算得到。相应地,温度应力也采用有限单元法计算。

1)热传导方程

混凝土结构的温度场可由热传导基本方程求解。对于均匀各向同性的具有内热源(水化热)的混凝土,在直角坐标系中热传导微分方程为:

$$\frac{\partial T}{\partial \tau}=a\left(\frac{\partial^2 T}{\partial x^2}+\frac{\partial^2 T}{\partial y^2}+\frac{\partial^2 T}{\partial z^2}\right)+\frac{\partial \theta}{\partial \tau} \tag{3.2-108}$$

式中:$T(x、y、z)$——各坐标点的温度;

τ——时间;

a——混凝土的导温系数;

θ——混凝土的绝热温升。

若采用圆柱坐标系($r、\varphi、z$)表示,热传导方程可改写为:

$$\frac{\partial T}{\partial \tau}=a\left(\frac{\partial^2 T}{\partial r^2}+\frac{1}{r}\frac{\partial T}{\partial r}+\frac{1}{r^2}\frac{\partial^2 T}{\partial \varphi^2}+\frac{\partial^2 T}{\partial z^2}\right)+\frac{\partial \theta}{\partial \tau} \tag{3.2-109}$$

对于无水化热或不考虑水化热的问题,以上各式中均取$\frac{\partial \theta}{\partial \tau}=0$。

如果温度场不随时间变化,则称为稳定温度场。此时,$\frac{\partial T}{\partial \tau}=0$,$\frac{\partial \theta}{\partial \tau}=0$,故式(3.2-109)的热传导方程改写为:

$$\frac{\partial^2 T}{\partial x^2}+\frac{\partial^2 T}{\partial y^2}+\frac{\partial^2 T}{\partial z^2}=0 \tag{3.2-110}$$

2)边值条件

边值条件分为初始条件与边界条件两部分。

①初始条件。

刚入仓的混凝土一般假定为均匀的,且温度值为混凝土的入仓温度。由此得初始条件为:

$$T=T_0 \quad (\tau=0) \tag{3.2-111}$$

②边界条件。

边界条件是指混凝土块体表面与周围介质的热交换条件,如表面与流水、空气接触等。温度场计算时的边界条件可分为三类。

第一类边界条件为混凝土表面的温度 T 是时间 τ 的已知函数,即

$$T=f(\tau) \tag{3.2-112}$$

式中:$f(\tau)$——已知温度值。

第二类边界条件为混凝土表面热流量 q^* 是时间 τ 的已知函数,即

$$-\lambda\frac{\partial T}{\partial n}=q^*(\tau) \tag{3.2-113}$$

式中:n——混凝土表面的法向方向;

λ——混凝土的导热系数。

当混凝土表面热流量 $q^*(\tau)=0$ 时，$\frac{\partial T}{\partial n}=0$，这时称为绝热边界条件，混凝土与外界介质无热交换。若结构的几何形状和边界条件都是对称的，则在对称面上热流量为零（绝热条件），只需要取对称面一侧的结构进行温度场计算。

第三类边界条件为混凝土与空气接触时的情况，即混凝土表面热流量和表面温度 T 与气温 T_a 之差成正比，即

$$-\lambda \frac{\partial y}{\partial x}=\beta(T-T_a) \tag{3.2-114}$$

式中：β——放热系数，可由式（3.2-115）计算。

放热系数与建筑物表面粗糙度及风速有关，混凝土结构可按下式计算：

粗糙表面：

$$\beta=23.9+14.50v_0 \tag{3.2-115a}$$

光滑表面：

$$\beta=21.8+13.53v_0 \tag{3.2-115b}$$

式中：v_0——计算风速，m/s；

β——放热系数，kJ/(m^2 · J/℃)。

在水利工程遇到较多的是第一类与第三类边界条件。当混凝土表面与流水直接接触，这时可按第一类边界条件计算，取混凝土表面的温度等于水温。从式（3.2-114）可知，当 β 趋于无穷大时，$T=T_a$，即混凝土表面温度等于介质（流水）温度，就转化为第一类边界条件。当 $\beta=0$ 时，$\frac{\partial T}{\partial n}=0$，就转化为绝热边界条件。

当混凝土表面有模板或其他保温材料时，式（3.2-114）中的 β 值可用等效放热系数 β_{eq} 替代。β_{eq} 按下式计算：

$$\beta_{eq}=\frac{1}{\sum \frac{h_i}{\lambda_i}+\frac{1}{\beta}} \tag{3.2-116}$$

式中：β——最外层保温材料与空气接触的放热系数；

λ_i——第 i 层保温材料的导热系数；

h_i——第 i 层保温材料的厚度。

上述各式中的温度热学特性指标（比热容 c、导热系数 λ、导温系数 a、线热胀系数 α_c、混凝土的绝热温升 θ）应由试验确定，对一般工程也可由《水工混凝土结构设计规范》（SL 191—2008）附录 G 中的有关表格查得或有关公式计算得到。

3）温度场有限元的基本方程

从理论上讲，求解在规定边界条件下的热传导方程就能确定结构的温度场。但在实际工程中，结构的边界条件十分复杂，理论解很难求得，只有一些十分简单的典型问题才有理

论解，绝大部分结构的温度场需要采用数值方法。有限元单元法是目前求解任意边界条件和任意形状混凝土结构温度场的最有效的方法。目前，在实际工程中，一般采用有限元单元法来计算结构的温度场。

以空间问题为例，将空间区域 R 离散成有限元网格，单元结点温度列阵为 $\{T\}^e=[T_1\quad T_2\quad \cdots\quad T_n]^{\mathrm{T}}$，形函数矩阵为 $[N(x,y,z)]=[N_1\quad N_2\quad \cdots\quad N_n]$，则单元内任一点的温度 T 为：

$$T=[N]\{T\}^e \tag{3.2-117}$$

于是

$$\begin{Bmatrix} T_x \\ T_y \\ T_z \end{Bmatrix}=\begin{bmatrix} \dfrac{\partial N}{\partial x} \\ \dfrac{\partial N}{\partial y} \\ \dfrac{\partial N}{\partial z} \end{bmatrix}\{T\}^e=[B]\{T\}^e \tag{3.2-118}$$

$$T_x=\frac{\partial T}{\partial x},T_y=\frac{\partial T}{\partial y},T_z=\frac{\partial T}{\partial z}$$

式中：$[B]$——应变矩阵。

同样单元内一点的绝热温升率 $\dot{\theta}$ 可用结点绝热温升率 $\{\dot{\theta}\}$ 和 $[N]$ 表示：

$$\dot{\theta}=[N]\{\dot{\theta}_e\} \tag{3.2-119}$$

引入下列符号：

$$[K_{\mathrm{T}}^e]=\iiint_e [B]^{\mathrm{T}}[B]\mathrm{d}x\mathrm{d}y\mathrm{d}z \tag{3.2-120}$$

$$[C_{\mathrm{T}}^e]=\iiint_e \frac{1}{a}[N]^{\mathrm{T}}[N]\mathrm{d}x\mathrm{d}y\mathrm{d}z \tag{3.2-121}$$

$$[r_q^e]=\int_{S_1^2}\frac{1}{\lambda}q^*[N]\mathrm{d}s \tag{3.2-122}$$

$$[h_{\mathrm{T}}^e]=\int_{S_1^3}\frac{\beta}{\lambda}[N]^{\mathrm{T}}[N]\mathrm{d}s \tag{3.2-123}$$

$$[r_a^e]=\int_{S_1^3}\frac{\beta}{\lambda}\mathrm{T}_a[N]^{\mathrm{T}}\mathrm{d}s \tag{3.2-124}$$

温度场有限元迭代方程为：

$$\left(\frac{1}{\Delta t}[C_{\mathrm{T}}]+\beta[K]\right)\{T\}_{n+1}=\left(\frac{1}{\Delta t}[C_{\mathrm{T}}]-(1-\beta)[K]\right)\{T\}_n+(1-\beta)\{R\}_n+\beta\{R\}_{n+1}+$$
$$[C_{\mathrm{T}}](\beta\{\dot{\theta}\}_{n+1}+(1-\beta)\{\dot{\theta}\}_n) \tag{3.2-125}$$

式中：Δt——计算时间步长；

β——计算系数，取值范围为 0～1.0，当 $\beta=0$ 时为欧拉法，当 $\beta=0.5$ 时为中心差分法，

当 $\beta \geqslant 0.5$ 时上式无条件稳定式。

式(3.2-125)为不稳定温度场有限元表达式，对于稳定温度场 $\{\dot{T}\}=\{\dot{\theta}\}=\{0\}$，由式(3.2-125)可得：

$$[K]\{T\}=\{R\} \tag{3.2-126}$$

4)徐变温度应力有限元基本方程

在施工期温度应力计算时，必须考虑混凝土的徐变。徐变有多种计算方法，其中幂函数形式的表达式最为方便。为减小计算的存储量，一般采用隐式解法来考虑混凝土徐变，这时混凝土徐变度可用式(3.2-127)表示：

$$C(t,\tau)=C(\tau)(1-e^{-p(t-\tau)})+D(\tau)(1-e^{-q(t-\tau)}) \tag{3.2-127}$$

式中：p、q——系数；

τ——混凝土龄期；

t——时间。

令 $C_i=C(\tau_i)$ 及 $D_i=D(\tau_i)$，则单轴应力状态下 $t_n \sim t_{n+1}$ 时段的徐变增量为：

$$\Delta\varepsilon_{n+1}^{c}=\omega_{n+1}(1-e^{-p\Delta\tau_{n+1}})+\rho_{n+1}(1-e^{-q\Delta\tau_{n+1}}) \tag{3.2-128}$$

$$\omega_{n+1}=\omega_n e^{-p\Delta\tau_n}+\Delta\sigma_{n+1}C_{n+1},\omega_1=\Delta\sigma_1 C_1 \tag{3.2-129}$$

$$\rho_{n+1}=\rho_n e^{-q\Delta\tau_n}+\Delta\sigma_{n+1}D_{n+1},\rho_1=\Delta\sigma_1 D_1 \tag{3.2-130}$$

对复杂应力状态还应考虑泊松比的影响。根据试验资料，混凝土徐变变形的泊松比基本上等于弹性变形的泊松比。这时有：

$$\{\Delta\varepsilon_{n+1}^{c}\}=\{\omega_{n+1}\}(1-e^{-p\Delta\tau_{n+1}})+\{\rho_{n+1}\}(1-e^{-q\Delta\tau_{n+1}}) \tag{3.2-131}$$

$$\{\omega_{n+1}\}=\{\omega\}_n e^{-p\Delta\tau_n}+[Q]\{\Delta\sigma_{n+1}\}C_{n+1},\omega_1=[Q]\{\Delta\sigma\}_1 C_1 \tag{3.2-132}$$

$$\{\rho_{n+1}\}=\{\rho\}_n e^{-q\Delta\tau_n}+[Q]\{\Delta\sigma_{n+1}\}D_{n+1},\rho_1=[Q]\{\Delta\sigma\}_1 D_1 \tag{3.2-133}$$

上述公式中的[Q]为泊松比矩阵，对不同的问题有不同的表达式，但原理相同。对不同的问题，$\{\Delta\varepsilon_{n+1}^{c}\}$、$\{\Delta\sigma_{n+1}\}$ 表示的物理量也有所区别。

对于各向同性问题，式(3.2-131)至式(3.2-133)中的 $\{\Delta\varepsilon_{n+1}^{c}\}$、$\{\Delta\sigma_{n+1}\}$ 为 $t_n \sim t_{n+1}$ 时段在 t_{n+1} 时刻整体坐标下的应变与应力增量，而泊松比矩阵[Q]分为以下3种情况。

平面应力问题：

$$[Q]=\begin{bmatrix}1 & -\mu & 0\\ -\mu & 1 & 0\\ 0 & 0 & 2(1+\mu)\end{bmatrix} \tag{3.2-134}$$

平面应变问题：

$$[Q]=(1+\mu)\begin{bmatrix}1-\mu & -\mu & 0\\ -\mu & 1-\mu & 0\\ 0 & 0 & 2\end{bmatrix} \tag{3.2-135}$$

空间问题：

$$[Q]=\begin{bmatrix} 1 & -\mu & -\mu & 0 & 0 & 0 \\ & 1 & -\mu & 0 & 0 & 0 \\ & & 1 & 0 & 0 & 0 \\ & & & 2(1+\mu) & 0 & 0 \\ & & & & 2(1+\mu) & 0 \\ & & & & & 2(1+\mu) \end{bmatrix} \tag{3.2-136}$$

式中：μ——混凝土泊松比。

由变温和徐变引起的应力可用增量初应变法计算。设第 n 级荷载、变温、徐变等作用后产生的总位移为$\{\delta\}_n$，应变为$\{\varepsilon\}_n$，应力为$\{\sigma\}_n$。第 $n+1$ 级荷载步时变温、徐变引起的应变增量位移分别为$\{\Delta\varepsilon^t\}$、$\{\Delta\varepsilon^c\}$，则可得增量形式的物理方程：

$$\{\Delta\sigma\}=[D]\left[\{\Delta\varepsilon\}-\{\Delta\varepsilon^t\}-\{\Delta\varepsilon^c\}\right] \tag{3.2-137}$$

式中：$\{\Delta\sigma\}$——第 $n+1$ 级荷载步时的应力增量；

$\{\Delta\varepsilon\}$——第 $n+1$ 级荷载步时的应变增量；

$[D]$——第 $n+1$ 级时的弹性矩阵，可由当时的弹性模量 E 和泊松比 μ 求得。

根据虚功原理，可推导徐变温度应力基本方程为：

$$[K]\{\Delta\delta\}=\{\Delta F\}+\{\Delta F^t\}+\{\Delta F^c\} \tag{3.2-138}$$

式中：$[K]$——第 $n+1$ 级荷载步时的刚度矩阵；

$\{\Delta\delta\}$——第 $n+1$ 级荷载步时的结点位移增量；

$\{\Delta F\}$、$\{\Delta F^t\}$、$\{\Delta F^c\}$——由外荷载、温度变形、徐变变形引起的结点荷载增量。

刚度矩阵$[K]$、温度变形与徐变变形引起的结点荷载增量$\{\Delta F^t\}$、$\{\Delta F^c\}$可按下式计算：

$$[K]=\iiint[B]^{\mathrm{T}}[D][B]\mathrm{d}x\mathrm{d}y\mathrm{d}z \tag{3.2-139}$$

$$\{\Delta F^t\}=\iiint[B]^{\mathrm{T}}[D][\Delta\varepsilon^t]\mathrm{d}x\mathrm{d}y\mathrm{d}z \tag{3.2-140}$$

$$\{\Delta F^c\}=\iiint[B]^{\mathrm{T}}[D][\Delta\varepsilon^c]\mathrm{d}x\mathrm{d}y\mathrm{d}z \tag{3.2-141}$$

式中：$[B]$——应变矩阵。

由式(3.2-138)求得$\{\Delta\delta\}$后，由$\{\Delta\varepsilon\}=[B]\{\Delta\delta\}$求得应变$\{\Delta\varepsilon\}$，再由式(3.2-137)可得应力$\{\Delta\sigma\}$。

有限单元法求解温度场和应力场时，一般采用块体单元，对空间问题多采用 8～20 结点等参元，对平面问题多采用 4～8 结点等参元，这些单元的形函数 N_i 和应变矩阵$[B]$可分别参见有关文献。

有限单元法是目前计算混凝土结构温度应力最为有效的方法。但计算时必须考虑如下因素，才能保证计算结果的正确性和合理性。

①混凝土的热力学指标必须尽可能符合实际。例如，混凝土线热胀系数 α_c 通常为 10×10^{-6}/℃，但粗骨料为石灰岩时，α_c 实际在 7×10^{-6}/℃左右，故若能取定实际的混凝土热力

学指标，就可使计算精度有很大的提高。

②在计算施工期的温度应力时，必须考虑由混凝土徐变引起的应力松弛与混凝土弹性模量 E_c 随时间的变化。在有限元分析中，通常将混凝土徐变作为初应变考虑，当徐变以式(3.2-127)的形式表达时，采用前述的隐式解法可不记录应力历史。

③约束是混凝土结构温度应力计算中的重要因素。采用有限单元法计算时，由于自动考虑变形协调，因此能比较合理地计及约束作用。但对于外部约束，还取决于对约束的处理，如应考虑采用模板支撑时拆模对结构应力的影响，岩基上找平垫层对结构约束的减弱作用。

④对于允许开裂的配筋结构，必须考虑结构的温度裂缝开展宽度大小对温度应力释放的影响。

3.2.3 洞室围岩稳定分析方法与变形控制技术

地下式船闸是全衬砌式船闸与地下洞室相结合的产物，同时具备船闸通航建筑物的功能属性和地下工程特性。洞室围岩稳定性问题是地下式船闸工程的重要问题，关系着整个工程施工期和运行期的安全可靠性，也是一个复杂的非线性力学问题，通常伴随着非均匀性、非连续性变形和大位移等特点。地下洞室的稳定性分析可以从定性、定量等方面考虑，主要包括洞室的整体稳定性分析和洞室局部块体的稳定性分析。地下式船闸洞室围岩是否稳定和洞室所处的地质环境条件及围岩的破坏机理有着重要的联系。

3.2.3.1 洞室围岩的破坏机理

地下式船闸洞室的开挖，破坏了岩体天然应力的相对平衡状态。随着开挖的进展，洞室周边岩体将向开挖空间产生卸荷变形，使围岩内部的应力重新分布。在重分布应力作用下，洞室围岩将产生洞内位移，当围岩应力超过岩体的强度，大多数情况下是超过了岩体的抗拉强度和抗剪强度时，围岩进入塑性区，将产生塑性变形和破坏。为使洞室围岩保持稳定，需要采取措施控制围岩的变形或使已发生的变形不再发展；在二次应力场作用下，为使围岩应力再次达到平衡，需要采取措施促使岩体达到最终平衡。

不同岩性的洞室围岩具有不同的破坏机理，从围岩的破坏方式上可分为脆性围岩破坏和塑性围岩破坏两大类型。此外，岩体中不可避免地存在各种产状的节理层面，洞室开挖爆破过程同样会造成结构面的变形破坏。

(1)脆性围岩的变形破坏

脆性围岩主要指具有块状结构或层状结构的坚硬、半坚硬岩体。这类岩体的变形和破坏主要由围岩弹性应力和自重分布应力作用产生，与岩体的初始地应力状态、洞室断面所决定的围岩应力状态有关，主要取决于围岩的结构类型，一般会发生滑移、张裂塌落、弯折内鼓、劈裂剥落和岩爆等类型的破坏形式。

(2)塑性围岩的变形破坏

塑性围岩主要指页岩、泥岩和黏土岩等较为软弱的层状岩体和各种散体结构的岩体。这类围岩的破坏主要由洞室开挖所造成的应力重分布和地下水重分布产生,其变形和破坏形式主要是塑性涌出、膨胀内鼓、重力坍塌和塑性挤出等。

(3)软弱结构面的变形破坏

在开挖爆破过程中,当地震波传播路径上分布有节理层面时,将产生一系列复杂的动力学响应。以柱状节理岩体为例,假定应力波正入射至柱状节理。由于柱状节理的波阻抗比柱状岩体的波阻抗明显更小,爆破应力波从岩体入射到柱状节理时,将产生复杂的透反射过程。应力波在节理面处的透射和反射会引起节理岩体层裂、剪切破坏和脆性断裂3种形式的破坏。

3.2.3.2 洞室围岩稳定的主要影响因素

影响地下洞室围岩稳定的因素可分为两大类:一类是地质因素,包括围岩结构状态及岩石物理力学性质、地质构造、地下水分布及天然状态岩体内部的初始应力;另一类是工程因素,包括洞室的形状、尺度、轴线的方位及施工开挖程序和工艺等。

(1)地质因素

岩体结构可划分为整体块状结构、层状结构、碎裂结构和散体结构。这几种岩体结构的岩性逐渐降低,强度逐渐减小。岩性高,强度大,围岩承载能力较好,围岩稳定控制条件好,但高强度岩体容易导致受拉开裂。岩性低,强度小,围岩变形控制困难,容易出现变形失稳破坏。

岩体在长达亿万年时间的形成过程中,地质构造运动在地层中形成了一系列的构造形迹,大型的如断层、褶皱,小型的如节理裂隙、小型断裂带、泥化夹层等。地质构造的存在使得岩体的完整性遭到破坏,降低了岩石的强度。经历地质构造次数越多、越强烈,裂隙越发育的岩体,其稳定性越差。地下洞室开挖后,开挖临空面与断层、接触面、节理、层理和夹层等构成的不稳定块体,是造成洞室局部失稳的主要因素。

初始地应力场是洞室围岩变形破坏的重要因素。特别是对深埋地下洞室及构造应力大的软弱围岩中的洞室影响更大。在高地应力条件下的洞室开挖,容易产生岩爆破坏,在地应力释放过大的低应力区,围岩承载能力较低,容易受荷载释放导致破坏。地应力的量级、方向和分布特征对围岩稳定影响很大。

地下水沿岩体内的断层、节理和裂隙结构面渗透,形成了活跃的地下水渗流场。地下水主要是通过溶蚀岩石及结构面中的易溶胶物,潜蚀裂隙微小颗粒,使得岩石软化,降低岩石强度,填充物泥化,增加围岩渗压,加速围岩破坏速率,形成渗透荷载,很容易导致地下洞室的破坏。

(2)工程因素

洞室施工是造成围岩丧失稳定的一个最主要的因素。大型洞室结构复杂,施工开挖程序也复杂,洞室之间相互干扰。地下洞室群布置、施工开挖方式和顺序、支护时间和方式等人为因素的影响,使得结构的受力条件和围岩稳定性受到影响。如地下洞室开挖规模越大,围岩应力扰动范围越大,越不利于稳定;方形洞室结构受力条件较差,围岩稳定性差,马蹄形、圆形受力均匀,稳定条件较好。岩体是一种非线性介质,不同的开挖方式(如钻爆法、控制爆破法等)导致围岩二次应力分布规律不同,稳定特性也就不同。此外不同的锚固支护方式对围岩稳定影响也很大。

3.2.3.3 洞室围岩稳定的一般分析方法

洞室围岩稳定分析,在20世纪60年代以前,通常采用工程地质方法,将围岩视为外荷载,采用静力学分析,并结合工程经验评价围岩的稳定性。至60年代后,大型地下建筑物的设计逐渐脱离散体理论,将围岩视为承载的结构体,以弹塑性理论为基础分析围岩的稳定性。近年来,随着岩石力学理论和测试技术的发展,电子计算机技术和有限元方法的推广与应用,以及广大的科研工作者的不懈努力,不断涌现出新的研究方法。

(1)赤平极射投影分析法

地下洞室围岩中存在节理、裂隙、软弱夹层、破碎带、断层及岩层层面等地质构造面,其强弱是影响围岩稳定的主要因素。对围岩的稳定,除了要对地质构造和结构面的成因、性质有透彻了解外,各种地质构造和结构面的组合对围岩的切割作用,也需要特别加以注意。在地下工程设计中,常采用赤平极射投影分析法,分析地质构造和结构面的组合作用,以判断围岩的稳定性。赤平极射投影是一种球面投影,利用这种投影方法可以很方便地表达空间线状或面状物体的方向和相互之间的角度关系。20世纪60年代以后该方法才逐渐被引入工程地质研究领域用来解决岩体结构问题。早期主要应用于岩体结构面的统计和结构面的表达,后来陆续提出了结构体形态和结构面组合关系的赤平极射投影分析。赤平投影图本身只表示物体的空间几何要素的方向、角距,而不表达它们之间的尺度大小及具体位置,因此在岩体结构和岩体稳定分析中,赤平极射投影法不能确定结构体规模的大小及其在工程中的具体出露部位,不能反映工程作用力和结构面的抗剪强度大小。赤平极射投影法的原理和应用,可参见工程地质方面的相关书籍,在此不再赘述。

(2)工程地质类比法

工程地质类比法是目前地下工程设计的主要方法之一,围岩分类是工程类比的基础,现已在国内外岩体工程界广泛应用。

根据拟建地下洞室的工程地质条件、岩体特性和动态观测资料,结合具有类似条件的已建工程,从工程地质的角度对围岩的各种差异进行概括、简化和归纳,然后加以分类,从而结合工程特征定性地判断工程区岩体的稳定性,取得相应的资料进行稳定计算。地下洞室围岩分类可参见《水利水电工程地质勘察规范》(GB 50487—2008)附录P。

围岩工程地质分类,以控制围岩稳定的岩石强度、岩体完整程度、结构面状态、地下水和主要结构面产状 5 项因素之和的总评分为基本判据。围岩强度应力比为限定判据，并符合表 3.2-1 的规定。

围岩强度应力比 S 可根据式(3.2-142)求得：

$$S=\frac{R_b\cdot K_V}{\sigma_m} \tag{3.2-142}$$

式中：R_b——岩石饱和单轴抗压强度，MPa；

K_V——岩体完整性系数；

σ_m——围岩的最大主应力，MPa。

按照水工围岩分类的围岩稳定性判据在对围岩进行分类时，考虑了较多的影响因素，采用了容易得到的定量指标，并对各因素重要程度做了界定，在使用时较为方便，但没有考虑洞室跨度对洞室围岩稳定的影响。《工程岩体分级标准》(GB 50218—2014)不仅考虑了围岩类别对围岩稳定的影响，也考虑了跨度的影响，更贴合实际情况，但它仅限于跨度不超过 20m 的洞室，对跨度大于 20m 的洞室没有作出规定，特别是在现今大跨度洞室工程建设日益增多的情况下，适用范围受到局限，受工程经验影响较大。

工程地质类比法的应用，贯穿于工程设计和施工的全过程，即根据各设计阶段对围岩特性的了解深度及在施工中观测的资料，及时修正设计(表 3.2-1)。

表 3.2-1　围岩工程地质分类

围岩类别	围岩稳定性	围岩总评分 T	围岩强度应力比 S	支护类型
Ⅰ	稳定。围岩可长期稳定，一般无不稳定块体	$T>85$	$S>4$	不支护或局部锚杆或喷薄层混凝土。大跨度时，喷混凝土、系统锚杆加钢筋网
Ⅱ	基本稳定。围岩整体稳定，不会产生塑性变形，局部可能产生掉块	$85\geqslant T>65$	$S>4$	
Ⅲ	局部稳定性差。围岩强度不足，局部会产生塑性变形，不支护可能发生塌方或变形破坏。完整的较软岩，可能暂时稳定	$65\geqslant T>45$	$S>2$	喷混凝土、系统锚杆加钢筋网。当跨度为 20～25m 时，并浇筑混凝土衬砌
Ⅳ	不稳定。围岩自稳时间很短，规模较大的各种变形和破坏都可能发生	$45\geqslant T>25$	$S>2$	喷混凝土、系统锚杆加钢筋网，并浇筑混凝土衬砌
Ⅴ	极不稳定。围岩不能自稳，变形破坏严重	$T\leqslant 25$		

注：Ⅱ、Ⅲ、Ⅳ类围岩，当其强度应力比小于本表规定时，围岩类别宜相应降低一级。

(3)解析法

解析法是指利用力学方法的数学解析式计算求得闭合解的方法。解析法主要分为弹性解析法、黏弹性解析法和弹塑性解析法 3 种。它们分别视围岩为弹性、黏弹性和弹塑性介质，然后采用相应的本构模型对围岩应力进行求解。首先，在研究洞室稳定性问题时，通常将围岩体假设为各向同性的连续性介质，且洞室的延伸要远远大于洞室断面的尺度，按平面应变问题进行考虑，同时假设洞室围岩处于静力状态，这样可以利用应力平衡及微分、变分学知识，推求一些形状比较规则的地下洞室（圆形、矩形、椭圆形等）的围岩二次应力及变形特征方程。由于解析法特别是在采用弹塑性解析法时，数学运算较为复杂，公式也较烦琐，在进行公式推导时须进行一些假设，否则得不到所需的解答，这些特点使得该方法在实际应用中十分有限。

解析法虽然不能准确地描述围岩的失稳、破坏过程，但大致上仍能对成洞条件作出评价，对各种洞形方案及处理措施进行对比分析。另外，解析法具有精度高、分析速度快和便于进行规律性研究等优点，所以在工程实践中仍不失为一种基本的围岩稳定分析方法。但在岩体的应力、应变超过峰值应力和极限应变，围岩进入全应力、应变曲线峰后段的刚体滑移和张裂状态时，解析法便不再适用了。另外，解析法在研究洞室稳定性问题时所作的各种假设，与工程实际中经常遇到的多孔、不均质及各向异性等相矛盾，因此解析法可以解决的实际工程问题比较有限，但是通过对解析法及其结果的分析，往往可以获得一些规律性的认识，这是非常重要和有益的。

（4）数值模拟法

数值模拟法能够模拟岩体的复杂力学和结构特征，分析各种边值问题和施工过程，并对工程进行预测和预报。数值模拟法在研究洞室围岩应力、围岩变形和破坏的发展，进而定量评价围岩稳定性方面具有重要的作用。数值模拟法不仅可以解决各种非均质、非线性、含有软弱结构面，以及具有流变特性和复杂洞形的围岩应力—应变分析问题，还可以模拟各种支护方案的有效性以及不同施工程序对围岩稳定性的影响等。

在进行数值模拟分析时，岩体力学模型的选择与岩体力学参数的选择同等重要。由于围岩地质因素非常复杂，计算参数选择有很强的综合性，因此计算成果需要结合工程地质具体情况，运用工程地质类比法进行综合判断采用，数值模拟法的精度及所获信息量已远远超过结构模型试验法。

围岩的破坏与其基本力学特性和赋存的地应力环境密切相关，计算时需根据围岩性质和初始应力场选用合适的力学模型。在进行数值模拟分析时，需要对洞室开挖的效果进行模拟。地下洞室围岩之所以存在稳定问题，主要由开挖造成围岩应力释放所引起，开挖的力学意义相当于应力释放，数值模拟计算顺序与施工工序密切相关。

地下洞室围岩稳定性分析通常采用的数值模拟法按照所采用的计算原理可分为连续介质数值分析法和非连续介质数值分析法。

1）连续介质数值分析法

连续介质数值分析法把岩体看作宏观上的连续体，并且只发生微少量的变形，整个岩土介质包括边界条件在一个矩阵中反应，通过求解方程得到位移和应力。此类方法主要包括有限单元法（FEM）、边界单元法（BEM）、快速拉格朗日分析法（FLAC）等。

①有限单元法。

有限单元法是目前应用最广泛的数值模拟方法。经过几十年的发展，有限元已经成为一种相当成熟的数值分析技术，可用于求解线弹性、弹塑性、黏弹塑性、黏塑性等问题，是地下工程岩体应力、应变分析最常用的方法。该方法的优点是可以部分地考虑地下结构岩体的非均质、非连续性特征，可以给出岩体的应力、变形大小和分布，并可以近似地依据应力、应变规律去分析地下结构的变形破坏机制。为了模拟岩体中存在的断层、节理、裂隙等结构面，考虑其非连续性，可按结构面的特征采用不同的处理方法，以避免将岩体视为刚体、过于简化边界条件的缺点，能够非常直观地模拟岩体的变形和破坏过程。其不足之处在于：数据准备工作量大，原始数据易出错，不能保证某些物理量在整个区域内的连续性。

②边界单元法。

边界单元法又称为边界积分方程法，该法只在求解区域的边界上进行离散化（剖分单元），把区域内未知量化为边界未知量来求解，能使数值计算维数降低一维，二维问题可以用一维的单元，而三维问题可用二维的单元，这就使自由度数目大大减少。另外，基于解本身的奇异性特点，使得边界单元法在解决奇异问题时计算精度高，应力和位移具有同样的精度。当仅需要知道物体内部个别点的解时，有限元仍不得不剖分整个物体才能确定个别点的解；而边界元则可以在已知边界上的解后，根据需要去求物体内部预知点的解，比有限元大大节省计算量和费用。但是，边界单元法最后形成的系数矩阵是非对称满阵，远比有限元刚度矩阵（带状稀疏阵）的结构复杂。对于面体比较大的薄壁结构等物体，边界单元法相比有限单元法不具有优势，而且边界单元法对奇异边界难以处理。另外，边界单元法对变系数、非线性等问题较难适应，且它的应用是基于所求解的方程有无基本解，因此限制了边界单元法在更广泛领域的应用。

③快速拉格朗日分析法。

快速拉格朗日分析法，主要用于模拟由岩土体及其他材料组成的结构体在达到屈服极限后的变形破坏行为。快速拉格朗日分析法基本原理类同于离散单元法，但它却能同有限单元法一样适用于多种材料模式与边界条件的非规则区域的连续问题求解。在求解过程中，快速拉格朗日分析法又采用了离散元的动态松弛法，不需要求解大型联立方程组，便于在微机上实现。该方法适合于模拟地质材料在达到强度极限或屈服极限时发生的破坏和塑性流动力学行为；适合于模拟地质材料的大变形、失稳、动力、流变、支护与加固、建造及开挖等问题；同时还可以模拟渗流场和温度场对岩土工程的影响。作为新型数值方法之一，快速拉格朗日分析法已与离散单元法、不连续变形分析法和半解析有限单元法等一起，成为分析岩土力学问题强有力的工具，得到了广泛的应用。其缺点是同有限单元法一样，计算边界、单元网格的划分带有很大的随意性。

有限单元法和边界单元法是基于小变形假设，适用于小变形和连续变形的问题；比较适用于坚硬完整的岩体，但难以适应含断层、裂隙面、节理面等结构面的岩体大变形分析。由于快速拉格朗日分析法在计算中采用了“混和离散化”技术，使用全过程动力运动方程，用“显式”差分求解，克服了有限元和离散元不能统一的矛盾，是公认的较为合理的计算方法之一。

2)非连续介质数值分析法

非连续介质数值分析法主要有离散单元法(DEM)、非连续变形分析法(DDA)两类。

①离散单元法。

离散单元法是一种适用于模拟离散介质的数值方法。该方法把裂隙介质看作纯块体的集合体，通过连续检测和处理块体之间的接触来求解，最后得出块体系统运动方程组的动力松弛解。离散单元法的一个突出功能是它在反映块体之间接触面的滑移、分离与倾翻等大位移的同时，又能计算块体内部的变形与应力分布。因此任何一种岩体材料都可以引入模型中，如弹性、黏弹性或断裂等。该方法比较适用于节理岩体及其与锚杆(索)的应力分析，但当岩体并未被结构面切割成块体的集合时，离散单元法则不适用。

②非连续变形分析法。

非连续变形分析法是分析不连续变形的一种新的离散型数值计算方法。它兼具了有限元与离散元两种方法的部分优点。此法将每个块体作为一个单元，块体与块体间通过接触机构进行连接，通过分析单个块体或块体系统的动态平衡求解块体的受力和运动。非连续变形分析法所采用的单元是不连续缝所包围的隔离体，可以为任意凸状或凹状或带孔的多边形，更符合岩体中含有大量结构面的实际情况，而且可以求解大位移和大变形问题。此法可以反映岩体连续和不连续的具体部位，考虑了变形的不连续性和时间因素，既可以计算静力问题又可以计算动力问题，既可以计算破坏前的小位移又可以计算破坏后的大位移。由于岩体种类繁多，性质复杂，计算时步的大小对结果影响较大，计算方法还有待提高；此外，由于块体之间的接触关系十分复杂，难以建立三维 DDA 接触理论。

(5)基于刚体极限平衡的 K 法(关键块体理论)

地下式船闸洞室的规模一般具有大跨度、高闸墙等特点，由于节理、裂隙等结构面的存在，岩体沿这些结构面的滑动往往成为控制因素。对于局部不稳定岩体，可采用块体极限平衡法进行计算分析。

块体理论认为岩体被结构面切割成各种类型的空间镶嵌块体。在自然状况下，这些块体处于静力平衡状态。当进行工程开挖或施加新的荷载后，暴露在临空面上的某些块体就会首先失稳，接着产生连锁反应，造成其他块体的松动、滑移，进而影响整个工程的安全。而这类首先失稳的块体被称为“关键块体”。块体理论的目的就是通过搜索关键块体，并分析其稳定性来研究工程岩体的稳定性状和工程处理措施。在进行分析时，块体理论作了几点假设：结构面为平面；结构面贯穿于所研究的结构体；结构体为刚体；结构体的运动方式为沿结构面平移。具体的分析方法有矢量运算法和作图法。其中，矢量运算法是将空间的平面和力系以矢量表示，通过矢量运算给出分析结果，而作图法则是应用全空间赤平极射投影法直接作图求解。

块体理论首先将结构面和开挖临空面看成空间平面，块体是由空间平面构成的几何凸体，将各种作用荷载看成空间向量，应用几何方法(拓扑学和集合论)详尽研究在各空间平面已知的条件下，岩体内可构成多少种块体类型及其可动性，然后通过静力平衡计算，求出各类失稳块体的滑动力，为工程加固措施提供设计依据。构成块体的结构面产状和出露位置具有很大的随机性和隐蔽性，具体位置只有在揭露后通过及时的施工地质编录予以确定。据此，将块体分为定位块体、半定位块体与随机块体。定位块体是由已知岩体中结构面产状、出露位置和开挖面切割形成的。半定位块体是由已知岩体中结构面产状、出露位置(如断层，岩脉)和开挖面与随机分布的节理面切割形成的。随机块体是由地质勘探阶段位置不能确定的裂隙或裂隙面与岩体开挖面切割形成的。块体理论还是以刚体极限平衡理论为基础的评价方法，不能评价块体以及构成块体的结构面的变形，国内外学者又利用有限单元法来评价块体的稳定性。

针对大型地下洞室，近些年来部分学者采用工程案例搜集、数据综合分析、现场综合测试、理论推导和数值模拟仿真等多种研究手段，在非连续介质数值分析方法领域，提出了考虑爆破—卸荷动静荷载扰动作用下耦合效应的洞室围岩稳定分析法、基于非连续变形分析的超大跨度高闸墙洞室开挖卸荷数值模拟法，具体如下所述。

3.2.3.4 考虑爆破—卸荷动静荷载扰动作用下耦合效应的洞室围岩稳定分析法

(1)爆破和开挖耦合作用下洞室围岩的动静扰动特性

以某地下洞室工程的施工开挖爆破工程实践为研究背景，开展深埋洞室爆破开挖声波测试及围岩卸荷松弛特性分析，获得了典型部位的声波测试孔深—波速关系曲线，发现洞室开挖后，围岩松弛范围(即松动圈)的深度一般在3.6～4.0m，松动范围占洞室开挖跨度(14m)的25.7%～28.6%，显著大于常规地下工程。这不仅揭示了该洞室深埋大(超过2000m)、初始地应力水平高(垂直向应力可达60MPa)所导致的岩体强度应力比低(小于2)，对围岩卸荷松弛范围的控制性作用，也为深埋洞室爆破开挖动静耦合作用机制研究提供了围岩力学响应的边界条件。

该洞室施工期开挖爆破的质点振速峰值—爆源距关系统计见图3.2-20，典型部位的声波测试孔深—波速关系曲线见图3.2-21，地下洞室施工期开挖爆破围岩松弛深度分布统计见图3.2-22。

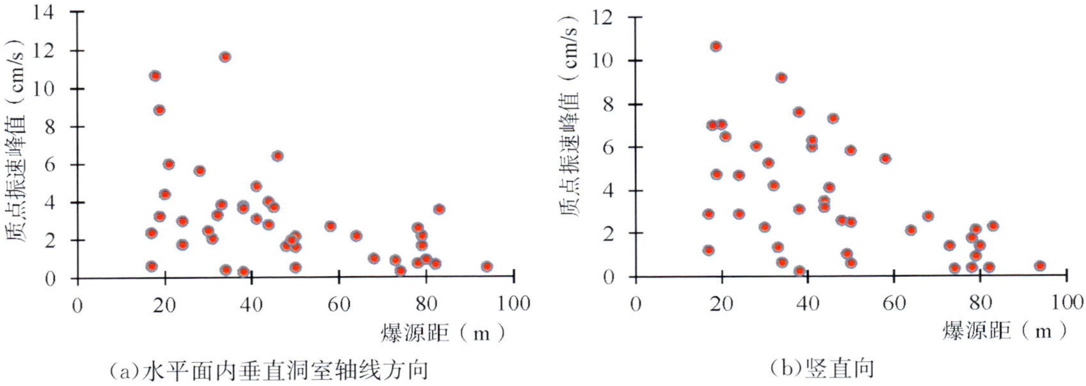

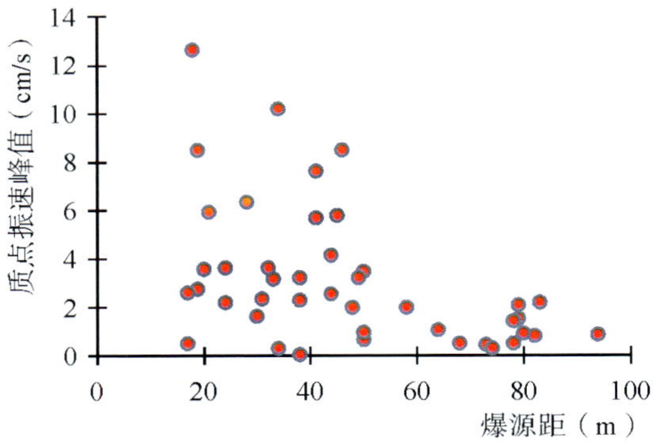

（c）水平面内平行洞室轴线方向

图 3.2-20　地下洞室施工期开挖爆破的质点振速峰值—爆源距关系统计

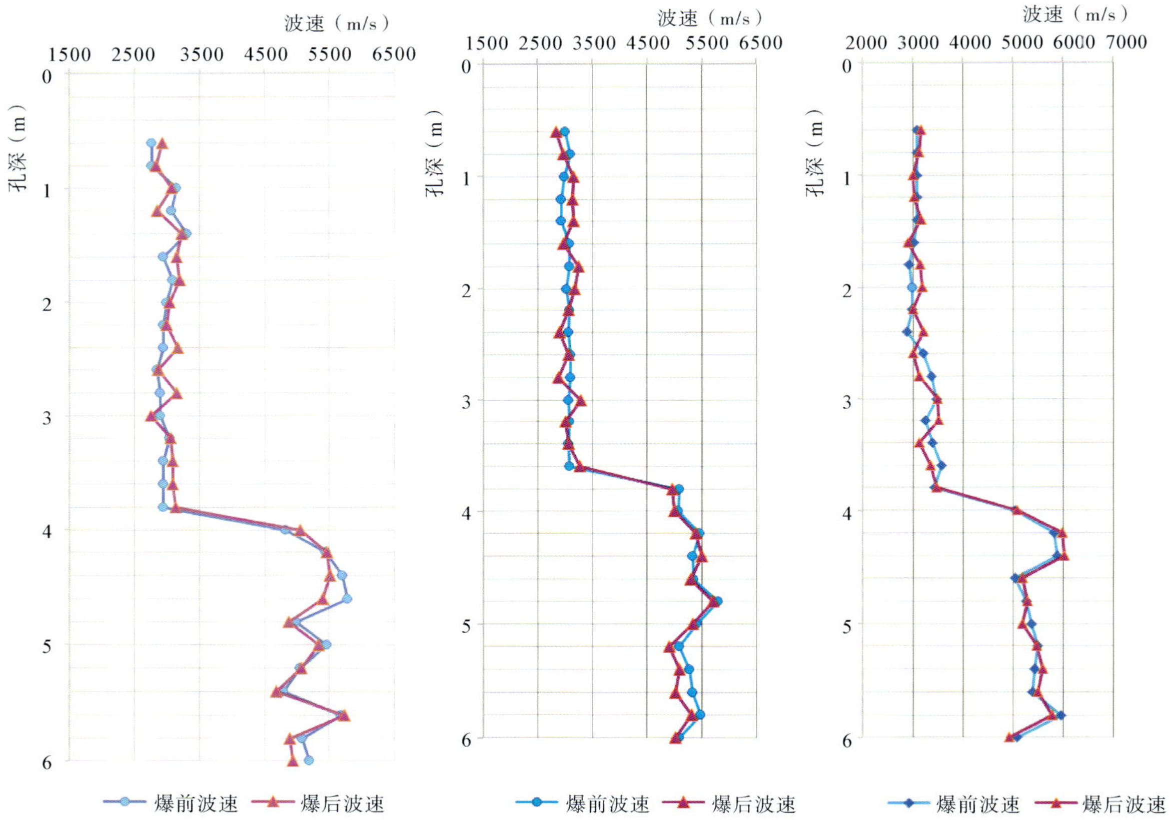

图 3.2-21　典型部位的声波测试孔深—波速关系曲线

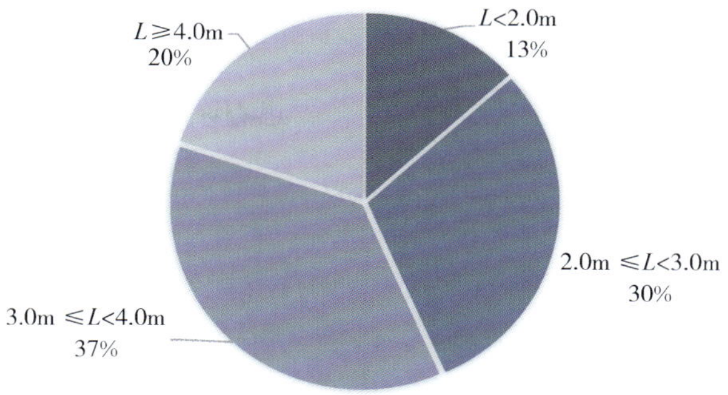

图 3.2-22　地下洞室施工期开挖爆破围岩松弛深度分布统计

(2)考虑爆破—卸荷动静荷载效应的耦合力学模型

根据爆破开挖耦合作用下的地下洞室动静扰动特性分析，提出考虑爆破—卸荷动静荷载效应的耦合力学模型。该模型主要有两个部分(图 3.2-23)。对于第一部分，首先根据围岩声波测试数据，获得围岩松动情况；然后引入损伤的概念，并定义损伤演化方程，采用数值分析法和基于损伤概念的围岩松动圈量化评价法，对围岩在开挖卸荷作用下的松弛特性进行计算；最后，通过对比围岩松动范围的数值计算结果和实测结果，对损伤演化方程中的材料损伤常数进行反演，最终得到经过校准的、可反映岩体实际松弛特性的损伤演化方程。对于第二部分，首先根据岩体振动监测成果，通过反演分析确定作用在围岩开挖面的爆破荷载；然后在数值模型中同时考虑开挖卸荷和爆破荷载作用，并使用三维弹塑性损伤有限单元法和经过校正的岩体损伤演化方程，对围岩在爆破—卸荷动静荷载共同作用下的松弛范围以及松弛圈内的岩体劣化情况进行详细量化描述，从而实现当前开挖步的围岩松弛特性分析和稳定性评价。

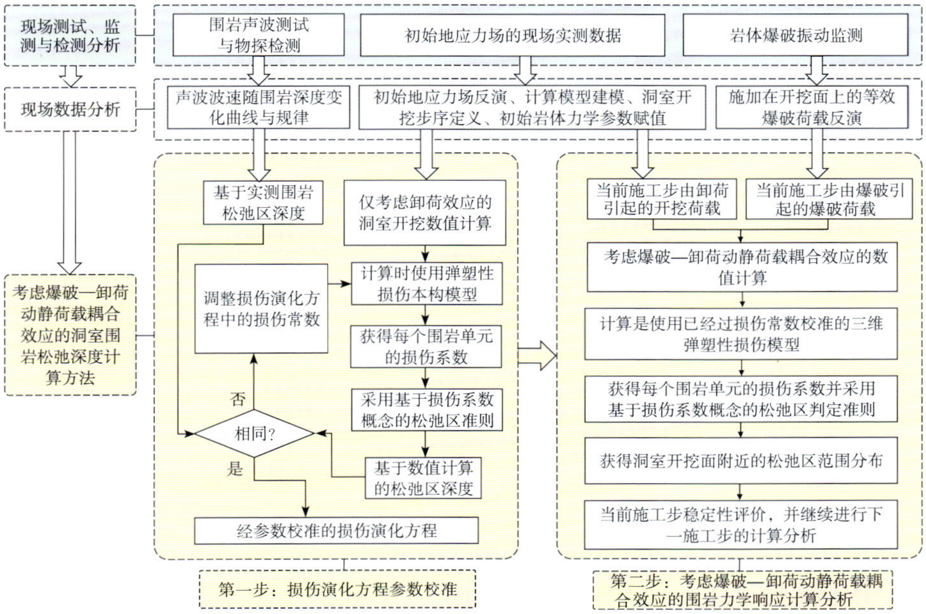

图 3.2-23　考虑爆破—卸荷动静荷载效应的耦合力学模型算法框图

3.2.3.5 基于非连续变形分析的超大跨度高闸墙洞室开挖卸荷数值模拟法

(1)基于显式时间积分的二维显式非连续变形分析法

1)基本思想

非连续变形分析法非常适合应用于模拟高度离散化的岩石块体系统的力学行为。然而,传统采取隐式时间积分方案的非连续变形分析法,在运算过程中需要集成总体刚度矩阵和求解矩阵方程,这直接导致了计算效率的降低,尤其在求解大规模非连续问题时。因此,建立了一种基于显式时间积分的二维显式非连续变形分析法。在求解过程中,不需要集成总体刚度矩阵和求解大型代数方程组。在求解加速度时,由于采用了协调质量矩阵,可以分块求解,求解过程简单省时。仍沿用了原非连续变形分析法的开闭迭代算法,可确保块体间约束的准确施加,保证了求解精度。

2)非连续变形分析法运动方程及其离散形式

非连续变形分析法的运动方程可以表示为:

$$[M]\{\ddot{D}\}+[C]\{\dot{D}\}+[K(\{D\})]\{D\}=\{F(t,\{D\})\} \tag{3.2-143}$$

式中:$[M]$,$[C]$和$[K]$——几何非线性系统的质量矩阵、阻尼矩阵和刚度矩阵;

$F(t,\{D\})$——随时间变化的荷载。

令$\{D_n\}$和$\{D_{n+1}\}$分别表示t时刻和$t+h$时刻的位移$\{D(t)\}$和$\{D(t+h)\}$,h表示时步大小。那么,离散形式的非连续变形分析法运动方程可以表示为:

$$[M]\{D_{n+1}\}+[C]\{D_{n+1}\}+[K]\{D_{n+1}\}=\{F_{n+1}\} \tag{3.2-144}$$

初始条件为:

$$\begin{cases}\{D(0)\}=\{0\}\\ \{\dot{D}(0)\}=\{\dot{D}_0\}\end{cases} \tag{3.2-145}$$

Shi 给出了式(3.2-144)的解答为:

$$\{\ddot{D}_{n+1}\}\approx\frac{2}{h^2}(\{D_{n+1}\}-h\{\dot{D}_n\}) \tag{3.2-146}$$

$$\{\dot{D}_{n+1}\}=\frac{2}{h}\{D_{n+1}\}-\{\dot{D}_n\} \tag{3.2-147}$$

显然,式(3.2-145)、式(3.2-146)与 Newmark 积分算法中$\beta=\frac{1}{2}$和$\gamma=1$时表达式是一致的,如下:

$$\{D_{n+1}\}=\{D_n\}+h(\dot{D}_n\}+\frac{h^2}{2}[(1-2\beta)\{\ddot{D}_n\}+2\beta\{\ddot{D}_{n+1}\}] \tag{3.2-148}$$

$$\{\dot{D}_{n+1}\}=\{\dot{D}_n\}+h[(1-\gamma)\{\ddot{D}_n\}+\gamma\{\ddot{D}_{n+1}\}] \tag{3.2-149}$$

联立式(3.2-146)和式(3.2-147)得到:

$$\{\ddot{D}_{n+1}\}=\frac{2}{h^2}\{D_{n+1}\}-\frac{2}{h}\{\dot{D}_n\}=\{\ddot{D}_n\} \tag{3.2-150}$$

可见，每个时步里加速度是常量，需要指出的是它通过 Newmark 法中令 $\beta=\frac{1}{2}$ 和 $\gamma=1$ 理论推导而来，并非人为强制令时步内的加速度为常量。

将式(3.2-146)和式(3.2-147)代入式(3.2-144)中得到：

$$[\hat{K}]\{D_{n+1}\}=\{\hat{F}\} \tag{3.2-151}$$

其中：

$$[\hat{K}]=\left(\frac{2}{h^2}[M]+\frac{2}{h}[C]+[K]\right) \tag{3.2-152}$$

$$\{\hat{F}\}=\{F_{n+1}\}+\left(\frac{2}{h}[M]+[C]\right)\{\dot{D}_n\} \tag{3.2-153}$$

需要指出的是，隐式非连续变形分析法中并不含有阻尼项$[C]$，因为非连续变形分析法积分方案属于常加速度法，引入了数值阻尼，有利于求解稳定。显然，当不考虑阻尼项$[C]$时上述表达式与非连续变形分析法是严格一致的。

非连续变形分析法属于更新的拉格朗日描述，也就是说非连续变形分析法在每步计算完以后都要更新构形，因此，需要特别指出的是每个时步之初应满足：$\{D_n\}=\{0\}$，这是非连续变形分析法非常独到之处。很显然，$\{D_{n+1}\}$本质上就是增量位移。

隐式非连续变形分析法需要集成总体刚度矩阵，以及需要连续超松弛法求解耦合系统方程。对于大规模问题，伴随着块体构形的变化，隐式非连续变形分析法中的总体刚度矩阵元素将不再集中于对角线附近，势必会增加求解时间和求解难度。

3)非连续变形分析法显式求解算法

相对于隐式解法，显式解法的前景更为广阔，因为它便于进行并行计算，特别是伴随着 GPU 技术的逐渐成熟。对于复杂工程问题，显式解法将会展现出更为强大的功能。对于非连续变形分析法显式求解，选用如下的时间积分方案：

$$\begin{cases}\{\dot{D}_{n+1/2}\}=\{\dot{D}_{n-1/2}\}+\{\ddot{D}_n\}\cdot h\\ \{\dot{D}_{n+1}\}=\{\dot{D}_{n+1/2}\}+\frac{1}{2}\cdot\{\ddot{D}_n\}\cdot h\\ \{D_{n+1}\}=\{D_n\}+\{\dot{D}_{n+1/2}\}\cdot h\end{cases} \tag{3.2-154}$$

将式(3.2-154)代入式(3.2-144)中，得到如下基于牛顿第二定律的运动方程：

$$[M]\{\ddot{D}_{n+1}\}=\{\bar{F}\} \tag{3.2-155}$$

其中：

$$\{\bar{F}\}=\{F_{n+1}\}-\{F_D\}-\{F_I\} \tag{3.2-156}$$

式中：$\{F_D\}=[C]\{\dot{D}_{n+1}\}$——阻尼项；

$\{F_I\}$——内力项。

显式解法是一种条件稳定的时间积分方式。当时间步长充分小(小于能确保稳定的系统临界步长)时,认为所得到的解是可行的。但这个临界步长是难以从理论上获得的,所以需要进行数值试验。当两个不同的时间步长所对应的解相差不大时,就认为显式解法收敛。同样地,时间步长的大小也直接决定了显式求解的精度。

根据有限单元法的经验,采用协调质量矩阵,求出单元质量矩阵后,进行适当的组合即可得到整体质量矩阵,其组合方法与单元刚度矩阵集成整体刚度矩阵时保持一致。单元质量矩阵可表示为:

$$[M_e]=\iint_A [T(x,y)]^{\mathrm{T}}\rho[T(x,y)]\mathrm{d}x\mathrm{d}y \tag{3.2-157}$$

显式非连续变形分析法(EDDA)的整体质量矩阵是高度稀疏的,而且为对称正定矩阵,仅需要逐块分别求解运动方程,并不需要如同隐式非连续变形分析法的矩阵求解技术。当块体构形变化较大时,质量矩阵的元素分布始终保持不变。

另外一种方法是采用集中质量矩阵,通常采用每行求和的技术,但这样得出的集中质量矩阵存在质量为负的情况,与实际不符。

4)算例验证

如图 3.2-24 所示,为一两组节理切割的地下洞室。弹簧刚度:$g_C=40$,时间步长:$g_1=l\mathrm{e}^{-6}$,单位质量:$\rho=0.000026$,块体自重:$(f_x,f_y)=(0,-0.00026)$,摩擦角为 $\varphi=15°$。材料的弹性模量:$E=1$,泊松比 $\upsilon=0.25$。椭圆形隧洞中心点 O 为坐标原点,设置了 6 个监测点,监测点坐标见表 3.2-2。初应力大小为$(\sigma_x^0,\sigma_y^0,\tau_{xy}^0)=(0.0,-0.15,0.0)$。

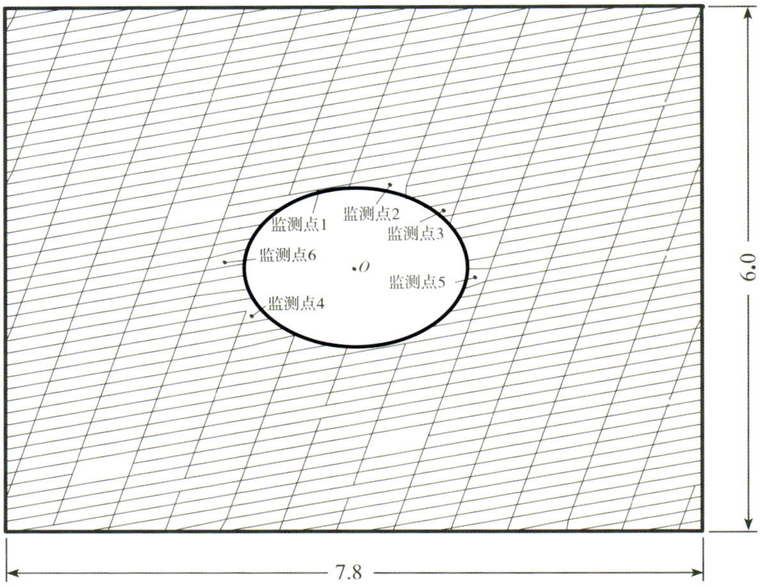

图 3.2-24　两组节理切割的地下洞室

表 3.2-2 **监测点坐标**

编号	x 坐标	y 坐标
1	−0.4	0.87
2	0.4	0.95
3	1.0	0.66
4	−1.15	−0.54
5	1.35	−0.10
6	−1.45	0.08

图 3.2-25 所示为监测点位移曲线，显式非连续变形分析法与非连续变形分析法的最大相对误差在 3.1%以内。两者的破坏形态也基本一致(图 3.2-26)。

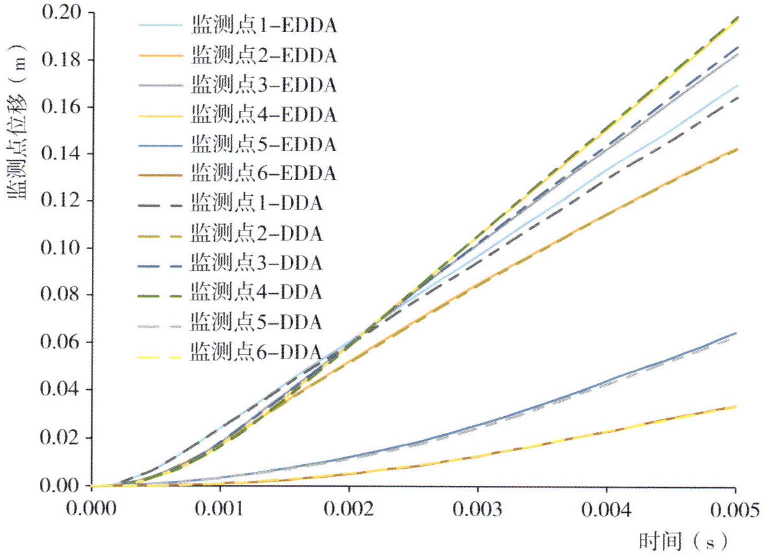

图 3.2-25 监测点位移曲线

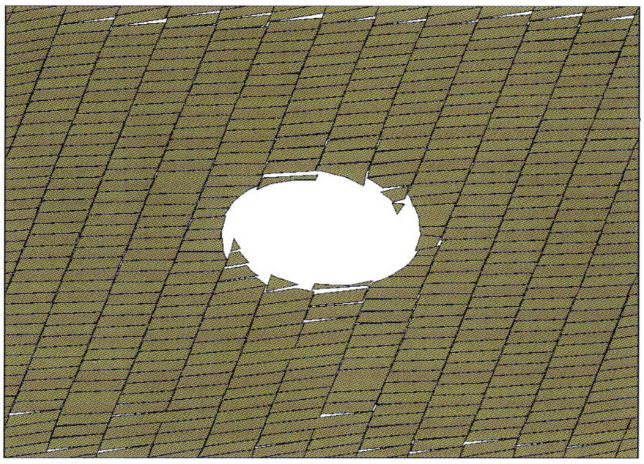

(a)DDA 模拟块体形态

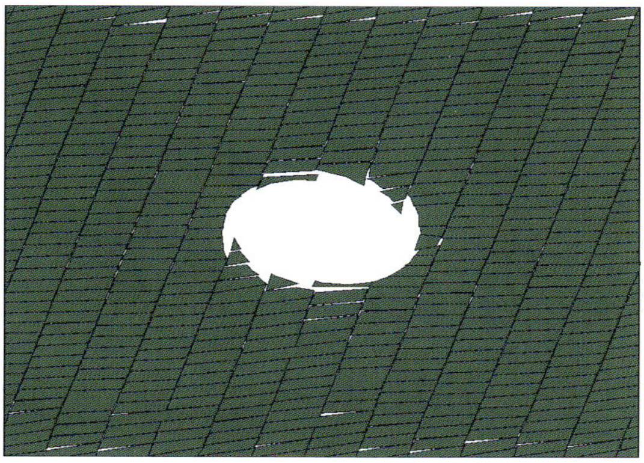

(b)EDDA 模拟块体形态

图 3.2-26 模拟破坏形态

(2)破裂全过程模拟的改进非连续变形分析法

1)基本思想

研究工程岩体中裂纹的萌生、扩展和贯通机制以及后续沿着软弱结构面的滑动机理,对于揭示岩体变形和破坏规律具有十分重要的意义。非连续变形分析法对于模拟由宏观结构面切割而成的离散块体系统的滑动变形具有与生俱来的优势,但在模拟岩体由连续到非连续的破坏演化过程方面存在不足。通过引入虚拟节理技术将连续区域离散为子块体,并设定虚拟节理强度为岩石本身强度的方式,在一定程度上加强了非连续变形分析法对于岩体连续特性的模拟。但这种方式仅考虑虚拟节理达到抗拉强度之前的黏结作用,而忽略了岩石应力—应变全过程曲线中应变软化阶段的强度。因此,通过在子块体间插入一种能够描述岩石应变软化阶段的应变软化黏结单元的方式对上述不足进行改进,进一步加强了非连续变形分析法对于岩体连续特性的模拟,并保留了非连续变形分析法在非连续变形模拟方面的优势。

研究中首先也将非连续变形分析法中的节理分为真实节理和虚拟节理两种类型(图 3.2-27)。真实节理,也就是真实的不连续面,如结构面或其他地质缺陷,采用真实的节理参数;虚拟节理或人工节理,主要用于对材料体连续部位的离散,且采用材料体本身的强度参数。如前所述,由于忽略了应变软化阶段的强度,虚拟节理采用材料体本身强度参数来模拟连续性这种方式,削弱了材料体本身的强度。因此,尝试引入一种应变软化黏结单元来挽回应变软化阶段的强度损失,进一步增强虚拟节理的黏结作用。很明显,只需要在负责连续属性模拟的虚拟节理中插入应变软化黏结单元即可,而真实节理接触本构保持不变。在这里,应变软化黏结单元提供的是非连续变形分析法中的荷载项,而非接触弹簧矩阵项;为了计算简便,仅在黏结单元这一长度上假定了力与位移的线性关系,相当于用一系列的直线来近似应变软化阶段的关系曲线。毫无疑问,当应变软化黏结单元的长度足够小时,即可逼近真实的关系曲线。

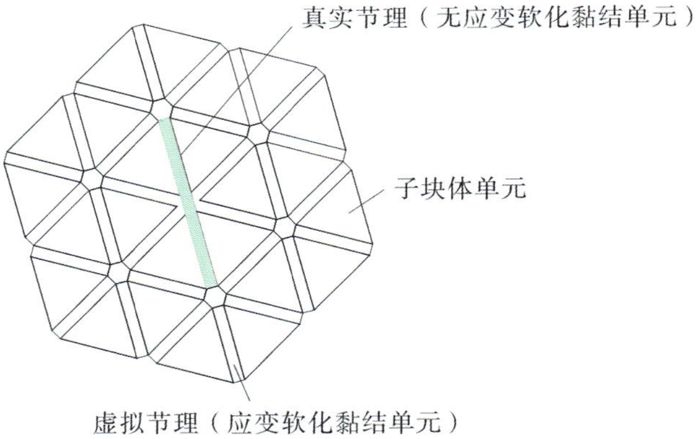

图 3.2-27　块体系统的真实节理和虚拟节理

2)应变软化黏结单元

为了遵循非连续变形分析法块体编码的逆时针顺序，应变软化黏结单元将由4个顺时针排列的节点组成。如图3.2-28所示的P_1-P_2-P_3-P_4，4个节点分别依附在被同一虚拟节理切割的2个子块体的4个顶点上，其中P_1和P_2同属于一个子块体，P_3和P_4同属于另一个子块体。黏结单元的节点坐标随着它所依附的子块体的顶点而动。很明显，初始设置的黏结单元的P_1和P_4，P_2和P_3具有相同的坐标。另外，由于非连续变形分析法具有强大的块体切割技术，通过引入不同尺度和布置方式的虚拟节理，就可以生成各种任意形状的子块体。

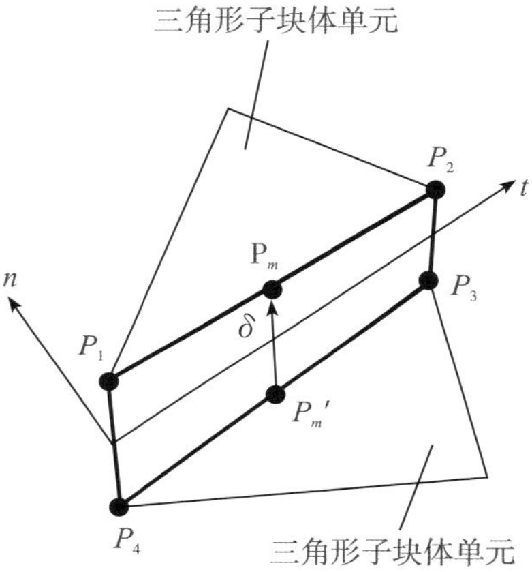

图3.2-28 应变软化黏结单元张开量计算示意图

在黏结单元处定义如下局部坐标系：由黏结单元P_1-P_4边的中点指向P_2-P_3边的中点方向(切向方向)定义为t轴；而t轴的外法向方向(法向方向)定义为n轴。

黏结单元任意一点处张开量δ可通过式(3.2-158)确定：

$$\delta = x(P_m) - x(P_m') \tag{3.2-158}$$

式中：$x(P_m)$和$x(P_m')$——点P_m和点P_m'的坐标。

因此，法向和切向张开量δ_n和δ_t可分别表示为：

$$\delta_n = \delta \cdot n \tag{3.2-159}$$

$$\delta_t = \delta \cdot t \tag{3.2-160}$$

式中：n和t——局部坐标系$t-n$下的法向单位矢量和切向单位矢量。

3)黏结应力σ_n与法向张开量δ_n的关系

黏结单元的破坏类型一般可分为3种：Ⅰ型破坏(拉伸破坏)，Ⅱ型破坏(剪切破坏)和Ⅰ～Ⅱ混合型破坏(拉伸和剪切破坏)。这里将重点阐述Ⅰ型拉伸破坏。

如图3.2-29所示，为应变软化黏结单元的法向黏结应力σ_n与其法向张开量δ_n的关系曲线。当黏结单元的法向张开量达到临界值δ_{np}时，法向黏结力恰好为抗拉强度f_t；当法向张开量继续增大时，法向黏结力逐步减小，直到达到最大的张开量δ_{nr}，此时法向黏结力为0，黏结单元失效，产生拉裂纹。其中，$\delta_{np}=hf_t/p_n$，表示法向应力达到抗拉强度 f_t 时的法向张开量，h 表示黏结单元的长度，p_n 表示法向罚值。黏结单元的最大法向张开量 δ_{nr} 与抗拉强度 f_t 和Ⅰ型裂纹的能量释放率 Gf_I 有关。图 3.2-29 中所示阴影部分的面积就表示能量释放率 Gf_I 的值，具体表达式可通过积分求得：

$$Gf_I=\int_{\delta_{np}}^{\delta_{nr}}\sigma(\delta)\mathrm{d}\delta \tag{3.2-161}$$

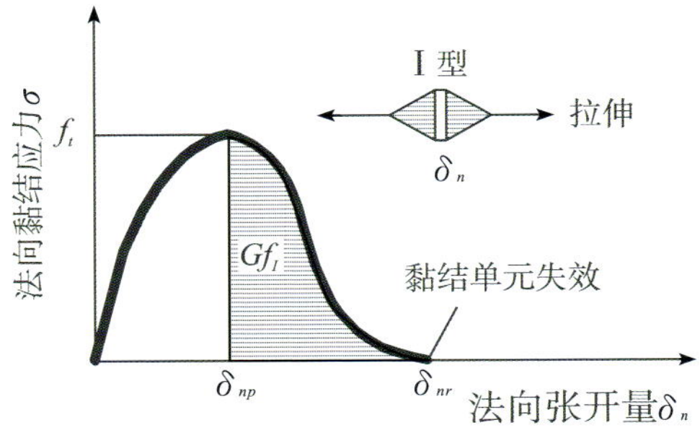

图 3.2-29　黏结单元法向黏结应力与法向张开量的关系

对于图 3.2-29 中的峰前阶段，保留原非连续变形分析法的处理方式，不再讨论。峰后部分属于应变软化阶段，在这一阶段应变软化黏结单元将发挥黏结作用。可见，法向张开量和法向黏结力成非线性关系，Evans 和 Marathe 通过拟合混凝土单轴拉伸试验成果，给出了应变软化阶段的峰后应力和峰值应力的比值与位移的关系：

$$f(D)=\left[1-\frac{a+b-1}{a+b}\mathrm{e}^{D(a+cb/((a+b)(1-a-b)))}\right]\cdot\left[a(1-D)-b(1-D)^c\right] \tag{3.2-162}$$

式中：a，b 和 c——根据实验曲线得到的拟合参数，分别取值为 0.63、1.8 和 6.0。

D——损伤因子，$0\leqslant D\leqslant 1$。当 $D=0$ 时，表示没有损伤，$f(D)=1$；当 $D=1$ 时，表示完全损伤，$f(D)=0$，也就是说黏结单元断开失效。

对于Ⅰ型破裂模拟的黏结单元来说，损伤因子 D 可以表示为：

$$D=\frac{\delta_n-\delta_{np}}{\delta_{nr}-\delta_{np}} \tag{3.2-163}$$

这样应变软化阶段的法向黏结力与其对应的法向张开量 δ_n 的关系可表示为：

$$\sigma_n=f(D)\cdot f_t \tag{3.2-164}$$

而最大法向张开量 δ_{nr} 估算公式如下：

$$\delta_{nr}=\delta_{np}+3\frac{Gf_I}{f_t} \tag{3.2-165}$$

从理论上分析，严格来说，原非连续变形分析法算法中，通过虚拟节理技术模拟材料体连续部位的变形，在满足边—边平行的前提下（经过非连续变形分析法的前处理程序 DC.exe 计算后，内部虚拟节理必然满足边—边平行的假定，而边—边平行也是材料保持连续的必要条件)，一旦接触对达到并超过抗拉强度，接触弹簧就要断开，虚拟节理永久地转为真实节理。很明显，原非连续变形分析法算法忽略了材料屈服后应变软化阶段的残余强度的作用。而上述应变软化黏结单元的引入，弥补了原非连续变形分析法算法的这一缺陷，挽回了应变软化阶段的残余强度，进一步增强了非连续变形分析法在模拟材料连续性方面的功能，使得专注于非连续模拟的非连续变形分析法在模拟连续介质变形时更为真实。当黏结单元的法向张开量大于 δ_{nr} 时，将不再有黏结应力作用于黏结单元所连接的两条子块体边上，此时产生一条拉伸裂纹。

4)应变软化黏结单元黏结力的分配

由法向黏结力与法向张开量的关系式(3.2-164)可知，黏结单元上的各个点的张开量并非均匀分布，因此，黏结单元所提供的黏结力是一个非均布力。为了计算简便，拟采用黏结单元的两个端点 A 和 B，以及中心点 C 作为积分点；并认为在这一黏结单元内，黏结力成线性分布(图 3.2-30)。为了确定线性分布的黏结力的精确解，两个端点 A 和 B 的应力 σ_A 和 σ_B 权函数取值为 2/12，中点 C 处的应力的权函数取值为 8/12。因此，黏结力可以等效到黏结单元的 4 个节点处：

$$F_4 = -F_1 = \sigma_A \frac{2h}{12} + \frac{1}{2}\left(\sigma_C \frac{8h}{12}\right) \tag{3.2-166}$$

$$F_3 = -F_2 = \sigma_B \frac{2h}{12} + \frac{1}{2}\left(\sigma_C \frac{8h}{12}\right) \tag{3.2-167}$$

式中：σ_A，σ_B 和 σ_C——黏结单元中 A、B 和 C 3 点处的黏结应力；

h——黏结单元长度，也即 AB 边长；

F_1，F_2，F_3 和 F_4——将节理单元黏结应力等效到黏结单元所依附的 4 个块体单元顶点上的集中力。

采用这种分配方式简化了计算，且与解析解完全一致。

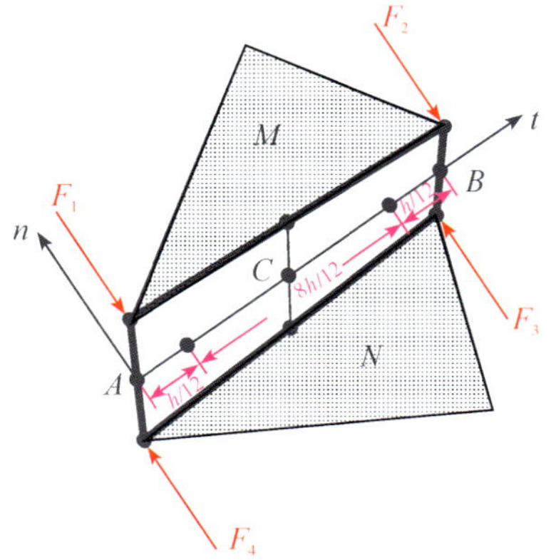

图 3.2-30　应变软化黏结单元的黏结力分配示意图

5)黏结力在非连续变形分析法中实现

经过上述处理后，已将非线性分布的黏结力转换为集中力的形式，因此可直接套用非连续变形分析法中点荷载矩阵的表达式。以作用在 M 块体上转换后的黏结力 F_1 为例，以分量的形式表示为(F_{1x},F_{1y})，作用点为M块体的顶点P_1上，作用点坐标为(x_1,y_1)，M块体形心坐标为(x_c,y_c)。

因此，根据最小势能原理，黏结力子矩阵可以表示为：

$$\{F_1\}=\begin{Bmatrix}F_{1x}\\F_{1y}\end{Bmatrix} \tag{3.2-168}$$

$$[T_M]=\begin{bmatrix}1 & 0 & -(y_1-y_c) & (x_1-x_c) & 0 & (y_1-y_c)/2\\0 & 1 & (x_1-x_c) & 0 & (y_1-y_c) & (x_1-x_c)/2\end{bmatrix} \tag{3.2-169}$$

$$[F_M]=[T_M]^{\mathrm{T}}\{F_1\} \tag{3.2-170}$$

6)带有受压平台的巴西圆盘试验

巴西圆盘试验是一种可间接地确定脆性岩石抗拉强度的技术手段。如图 3.2-31(a)所示，为一含有预置裂纹的圆盘。圆盘直径为 0.1m，受压平台长度为 6.2×10^{-3}m(平台在圆盘圆心处形成一个 7.2°的中心角)，裂纹初始长度为 0.03m，裂纹与水平方向角度为θ。荷载通过圆盘两端的刚性板施加，平均加载速度为 5.0×10^{-4}m/s。刚性板尺寸为长 0.1m、宽 4×10^{-3}m。试样材料参数为：弹性模量 $E=10$GPa，泊松比 $v=0.25$，密度 $\rho=2500$kg/m^3，内摩擦角为 40°，黏聚力 $C_0=5$MPa，抗拉强度 $T_0=0.5$MPa，断裂能释放率 $Gf_I=0.1$J/m^2。刚性板的弹性模量 $E=1000$GPa，泊松比 $v=0.1$，密度同试样。预置裂纹面及试样与刚性板的接触面假定为无摩擦、无黏聚力、无拉伸强度。

为了验证本书提出方法的正确性，研究了θ取 45°和 90°时预置裂纹的扩展路径，相应的计算网格见图 3.2-31(b)和图 3.2-31(c)。θ取 45°时计算时间步长 $\Delta t=1.0\times10^{-5}$s，弹簧刚度 $K=100$GPa；θ取 90°时计算时间步长 $\Delta t=1.0\times10^{-4}$s，弹簧刚度 $K=100$GPa。如图 3.2-32 为试验得出的结果，而本书算法模拟结果分别见图 3.2-33 和图 3.2-34。很明显，本书结果与试验结果较为吻合。

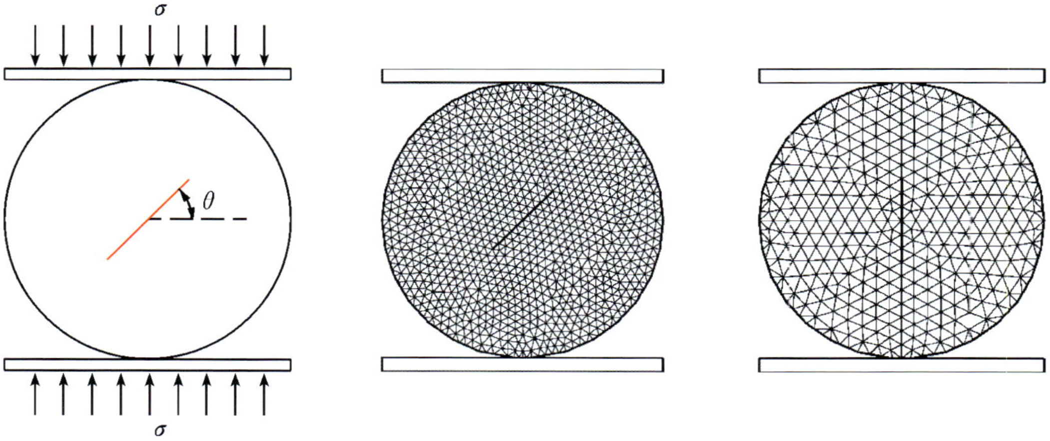

(a)几何条件　　(b)45°计算网格　　(c)90°计算网格

图 3.2-31　巴西圆盘的几何条件及计算网格

(a)　　　　　(b)

图 3.2-32　试验结果

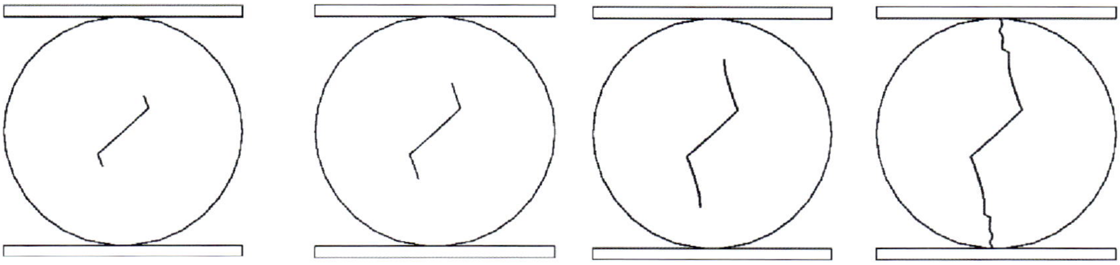

(a)时间步长=7300　(b)时间步长=7340　(c)时间步长=7380　(d)时间步长=7610

图 3.2-33　裂纹呈 45°时的扩展过程

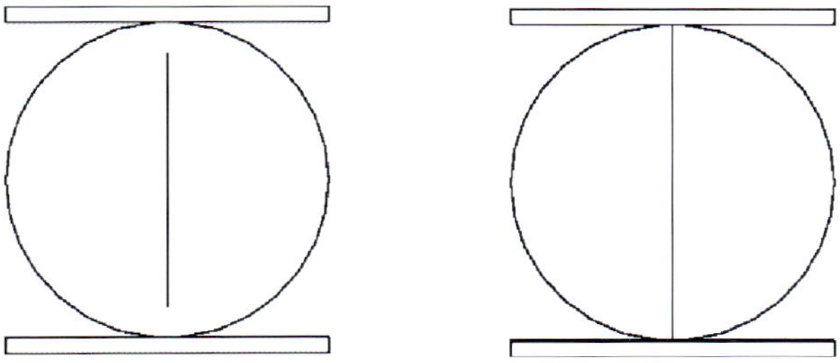

(a)时间步长=87　(b)时间步长=105

图 3.2-34　裂纹呈 90°时的扩展过程

(3)基于势接触的二维非连续变形分析法

1)基本思想

传统非连续变形分析法在处理接触问题时的思路为：首先要进行接触判断，包括点—点接触、点—线接触两种形式，然后根据开—闭迭代确定块体系统的约束状态，亦即确定有效的接触对，进而将其传递到下一时间步长。接触处理的方式非常严密，但每步都需要满足开闭迭代收敛的要求。一旦不收敛，就相应地缩减计算时间步长，再次进行计算；对于大规模问题，由于接触数量较多，不断地缩减时间步长，往往会导致计算效率极其低下。在这种极小时间步长下，离散单元法的显式处理方式往往更为奏效。Munjiza 提出的 FEM-DEM 法，就是这样显式地处理接触问题。FEM-DEM 基于面积坐标定义了接触势，这样就可以通过嵌入面积的大小来衡量接触力的大小。同样地，为了提高接触对搜索的效率，提出了 NBS 接触检测算法。

在二维非连续变形分析法的框架下，首先对这种基于接触势的非连续变形分析法进行了尝试。它以二维非连续变形分析法为总体框架，通过理论推导了基于接触势概念的分布式接触力矩阵及摩擦力矩阵，将 Munjiza 的显式接触处理技术，通过改造应用到非连续变形分析法中。引进的接触处理方式，首先接触力是分布式接触力，它通过接触面积来衡量接触力大小，避免了石根华接触算法中烦琐的点—点、点—线接触判断，并且完全避免了非连续变形分析法中凸点—凸点接触这种复杂的情况，具有较强的物理含义。

2)接触检测算法在非连续变形分析法中的应用

为了提高 FEM-DEM 算法的计算效率，Munjiza 设计了非常高效的 NBS 接触检测算法。首先对 NBS 接触检测算法以及接触力计算原理进行简要介绍，然后尝试将 Munjiza 接触检测及接触处理算法应用到非连续变形分析法中。这里仅对 NBS 接触检测算法的步骤做简要的介绍：

①确定能包裹该单元的最大圆直径，依据圆心点坐标，将单元映射到规则格子中，确定在格子内的整数坐标；

②利用 x 和 y 方向的两条链表结构将所有单元有序地连接起来；

③接触判断只在中心格子相邻的 4 个格子间进行。

3)2D 分布式接触力计算

如图 3.2-35 所示，两个接触单元分别定义为 Contactor 和 Target，前者表示“攻击”，后者表示“被攻击”。Contactor 嵌入 Target 的面积所引起的接触力为：

$$df=[\mathrm{grad}\varphi_c(P_c)-\mathrm{grad}\varphi_t(P_t)]\,dA \tag{3.2-171}$$

式中：$\varphi_c(P_c)$、$\varphi_t(P_t)$——Contactor 和 Target 中 P_c、P_t 的势；

grad——梯度。

接触力可通过积分得到：

$$f_c=\int_S[\mathrm{grad}\varphi_c-\mathrm{grad}\varphi_t]\,dA \tag{3.2-172}$$

式中：$S=\beta_t\cap\beta_c$，β_c 和 β_t——Contactor 与 Target 区域。

边界积分表达式为：

$$f_c=\int_\Gamma n_\Gamma(\varphi_c-\varphi_t)\,d\Gamma \tag{3.2-173}$$

其中：区域 S 的边界——$\Gamma=\partial S$；

n_Γ——边界 Γ 的外法向单位矢量。

4)基于三角形单元势的定义

三角形单元是最简单的形状，因此将块体离散为三角形单元，然后依据三角形间的势接触力算法来计算接触力。如图 3.2-36 所示，三角形内部任意一点 P_1 的接触势定义如下：

$$\varphi(P_1)=\min\{3A_1/A,3A_2/A,3A_3/A\} \tag{3.2-174}$$

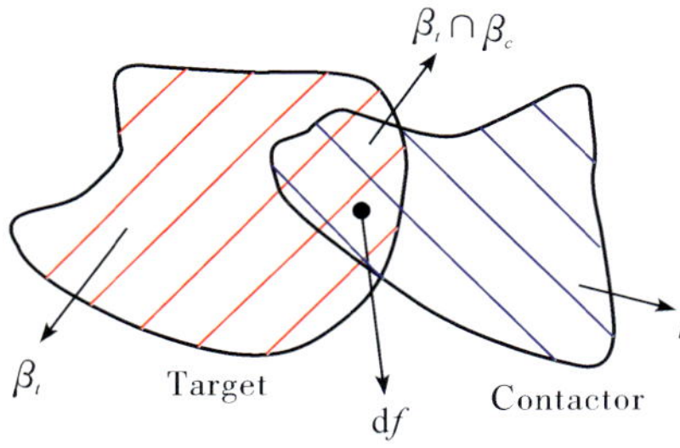

图 3.2-35　接触力计算示意图

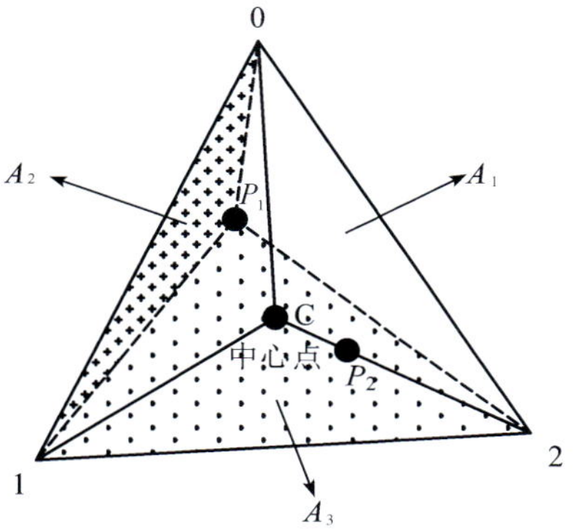

图 3.2-36　Munjiza 势的定义

5)基于三角形单元的接触力计算方法

如图 3.2-37 所示，Contactor 三角形与 Target 三角形接触，重叠面积为 $A-F-V_2-D-A$。Contactor 三角形的 CA 边和 AB 边与 Target 三角形的接触，Target 三角形的 V_1-V_2 边和 V_2-V_0 边与 Contactor 三角形的接触；由此即确定了接触区域的 4 条边 DA、AF、$F-V_2$，以及 V_2-D。

故以 C 点为原点建立局部坐标系，横轴为 S 轴，表示接触势作用点的相对位置，竖轴为 φ 轴，只代表势的大小。

CA 边受到的接触力大小为：

$$f_{c,CA}=-n_{CA}L\int_0^1\lambda\varphi(s)\mathrm{d}s \tag{3.2-175}$$

式中：n_{CA}——CA 边的外法线单位矢量；

L——CA 边的长度；

λ——罚因子；

$\varphi(s)$——在 Target 三角形内部 s 点处的势；

s——势点在 CA 边上的相对位置；

$-n_{CA}$——接触力沿着 CA 边的内法线方向。

则图 3.3-38 中接触力的具体表达式如下：

$$f_{c,CA}=-n_{CA}L\lambda\varphi_{\text{sum}} \tag{3.2-176}$$

其中：

$$\varphi_{\text{sum}}=\frac{1}{2}(\varphi[1]+\varphi[2])(s[2]-s[1])+\frac{1}{2}(\varphi[2]+\varphi[3])(s[3]-s[2]) \tag{3.2-177}$$

按照同样的步骤，也可以计算出其他 3 条边上的势接触力。

最后，基于最小势能原理，即可求得势接触力在非连续变形分析法中的表达式，与点荷载矩阵相似。

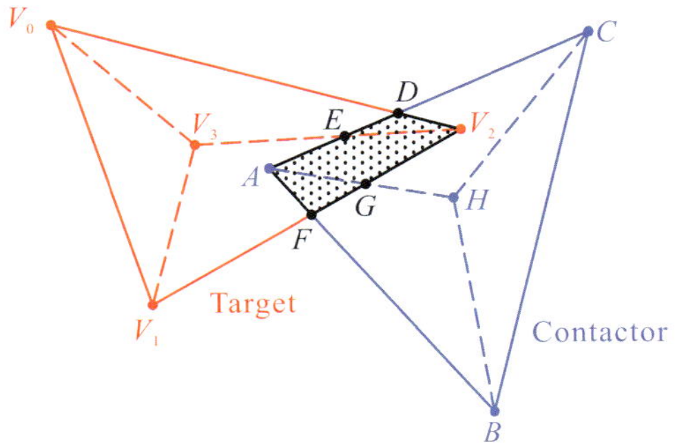

图 3.2-37　两个接触的三角形

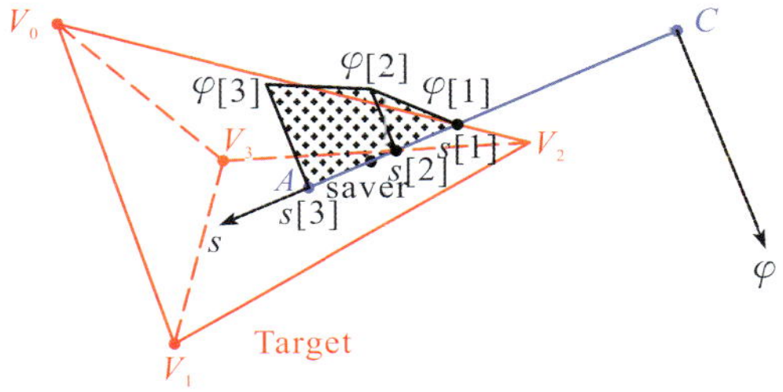

图 3.2-38　势接触力计算

6)数值算例—多块体系统在自重作用下的运动

图 3.2-39 所示为一仅受自重作用的多块体系统。最底部的左、右两个块体的竖向边界完全固定,为块体系统的运动提供了临空面。同样地,材料假定为弹性,弹性模量和泊松比分别为:$E=500$ 和 $v=0.3$。输入的计算参数:弹簧刚度 $g_0=5000$,时间步长 $g_1=8e^{-3}$,密度 $\rho=0.1$,最大位移比 $g_2=0.016$,块体自重$(f_x,f_y)=(0,-0.5)$。假定黏结力和摩擦力都为 0。非连续变形分析法的模拟结果见图 3.2-40,基于势接触的非连续变形分析法的模拟结果见图 3.2-41,可见两者基本一致。

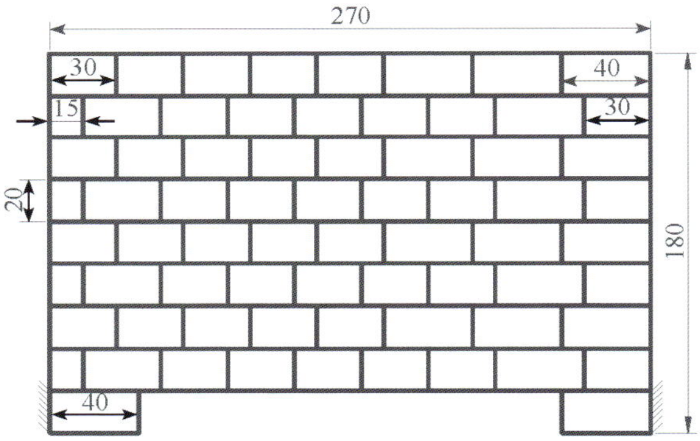

图 3.2-39　多块体系统的几何模型

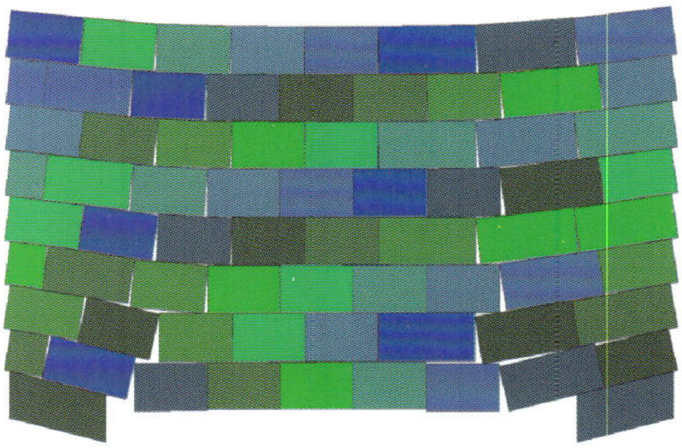

图 3.2-40　非连续变形分析法的模拟结果

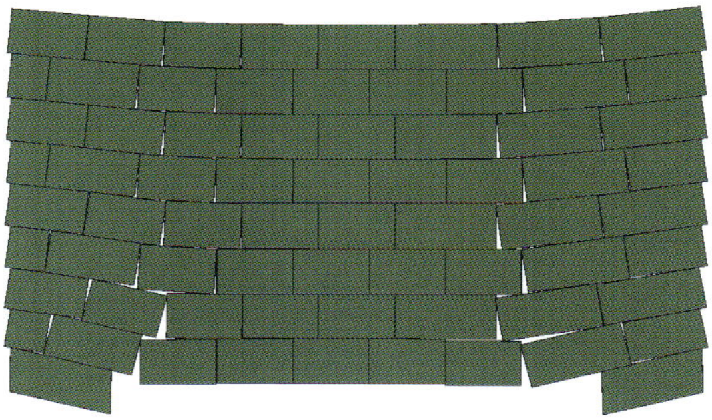

图 3.2-41　基于势接触的非连续变形分析法的模拟结果

3.2.3.6 洞室围岩稳定控制技术

地下式船闸是以地下洞室洞周围岩作为支撑的结构工程。洞周围岩的变形开裂和支护系统的工作状态是整个地下工程系统稳定性的综合反映，可通过多种工程措施（锚固支护方案、开挖步序设计、爆破参数确定、渗控措施设计等）进行综合调控。

（1）洞室围岩稳定的控制标准

目前，尚无评定洞室围岩稳定性的标准，但从理论分析可知，限制围岩受拉区、塑性区和松弛区的最大范围或洞室周边的最大位移量、最小支护抗力值，都能起到控制围岩失稳的作用。根据国内外部分学者的研究和工程经验，以下给出的控制标准可供设计、施工参考。

1）变形控制标准

①奥地利缪勒标准：地下洞室允许顶部下沉4～5cm。

②德国控制标准：(1/100～1/300)D，D为隧洞开挖直径。

2）经验公式

①洞室周边可能的变形值。

顶拱中部：

$$\delta=12\frac{b}{f^{1.5}}(\mathrm{mm}) \qquad (3.2\text{-}178)$$

闸墙：

$$\delta=4.5\frac{H^{1.5}}{f^{2}}(\mathrm{mm}) \qquad (3.2\text{-}179)$$

式中：f——普氏岩石坚固系数；

b——洞室跨度，m；

H——闸墙自拱脚至底板的高度，m。

②日本樱井春辅公式。日本樱井春辅采用围岩应变作为衡量稳定标准的公式——破坏应变。

$$\varepsilon_f=\varepsilon_0(1-R_f) \qquad (3.2\text{-}180)$$

式中：R_f——系数，为0.05～0.8；

ε_0——初始弹性应变，$\varepsilon_0=\dfrac{\sigma_0}{E}$，其中，$\sigma_0$为岩石单轴抗压强度，kPa，$E$为初期弹性模量，kPa。

3）《岩土锚杆与喷射混凝土支护工程技术规范》(GB 50086—2015)隧洞位移允许标准

隧洞周边允许位移相对值见表3.2-3。

采用两次支护的地下工程，后期支护的施工应在同时达到以下3项标准时进行：

①隧洞周边水平收敛速度小于0.2mm/d；拱顶或底板垂直位移速度小于0.1mm/d；

②隧洞周边水平收敛速度，以及拱顶或底板垂直位移速度明显下降；

③隧洞位移相对值已达到总相对位移量的90%以上。

隧洞稳定的判据是后期支护施工后位移速度趋近于零，支护结构的外力和内力的变化速度也趋近于零。

表 3.2-3　　隧洞周边允许位移相对值　　（单位：%）

围岩类别	埋置深度		
	<50m	50～300m	>300m
Ⅲ	0.10～0.30	0.20～0.50	0.40～1.20
Ⅳ	0.15～0.50	0.40～1.20	0.80～2.00
Ⅴ	0.20～0.80	0.60～1.60	1.00～3.00

注：1. 周边位移相对值是指两测点间实测位移累计值与两测点间距离之比；

2. 脆性围岩取小值，塑性围岩取大值；

3. 本表适用于高跨比 0.8～1.2 的下列地下工程：Ⅲ级围岩跨度不大于 20m，Ⅳ级围岩跨度不大于 15m，Ⅴ级围岩跨度不大于 10m；

4. Ⅰ、Ⅱ级围岩，以及Ⅲ、Ⅳ、Ⅴ级围岩在表注 3 范围以外的地下工程应根据实测数据的综合分析或工程地质类比法确定允许值。

（2）地下式船闸洞室围岩支护设计

地下式船闸洞室围岩支护设计，需要根据围岩的地质条件、洞室断面形式和大小及施工方法，通过工程类比和围岩稳定分析综合确定。在施工中应适时支护围岩，充分发挥围岩的自身承载能力，满足工程安全施工和运行的要求。

地下工程的设计理论和方法，由将岩体视为外荷载，转向将岩体当作承载结构，在工程处理上主要采取锚喷支护的结构形式。地下结构设计的基本指导思想是充分发挥围岩自身承载能力，因地制宜地搞好地下洞室的开挖和支护。

所谓“充分发挥围岩自身承载能力”，就是要避免围岩破坏或失稳。在设计时，需要根据地质条件，合理选择地下船闸的洞址和洞轴线，选择一个能使围岩应力分布比较均匀的洞型，避免过大的应力集中，制定出合理的开挖程序和开挖方法，搞好适时支护，充分发挥围岩的承载潜力。

所谓适时支护，就是支护的时机要恰到好处。支护过早，支护结构就要承受很大的“形变压力”，将是不经济的；支护过迟，围岩会过度松弛而导致失稳，将是不安全的。一般来说，洞室岩体的稳定性较好时，可在开挖完成一段时间之后再做支护；洞室岩体的稳定性差时，为防止塌滑，在开挖后需要及时进行支护。

支护结构的主要作用在于：加固围岩，封闭岩石裂隙，防止渗水和岩石风化，充分发挥围岩自身承载能力保证洞室稳定；保证洞室的断面尺寸。

1）围岩支护形式

地下式船闸洞室应优先考虑采用由喷混凝土或喷钢纤维混凝土、设置钢筋网、施加锚杆或锚索等一种支护或几种组合而成的柔性支护。

当单独使用柔性支护难以满足围岩稳定要求时，宜采用柔性支护与钢筋混凝土衬砌组合的复合式支护。对于Ⅳ～Ⅴ类围岩，通常需要采用钢筋混凝土衬砌的刚性支护或复合式支护。

柔性支护的设计和施工技术要求，应符合《水利水电工程锚喷支护技术规范》(SL 377—2007)和《水工预应力锚固设计规范》(SL/T 212—2020)的有关规定。

钢筋混凝土衬砌的刚性支护，可根据围岩情况选择下列不同的结构形式：

①顶拱钢筋混凝土肋拱衬砌。

②顶拱全封闭钢筋混凝土衬砌，在闸首和闸室结构之外的闸墙不衬砌或采用薄层混凝土衬砌。

③洞室全断面钢筋混凝土衬砌。

钢筋混凝土衬砌厚度，应根据计算和构造要求，并结合施工方法确定。配置单层钢筋的混凝土厚度不宜小于300mm，配置双层钢筋的混凝土厚度不宜小于400mm，混凝土强度等级不宜低于C30。

支护形式的选择应根据围岩的地质条件、使用要求、施工条件、材料及造价等因素综合分析比较确定。

2)围岩支护设计要点

①洞室衬砌的设计荷载。

a. 围岩压力。

围岩压力根据围岩条件、埋设深度、洞室断面形状与大小、施工方法及支护情况等因素，按实际情况及以下原则分析确定。

薄层及松散围岩，可按下列公式计算，并根据实际情况进行修正。

竖直方向：

$$q_v=(0.2\sim 0.3)\gamma_R\cdot B \tag{3.2-181a}$$

水平方向：

$$q_h=(0.05\sim 0.1)\gamma_R\cdot H \tag{3.2-181b}$$

式中：q_v——竖直均布围岩压力，kN/m；

q_h——水平均布围岩压力，kN/m；

γ_R——岩体重度，kN/m^3；

B——洞室开挖宽度，m；

H——洞室开挖高度，m。

块状、中厚层至厚层状围岩，可根据围岩中不稳定块体的重量(力)来确定围岩压力。

不能形成稳定拱的浅埋洞室，宜按洞室顶拱上覆岩体的重量(力)来确定围岩压力。

当采用复合式支护时，作用于衬砌上的围岩压力宜考虑围岩卸荷过程予以适当折减。

具有流变或膨胀等特殊性质的围岩，围岩压力应经专门研究确定。

b. 衬砌自重。

衬砌自重可按设计厚度计算，若超挖较大时应考虑超挖使断面增大的影响。

c. 外水压力。

作用在衬砌上的外水压力应根据地下水情况、围岩透水性能及工程上采取的阻排水措施，通过工程类比或渗流计算分析确定。对地下水较丰富的地区应在洞室四周及顶部设置可靠的排水系统和灌浆阻水帷幕，减小或消除外水压力。

d. 灌浆压力。

顶拱衬砌顶部应做回填灌浆，围岩完整性较差、裂隙较发育者，可考虑对衬砌后岩体进行固结灌浆。回填灌浆的范围，一般控制在顶拱中心角90°～120°，灌浆压力应根据灌浆孔布置、施灌程序及作用范围来确定。固结灌浆的参数可通过工程类比或现场试验确定，固结灌浆孔间距可采用2～4m，孔深应根据岩石裂隙情况确定，一般为3～5m。

e. 温度荷载。

混凝土干缩及施工期温度作用宜靠浇筑分块和施工措施消除，运行期混凝土的温度应力应根据环境介质温度变化情况分析确定。

f. 施工及安装荷载。

作用于衬砌上的施工及安装荷载应按实际情况确定。

g. 地震荷载。

地震设计烈度为Ⅸ度的地下结构或设计烈度为Ⅷ度的1级地下建筑物，均应验算建筑物和围岩的抗震强度和稳定性。

②设计方法要点。

围岩支护设计目前以工程地质类比法为主，同时根据不同的设计阶段，可采用有限单元法计算，并利用监测资料进行反馈分析与复核计算。

工程地质类比法根据工程地质条件、洞室尺寸与已建类似工程充分进行对比分析，并结合围岩分类法确定支护方案。

由于围岩的复杂性使得有限元计算成果往往与实际情况有一定的出入。但有限元计算能为地下洞室建立一个整体的力学概念，为地下工程的设计和决策提供依据，对围岩整体稳定性的判断与支护设计很有参考意义。

当地下洞室采用边开挖边衬砌的施工方法时，宜用有限单元法模拟开挖、支护过程。

钢筋混凝土衬砌的应力分析，可采用结构力学法。分析时应考虑围岩抗力。

(3)地下洞室变形预测和控制分析

通过开展大型地下洞室变形控制的工程实例、数据资料收集与分析，总结国内外大型地下洞室的支护措施及变形控制效果。重点关注洞室群在施工开挖过程中所采用的变形控制措施和效果，及其与工程地质条件和洞室设计方案的联系。获取锚固支护设计措施与洞室尺度的关系，统计得到不同围岩条件下已建工程采用的锚固支护长度在不同洞室跨度区间的所占比例；对围岩变形与不同影响因素的关系进行统计分析。基于系统分析围岩变形与初始地应力、厂房高度和围岩变形模量的关系，提出了大型地下洞室围岩变形预测方法。

(4)浅埋硬岩地下洞室成洞条件量化评价方法

由于浅埋洞室必须考虑地形边界以及埋深对稳定性的影响，其围岩应力情况比深埋洞室更为复杂。在浅埋地层开挖地下洞室时，首先要考虑洞顶覆盖层的厚度，即洞顶以上应留有足够厚度的新鲜岩体，以便顶拱能够自承成拱。如果洞室上覆岩体厚度不足且地应力条件不利时，顶拱易遭受破坏而不能成洞。此外，对于浅埋地下洞室，围岩中各类结构面较为发育，块体失稳也是一种常见的破坏模式，其破坏深度和体积主要受岩体结构控制。

目前，相关的规程规范及工程经验，一般仅考虑地应力大小和方位、结构面产状等因素对地下洞室成洞条件的影响；然而，浅埋地下洞室上覆岩体厚度及安全性、工程区域地应力场空间分布、地下洞室关键块体稳定性等因素对地下洞室成洞条件影响也很大，但均未考虑。常用的围岩分类及工程类比、参照规范、地质力学模型试验等评价方法在浅埋硬岩大型地下洞室成洞条件的评价中多是以定性方式出现，多为单一方法或单一指标在成洞条件评价方面的应用，缺乏全面性和代表性。

1)主要步骤

第 1 步，对工程区域进行原位地应力测试。

第 2 步：在地应力测试部位钻取岩芯，对岩芯进行岩石饱和单轴压缩试验。

第 3 步：判别洞室为硬岩、大跨度且浅埋的大型地下洞室则前往第 4 步，否则流程结束。判别洞室为硬岩、大跨度且浅埋的大型地下洞室，其判别标准为岩石饱和单轴抗压强度大于60MPa、主洞室开挖跨度大于 20m 且最大跨度主洞室顶拱上覆岩体厚度小于洞室上覆岩体自重和重度比值的 2～2.5 倍。

第 4 步：根据工程规模进行相应的工程地质勘察工作，查明工程区域内主要结构面的产状和性状。考虑工程区域内岩体主要结构面走向与主体洞室轴线呈较大角度相交，夹角一般应不小于 45°。

第 5 步：通过三维数值方法计算地下洞室开挖后的应力场和围岩扰动强度应力比，首先通过围岩扰动强度应力比判断地下洞室成洞条件。当围岩扰动强度应力比 DSSR≥2.0 时，洞室成洞条件较好；当 DSSR<2.0 时，洞室成洞条件较差，需要调整最大水平主应力方向与主洞室轴线夹角不大于 35°。采用有限元或有限差分法计算洞室开挖后的应力分布，由式(3.2-182)得到围岩扰动强度应力比的大小及分布情况。

$$\mathrm{DSSR}=\frac{\sigma_c}{|\sigma_1-\sigma_3|} \tag{3.2-182}$$

式中：σ_c——单轴抗压强度；

σ_1——围岩扰动第一主应力；

σ_3——围岩扰动第三主应力。

第 6 步：采用强度折减法计算开挖完成后地下洞室大跨度顶拱到地表之间的上覆岩体

整体稳定性安全系数 K_1，接着采用地下洞室大跨度顶拱上覆岩体整体稳定性安全系数判断地下洞室成洞条件。当地下洞室大跨度顶拱上覆岩体整体稳定性安全系数 $K_1 \geqslant 2.0$ 时，地下洞室成洞条件较好；当 $K_1 < 2.0$ 时，地下洞室成洞条件较差，需要增大地下洞室埋深。计算开挖完成后地下洞室大跨度顶拱到地表之间的上覆岩体整体稳定性安全系数 K_1，所采用的强度折减法为基于不等式(3.2-183)的强度折减法。地下洞室大跨度顶拱上覆岩体整体安全系数 K_1 是利用计算得到的岩体塑性耗散能信息熵与强度折减系数曲线上突变点或者顶拱和地表相对位移差与强度折减系数曲线上突变点获得的。

$$\sin\varphi \geqslant 1 - 2v \tag{3.2-183}$$

第 7 步：采用基于全空间赤平极射投影的块体稳定性分析方法计算地下洞室超万立方米的大型关键块体安全系数，最后采用地下洞室超万立方米的大型关键块体安全系数判断地下洞室成洞条件。当洞室顶拱大型块体安全系数 $K_2 \geqslant 2.0$，且闸墙大型块体安全系数 $K_3 \geqslant 1.5$ 时，地下洞室成洞条件较好；否则，地下洞室成洞条件较差，需要对安全系数不满足要求的块体计算所需支护力。采用块体稳定性分析方法计算地下洞室超万立方米的大型关键块体安全系数，所采用的块体稳定性分析方法为基于全空间赤平极射投影的块体稳定性分析方法，地下洞室大型滑移运动的关键块体安全系数见式(3.2-184)。

$$K_2 = K_3 = \frac{\sum_{i=1}^{n} N_i f_i + \sum_{i=1}^{n} S_i c_i}{T} \tag{3.2-184}$$

式中：n——块体沿结构面滑动的个数，对于单一结构面滑动模式，$n=1$；对于双结构面滑动模式，$n=2$。

N_i——块体所受合力在第 i 个结构面法向上的分量。

T——块体所受合力在滑动方向上的分量。

S_i——块体第 i 个滑动结构面的面积。

f_i，c_i——块体第 i 个滑动结构面的摩擦系数和黏聚力。

2）主要特点

浅埋硬岩大型地下洞室成洞条件量化评价方法通过原位地应力测试获得工程区域主应力值和方位；利用获得的岩石饱和单轴抗压强度进行硬岩判断；利用主洞室开挖跨度值及最大跨度主洞室顶拱上覆岩体厚度小于洞室上覆岩体自重和重度比值进行大跨度浅埋划分；对于浅埋硬岩大跨度地下洞室布置设计，考虑地下洞室顶拱稳定性、岩体结构面及地应力的影响，且以地下洞室顶拱上覆岩体整体安全系数和围岩扰动强度应力比、地下洞室超万立方米的大型关键块体安全系数作为量化评价的主要指标；长大结构面走向应与主洞室轴线呈大角度相交；采用数值方法计算得到地下洞室开挖后的围岩扰动强度应力比，根据判断标准，量化最大水平主应力方向应与主洞室轴线方向的夹角；采用强度折减法量化地下洞室顶拱到地表之间的上覆岩体整体稳定性；采用块体理论量化地下洞室超万立方米的大型关键块体稳定性。因为全面考虑了影响浅埋硬岩大跨度地下洞室成洞条件的主要因素，本方法比传统方法更为科学、完善、指标明确、易于实施，能够降低施工风险，提高地下洞室群的整体稳定性。图 3.2-42 为浅埋硬岩大型地下洞室成洞条件量化评价方法流程图。

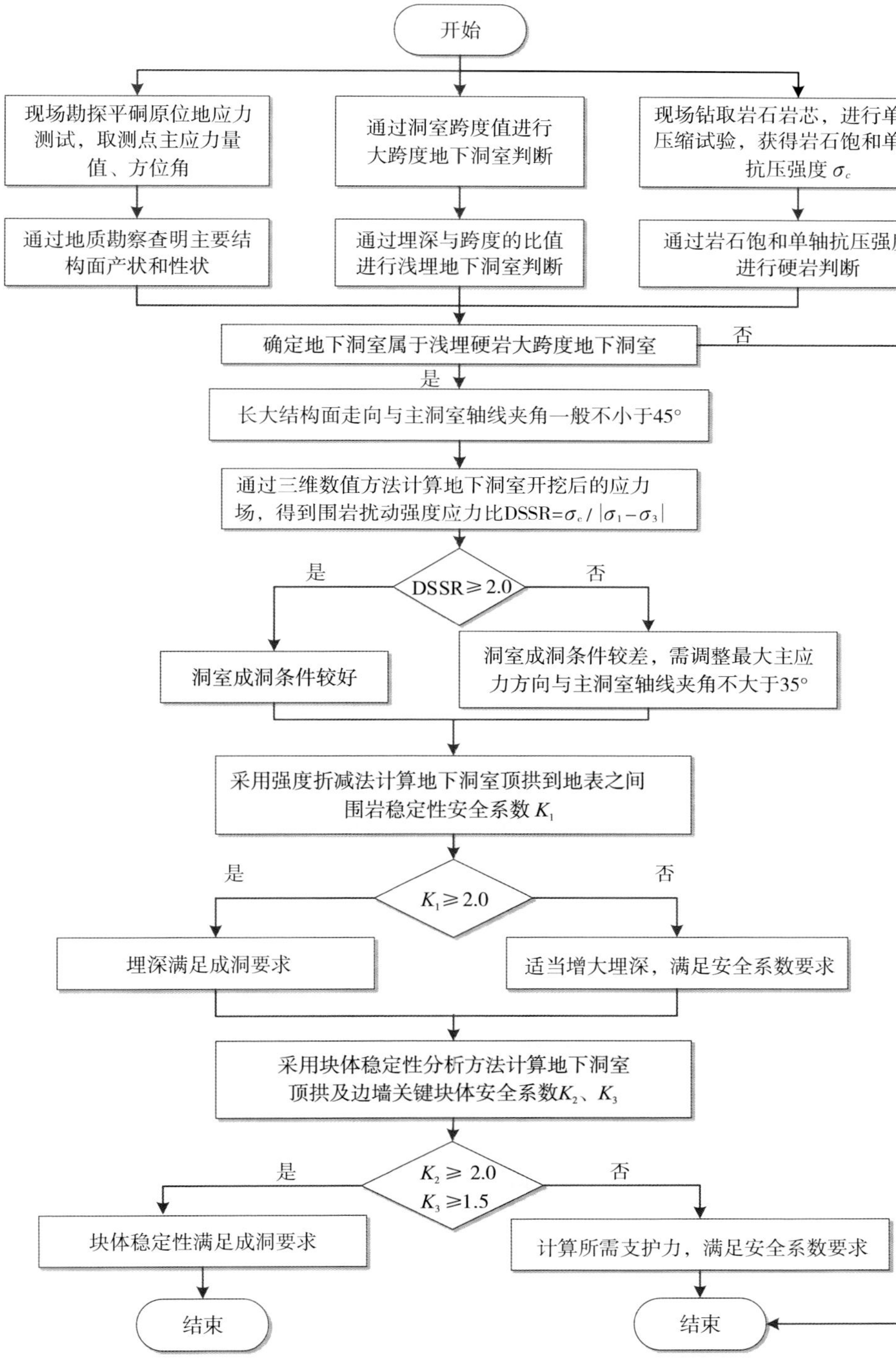

图 3.2-42　浅埋硬岩大型地下洞室成洞条件量化评价方法流程图

(5)地下洞室围岩稳定性的动态反馈控制

地下洞室开挖过程的围岩稳定性的动态反馈控制，是保证施工安全、优化结构设计，使地下洞室达到快速、经济、高效、安全的主要手段。通过以"开挖—爆破"和"支护—渗控"为代表的工程作用，岩体被人类活动所改造并加以利用。然而地质条件千变万化，人们对岩体性状的认识还相当肤浅，只能通过现场测试(如声发射)和监测(如围岩变形、支护系统应力)等方法来判断岩体在人类施加的直接工程作用下的稳定性，从而调整和修改地下工程的支护设计，实现洞室围岩稳定性的动态反馈控制。监测主要是通过布置在一些关键部位的仪器、设备，去捕捉岩体特性在自然条件和人工开挖扰动后发生的变化信息。这些信息包括岩体变形、应力和应变、支护受力。通过监测岩体和支护的特征信息变化，采用有效理论和分析方法反馈围岩的稳定情况，以控制围岩变形，指导设计和调整下一步的施工方案，使地下工程的支护设计达到合理经济的目的。施工监测和反馈控制已成为现代化施工中重要的手段和步骤。

监测资料是岩体对所施加的工程作用最直接和最真实的反应，在庞杂的信息数据中蕴含了丰富的数字特征和潜在规律。通过对监测资料的处理，挖掘可用于判别岩体稳定状态的方法，不仅有助于深化对围岩在工程和自然双重作用下的内在演化规律的认识，而且有助于评判所运用的工程和自然作用分析方法的合理性。

3.2.4 三峡船闸衬砌式结构设计要点

三峡船闸主体段结构均在山体岩石中深切开挖修建，船闸采用薄壁衬砌式结构，能够充分利用三峡坝址建筑物基岩比较完整、强度高的有利条件，最大限度地节省岩石开挖和混凝土浇筑工程量，显著地节约工程总造价。三峡双线五级船闸自第一闸首至第六闸首主体段全长 1621m；包括 12 个闸首和 10 个闸室，南坡、北坡、中隔墩内共 4 条输水隧洞和 48 个阀门竖井，主要采用与岩体共同作用的薄壁衬砌式结构。

3.2.4.1 衬砌式结构布置

闸室采用分离式结构，沿船闸轴线方向设有两条纵缝，闸墙与底板分开，纵缝距闸墙面 2m，闸墙纵向分缝，间距一般为 12m。结构缝面均布置了两道紫铜片止水，紫铜止水片间距 50cm，内设止水检查槽。第一道铜止水片距迎水面 50cm，水平止水与竖向止水设分区止水片。纵缝缝面充填 1.0cm 厚的沥青杉板，横缝贴沥青油毡。第三闸室闸墙高程位于弱风化带顶板以下，墙后为微新岩体，闸墙为带锚杆的钢筋混凝土衬砌墙。根据管线廊道、闸顶交通及系船柱、消防设备等布置要求，衬砌闸墙顶部宽 5m，底部宽 1.5m，墙高 46.8～54.5m。每侧闸室墙顶部设有断面尺寸 2.5m×2m(高×宽)的管线廊道。

为减少衬砌墙背的渗水压力作用，墙背与岩体接触面设置排水管网。排水管网中心间距为 4m×7.5m(顺流向×竖向)，并在纵、横向结构缝面后相应设置了三角形排水沟。为满足检修疏通要求，每条竖向排水管要保证垂直。衬砌墙底部布置了与基础排水廊道相通的连通槽。

第三闸室典型断面布置示意图见图 3.2-43。

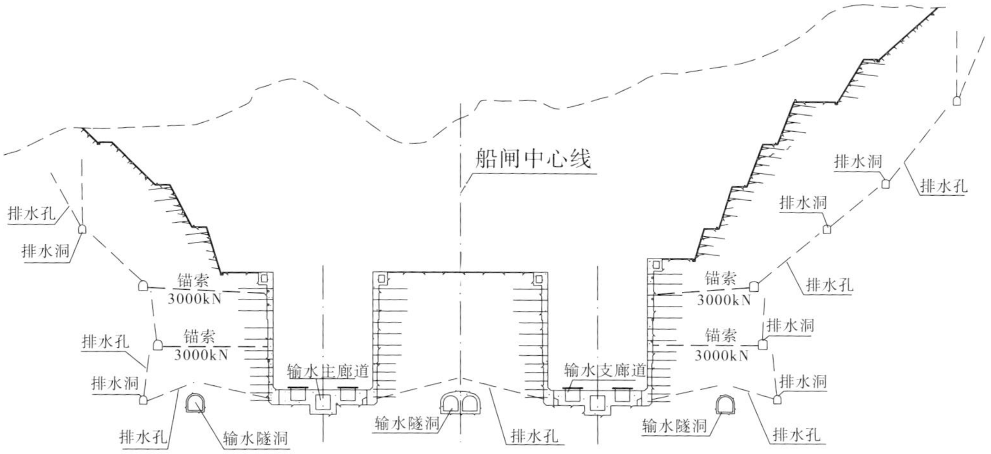

图 3.2-43 第三闸室典型断面布置示意图

3.2.4.2 结构锚杆设计

结构锚杆的主要功能是维持衬砌墙与岩坡的联系，满足结构的稳定及强度要求，同时也对施工安全提供可靠的保障。结构锚杆的设计主要包括锚杆的布置与受力、锚杆的构造处理，以及对衬砌墙内锚杆周围的混凝土进行局部抗剪强度校核、锚杆间距校核等。

(1)锚杆的布置与受力

根据船闸反复充、泄水运行的特点，在闸室低水位或检修状态下，结构锚杆是维持衬砌墙稳定的根本保证。锚杆的布置，通过对结构的综合计算分析确定，主要满足在墙后的渗透水压力作用下，衬砌墙稳定及强度的要求。

衬砌墙结构锚杆所承受的荷载为：墙后渗透水压力，衬砌墙自重，温度荷载。墙后渗透水压力主要使锚杆产生拉力，而衬砌墙自重及温度荷载将使锚杆产生拉力和剪力。

衬砌墙的墙前、墙后水压力使锚杆承受拉、压交替的荷载。当墙背与岩体间黏接面开裂后，锚杆不但要承受渗透水压产生的拉力，同时由于岩基对墙体的约束不再是由岩基直接作用到墙体上，而是通过锚杆转换作用到墙体上，使锚杆承受部分混凝土自重及温度荷载给予的剪力和拉力。研究表明，当混凝土与岩基黏接良好时，由于衬砌墙与岩基的接触面远比锚杆的面积大，衬砌墙与岩基的相互作用几乎不涉及锚杆，锚杆仅在其中受到很小的轴力，且无剪力作用。考虑到船闸为垂直开挖边坡且边坡较高等特点，锚杆的设计应以黏接面开裂为控制条件。

由于锚杆所承受的拉力主要来自墙后渗透水压力。通过计算表明，在墙底约束影响范围外，锚杆内力按渗透水压力分布规律变化，即每根锚杆的拉力近似等于锚杆所在位置渗透水压力的强度乘以锚杆所在范围的面积。墙后渗透水压力为三角形分布，因此在初步布置锚杆时，锚杆的间距一般根据不同高程渗透水压力变化分区布置，由上到下逐渐加密，上部为 2m×2m(高×宽),中部为 1.8m×1.8m(高×宽),下部为 1.5m×1.5m(高×宽)。

锚杆的长度要根据黏接力满足墙后渗透水压力及温度荷载作用下锚杆抗拉的要求,同时兼顾边坡岩体的稳定确定。锚杆长度沿高程从闸室底板到顶板分 3 个区段,分别为 8m、10m、12m。

(2)锚杆强度设计

1)静力计算

静力计算的控制工况为检修工况。锚杆的受力特点是承受轴向拉、压荷载,锚杆受压状态用间隙元模拟、受拉状态用杆单元模拟。衬砌墙与岩基接触面假定受拉即脱开,$f=0$,$c=0$;接触时,$f=0.5$,$c=0$。

墙后渗透水压力是影响衬砌墙的主要荷载。船闸采用以下措施:①上游防渗排水幕削减上游水库的渗透水压力;②地表截防排水系统,阻隔地面与地下水的联系;③山体地下排水洞,降低地下水位;④在衬砌墙背布置纵、横交汇的井式排水管网,减小渗透水压力。经过以上防排水处理后,综合考虑诸多影响因素,渗压折减系数为 0.4,检修工况锚杆计算成果见表 3.2-4。计算结果表明,强度为 340MPa 的普通锚杆已不能满足强度要求。经调研论证,船闸结构锚杆采用高强精轧螺纹钢筋,其力学性能指标:屈服强度≥800MPa,极限抗拉强度≥1000MPa,伸长率≥6%,冷弯(90°)$d=7a$。

表 3.2-4　检修工况锚杆应力值　(单位:MPa)

高程(m)	138	136	134	132	130	128	126	124.2
应力	21.8	131.1	32.1	59.9	92.7	125.8	156.0	179.8
高程(m)	122.4	120.6	118.8	117	115.2	113.7	112.2	110.7
应力	205.6	230.1	250.0	262.0	26.44	262.4	267.0	278.0
高程(m)	109.2	107.7	106.2	104.7	103.2	101.7	100.2	98.7
应力	293.6	310.4	323.2	325.5	309.6	270.8	213.5	165.2

2)温度应力计算

根据锚杆在温度变化过程中的受力特点,锚杆除承受轴向拉、压荷载外,还有切向荷载。计算中采用梁单元模拟锚杆单元。在温度荷载作用下,温度变化对锚杆影响不大,但由于衬砌墙单元应力的变化,在变形协调和受力平衡时,使锚杆的内力相应地发生变化。由于闸室墙厚 1.5～2.1m,混凝土内不能形成稳定温度场,各浇筑层一般在浇筑 2～3d 后达到最高温度,随后其温度逐渐随外界气温周期变化。内外温度振幅约为 4℃,相位滞后约一个月。计算中假定沿锚杆长度方向变温为线性模式,锚杆与衬砌墙混凝土、锚杆与岩基间黏接良好,无相对滑动。作为问题解的上、下限,衬砌墙与岩基间的接触分别按完全黏合和完全脱开两种极端情况计算。计算结果表明,当衬砌墙与岩基脱开,岩基对墙体已不再约束,只有锚杆对墙体变形起到约束作用,从而使锚杆独自承受拉力和剪力。在锚杆两端与衬砌墙及岩基完全黏接处，部分应力由锚杆周围介质所分担，所以跨缝处的锚杆内力值要比衬砌墙与岩基内的锚杆内力值大，因此，如何减少跨缝处锚杆内力便成为设计的关键。

3)锚杆自由段及其构造

在考虑衬砌墙与岩基脱开时，计算考虑脱开的间隙不会大于1cm，间隙处锚杆单元的长径比(L/d)较小。根据结构力学理论，当(L/d)较小时，必须计及剪切效应才能正确反映锚杆的受力状态。所谓考虑剪切效应就是允许锚杆有一定的弯曲变形。在工程措施上可在衬砌墙与岩基缝面处设置锚杆自由段，将跨缝处的锚杆外包弹性材料，减小锚杆对墙体切向变形的约束，锚杆在跨缝处的受力条件得到改善。表3.2-5列出了施工期不同自由长度L的锚杆内力最大值。计算结果表明，锚杆的自由长度增加，其剪力迅速降低，但轴力变化不大。利用锚杆的自由长度，能充分发挥锚杆抗拉强度大、抗剪较弱的特点。

表3.2-5　　施工期不同自由长度L的锚杆内力最大值　　(单位:t)

标高(m)	单元号	L=1.0cm	L=3.0cm		L=5.0cm			L=7.0cm		L=10.0cm	
		N	Q	N	Q	N	Q	N	Q	N	Q
138	749	89	240	22	46	15	25	12	15	9	8
136	731	29	253	15	43	13	24	11	14	9	7
134	728	4	159	0.0	42	0	24	0	14	0	7
132	710	29	72	15	37	10	22	7	13	5	7
130	692	30	73	9	33	8	20	7	12	6	6
128	689	3	64	0.0	32	0	19	0	12	0	6
126	671	32	31	16	28	11	17	8	11	5	6
124	653	29	69	8	23	7	15	7	9	6	5
122	650	2	49	0.0	22	0	14	0	9	0	5
120	632	33	29	15	19	10	13	7	8	5	4
118	614	31	58	10	17	8	11	7	7	6	4
116	611	1	45	0.0	16	0	11	0	7	0	4
114	593	39	35	17	14	12	10	9	6	6	3
112	575	34	60	11	13	9	19	8	6	7	3
110	572	0.0	41	0.0	12	0	8	0	5	0	3
108	554	43	38	18	11	13	7	10	5	7	2
106	536	34	61	12	10	10	7	9	4	7	2
104	533	0.0	42	0.0	10	0	6	0	4	0	2
102	515	48	43	19	9	14	5	11	3	8	1
100	497	36	66	14	8	12	4	11	2	10	1
98	494	74	104	15	7	1	4	0	2	0	1
96	476	56	141	39	5	26	2	18	1.1	10	0
94	437	120	232	51	8	33	3	22	1.5	13	0

在一般条件下，由于混凝土的保护，钢筋混凝土中的钢筋能满足建筑物的正常使用年限要求。但对于结构锚杆自由段，在衬砌墙与岩基的结合面发生张、合的情况下，一方面长期受大气、水的腐蚀作用；另一方面在船闸运行过程中，随着船闸充、泄水，又受到拉、压交替荷载的反复作用将加速对锚杆自由段的腐蚀，锚杆的有效受力面积将受到影响，以至于不能满足受力要求，因此，锚杆的自由段构造设计包括防腐涂料和弹性材料的选择。

自由段防腐涂料性能具有良好的耐腐蚀性，使用年限长，保证对锚杆起有效的保护作用；具有良好的附着强度，保证施工期和运行期防腐涂层不起泡、不破裂、不脱落；具有良好的柔韧性，能与锚杆同步变形，对锚杆和弹性材料无不良反应；施工操作简单。

自由段弹性材料的特点是埋在锚杆水泥砂浆和衬砌墙内，弹性材料的外表面与强碱性混凝土及地下水接触，内表面与自由段防腐材料接触，后期无检修条件。其性能应满足在强碱条件下具有较好的稳定性和耐久性，不易老化、龟裂；对锚杆及防腐材料无不良反应；有较好的弹性、韧性，能与锚杆同步变形，在长时间交变应力状态下不产生脆裂、疲劳；永久压缩变形小、强度高、硬度适中。

根据以上要求，船闸结构锚杆自由段防腐采用除锈、喷锌、涂装环氧、橡胶套管保护的工艺。喷锌段封闭保护材料为改性环氧树脂，橡胶套管的硬度在 50 邵尔以上，扯断强度大于 18MPa，扯断伸长率大于 500%，老化系数(70℃ ×72h)大于 0.80。

三峡船闸锚杆构造见图 3.2-44。

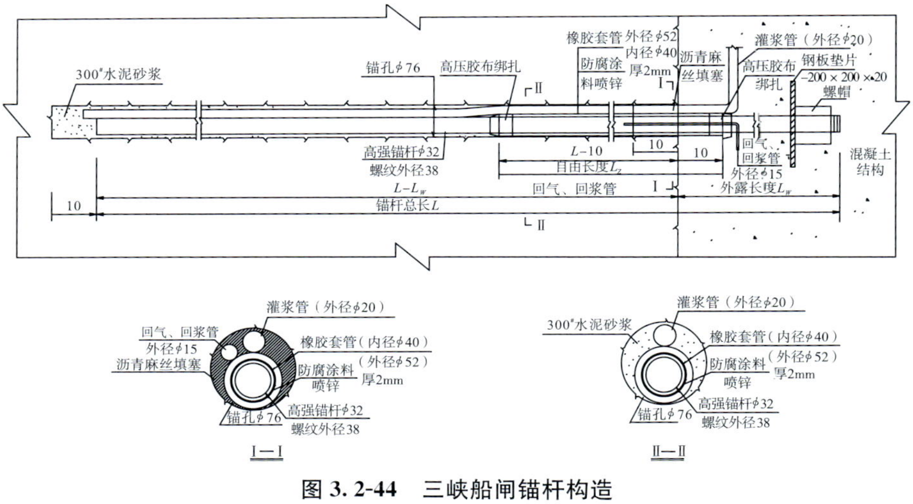

图 3.2-44　三峡船闸锚杆构造

锚杆设置自由段与不设置自由段相比较，不仅受力条件有所改善，而且对衬砌墙的应力也有好处。计算表明：增加锚杆的自由变形长度，墙体的竖向应力相应降低。这是由于锚杆设置自由段以后，在较高的温度和较大的自重荷载作用下，有较强的适应变形能力，降低了对墙体的约束作用，从而使墙体的应力得到改善。

(3)锚杆间距及墙体局部抗剪强度校核

高水头大型船闸直立边坡薄壁衬砌墙的结构锚杆设计无专门的规程规范或设计标准可

供遵循。参照国外同类工程的设计经验，结构锚杆在衬砌墙中的承载力由图 3.2-45 所示的混凝土抗拔剪力锥，或由锚杆强度控制。

$$\left(\frac{\upsilon_1 P_u}{\Phi_2 P_c}\right)^{4/3}+\left(\frac{\upsilon_1 V_u}{\Phi_2 V_c}\right)^{4/3}\leqslant 1 \tag{3.2-185}$$

$$\left(\frac{\upsilon_1 P_u}{\Phi_1 P_s}\right)^{2}+\left(\frac{\upsilon_1 V_u}{\Phi_2 V_s}\right)^{2}\leqslant 1 \tag{3.2-186}$$

式中：P_u——锚杆承受的拉力；

V_u——锚杆承受的剪力；

P_s——锚杆达到屈服强度时承受的拉力；

V_s——锚杆达到屈服强度时承受的剪力；

P_c——混凝土拉拔锥达到屈服破坏时受到的拉力；

V_c——混凝土拉拔锥达到屈服破坏时受到的剪力；

υ_1——锚杆强度安全系数；

Φ_1、Φ_2——系数。

为避免在衬砌墙混凝土内产生群锚效应，锚杆在墙体混凝土内产生的剪力锥不重叠，即锚杆间距需要满足 $\Delta\geqslant 2L_e+d_h$。同时，剪力锥不能超出墙体混凝土的边界。

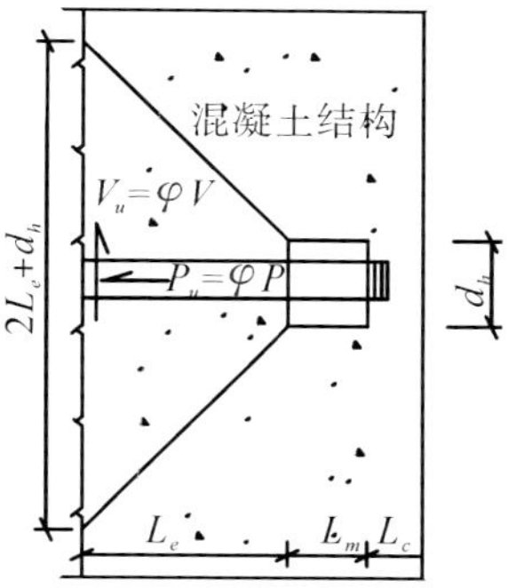

图 3.2-45 衬砌墙混凝土抗拔剪力锥示意图

3.2.4.3 混凝土结构设计

(1)结构衬砌厚度

结构衬砌厚度主要由受力、防渗和布置要求确定。地面工程中的闸室衬砌墙，荷载主要为内水压力、墙背地下水压力、温度荷载和船舶撞击力、系缆力等；闸首支持体衬砌墙，荷载主要为人字闸门门推力、内水压力、墙背地下水压力、温度荷载等。地下工程中的隧洞和竖井，荷载主要为内水压力、外水压力等。

经过结构分析计算，闸室衬砌墙厚度确定为 1.50m，闸首支持墙基本厚度确定为 12.00m，隧洞和竖井衬砌式结构基本厚度南坡、北坡均确定为 0.60m，中隔墩双洞结构的两侧和底板均确定为 1.00m，双洞间的隔墙确定为 1.50m。

(2)结构分缝分块

衬砌式结构与岩体协同工作时,结构在施工期及运用期的岩体约束产生的温度应力,是决定结构强度和裂缝控制的主要因素,因此合理地对衬砌式结构进行分缝分块,对减小结构温度应力十分重要。

经过温度应力仿真计算,结合施工条件,闸室衬砌墙基本分块为顺流向间隔 12.00m 分一道垂直结构缝,沿墙高分 2～3 道水平结构缝,分块高度为 15.00m 左右。闸首支持体衬砌墙顺流向分块长度为 18.70m,门推力是沿高度分布的线荷载,故沿高度不设水平结构缝。隧洞衬砌结构分块长度为 8.00～12.00m,竖井衬砌结构不分缝。

(3)排水系统布置

衬砌墙墙背排水系统由竖向排水管与横向排水管纵横交汇,形成排水管网,竖向排水管与基础排水廊道相通。竖向排水间距约为 4m,水平排水间距约为 7.5m。竖向排水管采用钢筋混凝土预制管,基本断面呈半圆形,直接扣在直立岩面上,横向排水管采用广式排水管。在水平和垂直结构缝面均设有三角形排水槽,以便更有效地排除闸室墙分缝处渗漏水。为满足检修疏通要求,每条竖向排水管垂直布置,直通管线廊道设有可以打开的盖板,必要时可以进行检查和用钻机扫孔;底部由连通槽与基础排水廊道连通。第三闸室墙背排水管网布置示意图见图 3.2-46。

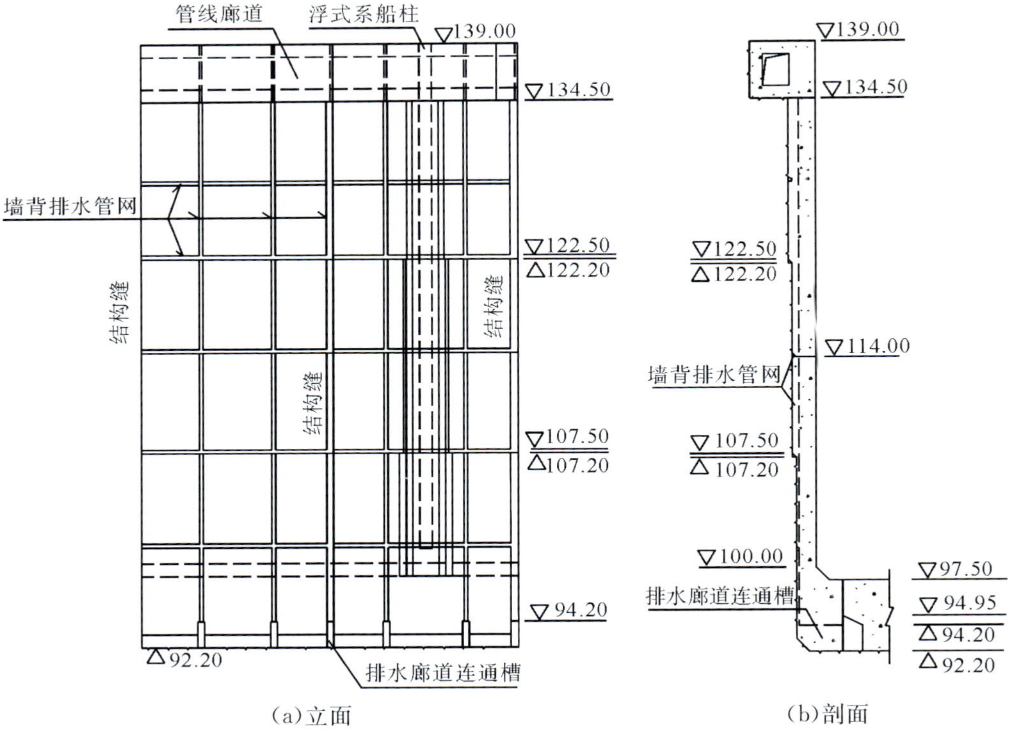

图 3.2-46　第三闸室墙背排水管网布置示意图

(4)结构分析

1)闸室衬砌墙结构分析

闸室衬砌墙设计工况分为施工期、运行期和检修期3种。经过分析计算,在运行期闸室内水压力和检修期墙背地下水压力作用下,由于墙背岩体及墙背布置的结构锚杆的有利作用,衬砌墙结构应力均较小;而在施工期,由于墙背岩体对温度变形的约束,衬砌墙结构温度应力较大。

衬砌墙温度应力计算采用考虑混凝土弹性徐变,并模拟施工过程的有限元仿真计算方法。施工过程模拟包括混凝土浇筑时间、入仓温度、气温变化、混凝土水化热温升等。计算重点对结构与墙背岩体的接触形态进行了分析研究,接触形态除了完全黏接和完全脱开两种极端情况外,还参考相关工程经验,考虑了介于完全黏接和完全脱开之间的两种情况。一是当接触缝面法向拉应力不大于某值(如0.30MPa)时,接触缝面闭合,传压、传剪(如 $f=0.7, C=0$)、传拉;当接触缝面法向拉应力大于某值(如0.30MPa)时,接触缝面张开,不传压、不传剪、不传拉。二是考虑开挖岩壁面存在凹凸不平的实际情况,无论接触缝面闭合或张开,均计入切向摩阻力,缝面传压、传剪(如 $f=0.7, C=0$)、不传拉。

上述不同的接触形态,温度应力相差很大。接触形态为完全黏接时,拉应力达2.80MPa以上;接触形态为完全脱开时,仅有结构锚杆对温度变形产生约束,在设置锚杆自由变形段后,拉应力为0.30MPa左右。经分析,在采取混凝土施工温控措施后,选择开挖岩壁面凹凸不平接触形态的温度应力计算值作为温度应力设计值。

经过温度荷载及其他结构荷载作用下的结构分析,闸室衬砌墙按《水工混凝土结构设计规范》(SL 191—2008)的要求,进行强度和裂缝控制计算,最大裂缝宽度允许值为0.25mm。

2)闸首支持体衬砌墙结构分析

闸首支持体衬砌墙主要作用荷载,运行期为人字闸门门推力和内水压力,检修期为墙背地下水压力,施工期为温度应力。对于施工期温度应力而言,由于墙体相对较厚,不会产生类似闸室薄衬砌墙的轴拉应力,并出现贯穿性裂缝,而允许的温度裂缝张开后,温度应力就会衰减。因此,施工期温度荷载作为结构次要荷载,主要由施工期通水冷却等温控措施解决。

闸首支持体衬砌墙在运行和检修工况时,有限元分析计算结果为结构竖向应力均为压应力,水平向应力除人字闸门底枢周围出现1.00MPa拉应力外,其他部位均为压应力。

3.2.4.4 船闸衬砌式结构运行检验

(1)闸首及闸室衬砌墙与岩基结合面的开度监测

第一、三闸首,第二、三闸室南北和中隔墩两侧直立坡衬砌墙背与岩基结合面不同高程布设测缝计,用于观测衬砌墙与岩基结合面的开度。测缝计实测到的衬砌墙与岩基结合面张开度均很小，实测值为－0.5～0.6mm(正值为张开)，大部分实测最大张开度基本上在仪器观测误差范围内，可以认为这些测点处的结合面从未张开过，结合面有明显张开现象的部分测点主要发生在衬砌混凝土浇筑后的1～2个月内，之后测缝计测值变化很小。船闸充水及泄水对测缝计测值变化没有明显影响。

(2)闸首及闸室衬砌墙变形监测

船闸各闸首均布设正、倒垂线观测闸首的水平位移，各级闸室南、北坡闸墙顶部管线廊道布设引张线(一般间隔一个闸块设一个测点，南2、南3闸室段各8个测点，其他闸室段均设11个测点)观测闸室衬砌墙的水平位移。各级闸首累计位移和闸顶及底部相对变形量均较小，闸室充水及泄水对船闸闸首及闸室衬砌墙的位移影响不明显。各级闸首衬砌墙顶部向闸室的累计位移在－0.83～6.64mm(负值为向岩体位移)，闸室衬砌墙顶向闸室的累计位移在－1.11～6.91mm，位移没有随时间增加的趋势，绝大部分测点的水平位移小于1.0mm。

(3)闸首及闸室衬砌墙高强锚杆应力监测

闸首及闸室衬砌墙与岩基结合面处的高强锚杆自由段上共布设48支弦式应变计，用于观测高强锚杆的应力。实测48支锚杆在各种条件下的受力状态良好，其中两支锚杆应力计(分别位于第一闸首北坡高程133.00m和第3闸室中北坡高程132.70m)最大应力超过100MPa，其他锚杆应力计最大拉应力均在100MPa以内。闸首支持体高强锚杆应力变化主要与气温变化有关，闸墙部位的高强锚杆应力受温度影响相对较小，受闸室充水及泄水影响不明显。衬砌墙结构锚杆实测应力普遍较小。

(4)闸首及闸室衬砌墙墙背渗压监测

闸墙背后岩体地下水压力是影响衬砌结构稳定的主要荷载，为监测衬砌墙周边的渗压情况，在混凝土与岩基结合面处的岩体内埋设渗压计，布置在衬砌墙中下部距建基面4～24m的高度范围内。79支渗压计的观测成果表明，渗压计测值基本在仪器观测误差范围内，表明测点部位基本无渗压，排水管网起到了良好的排水降压效果。

3.3 高水头衬砌式船闸输水技术

3.3.1 输水系统形式

3.3.1.1 输水系统水力设计

(1)水力设计要求

①闸室充、泄水的时间，根据通过能力和水力学条件确定，一般控制在8～15min。

②闸室的停泊条件，以闸室充、泄水时，闸室中停泊船舶(队)的允许系缆力作为衡量的指标。《船闸输水系统设计规范》(JTJ 307—2001)规定的船舶允许系缆力，见表3.3-1。

表 3.3-1 船舶允许系缆力

船舶吨级	3000	2000	1000	500	300	100	50
纵向水平分力(kN)	46	40	32	25	18	8	5
横向水平分力(kN)	23	20	16	13	9	4	3

注:1. 顶推船队的允许系缆力,按顶推船队中系缆的最小单船吨位计算;
2. 在使用固定系船设备时,计算的允许系缆力需要乘以 $\cos\beta$,β 为系船缆绳与水平面的最大夹角。

③闸室充、泄水时,输水主廊道不产生强烈声振和空蚀破坏,输水系统上游进水口无危害闸室停泊条件的吸气漩涡;下游泄水不影响船舶的安全停泊。

(2)形式选择

高水头船闸一般采用分散式输水系统。按照输水系统主输水廊道和闸室带出水孔廊道的不同布置形式,分散式输水系统可以分为三大类。每类都具有不同的特点(表 3.3-2)。

表 3.3-2 分散式输水系统分类及其特点

类别	常用形式	主要特点	示意图
一	闸墙长廊道侧支孔沿程出水输水系统	1. 在闸室底板内不布置出水支廊道,底板结构简单; 2. 工程造价较低; 3. 在分散式输水系统中,适应水头较低	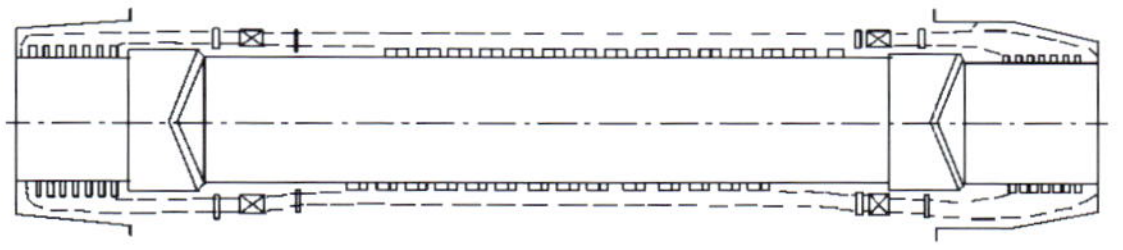
二	1. 闸底长廊道顶支孔出水; 2. 闸底长廊道侧支孔出水; 3. 闸墙长廊道经闸室中部横支廊道侧支孔出水; 4. 闸墙长廊道经闸室中段进口纵、横支廊道侧支孔出水; 5. 闸墙长廊道经闸室中心进口平面分流闸底支廊道二区段顶支孔出水	1. 闸室底部布置1~3 区段出水支廊道; 2. 分流口采用平面分流; 3. 结构相对复杂; 4. 工程造价较高; 5. 在分散式输水系统中适应水头中等	 (1) 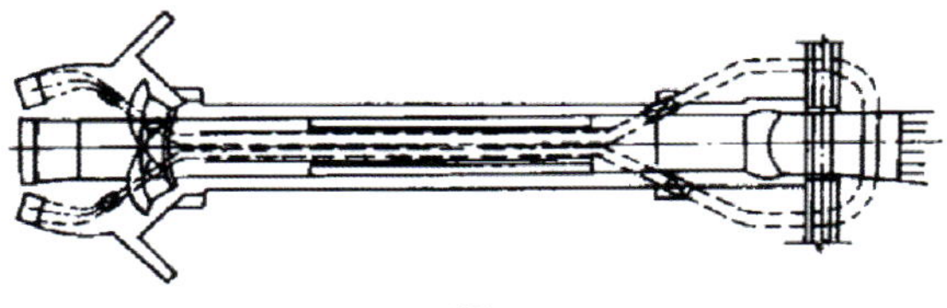 (2) 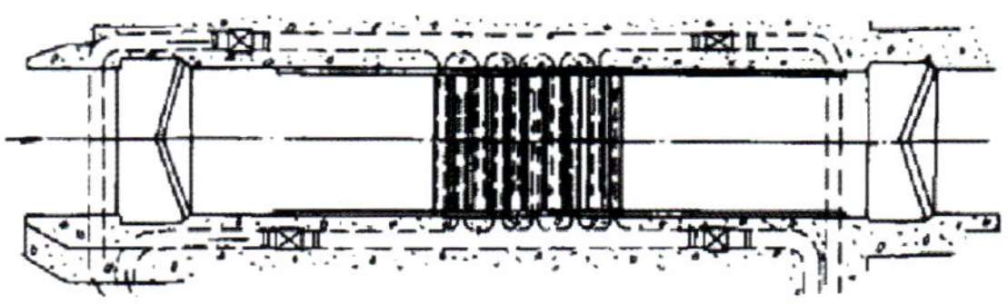 (3)

续表

类别	常用形式	主要特点	示意图
二	1. 闸底长廊道顶支孔出水； 2. 闸底长廊道侧支孔出水； 3. 闸墙长廊道经闸室中部横支廊道侧支孔出水； 4. 闸墙长廊道经闸室中段进口纵、横支廊道侧支孔出水； 5. 闸墙长廊道经闸室中心进口平面分流闸底支廊道二区段顶支孔出水	1. 闸室底部布置1～3区段出水支廊道； 2. 分流口采用平面分流； 3. 结构相对复杂； 4. 工程造价较高； 5. 在分散式输水系统中适应水头中等	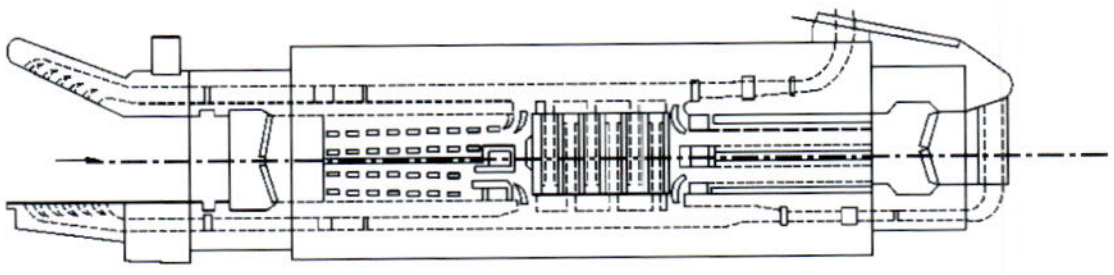 (4) 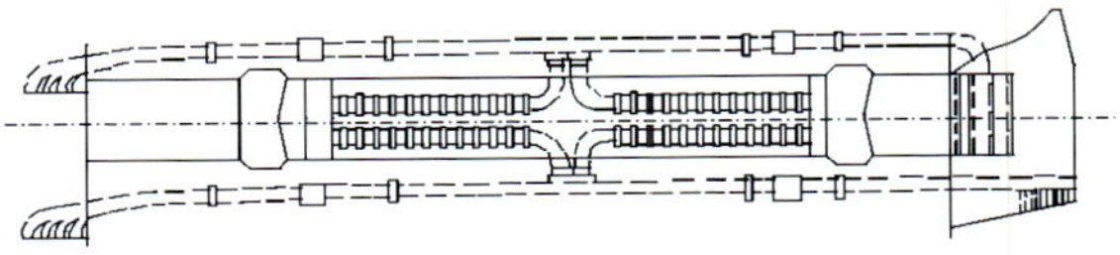 (5)
三	1. 闸墙长廊道经闸室中心进口立体分流闸底支廊道二区段侧支孔出水； 2. 闸墙长廊道经闸室中心进口立体分流闸底支廊道四区段“全平衡”顶支孔出水	1. 分流口采用立体分流； 2. 闸室两侧布置主廊道，底部布置两区段或四区段出水支廊道； 3. 底板结构比较复杂； 4. 工程造价高； 5. 在分散式输水系统中适应水头较高	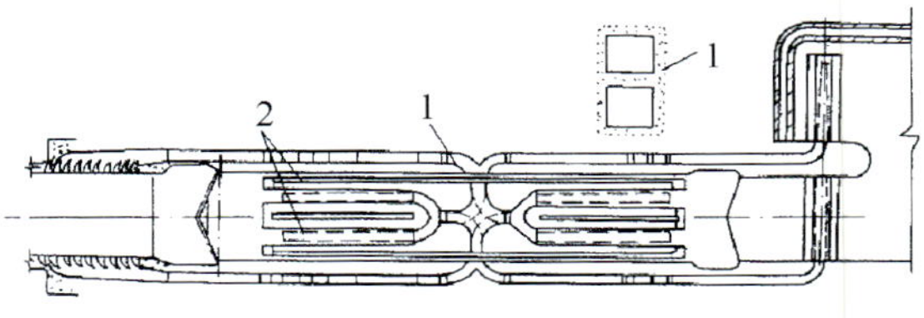 (1) 1—立体流口；2—出水支廊道 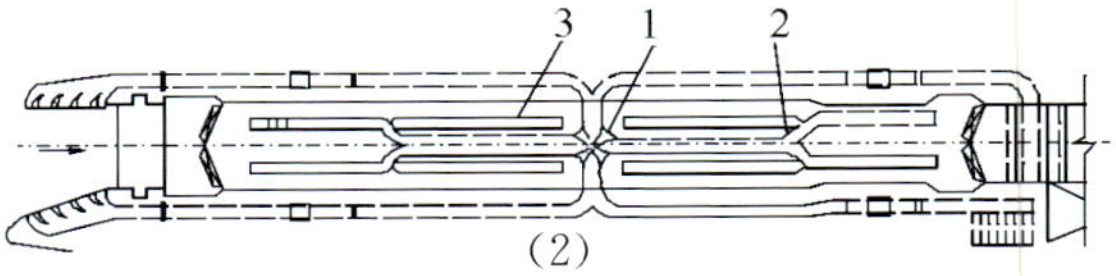 (2) 1—第一分流口；2—第二分流口；3—出水支廊道

分散式输水系统的形式选择，与设计水头、充泄水水体大小、输水时间、船舶(队)的吨位和起始水深等因素有关。除满足设计输水时间和闸室停泊条件，以及输水系统的水力学条件要求外，还应结合枢纽的地形、地质条件，闸室结构特点等，进行技术经济比较选定。一般认为阀门工作水头在 20m 以上的船闸属于高水头船闸，其输水系统设计，通常选择第三类和第二类部分形式，最终还应通过水工模型试验进行验证。

具体形式可参照式(3.3-1)计算的判别系数 m 初步选定。

$$m = T/\sqrt{H} \tag{3.3-1}$$

式中：H——设计水头，m；

T——闸室充水时间，min。

分散式输水系统选型判别系数 m 取值范围见表 3.3-3。

表 3.3-3　　分散式输水系统选型判别系数 m 取值范围

m 取值范围	输水系统类型
2.4～2.5	第一类分散输水系统
1.8～2.4	第二类分散输水系统
<1.8	第三类分散输水系统

(3)分散式输水系统布置

1)布置原则

输水系统应保证具有良好的水力学特性，避免阀门及周围廊道产生强烈声振和空蚀破坏；通过分散布置闸室内的支廊道及其不同类型出水孔，使进入闸室的水流尽可能对称、分散、均匀，满足设计要求的闸室输水时间和闸室内船舶(队)停泊安全。

2)布置要点

结合船闸结构形式，确定输水系统主廊道的位置及体型、不同部位断面面积和高程；闸室内出水廊道的布置方式及相应的分流口的形式和面积；闸室出水孔的形式和布置方式、面积、个数、高程；与出水孔形式相应的消能形式及布置等。根据闸前引航道中流速大小，结合地形条件，确定上游进水口和下游泄水口的布置形式及孔口尺度。

①进水口。

a. 根据闸前引航道水域面积和水深、闸室充水流量大小，确定进水口布置在引航道以内还是以外；输水系统由引航道正向取水还是侧向取水。

b. 进水口通常采用分散式。常见的进水口布置方式，有导墙侧向多支孔进口、引航道底部横支廊道进口和旁侧取水等。进水口形式见表 3.3-4。

②输水主廊道。

a. 主廊道可直接布置在闸室底板内与出水分支廊道相结合，也可布置在闸室闸墙内。衬砌式船闸输水系统的主廊道和阀门井可与闸室结构分开，采用在基岩内开挖隧洞和竖井的形式。

b. 主廊道阀门段布置高程主要根据船闸水头、规模和设计输水时间，通过计算按照不小于满足防空化要求的最小淹没水深确定。

c. 主廊道的断面面积，通常为阀门处孔口断面的 1.3 倍左右。最终将以船闸工作水头、闸室平面尺度和设计输水时间计算的廊道内最大流速不超过 15m/s 为原则确定。

d. 在阀门前廊道要有一定长度的平直段，在平直段上游为过渡段，可向顶部扩大，坡度一般不大于 1∶4。阀门后的廊道体型有在门后不扩大且设置一定长度的平段、在门后顶部逐渐向上扩大和在门后上下乃至四周突然扩大 3 种形式。廊道体型可根据经验结合模型试验确定，通常顶渐扩型的顶坡坡度一般为 1∶10～1∶12。在工作阀门上游的检修阀门井，可按门槽的受力要求进行布置，下游检修阀门井距工作阀门井的距离，一般至少应大于阀门孔口处廊道高度的 3 倍。

表 3.3-4　　进水口形式

序号	形式	技术特点	备注
1	导墙多支孔进水口	1. 布置在导墙内侧或外侧； 2. 取水范围较大，水流比较分散； 3. 布置高程有调节余地； 4. 结构比较复杂； 5. 适用于中、高水头的分散式输水系统	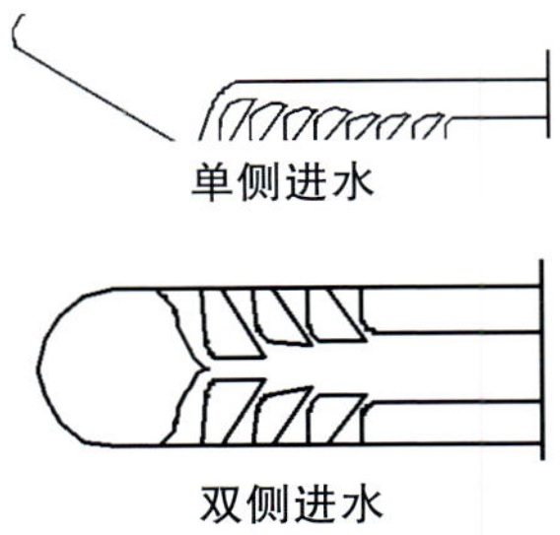
2	引航道底部横支廊道进口	1. 布置在引航道底部； 2. 取水范围大，水流分散； 3. 布置高程有调节余地； 4. 结构比较复杂； 5. 适用于大型高水头船闸或双线船闸	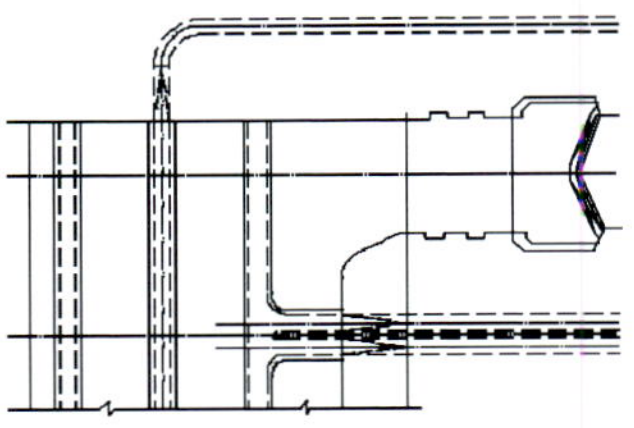

③闸室出水支廊道。

对于高水头船闸，一般都不采用闸墙内长廊道侧支孔输水系统，即第一类分散式输水系统形式，而采用第二、三类输水系统。

a. 第二类输水系统形式为在闸墙或闸室底板布置主廊道，在底板内分 1～3 个区段出水的分散式输水系统。

Ⅰ. 底板布置输水廊道二区段出水。

底板长廊道有单根和两根两种。当为两根时，一般需要在两根廊道之间设连通管，结合闸室尺度及结构布置，采用增加出水孔布置范围从而加大出水孔上部有效消能水体体积，以提高出流消能率等措施，也可以不设连通管。二区段闸室出水孔段一般设在闸室水域的前后四分点处，出水段总长度为闸室长度的 1/2～2/3。出水孔有设在廊道顶面和廊道侧面两种。出水孔设在顶部时，廊道断面一般采用宽浅型，出水孔的上方需要设消能盖板。侧向出水孔一般设消能明沟，明沟的宽度约为支孔宽度的 5 倍，在明沟壁的上端，设置水平挡板。当相邻两根廊道共用一个明沟时出水孔交错布置；若两根廊道净距大于 10 倍支孔宽度时，在两根廊道之间需要加设“T”形隔墙。明沟的高度、沟底至挡板的高度，以及“T”形隔墙横板下部的高度，按式(3.3-2)计算。

$$h \geqslant d_0 + 0.24y \tag{3.3-2}$$

式中：h——明沟高度，m；

d_0——出水孔高度，m；

y——出水孔至明沟壁的距离，m。

出水廊道及明沟横断面布置示意图见图3.3-1。

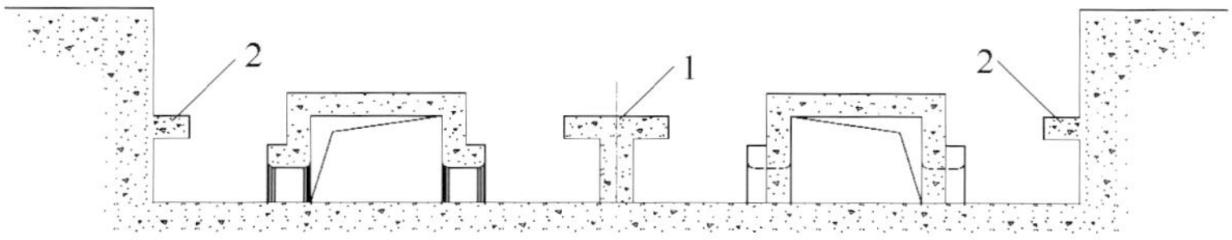

图3.3-1 出水支廊道及明沟横断面布置示意图

1.“T”形隔墙；2.挡板

Ⅱ. 闸墙内长廊道闸室中部横支廊道出水。

连接两侧闸墙内长廊道的横支廊道交错布置。横支廊道布置范围在闸室中部，一般为闸室长度的1/3～1/2，两侧横支廊道交错布置；在横支廊道两侧，设侧向出水孔。出水孔的布置要求各支孔间水流均匀、平直。廊道断面形式可分为等断面、阶梯形变断面和斜直线渐变断面3种形式。对于等高度阶梯形变断面的支廊道，其出水支孔总面积一般为支廊道进口断面面积的1.2倍，支廊道末端的断面面积一般为进口断面面积的40%。

Ⅲ. 底板长廊道分段出水。

布置要求各出水区段中心对称于闸室水体中心。各出水区段的长度约为各段闸室长度的1/2。当闸室平面尺度较小时，闸室底部可设一条宽浅型长廊道，廊道宽度应大于闸室宽度的1/3。当闸室平面尺度较大时，闸室底部可设多条长廊道。在长廊道的顶部设置与船闸水体中心线对称布置的顶部出水孔，在孔上方设消能盖板。

Ⅳ. 闸墙内长廊道闸室中部分流进入闸室的纵、横支廊道3区段出水。纵、横支廊道进水口在闸室长度中部的1/3处，以集中进口的方式进入闸室底板，横支廊道分布在闸室长度中部的1/5范围内，沿横向分散出水；纵支廊道分别在横支廊道区段的上游侧和下游侧，各自形成一组分布长度各为闸室纵向长度1/4的分散出水的孔段。横支廊道的进口总面积为纵、横支廊道进口总面积的30%，前、后纵支廊道进口面积一般各为总面积的35%。

b. 第三类在闸墙内布置主廊道，在底板内分4个区段的分散式输水系统。这种形式通常称为等惯性输水系统。其最大特点在于廊道水流惯性对各供水区段的影响基本一致。位于闸室水体中心的第一分流口，采用垂直向分流。第一分流口布置示意图见图3.3-2。

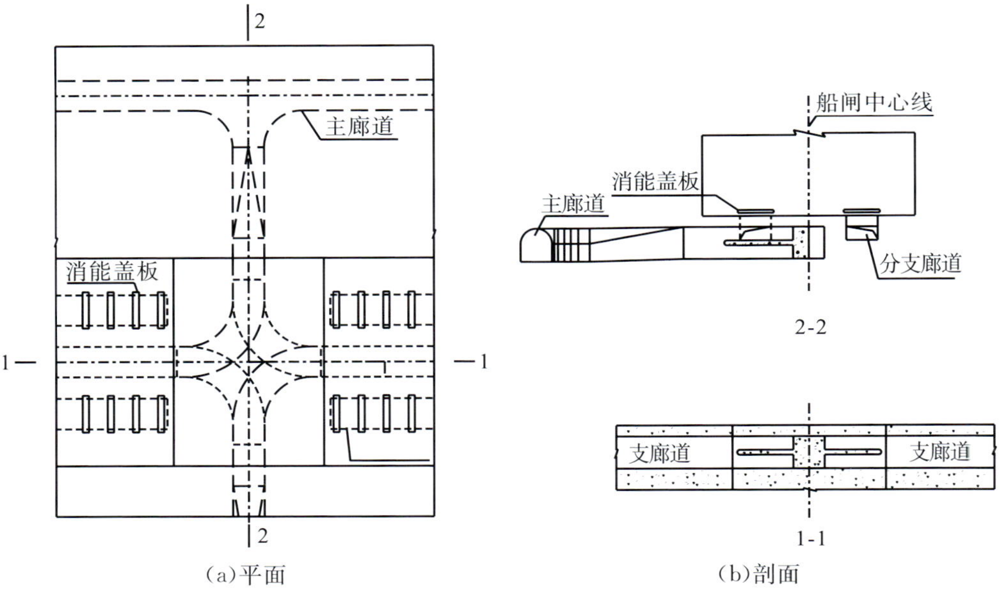

图 3.3-2　第一分流口布置示意图

在分流口水平隔板的头部与弯道起点之间,应保持一定的距离,避免在曲面上出现水流分离现象,使分流隔板的压力降低,甚至在水流流速较大时产生空化。经分流口分流后,两侧的上、下层水流,按反对称的形式分别通往上、下半闸室进入闸室纵支廊道汇合。这种分流口布置形式,结构比较复杂,一般只在高水头船闸中采用。

输水系统中的水流经第一分流口分流后,再经纵向支廊道至闸室长度四分点部位,通过第二分流口,分为 4 条出水支廊道,其中两条向上游,另外两条向下游,最后由出水支廊道顶部或侧面的出水孔形成 4 个区段进入闸室。

对于第二分流口,当纵支廊道宽度足够大时,可采用 4 根支廊道按水平分流并列布置的方式,见图 3.3-3(a);当纵向支廊道宽度不够大时,可采用水平与垂直相结合的分流方式进行布置,即向左、右侧采用水平分流,向上、下游方向采用垂直分流,四区段输水系统第二分流口布置示意图,见图 3.3-3(b)。近年来,随着科研的不断深入,已研究出形式更为简单的第二分流口,并成功应用于水头 40.25m 的大藤峡单级船闸。四区段输水系统自分流第二分流口布置示意图见图 3.3-4。

采用 8 根支廊道四区段出水时,出水段中心应在闸室长度的 1/8、3/8、5/8、7/8 点处,每一出水区段的分布长度应占闸室长度的 1/8。

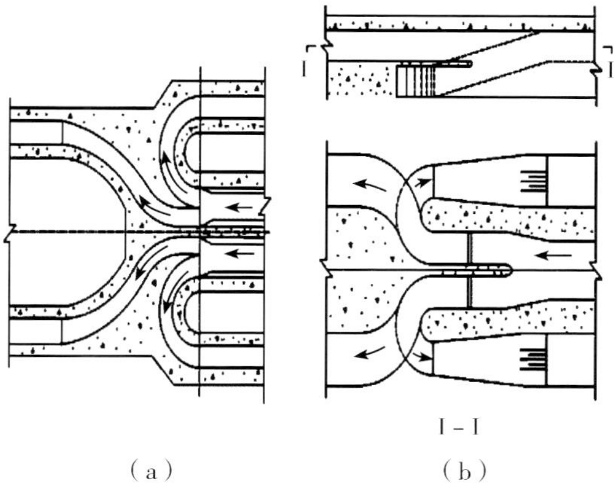

图3.3-3 四区段输水系统第二分流口布置示意图

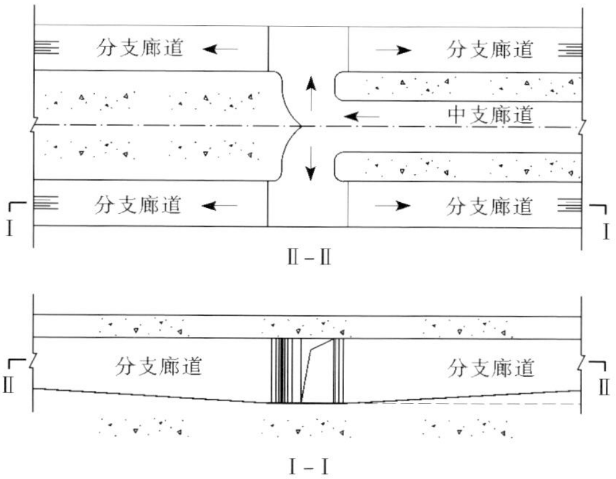

图3.3-4 四区段输水系统自分流第二分流口布置示意图

④闸室出水孔布置。

闸室出水孔的总面积应大于阀门面积，为输水主廊道断面面积的0.9～1.2。当该比值较小、出水区段较多时，可等间距等面积布置；当该比值较大、出水区段较少、布置范围较大时，出水孔面积可采用顺闸室出水支廊道内充水水流方向递减布置。出水孔沿出流方向的长度，一般不小于孔宽的2～4倍，对于顶部出水孔，因为闸室底板有一定厚度，所以该值较易满足；对于侧向出水孔，闸底廊道侧壁厚度有限，当该值不能满足时，可在出水孔上方加水平挡板或在出水孔周边加导流墙，以增加水流行程。顶部出水孔沿闸室宽度方向的长度，一般为闸室宽度的1/3～1/2。闸室出水孔可采用侧向出水明沟消能或顶部出水盖板消能。盖板四周的出水面积与出水孔面积比一般为2.5～5.0，盖板周边超出孔口四周的距离大于盖板距孔口的净高。

通常等惯性输水系统的闸室出水区段一般为二区段或四区段，一般闸室长度小于140m可采用二区段出水系统，闸室长度介于140～280m可采用四区段出水系统，闸室长度大于280m时，如有必要也可采用八区段出水系统。

对于第二分流口，当纵支廊道宽度足够大时，可采用4根支廊道按水平分流并列布置的水平分流方式，如美国下花岗岩船闸；当纵支廊道宽度不够大时，可采用水平与垂直相结合的分流方式，即向左、右侧采用水平分流，向上、下游方向采用垂直分流，如三峡船闸。因为第二分流口是顺着廊道中水流方向分流，所以较易做到均匀、稳定分流。第二分流口的曲率半径对均匀分流较敏感。

⑤泄水口布置。

下游泄水口的布置方式，与上游进水口基本相似，可分为：全部泄入引航道，全部泄入下游河道，部分泄入引航道、部分泄入下游河道。视引航道内停泊条件、闸门工作条件和泥沙淤积等情况选择下游泄水口布置方式。比较常见的全部泄入引航道的泄水布置示意图见图3.3-5至图3.3-7。

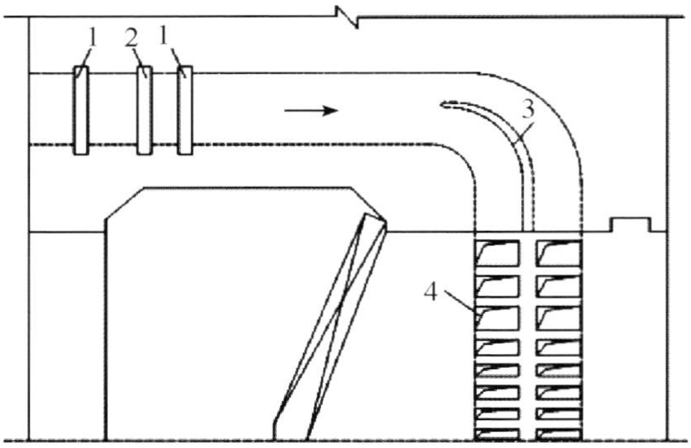

图 3.3-5　底部多支孔泄水口布置平面示意图

1. 检修门；2. 工作阀门；3. 导水墙；4. 出水孔

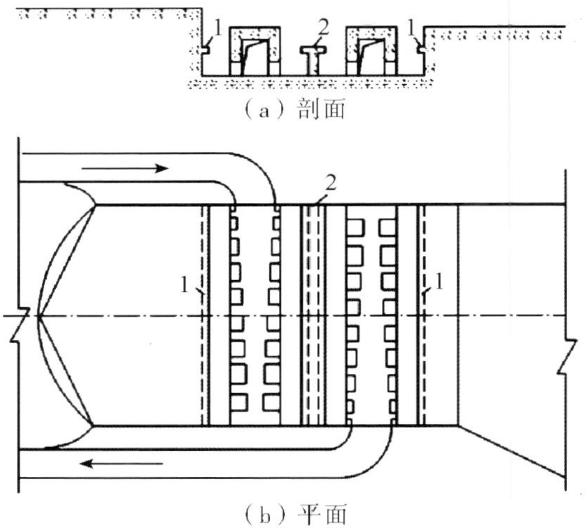

图 3.3-6　底部横向支廊道泄水口平面示意图

1. 挡板；2. “T”形隔墙

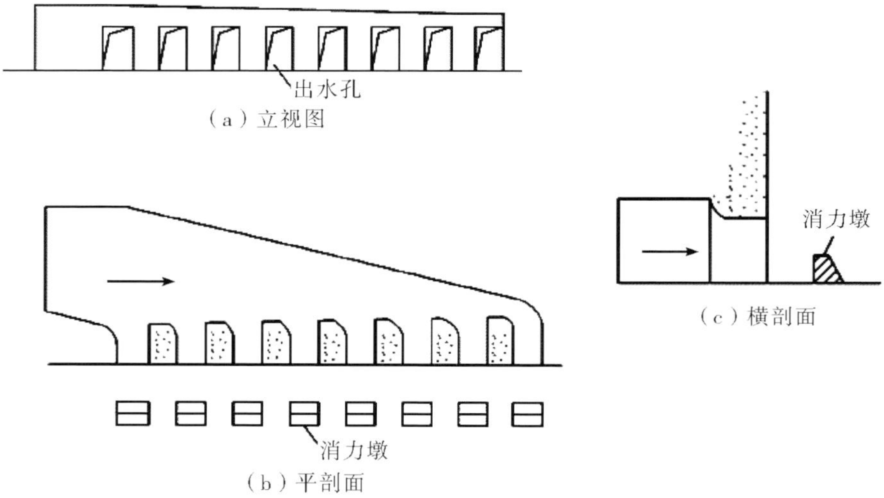

图 3.3-7　侧向多支孔泄水口示意图

对布置在引航道以外的泄水口，一般情况下无统一的规定，主要视工程对主河道泄水区域的具体要求而定。

(4)阀门防空化气蚀措施

1)空化的部位及危害

阀门在动水启闭过程中承受着非常复杂的水动力荷载，在非恒定高速水流作用下极易发生空化、振动而危害其安全运行。

①空化部位：

a. 阀门底缘空化。

b. 门楣缝隙空化。

c. 跌坎空化。

d. 升坎空化。

e. 门槽空化。

②阀门段空化的危害。

a. 导致阀门面板、门楣及门后廊道边壁空蚀破坏。

b. 空化严重时廊道常出现巨大雷鸣声,发生声振现象。

c. 门后廊道产生较大的冲击压力,压力脉动及阀门启门力脉动增大。

d. 阀门及其启闭系统振动加剧,造成液压系统元件损坏。

e. 阀门支铰脉动增大,造成支铰固定螺栓松动和破坏。

f. 闸首强烈振动。

2)阀门防空化气蚀措施

高水头船闸防止阀门段廊道、阀门发生空蚀和声振问题是输水系统设计的关键技术问题。在输水过程中,阀门后廊道低压程度与阀门段是否发生空化乃至发生空蚀和声振直接相关。阀门后廊道内的压力与工作水头、输水流量、阀门的淹没水深、阀门段廊道体型、阀门形式及其启闭方式、阀门前后输水廊道阻力及惯性长度等多种因素有关。设计采取的阀门防空化气蚀措施主要包括:

①降低阀门段廊道高程,增加淹没水深,提高阀门工作空化数。

②优化阀门段廊道体型,对于30m级以上的船闸,通过采用阀门后突扩等廊道体型,降低阀门临界空化数,改善水流流态。

③快速开启阀门,利用开启过程中非恒定流形成的水体惯性,抵消阀门前后压差,提高门后压力以及抑制阀门底缘水流漩滚的发展,从而抑制门后水流空化的发生与发展。

④在门后廊道顶部埋设通气管通气或利用阀门开启过程中面板与胸墙形成的20~30mm缝隙而产生的高速射流,在门楣缝隙处采用特定掺气措施,实现自然通气。减免门楣缝隙空化,使阀门面板免遭空蚀破坏,对底缘空化也能起到抑制作用,可有效保护阀门下游廊道区域。

⑤选择合适的阀门体型。反向弧形阀门面板和支臂均用钢板包封,阀门门体的过流条件好,面板采用不锈钢复合钢板,对防止阀门段局部不利水流导致空化气蚀的效果明显。

3)阀门防空化设计原则

①30m以上的超高水头船闸,多采用复杂阀门段廊道体型+综合通气措施。

②20~30m的高水头船闸,可根据船闸的重要性及规模,结合闸室消能特点,可选择平顶廊道体型+小淹没水深+门楣自然通气+廊道顶自然通气。在平顶廊道体型下,根据门后廊道顶负压(控制在−5~−8m水柱)确定阀门处廊道高程,但要注意工作阀门的下检修门井距离工作门井的距离,应使下检修门井位于低压漩滚区以外;也可选择复杂阀门段廊道体型+各种通气措施,根据阀门底缘处于空化发展阶段(相对空化数不小于0.5)这一原则确定阀门处廊道高程。

高水头船闸输水阀门底缘空化情况，可通过阀门底缘工作空化数 K 和临界空化数 K_0 两个指标判定，底缘工作空化数 K 可按式(3.3-25)计算，临界空化数 K_0 可通过模型试验或参考类似工程确定。输水阀门底缘空化判定指标及应对措施见表3.3-5。

表3.3-5　输水阀门底缘空化判定指标及应对措施

1	$K>K_0$	不会产生空化	控制廊道顶部不超过3m负压
2	K 与 K_0 相近	可能产生空化	增加廊道淹没水深，使廊道顶保持一定正压
3	$K<K_0$	产生空化	采取综合的防空化措施

部分水头25m以上船闸阀门空化技术应用实例见表3.3-6。

表3.3-6　部分水头25m以上船闸阀门空化技术应用实例

序号	工程名称	水头(m)	闸室有效尺度(长×宽×最小槛上水深，m)	阀门形式	阀门淹没水深(m)	阀门防空化措施
1	大藤峡	40.25	280×34×5	反弧门	22.5	顶扩＋底扩廊道体型＋大淹没水深＋慢速开启＋门楣自然通气
2	三峡	113(总)/45.2(级间)	280×34×5	反弧门	26(中间级)	顶渐扩＋底扩廊道体型＋大淹没水深＋快速开启＋门楣自然通气
3	银盘	36.46	120×12×3	反弧门	16.38	顶扩＋底扩廊道体型＋门楣自然通气＋廊道顶自然通气＋台阶状跌坎强迫通气
4	万安	32.5	175×14×2.5	反弧门	8.5(充)/9(泄)	顶渐扩(1∶10)
5	乐滩	29.1	120×12×3	反弧门	5.3	平顶廊道体型＋小淹没水深＋门楣自然通气＋廊道顶自然通气
6	大化	29.0	120×12×3	反弧门	5.0	平顶廊道体型＋小淹没水深＋门楣自然通气＋廊道顶自然通气
7	葛洲坝1#	27.0	280×34×5	反弧门	10.0(充)/13.5(泄)	顶渐扩(1∶10)

续表

序号	工程名称	水头(m)	闸室有效尺度(长×宽×最小槛上水深,m)	阀门形式	阀门淹没水深(m)	阀门防空化措施
8	葛洲坝 2#	27.0	280×34×5	反弧门	8.5	顶渐扩(1∶10)
9	葛洲坝 3#	27.0	120×18×3.5	反弧门	9.0	顶渐扩(1∶12)
10	草街	26.5	180×23×3.5	反弧门	5.0	顶扩+底扩廊道体型+门楣自然通气+升坎自然通气+台阶状跌坎强迫通气
11	桥巩	24.65	120×12×3	平板门	7.5	小门槽+顶扩+底扩廊道体型+门楣自然通气+台阶状跌坎自然通气

(5)分散式输水系统水力计算

1)计算内容

①输水阀门处廊道断面面积。

②系统的流量系数及各分段阻力系数。

③闸室输水时间。

④输水系统水力特性曲线。

a. 闸室水位—时间关系曲线。

b. 流量—时间关系曲线。

c. 阀门门井水位—时间关系曲线。

d. 能量—时间关系曲线。

e. 上下游引航道断面平均流速—时间关系曲线。

⑤闸室及引航道内船舶停泊条件。

分散式输水系统闸室内船舶停泊条件多数情况下由局部力控制,但该力的计算目前尚不成熟,因此分散式输水系统闸室内船舶停泊条件主要由水工模型试验确定。

⑥输水阀门的水力计算。

a. 密封式输水阀门门后水流收缩断面处廊道顶部压力水头。

b. 开敞式输水阀门门后的水跃产生条件。

c. 阀门工作空化数计算等。

⑦分散式输水系统其他水力计算。

a. 输水廊道的换算长度,闸室水面惯性超高(超降)计算。

b. 闸室廊道内最大剩余压力计算。

c. 廊道转弯段内侧的最低压力计算。

2）计算方法

①输水阀门处廊道断面面积。

一般根据设计输水时间和阀门全开时的输水系统流量系数按式（3.3-3）计算。

$$\omega=\frac{2C\sqrt{H}}{\mu T\sqrt{2g}\left[1-(1-\alpha)k_v\right]} \tag{3.3-3}$$

式中：ω——输水阀门处廊道断面面积，m^2。

C——计算闸室水域面积，m^2。对于单级船闸，取闸室水域面积；对于多级船闸的中间级闸室，取闸室水域面积的一半。

H——设计水头，m。

μ——阀门全开时输水系统的流量系数，取0.6～0.8。

T——闸室设计输水时间，s。

α——系数，可按《输水系统设计规范》（JTJ 307—2001）表3.3.2取值。

k_v——系数，分散输水系统取0.4～0.6。

g——重力加速度，m/s^2。

②分段阻力系数和流量系数估算。

分段阻力系数和流量系数可分别按式（3.3-4）和式（3.3-5）估算：

$$\zeta_t=\sum_{i=1}^{n-1}\zeta_i\left(\frac{\omega}{\omega_i}\right)^2+\zeta_n+\zeta' \tag{3.3-4}$$

$$\mu_t=\frac{1}{\sqrt{\zeta_t}} \tag{3.3-5}$$

式中：ζ_t——t时刻以阀门处廊道断面平均流速为表征的输水系统阻力系数的总和；

μ_t——t时刻输水系统的流量系数；

ζ_i——第i段输水廊道的阻力系数，可按《输水系统设计规范》（JTJ 307—2001）附录A的表A.0.1计算；

ζ_n——阀门开度为n时阀门的阻力系数，可按《输水系统设计规范》（JTJ 307—2001）附录A的表A.0.4计算；

ζ'——阀门井或门槽的阻力系数，平面阀门井取0.1，反弧门井取零；

ω——阀门处廊道的断面面积，m^2；

ω_i——第i段廊道的断面面积，m^2。

③闸室输水时间。

对分散式输水系统：

$$T=\frac{2C(\sqrt{H+d}-\sqrt{d})}{\mu\omega\sqrt{2g}}+(1-\alpha)t_v \tag{3.3-6}$$

式中：T——闸室输水时间，s；

d——阀门全开后惯性水头，即闸室水面惯性超高及超降值，可按式（3.3-21）计算；

t_v——输水阀门开启时间，s；

其余符号同式(3.3-3)。

④水力特性曲线计算。

输水系统各输水瞬间闸室水位、流量与输水时间的关系见式(3.3-7)至式(3.3-9)。

$$H_t=\frac{1}{\mu_t^2}\frac{Q_t^2}{2g\omega^2}+\frac{l_{np}}{g\omega}\frac{\mathrm{d}Q_t}{\mathrm{d}t} \tag{3.3-7}$$

$$Q_t=-\frac{\Omega_1\Omega_2}{\Omega_1+\Omega_2}\times\frac{\mathrm{d}H_t}{\mathrm{d}t} \tag{3.3-8}$$

$$h_{1t}-h_{2t}=H_t \tag{3.3-9}$$

式中：t——时间，s；

Q_t——t 时刻的输水流量，m^3/s；

H_t——t 时刻的作用水头，m；

h_t——t 时刻闸室水位，m；

ω——计算断面面积，一般取为阀门处廊道断面面积，m^2；

μ_t——t 时刻输水系统流量系数，可按(3.3-5)计算；

l_{np}——输水系统廊道换算惯性长度，m。

对于多级连续船闸，Ω_1、Ω_2 分别为上、下闸室水域面积，h_{1t} 和 h_{2t} 分别为上、下闸室 t 时刻的水位。

对于单级船闸或多级船闸首级，充水时，Ω_1 为上游引航道的水域面积，$\Omega_1=\infty$；Ω_2 为闸室水域面积；h_{1t} 为上游水位，可认为充水过程基本保持不变，为恒定值；h_{2t} 为 t 时刻闸室水位。

对于单级船闸或多级船闸末级，泄水时，Ω_1 为闸室水域面积；Ω_2 为下游引航道的水域面积，即 $\Omega_2=\infty$；h_{1t} 为 t 时刻闸室水位；h_{2t} 为下游水位，可认为输水过程基本保持不变，为恒定值。

改写为有限差分格式，用数值积分以获得其数值解。设下标 t 表示各物理量的目前状态值，$t+1$ 表示下一步计算各物理量的预测值为：

$$H_{t+1}=\frac{1}{\mu_{t+1}^2}\frac{Q_{t+1}^2}{2g\omega^2}+\frac{l_{tp}}{g\omega}\frac{Q_{t+1}-Q_t}{\Delta t} \tag{3.3-10}$$

$$Q_{t+1}+\frac{H_{t+1}-H_t}{\Delta t}\frac{\Omega_1\Omega_2}{\Omega_1+\Omega_2}=0 \tag{3.3-11}$$

$$h_{1,t+1}-h_{2,t+1}=H_{t+1} \tag{3.3-12}$$

通过式(3.3-10)至式(3.3-12)的迭代计算，可以得出船闸输水过程中闸室内水位、流量与时间的变化过程，而其他的输水水力特性可由所求得的水位—流量过程计算求解。

⑤输水阀门水力计算。

主要针对阀门的布置和开启状况进行。当阀门局部开启时，水流通过阀门断面后首先被压缩，然后再扩大到充满整个廊道。这时阀门后面的水力条件主要取决于阀门的淹没水深，亦即阀门与闸室或下游水面的相对高程，也取决于阀门后面的通气条件。根据阀门的通气情况，输水阀门水力计算有密封式和开敞式两种情况。

a. 密封式阀门水力计算。

对于密封式阀门主要核算阀门后面的压力值及阀门的工作空化数，以验证是否发生空化。

密封式阀门后水流收缩断面处廊道顶部压力水头按式(3.3-13)计算：

$$P_c = H_T - \xi_1 \frac{v^2}{2g} - \frac{v_c^2}{2g} \tag{3.3-13}$$

$$v_c = \frac{v}{n\varepsilon_n} \tag{3.3-14}$$

式中：P_c——阀门后水流收缩断面处廊道顶部的压力水头，m；

H_T——船闸上游水位与阀门后廊道顶部高程的差值，m；

v——阀门段廊道断面的平均流速，m/s；

ξ_1——输水阀门前廊道段各部分阻力系数之和；

v_c——水流收缩断面的平均流速，m/s；

n——阀门开度；

ε_n——收缩系数；

g——重力加速度。

b. 开敞式阀门后水跃的计算。

开敞式阀门主要核算阀门后是否发生远驱式水跃。阀门后不产生远驱式水跃的条件为式(3.3-15)。

$$P_1 \geqslant k[P_1] \tag{3.3-15}$$

$$P_1 = \frac{q^2}{2gh_1^2}(\xi_2 - 1) + \left(a_0 - \frac{h_1}{2}\right) \tag{3.3-16}$$

$$[P_1] = P_c + \frac{q^2}{gh_1^2}\left(\frac{1}{n\varepsilon_n} - 1\right) - \frac{h_1(1-\varepsilon_n^2 n^2)}{2} \tag{3.3-17}$$

式中：P_1——阀门后水跃始于收缩断面时水流充分扩散处廊道顶部的压力水头，m；

q——廊道中单宽流量，$m^3/(s \cdot m)$；

h_1——阀门后水流充分扩散处的廊道高度，m；

ξ_2——阀门后输水系统各部分阻力系数之和；

a_0——阀门处廊道断面中心在闸室(灌水时)或下游(泄水时)水位以下的深度，m；

P_c——阀门后水流收缩断面处廊道顶部的压力水头，m；

k——安全系数，取 1.1；

n——阀门开度；

ε_n——收缩系数。

⑥分散式输水系统输水廊道换算长度和闸室水面惯性超高及超降值计算。

a. 输水廊道换算长度计算。

输水系统串联廊道，可按式(3.3-18)计算换算长度。

$$l_{np} = \sum_{i=1}^{m} \frac{\omega}{\omega_i} l_i \tag{3.3-18}$$

式中：l_{np}——输水廊道的换算长度，m；

ω——阀门处廊道断面面积，m^2；

ω_i——第 i 段输水廊道断面面积，m^2；

l_i——第 i 段输水廊道长度，m。

出水支孔段的廊道，近似认为各支孔等间距布置且各支孔的出流是均匀的，则支孔段廊道换算长度可按式(3.3-19)计算。

$$l_{np} = \frac{L}{2} \tag{3.3-19}$$

式中：l_{np}——出水支孔段廊道的换算长度，m；

L——出水支孔段的廊道长度，m。

对于具有分支廊道的廊道换算长度，其主廊道段的换算长度可以和上述具有出水支孔段的廊道，同样进行计算，仅把各分支廊道作为出水支孔考虑。但对所有分支廊道的换算长度计算，其情况却有所不同，它们相当于并联管道，假定并联分支廊道的总换算长度为各分支廊道换算长度的算术平均值，即式(3.3-20)。

$$l_{np} = \frac{1}{n} \sum_{i=1}^{n} \frac{v_i}{v} l_i \tag{3.3-20}$$

式中：l_{np}——并联分支廊道的总换算长度，m；

v——阀门处廊道的流速，m/s；

v_i——第 i 根分支廊道的流速，m/s；

l_i——第 i 根分支廊道长度，m；

n——分支廊道个数。

当各分支廊道的长度、流量及断面均相等时，则并联分支廊道的总换算长度等于任意一根分支廊道的换算长度。

b. 惯性超高及超降。

输水系统惯性超高及超降值，可按式(3.3-21)计算。

$$d = \frac{\mu^2 \omega L_{np}}{C} \tag{3.3-21}$$

式中：d——惯性超高及超降值，m。

ω——输水阀门处廊道断面面积，m^2。

L_{np}——输水廊道换算长度，m。

C——闸室水域面积，m^2。对于单级船闸，取闸室水域面积；对于多级船闸的中间级闸室，取闸室水域面积的一半。

μ——阀门全开时输水系统的流量系数。

⑦闸室廊道内最大剩余压力及廊道转弯段内侧压力计算。

分散式输水系统灌泄水时，闸室廊道内压力水柱高程与闸室水面高程之差称为剩余压力。灌水时，廊道内的水压力大于廊道外的静水压力，剩余压力为正；泄水时，剩余压力则为负。灌泄水时的最大剩余压力，均发生在出水支孔段末（沿水流方向）最大流量时，其值分别见式(3.3-22)、式(3.3-23)。

灌水时：

$$\frac{p_m}{\gamma} \approx \zeta_m \frac{v_m^2}{2g} \tag{3.3-22}$$

泄水时：

$$\frac{p'_m}{\gamma} = -(1+\zeta_m)\frac{v_m^2}{2g} \tag{3.3-23}$$

式中：$\frac{p_m}{\gamma}$、$\frac{p'_m}{\gamma}$——灌、泄水时闸室内的最大剩余压力水头，m；

ζ_m——出水支孔段的阻力系数；

v_m——灌、泄水时闸室输水廊道出水孔段断面的最大平均流速，m/s。

此外，由于分散式输水系统的水头较高，廊道内流速较大，廊道转弯段内侧的压力有可能较低而发生气蚀破坏。因此，应按式(3.3-24)核算其转弯段内侧的压力。

$$H_i = H_p - C_p \frac{v^2}{2g} \tag{3.3-24}$$

式中：H_i——廊道弯段内侧的最低压力水头，m；

H_p——廊道弯段中心按上游压力坡度直线延长的平均压力水头，m；

v——廊道弯段的平均流速，m/s；

C_p——压降参数，可按 $C_p = \left\{2/\left[\left(\frac{R}{c}-1\right)\ln\left[\left(\frac{R}{c}+1\right)/\left(\frac{R}{c}-1\right)\right]\right]\right\}^2 - 1$ 算，其中，R 为廊道弯段中心线的曲率半径，m，c 为廊道宽度的 1/2，m。

⑧输水阀门底缘的空化数 K 可按式(3.3-25)计算：

$$K = \frac{P + (P_a - P_v)}{v_0^2/2g} \tag{3.3-25}$$

式中：P——参考点的压力水头，m；

P_a——以水头表示的大气压力，m；

p_v——以水头表示的水饱和蒸气压，m；

v_0——参考点的速度，m/s；

g——重力加速度。

3.3.1.2 水力学模型试验及原型观测

(1)模型试验

1)试验目的

对船闸输水系统充、泄水过程中充、泄水阀门运行情况和水力特性,水位升降过程中的闸室水流条件进行检验,并按照试验成果优化输水系统的布置。

2)模型比尺

反映船闸充、泄水过程中的水力特性和闸室船舶停泊条件的试验在船闸水力学整体模型上进行。模型比尺一般采用1∶20～1∶40。

对于高水头船闸,输水阀门启闭运行过程中因高速水流引起的空化、声振、阀门流激振动、通气等特殊问题,以及对于高水头大型船闸输水系统上、下游进出水口、闸室分流口布置形式与流量分配影响到闸前或闸室内船舶停泊安全的部位,在必要时需要进一步采用大比尺的局部模型进行试验,模型比尺一般采用1∶10～1∶30。对于高水头大型船闸阀门和阀门段廊道抗空化性能研究需要采用减压模型进行试验。采用门楣通气措施解决门楣及阀门底缘空化的研究需要采用1∶1的门楣切片模型进行通气量试验。

3)试验依据及基本资料

①船闸输水系统平面及纵、横剖面图。

②工作闸门和输水阀门启闭系统结构布置图。

③设计输水时间,水位惯性超高(超降)和船舶系缆拉力允许值。

④输水阀门启闭方式、运行参数。

⑤设计代表船舶有关资料。

⑥输水系统水力设计资料。

4)试验内容

①闸室充、泄水水力特性。

②测定闸室内船舶的缆绳拉力。

③测定引航道内的流速分布及观测引航道的流态。

④测定输水廊道各部位的压力。

⑤观测输水系统进、出口附近及闸室内的局部水流现象。

⑥高水头船闸闸门、阀门的水力特性试验。

5)试验成果

根据试验内容取得的成果,对输水系统的充、泄水效率,输水系统及其设备的运行状态和安全度作出评价,提出需要优化输水系统设计的建议。

(2)原型观测

1)观测目的

对设计水头较高、布置较复杂的船闸输水系统,通常应考虑阀门设备和充、泄水在实际运行中，是否存在输水效率或安全方面的问题，是否与设计和模型试验的预期相一致，因此需要通过原型观测进行必要的检验。

2)工作安排

观测工作一般在船闸试运行期间进行，并在船闸施工过程中，在输水主廊道的阀门段、主廊道及闸室出水支廊道内布置测点，埋设监测仪器的底座，至测试工作开始前，再临时安装探测仪器和在阀门及其启闭机等有关部位，布置其他静力和动力监测设备。船闸水力学监测的仪器主要有流速仪、脉动压力计、水听器、应力计、动应变计和振动加速度计等。观测工作应包括船闸运行中出现的各种工况，并进行全面、系统的监测。出于安全考虑，监测过程中船闸的工作水头，应由小到大逐级增加，直至达到最大设计水头。

3)观测内容

①闸室充、泄水时间及其水位变化过程。

②闸室停泊条件。主要测试闸室水面的上升速度和观察闸室水面平稳的情况；监测船舶的纵、横向缆绳拉力。

③输水廊道阀门段水力学特性，包括流量过程、空化噪声、脉动压力(幅值及频率)、阀门井内水位变化、阀门的通气量、阀门的水动力参数，闸室超灌、超泄值和为减小超灌、超泄值而提前关闭阀门的关阀参数，输水系统时均压力分布和沿程阻力，阀门启闭时间和启闭力，人字闸门启闭时间和启闭力，人字闸门在充、泄水过程中由关终位进入合拢位的时间等。

4)观测成果

①闸室充、泄水时间及闸室水面升降速度。

②输水时上下游引航道及闸室的通航和停泊条件。

③输水系统上下游引航道口门区水流流态。

④输水系统主要水力学参数。

⑤人字闸门、阀门在运转过程中，阀门的升降速度、启闭力、振动和阀门底缘空化数，以及人字闸门的启门力与运行速度的关系、振动等数据。

5)数据分析

①船闸运行参数对比分析。

②对无法通过模型试验解决的问题进行必要的分析研究。

③对船闸在运行过程中出现异常情况进行必要的分析研究。

3.3.2 闸室消能机理研究

(1)消能结构布置形式及分析

为探索超大输水功率条件下闸室消能机理，采用三维紊流数学模型以60m水头、闸室有效尺寸为280m×40m×8m(长×宽×最小槛上水深)的大型船闸为研究对象，闸室输水时间14min，输水功率高达362000kW，输水系统布置分别为单层侧支孔单明沟、双层侧支孔单明沟、双明沟、常规盖板、盖板＋压力消能室等不同方案。明沟布置工况见表 3.3-7。其中，工况 Y2 和 SMG2 中消能槛尺寸为 0.8m×1.0m(宽×高)，距闸底 1.8m，沿闸室纵向布置；工况 SC1～SC4 为采用双层侧支孔方案，侧支孔为平行错开布置，错孔距离为 2.5m。同时为便于工况间的比较，控制双层侧支孔的出水总面积与单层侧支孔保持一致；工况 SMG1～SMG3 为采用双明沟方案，中间挡坎宽度 0.5m，且侧支孔与过水孔对应布置。

表 3.3-7　明沟布置工况表

工况	垂向支孔间距(m)	明沟宽度(m)	支孔高度(m)	备注
Y1	\	4	1.7	单层侧支孔单明沟
Y2	\	4	1.7	单层单明沟＋消能槛
SC1	2	4	2×0.85	双层侧支孔单明沟
SC2	3	4	2×0.85	
SC3	4	4	2×0.85	
SC4	5	4	2×0.85	
SMG1	\	2×1.75	1.7	双明沟
SMG2	\	2×1.75	1.7	双明沟＋消能槛
SMG3	\	2×2.375	1.7	双明沟＋明沟加宽

为研究消能盖板结构形式，设计了盖板＋压力消能室和普通盖板两类布置形式。盖板＋压力消能室布置形式根据出流口高度的不同，分为 XNS1、XNS2、XNS3、XNS4 等 4 种工况；工况 PT 为普通盖板布置形式，其盖板出流口高度与工况 XNS3 一致，为 0.5m，研究对比这两种布置形式在相同出流口高度下的消能效果。盖板布置工况见表 3.3-8。

表 3.3-8　盖板布置工况表

工况	盖板出流口高度(m)	备注
PT	0.5	普通盖板
XNS1	0.3	盖板＋压力消能室
XNS2	0.4	
XNS3	0.5	
XNS4	0.6	

典型方案闸室横剖面、纵剖面分别见图 3.3-8、图 3.3-9。

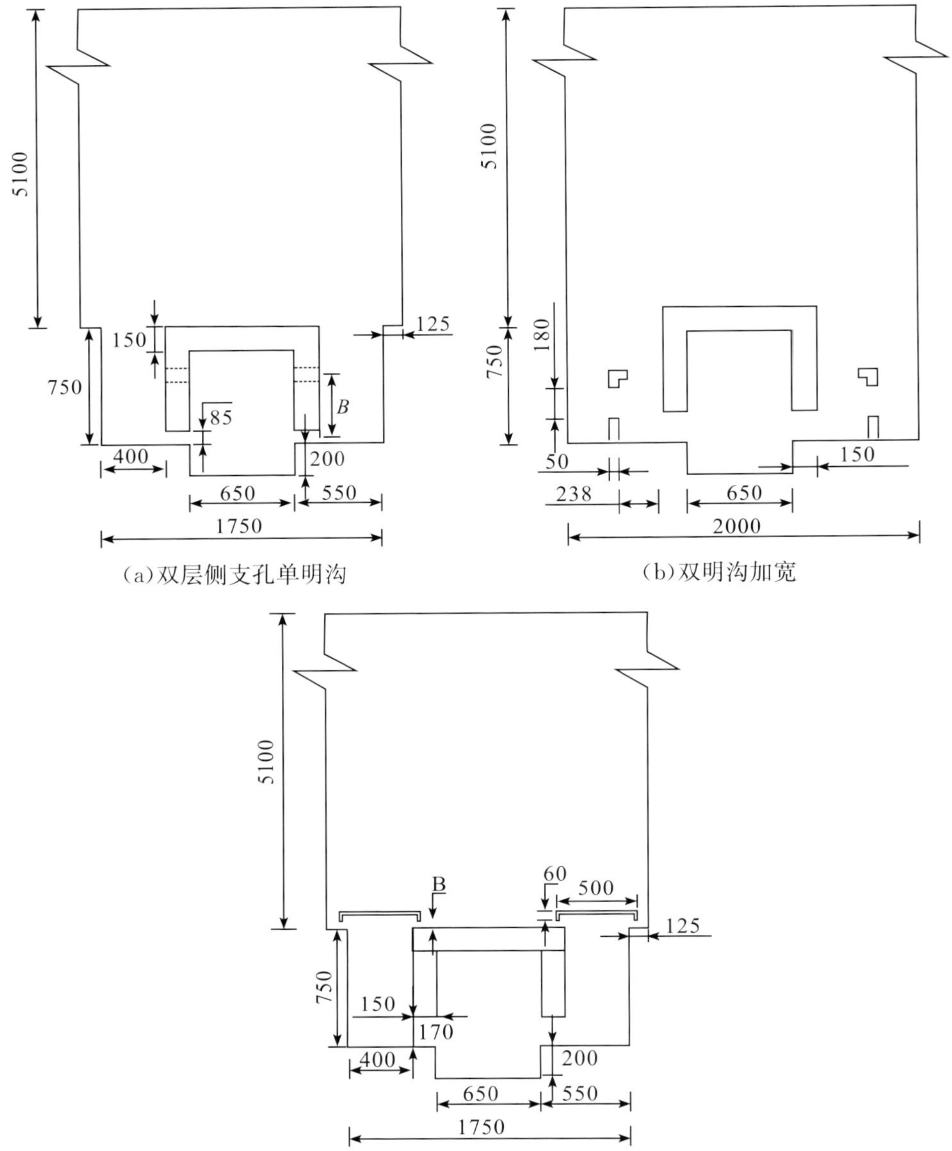

(a)双层侧支孔单明沟　(b)双明沟加宽

(c)盖板+压力消能室

图 3.3-8　典型方案闸室横剖面图(单位:cm)

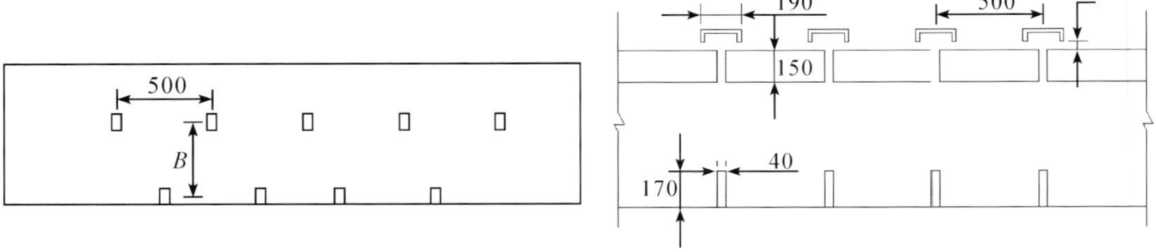

(a)双层侧支孔单明沟　(b)盖板+压力消能室

图 3.3-9　典型方案闸室纵剖面图(单位:cm)

(2)消能效果对比

针对明沟和盖板消能工,以最大流量时刻($t=410$s)为例,选取 0.1H 处剩余比能和流速分布均匀度分析各方案最优布置形式,见表 3.3-9。

表 3.3-9　剩余比能和流速分布均匀度对比表

序号	工况	剩余比能($\times10^{-3}$W/m^2)	流速分布均匀度	备注
1	Y1	17.88	23.60	单层侧支孔单明沟
2	Y2	36.65	49.811	单层单明沟+消能槛
3	SC1	17.83	23.09	双层侧支孔单明沟
4	SC2	11.33	15.10	
5	SC3	17.63	25.14	
6	SC4	21.31	34.47	
7	SMG1	11.81	19.22	双明沟
8	SMG2	19.19	26.00	双明沟+消能槛
9	SMG3	6.04	15.55	双明沟+明沟加宽
10	PT	15.16	28.42	普通盖板
11	XNS1	13.57	25.10	盖板+压力消能室
12	XNS2	10.53	19.38	
13	XNS3	7.42	13.97	
14	XNS4	6.13	12.26	

结合表 3.3-9 可知,单层侧支孔单明沟方案工况 Y1,双层侧支孔单明沟方案工况 SC2,双明沟方案工况 SMG3,盖板+压力消能室方案工况 XNS4 为较佳的布置形式。将上述各方案中较佳的布置形式进行比较分析(图 3.3-10)。

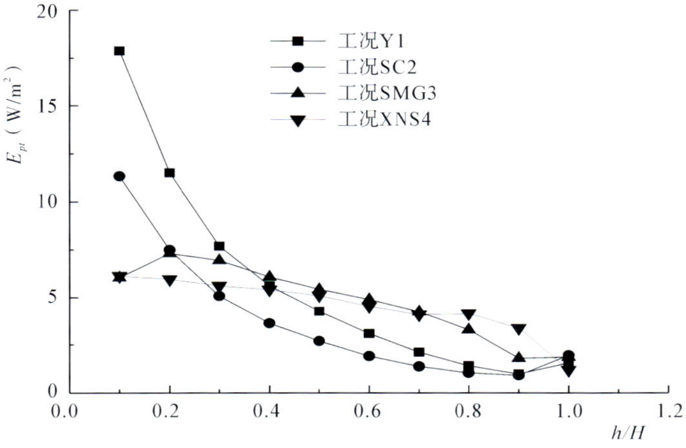

图 3.3-10　各工况闸室剩余比能对比图

结合表3.3-9和图3.3-9可知：

①在明沟消能工情况下，剩余比能峰值出现在工况Y2、工况SC4、工况SMG2，工况Y2、工况SMG2的共同点是设置了侧消能槛。究其原因，侧消能槛减小了明沟出流面积，进而导致明沟出流速度较大，闸室整体水流流速分布不均匀；工况SC4的双层侧支孔垂向间距为500cm，过大的间距导致两层出流水体掺混有限，加之上层侧支孔离闸底较近，所以消能效果欠佳。除工况Y2、工况SC4、工况SMG2外，其余工况剩余比能均较小，其中工况SMG3的剩余比能最小，究其原因，明沟加宽后掺混水体增加，进而明沟内水体的能量耗散也较快。

②在盖板消能工情况下，普通盖板形式的剩余比能最大，消能效果最差。究其原因，消能级数较单一，不能满足60m单级巨型船闸的消能要求。盖板＋压力消能室形式下，当盖板出流口高度达到0.5m后，消能效果得到显著提高。

③通过对比明沟消能工最优布置形式（工况SMG3）和盖板消能工最优布置形式（工况XNS4），双明沟加宽方案稍优于盖板＋压力消能室方案，但总体而言，两者消能效果相当。

经比较得出，双层侧支孔单明沟方案、双明沟加宽方案，以及盖板＋压力消能室方案较为适合于超大输水功率的高水头大型船闸消能要求。

（3）消能机理

双层侧支孔单明沟方案较传统单层单明沟形式增加了一级消能，即双层侧支孔间形成的消能垫层，双层侧支孔垂向间距直接影响消能垫层的消能效果。通过分析横剖面紊动能分布（图3.3-11）可知，紊动能主要分布在明沟内部，而且上支孔紊动能大于下支孔紊动能，原因在于下支孔水体上升过程中与上支孔水体掺混位置在上支孔附近。例如，在工况SC2情况下，上、下支孔最大紊动能均出现在明沟边壁附近，且最大流量时刻的数值大小分别为$0.75m^2/s^2$、$0.55m^2/s^2$，下支孔$0.05m^2/s^2$紊动能的分布范围是闸底向上600cm。

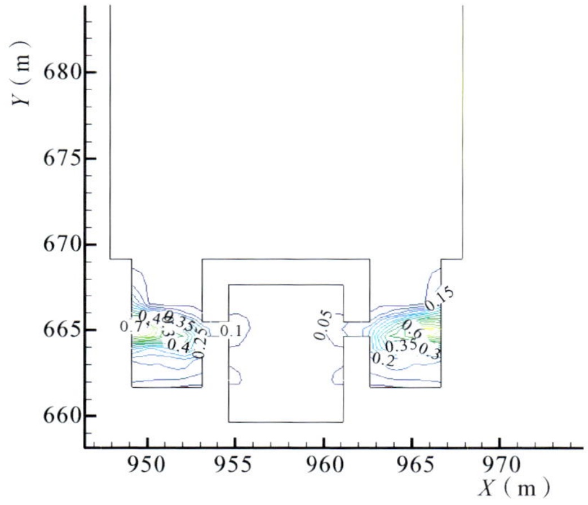

(a)上支孔

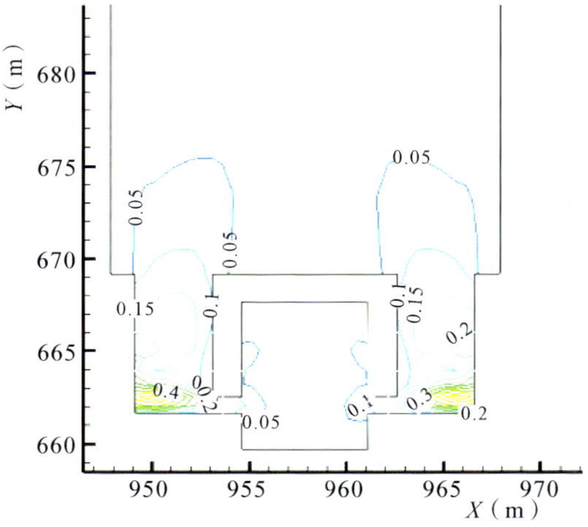

(b)下支孔

图3.3-11　紊动能分布图(工况SC2)

1）双层侧支孔单明沟方案消能机理

①侧支孔突扩生成漩涡消能；

②支孔射流与明沟边壁碰撞形成漩涡耗散能量；

③上、下支孔水体扩散后挤压掺混消能；

④水体沿明沟边壁上升时与壁面摩擦消能；

⑤上升水体的相互掺混消能。

双明沟布置形式的支孔射流，一部分与底坎碰撞后在第一道明沟内掺混消能，另一部分进入第二道明沟与明沟水体发生掺混，进而两道明沟水体在上升过程中时均动能转化来的脉动动能变为热能耗散，水流损失了能量，从而引起水流动能向热能的交换，从而达到了水流动能的耗散，以取得能量消剎的效果。图 3.3-12 给出了最大流量时刻相应的紊动能分布情况，紊动能主要分布在底坎及明沟边壁附近。

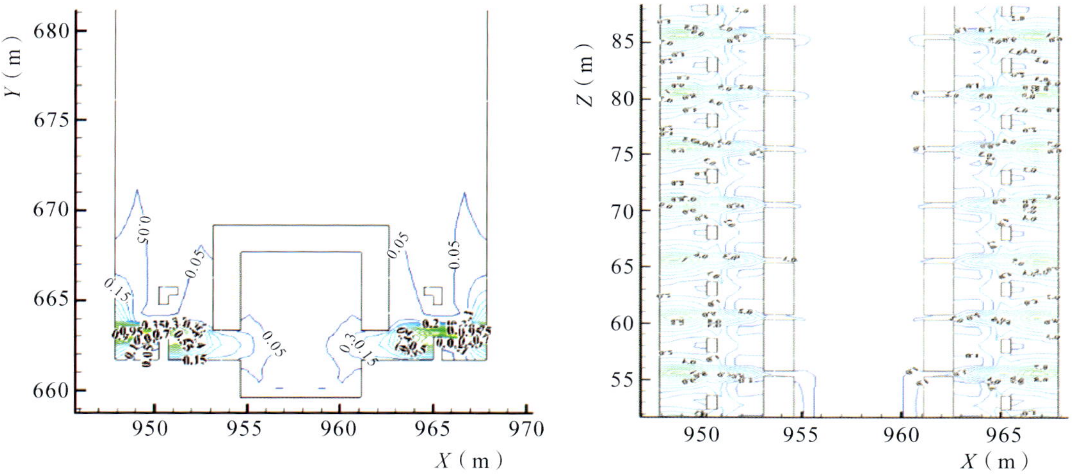

(a)横断面紊动能分布　　(b)水平面紊动能分布

图 3.3-12　紊动能分布图(工况 SMG3)

2）双明沟加宽方案消能机理

①侧支孔突扩生成漩涡消能；

②支孔射流冲击挡坎消能；

③过水孔突扩生成漩涡消能；

④支孔射流与明沟边壁碰撞形成漩涡耗散能量；

⑤水体上升过程中相互掺混消能。

在盖板＋压力消能室布置形式下，侧支孔水体射流至消能室边壁后发生反射，反射水体在消能室掺混后经顶支孔的突缩、突扩射流至盖板，在盖板的阻挡下四周出流，其中闸室纵向出流水体发生对冲掺混消能，闸室横向出流水体既与闸室边壁碰撞消能，也在闸室内对冲掺混消能，同时水体在上升过程中也发生掺混、剪切等消能现象。通过分析横剖面紊动能分布(图 3.3-13)可知,紊动能主要分布在压力消能室、顶支孔以及盖板处。

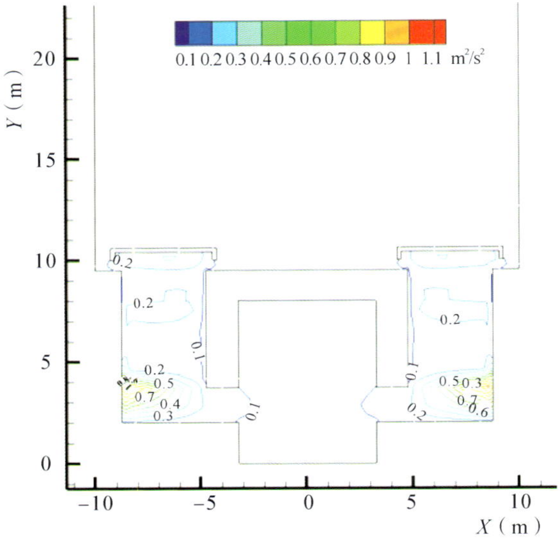

图 3.3-13　横剖面紊动能分布图(工况 XNS3)

3)盖板+压力消能室方案消能机理

①侧支孔突扩生成漩涡消能;

②支孔射流冲击压力消能室边壁后在压力消能室内掺混消能;

③顶支孔突缩突扩生成漩涡消能;

④顶支孔高速射流与盖板碰撞后在盖板空腔内掺混消能;

⑤盖板出流水体与闸室水体掺混消能。

3.3.3　等惯性输水系统流量分配与内消能技术

3.3.3.1　单级船闸输水系统布置

为解决高水头大型单级船闸输水能量对阀门段、分流口水流空化及闸室船舶停泊条件等带来的巨大挑战,结合已建高水头大型单级船闸设计运行经验,以 60m 水头、闸室有效尺寸 280m×40m×8m(长×宽×最小槛上水深)的单级船闸为研究对象,研究采用八区段内消能双层出水等惯性输水系统布置形式(图 3.3-14)。

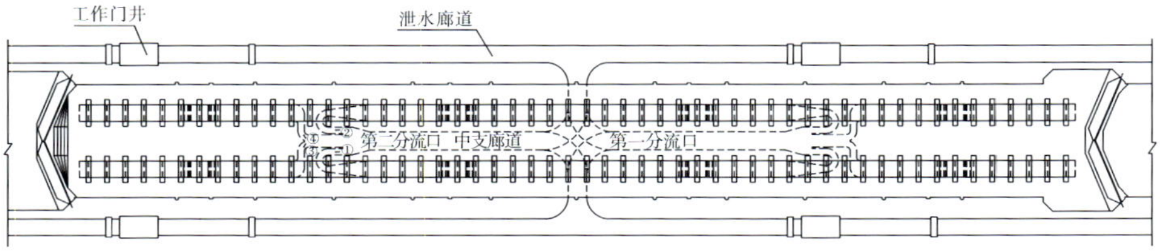

(a)平面

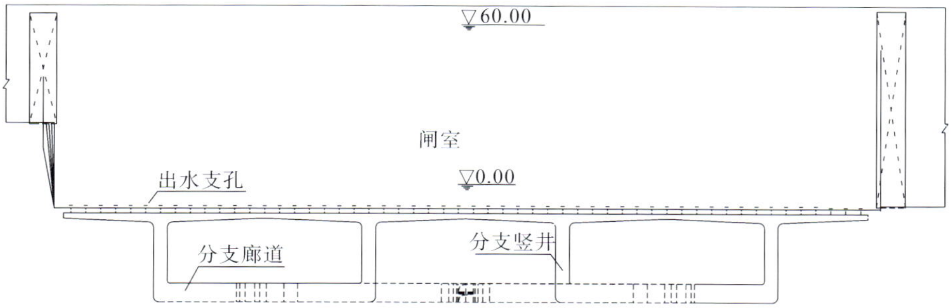

(b)剖面

图 3.3-14　八区段内消能双层出水等惯性输水系统布置图

船闸第一分流口布置在闸室中部，采用水平分流和垂直分流相结合的方式。第二分流口采用水平四支分流的布置形式。输水系统将第一、二分流口及中支廊道布置高程降低，以解决分流口区域水流空化问题；因第一、二分流口不再占用闸底板面积，使得闸底板 99% 的区域可布置出水廊道，能充分分散出流削减输水能量，以优化闸室内船舶停泊条件；通过水平分支廊道及垂直分支竖井衔接第二分流口所在的下层水流与闸底板出水分支廊道水流，同时增设第三分流口分配水流至各区段，水流经竖井的再调整，使第三分流口分流更均匀，同时竖井及水平分流口具有一定的内消能作用，进一步降低了进入闸室的能量。

3.3.3.2　单级船闸输水系统水力特性分析

(1)计算模型

采用 RNG 紊流模型求解附加运输方程，PISO 算法解决速度和压力耦合问题，考虑到闸室在整体上呈对称布置，且第一分流口分流较为均匀，因此在模拟时仅取上半闸室区域进行计算。计算时采用恒定流方法对船闸充、泄水过程中的典型水位—流量节点进行模拟，进而近似获取船闸整个充、泄水过程中的水动力特性。模型采用盖板消能，且存在数量较多的出水支孔，结构形状较为复杂，因此三维计算网格采用非结构化网格和结构化网格相结合的方式。在计算区域内，闸室上部区域结构简单，采用结构网格划分，对于廊道、分流口及出水支孔等区域采用非结构网格划分；在研究重点区域及体型变化较大的局部区域如分流口、出水支孔处进行网格加密。计算模型、网格划分分别见图 3.3-15、图 3.3-16。

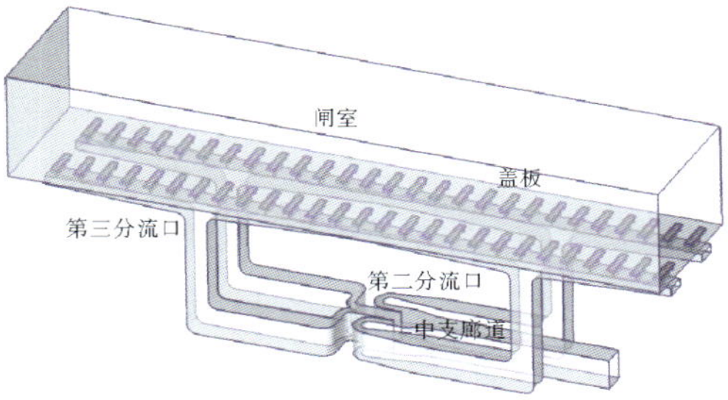

图 3.3-15　八区段双层出水等惯性输水系统输水系统三维计算模型

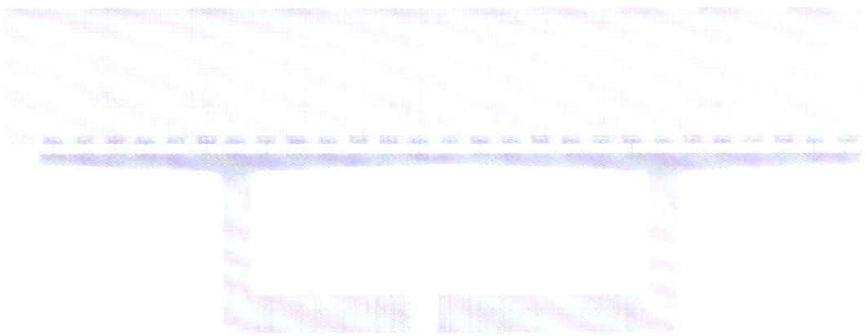

图 3.3-16　八区段双层出水等惯性输水系统输水系统网格划分

闸室充水和泄水两种不同运行工况的计算边界条件如下：对于充水工况，取底部纵支廊道横断面为进口边界，采用速度入口，并给定边界口上的紊动能 k 和紊动耗散率 ε 的估算值；闸室上部为自由液面，采用压力出口边界；闸室及廊道的壁面采用无滑移边界条件，对于近壁区域，采用标准壁面函数法进行模拟；对于泄水工况，闸室上部自由液面为进口边界，设置为压力进口，纵支廊道末端横断面为出口边界，采用速度出口，壁面及近壁区域的模拟与充水工况相同。

(2)计算成果分析

闸室的最小淹没水深为8m，双边阀门7min开启，采用一维数学模型对输水系统的水力特性进行了初步计算，输水系统水位—流量过程线见图3.3-17。计算得到闸室输水最大流量为1284m^3/s，并获得流量300m^3/s、600m^3/s、900m^3/s及1200m^3/s时，对应的闸室水深分别为9.3m、12.8m、17.0m、23.8m。

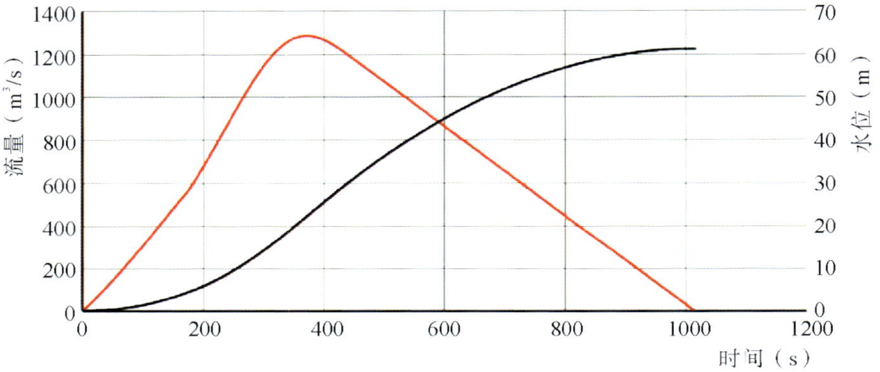

图3.3-17　八区段双层出水等惯性输水系统水位—流量过程线

采用三维数值模拟技术对典型水位—流量过程廊道及闸室的水力特性进行计算，获取了输水系统第二分流口内部水流流动特性、压力分布特征等，并对各分支廊道以及出水支孔的出流量进行统计。

1)充水工况水力特性分析

①流场分布特征。

当输水流量为1200m^3/s时，第二分流口的4个分支廊道入口流速分布差异较小，水流经过弯段时出现偏转，弯道内侧的流速大于外侧流速，最大流速为18.2m/s。横支廊道内水流流态较为紊乱，竖井段及支孔段的流速分布较为紊乱，出水口的流速达到20.1m/s。第二分流口水平剖面流场分布见图3.3-18，竖井段纵剖面流场分布见图3.3-19。

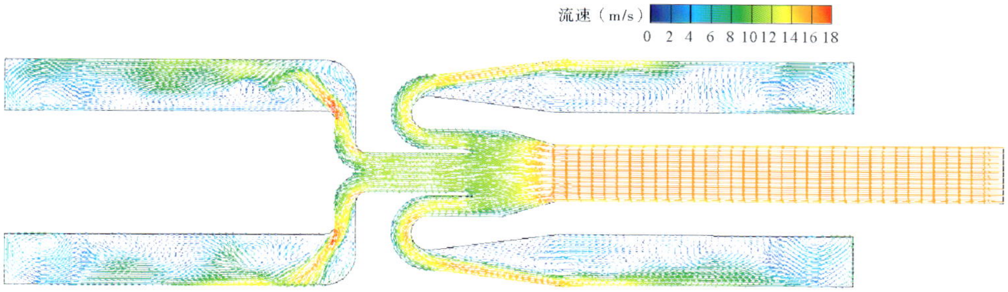

图 3.3-18 第二分流口水平剖面流场分布图（充水工况下，$H=23.8m$、$Q=1200m^3/s$）

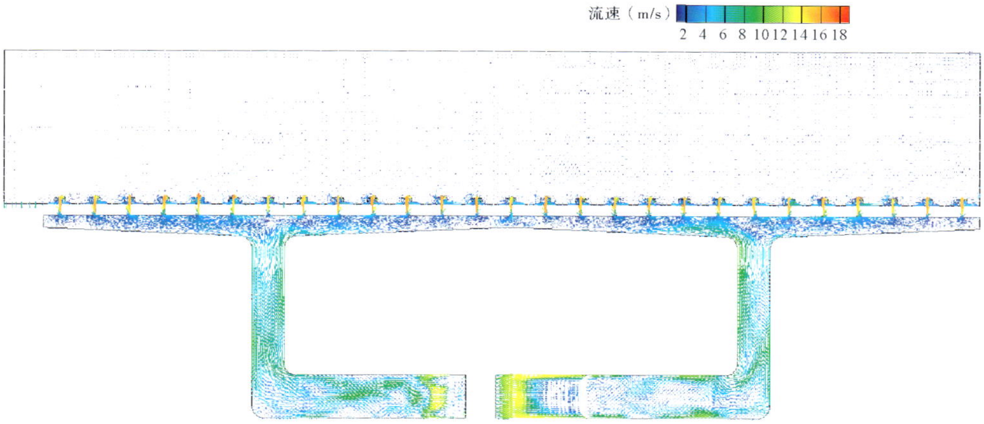

图 3.3-19 竖井段纵剖面流场分布图（充水工况下，$H=23.8m$、$Q=1200m^3/s$）

②压力分布特征。

当输水流量为 $1200m^3/s$ 时，第二分流口的 4 个分流出口处的压力分布基本一致。弯道内侧压力分布不均，但存在明显的区域分布特征，弯段内外侧的压力分布差异较大，弯道内侧的压力大于外侧压力。该输水系统将第二分流口及中支廊道布置高程降低，因此压力值较大，最小压力也在 50m 以上。第二分流口水平剖面压力分布见图 3.3-20，竖井段纵剖面压力分布见图 3.3-21。

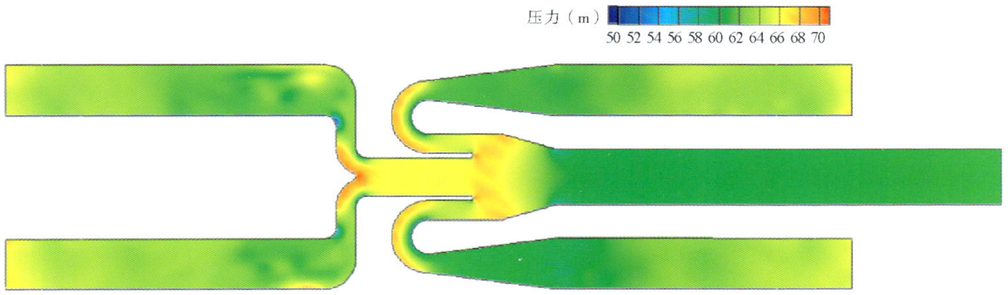

图 3.3-20 第二分流口水平剖面压力分布图（充水工况下，$H=23.8m$、$Q=1200m^3/s$）

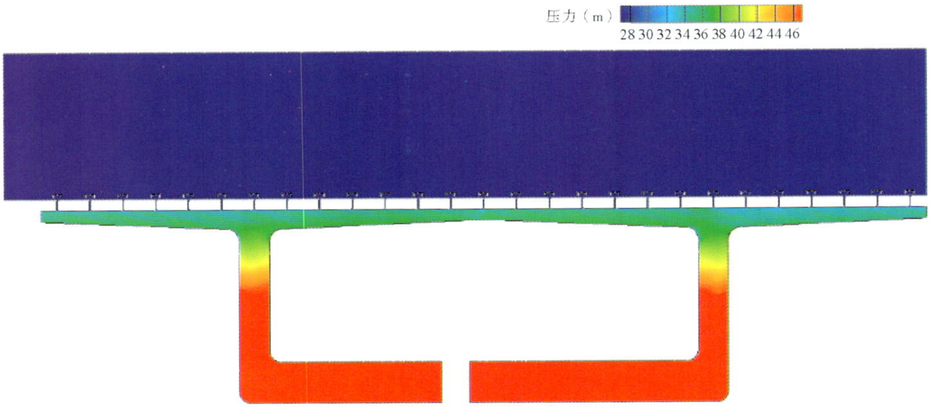

图 3.3-21　竖井段纵剖面压力分布图(充水工况下,H=23.8m、Q=1200m^3/s)

③分流均匀性。

一个合理的分流口布置形式需要保证输水廊道内水流分流均匀稳定。不同水位—流量条件下,第二分流口 4 个分支廊道编号、流量统计分别见图 3.3-22、表 3.3-10。闸室底部共有左、右两支出水廊道,一半闸室每支出水廊道上有 27 个出水支孔,单侧出水廊道各出水支孔编号及流量统计见图 3.3-23、图 3.3-24。由图 3.3-22 至图 3.3-24、表 3.3-10 可见,各分支廊道流量虽然存在细微差异,但在各流量级下差异不大,整体上分流较为均匀。闸室充水 300m^3/s、600m^3/s、900m^3/s 及 1200m^3/s 时,各分支廊道平均流量偏差在 2%左右。同一分支廊道上,各出水支孔的流量亦存在一定的不均衡现象,但差异较小,可认为各支孔分流较为均匀稳定,闸室纵向水位坡降较小。

2)泄水工况水力特性分析

①流场分布特征。

当输水流量为 1200m^3/s 时,第二分流口的 4 个分支廊道流速分布差异较小,水流经过弯段时出现偏转,弯道内侧的流速大于弯道外侧的流速,最大流速为 18.6m/s。竖井段及支孔段的流速分布较为紊乱,出水口的流速达到 20.1m/s。第二分流口水平剖面流场分布见图 3.3-25,竖井段纵剖面流场分布见图 3.3-26。

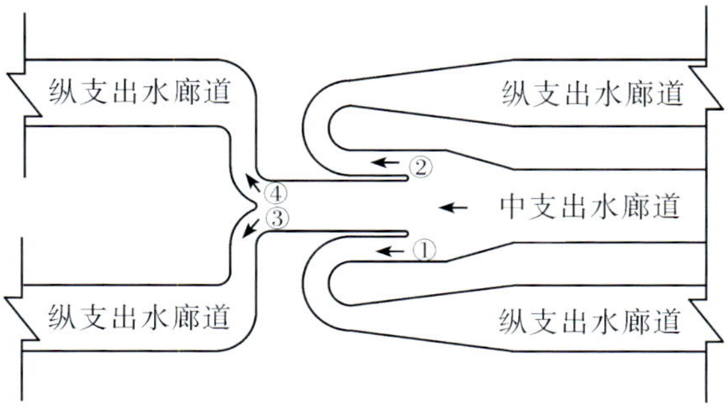

图 3.3-22　第二分流口各分支廊道编号

表 3.3-10　各分支廊道流量统计表

编号	计算工况							
	$Q=1200m^3/s$		$Q=900m^3/s$		$Q=600m^3/s$		$Q=300m^3/s$	
	流量（m^3/s）	分流比（%）	流量（m^3/s）	分流比（%）	流量（m^3/s）	分流比（%）	流量（m^3/s）	分流比（%）
分支廊道①	151.1	25.2	114.3	25.4	73.7	24.6	37.3	24.9
分支廊道②	153.3	25.6	110.2	24.5	75.7	25.2	36.9	24.6
分支廊道③	147.9	24.6	114.2	25.4	75.4	25.1	39.4	26.2
分支廊道④	146.8	24.5	110.5	24.6	74.8	24.9	36.1	24.1

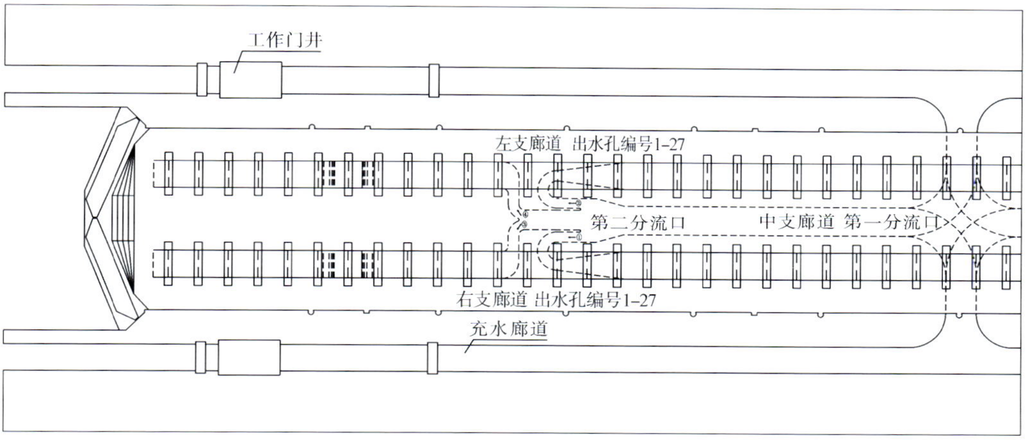

图 3.3-23　出水廊道出水支孔编号设置

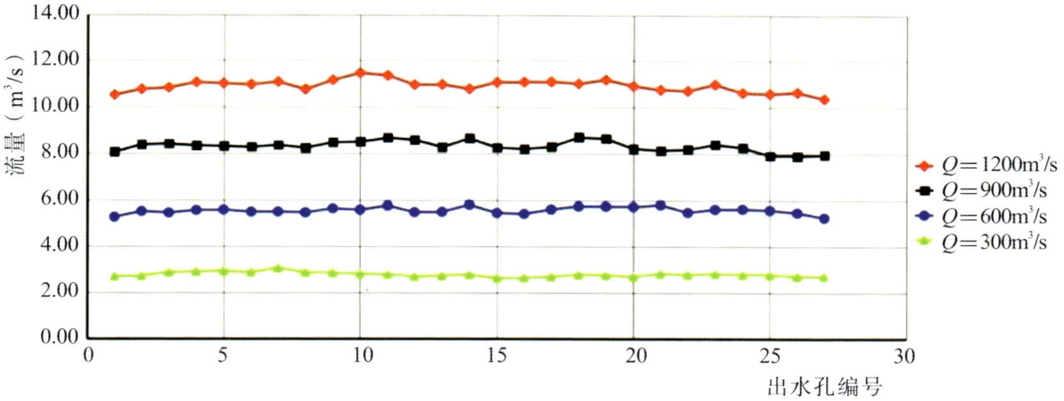

图 3.3-24　不同充水工况下各出水孔流量

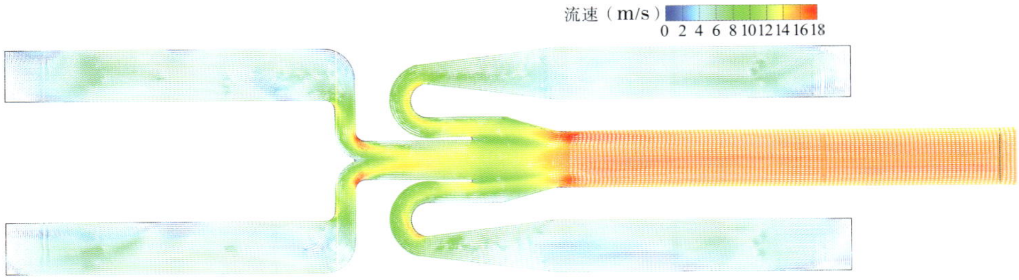

图 3.3-25　第二分流口水平剖面流场分布图(泄水工况下,$H=23.8m$、$Q=1200m^3/s$)

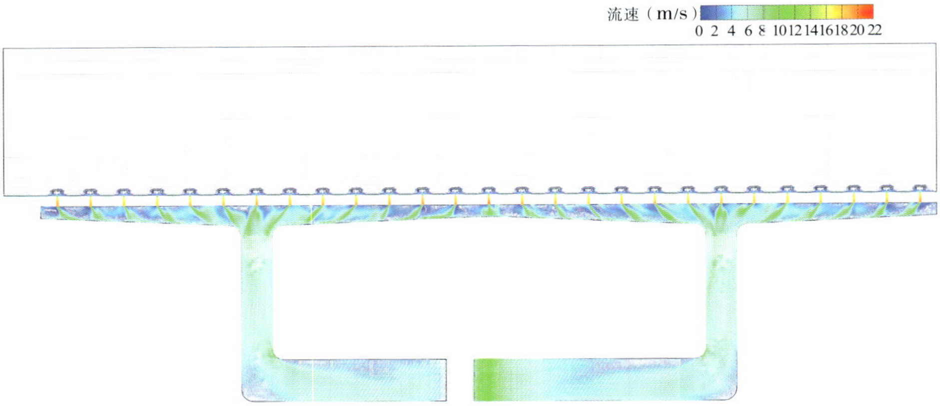

图 3.3-26　竖井段纵剖面流场分布图(泄水工况下,$H=23.8m$、$Q=1200m^3/s$)

②压力分布特征。

当输水流量为 $1200m^3/s$ 时,第二分流口的 4 个分流出口处的压力分布基本一致。弯道内侧压力分布不均,但存在明显的区域分布特征,弯段内外侧的压力分布差异较大,弯道内侧的压力大于外侧压力。该输水系统将第二分流口及中支廊道布置高程降低,因此压力值较大,最小压力也在 28m 以上。第二分流口水平剖面压力分布见图 3.3-27,竖井段纵剖面压力分布见图 3.3-28。

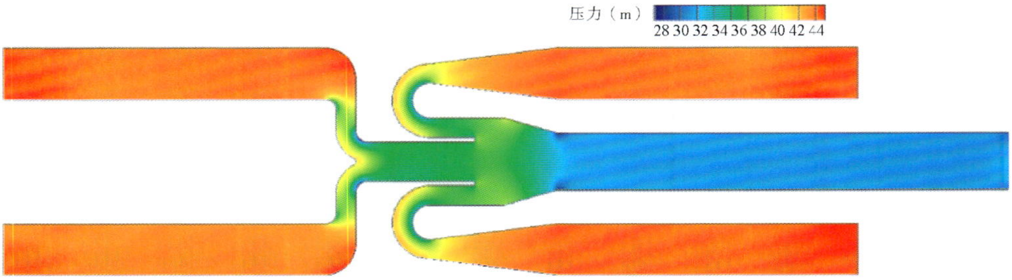

图 3.3-27　第二分流口水平剖面压力分布图(泄水工况下,$H=23.8m$、$Q=1200m^3/s$)

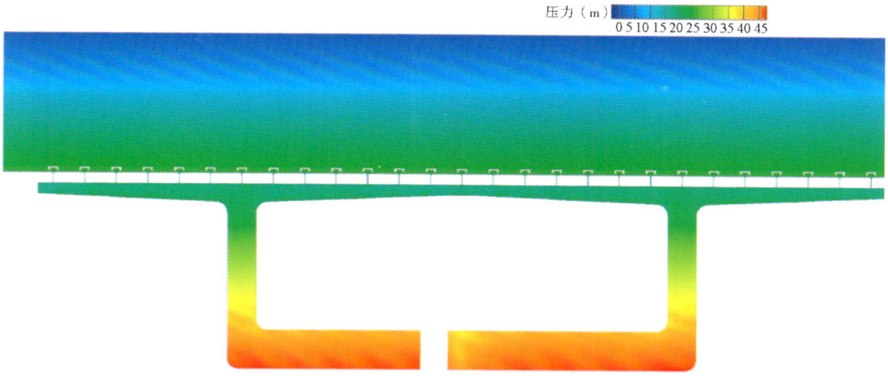

图 3.3-28　竖井段纵剖面压力分布图（泄水工况下，$H=23.8\mathrm{m}$、$Q=1200\mathrm{m^3/s}$）

③分流均匀性。

在不同水位—流量条件下，第二分流口的 4 个分支廊道以及各出水支孔的流量统计分别见表 3.3-11、图 3.3-29。由表 3.3-11 可见，各分支廊道流量虽然存在细微差异，但在各流量级下差异不大，整体上分流较为均匀。当闸室泄水 $300\mathrm{m^3/s}$、$600\mathrm{m^3/s}$、$900\mathrm{m^3/s}$ 及 $1200\mathrm{m^3/s}$ 时，各分支廊道平均流量偏差在 2%以内。在同一分支廊道上，各出水支孔的流量亦存在一定的不均衡现象，但差异较小，可认为各支孔分流较为均匀稳定，闸室纵向水位坡降较小。

表 3.3-11　各分支廊道流量统计表

编号	计算工况							
	$Q=1200\mathrm{m^3/s}$		$Q=900\mathrm{m^3/s}$		$Q=600\mathrm{m^3/s}$		$Q=300\mathrm{m^3/s}$	
	流量（$\mathrm{m^3/s}$）	分流比（%）	流量（$\mathrm{m^3/s}$）	分流比（%）	流量（$\mathrm{m^3/s}$）	分流比（%）	流量（$\mathrm{m^3/s}$）	分流比（%）
分支廊道①	150.2	25.0	113.6	25.3	73.7	24.6	37.3	24.9
分支廊道②	149.3	24.9	110.9	24.6	75.1	25.0	37.3	24.8
分支廊道③	151.9	25.3	113.3	25.2	75.8	25.3	37.9	25.3
分支廊道④	147.7	24.6	111.5	24.8	74.8	24.9	37.2	24.8

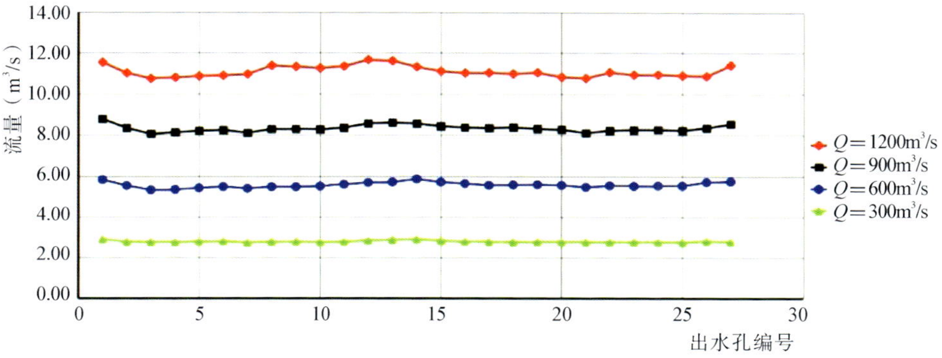

图 3.3-29　不同泄水工况下各出水孔流量

3.3.4 三峡船闸水力设计要点

三峡双线连续五级船闸总水头113.0m，级间最大水头45.2m，闸室有效尺寸280m×34m×5m(长×宽×最小槛上水深)，是当今世界上水头最高、规模最大、技术最复杂的船闸之一。三峡船闸具有充、泄水体大，要求的输水时间短，闸室水面上升速度快，导致阀门及廊道防空化难度大等特点，因此船闸输水系统设计主要是解决闸室快速、平稳输水，高水头船闸输水阀门及阀门段廊道的空蚀、声振问题，在满足闸室快速充、泄水的同时，保证在充、泄水过程中输水廊道内不发生有害的声振和气蚀。

3.3.4.1 船闸的分级及水级划分

三峡船闸设计总水头113m，已远远超过目前世界上已建单级船闸最高为40m左右的安全工作水头。三峡船闸的规模和规划运量大，如采用在两侧带有节水楼的特殊形式的高水头单级船闸方案，船闸的输水系统及其阀门、船闸的下游闸门存在一系列复杂的技术问题难以解决，船闸的通过能力无法满足规划运量的要求。因此，必须对船闸进行合理分级，采用多级船闸方案。

船闸水头分级必须考虑的主要因素，首先是目前高水头船闸水力学技术能够达到的水平；其次是闸门和阀门的设计、制造水平；再次是船闸分级后可能采用的布置方式，即各级船闸是连续布置还是分开布置，以及是否考虑采取节水措施；最后是船闸施工和维修管理的条件，船闸的通过能力和船舶(队)过闸的耗水量。三峡船闸的分级及其布置方式，主要考虑以上因素，结合我国修建葛洲坝船闸的经验和吸收国内外高水头大型船闸的建设经验，对船闸不同的分级方案和相应的布置方式进行全面的技术经济比较选定。

三峡船闸的分级，通过对带蓄水池的连续三级、普通的连续四级和五级、分开布置的三级、分开布置的两个二级和是否采用节水措施等，不同级数、不同布置方案进行比较研究，最后进一步以连续布置的五级船闸与分开布置的三级船闸两种方案为代表深入进行比较，由于连续五级船闸方案在解决高水头船闸水力学问题，闸门、阀门及启闭设备的技术难度，工程施工的难度和工期，管理和维护，耗水量和年通过能力，工程量和投资等，均较分散三级船闸方案明显优越而被采用。

连续五级船闸的水级划分方式，按照枢纽上、下游水位变化的条件，坝址的地形、地质条件，工程的技术难度，船闸的运行分期，船闸的工程量、造价，船闸运行和管理的条件等因素，考虑各级闸室的水头是否等分和闸室充(泄)水时，参加运行的第二级闸室是否考虑补水和末级船闸是否溢水，可以得出许多种水级划分的方式。三峡工程上、下游水位变化有比较明显的规律。上游水位随水库调度，在年内的变化为：围堰发电期坝前水位基本稳定在135m。工程建成后，每年从6月开始，坝前基本为防洪下限水位，即初期135m，后期145m，10月水库开始蓄水至正常蓄水位，即初期156m，后期175m，至次年1月，水位开始消落，6月上旬，水位消落至防洪下限水位。下游水位随枢纽下泄流量变化，与通航流量相对应，在63m(实际留有水位进一步下降至 62m 的余地)至 73.8m 之间变化。三峡船闸按照尽可能减小工程的技术难度、减少工程量、节省造价和运行管理方便等原则,根据船闸上、下游水位实际组合的情况,经过研究比较,采用船闸充、泄水时,只在水库水位蓄升或泄降过程中的少数时间需要进行补水,全年基本不需要溢水的基本不补不溢的水级划分方式。具体将总设计水头分为五等分,按照上游水位 175m、156m 和 135m 时与下游引航道水位相组合,船闸能分别按五级、四级和三级运行,确定各级闸室的高水位,按照上游最低水位 135m、145m 与下游最低水位组合,分别确定第一级和第二级至第五级闸室的低水位,再据此在各级闸室高水位以上加超高,在各级闸室低水位以下减去最小槛上水深,分别确定各级船闸的闸顶和闸槛高程。

三峡连续五级船闸水级划分示意图见图 3.3-30。

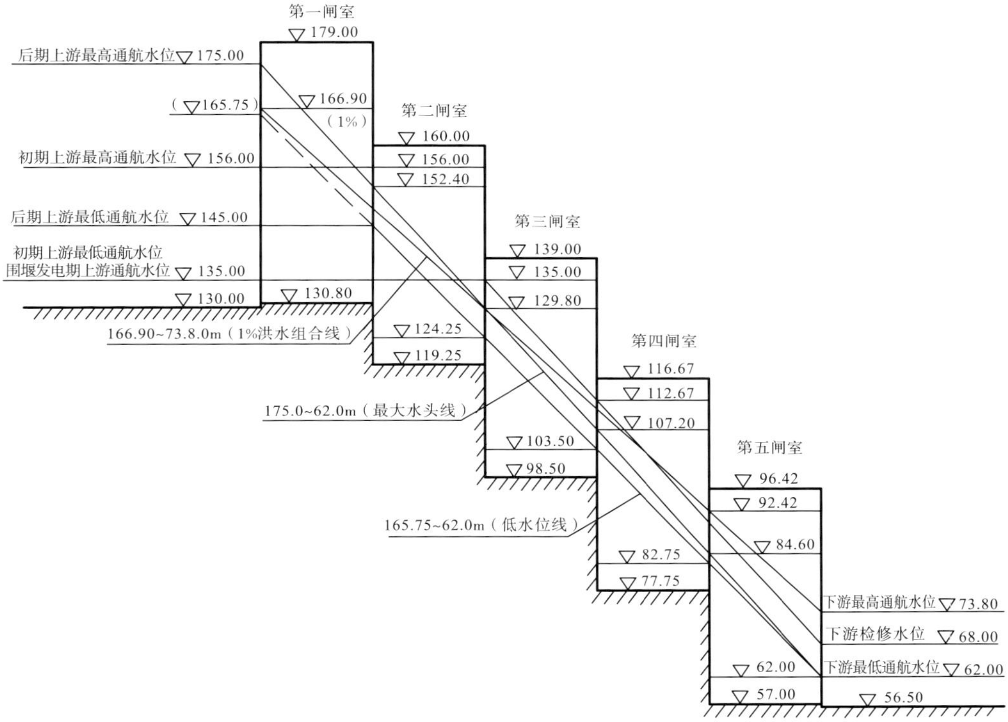

图 3.3-30 三峡连续五级船闸水级划分示意图

按照这种水级划分方式,围堰发电期,水库水位为 135m,船闸可只使用后面的四级,第三级船闸需要补水,最大的补水厚度为 10m,船闸级间的最大工作水头为 41.5m。船闸也可只用后面三级,船闸第 4、5 闸首的级间最大的工作水头为 46.0m,略大于设计最大级间水头 45.2m,但由于在这种工况下阀门相应的淹没水深较大,阀门水力学条件可以满足要求。

在工程运行初期,水库水位低于 145m 时,船闸按四级运行,第三级船闸需要补水,最大的补水厚度及级间的最大工作水头,与围堰发电期 135m 水位运行的工况相同,在此期间,当水库水位为 135m 时,船闸同样可以只运行后三级。水库水位为 145.0~152.4m 时,船闸仍只运行后四级,不需要补水,中间级最大级间水头 45.2m。水库水位在 152.4m 至初期正常水位 156.0m 时，船闸按五级运行，由于船闸为适应分期蓄水条件，第 1 闸首的人字闸门尚不能挡水，需要用第 1 闸首的事故检修闸门挡水。船闸在这个水位区间运行，中间级最大级间水头为 41.5m，第 2 级船闸需要补水，最大的补水厚度为 13.35m。

工程运行后期，第 1、2 闸首已按后期运行进行改建，闸首的闸槛按水库水位不再低于 145m 的条件进行加高，水位在 145～152.4m 时，运行状况与初期在该区间运行基本一样，第 1 闸首人字闸门运行。水库水位超过 152.4m 后，船闸均按五级运行。水位在 152.4～165.75m 时，中间级最大级间水头为 41.5m，第 2 级船闸需要补水，最大的补水厚度及级间的最大工作水头，与初期 152.4m 以上水位区间运行的情况相同；水库水位在 165.75m 至后期正常蓄水位 175m 时，船闸按五级运行，级间的最大工作水头为 45.2m，不再需要补水。

船闸补水直接利用船闸输水系统通过控制阀门完成，船闸补水遵循尽可能不要少补，可以适当多补的原则，阀门的控制比较简单，与采用不补不溢的水级划分方式相比，能较多地节省船闸的开挖工程量，降低船闸闸墙的结构高度和相应的土建结构与闸门的工程量和技术难度。

3.3.4.2 输水系统布置

(1)设计基本要求

三峡船闸输水系统必须满足以下基本要求：①根据三峡船闸的通过能力，闸室充、泄水时间 12min，②靠船墩及闸室停泊条件需要满足 4×3000t 船队的纵向系缆力不大于 50kN，横向系缆力不大于 3.0t；③引航道口门区水面最大流速限值为平行航线的纵向流速不大于 2.0m/s，垂直航线的横向流速不大于 0.3m/s，回流流速不大于 0.4m/s，涌浪高度不大于 0.5m，同时采用船模试验进行评估。④引航道内最大纵向流速，上游引航道 0.5～0.8m/s，下游引航道 0.8～1.0m/s；⑤输水廊道中的流速不大于 15m/s；⑥船闸各部位在输水过程中不应被水流冲刷、空蚀、震动；⑦满足输水系统土建结构、闸阀门及设备小修不断航等要求。

(2)布置要点

1)上游进水口

船闸上游进水口布置形式与上游引航道布置密切相关，随着上游引航道右侧修建防淤隔流堤的位置和长短的不同，上游进水口研究了引航道外侧向进水和引航道内闸前正向进水两种形式。

技术设计阶段，在闸前右侧布置 660m 长的短隔流堤，由于上游最大充水流量达 $1000m^3/s$，双线船闸在闸前有限宽度水域内取水产生的涌浪和不利流态，难以满足通航水流条件，所以采用侧向取水形式。侧向取水形式虽然避免了船闸充水对上游引航道通航水流条件的不利影响，但由于取水廊道较长，船闸输水时间不能满足设计要求，降低了通过能力。此外堤外水体的含沙量较大，泥沙颗粒较粗，不利于保护输水廊道不受磨损和减少闸室泥沙淤积，在汛期更是如此。

技术设计阶段以后，防淤隔流堤确定采用“全包”方案，即防淤隔流堤设在临时船闸右侧，保护船闸、升船机和临时船闸的共用上游水域，“全包”隔流堤在船闸闸前形成了较宽阔的水域，具备了在闸前引航道底部布置正向进水口的条件。正向进水口为了满足进流均匀的要求，将两线船闸4条主廊道的进水箱涵，横跨引航道并垂直于船闸轴线布置在闸前航道底部，4个箱涵在上、下游方向的布置间距为31.0m，最下游一个箱涵与第1闸首上游面的距离约80.0m。每个进水箱涵，在上、下游两侧，各设有16个分散布置的侧向进水口。进水口设有拦污栅。进水口尺度沿箱涵进水方向递减，从2m×3m（宽×高）递减至1.1m×2m（宽×高）。同时以增加进水口淹没水深的方法避免船闸充水可能带来的进口漩涡的不利影响，进水口最小淹没水深约10m。输水系统正向进水口布置见图3.3-31。

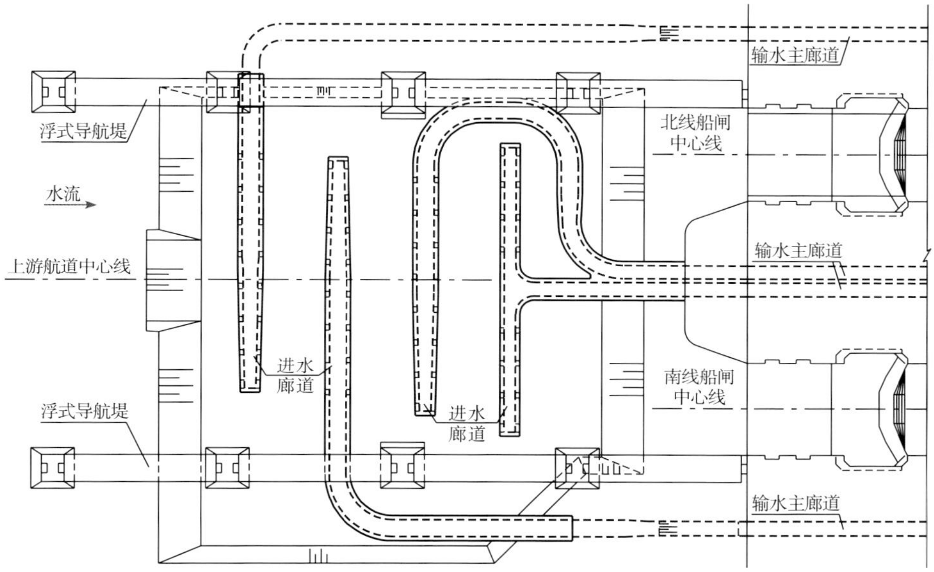

图3.3-31　输水系统正向进水口布置图

为防止进水口泥沙淤积采取了以下措施：每支进水箱涵两侧的进水口高低错开布置，使进流在箱涵内形成利于挟带和冲刷泥沙的漩滚水流。同时为了使进水箱涵在任何条件下都能保持一定流速，以带走泥沙，将进水箱涵断面设计成随进流方向逐渐扩大的形式，并使进水口面积与进水箱涵断面面积保持一定比例，控制进水流速，确保进水箱涵内部不会因为泥沙淤堵阻碍进流，从而延长输水时间。

2）输水主廊道

船闸输水系统采用在闸室两侧对称各布置一条输水主廊道，其中心线距闸墙边线均为26.75m；闸室底部采用四区段8条分支廊道等惯性分散顶部出水、出水孔上带消能盖板的形式。闸室内廊道系统均以闸室水体中心为轴对称布置，以使闸室内水流分配均匀。即每线船闸闸室两侧的主廊道在闸室水体中心设第一分流口，主廊道水流在第一分流口分上、下两层进入闸室后，分别转向上、下游方向引入纵支廊道，以消除由于两侧廊道可能存在的断面误差和阀门运行不同步，导致两侧来水不均匀；在闸室的1/4和3/4长度位置，设第二分流口，每条纵支廊道在第二分流口向上、下游方向各引出 2 条分支廊道向闸室分流；分支廊道顶部设置等间距、等宽度出（进）水孔，每条分支廊道设 12 个孔距 4m 的出水孔。每级闸室共 96 个出水孔。孔长与分支廊道宽度一致。为了使从闸室出水孔涌出的水流得到进一步消能，在出水孔上方设置四周带“裙梁”的 7.0m×1.4m（长×宽）的消能盖板，裙梁与底板间净距 0.3m。出水孔涌出的水流直冲盖板，消耗了一部分能量，再经裙梁四周出流与相邻孔的出流对冲，进行第 2 次消能。通过上述两次分流和消能，最终使充入（泄出）闸室的水流对称于闸室的纵、横轴分布，进入闸室的水流均匀、能量小。该布置最大的特点在于即使一侧阀门检修，用单侧廊道进行充、泄水时，闸室出流仍能比较均匀，闸室内的船舶停泊条件仍能满足要求。输水主廊道布置示意图见图 3.3-32。

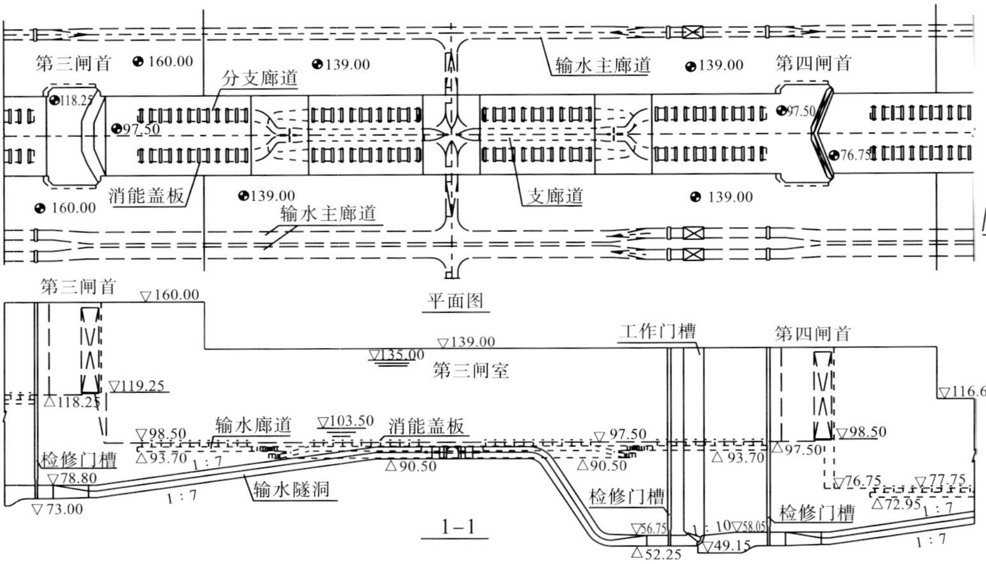

图 3.3-32　输水主廊道布置示意图

为消除泄水箱涵出口与下游引航道口门之间的水力坡降引起的下游人字闸门前后的水位差，每线船闸在第 6 闸首布置了一对环绕闸首的辅助泄水短廊道，断面为矩形，阀门为平板门，断面尺寸为 3.60m×3.75m（宽×高）。两侧短廊道在门龛段沿闸室宽度方向分散布置 22 个顶部取水孔，取水孔尺寸为 3.6m×0.4m（长×宽）。在人字闸门后的底板内，横跨航槽布置短廊道的泄水廊道。泄水廊道两侧各布置 14 个泄水孔，顺廊道出流方向孔宽依次为 1.2m、1.0m 和 0.8m，孔高均为 1.6m。在泄水末期，通过短廊道辅助泄水，保证人字闸门前后水位达到齐平。

输水廊道各部位断面尺寸和形式见表 3.3-12。

表 3.3-12 输水廊道各部位断面尺寸和形式

部位	面积(m^2)	形式	备注
进水口	210	矩形	64 个孔
第 1 级充水阀门前主廊道	32.32×2	方圆形	5×7m/条
第 1 级充水阀门后主廊道、第 5 级泄水阀门前主廊道	30.82×2	方圆形	5×6.7m/条
第 5 级泄水阀门后主廊道	33.50×2	矩形	5×6.7m/条
其余各级主廊道	24.32×2	方圆形	5×5.4m/条
各级支廊道	26.00×2	矩形	5×5.2m 条
第 2 级分支廊道	11.00×8	矩形	5×2.2m/条
其余各级分支廊道	10.00×8	矩形	5×2m/条
第 1 级出水孔	76.8	矩形	96 个孔
其余各级出水孔	67.2	矩形	96 个孔
第 1、5 级充、泄水阀门面积	24.75×2	矩形	4.5×5.5m/扇
其余各级阀门面积	18.90×2	矩形	4.2×4.5m/扇
泄水箱涵	92.16×2	方形	9.6×9.6m/条

3)下游泄水口

船闸下游引航道为限制性航道，如第 5 闸室水体直接泄入引航道，引航道水流条件无法满足引航道内船舶(队)的通航、停泊和升船机承船厢内设计允许超载水深的要求。因此船闸输水系统采用了侧向泄水方式，即每线船闸的两条输水主廊道在第 6 闸首下游合并为一个断面尺寸为 9.6m×9.6m(宽×高)的泄水箱涵，两条泄水箱涵平行布置在引航道底部，在船闸与升船机引航道汇合处下游，向右穿过下游隔流堤，将水体直接泄入长江。三峡船闸下游泄水箱涵平面布置示意图见图 3.3-33。

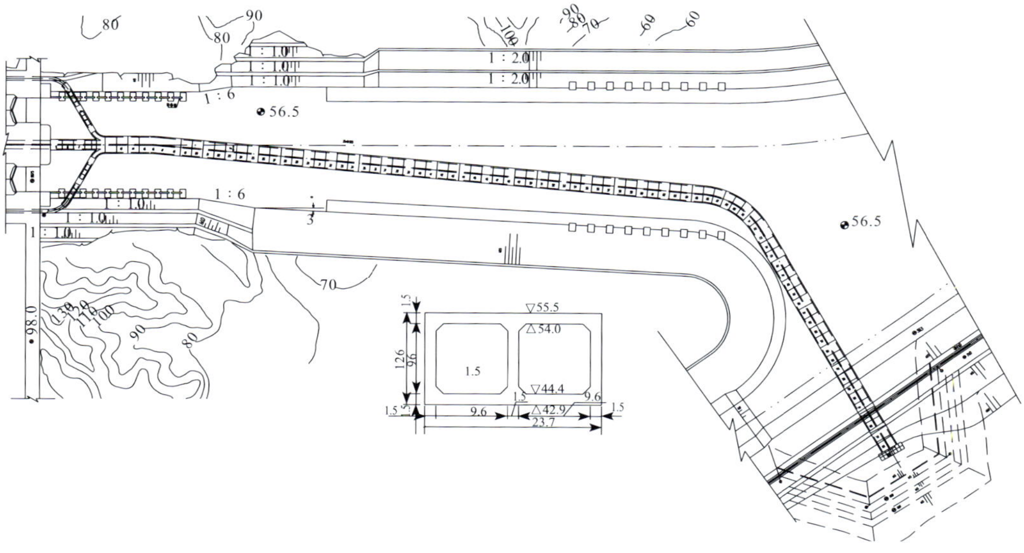

图 3.3-33 三峡船闸下游泄水箱涵平面布置示意图

3.3.4.3 解决超高水头船闸水力学问题的主要措施

三峡船闸闸室平面尺寸大，阀门作用水头高，形成较大过流量，单位流量输移的能量大，同时为保证输水时间满足设计要求，所需阀门尺寸也较大。阀门在高水头、大流量、高速、非恒定水流条件下频繁开启，使阀门段的局部流态更为复杂，如不采取有效的措施，在一定的条件下会产生一些有害的水动力现象，如启门力的强烈脉动、阀门门体及启闭机械的振动、阀门段廊道产生空蚀破坏等，影响船闸的正常运行。三峡船闸中间级阀门及阀门段廊道防空化、气蚀设计主要采用了以下综合措施。

(1)降低阀门段廊道高程，增加淹没深度

尽可能降低阀门段廊道高程以增加阀门的初始淹没水深，对抑制阀门空化有利，但受施工条件限制，廊道坡度不能太大。船闸输水主廊道为钢筋混凝土衬砌的隧洞形式。降低阀门段廊道高程，不影响闸面结构布置及工程量，仅少量增加地下工程量。阀门最小初始淹没水深为 26.0m，提高了阀门的工作空化数。

中间级阀门段廊道顶最小初始淹没水深 26.0m 和阀门最大工作水头 45.20m 系按下游水位 62.0m 的特殊情况考虑，如按设计下游最低通航水位 63.0m 考虑，仅第 5 闸首阀门最小淹没水深为 27.0m，其余中间级阀门最小初始淹没水深均大于 27.0m。

(2)阀门后采用“顶渐扩＋底突扩”的廊道体型

对于给定的输水系统，当阀门开启方式一定时，阀门段廊道体型决定了门后水流的流态，门后廊道体型就成为影响空化的主要因素。三峡船闸中间级阀门段廊道体型研究过顶扩和底扩两种形式。顶扩体型在国内外高水头船闸上已普遍采用，主要利用门后水流漩滚提高门后压力。底扩体型的整体抗空化性能明显优于顶扩体型。经综合分析比较，中间级阀门段廊道体型最终采用“顶渐扩＋底突扩”体型。输水廊道在阀门后采用 1∶10 坡比顶扩，顶扩长度 13.0m，扩大高度 1.3m，扩大面积 $5.46m^2$，为原断面的 28.9%，同时在阀门段廊道底部、阀门关终位下游侧 0.35m 处垂直向下突扩 3.1m，形成长度为 17.98m 的底扩腔体，再接水平长度为 8.5m 的 5 次曲线升坎，恢复至底扩前的底部高程。

试验结果表明，在同等条件下，该体型门后压力可较顶扩体型提高 1.5～3.0m 水柱。在阀门初始淹没水深 26.0m、双边阀门 2.0min 开启时，阀门底缘不会发生空化，单边运行时，底缘可能有一定程度空化发生，为此留有底坎通气的措施。阀门段突扩廊道体型见图 3.3-34。

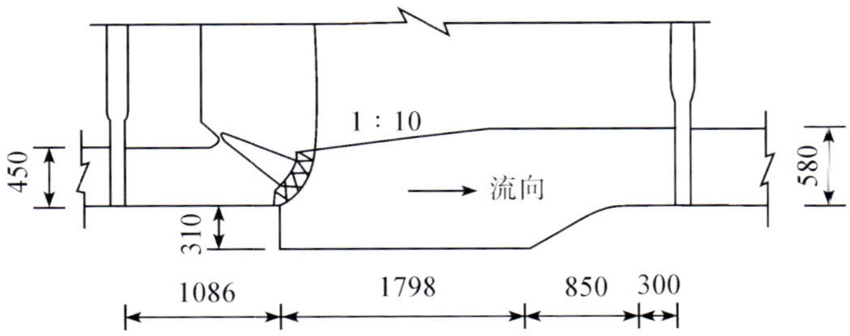

图 3.3-34 阀门段突扩廊道体型

(3)快速开启阀门

由于空化的发生与发展均需要一定的时间,快速开启阀门,使发生空化的概率有所减小,而且一旦发生空化,空泡在溃灭前积聚的能量也有所降低。快速开启阀门,就是利用开启过程中廊道中的非恒定流形成的水体惯性,抵消阀门前后压差,以提高门后廊道内压力以及抑制阀门底缘水流漩滚的发展,从而抑制门后水流空化的发生与发展。阀门开启方式对防止空化亦有明显影响。经研究,阀门采用间歇开启方式,由于水头高,阀门在 0.1~0.3 开度停机时,阀门底缘将会发生一定程度的空化,故不宜采用。匀速快开较慢开,门后压力有明显提高,2min 开门时门后压力满足要求,故选用一般 2min 开门,必要时 1.5min 开门的方案。

(4)通气

采用通气措施,可以使低压区压力增高及减小水流紊动程度以达到防止空化和空蚀的目的。但目前的廊道布置,在输水过程中廊道压力为正压,无法实现廊道内自然通气。即使形成自然通气的条件,但由于闸室水位变幅大,无法在各种水位条件下均能稳定地通气。因此,借鉴葛洲坝 1 号、2 号船闸应用“带负压坎的门楣自然通气措施以抑制阀门底缘空化”的成功经验,即通过采用扩散型门楣并在其上加设挑槛,使挑槛后形成负压,以实现自然通气,达到防止门楣空化及抑制阀门底缘空化的目的。

模型试验表明,在现有的扩散型门楣通气形式下,在 $n=0\sim0.5$ 和 $n=0\sim0.6$ 开度范围内可实现双边及单边开启方式下的门楣自然通气,最大通气量达 $0.4m^3/s$,达到或接近葛洲坝 1 号及 2 号船闸原型观测值,单边开启时阀门底缘空化基本消除。

门楣通气也能充分抑制各种事故工况(事故停机、事故动水关阀)下的阀门底缘空化,同时对阀门面板、廊道顶板和侧壁也起到了较好的保护作用。从水力学原型观测成果看,门楣通气基本上达到了设计要求。

(5)廊道阀门采用反向弧形门

反向弧形门是高水头船闸通常采用的一种阀门形式,采用这种门型,且门面和支臂的结构均用钢板包封,廊道和阀门门体的过流条件好,面板采用不锈钢复合钢板,对防止阀门段局部不利水流导致空化气蚀的效果明显。

3.3.4.4 控制闸室超灌、超泄

三峡船闸与所有的长廊道输水系统一样,在闸室充、泄水末期,由于水流惯性作用大导致输水末期闸室水面较大的惯性超高(降)。若不采取措施,输水水头最大时,中间级闸室的惯性超高(降)值可达 1.6m 左右,远超根据人字闸门操作规定的允许值 0.2m。过大的反向水头会推开人字闸门,危及停泊于人字闸门前的船舶安全,同时也恶化了人字闸门启闭系统的安全工作条件,因此必须采取有效的措施降低超高(降)值,以保证人字闸门启闭系统和过闸船舶的安全。

三峡船闸采取了提前关闭输水阀门至一个较小的开度，并在上、下闸室水位齐平时，立即开启人字闸门的联合措施，有效控制了闸室水面的惯性超高(降)，同时输水时间也满足设计要求。提前关闭阀门的实施，同样采用程序控制，操作简便、可靠，实际运行通常可以把惯性超高(降)值控制在10cm以内。

3.3.4.5 船闸输水系统运行检验

(1)优化运行方式

1)船闸四级运行时，下行船舶第一闸室待闸

针对船闸四级运行方式，下行船舶需要在靠船墩待闸，距离较远，船舶进入第二闸室耗时较长的问题，通过原型调试，优化了第二闸首阀门运行方式，以改善第一闸室水流条件，实现了下行船舶在第一闸室待闸。

2)上游156m水位船闸五级改四级运行

在水库初期蓄水阶段，水库水位在152.4m至初期正常蓄水位156.0m，在对应下游特定水位条件下，当级间水头超过45.2m时，船闸需要采用五级运行，第二闸室需要补水。由于第一、二闸首尚未完建，第一闸首的事故检修闸门需要作为工作闸门运行，开启和关闭时间长，影响船闸的通过能力，为此，在北第三闸室进行了40～47m级间水头的原型调试，通过优化阀门开启方式，船闸采用四级运行，最大输水水头47m时，输水系统及阀门能正常运行，闸室内船舶(队)系缆力同样可满足设计要求。

3)控制最大流量

阀门工作水头45.2m、阀门双侧运行开启速率2min的设计条件下，模型预测原型最大流量630m^3/s，由于输水廊道表面材料糙率小于混凝土糙率，以及不同于单级船闸的多级连续船闸级间闸室水流较大的惯性作用，使原型最大流量达700m^3/s，输水时间设计值12min，实际不超过10min，水面最大上升速度达4.04m/s。通过优化输水阀门运行方式，控制最大输水流量至原型预测值，相应减小输水廊道水流速度，减小第一分流口空蚀发生的概率。

(2)原型观测

为了检验三峡船闸输水系统的水力特性，同时验证设计成果，三峡船闸在运行过程中开展了水力学原型观测和实船试验，对上下游引航道的通航水流条件、闸室水力特性、阀门段水力特性、空化特性、船舶(队)停泊条件等进行了全面的观测，同时在水库不同运行期，对船闸进行了多次排干检查。

观测结果及实船试验表明，各项水力指标均满足设计要求，船舶能安全过闸。船闸投入运行后排干检查表明，除少数闸室第一分流口局部区域混凝土表面有蚀损破坏外，其余输水系统廊道均无蚀损破坏，闸、阀门设备完好。经优化输水阀门开启方式以控制船闸输水最大流量，第一分流口蚀损破坏得到控制。

3.4　小结

高水头衬砌式船闸采用衬砌式结构与支撑岩体联合受力，墙后岩体是结构的基础。结构形式包括：薄壁衬砌式，重力衬砌式，上部重力式与下部衬砌式结合的混合式。

①闸首的尺度应根据输水系统、闸门、阀门和启闭机械等布置要求确定；闸室结构基本断面尺寸，主要取决于结构的受力和设备设施布置，并通过结构稳定、强度计算确定。

②地下式船闸需要结合地下洞室的特点进行布置，在满足建筑物布置的基础上，重点考虑围岩岩体厚度、主要结构面产状、地应力、施工条件等因素。

③衬砌式闸墙与岩体间存在接触问题，混凝土与岩体为非线性材料，闸首支持墙具有空间受力特性，边界条件复杂，难以采用结构力学方法准确分析；闸室可简化为平面问题，采用结构力学法分析计算。

④地下式船闸的洞室围岩稳定分析应在常规数值分析方法的基础上，重点考虑爆破—开挖作用下的动静荷载耦合效应，以及断层、裂隙等结构面影响下围岩不连续变形和演化特征的模拟。

⑤闸室水体消能主要包括漩涡消能、碰撞消能、掺混消能、摩擦消能等，双层侧支孔单明沟、双明沟以及盖板＋压力消能室方案较为适合超大输水功率的船闸消能要求。

⑥高水头大型单级船闸采用八区段内消能双层出水等惯性输水系统，输水效率高、分流均匀性好，输水系统关键部位流速、压力特性满足要求。

参考文献

[1] 刘志明，温续余. 水工设计手册：第 7 卷　泄水与过坝建筑物[M]. 北京：中国水利水电出版社，2014.

[2] 钮新强. 全衬砌船闸设计[M]. 武汉：长江出版社，2011.

[3] 中华人民共和国住房和城乡建设部，中华人民共和国国家质量监督检验检疫总局. 内河通航标准：GB 50139—2004 [S]. 北京：中国计划出版社，2004.

[4] 中华人民共和国交通运输部. 船闸总体设计规范：JTJ 305—2001[S]. 北京：人民交通出版社，2001.

[5] 中华人民共和国交通运输部. 船闸输水系统设计规范：JTJ 306—2001 [S]. 北京：人民交通出版社，2001.

[6] 中华人民共和国交通运输部. 船闸水工建筑物设计规范：JTJ 307—2001[S]. 北京：人民交通出版社，2001.

[7] 中华人民共和国水利部. 水工混凝土结构设计规范：SL 191—2008[S]. 北京：中国水利水电出版社，2008.

[8] 国家能源局. 水工建筑物抗震设计规范：DL 5073—2000[S]. 北京：中国电力出版

社，2000.

[9] 水利水电工程地质勘察规范：GB 50487—2008[S]. 北京：中国计划出版社，2008.

[10] 中华人民共和国建设部，中华人民共和国国家质量监督检验检疫总局. 岩土工程勘察规范：GB 50021—2001[S]. 北京：中国建钢工业出版社，2009.

[11] 中华人民共和国城乡建设部，中华人民共和国国家质量监督检验检疫总局. 锚杆喷射混凝土支护技术规范：GB 50086—2015[S]. 北京：中国计划出版社，2001.

[12] 中华人民共和国水利部. 水工预应力锚固技术规范：SL/T 212—2020[S]. 北京：中国水利水电出版社，2020.

[13] 周氏，章定国，钮新强，等. 水工混凝土结构设计手册[M]. 北京：中国水利水电出版社，1998.

[14] 王家林. 一个不协调8～20节点三维等参元[J]. 固体力学学报，1988，9(2)：91-95.

[15] 何穷. 一个改进的八节点三维非协调等参元[J]. 上海交通大学学报，1981(4)：101-109.

[16] 金芷生，朱万福，庞同和. 钢筋与混凝土黏结性能试验研究[J]. 南京工学院学报，1985(2)：73-84.

[17] 宋玉普，赵国藩. 钢筋与混凝土间的黏结滑移性能研究[J]. 大连工学院学报，1987，28(2)：93-100 .

[18] 徐有邻，沈文都，汪洪. 钢筋混凝土黏结锚固性能的试验研究[J]. 建筑结构学报，1994，14(3)：26-37.

[19] 毛达岭. HRB500钢筋黏结锚固性能的试验研究[D]. 郑州：郑州大学，2004 .

[20] 曹文贵，彭波，李红芳. 砂浆锚杆的有限元模拟方法探讨[J]. 中南公路工程，2005，30(4)：31-35.

[21] 荣冠，朱焕春，周创兵. 螺纹钢与圆钢锚杆工作机理对比试验研究[J]. 岩石力学与工程学报，2004，23(3)：469-475.

[22] 周书明. 锚喷支护大跨硬岩隧道预应力锚杆的设计与有限元模拟计算[J]. 铁道工程学报，2001(4)：76-79.

[23] 杨述仁，周文铎，等. 地下水电站厂房设计[M]. 北京：中国水利水电出版社，1993.

[24] 顾鹏飞，喻远光. 水电站厂房设计[M]. 北京：中国水利水电出版社，1987.

[25] 朱伯芳. 大体积混凝土温度应力与温度控制[M]. 北京：中国电力出版社，2003.

[26] 过镇海. 混凝土的强度和变形试验基础和本构关系[M]. 北京：清华大学出版社，1997.

[27] 王亚奖. 三峡升船机上闸首横向施工缝张开危害性分析[D]. 南京：河海大学，2006.

[28] 汪基伟，付宇，王亚奖. 基于空间组合式单元模型的表面求交算法[J]. 图学学报，2018，39(2)：45-51.

［29］ 张强勇. 岩土工程强度与稳定计算及工程应用［M］. 北京：中国建筑工业出版社，2005.

［30］ 任建川，陈旭，姜淑香. 地下洞室围岩稳定判定分析［J］. 东北水利水电，2009，27(5)：5-6.

［31］ 骆帅伶，蒋美蓉，金丰年. 地下洞室围岩稳定性分析方法探讨［C］// 全国地下工程超前地质预报与灾害治理学术及技术研讨会. 2009.

［32］ 秦玉红. 地下洞室围岩稳定分析方法的研究现状［J］. 现代矿业，2009，25(5)：24-27.

［33］ 邓声君，陆晓敏，黄晓阳. 地下洞室围岩稳定性分析方法简述［J］. 地质与勘探，2013，49(3)：541-547.

［34］ 冯夏庭，吴世勇，李邵军，等. 中国锦屏地下实验室二期工程安全原位综合监测与分析［J］. 岩石力学与工程学报，2016(4)：649-657.

［35］ 许度，冯夏庭，李邵军，等. 基于三维激光扫描的锦屏地下实验室岩体变形破坏特征关键信息提取技术研究［J］. 岩土力学，2017(S1)：488-495.

［36］ 陈明，胡英国，卢文波，等. 深埋隧洞爆破开挖扰动损伤效应的数值模拟［J］. 岩土力学，2011(5)：1531-1537.

［37］ 陈明，胡英国，卢文波，等. 锦屏二级水电站引水隧洞爆破开挖损伤特性研究［J］. 岩土力学，2011(S2)：172-177.

［38］ 胡英国，卢文波，高启栋，等. 不同爆破模拟方法下S波产生机制的比较［J］. 爆破，2015(3)：14-20.

［39］ 卢文波，周创兵，陈明，等. 开挖卸荷的瞬态特性研究［J］. 岩石力学与工程学报，2008，27(11)：2184-2192.

［40］ 卢文波，杨建华，陈明，等. 深埋隧洞岩体开挖瞬态卸荷机制及等效数值模拟［J］. 岩石力学与工程学报，2011(6)：1089-1096.

［41］ 肖明，张雨霆，陈俊涛，等. 地下洞室开挖爆破围岩松动圈的数值分析计算［J］. 岩土力学，2010(8)：2613-2618.

［42］ 孙有为，薄景山，孙超. 地下洞室松动圈的研究方法与现状［J］. 防灾科技学院学报，2009，11(2)：13-17.

［43］ 赵海斌，付建军，周江平，等. 高地应力区大型地下洞室边墙松动圈动态分析研究［J］. 长江科学院院报，2011，28(9)：35-39.

［44］ 徐栋栋，邬爱清. 基于显式时间积分的非连续变形分析方法［J］. 岩石力学与工程学报，2016(A02)：3526-3534.

［45］ 严成增，郑宏，孙冠华，等. 模拟水压致裂的二维FDEM-flow方法［J］. 岩石力学与工程学报，2015(1)：67-75.

［46］ 张洪，张迎宾，郑路，等. 基于中心差分方案的显式三维非连续变形分析法［J］. 岩

石力学与工程学报,2018,37(7):1649-1658.

[47] 马永政,蔡可键,郑宏. 混合多位移模式的非连续变形分析法研究[J]. 岩土力学,2016(3):867-874.

[48] 徐栋栋,郑宏,杨永涛,等. 多裂纹扩展的数值流形法[J]. 力学学报,2015(3):471-481.

[49] 徐栋栋,杨永涛,郑宏,等. 基于环路更新的物理覆盖和接触环路生成算法[J]. 岩土工程学报,2015(10):1865-1875.

[50] 祝永志,王国仁,李丙锋,等. 异构并行计算系统可扩展模型的实现[J]. 计算机工程,2009,35(17):97-99.

[51] 林绍忠,许合伟,颉志强,等. 多色 SSOR-PCG 的 MPI+OpenMP 混合编程实现[J]. 计算机辅助工程,2013,22(6):79-83.

[52] 钮新强,丁秀丽. 地下洞室围岩顶拱承载力学机制及稳定拱设计方法[J]. 岩石力学与工程学报,2013,32(4):775-786.

第 4 章 高扬程大型垂直升船机设计与研究

4.1 高扬程大型垂直升船机的选型与布置

4.1.1 垂直升船机形式

4.1.1.1 主体设备形式

升船机主体设备是指与承船厢悬吊系统相关的设备，是升船机运行的核心。垂直升船机的形式是指主体设备的驱动方式和布置特征。

按升船机承船厢升降运动的驱动方式分类，垂直升船机包括齿轮齿条爬升式垂直升船机和钢丝绳卷扬式垂直升船机。按承船厢和平衡重的平衡方式分类，垂直升船机包括全平衡式垂直升船机、部分平衡式垂直升船机和移动式垂直升船机。齿轮齿条爬升式垂直升船机一般采用全平衡形式；钢丝绳卷扬式垂直升船机包括全平衡钢丝绳卷扬式垂直升船机、部分平衡钢丝绳卷扬式垂直升船机和钢丝绳卷扬移动式垂直升船机 3 种形式。因此，垂直升船机实际包括全平衡齿轮齿条爬升式垂直升船机、全平衡钢丝绳卷扬式垂直升船机、部分平衡钢丝绳卷扬式垂直升船机和钢丝绳卷扬移动式垂直升船机 4 种形式。前 3 种形式又统称为平衡重式垂直升船机。钢丝绳卷扬移动式垂直升船机仅适用于提升高度不大的中小型垂直升船机。

(1)全平衡钢丝绳卷扬式垂直升船机

全平衡钢丝绳卷扬式垂直升船机是以卷扬机作为承船厢驱动设备，驱使承船厢沿塔柱升降运行。其主体设备一般包括主提升机、承船厢、平衡重系统及其辅助设备和埋件等。主提升机布置在塔柱顶部的机房内。该形式升船机的特点是主提升机与承船厢之间为钢丝绳柔性连接，升船机无需复杂的机构即可利用钢丝绳的柔性适应塔柱和承船厢的变位，因此升船机系统相对简单，对塔柱的结构变位和施工精度要求相对较低，设备的制造和安装难度相对较小。

全平衡钢丝绳卷扬式垂直升船机的承船厢室通过上、下闸首与上、下游引航道隔离，承船厢在无水环境中升降运行，承船厢的重量由平衡重完全平衡，主提升机只需要克服误载水深、系统摩阻力和惯性力等荷载，即可驱动升船机悬吊系统运动。平衡重系统由重力平衡重和转矩平衡重两部分组成。重力平衡重通过钢丝绳悬挂在滑轮上，钢丝绳的另一端直接与承船厢相连；悬挂转矩平衡重的钢丝绳则缠绕在主提升机的卷筒上，卷筒上反向缠绕的提升绳与承船厢相连。转矩平衡绳和提升绳在卷筒上相间缠绕，共用工作绳槽。全平衡钢丝绳卷扬式垂直升船机在我国的发展已比较成熟，适用于各种通航规模及水头，主提升机的规模相对较小。但是，为了保证承船厢室的无水状态，必须设置较为复杂的上、下闸首设备，以及承船厢与闸首的对接装置，升船机运行程序也相对烦琐。另外，受主机布置条件的限制，转矩平衡重的比例难以提高，主提升机的制动能力受到限制。

(2)部分平衡钢丝绳卷扬式垂直升船机

部分平衡钢丝绳卷扬式垂直升船机主体设备的组成与全平衡钢丝绳卷扬式垂直升船机基本相同，不同的是下游不设工作闸首，承船厢室与下游引航道连通，承船厢升降运行时存在出水和入水过程。承船厢入水前后主提升机负载的方向不同、大小变化很大，因此为合理分配主提升机在承船厢入水前后的负载力矩，应在主提升机传动设备疲劳等效荷载最小的原则下合理选取平衡重重量。由于部分平衡式垂直升船机的承船厢室与下游水域直接连通，可有效解决下游水位变率过快带来的升船机运行安全问题，同时不需要再设置下游工作闸首，简化了升船机的运行程序。平衡重全部采用转矩平衡重，主提升机具有很大的制动能力，对保障升船机的安全运行更为有利。承船厢主要由提升绳悬吊，承船厢悬吊系统的动、静态特性较好，主要缺点是主机负荷和规模较大，运行能耗较高。

(3)齿轮齿条爬升式垂直升船机

齿轮齿条爬升式垂直升船机的承船厢总重，通过悬吊钢丝绳绕过平衡滑轮所悬吊的重力平衡重总重平衡，通过布置在承船厢上的开式齿轮与沿着在塔柱承重结构垂直安装的齿条啮合，克服承船厢不平衡荷载，实现承船厢的升降运行。升船机的齿轮驱动机构安装在承船厢上，事故安全机构与驱动机构相邻布置。安全机构采用“长螺母柱—短旋转螺杆”的结构形式，其中短旋转螺杆安装在承船厢上，通过机械轴与相邻的驱动机构连接并同步运转。承船厢正常升降时，安全机构螺母与螺杆的螺纹副间保持一定的间隙，使得螺杆能够实现与螺母柱轴线的同轴旋转。当承船厢不平衡力超过设定值时，螺杆和螺母柱螺纹间隙消失，利用螺杆螺母梯形螺纹的摩擦自锁条件，实现承船厢的安全锁定。相对于全平衡钢丝绳卷扬式垂直升船机，齿轮齿条爬升式垂直升船机的优点是运行安全性好，能应对各种极端的事故工况。缺点是为适应承船厢与塔柱结构的相对变位，机械设备的结构较为复杂，齿条螺母柱需要采用机械特性优良的合金铸钢，设备成本较高。

4.1.1.2 承重塔柱结构形式

垂直升船机承重塔柱作为承船厢、平衡重、提升设备及上部机房的主要承重结构，要求具有良好的工作力学形态和抗震性能。承船厢机构的相应设备沿承重塔柱结构高程铺设，承船厢垂直升降时沿程与塔柱密切关联，因而塔柱结构设计还需要考虑与机械设备的变形协调问题，以保证承船厢的顺利升降。

按照建筑材料的不同，塔柱结构有钢结构、钢筋混凝土结构、钢结构—钢筋混凝土组合结构等形式。德国的尼德芬诺升船机采用的是全钢杆件结构，吕内堡升船机采用的是钢筋混凝土结构，比利时斯特勒比双线升船机采用的是中间为钢筋混凝土筒体、两侧为钢结构的组合式塔柱。

钢筋混凝土塔柱结构，具有侧向刚度大、施工方便、后期维护简单等优点。我国已建和在建的垂直升船机大多具有提升高度高、提升重量大、变形控制要求严格等特点，因而多采用钢筋混凝土塔柱结构。

根据升船机运行功能和对塔柱结构刚度的要求，钢筋混凝土塔柱一般以筒体和剪力墙为主要承载体，承重塔柱结构形式主要有全筒式、开敞筒体式、筒体—箱梁式、墙—筒体式、筒—墙—梁式等5种。

(1)全筒式

塔柱由左、右侧对称布置的2个或多个封闭薄壁钢筋混凝土空腹立柱组成，每个立柱由多个筒体组合构成。全筒式结构的整体稳定性好，传力明确，结构体型在立面和平面上布置规则、对称，质量分布和刚度分布均匀且基本重合，有利于抗震。塔柱结构横向刚度较大，水平位移较小，有利于筒顶机房和设备的安全运行，但由于结构封闭，筒体内外温差大，结构的温度应力较大，同时还存在横河向迎风面较大、风荷载大、封闭结构不利于通风排烟、采光效果差等问题。以通过客轮为主的升船机，一般不采用全筒式结构，对于部分平衡钢丝绳卷扬式垂直升船机，为防止外水进入平衡重井筒，多采用全筒式结构。隔河岩一级、高坝洲、彭水、亭子口及构皮滩等升船机均采用全筒式承重塔柱结构。全筒式承重塔柱结构形式示意图见图4.1-1。

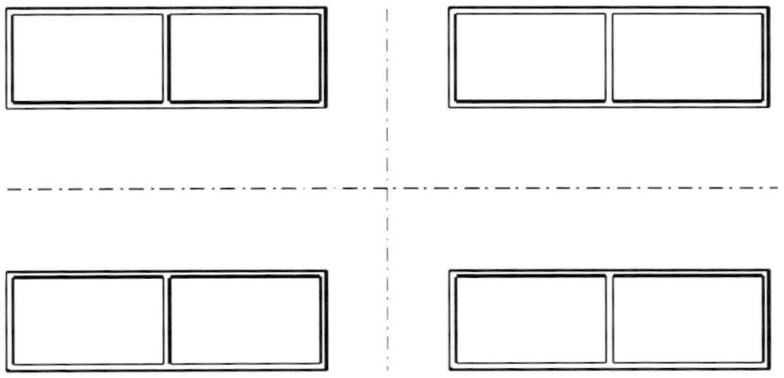

图4.1-1 全筒式承重塔柱结构形式示意图

(2)开敞筒体式

开敞筒体式结构布置与全筒式结构基本相似，但在闭合式断面的外纵壁上开口，仅保留横壁处部分宽度，并沿高度方向每隔一定高度设一道联梁。塔柱顶板及基础结构布置与全筒式相同。开敞筒体式结构有效改善了全筒式结构筒体内外温差大、结构布置不利于通风排烟、采光效果差等问题，但受风时，涡流紊乱，风振系数不易确定，开敞筒体式结构的抗扭性能较弱，体型系数较大。开敞筒体式承重塔柱结构形式示意图见图 4.1-2。

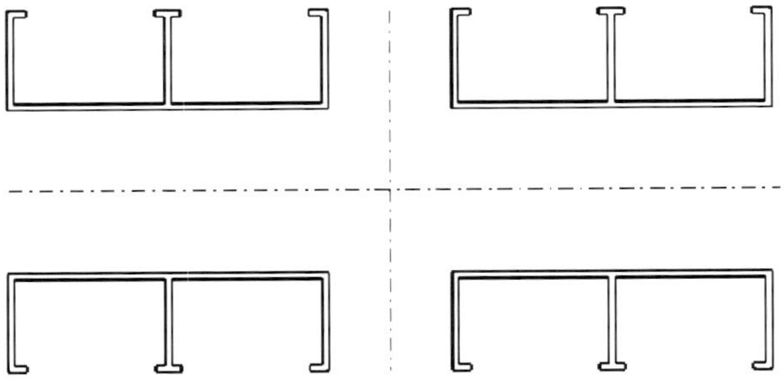

图 4.1-2 开敞筒体式承重塔柱结构形式示意图

(3)筒体—箱梁式

平衡滑轮支承力大，卷筒支承力小，为适应柱顶竖向荷载不均匀分布，在重力平衡重位置设筒体、转矩平衡重位置设箱梁，竖向荷载的大部分直接作用于筒体，小部分通过箱梁传到筒体上。承重结构通常由 4 个组合柱组成，每个组合柱由两个筒体和两排多层箱梁构成框架。筒体—箱梁式结构横向迎风面较小，可改善风荷载对塔柱的影响，结构自重较轻，既可节省混凝土工程量，又可减少地震效应，承船厢室采光和通视条件也最佳，但大跨度箱梁需要施加预应力，施工工艺相对复杂，高空施工有一定的难度，同时结构体型比较单薄，地震时的振型复杂。隔河岩第二级垂直升船机采用了该结构形式。筒体—箱梁式承重塔柱结构形式示意图见图 4.1-3。

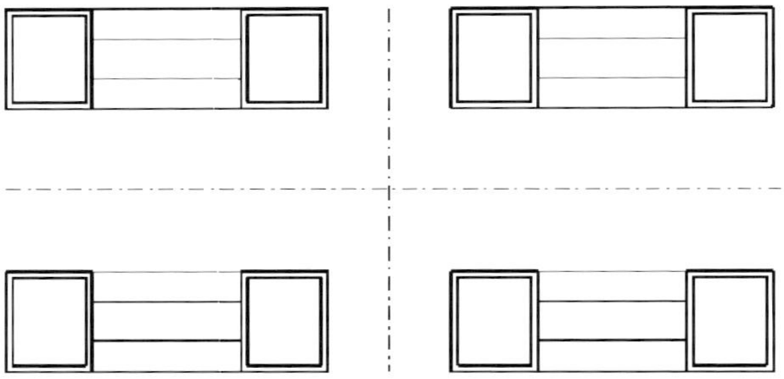

图 4.1-3 筒体—箱梁式承重塔柱结构形式示意图

(4)墙—筒体式

墙—筒体式结构形式与筒体—箱梁式类似，不同的是每个组合柱由两个筒体和内墙构成。墙—筒体式受风面积和墙体风振脉动效应最大，由于每个组合柱结构刚度和质量分布在平面上并不对称，地震时会引起扭转振动效应，抗震计算结果的可靠性不易保证。墙—筒体式承重塔柱结构形式示意图见图 4.1-4。

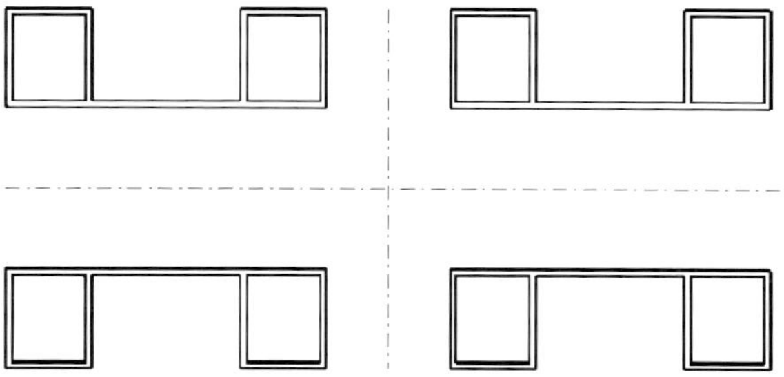

图 4.1-4 墙—筒体式承重塔柱结构形式示意图

(5)筒—墙—梁式

为适应大型齿轮齿条爬升式垂直升船机塔柱大负荷、小变形的运行要求，三峡升船机采用了筒墙承受垂直荷载、纵横梁系调节水平刚度的筒—墙—梁式承重结构，塔柱结构对称布置在承船厢室两侧，每侧由"墙—筒体—墙—筒体—墙"组成，墙与筒体之间通过沿高程分布的纵向联系梁实现纵向连接，为塔柱的开敞式区间，两侧塔柱在顶部通过横梁实现横向连接。

1)筒墙承重结构

上下游端左、右侧各设一道"["或"]"形墙体结构，中间设一道"T"形墙体结构。每侧塔柱中各设 2 个筒体，左、右侧对称布置，筒体的螺母柱和齿条部位的墙体局部加厚，筒体平面上呈凹槽形，对应承船厢驱动室的 4 个侧翼结构，齿条、电缆出线孔和电缆槽、疏散通道均布置在凹槽的内侧墙上，螺母柱布置在螺母柱凹槽内。螺母柱凹槽一侧是平衡重筒体，另一侧是电缆竖井，两侧塔柱除筒体凹槽外，其余部位布置平衡重井。

2)纵横梁系

筒体与墙体连接的纵向联系梁沿高程每隔一定高度均匀设置，梁宽与墙厚相等，塔柱开敞区间的联系梁与各层平台对应连续布置，纵向联系梁主要为了提高塔柱整体纵向刚度。两侧塔柱在顶部通过横梁实现横向连接，梁与墙采用刚性连接方式。横梁主要为了提高塔柱整体横向刚度，可根据变形控制要求设计横梁高度。

筒—墙—梁式承重结构利用筒体和墙体承受平衡重和承船厢等设备的重力荷载，再通过纵横梁系的设置提高结构整体水平刚度，以满足在风荷载、温度荷载及地震作用下的结构变形和受力要求，保证结构受力和设备运行安全。该结构形式克服了筒体结构采光和通视条件不良的缺点，有利于船舶废气消散。筒—墙—梁式承重塔柱结构形式示意图见图 4.1-5。

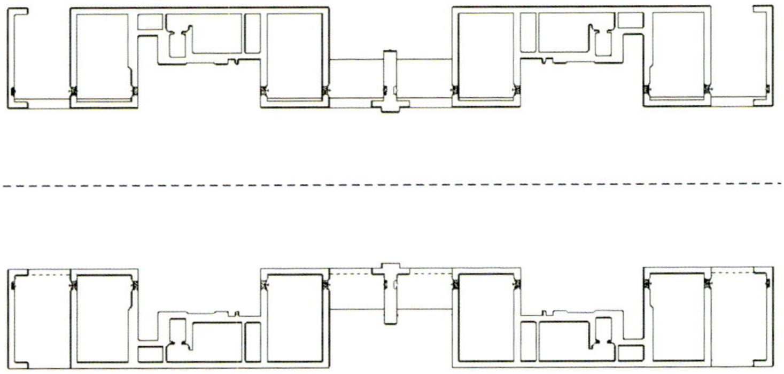

图 4.1-5　筒—墙—梁式承重塔柱结构形式示意图

4.1.2　总体技术参数的确定

(1)承船厢有效尺寸和最大水域尺寸

承船厢有效尺寸是衡量升船机通航规模的总体技术参数之一，包括承船厢水域的有效长度、有效宽度和有效水深。其中有效长度指承船厢两端防撞装置之间的净距，有效宽度指承船厢两侧护舷之间的净距，有效水深指设计规定的理论水深。

承船厢有效尺寸取决于所运载设计船舶(队)的外型尺寸(长×宽×吃水深)，为设计船舶(队)的外型尺寸加必要的富裕尺寸。有效长度应留有足够的船只制动距离，确定有效宽度和有效水深时，应使承船厢有足够的过流断面，以保证船舶(队)进出过程中厢内有良好的水力学条件，还应充分考虑自航船船尾螺旋桨不得碰触厢底的要求。为了使承船厢有效水域尺寸合理，一般通过物理模型试验的方式确定。根据国内建设大中型升船机的实践经验，有效水域富裕长度一般为 3～7m，富裕宽度一般为 0.8～1.2m，富裕水深一般为 0.4～0.9m。富裕尺寸的大小与船舶(队)规模、进出厢速度等有关。

承船厢最大水域尺寸包括承船厢水域的最大长度和最大宽度。其中承船厢水域最大长度通常定义为承船厢结构的全长，最大宽度为承船厢两侧主纵梁内腹板的净距，为承船厢有效宽度与两侧干舷宽度之和。

(2)提升高度

升船机的提升高度一般根据设计水头并考虑承船厢的冲程确定。

(3)升降速度

承船厢升降速度根据升船机设计通过能力和承船厢升降平稳的要求确定。对于部分平衡式升船机，承船厢运行速度包括承船厢在水上的运行速度和承船厢在水下的运行速度。承船厢在水上的运行速度根据升船机设计通过能力确定，在满足运量要求的情况下，应尽量采用较低值。在水下的运行速度应根据承船厢出入水过程的平稳性要求确定，避免承船厢出入水过程中产生过大的上浮力和下吸力。

(4)承船厢总重和平衡重总重

承船厢总重通常是指承船厢的结构和设备的重量与承船厢设计水体重量之和。其中,承船厢设计水体重量根据承船厢最大水域尺寸确定,并考虑承船厢两端门龛空间所容纳的水体。在承船厢水域有效尺寸和承船厢外形尺度确定后,根据承船厢的受力条件和设备布置,估算承船厢加水重量,并以此重量配置平衡重。对于全平衡垂直升船机,平衡重总重等于承船厢在设计水深下的总重(即承船厢设备总重和水体重量之和)。

全平衡齿轮齿条爬升式垂直升船机的平衡重全部为重力平衡重,全平衡钢丝绳卷扬式垂直升船机的平衡重包括重力平衡重和转矩平衡重两种类型。对于全平衡钢丝绳卷扬式垂直升船机,如何分配重力平衡重和转矩平衡重的重量,是主体设备设计的一个重要环节。与此相关的问题包括钢丝绳规格、数量的确定以及主提升机的平面布置等。从提高全平衡式垂直升船机防事故能力出发,应尽可能提高转矩平衡重的重量,以提高主提升机的安全控制能力。特别是考虑到承船厢漏水事故,增加转矩平衡重并相应地增加安全制动器的制动能力,对于提高升船机的安全性非常重要。此外,承船厢总重量中水体占据了大部分,在悬吊承船厢的钢丝绳中,仅提升绳具有支承承船厢的作用,承船厢悬吊系统的惯性力全部通过提升绳传至主提升机。相对于升船机悬吊系统的重量,主提升系统的提升力比较小,因此全平衡钢丝绳卷扬式垂直升船机具有惯性大、支承弱的特点和较为复杂的动态特性,对于升船机的控制和稳定运行是不利的。为了改善升船机的动态特性,改善承船厢结构的受力状况,应尽可能提高承船厢的支承刚度,即在悬吊钢丝绳总数中增加提升绳的数量,这主要通过提高转矩平衡重在全部平衡重中所占的比例予以实现。提高转矩平衡重比例受到主提升机布置的制约,提升绳和转矩平衡绳数量的增加将导致卷筒总长度增加,使主提升机在轴向上的布置较为困难。因此,全平衡钢丝绳卷扬式垂直升船机平衡重的分配原则应是在满足主提升机布置的条件下,尽可能加大转矩平衡重的重量。

平衡重总重量的确定同样是部分平衡式升船机总体布置的重要内容。制约部分平衡钢丝绳卷扬式垂直升船机主提升机布置的重要因素是轴向布置尺寸的限制,以及减速器末级齿轮制造的可实施性,这两个因素均与主提升机的提升力相关。由于部分平衡钢丝绳卷扬式垂直升船机承船厢总重和平衡重总重不相等,主提升机的提升力直接取决于平衡重的重量,当平衡重重量较为接近承船厢重量时,主提升机在承船厢水上运行时的荷载较小,但在承船厢入水后荷载很大。承船厢出、入水是每次运行必然发生的过程,且这个过程将持续一定时间,因此每次运行中减速器低速级齿轮均会承受一次入水最大荷载。该荷载过大,会使主提升机的等效荷载过大,从而加大主提升机减速器的制造难度。反之,当平衡重重量较小时,主提升机在水上的荷载等于或大于承船厢在水下的最大荷载,由于减速箱齿轮在水上的荷载循环次数远大于水下的荷载循环次数,同样会增大主提升机的等效荷载。只有当平衡重重量为某一合适值时,主提升机在水上、水下的荷载达到一个最佳的比例,使得其等效荷载最小,该平衡重合适值即为部分平衡钢丝绳卷扬式垂直升船机平衡重总重。

4.1.3 布置要点

4.1.3.1 全平衡钢丝绳卷扬式垂直升船机

(1)主体设备组成

全平衡钢丝绳卷扬式垂直升船机主体设备主要指主提升机、承船厢结构和设备、平衡重系统、机房检修桥机以及承船厢室设备。

1)主提升机

主提升机驱动承船厢垂直升降,是升船机的关键设备。主提升机位于塔柱顶部的机房内,其布置必须满足平衡重系统的布置条件以及承船厢结构受力合理性的要求。全平衡钢丝绳卷扬式垂直升船机的主提升机通常由电动机、减速器、卷筒组、安全制动器和工作制动器、同步轴系统、滑轮组及相关的润滑站、液压泵站、机架和埋件等组成。

根据承船厢吊点的位置,一般可将机房的主提升机划分为4个对称于承船厢纵、横轴线的区域,每个区域包括若干台卷扬提升机构和滑轮组。同步轴系统将4个区域的卷扬提升机构相连,形成封闭的矩形传动轴系统。全平衡钢丝绳卷扬式垂直升船机主提升机的卷扬提升机构有开式传动和闭式传动两种形式,以闭式传动应用居多。在闭式传动中,位于减速器两侧卷筒转轴的一端支承于减速器的箱体内,并通过鼓形齿联轴器与减速器低速级输出轴两端连接,从而使两侧的卷筒获得转动所需的驱动转矩。同步轴的纵向轴段与减速器(或高速级减速器)的第二级输出轴通过鼓形齿联轴器相连,同步轴的横向轴段与处于外侧的4台减速器的锥齿轮出轴通过鼓形齿相连。

2)承船厢设备

承船厢是升船机运载船舶(队)的设备,是升船机主体设备的重要组成部分。目前,国内外大、中型升船机均采用湿运船舶(队)过坝形式,其承船厢由槽形厢体和两端的闸门形成盛水容器。承船厢与闸首对接后,一侧闸门开启,承船厢的水域与航道水域连通,船舶即可进、出承船厢。全平衡钢丝绳卷扬式垂直升船机的承船厢由钢丝绳悬吊,主提升机驱动,在升船机塔柱间的承船厢室内作垂直升降运行。

承船厢由钢结构和机械、电气设备组成。承船厢一般采用整体焊接结构,包括主体结构和附属结构。主体结构由主纵梁、主横梁、底铺板、次纵梁、小纵梁等组成。其中,主纵梁和主横梁等组成框架梁格体系,主纵梁的腹板(对箱形梁为内腹板)、底铺板与两端承船厢门共同构成承船厢的盛水结构。承船厢附属结构包括护舷、系缆装置、交通通道及栏杆、电控设备室、液压设备机房、设备支承结构等。全平衡钢丝绳卷扬式垂直升船机的承船厢主纵梁一般采用箱形截面,以加强整体抗扭刚度,控制结构变形。

承船厢设备根据升船机运行的功能需求设置,不同形式的升船机,承船厢设备种类和形式有所不同。承船厢各设备的功能和布置原则如下:

①间隙密封机构。

间隙密封机构布置在承船厢两端，用于封闭承船厢头与闸首之间的间隙，使承船厢与闸首对接，水域连通后不漏水。间隙密封机构一般由“U”形钢结构、端止水橡皮、液压驱动油缸、保压弹簧箱等组成。

②承船厢门及其启闭机。

承船厢门布置在承船厢两端，其功能是根据运行的需要控制承船厢水域与上下游水域的连通，即在承船厢对接时使承船厢水域与外部水域连通，在承船厢升降时封闭承船厢水域。承船厢门有提升式平板门、下沉式平板门、卧倒门、下沉式弧形门等多种形式。除提升式承船厢门由卷扬机操作外，其他形式的承船厢门均采用液压启闭机操作。

③承船厢门防撞装置。

承船厢门防撞装置的功能是防止船舶(队)失速时撞击承船厢门，在两端承船厢门前沿各设一套，防撞装置有钢丝绳带缓冲油缸式和钢梁式。

④顶紧机构。

顶紧机构的作用是在承船厢与闸首对接过程中，提供承船厢的纵向水平支承，向塔柱结构传递承船厢承受的纵向水压力和对接密封机构顶推力等荷载。全平衡钢丝绳卷扬式垂直升船机通常设有 4 套顶紧机构，分设在承船厢的左、右两侧，上、下游各设两套，分别用于承船厢与上、下闸首对接。部分平衡钢丝绳卷扬式垂直升船机只需要布置两套顶紧机构，用于承船厢与位于较高高程的闸首对接。为安全起见，顶紧机构一般应具有自锁功能，目前采用较多的有楔形块式和偏心轴式。

⑤沿程锁定机构。

沿程锁定机构的作用是在承船厢与闸首对接过程中，提供承船厢的竖向支承，承受因航道水位变化和船舶(队)进出承船厢过程中涌浪造成的附加水体荷载。根据附加荷载的大小，一般设 4 套或 8 套对称布置在承船厢外侧的沿程锁定机构。目前，采用较多的有摩擦夹紧式和旋转螺杆式。

⑥水深调节与间隙充泄水系统。

水深调节与间隙充泄水系统有两个功能：一是在对接时向承船厢与闸首之间的间隙充水，并在解除对接前将间隙水排回承船厢；二是在承船厢解除对接前调节承船厢的水深。对于全平衡钢丝绳卷扬式垂直升船机，水深调节与间隙充、泄水系统可布置在承船厢两端的机舱内，也可布置于闸首，部分平衡钢丝绳卷扬式垂直升船机则布置在上闸首。

⑦液压调平系统。

液压调平系统由安装在提升绳与承船厢间的平衡油缸和液压控制系统构成，其作用是均衡提升绳之间的张力，并保持承船厢的水平。

3)平衡重系统

全平衡钢丝绳卷扬式垂直升船机的平衡重系统，通常由重力平衡重组、转矩平衡重组、平衡链及其导向装置、平衡重锁定装置、轨道等组成。重力平衡重组由重力平衡绳悬吊，重力平衡绳的另一端绕过主提升机的平衡滑轮后，直接与承船厢相连。转矩平衡重组由转矩平衡绳悬吊，转矩平衡绳的另一端缠绕在主机提升卷筒上，与悬挂承船厢的提升绳在卷筒上相间并反向缠绕。

平衡重系统的布置及结构形式与塔柱结构形式相关。在封闭式塔柱结构中，每个塔柱设置独立的两个重力平衡重井和一个转矩平衡重井，重力平衡重和转矩平衡重各自沿导轨作竖直方向的运动。转矩平衡重组和重力平衡重组的结构形式基本相同，每一组平衡重组由平衡重块、安全梁框架、导向轮、调节螺杆、长螺母及钢丝绳防旋板等组成，每组平衡重组的若干块平衡重放置在一个由框架围成的矩形区域内，平衡重块两侧开设有槽形缺口，安全梁框架的两根纵梁搁置在槽形缺口底端。安全梁的主要作用：一是防止升降过程中钢丝绳破断后平衡重块坠落，二是在检修时将平衡重组锁定。对于提升高度较大的全平衡钢丝绳卷扬式垂直升船机，为了抵消在承船厢升降过程中钢丝绳重量的不平衡荷载，在平衡重组底部和承船厢底部之间设置平衡链。

(2)主体设备和结构布置设计步骤

在升船机初步设计阶段，对主提升机设备布置及承船厢的受力特性需要综合考虑。全平衡钢丝绳卷扬式垂直升船机总体布置的流程如下：

①根据设计船型尺度、承船厢门布置及运动空间，确定承船厢的有效水域尺寸和最大水域尺寸，初定承船厢平面尺寸和承船厢总重量。

②初定主提升机结构形式。

③根据平衡重总重、主提升机提升力和钢丝绳的安全系数，初定钢丝绳的破断拉力、规格型号和数量。

④初步分配转矩平衡重的重量、重力平衡重的重量以及提升绳、重力平衡绳和转矩平衡绳的数量，使其满足如下关系：

转矩平衡重≤(提升绳数量×钢丝绳破断拉力/提升绳安全系数)－提升力；

重力平衡重≤重力平衡绳数量×钢丝绳破断拉力/重力平衡绳安全系数；

转矩平衡重＋重力平衡重＝平衡重总重。

⑤根据确定的钢丝绳规格和数量，进行主提升机初步布置，据此确定在不同承船厢高程提升绳和重力平衡绳沿纵向的出绳位置。

⑥验算承船厢处于最低位时的纵倾稳定性。

⑦初定承船厢主纵梁横断面，计算承船厢主承载结构的应力、变形，根据承船厢主纵梁最大挠度和最小挠度的绝对值相等或接近的原则，复核钢丝绳数量、规格以及主提升机低速级布置的合理性。

⑧根据重力平衡绳和转矩平衡绳的位置要求，布置平衡重系统，判断重力平衡绳和转矩平衡绳出绳位置是否满足平衡重系统的布置要求，根据平衡重系统布置初定塔柱平衡重井平面布置尺寸和塔柱水平面外轮廓尺寸。

⑨根据枢纽上下游水位条件、最大提升高度、最小通航净空、安装检修条件及承船厢和平衡重系统的高度，确定承船厢室底高程和顶高程，进行塔柱结构的初步布置，核算塔柱结构强度和刚度。

⑩对初定的转矩平衡重和重力平衡重重量、钢丝绳规格和数量、主提升机低速级布置以及塔柱结构等进行优化调整。

4.1.3.2　部分平衡钢丝绳卷扬式垂直升船机

(1)主体设备组成

部分平衡钢丝绳卷扬式垂直升船机的主提升机一般不含滑轮组，仅由多台钢丝绳卷扬提升机构组成，其设备组成和布置形式与全平衡钢丝绳卷扬式垂直升船机的钢丝绳卷扬提升机构基本相同。

部分平衡钢丝绳卷扬式垂直升船机承船厢运行时需要出入承船厢室水域，因此承船厢结构应避免封闭空间。在保证结构抗扭刚度的条件下，承船厢主纵梁可采用“工”字形截面，若主纵梁采用箱形结构，则应在外腹板上开设一定数量和适当直径的进水孔，以减小承船厢的浮力和出入水阻力，提高承船厢出入水过程的平稳性。此外，为降低出入水阻力，承船厢底部不采用平面，而是采用相交于承船厢底面纵向中心线的对称斜平面。

在承船厢设备布置方面，承船厢仅需要在一端厢头与上闸首对接，因此为保证设备的对称布置，一般将间隙密封机构、水深调节与间隙充泄水系统布置在闸首上。承船厢的设备包括承船厢门和启闭机、对接锁定机构、顶紧机构、承船厢门防撞装置和液压调平系统。

承船厢在入水过程中承受较大的浮力，设置重力平衡重不利于承船厢顺利入水，因此在大、中型部分平衡钢丝绳卷扬式垂直升船机中仅设置转矩平衡重，与主提升机不设置滑轮组相对应。

(2)主体设备和结构布置设计步骤

部分平衡钢丝绳卷扬式垂直升船机主提升机设备规模相对较大，其设备布置应首先解决主提升机的布置问题。其设计流程如下：

①根据设计船型尺寸、承船厢门布置及运动空间，确定承船厢的有效水域尺寸和承船厢的最大水域尺寸，初定承船厢平面尺寸，并初步估算承船厢总重量。

②初定主提升机结构形式。

③根据承船厢总重、主提升机提升力、平衡重总重和钢丝绳的安全系数，初定钢丝绳的破断拉力、规格型号和数量。

④根据确定的钢丝绳规格和数量以及在卷筒上的布置，主提升机在空气中和水中的最大荷载，确定卷筒和减速器的外形尺寸，布置主提升机低速级设备，确定在不同承船厢高程提升绳沿纵向的出绳位置。

⑤初定承船厢主纵梁横断面，计算承船厢主承载结构的应力和变形，根据计算结果判断钢丝绳数量及主提升机低速级布置的合理性。

⑥布置平衡重系统，根据平衡重系统初定平衡重井平面尺寸和塔柱水平断面外轮廓尺寸。

⑦确定承船厢室底高程和塔柱顶高程，完成塔柱结构的初步布置，并进行塔柱结构强度和刚度初步核算。

⑧对钢丝绳数量、主提升机低速级布置等进行优化调整。

⑨根据运行检修要求拟定平衡重井防淹标准，并依此合理设置通风孔高程，确定筒体内外水头差，合理选择筒壁厚度。

⑩针对部分平衡钢丝绳卷扬式垂直升船机筒体内外隔绝的特点，合理布置疏散通道。

4.1.3.3 全平衡齿轮齿条爬升式垂直升船机

(1)主体设备组成

全平衡齿轮齿条爬升式垂直升船机主体设备包括承船厢结构和设备、主机房滑轮组、平衡重系统、机房检修桥机以及承船厢室设备。

1)承船厢结构和设备

全平衡齿轮齿条爬升式垂直升船机是通过装设在承船厢上的开式齿轮与安装在承重塔柱结构的齿条啮合，驱动承船厢垂直升降运行。安装在承船厢结构上驱动和支承小齿轮的机械设备称为驱动系统。承船厢采用四点驱动，对应于每个开式齿轮的驱动设备称为驱动机构。驱动机构一般布置在承船厢结构侧翼平台的驱动机房内，由电动机、减速器及其润滑泵站、万向联轴器、齿轮托架机构、安全制动系统和干油润滑泵站等设备组成，其中安全制动系统包括工作制动器、安全制动器和液压泵站。驱动机构包括双边驱动和单边驱动两种布置形式，驱动系统除了4套驱动机构之外，还包括连接各驱动机构的同步轴系统。

安全机构布置在驱动机构外侧，安全机构采用“短螺杆—长螺母柱”式，与驱动机构相邻布置，主要作用是当升船机的全平衡系统受到破坏时，将承船厢安全地锁定在承重塔柱结构上，避免事故进一步扩大。安全机构主要由旋转螺杆、撑杆、传动轴、导向架以及螺母柱等组成。旋转螺杆的传动轴与驱动机构减速器的传动轴连接，两者同步升降。安全机构设计工况主要包括承船厢水全部漏空、对接期间沉船、对接状态水满承船厢等工况，在特殊情况下还可以考虑承船厢室进水承船厢受浮力、平衡重井进水平衡重受浮力等工况。

对接锁定机构的功能是在升船机承船厢与上下闸首对接期间，承受承船厢水域与上下游引航道水域连通时，由承船厢水深变化以及船舶(队)行进兴波引起的附加不平衡力和倾覆力矩。全平衡齿轮齿条爬升式垂直升船机中对接锁定机构有两种结构形式：一种形式为三峡升船机中采用的旋转螺杆式，另一种形式为向家坝升船机中采用的摩擦式。前者布置在安全机构上方并与其相连，与安全机构共用螺母柱，正常升降过程旋转螺杆与螺母柱保持一定间隙，由安全机构传递动力旋转。当承船厢不平衡力超出设定值，通过油缸活塞的运动使承船厢上下运动，从而使安全机构支承承船厢，后者利用水平油缸撑紧轨道所产生的静摩擦力向塔柱结构传递承船厢不平衡力。机构设置了承载油缸、液气弹簧油缸，分别用于传递和限制荷载以及机构的导向和稳定。

全平衡齿轮齿条爬升式垂直升船机承船厢所需安装的设备还包括承船厢门和启闭机、防撞装置、横向导向装置、纵向导向机构、顶紧装置以及相关的液压控制设备。此外，根据升船机布置的具体情况，还可以在厢头布置对接密封机构和充、泄水及承船厢水深调节系统。这些设备也可布置在上下闸首工作大门内。

2）主机房设备

主机房设备主要包括平衡滑轮组和机房检修桥机。

3）承船厢室设备

承船厢室设备主要包括齿条、螺母柱、对接锁定机构导轨、纵向导向机构导轨、平衡重导轨、上缓冲装置以及相关设备的埋件。

（2）主体设备和结构布置设计步骤

①根据设计船型尺寸、承船厢门布置及运动空间，确定承船厢的有效水域尺寸和承船厢的最大水域尺寸，初定承船厢平面尺寸，初步估算承船厢总重量。

②计算驱动机构荷载和设计条件，初定开式齿轮尺寸及驱动系统布置。

③根据安全机构、对接锁定机构荷载和设计条件，初定安全机构和对接锁定机构尺寸。

④根据平衡重总重和钢丝绳的安全系数，初定钢丝绳的破断拉力、规格型号和数量。

⑤初定承船厢侧翼平台的尺寸和钢丝绳沿承船厢长度方向的分布。

⑥根据承船厢升降工况，主纵梁最大挠度和最小挠度的绝对值相等或接近的原则，初定承船厢主纵梁横断面，计算承船厢主承载结构的应力、变形，并复核钢丝绳数量、规格以及齿轮齿条布置位置的合理性。

⑦根据钢丝绳的分布，初步确定机房滑轮组和平衡重系统的布置。

⑧根据平衡重的布置确定塔柱平衡重井的尺寸，初定塔柱水平断面外轮廓尺寸。

⑨根据枢纽上下游水位条件、最大提升高度、最小通航净空、安装检修条件以及承船厢和平衡重系统的高度，确定承船厢室底高程和顶高程，完成塔柱结构的初步布置，进行塔柱结构强度和刚度初步核算，尤其要关注塔柱结构与设备运行的变形协调问题。

4.1.4 总体布置方案研究

4.1.4.1 全平衡钢丝绳卷扬式垂直升船机（提升高度200m、3000吨级）

（1）基本设计条件

设计代表船型：3000吨级货船，代表船型尺度88m×16.3m×3.5m（总长×型宽×吃水）；

承船厢有效尺寸：110m×18.0m×4.7m（长×宽×水深）；

最大提升高度：200m；

额定提升速度：12m/min；

最小通航净空：18.0m。

(2)主体设备技术参数选择

为保证升船机运行能较好地适应下游水位变率，承船厢水深偏大取4.7m。根据设计船型的最大长度，承船厢水域的有效长度取100m，考虑主提升机布置的要求，承船厢有效长度取110m，总长度取130m，以满足承船厢的悬吊钢丝绳布置。

承船厢水域最大尺寸130m×18.4m×4.7m(长×宽×水深)，承船厢内水体重量为11600t，通过类比分析初估承船厢结构重量为5600t，承船厢带水总重17200t。平衡重悬吊系统总重为17200t，其中转矩平衡重重量为5000t，重力平衡重重量为12200t。

根据初步计算，主提升机的提升力为4700kN。承船厢悬吊钢丝绳数量为192根，其中重力平衡绳数量为128根，提升绳数量为64根，转矩平衡绳数量为64根，钢丝绳直径为88mm，单根钢丝绳破断拉力为6980kN，提升绳安全系数为8.16，重力平衡绳安全系数为7.3。

承船厢设备包括导向机构4套、沿程锁定机构8套、顶紧机构2套、防撞装置2套、充泄水系统2套、对接密封机构2套、承船厢门和启闭机2套。4套导向机构中的2套包括纵、横导向，其余2套仅为横导向。导向机构纵向间距为62m，4套靠近横向中心线的沿程锁定机构纵向间距为23.6m，4套远端沿程锁定机构纵向间距为101.6m。

主提升机由8套卷扬机、8套滑轮组和1套机械同步轴系统组成。每套卷扬机的设备包括2台卷筒和2台卷筒之间的减速器、电动机、安全制动器以及相关的制动器液压控制设备和主提升机机械润滑设备。卷筒名义直径7.6m，每个卷筒布置4根提升绳和4根平衡绳。根据最大提升高度200m计算出卷筒工作圈为8.5圈，提升绳和平衡绳的安全圈分别为2.5圈和2圈，每个卷筒的绳槽总圈数为62圈，绳槽节距为95mm，卷筒长度为6.8m，制动盘直径为8.8m。主提升机共8个滑轮组，每个滑轮组布置8片双槽滑轮，滑轮间距为1m，滑轮的名义直径为7.6m。

主提升机的荷载包括误载水重、系统摩阻力、悬吊系统惯性力等。其中，误载水重荷载按误载水深10cm计，对应的误载水重力为2392kN；系统摩阻力包括轴承摩阻力、钢丝绳僵性阻力、承船厢导向轮摩阻力，其值为1888kN；悬吊系统惯性力考虑承船厢和平衡重悬吊系统的总质量在正常启制动加速度($0.01m/s^2$)下的惯性力，其值为410kN，主提升机总荷载为4690kN，取整为4700kN。

减速器的输出扭矩根据主提升机荷载计算。考虑荷载分配不均匀性，主提升机荷载按1.2的荷载不均匀系数分配至8台减速器，卷筒名义半径为3.8m，从而计算出单个卷筒的额定输出力矩为2680kN·m。根据主提升机的布置条件，减速器最大宽度(2台卷筒之间的距离)为3.1m。

电动机采用交流变频电动机形式，共8台。电动机的功率按2台电机失效设备可继续运行的原则确定，计算值为181kW，取额定值为190kW。

平衡重系统由重力平衡重组、转矩平衡重组、平衡链及其导向装置、平衡重导轨和平衡重上下锁定等部分组成。重力平衡重组共8套，分别装设在8个重力平衡重井内，转矩平衡重共8套，分别装设在8个转矩平衡重井内。平衡重上锁定装置装设在平衡重井内的上锁定平台，下锁定装置布置在平衡重井底部。每个平衡重组由平衡重块和安全框架等部分组成，平衡重块由混凝土材料构成，每个重力平衡重块由一根重力平衡钢丝绳悬吊，平衡重块的尺寸为0.45m×3.5m×15.7m。每个转矩平衡重块由一根转矩平衡绳悬吊，平衡重块的尺寸为0.45m×3.5m×13.7m。

(3)塔柱结构布置

根据升船机机械设备和土建结构的布置需要，以及通航净空的要求，承船厢室底板至机房地面的距离至少需要241.2m，结合上部机房布置，承船厢室段塔柱结构总高278.20m，总长146.0m，总宽61.4m，主要由上部机房、承重塔柱和基础三部分组成。塔柱底部由筏板基础联为整体，顶部通过梁板结构连接，并构成上部主机房的基础，使整个承船厢室结构形成框架结构体系。

承船厢室平板筏形基础厚度应根据地质条件、荷载条件及应力条件确定，200m级升船机一般位于深基坑中，地基条件较好，初拟底板厚度为3.0m。考虑承船厢运行至最低位时，承船厢底部高程比最低通航水位低10.2m，下锁定结构高度为3.0m，承船厢下冲程1.0m，底板顶面高程至少应比最低通航水位低14.2m。

塔柱采用钢筋混凝土全筒式承重结构，对称布置在承船厢室两侧，每侧布置一列组合式筒体结构，内设4个转矩平衡重竖井(21.4m×17.5m)、4个重力平衡重竖井(12.8m×17.5m)及1个疏散通道竖井；两侧筒体之间为宽26.4m的承船厢室，供承船厢升降，在顶部通过梁系实现横向连接。

航槽侧顺流向墙体厚度为1.5m，外侧顺流向墙体厚度为1.0m，横墙一般为1.0m。平衡重竖井沿高度方向每隔14.0m左右设厚80cm的隔板。为满足通风要求，每个平衡重竖井设置1.2m×1.8m通风孔。

根据18m的通航净空要求，并考虑承船厢上冲程1.0m，横梁底部布置消防照明管线空间高度为1.0m，塔柱顶部横梁高度为4.0m，上部机房地面比最高通航水位至少高24m。两侧塔柱在顶部通过梁板联成整体结构，构成上部主机房的基础，机房平面尺寸152.6m×75.0m。机房左右侧悬挑结构布置变电所、主电室等功能性房间，下游悬挑结构布置升船机中央控制室及管线廊道。主机房内设有一台双向检修桥机，用于主提升机设备、平衡重系统及电气设备的安装和检修。

塔柱左右侧筒体上游端、中部和下游端各设置1个疏散楼梯，满足安全疏散距离不应大于50m的要求。疏散楼梯在靠承船厢侧的纵墙上，沿高度方向每隔3～6m设置水平疏散通道及疏散口。疏散时自承船厢上经承船厢侧面疏散设施进入防烟楼梯间，经楼梯疏散至地面平台再转移至室外，每个疏散通道沿途最小宽度应满足疏散要求。每个楼梯间旁设置有电缆竖井和防烟竖井。塔柱中部两侧各设置 1 部电梯。

提升高度 200m 的 3000 吨级全平衡钢丝绳卷扬式垂直升船机承船厢室段布置示意图见图 4.1-6。

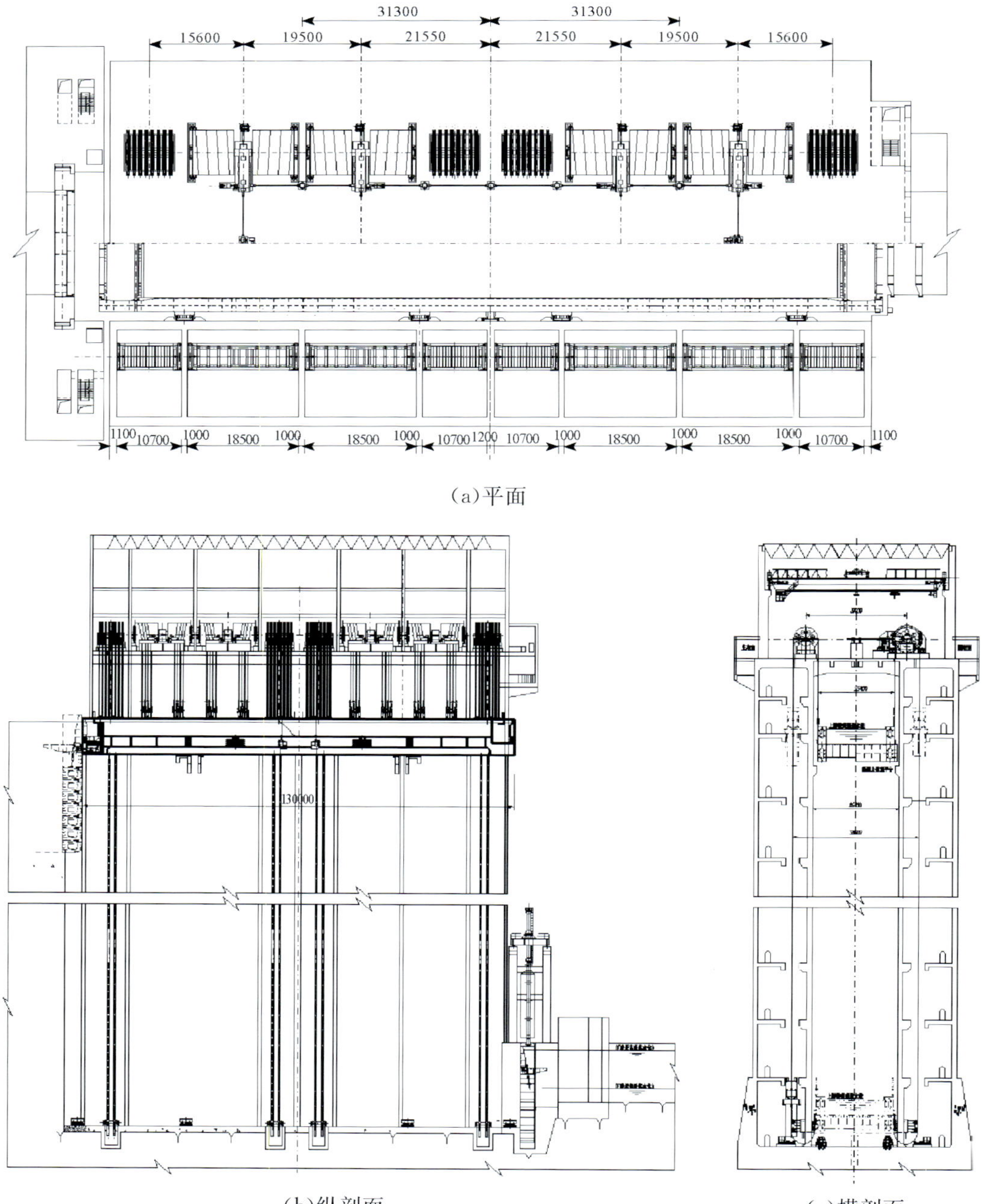

(a)平面

(b)纵剖面

(c)横剖面

图 4.1-6　全平衡钢丝绳卷扬式垂直升船机承船厢室段布置示意图(提升高度 200m、3000 吨级)

4.1.4.2 部分平衡钢丝绳卷扬式垂直升船机(提升高度200m,1000吨级)

(1)基本设计条件

设计代表船型:1000吨级货船,代表船型尺寸67m×11m×2.6m(长×宽×吃水);

承船厢有效尺寸(一次通过两艘船舶):145m×12m×3.3m(长×宽×水深);

最大提升高度:200m;

额定提升速度:12m/min;

最小通航净空:10.0m。

(2)主体设备技术参数选择

根据承船厢有效尺寸以及主提升机的布置,确定承船厢水域最大尺寸为155m×12.4m×3.3m(长×宽×水深),承船厢内水体重量6700t,承船厢结构重量2380t,承船厢带水总重9080t。按主提升机减速器等效荷载最小原则确定平衡重悬吊系统总重7080t,全部为转矩平衡重。主提升机在空气中的提升力需31300kN。悬吊提升绳的总荷载为平衡重总重量与主提升机在空气中的提升力之和,其值为102100kN。承船厢悬吊提升绳数量为96根,单根钢丝绳的最大拉力为1064kN,钢丝绳直径为98mm,单根钢丝绳破断拉力为8480kN,提升绳安全系数为8.0。转矩平衡绳数量为72根,单根钢丝绳荷载为983kN,钢丝绳型号规格与提升绳相同,安全系数为8.63。

主提升机由12套卷扬机和1套机械同步轴系统组成。每套卷扬机的设备包括2台卷筒和卷筒之间的减速器、电动机、安全制动系统以及相关的制动器液压控制设备和主提升机机械润滑设备。卷筒名义直径为7.6m,每个卷筒布置4根提升绳和3根平衡绳。根据最大提升高度200m计算出的卷筒工作圈为8.5圈,提升绳和平衡绳的安全圈分别为2.5圈和2圈,每个卷筒的绳槽总圈数为61.5圈,绳槽节距为105mm,卷筒长度为7.2m,制动盘直径为8.8m。卷筒组总重(含一端轴承座和一端轴承)约350t。

主提升机的荷载按承船厢在空中和入水两种情况计算。承船厢在空中运行的荷载包括承船厢总重和平衡重总重差值、钢丝绳不平衡荷载、误载水重、系统摩阻力、悬吊系统惯性力等。其中,承船厢总重和平衡重总重差值为20000kN,误载水重按误载水深10cm计,对应重量为1922kN。系统摩阻力包括轴承摩阻力、钢丝绳僵性阻力、承船厢导向轮摩阻力,其值为1040kN。悬吊系统惯性力考虑承船厢和平衡重悬吊系统的总质量在正常启制动加速度$0.01m/s^2$下的惯性力,其值为190kN。钢丝绳不平衡荷载为8080kN,主提升机在空中的总荷载为31300kN。承船厢进入水中最深处时,主提升机的荷载除了承船厢在空中的荷载外,还包括船厢所受水体的浮力。浮力包括消失的承船厢水体重量和部分结构重量。入水终了时刻主提升机的负荷为41300kN,其方向与承船厢在空中运行的荷载方向相反。根据《升船机设计规范》(GB 51177—2016),部分平衡钢丝绳卷扬式垂直升船机额定提升力按考虑船厢在空中运行和船厢入水终了时刻两种状态进行疲劳等效计算确定,其值为31705kN。减速器的额定输出力矩按照主提升机额定提升力乘以1.2的不均匀系数分配至12台减速器进行计算，其值为12050kN·m。受布置条件的限制，目前减速器最大宽度(两卷筒之间的距离)为4.8m。减速器总重约290t。

电动机采用14台交流变频电动机，功率按2台电机失效设备可继续运行的原则确定，计算值为609kW，额定值为630kW。根据构皮滩部分平衡钢丝绳卷扬式垂直升船机的设计经验，船厢入水时若2台电机失效，电机力矩超载1.08倍，可利用电机的过载能力解决电机力矩超载问题。

(3)塔柱结构布置

承船厢室结构主要由基础、承重塔柱和上部机房等组成。根据设备布置、结构承载与变形要求，确定承重塔柱结构总长149.5m、总宽57.6m，基础与承重塔柱高228.8m、上部机房33.8m、升船机建筑总高262.6m。承重塔柱对称布置在承船厢室的左、右两侧，承船厢室净宽18m，供承船厢升降之用。塔柱底部由筏板基础联为整体，顶部通过梁板结构连接，并构成上部主机房的基础，使整个承船厢室结构形成框架结构体系。

承船厢室基础是连接上部承重结构，传递荷载至地基，同时保持机室无水检修的挡水结构，采用筏式基础，长149.5m，宽57.6m，筏板厚7.5m。为形成承船厢室检修挡水条件及周边交通平台，筏基与塔柱结构联合形成挡水墙，墙顶高程根据下游通航水位及交通等布置要求确定。

承重塔柱结构根据承船厢、平衡重、主提升设备布置要求及运行条件，采用钢筋混凝土全筒式结构，筒体既是承重结构，在正常运行及机室检修时，筒壁四周承受外水压力，为挡水结构。平衡重井防淹水位一般可按百年一遇洪水标准确定。筒体在平面上分为左右两列对称布置，防淹水位以下每列均为全封闭筒体结构，防淹水位以上每列5个组合筒体。上下游相邻结构块之间通过竖向间距4.8m的联系梁连接。从上游向下游组合筒体平面尺寸依次为27.1m×14.6m(长×宽，下同)、28.7m×14.6m、17.8m×14.6m、28.7m×14.6m、27.1m×14.6m。筒壁厚度在平衡重井防淹水位以上一般为1.5m、横隔墙厚1.0m，下部筏基承船厢室侧筒壁厚2.5m，横隔墙厚1.8m，中间高度范围内筒壁厚度为2.0m，横隔墙厚1.8m。每侧筒体内各布置有12个平衡重竖井、1个综合功能井，用于布置电梯、电缆通道、水泵井等，平衡重竖井沿高度方向每隔15.0m左右设厚80cm的隔板。

主机房基础为刚接梁板结构，主梁跨度18.0m，梁间距11.25m，梁宽1.0m，梁高跨中部分为2.5m、两端渐变为3.3m，基础顶板厚0.6m。主机房总平面尺寸154.5m×55.6m。为满足承船厢室通航净空要求并考虑主梁高度，机房地面至少比最高通航水位高12.5m，机房内对称布置12套卷扬提升机构及附属设备，两侧布置配电室和主电室，下游端设有升船机控制室。机房上部为排架柱结构，屋盖采用网架结构，机房上空设有1台双向桥机。

部分平衡钢丝绳卷扬式垂直升船机下闸首仅需设一道检修叠梁门，由布置在闸顶排架上的双向桥式启闭机操作。左侧边墩设有检修门库，右侧边墩内设有平压充水系统及其阀门井、水泵井和水位计井。

提升高度 200m 的 1000 吨级部分平衡钢丝绳卷扬式垂直升船机承船厢室段布置示意见图 4.1-7。

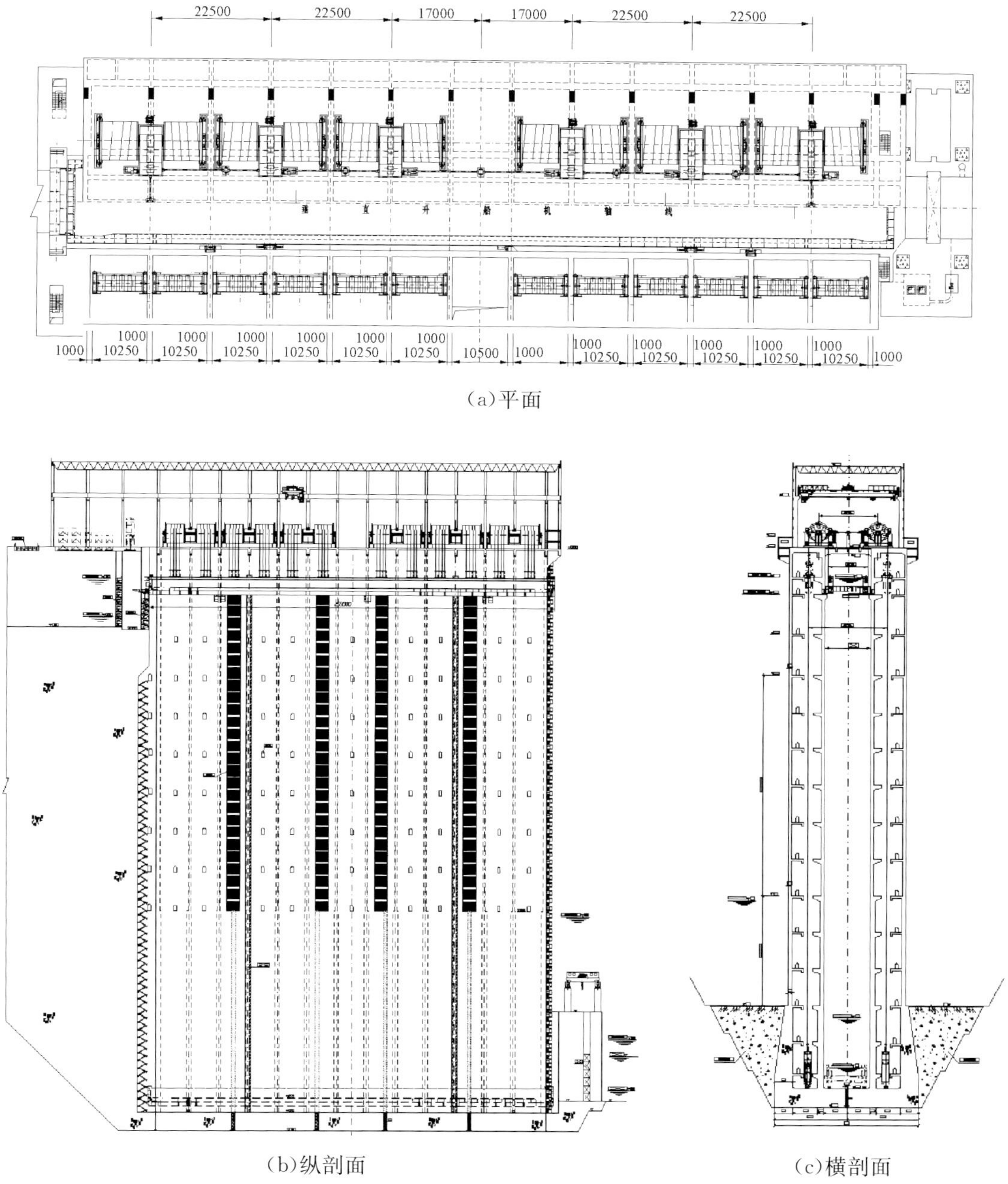

图 4.1-7　部分平衡钢丝绳卷扬式垂直升船机承船厢室段布置示意图(提升高度 200m,1000 吨级)

4.1.4.3 全平衡齿轮齿条爬升式垂直升船机(提升高度200m,3000吨级)

(1)基本设计条件

设计代表船型:3000吨级货船,代表船型尺度88m×16.3m×3.5m(长×宽×吃水);

承船厢有效尺寸:95m×18m×4.7m(长×宽×水深);

最大提升高度:200m;

额定提升速度:12m/min;

最小通航净空:18.0m。

(2)主体设备技术参数选择

为保证升船机适应下游水位变率的能力,承船厢水深偏大取4.7m。与全平衡钢丝绳卷扬式垂直升船机相比,全平衡齿轮齿条爬升式垂直升船机不需要考虑主提升机的布置延长要求,仅需要考虑承船厢有效水域断面系数,承船厢有效尺寸取95m×18m×4.7m(长×宽×水深),综合机房设备和承船厢设备布置,承船厢水域总尺寸为115m×18.4m×4.7m(长×宽×水深)。

根据承船厢水域计算出承船厢内水体重量10300t,承船厢结构重量7200t,承船厢带水总重17500t。平衡重悬吊系统总重17500t,悬吊钢丝绳数量为160根,每根钢丝绳的张力为1072kN,钢丝绳直径94mm,单根钢丝绳破断拉力为7804kN,安全系数为7.3。

顶部机房共设置8个滑轮组,每个滑轮组布置10片双槽滑轮。滑轮间距为1.2m,名义直径5.8m。每根钢丝绳悬吊一块平衡重,单块平衡重尺寸为0.54m×3.4m×18m,每个平衡重井的长度为15m。

承船厢设备布置与三峡升船机基本相同,驱动机构和安全机构布置在承船厢的侧翼平台上,侧翼平台纵向长18.7m,横向长8.4m。齿条中心线的纵向间距为53.8m,与相邻螺母柱的中心线距离为8.5m。塔柱凹槽的平面尺寸为19.8m×7.5m。承船厢设备包括布置在侧翼平台上的驱动机构和安全机构、承船厢门和启闭机、沿程锁定机构、纵向导向和顶紧机构、横向导向机构、防撞装置、充泄水系统、对接密封机构、承船厢液压泵站和管路。

驱动系统荷载包括误载水重、系统摩阻力、悬吊系统惯性力等。其中,误载水深按10cm计,对应的荷载为2116kN。系统摩阻力包括轴承摩阻力、钢丝绳僵性阻力、承船厢导向轮摩阻力,其值共1890kN。悬吊系统惯性力考虑承船厢和平衡重悬吊系统的总质量在正常启制动加速度0.01m/s^{2}下的惯性力,其值为350kN,主提升机总荷载4356kN,整取为4400kN。驱动齿轮模数为65.452mm,齿数为16,齿轮分度圆直径为1047mm。电动机采用8台交流变频电动机,功率按2台电机失效设备可继续运行的原则确定,额定值为315kW。

安全机构最大荷载按承船厢水漏空确定,为103000kN,螺纹间隙值初步确定为70mm,螺纹节距为470mm,满足每7个节距等于齿轮分度圆周长的条件。为保证安全机构的自锁性能,需要按螺纹升角的正切值小于摩擦系数的原则确定螺纹中径。经计算螺纹中径为

1500mm，螺纹升角为5.7°，其正切值为0.0997，小于钢材料之间的摩擦系数值0.1。

(3)塔柱结构布置

根据升船机机械设备和土建结构的布置需要，以及通航净空的要求，塔柱主体结构总高度(承船厢室底板至机房地面的距离，不含顶部机房)为240.0m，塔柱结构总高266.20m，总长110.0m，总宽61.1m，由上部机房、承重塔柱和基础三部分组成。塔柱底部由筏板基础联为整体，顶部通过梁板结构连接，并构成上部主机房的基础，使整个承船厢室形成框架结构体系。

与全平衡钢丝绳卷扬式垂直升船机相同，承船厢室筏基初拟底板厚度为3.0m，承船厢运行至最低位时，承船厢底部高程比最低通航水位低10.4m，承船厢下部检修空间高度为2.8m(含承船厢下冲程1.0m)，底板顶面高程比最低通航水位低13.2m。

塔柱采用钢筋混凝土全筒式承重结构，对称布置在承船厢室两侧，每侧布置一列组合式筒体结构，内设4个平衡重竖井(17.8m×17.5m)和2个疏散通道竖井，凹槽为承船厢驱动机构和安全机构升降空间，两侧筒体之间为宽26.1m的承船厢室，供承船厢升降，在顶部通过梁系实现横向连接。

航槽侧顺流向墙体厚度为1.5m，外侧顺流向墙体厚度为1.0m，横墙一般为1.4m。平衡重竖井沿高度方向每隔14.0m左右设厚80cm的隔板。为满足通风要求，每个平衡重竖井设置1.2m×1.8m通风孔。

根据18m的通航净空要求，并考虑承船厢上冲程1.0m，横梁底部布置消防照明管线空间高度为0.8m，塔柱顶部横梁高度为4.0m，上部机房地面至少应比最高通航水位高23.80m。两侧塔柱在顶部通过梁板联成整体结构，构成上部主机房的基础，两侧机房平面尺寸为110.0m×21.5m，中间中控室及参观平台平面尺寸为26.1m×22.6m。机房内布置变电所、主电室等功能性房间，中间平台布置升船机中央控制室。主机房内布置滑轮组设备和安装、检修桥机。

塔柱左右侧筒体疏散通道竖井内各设置1个疏散楼梯和1部电梯，满足安全疏散距离不应大于50m的要求。疏散楼梯在靠承船厢侧的纵墙上，沿高度方向每隔3～6m设置1个水平疏散通道及疏散口。疏散时自承船厢上经承船厢侧面疏散设施进入防烟楼梯间，经楼梯疏散至地面平台再转移至室外，每个疏散通道沿途最小宽度应满足疏散要求。每个楼梯间旁设置有电缆竖井和防烟竖井。

提升高度200m的3000吨级全平衡齿轮齿条爬升式垂直升船机承船厢室段塔柱布置示意图见图4.1-8。

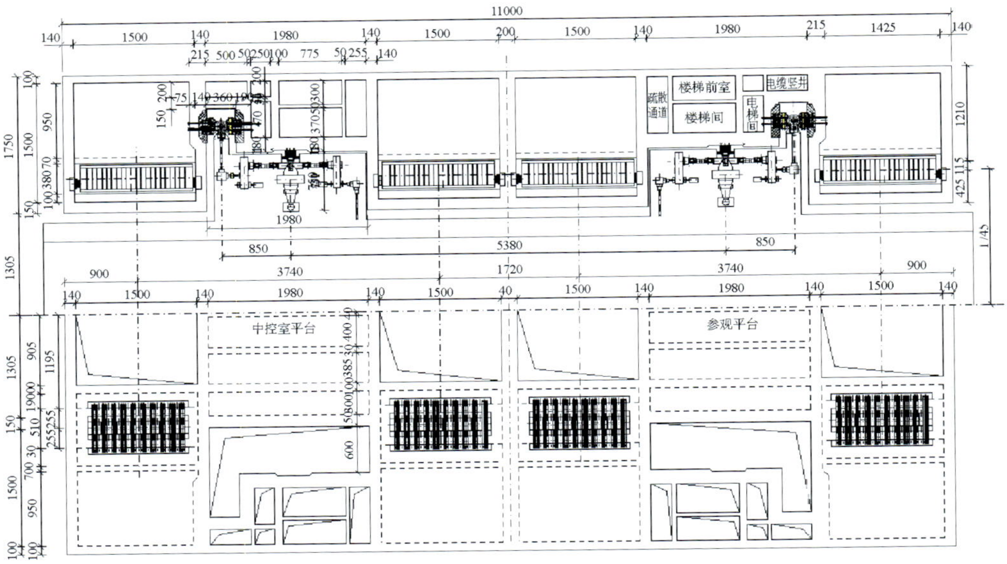

（a）平面

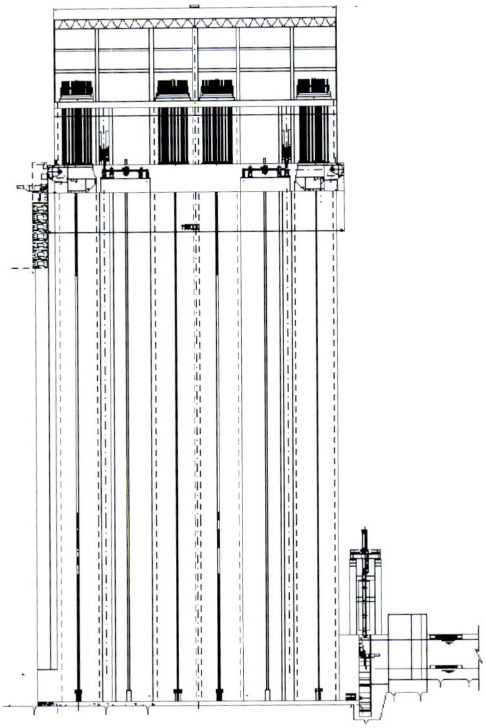

（b）纵剖面

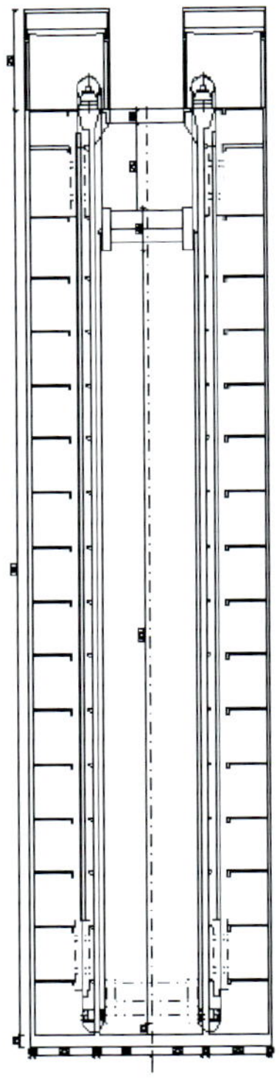

（c）横剖面

图 4.1-8　全平衡齿轮齿条爬升式垂直升船机承船厢室段塔柱布置示意图（提升高度 200m，3000 吨级）

4.1.4.4 全平衡摩擦驱动式垂直升船机(提升高度 200m,3000 吨级)

部分平衡钢丝绳卷扬式垂直升船机受主提升机机械传动设备制造能力的制约,现阶段建设规模以不大于 1000 吨级为宜。提升高度 200m 级全平衡钢丝绳卷扬式垂直升船机和全平衡齿轮齿条爬升式垂直升船机均可实现 3000 吨级的建设规模。全平衡钢丝绳卷扬式垂直升船机由于承船厢和主提升机采用钢丝绳柔性连接,设备的运行不受承船厢和塔柱之间相对变位的影响,但该形式升船机无法满足承船厢水漏空制动的安全标准,其安全性不及全平衡齿轮齿条爬升式垂直升船机,而且由于主提升机布置空间的需要,不得不将承船厢的总长度加大,从而增大了升船机设备总体规模,降低了技术经济的合理性。根据《升船机设计规范》(GB 51177—2016)进行船厢纵倾稳定性计算,其安全系数为 1.82,尚未满足安全系数 2.2 的要求,如需要满足该要求,总长度需要加大至 150m 以上。相比较而言,虽然全平衡齿轮齿条爬升式垂直升船机安全性较好,齿条和螺母柱规模略高于三峡升船机,不存在难以克服的制造问题。但该形式升船机对于 200m 的提升高度而言,承重塔柱结构高度高,变形大,机械设备对于承船厢和塔柱之间的相对变位要求较高,且存在建设和维修费用高的问题。

为了拓展高扬程升船机的选择范围,研究提出了适应高扬程重载的全平衡摩擦驱动式垂直升船机。

(1)设备组成和工作原理

全平衡摩擦驱动式垂直升船机承船厢室主要由主提升机、承船厢设备、平衡重系统、检修桥机、金属结构埋件、承重塔柱和顶部机房组成,承船厢设备组成和布置与全平衡钢丝绳卷扬式垂直升船机基本相同,主要区别在于用摩擦提升卷筒代替钢丝绳缠绕卷筒,大幅度增加提升绳缠绕数量,使提升卷筒减少一半,同时用平衡摩擦卷筒代替滑轮组,并配备事故制动器,使主提升机的总制动能力达到船厢水漏空全制动的标准。

如图 4.1-9 所示,主提升机安装在顶部机房,主要由 4 套平衡摩擦卷筒、4 套摩擦驱动卷扬机、同步轴系统以及 2 台安全制动系统泵站及润滑泵站等组成。每套摩擦驱动卷扬机包括 2 台提升摩擦卷筒、1 台减速器、1 台电动机、1 套工作制动器和 2 套安全制动器组成。全平衡摩擦驱动式垂直升船机主提升机(1/4)设备布置见图 4.1-9。

提升摩擦卷筒采用普通螺旋绳槽,每个卷筒上对称加工制作左右旋绳槽,并根据总体布置需要分别在左右旋绳槽上缠绕多根钢丝绳。每根钢丝绳分别在卷筒两侧出绳,一端出绳通过液压平衡油缸与承船厢连接,另一端出绳通过钢丝绳调节螺母装置与平衡重连接。钢丝绳在卷筒上缠绕的圈数应根据所需的摩擦力确定,并保证卷筒对钢丝绳产生足够的摩擦力,在一般情况下建议取 5.5 圈。在提升摩擦卷筒的制动盘上布置一定数量的安全制动器。该制动器能够制动提升摩擦卷筒与钢丝绳之间最大摩擦力所产生的两侧钢丝绳的最大张力差。平衡摩擦卷筒是在光筒上镶嵌摩擦衬垫材料,并在摩擦衬垫上开设闭合绳槽。在每个闭合绳槽上悬挂一根钢丝绳，每个卷筒上悬挂钢丝绳的数目根据重力平衡重确定。在平衡摩擦卷筒的制动盘上布置一定数量的事故制动器，该制动器能够制动平衡摩擦卷筒与钢丝绳之间最大摩擦力所产生的两侧钢丝绳的最大张力差。

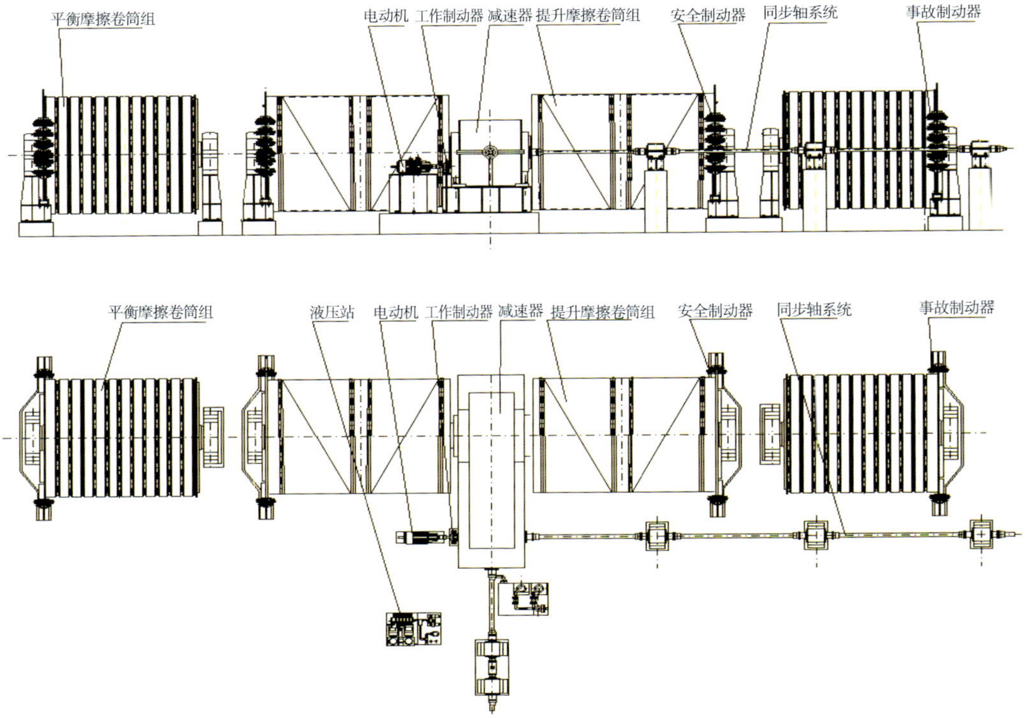

图 4.1-9　全平衡摩擦驱动式垂直升船机主提升机(1/4)设备布置图

(2)基本设计条件

设计代表船型：3000 吨级货船，代表船型尺寸 88m×16.3m×3.5m(长×宽×吃水)；

承船厢有效尺寸：95m×18m×4.7m(长×宽×水深)；

最大提升高度：200m；

额定提升速度：12m/min；

最小通航净空：18.0m。

(3)设备布置

1)承船厢和平衡重基本参数

承船厢有效水域尺寸与全平衡齿轮齿条爬升式垂直升船机方案相同，为 95m×18.0m×4.7m(长×宽×水深)，最大水域尺寸为 115m×18.4m×4.7m(长×宽×水深)。承船厢水体总重量为 10300t。结构和设备重量为 5100t，总重为 15400t。

平衡重系统包括转矩平衡重和重力平衡重。其中，转矩平衡重重量为 5400t，略大于承船厢结构和设备重量,重力平衡重重量为10000t。

2)钢丝绳数量和规格

根据承船厢误载水深±10cm、正常升降加速度±0.01m/s^2 等设计参数确定额定提升力为4116kN,初定提升绳64根,重力平衡绳96根。钢丝绳选Diepa X50型,直径为97mm,最小破断拉力8310kN,单根重力平衡绳张力为1138.8kN,安全系数为7.3,单根提升绳张力为1008.8 kN,安全系数为8.2,满足《升船机设计规范》(GB 51177—2016)要求。

3)平衡重系统的布置

平衡重系统由重力平衡重组、转矩平衡重组、平衡链及其导向装置、平衡重导轨和平衡重上下锁定等组成。重力平衡重组和转矩平衡重组各8套,分别装设在8个重力平衡重井、8个转矩平衡重井内。平衡重上锁定装设在平衡重井内的上锁定平台,下锁定装置布置在平衡重井底部。每个平衡重组由平衡重块和安全框架等组成,平衡重块由混凝土材料构成,每个重力平衡重块由一根重力平衡钢丝绳悬吊,重力平衡重块的尺寸为0.5m×3.5m×18m。每个转矩平衡重块由一根转矩平衡绳悬吊,转矩平衡重块的尺寸为0.5m×3.5m×15.6m。

4)主提升机布置

由于采用平衡摩擦卷筒和提升摩擦卷筒,提升高度200m级的全平衡摩擦驱动式垂直升船机实现了水漏空工况的承船厢制动,对承船厢纵倾稳定性也带来本质上的改善,使之满足规范要求,同时结构规模(承船厢总体尺度、主提升机卷筒尺度和数量)减小。因此,平衡摩擦卷筒和提升摩擦卷筒设计是全平衡摩擦驱动式垂直升船机设计的关键。

①平衡摩擦卷筒。

在光筒上镶嵌摩擦系数稳定的K25摩擦衬垫材料,其摩擦系数可以稳定地保持在0.25以上,在摩擦衬垫上开设闭合绳槽,在每个闭合绳槽上悬挂一根钢丝绳,每个卷筒上悬挂钢丝绳的数目根据重力平衡重组的布置确定。每根钢丝绳在平衡摩擦卷筒上缠绕半圈,一端出绳通过液压平衡油缸与承船厢连接,另一端出绳通过钢丝绳调节螺母装置与平衡重连接。在每台平衡摩擦卷筒的制动盘上布置一套事故制动器,每台事故制动器的制动力矩应大于单台平衡摩擦卷筒与钢丝绳之间最大摩擦力所能传递的最大不平衡力矩。

平衡摩擦卷筒设备布置示意图见图4.1-10。

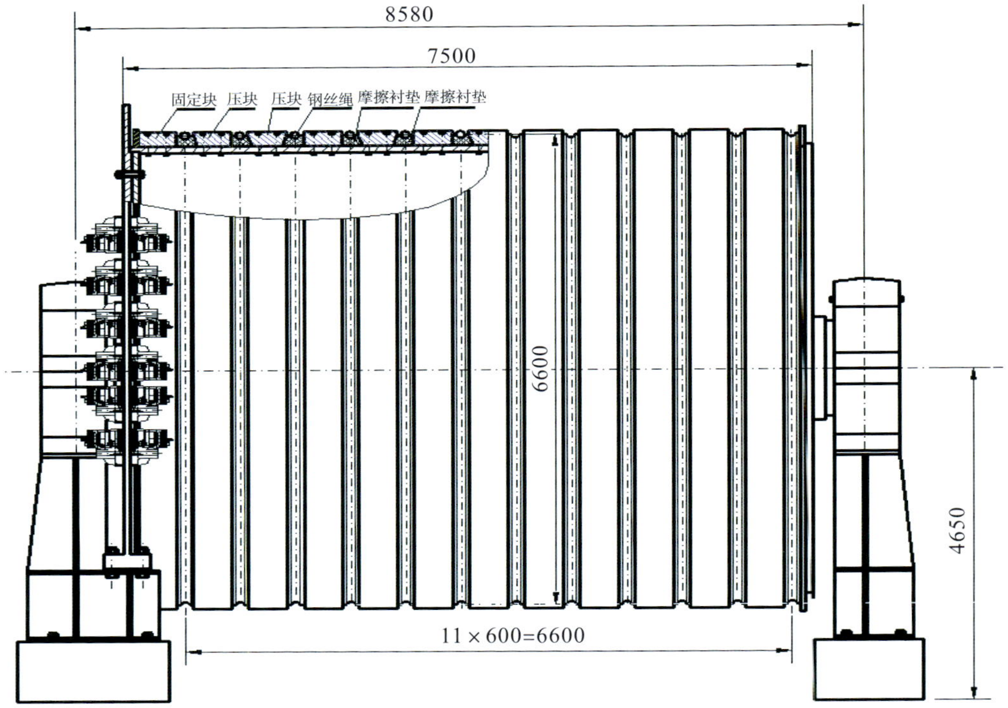

图 4.1-10 平衡摩擦卷筒设备布置示意图(单位:mm)

每个平衡摩擦卷筒的长度为:

$$L_{gd}=(n_{gr}-1)d_{gr}+L_1+L_2+t_b \tag{4.1-1}$$

式中:n_{gr}——单个平衡摩擦卷筒钢丝绳的数目;

d_{gr}——相邻钢丝绳的间距;

L_1——制动盘端面至相邻绳槽之间的距离;

L_2——非制动盘端面至相邻绳槽之间的距离;

t_b——制动盘的厚度。

对于提升高度200m级的全平衡摩擦驱动式垂直升船机,每个平衡摩擦卷筒布置12根钢丝绳,钢丝绳间距根据重力平衡重组布置要求取600mm。制动器一侧第一根钢丝绳至制动盘端面500mm,制动盘厚70mm,非制动盘侧第一根钢丝绳距卷筒端面230mm,根据式(4.1-1)求得卷筒长度为7500mm。卷筒轴承座中心距为8580mm,卷筒轴线距地面中心尺寸为4650mm,卷筒直径为6600mm,是钢丝绳直径的68倍,满足不小于60倍钢丝绳直径的规范要求。

②提升摩擦卷筒。

提升摩擦卷筒采用常规钢丝绳缠绕卷筒的结构形式,即在钢制筒体表面加工普通螺旋绳槽,每个卷筒上对称车制左右旋绳槽,并根据总体布置需要分别在左右旋绳槽上缠绕多根钢丝绳。每根钢丝绳根据所需的摩擦力在绳槽上缠绕一定圈数，分别在卷筒两侧出绳，且一端出绳通过液压平衡油缸与承船厢连接，另一端出绳通过钢丝绳调节螺母装置与平衡重连接。卷筒表面所加工的螺旋绳槽圈数除了左右旋钢丝绳在卷筒上缠绕所需的圈数外，还需要升降卷筒过程中提升绳沿卷筒轴向整体移动所需的圈数并留有一定余量。在每台提升摩擦卷筒的制动盘上布置一套安全制动器，每台安全制动器的制动力矩应大于单台提升摩擦卷筒与钢丝绳之间最大摩擦力所能传递的最大不平衡力矩。

每一根提升绳在提升摩擦卷筒上仅缠绕能够产生足够摩擦力的圈数，不需要在卷筒上固定钢丝绳。每一个提升摩擦卷筒不管布置多少根提升绳，仅需要在左右绳槽共设置两组工作圈，从而使钢丝绳在卷筒的布置上非常紧凑，同一绳槽上相邻两根钢丝绳的间距等于或略大于转矩平衡重的宽度。

提升摩擦卷筒钢丝绳缠绕布置及长度计算示意图见图 4.1-11。

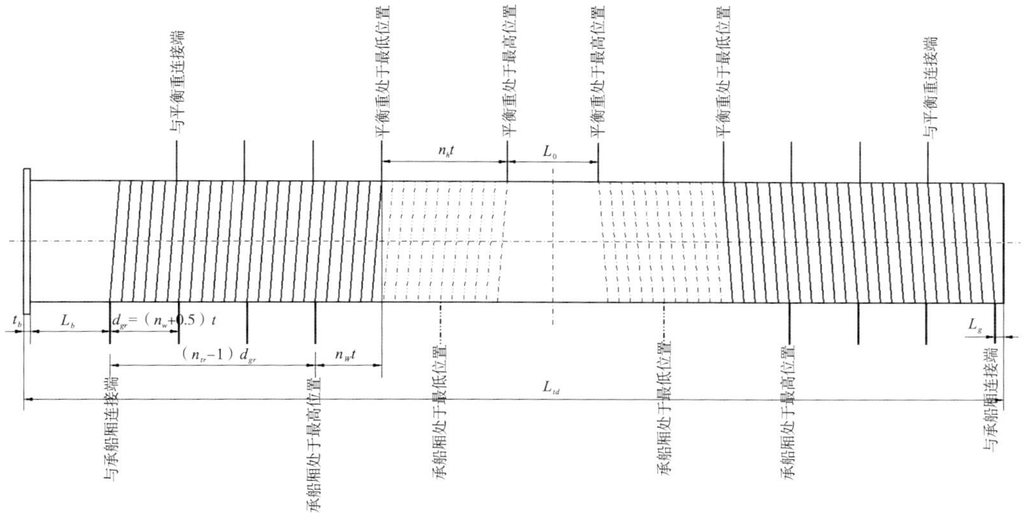

图 4.1-11　提升摩擦卷筒钢丝绳缠绕布置及长度计算示意图

每个提升摩擦卷筒的长度为：

$$L_{td}=2((n_{tr}-1)d_{tr}+n_w t+n_h t)+L_0+L_b+L_g+t_b \tag{4.1-2}$$

式中：n_{tr}——单边绳槽上缠绕钢丝绳的数目；

d_{tr}——单边绳槽上相邻钢丝绳的间距；

n_w——单根钢丝绳在卷筒上缠绕的圈数；

t——绳槽节距；

n_h——与提升高度对应的卷筒工作圈数；

L_0——卷筒左右旋绳槽之间的最短距离；

L_b——制动盘内侧端面距最近绳槽中心线之间的最短距离；

L_g——非制动盘侧端面距最近绳槽中心线之间的最短距离；

t_b——制动盘的厚度。

与提升高度对应的卷筒工作圈数为：

$$n_h = \frac{H_{max}}{\pi D_0} \tag{4.1-3}$$

式中：H_{max}——最大提升高度，为额定提升高度与上下冲程之和；

D_0——卷筒名义直径。

对于提升高度为200m级的全平衡摩擦驱动式垂直升船机，由于钢丝绳直径为97mm，绳槽节距为105mm，单边绳槽上缠绕钢丝绳数目为4根，每根钢丝绳在卷筒上缠绕5.5圈，其相邻钢丝绳的间距为$(n_w+0.5)t=(5.5+0.5)\times105=630$mm。考虑上下冲程各1m，最大提升高度为202m，卷筒直径为6600mm，计算工作圈数为9.7圈，取10圈，对应长度为$n_h t=10\times105=1050$mm。卷筒左右旋绳槽中心线之间的最短距离为860mm，制动盘内侧端面距最近绳槽中心线之间的最短距离为600mm，非制动盘侧端面距最近中心线绳槽之间的最短距离为335mm，制动盘的厚度为70mm。将上述数据代入式(4.1-2)，求得卷筒的长度为8900mm。

③减速器。

全平衡摩擦驱动式垂直升船机主提升机减速器的功能与全平衡钢丝绳卷扬式垂直升船机减速器的功能和结构形式基本相同。减速器低速级输出轴两端与位于两侧的提升摩擦卷筒轴采用特殊联轴器相连，借以将电动机输入的动力传递至提升摩擦卷筒，从而克服卷筒两侧钢丝绳出绳端的张力差引起的负载力矩，驱动卷筒旋转。同一台减速器驱动的两台提升摩擦卷筒轴的一端分别支承于减速器壳体内的卷筒支座，承受由钢丝绳张力和卷筒组重力引起的竖向负载。与200m级全平衡钢丝绳卷扬式垂直升船机的减速器相比，由于卷筒和减速器数量减少了一半，单台减速器的扭矩和竖向负荷更大，导致减速器低速级齿轮、减速器箱体以及箱体内的特殊联轴器和卷筒轴承的设计难度更大。根据200m级全平衡摩擦驱动式垂直升船机的布置，主提升机单台减速器的输出力矩为2×1960kN·m，卷筒支座的径向荷载为2×11368kN，减速器的外形宽度(两卷筒外侧的距离)不大于3.5m，高度不大于3.8m，长度约为6.2m。

④主提升机安全制动系统。

主提升机安全制动系统包括工作制动器、安全制动器和事故制动器以及与之对应的液压控制泵站和电气设备。其中，工作制动器和安全制动器负责升船机正常工况的运行制动；同时在主提升机电气传动系统发生2台以上电机故障时，按照设计规定的程序执行紧急制动。在承船厢遭遇漏水事故时，布置在提升摩擦卷筒的安全制动器和布置在平衡摩擦卷筒的事故制动器联合制动，实现承船厢水漏空极端事故条件下的承船厢锁定。

在每个平衡摩擦卷筒和提升摩擦卷筒上均布置一套盘式事故制动器或安全制动器，制动单元规格型号、数目和布置方式完全相同。每套制动器由 12 套盘式制动单元组成。盘式制动单元采用英国 TWIFLEX 公司系列产品 VMS-DP70，单个常闭式液压盘式制动单元的制动摩擦力为 752kN（图 4.1-12）。

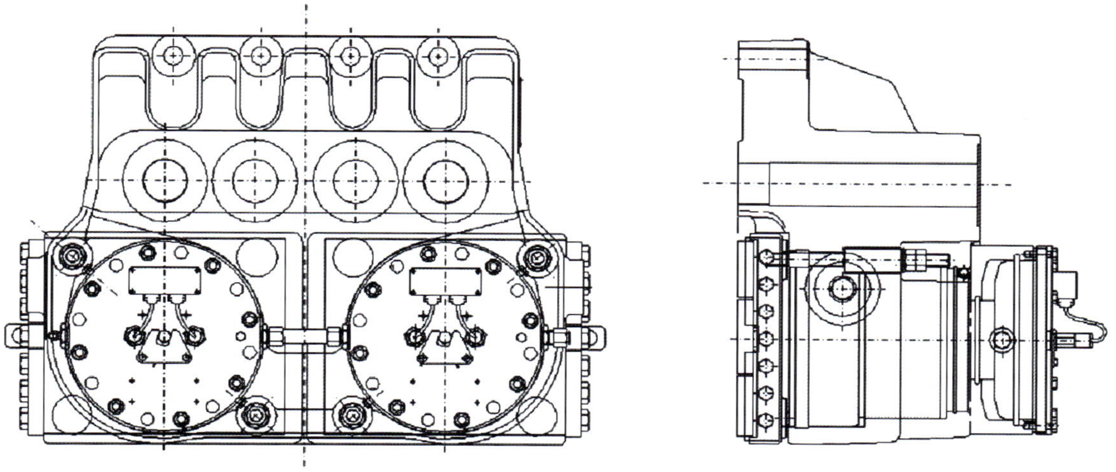

（a）正视　　（b）右视

图 4.1-12　VMS-DP70 常闭式液压盘式制动单元（1/2）外形图

5）承船厢设备布置

承船厢设备的布置以及组成与全平衡钢丝绳卷扬式垂直升船机基本相同。承船厢由 160 根钢丝绳悬吊，其中 96 根钢丝绳绕过平衡摩擦卷筒与重力平衡重相连，64 根钢丝绳绕过卷扬提升机构与转矩平衡重相连。承船厢设备包括导向机构 4 套、沿程锁定机构 4 套、顶紧机构 2 套、防撞装置 2 套、充泄水系统 2 套、对接密封机构 2 套、船厢门和启闭机 2 套。

6）承船厢纵倾稳定性校核

对于通航 3000 吨级船舶，提升高度为 200m 级的全平衡摩擦驱动式垂直升船机，以承船厢处于最低位置，所有主提升机制动器松闸作为计算工况，将主提升机提升摩擦卷筒上缠绕的 64 根提升绳作为承船厢的弹性支承。承船厢纵倾稳定性计算方法见本章相关内容，具体计算参数见表 4.1-1。

表 4.1-1　全平衡摩擦驱动式垂直升船机承船厢纵倾稳定性计算参数表

B(m)	L(m)	H(m)	A(m^2)	n_r
18.4	115	227	5.912×10^{-3}	64
R_r(m)	l_r(m)	J(m^4)	i_a	a
2.925	61.9	2.263×10^{-4}	105.5	61.9

根据表 4.1-1 参数求得临界纵向中心距为 24.78m，其对应的承船厢纵倾安全系数为 2.53，满足《升船机设计规范》（GB 51177—2016）中安全系数不小于 2.2 的规定。

(4)塔柱结构布置

根据升船机机械设备、土建结构的布置及通航净空的要求,塔柱主体结构总高度(承船厢室底板至机房地面的距离,不含顶部机房)241.2m,塔柱结构总高度 278.20m,总长 110.0m,总宽 61.4m,由上部机房、承重塔柱和基础三部分组成。塔柱底部由筏板基础联为整体,顶部通过梁板结构连接,并构成上部主机房的基础,使整个承船厢室结构形成框架结构体系。

承船厢室筏基底板厚度应根据地质条件、荷载条件及应力条件确定,200m 级升船机一般位于深基坑中,地基条件较好,初拟底板厚度为 3.0m。考虑承船厢运行至最低位时,承船厢底部高程比最低通航水位低 10.2m,下锁定结构高度为 3.0m、承船厢下冲程 1.0m,底板顶面高程至少比最低通航水位低 14.2m。

塔柱采用钢筋混凝土全筒式承重结构,对称布置在承船厢室两侧,每侧布置一列组合式筒体结构,内设 4 个转矩平衡重井(12.9m×17.5m)、4 个重力平衡重井(11.2m×17.5m)及 2 个疏散通道竖井;两侧筒体之间为宽 26.4m 的承船厢室,供承船厢升降,在顶部通过梁系实现横向连接。

航槽侧纵墙厚 1.5m,外侧纵墙厚 1.0m,横墙一般为 1.2m。平衡重竖井沿高度方向每隔 14.0m 左右设厚 80cm 的隔板。为满足通风要求,每个平衡重竖井设置一个 1.2m×1.8m 的通风孔。

根据 18m 的通航净空要求,考虑船厢上冲程 1.0m,横梁底部布置消防照明管线空间高度为 1.0m,塔柱顶部横梁高度为 4.0m,上部机房地面应至少比最高通航水位高 24.00m。两侧塔柱顶部通过梁板联成整体结构,构成上部主机房的基础,机房平面尺寸为 116.5m×74.0m,地面高程为 224.00m。机房左右侧悬挑结构布置变电所、主电室等功能性用房,下游悬挑结构布置升船机中央控制室及管线廊道。主机房内布置一台双向检修桥机,用于主提升机设备、平衡重系统及电气设备的安装和检修。

塔柱左右侧筒体疏散通道竖井内各设置 1 个疏散楼梯和 1 部电梯,满足安全疏散距离不大于 50m 的要求。疏散楼梯在靠承船厢侧的纵墙上,沿高度方向每隔 3~6m 设置水平疏散通道及疏散口,疏散时自承船厢上经承船厢侧面疏散设施进入防烟楼梯间,经楼梯疏散至地面平台再转移至室外,每个疏散通道沿途最小宽度应满足疏散要求。每个楼梯间旁设有电缆竖井和防烟竖井。

提升高度 200m、过船吨位 3000 吨级的全平衡摩擦驱动式垂直升船机承船厢室段布置示意见图 4.1-13。

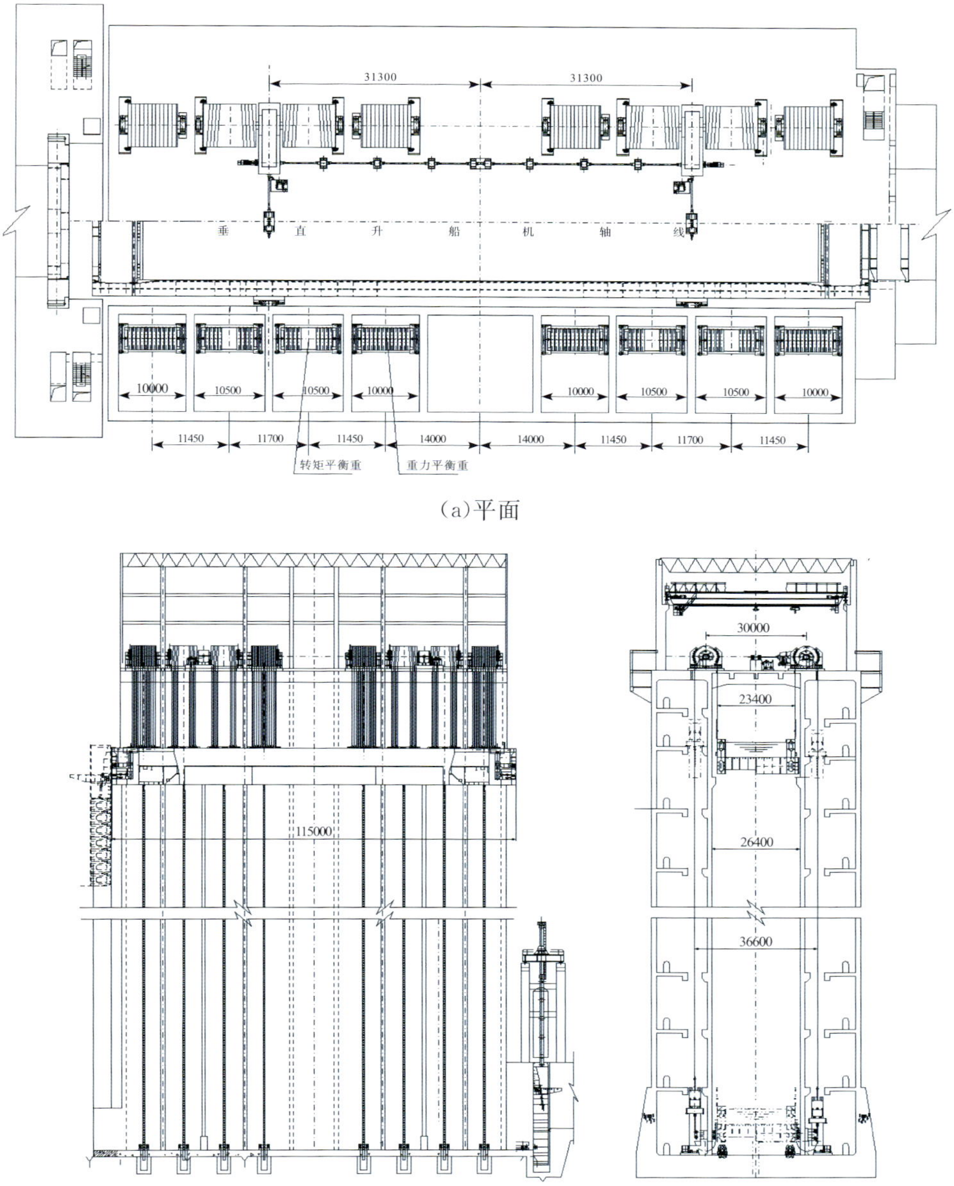

(a)平面

(b)纵剖面

(c)横剖面

图 4.1-13 全平衡摩擦驱动式垂直升船机承船厢室段布置示意图(提升高度 200m,3000 吨级)

4.2 承船厢纵倾稳定与水平控制技术

4.2.1 承船厢纵倾稳定性研究

(1)承船厢纵倾稳定的机理

承船厢纵倾稳定性是全平衡钢丝绳卷扬式垂直升船机特有的安全问题。全平衡钢丝绳卷扬式垂直升船机的特点是承船厢水体、结构和设备总重量与平衡重总重量相等，船体的排水量不影响升船机的总体平衡。承船厢由钢丝绳悬吊，悬吊承船厢的钢丝绳一部分绕过滑轮与重力平衡重相连，称为重力平衡绳，另一部分钢丝绳绳端固定在卷筒上，称为提升绳。卷筒上另外布置有钢丝绳与转矩平衡重连接。重力平衡绳对承船厢不起支承作用，提升绳由于缠绕在卷筒上，且在承船厢升降过程中卷筒的力矩可由主提升机的卷扬机平衡，因此提升绳可以起到支承船厢的作用。由于提升绳属于变形较大的弹性构件，外载的变化会引起钢丝绳弹性伸长量的改变，承船厢内的水体具有流动性，当承船厢倾斜时水体的流动产生相对于承船厢重心的倾覆力矩，该倾覆力矩进一步导致承船厢下沉一侧的悬吊钢丝绳继续伸长，而承船厢上扬一侧的悬吊提升绳伸长量会减少，承船厢两侧钢丝绳变形的变化加剧了承船厢进一步倾覆的趋势。此外，在承船厢升降过程中，承船厢上下游两侧钢丝绳张力的相对改变，致使主提升机上下游卷筒的外载分配不均，导致升船机三提升机同步轴受力，并产生同步轴的扭转变形，该变形所产生的上下游卷筒输出转角的差值，进一步加剧了承船厢的纵倾趋势。另外，承船厢上下游悬吊钢丝绳的变形以及同步轴的扭转变形又在相对应的传力环节形成了对承船厢纵向倾覆的抵制。对于全平衡钢丝绳卷扬式垂直升船机，由于主提升机和承船厢设备布置的原因，提升绳数目较少，当承船厢长度较长，或升船机提升高度较高时，如果上下游两侧钢丝绳合力作用点的距离较短，或者同步轴扭转刚度过小，均有可能使承船厢在水体的扰动下发生动态失稳。因此，对承船厢纵倾稳定性的研究，需要建立考虑承船厢纵倾运动、水体晃动以及主提升机扭振的流固耦合动力学模型。

(2)承船厢与水体的流固耦合动力学方程及水动力矩

根据国内外大型升船机的运行经验以及国内有关升船机的物理试验结果，升船机在提升或下降的过程中水面波动很小，倾覆力矩主要由承船厢的倾斜产生，波浪产生的倾覆力矩只占很小的一部分。针对升船机的这一特点，为便于解析研究，承船厢中的水体运动采用豪斯纳尔关于刚性贮液容器的简化计算方法。该方法对解决刚性容器内流体小幅度晃动的工程问题具有足够的精度。

1)承船厢与水体的流固耦合动力学方程

当承船厢以角加速度 $\ddot{\alpha}$ 作微幅纵倾振动时，其中的水体因承船厢的纵倾运动而被激发作微幅晃动，由此在承船厢与水的接触面产生液动压力并形成倾覆力矩，承船厢的纵倾运动与水体的晃动是相互耦合的。承船厢的纵向长度远大于水深，因此在分析计算中忽略承船厢两端受到的水动压力而形成的倾覆力矩，仅计算承船厢底部压力分布不均而形成的倾覆力矩。

为便于理论分析及公式推导，不考虑重力波的影响，假设承船厢自由表面为初始倾斜的刚性平面。如图 4.2-1 所示，在某一水深 y 处，假设有一单位厚度的薄层水体(图中阴影部分)，其上下面为可以相对平面自由旋转的刚性薄膜。设水体在 x、y 方向的速度分量为 $\dot{u}$、

$\dot{v}$。在不可压缩的条件下，水体关于上述约束应遵守式(4.2-1)和式(4.2-2)。

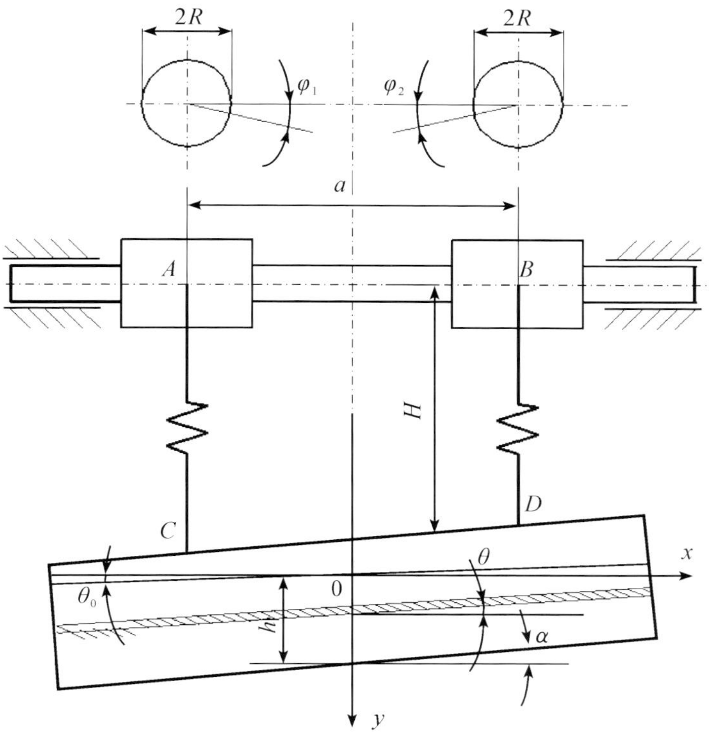

图 4.2-1　承船厢纵倾分析力学模型简图

$$\frac{\partial \dot{u}}{\partial x}+\frac{\partial \dot{v}}{\partial y}=0 \tag{4.2-1}$$

$$\dot{v}=x\dot{\theta} \tag{4.2-2}$$

式中：$\dot{\theta}$——深度处刚性薄膜的旋转角速度。

由式(4.2-1)和式(4.2-2)可导出与液体自由面应满足如下方程：

$$\frac{\partial^2\theta}{\partial y^2}-\frac{I\theta}{K}=0 \tag{4.2-3}$$

$$\frac{\partial^2}{\partial t^2}\left[\frac{\partial\theta}{\partial y}\right]_{y=0}+g\,\frac{I\theta_0}{K}=0 \tag{4.2-4}$$

式中：I,K——与容器几何形状有关的积分。对于承船厢的立方体水域：

$$\begin{aligned} I&=\int_{-l/2}^{l/2}x^2\mathrm{d}x=\frac{l^3}{12}\\ K&=2\int_{-l/2}^{l/2}2\left(\int_{-l/2}^{x}x^2\mathrm{d}x/2\right)^2\mathrm{d}x=\frac{l^5}{120}\end{aligned} \tag{4.2-5}$$

式中：l——承船厢水域的长度。

根据运动的连续性：

$$
\begin{aligned}
&\theta|_{y=0}=\theta_0\\
&\dot{\theta}|_{y=0}=\dot{\theta}_0\\
&\ddot{\theta}|_{y=0}=\ddot{\theta}_0\\
&\theta|_{y=-h}=\alpha\\
&\dot{\theta}|_{y=-h}=\dot{\alpha}\\
&\ddot{\theta}|_{y=-h}=\ddot{\alpha}
\end{aligned}
\tag{4.2-6}
$$

式中：h——承船厢的深度。

根据式(4.2-3)及式(4.2-6)，可求得：

$$
\theta=\frac{\theta_0 ch\left(\sqrt{\frac{I}{K}}h\right)-\alpha}{sh\left(\sqrt{\frac{I}{K}}h\right)}sh\left(\sqrt{\frac{Ih}{K}}y\right)+\theta_0 ch\left(\sqrt{\frac{I}{K}}y\right)\tag{4.2-7}
$$

将上式代入式(4.2-4)，求得承船厢与水体的流固耦合动力学方程：

$$
\ddot{\theta}+\sqrt{\frac{I}{K}}th\left(\sqrt{\frac{I}{K}}h\right)g\theta_0=\frac{\ddot{\alpha}}{ch\left(\sqrt{\frac{I}{K}}h\right)}\tag{4.2-8}
$$

将承船厢几何尺度代入式(4.2-5)可得：

$$
\sqrt{\frac{I}{K}}=\sqrt{10}\frac{h}{l}
$$

对于大型升船机承船厢，$\sqrt{10}h/l\ll 1$，因此

$$
th\left(\sqrt{\frac{I}{K}}h\right)\approx\sqrt{\frac{I}{K}}h,\ ch\left(\sqrt{\frac{I}{K}}h\right)\approx 1
$$

从而可将式(4.2-8)简化为：

$$
\ddot{\theta}_0+\frac{10gh}{l^2}\theta_0-\ddot{\alpha}=0\tag{4.3-9}
$$

令

$$
\omega_w=\frac{\sqrt{10gh}}{l}\tag{4.2-10}
$$

并令

$$
\varphi=\alpha-\theta_0\tag{4.2-11}
$$

则式(4.2-9)可简化为：

$$
\ddot{\varphi}+\omega_w{}^2(\alpha+\varphi)=0\tag{4.2-12}
$$

2)水体作用在承船厢上的水压力和倾覆力矩

水体作用在承船厢上的倾覆力矩包括由水体惯性力引起的倾覆力矩 M_1 和由水体重力

分布变化引起的倾覆力矩。

①由水体惯性力引起的承船厢倾覆力矩。

将式(4.2-7)对时间求导，代入式(4.2-2)，得：

$$v=x\dot{\theta}=\frac{\dot{\theta}_0 ch(\sqrt{\frac{I}{K}}h)-\dot{\alpha}}{sh(\sqrt{\frac{I}{K}}h)}sh(\sqrt{\frac{Ih}{K}}y)+\dot{\theta}_0 ch(\sqrt{\frac{I}{K}}y) \tag{4.2-13}$$

根据欧拉方程：

$$\frac{\partial p}{\partial y}=-\rho\ddot{v} \tag{4.2-14}$$

式中：p——作用于承船厢的水动压力；

ρ——水体密度。

将式(4.2-12)对时间求导后代入式(4.2-13)并积分，利用边界条件：

$$p|_{y=0}=0$$

求得

$$p=-\rho x\sqrt{\frac{K}{I}}\left[\frac{\ddot{\theta}_0 ch(\sqrt{\frac{I}{K}}h)-\ddot{\alpha}}{sh(\sqrt{\frac{I}{K}}h)}(ch(\sqrt{\frac{Ih}{K}}y)-1)+\ddot{\theta}_0 sh(\sqrt{\frac{I}{K}}y)\right] \tag{4.2-15}$$

当 $y=-h$ 时，可求得水体对承船厢的水动压力：

$$p_{y=-h}=-\rho x\frac{l(\ddot{\theta}_0+\ddot{\alpha})}{\sqrt{10}}\frac{1-ch(\frac{\sqrt{10}h}{l})}{sh(\frac{\sqrt{10}h}{l})} \tag{4.2-16}$$

又根据$\sqrt{10}h/l\ll 1$ 的条件，可求得：

$$1-ch\frac{\sqrt{10}h}{l}\approx\frac{5h^2}{l^2} \tag{4.2-17}$$

$$sh\frac{\sqrt{10}h}{l}\approx\frac{\sqrt{10}h}{l} \tag{4.2-18}$$

将式(4.2-17)和式(4.2-18)代入式(4.2-16)，得：

$$p_{y=-h}=\frac{1}{2}\rho xh(\ddot{\theta}_0+\ddot{\alpha}) \tag{4.2-19}$$

由水动压力引起的水体对承船厢的压力和倾覆力矩分别为：

$$P_1=-\int_{-l/2}^{+l/2}p_{y=-h}B\mathrm{d}x=0 \tag{4.2-20a}$$

$$M_1=-\int_{-l/2}^{+l/2}p_{y=-h}Bx\mathrm{d}x=-J_w(\ddot{\theta}_0+\ddot{\alpha}) \tag{4.2-20b}$$

式中：B——承船厢水域宽度。

$$J_w = \frac{1}{24}(\rho Bhl).l^3 \tag{4.2-21}$$

②由水体重力分布变化引起的倾覆力矩。

由承船厢倾斜及水体自由面晃动造成的水深不均引起的压力和倾覆力矩为：

$$P_2 = \int_{-l/2}^{+l/2} g\rho Bx(\alpha - \theta_0)\mathrm{d}x = 0 \tag{4.2-22a}$$

$$M_2 = \int_{-l/2}^{+l/2} g\rho Bx^2(\alpha - \theta_0)\mathrm{d}x = C_w(\alpha - \theta_0) \tag{4.2-22b}$$

$$C_w = \frac{1}{12}g\rho Bl^3 \tag{4.2-23}$$

式中：g——重力加速度。

③承船厢总水体力矩。

水体对承船厢的总力矩为：

$$M_s = M_1 + M_2 = -J_w(\ddot{\theta}_0 + \ddot{\alpha}) + C_w(\alpha - \theta_0) \tag{4.2-24}$$

(3)主提升机扭振和承船厢纵倾运动的耦合分析

承船厢纵倾与主提升机同步轴扭振的耦合动力学模型见图 4.2-1。同步轴两端为主提升机的电动机轴。考虑到主提升机电气传动系统一般采用力矩均衡控制方式，两端轴段的电动机输出力矩可视为相等。在研究主提升机同步轴扭振时可假设两端轴段不受扭转约束。将上、下游侧所有提升绳分别简化为一根弹性系数为 k_r 的线性弹簧，将承船厢简化为承受水体荷载的刚性匀质梁。图 4.2-1 中 A、B、C 和 D 点的竖直向下位移分别为：

$$y_A = R\varphi_1 \qquad y_B = R\varphi_2 \qquad y_C = y + \frac{1}{2}a\alpha \qquad y_D = y - \frac{1}{2}a\alpha \tag{4.2-25}$$

主提升机和承船厢刚体系统的总动能、总势能分别为：

$$T = \frac{1}{2}J_h(\dot{\varphi}_1^2 + \dot{\varphi}_2^2) + \frac{1}{2}J_c\dot{\alpha}^2 + \frac{1}{2}m\dot{y}^2 \tag{4.2-26a}$$

$$\begin{aligned} V &= \frac{1}{2}k_r(y_A - y_C)^2 + \frac{1}{2}k_r(y_B - y_D)^2 + \frac{1}{2}C_s(\varphi_1 - \varphi_2)^2 \\ &= \frac{1}{2}k_r(R\varphi_1 - y - a\alpha)^2 + \frac{1}{2}k_r(R\varphi_2 - y + a\alpha)^2 + \frac{1}{2}C_s(\varphi_1 - \varphi_2)^2 \end{aligned} \tag{4.2-26b}$$

式中：R——卷筒半径；

a——主提升机纵向吊点中心距；

y——承船厢质心的竖直方向位移；

φ_1、φ_2——上下游侧卷筒的转角；

α——承船厢的纵倾角；

J_h——主提升机所有转动部件相对于主提升机低速轴的转动惯量的1/2；

J_c——承船厢相对于质心的转动惯量；

m——承船厢结构的质量；

C_s——纵向同步轴的总抗扭刚度。

对于升船机中最常见的矩形同步轴布置形式，同步轴的总抗扭刚度为：

$$C_s = \frac{n_s i_{sd}{}^2 G I_s}{a_s} \tag{4.2-27}$$

式中：i_{sd}——同步轴转速与卷筒转速之比；

G——钢丝绳的剪切模量；

I_s——同步轴横截面的极惯性矩；

a_s——单侧纵向同步轴的长度；

n_s——纵向同步轴的根数，对矩形同步轴系统，$n_s=2$，对工字形同步轴系统，$n_s=1$。

k_r 为升船机全部提升绳抗拉伸刚度的1/2，可按式(4.2-28)计算：

$$k_r = \frac{n_r E_r A_r}{2H} \tag{4.2-28}$$

式中：n_r——提升绳的数目；

E_r——提升绳的弹性模量；

A_r——钢丝绳钢丝面积之和；

H——提升绳的最大悬吊长度，取承船厢在运行最低位置承船厢吊耳中心至卷筒钢丝绳出绳点的垂直距离。

该系统的拉格朗日函数为：

$$L = T - V = \frac{1}{2}J_h(\dot{\varphi}_1{}^2 + \dot{\varphi}_2{}^2) + \frac{1}{2}J_c\dot{\alpha}^2 + \frac{1}{2}m\dot{y}^2 - \frac{1}{2}k_r(R\varphi_1 - y - a\alpha)^2$$
$$- \frac{1}{2}k_r(R\varphi_2 - y + a\alpha)^2 - \frac{1}{2}C_s(\varphi_1 - \varphi_2)^2 \tag{4.2-29}$$

根据分析力学拉格朗日方程：

$$\frac{\mathrm{d}}{\mathrm{d}t}\left(\frac{\partial L}{\partial q}\right) - \frac{\partial L}{\partial \dot{q}} = Q \tag{4.2-30}$$

式中：q——广义坐标，在本系统中为 φ_1、φ_2、α 和 y。

Q——广义力，在本系统中为水体对承船厢的倾覆力矩 M_s 以及主提升机阻尼力矩 M_{d1} 和 M_{d2}。

将式(4.2-29)代入式(4.2-30)，得承船厢纵倾和主提升机扭振的耦合动力学方程式(4.2-31)：

$$J_h\ddot{\varphi}_1 + k_r R\left(R\varphi_1 - y - \frac{1}{2}a\alpha\right) + C_s(\varphi_1 - \varphi_2) = M_{d1}$$

$$J_h\ddot{\varphi}_2 + k_r R\left(R\varphi_2 - y + \frac{1}{2}a\alpha\right) + C_s(\varphi_2 - \varphi_1) = M_{d2}$$

$$J_c\ddot{\alpha}+\frac{1}{2}ak_r(\frac{1}{2}a\alpha-R\varphi_1+y)+\frac{1}{2}ak_r(\frac{1}{2}a\alpha+R\varphi_2-y)=M_s$$

$$my+2k_ry+k_rR(\varphi_1+\varphi_2)=0 \tag{4.2-31}$$

在式(4.2-31)中，主提升机阻尼力矩为：

$$M_{d1}=-Rd_h\dot{\varphi}_1$$
$$M_{d2}=-Rd_h\dot{\varphi}_2 \tag{4.2-32}$$

式中：d_h——瑞雷阻尼系数，可根据式(4.2-33)进行计算：

$$d_h=\zeta\sqrt{(k_rR^2+2C_s)J_h} \tag{4.2-33}$$

式中：ζ——主提升机系统阻尼比，可取值为0.008。

将式(4.2-24)和式(4.2-32)代入式(4.2-31)的前三式，得主提升机扭振和承船厢纵倾运动的耦合动力学方程：

$$J_h\ddot{\varphi}_1+d_hR\dot{\varphi}_1+k_rR(R\varphi_1-y-\frac{1}{2}a\alpha)+C_s(\varphi_1-\varphi_2)=0$$

$$J_h\ddot{\varphi}_2+d_hR\dot{\varphi}_2+k_rR(R\varphi_2-y+\frac{1}{2}a\alpha)+C_s(\varphi_2-\varphi_1)=0$$

$$J_s\ddot{\alpha}+\frac{1}{2}ak_r(\frac{1}{2}a\alpha-R\varphi_1+y)+\frac{1}{2}ak_r(\frac{1}{2}a\alpha+R\varphi_2-y)+J_w(\ddot{\theta}_0+\ddot{\alpha})-C_s(\alpha-\theta_0)=0$$

$$my+2k_ry+k_rR(\varphi_1+\varphi_2)=0 \tag{4.2-34}$$

(4)水体晃动、同步轴扭振和承船厢纵倾的耦合动力学方程

在式(4.2-33)中令 $\varphi=\varphi_1-\varphi_2$，并将式(4.2-11)代入

$$J_h\ddot{\varphi}+d_hR\dot{\varphi}+(k_rR^2+2C_s)\varphi+k_raR\alpha=0$$

$$(J_s+2J_w)\ddot{\alpha}+(\frac{1}{2}k_ra^2-\omega_w^2J_w-C_w)\alpha+\frac{1}{2}k_raR\varphi+(C_w-\omega_w^2J_w)\varphi=0$$

$$m\ddot{y}+2k_ry+k_rR(\varphi_1+\varphi_2)=0 \tag{4.2-35}$$

式(4.2-35)前两式中不包含承船厢垂直方向位移 y，表明该位移与纵倾稳定性没有关联，可不考虑式(4.2-35)的第三式。另外，将描述承船厢纵倾运动和水体晃动相互耦合的动力学微分方程式(4.2-12)补充进来，构成了水体晃动、同步轴扭振和承船厢纵倾的耦合动力学方程。

$$J_h\ddot{\varphi}+d_hR\dot{\varphi}+(k_rR^2+2C_s)\varphi+k_raR\alpha=0$$

$$(J_s+2J_w)\ddot{\alpha}+(\frac{1}{2}k_ra^2-\omega_w^2J_w-C_w)\alpha+\frac{1}{2}k_raR\varphi+(C_w-\omega_w^2J_w)\varphi=0$$

$$\ddot{\varphi}+\omega_w^2(\alpha+\varphi)=0 \tag{4.2-36}$$

(5)承船厢纵倾稳定性判定的精确计算方法

式(4.2-36)为三自由度常系数二阶常微分线性微分方程组。该微分方程组所对应的特

征方程为一元六次代数方程：

$$\sum_{i=0}^{6} a_i r^i = 0 \tag{4.2-37}$$

其中

$$a_0 = \left(\frac{a}{R} - \frac{4C_w}{k_r aR}\right)(k_r R^2 + 2C_s) - k_r aR \tag{4.2-38}$$

$$a_1 = \left(\frac{a}{R} - \frac{4C_w}{k_r aR}\right)d_h \tag{4.2-39}$$

$$a_2 = \frac{2(J_s + 2J_w)}{k_r aR} + \frac{(k_r a^2 - 2\omega_w{}^2 J_w - 2C_s)(k_r R^2 + 2C_s)}{\omega_w{}^2 k_r aR} + \left(\frac{a}{R} - \frac{4C_w}{k_r aR}\right)J_h - \frac{k_r aR}{\omega_w{}^2} \tag{4.2-40}$$

$$a_3 = \frac{2(J_s + 2J_w)d_h}{k_r aR} + \frac{(k_r a^2 - 2\omega_w{}^2 J_w - 2C_w)d_h}{\omega_w{}^2 k_r aR} \tag{4.2-41}$$

$$a_4 = \frac{2(J_s + 2J_w)J_h}{k_r aR} + \frac{(k_r a^2 - 2\omega_w{}^2 J_w - 2C_w)J_h}{\omega_w{}^2 k_r aR} + \frac{2(k_r R^2 + 2C_s)(J_s + 2J_w)}{\omega_w{}^2 k_r aR} \tag{4.2-42}$$

$$a_5 = \frac{2(J_2 + 2J_s)d_h}{\omega_w{}^2 k_r aR} \tag{4.2-43}$$

$$a_6 = \frac{2(J_s + 2J_w)J_h}{\omega_w{}^2 k_r aR} \tag{4.2-44}$$

将相关的设计参数代入式(4.2-37)至式(4.2-44)时，即可求得特征方程的根(微分方程的特征值)。根据常微分线性微分方程稳定性理论，当常微分方程组对应的特征值的实部全部为负值时，系统是稳定的；当任一特征值的实部大于零时，系统即是不稳定的。

以构皮滩第二级全平衡钢丝绳卷扬式垂直升船机为例，该升船机为 500 吨级，提升高度为 127m，是世界上单级提升高度最高的垂直升船机。升船机承船厢结构、设备和水体总重 3320t，转矩平衡重为 1170t，重力平衡重为 2150t，悬吊承船厢钢丝绳直径为 64mm，钢丝绳总数 80 根，其中提升绳数量 32 根，重力平衡绳 48 根。承船厢水域尺寸为 71m×12.4m×2.5m(长×宽×水深)。表 4.2-1 为构皮滩第二级升船机承船厢纵倾稳定性计算的相关参数。

表 4.2-1　　构皮滩第二级升船机承船厢纵倾稳定性计算相关参数表

J_h(t·m^2)	d_h(kN·m·s)	R(m)	a(m)	k_r(kN/m)
1.544×10^5	2.066×10^4	2.1	36.2	2.942×10^4
J_s(t·m^2)	C_s(kN·m)	J_w(t·m^2)	C_w(kN·m)	ω_w(L/s)
3.389×10^5	5.333×10^6	4.511×10^5	3.537×10^6	0.2205

根据表 4.2-1 的参数求得微分方程组的 3 对特征根分别为 $-6.663\times10^{-2}\pm8.375i$、

$-2.269\times10^{-4}\pm3.528i$、$-1.589\times10^{-7}\pm0.1937i$，分别对应于主提升机同步轴扭转振动、承船厢纵倾振动和承船厢内水体的晃动；所有特征值的实部均小于零，表明系统是稳定的。如改变承船厢纵向吊点间距，特征值将发生改变；当承船厢纵向吊点间距为22.012～22.013m时，特征值实部开始出现大于零的值，意味着系统开始发生失稳现象。

(6)承船厢纵倾稳定性判定公式及设计计算公式

式(4.2-37)至式(4.2-44)中设计参数较多，公式复杂，且需要借助计算机软件进行编程计算。为方便设计人员对升船机纵倾稳定性进行快速的评估和设计，有必要对上述计算方法进行简化。为此需要假定承船厢内水体自由表面为水平面，并忽略主提升机的阻尼。在此条件下，由于设定描述水体晃动的变量 θ_0 为零，承船厢水体晃动对系统的影响，可仅通过水体对承船厢的倾覆力矩来体现：

$$M_s=-J_s\ddot{\alpha}+C_s\alpha \tag{4.2-45}$$

式(4.3-36)可简化为：

$$\begin{aligned}&J_h\ddot{\varphi}+(k_rR^2+2C_s)\varphi+k_raR\alpha=0\\&(J_s+2J_w)\ddot{\alpha}+(\frac{1}{2}k_ra^2-C_w)\alpha+\frac{1}{2}k_raR\varphi=0\end{aligned} \tag{4.2-46}$$

利用变量代换消去变量 φ，可将式(4.3-46)写成以承船厢纵倾角 α 为变量的四阶微分方程形式：

$$\alpha^{(4)}+(c_{11}+c_{22})\ddot{\alpha}+(c_{11}c_{22}-c_{12}c_{21})\alpha=0 \tag{4.2-47}$$

式中：

$$c_{11}=\frac{k_rR^2+2C_s}{J_h} \tag{4.2-48}$$

$$c_{12}=\frac{k_raR}{J_h} \tag{4.2-49}$$

$$c_{12}=\frac{k_raR}{2(J_s+2J_w)} \tag{4.2-50}$$

$$c_{22}=\frac{k_ra^2-2C_w}{2(J_s+2J_w)} \tag{4.2-51}$$

与常微分方程组对应的特征代数方程为

$$r^4+(c_{11}+c_{22})r^2+(c_{11}c_{22}-c_{12}c_{21})=0 \tag{4.2-52}$$

令 $\lambda=r^2$

则(4.2-52)式为：

$$\lambda^2+(c_{11}+c_{22})\lambda+(c_{11}c_{22}-c_{12}c_{21})=0 \tag{4.2-53}$$

该方程的根为：

$$\lambda_{12}=-\frac{1}{2}(c_{11}+c_{22})\pm\frac{1}{2}\sqrt{(c_{11}+c_{22})^2-4(c_{11}c_{22}-c_{12}c_{21})} \tag{4.2-54}$$

显然,当

$$c_{11}c_{22}-c_{12}c_{21}>0 \tag{4.2-55}$$

则 $\lambda_{12}<0$,且有两个不同的负数解。与此相对应,特征方程(4.3-52)有 4 个不同的复数解,实部均为零。

$$r_{12}=\pm\sqrt{\lambda_1}\,\mathrm{i}=\pm\sqrt{\frac{1}{2}(c_{11}+c_{22})+\frac{1}{2}\sqrt{(c_{11}+c_{22})^2-4(c_{11}c_{22}-c_{12}c_{21})}}\,\mathrm{i} \tag{4.2-56}$$

$$r_{34}=\pm\sqrt{\lambda_2}\,\mathrm{i}=\pm\sqrt{\frac{1}{2}(c_{11}+c_{22})-\frac{1}{2}\sqrt{(c_{11}+c_{22})^2-4(c_{11}c_{22}-c_{12}c_{21})}}\,\mathrm{i} \tag{4.2-57}$$

此特征根表明系统作两自由度的简谐振动,$\sqrt{\lambda_1}$ 对应于主提升机同步轴扭振频率;$\sqrt{\lambda_2}$ 对应于承船厢纵倾振动的扭振频率。

而当

$$c_{11}c_{22}-c_{12}c_{21}<0 \tag{4.2-58}$$

必存在式(4.2-52)的正实数根

$$r_4=\sqrt{-\frac{1}{2}(c_{11}+c_{22})+\frac{1}{2}\sqrt{(c_{11}+c_{22})^2-4(c_{11}c_{22}-c_{12}c_{21})}}$$

此正实数根对应于纵倾的指数发散运动,表明式(4.2-55)是不稳定的。因此式(4.2-58)可作为承船厢纵倾的失稳判定条件。

将式(4.2-21)、式(4.2-23)、式(4.2-27)、式(4.2-28)以及式(4.2-48)至式(4.2-51)代入式(4.2-55),可求得纵倾稳定性条件为:

$$a>\sqrt{\left(1+\frac{n_rE_rA_rR^2a_s}{2GI_sHn_ai_a{}^2}\right)\frac{g\rho Bl^3H}{3n_rE_rA_r}} \tag{4.2-59}$$

令式(4.3-59)右边的表达式为:

$$a_c=\sqrt{\left(1+\frac{n_rE_rA_rR^2a_s}{2GI_sHn_ai_a{}^2}\right)\frac{g\rho Bl^3H}{3n_rE_rA_r}} \tag{4.2-60}$$

显然 a_c 为承船厢纵倾稳定性临界纵向吊点中心距。式(4.2-59)所表示的稳定性条件的物理含义:升船机总体布置所确定的承船厢纵向吊点中心距必须大于临界纵向吊点中心距。式(4.2-59)所表示的稳定条件是基于承船厢水体保持水平面的简化假设而得出的。该假设忽略了承船厢水体自由表面的晃动,实际上是给水体的运动施加了约束条件,从而客观上起到了提高承船厢纵倾稳定性的作用。因此,当式(4.2-59)不满足时,可以认为升船机承船厢纵倾失稳将会发生,而在升船机总体布置设计中,考虑到理论分析中的假设和实际系统物理特性的差异,在实际的升船机总体布置设计中,对纵倾稳定性的校核还要考虑一定的安全系数：

$$a \geqslant Sa_c = S\sqrt{\left(1+\frac{n_r E_r A_r R^2 a_s}{2GI_s H n_a i_a{}^2}\right)\frac{g\rho B l^3 H}{3n_r E_r A_r}} \tag{4.2-61}$$

式中：S——承船厢纵倾稳定安全系数。

该安全系数按照已建全平衡钢丝绳卷扬式垂直升船机实际中心距与临界中心距的最小比值确定。表4.2-2为国内部分已建的全平衡钢丝绳卷扬式垂直升船机的承船厢纵倾稳定性临界纵向吊点中心距、实际吊点纵向中心距和计算安全系数。

从表4.2-2可以看出，水口升船机的纵倾稳定性安全系数最小，为2.2。推荐该值为承船厢纵倾稳定设计安全系数最小值，即升船机承船厢纵倾稳定性校核按式(4.2-62)进行设计校核：

$$a \geqslant 2.2\sqrt{\left(1+\frac{n_r E_r A_r R^2 a_s}{2GI_s H n_a i_a{}^2}\right)\frac{g\rho B l^3 H}{3n_r E_r A_r}} \tag{4.2-62}$$

表4.2-2　国内部分升船机承船厢纵倾稳定性安全系数

升船机工程名称	临界纵向吊点中心距 a_c(m)	实际纵向吊点中心距 a(m)	安全系数 S
隔河岩第一级	7.76	23.6	3.04
隔河岩第二级	10.6	24.0	2.26
高坝洲	7.19	26.0	3.64
彭水	12.0	36.0	3.00
水口	34.0	75.0	2.20
亭子口	24.48	60.05	2.43
构皮滩	15.9	36.2	2.23

4.2.2　承船厢液压调平技术

对于钢丝绳卷扬式垂直升船机，承船厢在升降运行中的水平度、提升绳的张力均衡状态始终是设计人员关心的问题。对于全平衡钢丝绳卷扬式垂直升船机，承船厢在升降中的倾斜，将造成提升绳受力不均，致使部分钢丝绳超载，降低钢丝绳的安全系数，部分提升绳张力减小，会影响钢丝绳抵抗承船厢纵倾的能力。由于提升绳提供抗倾覆力矩是以钢丝绳有足够初张力为前提的，当承船厢一侧钢丝绳张力消失时，提升绳即失去抵抗承船厢倾覆力矩的能力。对于部分平衡钢丝绳卷扬式垂直升船机，虽然不存在承船厢纵倾的问题，但是承船厢升降时的水平度以及张力均衡对于保证升船机安全平稳运行依然十分重要。提升绳作为承船厢的支承构件，为承船厢提供了多支点竖向弹性支承，从结构力学的观点来看，承船厢结构为多支点弹性支承超静定梁。

(1)钢丝绳液压调平设计方案

提升绳液压均衡油缸调平承船厢，是在承船厢安装完毕或运行一个阶段后，利用连接提升绳和承船厢的液压均衡油缸，对处于悬吊状态承船厢的水平度进行调整。在承船厢调平过程中，同一吊点区的提升绳均衡油缸保持连通状态，为保证承船厢的安全，调平时承船厢所处位置一般为承船厢下锁定位(下游最低通航水位高程)，承船厢在设计水深下调平，当承船厢的水平度达到要求后，随即关闭液压均衡油缸连通油路，并将每个油缸以机械方式锁死。

液压均衡系统由液压均衡油缸、液压控制系统和检测系统组成。当承船厢在下锁定位进行调平时，各吊点区均衡油缸的相同油腔通过液压管道相连通，由液压泵站向各吊点区的液压均衡油缸分别供油，通过调整各吊点区的供油量，调节承船厢的水平状态，承船厢调平后，关闭所有油缸连接管路上的控制阀。考虑到在钢丝绳张力作用下液压油缸不可避免地会存在泄漏，各均衡油缸泄露不一致会影响承船厢的水平状态，同时为防止液压均衡油缸连接油管意外爆管，造成承船厢的倾斜和钢丝绳张力超载，影响升船机的安全运行，在液压均衡油缸中增设了机械锁紧装置。增设机械锁紧装置后，钢丝绳张力将不再作用于油缸的油腔，而直接作用于机械锁紧装置，保证了钢丝绳液压均衡装置的运行可靠性。带机械锁紧的液压均衡油缸结构见图 4.2-2。

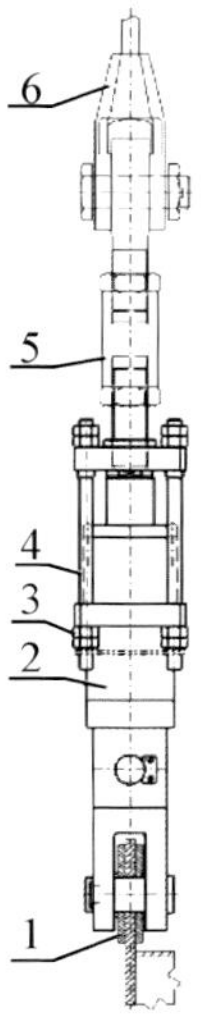

图 4.2-2　带机械锁紧的液压均衡油缸结构示意图

1.承船厢吊耳板；2.均衡油缸；3.锁紧螺母；4.锁紧螺杆；5.钢丝绳调节螺母；6.钢丝绳锥套

当升船机运行一个时期后，钢丝绳不均匀残余塑性变形致使承船厢水平度或同组钢丝绳张力差超过设计允许值时，在承船厢锁定状态下将均衡油缸锁紧装置解锁，重新通过液压均衡油缸对承船厢水平状态和钢丝绳张力进行调整，结束后锁紧机械锁紧装置。

(2)承船厢液压调平系统调试技术

1)调试应具备的条件

承船厢液压调平系统的现场调试包括无水调试和有水调试。

无水调试实施所需满足的条件包括承船厢及设备已安装完毕，承船厢内未装水，处于下游锁定位置，由下锁定支承；主提升机安全制动系统完成调试，制动器处于上闸状态；提升绳两端分别与卷筒和均衡油缸连接；钢丝绳在卷筒上可靠固定，通过与均衡油缸活塞杆相联的长螺母，调节钢丝绳的松紧度及活塞位置，使钢丝绳张紧，同时使所有均衡油缸的活塞处于最高位；转矩平衡重、重力平衡重处于锁定状态；承船厢水平检测传感器、地面行程检测传感器、均衡油缸压力传感器、均衡油缸行程检测传感器均整定完毕；调平控制阀组、管路、调节长螺母等已经可靠连接；液压回路的气体已经排除；电气控制设备已完成调试。

有水调试实施所需满足的条件包括承船厢位于下锁定位置，并装载有设计水深的水体；重力平衡重和转矩平衡重全部与承船厢连接，平衡重组处于悬吊状态；主提升机处于制动状态；其他与无水调试相同。

2)调试的方法和步骤

首先由泵站向各组均衡油缸的下腔及蓄能器充油，直至油缸活塞到达上极限位，蓄能器压力升至设定压力；调整长螺母，使各钢丝绳张紧；通过承船厢下锁定装置的液压千斤顶，调整承船厢的水平状态，使承船厢四角的高度差小于设计值。具体操作有以下 3 种方案。

①调平方案一。

a. 4 组均衡油缸的上腔同时充油加压，接近该工况下的设计压力、承船厢尚未与下锁定脱离时，关闭相应控制阀组的比例阀，关闭缸旁阀组的截止阀。

b. 比例方向阀采用最大开度，其控制元件不参与工作。

c. 同步退出承船厢下锁定，使承船厢重量由提升绳悬吊。

d. 检测并记录油缸行程、压力的变化，检测承船厢的水平度。

②调平方案二。

a. 泵站向 4 组均衡油缸同时供油，比例阀的开度由承船厢水平检测传感器控制，固定其中一个比例阀的开度，其开度采用中间值。

b. 以固定的比例阀所对应的承船厢一角为基准，通过承船厢水平传感器检测其他三角的水平度，信号经比较处理后，控制相应比例阀的开度。

c. 承船厢水平度误差达到设计允许范围(四角高度差的设定值)，并且 4 组下锁定全部与承船厢脱离后，泵站及控制系统停机，关闭缸旁截止阀。

d. 检测并记录调平过程中的油缸压力、行程等参数。

③调平方案三。

检测信号取自地面的行程检测传感器，其他与方案二相同。

4.3 安全制动系统研究

4.3.1 安全制动系统的工作特性

主提升机的安全制动系统是全平衡钢丝绳卷扬式垂直升船机的关键设备，该系统的工作性能对升船机运行的安全可靠性有极其重要的影响。本节以隔河岩升船机为例,对全平衡钢丝绳卷扬式垂直升船机安全制动系统设计的主要技术问题进行探讨。

隔河岩升船机主提升机由对称布置的4套卷扬机构和8组平衡滑轮组构成,4套卷扬机构之间通过机械轴连接,形成封闭的机械同步系统。卷扬机包括卷筒组、减速器、电动机、安全制动器和工作制动器等设备,卷筒与滑轮名义直径均为3.5m。安全制动器设在每只卷筒的端部,工作制动器设在电动机与减速器之间的连接轴上。安全制动系统包括安全制动器、工作制动器和液压泵站及相关的检测、控制设备。

升船机正常运行或遇一般性故障时,主提升机由电力拖动系统按照设定的 $0.01m/s^2$ 和 $0.04m/s^2$ 的减速度实施制动,主提升机完全停止运转后,工作制动器首先全压上闸,延时数秒后安全制动器再全压上闸。此时工作制动器和安全制动器的作用相同,都是使主提升机的机械传动系统在停机后不再承受外载的作用,避免传动设备因过载而损坏。当升船机运行过程中遇系统掉电等事故工况时,电力拖动系统已不能进行正常制动,此时主提升机需要紧急停机,升船机的紧急停机制动由安全制动系统实施。基于升船机制动器特殊的使用条件和运行工况,与一般设备的盘式制动器相比,对其性能有着更高的要求。

(1)同类制动器上闸、松闸应有较高的同步性

安全制动器和工作制动器均由多对制动单元组成,为避免主提升机在制动或启动过程中不均匀受载,需要确保同类制动器全部制动单元的上闸与松闸时间一致。为此,隔河岩升船机采取了以下措施:

①要求同类制动器,尤其是其中碟形弹簧的机械特性有较高的一致性。

②所有安全制动器和工作制动器均由同一套液压泵站集中控制。

③液压泵站布置在机房的中央。泵站至各制动单元之间的管路等长,以避免各制动单元压力油的沿程阻力有大的差异。

④要求设在制动器上的上闸、松闸到位检测装置具有良好的一致性。

(2)碟形弹簧应具有足够的疲劳寿命

为确保升船机运行的安全可靠性,制动器应具有足够的使用寿命。制动器的使用寿命主要取决于碟形弹簧的疲劳寿命,一般要求碟形弹簧的疲劳寿命不低于50年。

(3)能适应制动盘的各种误差及变形

卷筒上的制动盘不可避免地会存在制造、安装误差,并且在卷筒受载后将发生变形,制动器的结构对此应具有良好的适应能力,避免摩擦片承压不均。

(4)摩擦片的摩擦系数应稳定

一般而言,压力、温度、表面粗糙度等因素对摩擦材料的摩擦系数都有一定的影响。升船机安全制动器主要是静止上闸,摩擦片与制动盘间没有相对滑动,制动盘表面会形成凝露和铁锈。要求摩擦片材料能适应升船机的实际运行条件,使制动器在各种运行工况下均有

稳定的摩擦力。

(5)制动器应便于安装、调整

在制动盘与摩擦片间不同间隙的条件下,制动器的制动力是不同的。为保证各制动单元安装后的制动力一致,制动器的松闸间隙应便于调整,并且调整时不得影响碟形弹簧的预紧力。

4.3.2 液压控制系统的主要技术特点

升船机安全制动系统有别于普通设备的制动器,操作制动器的液压控制系统应针对升船机的具体运行要求和实际工况进行专门设计。图 4.3-1 为隔河岩第一级垂直升船机主提升机安全制动系统液压原理图。该液压控制系统具有以下技术特点:

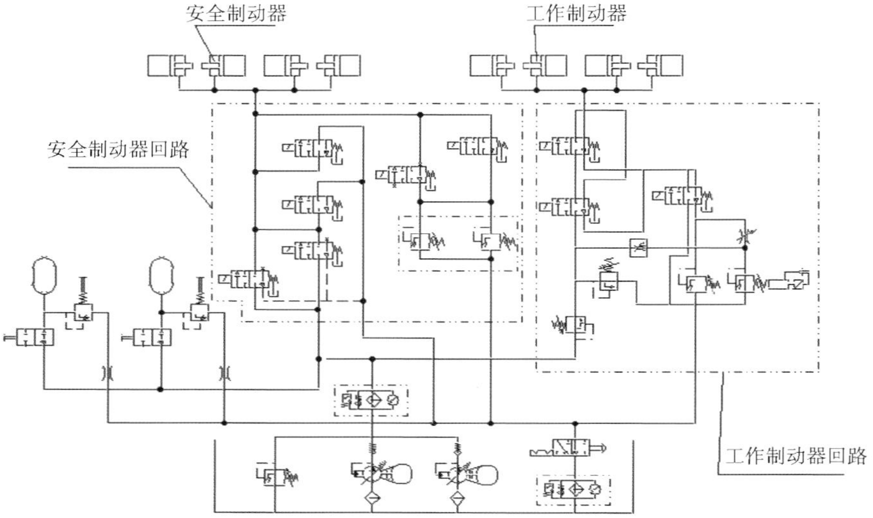

图 4.3-1 隔河岩第一级垂直升船机主提升机安全制动系统液压原理图

①对制动器实行集中控制。安全制动器和工作制动器由同一台液压泵站控制,两者共用油泵组和油箱,控制油路系统则相互独立。液压泵站的主要作用是向制动器提供压力油,使闭合的制动器打开,实现松闸。因此,当松闸过程中液压系统出现故障,或某一个制动器因泄漏而不能正常建立油压时,所有的制动器均无法打开,从而可以避免事故的发生。采用集中控制,还可以有效提高制动器上闸和松闸的同步性。

②换向电磁阀带位置检测。液压系统中的所有电磁换向阀均带阀芯位置反馈装置,检测信号输入 PLC,监控系统根据检测信号可判断电磁阀的工作状态,降低液压系统的故障率。

③重要液压阀冗余配置。为提高液压控制系统的工作可靠性,系统中所有的电磁换向阀均采用备份方式,运行中某一电磁阀出现故障,将不会影响系统的正常运行。油泵电机组和蓄能器等重要元器件,按照双备份方式配置。

④由蓄能器松闸。由于制动器松闸是短时间输入压力油的过程，在液压系统中设置大容量的蓄能器，可以有效减小电机功率、缩短开闸时间、提高泵组的工作寿命，同时可以降低系统的发热。制动器松闸时，由蓄能器提供压力油，将制动器打开。经几次反复开闸后，蓄能器的压力降低至最低松闸压力后，油泵将自动向蓄能器充油，直至设定压力。

4.3.3 安全制动系统的运行程序

（1）启动程序

主提升机的安全制动系统不仅是升船机运行的安全设备，同时也是升船机遭遇事故进行紧急停机的执行机构。根据全平衡钢丝绳卷扬式垂直升船机的荷载特点，主提升机启动、制动过程中，安全制动系统需要与电气拖动系统相互配合，以避免主提升机的机械传动系统遭受冲击。

升船机承船厢悬吊系统不平衡荷载的大小与方向，在每次运行中都是随机的，因此主提升机机械传动系统齿轮的接触及受力情况都会发生变化，即主提升机启动时的荷载可能与上次制动时的荷载方向不同。为避免冲击，启动前应消除传动系统的齿轮间隙，释放系统内力。为此制定如下启动程序：

①启动电机（电流环通电），按照前次运行结束时荷载的大小和方向施加预加力矩。

②工作制动器松闸。

③重新调整电机预加力矩。根据运行荷载的实际大小和方向，改变电机的预加力矩，使电机出力与外载平衡，同时消除机械传动系统的间隙。

④安全制动器松闸，同时闭合主拖动速度环，主提升机按照设定的速度曲线投入运转。

⑤“工作制动器松闸”指令和“安全制动器松闸”指令发出后，设在工作制动器和安全制动器上的检测装置将发出松闸成功的信号。如果松闸不成功，则发出“工作制动器上闸”指令和“安全制动器上闸”指令，终止松闸程序。

（2）正常制动程序

主提升机的正常制动由电气系统实施，安全制动系统的制动程序在主提升机完全停止运转后进行。工作制动器全压上闸，延时数秒后，安全制动器全压上闸。在此过程中，如果上闸检测装置发出上闸成功的信号，主拖动系统将退出工作，否则执行紧急制动程序。

（3）紧急制动程序

当电气系统出现故障不能实施正常制动时，实施安全制动系统的紧急制动程序。接到“紧急制动”指令后，工作制动器按照设定的压力曲线调压上闸，延时数秒后，安全制动器分级上闸。

4.3.4 紧急制动力曲线

全平衡钢丝绳卷扬式垂直升船机的主提升机需要克服承船厢误载水体重量、系统惯性力、各运动副的摩擦阻力、风阻力、钢丝绳僵性阻力、承船厢与平衡重的不平衡重量等，驱动承船厢升降运行。在这些荷载中，误载水重是随机的，钢丝绳僵性阻力和摩擦阻力也有一定的随机性，但存在统计规律，钢丝绳不平衡重量和惯性力可以认为是确定的，因此主提升机外载的大小和方向都是随机的。按主提升机荷载和承船厢运动的方向一致性考虑，主提升机包括两种基本工况：一种是主提升机荷载方向与承船厢运动方向相反，此时主提升机电动机提供动力，使主提升机驱动承船厢运行，称为电动工况；另一种是主提升机荷载方向与承船厢运动方向相同，此时承船厢与平衡重系统的不平衡力矩驱动主提升机运行，所产生的能量通过电动机反馈至电网，称为发电工况。升船机升降运行工况的区分对工作制动器的设计十分重要，在发电工况下承船厢不平衡荷载使之产生加速运动的趋势。如果主提升机不施加制动力，承船厢和平衡重系统势必失控，当主提升机施加适当的控制力，制动减速度控制在一个较小的范围内，一般设计取该值为 0.04～0.08m/s^2，工作制动器的制动力曲线按该状态下紧急制动加速度的设计确定。在电动工况，承船厢不平衡荷载使之产生减速运动的趋势，在此状态下，即使不施加制动力，承船厢和平衡重系统的速度也将因不平衡力的作用减小直至静止。为安全起见，避免承船厢速度过零后失控运行，在此工况下也会采用与发电工况相同的紧急制动曲线实施制动，此时由于制动力与外荷载叠加，承船厢的制动加速度绝对值远大于发电工况，一般要求不大于 0.3m/s^2。由于惯性力与外载部分抵消，主提升机传动设备的荷载合力并非与加速度成比例地增加，制动力曲线的施加应保证在电动工况和发电工况下，升船机运动系统能平稳可靠地制动。制动可靠性可用发电工况下制动器上闸后，承船厢继续升降的最大距离来衡量，一般称此距离为承船厢的冲程。分段制动的平稳性可用发电工况下制动所产生的承船厢最大减速度来衡量。工作制动器的这两个技术指标是相互制约的，合理的制动力曲线应保证两个指标都满足设计要求。此外，应对电动工况下主提升机传动设备的荷载合力进行核算，其值应小于设计规定的最大偶然荷载。以下是在总结已建全平衡钢丝绳卷扬式垂直升船机主提升机安全制动系统设计与运行经验的基础上，提出的工作制动器紧急制动上闸曲线基本形式和参数确定原则，以及相关的设计方法，并以隔河岩第一级垂直升船机为例进行计算，验证紧急制动上闸曲线的合理性。

(1)相关参数及工作制动器上闸曲线

1)等效质量与等效力

全平衡钢丝绳卷扬式垂直升船机主提升机工作制动器通常布置在减速器高速轴的出轴上，采用液压盘式制动器。通过液压阀件控制泄除制动器制动头腔内的压力，使制动器通过蝶形弹簧压紧在制动盘上，对减速器高速输出轴形成制动力矩。主提升机的惯性力矩为分布荷载，作用在主提升机的所有旋转部件上。为便于分析，将主提升机所有旋转部件的力矩转换成作用在卷筒出绳点处的线荷载，同时根据能量守恒关系将主提升机各旋转部件的转动惯量转换成质量：

$$F_k = \frac{i_k M_k}{r_d} \tag{4.3-1}$$

$$m_k = \frac{i_k{}^2 J_k}{r_d{}^2} \tag{4.3-2}$$

式中：M_k——作用在第 k 级传动轴的力矩；

F_k——对应的等效转换线荷载；

J_k——第 k 级传动轴的转动惯量；

m_k——对应的等效转换质量；

i_k——第 k 级传动轴与主提升机低速轴的转速比；

r_d——卷筒半径。

运动系统的总等效质量为：

$$M = \sum_k m_k + 2m_c \tag{4.3-3}$$

式中：m_c——承船厢系统总质量。

2）工作制动器紧急制动

制动力曲线工作压力紧急制动时采用图 4.3-2 所示的两级上闸加载曲线。线段 OA 表示工作制动器上闸后，在 0.5～1s 主提升机制动力由零升至第一级制动力，第一级制动力的大小通常取额定提升力，该制动力值维持 3s 左右（线段 AB 所示），然后在大约 4s 内增加至第二级制动力（线段 BC 所示）。第二级制动力对应于工作制动器的额定制动力，工作制动器额定制动力按以电机额定力矩为工作荷载，并取不小于 1.5 倍的安全系数进行确定。

3）主提升机外载

主提升机的外载包括承船厢误载水不平衡力、系统惯性力、各运动副的摩擦阻力、钢丝绳僵性阻力、承船厢与平衡重的不平衡重力等。为简化分析，不考虑承船厢与平衡重的不平衡重力，系统惯性力则作为位置变量考虑。摩擦阻力和钢丝绳僵性阻力在任何情况下均与速度方向相反，启制动作用。而承船厢误载水不平衡力既可以与速度方向相反，又可以与速度方向相同。在发电工况，承船厢误载水不平衡力与速度方向相同，因而与摩擦阻力和钢丝绳僵性阻力部分抵消，按最大承船厢误载水不平衡力考虑，合力方向与速度方向相同。在发电工况的外载是主提升机制动力需要克服的外载，为了反映这种关系，将外载置于图 4.3-2 中时间轴的上方。在电动工况，承船厢误载水不平衡力与速度方向相反，因而与摩擦阻力和钢丝绳僵性阻力部分叠加，合力方向与速度方向相反。在电动工况的主提升机外载是启制动作用的外载，为反映紧急制动过程中制动力与外载的叠加关系，将外载置于图 4.3-2 中时间轴的下方。

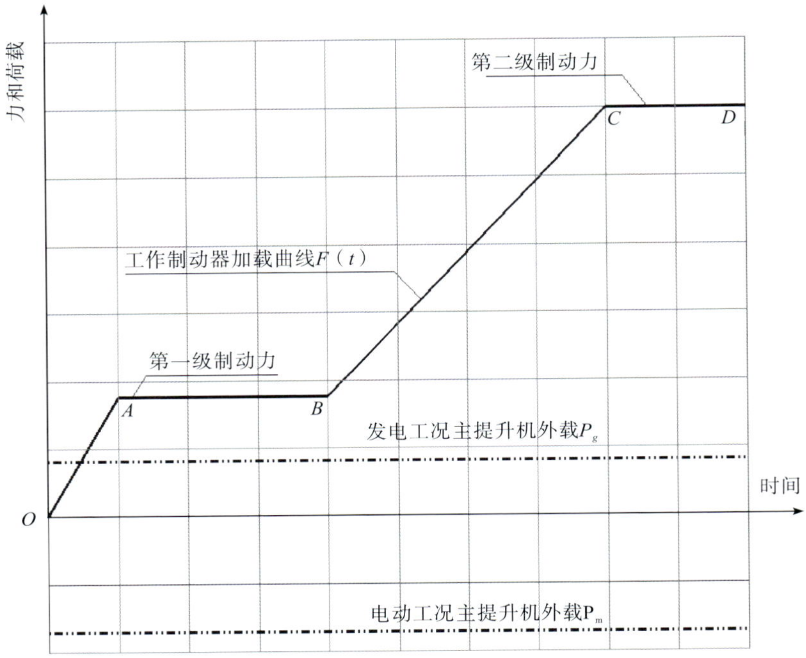

图 4.3-2　工作制动器紧急制动力曲线及主提升机外载

(2)制动加速度和制动行程分析

1)电动工况分析

电动工况 OA 时段任一时刻承船厢的制动加速度为：

$$a_{mOA}(t)=-\frac{F_{OA}(t)+P_m}{M}=-\frac{\dfrac{F_1 t}{t_A}+P_m}{M} \tag{4.3-4}$$

式中：$F_{OA}(t)$——t 时刻所施加制动力的大小；

F_1——第一级制动力；

t_A——制动力从零升至第一级制动力所需时间；

P_m——电动工况主提升机外载。

该时段任一时刻承船厢的速度为：

$$v_{mOA}(t)=v_0+\int_0^t a_{mOA}\mathrm{d}t=v_0-\int_0^t \frac{\dfrac{F_1 t}{t_A}+P_m}{M}\mathrm{d}t=v_0-\frac{\dfrac{F_1 t^2}{t_A}+2P_m t}{2M} \tag{4.3-5}$$

式中：v_0——承船厢额定提升速度。

根据式(4.3-5)计算 $v_{mOA}(t)$值，如果该值为负即可判断承船厢已在该时段停止。在电动工况，由于外载启制动作用，一般在该阶段承船厢就会停止。令 $v_{mOA}(t)$为零，即可求出承船厢静止的时间 t_s。将 t_s 代入式(4.3-4)，即可求得最大加速度 a_{mOA}。

制动行程按式(4.3-6)求出：

$$S_{mOA}(t_s)=\int_0^{t_s} v_{mOA}\mathrm{d}t=v_0 t_s-\frac{\frac{F_1 t_s^{\ 3}}{t_A}+3P_m t_s^{\ 2}}{6M} \tag{4.3-6}$$

2)发电工况分析

发电工况下，制动器克服主提升机外载对系统制动，因此需要分阶段分析。一级制动阶段（OA 段）承船厢的加速度为：

$$a_{gOA}(t)=-\frac{F_{OA}(t)-P_g}{M}=-\frac{\frac{F_1 t}{t_A}-P_g}{M} \tag{4.3-7}$$

速度

$$v_{gOA}(t)=v_0+\int_0^t a_{gOA}\mathrm{d}t=v_0-\int_0^t\frac{\frac{F_1 t}{t_A}-P_g}{M}\mathrm{d}t=v_0-\frac{\frac{F_1 t^2}{t_A}-2P_g t}{2M} \tag{4.3-8}$$

位移

$$S_{gOA}(t)=\int_0^{t_s} v_{gOA}\mathrm{d}t=v_0 t_s-\frac{\frac{F_1 t_s^{\ 3}}{t_A}-3P_g t^2}{6M} \tag{4.3-9}$$

根据式(4.3-9)求出终了时刻的速度 $v_{gOA}(t_A)$。如果 $v_{gOA}(t_A)<0$，则求出使 $v_{gOA}(t)=0$ 的时间值 t_s，进而求出 $a_{gOA}(t_s)$ 和 $S_{gOA}(t_s)$。在发电工况，由于制动力和主提升机外载部分抵消，更可能的情况是 $v_{gOA}(t_A)>0$。因此，需要进一步分析 AB 段的情况。

$$a_{gAB}(t)=-\frac{F_{AB}(t)-P_g}{M}=-\frac{F_1-P_g}{M} \tag{4.3-10}$$

$$v_{gAB}(t)=v_A-\frac{(F_1-P_g)t}{2M} \tag{4.3-11}$$

计算 B 点的速度 $v_{gAB}(t_B)$。如果 $v_{gAB}(t_B)<0$，则可令 $v_{gAB}(t)=0$，求得承船厢静止的时间值：

$$t_s=\frac{v_A M}{F_1-P_g} \tag{4.3-12}$$

此时的加速度即为式(4.3-9)所代表的值。制动距离则为：

$$S_{gAB}(t_s)=\frac{M v_A^{\ 2}}{2(F_1-P_g)} \tag{4.3-13}$$

如果 $v_{gAB}(t_B)>0$，可参照 OA 段的分析方法继续进行 BC 段的运动学分析。

(3)主提升机传动系统的刚性冲击荷载

由于主提升机和承船厢平衡重相连，因此在计算主提升机的惯性力时，应将承船厢和平衡重系统一同考虑，并且主要研究主提升机传动系统（减速器和开式齿轮）受到的冲击力，且工作制动器位于减速器与电动机之间，可将升船机运动系统用电动机、传动系统（包括卷筒和滑轮）以及承船厢和平衡重 3 个质量系统模拟。为便于分析，三个质量等效转换为主提升机低速级卷筒出绳点的串联线质量，其作用荷载则为线荷载，线荷载和质量大小分别按式(4.3-1)和式(4.3-2)计算。由于不考虑系统的弹性，各质量的加速度都是一样的，各质量受到的惯性力为制动加速度与质量的乘积。承船厢和平衡重系统对应的等效质量承受系统的不平衡荷载，一般近似地以主提升机提升力代之。制动过程主要针对主提升机减速器等传动设备，近似计算结果不会产生影响。与电动机对应的等效质量承受工作制动器的制动力，每个等效质量所受的合力根据该质量的平衡条件确定。具体详细的分析方法及实例说明见文献[15]。

4.4 驱动机构齿轮浮动支承系统及其超载支承转换技术

4.4.1 驱动机构的齿轮浮动支承系统

4.4.1.1 机构形式与组成

对于全平衡齿轮齿条爬升式垂直升船机，要求在承船厢升降过程中驱动机构的齿轮与齿条之间始终保持精准的啮合状态。齿条安装在混凝土塔柱上，自身不可避免地存在制造、安装误差，并且会随着塔柱结构的变形而产生变位。合理解决驱动机构与塔柱结构的变形协调问题，是齿轮齿条爬升式垂直升船机设计成败的关键技术问题之一。驱动机构适应齿条各向变位的技术措施，主要是利用齿轮托架的多自由度机构运动。

如图 4.4-1 所示，齿轮托架机构主要由小齿轮轴、支承及导向机构、位移适应机构和液气弹簧等部分组成。其中，小齿轮轴为整体锻件，两轴端为花键轴，与万向联轴节组件的端部花键槽连接。小齿轮两侧的轴段支承在支承及导向机构的轴承座内。

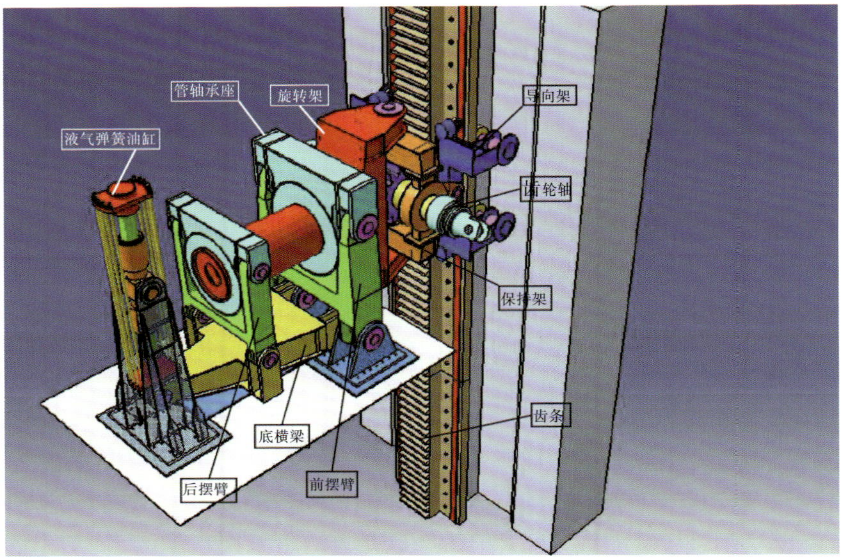

图 4.4-1 齿轮托架机构三维效果图

支承及导向机构主要由保持架、导向架和导向轮等构成，其中保持架由上横梁、下横梁和轴承座组成。上横梁、下横梁与管轴承头部接触部位装设了自润滑衬垫，中部铰轴孔装有自润滑轴承，轴承内孔与位移适应机构上的铰轴装配，使轴承保持架可相对位移适应机构绕铰轴转动。每个轴承座的座体与两端的透盖在轴承座外表面形成了两道沟槽，导向架的梨形板镶嵌在沟槽内，梨形板与轴承座用沟槽底部的自润滑轴瓦及侧壁的自润滑衬垫相隔，使导向架相对轴承座可以自由转动。每套支承及导向机构含两套导向架，每个导向架的顶部和底部各安装一套正导向轮组和一套反导向轮组。其中，正导向轮组采用偏心轴在导向架轴孔内安装的方法，导轮与齿条背向导轨面接触；反导向轮组碟簧在导向架上支承，反导向轮的自润滑轴承与导向架装配，并用螺钉连接，导轮与齿条正向导轨面留有间隙。支承及导向机构见图 4.4-2。

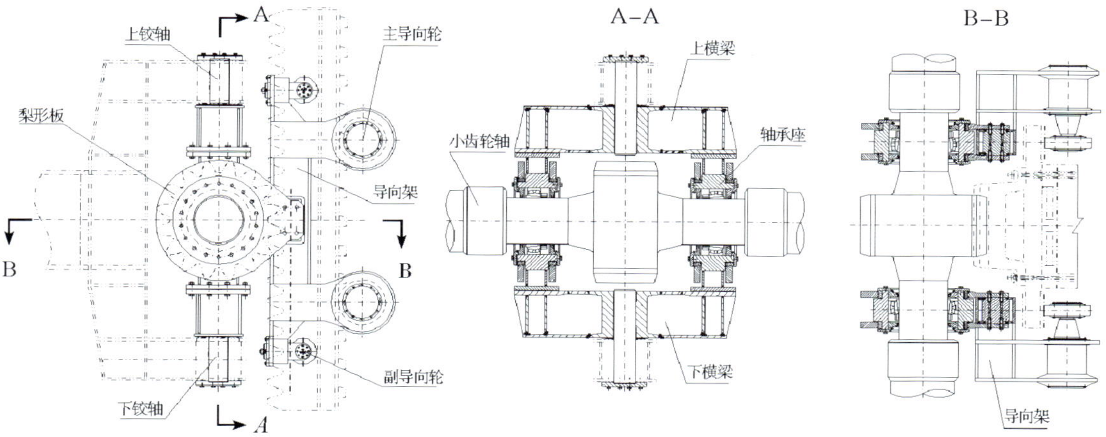

图 4.4-2 支承及导向机构示意图

位移适应机构由管轴承、管轴承座、前支架、后支架、底梁等部件组成，其中管轴承座由前、后支承环和自润滑轴承组成。管轴承通过其端部的竖直铰轴与支承及导向机构的轴承保持架相连，其底梁端部通过铰轴与液气弹簧机构的油缸活塞杆吊头相连。位移适应机构的前支架通过铰轴与承船厢相连。该铰轴使小齿轮托架在荷载传递上呈现杠杆传力的性质，即齿轮竖直荷载与液气弹簧油缸的竖直荷载始终保持固定的比例，设计中一般取该比值为 2。后支架通过铰轴与底梁连接，底梁一端铰接于底部铰座，另一端与液气弹簧机构的油缸活塞杆头部铰接。前支架和管轴承座、后支架和管轴承座、管轴承和底梁形成了适应水平横向变位的四连杆机构。位移适应机构示意见图 4.4-3。

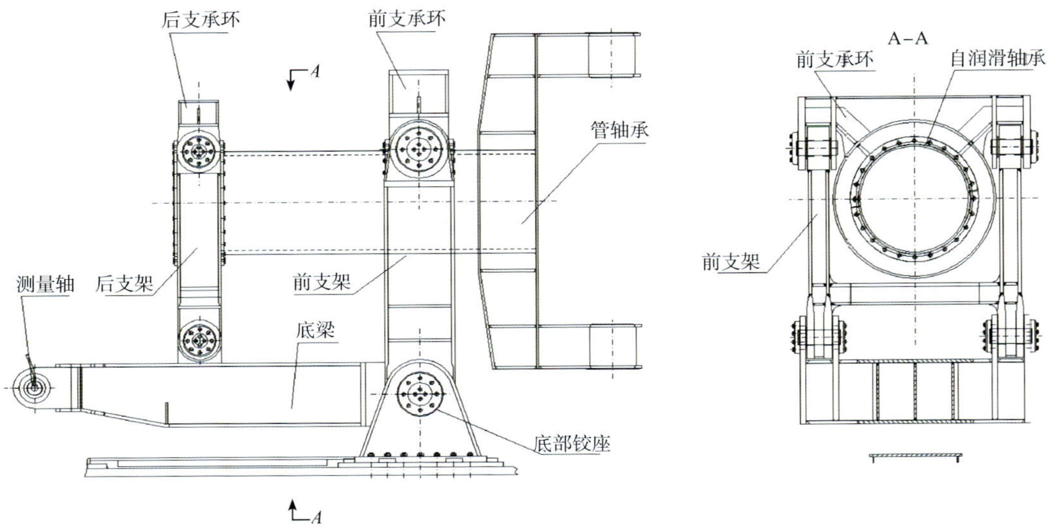

图 4.4-3　位移适应机构示意图

4.4.1.2　机构适应各向变位的原理

小齿轮轴通过调心滚动轴承支承在支承及导向机构的保持架上，齿轮啮合力的竖向分力通过管轴承、前支架、后支架、底梁以及液气弹簧油缸等构件组成的杠杆平衡系统传至承船厢，从而形成了齿轮轴的竖向支承。齿轮托架的前支架通过支铰与承船厢结构相连接，为小齿轮轴提供了水平纵向支承。齿轮啮合力的水平分力通过导向架上的 4 个主导向轮施加在齿条背面的正向导轨上，齿条对导向架的四点水平横向支承形成了小齿轮轴相对于齿条的水平横向定位，使得齿轮与齿条的啮合精度仅取决于齿条、齿轮的制造精度和主导轮的安装精度。齿条的制造精度可以通过加工设备保证，主导轮位置可以通过偏心轴精确调整，保证齿轮和齿条的精确啮合。

承船厢与塔柱（齿条）之间的横向相对变位通过四连杆机构适应。当塔柱（齿条）发生相对于承船厢的横向变位时，机构通过平动或转动予以适应。尽管运动后构件的相互位置关系有所变化，但齿条对机构的约束性质没有改变，系统是稳定的。四连杆机构对齿条横向位置的变化具有较强的适应能力，系统可有效适应承船厢与塔柱（齿条）之间的横向相对变位，保证齿条与齿轮之间正常啮合。

四连杆机构在通过水平运动适应齿条的横向变位过程中，小齿轮轴轴线相对于减速器低速轴轴线的距离将发生变化，造成小齿轮轴轴线产生相对于承船厢的附加竖向位移，该位移会造成安全机构螺纹副间隙的改变。因此，齿轮托架机构的各构件尺度的设计应使位移尽可能小，具体来讲，就是通过合理选择铰点 A 的位置，使小齿轮中心相对承船厢的竖向位移最小化（图 4.4-4）。

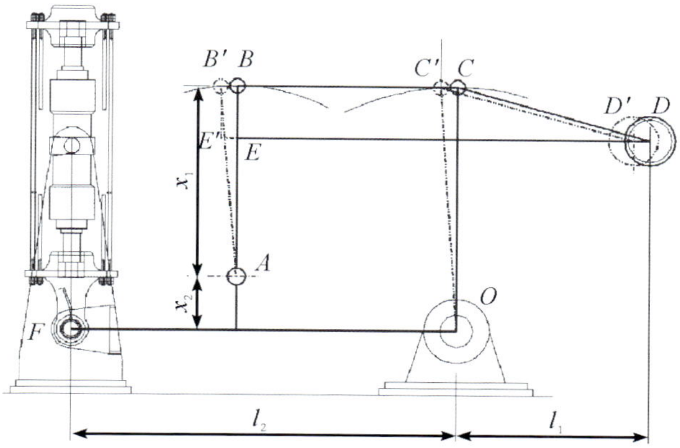

图 4.4-4　齿轮托架机构适应横向水平变位原理示意图

当齿条出现竖直平面内的偏斜或水平面内的扭转时，齿轮托架机构通过机构的 3 个自由度予以适应。齿条相对于理想节面绕垂直中心线的局部或整体偏转，该偏转使齿条轮齿节线在水平面转动，造成齿条轮齿节线至小齿轮轴线水平距离沿齿宽方向变化，通过位移适应机构的保持架绕竖直轴线的转动予以适应；齿条相对于理想节面绕水平横向中心线的局部或整体偏转，该偏转使齿条轮齿节线在纵向垂直平面转动，造成齿条轮齿节线至小齿轮轴轴线垂直距离沿齿宽方向变化，通过管轴承绕水平横向中心线转动实现。

齿条相对于承船厢的纵向水平变位不需要齿轮托架机构适应。一方面承船厢的单程升降时间很短，三峡、向家坝升船机仅 10min 左右，塔柱外荷载在此期间不会有大的改变，发生较大纵向相对水平变位的概率很小。另一方面即使有较大的水平纵向变位，由于齿轮齿条啮合的特性，单个齿每一次啮合时间很短（不足 1s），在此期间发生的水平纵向位移基本可以忽略，可不考虑齿轮和齿条沿齿宽方向的带载滑动。但是在足够长的时间内，当塔柱外荷载发生改变时，齿条相对于承船厢之间的水平纵向变位依然较大。为避免在承船厢长期处于静止状态时齿轮和齿条轮齿间发生沿宽度方向的带载滑动，导致小齿轮轴承受轴向荷载以及由此引起的齿面胶合损伤，在每次承船厢升降运行完成后，小齿轮应通过液气弹簧卸载退出带载啮合状态。这样在承船厢对接和升船机停机检修等工况，尽管小齿轮处于与齿条啮合的位置，产生齿面间的相对滑动，但因不承受荷载不会发生齿面胶合损伤。为适应齿条与齿轮的水平纵向相对变位，应使齿条的宽度大于小齿轮的宽度，并具有一定的安全裕度，即使出现设计规定的最大水平纵向相对变位，齿轮与齿条仍可保持全齿宽啮合。

4.4.1.3　驱动机构小齿轮的荷载

驱动机构支承系统的荷载主要来自齿轮与齿条的啮合力，啮合主要克服承船厢升降运行的不平衡力、摩阻力和钢丝绳僵性阻力以及启制动过程中的惯性力，因此承船厢在正常升降运行工况下，驱动机构小齿轮支承系统的荷载主要根据以上荷载分量进行计算。驱动机构齿轮支承系统的极限荷载理论上也是由上述荷载组成，仅误载水荷载来源于承船厢失衡事故工况的误载水深，该荷载的最大值是由安全机构螺纹副最大间隙和液气弹簧油缸的刚度确定的，因此计算方法有所不同。

(1)驱动机构小齿轮荷载的组成

1)误载水重

由于齿轮齿条爬升式垂直升船机采用全平衡形式，理论上当承船厢水深为设计水深时，承船厢总重与平衡重总重相等，从而形成力矩平衡条件。然而，由于承船厢重量和平衡重重量的制造偏差，满足力矩平衡条件的承船厢水深测量值不一定与设计水深刚好吻合，实际的做法是将满足力矩平衡条件时的水深按设计水深值进行标定。力矩平衡的判定条件是承船厢升降运行时驱动系统荷载(通过电动机电枢电流测定)为零。为叙述方便，以后均假定设计水深条件下的升船机处于力矩平衡状态。这样，实际水深与设计水深的差值 ΔH_{hoi} 即为误载水深，其所对应的水体重力即为误载水重，如式(4.4-1)所示。

$$F_{ew}=\rho_w g\Delta H_{hoi}\cdot L_m\cdot B_m \tag{4.4-1}$$

式中：ρ_w——水体密度；

g——重力加速度；

L_m 和 B_m——承船厢水域总长度和总宽度；

ΔH_{hoi}——承船厢升降运行过程所允许的最大误载水深。

对于同一升船机而言，L_m 和 B_m 属于结构尺度参数。误载水深则是随机变量，与承船厢在对接期间的瞬时水力状态，以及承船厢和闸首对位精度有很大关系。当水位稳定或变化较慢时，承船厢的误载水深可控制在略大于对位误差(大中型垂直升船机一般为±30mm)的范围内，即误载水深位于±50mm 范围内；当水位快速变化时，承船厢的误载水深则会超过允许的误载水深最大值，此情形大多发生在承船厢与升船机下游水域对接过程中，尤其是在电站泄水、相邻航道有船舶快速行驶等情形下。当承船厢关门后，水深检测装置检测到水深偏差超过升降运行允许的最大误载水深值时，可通过承船厢水深调节系统对水深加以调节，使得误载水深处于允许范围。在计算驱动系统正常设计荷载时，误载水重按最大允许误载水深计算。大中型全平衡齿轮齿条爬升式垂直升船机最大允许误载水深一般取±10cm。在小齿轮和齿条疲劳强度计算时，可根据误载水深的随机分布特点，按齿轮和齿条疲劳强度等效原则计算疲劳等效荷载。在三峡和向家坝升船机设计中，开式齿轮和齿条的疲劳等效计算荷载均按 5cm 误载水深发生概率为 80%、10cm 误载水深发生概率为 20%的设计条件考虑。

2)惯性荷载

惯性荷载为升船机与承船厢升降相关的运动部件速度和角速度发生改变时产生的惯性力和惯性力矩。惯性荷载包括两部分：一部分为平衡重、承船厢及水体(含误载水)、钢丝绳以及平衡链等所有做平面运动的悬吊系统质量的总和所产生的惯性力；另一部分为滑轮转动惯量产生的惯性力矩，其中，滑轮惯性力矩按能量等效原理转化为与承船厢和平衡重同步升降运动的质量，该转化质量连同承船厢和平衡重系统的总重量与承船厢升降运行加速度的乘积，构成了驱动系统正常运行最大荷载中的惯性力。作用在小齿轮上的惯性力计算公式见式(4.2-2)。

$$F_a=(m_s+m_c+m_e)a+J_p\frac{\varepsilon}{R_p} \tag{4.4-2}$$

式中：m_s、m_c 和 m_e——承船厢、平衡重系统和误载水的质量；

a——承船厢正常启制动加速度；

J_p——滑轮的总转动惯量；

ε——承船厢正常启制动过程滑轮的角加速度；

R_p——滑轮的名义半径。

由于 $J_p=m_pR_p^2/2$，$\varepsilon=a/R_p$，式(4.4-2)可写为：

$$F_a=(m_s+m_c+m_e+\frac{1}{2}m_p)a \tag{4.4-3}$$

式中：m_p——滑轮的总质量。

3)平衡滑轮轴承摩阻力

轴承摩阻力是平衡滑轮在承受承船厢和平衡重总重以及滑轮、钢丝绳和平衡链重量条件下转动时轴承内的摩阻力，驱动系统需要克服的平衡滑轮轴承总摩阻力按式(4.4-4)计算。

$$F_f=\frac{\mu_r d_{pa}}{D_{pu}}(2W_s+W_r+W_{ch}+W_p+F_{ew}) \tag{4.4-4}$$

式中：μ_r——滚动轴承的摩擦系数，一般取0.003；

d_{pa}——滑轮轴直径；

D_{pu}——滑轮名义直径；

W_s——标准水深下承船厢的总重量；

W_r——悬吊钢丝绳及其组件的总重量；

W_{ch}——平衡链的总重量；

W_p——平衡滑轮的总重量。

4)钢丝绳僵性阻力

钢丝绳缰性阻力是由钢丝绳绕入或绕出滑轮时的摩擦功造成的阻力，与钢丝绳张力、钢丝绳直径、滑轮直径以及钢丝绳的捻制方式有关。对于同向捻钢丝绳，其僵性阻力按经验公式(4.4-5)计算；对于交互捻钢丝绳，其僵性阻力按经验公式(4.4-6)计算：

$$F_s=0.0063\frac{d_r^2}{D_{pu}}(S_r+3) \tag{4.4-5}$$

$$F_s=0.009\frac{d_r^2}{D_{pu}}(S_r+5) \tag{4.4-6}$$

式中：F_s——僵性阻力，kN；

d_r、D_{pu}——钢丝绳和滑轮名义直径，mm；

S_r——钢丝绳张力，kN。

5）其他荷载

其他荷载包括驱动系统的承船厢和平衡重制造重量偏差引起的不平衡力，以及承船厢横向和纵向导向机构的导轮与轨道之间的摩擦阻力。前者通过设置调整平衡重块予以消除大部分，后者量值较小，对驱动系统正常运行荷载影响不大，可不必专门计算。

（2）小齿轮支承系统主要设计荷载

1）疲劳强度计算荷载

单台驱动机构正常运行荷载包括误载水重 F_{ew}、承船厢和平衡重系统惯性力 F_a、轴承摩阻力 F_f，以及钢丝绳僵性阻力 F_s。齿轮支承系统按不同误载水深以某个设定的发生概率来确定。一般情况下，假定最大误载水深荷载 F_{ew} 出现的总次数占升船机升降运行总次数的 20%；$F_{ew}/2$ 出现的总次数占升船机升降运行总次数的 80%，见式（4.4-7）、式（4.4-8）。

$$F_1 = F_{pd} = \frac{k_d}{4}(F_{ew} + F_a + F_f + F_s) \tag{4.4-7}$$

$$F_2 = \frac{k_d}{4}(0.5F_{ew} + F_a + F_f + F_s) \tag{4.4-8}$$

式中：F_{pd}——单个齿轮正常设计荷载；

k_d——4 套驱动机构之间的荷载不均系数；

F_1——发生次数占总次数的 20%的荷载值；

F_2——发生次数占总次数的 80%的荷载值。

2）停机荷载

驱动机构停机荷载是升船机运行的控制参数之一，一般不涉及系统的计算。当事故（如承船厢在升降过程中漏水）致使驱动机构齿轮荷载达到停机荷载时，电机停机，工作制动器和安全制动器将相继上闸制动。停机荷载按式（4.4-9）计算：

$$F_{ds} = 1.25F_{pd} + W_{pu} + \delta F_1 \tag{4.4-9}$$

式中：W_{pu}——单台驱动机构小齿轮和万向联轴器的重量之和；

δF_1——荷载裕量，一般取 20～30kN。

3）液气弹簧变形初始荷载 F_{sp}

承船厢漏水致使驱动机构停机后，小齿轮荷载将继续增加，增加到一定值时，齿轮托架机构中的液气弹簧开始变形，通常将此荷载称为液气弹簧变形初始荷载。该荷载可通过液气弹簧蓄能器的压力预先设定，并可根据现场调试情况进行调整。对于大型全平衡齿轮齿条爬升式垂直升船机，液气弹簧变形初始荷载可按大于停机荷载 80～100kN 进行初始设定。

4)齿轮极限荷载(最大事故荷载)

随着驱动机构小齿轮荷载的持续增加,液气弹簧变形将持续加大,安全机构的螺纹副间隙逐渐减小,至螺纹副间隙消失时,小齿轮荷载达到最大值。继续增加的承船厢不平衡荷载将作用于安全机构,承船厢转由安全机构支承。当安全机构螺纹副间隙不同时,所对应的小齿轮最大荷载是不同的,一般将螺纹副最大间隙时的小齿轮最大荷载作为齿轮极限荷载。齿轮极限荷载是驱动机构静强度的计算荷载,该极限荷载在概念上的定义见式(4.4-10)。

$$F_{\lim} = F_{sp} + \lambda \int_{0}^{l_s} k_s \mathrm{d}x \tag{4.4-10}$$

式中:λ——齿轮托架机构底梁的杠杆比,一般取 $\lambda = 2$。

k_s——小齿轮托架液气弹簧的弹性系数函数。该函数是蓄能器参数和液气弹簧瞬时位移的复杂非线性函数;

l_s——液气弹簧油缸的最大行程。该行程应大于 λ 倍安全机构最大螺纹间隙,并留有充分的裕量,以避免承船厢遭遇巨大不平衡力时,由承船厢结构变形等导致油缸行程达到极限,而安全机构螺纹副间隙尚没有完全消失的情况。

在设计中,通常将液气弹簧作为线性弹簧确定齿轮极限荷载,即式(4.4-11)。

$$F_{\lim} = F_{sp} + \lambda k_{sl} l_s \tag{4.4-11}$$

式中:k_{sl}——线性弹性系数,可根据经验以及驱动系统具体设计条件进行预设,对于大中型齿轮爬升式垂直升船机,k_{sl} 可取值为 400~700kN/mm^2。

按照式(4.4-11)确定齿轮极限荷载后,根据该荷载要求设计驱动系统零部件(包括液气弹簧系统),然后再根据式(4.4-10)对齿轮极限荷载进行复核。

4.4.1.4 齿轮托架机构的结构计算

(1)静强度分析

静强度的计算荷载为小齿轮极限荷载 $F_{\lim}$,作用于小齿轮中心。除了外荷载大小和方向之外,小齿轮托架在适应塔柱和承船厢相对变位,以及在液气弹簧机构动作过程中的机构形态,对于小齿轮的静强度计算也有很大的影响。研究表明,以下两种构形下两组荷载大小和方向、小齿轮托架机构适应水平横向变位,以及液气弹簧油缸活塞位移的3种因素组合导致了小齿轮托架机构抵抗静态外荷载的最不利构形。有限元静强度计算可按以下两种极限构形建模。

极限构形1:小齿轮承受向上极限荷载、小齿轮托架机构产生趋向齿条的最大水平横向变位、液气弹簧油缸下活塞向上移动最大距离,见图4.4-5(a)。

极限构形2:小齿轮承受向下极限荷载、小齿轮托架机构产生背离齿条的最大水平横向变位、液气弹簧油缸上活塞向下移动最大距离,见图4.4-5(b)。

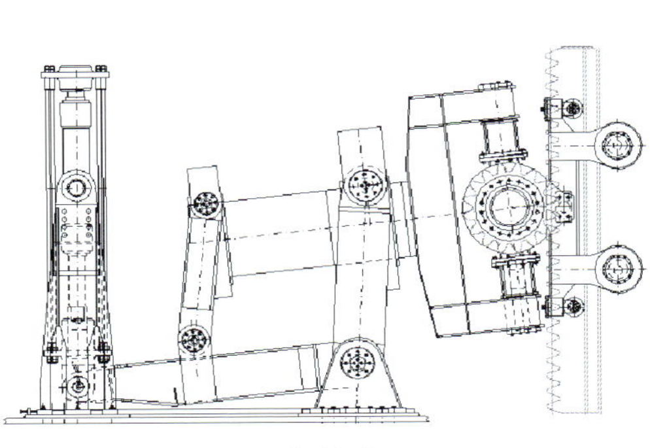

（a）极限构形1

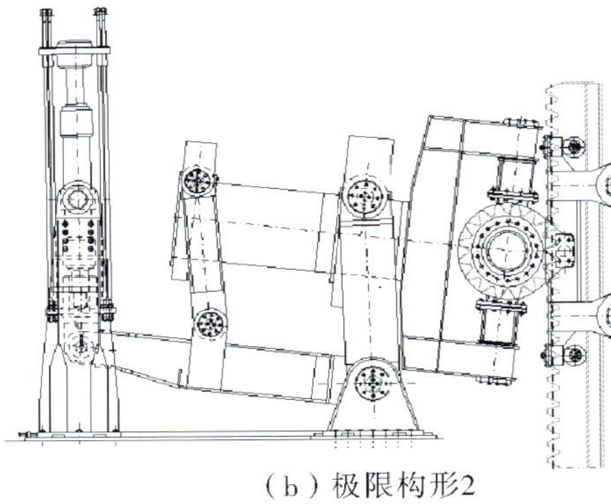

（b）极限构形2

图 4.4-5　小齿轮托架机构静强度分析的极限构形

运用 ANSYS 建立小齿轮托架机构有限元模型（图 4.4-6）。由于小齿轮托架机构相邻构件之间具有相对转动运动，在有限元模型中定义如下。

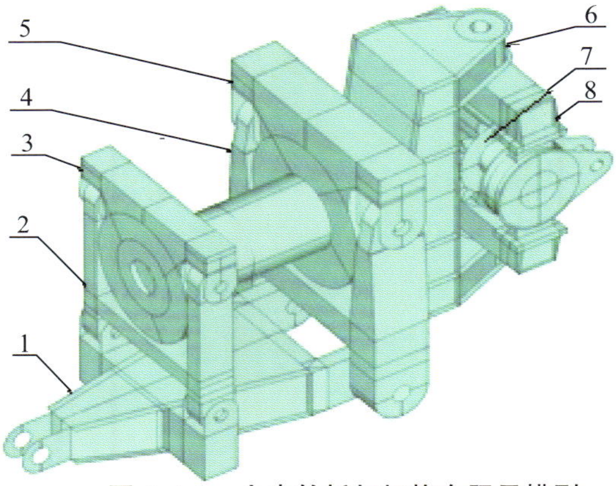

图 4.4-6　小齿轮托架机构有限元模型

1. 底部钢架；2. 后摆杆；3. 后框架环；4. 前摆杆；5. 前框架环；6. 叉管轴；7. 小齿轮轴；8. 轴承架

1）管轴与两个框架环之间的轴承

采用“轮辐”（BEAM188）法，并建立 MPC184 铰单元，释放相对转动，模拟轴承旋转特性。

2）框架环与框架摆杆之间的轴承

采用“轮辐”（BEAM188）法，建立 MPC184 铰单元，释放相对转动，模拟轴承旋转特性；运用约束方程，建立框架摆杆上轴承内圈各节点 UY 和 UZ 位移耦合，以实现轴承内圈作为整体。

3）框架摆杆与底部支架翼之间的轴承

采用“轮辐”（BEAM188）法，建立 MPC184 铰单元，释放相对转动，模拟轴承旋转特性；底部支架翼旋转中心施加释放旋转的固定约束，模拟固定轴承及液压气动弹簧作用。

4)管轴承与轴承架之间的轴承

采用“轮辐”(BEAM188)法，建立 MPC184 铰单元，释放相对转动，模拟轴承旋转特性。

5)轴承架与小齿轮导向支架

仅采用“轮辐”法建立轮辐。在旋转中心施加释放旋转的约束并施加 UZ 位移耦合，模拟与小齿轮导向支架的作用。

在正向导向轮等部位施加几何约束条件，消除机构自由度，并在小齿轮轴支承轴承处施加外荷载，建立结构计算的有限元模型。

小齿轮托架静强度按许用应力法进行设计和校核。

(2)疲劳强度分析

小齿轮托架的疲劳强度按两种荷载 F_1 和 F_2 分别计算相关构件的弯曲应力，并按两种荷载发生的次数对疲劳强度进行评估。

小齿轮托架的疲劳强度计算所选取的构形为小齿轮托架机构适应最大水平横向变位的构形，至于水平横向变位的方向则对计算结构没有影响。因为疲劳计算工况为驱动系统正常工况，所以液气弹簧机构不产生机构运动，即底梁保持水平静止形态。图 4.4-7 为小齿轮托架疲劳强度计算所采用的极限构形，疲劳应力计算的有限元建模方法与静力计算相同。

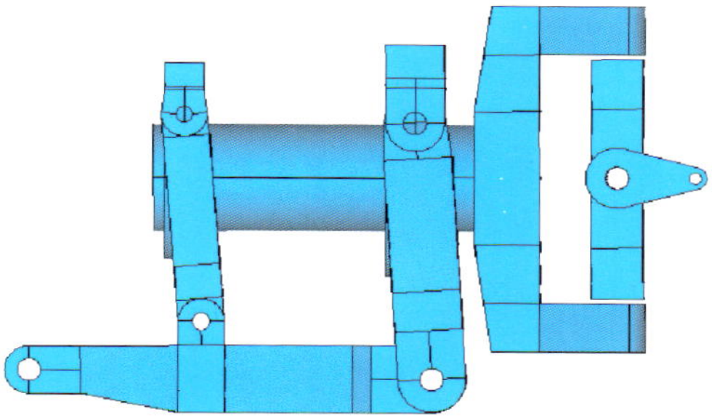

图 4.4-7 小齿轮托架疲劳强度计算极限构形

目前，小齿轮托架的疲劳强度计算主要依据 BS EN 1993-01-09，Euro code 3：Design of Steel Structures—part1-9 Fatigure(ENV 1993-01-02-1995，欧洲标准：钢结构设计——“疲劳分析”)，对其焊缝安全性进行评估。根据该标准，可将小齿轮托架结构的焊缝形式按应力集中程度的不同归结为 K71、K90、K100 三类。对于不同的焊缝形式，按照式(4.4-12)计算两种荷载情况下的疲劳抗力：

$$\Delta\sigma_{Ri} = \left(\frac{\Delta\sigma_c{}^m}{N_i}\right)^{\frac{1}{m}} \quad (i=1,2) \tag{4.4-12}$$

式中：m——疲劳抗力曲线梯度，当应力循环次数小于 5×10^6 次时，取 $m=3$。

$\Delta\sigma_c$——钢结构材料循环次数为 1×10^6 时的疲劳抗力值，可根据结构疲劳细节，即表示焊缝应力集中程度的疲劳细节类别参数 K71、K90、K100，在 BS EN 1993-01-09，Euro code 3 图 7.1 中查取确定。

N_i——荷载循环次数，N_1 为与±5cm 误载水深对应驱动系统小齿轮托架荷载的作用次数，一般按小齿轮托架总荷载循环次数的 80%计算，N_2 为与±10cm 误载水深对应驱动系统小齿轮托架荷载的作用次数，一般按小齿轮托架总荷载循环次数的 20%计算。

结构的疲劳许用应力为：

$$\Delta\sigma_{Rdi}=\frac{\Delta\sigma_{Ri}}{\gamma_{Mf}}\quad(i=1,2)\tag{4.4-13}$$

式中：γ_{Mf}——安全系数，取 1.35。

通过对小齿轮托架各焊缝部位进行两种不同荷载下的弯曲应力计算，选取若干个弯曲应力值较大的焊缝部位，分别计算两种荷载下危险部位的部分损伤系数，见式(4.4-14)。

$$C_{dai}=\frac{\Delta\sigma_{ci}}{\Delta\sigma_{Rdi}}\quad(i=1,2)\tag{4.4-14}$$

式中：$\Delta\sigma_{ci}$——第 i 个荷载下焊缝危险部位的计算应力差值。

由于小齿轮托架承受双向竖向荷载，其差值为该荷载竖直向上时该部位的应力与荷载竖直向下时该部位的应力之差。

相关危险部位的疲劳强度要求为该部位损伤系数不大于 1，即式(4.4-15)。

$$C_{da}=C_{da1}+C_{da2}=\frac{\Delta\sigma_{c1}}{\Delta\sigma_{Rd1}}+\frac{\Delta\sigma_{c2}}{\Delta\sigma_{Rd2}}\leqslant 1\tag{4.4-15}$$

(3)变形分析

由结构变形引起的小齿轮中心距底梁支铰中心垂直距离的最大变化量应在安全机构螺纹副间隙中予以考虑。对小齿轮托架的变形分析选取的构形与疲劳强度计算所选取的构形相同，其荷载为驱动机构正常设计荷载 F_{dn}。

4.4.1.5 小齿轮托架机构的模态分析

运用 ANSYS 建立小齿轮托架机构有限元模型亦可以用于结构模态的分析。模态提取选用 Block Lanczos 法，三峡升船机小齿轮托架机构的前 4 阶模态计算结果见表 4.4-1。

表 4.4-1　三峡升船机小齿轮托架机构前 4 阶模态计算结果

模态阶数	固有频率 f(Hz)	振型描述
1	9.497	管轴承叉杆前端、轴承架、齿轮轴、前框架环、前摆杆均向正 Y 轴方向摆动
2	15.779	轴承架、小齿轮轴、管轴承叉杆前端向 Z 轴负向摆动；前框架环绕其链接销轴顺时针转动
3	15.985	轴承架与小齿轮轴向正 Y 方向摆动；管轴承叉杆尾部，前/后框架环、前/后摆杆均向负 Y 轴方向摆动
4	27.383	管轴承叉杆、轴承架、小齿轮轴、前/后框架环向正 X 轴向摆动；前/后摆杆绕其链接销轴逆时针转动

根据小齿轮托架机构适应承船厢与塔柱相对位置的运动特征，考虑其主要振型为前4阶。根据相关文献对三峡升船机承船厢的研究，其前26阶固有频率的范围为0.065～0.226Hz，而小齿轮托架机构的前4阶固有频率范围为9.497～27.383Hz，两者相差较大，小齿轮托架机构与承船厢不会发生共振。

4.4.2 承船厢支承转换原理及液气弹簧装置

4.4.2.1 承船厢升降失衡工况支承转换原理

全平衡齿轮齿条爬升式垂直升船机的特点在于驱动设备采用齿轮齿条啮合形式，即通过装设在承船厢上的齿轮与装设在塔柱承载结构上的齿条啮合，克服误载水重、转向滑轮轴承摩阻力、安全机构摩阻力、启动和停机过程承船厢和平衡重惯性力、驱动系统惯性力矩等荷载，驱动承船厢做竖直升降运动，同时设置螺杆螺母式安全机构，以便当承船厢平衡超过设定值，导致驱动机构或对接锁定机构超载时，承担超出的不平衡荷载，保证在承船厢失衡极端事故工况（如水漏空、水满厢等）下升船机设备和人员的安全。

在承船厢升降运行过程中，厢内水体重量的变化将直接改变驱动齿轮的荷载。当发生承船厢大量漏水事故时，由于承船厢总重量的减少，承船厢和平衡重悬吊系统的不平衡力随漏水量增加而加大，从而使驱动齿轮的荷载不断增加。当齿轮荷载达到设定的警戒值时，装设在齿轮托架机构上的荷载检测装置发出信号，使驱动电机停机，驱动机构制动器上闸，开式齿轮停止与齿条的啮合转动。随着荷载的继续增加，齿轮荷载达到液气弹簧动作荷载时，齿轮托架机构中的液气弹簧装置的双作用油缸将产生位移，使齿轮托架机构的构形发生改变。从图4.4-5可以看出，在承船厢超载和欠载工况下，机构构形改变导致了承船厢高度位置相对于齿轮和齿条啮合点位置的改变。将齿轮和齿条啮合点作为塔柱固定结构的参考点，由于该点相对于螺母柱各点的位置不变，且旋转螺杆固定于承船厢结构上，因此承船厢高度位置相对于齿轮和齿条啮合点位置的改变，即等于旋转螺杆和螺母柱之间螺纹间隙的改变。当安全机构旋转螺杆和螺母柱的螺纹副间隙完全消失后，开式齿轮荷载达到最大值。液气弹簧刚度远低于安全机构的刚度，在安全机构荷载作用下所产生的承船厢结构位移对于液气弹簧装置的荷载改变非常小，继续增加的承船厢不平衡荷载便经过安全机构螺杆传递到螺母柱上，因此承船厢支承转换的过程实际上是齿轮托架机构构形改变、安全机构螺纹副螺纹间隙减小并最终消失的过程。可以看出，在承船厢支承转换中起关键作用的是液气弹簧装置油缸的运动以及齿轮托架机构构形的改变。

4.4.2.2 液气弹簧装置的功能和结构

在升船机正常升降运行工况下，液气弹簧装置作为开式齿轮在承船厢上的支承系统的组成部分，参与承船厢不平衡荷载向塔柱结构的传递；在承船厢失衡事故工况下，通过液气弹簧装置超载产生的蓄能器内空气的压缩，以及由此产生的双活塞杆油缸两端活塞杆的移动，使双活塞油缸的荷载和位移呈现弹簧的机械特性。液气弹簧装置具有如下功能特点：

①液气弹簧装置承受并传递双向荷载，其产生的位移与荷载在大小和方向上相对应，即机械特性曲线位于荷载—位移坐标系的第一、三象限。

②弹簧在荷载绝对值小于或等于液气弹簧动作荷载时，弹簧不产生位移；当荷载大于液气弹簧动作荷载时，液气弹簧装置按照预设的机械特性曲线产生位移，即液气弹簧装置为具有初始预压力的双向弹簧。

③两个方向的液气弹簧位移均导致该机构底部连接轴的位置变化，使齿轮托架机构产生图 4.4-5 所示的机构构形。其中承船厢欠载引起向上的不平衡荷载导致液气弹簧装置底部连接轴产生向上的轴向位移，承船厢超载引起向下的不平衡荷载导致液气弹簧装置底部连接轴产生向下的轴向位移。

液气弹簧装置主要由液气弹簧油缸组件和液压控制系统组成。液气弹簧油缸组件由液气弹簧油缸、支架、自润滑轴承、拉杆、上法兰、下法兰、滑动套筒、导向轴套、测量轴及其轴承等零部件组成(图 4.4-8)。液气弹簧油缸结构采用双活塞杆形式(图 4.4-9)。在正常工况下，油缸两端的活塞环形端面分别与油缸缸体两端的上、下端盖接触，并通过中部油腔的油压力顶紧。油缸中部的铰轴通过自润滑轴承支承于支架，支架通过螺栓与承船厢结构相连。油缸上部活塞杆的端部与法兰之间通过螺纹连接，油缸下部活塞杆通过导向轴套与下部法兰的安装孔以间隙配合装配(图 4.4-10)；下部法兰底部开有铰轴孔，通过自调心滚动轴承、测量轴、轴端挡板以及连接构件与齿轮托架底梁端部铰接。上、下法兰通过拉杆相连，上法兰拉杆安装孔安装了带法兰的自润滑轴套，拉杆上端空套于带法兰的自润滑轴套内孔，顶部以螺母定位，拉杆下端则通过上、下螺母固定于下法兰(图 4.4-11)。

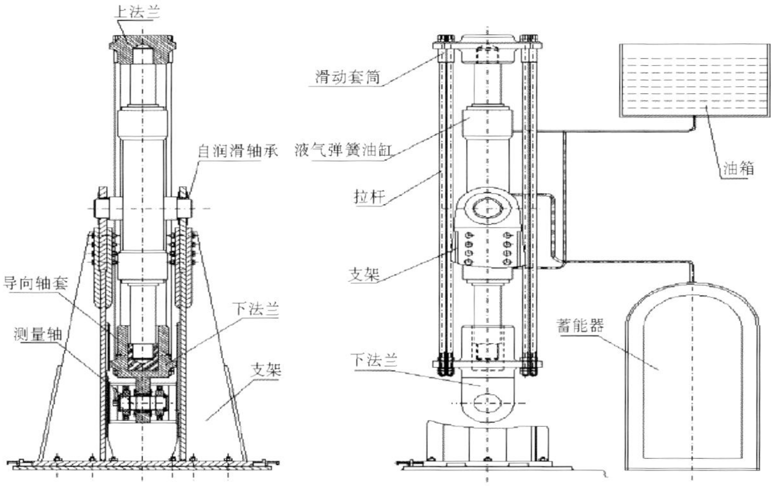

图 4.4-8　液气弹簧装置示意图

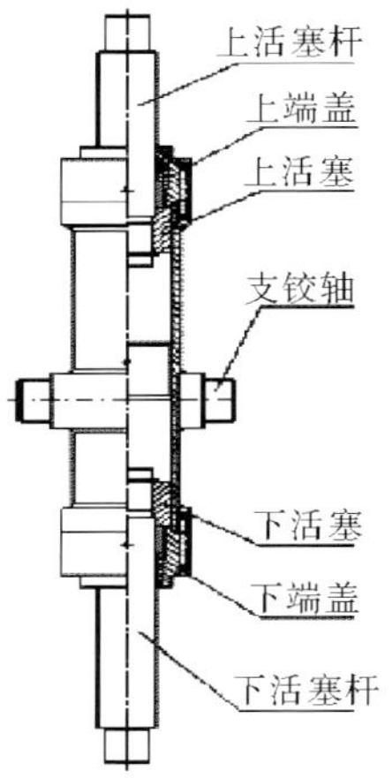

图 4.4-9　液气弹簧油缸简图

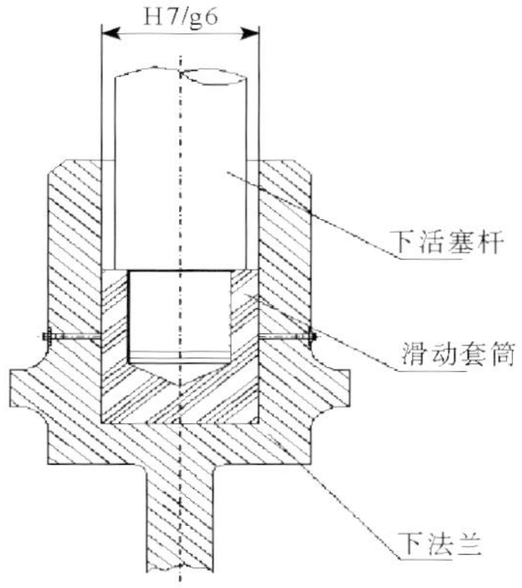

图 4.4-10 下法兰盘、下活塞杆和滑动套筒连接结构

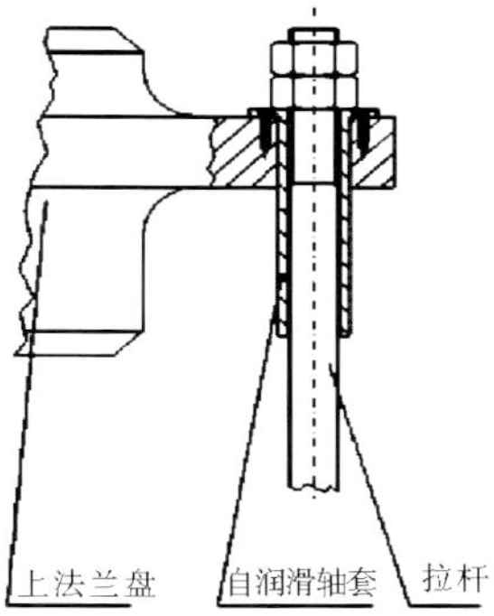

图 4.4-11 上法兰盘与拉杆连接结构

液气弹簧油缸与液压泵站的气囊式蓄能器连通，液气弹簧预紧力由蓄能器的油压确定，并可根据需要调整。油缸与蓄能器组成的液气弹簧具有预压缩线性弹簧的位移荷载特性：当齿轮荷载小于由蓄能器油压确定的预紧荷载时，两活塞被油压力顶靠在油缸两端，液气弹簧保持初始位置，当齿轮负荷超过预紧荷载时，双活塞杆液气弹簧油缸无杆腔的油压超过初始值，并压缩蓄能器气囊的气体使气体体积缩小，油缸内的油液进入蓄能器，使液气弹簧油缸的受压活塞产生轴向位移。

根据拉杆及活塞杆头部的结构形式，当承船厢液气弹簧装置在测量轴部位承受小齿轮托架底梁传递的竖直向下荷载时，该荷载经过下法兰盘、带螺纹拉杆、上法兰盘传递至上部活塞杆，形成上部活塞对液气弹簧油缸无杆腔的压力。当该荷载小于由蓄能器设定的液气弹簧油缸无杆腔油液对上部活塞杆的初始油压力时，上部活塞杆保持不动；当该荷载大于液气弹簧油缸无杆腔油液初始设定值时，产生油缸无杆腔油液压缩蓄能器的气囊，从而使上部活塞杆向下移动，造成油缸无杆腔的压力进一步增大，蓄能器的气囊被进一步压缩，从而使系统呈现弹簧特性；与此同时，下法兰在向下的外部荷载作用下亦同时向下位移，与下活塞杆底端螺纹连接的导向轴套相对于下法兰内孔相对滑动，从而使下活塞杆不受外荷载作用，并相对于液气弹簧油缸缸体保持静止。下法兰及其测量轴向下的运动导致小齿轮托架机构产生图 4.4-5(a)所示的机构运动，从而使承船厢产生向下的位移，导致安全机构旋转螺杆和螺母柱的下部螺纹间隙减小直至消失。

当承船厢液气弹簧装置在测量轴部位承受小齿轮托架底梁传递的竖直向上荷载时，该荷载通过下法兰和滑动轴套传递至下部活塞杆，形成下部活塞对液气弹簧油缸无杆腔的压力。当该荷载小于由蓄能器设定的液气弹簧油缸无杆腔油液对上部活塞杆的初始油压力时，下部活塞杆保持不动；当该荷载大于液气弹簧油缸无杆腔油液初始设定值时，产生油杆腔油液压缩蓄能器的气囊，从而使下部活塞杆向上移动，导致造成油缸无杆腔的压力进一步增大，蓄能器的气囊被进一步压缩；测量轴向上的运动导致小齿轮托架机构产生图 4.4-5(b)所示的机构运动，从而使承船厢产生向上的位移，导致安全机构旋转螺杆和螺母柱的上部螺纹间隙减小直至消失。

4.4.2.3 液气弹簧重要参数的确定

(1)液气弹簧荷载

根据图 4.4-3 中小齿轮托架的机构布置以及底梁的力矩平衡条件,单个液气弹簧承受的荷载为:

$$P_s = \frac{F_{pd}}{\lambda} \tag{4.4-16}$$

式中:F_{pd}——驱动机构小齿轮正常设计荷载,其计算见式(4.4-7)。

承船厢失衡事故是指由承船厢漏水等造成的实际水深与设计水深的差值超过设计规定值的情况。液气弹簧设计所需的荷载包括液气弹簧动作初始荷载和液气弹簧极限荷载值。液气弹簧动作初始荷载 P_{sp} 为:

$$P_{sp} = \frac{F_{sp}}{\lambda} = \frac{F_{pd} + \Delta F}{\lambda} \tag{4.4-17}$$

式中:F_{sp}——液气弹簧动作初始时刻齿轮的荷载,在此荷载之下驱动系统已经停机。

ΔF——相对于齿轮设计荷载的差值,主要考虑齿轮荷载超过设计荷载后驱动系统停机过程中承船厢不平衡荷载的增加,一般由设计确定。

液气弹簧极限荷载 $P_{\lim}$ 为:

$$P_{\lim} = \frac{F_{\lim}}{\lambda} = \frac{F_{sp}}{\lambda} + k_l f_s \tag{4.4-18}$$

式中:$F_{\lim}$——齿轮极限荷载;

k_l——液气弹簧作为线性弹簧考虑时弹簧的弹性系数,是液气弹簧蓄能器的主要依据之一,根据经验确定;

f_s——液气弹簧油缸的最大行程。

液气弹簧的实际荷载可由装设在底部与底梁连接的测量轴测量。当齿轮荷载超过正常设计荷载 F_{pd} 时,由测量轴测得的液气弹簧荷载 P_s 超过齿轮正常设计荷载对应的液气弹簧荷载 F_{pd}/λ,监测系统发出信号,驱动系统实施停机。当齿轮荷载继续增加,液气弹簧实际荷载达到 P_{sp} 时,开始发生位移,在位移逐渐增加的过程中,液气弹簧荷载也逐渐增加,直至安全机构旋转螺杆与螺母柱的螺纹副间隙消失。液气弹簧极限荷载是按极限行程和弹性系数计算的,为了保证升船机的安全,液气弹簧的实际行程由失衡事故发生时安全机构螺纹副实际间隙决定,不可能达到液气弹簧油缸极限行程,因此液气弹簧最大荷载也不可能超过其极限荷载。但以安全起见,设计中液气弹簧油缸的强度和液压系统的最大压力依然按液气弹簧的极限荷载计算。

(2)液气弹簧油缸极限行程

液气弹簧油缸的极限行程是液气弹簧装置较为重要的参数,必须保证安全机构螺纹间隙消失后，液气弹簧油缸尚保留一定的富裕行程，以避免安全机构螺纹间隙尚未消失，油缸行程已用尽而发生安全机构无法提供支承的事故。为此，螺纹间隙应尽量考虑较大值，即上下螺纹间隙不相等而偏向一侧时的较大间隙值，同时应考虑安全机构和驱动机构所在部位在发生承船厢失衡事故时的变位差值。对于大中型全平衡齿轮齿条爬升式垂直升船机，液气弹簧油缸极限行程可按式(4.4-19)计算：

$$f_s = \lambda(2d_{sb} + d_f + d_m) \tag{4.4-19}$$

式中：f_s——液气弹簧油缸极限行程，mm；

d_{sb}——安全机构理论螺纹间隙(即上下螺纹副间隙相等时的螺纹间隙值)；

d_f——安全机构和驱动机构所在承船厢结构在承船厢发生失衡事故时的变位差值；

d_m——油缸行程的裕度。

上式中 $2d_{sb}$ 代表由于各种原因使上下螺纹副不均衡而导致的单侧最大螺纹间隙。

(3)蓄能器的初始气体容积

蓄能器内气体的压力 p 和容积 V 满足波义耳定律，见式(4.4-20)。

$$pV^n = C \tag{4.4-20}$$

式中：n——指数。

对于等温热力学过程，$n=1$；对于绝热热力学过程，$n=1.4$。升船机升降运行中的承船厢失衡事故一般是由承船厢漏水引起的。三峡和向家坝升船机的现场试验表明，由承船厢漏水事故引起的液气弹簧动作相对较缓，因此液气弹簧蓄能器设计可按等温过程考虑。液气弹簧蓄能器设计的基本方程见式(4.4-21)：

$$p_0V_0 = p_1V_1 = p_2V_2 = C \tag{4.4-21}$$

式中：p_0——蓄能器充气后的初始压力，一般由设计确定；

V_0——初始容积，亦即蓄能器总容积；

p_1——液气弹簧开始动作初始时刻的蓄能器压力，见式(4.4-22)；

V_1——该时刻的蓄能器容积；

p_2——液气弹簧动作终了时刻的蓄能器压力，见式(4.4-22)；

V_2——该时刻的蓄能器容积。

$$p_1 = \frac{4P_{sp}}{\pi D_i^{\ 2}} = \frac{4F_{sp}}{\pi\lambda D_i^{\ 2}} \tag{4.4-22}$$

$$p_2 = \frac{4P_{\lim}}{\pi D_i^{\ 2}} = \frac{4F_{\lim}}{\pi\lambda D_i^{\ 2}} \tag{4.4-23}$$

式中：D_i——液气弹簧油缸的内径。

蓄能器的有效容积 V_w 为液气弹簧油缸活塞全行程移动所排出的液压油体积，见式(4.4-24)：

$$V_W = V_1 - V_2 = \frac{\pi_i^{\ 2} f_s}{4} \tag{4.4-24}$$

根据式(4.4-21)至式(4.4-24),可求得蓄能器总容积为:

$$V_0=\frac{F_{\lim}F_{sp}f_s}{\lambda p_0(F_{\lim}-F_{sp})} \tag{4.4-25}$$

需要指出的是,由于等温过程是理想的热力学过程,液气弹簧动作过程中,系统温度不可避免地会发生变化,特别是当承船厢升降过程发生卡阻或大量漏水而使小齿轮荷载快速增加时,蓄能器实际热力学过程与等温过程会有一定的偏差,按等温过程进行的计算使蓄能器总容积偏小,因此按式(4.4-25)计算的蓄能器总容积应视为最小值,在确定蓄能器总容积设计值时,应考虑适度的裕量。

4.4.2.4 液气弹簧的弹性系数函数和机械特性函数

在液气弹簧动作过程中,与液气弹簧活塞杆位移 x 相对应的体积为:

$$V(x)=V_1-Sx \tag{4.4-26}$$

式中:S——液气弹簧油缸无杆腔面积,$S=\pi D_i^2/4$。

根据等温过程的波义耳定律得:

$$pV(x)=C \tag{4.4-27}$$

对式(4.4-27)两边微分,得式(4.4-28):

$$\mathrm{d}pV(x)+p\mathrm{d}V(x)=0 \tag{4.4-28}$$

将式(4.4-26)、式(4.4-27)代入式(4.4-28),得式(4.4-29):

$$\frac{\mathrm{d}p}{\mathrm{d}x}=\frac{p(x)S}{V_1-Sx}=\frac{SC}{(V_1-Sx)^2} \tag{4.4-29}$$

将 $C=p_1V_1$ 以及式(4.4-22)代入式(4.4-29),得式(4.4-30):

$$\frac{\mathrm{d}p(x)}{\mathrm{d}x}=\frac{Sp_1V_1}{(V_1-Sx)^2}=\frac{P_{sp}V_1}{(V_1-Sx)^2} \tag{4.4-30}$$

液气弹簧油缸动作过程中的轴向荷载为 :

$$P(x)=p(x)S \tag{4.4-31}$$

将式(4.4-31)代入式(4.4-30),得液气弹簧的弹性系数函数为:

$$k_s(x)=\frac{\mathrm{d}P(x)}{\mathrm{d}x}=\frac{S\mathrm{d}p(x)}{\mathrm{d}x}=\frac{P_{sp}V_1S}{(V_1-Sx)^2} \tag{4.4-32}$$

从式(4.4-32)可以看出,液气弹簧的弹性系数函数为位移的正值非线性函数。根据式(4.4-32)求积分,可求得液气弹簧的机械特性曲线。为此,将式(4.4-32)写成如下形式:

$$\mathrm{d}P(x)=k_s(x)\mathrm{d}x=\frac{P_{sp}V_1S}{(V_1-Sx)^2}\mathrm{d}x \tag{4.4-33}$$

对式(4.4-33)两边积分:

$$P(x)-P_{sp}=\int_0^x\frac{P_{sp}V_1S}{(V_1-Sx)^2}\mathrm{d}x=\frac{P_{sp}V_1}{(V_1-Sx)}-P_{sp} \tag{4.4-34}$$

液气弹簧的机械特性曲线精确表达式为：

$$P(x)=\frac{P_{sp}V_1}{(V_1-Sx)} \tag{4.4-35}$$

令 $x_0=V_1/S$，式(4.4-35)可写为：

$$P(x)=\frac{P_{sp}}{1-\dfrac{x}{x_0}} \tag{4.4-36}$$

为便于升船机系统动力学分析和控制，也可将式(4.4-36)写成如下幂多项式级数形式：

$$P(x)=\sum_{n=0}^{\infty}P_n\left(\frac{x}{x_0}\right)^n \tag{4.4-37}$$

由于 $x/x_0\ll 1$，该级数是收敛的，可以略去 $n>3$ 的项，得式(4.4-38)：

$$P(x)\approx P_{sp}(1+\frac{x}{x_0}+\frac{x^2}{x_0{}^2}+\frac{x^3}{x_0{}^3}) \tag{4.4-38}$$

很明显，该液气弹簧是初始荷载为 P_{sp}、预压缩量为 x_0 的预压缩非线性弹簧。需要注意的是，式(4.4-36)和式(4.4-38)对应的 $P(x)$和 x 均为正数，即对应于 $x—F(x)$坐标平面第一象限的情况。由于液气弹簧可承受双向荷载，式(4.4-36)和式(4.4-38)对应的机械特性曲线相对于 $x—F(x)$坐标原点反对称。

在三峡升船机液气弹簧设计中，根据相关技术参数 $F_{sp}=1650\text{kN}$，$F_{\lim}=2200\text{kN}$，齿轮托架机构底梁的杠杆比 $\lambda=2$，求得按线性弹簧确定的弹簧机械特性曲线为：

$$P(x)=825+0.7237x \tag{4.4-39}$$

式中，$P(x)$的单位为 kN，x 的单位为 mm，下同。蓄能器初始压力确定为 8MPa。根据式(4.4-25)计算出蓄能器初始容积 V_0 值为 0.1585m^3，根据式(4.4-36)求得的液气弹簧机械特性曲线为：

$$P(x)=\frac{825}{1-0.000654x} \tag{4.4-40}$$

设计中初始容积实际取值为 0.2m^3，求得的液气弹簧机械特性曲线为：

$$P(x)=\frac{825}{1-0.000503x} \tag{4.4-41}$$

与式(4.4-41)对应的幂多项式形式为：

$$P(x)=825+0.415x+2.087\times10^{-4}x^2+1.05\times10^{-7}x^3 \tag{4.4-42}$$

式(4.4-39)至式(4.4-41)表示的液气弹簧机械特性曲线见图 4.4-12。

从图 4.4-12 可以看出，精确的非线性机械特性曲线位于设计所使用的线性机械特性曲线的下方，表明弹簧机械特性整体上较线性特性曲线软。增加蓄能器容积后的实际机械特性曲线位于最底部，表明蓄能器的初始容积增加使液气弹簧刚度变小。根据式(4.4-41)和式(4.4-42)计算出的液气弹簧极限荷载值分别为 1020kN 和 1019kN，对应的齿轮极限荷载值为 2040kN 和 2038 kN，较设计值 2200kN 略微降低，这样的设计处理，在不降低液气弹簧失衡事故的缓冲功能的条件下，对齿轮乃至整个驱动机构的安全裕度略有提高，对保证驱动机构设备安全是有益的。

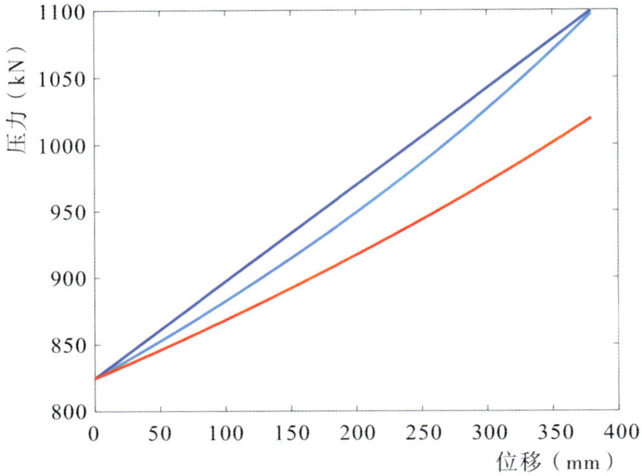

图 4.4-12　液气弹簧机械特性曲线

4.5　升船机电气传动与控制系统研究

4.5.1　全平衡钢丝绳卷扬式垂直升船机

4.5.1.1　电气传动系统工作特性

高扬程大型全平衡钢丝绳卷扬式垂直升船机不仅表现为体量大、荷载大，更体现在承船厢机构和上下闸首机构间协调动作，使船舶能快捷、安全过坝。升船机主提升机的运行要保证承船厢在启动、提升、制动等过程中保持水平和平稳，系统冲击小，制动停位准确。由于承船厢需要的提升力大，相应的卷扬机设备也比较庞大，为解决设备布置和制造的困难，主提升机一般采用多轴电动机分散驱动、机械轴连接的机械传动方案。通过多轴多电动机机械轴同步驱动，保证多卷扬机之间运行速度和行程的同步，实现承船厢全行程在水平状态下安全地升降运行。全平衡钢丝绳卷扬式垂直升船机电气传动系统的工作特性主要体现在以下几方面：

①多电动机由机械同步轴连接运转，各电动机的速度和行程被强迫一致。由于电动机制造误差产生的机械特性的分散性，变频装置、控制装置、网络设备带来的电气参数的离散性，以及同步轴系统的干扰，使得各电动机的实际负载大小、负载性质有较大的差异。运行中可能会出现电动机部分工作在电动状态、部分工作在制动状态的现象，主提升机系统将无法运行，甚至会扭断同步轴。因此，电气传动系统需要采用一种控制策略，满足多台电动机在机械同步轴条件下的电气出力均衡，使系统安全可靠地运行。

②承船厢内水体的状态对承船厢运行速度和速度变化相当敏感，速度的突变会引起厢

内水体波动，危及承船厢和厢内船舶的安全。当承船厢平衡发生变化时，主提升机所受的荷载也会发生变化，形成不稳定因素。为了避免由此引起的水体激荡，承船厢的运行应平稳、启制动应平缓。因此，需要具有高性能的电气传动系统，以实现承船厢稳速运行，以低值加减速度启制动。

③承船厢与闸首对位后，承船厢的水域与引航道水域连通，船舶进出承船厢过程中，引航道水位可能出现变化，导致承船厢总会有部分未能被平衡重抵消的正负误载水重，使承船厢各次运行过程的负载不同。升船机承船厢是一个典型的位势负载，电动机拖动承船厢有可能在电动状态下运行，也有可能在发电状态下运行。因而要求电气传动系统可以在其机械特性的 4 个象限内运行，并且应能平滑过渡。

④由于同步轴的弹性变形，以及万向联轴器间隙、齿轮间隙对主提升机系统的影响，会造成同步轴的扭振，破坏主提升机系统的稳定，因此电气传动系统应采取相应的措施抑制同步轴的扭振。

⑤为了将承船厢的误载水深控制在允许范围内，同时减少承船厢对接开门过程中厢内水体的波动，要求承船厢每次运行时的停止位置十分准确。因此，电气传动系统应具有多位置的高精度“点对点”定位控制功能，并能随上、下游水位变化自动跟踪寻找合适的减速点和精确的停位点。

要实现承船厢多电动机同轴运行的出力均衡、速度同步和行程同步，电气传动系统各驱动单元的交流变频传动装置必须进行协调控制。

4.5.1.2 多电动机机械同轴、电气出力均衡控制技术

(1)电气传动系统运行负荷分析

全平衡钢丝绳卷扬式垂直升船机承船厢主提升机一般采取 4 台(或 8 台)电动机驱动。为了使承船厢在运行中保证各电动机出力相同，承船厢主提升机需要在已有机械同步的基础上进行出力均衡控制。主提升机在正常运行的情况下，4 台(或 8 台)电动机全部投入工作，电气传动系统以出力均衡控制的方式提升承船厢，平缓地启制动，以稳定的速度作垂直升降运行，保持承船厢在任何时刻都处在水平状态。主提升机各卷扬机通过矩形封闭式机械同步轴刚性连接，当承船厢运行负载在额定值 20%～150%的范围内时，任何时刻(启动、稳速运行、制动)，任意两台电动机之间的转矩差应小于单台电动机额定输出转矩的 3%。

当任意卷扬机的电气传动装置失效退出工作时，该卷扬机的出力均衡控制功能失效，通过矩形同步轴系统扭矩传递，驱动力矩自动地在余下 3 套(或 7 套)正常工作的卷扬机中重新分配，并全部由其他 3 套(或 7 套)卷扬机承担。余下 3 套(或 7 套)电气传动装置仍然以出力均衡进行控制，任意两台电动机之间的转矩差满足小于单台电动机额定输出转矩 3%的要求。机械同步和出力均衡共同保证了承船厢水平状的平稳运行。

(2)出力均衡同步控制技术

1)方案研究

全平衡钢丝绳卷扬式垂直升船机主提升机采用多电动机同步驱动，是一个封闭式矩形机械同轴联动的机械系统，单电动机的传动功率不大。因此，其电气传动系统一般采用低压交流变频传动装置，具体方案是采用电压型交—直—交变频定子电流磁场定向矢量控制(或直接转矩控制)位置、速度、电流(力矩)三闭环无静差调速系统方案。为了保证主提升机各电动机之间的力矩差，以及承船厢与闸首的对位精度、同步轴扭振抑制等指标控制在升船机安全运行所规定的范围内，电气传动系统采用多电动机机械同轴条件下的出力均衡控制技术。垂直升船机一般采用速度环出力均衡控制技术，解决封闭式矩形机械同轴联动主提升系统的出力均衡问题。

速度环出力均衡控制技术是多套电气传动装置都有各自的速度环和电流环，当组成提升承船厢运行的电气传动系统时，多个速度环同时工作，其中一个为主速度环，其余为从速度环。在从速度环的速度控制环节设置力矩均衡控制器，力矩均衡控制器的输入为主电气传动装置的电流给定信号与从电气传动装置的电流给定信号之差，其输出信号作为从速度调节器的附加给定信号。通过从速度环的力矩输出信号与主速度环的力矩输出信号的比较，调节从速度环的力矩输出信号，从而消除主、从传动装置间转矩给定的差值，实现多轴多电机机械同轴出力均衡控制技术的目的。速度环出力均衡法控制方案见图 4.5-1。

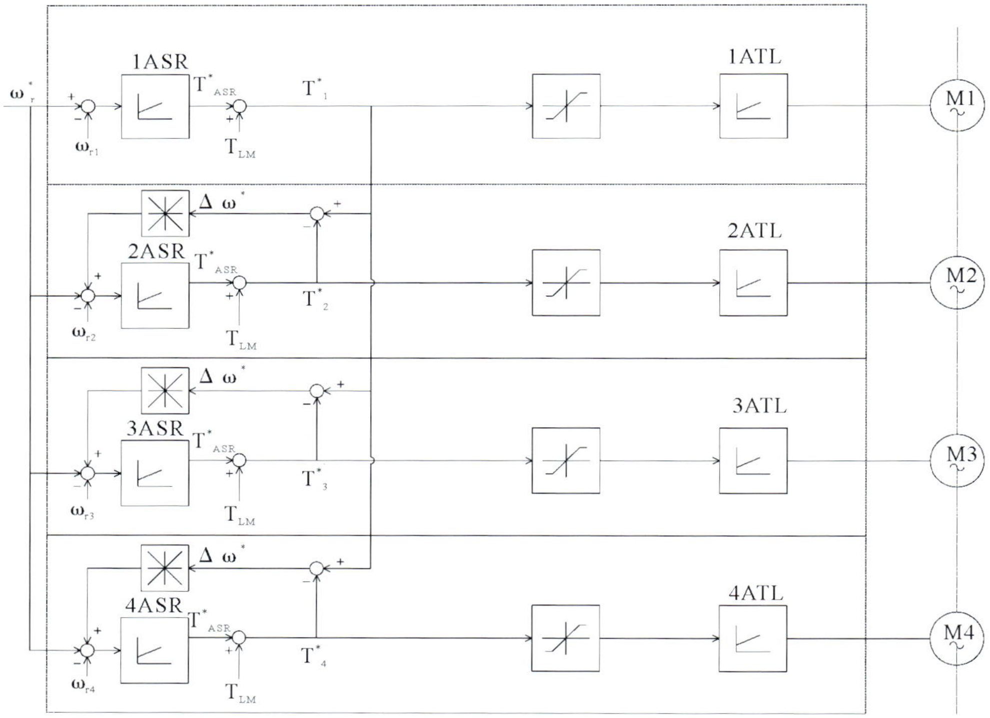

图 4.5-1　速度环出力均衡法控制方案

电气传动系统采用1套传动协调控制站与4套(或8套)电气传动装置控制器的两级控制结构方案,两级之间通过底层现场总线网络进行互连,传动协调控制站由2台冗余配置的PLC控制器组成,以对各电气传动装置进行协调控制。每套电气传动装置各配置1个高性能的控制器,4套传动装置控制器设置成1主/3从(或7从)控制结构和冗余切换逻辑。传动协调控制站将根据接收到的上行、下行命令以及上行、下行目标位置,承船厢运行速度,水位,给定上升、下降加速度,承船厢的实际目标位置等初始状态信息,按照运行时序,通过现场总线控制4套(或8套)电气传动装置同步运行。同时各电气传动装置将其运行参数和状态传递给传动协调控制站,传动协调控制站通过升船机监控系统的双环工业以太网,上送给集中控制站,并接收后者的命令,使承船厢按规定的程序平稳运行。各电气传动装置既可在正常运行工况联动控制,也可在检修调试工况单独控制,充分满足电气传动系统的可靠性、实时性、实用性的要求。传动协调控制站承担电动机与辅机(制动器及减速机等)的协调控制,以及与升船机计算机监控系统的协调控制;各电气传动装置控制器承担电气传动系统的位置、速度、电流(力矩)三闭环控制,以及各卷扬机电动机机械同轴传动的出力均衡协调控制。

全平衡钢丝绳卷扬式垂直升船机承船厢主提升机电气传动系统采用带速度反馈矢量控制的交流变频调速传动技术,每台交流变频电动机配置一套交流变频装置。交流变频装置由功率单元和传动控制器两部分组成。

由于承船厢误载水深的不确定性,要求交流变频传动装置能在电动机机械特性的4个象限内运行。对于升船机多电动机同步传动系统,其电动机主回路接线方案主要采用交流变频传动装置与电动机之间一对一的连接方式。由于升船机主提升电动机功率较低,通常采用400V低压交流变频电动机,与之相配套的交流变频装置的功率部分应采用交一直一交变流结构。升船机电气传动系统采用再生回馈制动方式,其设备由整流/回馈单元、逆变单元两大部分组成,两大单元的功率器件均宜采用绝缘栅双极型晶体管(IGBT),且整流/回馈单元为自换向形式。

针对主提升机多电动机同步协调控制、高精度力矩控制、高精度“点对点”定位控制,以及起升“零速满转矩”控制等传动控制特点,其交流变频装置的变频、变压控制应采用带速度反馈检测的定子电流磁链定向矢量控制和直接转矩控制。根据主提升机采用多电动机分散驱动,同时设置机械同步轴系统将多卷扬机刚性连接的机械传动形式,其电气传动系统可采用位置、速度、电流(力矩)嵌套结构组成的三闭环全数字无级调速系统方案,多电动机同步控制策略采用“机械同轴+电气出力均衡”控制技术。电气传动系统电气出力均衡控制原理见图4.5-2。

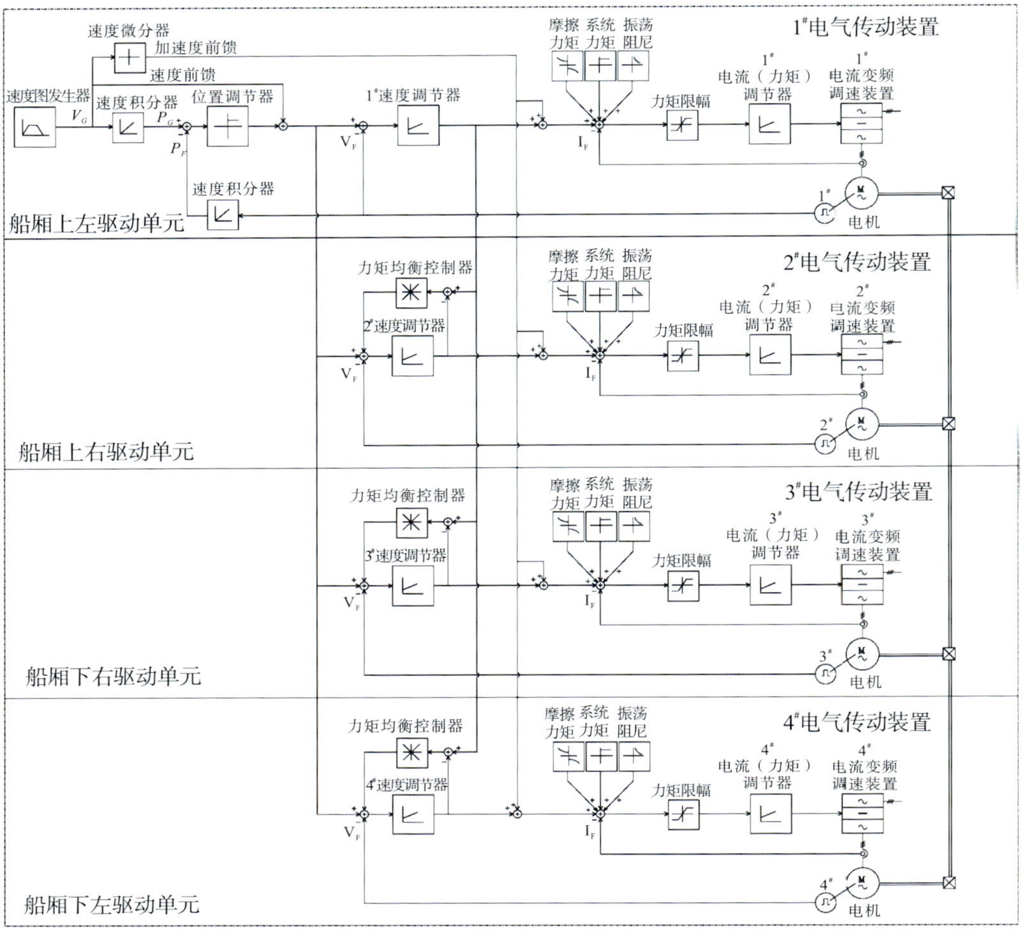

图 4.5-2 电气传动系统电气出力均衡控制原理框图

2)电气出力均衡控制技术

电气传动系统采用“主—从”控制方式，在多套电气传动装置中设置 1 套主传动装置，即在同步传动运行过程中，多套电气传动装置的速度环同时工作，其中一个设为主速度环，其余设为从速度环。在多电动机机械同轴条件下，多电动机出力均衡控制技术是在电气传动系统主传动装置控制器中设置速度发生器、速度积分器和速度微分器。在各主、从电气传动装置控制器中均构建位置调节器、速度调节器和电流调节器等，并在从电气传动装置控制器中构建力矩均衡控制器。将主电气传动装置速度调节器的输出信号与各从电气传动装置速度调节器的输出信号分别进行比较求差，并反馈给各从电气传动装置的力矩均衡控制器进行调节。然后将差值调节信号分别反馈至相应从电气传动装置的速度调节器，调节从速度环的力矩输出信号，使各从电气传动装置的机械特性具有相同的斜率，达到各电气传动装置间的负载均衡分配，使多台电动机的输出转矩基本相等。

为实现承船厢上、下闸首多定点的“点对点”高精度定位控制，电气传动控制系统设置了位置闭环控制环节，位置闭环方式可采用承船厢实际位置检测信号的全闭环方式，也可采用驱动电机非传动轴端检测的电机转角位置信号的半闭环方式。位置调节器的输入给定信号可通过速度给定信号的积分获得。

主传动装置控制器中，承船厢运行速度图发生器给定的速度信号，可采用“S”形速度图给定方案。该速度图信号同时加在各个速度调节器的输入端，作为多电动机同步传动控制的统一速度给定信号。

3）主、从传动单元无扰切换控制

为了避免承船厢在高空中因突然故障中断运行，电气传动系统在选择电动机和交流变频传动装置的功率时留有一定的裕量，以保证在运行中若有一套电气传动装置故障时，其余的电气传动装置仍能承担全部负载，不间断地提升承船厢完成运行。即使电气传动系统主电气传动装置发生故障，作为后备主传动装置的从电气传动装置也能自动无扰动地接替其工作，即电气传动系统具有“主—从”无扰切换功能。

在承船厢运行中，当各套电气传动装置都正常运行时，主电气传动装置的功能有效。电气传动系统运行在“1主3从（或7从）”方式下，主电气传动装置发出驱动正常信号“1”至后备主电气传动装置；若主电气传动装置发生故障，则立即发出驱动故障信号“0”至后备电气主传动装置，同时主电气传动装置退出运行。当后备主电气传动装置收到主电气传动装置发来的“0”信号后，在毫秒级的时间内启动主传动功能，电气传动系统转为运行在“1主2从（或6从）”的方式下。由于切换时间短，且通过系统的快速调节，切换过程对电气传动系统的扰动很小，承船厢上的水体和乘客感受不到切换过程引起的瞬间抖动，即达到“无扰切换”。

4）承船厢停位找点控制技术

对于全平衡钢丝绳卷扬式垂直升船机，为了使承船厢停位准确，确保其与上、下闸首工作门对接时，承船厢的标准水平面与航道水面平齐，电气传动系统采用了“S”形速度图给定加位置闭环控制结构的承船厢定位控制技术。

电气传动系统根据上下游水位、承船厢行程、承船厢运行速度、正常停机加速度、快速停机加速度等参数计算出承船厢运行“S”形速度图，在位置闭环控制结构的同步控制系统控制下，通过承船厢停位找点检测设备位置信号的反馈，承船厢能够自动跟随上、下游水位变化寻找并确定合适的减速点和停位点，实现动态精准对位控制。

在承船厢的上下厢头左、右侧各装设一套对射式红外光电位置校验开关，与上、下闸首工作门上的浮动标志镜配合，给电气传动系统传动协调控制站提供承船厢剩余行程校验点B_0、承船厢正常减速校验点B_1、承船厢快速减速校验点B_2、承船厢准确停位校验点B_3及紧急停机检验点B_4信号。承船厢与上下闸首的对位功能在传动控制站中实现。对位功能包括：

B_0位置校验信号，用于电气传动系统位置闭环控制方式下承船厢剩余行程的校正。B_0开关的布置位置按实际工程所需的承船厢剩余行程校正值确定。电气传动控制系统收到B_0信号时，传动控制站用承船厢剩余行程校正值对连续检测和计算的实际承船厢剩余行程值进行校正。

B_1 位置校验信号，用于承船厢驱动机构的正常停机。B_1 开关的布置位置按实际工程计算的正常减速行程确定。电气传动控制系统收到 B_1 信号时，系统进行正常减速（$-0.01m/s^2$）运行。

B_2 位置校验信号，用于承船厢驱动机构的事故快速停机。B_2 开关的布置位置按实际工程计算的快速减速行程确定。电气传动控制系统收到 B_2 信号时，若承船厢现行速度小于 0.2m/s，则系统不理会 B_2 信号继续按 B_1 信号进行正常减速至停机；若承船厢现行速度未降低，则系统进行事故减速（$-0.04m/s^2$）运行。

B_3 位置校验信号，用于承船厢驱动机构的到位停机。B_3 开关的布置位置在承船厢标准水深处，是承船厢每次运行的准确停位点。

B_4 位置校验信号，用于承船厢驱动机构的超行程保护紧急停机。B_4 开关的布置位置比 B_3 开关靠后一点即可。电气传动控制系统收到 B_4 信号时，系统发紧急停机指令，按紧急停机控制时序停机。

通过采用停位找点控制技术，承船厢停位精度可以控制在±3cm 以内。

5）同步传动轴扭振抑制

由细长的机械轴刚性连接作机械同步传动，多套驱动单元同轴共同驱动承船厢作升降运动的船厢驱动机构，在节间采用联轴器相接，存在传动链间的间隙，细长轴的弹性变形和连接间隙会引起轴扭振，对升船机的稳定运行产生不利影响，严重时甚至会导致厢内水体激荡、机械结构瞬时受力不均损坏机械构件。因此，需要解决同步轴的扭振抑制问题。

升船机同步轴的扭振抑制是通过在转矩给定信号中引入状态反馈环节和阻力补偿环节，增设与各驱动单元转速反馈值和多个驱动单元平均转速差成比例的阻尼信号，可以有效地抑制同步轴系的弹性扭振。同步轴扭振抑制原理见图 4.5-3。

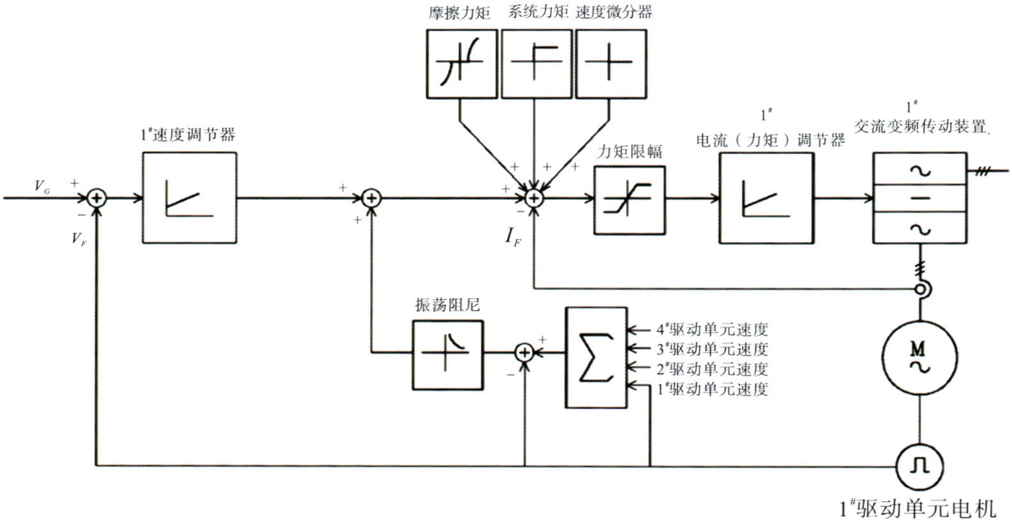

图 4.5-3　同步轴扭振抑制原理图

6)主提升机传动控制预加力矩技术

全平衡钢丝绳卷扬式垂直升船机随着承船厢水位的不同,其位势负载的大小和方向均会不同。因此,主提升机启动过程中,当制动器松闸时,若不采取有效的措施,就会出现溜钩现象,从而影响升船机的安全稳定运行。位势性负载启动过程中溜钩现象产生的原因是在松闸过程中,由于系统失去了制动器的制动力,负载必须靠驱动电动机出力将负载持住,但制动器打开之初,电动机出力的建立是有一定时间的,在负载转矩的作用下,承船厢会出现突然下降和上升现象。因此,需要采取力矩预给定措施,即在制动器没有松闸之前,根据负载的大小和方向,使电动机电枢建立一定的电流,产生一个力矩(即预加力矩),这个力矩等于静阻力矩,使得制动器松闸时,主提升机不会出现溜钩现象。对于主提升机的同步轴系统来说,受同步轴的弹性变形和齿轮间隙的影响,使得启动过程中必须先释放掉上一次运行后存储在同步轴系中的齿轮间隙和同步轴的弹性应力,当提升负载与上次提升负载相比变化较大(方向和大小)时,同步轴的弹性变形和齿轮间隙将会给主提升机的机械设备造成很大的冲击,不利于主提升机的稳定运行。因此,需要在力矩预给定过程中,增加一个预加力矩动态调整环节。

对于升船机电气传动系统,一般都采用交流变频全数字位置、速度、电流(力矩)三闭环无静差调速系统,在三闭环无静差调速系统的力矩调节环节施加预加力矩。即在力矩调节器的输入端,通过在力矩调节器的给定输入 T 增加一个独立前馈控制的负载转矩测量值信号 T_{LM}(预加力矩值),使得力矩调节器的给定输入(T)等于速度调节器输出力矩(T_{ASR})与负载扭矩测量值 T_{LM} 之和。这样,通过对 T_{LM} 分量的控制,在制动器松闸之前,即使速度调节器输出力矩(T_{ASR})等于零,电机也会产生一个相应的支持转矩来持住主提升机负载,从而解决主提升机的溜钩问题。同时,在主提升机启动过程中,通过对 T_{LM} 分量的动态调节与控制,也可达到消除同步轴弹性变形和齿轮间隙对主提升机机械设备冲击的目的。

4.5.2 全平衡齿轮齿条爬升式垂直升船机

4.5.2.1 电气传动系统工作特性

全平衡齿轮齿条爬升式垂直升船机的运行,由对称布置在承船厢驱动机房内的 4 台驱动机构共同驱动,4 个驱动机构之间通过工形或矩形机械同步轴连接。每个驱动机构根据设备布置的要求,设置 1 套或 2 套电动机—减速器单元。每个驱动机构配置 1 套(或 2 套)电气传动装置,组成升船机承船厢运行电气传动系统,每套电气传动装置由驱动电动机和变频装置组成。每个驱动机构的 1 台(或 2 台)电动机通过减速器和万向联轴器驱动小齿轮旋转,使承船厢沿齿条作升降运行。当其中某个驱动机构 1 台(或 2 台)电气传动装置发生故障退出工作时,该驱动机构所需的传动力矩由同步轴上其他 3 个驱动机构提供,保证承船厢平稳运行;对于每个驱动机构配置 2 台电动机的升船机,当任一驱动机构,任何一台电气传动装置发生故障退出工作时，该驱动机构所需的传动力矩由本驱动机构另一台正常运行的电气传动装置提供，不足力矩则由同步轴上其他 3 个驱动机构提供，以保证承船厢平稳运行。

承船厢驱动系统是一个多轴联动的机械系统。系统包括了机械轴系、万向连接轴、齿轮传动设备，以及承船厢内所载的船舶与水体，从而使得电气传动系统被控对象实际上是一个复杂的多变量、多子系统相互耦合的复合传动系统。驱动承船厢运行的电气传动系统特性主要体现在以下几个方面。

①承船厢内水体对承船厢运行速度比较敏感，速度的突变会引起承船厢内水体波动，危及承船厢内船舶安全。当承船厢平衡发生变化时，每个驱动单元上所受的荷载也会发生变化，形成不稳定因素。承船厢运行应十分平稳，需要具有高性能的电气传动系统，以实现稳速运行和以低值加减速度启制动。

②承船厢重量大，需要采用多电动机同轴分散驱动，因而电动机机械特性的分散性、变频装置电气参数的离散性，以及同步轴系统的干扰，都有可能使得各台电动机的实际负载大小、性质都会有较大的差异。理论分析和模型试验结果均表明，电气传动系统需要采用控制手段解决多机构同轴驱动的同步运行问题。因此，需要研究机械同轴条件下的电气行程同步加电气出力均衡的电气传动与控制系统。

③受同步轴的柔性、万向轴和齿轮间隙对传动的影响，驱动系统运行会造成同步轴的扭振，破坏承船厢运行的稳定。受同步轴的刚性系数、惯量和长度等因素的影响，各驱动机构的动态受力是一样的，同步轴变形及机械振荡都可引起 4 个驱动机构的行程偏差。因此，电气传动系统需要进行 4 个驱动机构的行程同步控制和多电动机的出力均衡控制，并抑制同步轴扭振。

对于单个驱动机构设置 1 套电动机—减速器单元的电气传动系统，其电气出力均衡控制技术与全平衡钢丝绳卷扬式垂直升船机基本相同。本节主要研究驱动机构设置 2 套电动机—减速器单元的电气出力均衡加四驱动点行程同步控制技术。

4.5.2.2 双电机出力均衡加四驱动点行程同步控制技术

(1)电气传动系统运行负荷分析

正常状态下 4 个驱动机构依靠电气传动系统进行电气行程同步控制，使 4 个驱动机构开式齿轮在任何时刻都处在同一个高程上，承船厢呈精确水平状态作升降运行。各驱动机构主电气传动装置跟随虚拟主驱动点行程给定曲线进行闭环控制，使 4 个驱动机构间的行程偏差始终控制在规定的范围内(行程差≤±2mm)。

各驱动机构内的 2 台电动机进行电气出力均衡控制，平均负担该点的负荷，即对同一驱动机构内的 2 套传动装置的出力进行均衡调节，保持同一驱动机构中的 2 台电动机出力均衡，使 2 台电动机的输出转矩差小于单台电动机额定转矩的 3%。而同步轴则是承船厢在升降过程中保持水平状态的后备措施，几乎不承担扭矩负荷。

当任何一个驱动机构有一套电气传动装置故障退出工作时，另一套装置自动地增加输出转矩，最高至其额定值。当该额定输出转矩还不足以驱动该点的负荷时，不足的部分转矩将由其他3个驱动机构补充，并通过同步轴传递。由于同步轴各条支路的长度及横断面相同，3个驱动机构将因动力传递路径的机械刚度相等而增加相同的输出转矩值。当任何2个驱动机构各有一套电气传动装置故障退出工作时，系统负荷情况与上述相似，这2个驱动机构不足转矩将由另外2个正常运行的驱动机构补充。当任何一个驱动机构的2套电气传动装置均退出工作时，本驱动机构的电气同步控制功能失效，该点所需的全部驱动转矩由其他3个驱动机构承担，并通过同步轴传递至失效电气传动装置所在驱动机构，3个驱动机构将增加相同的输出转矩值。

(2)行程同步加出力均衡控制技术

1)方案研究

根据全平衡齿轮齿条爬升式垂直升船机四点同轴驱动的运行特点，在电气传动控制系统中虚拟一个主驱动点，在冗余配置的传动控制站主控制器中设置虚拟主驱动点速度给定曲线和虚拟主驱动点行程给定曲线模型。在1#～4#驱动机构冗余配置的主、从电气传动装置控制器中构建行程跟随控制器和力矩自适应模块。在主、从电气传动装置中构建速度控制器、电流控制器，并在从电气传动装置中构建出力均衡控制器等。

冗余配置的传动控制站，冗余控制器构建的虚拟主驱动点模型作为热备冗余，当传动控制站主控制器故障退出运行时，冗余控制器即无扰接替主传动控制站的工作。在1#～4#驱动机构的从传动装置控制器中，同样构建行程跟随控制器和力矩自适应模块，一旦相应主传动装置退出运行，该驱动机构的从传动装置立刻接替主传动装置的行程跟随和力矩自适应功能，形成冗余配置。

全平衡齿轮齿条爬升式垂直升船机采用交流变频调速，每套电气传动装置由交流变频调速装置及其相应的电动机、增量型旋转编码器等构成。每台电动机以一对一的配置方式构成8套构造相同带速度反馈的高精度电气传动装置，每台电动机均装设增量型旋转编码器作为速度反馈和行程反馈。电气传动系统的调速控制对象是一个多电动机机械同轴联动的系统，8套传动装置需要进行联合控制，各个驱动电动机输出的力矩、速度和行程必须相互协调。机械轴系、万向轴和齿轮传动加上承船厢内的船舶、水体，承船厢电气传动系统实际上是一个复杂的多变量复合系统。

为了保证4个驱动机构之间的行程差、力矩差，各驱动机构内2台电动机的输出转矩差控制在升船机安全运行范围内，电气传动与控制系统采用机械同轴的双电机出力均衡加四驱动点行程同步的专项控制技术，即采用驱动点内2台电动机出力均衡加驱动点间行程同步的电气同步控制技术。在电气传动系统中虚拟一个主驱动点行程曲线，各驱动机构行程参数始终实时跟随虚拟主驱动点运行，通过合理选择虚拟主驱动点的行程模型，以及动态调整其他驱动机构的行程参数，保证4个驱动机构间行程同步误差始终控制在

±2mm的允许误差范围内。每个驱动机构内2台电动机通过齿轮和刚性短轴连接，采用主从模式出力均衡控制，使2台电动机的输出转矩差小于单台电动机额定转矩的3%，使得升船机在各种状态下都具有足够的稳定裕度和抗干扰性，能够解决承船厢同步驱动和电动机出力均衡的技术问题，实现全平衡齿轮齿条爬升式垂直升船机安全、平稳运行。

承船厢运行电气传动与控制系统框图见图4.5-4。

每个驱动机构(连接同步轴)的内侧电动机默认为主电动机，外侧电动机为从电动机。当每个驱动机构的2套电气传动装置均正常运行时，内侧的主电动机跟随虚拟主驱动点行程给定曲线进行闭环控制，使4个驱动机构间的行程偏差始终控制在规定的范围内。外侧从电动机跟随主电动机进行出力均衡控制，即对同一驱动机构内的2台电动机的出力进行均衡调节，使2台电动机的输出力矩一致，转矩差小于单台电动机额定转矩的3%。

当驱动机构的主传动电动机(内侧电动机)因故障退出时，从传动电动机(外侧电动机)立即接替主传动装置，跟随虚拟主驱动点行程给定曲线进行闭环控制，当驱动机构的从传动电动机退出工作时，主传动电动机闭环控制的功能不变。即使某一驱动机构的2台电动机均退出工作而失去动力时，其他3个驱动机构继续进行电气行程同步控制，在机械同步轴的作用下，故障驱动机构的行程偏差在设计允许范围内，维持承船厢在基本水平状态下运行。

交流变频调速装置采用“交—直—交”变流结构，由整流/回馈单元、逆变单元两部分组成。整流/回馈单元和逆变器的功率器件均采用可控功率器件(IGBT)。在制动状态运行时，通过整流/回馈单元将负荷能量回馈至电网。承船厢电气传动系统配设一套由2台冗余配置的控制器组成传动控制站，以对8套变频调速传动装置的运行进行协调控制。通过光纤高速现场通信总线，传动控制站将根据接收到的上行、下行命令以及上行、下行目标位置，运行速度，水位值，给定上升、下降加速度，承船厢的实际标定位置等初始状态信息，按照运行时序通过现场总线控制各传动装置，使4个驱动机构同步运行，同时各电气传动装置将其运行参数和状态传递给传动控制站，传动控制站通过升船机监控系统的双环工业以太网，上送给集中控制站并接收后者的命令，使承船厢平稳地按规定的程序运行。

2)出力均衡和行程同步控制技术

根据升船机承船厢运行行程、运行速度和加速度、上下游对接停位目标位置、承船厢水深、当前行程标定值等输入信号，经虚拟主驱动点模型计算，获得虚拟主驱动点的速度给定曲线、加速度给定曲线，以及行程给定曲线等参考信号，以此构成升船机承船厢运行电气传动系统的行程同步跟随控制系统。经传动控制站主控制器获得的虚拟主驱动点行程给定曲线信号，与各驱动机构主电气传动装置反馈的实际行程信号比较后，输入给行程跟随控制器，经行程跟随控制器计算输出速度补偿信号，分别作为各自驱动机构主、从电气传动装置速度控制器的输入补偿信号，完成对4个驱动机构的行程同步控制。4个驱动机构的主电气传动装置同步跟随虚拟主驱动点的行程给定曲线安全、平稳地运行。

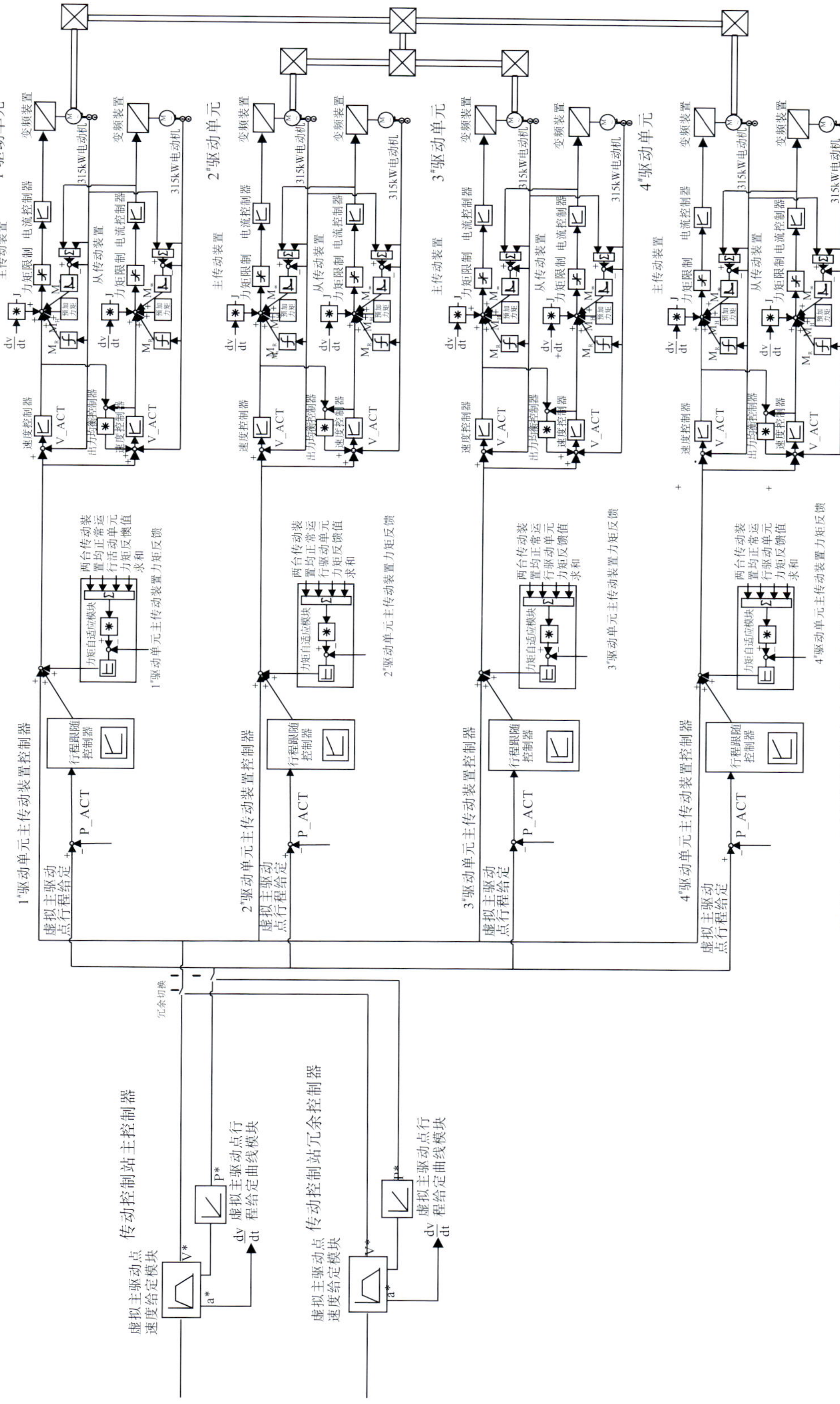

图4.5-4　承船厢运行电气传动与控制系统框图

由于机械设备加工偏差、电气设备技术偏差、运行阻力等因素，每个驱动机构的输出转矩存在差异，每个驱动机构的2台电动机的出力同样存在差异。各驱动机构之间的偏差积累和同一驱动机构的2台电动机的出力偏差，将影响系统的安全运行。将1#驱动机构传动装置输出力矩的反馈值，与当时2台电动机均正常运行的各驱动机构力矩的平均值，在1#驱动机构主电气传动装置控制器构建的力矩自适应模块中进行计算、比较、补偿修正，经力矩自适应模块计算输出速度补偿信号，分别作为各自驱动机构主、从电气传动装置速度控制器的输入补偿信号，完成对系统进行实时力矩均衡动态控制。将各驱动机构主电气传动装置速度控制器的输出与从电气传动装置速度控制器的输出，经从电气传动装置的出力均衡控制器调节后，再反馈给从电气传动装置速度控制器，完成对同一驱动机构2台电动机的出力均衡控制。

每个驱动机构内2套电气传动装置按主从方式工作，主电气传动装置和从电气传动装置均工作在速度闭环的模式下，主电气传动装置的转矩给定发送给从电气传动装置，从电气传动装置的速度补偿给定，将根据主电气传动装置和相应从电气传动装置的转矩误差，经调节后的输出来决定，使相应从电气传动装置的转矩作补偿性调整，从而维持系统每个驱动机构2台电动机的出力均衡。驱动单元主从传动原理框图见图4.5-5。

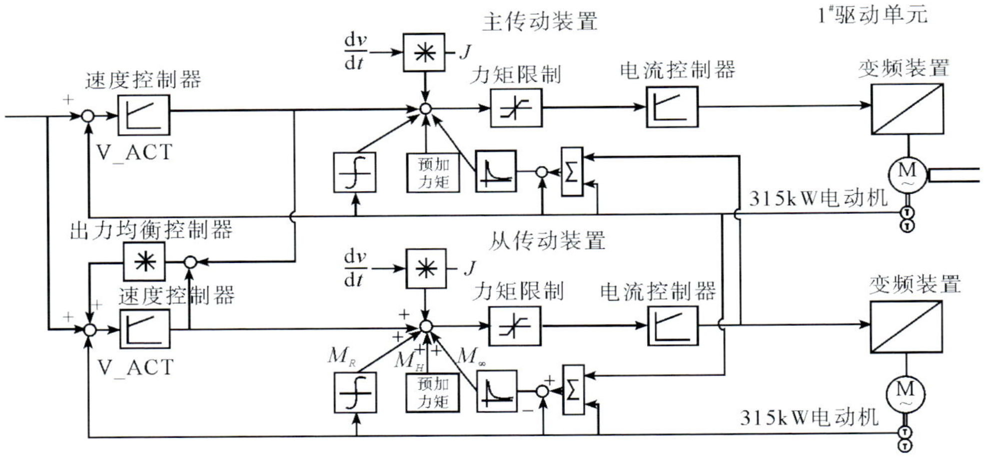

图4.5-5　驱动单元主从传动原理框图

由于系统长期运行可能产生系统误差和机械传动误差，每次虚拟主驱动点给出的速度给定曲线、行程给定曲线都对上一次运行的实际行程曲线进行行程误差矫正（行程误差叠加到新的给定曲线上），故电气传动系统具备精确动态行程校准功能，以保证系统内基准与外部事实基准一致。4个驱动机构的实际行程曲线可以作为冗余备份使用。

同步跟随控制系统既保证了硬件设备的冗余，也保证了软件调用备份信号的冗余。

4.5.3　部分平衡钢丝绳卷扬式垂直升船机

4.5.3.1　电气传动系统技术难点

部分平衡钢丝绳卷扬式垂直升船机需要适应引航道较大的水位变幅及较快的水位变率，承船厢入水前和入水后的受力有很大的变化，因此，除对电气传动系统的可靠性有严格的要求外，对其调速性能亦有很高的要求。实现承船厢进出水面和准确停靠的最有效的办法是降低承船厢的运行速度，因而对电气传动系统的另一要求是具有较大的调速范围，需要采用调速性能优越的交流变频调速系统，主要技术难点是解决适应下游快水位变率，并根据航道水位变化寻找减速点和停位点的准确停位及负载过零动态控制技术。

4.5.3.2　适应快水位变率的承船厢准确停位技术

(1)承船厢运行速度曲线

部分平衡钢丝绳卷扬式垂直升船机的承船厢在空气中按额定速度运行，在入水前需要减速，以低速进入水中，并保持低速运行，在接近停靠位时再次减速运行至停靠位。主提升机电气传动系统采用位置环(动态位置控制)、速度环、电流/转矩环三闭环动态控制技术，具有承船厢位置低速微调运行功能，能够提高位置控制精度。主提升机在承船厢启停、运行、出入水面、与上下游水位对接时，能使承船厢按“S”形速度图运行，可动态适应较大变幅和较快变率的引航道水位变化。

常规小惯量系统中，采用简单的斜坡控制来调整运动物体的加速度通常能满足要求。而主提升机同步轴刚性连接的驱动系统是一个大惯性多变量耦合系统，所以主提升机电气传动系统选用图 4.5-6 右侧所示的“S”形速度运行曲线，可以非常平滑地控制加速度和加速度变化率，极大地减轻系统的冲击，保证系统运行的稳定性，同时避免对精确定位的影响。

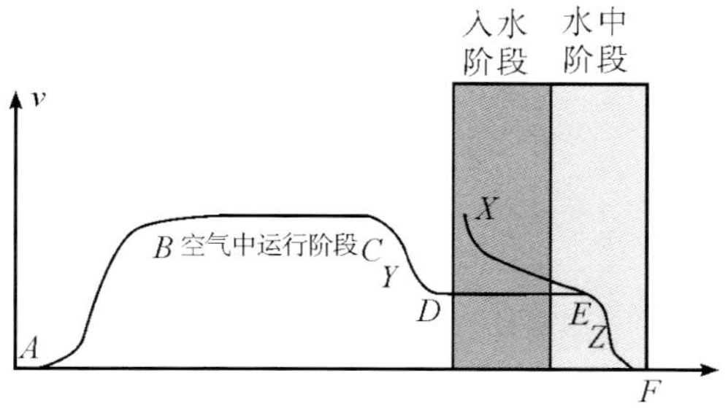

图 4.5-6　速度运行曲线

(2)位置控制技术研究

部分平衡钢丝绳卷扬式垂直升船机电气传动系统，不宜采用变频器的斜坡函数发生器输出作为速度环的给定，而是在传动协调控制站的控制器中，设计一个速度信号给定发生器，给出一个完整的承船厢运行过程的“S”形速度运行曲线图。根据升船机承船厢的当前高度、上下游实时水位变化确定的运行目标位置、位置控制器速度补偿值和设定的承船厢运行速度，产生承船厢当前运行时刻的运行速度，并实时传送给各电气传动装置作为速度给定。

速度信号给定发生器的工作可以由正常停机命令、紧急停机命令改变运行计算条件，从而生成相应的运行曲线、停机曲线或中断运行。电气传动系统长期运行可能产生系统误差和传动机械固有误差，故升船机控制系统设有精确动态校准功能，以保证控制系统内基准与外部事实基准一致。承船厢运行精确定位开启后，电气传动系统实时采集实际位置反馈信号，并与目标设定位置一并送入传动协调控制站(现地控制单元)，以最优速度运行曲线控制加减速及位置差补，形成精确定位控制。位置控制原理见图 4.5-7。

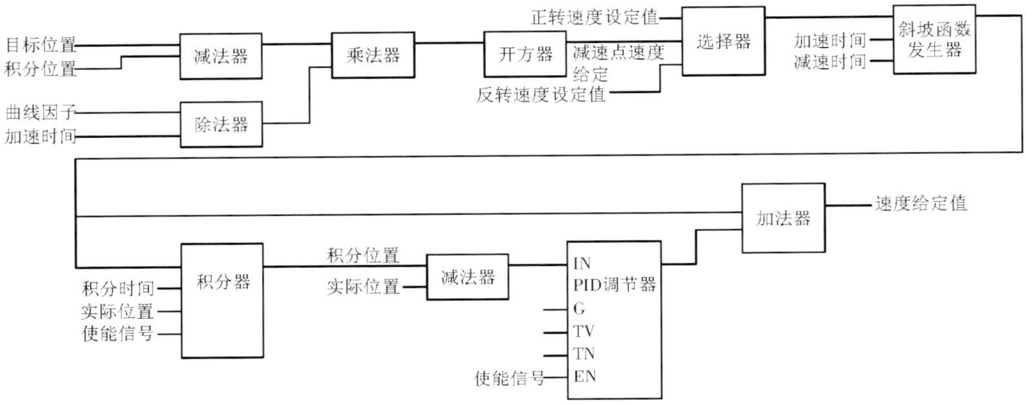

图 4.5-7　位置控制原理图

电气传动与控制系统方案中涉及 3 个位置，分别是实际承船厢运行位置、设定目标位置和积分位置。当任意 2 个位置的差值趋近于零时，即驱动电机转速趋近于零且位置偏差也为零时，即实现了准确停位。在控制准确停位过程中，若出现速度趋近于零，但位置偏差不为零，或位置偏差趋近零，而速度不趋近于零时，则需要优化位置控制器中的比例积分调节器(PI)参数、积分时间参数等。

在承船厢运行过程中，由于目标位置水位发生变化(即运行行程变大或变小)，则：①若主提升机各驱动电动机在减速点前出现目标位置增大，则与没减速前状态一致。②若主提升机各驱动电动机在减速点后出现目标位置变化，当开方器输出的速度给定大于速度设定时，各驱动电动机会出现加速或匀速运行。在减速区间段目标位置变化率小于电动机运行位置变化率时，直至开方器输出的速度给定小于速度设定后开始减速。

承船厢在空气中运行时，速度曲线运行在 *A-B-C* 曲线段，承船厢入水前从 *C* 点开始减速至水中运行速度，对应 *C-Y-D* 曲线段，入水后按照设定的水中运行速度运行，对应曲线 *D-E* 段。承船厢在运行过程中，目标位置跟随上下游水位实时变化。当承船厢运行在减速点 *E* 之前，由于积分位置与目标位置差的绝对值经开方器输出的速度值(对应图 4.5-6 的 *X-E* 曲线段)大于正转/反转速度设定值，此时选择器输出的值为正转/反转速度设定值，经斜坡函数发生器后，输出作为各电气传动装置的速度给定，承船厢按照入水后的正转速度设定值或反转速度设定值运行，速度曲线如图 4.5-6 的 D-E 曲线段所示。当积分位置与目标位置差的绝对值经开方器输出的速度值小于正转/反转速度的设定值时，选择器输出的值为开方器输出的速度值，速度曲线如图 4.5-6 的 E-Z-F 曲线段所示。因此承船厢的运行曲线由两段曲线 A-B-C-Y-D-E 与 X-E-Z-F 合成。

根据公式：

$$V = K\sqrt{\Delta S/2a} \tag{4.5-1}$$

可以计算出减速点后的速度给定值。

式中：ΔS——目标位置与积分位置的差值；

a——加减速度；

K——加减速时间和积分时间比例因子。

4.5.3.3 负载过零稳定性技术研究

（1）多机传动荷载分配稳定性技术

以 4 台电动机驱动的主提升机为例，对多机传动荷载分配稳定性技术进行分析。对于 4 台电动机驱动的部分平衡钢丝绳卷扬式垂直升船机主提升机系统，保持各个卷扬机的负载均衡、减小同步轴扭矩有利于升船机的安全可靠运行。针对 4 台电动机驱动的升船机主提升机，采用 4 个独立速度外环加出力均衡调节方式达到荷载分配控制。另外，通过软件控制方式选择设置，可以方便地切换为 4 套交流变频电气传动装置共用一个主速度环的控制方式，形成一套由 1 个速度外环和 4 个电流/转矩内环组成的双闭环自动无级调速系统。由于各电气传动装置有各自独立的速度环和转矩（电流）环，且以 1# 电气传动装置为主电气传动装置，其余电气传动装置为从电气传动装置。各个电气传动装置能对各个吊点的扰动更快地响应，不必等到扰动传递到主电气传动装置后才响应，因而能达到更好的控制效果，特别是扰动在主电气传动装置远端的情况下作用更加明显，同时能减小同步轴上的扰动传递，降低振荡的可能性。快适应变载技术控制原理见图 4.5-8。

为实现部分平衡钢丝绳卷扬式垂直升船机停位时跟随目标水位变化，电气传动系统不采用变频器的斜坡函数发生器输出作为速度环的给定值，而是在冗余控制器中设计一套速度信号发生器作为变频传动装置的速度给定。

电气传动装置采用全数字矢量控制交流变频器，荷载分配的逻辑控制由各变频器控制单元完成。主电气传动装置将自身转矩给定，通过现场总线发送给所用从电气传动装置，各个从电气传动装置将此信号通过计算作为补偿叠加到自身的速度给定，从而改变自身的传动特性曲线，与主电气传动装置特性曲线相交，使电气传动系统稳定运行，达到荷载均衡分配的目的。主电气传动装置和从电气传动装置调试器的控制均采用比例积分（PI）调节，而从电气传动装置的荷载分配控制器也采用比例积分（PI）调节，用于软化从传动的机械特性。

(2)附加荷载补偿控制

电气传动装置的转矩给定由两部分组成:一部分是速度环产生的转矩给定,另一部分是附加转矩前馈给定。附加转矩前馈给定由摩擦转矩给定、抑制震荡阻力转矩给定和克服摩擦力转矩给定组成(图 4.5-8)。

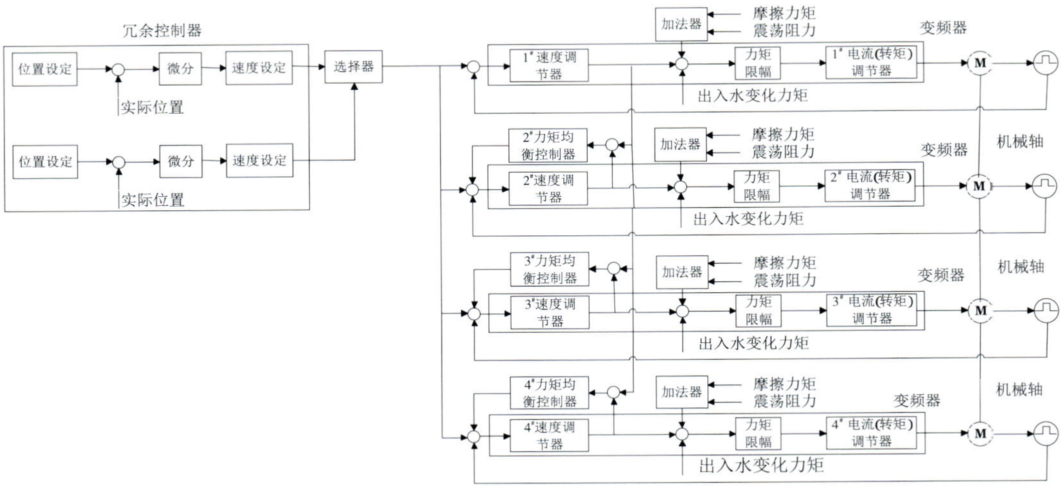

图 4.5-8 快适应变载技术控制原理图

1)出入水变化荷载补偿

承船厢在出入水过程中会受到水体的吸附力、浮力等附加荷载,电气传动系统需要运行在不同的状态下。为保证承船厢运行平稳,需要对承船厢出入水过程中的变化荷载进行补偿。

根据承船厢与平衡重侧安装的荷载传感器可近似计算出重量偏差,折算出电动机对应的输出转矩,根据承船厢入水深度计算出承船厢受到水体的浮力,折算出电动机输出对应的转矩,利用转矩环响应比速度环快的特点,可预先将补偿转矩叠加到转矩环的转矩给定端,实现承船厢出入水过程中的平稳运行。

2)摩擦力荷载和震荡阻力荷载补偿

升船机主提升机系统存在着许多非刚性的环节,如悬挂平衡重的长钢丝绳、齿轮间应力、长同步轴、承船厢及水体等,升船机运行中可能产生的摩擦力荷载和震荡源较多。电气传动系统中采用了摩擦力荷载和振荡抑制环节,对力矩给定给予合适的补偿,以抑制主提升机的振荡和同步轴的扭振。

3)主从切换扰动抑制

升船机主提升机在一台电气传动装置或多台电气传动装置故障退出运行后,余下的电气传动装置继续运行,由同步轴传递驱动力矩,所需负载需要由正常运行的电气传动装置平均分配。根据力矩(电流)环比速度环响应快的特点,4 台电机驱动的升船机当有 1 台电气传动装置退出运行时,将此电机的 1/3 力矩叠加在其他电气传动装置的力矩环的附加给定处,从而减少速度环产生的转矩给定,并弥补速度环慢的缺点,能有效抑制主从切换过程中的扰动。

4.6　垂直升船机抗震设计研究

大型垂直升船机是由塔柱、承船厢、平衡重等多子结构相互耦合构成的复杂系统。在地震作用下,升船机塔柱结构的动力响应会通过导向装置传递给承船厢等结构,从而引起承船厢内水体和船舶的晃动,这种“晃动”产生的动水压力又反作用于厢体,从而导致整个升船机耦联体系的动力响应。因此,在进行高扬程大型垂直升船机抗震设计时,需要建立塔柱结构、承船厢、承船厢水体动力耦合分析模型,进行结构系统的地震动力响应研究,并根据动力响应研究成果,分析横向联系箱梁对高扬程大型垂直升船机的抗震效果。

4.6.1　水船耦合简化模型研究

(1)水船耦合简化模型

承船厢内的水船耦合作用可采用修正 Housner 模型(图 4.6-1)进行计算。该模型考虑了船舶对承船厢的作用,模型假设:①承船厢为浅水容器;②厢内水体不可压缩、无旋无黏;③厢内水体为理想液体;④厢内水体只作小波幅运动;⑤有船时厢内水体作层流运动;⑥不考虑厢内船舶运动的滞后性。

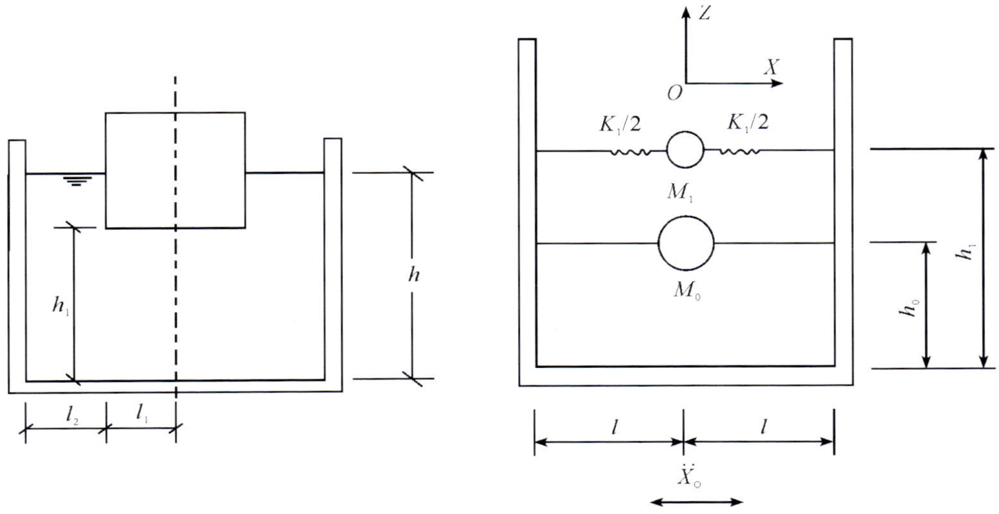

(a)厢水船舶简图　　(b)修正 Housner 计算模型

图 4.6-1　修正 Housner 计算模型简图

脉冲压力与厢内流体的质量密切相关。当厢内有船时，水体总量减小，从而影响脉冲压力值，新模型根据厢内水体质量的变化对此项进行了修正，修正系数如下：

$$\xi_1=\frac{2\rho hl_2+2\rho h_1l_1}{2\rho h(l_1+l_2)}=\frac{hl_2+h_1l_1}{h(l_1+l_2)} \tag{4.6-1}$$

式中：h——厢内水深；

h_1——船底到厢底距离；

l_1——半船宽；

l_2——一侧船壁至厢壁的距离。

修正后脉冲压力项：

$$M_0=m_1\frac{hl_2+h_1l_1}{h(l_1+l_2)}\frac{\sinh\left[\dfrac{\sqrt{3}(l_1+l_2)}{2h}\right]}{\dfrac{\sqrt{3}(l_1+l_2)}{2h}} \tag{4.6-2}$$

$$h_0=\frac{3}{8}h\left(\frac{h}{2(l_1+l_2)}\leqslant 1.5\right) \tag{4.6-3}$$

式中：M_0——脉冲压力项集中质量，kg；

h_0——脉冲压力作用高度，m；

m_1——单位长度水体质量，kg；

其余同式(4.6-1)。

修正后对流压力项：

$$M_1=\rho(hl_2+h_1l_1)\left[\frac{\sqrt{10}h}{12(l_1+l_2)}\tanh\left(\frac{\sqrt{10}h}{l_1+l_2}\right)\right] \tag{4.6-4}$$

$$k_1=\frac{5}{6}\rho\frac{hl_2+h_1l_1}{h}g\tanh^2\left(\frac{\sqrt{10}h}{l_1+l_2}\right) \tag{4.6-5}$$

$$h'_1=\frac{hl_2+h_1l_1}{l_1+l_2}\left[1-\frac{\cosh\dfrac{\sqrt{10}h}{l_1+l_2}-1}{\dfrac{\sqrt{10}h}{l_1+l_2}\sinh\dfrac{\sqrt{10}h}{l_1+l_2}}\right] \tag{4.6-6}$$

式中：M_1——一阶对流压力项集中质量，kg；

k_1——一阶对流压力项弹簧刚度，kN/m；

h'_1——一阶对流压力作用高度，m；

其余同式(4.6-1)。

(2)水船耦合模型验证方法

采用BP神经网络算法对水船耦合模型进行参数反演验证。其基本思路是：①利用振动台，测得物理模型在模拟地震作用下测点的最大加速度值；②利用ANSYS软件建立有限元模型，获得神经网络算法的最大加速度值学习样本；③利用MATLAB建立起反演参数和最大加速度之间的映射关系；④代入实测值进行反演；⑤将反演出来的参数代入ANSYS有限元模型进行计算，与实测值比较，验证有限元模型的合理性。

具体步骤如下：

首先利用振动台输入模拟地震作用，测量物理模型测点的最大加速度值。

$$a=[a_1,a_2,\cdots,a_n] \tag{4.6-7}$$

考虑到影响加速度结果的材料属性因素有弹模E、泊松比v、密度ρ，所以选择这3个物理量作为反演参数。假设加速度a与弹模E、泊松比v、密度ρ间存在映射关系$a=f(E,v,\rho)$，那么利用神经网络算法就能建立这个映射关系。当映射关系建立后，可输入实测的加速度值a，就能得到反演输出E、v、ρ。

将最后得到的E、v、ρ再代入ANSYS有限元模型中进行计算。此时，如果计算获得的最大加速度值与实测值相差不大，则表明反演结果可信，有限元建模方法可行。

4.6.2 升船机耦联体系动力响应特征

(1)工程背景

以建设白鹤滩水电站升船机为研究背景，分析分别采用齿轮齿条式和钢丝绳卷扬式升船机塔柱结构的动力响应特征。白鹤滩通航建筑物采用分级布置，其中第二级垂直升船机上游通航水位为782.0m，下游最低通航水位为581.4m，最大提升高度为200.6m，设计通航船舶为3000吨级，对应的升船机级别为Ⅰ级。升船机主要包括上闸首、承船厢室和下闸首，其中承船厢室结构由基础、承重塔柱和上部机房3个部分组成。场区地震基本烈度为Ⅷ度，根据《水电工程水工建筑物抗震设计规范》(NB 35047—2015)，升船机属于乙类非壅水结构，其设计地震加速度代表值的概率水准应取50年内超越概率5%，确定地震荷载的峰值加速度值为276gal。两种结构形式的升船机基本设计参数如下：

全平衡齿轮齿条爬升式垂直升船机：塔柱底部与筏形基础连为整体，筏形基础总长115.0m、总宽73.6m、高8.5m，顶部通过梁板结构连接，构成上部主机房的基础，整个承船厢室结构形成巨型框架结构体系。承重塔柱对称布置在承船厢室的左、右两侧，承船厢室宽25.6m，单侧塔柱宽17.5m，长110m，高240m。承船厢总长度为115m，水域总尺寸为115.0m×18.4m×4.7m(长×宽×水深)，初步计算出承船厢内水体重量为10300t，初估承船厢结构重量为7200t，承船厢带水总重量为17500t，与平衡重相等。

全平衡钢丝绳卷扬式垂直升船机：塔柱底部与筏形基础连为整体，筏形基础总长148.1m、总宽68.6m、高8.5m。顶部通过联系梁连接，使整个承船厢室结构形成巨型框架结构体系。承重塔柱对称布置在承船厢室的左、右两侧，承船厢室宽25.6m，单侧塔柱宽

15m，长 141.6m，高 240m。承船厢总长度为 130m，水域总尺寸为 130.0m×18.4m×4.7m（长×宽×水深），初步计算出承船厢内水体重量为 11600t，初估承船厢结构重量为 5600t，承船厢带水总重量为 17200t，与平衡重悬吊系统总重相等。

(2)动力分析模型

利用 ANSYS 软件建立了全平衡齿轮齿条爬升式垂直升船机和全平衡钢丝绳卷扬式垂直升船机两种机型的三维有限元模型，承船厢—水体—船体动力耦合模型采用修正 Housner 模型模拟（图 4.6-2），分别对承船厢处于顶部和底部两种工况下的升船机耦联体动力响应特征进行研究。

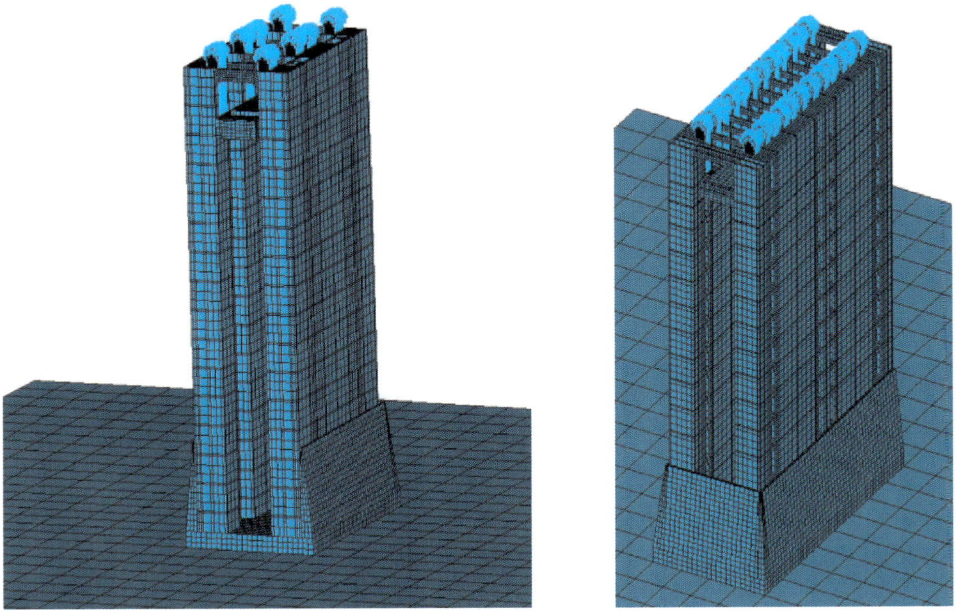

(a)全平衡齿轮齿条爬升式　　(b)全平衡钢丝绳卷扬式

图 4.6-2　升船机系统整体有限元模型

(3)计算条件和参数

升船机结构系统动力响应分析主要考虑结构自重、设备荷载和地震荷载，考虑Ⅷ度设防地震作用，对承船厢处于顶部和底部两个位置的结构地震动力响应进行分析。由于升船机塔柱纵向刚度远大于横向刚度，因此仅考虑横向地震和竖向地震的组合作用，竖向地震荷载加速度取横向地震荷载的 2/3，计算所用人工地震波加速度时程曲线见图 4.6-3，采用无质量地基模型，地震动在结构—地基的交界面处输入。

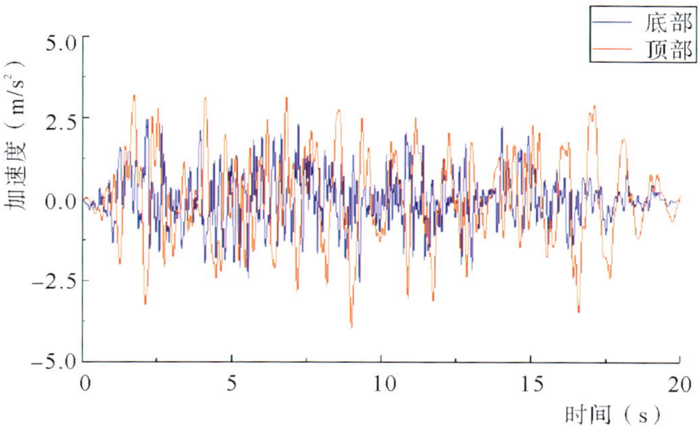

图 4.6-3 人工地震波加速度时程曲线

计算采用的材料参数见表 4.6-1。

表 4.6-1 **材料参数表**

部件	材料	静弹性模量(GPa)	密度(kg/m^3)	泊松比
承船厢	钢	200	7850	0.3
塔柱筒体	钢筋混凝土 C35	31.5	2500	0.167
地基	玄武岩	11	2700	0.23
承船厢室底板及筏形基础	钢筋混凝土 C30	30	2500	0.167
船	钢	200	7850	0.3

(4)计算结果

1)全平衡齿轮齿条爬升式垂直升船机

沿升船机塔柱筒体自下向上选取 3 个高程点，分别为 618.0m、715.6m、811.6m，在横向地震和竖向地震的作用下，采用时程分析法得到承船厢处于顶部和底部时各高程点的横向位移响应，位移结果显示(图 4.6-4)：在地震波作用下塔柱筒体自下而上各高程点的横向位移时程曲线变化趋势基本保持一致，位移值随高程的增加而变大。在地震作用的整个过程中，各高程点的运动方向基本在同一时刻发生变化，体现了升船机塔柱筒体作为一个整体来抵抗地震作用的效果。承船厢分别位于升船机顶部和底部时，计算得到全平衡齿轮齿条爬升式垂直升船机和全平衡钢丝绳卷扬式垂直升船机塔柱顶部的横向最大位移分别为 546mm 和 540mm，两者位移响应峰值相近，说明承船厢位置对强震作用下塔柱结构横向变形影响较小。

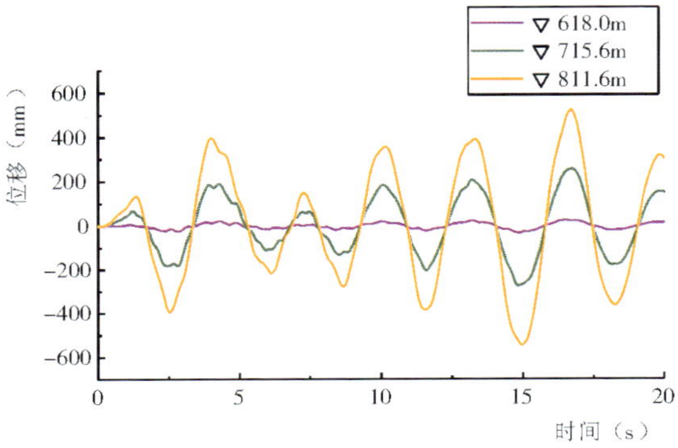

(a)承船厢位于升船机顶部

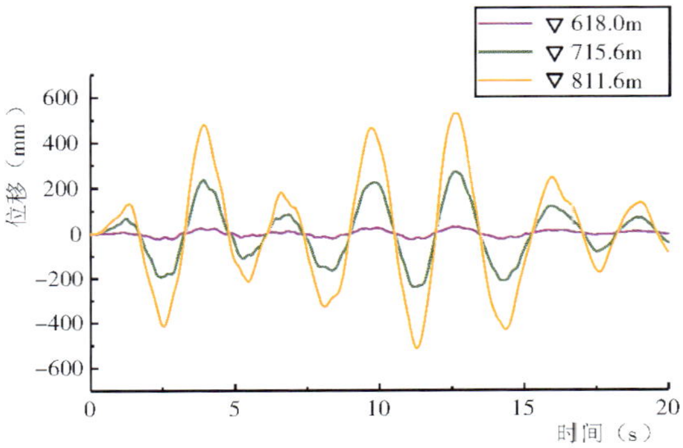

(b)承船厢位于升船机底部

图 4.6-4　升船机塔柱顶部横向位移时程曲线

承船厢以及厢内水体的总重量巨大，在动力荷载作用下，承船厢若发生剧烈晃动，将会导致厢体无法正常升降，并严重影响厢内船舶及人员的安全，甚至发生两者碰撞的危险，因此设计中有必要控制地震作用下承船厢相对于塔柱的位移。承船厢与塔柱之间通过两个部分相连，其一是布置在厢体上的纵、横导向机构；其二是悬挂于塔柱顶部滑轮并连接平衡重与承船厢的钢丝绳。地震作用下承船厢的横向摆动主要来源于塔柱结构通过纵、横导向机构以及钢丝绳传递的受迫振动。分别提取横导向处塔柱节点的横向位移和船厢节点的横向位移，两者位移差值即为承船厢相对于塔柱的横向位移。由图 4.6-5 可知，承船厢分别位于升船机顶部和底部时，承船厢相对于塔柱的横向位移最大值分别为 8.9mm 和 6.2mm，两者相对位移量值上的差异主要是由于塔柱顶部地震响应更强烈，导致承船厢和塔柱相对位移更大。

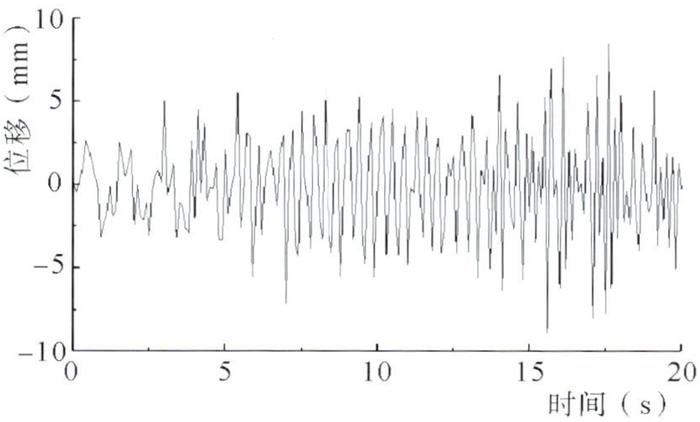

(a)承船厢位于升船机顶部

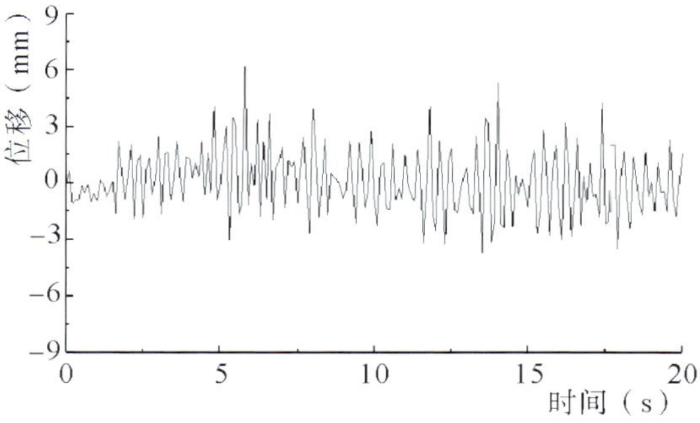

(b)承船厢位于升船机底部

图 4.6-5　承船厢相对于塔柱的横向位移时程曲线

表 4.6-2 为承船厢位于顶部和底部两种工况下，升船机底板、筒体以及顶部联系梁的应力响应最大情况。

表 4.6-2　　升船机不同部位应力响应比较　　（单位：MPa）

部位	承船厢位置	应力方向	拉应力	压应力
底板	顶部	σ_z	5.97	18.4
	底部		5.22	17.4
高程 571.6m 筒体截面	顶部	σ_z	10.3	31.8
	底部		9.93	29.5
高程 618.0m 筒体截面	顶部	σ_z	11.1	21.1
	底部		11.6	22.0
高程 809.6m 筒体截面	顶部	σ_y	23.4	21.2
	底部		22.7	23.1
联系梁	顶部	σ_y	98.5	105
	底部		103	106

由表 4.6-2 可以看出，升船机的应力响应程度随着高程的增加不断增加，高程 809.6m 筒体截面和联系梁出现了明显的应力集中现象，特别是联系梁作为左右两侧筒体的连接结构，在其与筒体接触部位应力集中现象最为突出，最大拉应力达到了 100MPa 左右（图 4.6-6），表明在设计烈度地震的情况下，此处混凝土会发生开裂，设计中应采取相应措施。另外，在强震作用下，承船厢所处位置对于升船机应力响应影响较小。

（a）承船厢位于升船机顶部

（b）承船厢位于升船机底部

图 4.6-6　塔柱顶部联系梁正应力（单位：Pa）

2）全平衡钢丝绳卷扬式垂直升船机

沿升船机塔柱筒体自下向上分别在高程 642.0m、725.0m、803.0m 3 个平面上选取特征点，分析承船厢位于升船机顶部和底部时，这些特征点在横向地震和竖向地震共同作用下的位移响应特征(图 4.6-7)。由图 4.6-7 可以看出，全平衡钢丝绳卷扬式垂直升船机位移响应特征与齿轮齿条式相似，塔柱筒体自下而上各高程点的横向位移时程曲线变化趋势也基本保持一致，位移值随高程的增加而变大。在地震作用的整个过程中，各高程点的运动方向基本在同一时刻发生变化，表明塔柱结构在地震作用下主要表现为整体同步变形。当承船厢分别位于升船机顶部和底部时，塔柱顶部横向位移最大值分别为 546mm 和 527mm，两个工况的最大位移在量值上差别较小。另外，与全平衡齿轮齿条爬升式垂直升船机塔柱顶部横向位移值(546mm 和 540mm)相比，两种结构形式的位移值也非常接近，表明两种塔柱结构形式的升船机抵抗地震作用下的横向变形能力差别不大。

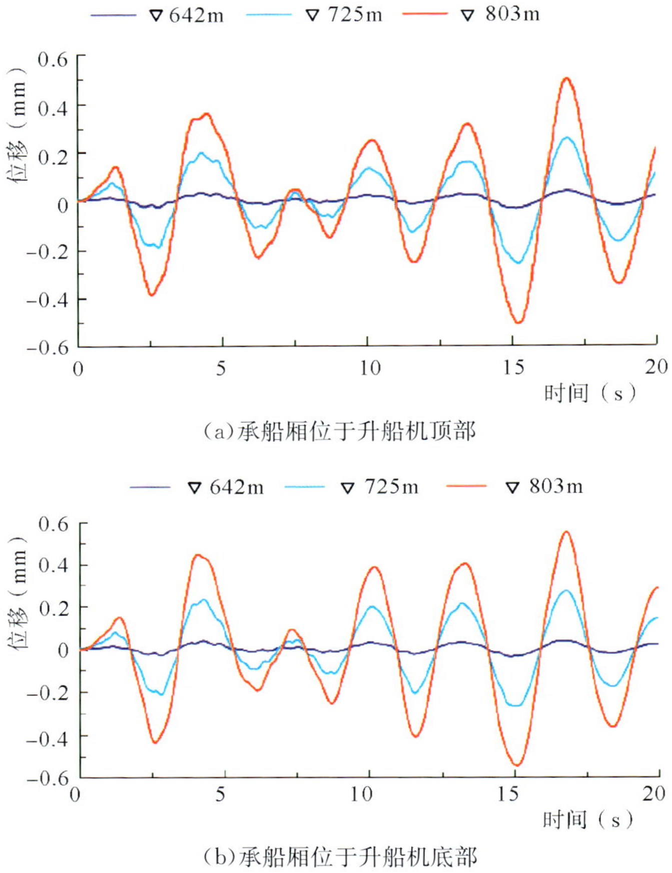

图 4.6-7　升船机塔柱顶部横向位移时程曲线

图 4.6-8 为承船厢分别位于升船机顶部和底部时，承船厢相对于塔柱的横向位移时程曲线，可以看出：整体上无论承船厢位于升船机顶部还是底部，承船厢相对于塔柱的横向位移值均较小(小于 10mm)，表明在设计地震烈度时，承船厢不会与塔柱发生碰撞。另外，与承船厢位于升船机底部相比，当承船厢位于升船机顶部时横向相对位移值较大，表明此时是

横向相对位移控制工况。

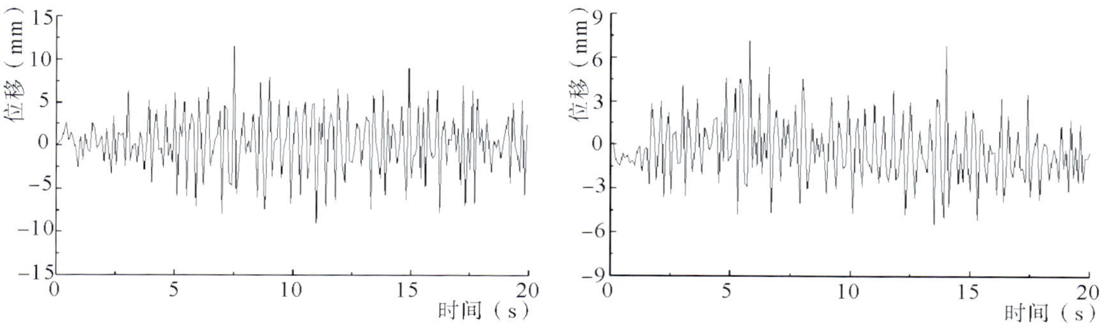

图 4.6-8　承船厢相对于塔柱的横向位移时程曲线

表 4.6-3 为塔柱筒体不同高程上的动应力值，其中高程 571.6m 为筒体与底板的交界面；高程 618.0m 为塔柱筒壁变截面处，高程 618.0m 以下筒体外壁厚为 2.7m，高程 618.0m 以上筒体外壁厚为 1.2m。由表 4.6-3 可以看出，在 618.0m 的筒壁变截面处出现了动拉应力较大值(20.1MPa)。这是因为在 618.0m 处，618.0m 以上壁厚变小，交界面出现应力集中现象。另外，联系梁与筒体接触部位应力集中现象最为突出，最大拉应力达到了 62.1MPa 左右(图 4.6-9)，表明联系梁是将塔柱结构两侧筒体连接形成一个整体的关键结构，在设计烈度地震的情况下，此处拉应力值非常大，混凝土结构会开裂，设计中应采取相应措施。另外，在强震作用下，与全平衡齿轮齿条爬升式垂直升船机相似，承船厢所处位置对于升船机应力响应影响较小。

表 4.6-3　升船机不同部位应力响应比较　(单位：MPa)

部位	承船厢位置	应力方向	拉应力	压应力
高程 571.6m 筒体截面	顶部	σ_z	5.13	26.8
	底部		4.35	25.4
高程 618.0m 筒体截面	顶部	σ_z	20.1	40.0
	底部		18.5	39.4
高程 725.0m 筒体截面	顶部	σ_y	0.36	0.37
	底部		0.35	0.56
高程 803.0m 筒体截面	顶部	σ_y	29.3	27.1
	底部		31.5	30.9
联系梁	顶部	σ_y	60.2	61.0
	底部		62.1	65.8

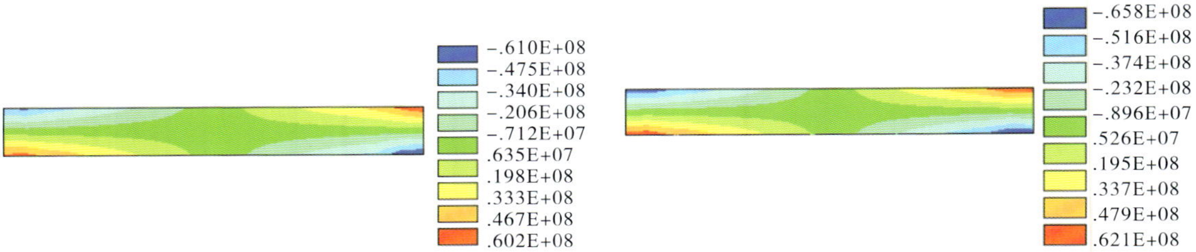

(a)承船厢位于升船机顶部　　(b)承船厢位于升船机底部

图 4.6-9　塔柱顶部联系梁正应力(单位:Pa)

计算结果表明:

①在地震荷载作用下,升船机塔柱筒体各高程点的横向位移时程曲线变化趋势基本保持一致,位移值随高程的增加而变大。在地震过程中,各高程点的运动方向基本在同一时刻发生变化,表明升船机耦联体系作为一个整体来抵抗地震作用。

②两种结构形式的升船机塔柱抵抗地震作用下的横向变形能力差别不大;承船厢的相对位移对地震条件下塔柱结构的位移响应有明显影响,而升船机应力响应影响较小。

③联系梁作为左右两侧筒体的连接结构,在强震作用下其与两侧筒体接触部分应力集中现象最为突出,需要在设计中考虑此处混凝土开裂问题。

4.6.3　箱梁减震效果分析

升船机塔柱结构两侧筒体主要通过顶部平台联系梁连接,联系梁是塔柱结构应力集中最突出的部位。这主要是虽然联系梁将两侧筒体连接成一个整体,但从升船机结构形式和受力特征来看,升船机横向刚度仍然相对较小,特别是在强震作用下,塔柱结构受力和变形特性将更为复杂。为此,考虑采用箱梁结构来增加塔柱结构横向刚度,以降低其地震作用下的变形。

(1)动力分析模型

升船机整体结构三维有限元模型包括地基、筏形基础、挡土墙、塔柱、承船厢、平衡重、顶部联系梁、箱梁等。单侧塔柱宽度为 15m,塔柱总高度为 240m,筏形基础厚度为 8.5m,挡土墙高度为 46.4m,17 根横向联系梁设置于塔柱顶部。塔柱上游布置 1 根箱梁,下游布置 3 根箱梁,箱梁长 25.6m,宽 5.25m,高 6.4m,壁厚 0.6m。塔柱结构纵剖面图、横断面图见图 4.6-10,箱梁的有限元模型见图 4.6-11。计算参数取值参见 4.6.2 节。

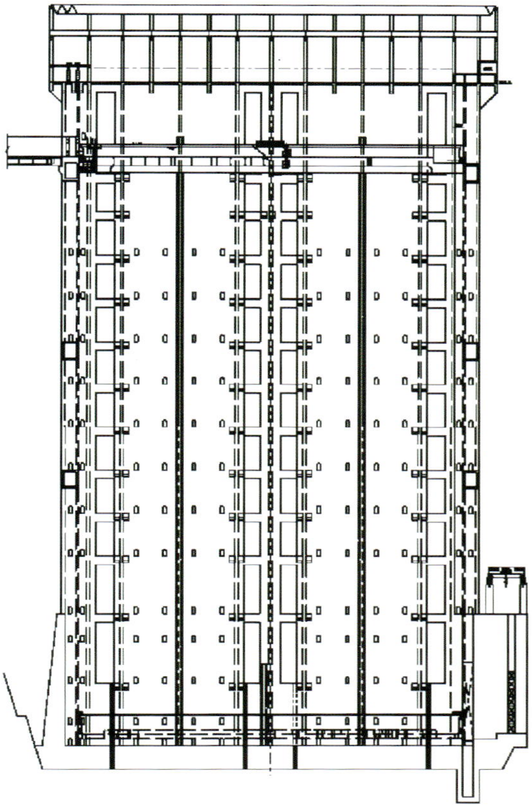

(a)纵剖面图

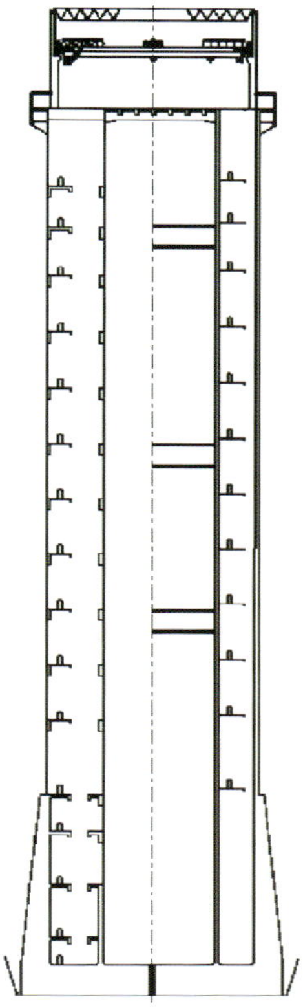

(b)横断面图

图 4.6-10　塔柱结构剖面图

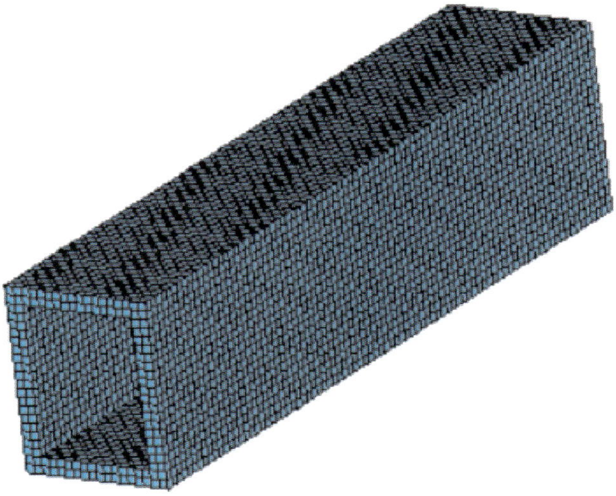

图 4.6-11　箱梁有限元模型

(2)特征部位位移响应

箱梁结构布置在两侧筒体中上部之间,其两端分别与筒体刚性连接,是加大整体体系横向刚度的主要构件。图 4.6-12(a)为设置箱梁后塔柱不同高程部位位移响应特征,可以看出,塔柱各高程位移均处于同相位波动,整体表现为同步变形的规律,表明仍然以整体变形为主。图 4.6-12(b)对比了在有无箱梁情况下,塔柱高程 642m 处特征点位移波动情况。显然,设置箱梁后位移波动峰值有所降低,特别是在 15s 之后,位移波动值大幅下降。在动力计算结束时,无箱梁工况产生了较大的最终位移(接近 0.25m),而设置箱梁后的最终位移则较小,表明设置箱梁能明显减小塔柱结构在地震作用下的位移响应。

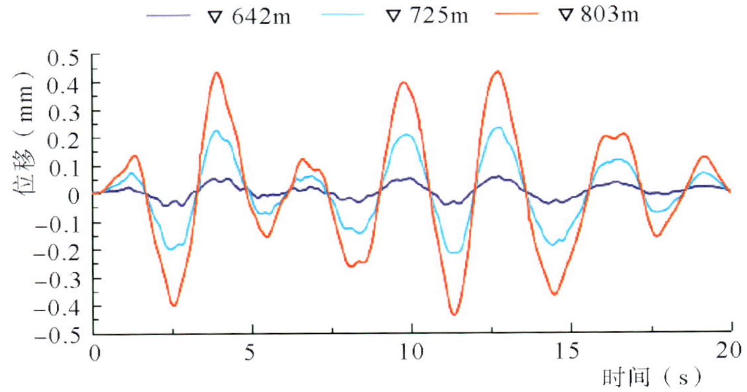

(a)有箱梁工况

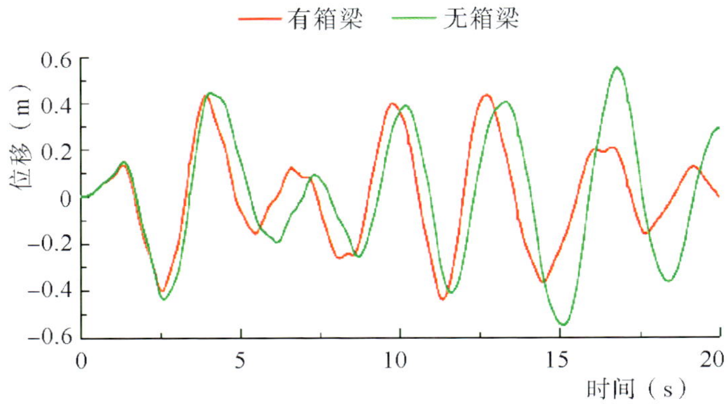

(b)有无箱梁对比(高程 642m)

图 4.6-12 升船机塔柱顶部横向位移时程曲线

(3)特征部位应力响应

表 4.6-4 为有无箱梁工况下塔柱筒体不同高程最大竖向动应力值。由表 4.6-4 可以看出,塔柱上设有箱梁后,塔柱从底部到顶部各高程处的竖向动应力值都随之增大,表明在Ⅷ度地震作用下,增设联系箱梁后,塔柱结构横向整体刚度有所加强,横向位移反应有所减小,而动应力有所增大。

表 4.6-4 有无箱梁工况下塔柱筒体不同高程最大竖向动应力值 (单位:MPa)

高程(m)	无箱梁		有箱梁	
	σ_y		σ_y	
	受拉区	受压区	受拉区	受压区
高程 571.6	4.35	−25.4	4.81	−24.0
高程 618.0 下	16.3	−33.0	20.8	−35.9
高程 618.0 上	18.5	−39.4	23.1	−42.8
高程 725.0	1.22	−6.51	3.88	−9.40
高程 803.0	17.4	−18.1	17.8	−19.3

塔柱上有无箱梁时顶部联系梁正应力 σ_y 云图见图 4.6-13。从图 4.6-13 中可以看出,塔柱上不设箱梁时,顶部联系梁根部受拉区最大动应力为 61.0MPa,受压区最大动应力为 63.7MPa;塔柱上设有箱梁时,顶部联系梁受拉区最大动应力为 57.7MPa,受压区最大动应力为 58.7MPa,最大动拉应力和最大动压应力分别减少了 5.4%和 7.8%。这表明在Ⅷ度地震作用下,箱梁的存在协调了两侧塔柱在横向的地震反应,减小了顶部联系梁的动应力值。

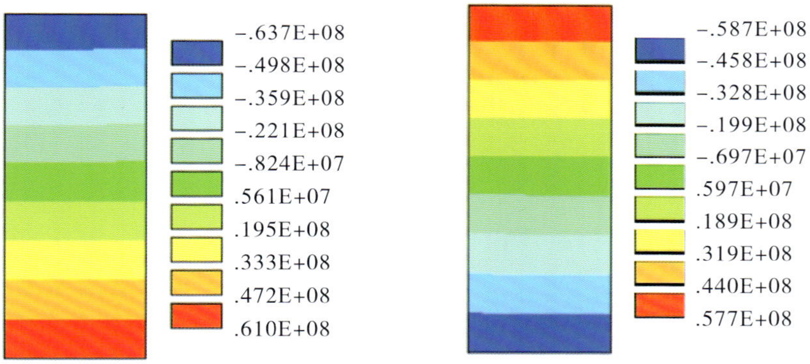

(a)无箱梁工况 (b)有箱梁工况

图 4.6-13 塔柱上有无箱梁时顶部联系梁正应力 σ_y 云图(单位:Pa)

4.7 小结

平衡重式垂直升船机包括全平衡齿轮齿条爬升式垂直升船机、全平衡钢丝绳卷扬式垂直升船机和部分平衡钢丝绳卷扬式垂直升船机。围绕平衡重式垂直升船机关键技术问题开展研究,以提高升船机运行适应性和安全可靠性。

①全平衡齿轮齿条爬升式垂直升船机安全性好,机构复杂,造价较高;全平衡钢丝绳卷扬式垂直升船机经济性好,维修方便,适应结构变形能力较强,水漏空设防不易解决;部分平衡钢丝绳卷扬式垂直升船机安全性高,规模受机械制造水平的限制较大。升船机的型式确

定需综合考虑自然条件、枢纽布置条件、通航需求和升船机的技术特性等因素。

②承船厢纵倾稳定性是全平衡钢丝绳卷扬式垂直升船机需要解决的重要问题，涉及承船厢水域尺寸、提升高度、钢丝绳规格、主提升机纵向中心距、卷筒直径和同步轴刚度等技术参数，通过升船机悬吊系统的动力学建模和分析确定了承船厢纵倾稳定性判别的方法。

③液压盘式制动器安全制动系统是全平衡或部分平衡钢丝绳卷扬式垂直升船机安全保障系统的重要组成部分。液压盘式制动器，具有制动可靠、上松闸同步性高、制动平稳、安全可靠性高、便于控制等优点。通过对制动系统实例分析，验证了安全制动系统的安全可靠性。

④驱动机构是全平衡齿轮齿条爬升式垂直升船机承船厢的驱动设备。小齿轮托架是驱动机构的重要部件，具有传递齿轮驱动载荷、适应船厢和塔柱结构相对位移从而保证齿轮齿条啮合精度、向安全机构转移船厢失衡超载事故载荷的功能。

⑤全平衡钢丝绳卷扬式垂直升船机采用多电动机机械同轴，电气出力均衡控制技术。全平衡齿轮齿条爬升式垂直升船机采用驱动点内双电机出力均衡加四驱动点行程同步控制技术。部分平衡钢丝绳卷扬式垂直升船机采用适应快水位变率的承船厢准确停位技术，实现承船厢准确停位。

⑥在地震荷载作用下，升船机筒体各高程点的横向位移时程曲线变化趋势基本一致，位移值随高程的增加而变大，地震过程中各高程点的运动方向基本在同一时刻发生变化，升船机耦联体系作为整体抵抗地震作用。

参考文献

[1] 中华人民共和国住房和城乡建设部，中华人民共和国国家质量监督检验检疫总局. 升船机设计规范：GB 51177—2016[S]. 北京：中国计划出版社，2016.

[2] 水电工程水工建筑物抗震设计规范：NB 35047—2015[S]. 北京：中国电力出版社，2015.

[3] 刘志明，温续余. 水工设计手册. 第 7 卷：泄水与过坝建筑物[M]. 北京：中国水利水电出版社，2014.

[4] 钮新强，宋维邦. 船闸与升船机设计[M]. 北京：中国水利水电出版社，2007.

[5] 钮新强，覃利明，于庆奎. 三峡工程齿轮齿条爬升式升船机设计[J]. 中国工程科学，2011，13(7)：96-103.

[6] 林太举，朱翼挺. 金沙江向家坝高坝垂直升船机[J]. 水利发电，2014，40(1)：66-68.

[7] Liao Lekang，Zhu Hong，Zhang Rui. Research and design of the main equipments and structure of Xiangjiaba shiplift. Engineering，2014，12 (5)：81-89.

[8] 中国水利发电工程学会金属结构专业委员会. 水工机械技术 2008 年论文集[M]. 北京：中国水利水电出版社，2008.

[9] 廖乐康，石端伟. 升船机承船厢纵倾运动与主机扭振耦合分析[J]. 人民长江，1996(9)：19-22，47.

[10]廖乐康,石端伟.悬吊状态下升船机运动稳定性分析[J].水利电力机械,1996(6):19-22.

[11] Liao Lekang. Safety analysis and design of full balanced hoist vertical shiplifts [J],Structural Engineering and Mechanics,2014,49(1):311-327.

[12] 廖乐康,张圣坤.承船厢二维非线性晃动的分析[J].船舶力学,2006,10(2):47-55.

[13] Yang Zhang,Duanwei Shi,Lekang Liao,et al. Pitch stability analysis of high-lift wire rope hoist vertical shipliftunder shallow water sloshing-structure interaction[J]. Institute of Mechanical Engineering,2019,233(4): 942-955.

[14] 程熊豪,石端伟,李红享,等.高扬程全平衡卷扬式垂直升船机系统稳定性分析[J].中国机械工程,2019,30(8):919-925.

[15] 张莉,廖乐康.全平衡垂直升船机紧急制动力曲线研究[J].人民长江,2015,46(9):1-8.

[16] 廖乐康,于庆奎,黄发涛.清江隔河岩升船机主提升机安全制动系统设计[J].人民长江,2004(4):20-22.

[17] 彭惠,石端伟,王可,等.三峡升船机小齿轮托架机构动力学分析[J].机械设计与制造,2016(1):253-257.

[18] Shi Duanwei,Cheng Shuxiao,Zhao Tiezhu,et al. Safety analysis for thread pair clearance of safety mechanism of Three Gorges Project shiplift[J]. Wuhan University Journal of Natural Sciences. 2014,19(6):535-543.

[19] Liao Lekang. The principle of minimization of the equivalent load for design of launching vertical shiplift[J]. Engineering Sciences. 2014,12(1):59-66.

[20] 袁达夫.湖北水电机电及金属结构[M].武汉:长江出版社,2016.

[21] 秦雅岚,唐勇,王伟.垂直升船机多轴多电机机械同步出力均衡控制技术的研究与应用[J].中国水运,2011,11(1):106-108.

[22] 石双平.伺服式浮子水位计检测技术[J].环球市场信息导报,2012(31):47-48.

[23] 马小亮,蒋琪,王丙元,等.升船机交流主拖动系统中扭振抑制的研究[J].电工技术学报,2001,13(3):29-34.

[24] 李彬,谭明波,翁晨雷.三峡升船机传动控制系统电气行程同步性能测试[J].船电技术,2014(7):27-29.

[25] 刘红兵.升船机主拖动系统性能研究[D].哈尔滨:哈尔滨工程大学,2003.

[26] 马小亮,蒋琪,等.升船机交流主拖动系统几个特殊问题的研究[J].电力电子技术,2000(5):33-36.

[27] 马洪伟.升船机塔柱整体系统简化计算模型与动力性能研究[D].南京:河海大学,2012.

第 5 章 长距离隧洞通航设计与研究

5.1 断面尺寸合理选择

船舶在浅海、内河等有边界限制的航道中航行，航道称为限制性航道，其所受阻力与在深水中航行时所受的阻力不同。限制性航道可分为仅水深受到限制的浅水情况和深度及宽度都受限制的狭窄水道两种。限制性航道的概念不是绝对的，主要视其对船舶阻力是否产生影响而定。航道对阻力的影响主要取决于航道的深度、宽度和船舶尺寸以及航速等因素。在航速很小时，航道对阻力不产生影响，相当于深水航道；船速较大时，航道对船舶所受的阻力影响相当显著，必须考虑限制性航道问题。《内河通航标准》(GB 50139—2014)第 3.0.5 条为强制性条文，要求“限制性航道的断面系数不应小于 6，流速较大的航道不应小于 7”。此处断面系数是指航道断面面积与船舶水下面积之比。

实际上，受限于洞室建设技术、经济性等多方面因素，通航隧洞往往难以达到限制性航道的断面系数不应小于 6 的要求，如法国罗纳、我国乌江构皮滩等通航隧洞航道的断面系数都只有 3～4。通航隧洞因航道深度及宽度都受限制，断面系数小，属狭窄水道，对船舶航行有明显的限制作用，是一种特殊的限制性航道。由于航道狭窄，水与船体相对速度加大以及船体周围流场及兴波等影响，使船舶航行状态和受力状况异于内河、运河等限制性航道，同时隧洞的断面又不能过小，断面系数越小，船舶在隧洞中的允许航速就越小，一方面会减小隧洞的通过能力，另一方面不利于船舶安全通行。目前，通航隧洞布置尺寸与通航船型的相互关系及通航水力学指标要求尚无专门的规范可循。

为适应水位变幅和满足船舶在隧洞中安全航行的要求，通航隧洞的净空远大于公铁交通隧洞，具有大断面的特点，长距离通航隧洞通常采用单线航道，上下行隧洞分开布置，避免隧洞断面过大影响技术可行性和经济性。通航隧洞的横断面形状通常有圆形、椭圆形、马蹄形、城门洞形等，横断面形状主要取决于围岩的特性以及施工方法。隧洞的宽度、水深和水上净空等则需要根据设计船舶尺寸、船舶通过隧洞方式以及船舶安全航行条件等因素进行综合比选确定。

5.1.1 按限制性航道基本要求分析

《内河通航标准》(GB 50139—2014)第 3.0.5 条为强制性条文，对内河航道提出了以下

明确规定：

①天然和渠化河流航道水深应根据航道条件和运输要求通过技术经济论证确定。对枯水期较长或运输繁忙的航道，应采用标准所列航道水深幅度的上限；对整治比较困难的航道，应采用标准所列航道水深幅度的下限，但在水位接近设计最低通航水位时船舶应减载航行。当航道底部为石质河床时，水深值应增加 0.1～0.2m。

②内河航道的线数应根据运输要求、航道条件和投资效益分析确定。除整治特别困难的局部河段可采用单线航道外，均应采用双线航道。当双线航道不能满足要求时，应采用三线或三线以上航道，其宽度应根据船舶通航要求研究确定。

③内河航道弯曲段的宽度应在直线段航道宽度的基础上加宽，其加宽值应通过分析计算或试验研究确定。

④内河航道的最小弯曲半径，应采用顶推船队长度的 3 倍、货船长度的 4 倍、拖带船队最大单船长度的 4 倍中的最大值。在条件受限河段，航道最小弯曲半径不能达到上述要求时，航道宽度应加大，加大值应经专项研究确定。流速 3m/s 以上、水势汹乱的山区河流航道，其最小弯曲半径应采用顶推船队长度的 5 倍或货船长度的 5 倍中的较大值。

⑤限制性航道的断面系数不应小于 6，流速较大的航道断面系数不应小于 7。

5.1.1.1 隧洞断面宽度

《内河通航标准》(GB 50139—2014)中，对于限制性航道尺度要求不得小于表 5.1-1 所规定的数值。

内河限制性航道直线段双线底宽要求Ⅱ级航道≥60m、Ⅲ级航道≥45m、Ⅳ级航道≥40m、Ⅴ级航道≥35m、Ⅵ级航道≥20m、Ⅶ级航道≥16m。由于内河航道的线数通常要求采用双线或双线以上航道，对于单线航道并未进行规定，单线航道的宽度应根据船舶通航要求研究确定。通航隧洞断面宽度(隧洞内过水断面宽度)可按限制性航道直线段双线底宽要求的一半考虑。

表 5.1-1 限制性航道尺度

航道等级	船舶吨级	代表船型尺度(m×m×m，总长×型宽×设计吃水)	代表船舶、船队	船舶、船队尺度(m×m×m，长×宽×设计吃水)	航道尺度(m)		
					水深	直线段双线底宽	弯曲半径
Ⅱ	2000	驳船 75.0×14.0×2.6，货船 90.0×15.4×2.6	 (1)	180.0×14.0×2.6	4.0	60	540
Ⅲ	1000	驳船 67.5×10.8×2.0，货船 80.0×10.8×2.0	 (1)	160.0×10.8×2.0	3.2	45	480

续表

航道等级	船舶吨级	代表船型尺度(m×m×m,总长×型宽×设计吃水)	代表船舶、船队	船舶、船队尺度(m×m×m,长×宽×设计吃水)	航道尺度(m)		
					水深	直线段双线底宽	弯曲半径
Ⅳ	500	驳船 42.0×9.2×1.8, 货船 47.0×8.8×1.9	 (1)	108.0×9.2×1.9	2.5	40	320
			 (2)	47.0×8.8×1.9			
Ⅴ	300	驳船 30.0×8.0×1.8, 货船 36.7×7.3×1.9	 (1)	210.0×8.0×1.9	2.5	35	250
			 (2)	82.0×8.0×1.9			
			 (3)	36.7×7.3×1.9			
Ⅵ	100	驳船 25.0×5.5×1.5, 货船 26.0×5.0×1.5	 (1)	298.0×5.5×1.5	2.0	20	110
			 (2)	26.0×5.0×1.5			
Ⅶ	50	驳船 19.0×4.5×1.2 货船 25.0×5.5×1.2	 (1)	230.0×4.7×1.2	1.5	16	100
			 (2)	25.0×5.5×1.2			

5.1.1.2 断面系数

按照现行规范要求,限制性航道的断面系数不应小于 6,流速较大的航道断面系数不应小于 7。考虑到通航隧洞的特殊性,且隧洞内船舶航速通常较内河航道要小,通航隧洞断面系数可适当减小。

5.1.1.3 转弯半径

对于带有转弯的双线限制性航道,其转弯半径需要满足规范规定:Ⅱ级航道≥540m、Ⅲ级航道≥480m、Ⅳ级航道≥320m、Ⅴ级航道≥250m、Ⅵ级航道≥110m、Ⅶ级航道≥100m。

最小转弯半径应采用顶推船队长度的 3 倍、货船长度的 4 倍、拖带船队最大单船长度的 4 倍中的最大值。

5.1.2 按跨河建筑物净空要求分析

《内河通航标准》(GB 50139—2014)要求限制性航道水上过河建筑物通航净空尺度不应小于表 5.1-2 所规定数值。

表 5.1-2　　限制性航道水上过河建筑物通航净空尺度　　(单位:m)

航道等级	代表船舶、船队	净高	双向通航孔		
			净宽	上底宽	侧高
Ⅱ	2 排 1 列	10.0	70	52	6.0
Ⅲ	2 排 1 列	10.0	60	45	6.0
Ⅳ	2 排 1 列	8.0	55	45	4.0
	货船				
Ⅴ	1 拖 6	5.0	45	36	3.5
	2 排 1 列	8.0			5.0
	货船				
Ⅵ	1 拖 11	4.5	22	16	3.4
	货船	6.0	30	22	3.6
Ⅶ	1 拖 11	3.5	18	13	2.8
	货船	4.5	25	18	2.8

5.1.2.1　隧洞断面宽度

双向通航的限制性航道要求水上过河建筑物通航净宽：Ⅱ级航道≥70m、Ⅲ级航道≥60m、Ⅳ级航道≥55m、Ⅴ级航道≥45m、Ⅵ级航道≥30m(货船)；Ⅶ级航道≥25m(货船)。单线航道的宽度应根据船舶通航要求研究确定，初拟通航隧洞断面宽度可参考限制性航道水上过河建筑物通航净空尺度的基本要求，暂按双线底宽的一半考虑。

5.1.2.2　通航净空

通航净空Ⅱ级和Ⅲ级航道≥10m、Ⅳ级和Ⅴ级航道≥8m、Ⅵ级航道≥6m、Ⅶ级航道≥4.5m。通航净空还应满足同水系天然和渠化河流的具体要求，并与通航建筑物要求的通航净空保持一致。

通航净空示意图见图 5.1-1。

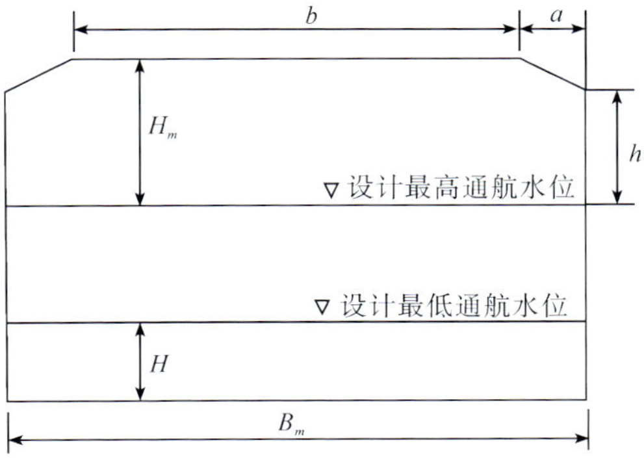

图 5.1-1　通航净空示意图

B_m. 水上过河建筑物通航净宽；H_m. 水上过河建筑物通航净空；

H. 航道水深；b. 上底宽；a. 斜边水平距离；h. 侧高

5.1.3 按天然和渠化河流计算

《内河通航标准》(GB 50139—2014)附录 A,针对天然和渠化河流航道宽度给出了明确的规定,根据其中的单线航道宽度计算方法可对通航隧洞断面尺寸进行估计,计算见式(5.1-1)。

单线航道宽度:

$$B_1 = B_F + 2d \tag{5.1-1}$$

$$B_F = B_s + L_c \sin\beta \tag{5.1-2}$$

式中:B_1——单线航道宽度,m;

B_s——设计船舶(队)宽度,m;

B_F——船舶(队)航迹带宽度,m;

L_c——设计船舶(队)长度,m;

d——船舶(队)外舷至航道边缘的安全距离,m,船队可取 0.25~0.30 航迹带宽度,货船可取 0.34~0.40 航迹带宽度;

β——设计船舶(队)航行漂角,°,Ⅰ级至Ⅴ级航道可取 3°,Ⅵ级和Ⅶ级航道可取 2°。

对于通航隧洞,由于航道内横向流速相对较小,在进行断面尺寸估计时,船舶(队)航行漂角以及安全距离的系数可适当取较小值。

5.1.4 其他相关规范要求

《运河通航标准》(JTS 180—2—2011)和《内河航道工程设计规范》(DG/TJ 08—2116—2012)均在《内河通航标准》(GB 50139—2014)的基础上,对限制性航道的尺度设计、航道安全等方面进行了进一步阐述,尽管没有针对通航隧洞的断面设计提出具体要求,但还是可较好地指导通航隧洞的设计。

《运河通航标准》(JTS 180—2—2011)是结合我国运河建设经验提出的,其各项规定与《内河通航标准》相差不大,如建议运河航道断面系数不应小于 6,流速较大的航道断面系数不应小于 7;船舶(队)在运河弯曲段航行,由于转弯时的离心力作用,容易偏离航线,趋向河岸,为了航行安全和利于转弯,因此需要对弯曲段航道进行加宽等。

《内河航道工程设计规范》(DG/TJ 08—2116—2012)是上海市工程建设规范,其针对限制性闸控航道进行了规定。

5.1.4.1 直线段航道底宽

单线航道直线段底宽可按式(5.1-1)计算。设计船舶(队)航行漂角 β,见表 5.1-3。其中对于闸控航道,属于限制性航道时取低值。

表 5.1-3 船舶(队)航行漂角 (单位:°)

航道	航道等级					
	Ⅱ	Ⅲ	Ⅳ	Ⅴ	Ⅵ	Ⅶ
开敞航道	3	3	3	3	2	2
闸控航道	1.5～3	1.5～3	1.5～3	1.5～3	0～2	0～2

5.1.4.2 转弯段航道底宽

航道的最小弯曲半径不宜小于顶推船队长度的 3 倍或货船长度、拖带船队最大单船长度的 4 倍;弯曲段航道底宽应在直线段航道底宽的基础上进一步加宽,加宽值的确定应符合下列规定。

①加宽值可按式(5.1-3)计算。

$$\Delta B = \frac{L_c^2}{2R + B} \tag{5.1-3}$$

式中:ΔB——弯曲段航道宽度增加值,m;

L_c——货船长度、顶推船队长度或拖带船队中单船长度,m;

R——转弯半径,m;

B——直线段航道底宽,m。

②当弯道的弯曲半径、弯道转角、设计航速同时符合表 5.1-4 所列情形时,航道底宽的加宽值宜采用船舶实船航行试验或船舶操纵物理模拟试验研究确定,有同类工程经验时也可采用船舶操纵数值模拟试验研究确定,并不得小于公式计算值。

表 5.1-4 宜通过试验研究确定加宽值的弯道

弯道弯曲半径	弯道转角(°)	设计航速(km/h)
$<6L_c$	46～75	>10
	≥76	>8

③当弯曲半径大于或等于顶推船队长度的 6 倍或货船长度、拖带船队最大单船长度的 8 倍时,可不加宽。

5.1.5 按满足通过能力要求计算

通航隧洞合理断面尺寸设计不仅要考虑船舶航行特性,同时要与通航建筑物的通过能力相匹配。隧洞断面设计与多项通航技术指标,包括断面系数、允许航速、水面波动等多方面的因素相关联,其中最主要的影响因素是断面系数。满足通过能力要求的通航隧洞断面尺寸分析,即是结合通航建筑物单向过闸时间确定隧洞的断面系数,使船舶通过隧洞的时间与通航建筑物单向过闸的时间相匹配,通过隧洞长度与航行时间估算船舶的设计航速,由此推算其断面系数并进行断面尺寸的设计。具体方法如下:

一是计算通航建筑物在设计水平年的通过能力和单向过闸时间。

二是根据通航隧洞长度以及船舶通过隧洞的方式，计算在满足通航建筑物通过能力要求时，通航隧洞航道内船舶需要达到的最小航速。

三是根据船舶最小航速，估算临界航速，根据临界流速计算公式，推算隧洞的最小断面系数。

其中，船舶临界航速是指某种船型在某个航道断面内所能达到的最大航速，其数值与船舶的水下面积、航道的断面面积及等效水深等有关。目前，国际上应用相对广泛的临界航速计算公式有 Schijf J B 公式和美国陆军工程兵团公式。需要说明的是，在通航隧洞中船舶受两侧边壁约束作用十分明显，船行波无法及时扩散，船体与隧洞边壁之间的波动流态复杂，计算公式在通航隧洞中的适用性有待进一步验证。尽管如此，采用上述公式进行初步估算，并在实际工程设计中加以改进是可行的方法。

Schijf J B 公式的表述见式(5.1-4)。

$$\frac{V_L}{\sqrt{gh}}=\left(\frac{2}{3}\right)^{3/2}\left[1-\frac{A_s}{A_c}+\frac{1}{2}\left(\frac{V_L}{\sqrt{gh}}\right)^2\right]^{3/2} \tag{5.1-4}$$

式中：V_L——临界航速，m/s；

g——重力加速度，m/s^2；

h——航道等效水深，m；

A_s——船舶水下面积，m^2；

A_c——航道断面面积，m^2。

美国陆军工程兵团公式的表述见式(5.1-5)。

$$V_L=\sqrt{gh}\cdot\sqrt{8\cos^3\left[\frac{\pi+\arccos(1-A_s/A_c)}{3}\right]} \tag{5.1-5}$$

式中：V_L——临界航速，m/s；

g——重力加速度，m/s^2；

h——航道等效水深，m；

A_s——船舶水下面积，m^2；

A_c——航道断面面积，m^2。

四是根据计算所得的隧洞断面系数，进行隧洞断面尺寸及相关结构设计。

五是从隧洞断面宽度、运行水深、结构、施工工艺等方面对计算值进行评估校验；如不满足校验，则需要适当改变水深、宽度取值，重复计算，直至满足设计要求。隧洞断面宽度、运行水深校验指标初拟如下：

(1)隧洞有效航行水域宽度 B 需要满足 $B \geqslant B_{min}$

隧洞内有效航行水域的最小宽度以不小于船闸闸室的有效宽度进行估算；此外，船舶在长距离隧洞(目前国内外对于通航隧洞长度无明确分类界定，暂参考公路隧道长度分类标准，将长度大于1km的通航隧洞定义为长距离隧洞）中航行时，需要用舵控制航向，要求隧洞有足够的操作宽度，隧洞有效航行水域的最小宽度可初步按式(5.1-6)或式(5.1-7)估计。

牵引方式过隧洞或隧洞长度小于1km时：

$$B_{min}=b_c+d \tag{5.1-6}$$

自航方式过隧洞或隧洞长度大于1km时：

$$B_{min}=b_f+d \tag{5.1-7}$$

$$b_f=b_c+l_c\sin\beta \tag{5.1-8}$$

式中：B_{min}——隧洞内有效航行水域的最小隧洞断面宽度，m；

b_c——设计最大船舶宽度，m；

d——富裕宽度，当$b_c \leqslant 7$m时$d \geqslant 1.0$m，当$b_c > 7$m时$d \geqslant 1.2$m；

b_f——船舶航迹带宽度，m；

l_c——船舶长度，m；

β——船舶航行漂角，°，对于通航隧洞可取较小值，为0°～2°。

(2)隧洞内初始水深H需要满足$H \geqslant H_{min}$

船舶在狭长水道中航行时，船艉下沉量和航行阻力比开阔水域大，因此在设计时需要保证有足够水深。综合考虑船舶航行条件，借鉴《内河航道工程设计规范》(DG/TJ 08—2116—2012)以及船闸闸室最小水深要求，初步拟定隧洞内最小水深H_{min}可按式(5.1-9)计算：

$$\frac{H_{min}}{T} \geqslant 1.6 \tag{5.1-9}$$

式中：H_{min}——隧洞内水深，m；

T——船舶最大吃水，m。

5.1.6 通航隧洞断面尺寸选择算例

以3000吨级船舶为设计代表船型，其中货船主尺寸为88m×16.3m×3.5m(长×宽×设计吃水)，客船主尺寸为87.0m×14.4m×2.4m(长×宽×设计吃水)，按照上述方法对其通航隧洞断面尺寸进行简要分析。

5.1.6.1 按限制性航道要求

(1)底宽

现行规范中对通航3000吨级及以上船舶的内河限制性航道宽度未做明确规定，在进行通航隧洞断面宽度设计时，参考现有规范指标单向航行隧洞断面宽度为30m左右。

(2)断面系数

结合国内外已有工程经验，不以断面系数6为控制条件。

(3)转弯半径

转弯半径取4倍货船长度为352.0m，并参考双线Ⅱ级航道转弯半径要求，通航隧洞工程转弯半径宜大于540m。

5.1.6.2 按跨河建筑物净空要求

(1)宽度

《内河通航标准》(GB 50139—2014)关于跨河建筑物净宽的要求适用于双向航道，对通航3000吨级及以上船舶的限制性航道净宽未做规定，结合船舶尺寸按规范指标进行取值，单向通航航道宽度暂取35m。

(2)通航净空

对于通航隧洞净空，主要影响到隧洞的垂向尺寸以及通风、消防系统等的布置，隧洞的通航净空要求是明确的，在最高通航水位条件下需满足不同船舶航行要求，一般与通航建筑物的通航净空一致。

5.1.6.3 按天然和渠化河流航道宽度计算

根据《内河通航标准》(GB 50139—2014)中附录A的计算方法，并借鉴《内河航道工程设计规范》(DG/TJ 08—2116—2012)中对船舶航行漂角的处理方法，设计代表船型的船宽B_s为14.4～16.3m，船长L_c为87～88m，船舶航行漂角β取较小值为0.5°～1.0°，由此计算得出单线航道宽度B_1为25.47～32.10m。

5.1.6.4 按照通过能力要求计算

根据设计代表船型计算B_{min}为19m，结合通航建筑物运行情况，对隧洞内船舶航速进行估计，航行速度在3～5km/h即能够满足通过能力要求。按船舶航速估计隧洞临界速度，计算时取V_L＝6km/h，首先取航道水深h＝5.6m(1.6倍船舶吃水深度)，按上述计算公式估算，求得隧洞航道最小断面系数为2.13，计算出断面最小宽度为21.7m，大于B_{min}，满足要求，即当隧洞内水深为5.6m时，其隧洞断面宽度不宜小于21.7m。对于本设计案例，由于其为长距离通航隧洞，应考虑适当加大水深，以减小船舶航行阻力，改善船舶航行舒适性，若取航道水深为7.0m，则求得隧洞航道最小断面系数为1.98，计算得出过水断面最小宽度为16.13m，小于B_{min}，因此隧洞断面最小宽度不应小于19.0m(B_{min}计算值)。

显然各方法的计算结果有较大差异，由于通航隧洞航道的通航水流条件及船舶航行特性十分复杂，船舶航行阻力、下沉量的影响与航道的深度、宽度和船的尺寸及航速密切相关。当航速小时，航道对船阻力不产生影响，船舶下沉量也较小；当船速较大时，航道对船阻力的影响显著增加，船舶下沉量明显加大，式(5.1-2)难以准确反映，求得的隧洞断面宽度偏小。跨河建筑物由于要满足天然航道双向通航要求，流速、流态较复杂，船舶航速远大于在隧洞航道中的航行深度，还需要保证错船安全，隧洞断面宽度按跨河建筑物双向通航孔的一半取值明显是偏大的，也是不经济的。

通过上述分析，可初步拟定通航隧洞的水下断面宽度不宜小于20.0m，最终断面尺寸需要通过物理模型试验进行论证。

5.2 通航水流条件及船舶航行特性研究

5.2.1 物理模型设计

5.2.1.1 水工物理模型

为了对各关键控制要素的变化规律进行分析研究，对不同隧洞断面宽度和水深条件进行了模拟试验，以3000吨级船舶为设计代表船型，货船主尺寸为88.0m×16.3m×3.5m（长×宽×设计吃水），通航隧洞长800m，隧洞断面宽度范围取20～25m，通航隧洞航道水深范围取7.0～9.5m。

物理模型比尺采用1∶24（$L_r=24$），按重力相似准则进行设计，模型与原型各物理量的换算关系如下。

重量比尺：$(L_r)^3=13824$；

力比尺：$(L_r)^3=13824$；

流速比尺：$(L_r)^{1/2}=4.90$；

时间比尺：$(L_r)^{1/2}=4.90$；

流量比尺：$(L_r)^{5/2}=2821.81$。

通航隧洞航道水工物理模型见图5.2-1。模型主要包括隧洞段、部分水库以及隧洞与通航建筑物间的过渡段。模型中隧洞段长33m，隧洞与通航建筑物间的过渡段长7.5m，船模在该段缓慢启动，以保证在通过隧洞时匀速航行，模型总长46m。

图5.2-1 通航隧洞航道水工物理模型

5.2.1.2 船模设计

船模按重力相似准则设计，规划船舶尺寸几何相似，船模运动与实船的航速相似，船模与实船的排水量相似，即 $\lambda_w=\lambda_L{}^3$。船舶模型设计成正态，几何比尺与隧洞模型一致。

在开展通航隧洞航道船舶航行特性研究时，船体附近流场变化将引起船舶航行速度改变，如采用自航船模进行试验，其航行过程中船舶速度不易稳定，给后期资料的分析处理带来困难。为此，在试验时以设有导向装置的牵引系统拖曳船模试验研究为主，以保证船模航行时不偏离航线和碰壁，以自航船模研究为辅(图 5.2-2)。

图 5.2-2　拖曳船模系统

5.2.1.3　试验仪器设备

①模型开敞端(水库端)采用溢流式平水槽控制水位；

②隧洞段水位波动采用电容液位计量测，并由多通道高速数据采集系统自动采集和处理；

③船舶艏艉升沉量由固定在牵引设备上的超声波测距仪进行记录；

④牵引拖曳船模航行采用专门定制的拖曳系统进行准确控制。

试验主要测控仪器设备见图 5.2-3。

(a)电容液位计

(b)超声波测距仪

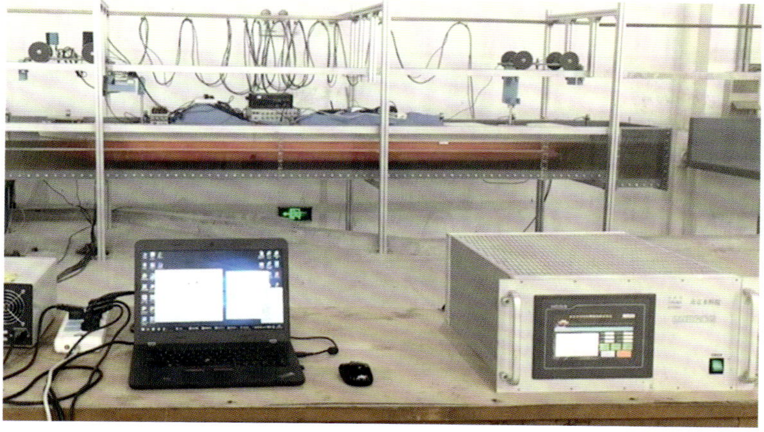

(c)牵引船模拖曳控制系统

图 5.2-3 试验主要测控仪器设备

5.2.2 船舶航行三维概化数学模型

5.2.2.1 模型设计及网格划分

通航隧洞为相对封闭的特殊限制水域，在物模试验中较难对船舶行船阻力进行准确量测，通过概化数学模型进行近似模拟，以便定性分析其变化规律。

对 3000 吨级货船进行数学模型计算，隧洞下部断面为矩形，初始方案隧洞断面宽度为 20m，水深 7m，水上净空 12m，将概化船舶置于通航隧洞中心线上，为提高计算效率，取一半隧洞断面宽度建模，模型采用四面体结合六面体混合网格进行网格划分，共约 25 万网格节点，81 万网格单元。概化船舶模型及网格划分见图 5.2-4。

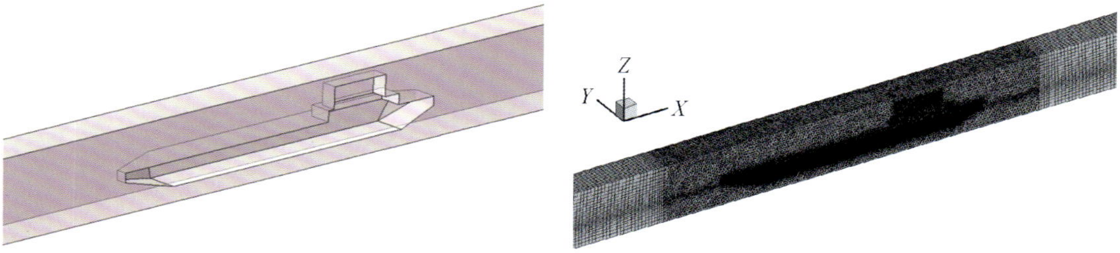

(a)概化船舶模型　　(b)网格划分

图 5.2-4 概化船舶模型及网格划分

5.2.2.2 数值计算方法

建立通航隧洞船舶航行阻力概化数学模型，研究船舶在不同航速、隧洞断面宽度、隧洞水深等条件下船舶阻力变化特性。

数学模型采用 RNG k-ε 双方程紊流模型封闭 N-S 方程，其控制方程为如下：

(1)连续方程

$$\frac{\partial \rho}{\partial t}+\frac{\partial \rho u_i}{\partial x_i}=0 \tag{5.2-1}$$

(2)动量方程

$$\frac{\partial}{\partial t}(\rho u_i)+\frac{\partial}{\partial x_j}(\rho u_i u_j)=-\frac{\partial p}{\partial x_i}+\frac{\partial \tau_{ij}}{\partial x_j}+\rho g_i \tag{5.2-2}$$

(3)k 方程

$$\frac{\mathrm{d}k}{\mathrm{d}t}=\frac{\partial}{\partial x_i}\left[\left(v+\frac{v_t}{\sigma_k}\right)\frac{\partial k}{\partial x_i}\right]+G_k-\varepsilon \tag{5.2-3}$$

(4)ε 方程

$$\frac{\mathrm{d}\varepsilon}{\mathrm{d}t}=\frac{\partial}{\partial x_i}\left[\left(v+\frac{v_t}{\sigma_\varepsilon}\right)\frac{\partial \varepsilon}{\partial x_i}\right]+C_{1\varepsilon}\frac{\varepsilon}{k}G_k-C_{2\varepsilon}\frac{\varepsilon^2}{k} \tag{5.2-4}$$

式中:t——时间。

u_i 和 x_i——速度分量和坐标分量。

v——运动黏性系数。

p——修正压力。

τ_{ij}——应力张量,定义 $\tau_{ij}=\mu_t\left(\frac{\partial u_i}{\partial x_j}+\frac{\partial u_j}{\partial x_i}\right)-\frac{2}{3}\delta_{ij}\left(\rho k+\mu_t\frac{\partial u_i}{\partial x_j}\right)$。

ρg_i——重力体积力。

其中:

$\mu_t=\rho v_t=\rho c_u k^2/\varepsilon$,$\mu_t$ 为紊动动力黏性系数;

δ_{ij} 为 Kronecker 符号,当 $i=j$ 时 $\delta_{ij}=1$,当 $i\neq j$ 时 $\delta_{ij}=0$。

G_k——平均速度梯度引起的紊动能产生项,$G_k=v_t\left[\frac{\partial u_i}{\partial x_j}\left(\frac{\partial u_i}{\partial x_j}+\frac{\partial u_j}{\partial x_i}\right)\right]$。

方程中的经验常数 $c_u=0.09$,$\sigma_k=1.0$,$\sigma_\varepsilon=1.33$,$C_{1\varepsilon}=1.44$,$C_{2\varepsilon}=1.42$。

5.2.3 模拟工况及测点布置

船舶航行时附近水体受到船体的排挤,过水断面发生变化,引起流速和压力的变化。受重力和表面张力作用,水面形成波浪并向周围水域扩散,造成水位波动及船舶升沉。

5.2.3.1 模拟工况

首先在隧洞断面宽度 20.0m、船舶吃水 3.5m 的条件下,按不同航速(3.0～7.5km/h)和水深(7.0～9.5m)进行模拟研究;考虑到除船舶航速、隧洞初始水深外,隧洞断面尺寸也会对通航水流条件造成较大影响,因此在上述研究基础上将隧洞断面宽度调整为 23.0m、25.0m,继续开展规律性研究,分析隧洞断面尺寸变化对船舶航行的影响。

主要研究工况见表 5.2-1。

表 5.2-1　　通航隧洞船模研究工况

编号	隧洞断面宽度(m)	船舶航速(km/h)	水深(m)	编号	隧洞断面宽度(m)	船舶航速(km/h)	水深(m)
GK1	20	3.0	7.0	GK 7	23	3.0	7.0
GK 2	20	4.5	7.0	GK 8	23	4.5	7.0
GK 3	20	6.0	7.0	GK 9	23	6.0	7.0
GK 4	20	7.5	7.0	GK 10	25	3.0	7.0
GK 5	20	4.5	8.5	GK 11	25	4.5	7.0
GK 6	20	4.5	9.5	GK 12	25	6.0	7.0

5.2.3.2　测点布置

通过沿程布设的 15 只电容液位传感器量测隧洞不同部位的水面变化，传感器间距 2.30m，相当于原型 55.2m，船舶艏艉牵引小车上各布设 1 个超声波位移传感器，用于测量船舶艏艉升沉量，试验数据均由专用的多通道高速数据采集系统自动采集和处理。水位波动测点布置见图 5.2-5。

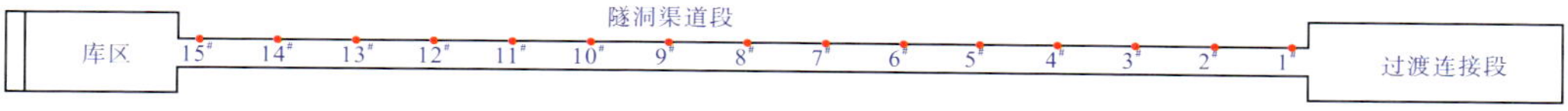

图 5.2-5　水位波动测点布置图

5.2.4　通航水流条件及船舶航行特性

5.2.4.1　不同航行条件下船行波波动特性

船舶在内河航道中航行时，由于船体对水体作用产生压力，引起水面波动。国内外针对开阔水域船行波问题开展了大量研究工作，并提出了多种波高预测经验公式。

①苏联学者包瑞琪公式如式(5.2-5)所示。

$$H_m = \frac{V^2}{2g}\left(0.65 + 3.2\frac{bT}{B_0 d}\right)^2\left[1 + \sqrt{0.73\frac{L}{B}} - 0.027\left(1 + \sqrt{0.73\frac{L}{B}}\sqrt[4]{1.37B - L}\right)\right] \tag{5.2-5}$$

式中：L——船长，m；

b——船舶中剖面的船宽，m；

T——船舶满载吃水，m；

B——水面宽度，m；

B_0——当船舶沿河道轴线航行时，为在船舶吃水处的河宽，否则取为自船轴至欲确定波高一岸水边线距离的 2 倍；

d——航道水深，m。

该公式的适应范围为船舶航速 $V=10\sim20$km/h。

②Glkhsteyn 和美国陆军工程兵团水道试验公式如式(5.2-6)所示。

$$H_m=0.0448V^2\left(\frac{d}{L}\right)^{0.5}\left(1-\frac{1}{n}\right)^{-2.5} \tag{5.2-6}$$

③20 世纪初 Havelock 基于 Kelvin 理论，推导出深水航道下船行波相对波高的关系如式(5.2-7)所示。

$$\frac{H_i}{d}=a_1\cdot\left(\frac{s}{d}\right)^{-0.33}\left[\frac{v_s}{\sqrt{gd}}\right]^{a_2} \tag{5.2-7}$$

式中：H_i——扩散波与横向船尾波合成的波高值；

s——要求测定波高处距船舷距离；

a_1、a_2——与船型、船舶吃水深度和航速等有关的系数，可通过船模试验与原型观测值确定。

该公式适用于水面受河岸约束的情况。

④荷兰和美国科研人员基于上述理论公式，对已有的船模试验资料和原型实测资料进行了分析，提出最大波高计算公式如式(5.2-8)所示。

$$H_m=a_1\cdot d\cdot\left(\frac{s}{d}\right)^{-0.33}\left[\frac{v_s}{\sqrt{gd}}\right]^{2.67} \tag{5.2-8}$$

当 $a_1=1.0$ 时，适用于巡逻艇、满载内河马达船；当 $a_1=0.5$ 时，适用于欧洲空载货驳；当 $a_1=0.35$ 时，适用于空载马达船和拖牵轮。

⑤1987 年国际航运协会常设技术委员会秘书处颁布的 *Guidelies for the Design and Construction of Flexible Revements Incorporation Geotextiles for Inland Waterways* 57 号通报中建议的最大波高值(H_m)计算公式如式(5.2-9)所示。

$$H_m=d\cdot\left(\frac{s}{d}\right)^{-0.33}\left[\frac{v_s}{\sqrt{gd}}\right]^{4.0} \tag{5.2-9}$$

与通常的限制性航道相比，通航隧洞航道受两侧边壁的限制作用尤为显著，水位波动存在明显的反射叠加效应，水力条件更为复杂。此外，当船舶在通航隧洞中航行时，航道内部分水体被船舶向前推出，而推出的水体只能通过船舶与隧洞边壁之间相对狭小的空间进行补充，当船艉后方被船舶推出的水体来不及补充时，便会形成较为明显的水位下降，同时在船艏形成局部壅高。因此，在通航隧洞航道中上述计算公式仅可作为参考，尚不能对通航隧洞航道船行波波高进行准确预测。

不同航行工况下模型试验的典型测点水面波动时程线见图 5.2-6 至图 5.2-11，3 个典型测点分别是靠近连接段 1 侧的 3# 点，中部 8# 点、上游靠近水库的 13# 点。典型测点最大水面波动与航速的变化关系见图 5.2-12。最大水面波动与初始水深的变化关系见图 5.2-13。各工况最大水面波动统计值见表 5.2-2。图表中以“0”代表初始水面，以“+”代表水面壅高，“−”代表水面下降。

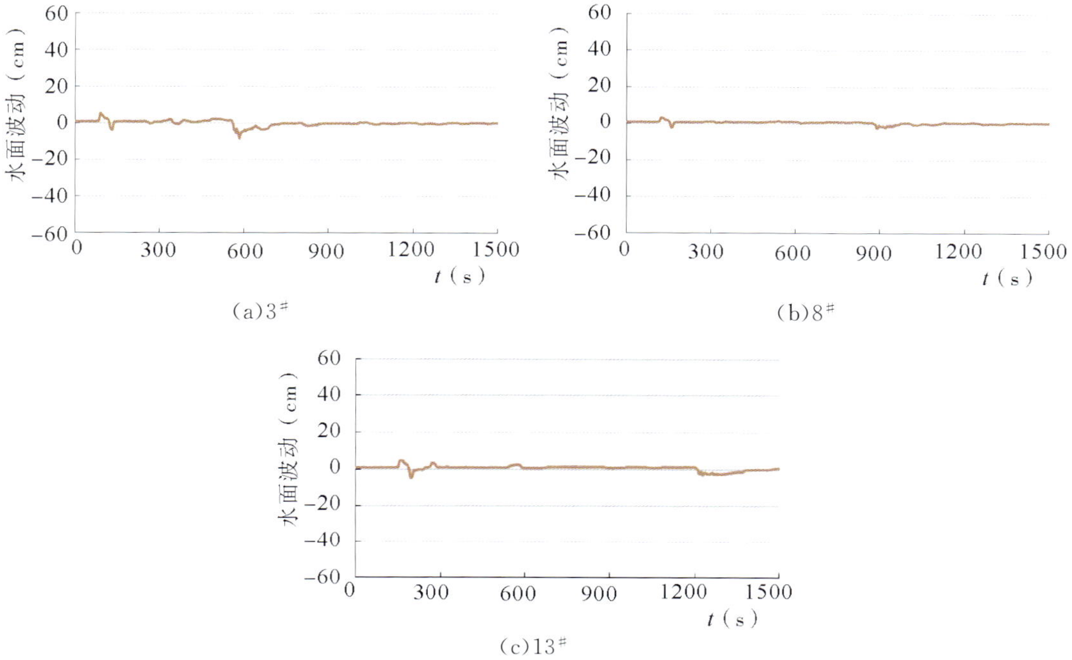

图 5.2-6 典型测点水面波动时程线(航速 3.0km/h，水深 7.0m)

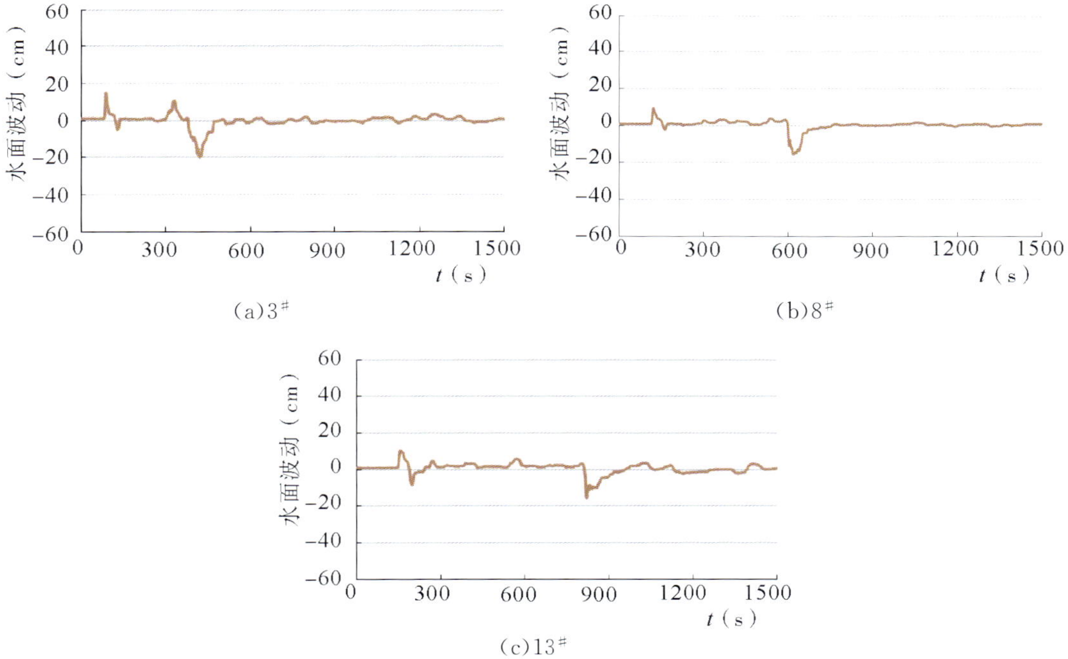

图 5.2-7 典型测点水面波动时程线(航速 4.5km/h，水深 7.0m)

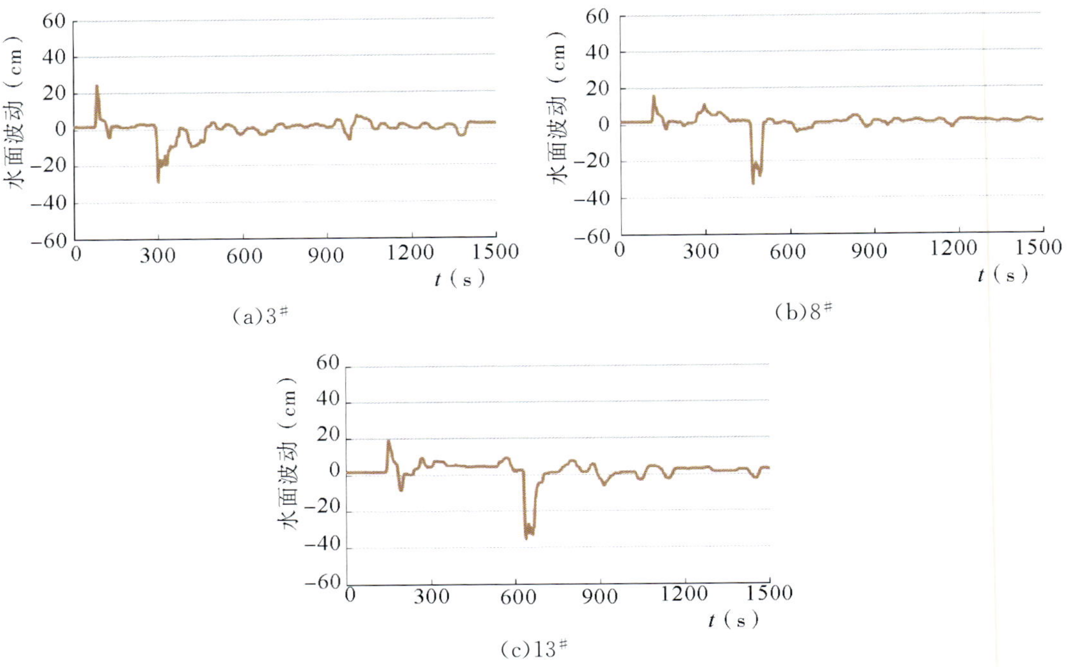

图 5.2-8 典型测点水面波动时程线(航速 6.0km/h,水深 7.0m)

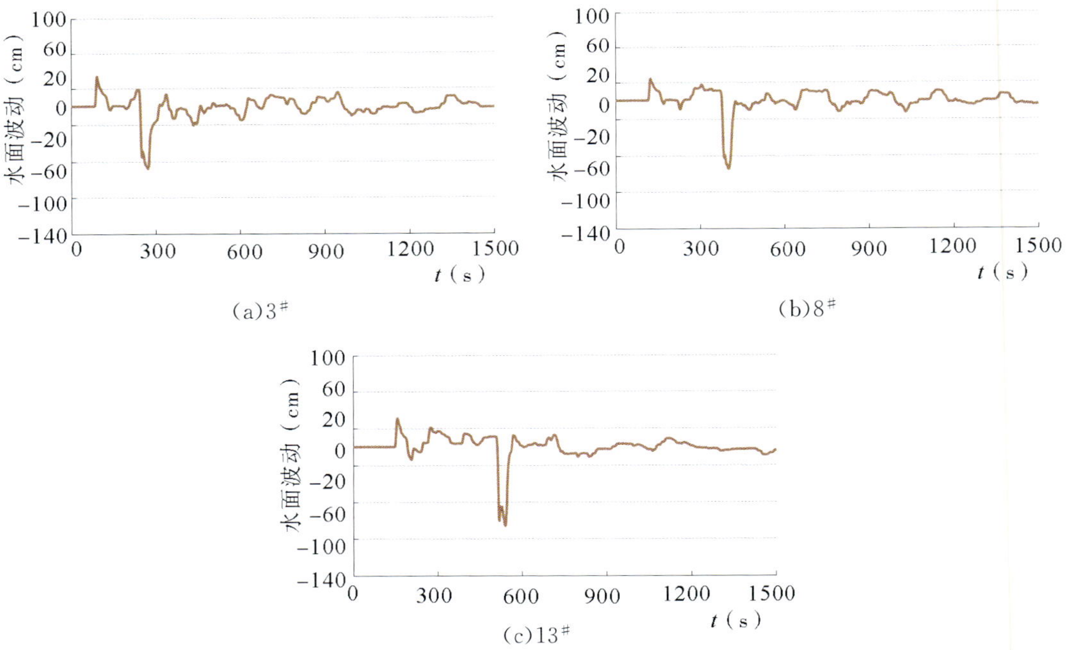

图 5.2-9 典型测点水面波动时程线(航速 7.5km/h,水深 7.0m)

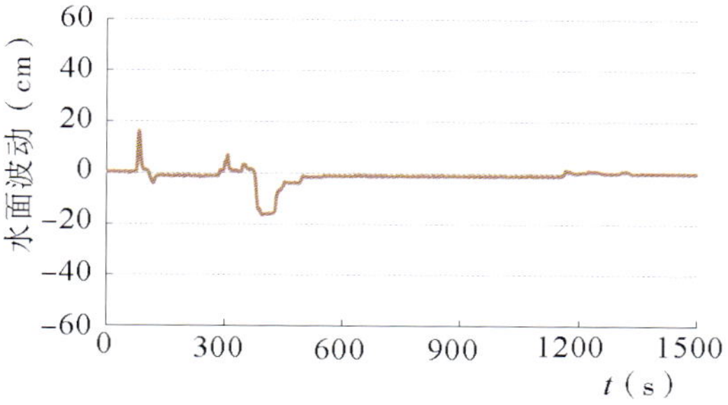

(a)3#

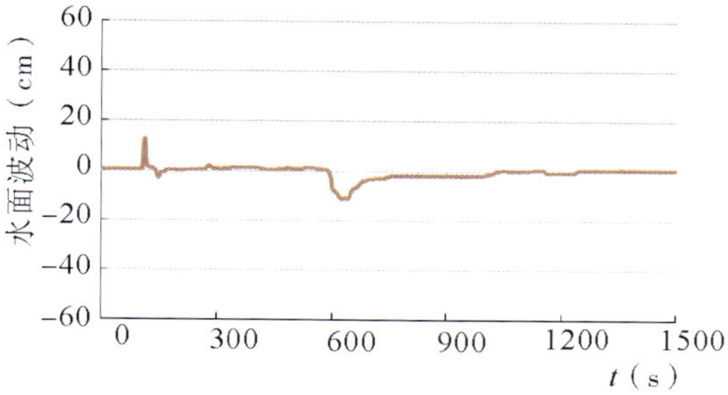

(b)8#

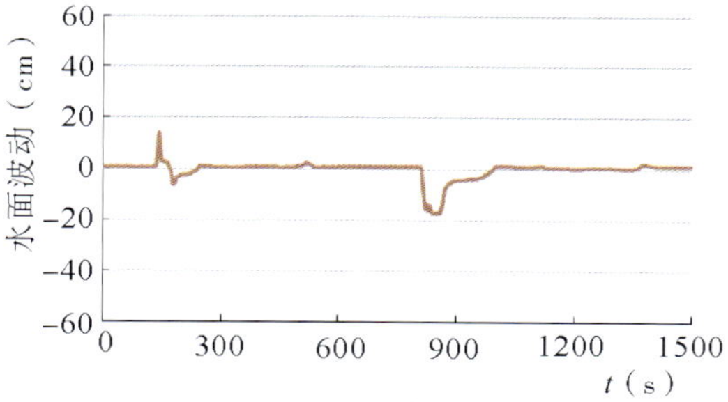

(c)13#

图 5.2-10 典型测点水面波动时程线(航速 4.5km/h,水深 8.5m)

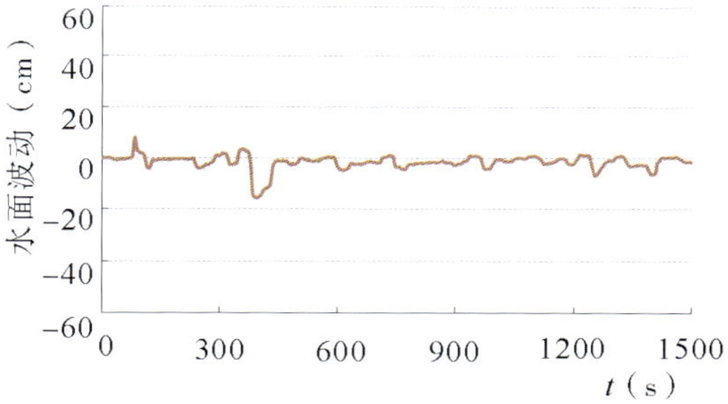

(a)3#

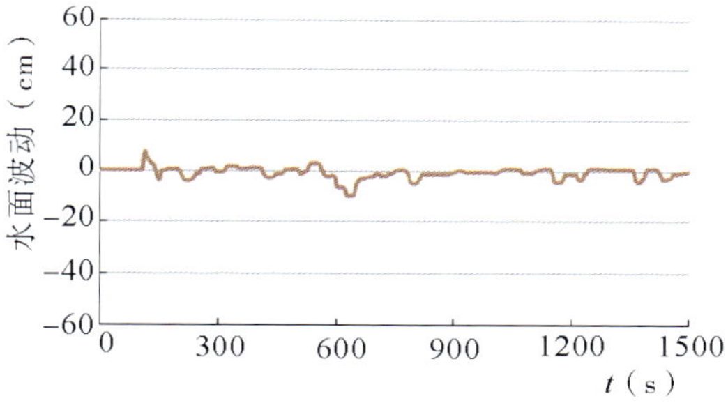

(b)8#

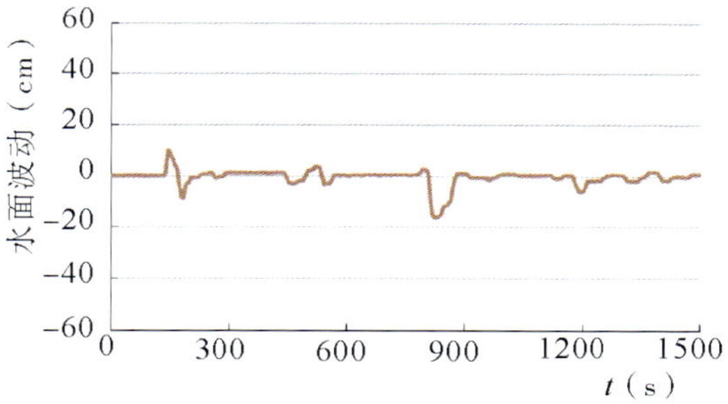

(c)13#

图 5.2-11 典型测点水面波动时程线(航速 4.5km/h,水深 9.5m)

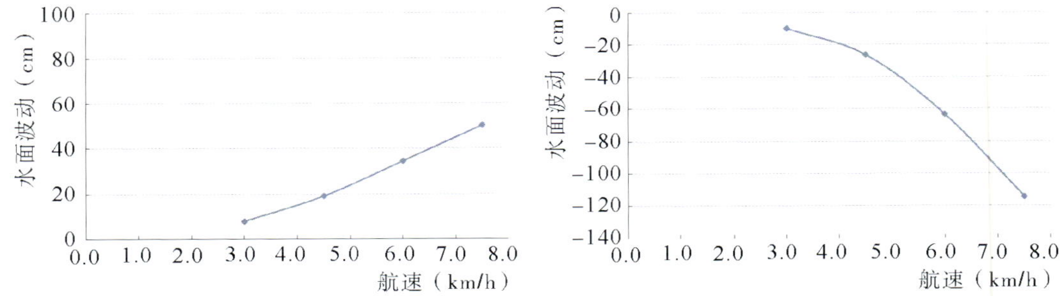

(a)最大水面上升与航速的关系　　(b)最大水面下降与航速的关系

图 5.2-12　最大水面波动与航速的变化关系(隧洞断面宽度 20m,水深 7.0m)

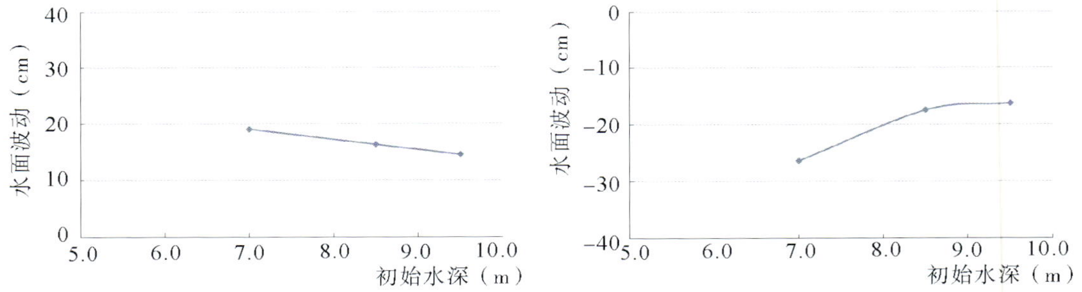

(a)最大水面上升与初始水深的关系　　(b)最大水面下降与初始水深的关系

图 5.2-13　最大水面波动与初始水深的变化关系(隧洞断面宽度 20m,航速 4.5km/h)

表 5.2-2　最大水面波动统计值(隧洞宽 20m,水深 7.0m)

速度(km/h)	最大水面上升(cm)	最大水面下降(cm)
3.0	7.92	−9.93
4.5	19.04	−26.44
6.0	34.46	−63.74
7.5	50.04	−114.36

试验得到以下基本结论:

①由于船舶与隧洞两侧边壁之间空间相对狭小,相比于船艉后方,船边水面波动现象更为明显。试验中发现,当船舶行至测点附近时,船舶与隧洞边壁之间水面迅速下降,产生最大水面下降值,但船舶对水流的显著扰动和影响基本在1～2倍船舶长度,超过此范围后水面基本恢复正常。

②在相同水深及断面尺寸条件下,通航隧洞航道水面波动特性受船舶航速影响较大,随航速的增大,通航隧洞航道最大水面上升值和最大水面下降值均明显增大,各测点规律性基本一致。当隧洞水深为7.0m时,船舶分别以3.0km/h、4.5km/h、6.0km/h、7.5km/h行驶,测得的通航隧洞航道最大水面分别升高7.92cm、19.04cm、34.46cm和50.04cm;船边瞬时最大水面分别下降9.93cm、26.44cm、63.74cm和114.36cm。

③在相同船舶航速条件下，随着通航隧洞航道水深增加，最大水面上升值和最大水面下降值逐渐减小。试验测得在 4.5km/h 航速下，隧洞水深为 7.0m、8.5m 和 9.5m 时，最大水面分别下降 26.44 cm、17.51 cm 和 16.28 cm。

5.2.4.2　不同航行条件下船舶下沉量

船舶在通航隧洞航道中航行是一个复杂的三维水流与船舶运行耦合问题，在船舶航行过程中，前方被船艏推开的水体移动到船尾，形成水流围绕船体运动，这种水流的回流运动伴随流速损失，而产生一个水位落差，该水位落差就形成了船舶的下沉(图 5.2-14)。

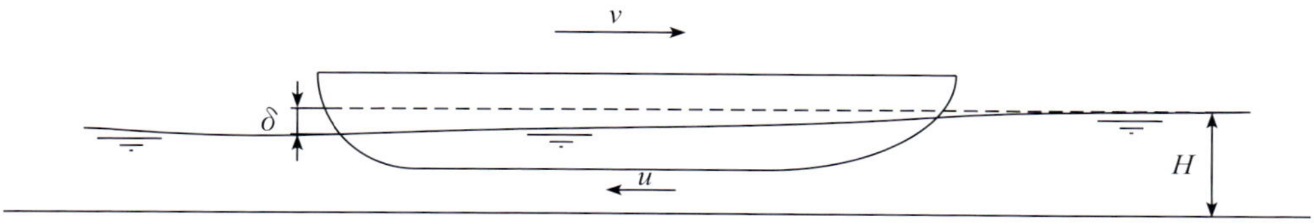

图 5.2-14　船舶下沉量概化图

δ. 船舶下沉量；V. 船舶航速；u. 船舶周围水流回流速度；H. 初始水深

船舶的下沉量是反映船舶航行条件、隧洞水深是否满足要求的一个重要水力指标，在开展模型试验时船舶在过渡段进行加速和航速调整，以保证在进入隧洞时匀速航行。不同试验工况下船舶航行下沉量结果如下。

图 5.2-15 至图 5.2-19 为各工况测得的船舶下沉量时程线。图 5.2-20 为船艉最大下沉量与航速的变化关系，图 5.2-21 为船艉最大下沉量与初始水深的变化关系，表 5.2-3 为船舶最大下沉量统计值。图表中“0”表示船舶初始位置，“+”代表船舶上浮，“−”代表船舶下沉。

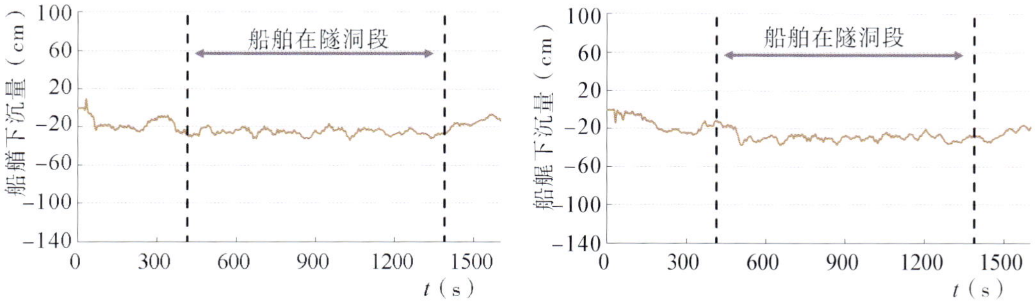

(a)船艏下沉量　　(b)船艉下沉量

图 5.2-15　船舶下沉量时程线(航速 3.0km/h，水深 7.0m)

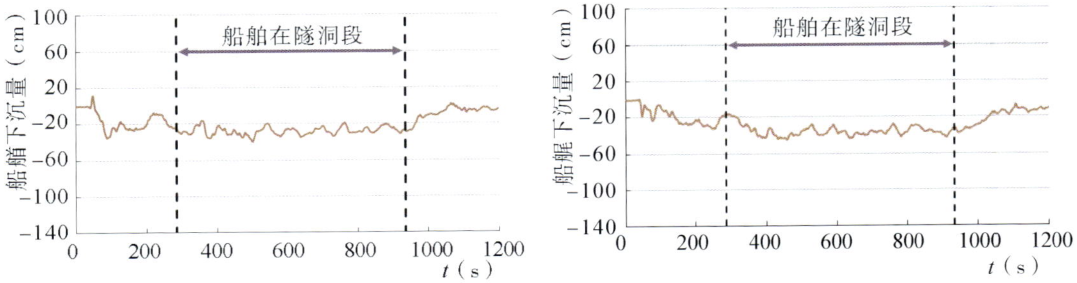

（a）船艏下沉量　　（b）船艉下沉量

图 5.2-16　船舶下沉量时程线（航速 4.5km/h，水深 7.0m）

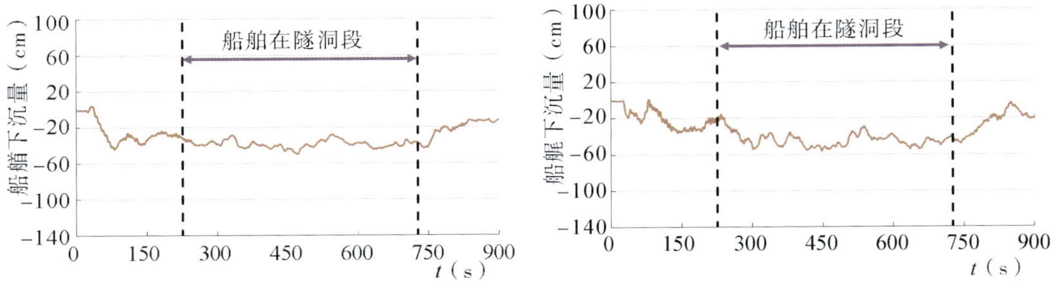

（a）船艏下沉量　　（b）船艉下沉量

图 5.2-17　船舶下沉量时程线（航速 6.0km/h，水深 7.0m）

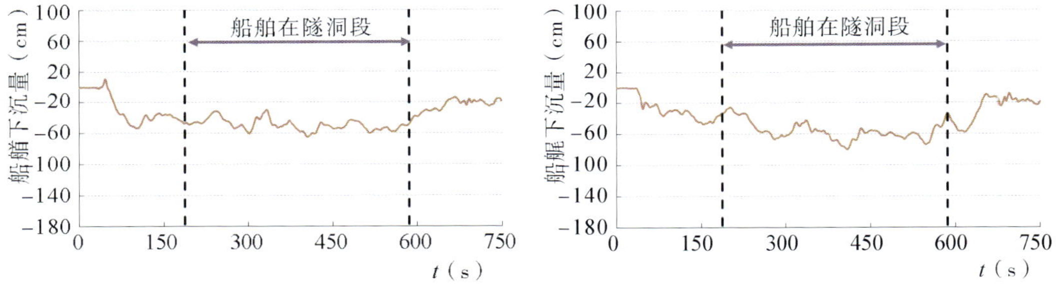

（a）船艏下沉量　　（b）船艉下沉量

图 5.2-18　船舶下沉量时程线（航速 7.5km/h，水深 7.0m）

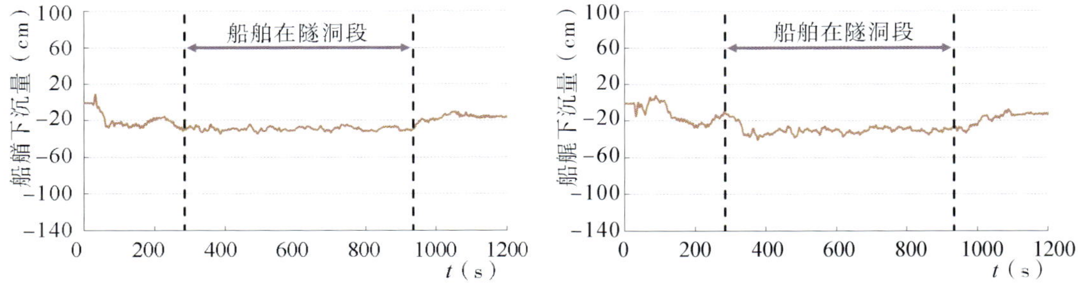

（a）船艏下沉量　　（b）船艉下沉量

图 5.2-19　船舶下沉量时程线（航速 4.5km/h，水深 8.5m）

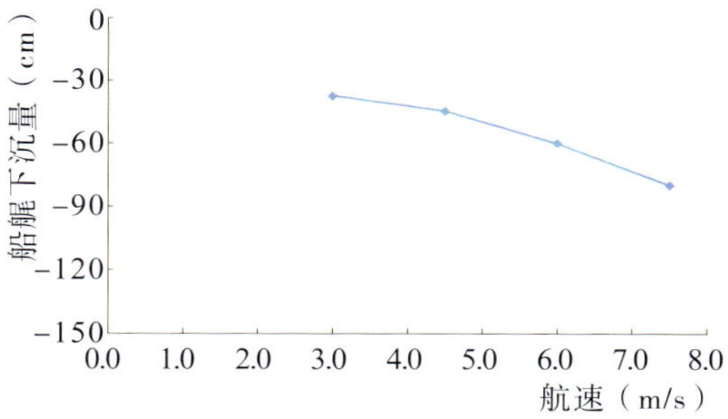

图 5.2-20 船艉最大下沉量与航速的变化关系
（隧洞断面宽度 20m，水深 7.0m）

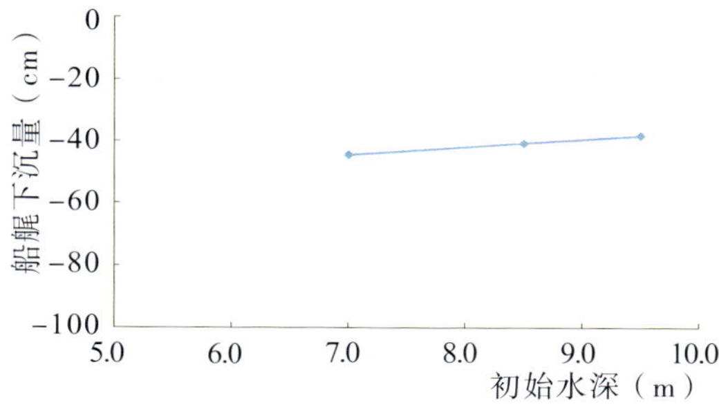

图 5.2-21 船艉最大下沉量与初始水深的变化关系
（隧洞断面宽度 20m，航速 4.5km/h）

表 5.2-3 船舶最大下沉量统计值（隧洞断面宽度 20m，水深 7.0m）

速度(km/h)	船艏最大下沉量(cm)	船艉最大下沉量(cm)
3.0	−33.79	−37.26
4.5	−39.55	−44.40
6.0	−49.86	−59.70
7.5	−64.73	−79.49

试验结果表明：

①由于通航隧洞航道断面系数较过渡连接段和库区要小，因此当船舶由过渡连接段进入隧洞后，船舶下沉量有较为明显的增大；当船舶驶出隧洞段后，船舶下沉量逐渐减小。

②在船舶行驶过程中，船艏和船艉的下沉量指标整体变化趋势基本一致，但船艉下沉量基本均大于船艏下沉量，即船舶最大下沉量通常为船艉下沉量。根据试验实测结果，当隧洞水深为 7.0m 时，船舶以 3.0km/h、4.5km/h、6.0km/h 和 7.5km/h 行驶时产生的最大船艉下沉量分别为 37.26cm、44.40cm、59.70cm 和 79.49cm。

③在相同隧洞断面尺寸及水深条件下，船舶的最大下沉量随着其航速的增大而逐渐增大，与通航隧洞航道水面波动规律基本一致，且随船舶航速的增加，下沉量变幅也逐渐增大。

④当船舶航速保持不变时，通航隧洞航道初始水深越大，船舶下沉量越小。试验实测，当隧洞过水断面宽度为 20m、船舶航速为 4.5km/h 时，船舶在 7.0m、8.5m 和 9.5m 水深下行驶产生的最大船艉下沉量分别为 44.40cm、40.56cm 和 38.20cm。

5.2.4.3 不同航行条件下船舶航行阻力

船舶在浅水中（相对于无限水深而言）航行时，船体周围的流场发生变化，主要表现为船侧、船底的流速比深水增大，压力降低，致使黏性阻力增加。同时，在船体周围流场受浅水影响的同时还伴随航态变化：①由于船底流速增加，压力降低，从而使船体下沉，吃水增加。②因船底和河床边界层厚度均自船艏向船艉逐渐增加，因而船艉与河床（渠道底部）的间隙比船艏小，流速增加相对更大，船艉下沉较船艏大，从而产生纵倾。

国内外很多专家学者针对限制性水域船舶航行阻力特性进行了研究，国内科研人员通过开展船模试验来分析深水、浅水和限制性航道的区别，指出船舶尺寸、航速和航道断面尺寸是影响船舶航行阻力的主要因素；国外科研人员在对比限制性水域和无限水域中船舶阻力研究成果的基础上，验证了数值计算的有效性。

然而对于内河限制性航道的船舶航行阻力，由于影响因素众多，船型复杂多样，阻力估算的精度总体较低。在船舶阻力问题研究中，傅汝德假定在世界各国试验水池中被广泛采纳并沿用至今，按照傅汝德阻力分类法，船舶的总阻力主要由摩擦阻力、兴波阻力、黏压阻力等部分组成，其中摩擦阻力和黏压阻力只在黏性流体中产生，因此可将两者合称为黏性阻力。但由于黏压阻力一般所占比重不大，且难以同兴波阻力分开，故通常又把黏压阻力与兴波阻力合并在一起称为剩余阻力，从而将船舶总阻力表达为：

$$R = R_F + R_R \tag{5.2-10}$$

$$R_F = \frac{1}{2}\rho SV^2 (C_F + \Delta C_F) \tag{5.2-11}$$

$$R_R = \frac{1}{2}\rho SV^2 C_R \tag{5.2-12}$$

式中：R——总阻力，N；

R_F——摩擦阻力，N；

R_R——剩余阻力，N；

C_F——摩擦阻力系数，ΔC_F 为粗糙度补贴系数；

C_R——剩余阻力系数；

ρ——水的密度，kg/m^3；

S——船舶浸湿面积，m^2；

V——船舶航速，m/s。

当船舶在通航隧洞中航行时，船边水体回流速度较内河航道有明显变化，且侧壁还导致散波反射，并与船体波系相互叠加，使兴波阻力发生变化。综合现有研究成果分析可知，船舶在通航隧洞内航行时，水体回流速度较大，摩擦阻力有较大的增加；同时回流速度增大，使船体纵向压降增大（下沉量和纵倾增大），不但可能引起边界层分离，且使兴波的波幅较浅水情况大。由于隧洞内船舶设计航速不会太大，因此船舶航行阻力的增加以黏性阻力为主，兴波阻力增加相对较小。

鉴于在船模试验中较难准确获得船舶的航行阻力，通过建立概化数学模型对其进行初步模拟研究。数学模型同样对不同船舶航速、隧洞断面宽度和隧洞水深等进行分析，首先以隧洞初始水深 7.0m、船舶航速 4.5km/h 为例，对船舶在通航隧洞中航行阻力特性进行初步分析。计算所得的隧洞内整体压力分布见图 5.2-22，水体和空气的相对速度分布见图 5.2-23。由图 5.2-23 可知：

①当船舶在隧洞中航行时，会引起船体周边流场及压力场的变化；

②由于隧洞内空间受限，船舶航行时周边水流流速和顶部空气速度均相对增大，从计算

结果看，隧洞内水流流场仍较为平顺，顶部空气则在船体周边形成复杂绕流；

③在隧洞初始水深 7.0m、船舶航速 4.5km/h 条件下，数模计算所得船舶所受航行阻力约为 37.22kN。

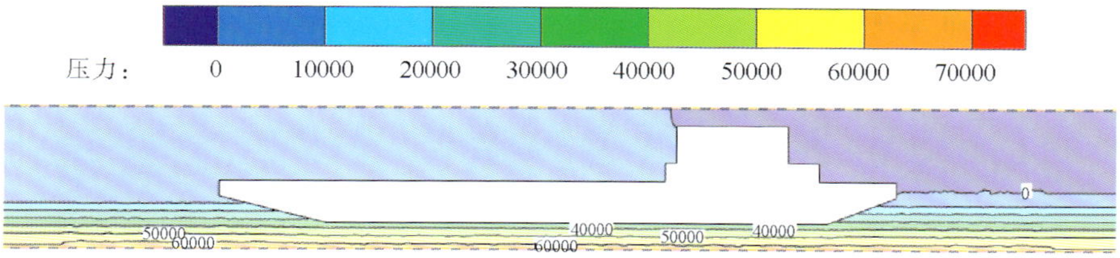

图 5.2-22 隧洞内整体压力分布云图(隧洞纵剖面)(单位:Pa)

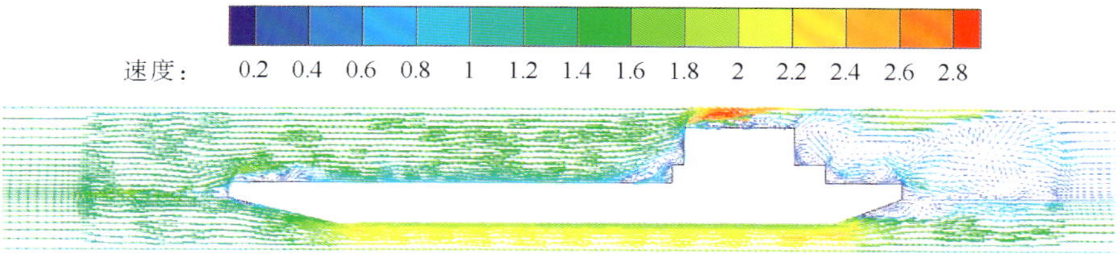

图 5.2-23 水体和空气的相对速度分布图(隧洞纵剖面)(单位:m/s)

不同水深和航速条件下，船舶的航行阻力指标统计见表 5.2-4。航速与船舶阻力的变化关系见图 5.2-24，船舶阻力与水深的变化关系见图 5.2-25。由表 5.2-4 和图 5.2-24、图 5.2-25 可知：

①在断面尺寸及水深一定的情况下，船舶航速是船舶阻力的主要影响因素，航速越大，船舶所受阻力越大，两者近似呈幂曲线关系；

②当船舶航速一定时，其航行阻力随隧洞初始水深的增大而减小，但减小的幅度随水深的增大有所降低；

③在试验工况中当船速超过 6km/h 后，船舶阻力呈迅速增大趋势；当隧洞水深超过 8.5m 后，船舶航行阻力减小幅度明显放缓。

表 5.2-4　　船舶的航行阻力指标统计表

隧洞断面宽度(m)	隧洞水深(m)	航速(km/h)	船舶阻力(kN)
20	7.0	3.0	14.54
20	7.0	4.5	37.22
20	7.0	6.0	65.46
20	7.0	7.5	112.53
20	8.5	4.5	23.61
20	9.5	4.5	20.91

注：由于船舶航行阻力与船型、船体表面粗糙度等多因素有关，实际工程中需要综合考虑上述影响因素做专项研究。

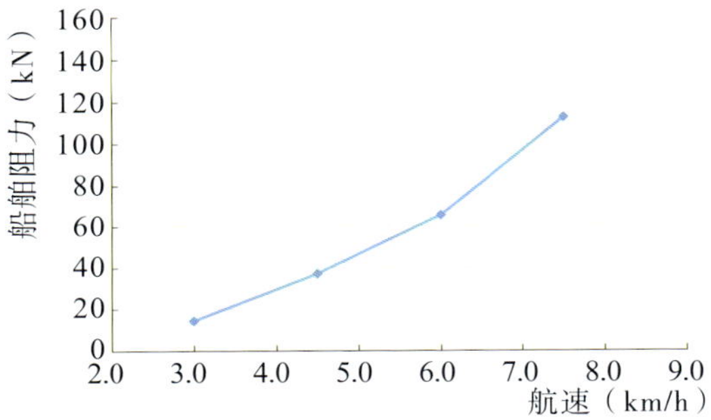

图 5.2-24　航速与船舶阻力的变化关系

(隧洞断面宽度 20m,水深 7m)

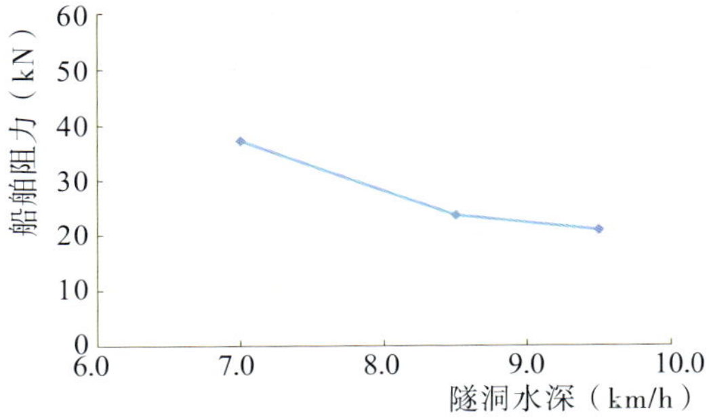

图 5.2-25　船舶阻力与水深的变化关系

(隧洞断面宽度 20m,航速 4.5km/h)

5.2.5　通航隧洞断面尺寸对船舶航行的影响

除船舶航速、通航水深外,通航隧洞断面尺寸会对船舶的航行特性造成较大影响。通航隧洞的断面尺寸直接影响隧洞航道的断面系数,与通航隧洞航道的水面波动和船舶下沉量密切相关。为了分析通航隧洞断面尺寸对船舶航行的影响,在 20m 宽隧洞断面基础上,进一步模拟研究了隧洞断面宽度 23.0m 和 25.0m 两种方案,主要成果如下。

5.2.5.1　不同断面尺寸船行波波动特性

隧洞断面宽度为 23.0m 时,典型测点最大水面下降与航速的关系见图 5.2-26,最大水面波动与航速的变化关系见图 5.2-27,最大水面波动统计值见表 5.2-5。隧洞断面宽度为 25m 时,典型测点最大水面下降与航速的关系见图 5.2-28,最大水面波动与航速的变化关系见图 5.2-29,最大水面波动统计值见表 5.2-6。

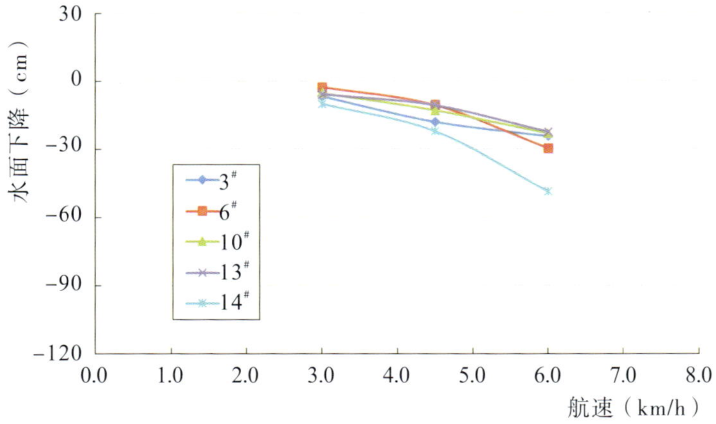

图 5.2-26　典型测点最大水面下降与航速的关系

(隧洞断面宽度 23m,水深 7.0m)

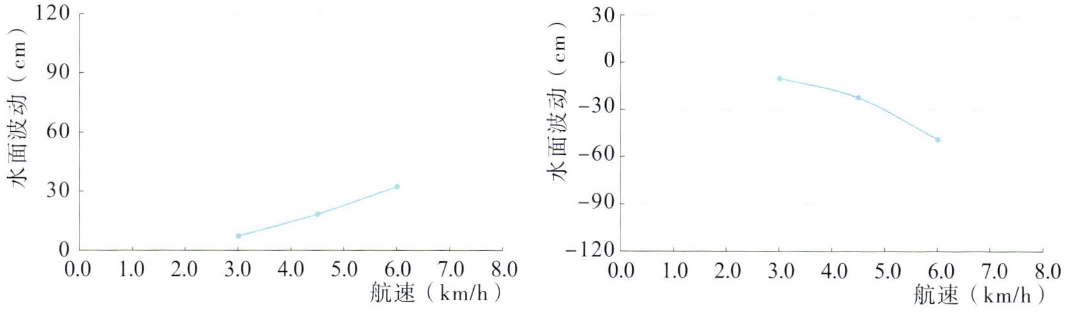

(a)最大水面上升与航速的关系　　(b)最大水面下降与航速的关系

图 5. 2-27　最大水面波动与航速的变化关系(隧洞断面宽度 23m,水深 7. 0m)

表 5. 2-5　　最大水面波动统计值(隧洞断面宽度 23. 0m,7. 0m 水深)

速度(km/h)	最大水面上升(cm)	最大水面下降(cm)
3. 0	7. 54	—9. 91
4. 5	18. 55	—22. 06
6. 0	32. 49	—48. 54

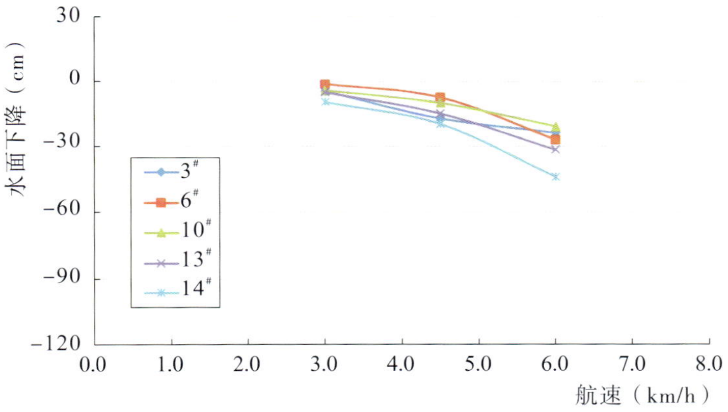

图 5. 2-28　典型测点最大水面下降与航速的关系(隧洞断面宽度 25. 0m,水深 7. 0m)

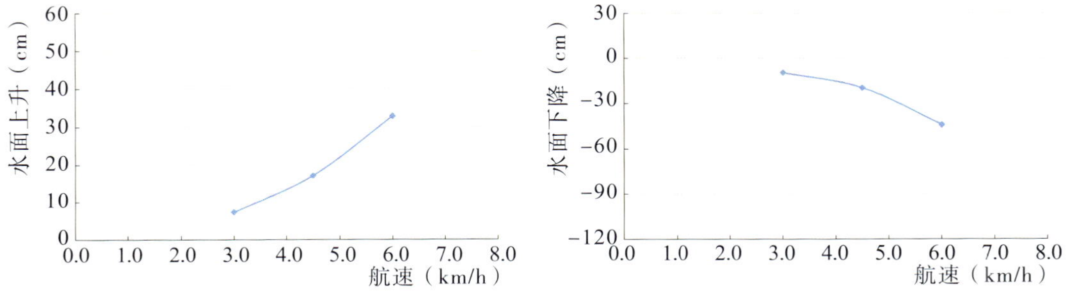

(a)最大水面上升与航速的关系　　(b)最大水面下降与航速的关系

图 5. 2-29　最大水面波动与航速的变化关系(隧洞断面宽度 25. 0m,水深 7. 0m)

表 5.2-6　　　　最大水面波动统计值(隧洞断面宽度 25.0m,7.0m 水深)

速度(km/h)	最大水面上升(cm)	最大水面下降(cm)
3.0	7.44	−9.62
4.5	17.19	−19.62
6.0	32.92	−43.87

由不同隧洞断面宽度试验结果可知:

①各工况通航隧洞航道的水面波动指标,包括水面上升值和水面下降值,整体随航速增大而增大,与此同时,各指标相应的增长幅度亦呈现随航速的增大而增大的趋势;

②在航速和隧洞断面宽度一定的情况下,水面波动特征指标随着隧洞水深的增大而减小。

试验结果与前述研究所得规律较为一致,进一步对不同隧洞断面宽度条件下的通航隧洞航道最大水面下降指标进行分析。图 5.2-30 为不同船舶航速条件下隧洞断面宽度与最大水面下降之间的关系,图 5.2-31 为不同隧洞断面宽度下最大水面下降对比。

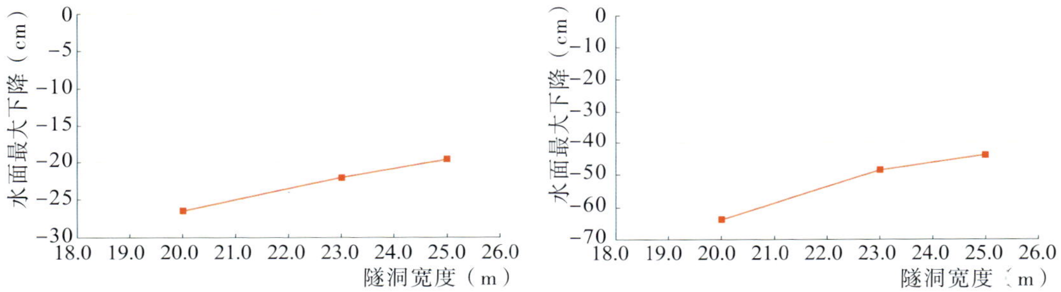

(a)航速 4.5km/h　　　　(b)航速 6.0km/h

图 5.2-30　隧洞断面宽度与最大水面下降的关系(水深 7.0m)

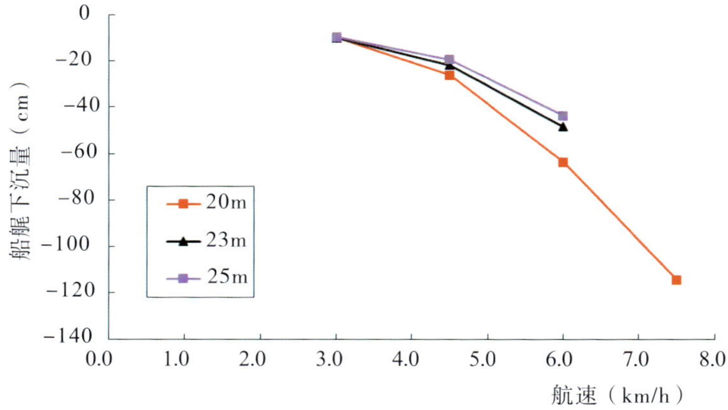

图 5.2-31　不同隧洞断面宽度下最大水面下降对比(隧洞水深 7.0m)

①随船舶航速增大,隧洞断面宽度对通航隧洞航道水位波动特性的影响呈增大趋势。

试验实测在7.0m水深、船舶航速为3.0km/h条件下，隧洞断面宽度为20m、23m和25m时最大瞬时水面分别下降9.93cm、9.91cm和9.62cm；在6.0km/h船舶航速时，最大瞬时水面分别下降63.74cm、48.54cm和43.87cm。

②在相同船舶航速、初始水深条件下，通航隧洞航道最大水面下降随着隧洞断面宽度的增大有明显减少；且航速越大，该趋势越明显。

5.2.5.2 不同断面尺寸船舶下沉量特性

表5.2-7、表5.2-8分别为23m和25m隧洞断面宽度下通航隧洞航道船舶最大下沉量统计值，图5.2-32、图5.2-33为不同宽度下船艉最大下沉量与航速的变化关系。

表5.2-7　　最大下沉量统计值(隧洞断面宽度23m,7.0m水深)

速度(km/h)	船艏最大下沉量(cm)	船艉最大下沉量(cm)
3.0	−30.16	−35.77
4.5	−36.32	−42.13
6.0	−46.96	−52.35

表5.2-8　　最大下沉量统计值(隧洞断面宽度25m,7.0m水深)

速度(km/h)	船艏最大下沉量(cm)	船艉最大下沉量(cm)
3.0	−32.56	−35.33
4.5	−35.97	−40.30
6.0	−45.36	−46.88

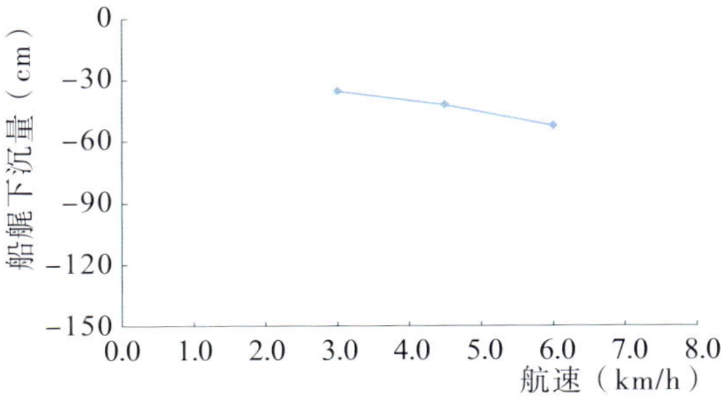

图5.2-32　船艉最大下沉量与航速的变化关系(隧洞断面宽度23m,水深7.0m)

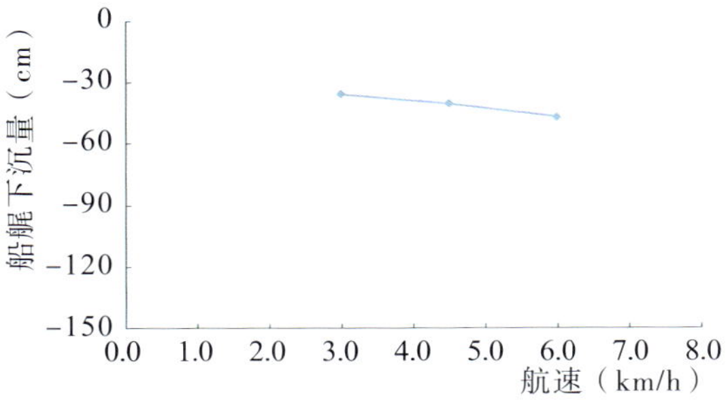

图5.2-33　船艉最大下沉量与航速的变化关系(隧洞断面宽度25m,水深7.0m)

由表5.2-7、表5.2-8和图5.2-32、图5.2-33可知：

①各工况船艉最大下沉量基本略大于船艏最大下沉量，船舶最大下沉量基本为船艉下沉量；

②随着船舶航速的增加，船舶下沉量相应增大，且增幅有所增加，所得变化规律与前述研究结果基本一致。

图5.2-34为不同船舶航速条件下隧洞断面宽度与船艉最大下沉量的关系；图5.2-35为不

同隧洞断面宽度下船艉下沉量对比。由图 5.2-34 和图 5.2-35 可知：

①在相同船舶航速、初始水深条件下，通航隧洞航道船艉最大下沉量指标随隧洞断面宽度的增大而减少；

②与通航隧洞航道最大水位波动变化规律一致，随着船舶航速增大，隧洞断面宽度对通航隧洞航道船舶下沉量的影响呈增大趋势。试验实测在 7.0m 水深、船舶航速为 3.0km/h 条件下，隧洞断面宽度为 20m、23m 和 25m 时船艉最大下沉量分别为 37.3cm、35.8cm 和 35.3cm，在 6.0km/h 船舶航速下船艉最大下沉量则分别为 59.7cm、52.4cm 和 46.9cm。

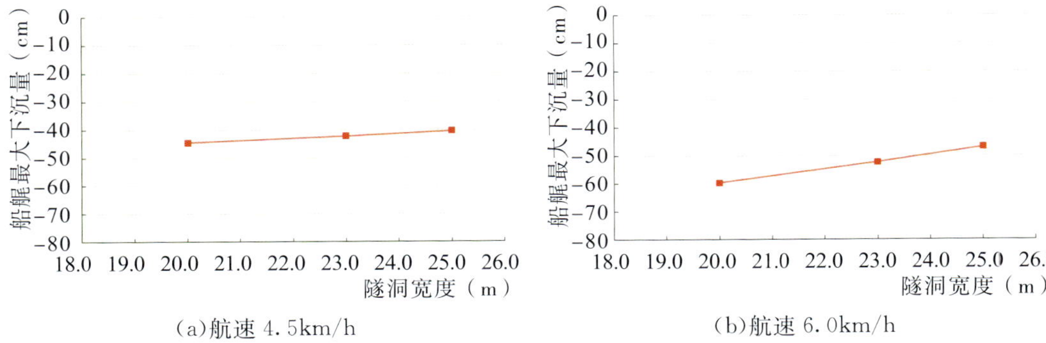

图 5.2-34 隧洞断面宽度与船艉最大下沉量的关系(隧洞水深 7.0m)

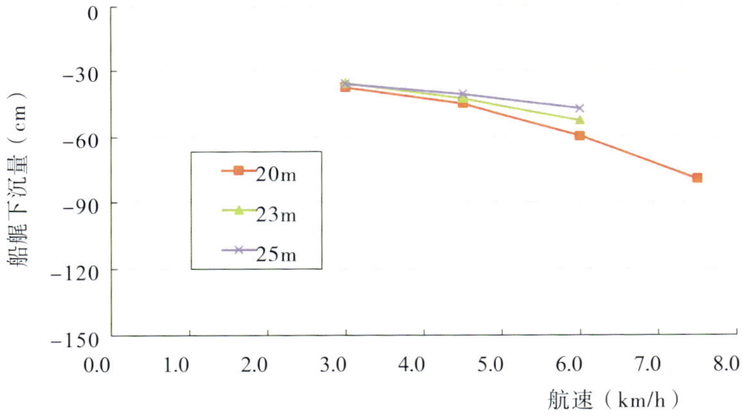

图 5.2-35 不同隧洞断面宽度下船艉最大下沉量对比(隧洞水深 7.0m)

5.2.5.3 不同断面尺寸船舶航行阻力特性

利用概化数学模型对 23m、25m 的隧洞断面宽度进行船舶航行阻力计算分析，以隧洞初始水深 7.0m、船舶航速 4.5km/h 为例，隧洞断面宽度与船舶阻力的变化关系见图 5.2-36。由图 5.2-36 可知：

①在船舶航速和隧洞初始水深相同条件下，随着隧洞断面宽度增大，船舶阻力明显减小；

②在隧洞初始水深 7m、船舶航速 4.5km/h 条件下，数模计算隧洞断面宽度为 23m 时，

船舶阻力约为 27.57kN；隧洞断面宽度为 25m 时，船舶阻力约为 24.87kN。

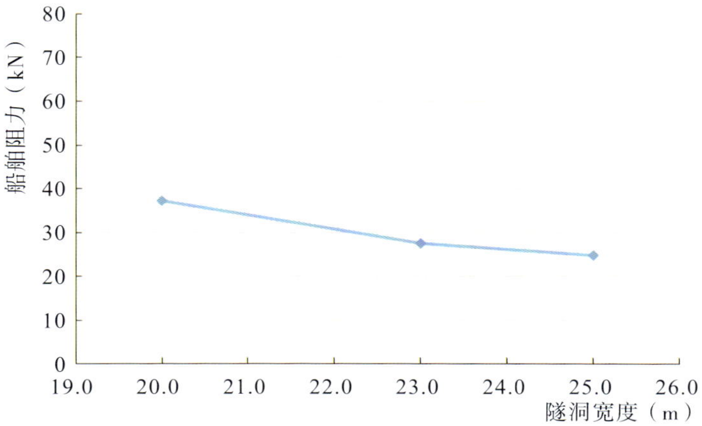

图 5.2-36 隧洞断面宽度与船舶阻力的变化关系

综合船舶阻力模拟结果，借鉴傅汝德分类法，将船舶航行阻力概化为：

$$R=\frac{1}{2}\rho SV^2C_Z \tag{5.2-13}$$

式中：R——船舶总阻力，N；

C_Z——综合阻力系数；

ρ——水的密度，kg/m^3；

S——船舶浸湿面积，m^2；

V——船舶航速，m/s。

根据式(5.2-13)可以得到综合阻力系数 C_Z 与隧洞断面系数、隧洞断面宽度、隧洞水深之间的相关关系分别见图 5.2-37、图 5.2-38、图 5.2-39。分析综合阻力系数与各变量之间的变化趋势可知：

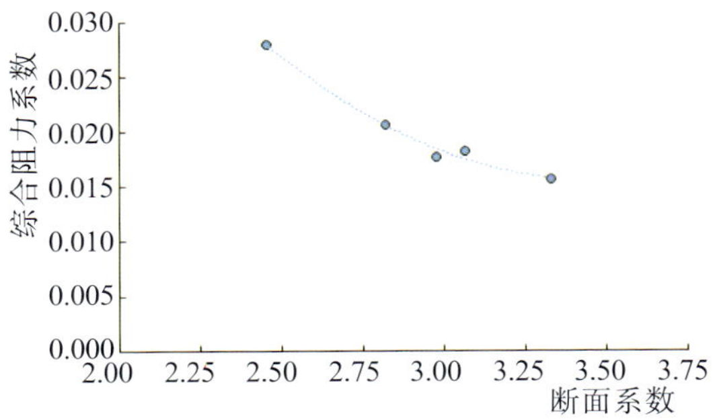

图 5.2-37 隧洞断面系数与综合阻力系数关系

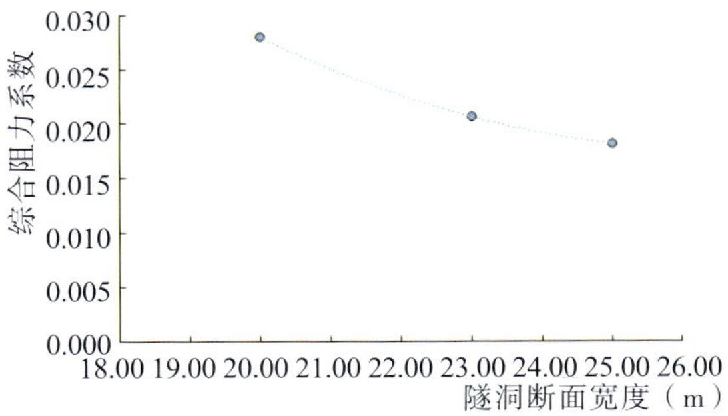

图 5.2-38 隧洞断面宽度与综合阻力系数关系

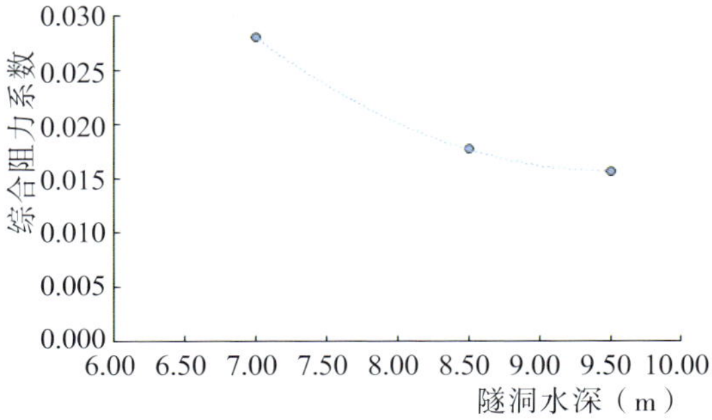

图 5.2-39　隧洞水深与综合阻力系数关系

①在船型、航速一致的条件下，船舶航行综合阻力系数随隧洞断面系数的增大而逐渐减小；特别是当断面系数小于 3.0 时，断面系数增大会显著减小船舶航行综合阻力系数，效果明显；

②隧洞断面宽度和水深的增加均能有效减小船舶航行综合阻力系数，对于 3000 吨级船舶，当隧洞水深大于 8.5m 时，综合阻力系数减小幅度明显放缓。

5.3　船舶航行安全保障技术

5.3.1　行驶安全距离

船舶行驶安全距离不仅与机动船舶的操纵性能有关，还涉及船舶航行的速度、船舶装载量、操纵人员的技术水平、影响船舶操纵的外部环境等。因此，研究船舶行驶安全距离是一个十分复杂的问题，本节参考有关规程和标准，结合航模冲程试验，对在通航隧洞内行驶的船舶安全间距进行探讨。

5.3.1.1　相关规程和标准

（1）国家标准

《中华人民共和国内河避碰规则》(2003 年修正版)规定："机动船尾随行驶时，后船应当与前船保持适当距离，以便前船突然发生意外时，能有充分的余地采取避免碰撞的措施。"《中华人民共和国机动船舶安全操作规程》对尾随行驶操作的规定为："机动船和船队尾随行驶，后船与前船都应保持适当距离，以防前船突然发生意外时，能有充分的避让余地。""后船尾随前船行驶，应加强瞭望，提高警惕，密切注意前船和前方动态，随时准备采取减速、停车、倒车和倒锚。"

交通运输部批准的《中苏国境河流航行规则》明确规定："尾随行驶时，船舶前后间要保持安全距离。""同向航行的船舶和船队必须保持安全间距，在任何情况下不得小于当时航速制动距离的 2 倍，或者等于船舶掉头所必需距离的 3 倍。"

(2)地方标准

《上海水上安全监督规则》中规定:“机动船在尾随航行时,后船应与前船保持足以避免发生碰撞的安全距离。”“大型机动船、大型船队或者大型排筏之间的距离,最少应保持顺流600m,逆流300m。”

《杭州市水上交通安全管理规定》中提出:“机动船舶在潮流河段、湖泊、水库、平流区域航行,应当沿船舶右舷一侧航道行驶。机动船舶尾随航行时,应与前船保持安全距离。”

《珠江口水域船舶安全航行规定》中提出:“船舶尾随航行时,后船应与前船保持足以避免发生碰撞的安全距离,并应密切注意前船的动态,后船与前船间的距离,逆水时不少于后船船长的 3 倍长度,顺水时不少于后船船长的 5 倍长度。”

《苏州市港航监督管理办法》规定:“船舶航行中前后应保持一定距离,船队间距不得少于 50m,单行船不得少于 20m。机动船(队)在险要航道地段、桥孔、岔口、弯道等,禁止追越、编解队和放偏缆、独缆、长缆航行。”

5.3.1.2 船模冲程试验

有关规程和标准对船舶安全航行提出了原则性的要求,由于问题的复杂性尚缺少具体的量化规定,为研究通航隧洞内船舶的航行安全问题,采用自航船舶在 25m 宽(原型)隧洞中进行冲程试验。主要研究工况见表 5.3-1,当船舶倒车时,采用相同的倒车操控条件(静水倒车速度为 3.0～4.0km/h)。

各研究工况的船舶冲程量见图 5.3-1 至图 5.3-4。分析可知,在主机停机条件下,船舶冲程与船舶航速成正比,船舶航速越大,冲程亦越大;相同船舶航速条件下,船舶冲程随水深的增加而延长,即通航隧洞航道水深增大,船舶航行阻力有所减少。船舶倒车工况与船舶停机工况规律基本一致,航速越大,相同倒车操控条件下冲程愈大;通航隧洞航道水深越浅,相同船舶航速和主机倒车条件下冲程越小。

船舶冲程不仅与隧洞断面尺寸、水深等密切相关,更与船型、船舶自身驾驶性能有关,影响因素复杂。本研究仅结合现有船模开展系列试验,研究船舶冲程与航速、水深等关键指标变化规律,以期为类似工程确定船舶安全航行距离提供技术参考。

表 5.3-1 通航隧洞航道船模冲程试验研究工况

编号	操纵条件	船舶航速(km/h)	水深(m)	编号	操纵条件	船舶航速(km/h)	水深(m)
CCT1	停机	3.0	7.0	CCD1	倒车	3.0	7.0
CCT2	停机	4.5	7.0	CCD2	倒车	4.5	7.0
CCT3	停机	6.0	7.0	CCD3	倒车	6.0	7.0
CCT4	停机	4.5	8.5	CCD4	倒车	4.5	8.5
CCT5	停机	4.5	9.5	CCD5	倒车	4.5	9.5

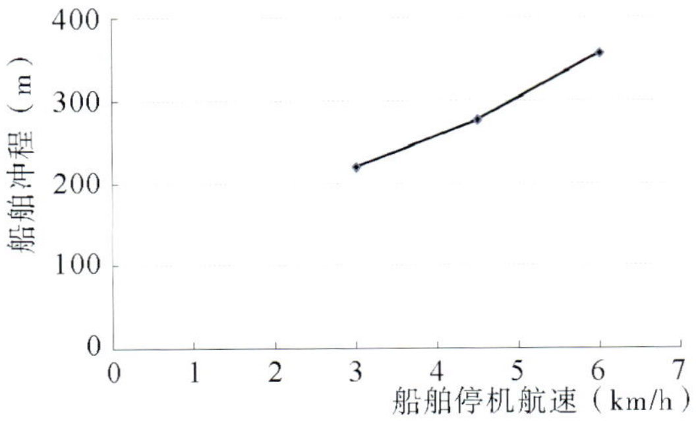

图 5.3-1　停机工况船舶航速与冲程关系（隧洞水深 7.0m）

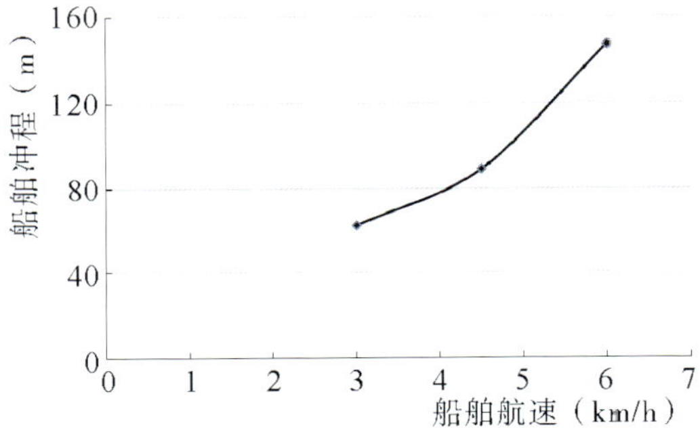

图 5.3-2　倒车工况船舶航速与冲程关系（隧洞水深 7.0m）

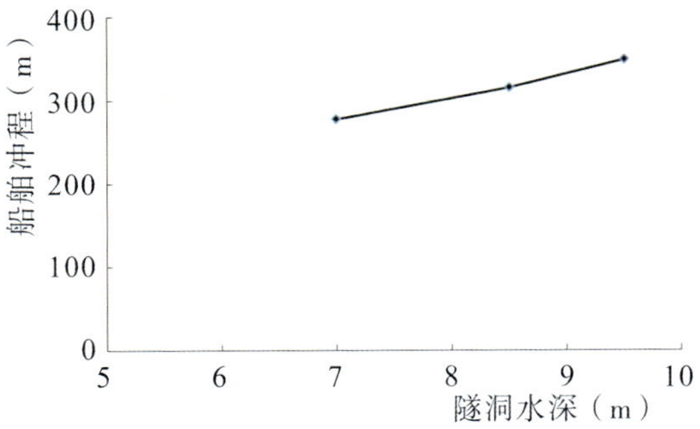

图 5.3-3　停机工况船舶冲程与隧洞水深关系（船舶航速 4.5km/h）

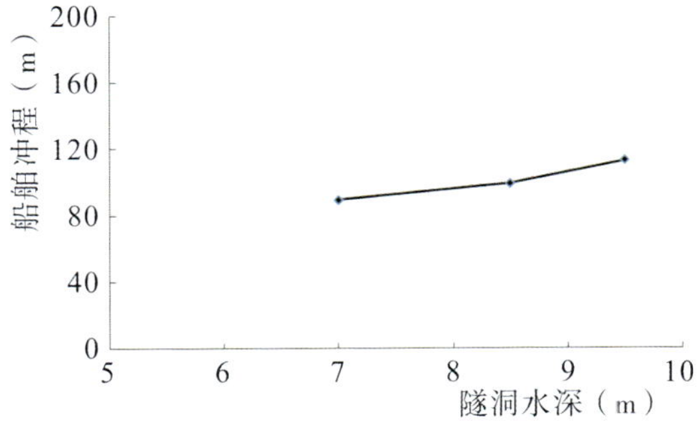

图 5.3-4　倒车工况船舶冲程与隧洞水深关系（船舶航速 4.5km/h）

5.3.1.3　船舶行驶安全间距分析

内河船舶在通航条件较好时，行驶速度一般为 7～12km/h，如苏南运河船舶行驶速度一般为 8～10km/h，对于通航隧洞航道，受断面尺寸影响，船舶行驶速度明显小于船舶在运河中的行驶速度，在分析船舶安全间距时按 4～5km/h 考虑。

根据冲程试验结果，在主机停机条件下，船舶尾随行驶的间距应大于 3.0～4.0 倍船舶长度；而在倒车条件下，船舶尾随行驶的间距可以缩短至 1.5～2.0 倍船舶长度。

考虑到前方船舶出现故障，后方尾随行驶船舶同时出现主机故障的概率极小，参考有关地方标准，建议船舶尾随行驶的间距可以按 1.5～2.0 倍船舶长度考虑。同时建议在实际工程运行初期适当加大尾随行驶间距，以保障船舶通航安全，并为船舶操纵和运行管理积累经验。

5.3.2　通航隧洞内船舶航速选择

船舶在通航隧洞航道的合理航行速度可从两个方面进行考虑：

一是根据通航建筑物的通过能力要求，计算通航隧洞航道要求船舶航行的最小航速 $v_{\min}$。显然，最小航速 $v_{\min}$ 与船舶间要求的安全距离有关。

二是计算在通航隧洞内船舶允许的航行速度，以此作为通航隧洞航道的最大允许行驶速度 v_{max}。通航隧洞航道最大允许航运速度 v_{max} 与隧洞的宽度、水深、通航船舶的形式和性能以及隧洞的曲率半径等因素有关，其实质是由船舶航速与船舶阻力的相互关系确定。

当船舶在通航隧洞这类宽度与水深均受到限制的狭窄水道中航行时，其阻力曲线的特点为：存在一个临界区域范围，相同水深情况下，若狭窄水道的宽度增加，则临界区域变窄；当趋于无限宽时，则仅在临界速度时阻力最大，也就是一般浅水航道问题。在狭窄水道中当船速处在临界区时，其航行阻力值有极为明显的增加，因此在通航隧洞航道内船舶应以低速航行为主。

船舶在隧洞中航行，假定船体横剖面沿船长变化小，船体无纵倾，船舶的傅汝德数 F_r 较小，忽略兴波对水面变形的影响。则由连续方程和伯努利方程联立，可推导得出式(5.3-1)或式(5.3-2)。

$$\frac{v}{v_m}=1-\frac{1}{n}-\frac{{v_m}^2-v^2}{2c^2} \tag{5.3-1}$$

$$\frac{v}{c}=\frac{v_m}{c}\left[1-\frac{1}{n}-\frac{\left(\frac{v_m}{c}\right)^2-\left(\frac{v}{c}\right)^2}{2}\right] \tag{5.3-2}$$

式中：v——船舶速度，m/s；

v_m——水流与船体之间的相对速度，m/s；

$c=\sqrt{gh}$，h 为隧洞水深，m；

n——隧洞断面系数。

根据式(5.3-1)、式(5.3-2)，对于特定的隧洞断面系数，可以绘制出隧洞内速度分区，同时为了避免船舶受到较大的航行阻力，船舶航速应处于亚临界区，由此可对船舶在隧洞内最大允许行驶速度 v_{max} 进行估计。除此之外，在确定隧洞内船舶最大航行速度阈值时，亦可采用目前国际上应用相对广泛的 Schijf J B 公式和美国陆军工程师兵团公式进行初步估算。

通航隧洞中船舶设计航速选择应该确保 v_{min} 小于 v_{max}，如果计算出现 v_{min} 大于 v_{max} 的情况，说明通航隧洞航道的设计尺寸不合理，需要进一步优化调整。

以前述通航 3000 吨级货船的隧洞为例，根据船闸通过能力要求，计算最小航速 $v_{min}=3\sim5$km/h，根据初定的隧洞断面尺寸范围，借助 Schijf J B 公式或美国陆军工程师兵团公式估算，隧洞最大允许航行速度 v_{max} 为 8～10km/h；断面系数按 3.0 考虑，绘制出隧洞内速度分区见图 5.3-5。为了避免船舶受到较大的航行阻力，船舶航速至少需要满足 $v/c<0.33$（$v/\sqrt{gh}<0.33$），由此可知，当水深取 7.0m 时，v_{max} 应不大于 9.8km/h，与 Schijf J B 公式或美国陆军工程师兵团公式估算值基本相当。

综上分析，该通航隧洞断面尺寸能够满足船舶航速要求，而由隧洞内通航水流条件及船舶航行特性研究成果可知，当船舶航速大于 5km/h 时，隧洞内水位波动、船艉下沉量呈显著增大趋势(图 5.3-6),因此从船舶航行安全角度考虑,隧洞内船舶设计航速不宜过大。

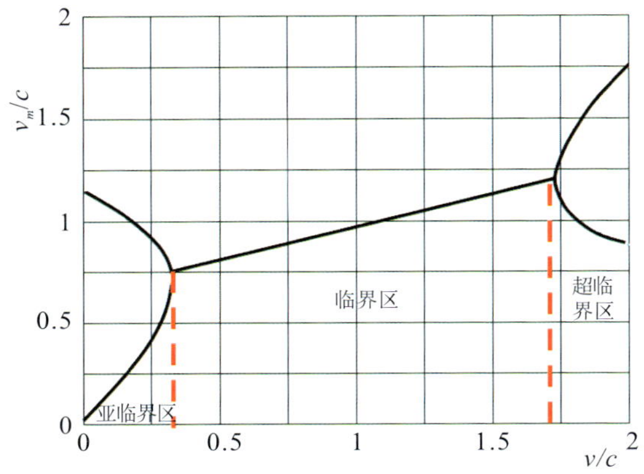

图 5.3-5　隧洞内不同速度分区(断面系数 $n=3.0$)

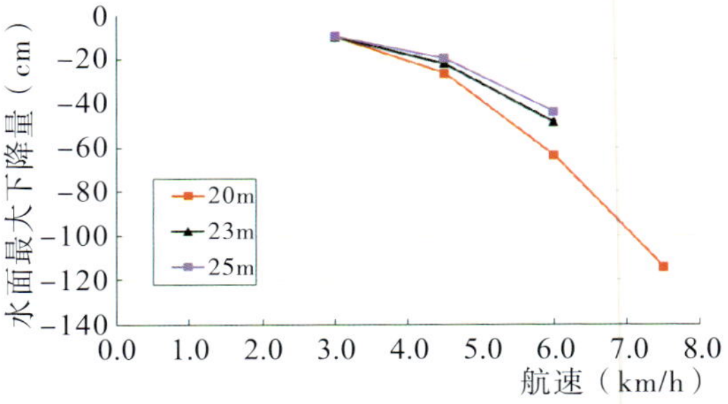

图 5.3-6　隧洞内航速与水位波动相关关系

5.3.3　通航隧洞航道消波措施研究

船行波是船舶在航行过程中,对接触的水体进行挤压、摩擦而产生的波浪,是一种非常复杂的非线性行波现象,其波浪形状受水深、地形、船速等影响。在通航隧洞这类特殊形式的限制性航道中,船体形成的船行波与在开阔水域形成的船行波存在明显差异,开阔水域船行波行波范围广,形成明显的扇形散波传播现象,通航隧洞航道,由于断面系数较小,隧洞侧壁的限制作用明显,会出现水位波动叠加的复杂过程。

通航隧洞航道船行波在船艏以船体前半部分挤压水体形成的散波(推进波)为主,该波形斜向前方传播,碰到边壁后反射、振荡传播,形成水面往复波动,对其他船舶产生不对称的侧向力,增加控制航向难度,影响船舶安全行驶。在船艉的水位波动则主要是由于船体移动造成的瞬时水位跌落。在通航隧洞航道,船舶航行造成的水位跌落影响范围相对较小,通常为 1～2 倍船舶长度,此范围外的水面基本恢复正常。因此在设计消波措施时,着重考虑船艏推进波的波浪特性,兼顾船艉水位跌落现象。

若要消除狭长封闭水域内的水流长波波动,最有效的方法是在垂直长波传递方向布置消波措施,在通航隧洞航道,船行波引起的长波传递方向与船舶航行方向基本一致,消波措施的布置难度较大,一方面不合理的消波措施会阻碍船舶航行,另一方面船舶在通航隧洞任意位置航行均会扰动周边水体形成新的波源。理想的消波措施需要尽量少占用通航隧洞船舶航行空间,同时能够沿程实时消散船行波能量。

5.3.3.1　消波板间隔

结合通航隧洞的布置要求,在两侧人行道下方布置消波板(图 5.3-7)。

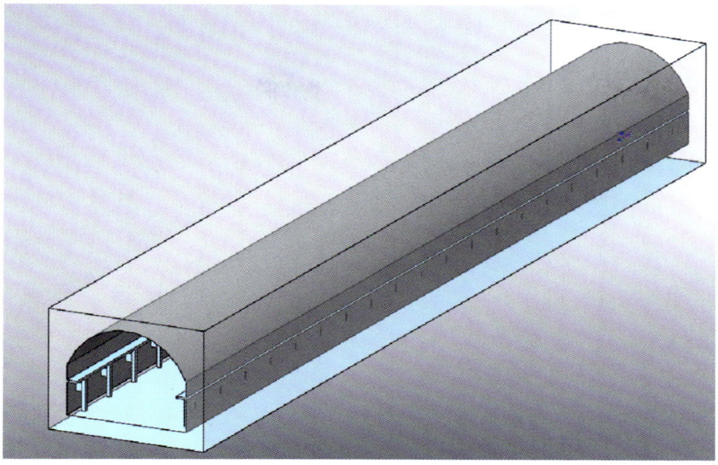

图 5.3-7 通航隧洞航道消波板布置示意图

船行波的形态及其行波要素与航道的深度弗劳德数 F_h 有着密切的关系，鉴于限制性航道中水深相对较大，而航速较开阔水域水深较小，初步分析其深度弗汝德数 F_h 基本小于 0.5，因此在船行波未到达隧洞边壁之前可近似认为其属于 Kelvin 波态，船行波波动具有以下特征：

①在船体，特别是船艏周边产生一系列以散波和横波为主的推进波，散波沿航线对称扇形区域分布，并且斜向航线两侧传播，而横波则沿航线方向传播。

②散波与横波交点的连线与航线夹角 δ 约为 $19°28'$(Kelvin 角)，最大波高出现在该交点处。

③通航隧洞航道船行波通常无法形成完整的扇形传播区域，受隧洞两侧边壁限制作用明显。

④船行波波浪传播角 θ 可由式(5.3-3)近似计算。

$$\theta = 35.27\left[1 - e^{12(F_h - 1)}\right] \tag{5.3-3}$$

根据船行波特征，若能在其传播至隧道两侧壁时对其波能进行充分削减，则能有效抑制船行波传播和反射叠加。为了合理确定通航隧洞航道消波板的布置间隔，将通航船舶进行离散分析，即沿船长方向将船舶离散成多个扰动点，隧道内水流波动由各扰动点压迫周围水体形成，各个扰动点形成的船行波波动范围有所重叠。并着重以船舶头部扰动点为研究对象，确定其影响范围内的消波板布置，则可相应确定整个渠道中的消波系统布置。

假定船体位于渠道中部，船舶航行某一瞬时船头扰动点所形成的船行波沿隧洞方向的影响范围见式(5.3-4)。

$$L = \left(\frac{B-b}{2}\right)\left(\frac{1}{\tan\theta} + \frac{1}{\tan\delta}\right) \tag{5.3-4}$$

式中：L——船行波沿隧洞方向的影响范围，m；

B——隧洞断面宽度，m；

b——船宽，m；

θ——船行波波浪传播角，°；

δ——散波与横波交点的连线与航线夹角，°。

为了达到较好的船行波“破碎消波”效果，在每个波动影响范围区域内，至少需要布置一道消波横板，消波板布置最大间隔由式（5.3-4）进行估算。根据消波板间距，沿通航隧洞航道均匀布置消波板，可基本保证无论船舶在隧洞中任何位置，其形成的水面波动均能通过消波板进行削弱。

5.3.3.2 消波板布置

通航隧洞内消波系统布置空间有限，不宜过于复杂。根据以往河工、港工实践经验，想要消除水域内的长波水流波动，较为有效的方法是垂直波动传递方向布置消波措施，而在通航隧洞航道中，船舶航行推动水体形成的水波传播方向基本与船舶航行方向一致，不具备在水流波动垂直面上布设大型消波措施的条件，否则会阻碍船舶航行或极大增加隧道尺寸。船舶在通航隧洞任意位置航行均会扰动渠道内水体形成新的波源，要完全消除通航隧洞航道的船行波波动难度较大，只能尽可能减小船行波传播范围及波动幅度。

考虑到通航隧洞的特殊性，其内部两侧通常会布置交通、检修用的人行道。经多方案比较，将消波系统与人行道布置相结合，人行道采用板式结构，其下方为碍航水域，在该水域内设置消波横板，结合承重立柱一起构成消波系统，这种布置形式不会增加通航隧洞航道的结构尺寸，同时充分利用了人行道下方船舶无法航行的水域，具有较好的经济合理性。

消波系统横截面布置示意图见图 5.3-8。

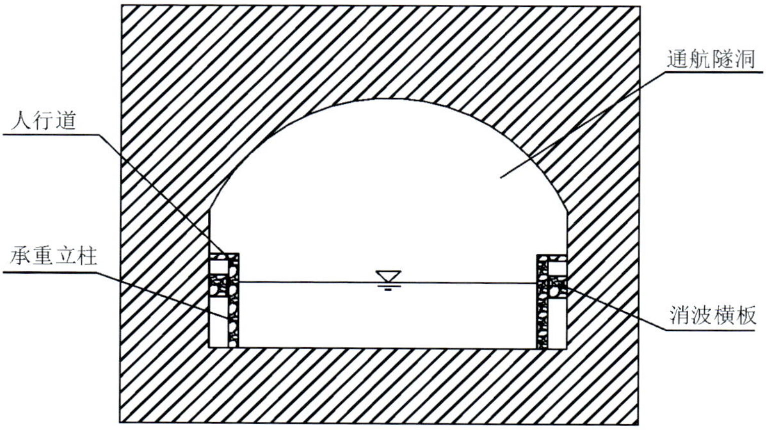

图 5.3-8　消波系统横截面布置示意图

消波措施的主要作用是通过碰撞、摩擦等将水波波浪的能量进行耗散，减弱其波幅，消减反射波浪。理论上，消波措施越复杂，消波效果也会越好，但复杂的消波措施亦带来施工复杂、造价高等问题。结合工程经验，3 种适宜在隧洞中采用的消波横板典型布置示意图见图 5.3-9。

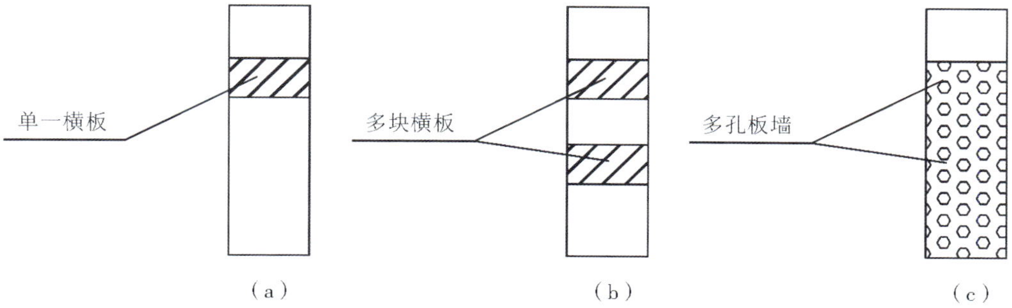

图 5.3-9 消波横板典型布置示意图

5.4 通航隧洞围岩稳定分析

通航隧洞围岩稳定分析方法及控制技术与地下船闸洞室相同，详见第 3 章相关内容，在此不再赘述。本节以国内某大型通航隧洞围岩稳定数值模拟计算为例，进行简要介绍。

5.4.1 隧洞布置与断面设计

根据工程的地形地质条件及船闸运行要求，通航隧洞长 1800m，按双线双洞布置，隧洞通航净宽为 25m，两线隧洞中心线间距 100m，中间保留总宽 75m 的隔墩。隧洞断面最大高度 66.50m。隧洞两侧边墙各设 4m 宽消防疏散通道，疏散通道以下边墙采用 1.5m 厚混凝土衬砌，以上采用喷锚支护，隧洞顶拱最大开挖跨度为 35m。隧洞段横截面示意图见图 5.4-1，典型剖面尺寸见图 5.4-2。

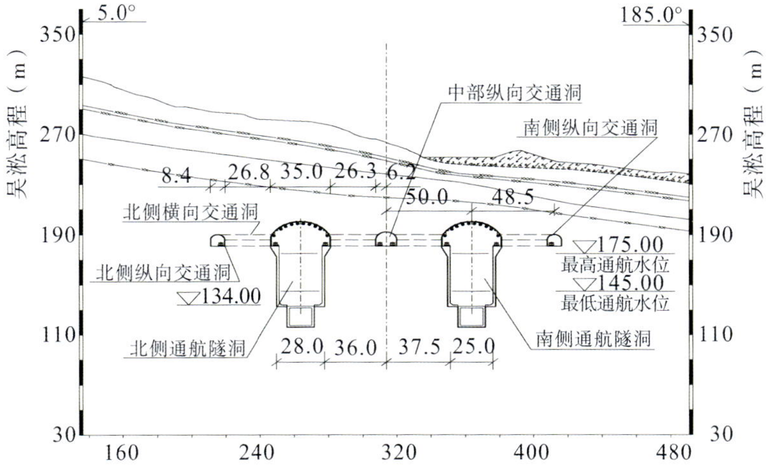

图 5.4-1 隧洞段横断面示意图

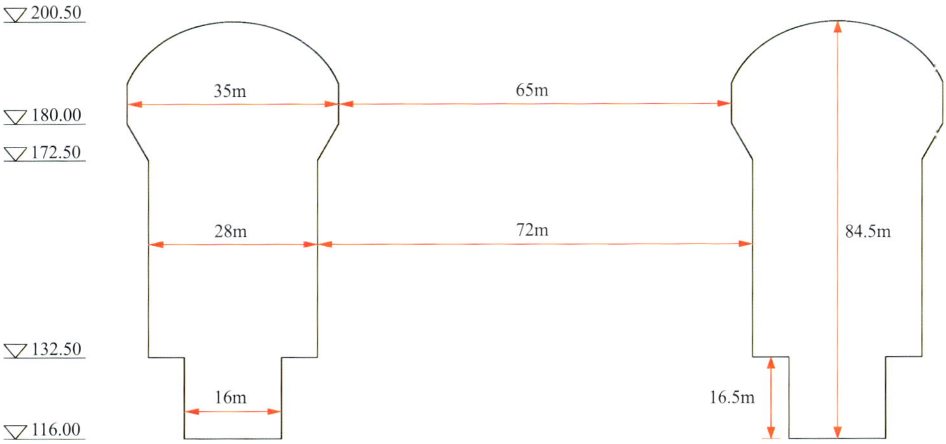

图 5.4-2　典型剖面尺寸

5.4.2　地质特性

5.4.2.1　地形地貌

隧洞沿线山包浑圆，沟梁相间，属剥蚀、侵蚀的低山丘陵地貌，冲沟较发育，地形因沟谷切割而较破碎，冲沟切割深度为 20～50m，山脊多呈单薄的条状、梳状或放射状。隧址区山坡整体地形较缓，坡角一般为 10°～15°，地形分水岭为刮骨台附近山脊，总体上呈现中间高、上下游两侧低，由北向南逐渐降低的地形特征。

隧洞区地表高程一般在 300m 以上，地形最高高程为 351m，隧洞进口区地表高程为 250～260m，隧洞出口区地表高程为 270～280m。通航隧洞纵剖面示意图见图 5.4-3。

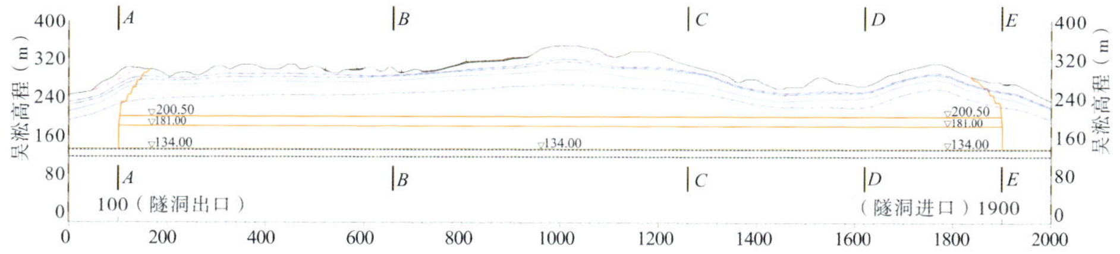

图 5.4-3　通航隧洞纵剖面示意图

5.4.2.2　地层岩性及地质构造

通航隧洞地表基岩裸露，岩性为闪云斜长花岗岩和后期侵入岩脉，从地表向下，岩体从全风化至新鲜，全强风化岩体厚 8.0～14.7m，弱风化岩体厚 35～40m，各风化界面的变化与地形总体趋势一致，其下为微新岩体，局部可见裂隙性风化现象。洞身位于微新岩体中，隧洞围岩类别以Ⅱ类为主，少量Ⅰ类与Ⅲ类，局部存在块体稳定问题，需要进行加固处理。隧洞进、出口段边坡岩体整体稳定性较好，局部岩体失稳的形式主要为由结构面组合切割形成的倾向坡外的块体，破坏形式存在陡缓结合的双滑面型、楔体型及缓倾单滑面型。

隧洞沿线断层以中、小型断层为主，长度小于 300m、宽度小于 1m 的断层占断层总数的 96%，多分布于线路区的东、西部；断层分布具有不均一性，不同部位断层发育优势走向不尽相同。隧址区岩体裂隙十分发育，具有明显的不均匀性，一般在同一地段以 1～2 组占优势，其他方向稀少；不同地段裂隙的优势产状又不尽相同；以陡倾角（大于 60°）裂隙为主，约占裂隙总数的 63.5%；中倾角（30°～60°）、缓倾角（小于 30°）裂隙分别约占裂隙总数的 25.5%、11.0%，缓倾角裂隙主要为 NNE 组，倾向 SE；顺边坡走向的裂隙水平线密度随深度无明显变化，绝大多数在 1 条/m 左右。在局部裂隙密集带、断层旁侧等部位裂隙水平线密度达 3～5 条/m，但其分布范围不大。从总体来看，通航隧洞段结构面一般宽度小于 5mm，裂隙面为硬性结构面，部分结构面无充填，呈新鲜状态，结构面倾角多大于 60°，为陡倾角结构面。

通航隧洞工程典型地质横剖面见图 5.4-4。

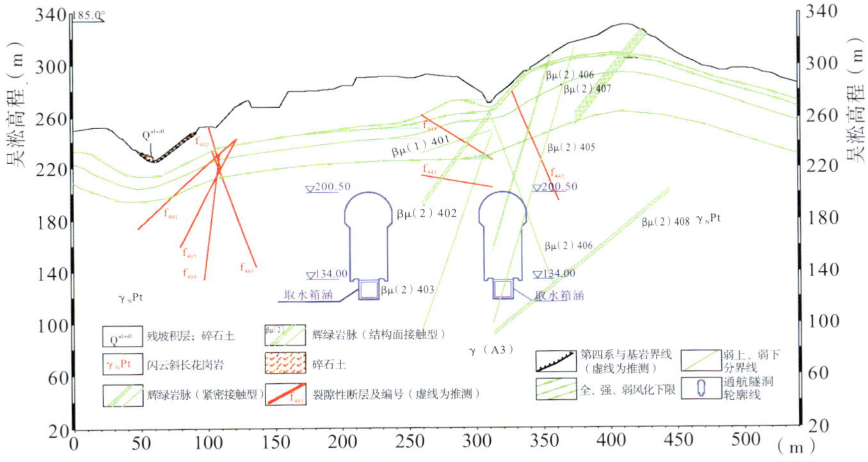

(a)*A-A* 横剖面

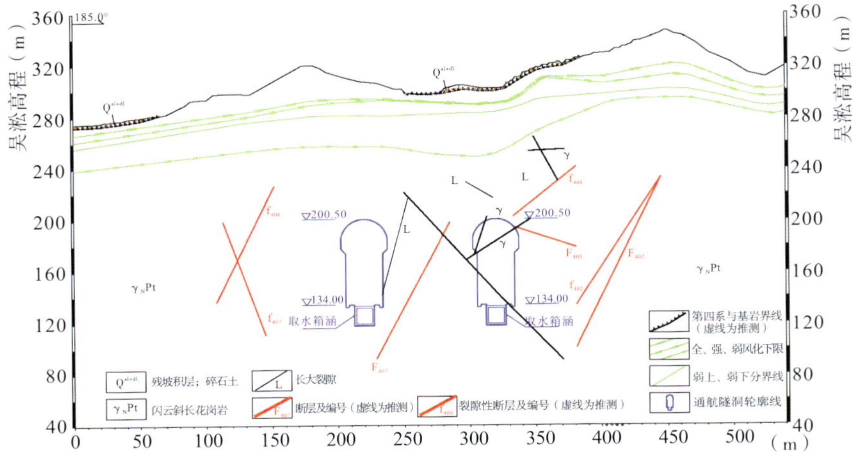

(b)*B-B* 横剖面

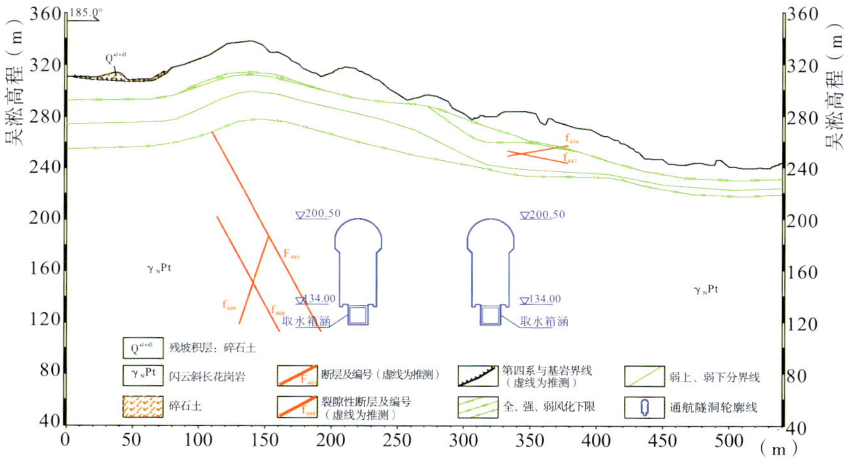

(c) *C-C* 横剖面

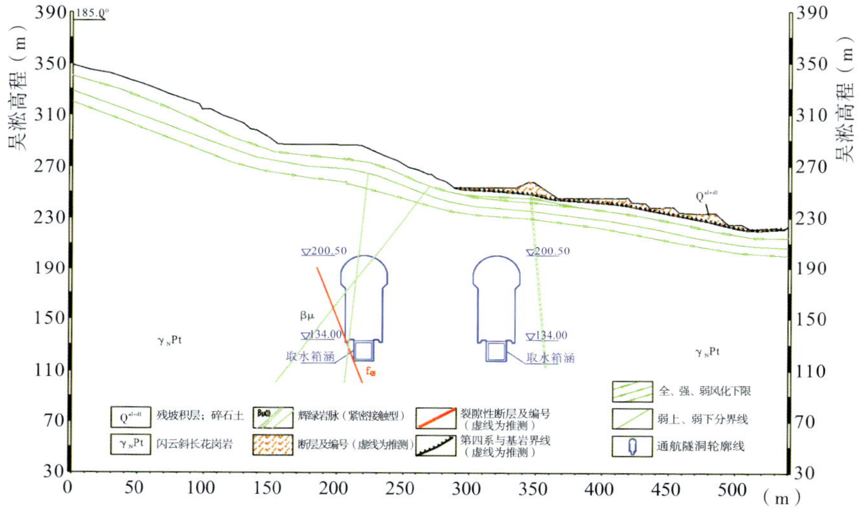

(d) *D-D* 横剖面

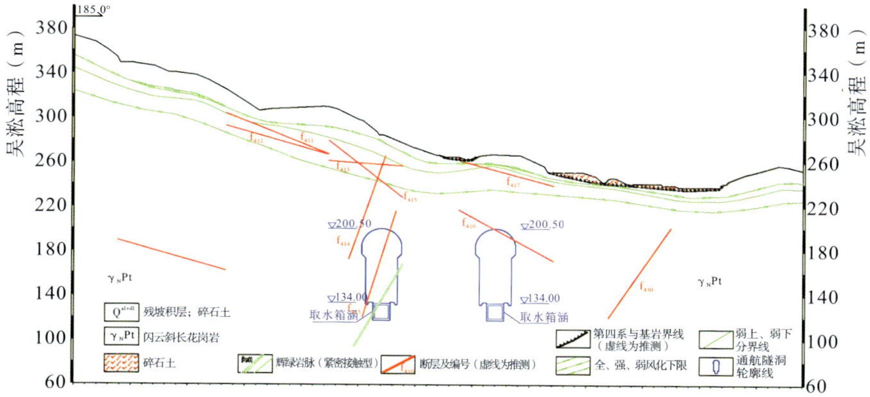

(e) *E-E* 横剖面

图 5.4-4　通航隧洞工程典型地质横剖面

5.4.2.3　地应力

隧洞沿线布设 4 个地应力测试孔，ZK02 孔位于隧洞进口边坡，ZK04 孔、ZK05 孔位于隧洞中部，KZK102 孔位于隧洞出口，通航隧洞区域地应力场分布特征如下：

①4 个地应力测试孔所测地应力量值总体相当，最大水平主应力为 4.2～13.7MPa，最小水平主应力为 3.0～9.2MPa，工程区地应力量级不高，属于中等偏低应力区。

②通航隧洞测试范围内最大水平主应力方向较为复杂，在埋深上呈现分区。其中，ZK02 孔埋深浅于高程 154m 时，最大水平主应力方向为 NE～NEE 向；以下为 NW～EW 向。ZK04 孔和 ZK05 孔埋深浅于高程 200m 时，最大水平主应力方向为 NNE～NE 向；以下最大水平主应力方向为 NWW～EW 向。

水平主压应力方向在地表浅部受局部地形、地质条件影响，一般为 NE 向，自地表向深部则有从 NE 向渐转为 NW 向的趋势，转换高程因地貌单元及岩体卸荷深度的不同而变化。

③整个测试范围内最大水平主应力方向侧压系数平均值均大于 2.0，测孔附近通航隧洞洞身范围内侧压系数均大于 1.5。3 个主应力量值的相对大小呈 $\sigma_H > \sigma_h > \sigma_z$（$\sigma_H$ 为最大水平主应力，σ_h 为最小水平主应力，σ_z 为自重应力），总体上表明测孔附近隧洞洞身区应力场以水平应力为主。

5.4.2.4　岩体物理力学性质

岩体结构面抗剪强度参数建议值见表 5.4-1，岩体（石）物理力学参数建议值见表 5.4-2，边坡岩体卸荷松弛分带概化力学参数建议值见表 5.4-3。

表 5.4-1　　岩体结构面抗剪强度参数建议值

岩石名称	结构面类型及代号		抗剪强度 f'	抗剪强度 C'(MPa)	结构面特征
闪云斜长花岗岩与糜棱岩接触面	硬性结构面(A)	平直光滑面(A1)	0.55～0.65	0.05～0.15	小断层面，以 3001 平硐 f11 为代表
闪云斜长花岗岩	硬性结构面(A)	平直稍粗面(A2)	0.65～0.70	0.15～0.20	小断面，宏观起伏差数毫米到 1cm
			0.70～0.80	0.20～0.30	一般裂隙面，宏观起伏差数毫米，中型试件起伏差小于 0.5cm
		起伏粗糙面(A3)	0.80～0.90	0.30～0.50	裂隙面及有擦痕断面，宏观起伏差 1～2cm，中型试件起伏差 0.5～1.0cm
		极粗糙面(A4)	0.90～1.00	0.50～0.70	卸荷裂隙面，宏观起伏差大于 2cm
	软弱结构面(B)	破碎结构面(B1)	0.60～0.70	0.07～0.10	弱风化上带的疏松—半疏松夹层
		夹软弱构造岩结构面(B2)	0.50～0.60	0.05～0.07	F23 糜棱岩及 NE、NEE 向断层胶结不良构造岩
		软弱构造岩(B3)	0.25～0.40	0.05～0.10	F215 的软弱构造岩，风化强烈，松软
		泥化面(B4)	0.25～0.32	0.03～0.05	较大断层主断面的泥化面及其他含泥的结构面

表 5.4-2 岩体(石)物理力学参数建议值

岩石名称	风化分带	岩体结构	抗压强度(MPa)	密度(g/cm^3)	变形模量(GPa)	泊松比	岩体抗剪强度		混凝土/基岩抗剪强度	
							f'	C'(MPa)	f'	C'(MPa)
闪云斜长花岗岩	新鲜	块状	90～110	2.70	35～45	0.2	1.7	2.0～2.2	1.2～1.3	1.4～1.5
	微	块状	85～100		30～40					
		次块状			20～30	0.22	1.5	1.6～1.8	1.0～1.2	1.2～1.4
	弱下	块状	75～85	2.68						
		次块状			15～20	0.23	1.3	1.4～1.6	0.9～1.1	1.1～1.2
	弱上	块状	40～70		5～20	0.25	1.2	1.0		
		碎裂	15～20	2.65	1～5		1.0	0.5		
	强	碎裂	15～20		0.5～1	0.30		0.3～0.5		
	全	散体	1～2	2.55	0.02～0.05		0.8	0.1～0.3		
断层构造岩 影响带	新鲜	镶嵌	30～90	2.67	10～20	0.22	1.0～1.2	0.9～1.2	0.9～1.1	0.8～1.0
	微		60～80			0.23				
	弱		30～60	2.65	5～10	0.25				
断层构造岩 碎裂岩	微		50～70	2.61	10～20	0.23	0.9～1.0	0.8～1.0	0.8～1.0	0.7～0.9
	弱		40～50	2.60	5～10	0.25				
断层构造岩 碎斑岩	微风化	镶嵌	50～70	2.58	10～15	0.23	0.9～1.0	0.8～1.0	0.8～1.0	0.7～0.9
断层构造岩 糜棱岩		镶嵌	40～60	2.56	5～10	0.25				
		碎裂			0.5～0.1	0.30				
断层构造岩 F215 软弱岩		碎裂、散体			0.2～0.5	0.23				
裂隙密集带		镶嵌	80～90	2.67	10～20					

表 5.4-3 边坡岩体卸荷松弛分带概化力学参数建议值

岩石名称	风化分带	岩石抗压强度(MPa)	分带名称	距离坡面距离(m)	岩体抗拉强度(MPa)	岩体变形模量(GPa)	泊松比	岩体抗剪强度	
								f'	C'(MPa)
闪云斜长花岗岩	弱下及微新岩体	90～100	爆破—卸荷松弛带	0～6	1.8	10	0.24	1.4	1.0
			卸荷松弛带	6～20	2.2	30	0.22	1.5	1.8
			非松弛带	>20	2.5	35	0.20	1.7	2.0

5.4.3 开挖爆破技术要求

5.4.3.1 隧洞开挖程序

通航隧洞采用自上而下分层分部控制爆破法施工，分层高度为 10～15m。考虑到通航隧洞长约 1800m，设置一条施工支洞至隧洞中间顶拱施工部位，随着隧洞进出口开挖成型，隧洞顶拱部位至少可以形成 4 个工作面同时进行施工，确保隧洞开挖满足工期要求，具体实施时可以根据实际情况临时增加顶拱作业面施工支洞，确保顶拱部位施工不影响下层开挖。通航隧洞开挖施工布置见图 5.4-5。

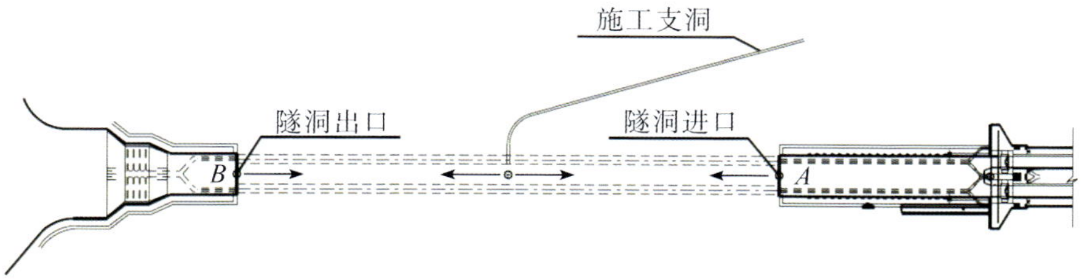

图 5.4-5 通航隧洞开挖施工平面布置示意图

通航隧洞顶拱层开挖顺序为中导洞先行→中部扩挖→上下游侧扩挖→中部底板扩挖，顶拱施工完成后再分段逐层下挖，分层分部开挖程序见图 5.4-6。手风钻水平造孔开挖，其他层开挖采用潜孔钻钻竖孔梯段开挖，结构边线均采取光面爆破、深孔预裂或保护层开挖施工。

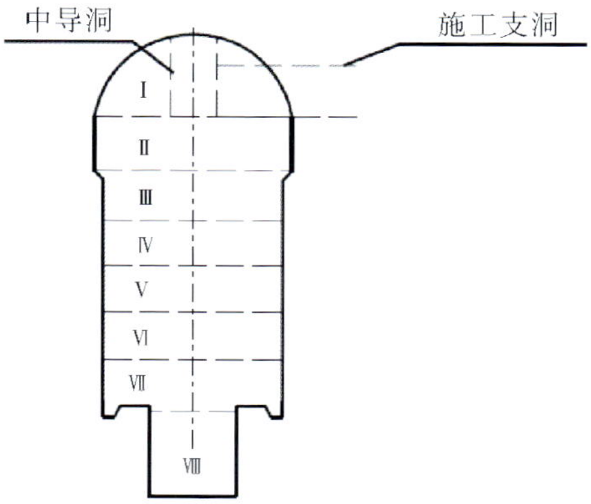

图 5.4-6 通航隧洞典型断面分层分部开挖程序

5.4.3.2 开挖爆破控制技术

（1）光面爆破孔爆破技术

光面爆破孔钻深与主爆孔一致，综合计算和施工实践，孔间距取1m、线装药密度取420g/m。孔底设置1.5～2.0m的加强装药段，其线装药密度为正常段的3～5倍，孔口区域1～2m减弱装药，其线装药密度为正常段的0.4～0.5；采用直径50mm乳化炸药卷，实行径向不耦合、轴向间隔装药，孔底用直径70mm药卷加强装药，孔内导爆索传爆，施工时光爆孔可超前钻设2～3个孔。

(2)底部保护层爆破技术

底部保护层爆破技术主要有3种，分别是逐层减半分层爆破、柔性垫层一次爆除和水平钻孔一次爆除。工程实践表明，水平钻孔一次爆除法建基面半孔率很高，光爆面可作为建基面。推荐底部保护层爆破方案如下：布孔径45mm的钻孔3排，其中建基面处周边孔1排，孔距50cm，周边孔上部0.6～0.8m布置水平缓冲孔1排，孔距0.8～1.0m，抵抗线1.0m，顶部水平主爆破1排，孔距为1～1.2m，抵抗线为1.2m。每一循环钻孔进尺为4.5～5.0m，装药结构与侧向保护层光面爆破相似。

(3)爆破振动控制

通航隧洞开挖爆破主爆孔单段药量不大于70kg，缓冲孔单段药量不大于40kg，周边孔单段药量不大于30kg，基岩面的质点振速一般均在10cm/s范围内。

5.4.4 洞室围岩稳定分析

5.4.4.1 计算分析内容及条件

(1)分析内容

双线通航隧洞开挖跨度大、边墙高、埋深浅，属于浅埋超大开挖断面地下洞室，隧洞区岩体结构面发育，大跨度块状结构岩体的顶拱及高边墙稳定性问题突出。洞室围岩稳定分析主要内容包括以下3个方面：

①根据隧洞设计方案、地质条件、力学参数和初始地应力等资料，选取隧洞洞顶上覆岩层厚度最薄的*D*-*D*横剖面(图5.4-4(d))，开展基于离散单元法的隧洞开挖卸荷围岩力学响应分析，对成洞条件进行量化评价。

②鉴于地下洞室围岩开挖同时受到爆破荷载和开挖卸荷的共同作用，进一步计算分析爆破—卸荷动静荷载耦合作用下的洞室围岩松弛特性。

③考虑到围岩局部的变形形态和大小特征，受长大结构面切割出露部位及其产状影响，选取洞周断层、裂隙等结构面最丰富的*B*-*B*横剖面(图5.4-4(b))，采用三维非连续变形分析方法(DDA)，分析高边墙的变形受岩体结构面的影响情况。

(2)计算模型

隧洞开挖卸荷、爆破荷载洞室围岩力学响应计算分析采用通用软件3DEC，即三维离散单元法程序；该软件是一款基于离散单元法作为基本理论，以描述离散介质力学行为的计算分析程序，能够有效模拟岩体中的结构体与结构面之间的相互力学作用。根据*D*-*D*工程地质横剖面，考虑不同风化带，钻孔揭示的岩脉、裂隙和断层，结合通航隧洞的设计方案，建立计算分析模型（图 5.4-7），计算模型共剖分了 55058 个节点和 141457 个单元。图 5.4-8 为通航隧洞的开挖分层示意图。

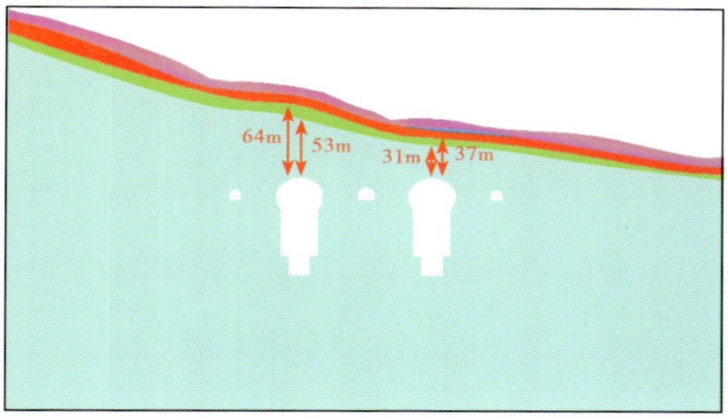

（a）模型图

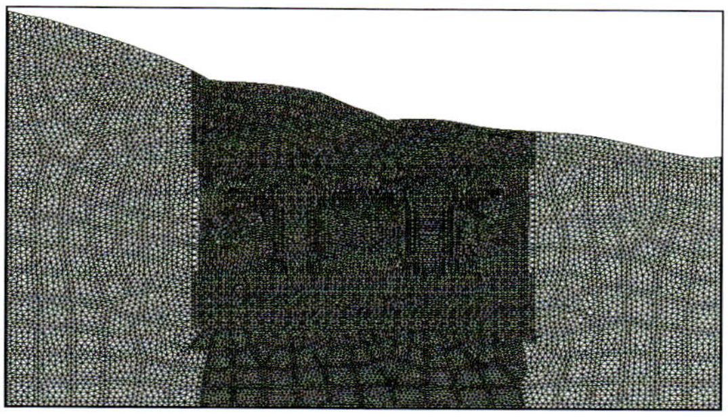

（b）网格图

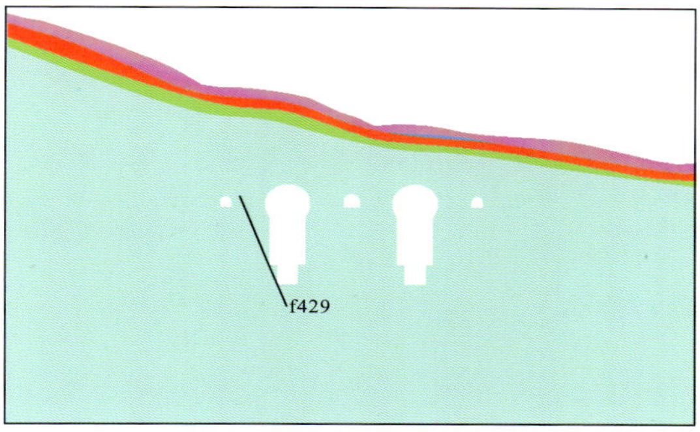

（c）模型中考虑的结构面

图 5.4-7　*D-D* 横剖面计算分析模型

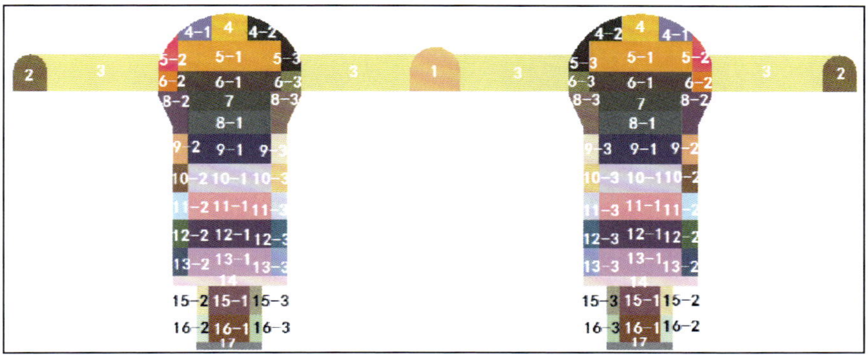

图 5.4-8　通航隧洞开挖分层示意图

洞室高边墙变形受岩体结构面的影响，计算采用基于显式时间积分和势接触，且能模拟破裂全过程的非连续变形分析改进方法。根据 *B-B* 工程地质横剖面，建立计算分析模型（图 5.4-9）。

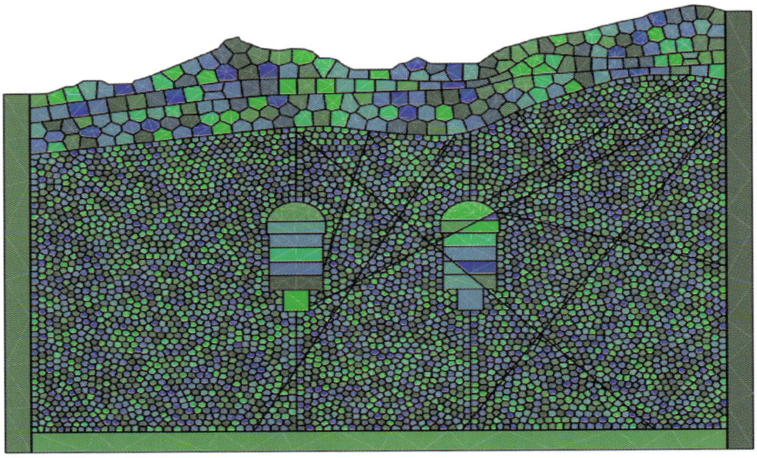

图 5.4-9 二维 DDA 计算分析模型

(3)岩体及结构面的力学参数

根据地质资料,岩体力学参数计算值取建议值范围的中值(表 5.4-4)。

表 5.4-4 计算分析采用的闪云斜长花岗岩力学参数

风化分带	岩体结构	变形模量(GPa)	泊松比	岩体抗剪强度		密度(g/cm³)
				C′(MPa)	f′	
新鲜	块状	40	0.20	2.1	1.7	2.70
微新	块状	35	0.20	2.1	1.7	2.70
弱下	块状	25	0.22	1.7	1.5	2.68
弱上	块状	12.5	0.25	1.0	1.2	2.68
强	碎裂	0.75	0.30	0.4	1.0	2.65
全强	散体	0.035	0.30	0.2	0.8	2.55

(4)初始地应力场

对 ZK02、ZK04、ZK05 和 KZK102 的初始地应力实测数据进行处理分析,可得到通航隧洞所在高程区间范围的实测初始地应力水平向的侧压力系数范围,以及水平大主应力的方位角范围(表 5.4-5)。

表 5.4-5 隧洞所在高程区间内实测地应力主要参数

钻孔编号	λ_H	λ_h	σ_H 方位角(°)	部位
ZK02	1.79～3.73	1.16～2.19	34～134	进口区域
ZK04、ZK05	1.64～2.98	1.28～2.00	98～117	中部
KZK102	2.48～3.45	1.52～2.45	76～108	通航隧洞出口与第一闸首区间

注:λ_H 为最大水平主应力测压系数,λ_h 为最小水平主应力测压系数,σ_H 为最大水平主应力。

计算分析时，D-D 横剖面初始地应力场以 KZK102 实测数据为依据，取给定范围的中值，即：$\lambda_H=2.2$，$\lambda_h=1.6$。B-B 剖面初始地应力场以 ZK04、ZK05 实测数据为依据，为考虑水平地应力对高边墙不连续变形的影响，拟定初始地应力场的高值（$\lambda_H=3.5$，$\lambda_h=2.5$）、中值（$\lambda_H=2.9$，$\lambda_h=2.0$）和低值（$\lambda_H=2.5$，$\lambda_h=1.5$）共 3 种方案。

（5）锚固支护方案

计算分析考虑的锚固支护断面见图 5.4-10。其中，隧洞顶拱及边墙锚杆支护参数为：$L=6/9$m 交错布置，间排距 1.5m，直径 28mm；隧洞边墙中上部布置 3 排 3000kN 级预应力锚索，间排距 5m，对穿锚索 $L=72$m，端头锚索 $L=35$m。计算分析时，对于锚索，考虑为 100%初张拉荷载，即 3000kN。

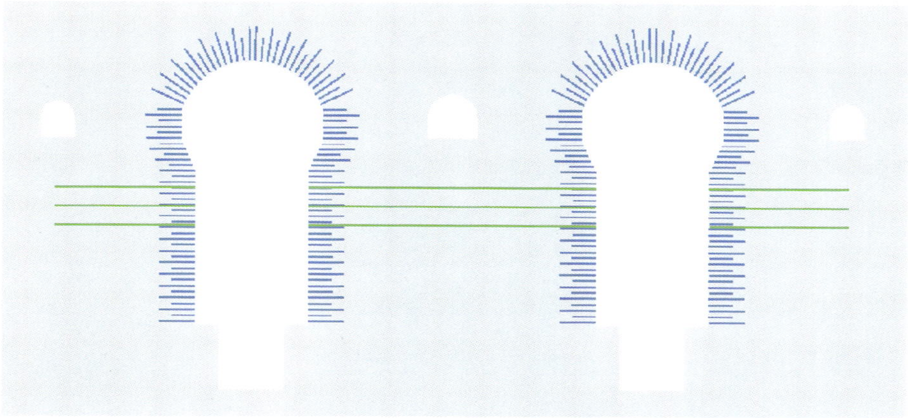

图 5.4-10　锚固支护断面图

（6）位移监测点布置

在分析通航隧洞开挖面变形时，分别在左右洞各设置 5 个测点（A1～A5，B1～B5），分别对应左、右洞顶拱中部，左、右拱座以及左、右边墙中部（图 5.4-11）。

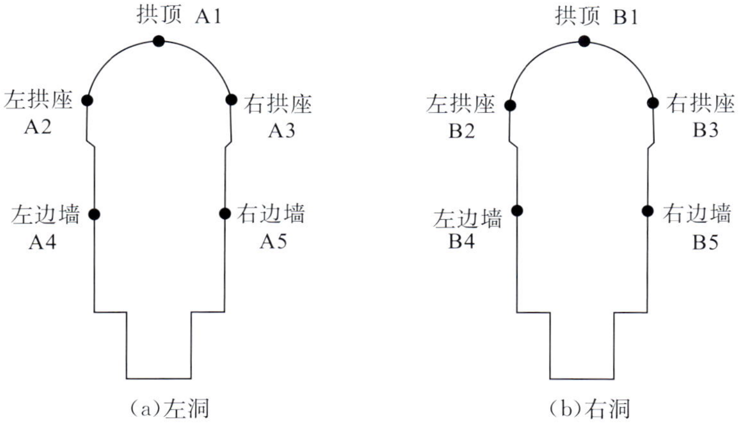

图 5.4-11　开挖面围岩计算位移监测点布置示意图

5.4.4.2 浅埋硬岩大型地下洞室稳定分析及成洞条件量化评价

通航隧洞 D-D 横剖面在给定初始地应力、岩体力学参数值及支护参数条件下，考虑确定性结构面与随机节理影响，分析围岩变形量、塑性区、确定性结构面法向位移与切向位移、随机节理裂隙法向位移与切向位移、结构面破坏形态、有无支护围岩变形差、锚索受力以及锚杆受力。

(1)围岩塑性区

图 5.4-12 为隧洞围岩塑性区分布图。可以看出，左洞顶拱塑性区深度为 0～2m，两侧边墙的塑性区深度为 0～6m；右洞顶拱塑性区深度为 0～2m，两侧边墙的塑性区深度为 0～4m；最大塑性区出现在左洞左侧拱座，塑性区延伸至断层部位，最大深度为 18m；受随机节理裂隙影响，洞周一定范围内塑性区呈现零星分布的特征。

图 5.4-12　通航隧洞 *D-D* 横剖面洞室围岩塑性区

(2)围岩变形

图 5.4-13 和图 5.4-14 分别为洞周围岩变形分布云图和矢量图。可以看出，开挖支护完成后，隧洞围岩向洞内变形，左洞左侧围岩受 f_{429} 切割形成滑落块体，除此区域外，最大位移出现在左洞左边墙底部 f_{429} 出露部位，量值为 17.2mm；从洞周特征点监测位移来看，左洞顶拱 A1 测点位移 2.5mm，左洞左拱座 A2 测点位移 8.4mm，左洞右拱座 A3 测点位移 2.3mm，左洞左边墙中部 A4 测点位移 16.5mm，左洞右边墙中部 A5 测点位移 7.2mm；右洞顶拱 B1 测点位移 1.9mm，右洞左拱座 B2 测点位移 2.3mm，右洞右拱座 B3 测点位移 7.9mm，右洞左边墙中部 B4 测点位移 4.5mm，右洞右边墙中部 B5 测点位移 12.9mm。

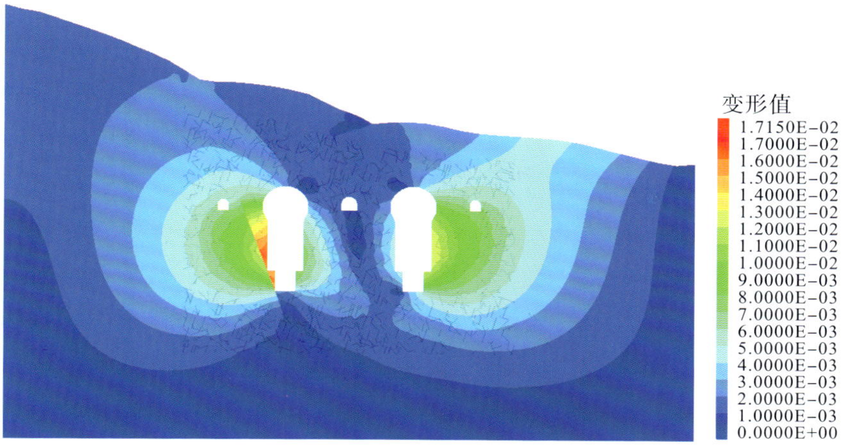

图 5.4-13　通航隧洞 *D-D* 横剖面洞室围岩变形分布云图(单位:m)

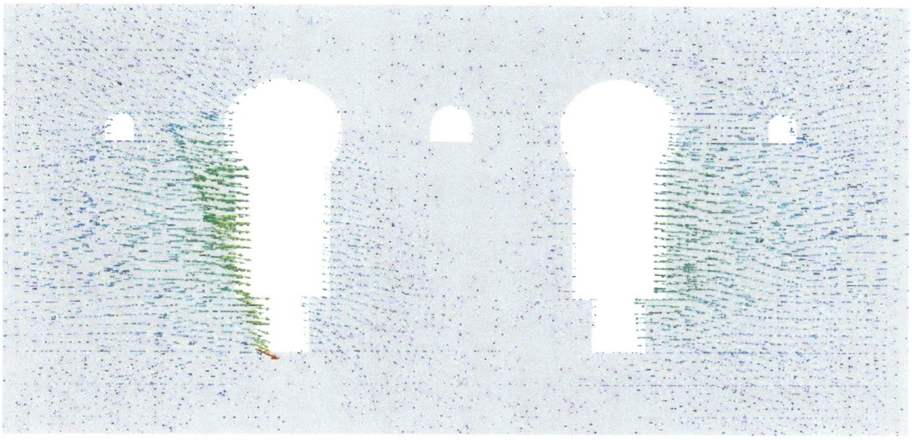

图 5.4-14　通航隧洞 D-D 横剖面洞室围岩变形矢量图

(3)结构面变形及破坏状态

图 5.4-15 和图 5.4-16 分别为洞周确定性结构面的法向、切向位移。可以看出,除左洞左侧部位断层外,f_{429} 法向张开位移最大值为 2.9mm,切向相对错动位移最大值为 5.9mm,最大值出现在 f_{429} 在边墙的出露部位。

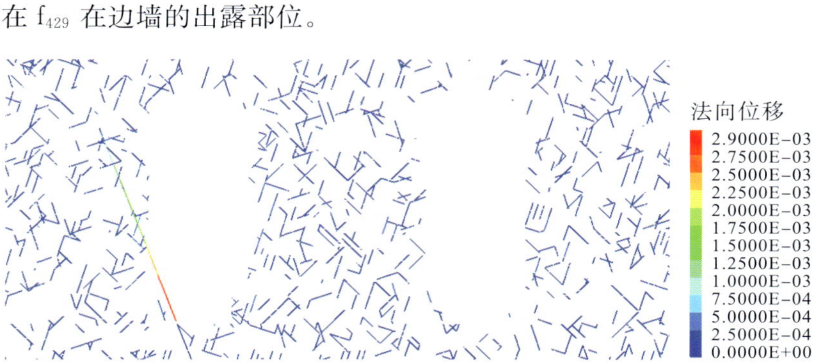

图 5.4-15　通航隧洞 *D-D* 横剖面洞周确定性结构面法向位移(单位:m)

图 5.4-16　通航隧洞 *D-D* 横剖面洞周确定性结构面切向位移(单位:m)

图 5.4-17 和图 5.4-18 分别为洞周随机节理裂隙的法向位移、切向位移。可以看出,裂隙法向张开位移一般为 0.20~0.30mm,切向相对错动位移一般为 0.18~0.33mm。

图 5.4-17　通航隧洞 *D-D* 横剖面洞周随机裂隙法向位移(单位:m)

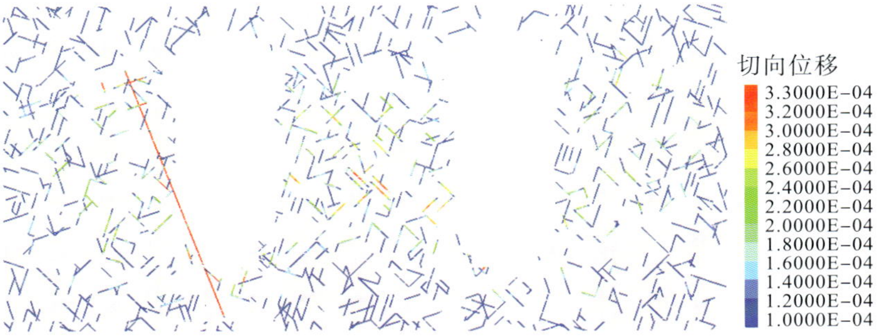

图 5.4-18　通航隧洞 *D-D* 横剖面洞周随机裂隙切向位移(单位:m)

图 5.4-19 为洞周结构面的破坏状态分布图。可以看出,f_{429} 在左洞左边墙中部以下呈现张开变形,中部以上呈现剪切错动;洞周随机节理裂隙出现张开及错动。

(4)支护效果

图 5.4-20 为洞室围岩支护前后位移差分布图。可以看出,支护前后围岩变形最大减小 5.2mm,整体支护效果明显;支护效应相对显著的区域为锚索支护区域。

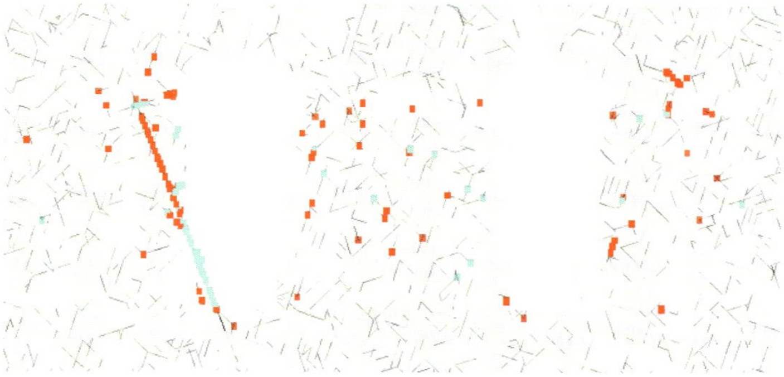

图 5. 4-19　通航隧洞 *D-D* 横剖面洞室结构面破坏状态分布图

图 5. 4-20　通航隧洞 *D-D* 横剖面洞室围岩支护前后位移差分布图(单位:m)(正值为减小量)

(5)锚索、锚杆受力

图 5. 4-21 和图 5. 4-22 分别为洞室锚索、锚杆支护受力分布图。可以看出,锚索荷载最大值为 3068. 1kN;锚杆最大受力为 146. 8kN(238. 4MPa),在锚杆穿越断层部位锚杆受力显著。

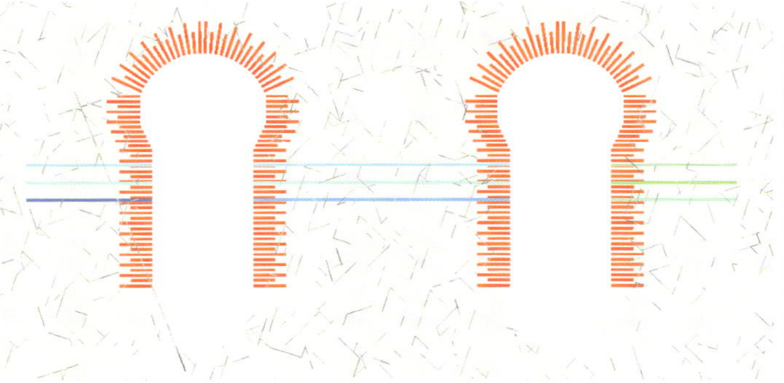

图 5. 4-21　通航隧洞 *D-D* 横剖面洞室锚索受力分布图(单位:N)

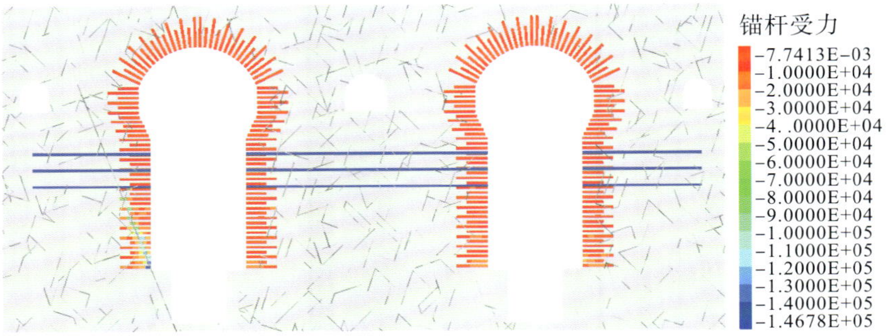

图 5.4-22 通航隧洞 *D-D* 横剖面洞室锚杆受力分布图(单位:N)

(6)隧洞顶拱上覆岩层的稳定性分析

为进一步分析 *D-D* 横剖面顶拱上覆岩层的稳定性,采用基于材料抗剪强度参数 c、$\tan\varphi$ 折减的强度折减法(C 为黏聚力、φ 为内摩擦角),对围岩稳定性进行分析。图 5.4-23 为设置的洞周典型部位测点。

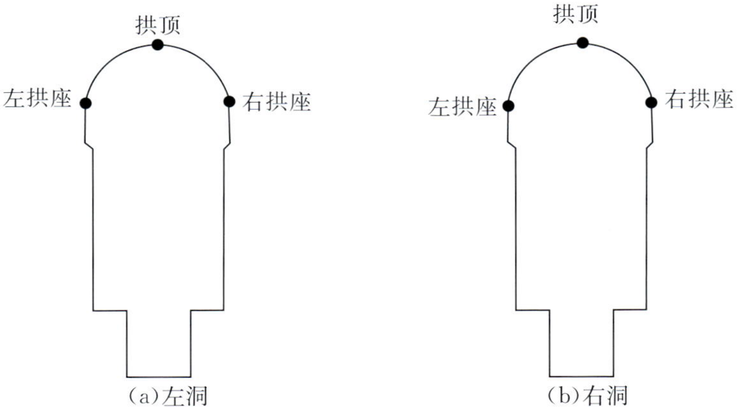

图 5.4-23 通航隧洞洞周典型部位测点

随着强度折减系数的不断增加,洞周各典型部位测点的围岩变形量值均不断增加,当强度折减系数达到 2.9 时,右洞拱顶部位的围岩变形出现拐点;随着强度折减系数的进一步增加,围岩变形呈现加速趋势(图 5.4-24)。

结合图 5.4-25 中围岩塑性应变可知,当强度折减系数为 2.8 时,右洞顶拱的围岩塑性区不断向上覆岩层的左侧地表扩展,并趋于贯通;当强度折减系数为 2.9 时,右洞顶拱的围岩塑性区与上覆岩层的左侧地表贯通,右洞顶拱围岩进一步形成了一条塑性剪切带,对应于右洞顶拱部位围岩变形出现拐点、变形加速增长的情形。处于临界失稳状态时,围岩的变形破坏模式表现为右洞顶拱、左拱座和左边墙发生显著的洞内侧变形,并由此引起顶拱围岩的整体失稳。综合上述分析,可将右洞顶拱围岩塑性剪切带与地表发生贯通,即把与右洞拱顶测点围岩变形曲线出现拐点、变形加速所对应的强度折减系数 2.9,取为右洞顶拱围岩的整体安全系数。

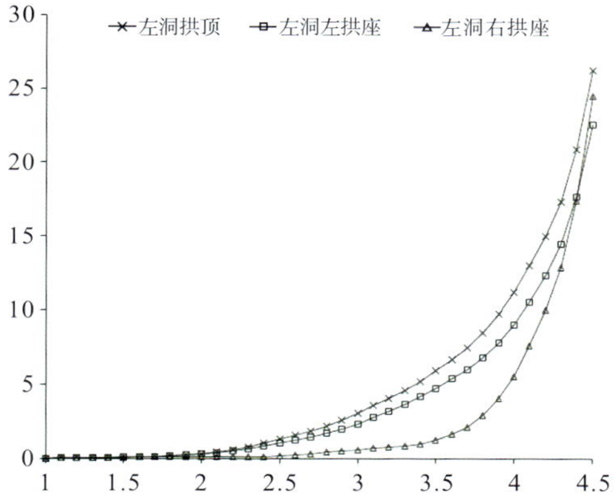

(a)左洞

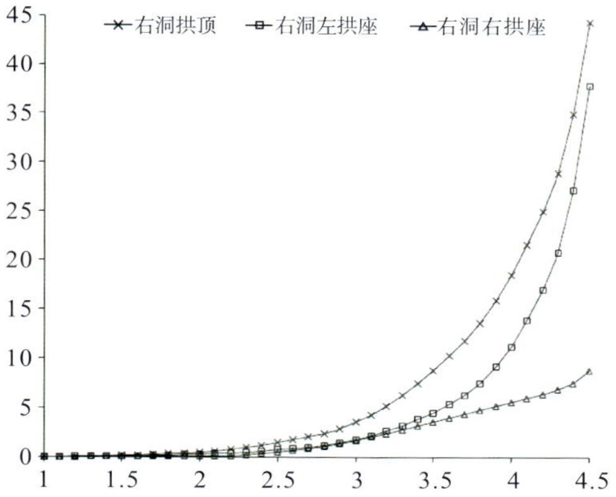

(b)右洞

图 5.4-24　洞周典型部位测点随强度折减系数的变形曲线

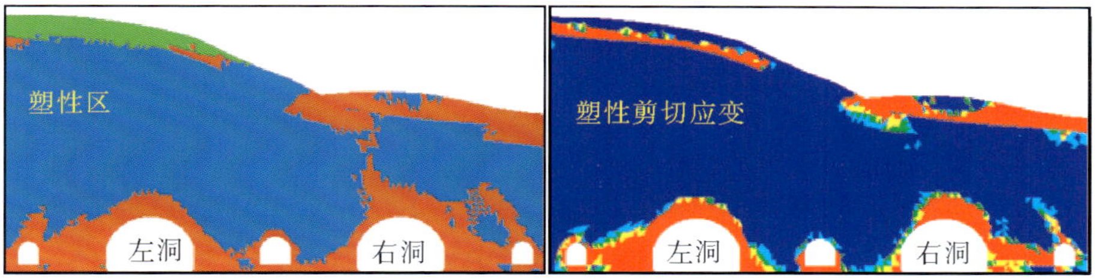

(a)强度折减系数为 2.8 时

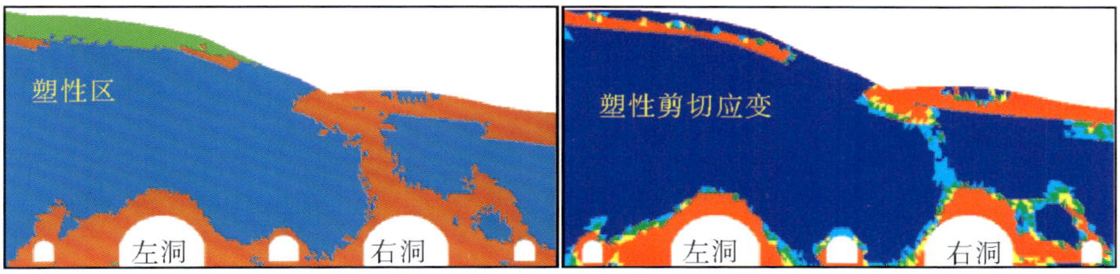

(b)强度折减系数为 2.9 时

(c)处于临界失稳状态的围岩变形矢量

图 5.4-25　不同强度折减系数下隧洞围岩塑性应变和变形矢量

经围岩塑性破坏及变形、结构面变形及破坏和锚固支护控制效果分析，结果表明：隧洞顶拱围岩的强度安全系数可达 2.9，通航隧洞顶拱围岩具有较好的稳定性。结合有无支护时隧洞围岩稳定性分析结果，通航隧洞浅埋段的成洞条件能够满足围岩稳定性要求。

5.4.4.3 爆破—卸荷动静荷载扰动作用下的洞室围岩稳定分析

图 5.4-26 为通航隧洞 *D-D* 横剖面洞室不同施工步的围岩损伤系数计算结果。由图 5.4-26 可知，当考虑爆破—卸荷动静耦合效应时，在施工开挖爆破过程中，围岩松弛区深度较小，一般在 1.5m 以内，围岩松弛主要由本层开挖爆破引起，洞室下层施工对上部围岩影响较小。在洞室完成第 7 施工步开挖爆破后，围岩的最大深度为 2.4m。

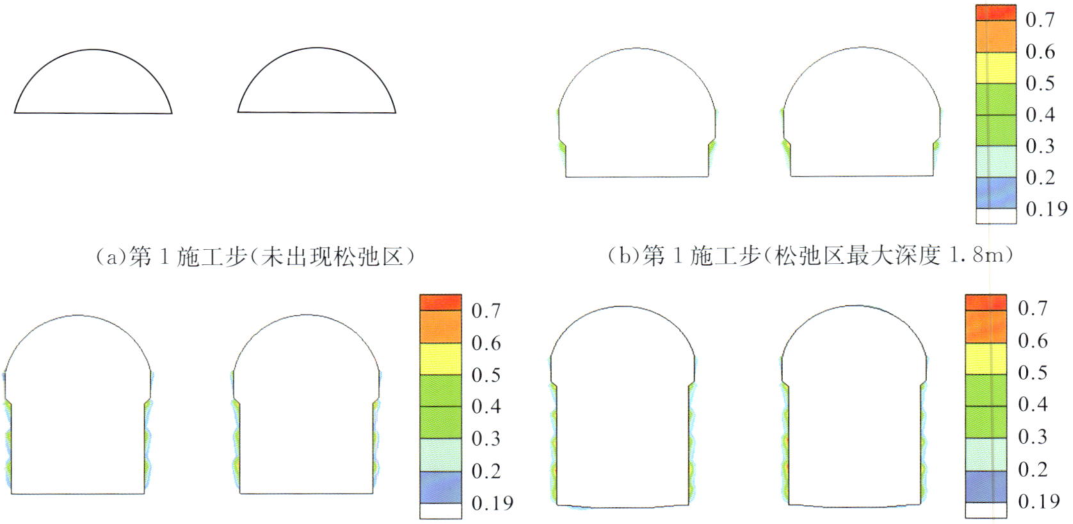

(a)第 1 施工步(未出现松弛区)　(b)第 1 施工步(松弛区最大深度 1.8m)

(c)第 5 施工步(松弛区最大深度 2.0m)　(d)第 7 施工步(松弛区最大深度 2.4m)

图 5.4-26　考虑爆破—卸荷动静耦合效应的围岩损伤系数分布($D\geqslant0.19$ 为松弛区)

由图 5.4-27 可知，仅考虑卸荷静力荷载时，每个施工步开挖爆破后的围岩松弛区体积均略小于考虑爆破—卸荷动静荷载的计算结果。总体而言，考虑爆破—卸荷动静荷载效应后，围岩的松弛区体积增加约 10%，平均松弛深度增加 0.1～0.2m。

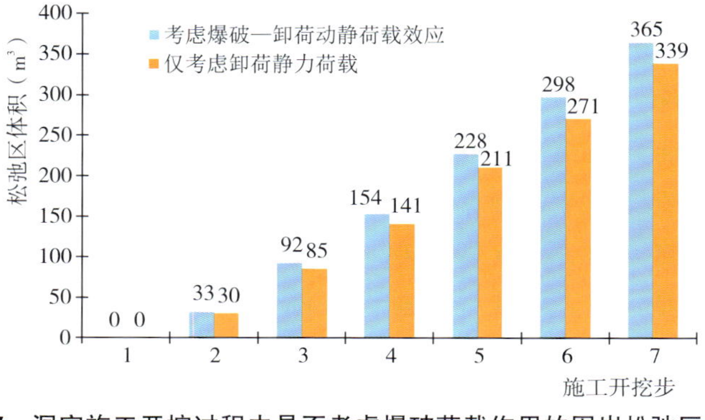

图 5.4-27　洞室施工开挖过程中是否考虑爆破荷载作用的围岩松弛区体积对比

考虑到初始地应力的不确定性，进一步对水平向初始地应力侧压力系数 λ 进行敏感性分析。取 λ＝2.0、λ＝1.5，分别进行计算，并与 λ＝2.5 的计算结果对比。如图 5.4-28 所示，可知随着水平向初始地应力侧压力系数的降低，围岩松弛区体积降低显著，λ＝2.0 时，每个施工步开挖爆破完成的围岩松弛区体积比 λ＝2.5 时减少 37％～49％；λ＝1.5 时，每个施工步开挖爆破完成的围岩松弛区体积比 λ＝2.5 时减少 66％～77％。这是因为围岩松弛区主要分布在边墙，而水平向初始地应力值越大，开挖爆破卸荷引起的边墙围岩应力调整就越显著，进而形成更明显的应力扰动和围岩损伤，导致松弛范围增大。这也表明，水平向初始地应力侧压力系数越大，岩石强度应力比就越低，对围岩卸荷松弛范围的控制性作用就越显著。

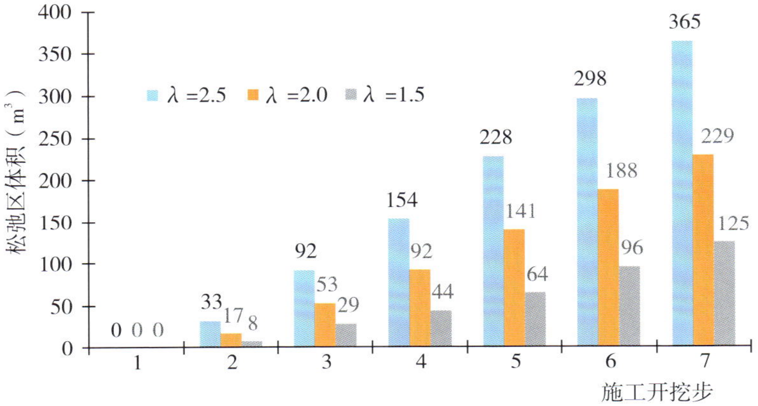

图 5.4-28 不同初始地应力侧压力系数条件下的围岩松弛区体积对比

5.4.4.4 基于非连续变形的洞室围岩稳定分析

图 5.4-29 为采用非连续变形分析法模拟计算通航隧洞 *B-B* 横剖面洞室开挖完成后，洞周围岩的水平位移云图。可以看到，受开挖卸荷影响，洞周围岩的变形朝向临空方向；高边墙的变形总体上以水平变形为主，竖向变形小于水平向变形；高边墙局部受陡倾结构面切割影响，在卸荷作用下产生沿陡倾结构面的滑移变形，从而导致竖向变形较大。洞室顶拱以下沉变形为主，洞室地板变形以上抬为主。在低、中、高 3 种侧压系数条件下，开挖影响的最大水平变形分别为 72.06m、52.01m 和 37.42mm。

围岩局部的变形形态和大小特征受长大结构面切割出露部位影响。从总体来看，开挖后的变形量值受初始侧压系数的影响，初始水平应力越高，开挖卸荷扰动范围及其引起的围岩变形量值则越大，结构面的效应相应地也更为显著。

可见，采用非连续变形分析法对通航隧洞的典型横剖面的围岩稳定性计算分析，在不考虑支护措施的条件下，结构面的产状和出露位置以及不同初始地应力场侧压力系数对围岩变形有重要影响。

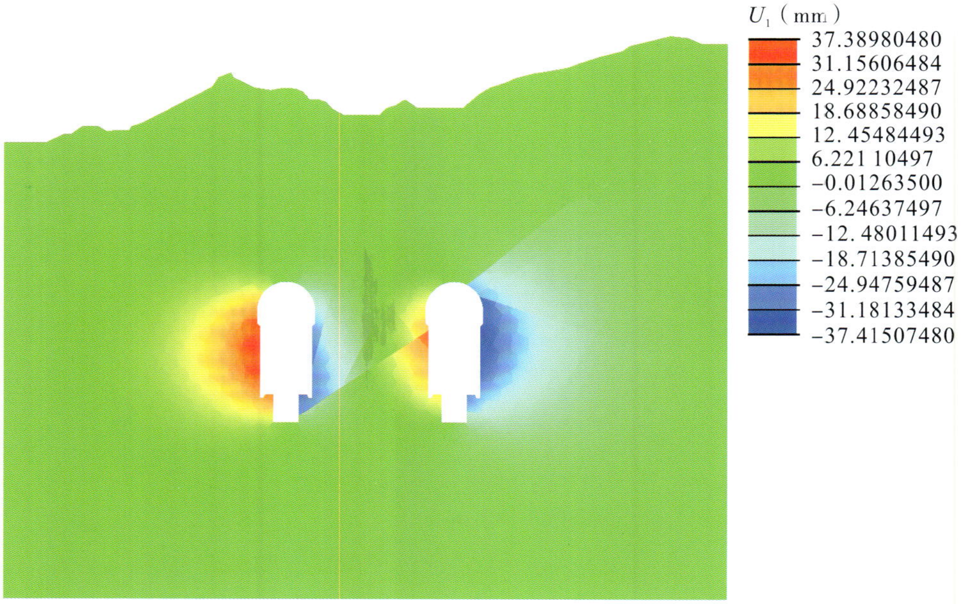

(a)侧压系数为 1.6

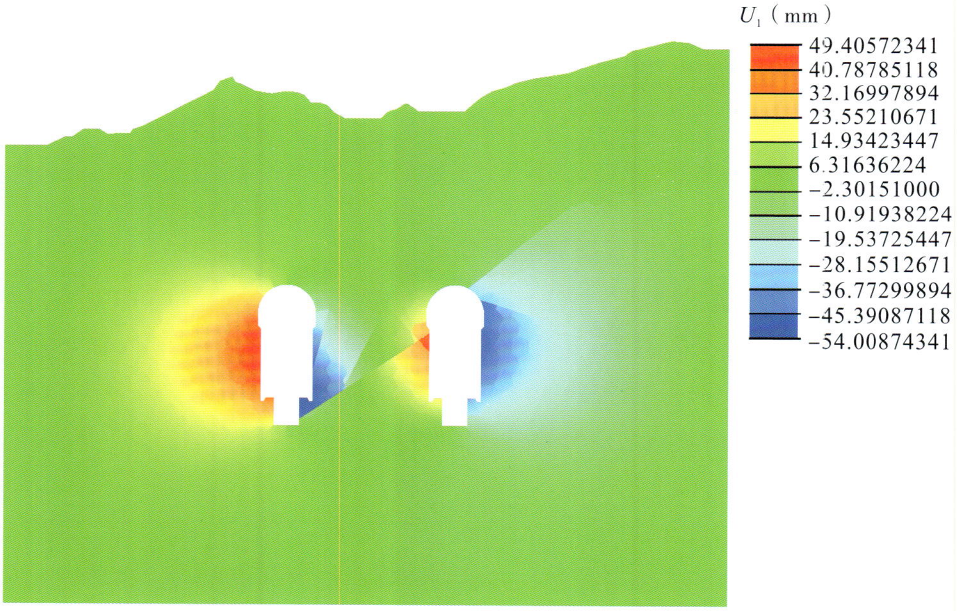

(b)侧压系数为 2.2

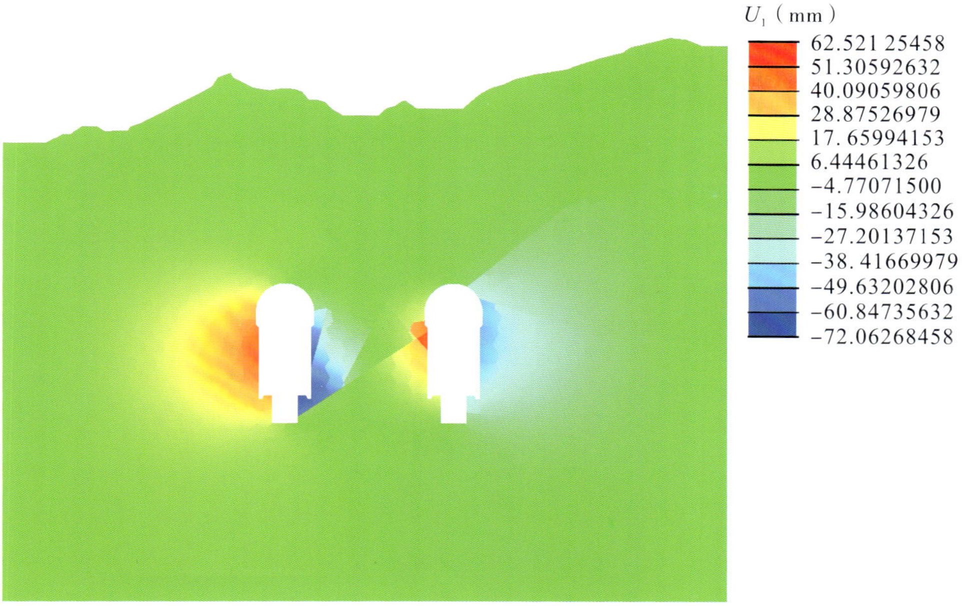

(c)侧压系数为3.0

图5.4-29　通航隧洞 *B-B* 横剖面洞室开挖完成后水平位移云图

5.5　小结

现行规范对限制性航道的规定主要适用于内河、运河等水域相对开阔、船舶航速较大的航道，其航行条件与通航隧洞区别较大。通航隧洞航道研究主要包括隧洞断面尺寸、通航水流条件以及船舶航行特性、船舶航行安全保障、隧洞围岩稳定等。

①通航隧洞航道深度及宽度都受限制，断面系数小，对船舶航行限制作用明显，隧洞断面尺寸要综合多方面因素分析，通过物理模型验证。

②船舶对隧洞航道水体的显著扰动基本上在1～2倍船舶长度范围内；在隧洞断面及水深相同条件下，航速增大，通航隧洞水面升降值、船舶下沉量和航行阻力显著增大，通航隧洞断面系数不宜小于3.0。

③通航隧洞航道最大允许航速可采用Schijf J B公式或美国陆军工程师兵团公式进行估算，设计过洞船舶航速应满足通航建筑物的通过能力，并留有一定的富裕。

④船舶在通航隧洞内航行时，应适当加大尾随行驶间距，最小航行间距需大于1.5～2.0倍船舶长度。

⑤采用三维离散单元法和改进的非连续变形分析法研究表明，通航隧洞结构面的产状、出露位置以及不同初始地应力场侧压力系数对洞室高边墙围岩变形有重要影响。

参考文献

[1] 胡亚安,李中华. 构皮滩升船机第一级中间渠道水流及船舶航行条件研究[R]. 南京水利科学研究院,2012.

[2] 李淼,郑宝友,周华兴. 构皮滩升船机中间渠道通航隧洞和渡槽的尺度研究 [J]. 水道港口,2012,33(1):45-50.

[3] 吴德兴,周红升,郭洪雨,等. 富春江通航隧道建筑限界及内轮廓设计研究 [J]. 隧道建设,2015,35(11):1182-1187.

[4] 梁国卿,周昌. 特大断面通航隧道支护结构设计研究 [J]. 公路隧道,2015(4):10-13.

[5] 汤建宏,阚得静. 高坝通航建筑物通航隧洞断面经济性分析 [J]. 水运工程,2017(7):141-144.

[6] 中华人民共和国住房和城乡建设部,中华人民共和国国家质量监督检验检疫总局. 内河通航标准:GB 50139—2014[S]. 北京:中国计划出版社,2014.

[7] 中华人民共和国交通运输部. 运河通航标准:JTS 180—2—2011[S]. 北京:人民交通出版社,2011.

[8] 中华人民共和国交通运输部. 船闸总体设计规范:JTJ 305—2001[S]. 北京:人民交通出版社,2001.

[9] 周冠伦. 航道工程手册[M]. 北京:人民交通出版社,2004.

[10] PIANC Inland Navigation Commission. Ship behaviour in locks and lock approaches [M]. Belgium: PIANC,2015.

[11] Mcmahon J R. Channel depth[C]. Hydraulic design of deep draft navigation projects. US: US Army Corps of Engineers,2006.

[12] 李一兵. 内河船舶航行阻力计算方法讨论[J]. 水道港口,2002,23(1):7-11.

[13] 俞中奇,袁章新,周超. 限制性Ⅲ级航道船舶阻力试验研究[J]. 上海船舶运输科学研究所学报,2014,37(4):23-27,49.

[14] 周华兴,郑宝友. 关于深水、浅水与限制性航道界定的探讨[J]. 水运工程,2006(1):53-58,67.

[15] Haase M, Davidson G, Binns J, et al. Full-scale resistance prediction in finite waters: A study using computational fluid dynamics simulations, model test experiments and sea trial measurements[J]. Proceedings of the Institution of Mechanical Engineers, Part M: Journal of Engineering for the Maritime Environment,2017.

第 6 章　高架通航渡槽抗震技术研究

6.1　通航渡槽基于性能的抗震设防标准讨论

在高山峡谷地区，为适应地形变化，修建通航渡槽与垂直升船机或船闸连接，以满足高水头通航要求，如已建成的隔河岩水利枢纽通航建筑物、彭水水电站通航建筑物、构皮滩水电站通航建筑物等。从功能上，升船机与通航渡槽是链式结构，即两者任何一个结构功能丧失，均意味着通航功能丧失，为此两者的抗震性能应该保持相对的协调性。

《水电工程水工建筑物抗震设计规范》(NB 35047—2015)(简称《水工抗震规范》)中包含升船机和渡槽，表明升船机塔柱和渡槽抗震设计的思想和性能目标应该遵循《水工抗震规范》。《水工抗震规范》为一阶段设计，作为钢筋混凝土结构，升船机塔柱和通航渡槽的设计思路为：中等地震(对应多水准抗震设计中设计地震水平)下，以线弹性动力法得到地震作用效应，乘以 0.35 的折减系数以考虑实际钢筋混凝土结构的延性影响，按《水工混凝土结构设计规范》(DL/T 5057—2009)进行截面验算。1989 年出版的《公路工程抗震设计规范》(JTJ 004—89)中，桥梁抗震设计思路与《水工抗震规范》相同，是以弹性计算得到的地震效应乘以折减系数，即“综合影响系数”(其取值随墩的类型与高度、桥台等构件不同为 0.2～0.35)，以反映结构弹塑性动力特性以及计算简化、结构阻尼等影响。这类设计思路本质上是基于单一的强度理论，其最明显的一个缺陷是延性设计性能目标不明确，难以合理保证其延性。

目前，我国桥梁与民建的抗震设计采用基于延性的多水准、多性能抗震设计。在结构形式上，升船机塔柱类似民建中的高层结构，通航渡槽类似桥梁结构，均为强震作用下适合做基于性能的延性抗震结构。我国各个行业规范代表了不同行业的经验以及不同的安全保障需求，规范的相关规定差异较大。升船机与通航渡槽在功能上是链式结构，两者抗震性能标准上应该保持相对的协调性。因此，需要从目前国内规范对比分析出发，探讨这两类结构基于性能的多水准抗震设计，研究确定其抗震设防标准。

抗震设防标准的确定主要包含抗震设防类别、抗震设计思想、不同设防水准下地震的超越概率 3 个方面。在结构形式上，升船机塔柱类似民建中的高层结构，通航渡槽类似桥梁结构，其应用领域则在水利行业，因此，在通航渡槽的抗震设防标准研究中，需要参考水运、水工结构、桥梁、民建的相关抗震设计规范和细则。

基于相关文献和规范研究：①对结构重要性等级与抗震设防类别进行归纳总结和分析，展现各规范共同的出发点，同时对通航渡槽和升船机塔柱抗震提出建议；②对比各规范的抗震设计，归纳设防水准和性能目标的两种主要保证方式，提出通航渡槽适合两阶段设计以及升船机塔柱适合三阶段设计的可能性；③以白鹤滩水电站为工程背景，采用各规范对比分析通航渡槽设计抗震性能与设防水准，分析通航渡槽和升船机塔柱在强度设计阶段的差异。

6.1.1 结构重要性等级与抗震设防类别

基于性能的抗震设计思想，其核心是针对不同重要性的结构给予不同等级的地震安全性保障。结构重要性等级的划分是一个行业对结构功能重要性、结构规模、结构复杂性、震后破坏危害性的综合认识。抗震设防类别需要根据结构的重要性等级合理确定，以保证结构抗震安全性的同时，也能保持经济上的合理性。因此，首先讨论结构重要性等级与抗震设防类别。

6.1.1.1 结构重要性等级

通航渡槽和升船机从属于枢纽工程，通航渡槽没有专门的规范，升船机拥有行业规范。在通航渡槽结构重要性等级的判断依据研究中，需要同时从枢纽工程以及升船机的角度考虑。

与通航渡槽的结构重要性等级划分紧密相关的是水运枢纽工程结构以及升船机结构在不同规范中的结构重要性等级的相关规定。因此，首先根据相关规范明确各相关建筑物的结构重要性等级，并观察各个规范之间的协调性。主要参考的规范包含《水运工程设计通则》(JTS 141—2011)、《渠化工程枢纽总体设计规范》(JTS 182—1—2009)、《升船机设计规范》(GB 5117—2016)。

首先，对于航道等级，《水运工程设计通则》(JTS 141—2011)第 2.1.2.2 条规定内河航道应按可通航内河船舶的吨级划分为 7 级，其中不同船舶航道等级所对应的船舶吨级需要符合表 6.1-1 的规定。

表 6.1-1　　航道等级划分

航道等级	Ⅰ	Ⅱ	Ⅲ	Ⅳ	Ⅴ	Ⅵ	Ⅶ
通航船舶吨级(t)	3000	2000	1000	500	300	100	50

注：船舶吨级按船舶设计载重吨确定。

其次，从枢纽工程角度看，《渠化工程枢纽总体设计规范》(JTS 182—1—2009)第 3.1.1 条规定：对于渠化枢纽工程等级应根据工程规模、效益及其在国民经济中的重要性按照相关规定确定，并以其中的最高等别作为枢纽工程的等别。渠化枢纽工程等级分类与航道等级分类标准见表 6.1-2。

表 6.1-2　　渠化枢纽工程等级分类与航道等级分类标准

航道等级	Ⅰ	Ⅱ	Ⅲ	Ⅳ	Ⅴ	Ⅵ	Ⅶ
通航船舶吨级(t)	3000	2000	1000	500	300	100	50
枢纽工程等别	一	二		三	四	五	

注:设计通航船舶吨级系指通过通航建筑物的最大船舶载重吨,为当船队通过时组成船队的最大驳船载重吨。

《渠化工程枢纽总体设计规范》(JTS 182—1—2009)第 3.2.2 条规定:渠化枢纽工程永久性水工建筑物级别可以分为主要建筑物和次要建筑物,根据其所在的工程等别及建筑物的重要性按照表 6.1-3 确定。

表 6.1-3　　永久性水工建筑物级别

枢纽工程等别	永久性水工建筑物级别	
	主要建筑物	次要建筑物
一	1	3
二	2	3
三	3	4
四	4	5
五	5	5

注:主要建筑物系其失事后,造成下游灾害或严重影响工程效益的水工建筑物;次要建筑物系其失事后,不造成下游灾害或对工程效益影响不大并易于修复的水工建筑物。

通航渡槽与升船机是水运枢纽工程中的重要建筑物,其地震作用下的安全性对于安全通航具有重要影响。因此,通航渡槽与升船机均应为主要水工建筑物,其相应的建筑物级别应按照主要建筑物的级别选取。

最后,从升船机的角度考虑,《升船机设计规范》(GB 5117—2016)第 3.1.1 条规定:升船机的级别应按照设计最大通航船舶吨级划分为 6 级,分级指标应符合表 6.1-4 的规定。

表 6.1-4　　升船机分级指标

升船机级别	Ⅰ	Ⅱ	Ⅲ	Ⅳ	Ⅴ	Ⅵ
设计最大通航船舶吨级(t)	3000	2000	1000	500	300	100

《升船机设计规范》(GB 5117—2016)第 3.1.7 条规定:升船机建筑物的级别应根据其所在升船机级别及建筑物在工程中的作用和重要性,按照表 6.1-5 确定。

表 6.1-5　升船机建筑物级别划分

<table>
<tr><th rowspan="2">升船机级别</th><th colspan="3">建筑物级别</th></tr>
<tr><th>闸首</th><th>承重结构</th><th>斜坡道</th></tr>
<tr><td>Ⅰ</td><td>1</td><td>1</td><td>—</td></tr>
<tr><td>Ⅱ、Ⅲ</td><td>2</td><td>2</td><td>—</td></tr>
<tr><td>Ⅳ、Ⅴ</td><td>3</td><td>3</td><td>—</td></tr>
<tr><td>Ⅵ</td><td>4</td><td>4</td><td>4</td></tr>
</table>

《升船机设计规范》(GB 5117—2016)第 3.1.9 条规定：当承重结构级别在 2 级及以下，且采用实践经验较少的新型结构或者当升船机提升高度超过 80m 时，其级别应提高一级，但不应超过枢纽挡水建筑物的级别。

在通航渡槽结构重要性的判断依据研究中，需要同时从枢纽工程、升船机的角度去观察，综合以上规定见表 6.1-6。

表 6.1-6　枢纽工程、升船机结构等级划分表

<table>
<tr><th>规范名称</th><th colspan="2">通航船舶载重吨级(t)</th><th>3000</th><th>2000</th><th>1000</th><th>500</th><th>300</th><th>100</th><th>50</th></tr>
<tr><td>《水运工程设计通则》(JTS 141—2011)</td><td colspan="2">航道等级</td><td>Ⅰ</td><td>Ⅱ</td><td>Ⅲ</td><td>Ⅳ</td><td>Ⅴ</td><td>Ⅵ</td><td>Ⅶ</td></tr>
<tr><td rowspan="3">《渠化工程枢纽总体设计规范》(JTS 182—1—2009)</td><td colspan="2">枢纽工程等别</td><td>一</td><td colspan="2">二</td><td>三</td><td>四</td><td colspan="2">五</td></tr>
<tr><td rowspan="2">永久性水工建筑物级别</td><td>主要建筑物</td><td>1</td><td colspan="2">2</td><td>3</td><td>4</td><td colspan="2">5</td></tr>
<tr><td>次要建筑物</td><td>3</td><td colspan="2">3</td><td>4</td><td>5</td><td colspan="2">5</td></tr>
<tr><td rowspan="4">《升船机设计规范》(GB 5117—2016)</td><td colspan="2">升船机级别</td><td>Ⅰ</td><td>Ⅱ</td><td>Ⅲ</td><td>Ⅳ</td><td>Ⅴ</td><td>Ⅵ</td><td>—</td></tr>
<tr><td rowspan="3">升船机建筑物级别</td><td>闸首</td><td>1</td><td colspan="2">2</td><td colspan="2">3</td><td>4</td><td>—</td></tr>
<tr><td>承重结构</td><td>1</td><td colspan="2">2</td><td colspan="2">3</td><td>4</td><td>—</td></tr>
<tr><td>斜坡道</td><td>—</td><td colspan="2">—</td><td colspan="2">—</td><td>4</td><td>—</td></tr>
</table>

由表 6.1-6 可得到以下结论：

①对于渠化枢纽工程，船舶设计载重吨级是等级分类的基础依据，类似公路工程中桥梁抗震分类中公路等级，而且建筑物所对应的航道等级是一致的。

②对于通航渡槽及升船机，在《渠化工程枢纽总体设计规范》(JTS 182—1—2009)中应归类于永久性水工建筑物中主要建筑物。

③《渠化工程枢纽总体设计规范》(JTS 182—1—2009)与《升船机设计规范》(GB 5117—2016)关于通航渡槽与升船机在结构重要性等级上的规定基本一致，只是当船舶载重吨级小于 500t 时存在差异，《升船机设计规范》(GB 5117—2016)中船舶载重吨级为 300t、100t 时，建筑物

级别分别为 3 级、4 级，且没有 50 吨级类别，高于《渠化工程枢纽总体设计规范》(JTS 182—1—2009)中主要建筑物对应的 4 级、5 级规定。当船舶载重吨级小于 500t 时，升船机的安全性要求高。

两个规范在结构重要性等级上的规定仅在船舶载重吨级小于 500t 时有差异，因此，应该参照较高的等级，即《升船机设计规范》(GB 5117—2016)中的等级确定通航渡槽的结构重要性级别。

6.1.1.2 抗震设防类别

通航渡槽属于水工结构，其抗震设防类别的确定需要参考《水工抗震规范》。同时，通航渡槽结构形式类似于桥梁，目前与桥梁相关的主要抗震规范有:《公路工程抗震设计规范》(JTGB 02—2013)(简称《公路抗震规范》)、《铁路工程抗震设计规范(2009 年版)》(GB 50111—2006)(简称《铁路抗震规范》)、《城市轨道交通结构抗震设计规范》(GB 50909—2014)(简称《城轨抗震规范》)。升船机塔柱类似民建中高层结构，民建抗震设计主要依据是《建筑抗震设计规范》(GB 50011—2010)(简称《建筑抗震规范》)。以上 4 个规范中，抗震设防类别的设定情况与依据均不尽一致，因此对以上各个规范中抗震设防类别划分及依据进行对比，并归纳总结其原则(表 6.1-7 和表 6.1-8)。

表 6.1-7　桥梁以及民建的抗震设防类别、划分依据

规范简称	抗震设防类别划分原则
《公路抗震规范》	根据桥跨单跨跨径是否超过 150m 以及桥梁所处线路公路等级划分为 A、B、C、D 四类
《铁路抗震规范》	根据桥型、跨径、墩高等结构参数以及桥梁所处的铁路功能(客货、高铁、客运专线)划分为 A、B、C、D 四类
《城轨抗震规范》	根据建筑在交通网络中的地位、结构的类型分为标准设防类、重点设防类、特殊设防类三类
《建筑抗震规范》	根据结构震后灾害的危害性重要程度划分为特殊设防类(甲类)、重点设防类(乙类)、标准设防类(丙类)、适度设防类(丁类)四类

表 6.1-8　水工建筑物工程抗震设防类别

工程抗震设防类别	建筑物级别	场地地震基本烈度
甲	1(壅水和重要泄水)	≥Ⅵ
乙	1(非壅水)、2(壅水)	
丙	2(非壅水)、3	≥Ⅶ
丁	4、5	

由表 6.1-7 可见，《建筑抗震规范》抗震设防类别的着眼点是震后危害性。《公路抗震规范》《铁路抗震规范》和《城轨抗震规范》的着眼点在于结构规模和交通等级、对人员的危害。

从空中俯瞰，桥梁结构随着道路在地面呈线形延展，越是大型桥梁往往越是道路的枢纽部分，震后修复难度也越大，其震害对交通危害性的重要程度也越高。因此，桥梁结构的抗震设防类别划分实质上仍是以震后危害性的重要程度为核心，以结构规模、交通等级、人员危害为依据划分，实质上是震后危害性重要程度的一种指标细化形式。

从表6.1-8可以看出，《水工抗震规范》依据水工建筑物级别以及工程场地地震基本烈度，将工程抗震设防类别划分为甲、乙、丙、丁四类，而且越是强震区结构越容易发生震害、越是高等级结构震后危害性越大，其抗震设防类别的划分，本质上也是以震后危害性的重要程度为出发点。但是，结合表6.1-6可以看出，对于1级、2级通航渡槽和升船机塔柱，对应着《水工抗震规范》中甲类、乙类两个抗震设防类别，与大坝的最高设防类别相同。大型工程中的大坝是对社会存在巨大影响的结构，溃坝、震害会产生巨大的社会危害。通航渡槽及升船机塔柱与大坝有着显著不同：其一，通航渡槽及升船机塔柱属于航运结构；其二，相对于大坝的结构刚性，通航渡槽与升船机塔柱柔性大，在大震下其结构特征适合延性设计。

抗震设计中结构设防类别直接决定着地震超越概率以及结构验算指标设定。因此，若通航渡槽与升船机塔柱在抗震设防类别与大坝不加以细分，则很可能会对通航渡槽与升船机塔柱提出过高的抗震要求。

6.1.1.3 抗震设计思想

各规范采用的抗震设计思想不一致，其中所采用的设防水准（即地震超越概率）和性能目标的保证方式各不相同（表6.1-9）。

表6.1-9　各规范抗震设计思想

规范简称	抗震设计思想
《水工抗震规范》	①采用一水准，一阶段抗震设计；一阶段水准对应的是设计地震水平，为基于强度理论的设计。 ②在设计地震水平下，四类设防类别下结构的性能目标相同，均为“不发生严重破坏导致次生灾害，允许有轻微损坏，但经一般处理后仍可正常运用”，地震超越概率随着结构设防类别等级提高而增高
《公路抗震规范》	①采用两水准、两阶段抗震设计；两个水准、两阶段对应的是E1设计地震水平，E2罕遇地震水平。 ②E1设计地震水平，强度设计阶段，四类重要性桥梁性能目标相同，为“不受损坏或不需要修复可继续使用”，地震超越概率随着结构设防类别等级提高而增大。 ③E2罕遇地震水平，基于能力保护的延性设计阶段，其中，B类与C类桥梁性能目标相同，为“不致倒塌或产生严重结构损伤，经临时加固后可供维持应急交通使用”，A类桥梁性能目标高于B类与C类，D类不做要求；地震超越概率随着四类结构设防类别的重要等级提高而增大

续表

规范简称	抗震设计思想
《铁路抗震规范》	①采用三水准、两阶段抗震设计；三水准对应的是多遇地震水平、设计地震水平、罕遇地震水平，两阶段设计所采用的水准是多遇地震水平、罕遇地震水平。 ②多遇地震水平，强度设计阶段，四类抗震设防类别所需要达到性能要求相同，为“震后不损坏或轻微损坏，能够保持正常使用功能，结构处于弹性工作阶段”，地震超越概率随着结构设防类别的重要等级提高而增大。 ③罕遇地震水平，延性设计阶段，四类抗震设防类别桥梁的性能目标均为“地震后可能产生较大破坏，但不出现整体倒塌，经抢修后可限速通车；结构处于弹塑性工作阶段”，地震超越概率保持一致
《城轨抗震规范》	①采用三水准、三阶段抗震设计；三水准、三阶段对应的是 E1 常遇地震水平，E2 设计地震水平，E3 罕遇地震水平。 ②E1 常遇地震水平，强度设计阶段，三类抗震设防类别的性能目标均为“性能Ⅰ”、地震超越概率一致。 ③E2 设计地震水平，根据抗震设防类别采用强度或延性设计阶段，三类设防类别建筑的地震超越概率一致，性能目标由“性能Ⅱ”到“性能Ⅰ”随着结构设防类别的重要等级提高而趋于严格。 ④E3 罕遇地震水平，延性设计阶段，三类设防类别建筑的地震超越概率一致，性能目标由“性能Ⅲ”到“性能Ⅱ”随着结构设防类别的重要等级提高而趋于严格
《建筑抗震规范》	①采用三水准、两阶段抗震设计；三水准对应的是多遇地震水平、设计地震水平、罕遇地震水平，两阶段设计所采用的水准是多遇地震水平、罕遇地震水平。 ②多遇地震水平，强度设计阶段，四类抗震设防类别的性能目标均为“完好”、地震超越概率一致。 ③罕遇地震水平，延性设计阶段，四类设防类别建筑的地震超越概率一致，性能目标由“基本完好”到“接近严重破坏”随着结构设防类别的重要等级提高而趋于严格

由表 6.1-9 可知，在多性能设计体系下，不同规范的抗震设防类别对应着各自的设防水准与性能目标。各规范的设防水准和性能目标的保证方式基本分为两种。

①性能目标相同，但地震的超越概率和重现期随着设防类别的重要等级提高而增大。例如，《公路抗震规范》在 E1 设计地震水平，四类设防类别的桥梁性能目标相同，均为“不受损坏或不需要修复可继续使用”，抗震设防类别 D、C、B、A 类对应地震超越概率的分别是“超越概率 50 年 86%、63%、50%（或 40%）、10%”，地震的强度随着结构设防类别的提高而增高。《铁路抗震规范》采用同样的保证方式。

②地震超越概率是确定的，性能目标随着设防类别的重要等级提高而趋于严格。例如，

《建筑抗震规范》在罕遇地震水平下，四类设防类别建筑地震的超越概率和重现期一致，均为“超越概率50年2%～3%，重现期1600～2400年”，适度设防类（丁类）、标准设防类（丙类）、重点设防类（乙类）、特殊设防类（甲类）等抗震设防类别所对应的性能目标分别是“接近严重破坏”“中等破坏”“轻微至中等破坏”“基本完好”，随着抗震设防类别的重要等级提高而趋于严格。《城轨抗震规范》同样采用该保证方式。

对于桥梁和民建，虽然各规范的设防水准和性能目标的保证方式不同，但是抗震设计的核心均为两阶段，分别对应强度设计阶段和延性设计阶段。与民用框架结构不同的是，升船机塔柱内部有许多复杂的机械设备，若机械设备正常工作状态等性能与结构状态有明确的对应关系。例如，要求结构变形或加速度峰值必须小于某个限定值，则在多水准、多性能升船机抗震设计中，需要加入与机械设备对应的设计阶段，成为三阶段设计。通航渡槽结构形式类似桥梁结构，且没有特殊的要求，因此适合两阶段抗震设计。

为了方便观察协调性，应用各规范进行对比分析的过程中，采用《公路抗震规范》《铁路抗震规范》《城轨抗震规范》时，将升船机塔柱随通航渡槽同等看待，应用《建筑抗震规范》时，通航渡槽随升船机塔柱同等看待。

6.1.2 通航渡槽抗震设防标准对比分析

以金沙江白鹤滩水电站为工程背景，通航建筑物采用两级垂直升船机、通航隧洞、通航渡槽组合布置方案。船舶设计载重吨级分别考虑3000t、2000t和1000t 3种情况。由表6.1-6可知，当船舶设计载重吨级为3000t时，通航渡槽和升船机的结构等级为1级；当船舶设计载重吨级为1000t和2000t时，通航渡槽和升船机的结构等级均为2级。

应用各规范进行工程设计分析，由表6.1-7、表6.1-8以及各规范的抗震设防类别划分细则可知：①在《水工抗震规范》中，1级通航渡槽和升船机的设防类别归于“甲类”，2级通航渡槽和升船机的设防类别归于“乙类”；②在《公路抗震规范》和《铁路抗震规范》中，根据设计方案，白鹤滩通航渡槽和升船机均归于其中的“B类”；③在《城轨抗震规范》中，根据通航建筑物结构形式类似于轨道交通中的高架区间结构，判断通航渡槽和升船机均归于其中的“重点设防类”；④在《建筑抗震规范》中，通航渡槽和升船机为“地震时使用功能不能中断或需要尽快恢复的生命线相关建筑”，通航渡槽和升船机归于其中的“重点设防类（乙类）”。

根据通航渡槽和升船机在各规范中的抗震设防类别，各规范相应的设防水准和性能目标见表6.1-10。

表 6.1-10　　1 级、2 级通航渡槽在不同规范下对应的设防水准和设防目标

规范简称	设防类别	设防水准和设防目标		
		多遇地震	设计地震	罕遇地震
《水工抗震规范》	甲类 1 级（1 级通航渡槽）	—	如有局部损坏，经修复后仍可正常运行； 需要工程场地地震安全性评价：100 年超越概率 2%重现期为 4950 年	—
《水工抗震规范》	乙类（2 级通航渡槽）	—	如有局部损坏，经修复后仍可正常运行； 50 年超越概率 10%，重现期为 475 年	—
《公路抗震规范》	B 类	—	不受损坏或不需要修复可继续使用； 50 年超越概率 49%(39%)重现期为 75(100)年	不致倒塌或产生严重结构损伤，经临时加固后可供维持应急交通使用； 100 年超越概率 10%(5%)，重现期为 1000(2000)年
《铁路抗震规范》	B 类	达到性能要求Ⅰ：震后不损坏或轻微损坏（结构弹性）正常使用； 50 年超越概率 63%，重现期为 50 年	达到性能要求Ⅱ：可损坏，震后可修复（结构整体非弹性），短期内可恢复使用； 50 年超越概率 10%，重现期为 475 年	达到性能要求Ⅲ：不出现整体倒塌，抢修可限速通车； 50 年超越概率 2%，重现期为 2475 年
《城轨抗震规范》	重点设防类（地上结构）	达到性能要求Ⅰ：震后不坏或轻微破坏，正常使用； 100 年超越概率 63%，重现期为 100 年	达到性能要求Ⅱ：震后可坏，经修补恢复正常使用； 50 年超越概率 10%，重现期为 475 年	达到性能要求Ⅲ：震后可能产生较大破坏，不出现局部或整体倒塌； 100 年超越概率 4%，重现期 2450 年
《建筑抗震规范》	重点设防类（乙类）	完好； 50 年超越概率 63%，重现期为 50 年	基本完好； 50 年超越概率 10%，重现期为 475 年	轻微至中等破坏； 50 年超越概率 2%～3%，重现期为 1600～2400 年

将白鹤滩通航渡槽和升船机应用在各个规范,对设防水准以及性能目标对比可见:

①常遇地震水平下:《铁路抗震规范》《建筑抗震规范》的地震超越概率相同,均为 50 年 63%,重现期为 50 年;《城轨抗震规范》的设防水准为 100 年超越概率 63%,重现期为 100 年。但是 3 个规范此地震水平下均为强度设计阶段,也是结构配筋设计阶段。

②罕遇地震水平下:《公路抗震规范》《铁路抗震规范》《城轨抗震规范》《建筑抗震规范》的地震超越概率基本上一致,在 50 年为 2%~3%,重现期在 1600~2400 年,此地震水平下为延性设计阶段。

③设计地震水平下:对于 2 级通航渡槽和升船机,在《铁路抗震规范》《城轨抗震规范》《建筑抗震规范》和《水工抗震规范》中,对应的地震超越概率相同,都是 50 年 10%,重现期都是 475 年。相对的《公路抗震规范》地震水平偏低为 50 年 49%或 39%(重现期约为 75 年或 100 年),但是此阶段为公路桥梁抗震的强度设计阶段,也是结构配筋设计阶段。

对于 1 级通航渡槽和升船机,《水工抗震规范》对应的地震超越概率为 100 年 2%(重现期约 4950 年),高于桥梁、民建相关的地震超越概率 50 年 10%(重现期约 475 年),甚至远远超过桥梁、民建罕遇地震水平下的地震超越概率 50 年 2%~5%(重现期 1000~2400 年)。由此可见,1 级通航渡槽和升船机抗震设防要求过高。

1 级通航渡槽和升船机抗震设防类别对应的甲类是水工建筑中最高等级,通航渡槽和升船机塔柱为过坝建筑物,其结构的重要性以及震后的危害性远低于大坝溃坝的危害性。因此,建议在抗震设防类别以及相应的抗震性能目标、设防水准上,相对于大坝等刚性的重要水工结构,应区别设置通航渡槽与升船机塔柱,降低 1 级通航渡槽与升船机塔柱的抗震要求。

虽然公路与铁路桥梁、民建的抗震设计的核心为两阶段,均对应着强度设计阶段和延性设计阶段,但是在强度设计阶段的分歧比较大,主要常遇地震水平是民建与铁路桥梁的配筋设计阶段;设计地震水平是公路桥梁、水工结构的配筋设计阶段。在强度设计阶段,各规范之间协调性需要结合各个规范的地震超越概率下的反应谱(输入荷载)的规定、抗震验算标准等进行进一步的研究与讨论。

6.2 基于内在一致性的位移谱阻尼修正系数研究

反应谱分析法是结构地震响应分析的重要工具,在基于有限元的多自由度结构反应谱分析法中,反应谱是反应谱分析法中的地震动输入。在各国的规范中,反应谱均以 5%阻尼比标定,而现实中结构不是单一的阻尼水平。一般钢筋混凝土桥梁或大跨度斜拉桥、民建高柔框架钢结构、大坝等均有着不同的阻尼水平。当结构中设置了耗能装置时,结构的阻尼比水平则远高于 5%。此时,需要以相应的阻尼比水平修正反应谱,工程中所用的修正参数就是阻尼修正系数(DMF)。

DMF 定义为阻尼比非 5%反应谱谱值与阻尼比为 5%的反应谱谱值的比值。DMF 可以是关于相对位移谱(简称位移谱,DRS)或伪加速度谱、速度谱、绝对加速度谱的阻尼比非5%与阻尼比为5%的比值。由基于有限元多自由度反应谱分析法的理论推导,可以明确看出,其反应谱需要用的是DRS或伪加速度谱,绝大部分国家规范谱也是位移谱或伪加速度谱。在目前关于DMF的研究中,绝大部分是关于位移谱的DMF,仅有个别研究包含了关于绝对加速度谱的DMF,比如Lin和Chang。本节侧重于位移谱DMF的研究,如不做特殊说明,DMF均指位移谱DMF。

DMF的研究主要集中在地震工程领域的地震动衰减关系研究,即建立DMF与震级、距离(断层距或震源距)、场地类别等参数的关系。2012年Rezaeian等将2010年前关于DMF的研究归类整理为三类:①由地震动记录统计分析,直接给出5%阻尼水平以及其他阻尼水平下的DRS或相对加速度谱公式。此类研究中包含了DMF信息,即其他阻尼比水平的DMF可以通过其他阻尼水平与5%阻尼水平的DRS或相对加速度谱比值得到。②直接以DMF的定义,由地震动记录统计分析得出DMF公式,这个在已有研究中占绝大多数。③各国规范中DMF的公式以及公式研究来源文献。

由Rezaeian等的总结可以看出,各个学者的研究结果、各个规范中采用的DMF公式形式均有显著的差异,这些差异主要是由地震动记录数据来源、数量、DMF公式主要参数以及参数范围等不一致造成的,而这一点,从2010年后的研究中仍可以清晰地看到。

在已有DMF公式中,主要参数是阻尼比、周期、震级、距离、场地类别,其中场地类别在2014年Rezaeian等的研究中被认为不是重要参数,没有考虑。而在一个已知的地震事件中,震级是已知的,某地震动记录仪所处地点的震源距(断层距)、场地类别也是已知的。因此,以震级、距离、场地类别作为DMF公式参数,从地震工程角度考虑很清晰。

DMF的相关研究主要是通过大量的地震动记录回归分析建立DMF公式,属于地震工程研究领域,但是当DMF应用在实际工程中时,主要是在结构抗震设计领域。对于一个高烈度区的实际工程场地,工程场地附近存在远近不同、活跃性不同的断层,未来地震的震级以及震源距(断层距)存在多种可能,而且地质学中界定的断层活跃性时间跨度与工程结构寿命期(以桥梁为例100年)不在一个量级。在目前通常的结构抗震设计中,震级和距离参数无法唯一确定,仅有场地类别是明确的。DMF的研究是基于地震动记录统计分析,从统计角度看,当样本足够多时,研究结论应该具有趋同性,具有内在的一致性。

基于此,研究内容主要分为以下4个部分:①选取2010年后的DMF相关代表性研究成果以及2010年前地震动记录数量足够多(超1000条)的有代表性的研究成果,对比这些DMF公式,找出其内在共性,找出公式趋同性;②以2008年Cauzzi等、2014年Rezaeian等提出的公式为主,研究震级、距离、场地类别等参数对DMF的重要性程度以及对DMF线型的影响方式再次验证趋同性;③基于实测地震动记录回归得到的DMF公式趋同性,扩展数量大、具代表性公式的周期、阻尼比应用范围并进行对比,重新拟合适用于工程抗震设计的只含周期、阻尼比两个参数的DMF公式;④展示不同阻尼比下重新拟合的DMF公式与几个主要规范DMF公式的DMF曲线,显示其差异,为规范进一步修正提供参考。

6.2.1 DMF 公式趋同性研究

在研究 DMF 公式的早期，所用地震动记录很少。众所周知，地震动记录与震源机制、传播路径等因素有关，本身的离散性很大。基于地震动记录统计的研究，其数量必定是一个很重要的因素。从逻辑上看，面对同样的研究目标，当样本数量越多时，其研究结果越具有代表性，不同的学者之间的研究，其内在的共性也应该越来越强。

此外，DMF 公式之间有内在的联系。在地震动衰减关系的 DMF 公式中，最常用的变量是震级、距离以及场地类别。由于用于 DMF 公式统计研究的每一条地震动记录都有各自对应的震级、距离、场地类别等参数信息，因此在 DMF 公式中某一个或两个变量被“忽略”，即公式中不包含此变量，在统计分析上，是对这些变量的全体的 DMF 曲线取平均。例如，在 2004 年 Lin 等的研究中，分别给出了“考虑”和“忽略”场地类别的 DMF 曲线与公式。“忽略”场地类别的 DMF 曲线为“考虑”场地类别的 DMF 公式对 AB 类、C 类和 D 类共 3 个场地类别 DMF 曲线取平均值。

与 DMF 相关的研究，地震动记录大于 1000 条的研究有 2008 年 Cauzzi 等、2017 年 Daneshvar 等、2014 年 Rezaeian 等、2004 年 Lin 等提出的 4 个公式。

Cauzzi 等给出了不同阻尼水平下 DRS 公式，虽然在其后也有新的 DRS 公式，比如 Cauzzi 和 Faccioli 提出的 DRS 公式和 Boore 等提出的伪加速度谱公式，但是这些公式仅给出阻尼比为 5%时的反应谱，没有给出其他阻尼水平的反应谱，因此采用 Cauzzi 等提出的 DRS 公式计算 DMF。

Daneshvar 等从 NGA、K-NET、KiK-net 和 SK-net 等数据库选出 2302 条地震动记录建立了 DMF 公式，此公式周期只能计算到 3s；2012 年 Rezaeian 等在 PEER 项目报告中基于 NGA-West2 数据库选出的 2250 条波建立了 DMF 公式，并于 2014 年正式发表；Lin 等基于 NGA 数据库中选出的 1037 条地震动记录提出了 DMF 公式，此公式仅包含周期、阻尼比、场地类别的影响，缺少震级和距离等的影响，但公式形式简单，适合规范使用。

此外 2010 年后，基于实测地震动记录提出的 DMF 公式还有：Hatzigeorgiou 分别针对近断层(10km 之内)地震动记录、远断层(10～60km)地震动记录和人工波建立了加速度谱、速度谱和位移谱的 DMF 公式；Anbazhagan P 等基于 PESMOS 数据库中选出的 410 条地震动记录建立了伪加速度谱 DMF 公式；Benahmed 基于 PEER 数据库中选出的 28 条波建立了适用于阿尔及利亚规范的位移谱 DMF 公式。将上述基于实测地震动记录的 DMF 公式与 2008 年由 Cauzzi 等得到 DMF 公式进行对比，以分析 DMF 公式的趋同性。

6.2.1.1 Cauzzi 等提出的公式(简称 CF08 公式)

2008 年 Cauzzi 和 Faccioli 基于 60 次地震中记录的 1164 条地震动记录建立了 DRS 公式，数据库中 84%的地震动记录来源于日本，6%来源于伊朗，5%来源于美国，5%来源于欧洲和土耳其。

公式使用范围：矩震级 $5 \leqslant M_W \leqslant 7.2$，震源距 6～150km，震源深度不超过 22km。

通过回归方法得到的 DRS 公式见式(6.2-1)：

$$\log_{10} \mathrm{DRS}(T;\xi) = a_1 + a_2 M_W + a_3 \log_{10} R + a_B S_B + a_C S_C + a_D S_D + \varepsilon \tag{6.2-1}$$

式中：T——振动周期，s；

ξ——阻尼比，%；

a_i——通过回归方法得到的与周期和阻尼有关的系数，$i = 1, \cdots, D$；

ε——标准差；

M_W——矩震级；

R——震源距，km；

S_B、S_C、S_D——与场地类别相关的虚变量，A 类场地(岩石 $V_{S,30} \geqslant 800$m/s)$S_B = S_C = S_D = 0$，B 类场地(硬土 360m/s$\leqslant V_{S,30} \leqslant$800m/s)$S_B = 1$，$S_C = S_D = 0$，C 类场地(软土 180m/s$\leqslant V_{S,30} \leqslant$360m/s)$S_C = 1$，$S_B = S_D = 0$，D 类(超软土 $V_{S,30} \leqslant$180m/s)场地 $S_D = 1$，$S_B = S_C = 0$。

利用此公式得到 4 个阻尼水平(5%，10%，20%，30%)的 DRS(周期 0～20s)，然后计算 3 个阻尼水平(10%，20%，30%)的 DMF；此时 DRS 公式转化为 DMF 公式，此公式以周期、阻尼比、震级、震源距、场地类别为变量，而且震级、震源距、场地类别等变量可以连续变化。所用的数据库记录丰富，包括世界范围内发生的地震，而且绝大多数记录都是数字记录，其可信周期超过 10s。因此以 CF08 公式进行 DMF 参数分析较为合理。

6.2.1.2 Benahmed 提出的公式(简称 BB18 公式)

2018 年，Benahmed 基于实测波建立了适用于阿尔及利亚规范的 DMF 公式，利用谱匹配法从 PEER 数据库选出 28 条波，分为 4 类场地，每类场地 7 条波，震级为 6.93～7.62 级，距离未知。利用非线性回归方法得到的 DMF 公式见式(6.2-2)：

$$\mathrm{DMF} = 0.582 + 0.418 \times (12.279 - T)(-3.9 \times (\xi - 0.05)) \tag{6.2-2}$$

式中：DMF——位移谱阻尼修正系数；

T——周期，取 0～10s；

ξ——阻尼比，取值范围为 7.5%、10%、15%、20%。

此公式仅以周期与阻尼比为变量，影响参数少，无法利用它来研究地震动参数对于 DMF 的影响。

将此公式与 CF08 公式进行对比，由于 BB18 公式仅与阻尼和周期相关，而 CF08 公式与震级、场地类别和震源距都有关系，在对比时将 CF08 公式按 4 类场地、距离范围 10～40km 且步长 10km、震级 5.5～7.0 级且步长 0.5 级，作 DMF 曲线并取平均以弥合这 3 个因素对 DMF 的影响。对比如图 6.2-1 所示，可见阻尼比为 10%和 20%时，BB18 公式和 CF08 公式的 DMF 曲线在周期超过 4s 后吻合很好；阻尼比为 30%时，两个公式的 DMF 曲线在周期超过 6s 后误差较小。

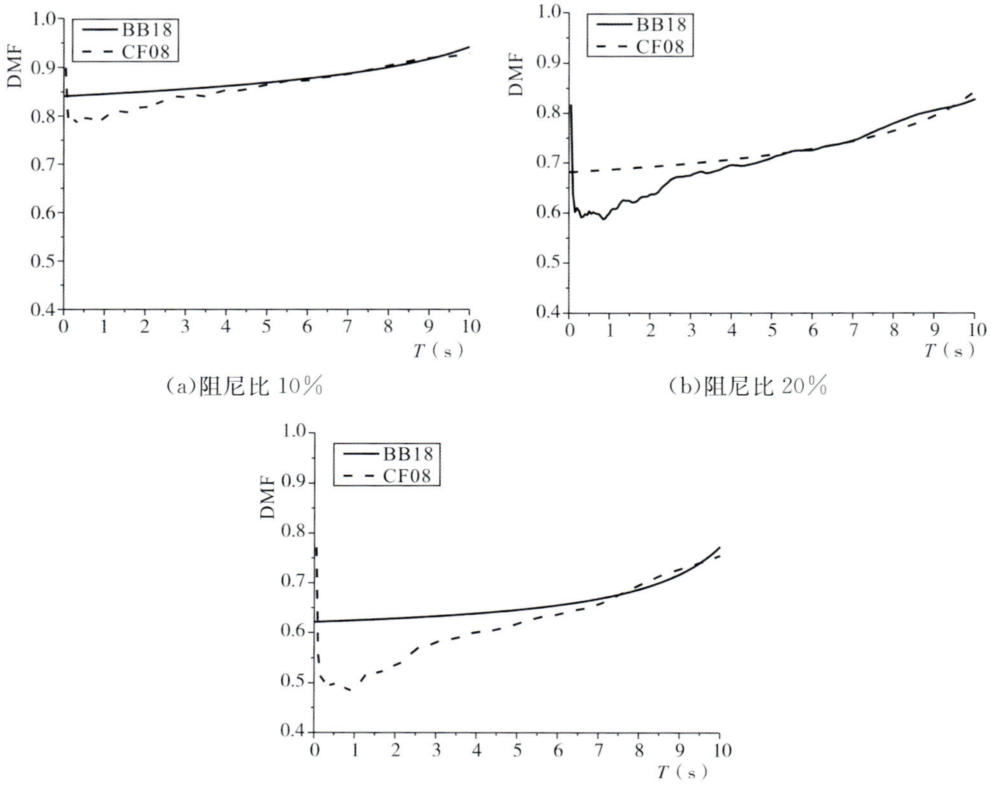

(a)阻尼比 10%

(b)阻尼比 20%

(c)阻尼比 30%

图 6.2-1 BB18 公式和 CF08 公式对比

6.2.1.3 Daneshvar 等提出的公式(简称 PN17 公式)

2017 年 Daneshvar 和 Bouaanani 从 NGA、K-NET、KiK-net 和 SK-net 数据库选出 2302 条地震动记录，震级范围 6～9 级，断层距 0～170km，场地类别为 NBCC 规范 C 类和 D 类场地。浅源地壳地震 1098 条，深源板内地震 622 条，板缘俯冲地震 582 条。利用上述数据库提出的 DMF 回归公式见式(6.2-3)：

$$\mathrm{DMF}=1-(1+a_1(-\ln\xi)^{a_2})(a_3+T)^{a_4}\exp(a_5T^{a_6}) \tag{6.2-3}$$

式中：DMF——位移谱阻尼修正系数；

T——周期，取值范围为 0～3s；

ξ——阻尼比，取值范围为 1%、2%、3%、4%、10%、15%、20%、25%、30%；

a_{1-6}——回归参数。

此公式以周期、阻尼比、震级、场地类别、断层距为变量，但只能得到某些特定震级、距离、场地类别(C 类和 D 类)的 DMF，震级、场地类别、断层距等变量不能连续变化。

2015 年 Cauzzi 和 Faccioli 建议的震源距和断层距之间的换算公式见式(6.2-4)：

$$R=1.38+R_{\mathrm{RUP}}+0.0145\,\mathrm{e}^{M_W}+\sigma_R(M_W) \tag{6.2-4}$$

式中：R——震源距，km；

R_{RUP}——断层距，km；

M_W——震级；

σ_R——标准差。

此公式基于从 NGA 数据库中选出断层距 $R_{\mathrm{RUP}} \leqslant 150$km、$5.5 \leqslant M_W \leqslant 7.6$ 的 2870 条水平双向地震动记录回归得到，标准差与震级的关系可表达为：$\sigma_R(M_W) = 209 - 69.6M_W + 5.9M_W^2$。当 $M_W \leqslant 6.0$ 时，R_{RUP} 与 R 的误差较小，当 $M_W \leqslant 5.7$ 时，两者基本等价。

将 PN17 公式与 CF08 公式进行对比，对比时需要注意距离换算和场地类别的区分：PN17 公式采用断层距，CF08 公式采用震源距，采用 2015 年 Cauzzi 中提供的距离换算公式(6.2-4)将断层距换算为震源距，然后代入 CF08 公式中计算 DMF；PN17 公式采用加拿大建筑规范(NBCC 规范)进行场地类别划分，CF08 公式采用欧 8 规范进行场地类别划分，NBCC 规范 C 类场地对应欧 8 规范 B 类场地，NBCC 规范 D 类场地对应欧 8 规范 C 类场地。PN17 公式针对浅源地壳地震、深源板内地震和板缘地震提出了 DMF 公式并提供了回归公式参数。由于 CF08 公式主要采用了浅源地壳地震动记录，因此对比时主要针对浅源地壳地震。图 6.2-2 为利用上述两种公式计算得到的 DMF 曲线，地震动记录特性分 4 种情况：6.5 级、11km、C 类；6.5 级、14km、D 类；7.0 级、15km、C 类；7.0 级、15km、D 类(以上距离为断层距，以 NBCC 规范进行场地类别划分)。由图 6.2-2 可见两种公式得到的 DMF 曲线吻合很好。

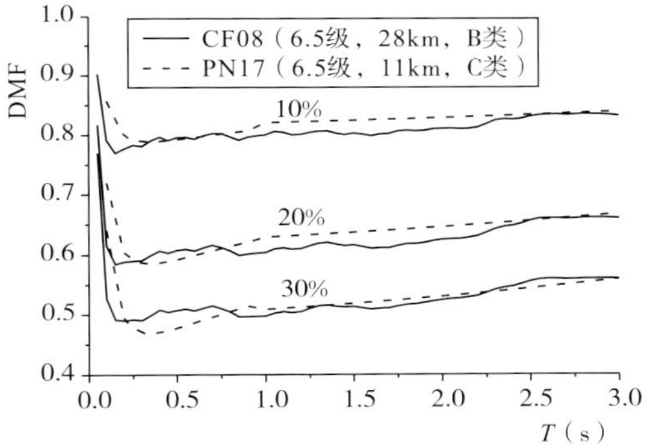

(a)6.5 级；断层距 11km；NBCC 规范 C 类场地

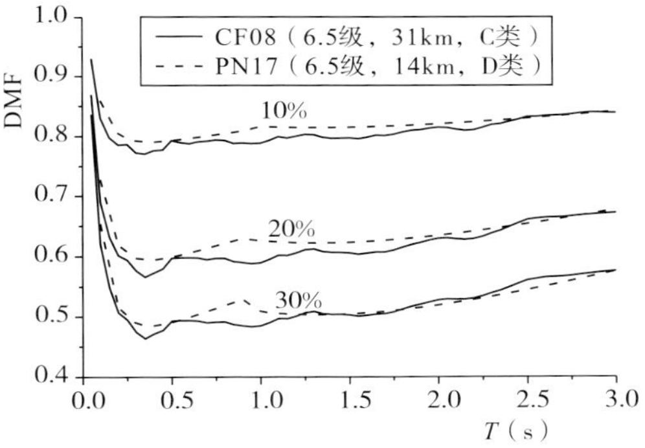

(b)6.5 级；断层距 14km；NBCC 规范 D 类场地

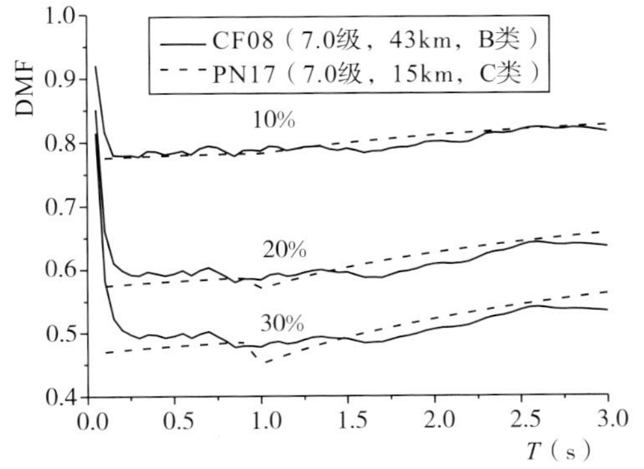

(c)7.0 级；断层距 15km；NBCC 规范 C 类场地

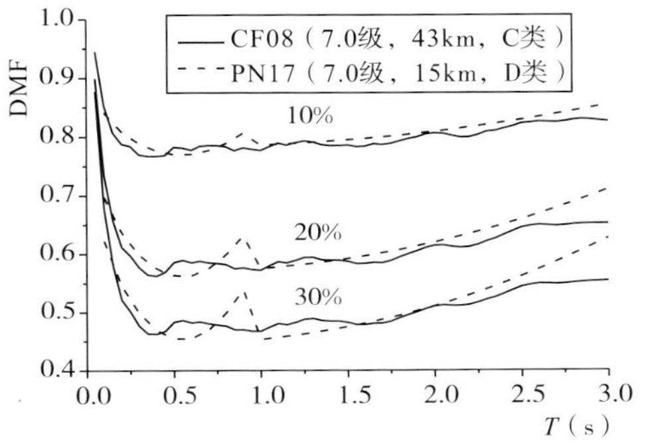

(d)7.0 级；断层距 15km；NBCC 规范 D 类场地

图 6.2-2　CF08 公式与 PN17 公式对比

6.2.1.4 Anbazhagan P 等提出的公式(简称 PU16 公式)

2016 年 Anbazhagan P 和 AnjaliUday 基于从 PESMOS 数据库中选出的 410 条地震动记录建立了 DMF 公式，见式(6.2-5)，以下称为 PU16 公式。数据库震级为 4.0～7.8 级，震源距 16～524km，印度规范 A 类场地 112 条，B 类场地 140 条，C 类场地 178 条。

$$\ln DMF = b_0 + b_1\ln\xi + b_2(\ln\xi)^2 + (b_3 + b_4\ln\xi + b_5(\ln\xi)^2)M + (b_6 + b_7\ln\xi + b_8(\ln\xi)^2)\ln R + (b_9 + b_{10}\ln\xi + b_{11}(\ln\xi)^2)S + \varepsilon \tag{6.2-5}$$

式中：DMF——位移谱阻尼修正系数。

ξ——阻尼比，取值范围为 0.5%～30%。

b_{1-11}——回归参数。

M——矩震级。

R——震源距，km。

ε——随机误差项。

S——与场地类别有关的系数。其中，A 类($700 \leqslant V_{s,30} \leqslant 1620$m/s)、B 类($375 \leqslant V_{s,30} \leqslant 700$m/s)、C 类($200 \leqslant V_{s,30} \leqslant 375$m/s)场地分别取 4、3、2。

此公式以周期、阻尼比、震级、场地类别、震源距为变量。所用地震动记录数量较少，仅有 410 条。

图 6.2-3 为利用 CF08 公式与 PU16 公式计算得到的 DMF。由图 6.2-3 可见：震级为 7.0 级时，在 0～8s 周期段两个公式吻合较好；当震级为 5.0 级时误差很大。

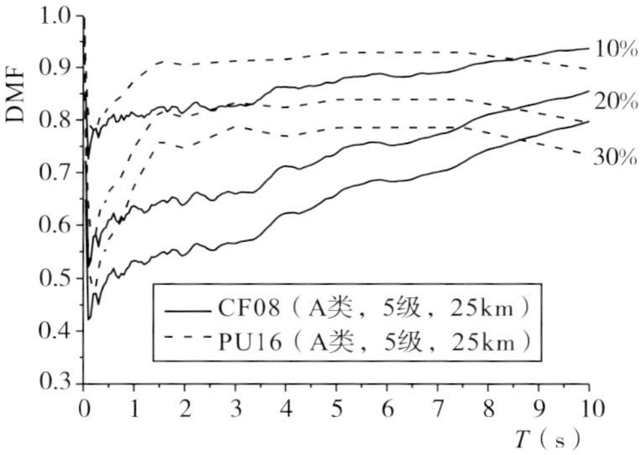

(a)A 类；5.0 级；25km

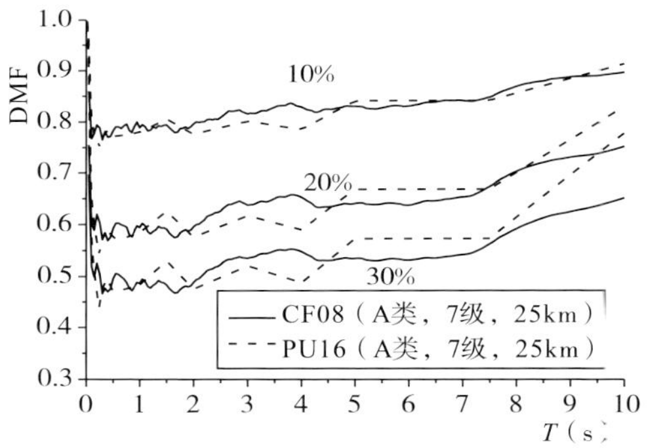

(b)A 类；7.0 级；25km

图 6.2-3 CF08 公式与 PU16 公式对比

6.2.1.5 Rezaeian 等提出的公式(简称 RB14 公式)

2014 年 Rezaeian 等从 NGA-West2 数据库中选出 218 次地震中记录到的 2250 条波建立了伪加速度谱 DMF 回归公式，见式(6.2-6)。公式适用范围：断层距在 200km 之内，震级 4.5～8.0 级。分析表明场地类别对于 DMF 的影响可以忽略，公式包含周期、阻尼比、震级和断层距等变量。

$$\ln \mathrm{DMF}=b_0+b_1\ln\beta+b_2(\ln\beta)^2+(b_3+b_4\ln\beta+b_5(\ln\beta)^2)M$$
$$+(b_6+b_7\ln\beta+b_8(\ln\beta)^2)\ln(R_{\mathrm{RUP}}+1)+\varepsilon \tag{6.2-6}$$

式中:DMF——位移谱阻尼修正系数;

β——阻尼比,取值范围为0.5%~30%;

b_{1-8}——回归参数;

M——矩震级;

R_{RUP}——断层距,km;

ε——随机误差项。

此公式以周期、阻尼比、震级、断层距为变量,忽略了场地类别的影响。

图6.2-4为RB14公式与CF08公式得到的DMF对比,震级分5.0级、6.0级、7.0级3组,震源距统一取50km,RB14公式使用断层距,对比时需要注意距离的换算:采用式(6.2-4)将震源距换算为断层距,然后代入RB14公式中计算DMF。RB14公式不区分场地类别,而CF08公式区分场地类别的影响,因此在利用CF08公式时将4类场地的DMF进行平均。由图6.2-4可见,在震级为7.0级时两种公式吻合很好,6.0级时误差稍大,5.0级时误差较大,但DMF曲线变化趋势比较相似。

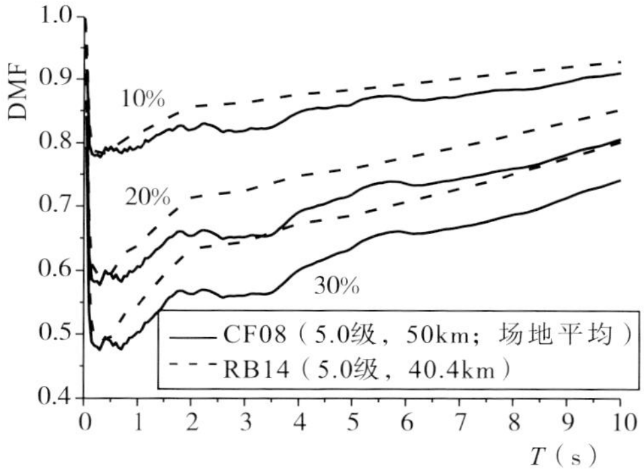

(a)5.0级;震源距50km

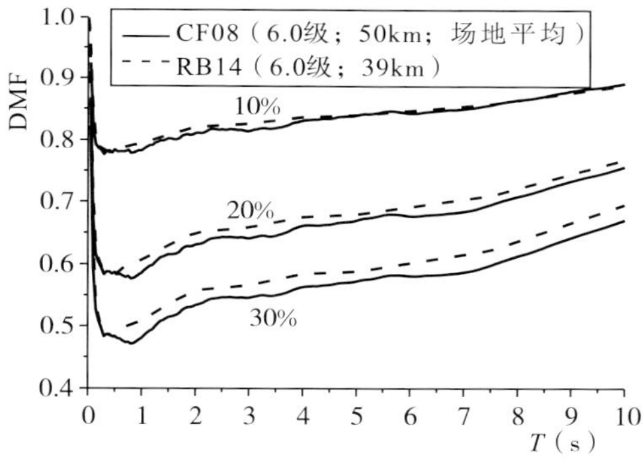

(b)6.0级;震源距50km

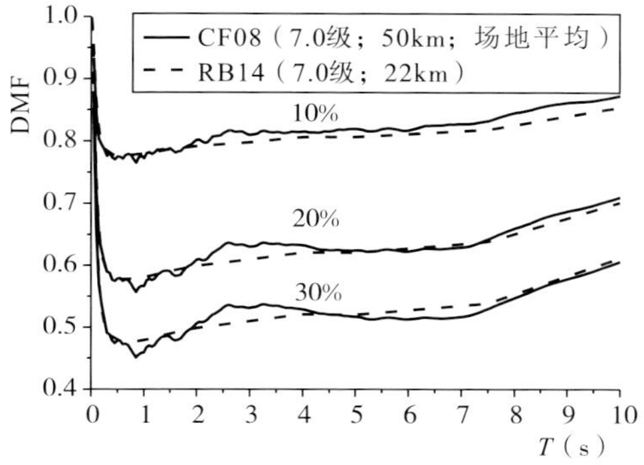

(c)7.0级;震源距50km

图6.2-4 RB14公式与CF08公式对比(场地平均)

6.2.1.6 Hatzigeorgiou 提出的公式(简称 DH10 公式)

2010 年 Hatzigeorgiou 分别针对近断层(10km 之内)地震动记录、远断层(10～60km)地震动记录和人工地震波建立了加速度谱、速度谱和位移谱的 DMF 公式(简称 DH10 公式)并给出参数,所用数据库包括 100 条远断层记录,每类场地有 25 条记录;110 条近断层记录,震级 5.5～7.8 级;100 条人工波,采用欧 8 规范进行场地划分。提出的 DMF 回归公式见式(6.2-7):

$$\mathrm{DMF}(T,\xi)=1+(\xi-5)(1+c_1\ln\xi+c_2(\ln\xi)^2)(c_3+c_4\ln T+c_5(\ln T)^2) \tag{6.2-7}$$

式中:DMF——位移谱阻尼修正系数;

T——周期,取值范围为 0～5s;

ξ——阻尼比,取值范围为 0.05%～50%;

c_{1-5}——回归参数,与场地类别、断层远近、地震动记录类型(自然波和人工波)有关。

此公式以周期、阻尼比为变量,同时包含断层距和地震动记录类型的影响,只能得到特定距离范围(如近断层或远断层)的 DMF,震中距无法连续变化,近断层震级为 5.5～7.8 级,远断层没有震级范围。

将 CF08 公式与 DH10 公式进行对比,DH10 公式可以计算远断层(10～60km)和近断层(10km 之内)的 DMF,但其 DMF 与震级无关,远场时分为四类场地,近场时不划分场地类别,因此将 CF08 与 DH10 远场 DMF 对比时设定断层距为 30km(相应 5.0 级震源距为 42km,7.0 级震源距为 58km),场地类别设定为 A 类;图 6.2-5 为利用 CF08 公式与 DH10 公式计算得到的 DMF,可见:震级为 5.0 级,阻尼水平较低时两种公式得到的 DMF 误差较小,阻尼较大时误差很大;震级为 7.0 级时两种公式得到的 DMF 误差很大。

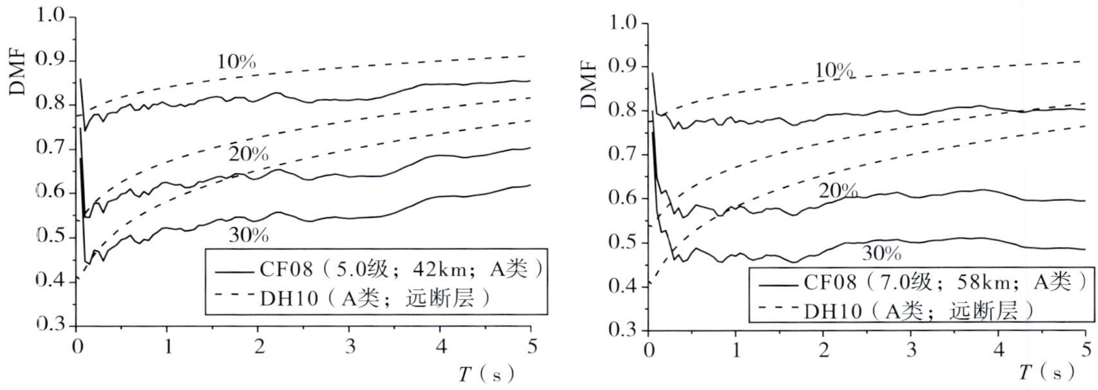

(a)5.0 级;42km;A 类场地　　(b)7.0 级;58km;A 类场地

图 6.2-5 CF08 公式与 DH10 公式对比

6.2.1.7 Lin 等提出的公式(简称 LC04 公式)

2004 年 Lin 和 Chang 基于从 NGA 数据库中选出的 1075 条地震动记录建立了 DMF 公式,见式(6.2-8)。公式适用范围:震级 5.4～7.4 级,断层距 180km 之内,分为 3 种场地类别

(NEHRP 规范 AB 类、C 类和 D 类)。

$$\mathrm{DMF}=1-\frac{aT^{b}}{(T+1)^{c}} \tag{6.2-8}$$

式中:DMF——位移谱阻尼修正系数;

T——周期,取值范围为 0～6s;

a、b、c——与阻尼比和场地类别相关的回归参数(a 与阻尼比和场地类别相关,b 和 c 只与场地类别相关),上述回归参数分 AB 类、C 类和 D 类场地以及场地平均 4 种情况给出。

LC04 公式以周期、阻尼比和场地类别为基本变量,不包含震级和断层距对于 DMF 的影响。

将 LC04 公式与 CF08 公式得到的 DMF 进行对比。LC04 公式仅包含周期、阻尼比、场地类别的影响,缺少震级和断层距等的影响,在与 CF08 对比时,将 CF08 公式依次进行距离平均(10～40km)和震级平均(5.5～7.0 级),与 LC04 公式 C 类场地的 DMF 进行对比,对比时需要注意欧 8 规范与美国 NEHRP 规范场地类别划分对应关系。图 6.2-6 为 LC04 公式与 CF08 公式平均 DMF 曲线对比。由图 6.2-6 可见,阻尼比为 10%时,两公式的误差在 5%之内;阻尼比为 20%和 30%时,两公式的误差在 10%之内。

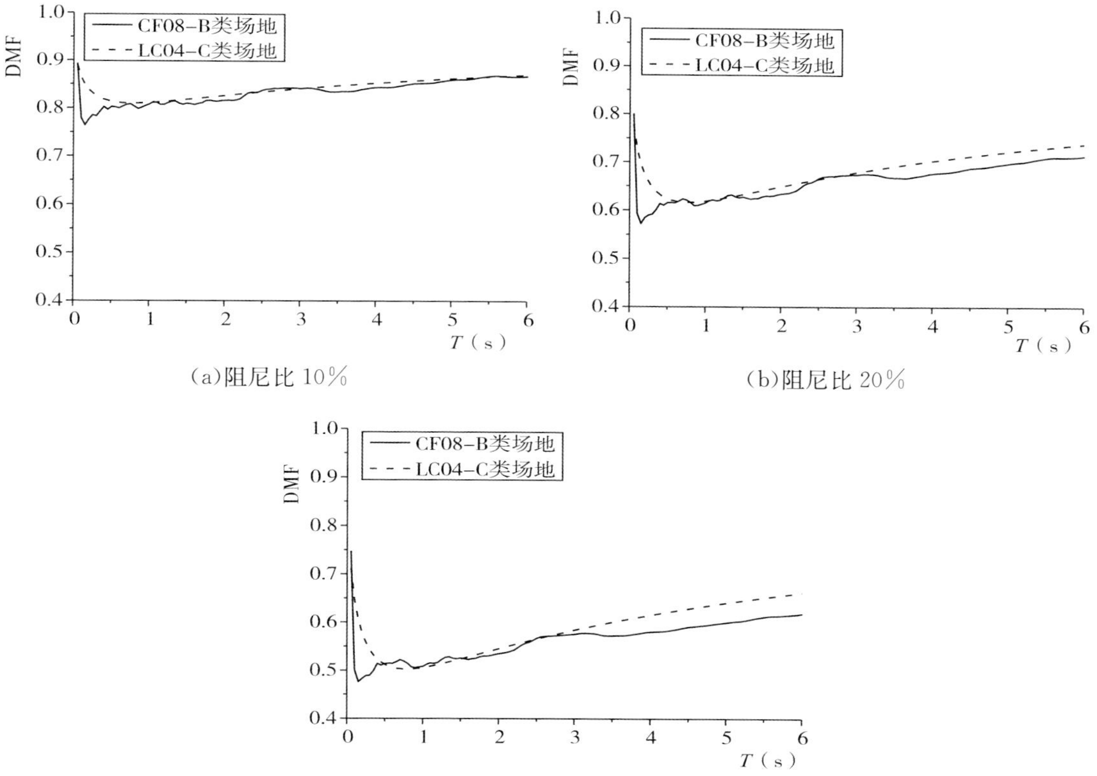

(a)阻尼比 10%　(b)阻尼比 20%

(c)阻尼比 30%

图 6.2-6　LC04 公式与 CF08 公式平均 DMF 曲线对比

6.2.1.8 参数分析所用DMF公式比选

由各个公式的介绍以及与CF08公式对比可以发现：当地震动记录超过1000条时，PN17公式、RB14公式和LC04公式在各自的定义范围内与CF08公式得到的DMF曲线很接近，而与地震动记录数量少的BB18公式、PU16公式、DH10公式差异比较大。这说明当地震动记录数量足够多时，DMF曲线公式趋同性很好。

在地震动记录超过1000条所得到的DMF研究中，由于PN17公式震级、断层距等变量不能连续变化，只能得到某些特定震级、距离的DMF，场地类别仅含（NBCC规范C类和D类）两类，而且周期范围（0～3s）也太短，因此不能用于DMF参数分析；LC04公式没有考虑震级、距离影响，无法分析震级、距离对DMF的影响。因此确定以Cauzzi、Rezaeian等提出的公式为研究对象，进行震级、距离、场地类别对DMF影响方式和程度的分析，将很有代表性。

6.2.2 基于CF08公式分析地震参数对DMF的影响

基于CF08公式讨论场地类别、震级、震源距对DMF的影响，利用CF08公式计算4个阻尼水平（5%、10%、20%、30%）下的DRS，然后计算3个阻尼水平（10%、20%、30%）下的DMF。变化场地类别、震级、震源距得到不同地震参数组合下地震动记录的DMF，以研究这3个参数对于DMF的影响。

6.2.2.1 参数选择范围的确定

在分析场地类别、震级、距离对DMF的单独影响程度和方式之前，首先确定参数选择范围。DMF是工程抗震延性设计和减震耗能设计中的重要参数，也是当结构的阻尼比非5%时，规范反应谱向不同阻尼比水平换算的依据。在工程中，需要进行抗震设计的基本都是地震设计烈度较高的地区，地震设计烈度对应的地震参数是地震动峰值加速度（PGA）。在地震动参数中，PGA与震级、距离（震源距或断层距）、场地类别有关。震级越大、距离越小、场地土越软，PGA越大。2008年Cauzzi和Faccioli提供的PGA回归公式见式（6.2-9）：

$$\log_{10}\mathrm{PGA}=-1.296+0.556M_W-1.582\log_{10}R+0.22S_B+0.304S_C+0.332S_D \tag{6.2-9}$$

上述各参数的定义与式（6.2-1）中的定义相同。

由式（6.2-9）可以得到不同地震动参数组合下，参数变化与PGA的对应关系，见表6.2-1。

PGA值与抗震设防水准相对应，6度区的PGA为0.05g，7度区的PGA为0.1g，8度区的PGA为0.2g，9度区的PGA为0.4g。因此在选择参数时将PGA限制在0.05g以上，由此得到震级的变化范围为5.5～7.0级，步长0.5级；震源距的变化范围为10～40km，步长10km；场地类别为A、B、C、D 4类。

表 6.2-1　　参数分析时所选地震波对应的 PGA　　（单位：g）

A 类	5.5 级	6.0 级	6.5 级	7.0 级	B 类	5.5 级	6.0 级	6.5 级	7.0 级
10km	0.154	0.293	0.556	1.054	10km	0.256	0.486	0.922	1.749
20km	0.052	0.098	0.186	0.352	20km	0.086	0.162	0.308	0.584
30km	0.027	0.052	0.098	0.185	30km	0.045	0.086	0.162	0.308
40km	0.017	0.033	0.062	0.118	40km	0.029	0.054	0.103	0.195
10km	0.311	0.590	1.119	2.122	10km	0.332	0.629	1.193	2.263
20km	0.104	0.197	0.374	0.709	20km	0.111	0.210	0.399	0.756
30km	0.055	0.104	0.197	0.373	30km	0.058	0.111	0.210	0.398
40km	0.035	0.066	0.125	0.237	40km	0.037	0.070	0.133	0.253

在研究场地类别对于 DMF 的影响时，选择 4 组场地类别：A、B、C、D 类，震级取震级变化范围（5.5～7.0 级）的上、下限，即 5.5 级和 7.0 级，距离取 10～40km 的中值 25km；研究震级对于 DMF 的影响时选择 4 组震级：5.5 级、6.0 级、6.5 级、7.0 级，场地类别取 A、C、D 3 类，距离取 10km 和 30km；研究震源距对于 DMF 的影响时选择 4 组距离：10km、20km、30km、40km，场地类别取 A 类，震级取 5.5 级和 7.0 级。

6.2.2.2 场地类别对 DMF 的影响

以 5.5 级和 7.0 级、25km、4 类场地（A、B、C、D 类）为例，研究场地类别对 DMF 的影响，见图 6.2-7 至图 6.2-10。

（1）DMF 曲线

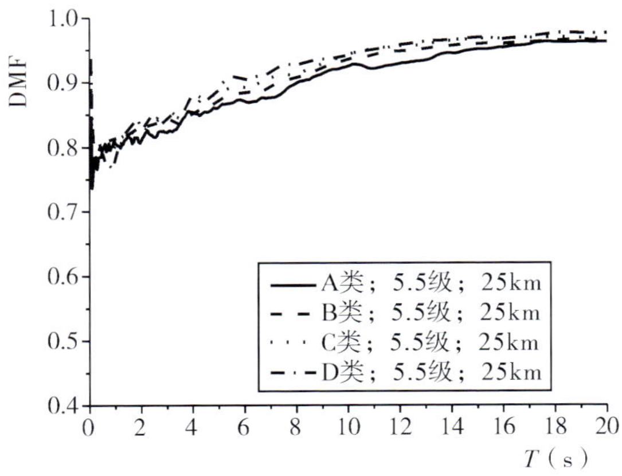

（a）阻尼比 10%

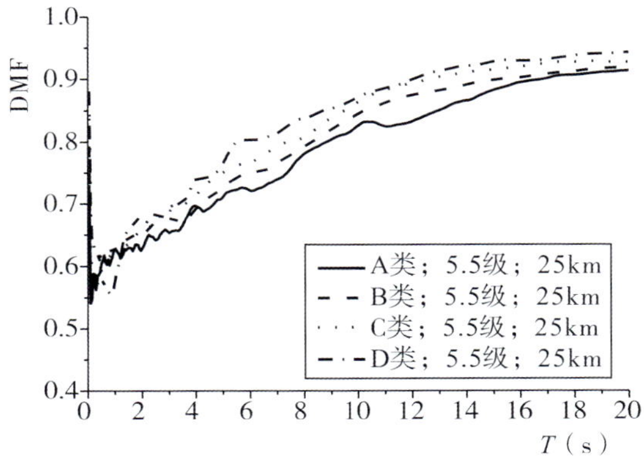

（b）阻尼比 20%

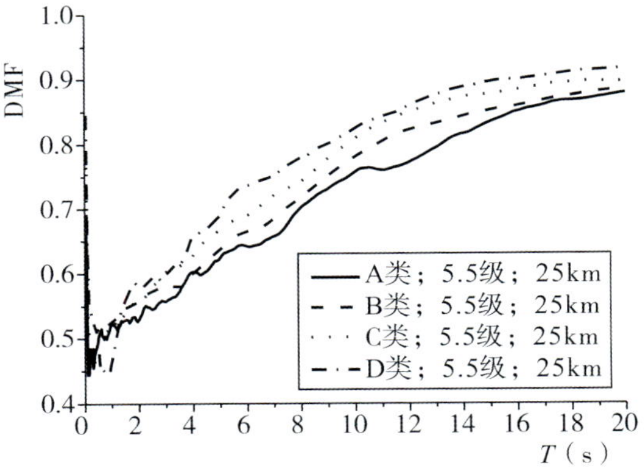

(c)阻尼比 30%

图 6.2-7 5.5 级、25km、4 类场地 DMF 曲线

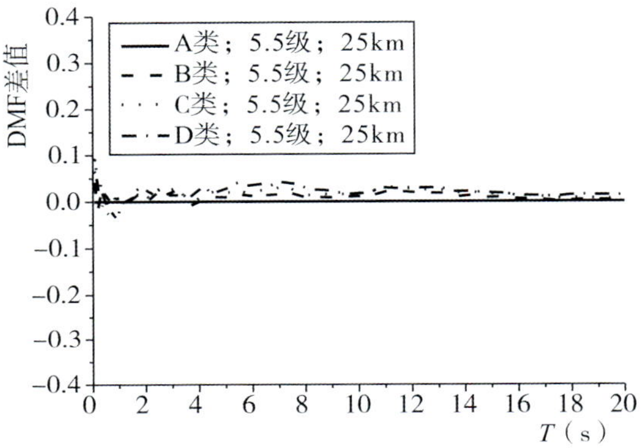

(a)阻尼比 10%

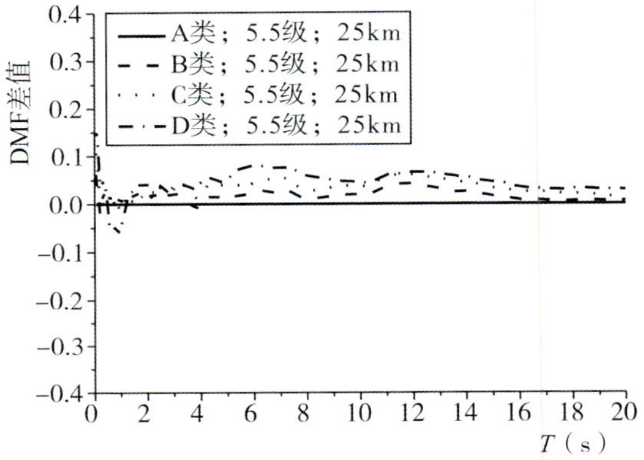

(b)阻尼比 20%

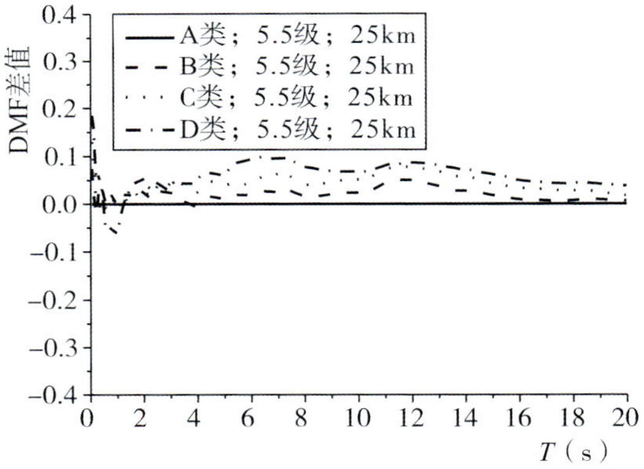

(c)阻尼比 30%

图 6.2-8 5.5 级、25km、4 类场地 DMF 差值

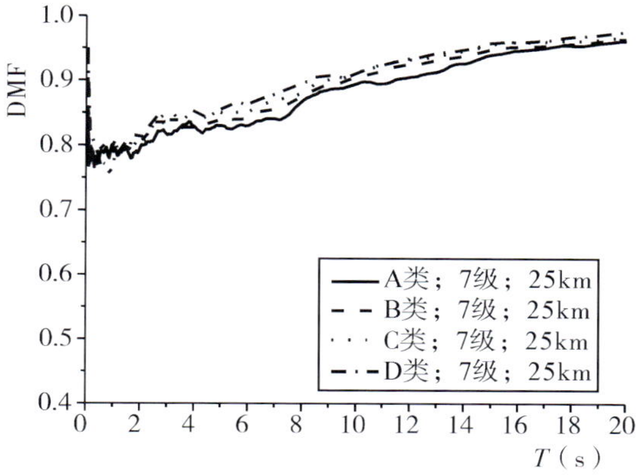

(a)阻尼比 10%

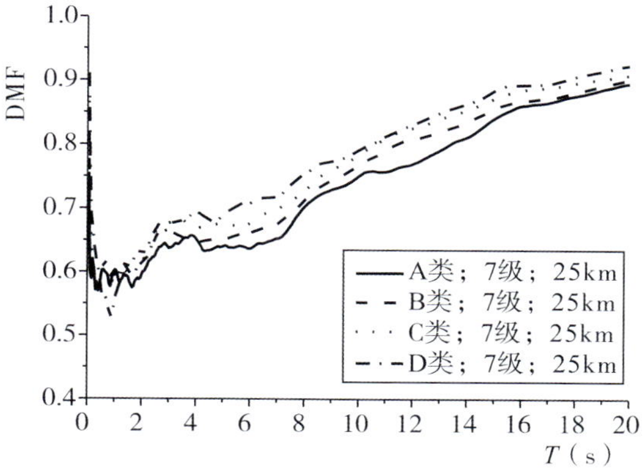

(b)阻尼比 20%

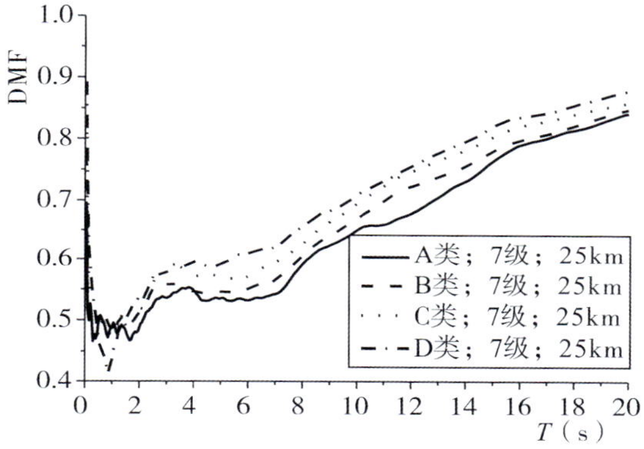

(c)阻尼比 30%

图 6.2-9 7 级、25km、4 类场地 DMF 曲线

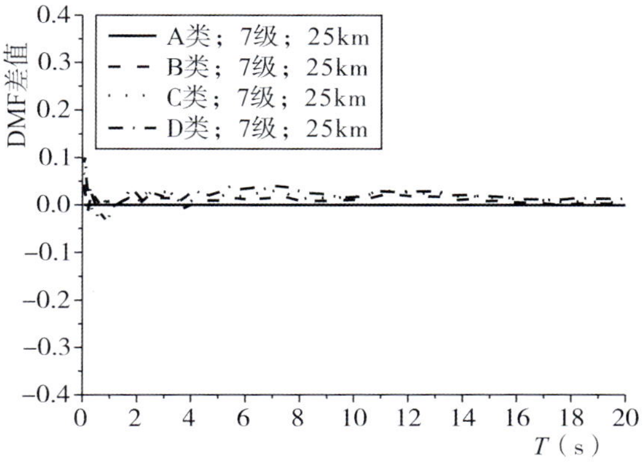

(a)阻尼比 10%

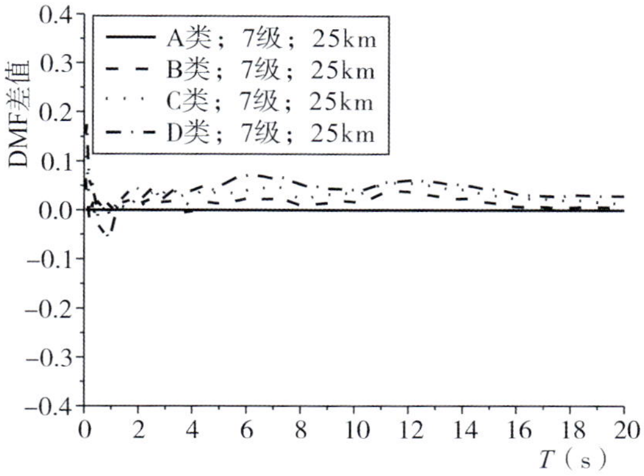

(b)阻尼比 20%

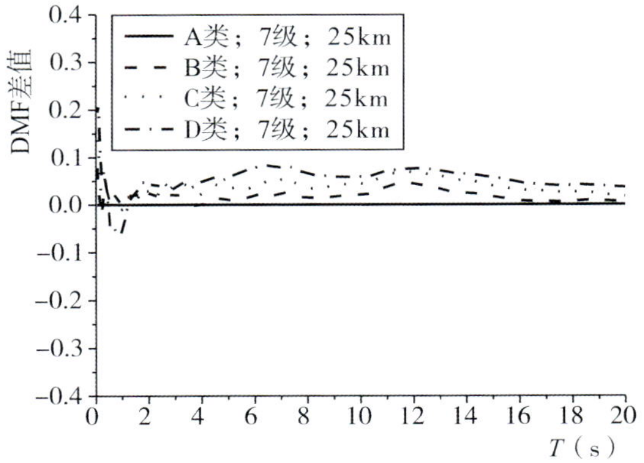

(c)阻尼比 30%

图 6.2-10　7 级、25km、4 类场地 DMF 差值

场地类别对 DMF 线型的影响，由图 6.2-7 可见，震级为 5.5 级时，4 类场地的 DMF 曲线在 0～2s 和 4～8s 周期段均未形成平台段；由图 6.2-9 可见，震级为 7.0 级时，A、B、C 3 类场地的 DMF 曲线在 0～2s 周期段和 4～8s 周期段出现两个平台段，第二平台段比第一平台段的 DMF 值大；而 D 类场地只在 4～8s 周期段出现一段变化较为平稳的周期段，在 0～2s 周期段 DMF 曲线出现明显的峰值，形成一个“低谷”。

(2)DMF 均方差

分别将 5.5 级 25km 和 7.0 级 25km 两组工况下得到的 4 类场地的 DMF 值取均方差，见图 6.2-11。

由图 6.2-11 可见，两组工况的 DMF 均方差相差不大，由场地类别变化造成的 DMF 的离散性随阻尼比的增大而增大，阻尼比超过 10%后，很明显，DMF 在 0～4s、8～10s、15～20s 等周期段离散性较低，在 5～8s、11～14s 等周期段离散性较高。

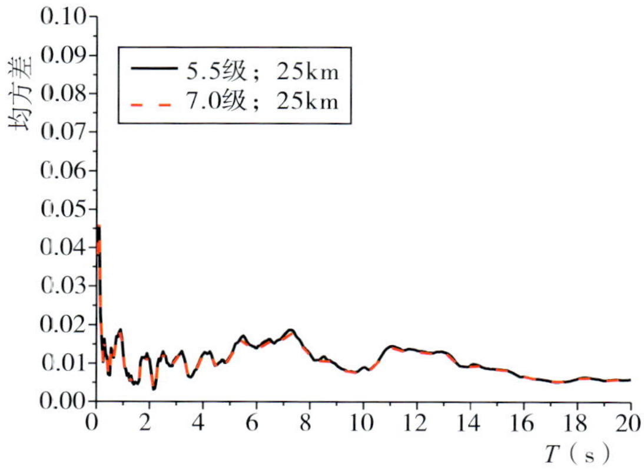

(a)阻尼比 10%

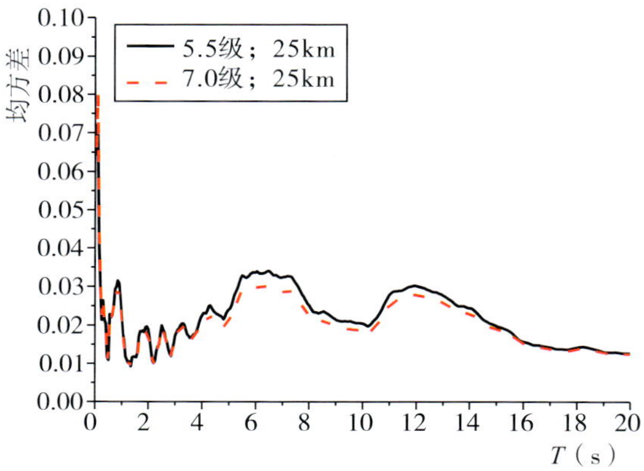

(b)阻尼比 20%

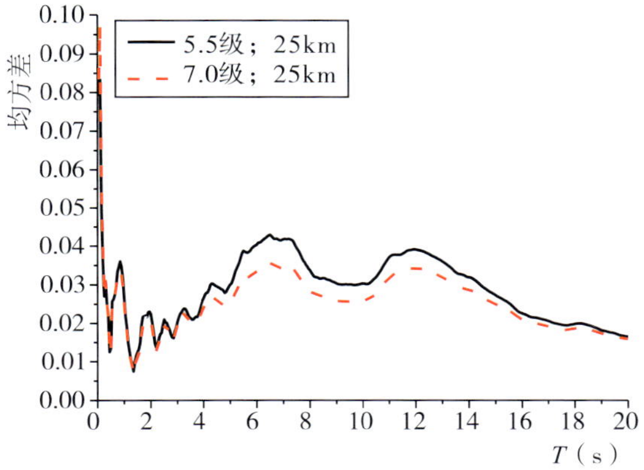

(c)阻尼比 30%

图 6.2-11 DMF 均方差

(3)各类场地 DMF 与场地平均 DMF 的比值及比值的均方差

各类场地 DMF 与场地平均 DMF 的比值、比值的均方差分别见图 6.2-12、图 6.2-13。

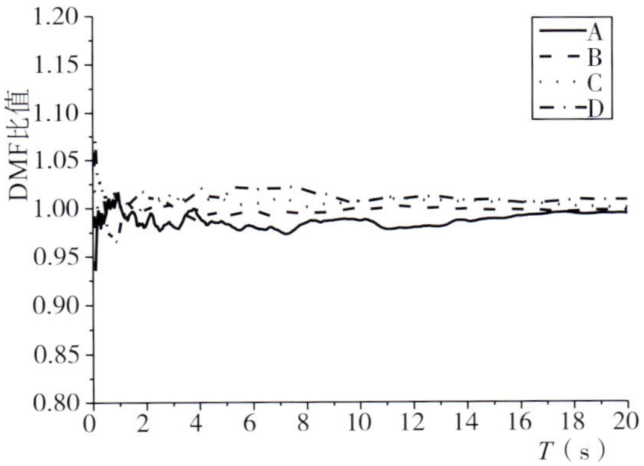

(a)阻尼比 10%

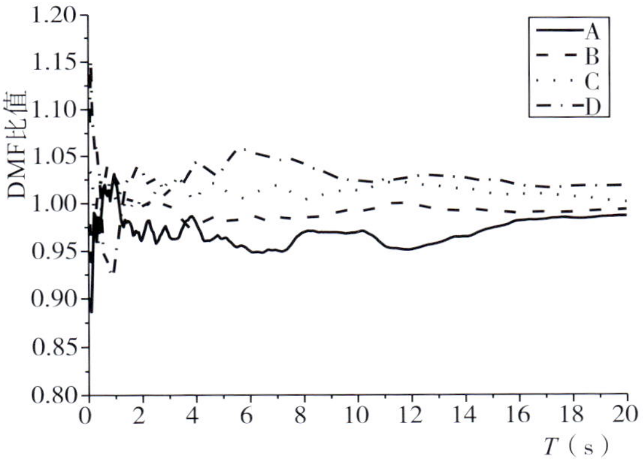

(b)阻尼比 20%

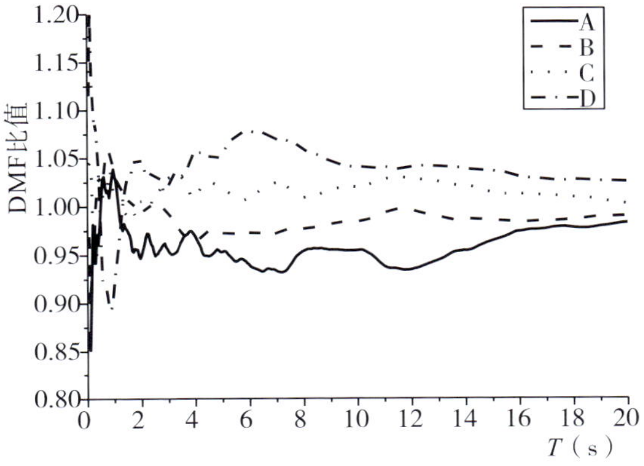

(c)阻尼比 30%

图 6.2-12 各类场地 DMF 与场地平均 DMF 的比值

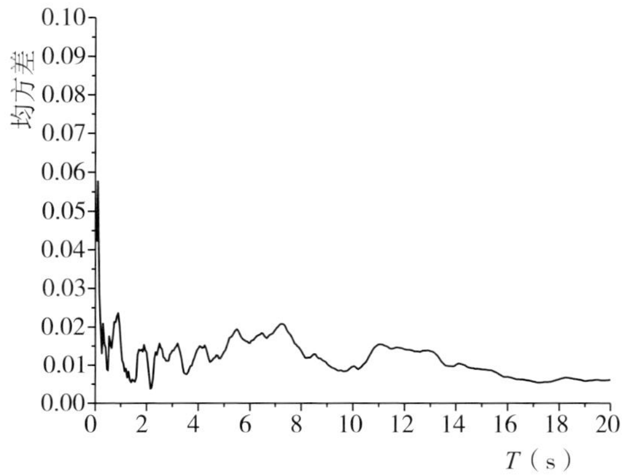

(a)阻尼比 10%

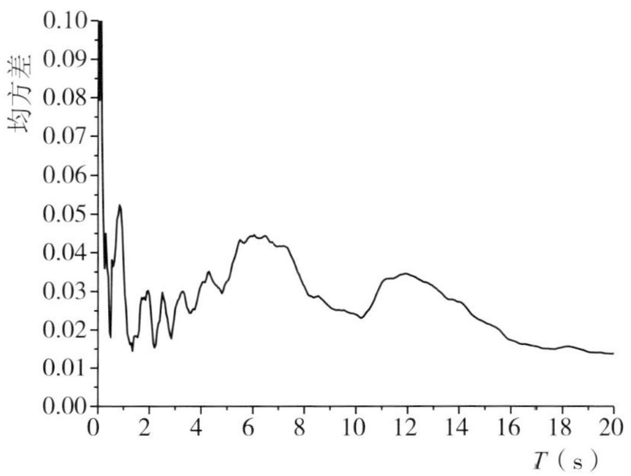

(b)阻尼比 20%

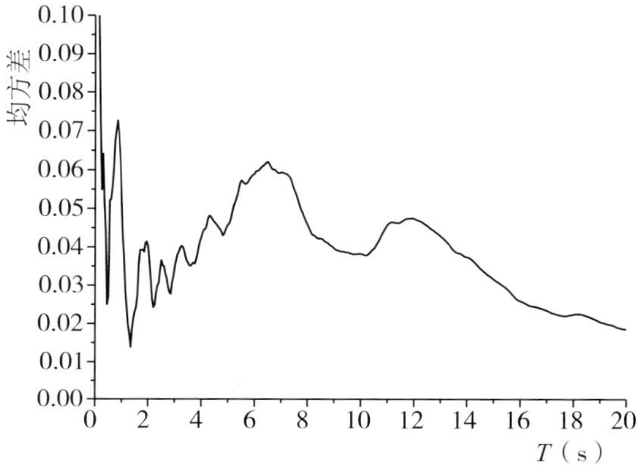

(c)阻尼比 30%

图 6.2-13 各类场地 DMF 与场地平均 DMF 的比值的均方差

由图 6.2-12 可见，某一类场地的 DMF 与场地平均 DMF 的比值随阻尼比的增大而增大。当阻尼比为 10%时，在 0～0.4s 周期段场地类别对 DMF 的影响最大误差为 7.05%；在 0.4～20s 周期段场地类别影响最大误差为 2.69%。当阻尼比为 20%时，在 0～0.4s 周期段场地类别影响最大误差为 15.13%；在 0.4～20s 周期段场地类别影响最大误差为 5.76%。当阻尼比为 30%时，在 0～0.4s 周期段场地类别影响最大误差为 20.49%；在 0.4～20s 周期段场地类别影响最大误差为 7.81%。

6.2.2.3 震级对 DMF 的影响

以 A 类、C 类和 D 类场地，10km 和 30km，4 组震级（5.5 级、6.0 级、6.5 级、7.0 级）为例，研究震级对于 DMF 的影响，见图 6.2-14 至图 6.2-21。

（1）DMF 曲线

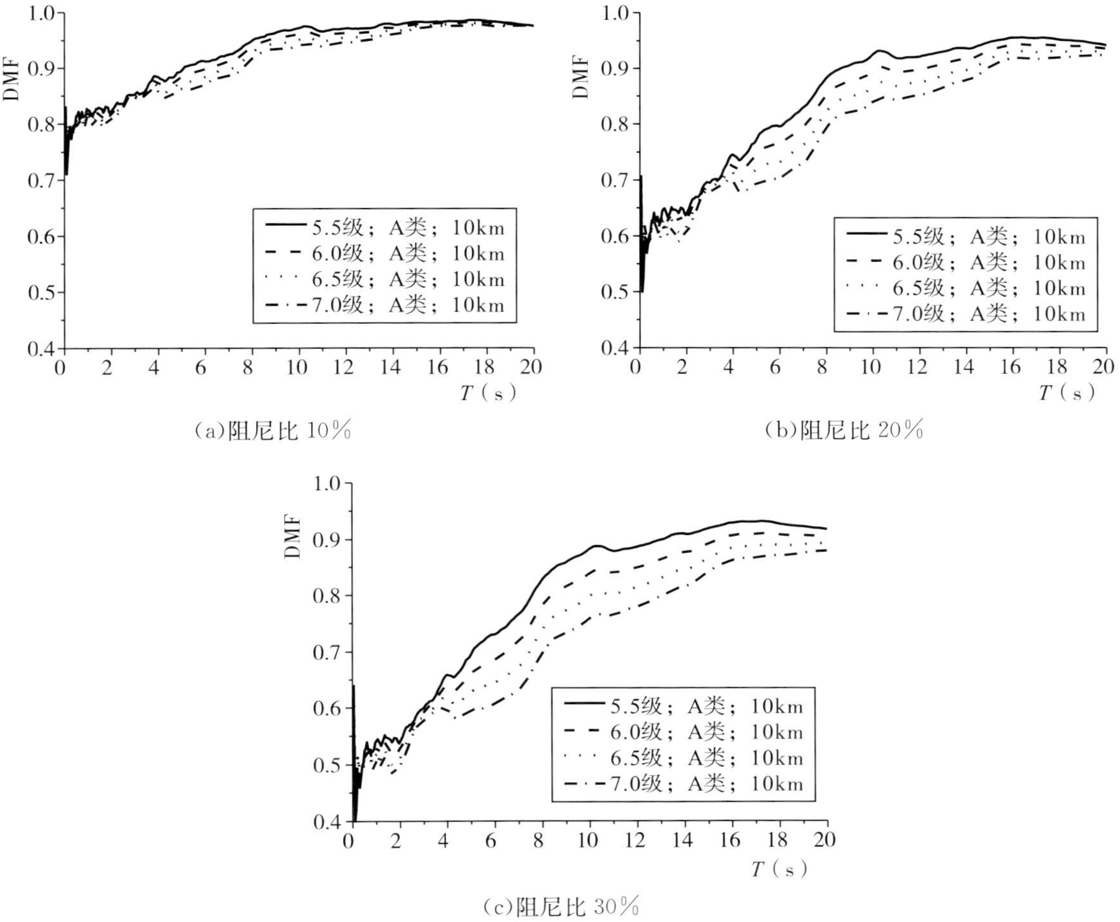

(a)阻尼比 10%

(b)阻尼比 20%

(c)阻尼比 30%

图 6.2-14 A 类、10km、4 组震级 DMF 曲线

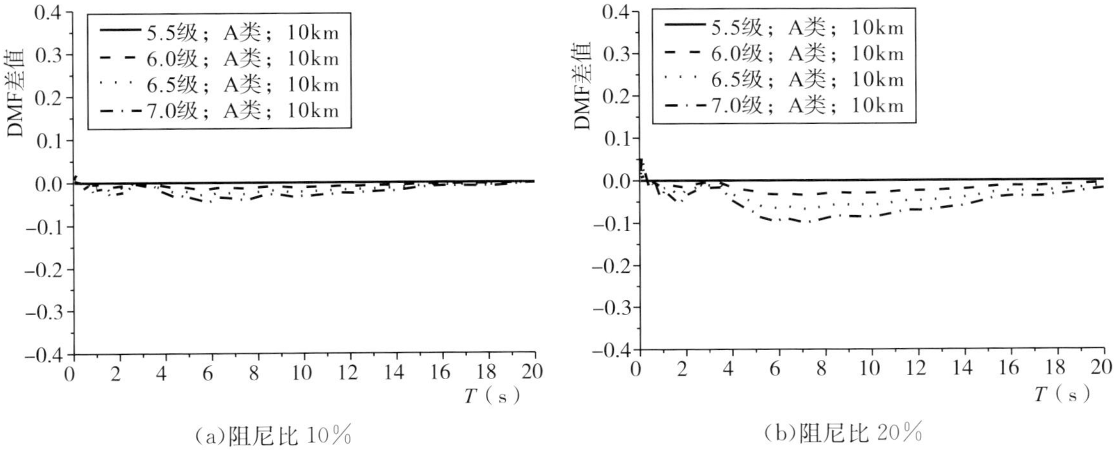

(a)阻尼比 10%

(b)阻尼比 20%

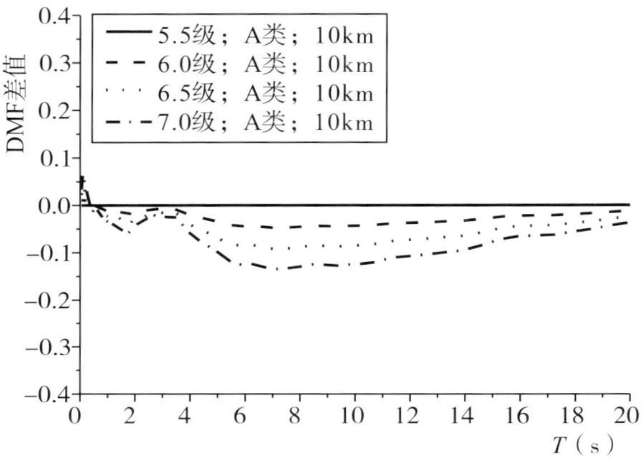

（c）阻尼比 30%

图 6.2-15　A 类、10km、4 组震级 DMF 差值

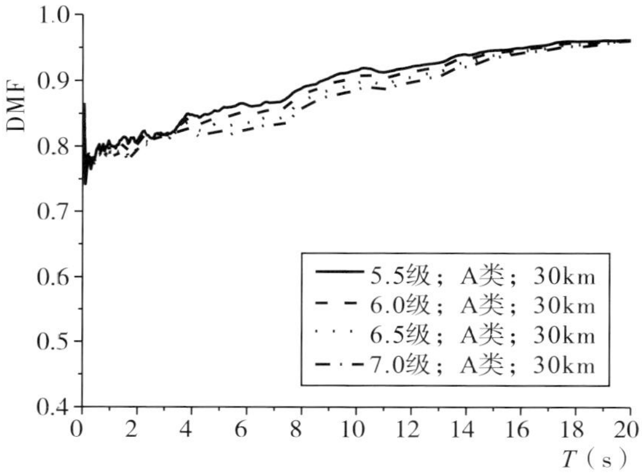

（a）阻尼比 10%

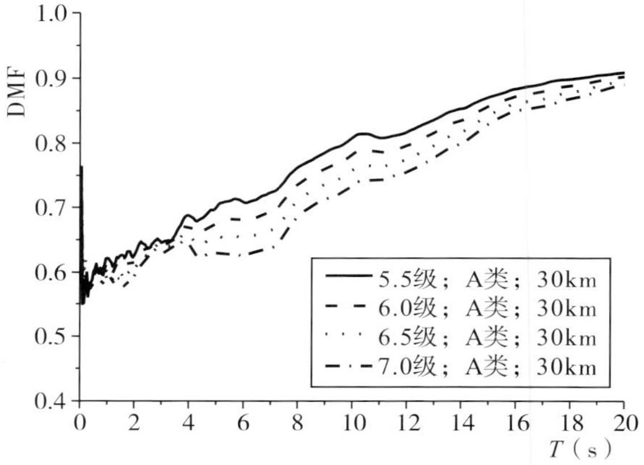

（b）阻尼比 20%

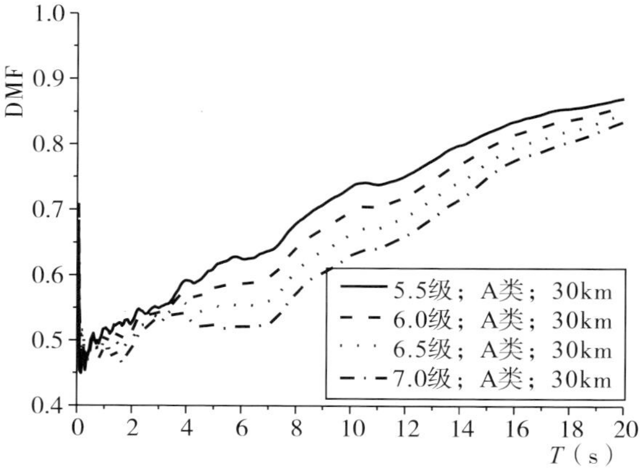

（c）阻尼比 30%

图 6.2-16　A 类、30km、4 组震级 DMF 曲线

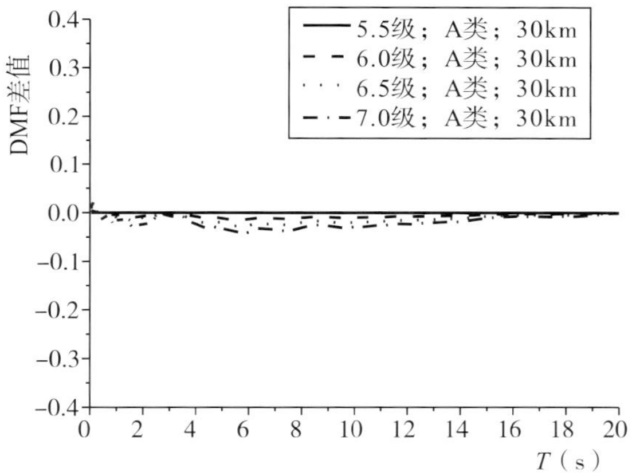

(a)阻尼比 10%

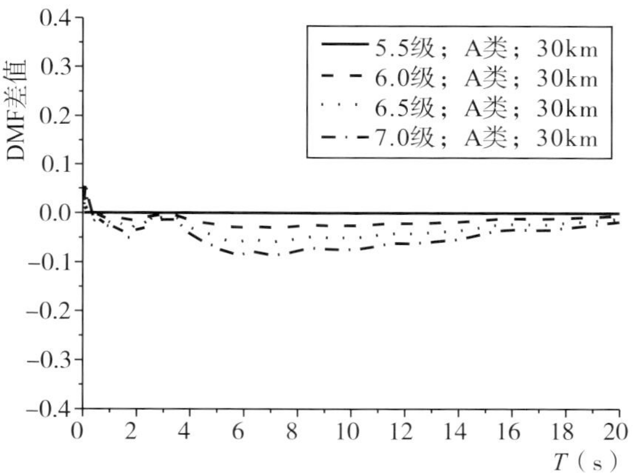

(b)阻尼比 20%

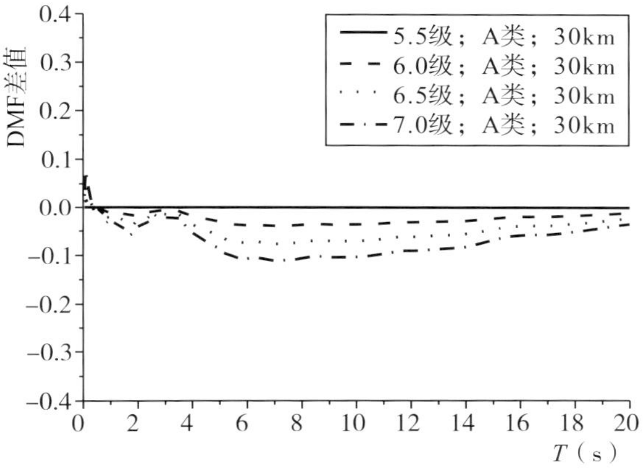

(c)阻尼比 30%

图 6. 2-17　A 类、30km、4 组震级 DMF 差值

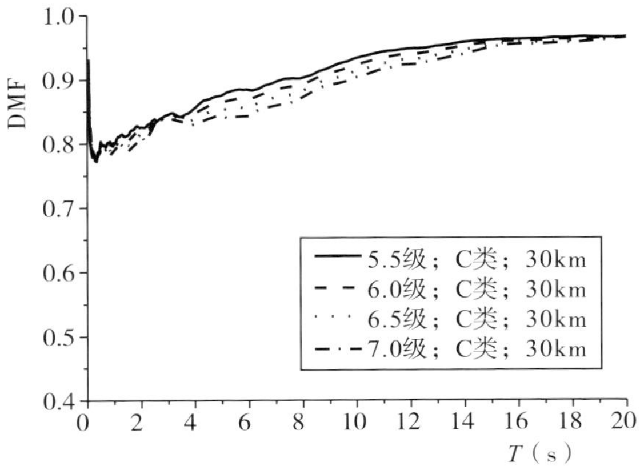

(a)阻尼比 10%

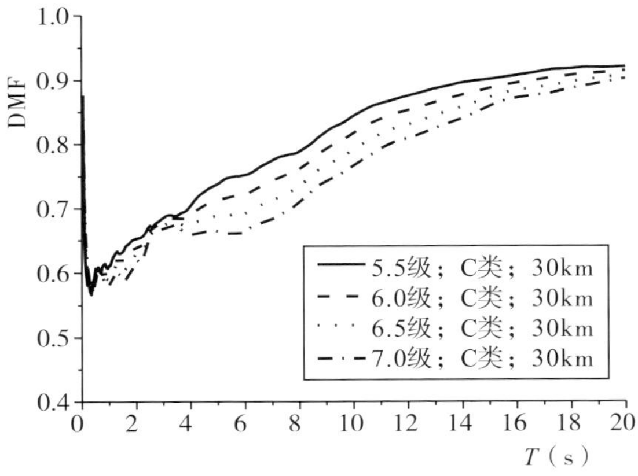

(b)阻尼比 20%

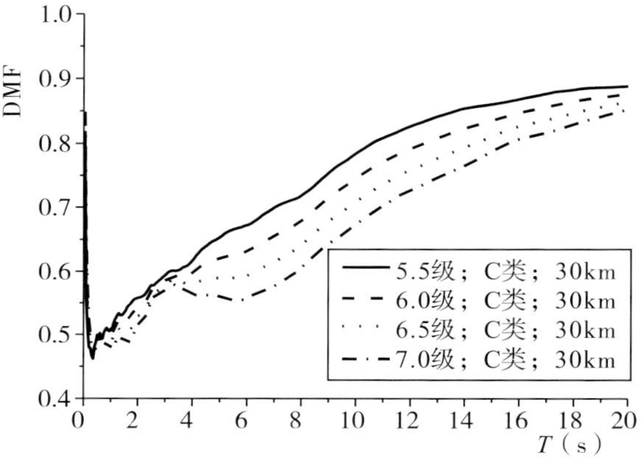

（c）阻尼比 30%

图 6.2-18　C 类、30km、4 组震级 DMF 曲线

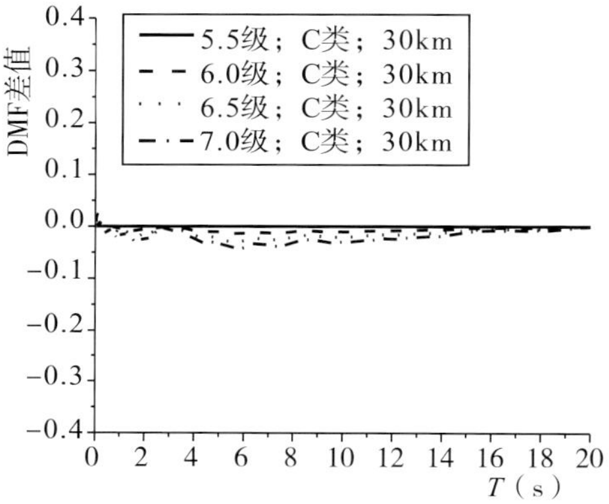

（a）阻尼比 10%

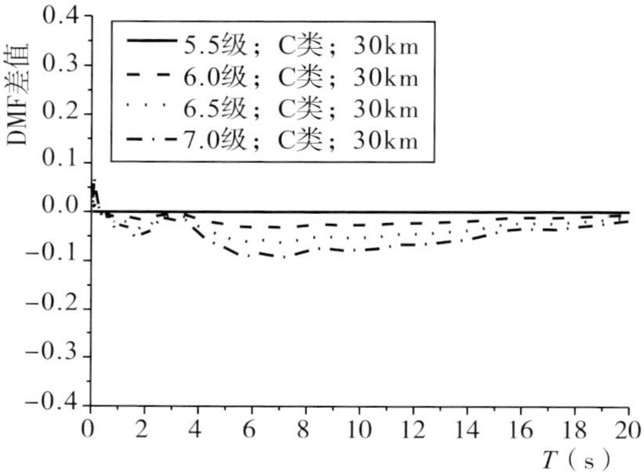

（b）阻尼比 20%

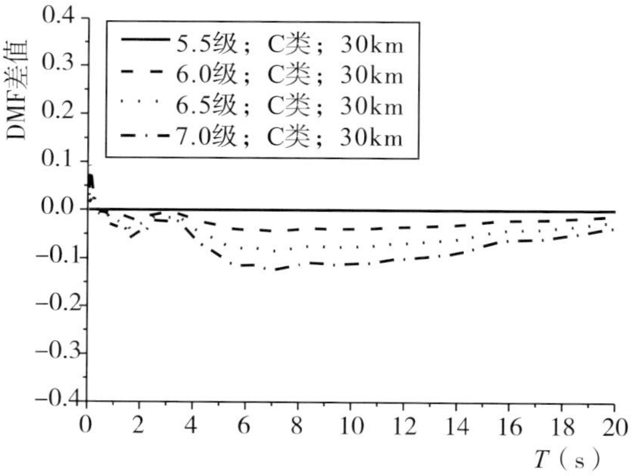

（c）阻尼比 30%

图 6.2-19　C 类、30km、4 组震级 DMF 差值

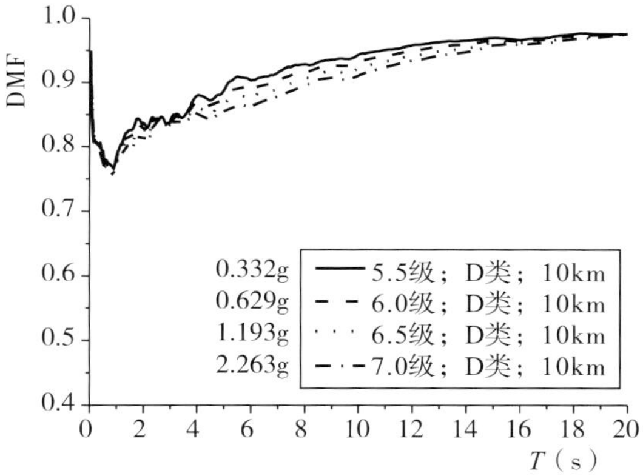

(a)阻尼比 10%

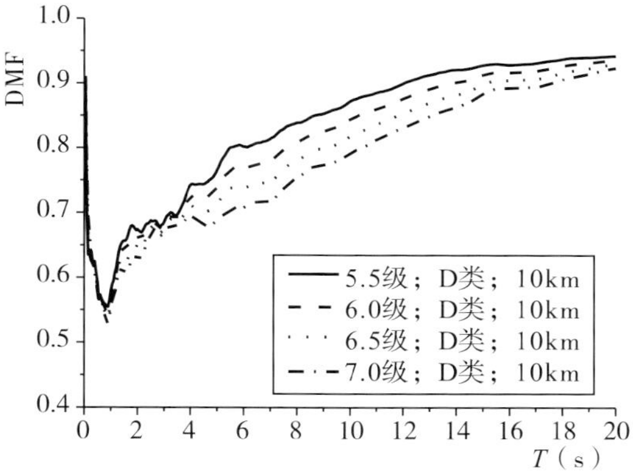

(b)阻尼比 20%

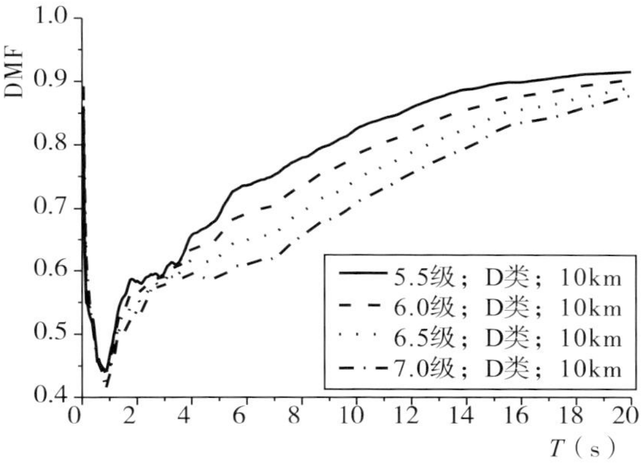

(c)阻尼比 30%

图 6.2-20　D 类、10km、4 组震级 DMF 曲线

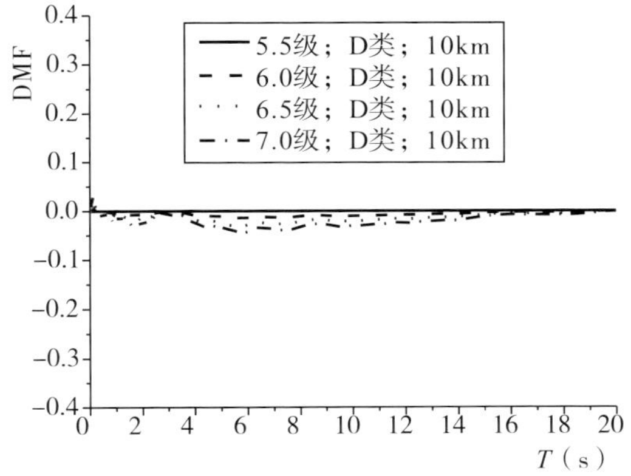

(a)阻尼比 10%

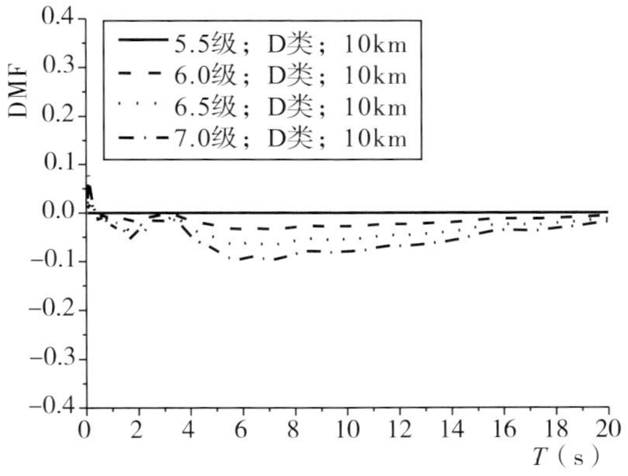

(b)阻尼比 20%

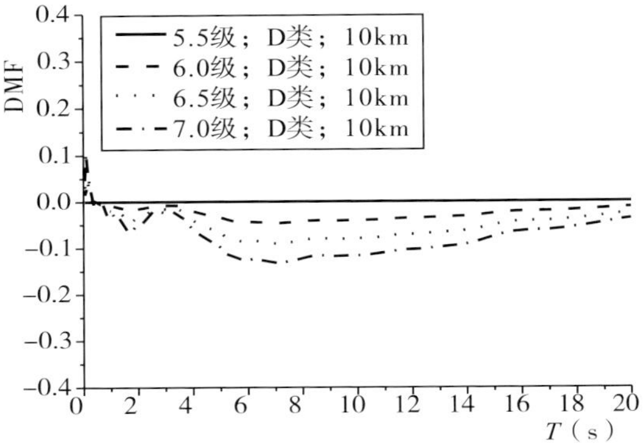

(c)阻尼比 30%

图 6.2-21　D 类、10km、4 组震级 DMF 差值

震级对于 DMF 线型的影响，由图 6.2-16、图 6.2-17、图 6.2-18、图 6.2-20 可见，A、C、D 3 类场地类别下均可观察到，随着震级的增大，DMF 曲线在 0～2s、4～8s 周期段逐渐形成平台段。在 0～4s 周期段内 DMF 随震级变化程度小；在 4～8s 周期段内 DMF 随震级变化程度较大。

震级对于减震效率的影响，由图 6.2-16(c)可见，当阻尼比为 30%，震级为 7.0 级时，DMF 值在 0～2s 和 4～8s 周期段内比较稳定，保持在一个恒值附近；在 0～2s 周期段内 DMF 值在 0.481 附近，在 4～8s 周期段内 DMF 值在 0.521 附近，即在这两个周期段内减震效率保持稳定。震级为 5.5 级时，在 0～2s 周期段内 DMF 值从 0.454 持续增大到 0.527，在 4～8s 周期段内 DMF 值从 0.592 持续增大到 0.679，即在这两个周期段内减震效率持续下降。

(2)DMF 均方差

分别将 A 类 10km、A 类 30km、C 类 30km 3 组工况下得到的 4 个震级的 DMF 值取均方差(图 6.2-22)，可见 3 组工况的 DMF 均方差相差不大。

由图 6.2-22 可见，由震级变化造成的 DMF 的离散性随阻尼的增大而增大，阻尼比超过 10%后，DMF 在 0～4s 周期段离散性较低，在 4～20s 周期段离散性较高。

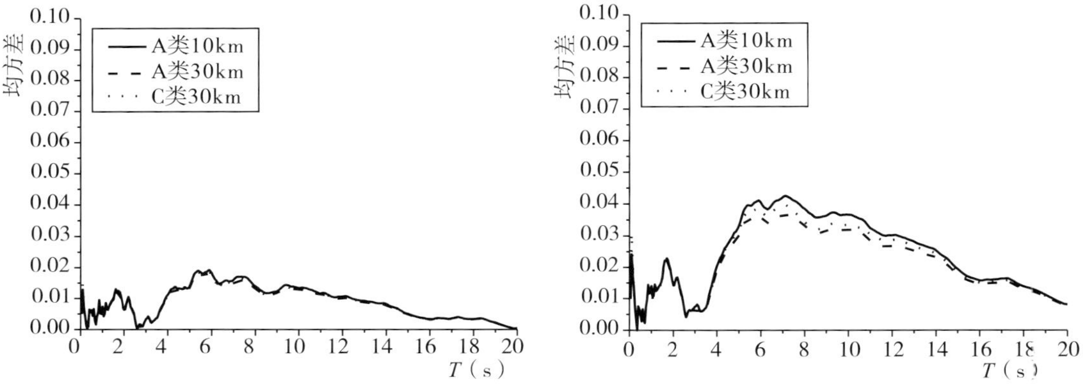

(a)阻尼比 10%　　(b)阻尼比 20%

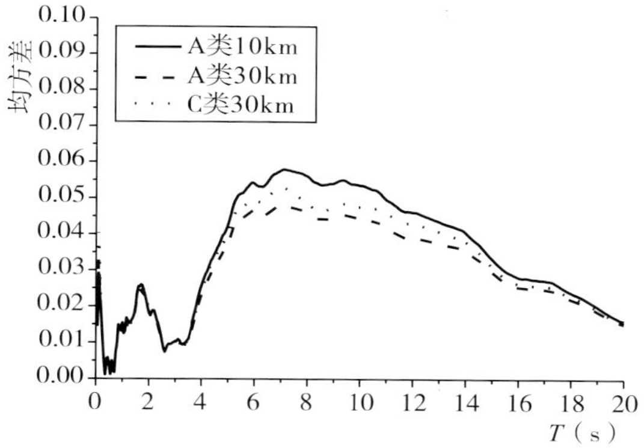

(c)阻尼比 30%

图 6.2-22　DMF 均方差

(3)各震级 DMF 与震级平均 DMF 的比值及比值的均方差

各震级 DMF 与震级平均 DMF 的比值、比值的均方差分别见图 6.2-23、图 6.2-24,震级影响绝对误差见图 6.2-25。

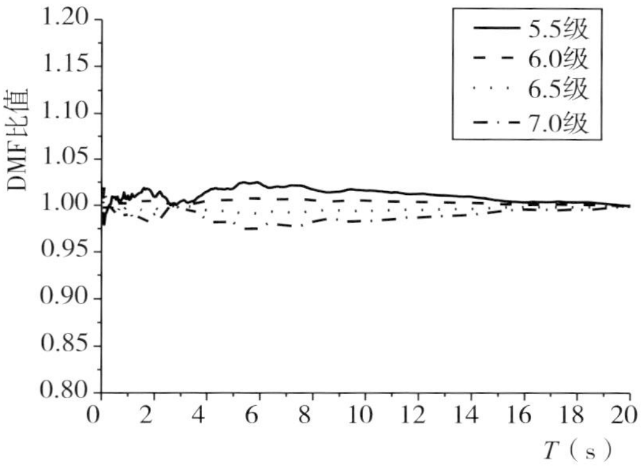

(a)阻尼比 10%

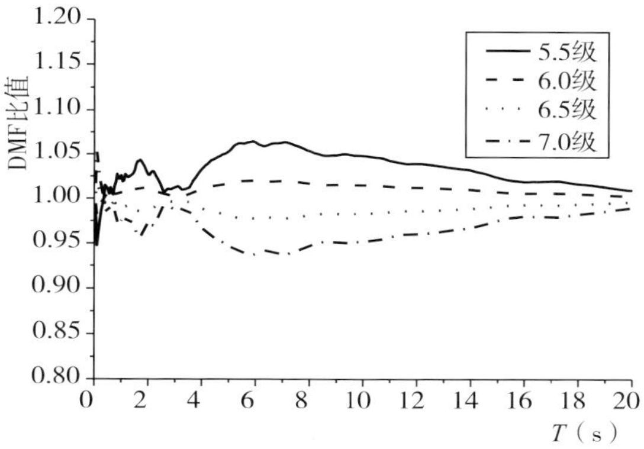

(b)阻尼比 20%

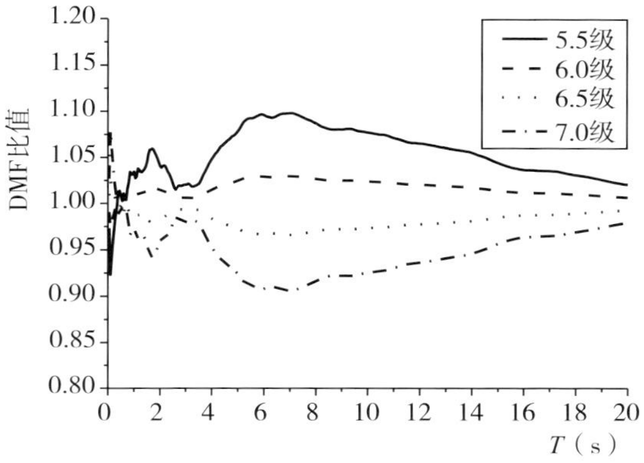

(c)阻尼比 30%

图 6.2-23　各震级 DMF 与震级平均 DMF 的比值

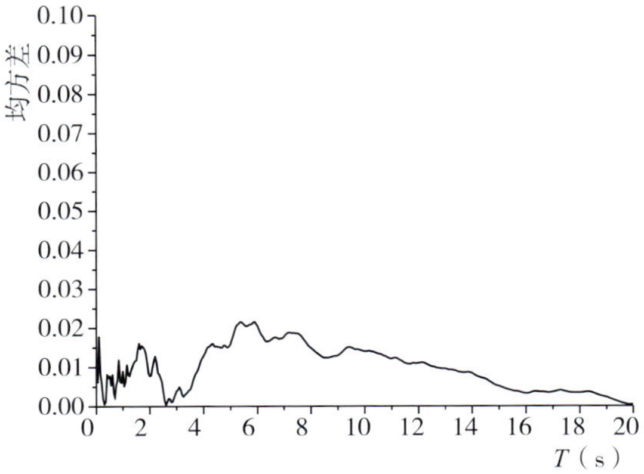

(a)阻尼比 10%

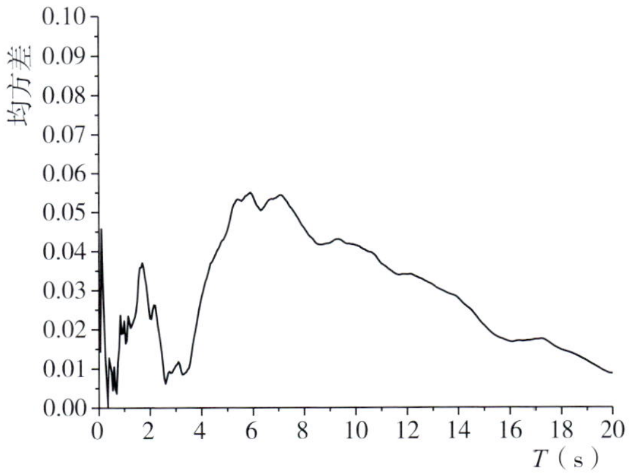

(b)阻尼比 20%

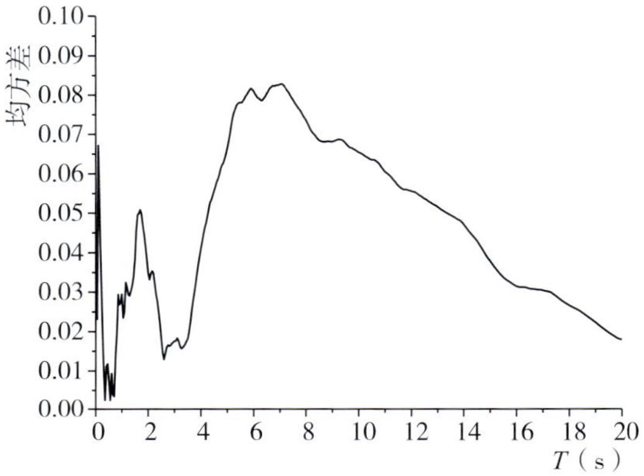

(c)阻尼比 30%

图 6.2-24　各震级 DMF 与震级平均 DMF 的比值的均方差

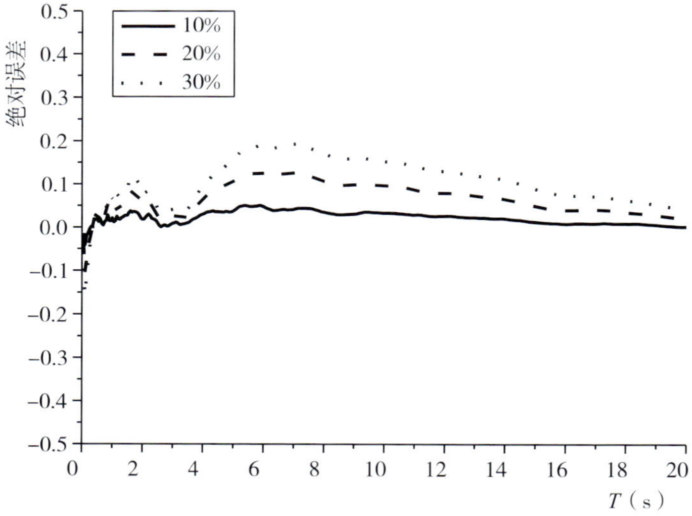

图 6.2-25　震级影响绝对误差(5.5 级与 7.0 级误差)

震级对于 DMF 的影响程度，由 CF08 公式可知，无论取任何一组场地类别和震源距参数，某个震级 DMF 与震级平均 DMF 的比值不变。

由图 6.2-23 可见，此比值随阻尼比的增大而增大。当阻尼比为 10%时，在 0～0.4s 周期段震级对 DMF 的影响最大误差为 2.07%；在 0.4～3.5s 周期段震级对 DMF 的影响最大误差为 1.88%；在 3.5～20s 周期段震级对 DMF 的影响最大误差为 2.52%。当阻尼比为 20%时，在 0～0.4s 周期段震级对 DMF 的影响最大误差为 5.38%；在 0.4～3.5s 周期段震级对 DMF 的影响最大误差为 4.34%；在 3.5～20s 周期段震级对 DMF 的影响最大误差为 6.47%。当阻尼比为 30%时，在 0～0.4s 周期段震级对 DMF 的影响最大误差为 7.94%；在 0.4～3.5s 周期段震级对 DMF 的影响最大误差为 5.98%；在 3.5～20s 周期段震级对 DMF 的影响最大误差为 9.82%。

由图 6.2-25 可见，当阻尼比为 10%时，在 0～0.4s 周期段，绝对误差最大为 4.12%；在 0.4～3.5s 周期段，绝对误差最大为 3.74%；在 3.5～20s 周期段，绝对误差最大为 5.01%。当阻尼比为 20%时，在 0～0.4s 周期段，绝对误差最大为 10.63%；在 0.4～3.5s 周期段，绝对误差最大为 8.60%；在 3.5～20s 周期段，绝对误差最大为 12.62%。当阻尼比为 30%时，在 0～0.4s 周期段，绝对误差最大为 15.60%；在 0.4～3.5s 周期段，绝对误差最大为 11.80%；在 3.5～20s 周期段，绝对误差最大为 19.23%。以上参数分析时震级的范围限制在 5.5～7.0 级，震级越大，则震级对 DMF 的影响产生的相对误差和绝对误差将会更大，震级的影响不能忽略。

6.2.2.4 震源距对于 DMF 的影响

以 A 类场地、5.5 级和 7.0 级、4 组震源距(10km、20km、30km、40km)为例，研究震源距对于 DMF 的影响，见图 6.2-26 至图 6.2-29。

(1)DMF 曲线

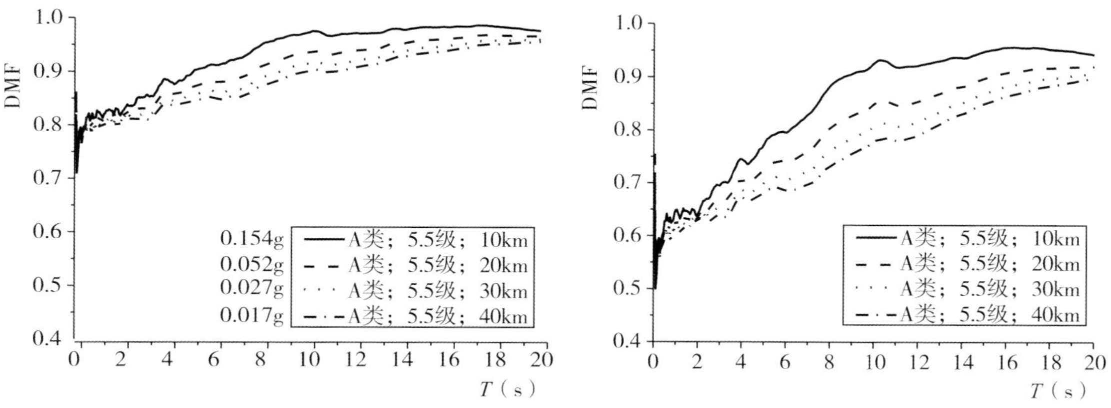

(a)阻尼比 10%　　(b)阻尼比 20%

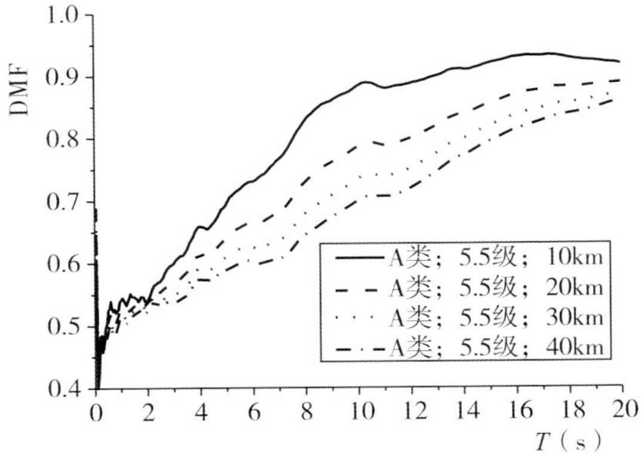

(c)阻尼比 30%

图 6.2-26　A 类、5.5 级、4 组震源距 DMF 曲线

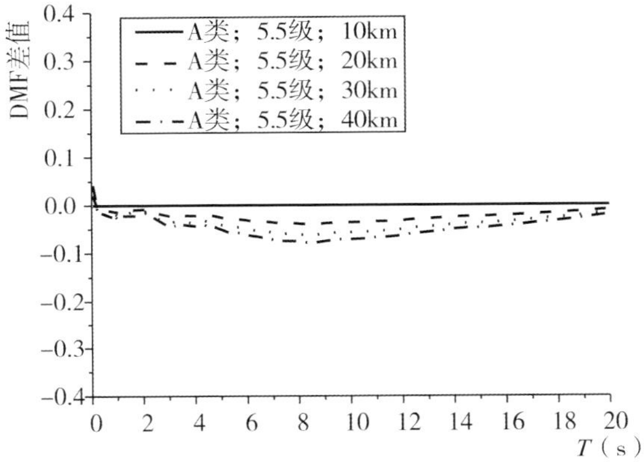

(a)阻尼比 10%

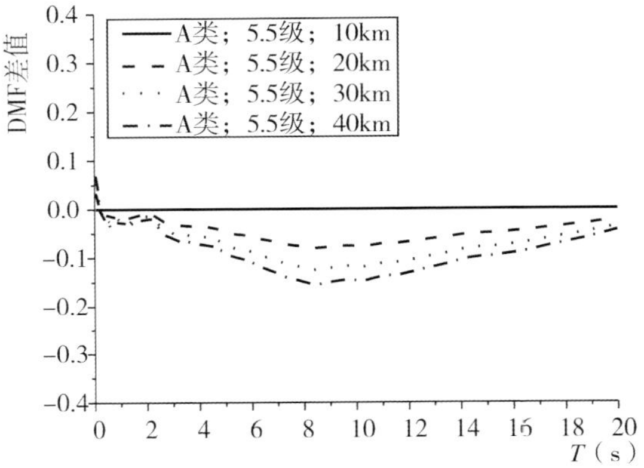

(b)阻尼比 20%

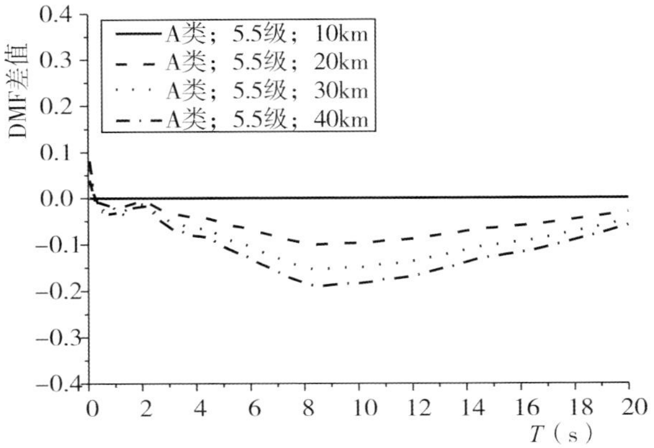

(c)阻尼比 30%

图 6.2-27　A 类、5.5 级、4 组震源距 DMF 差值

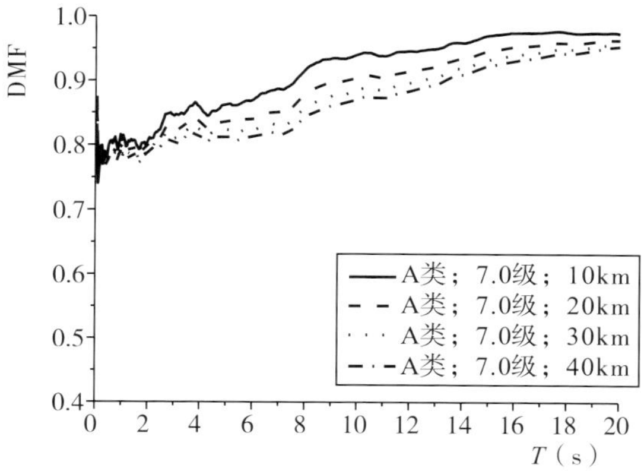

(a)阻尼比 10%

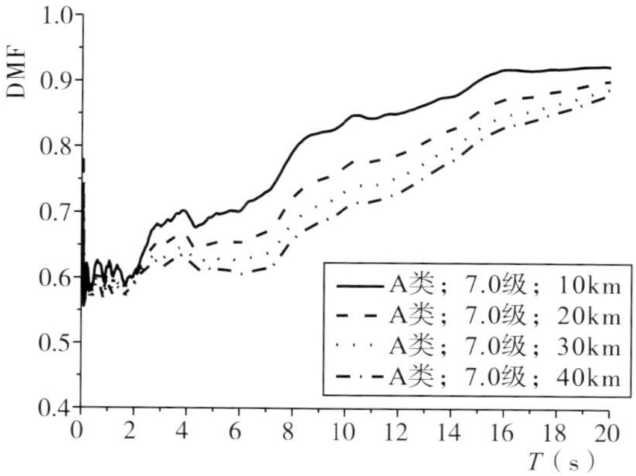

(b)阻尼比 20%

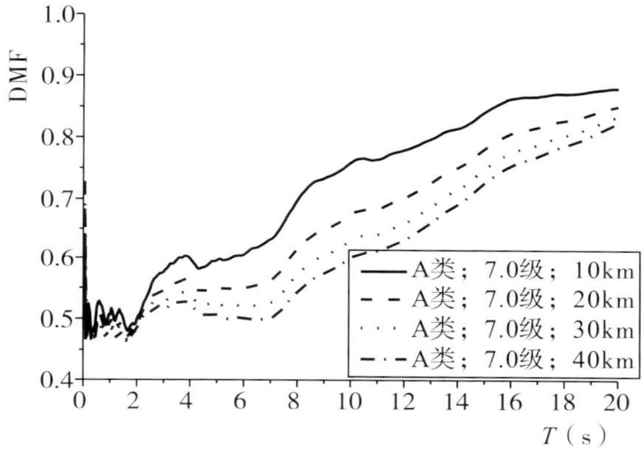

(c)阻尼比 30%

图 6.2-28 A 类、7 级、4 组震源距 DMF 曲线

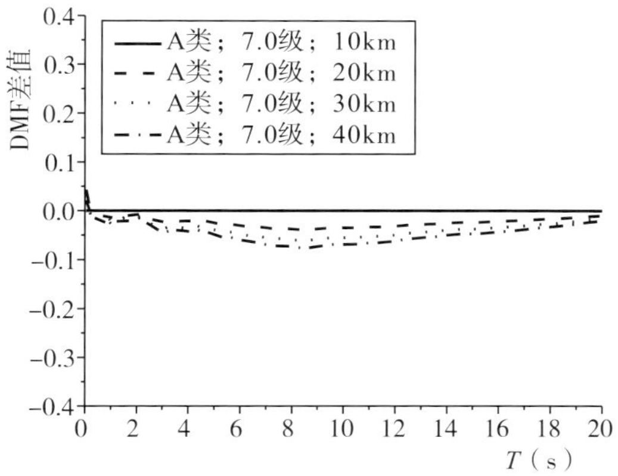

(a)阻尼比 10%

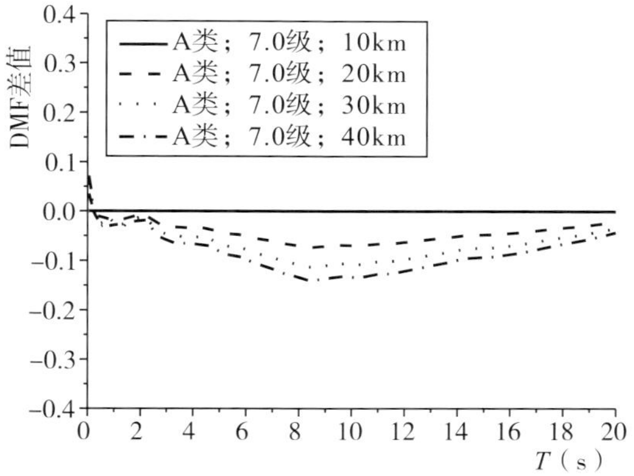

(b)阻尼比 20%

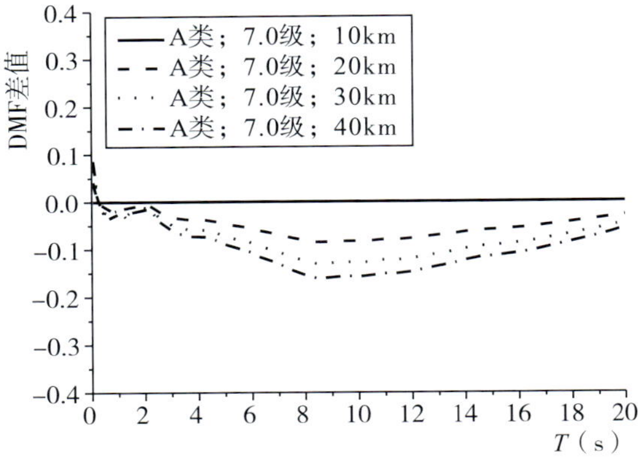

(c)阻尼比 30%

图 6.2-29　A 类、7.0 级、4 组震源距 DMF 差值

震源距对于 DMF 线型的影响，由图 6.2-26 可见，当震级为 5.5 级时，DMF 曲线在 0～2s 周期段内未形成平台段；由图 6.2-28 可见，当震级为 7.0 级时，DMF 曲线在 0～2s 周期段内形成平台段，当震源距超过 20km 后，在 4～8s 周期段形成第二平台段。在 0～3s 周期段内震源距对 DMF 的影响很小，震源距对 DMF 的主要影响区段在 3s 以后。

震源距对于减震效率的影响，由图 6.2-28(c)可见，当阻尼比为 30%时，A 类 7.0 级 40km 的 DMF 值在 0～2s 和 4～8s 比较稳定，保持在一个恒值附近；在 0～2s 周期段内 DMF 值在 0.475 附近，在 4～8s 周期段内 DMF 值在 0.502 附近，即在这两个周期段内，减震效率保持稳定，而且减震效率很高。A 类 7.0 级 10km 的 DMF 值，在 0～2s 周期段内比较稳定，在 0.500 附近；在 4～8s 周期段内 DMF 值从 0.582 持续增大到 0.698，即在这两个周期段内减震效率持续下降。

(2)DMF 均方差

分别将 5.5 级 A 类、7.0 级 A 类两组工况下得到的 4 个震源距的 DMF 值取均方差(图 6.2-30)，可见两组工况的 DMF 均方差相差不大。

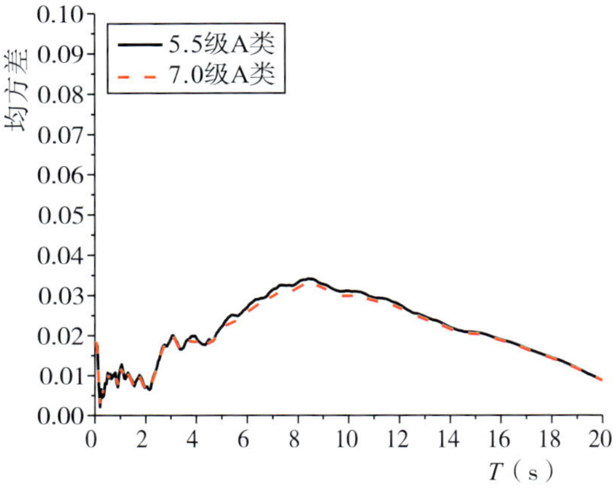

(a)阻尼比 10%

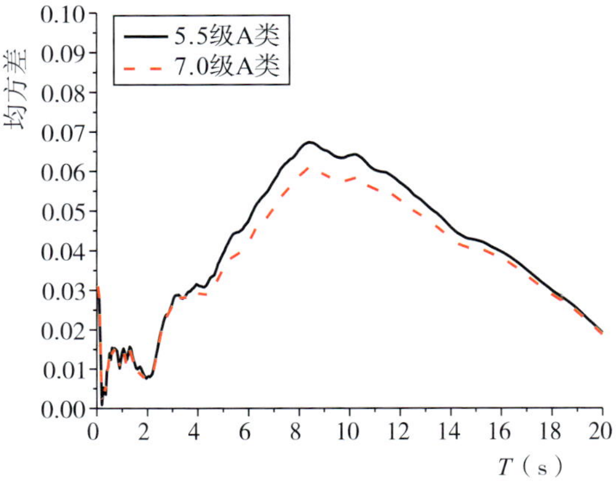

(b)阻尼比 20%

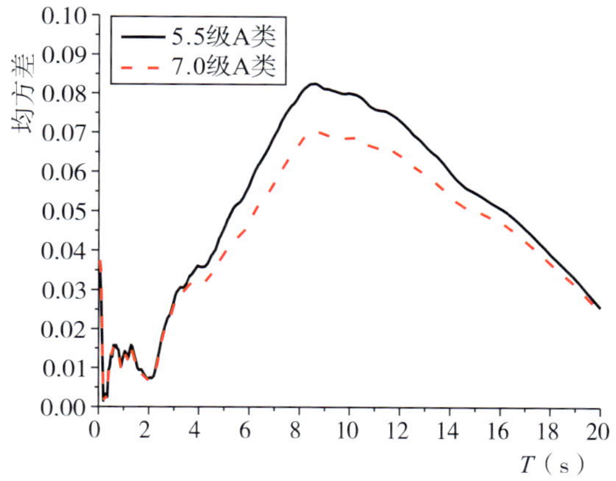

(c)阻尼比 30%

图 6.2-30　DMF 均方差

由图 6.2-30 可见，由震级变化造成的 DMF 的离散性随阻尼比的增大而增大，阻尼比超过 10%后，DMF 在 0～3s 周期段离散性较低，在超过 3s 后离散性很高。

(3)各震源距 DMF 与距离平均 DMF 的比值及比值的均方差

各震源距 DMF 与距离平均 DMF 的比值、比值的均方差分别见图 6.2-31、图 6.2-32。由图 6.2-31 可见，某个震源距 DMF 与距离平均 DMF 比值随阻尼比的增大而增大。当阻尼比为 10%时，在 0～0.4s 周期段，震源距对 DMF 的影响最大误差为 3.11%；在 0.4～2.5s 周期段，震源距对 DMF 的影响最大误差为 2.19%；在 2.5～20s 周期段，震源距对 DMF 的影响最大误差为 4.98%。当阻尼比为 20%时，在 0～0.4s 周期段，震源距对 DMF 的影响最大误差为 6.73%；在 0.4～2.5s 周期段，震源距对 DMF 的影响最大误差为 3.78%；在 2.5～20s 周期段，震源距对 DMF 的影响最大误差为 11.17%。当阻尼比为 30%时，在 0～0.4s 周期段，震源距对 DMF 的影响最大误差为 8.82%；在 0.4～2.5s 周期段，震源距对 DMF 的影响最大误差为 4.19%；在 2.5～20s 周期段，震源距对 DMF 的影响最大误差为 15.09%。

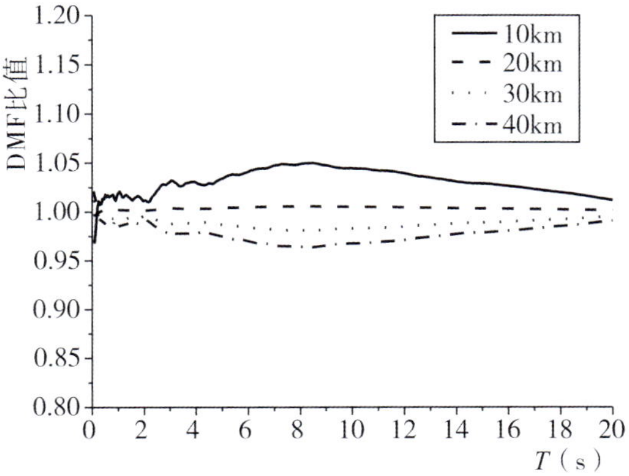

(a)阻尼比 10%

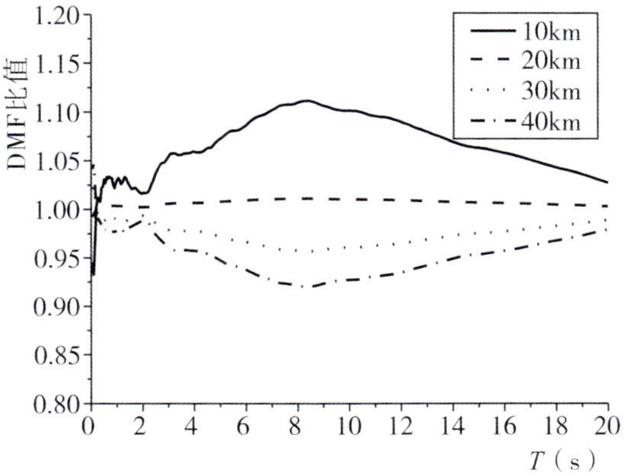

(b)阻尼比 20%

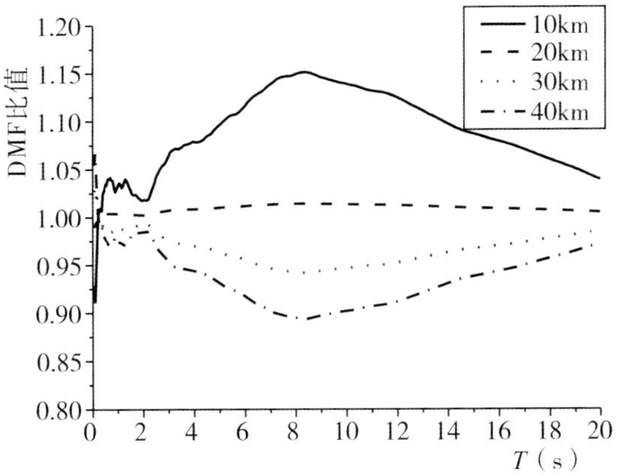

（c）阻尼比 30%

图 6.2-31　各震源距 DMF 与距离平均 DMF 的比值

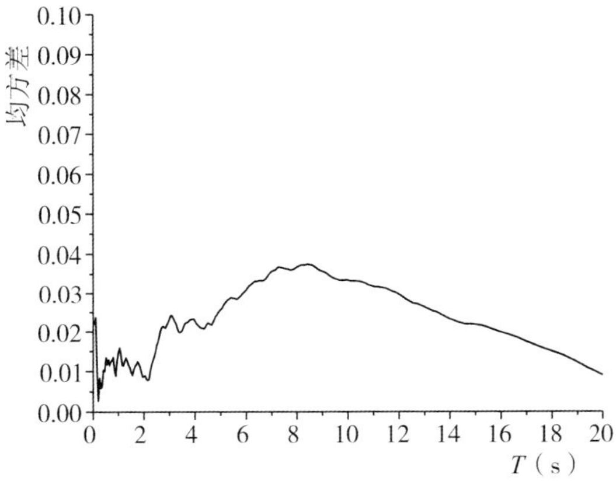

（a）阻尼比 10%

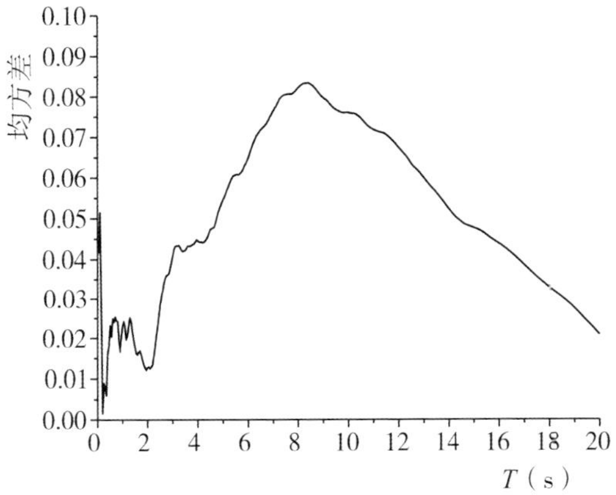

（b）阻尼比 20%

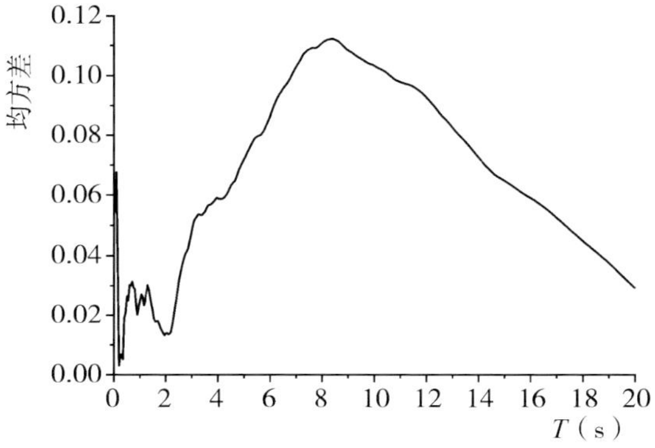

（c）阻尼比 30%

图 6.2-32　各震源距 DMF 与距离平均 DMF 的比值的均方差

表 6.2-2 为图 6.2-12、图 6.2-23、图 6.2-31 中统计到的各参数（场地类别、震级、震源距）DMF 与参数平均 DMF 的比值的最大值。由此可见，场地类别的影响：阻尼比为 10%、

20%，场地类别对于 DMF 的影响误差在 5%左右，若以 5%为允许误差，则场地类别的影响可以忽略；阻尼比为 30%时，除了超短周期段，场地类别对于 DMF 的影响误差在 10%以内，若以 10%为允许误差，则场地类别的影响可以忽略。震级的影响：在 0.4～3.5s 周期段，3 个阻尼比水平下，震级对于 DMF 的影响误差在 5%之内，若以 5%为允许误差，则震级的影响可以忽略；在 3.5～20s 周期段，阻尼比为 10%时，震级对于 DMF 的影响误差在 5%之内，震级的影响可以忽略，阻尼比为 20%和 30%时，震级对于 DMF 的影响误差在 10%之内，若以 10%为允许误差，则震级的影响可以忽略。震源距的影响：在 0.4～2.5s 周期段，3 个阻尼比水平下，震源距对于 DMF 的影响误差在 5%之内，若以 5%为允许误差，则震源距的影响可以忽略；在 2.5～20s 周期段，阻尼比为 10%时，震源距对于 DMF 的影响误差在 5%之内，震源距的影响可以忽略，阻尼比为 20%和 30%时，震源距对于 DMF 的影响误差超过 10%，震源距的影响较大不可忽略。

表 6.2-2 场地类别、震级、震源距对于 DMF 的影响程度最大值（DMF 与参数平均 DMF 之比） （单位：%）

阻尼比	场地类别		震级			震源距		
	0～0.4s	0.4～20s	0～0.4s	0.4～3.5s	3.5～20s	0～0.4s	0.4～2.5s	2.5～20s
10	7.05	2.69	2.07	1.88	2.52	3.11	2.19	4.98
20	15.13	5.76	5.38	4.34	6.47	6.73	3.78	11.17
30	20.49	7.81	7.94	5.98	9.82	8.82	4.19	15.09

由第 6.2.2 节参数分析，可以得到以下结论：

①所有情况下的 DMF，在结构周期超过 8s 后，减震效率大幅度降低。

②减震效率敏感周期段主要受震级和震源距的影响，其中震级的影响很大，其变化规律为随着震源距和震级的增加，减震效率敏感周期段出现宽的平台段。DMF 平台段主要受震级和震源距的影响，其中第一平台段（0～2s）受震级的影响更大，震级越大平台越显著，第二平台段（4～8s）同时受震级和距离的影响，其中震级的影响更大，当震级和震源距同时增大到一定程度时，第二平台段才会出现。

③在减震效率敏感周期段，震源距对于减震效率的影响比震级更大，阻尼比水平越高，震级和震源距的影响程度越高。

④在震级、震源距、场地类别这 3 个重要因素中，场地类别对于阻尼减震效率的影响最小。

6.2.3 基于 RB14 公式校核 DMF 参数

RB14 公式是基于 NGA-West2 数据库中选出的 2000 多条地震动记录建立的回归公式，数据库记录丰富，且考虑了周期、阻尼比、震级、距离的影响，影响因素较为全面，可以连续变化阻尼比、震级和距离，因此以 RB14 公式校核第 6.2.2 节 DMF 参数分析，并与 CF08 公式的 DMF 进行对比（需场地平均），距离统一为断层距，计算 CF08 公式的 DMF 曲线时将断层距换算为震源距。

6.2.3.1 参数选择范围的确定

参数范围与基于 CF08 公式进行参数分析时选择的参数范围相同，RB14 公式未考虑场地类别对 DMF 的影响，因此只需要变化震级和断层距两个参数。震级的变化范围为 5.5～7.0 级，步长 0.5 级；断层距的变化范围为 10～40km，步长 10km。

在分析震级对 DMF 的影响时，选择 4 组震级，分别为 5.5 级、6.0 级、6.5 级、7.0 级，距离取 10km(上限值)和 30km(中间值)；分析断层距对 DMF 的影响时，选择 4 组距离，分别为 10km、20km、30km、40km，震级取上、下限即 5.5 级和 7.0 级。

在一个地震事件中，震级是已知的，某地震动记录仪所处站点的震源距(断层距)、场地类别也是已知的。每一条地震动记录都有各自对应的震级、距离、场地类别等参数信息。由地震动记录统计得到的 DRS 公式或 DMF 公式可知，这些公式自身的统计意义为平均(LC04 公式、PN17 公式、PU16 公式等 DMF 均为均值)。在对比分析中，需要以"平均"来取得参数对比时的一致性。例如，RB14 公式中没有场地类别参数，在与 CF08 公式对比分析时，若 RB14 的 DMF 选取参数为"7.0 级 10km 断层距"，则 CF08 的对比对象为"7.0 级 38km 震源距"下 4 类场地对应的 4 条 DMF 曲线取平均。

6.2.3.2 震级影响对比

图 6.2-33 为断层距分别取 10km、20km、30km、40km 时震级变化对 CF08 公式和 RB14 公式 DMF 的影响对比，图 6.2-34 为距离平均后震级对 DMF 的影响对比，其中阻尼比取 30%。

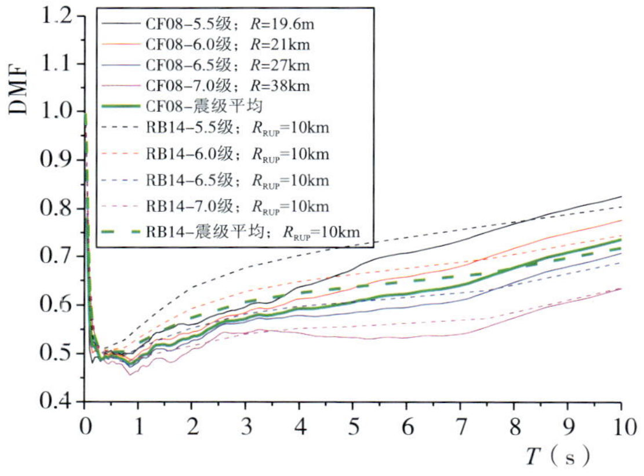

(a)10km 4 组震级

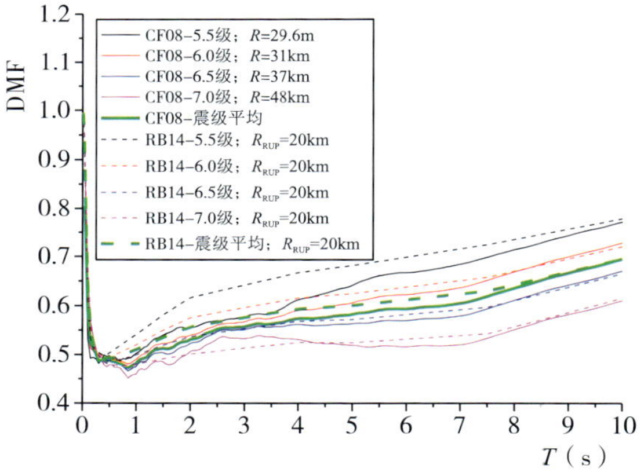

(b)20km 4 组震级

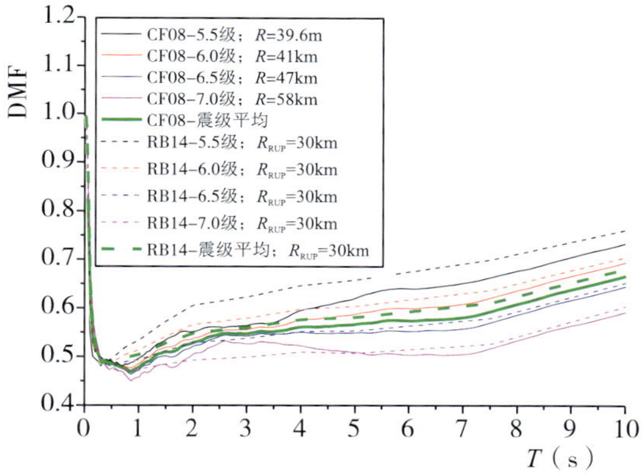

(c)30km 4 组震级

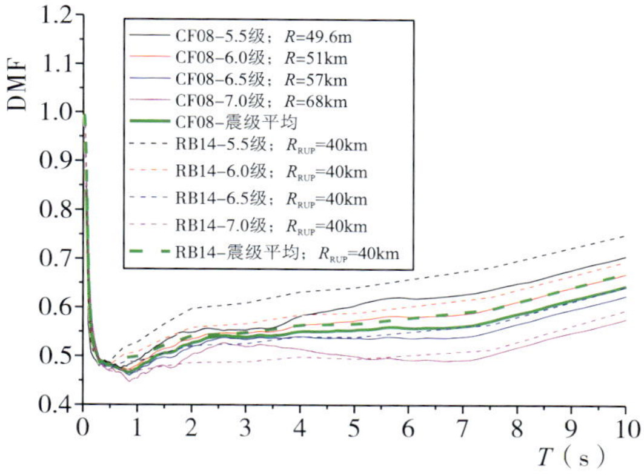

(d)40km 4 组震级

图 6.2-33 不同断层距下震级对于 DMF 的影响对比

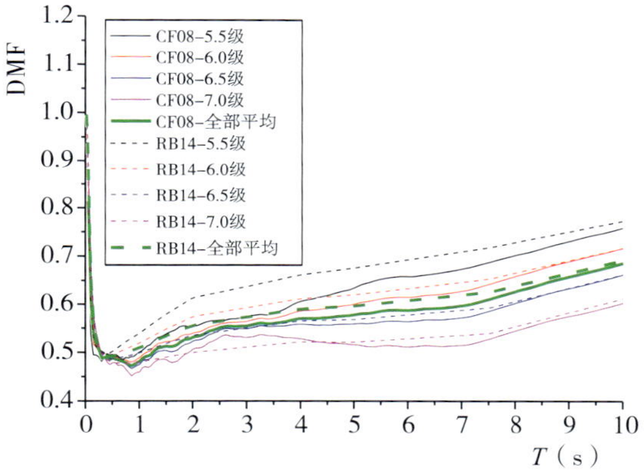

图 6.2-34 距离平均后震级对于 DMF 的影响对比

6.2.3.3 距离影响对比

图 6.2-35 为 4 组震级下距离变化对 DMF 的影响对比，图 6.2-36 为震级平均后距离对 DMF 的影响对比，其中阻尼比取 30%。

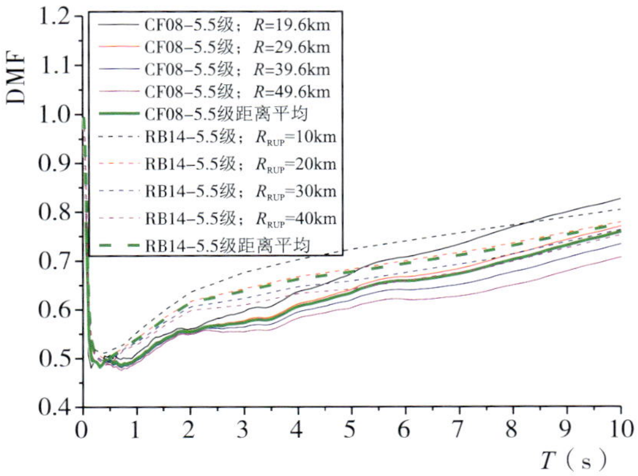

(a)5.5 级 4 组距离

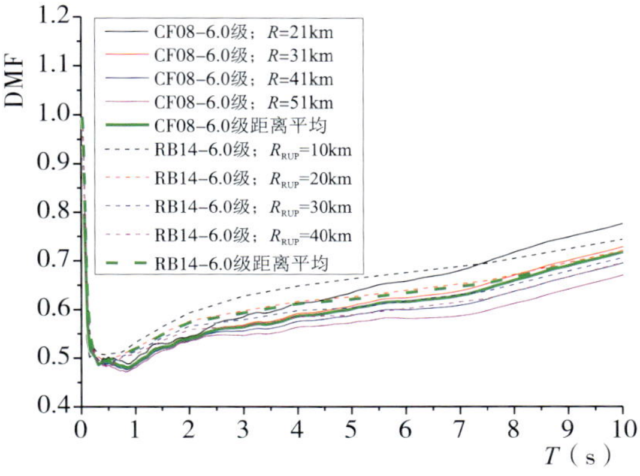

(b)6 级 4 组距离

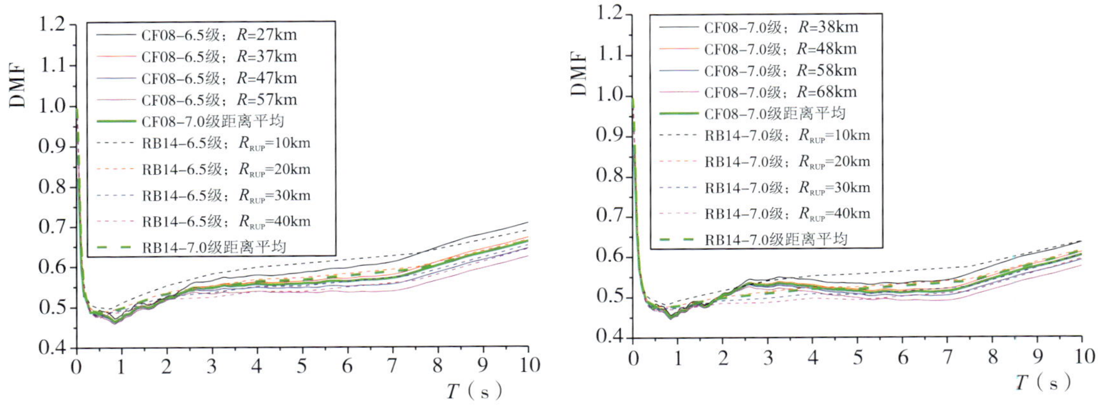

(c)6.5 级 4 组距离　　　　(d)7.0 级 4 组距离

图 6.2-35　距离变化对于 DMF 的影响对比

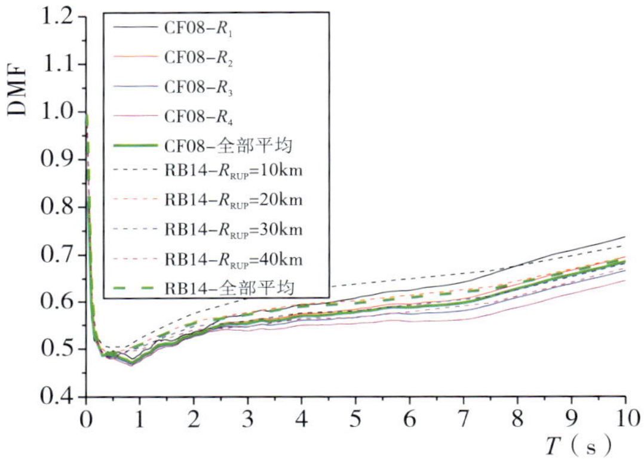

图 6.2-36　震级平均后距离对 DMF 的影响对比

注：图 6.2-33 至图 6.2-36 中 R 为震源距，R_{RUP} 为断层距；图 6.2-36 中 $R_{1\text{-}4}$ 分别为 R_{RUP} = 10km、20km、30km、40km 所对应的震源距，由于各个震级下相同震源距对应不同的断层距，故用 R_i 表示。

由图 6.2-33 至图 6.2-36 可见：

①CF08 公式与 RB14 公式全部平均 DMF 曲线随着周期线型的变化相同，且相对数值非常接近；RB14 公式比 CF08 公式略大。

②由图 6.2-33 可见，各个断层距下，两个公式的 DMF 曲线在震级为 5.5 级时差异较大，在其他震级下比较接近。

③由图 6.2-33、图 6.2-34 对比可见，震级的影响在距离平均后，与全部平均相比，离散程度保持不变，与各个断层距下的离散程度几乎保持一致。

④由图 6.2-35 可见，各个震级下，两个公式的 DMF 曲线在各断层距下均比较接近。

⑤由图 6.2-35 可见，各个震级下，两个公式的 DMF 曲线受断层距影响，与距离平均 DMF 曲线相比，离散程度随着震级的增加而逐渐减小；由图 6.2-36 可见，震级的影响在距离平均后，与全部平均相比，离散程度与 6.0 级和 6.5 级的 DMF 最接近。

⑥震级的参数范围是常规强震范围，距离范围是场地衰减到峰值加速度的大小对工程比较重要的范围。对比图 6.2-34、图 6.2-36，在参数分析范围内，与全部平均 DMF 曲线相比，震级引起的波动范围大于距离引起的波动范围，可以认为震级的影响大于距离的影响。

⑦对 DMF 线型的影响：从震级角度，短距离时（10km），随着震级的增大，CF08 公式的 DMF 曲线逐渐在 0～2s 周期段形成平台段，在长周期段末形成平台段；而 RB14 公式 DMF 曲线在整个周期段（0～10s）均无平台段；远距离时（40km），随着震级的增大，两个公式的 DMF 曲线均逐渐在 4～8s 周期段形成平台段；当震级增大到 7.0 级时，RB14 公式 DMF 曲线在 0.5～8s 周期段形成一段很长的平台段。从距离角度，小震级时（5.5 级），随着距离的增大，两个公式的 DMF 曲线始终未形成平台段；当大震级时（7.0 级）时，随着距离的增大，两个公式的 DMF 曲线逐渐在 4～8s 形成平台段。

6.2.4 基于实测地震动记录的 DMF 公式拓展

从结构抗震设计角度，场地类别与设计地震超越概率下的 PGA 是已知的。由第 6.2.2 节的参数分析可见，相对震级与震源距（断层距），场地类别对 DMF 的影响不大。但是 PGA 受震级、震源距（断层距）以及场地类别的影响很大，随着震级的增加而增加，随着震源距（断层距）的增加而呈对数衰减。因此首先分析在 PGA 下，不同震级、距离组合下的 DMF 的曲线分布特征。

设定在 PGA 为 0.2g、B 类场地下，由 PGA 的计算公式（6.2-9）可得不同震级、距离组合为 5.5 级 11.7km、6.0 级 17.5km、6.5 级 26.3km、7.0 级 39.4km。由 CF08 公式计算阻尼比为 30％的 DMF 曲线见图 6.2-37。

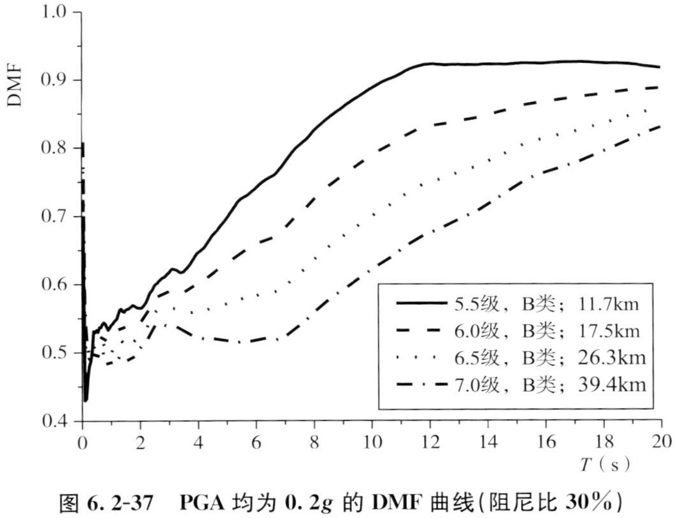

图 6.2-37 PGA 均为 0.2g 的 DMF 曲线（阻尼比 30％）

从图 6.2-37 可以看出，相同的 PGA，不同震级、距离组合下的 DMF 的曲线很离散，尤其是在长周期段，DMF 数值显著不同。

对于一个特定的工程场地，附近存在远近不同、活跃性不同的断层，未来地震的震级以及震源距(断层距)存在多种可能，即震级和距离有多种参数组合。而且相同的PGA，不同震级、距离组合下的DMF的曲线很离散。因此，从设计角度，在DMF的设计实用计算公式中，应该弥合震级和距离的影响，如Lin等提出的公式中仅包含周期、阻尼比和场地类别等参数。由于在震级、距离、场地类别这3个DMF影响参数中，场地类别是最不重要的因素，因此对场地类别参数同步进行弥合，即求出各个公式中震级、距离、场地类别参数不同组合下的DMF曲线，然后求平均曲线，并进行对比。

本节主要将基于实测地震动记录回归得到的DMF公式平均化(场地平均、距离平均和震级平均)，以提出适合规范引用的DMF公式建议，并将所提出的公式与各国抗震设计规范提供的阻尼修正公式进行对比。

6.2.4.1 CF08公式场地、距离、震级平均DMF曲线

将CF08公式进行平均化，首先进行场地平均(A、B、C、D 4类场地)，然后进行距离平均(断层距范围10～40km，转化为震源距，步长10km)，最后进行震级平均(震级范围5.5～7级，步长0.5级)，平均DMF曲线见图6.2-38。

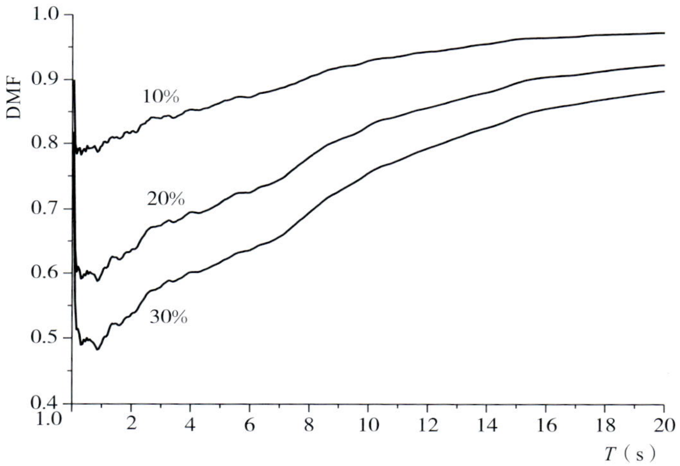

图6.2-38 CF08公式场地、距离、震级平均DMF曲线

6.2.4.2 RB14公式距离、震级平均DMF曲线

将RB14公式进行平均化，首先进行距离平均(断层距范围10～40km，步长10km)，然后进行震级平均(震级范围5.5～7.0级，步长0.5级)，平均DMF曲线见图6.2-39。

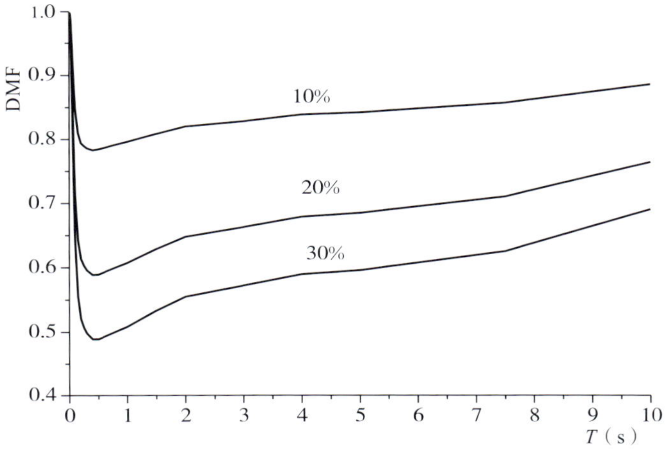

图 6.2-39 CF08 公式距离、震级平均 DMF 曲线

6.2.4.3 PN17 公式震级、距离、场地平均 DMF 曲线

表 6.2-3 为 PN17 公式震级、距离分布，将 PN17 公式进行平均化，首先进行震级、距离(断层距 R_{RUP})平均，然后进行场地(B 类和 C 类)平均，平均 DMF 曲线见图 6.2-40。

表 6.2-3 PN17 公式震级、距离分布

场地类别	1		2		3		4		5	
	M	R_{RUP}(km)	M	R_{RUP}(km)	M	R_{RUP}(km)	M	R_{RUP}(km)	M	R_{RUP}(km)
B 类	6.5	11	6.7	13	6.8	15	7	15	7.1	15
C 类	6.5	14	6.7	14	6.8	18	7	15	7.1	17

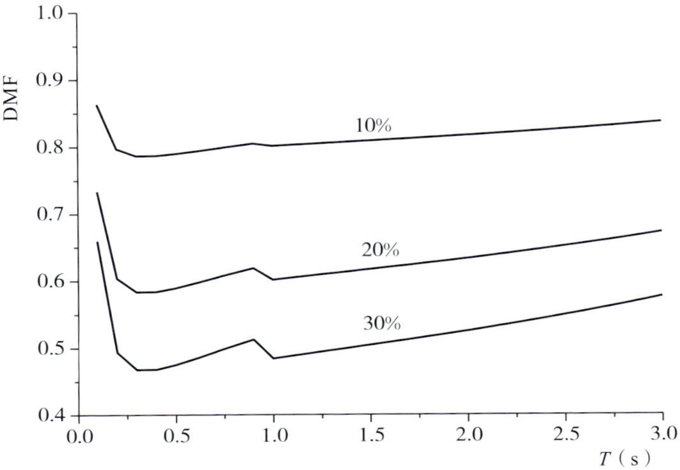

图 6.2-40 PN17 公式震级、距离、场地平均 DMF 曲线

6.2.4.4 LC04 公式场地平均 DMF 曲线

LC04 公式只与周期、阻尼比和场地类别相关，未考虑震级和距离的影响。此公式周期使用范围为 0～6s，将其延长至 10s 以方便与其他公式对比。

对其进行场地平均，平均 DMF 曲线见图 6.2-41。

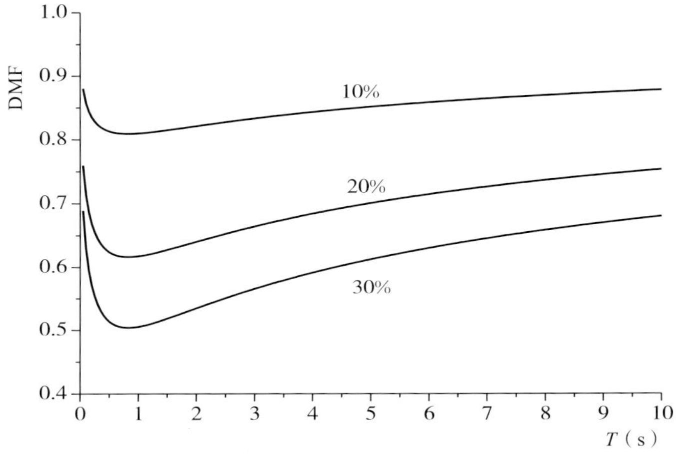

图 6.2-41 LC04 公式场地平均 DMF 曲线

6.2.4.5 回归公式场地、震级、距离平均 DMF 曲线对比

图 6.2-42 为上述 4 个基于实测记录回归得到的 DMF 公式之间的对比，其中 PN17 公式只能计算 3s 之内的 DMF；LC04 公式只能计算至 6s，将其延长至 10s；RB14 公式可计算到 10s；CF08 公式可计算到 20s。

由图 6.2-42 可见，阻尼比为 10%和 20%时，LC04 公式和其他 3 个公式的 DMF 曲线之间的误差在 5%之内(在超短周期段误差较大，超过 5%)，误差很小；阻尼比为 30%时，LC04 公式和其他 3 个公式的 DMF 曲线之间的误差在 10%之内(在超短周期段误差较大，超过 10%)，误差较小。

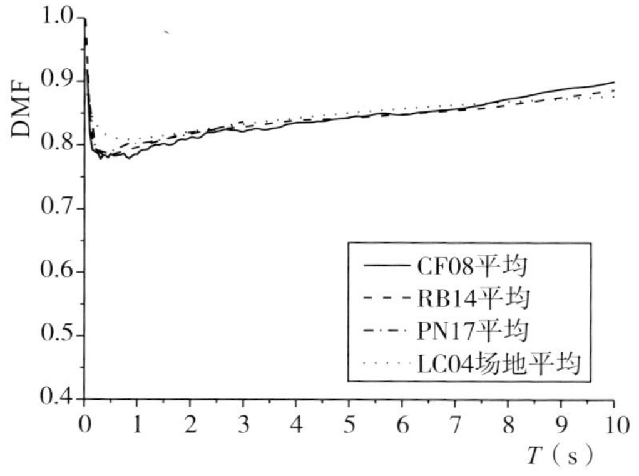

(i)DMF 曲线

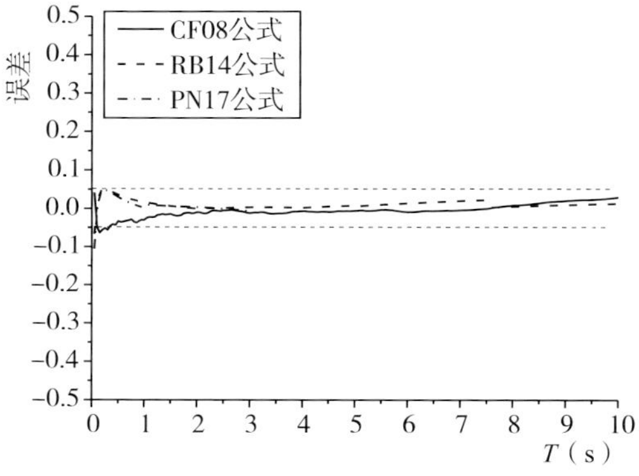

(ii)与 LC04 公式误差

(a)阻尼比 10%

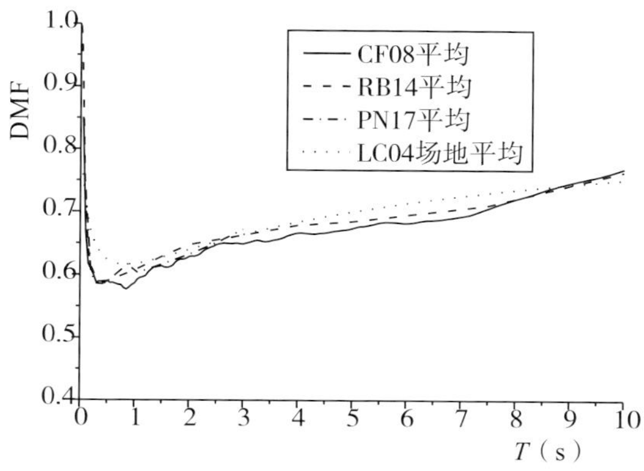

(i)DMF 曲线

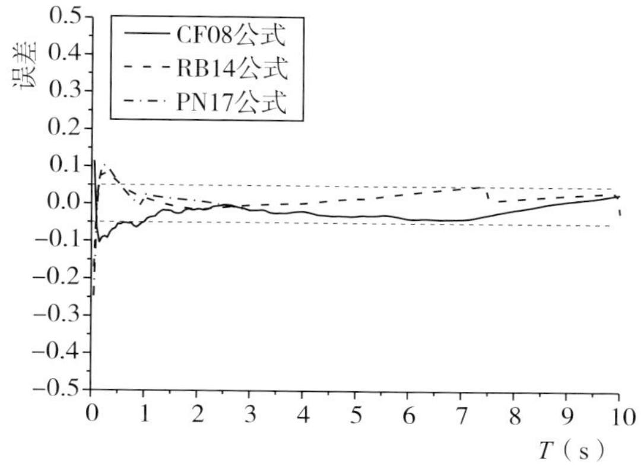

(ii)与 LC04 公式误差

(b)阻尼比 20%

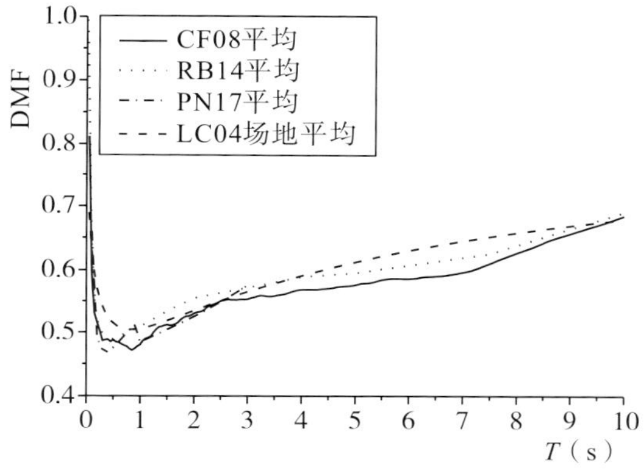

(i)DMF 曲线

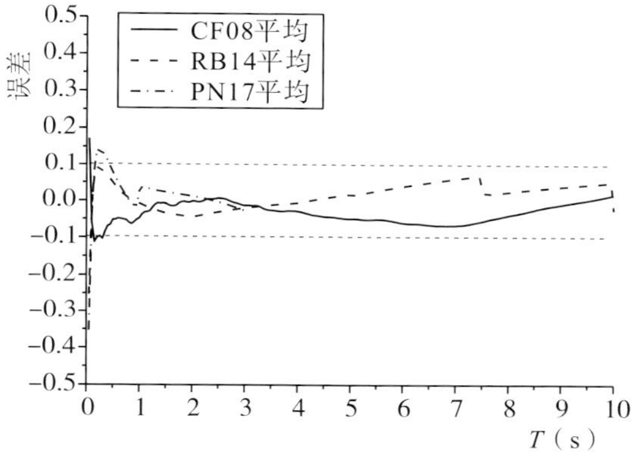

(ii)与 LC04 公式误差

(c)阻尼比 30%

图 6.2-42 CF08、RB14、LC04、PN17 场地、震级、距离平均 DMF 曲线对比

6.2.4.6 回归公式使用周期段和阻尼水平拓展

RB14 公式周期适用范围为 0～10s，阻尼比适用范围为 0.5%～30%，RB14 公式的特点是适用 0.5%～5%的低阻尼比水平；LC04 公式周期适用范围为 0～6s，阻尼比适用范围为 2%～50%，LC04 公式的特点是适用 30%～50%的高阻尼比水平；CF08 公式周期适用范围为 0～20s，特点是 10～20s 长周期范围；PN17 公式周期太短，不再使用。其中 RB14 公式与 LC04 公式阻尼比均可连续变化。

在实际工程中，斜拉桥一阶周期往往超过 10s、悬索桥等超大跨结构的周期可超过 20s。对于这些长柔结构，其阻尼比水平一般较低，低于 5%，比如苏通桥的阻尼比为 1%或 1.5%。在渡槽等输水结构抗震设计中，水体晃动阻尼比为 0.5%。在某些耗能装置的设计中，阻尼比会超过 30%。在结构工程抗震设计中，存在 DMF 的周期超过 10s，阻尼比小于 5%或超过 30%的情况。

由 DMF 公式一致性研究可知，CF08、RB14、LC04 3 个公式在共同区域范围周期为 0～6s，阻尼比为 10%、20%、30%时吻合性很好。3 个公式均是可靠的。基于此，可以认为 3 个公式在各自的“不共”区域也是可靠的。因此，可以向 0.5%～5%低阻尼比水平、30%～50%高阻尼比水平、10～20s 长周期范围进行公式拓展。公式拓展原则为以各自“不共”区域，校核其他公式的可拓展性以及如何拓展。

(1)3 个公式直接拓展的差异性

首先对比 3 个公式直接拓展的差异性。对比 RB14、LC04 公式小阻尼比范围的 DMF 差异；对比 RB14、LC04 公式高阻尼比范围的 DMF 差异；对比 CF08、RB14、LC04 3 个公式延长至 20s 的 DMF 差异。

1)RB14 公式和 LC04 公式低阻尼比水平(小于 2%)DMF 对比

RB14 公式的低阻尼比范围为 0.5%～5%；LC04 公式的低阻尼比范围为 2%～5%，LC04 公式的阻尼比可以连续变化，直接将 LC04 公式阻尼比延伸至 0.5%，与相应的 RB14 公式低阻尼比水平(小于 2%)的 DMF 曲线对比，阻尼比水平为 0.5%～2%，步长 0.5%(图 6.2-43)。

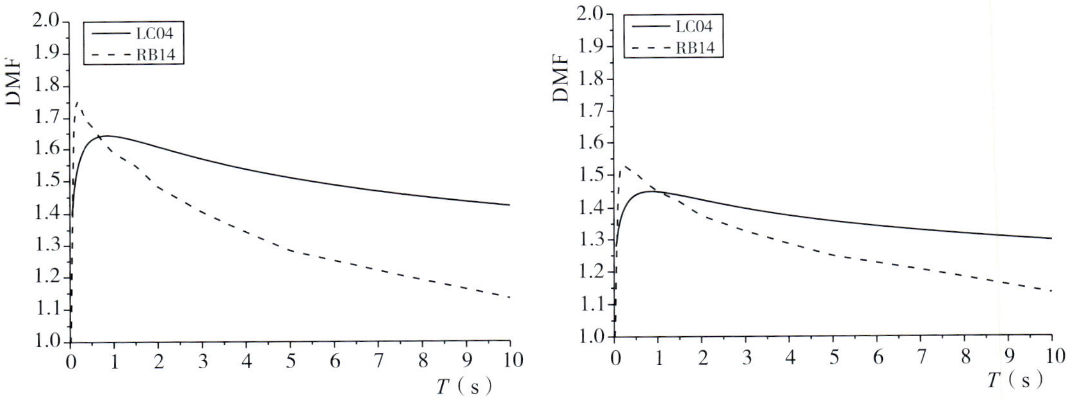

(a)阻尼比 0.5%　　(b)阻尼比 1%

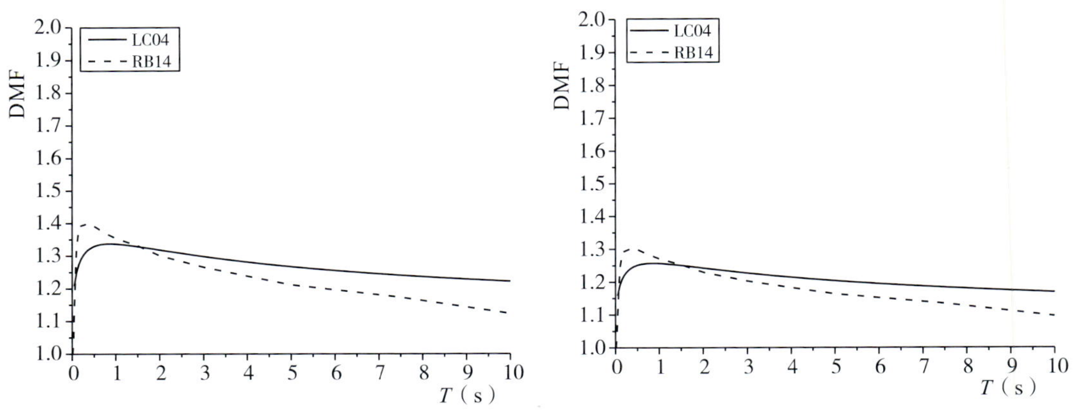

(c)阻尼比 1.5%　　(d)阻尼比 2%

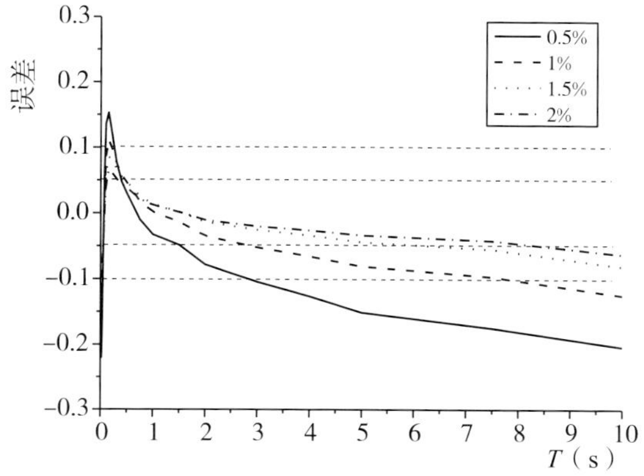

(e)DMF 误差

图 6.2-43 RB14 公式和 LC04 公式低阻尼比水平(0.5%～2%)DMF 对比

由图 6.2-43 可知,当阻尼比为 0.5%时,两个公式的误差在周期 3s 之内时小于 10%,周期超过 3s 后误差在 10%以上;当阻尼比为 1%和 1.5%时,两个公式的误差除了在超短周期段(0.05s 之内)较大外,误差一般在 10%之内;当阻尼比为 2%时,两个公式的误差在 5%之内(0.2s 之内较大)。

由误差分析可见,阻尼比小于 5%时,阻尼比越小,RB14 公式与 LC04 公式误差越大;阻尼比超过 1%后,两个公式的误差将超过 10%。因此,若想准确反应 0.5%～5%低阻尼比范围的 DMF 曲线变化特征,需要基于 RB14 公式的 DMF 曲线重新拟合函数。

2)RB14 公式和 LC04 公式高阻尼比水平(30%～50%)DMF 对比

LC04 公式的高阻尼比范围为 5%～50%;RB14 公式的高阻尼比范围为 5%～30%,直接将 RB14 公式阻尼比延伸至 50%,计算其阻尼比 30%～50%的 DMF 并与 LC04 公式进行对比以校核其精度(图 6.2-44)。

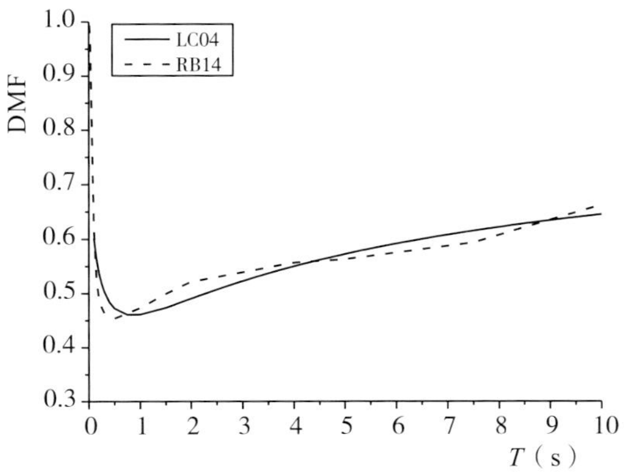

(a)阻尼比 35%

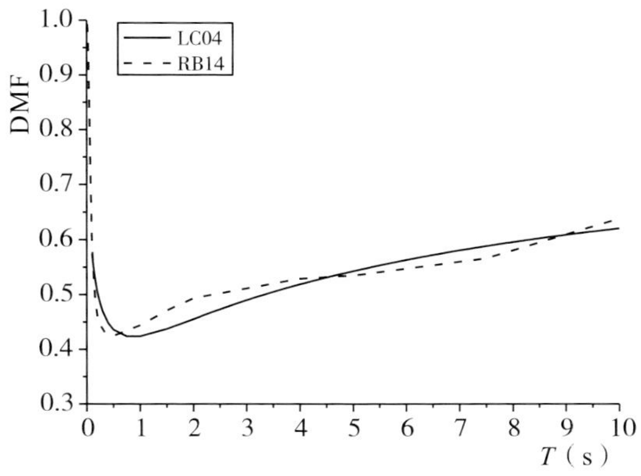

(b)阻尼比 40%

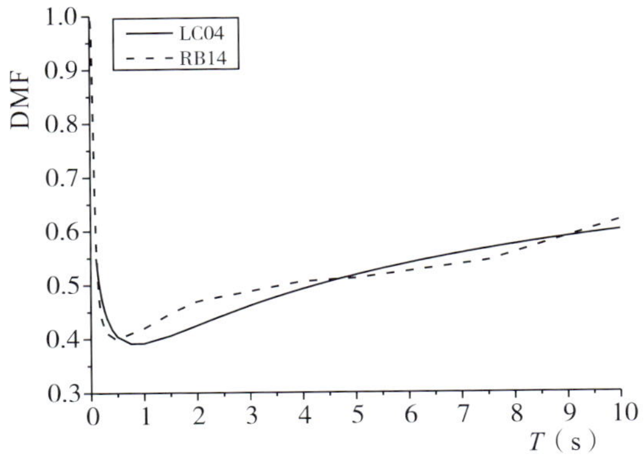

(c)阻尼比 45%

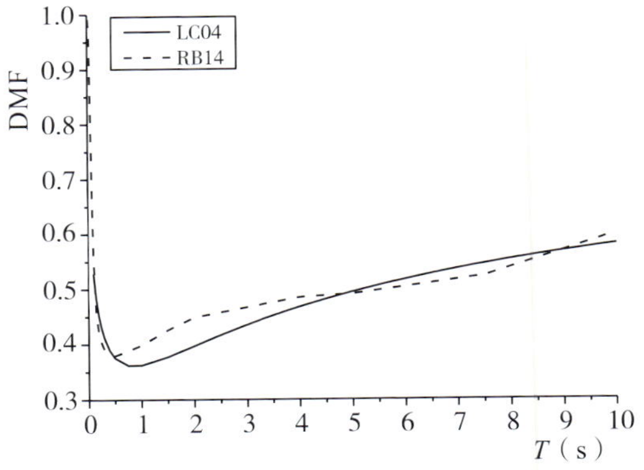

(d)阻尼比 50%

图 6.2-44 RB14 公式和 LC04 公式高阻尼水平 DMF(30%～50%)对比

由图 6.2-44 可见，当阻尼比范围为 30%～50%时，RB14 公式和 LC04 公式吻合较好，RB14 公式可向高阻尼(30%～50%)水平拓展。

3)3 个公式长周期段(10～20s)DMF 差异对比

CF08 公式可直接计算至 20s。RB14 公式只给出了 10s 内的回归系数，因此理论上只能计算至 10s；由于此公式在周期超过 7.5s 后 DMF 曲线接近线性变化，因此周期超过 10s 后以直线将其拓展至 20s 以近似处理。LC04 公式周期适用范围为 6s，由于此公式以周期为参数，因此可计算出 6～20s 的 DMF。对比 3 个公式长周期段的 DMF 曲线，见图 6.2-45。

由图 6.2-45 可知，周期在 10s 之内时，3 个公式很接近；周期超过 10s 后，3 个公式的差异越来越大，且随着阻尼比的加大，这种差异显著增大。这表明 LC04 公式直接外延、RB14 公式超过 10s 后直线延伸的简单做法，均无法正确反映 10～20s DMF 曲线的变化特征。因此需要以 CF08 公式为基准，拟合长周期范围(10～20s)的 DMF 公式。

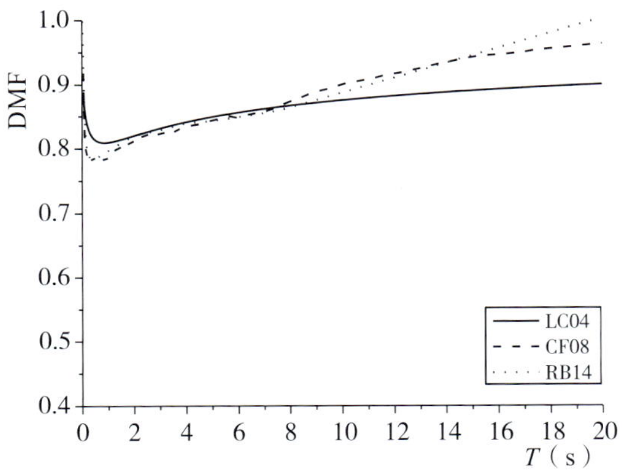

(a)阻尼比 10%

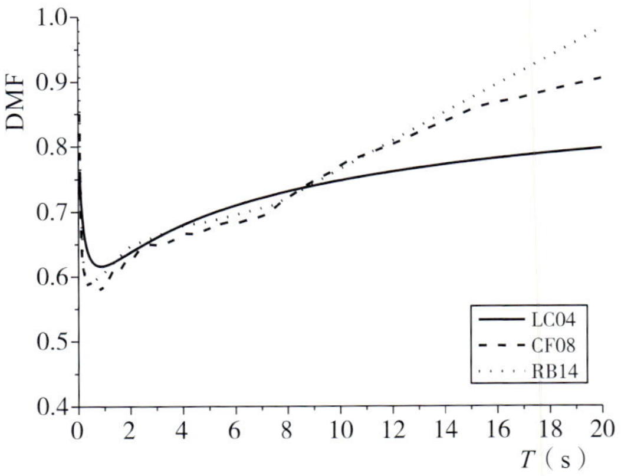

(b)阻尼比 20%

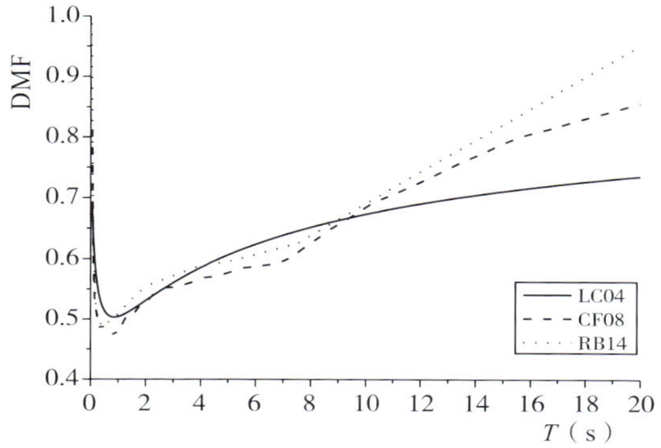

(c)阻尼比 30%

图 6.2-45 CF08、RB14、LC04 公式均延长至 20s 的 DMF

(2)基于 RB14 公式重新拟合回归系数并进行周期拓展

RB14 公式阻尼比使用范围最低可达到 0.5%，虽然阻尼比使用范围最高为 30%，但是阻尼比超过 30%后与 LC04 公式吻合很好，且此公式能展现 DMF 曲率随周期的变化；CF08 公式有可信的长周期段(10～20s)DMF，因此以 RB14 公式和 CF08 公式为基础重新拟合回归系数。CF08 公式和 RB14 公式的 DMF 在 2s、7.5s、15s 附近有明显的曲率变化，分为 4 段，DMF 拟合时应该分周期段进行，以便更好地把握 DMF 随着周期的变化特征。拟合步骤：首先，拟合 RB14 公式周期 0～10s、阻尼比 10%～50%的 DMF 曲线，然后将 CF08 公式 10～20s 的 DMF 曲线稍作调整使其与 RB14 公式的 DMF 曲线在 10s 时保持连续，拟合周期 10～20s、阻尼比 10%～30%的 DMF 曲线，最后拟合 RB14 公式周期 0～10s，阻尼比 0.5%～4%的 DMF 曲线。

1)阻尼比超过 5%时(0～10s)

将 LC04 公式用式(6.2-10)稍作调整后，拟合 RB14 公式 0～10s 内的 DMF 曲线。应分两次进行拟合：首先以式(6.2-10)拟合出参数 a、b、c，其中 a、b、c 均随阻尼比变化，然后以式(6.2-11)拟合出 a、b、c 随 $\ln\xi$ 的变化关系。分 3 个周期段进行拟合，不同周期段回归系数不同，其回归系数见表 6.2-4。

表 6.2-4　回归系数表

周期段	a	b	c
0～2s	$0.1424+0.0068\ln\xi+0.1009(\ln\xi)^2$	$-0.5789-0.2265\ln\xi-0.0078(\ln\xi)^2$	$-1.436-0.5032\ln\xi+0.0042(\ln\xi)^2$
2～7.5s	$0.2479-0.1413\ln\xi+0.0365(\ln\xi)^2$	$-0.1098-0.0518\ln\xi-0.0073(\ln\xi)^2$	$-0.3208-0.1189\ln\xi-0.0062(\ln\xi)^2$
7.5～10s	$\dfrac{0.0259T^{-1.231}}{(T+1)^{-0.737}}$	$-1.751+0.5676\ln\xi+0.4143(\ln\xi)^2$	$-2.693+0.309\ln\xi+0.4366(\ln\xi)^2$

$$\mathrm{DMF}=\frac{aT^{b}}{(T+1)^{c}} \tag{6.2-10}$$

$$a(b\ \text{或}\ c)=d+e\ln\xi+f(\ln\xi)^{2} \tag{6.2-11}$$

拟合公式 DMF 曲线与 RB14 公式对比见图 6.2-46。

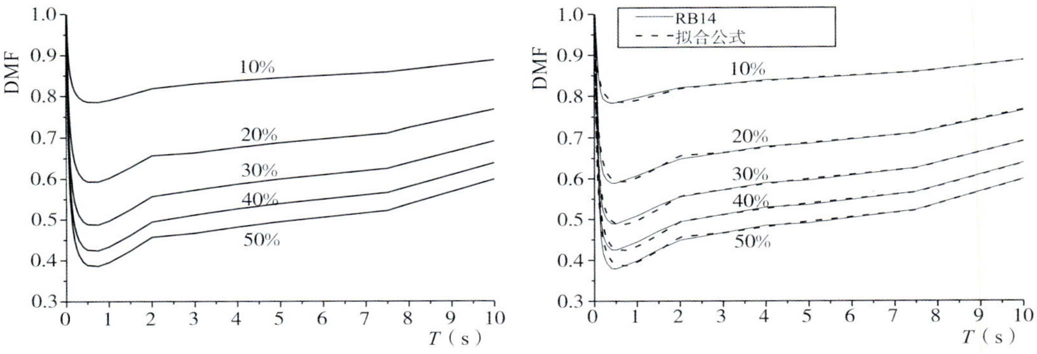

(a)拟合公式 0～10s 的 DMF 曲线　　(b)拟合公式与 RB14 公式对比

图 6.2-46　拟合公式 DMF 曲线与 RB14 公式对比(0～10s)

2)阻尼比超过 5%时长周期段 DMF(10～20s)

由图 6.2-45 可见,周期超过 10s 后,CF08 公式的 DMF 曲线接近线性变化,在 15s 时曲线有一转折点。因此以式(6.2-12)拟合 CF08 公式 10～20s 的 DMF 曲线,分两个周期段(10～15s 和 15～20s)进行拟合得到回归系数 a 和 b,然后以式(6.2-11)拟合出 a、b 随 $\ln\xi$ 的变化关系。回归系数见表 6.2-5。RB14 公式周期拓展见图 6.2-47。

$$\mathrm{DMF}=a+bT \tag{6.2-12}$$

表 6.2-5　回归系数表

周期段	a	b
10～15s	$0.1754-02359\ln\xi+0.01594(\ln\xi)^2$	$0.02882+0.00401\ln\xi-0.00212(\ln\xi)^2$
15～20s	$0.2258-0.3413\ln\xi-0.02721(\ln\xi)^2$	$0.02545+0.01101\ln\xi+0.00075(\ln\xi)^2$

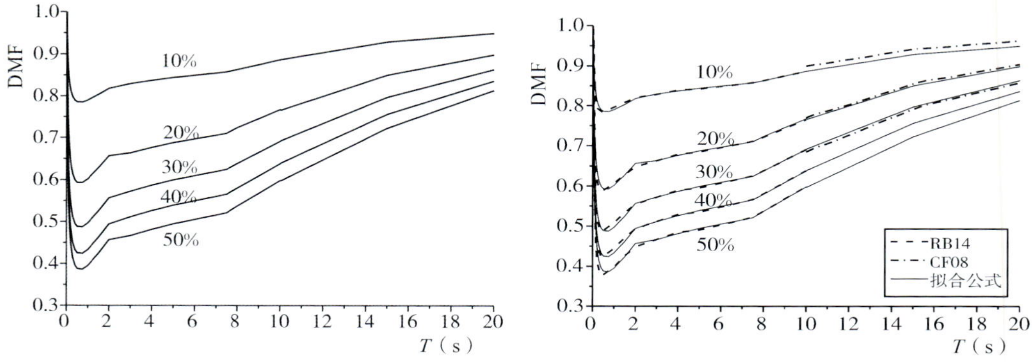

(a)拟合公式 0～20s 的 DMF 曲线　　(b)拟合公式与 RB14 公式、CF08 公式对比

图 6.2-47　RB14 公式周期拓展(10～20s)

3)阻尼比小于 5%时

以式(6.2-10)拟合 RB14 公式阻尼比小于 5%的 DMF 曲线，整个周期段(0～10s)使用一组回归系数(表 6.2-6)。拟合公式低阻尼比 DMF 曲线与 RB14 公式 DMF 对比见图 6.2-48。

表 6.2-6　　周期拓展后回归系数

周期段	a	b	c
0～10s	$-0.7707-0.6698\ln\xi-0.02744(\ln\xi)^2$	$-0.363-0.1713\ln\xi-0.01642(\ln\xi)^2$	$-0.7703-0.3305\ln\xi-0.02354(\ln\xi)^2$

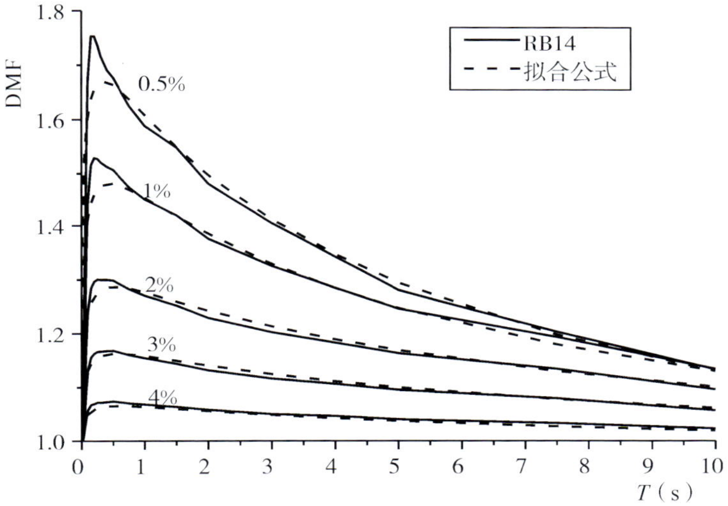

图 6.2-48　拟合公式低阻尼比 DMF 曲线与 RB14 公式 DMF 对比

6.2.5　回归公式与规范 DMF 对比

各国规范的反应谱，比如欧 8 规范、美国 AASHTO 规范，其反应谱均为伪加速度谱或 DRS，但是我国是绝对加速度谱。当阻尼比为 5%时，绝对加速度谱与伪加速度谱非常接近，从统计意义、数值角度上看两者是一样的。因此，我国的规范谱，也可以认为是伪加速度谱。事实上，在大量的工程活动中，一直将其作为伪加速度谱使用，规范中的 DMF 也一直作为位移谱的 DMF 在使用。因此，本节首先列出规范中的 DMF 公式，并与第 6.2.4 节中的拟合公式为基准进行对比。

6.2.5.1　《建筑抗震规范》

《建筑抗震规范》给出了设计反应谱而没有给出反应谱的 DMF，但是在设计反应谱的表达公式中引入阻尼调整系数，以考虑结构阻尼比的影响。通过 DMF 定义，可以得到其 DMF 公式(6.2-13)。此公式与场地类别相关，在与拟合公式进行对比时取Ⅲ类场地的 DMF。

$$\mathrm{DMF}=\begin{cases}\dfrac{0.45+10T(\eta_2-0.45)}{0.45+5.5T} & (0\leqslant T\leqslant 0.1\mathrm{s})\\ \eta_2 & (0.1\mathrm{s}\leqslant T\leqslant T_g)\\ \eta_2\left(\dfrac{T_g}{T}\right)^{\gamma-0.9} & (T_g\leqslant T\leqslant 5T_g)\\ \dfrac{\eta_2 0.2^{\gamma}-\eta_1(T-5T_g)}{0.2^{0.9}-0.02(T-5T_g)} & (5T_g\leqslant T\leqslant 6\mathrm{s})\end{cases} \tag{6.2-13}$$

式中：γ——曲线下降段衰减指数，$\gamma=0.9+\dfrac{0.05-\xi}{0.3+6\xi}$；

η_1——直线下降段的下降斜率调整系数，$\eta_1=0.02+\dfrac{0.05-\xi}{4+32\xi}$，其中 ξ 为阻尼比；

η_2——阻尼调整系数，$\eta_2=1+\dfrac{0.05-\xi}{0.08+1.6\xi}$；

T——周期，s；

T_g——场地特征周期，s。

6.2.5.2 桥梁类规范

《铁路抗震规范》、《公路桥梁抗震设计细则》(JTG T B02—01—2008)以及《公路抗震规范》均采用相同的表达式，此公式来源于 2001 年版《建筑抗震规范》，其 DMF 公式见式(6.2-14)。

$$\mathrm{DMF}=1+\frac{0.05-\xi}{0.06+1.7\xi} \tag{6.2-14}$$

6.2.5.3 欧 8 规范

欧 8 规范采用由 Bommer 等提出的 DMF 公式，见式(6.2-15)。

$$\mathrm{DMF}=\sqrt{\frac{10}{5+100\varepsilon}} \tag{6.2-15}$$

欧 8 规范 DRS 见图 6.2-49，其表达式见(6.2-16)。

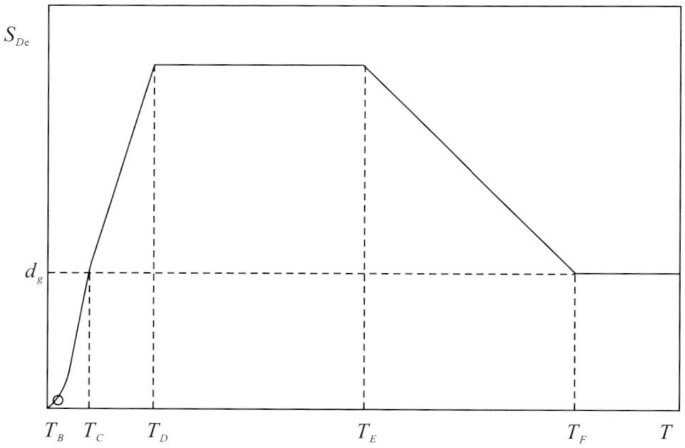

图 6.2-49 欧 8 规范 DRS

$$\mathrm{DRS}=\begin{cases}\dfrac{T^2}{4\pi^2}a_g S\left(1+\dfrac{T}{T_B}(2.5\eta-1)\right) & (0\leqslant T\leqslant T_B)\\ \dfrac{T^2}{4\pi^2}a_g S(2.5\eta) & (T_B\leqslant T\leqslant T_C)\\ \dfrac{1}{4\pi^2}a_g S2.5\eta T_C T & (T_C\leqslant T\leqslant T_D)\\ \dfrac{1}{4\pi^2}a_g S2.5\eta T_C T_D & (T_D\leqslant T\leqslant T_E)\\ 0.0625a_g S T_C T_D[\eta+\dfrac{T-T_E}{T_F-T_E}(1-2.5\eta)) & (T_E\leqslant T\leqslant T_F)\\ d_g & (T\geqslant T_F)\end{cases}\tag{6.2-16}$$

式中：a_g——A类场地的地面加速度，g；

η——阻尼修正系数，利用式(6.2-15)计算；

S——场地修正系数；

d_g——地面运动峰值位移，$d_g=0.025a_g S T_C T_D$，m；

T——结构周期；

T_B——伪加速度敏感区起始周期；

T_C——伪速度敏感区起始周期；

T_D——位移敏感区起始周期；

T_E——位移敏感区终止周期；

T_F——位移谱值下降到地面位移对应周期。

此公式使用周期范围为 $T_B\sim T_E$，在0s和 $T_F=10$s时DMF为1，在 $0\sim T_B$ 和 $T_E\sim T_F$ 之间DMF线性变化。

与拟合公式对比时，取第一种类型地震C类场地的DRS，其中 $T_D=2$s，$T_E=6$s。

6.2.5.4 美国AASHTO规范

美国AASHTO规范采用的DMF公式见式(6.2-17)。

$$\mathrm{DMF}=\left(\frac{0.05}{\xi}\right)^{0.4}\tag{6.2-17}$$

6.2.5.5 拟合公式与规范公式对比

图6.2-50将第6.2.4节拟合公式与规范公式进行对比，并计算规范公式与拟合公式的误差$\left(\dfrac{\mathrm{DMF}_{规范}-\mathrm{DMF}_{拟合}}{\mathrm{DMF}_{拟合}}\times100\%\right)$。

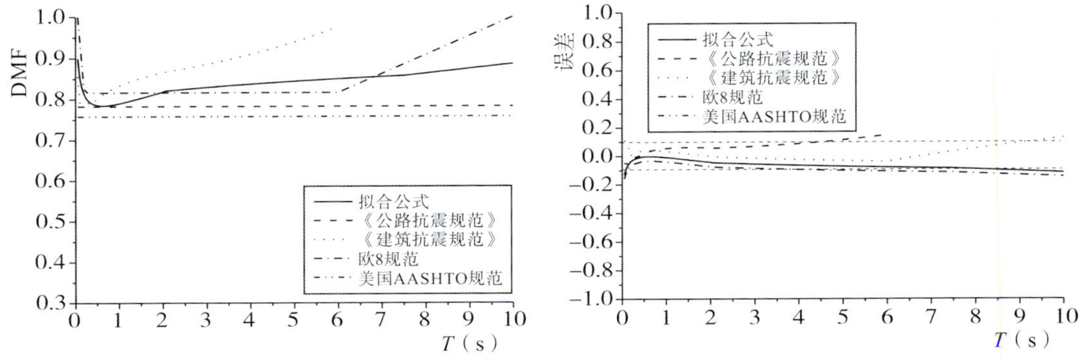

(a)10%阻尼比

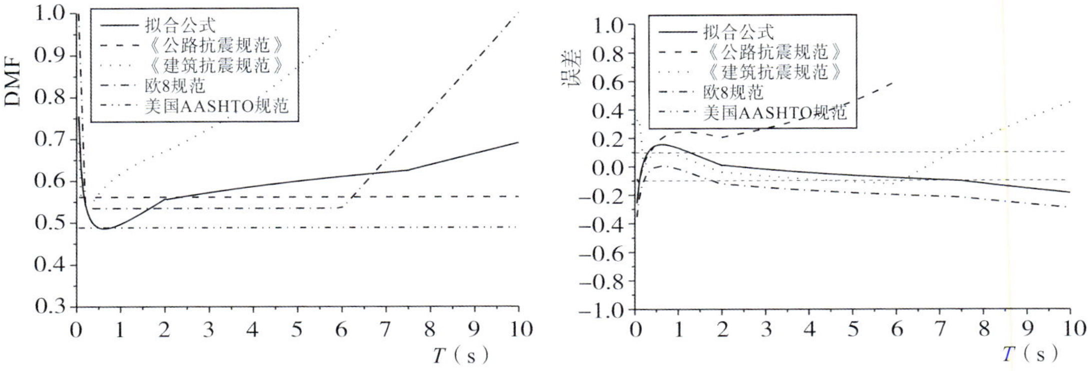

(b)30%阻尼比

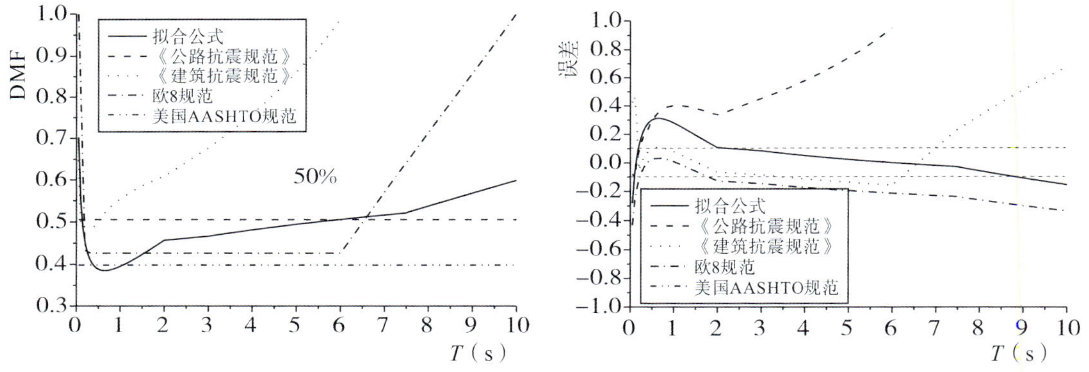

(c)50%阻尼比

图 6.2-50　拟合公式与规范公式对比

表 6.2-7 为拟合公式与规范公式的误差在 10%以内时对应的周期段。由表 6.2-7 和图 6.2-50 可知，各国规范与拟合公式的误差随着阻尼比的增大而增大，特别是在长周期段；《建筑抗震规范》DMF 公式随着周期的延长，而大幅度地低估了阻尼比的耗能减震能力；美国 AASHTO 规范显示，当结构周期大于 2s 时，则随着结构周期的延长，越来越高估阻尼比的减震耗能能力。相对的我国桥梁类规范在 8s 之内、欧 8 规范在 7s 之内，与拟合公式的误差基本小于 10%。

表 6.2-7　　拟合公式与规范公式误差在 10%以内时对应的周期段

阻尼比（%）	《公路抗震规范》（s）	《建筑抗震规范》（s）	欧 8 规范（s）	美国 AASHTO 规范（s）
10%	0.10～8.55	0～4.55	0.15～9.20	0.15～4.70
30%	1.3～7.4	0.15～0.3	0.20～4.55 和 6.15～7.25	0.25～1.75
50%	2.6～8.8	0.15～0.2	0.20～3.45 和 6.25～6.95	0.25～1.75

6.3　基于地震时程 DMF 的通航渡槽纵向耗能装置目标化设计方法研究

升船机塔柱结构刚度大、相邻的通航渡槽为高墩结构，两者基本周期差异大，且高墩有较大的位移变形能力，属于易发生剧烈碰撞的结构。

与通航渡槽抗震研究最类似的是输水渡槽抗震研究。例如，李遇春等研究了渡槽横向抗震计算时流体等效简化模型、流体晃动等效模型等内容；李正农等研究了墩高对结构横向系统动力特性及地震响应的影响；徐建国等基于等墩高输水渡槽研究了结构缝间隙、地震动频谱特性对渡槽碰撞响应的影响。升船机的抗震研究，则多集中在升船机塔柱结构简化与抗震安全性分析、塔柱动力特性、加速度与位移反应分析等。

通航渡槽结构形式与桥梁类似。关于地震作用下桥梁结构的碰撞研究已有较多积累，如李建中等研究了周期比、伸缩缝间隙对连续梁桥碰撞响应的影响；Jeong-HunWon 等研究了碰撞、周期差异对简支梁桥桥墩响应的影响；Bi、Kaiming 等研究了空间激励对简支梁桥碰撞的影响。通航渡槽槽墩由低到高连续变化，升船机塔柱为其动边界。因此，其碰撞将会具有不同于一般桥梁结构的特点。

在结构间引入黏滞阻尼器是纵桥向防碰撞的主要措施之一。Kim 等在公路桥梁伸缩缝间安装了黏滞阻尼器，研究黏滞阻尼器防落梁及防碰撞的效果，分析结果表明黏滞阻尼器能有效地减小伸缩缝处的相对位移，同时没有明显增加桥墩的延性需求。Shinozuka 等对添加黏滞阻尼器的桥梁进行了非线性有限元分析，研究表明，黏滞阻尼器不仅能有效地限制伸缩缝处梁体间的相对位移，还可以有效地减小梁体间的碰撞力。

对地震作用下黏滞阻尼器参数的设置，目前国内外基本上采用参数敏感性分析法对黏滞阻尼器的阻尼系数和速度指数进行优化。该方法是针对具体结构，根据同类工程经验选取阻尼系数和速度指数的合理取值范围，并在该范围内将阻尼系数和速度指数两两组合，逐一进行地震动激励下的动力时程分析，并根据阻尼力、梁端位移及结构的内力响应等因素，综合选定减震效果最好的一组或几组阻尼系数和速度指数组合，作为阻尼器的推荐设计参数。采用这种方法有明显的缺点：①参数敏感性分析时，阻尼系数和速度指数的取值范围，尤其是阻尼系数的取值范围和间隔步长不易确定，需要根据同类工程经验和试算结果逐步调整；②需要对几十组的阻尼系数和速度指数组合逐一进行地震动响应时程分析，计算及数据处理工作量大、耗时长、效率低。

通航渡槽一般由多跨组成，槽墩由低到高连续变化。当设置多个阻尼器时，阻尼系数与速度指数的组合工况将会更加复杂，需要研究更加简洁、直观的设计计算方法。

鉴于以上特点，以白鹤滩水电站通航建筑物布置中的多跨简支通航渡槽为对象，开展纵向地震作用下通航渡槽碰撞特征、液体黏滞阻尼器原理及参数目标化设计方法等研究。

6.3.1 纵向地震作用下通航渡槽碰撞特征研究

6.3.1.1 工程简介

白鹤滩水电站通航建筑物采用垂直升船机、通航隧洞、通航渡槽、垂直升船机的组合式布置。第1级升船机适应库水位60m变幅，通航隧洞和通航渡槽为恒水位765.0m，第2级升船机最大提升高度183.6m。通航渡槽上游端支撑在承台上，下游端支撑在通过升船机塔柱箱梁形成的上闸首上，上闸首与塔柱为整体结构。针对工程规模为1000吨级单向通航渡槽，建立考虑升船机塔柱为动边界的有限元模型。1000吨级单向通航渡槽全长475m，上部结构为简支梁，跨径25m，共19跨。混凝土C40。通航建筑物总体布置示意图见图6.3-1。

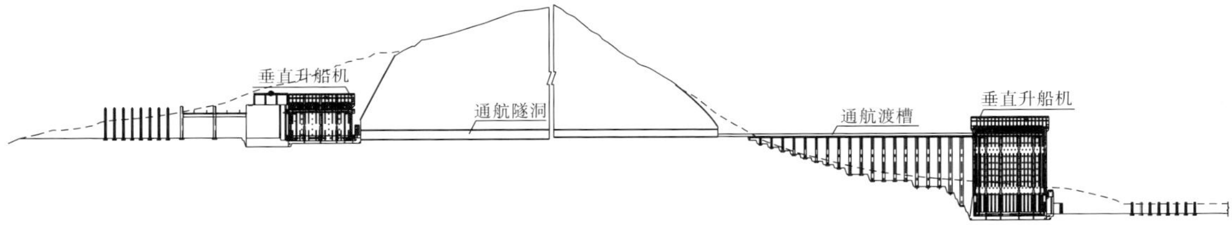

(a)通航建筑物纵剖面

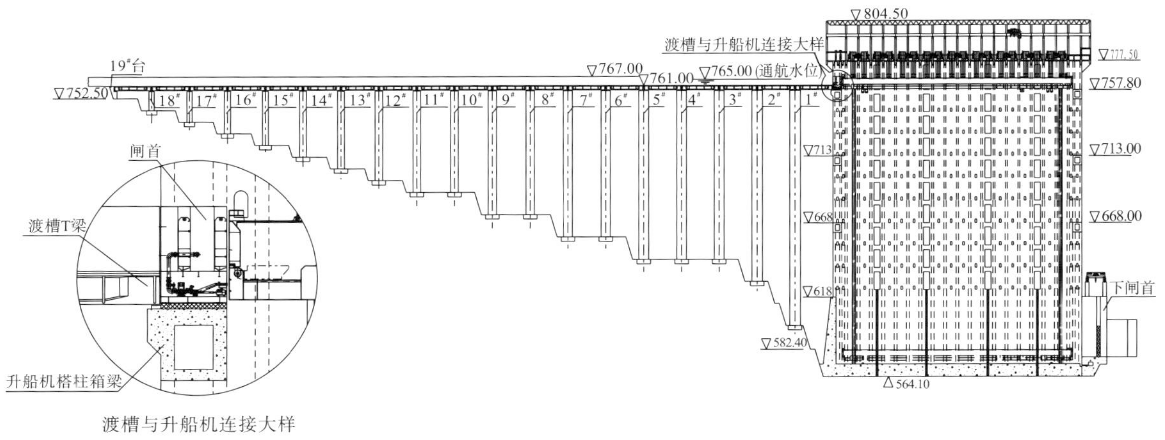

(b)通航渡槽与升船机布置

图6.3-1 通航建筑物总体布置示意图

通航渡槽槽体由等横截面T梁和框架式侧挡组成。侧挡结构采用框架式，并有较高的侧向刚度。1[#]～3[#]槽墩过水宽度为12m,见图6.3-2;6[#]～18[#]槽墩过水宽度为22m,见图6.3-3;4[#]～5[#]槽墩过水宽度由12m到22m线性变化。通航渡槽槽体的槽宽变化俯视图见图6.3-4。通航渡槽槽墩为空心独柱墩,混凝土C30,墩高13～159m,见表6.3-1;槽墩横槽向尺寸变化与上部槽体槽宽相适应,见图6.3-5(a)、图6.3-5(b);顺槽向尺寸为5.5～7.0m,顺、横槽向壁厚分别为0.5m、1.0m。升船机高度为194m,其横剖面示意图见图6.3-5(c)。

简支通航渡槽每一跨槽身之间,槽身与通航建筑物之间均设置结构缝,缝间设止水,缝宽一般为3～5cm。

支座是连接渡槽上部结构和下部结构的重要部件,作用是将上部结构的荷载传递给槽墩。通航渡槽上部槽体与水体质量巨大,支座必须有足够的承载能力。为了适应槽身因温度变化、混凝土收缩、徐变及荷载作用引起的位移,支座需要有一定的自由变形能力。渡槽支座多选用承载能力大且耐久性好的球型钢支座,通过计算得到槽墩各支座的竖向荷载约为1.200MN,选取具有一定承载力富余的JQZ(Ⅲ)-2.0-GD以及JQZ(Ⅲ)-2.0-DX-e50为固定支座和滑动支座。简支通航渡槽每一跨一端设置固定支座,另一端设置滑动支座,其中升船机一侧为滑动支座、槽台一侧为固定支座。

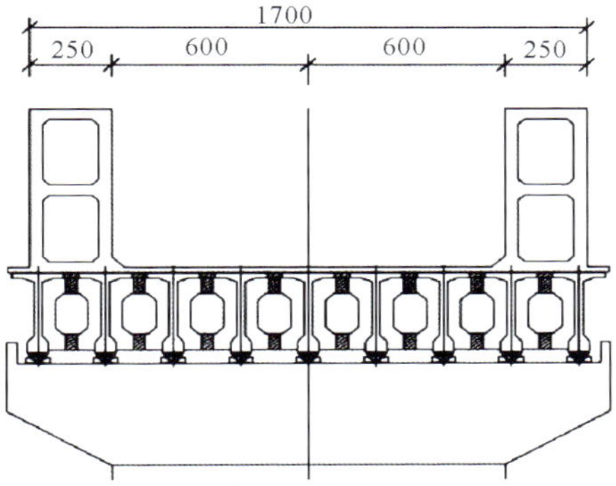

图6.3-2 1[#]～3[#]槽墩渡槽剖面图(单位:cm)

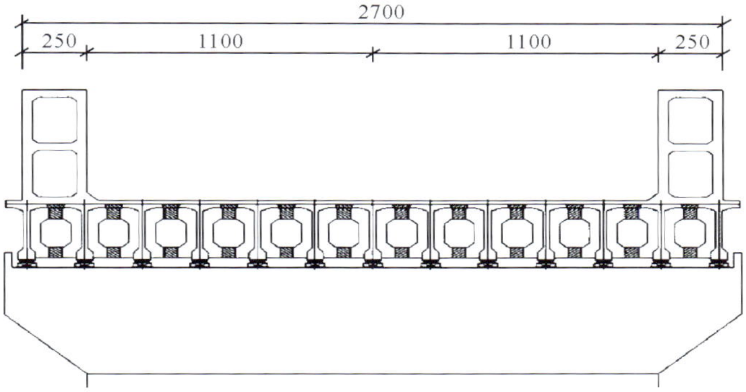

图6.3-3 6[#]～18[#]槽墩渡槽剖面图(单位:cm)

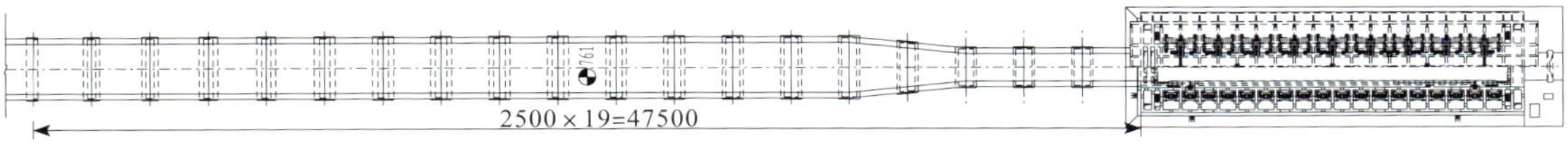

图6.3-4 1000吨级单向通航渡槽槽体俯视图

表6.3-1 槽墩墩高

槽墩编号	1[#]	2[#]	3[#]	4[#]	5[#]	6[#]	7[#]	8[#]	9[#]
墩高(m)	159	129	114	114	114	99	99	84	84
槽墩编号	10[#]	11[#]	12[#]	13[#]	14[#]	15[#]	16[#]	17[#]	18[#]
墩高(m)	69	69	61	53	45	37	29	21	13

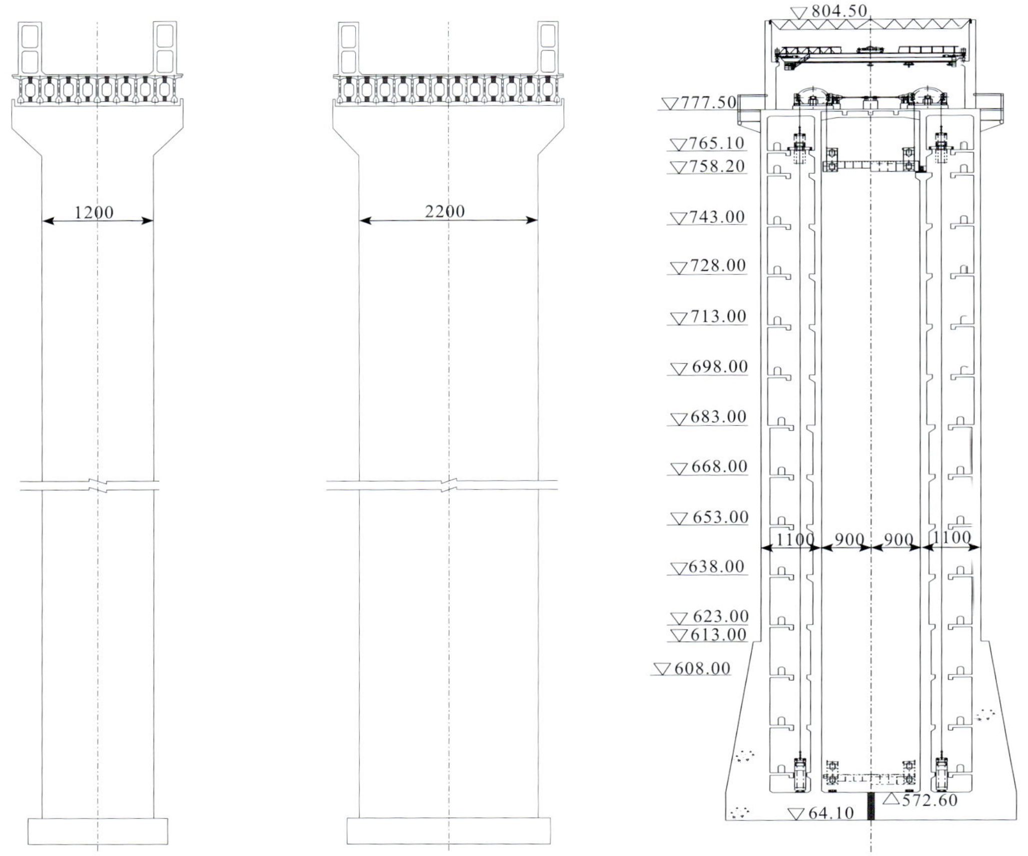

(a)$1^{\#}$～$3^{\#}$槽墩剖面　　(b)$5^{\#}$～$18^{\#}$槽墩剖面　　(c)塔柱横剖面

图 6.3-5　通航渡槽及升船机结构示意图

6.3.1.2　有限元模型建立

考虑塔柱的特性和安全运行要求，塔柱在强震下结构应基本保持弹性，以设计耗能装置减震为主。故通航渡槽进行碰撞特征、控制因素以及地震响应影响特征的研究，是基于主体结构弹性状态进行的。

(1)渡槽基础以及支座的模拟

渡槽槽身与梁式桥主梁类似，纵向地震作用时上部槽体处于弹性状态，不易发生破坏，主要贡献自身地震惯性力给下部结构。对于通航渡槽，水体纵向惯性力作用于槽台与升船机的闸门处，水体与槽身的作用为接触面的黏滞效应，而输水渡槽的相关研究认为水体在槽内的黏滞效应对渡槽纵向抗震有利，因此选择空槽模型为分析模型，利用 SAP2000 中的弹性梁单元模拟渡槽主梁。

桥墩保持弹性，利用弹性梁单元进行模拟。通航渡槽和升船机基础为岩石，场地一致性好，墩底与岩基固结。分析中不考虑桥台的破坏，桥台采用刚性地基模拟。

固定支座以大刚度弹簧单元模拟，以方便观察碰撞对支座力的影响。

(2)升船机模拟

在地震作用对通航渡槽纵向响应的影响研究中,升船机仅作为特殊边界条件处理,采用二维串联多自由度集中质量简化模型模拟。

瞿伟廉等以三峡升船机塔柱为研究对象,利用三维有限元模型和简化结构模型计算的结构动力特性相等的原则,修正升船机塔柱简化力学模型,并确定了简化结构模型的系统参数,分析结果表明简化的升船机塔柱模型能较好地反映塔柱结构的动力特性和地震反应。

蒋凯以向家坝升船机为研究对象,将塔柱离散为一个多质点的串联集中质量系统,并将机房荷载、滑轮组荷载和各层走廊活荷载以附加质量的形式施加于相应的节点上,估算了在正常使用情况下的塔柱动力响应。计算结果表明,时程法计算结果和反应谱分析结果相近,两种方法得到的计算结果吻合程度相当。

白鹤滩升船机设计方案与三峡升船机、向家坝升船机结构形式相似,故升船机采用瞿伟廉、蒋凯等提出的二维串联多自由度集中质量简化模型模拟。

塔柱混凝土容重为 $25kN/m^3$,弹性模量为 30GPa,泊松比为 0.167。简化模型中结构节点层的集中质量见表 6.3-2,简化模型见图 6.3-6。

表 6.3-2　升船机塔柱简化模型中结构节点层的集中质量　(单位:1×10^6kg)

节点	1	2	3	4	5	6	7	8	9	10	11
质量	10.333	8.449	8.449	8.449	8.449	8.449	8.449	8.449	8.449	4.668	10.333
节点	12	13	14	15	16	17	18	19	20	21	22
质量	8.449	8.449	8.449	8.449	8.449	8.449	8.449	8.449	4.668	3.236	1.309
节点	23	24	25								
质量	1.309	12.218	12.218								

对升船机塔柱二维串联多自由度集中质量简化模型进行模态分析。第一阶振型为横向振动,频率 $\omega_1=0.4144$Hz,振型见图 6.3-7;第二阶振型为纵向震动,频率 $\omega_2=0.6333$Hz,振型见图 6.3-8。

(3)结构缝及梁间间隙的模拟

由于升船机塔柱刚度大、相邻的通航渡槽跨为高墩结构,两者基本周期差异大,且高墩具有大的位移变形能力,地震作用下属于易发生剧烈碰撞结构,因此以碰撞单元模拟结构缝处可能发生的碰撞。

Kelvin 单元模型无论是模型建立的难易程度,还是碰撞分析的准确程度均有较大的优势,因此采用 Kelvin 单元模拟碰撞过程中的碰撞力和能量损失。Kelvin 单元在 SAP2000 中可以通过线性弹簧单元、damper 单元、gap 单元的组合来实现。碰撞单元刚度为主梁轴向刚度,1#～3#、5#～18# 墩顶结构缝处碰撞单元刚度分别为 $k_k=EA/L=2.041\times10^7$kN/m 和 2.921×10^7kN/m;混凝土材料恢复系数 $e=0.65$,阻尼系数分别为 $c_k=2.626\times$

$10^7 N/(m \cdot s^{-1})$、$c_k = 3.464 \times 10^7 N/(m \cdot s^{-1})$。

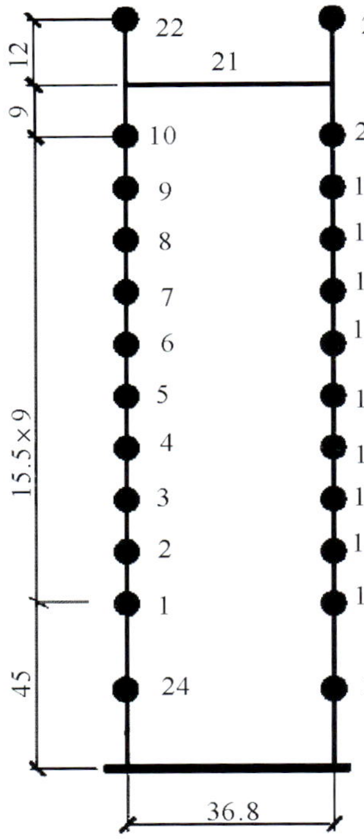

图 6.3-6　塔柱二维串联多自由度集中质量简化模型(单位:m)

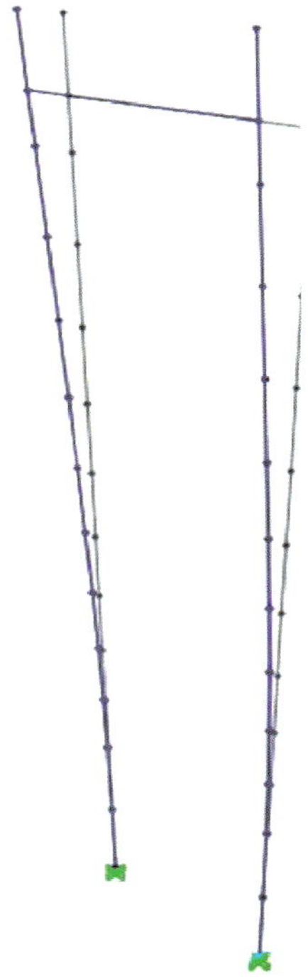

图 6.3-7　简化模型第一阶振型(横向振动)

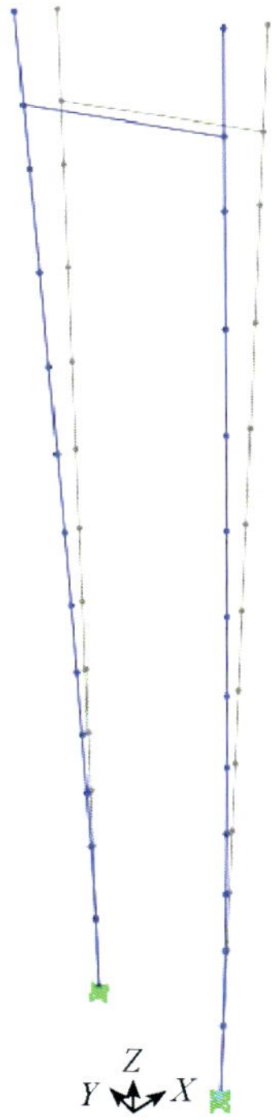

图 6.3-8　简化模型第二阶振型(纵向振动)

(4)结构阻尼比及积分方式的选取

阻尼比是影响结构地震响应的重要参数,对于一般混凝土结构,取阻尼比为常值 0.05。

为了提高分析计算效率,使用模态叠加积分法进行非线性时程分析,并选取 SAP2000 提供的快速非线性分析方法(FNA)加速分析过程。渡槽有限元模型见图 6.3-9。

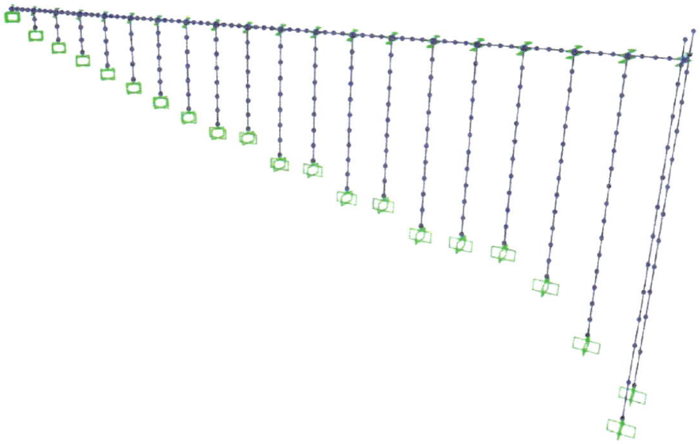

图 6.3-9　渡槽有限元模型

6.3.1.3 目标反应谱及时程曲线的确定

(1)坝址处反应谱曲线参数确定

根据《金沙江白鹤滩水电站坝址设计地震动参数复核报告》,坝址地震基本烈度为Ⅷ度,坝址 50 年超越概率为 10%的水平地震动峰值加速度为 209gal(0.213g)。

通过谱匹配的方式进行选波,目标反应谱的确定对后续分析至关重要。高架通航建筑物虽然属于水工建筑物范畴,但其结构形式与桥梁相似,故首先对比《水工抗震规范》和《公路抗震规范》的规范反应谱,以便确定合理的目标反应谱进行谱匹配选波。

反应谱曲线确定需要综合考虑场地类形、PGA、场地特征周期、结构阻尼比以及抗震设防烈度等因素。在所有的参数中,PGA、场地特征周期是场地基本参数。

《中国地震动参数区划图》第 8.2 条规定:$Ⅰ_0$、$Ⅰ_1$、Ⅲ、Ⅳ类场地基本地震动加速度反应谱特征周期应根据Ⅱ类场地基本地震动加速度反应谱特征周期,按表 6.3-3 确定。《水工抗震规范》中关于场地基本地震动加速度反应谱特征周期调整表的规定与《中国地震动参数区划图》相同。

表 6.3-3 场地基本地震动加速度反应谱特征周期调整表

Ⅱ类场地基本地震动加速度反应谱特征周期分区值	场地类别				
	$Ⅰ_0$	$Ⅰ_1$	Ⅱ	Ⅲ	Ⅳ
0.35	0.20	0.25	0.35	0.45	0.65
0.40	0.35	0.30	0.40	0.55	0.75
0.45	0.30	0.35	0.45	0.65	0.90

《公路抗震规范》和《水工抗震规范》在特征周期上的差异,主要在于Ⅰ类场地没有细分为$Ⅰ_0$和$Ⅰ_1$两个亚类,相应的其地震动加速度反应谱特征周期调整表中Ⅰ类场地的调整值,即为《中国地震动参数区划图》中$Ⅰ_1$场地对应调整值,其他Ⅱ、Ⅲ、Ⅳ类场地均与《中国地震动参数区划图》中相同。《公路抗震规范》地震动加速度反应谱特征周期按照表 6.3-4 确定。

表 6.3-4 地震动加速度反应谱特征周期调整表

Ⅱ类场地基本地震动加速度反应谱特征周期分区值	场地类别			
	Ⅰ	Ⅱ	Ⅲ	Ⅳ
0.35	0.25	0.35	0.45	0.65
0.40	0.30	0.40	0.55	0.75
0.45	0.35	0.45	0.65	0.90

白鹤滩水电站坝址基岩主要为玄武岩,地震剪切波速为 2200m/s,其中最大的地震剪切波速可以达到 4700m/s 以上。结合《中国地震动参数区划图》的规定可以判断:该工程坝址场地类别应定为$Ⅰ_0$类。

根据《中国地震动参数区划图》可知，白鹤滩水电站为Ⅱ类场地，基本地震动加速度反应谱特征周期为0.45s。若按照《水工抗震规范》，则I_0类场地下基本地震动加速度反应谱特征周期应取为0.30s；若按照《公路工程抗震规范》，则Ⅰ类场地下基本地震动加速度反应谱特征周期应取为0.35s。

《公路抗震规范》认为，钢筋混凝土结构的阻尼比为5%，且其规范反应谱在5%阻尼比水平下的动力放大系数均为2.25，因此在此规范下，认为通航渡槽的结构阻尼比为5%。《水工抗震规范》第5.3.3条规定给出了各类水工建筑物标准设计反应谱最大值的代表值，直接对应了不同的阻尼比水平，即第5.5.4条中的规定：各类水工建筑物的阻尼比取值为，土石坝为20%，拱坝为5%，重力坝为10%，水闸、进水塔及其他建筑物为7%。若通航渡槽和升船机塔柱直接套用《水工抗震规范》，应该归于"水闸、进水塔及其他建筑物"一类，其结构的阻尼比应取为7%，相应的按规范规定为2.25。

在通常情况下，结构越刚、质量越大，其阻尼比越高。通航渡槽从结构上与桥梁类似，与水闸、进水塔等水工建筑物相比体系偏柔，因此阻尼比采用《公路抗震规范》中的混凝土结构阻尼比5%比较恰当，当应用《水工抗震规范》时，考虑通航渡槽的结构特点，应取阻尼比5%，动力放大系数为2.5。

(2)坝址处不同地震水平的反应谱曲线对比

在《水工抗震规范》《公路抗震规范》中，反应谱所采用的形式不同，其中《水工抗震规范》采用的是乘以了阻尼调整系数的动力放大系数，而《公路抗震规范》则直接采用了结构加速度。为了方便对比，按两类规范的参数规定，以结构峰值加速度的形式为反应谱的统一表达形式。将设计地震水平反应谱曲线参数统计于表6.3-5中，两类规范对应的反应谱由线绘制于图6.3-10中。

表6.3-5　　设计地震水平反应谱曲线参数

规范	反应谱曲线参数
《水工抗震规范》	地震动峰值加速度α为0.213g；动力放大系数最大值β_{max}为2.5，对应反应谱最大值S_{max}为0.5325g；反应谱特征周期T_g为0.3s
《公路抗震规范》(475年重现期)	地震动峰值加速度α为0.213g；对应加速度反应谱最大值S_{max}为0.473g；反应谱特征周期T_g为0.35s

《水工抗震规范》：

$$S(T)=\begin{cases}3.195T+0.213 & (0\mathrm{s}\leqslant T\leqslant 0.1\mathrm{s})\\ 0.5325 & (0.1\mathrm{s}\leqslant T\leqslant 0.3\mathrm{s})\\ 0.5325\left(\dfrac{0.3}{T}\right)^{0.6} & (0.3\mathrm{s}\leqslant T\leqslant 3\mathrm{s})\end{cases}\tag{6.3-1}$$

《公路抗震规范》(475年重现期)：

$$S(T)=\begin{cases}0.473(5.5T+0.45) & (0\text{s}\leqslant T\leqslant 0.1\text{s})\\ 0.473 & (0.1\text{s}\leqslant T\leqslant 0.35\text{s})\\ 0.473\left(\dfrac{0.35}{T}\right) & (0.35\text{s}\leqslant T\leqslant 6\text{s})\end{cases}\tag{6.3-2}$$

由图 6.3-10 可知，两类规范的反应谱曲线形状虽然相似，但在反应谱峰值、曲线下降段反应谱数值两个方面存在部分差异。《水工抗震规范》在下降段的加速度值明显大于《公路抗震规范》，且仅给出了 3s 以内的反应谱谱值。由于通航渡槽纵向弯曲振动的主控周期达到 5.65s，纵向分析时忽略了渡槽槽内水体的影响，且渡槽结构与桥梁结构类似，因此推荐使用《公路抗震规范》。以《公路抗震规范》为依据，根据地震安评工程场地为 Ⅰ 类场地、50 年超越概率 10%的水平地震动峰值加速度 0.213g、特征周期 0.35s，生成规范谱（图 6.3-11）作为目标反应谱进行谱匹配选波。

在地震动记录选择方法研究中，谱形匹配选波是重点，此方法的目的是确保在不同地震动记录下的结构响应具有较小的离散性，谱形匹配选波的一般步骤为：首先，设定目标反应谱；其次，根据结构动力特点确定谱形匹配的方式与周期范围；最后，在设定周期范围内，通过地震动记录反应谱与目标谱形匹配程度进行选波。2010 年 Katsanos 等在总结震级和距离选波、谱形匹配选波方法的基础上，提出两级选波方法。即第一级以震级、距离作为初始选波准则；第二级以反应谱谱形匹配作为选波准则。

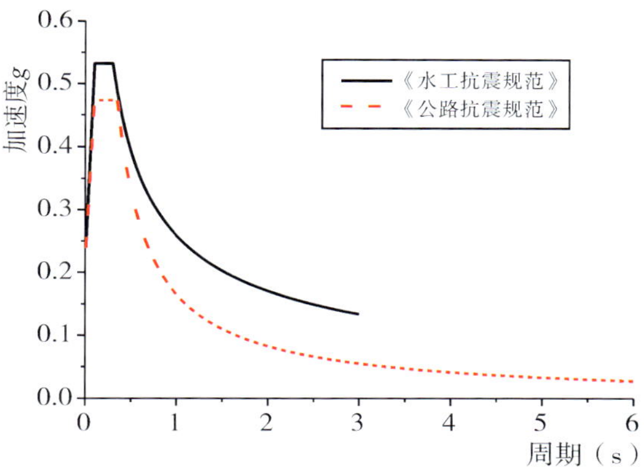

图 6.3-10　设计地震加速度反应谱曲线对比

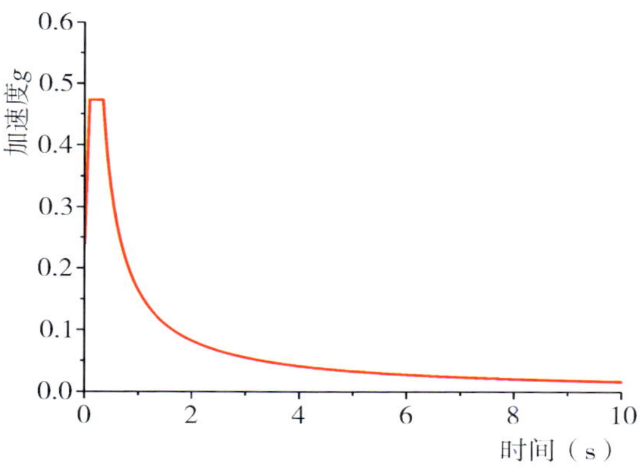

图 6.3-11　目标反应谱

根据白鹤滩水电站工程场地地质资料，震级 6.0～8.0 级，震中距 10～30km，$V_{s,30}$ 为 700～1500m/s，不含脉冲型地震动记录。第二级谱匹配选波需要确定合理的谱形匹配控制振型周期与匹配周期范围。结合相关文献的研究成果，以[T_L，1.5T_1]为谱匹配选波的匹配周期范围，其中 T_L 为振型质量参与系数累积达到 90%的高阶振型所对应的周期（控制振型周期），T_1 为结构基本周期。由模态分析可知，纵槽向振型质量参与系数达到 90%所对应的模态数为 98，周期 T 为 0.09s；与塔柱相邻的 1# 墩是最高墩，以其纵向弯曲振动为主的振型是整体结构的基本振型，其对应周期为 T_1=5.65s，由此确定的匹配周期范围为[0.09s，8.475s]。

应用 PGMD 开放程序进行谱形匹配二级选波，在 PEER-NGA 强震数据库中选出 8 条地震动记录（表 6.3-6），加速度反应谱曲线对比见图 6.3-12，加速度时程曲线见图 6.3-13。

表 6.3-6　地震波选波基本信息表

地震动编号	RSN	事件	站台	震级	α_{PGA}	MSE	调幅系数
1	809	LomaPrieta	UCSC	4.93	0.3125	0.6309	0.6969
2	810	LomaPrieta	UCSCLickObservatory	4.93	0.4601	0.6173	0.6389
3	1011	Northridge-01	LA-Wonder-landAve	4.69	0.1030	0.9854	1.3323
4	1091	Northridge-01	VasquezRocksPark	4.69	0.1510	0.7169	1.3533
5	1633	Manjil, Iran	Abbar	7.37	0.5146	0.7806	0.4242
6	3925	Tottori, Japan	OKYH07	4.61	0.1846	0.9688	1.0502
7	3954	Tottori, Japan	SMNH10	4.61	0.1586	0.5039	1.4285
8	5618	Iwate, Japan	IWT010	4.9	0.2255	0.1582	0.8685

注：RSN 为记录序列号；α_{PGA} 为地面峰值加速度；MSE 表示均方误差。

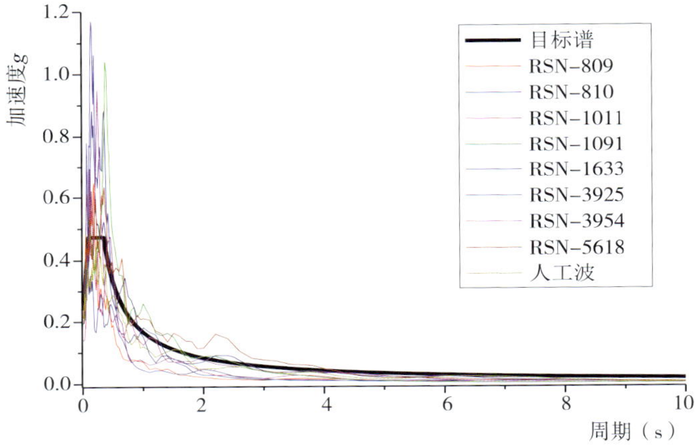

图 6.3-12　加速度反应谱曲线对比

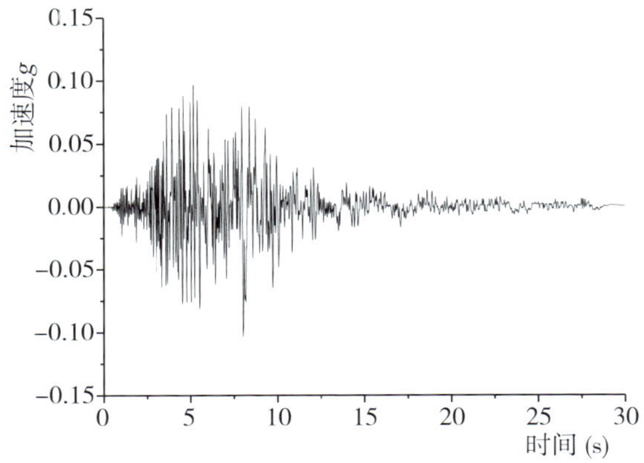

（a）RSN-1011 地震波加速度时程线

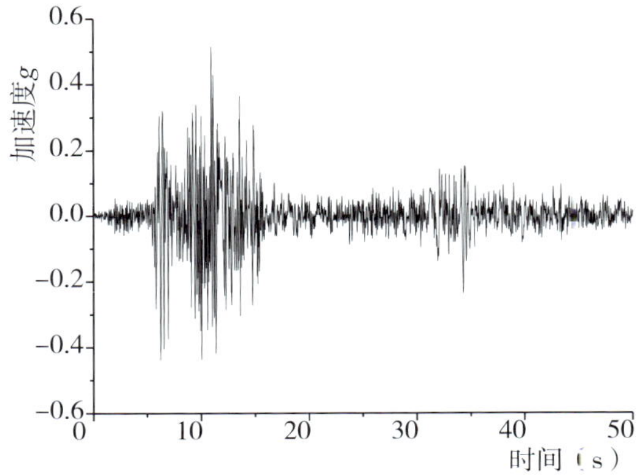

（b）RSN-1633 地震波加速度时程线

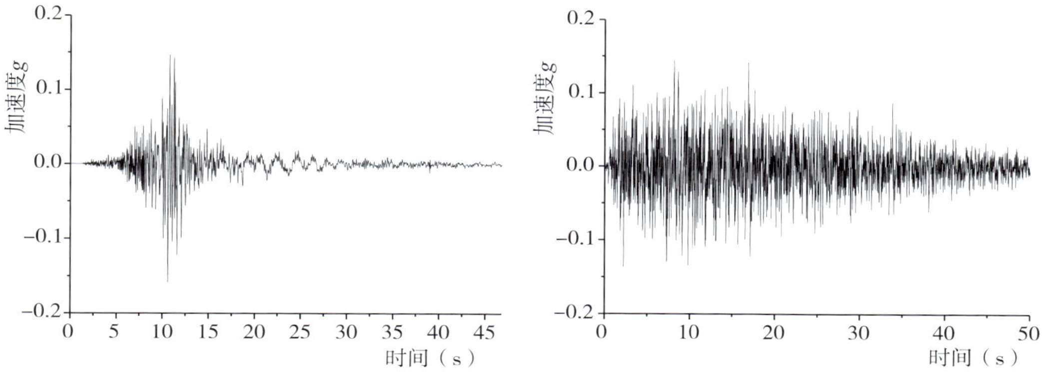

(c)RSN-3954 地震波加速度时程线　　(d)人工地震波加速度时程线

图 6.3-13　加速度时程曲线

根据图表 6.3-6、6.3-12，选取 RSN-1011、RSN-1633 和 RSN-3954 地震动记录，与此同时，以规范反应谱生成的一条人工波作为地震动输入。4 条地震动的加速度时程曲线见图 6.3-13。碰撞分析时，将所有地震波峰值调整为该工程场地地震安评 50 年超越概率 10%的水平地震动峰值加速度 0.213g 后进行时程分析。

6.3.1.4　通航渡槽纵向碰撞分析

（1）碰撞特征及控制因素分析

首先对全槽有限元模型进行模态分析，渡槽周期及模态结果见表 6.3-7。

表 6.3-7　渡槽周期及模态结果

模态	周期(s)	振型特征描述	模态	周期(s)	振型特征描述
1	5.648864	1# 墩、主梁纵向振动	11	2.118272	8#、9# 墩、主梁对称纵向振动
2	3.805582	2# 墩、主梁纵向振动	12	1.816288	3#、4# 墩、左右主梁横向振动
3	3.317434	4# 墩、主梁纵向振动	13	1.741184	升船机塔柱横向振动
4	3.271481	3# 墩、主梁纵向振动	14	1.727326	3#、4# 墩、左右主梁横向反对称振动
5	3.260023	1# 墩、左右主梁横向振动	15	1.65192	10#、11# 墩、主梁纵向振动
6	3.071088	5# 墩、主梁纵向振动	16	1.651917	10#、11# 墩、主梁对称纵向振动
7	2.599891	6# 墩、主梁纵向振动	17	1.592909	升船机塔柱纵向振动
8	2.597893	7# 墩、主梁纵向振动	18	1.552116	升船机塔柱反对称扭转
9	2.183527	2# 墩、左右主梁横向振动	19	1.324512	12# 墩、主梁纵向振动
10	2.118278	8#、9# 墩、主梁纵向振动	20	1.167326	13# 墩、主梁纵向振动

对于通航渡槽与升船机塔柱，碰撞是纵向地震作用下结构相对位移超过结构缝间隙而发生的接触非线性现象。已有桥梁类的碰撞研究表明，相邻结构周期差异是导致碰撞最主要的原因之一，当周期比（周期小的一联比大的一联）小于 0.7 时，碰撞现象显著。不同联渡

槽模态见图 6.3-14。

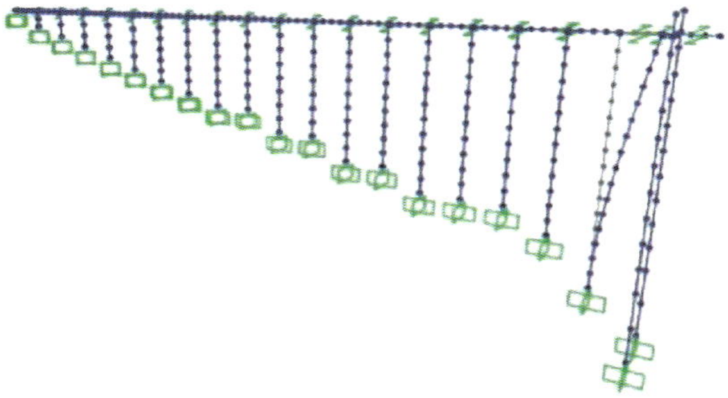

(a)以 1# 墩为主的振型图(模态 1)

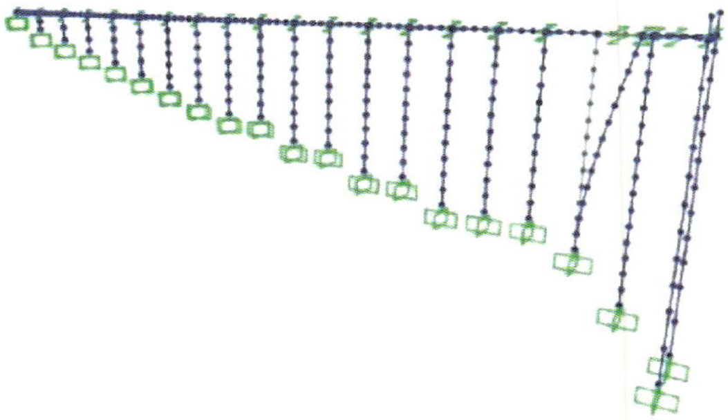

(b)以 2# 墩为主的振型图(模态 2)

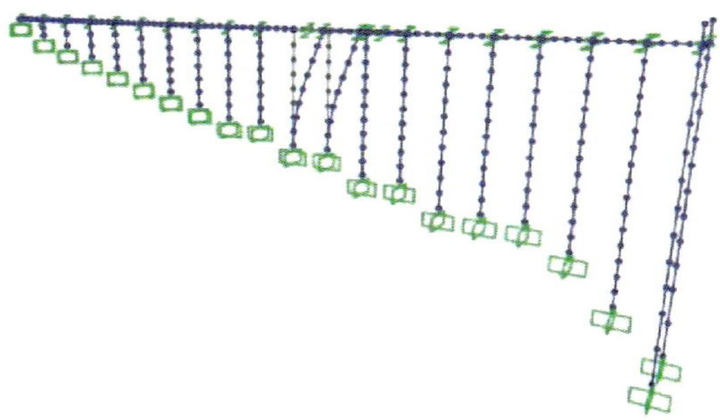

(c)以 8#、9# 墩为主的振型图(模态 10)

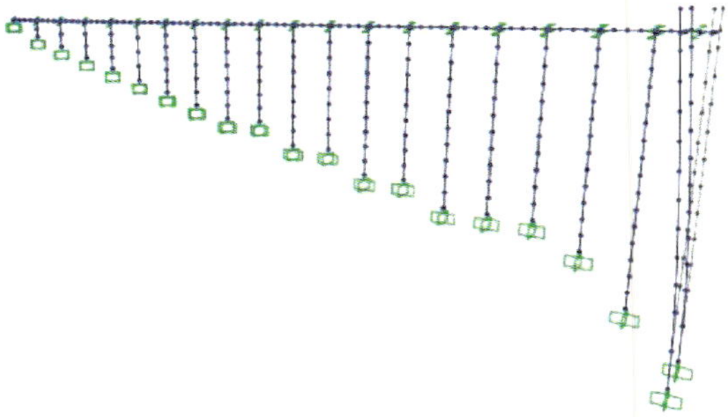

(d)以升船机为主的振型图(模态 17)

图 6.3-14 渡槽模态图

升船机塔柱与相邻渡槽跨基本周期差异大,存在发生激烈碰撞的条件。以往桥梁类的碰撞研究很少涉及高度连续变化的高墩,在地震激励下,高墩有大的位移变形能力,不难推测,通航渡槽高墩周期差异不明显时碰撞一样可能发生。因此,首先对通航渡槽碰撞特征以及控制因素展开研究。

周期差异通过周期比体现,周期比是相邻两联振动周期较小一跨与振动周期较大一跨的比值。简支通航渡槽共 18 跨,每一跨的周期与相邻跨的周期比,见表 6.3-8。其中,0# 为升船机塔柱。升船机塔柱与槽墩的编号见图 6.3-1。

表 6.3-8 简支通航渡槽相邻跨周期及周期比

编号	0#	1#	2#	3#	4#	5#	6#	7#	8#	9#
周期	1.593	5.649	3.801	3.271	3.137	3.071	2.600	2.600	2.118	2.118
周期比	0.28	0.67	0.86	0.98	0.93	0.85	1.00	0.82	1.00	
编号	9#	10#	11#	12#	13#	14#	15#	16#	17#	18#
周期	2.118	1.652	1.652	1.325	1.167	0.882	0.725	0.483	0.343	0.247
周期比	0.78	1.00	0.80	0.88	0.76	0.82	0.67	0.71	0.72	

注:0# 为升船机塔柱。

由表 6.3-8 可知，升船机塔柱与相邻跨渡槽周期差异最大，周期比为 0.28，这是因为升船机塔柱纵向为刚度很大的筒体结构，其纵向一阶振动周期仅为 1.59s，而相邻跨渡槽墩高大且纵向刚度小，其一阶振动周期达到 5.65s；第 $1^{\#}$、$2^{\#}$ 跨渡槽周期差异也较大，周期比为 0.67；其他渡槽跨周期差异较小，$2^{\#}$～$13^{\#}$ 墩相邻渡槽跨周期比基本上大于 0.80，$13^{\#}$～$18^{\#}$ 墩相邻渡槽跨周期比基本为 0.7～0.8。

建立考虑碰撞、不考虑碰撞两种模型，其中考虑碰撞模型碰撞单元的初始间隙为 4cm。对比两个模型，分析碰撞力、碰撞次数与周期比、墩高的关系。4 条地震波作用下的碰撞次数及碰撞力分析结果见表 6.3-9 至表 6.3-12 以及图 6.3-15。为方便探讨碰撞特征及机理，同时给出不考虑碰撞模型的墩顶位移峰值分布图，以及 4 条地震时程的位移谱图，分别见图 6.3-16、图 6.3-17。图 6.3-15 和图 6.3-16 中结构缝的编号与槽墩编号一致。

表 6.3-9　　RSN-1011 地震波作用下的碰撞次数及碰撞力统计表

结构缝编号	$0^{\#}$	$1^{\#}$	$2^{\#}$	$3^{\#}$	$4^{\#}$	$5^{\#}$	$6^{\#}$	$7^{\#}$	$8^{\#}$	$9^{\#}$
碰撞次数	149	135	72	49	24	19	9	25	6	13
碰撞力(1×10^6N)	100.79	78.67	44.16	24.64	32.31	39.87	29.82	34.76	24.60	50.94
结构缝编号	$10^{\#}$	$11^{\#}$	$12^{\#}$	$13^{\#}$	$14^{\#}$	$15^{\#}$	$16^{\#}$	$17^{\#}$	$18^{\#}$	$19^{\#}$
碰撞次数	4	4	4	6	6	2	/	/	/	/
碰撞力(1×10^6N)	39.47	104.75	121.47	82.01	89.22	30.49	/	/	/	/

表 6.3-10　　RSN-1633 地震波作用下的碰撞次数及碰撞力统计表

结构缝编号	$0^{\#}$	$1^{\#}$	$2^{\#}$	$3^{\#}$	$4^{\#}$	$5^{\#}$	$6^{\#}$	$7^{\#}$	$8^{\#}$	$9^{\#}$
碰撞次数	134	175	97	59	66	62	45	38	24	32
碰撞力(1×10^6N)	65.70	65.50	49.17	52.24	38.93	54.72	73.77	58.09	29.67	38.86
结构缝编号	$10^{\#}$	$11^{\#}$	$12^{\#}$	$13^{\#}$	$14^{\#}$	$15^{\#}$	$16^{\#}$	$17^{\#}$	$18^{\#}$	$19^{\#}$
碰撞次数	1	11	/	7	1	2	/	/	/	/
碰撞力(1×10^6N)	34.45	39.62	/	45.74	61.24	27.66	/	/	/	/

表 6.3-11　　RSN-3954 地震波作用下的碰撞次数及碰撞力统计表

结构缝编号	$0^{\#}$	$1^{\#}$	$2^{\#}$	$3^{\#}$	$4^{\#}$	$5^{\#}$	$6^{\#}$	$7^{\#}$	$8^{\#}$	$9^{\#}$
碰撞次数	96	116	72	38	23	27	8	23	10	21
碰撞力(1×10^6N)	55.72	34.40	34.55	18.21	31.50	44.84	48.85	42.73	39.30	42.44
结构缝编号	$10^{\#}$	$11^{\#}$	$12^{\#}$	$13^{\#}$	$14^{\#}$	$15^{\#}$	$16^{\#}$	$17^{\#}$	$18^{\#}$	$19^{\#}$
碰撞次数	7	12	/	/	/	/	/	/	/	/
碰撞力(1×10^6N)	24.05	25.51	/	/	/	/	/	/	/	/

表 6.3-12　　人工波地震波作用下的碰撞次数及碰撞力统计表

结构缝编号	0#	1#	2#	3#	4#	5#	6#	7#	8#	9#
碰撞次数	136	139	105	49	48	48	27	24	9	16
碰撞力(1×10⁶N)	81.22	54.21	27.65	25.35	31.41	57.23	30.45	45.27	34.89	44.22
结构缝编号	10#	11#	12#	13#	14#	15#	16#	17#	18#	19#
碰撞次数	10	18	3	6	/	/	/	/	/	/
碰撞力(1×10⁶N)	18.97	37.17	18.38	20.80	/	/	/	/	/	/

注：0# 为渡槽与升船机塔柱处的结构缝；19# 为桥台处结构缝；1#～18# 为所对应编号槽墩上部梁体的结构缝。

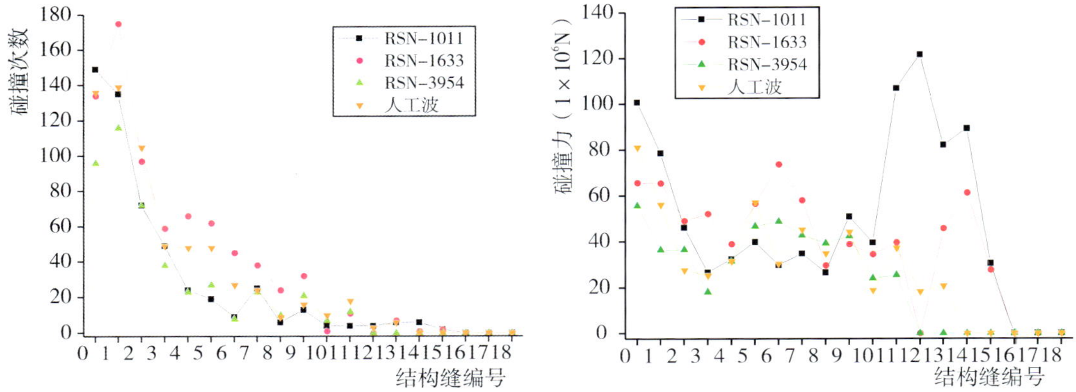

(a)碰撞次数分布图　　(b)碰撞力分布图

图 6.3-15　4 条地震动作用下碰撞次数、碰撞力分布图

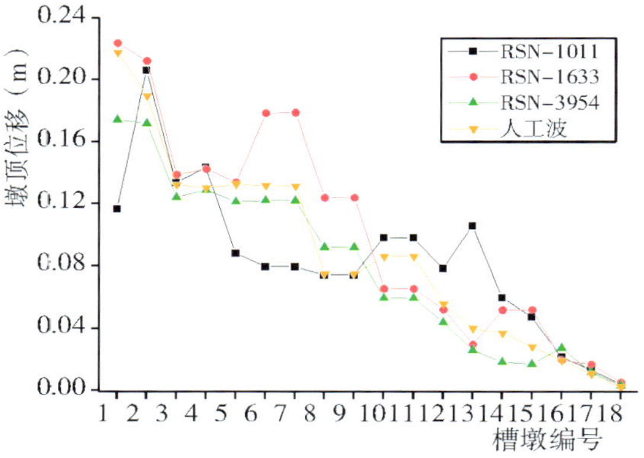

图 6.3-16　不考虑碰撞时墩顶峰值位移分布图

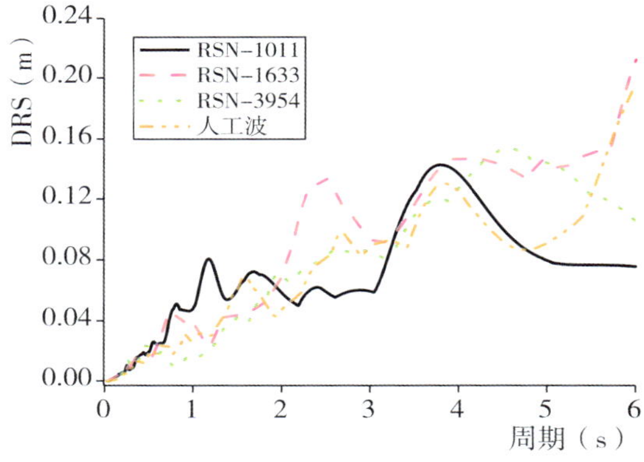

图 6.3-17　不同地震动的位移谱曲线

不考虑碰撞时，对于简支形式通航渡槽，各个墩的模型近似于在墩顶附加了集中质量的单墩模型，其墩顶附加质量为固定支座梁跨的槽体质量。此时，虽然高墩有高阶振型参与因素，但由于一阶振型占主要贡献，因此结合表 6.3-8 各墩的基本周期与地震时程的位移谱，可以直观观察到槽墩周期与各地震波激励下位移的关系(图 6.3-16，图 6.3-17)。

由图 6.3-15 可知，周期比为 0.28 的塔柱与第一跨渡槽间的 0# 结构缝碰撞剧烈，碰撞次数最高可达 149 次，碰撞力可达 100MN，可见周期差异过大是造成剧烈碰撞的最主要因素。

由图 6.3-15(b)可知，6#、12# 结构缝也产生很大的碰撞力，6# 结构缝碰撞力达到 74MN(RSN-1633)，12# 结构缝碰撞力达到 120MN(RSN-1011)。在表 6.3-8 中，6# 结构缝所对应 6#、7# 槽跨的周期比为 0.99，12# 结构缝对应的 12#、13# 周期比为 0.88；其次，由图 6.3-16 可知，6# 结构缝对应的 6# 墩和其相邻的 7# 槽墩，墩顶位移分别为 17.82cm、17.85cm(RSN-1633)，12# 结构缝所对应的 12# 槽墩和其相邻的 13# 槽墩，墩顶位移分别为 7.81cm、10.56cm(RSN-1011)。

由以上数据可以看出，虽然 6#、12# 结构缝处相邻渡槽跨周期差异均很小，大于或接近 0.9，对比矮墩区的 16#、17# 墩，虽然周期差异为 0.71，但是没有碰撞发生，两者的差别主要是槽墩产生了大的位移。由此可见，高墩及其大的位移能力是引起碰撞的另一个主要控制因素。

升船机塔柱与相邻渡槽跨周期差异大，周期比为 0.28，且高墩位移能力强，地震作用时结构缝处的碰撞力大、碰撞次数极高，从结构特点上来看，应该存在强的碰撞传递效应。人为调整升船机塔柱刚度建立虚拟模型，使升船机塔柱纵向振动周期为 5.65s，与相邻跨通航渡槽周期相同，以消除引起剧烈碰撞的周期差异因素，以便进一步分析升船机塔柱与通航渡槽结构碰撞机理。

将 4 条地震动作用下，原模型(升船机塔柱刚度按设计方案建立)与虚拟模型(人为调整升船机塔柱刚度)碰撞次数对比绘制于图 6.3-18 中，碰撞力对比绘制于图 6.3-19 中，无碰撞时结构缝处的最大相对位移对比绘制于图 6.3-20 中。

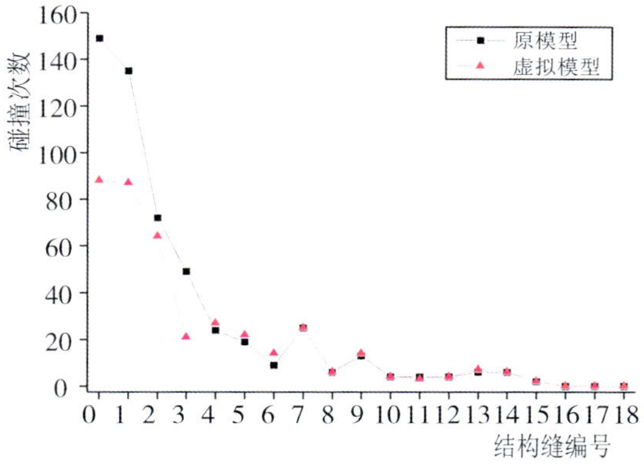

(a)RSN-1011

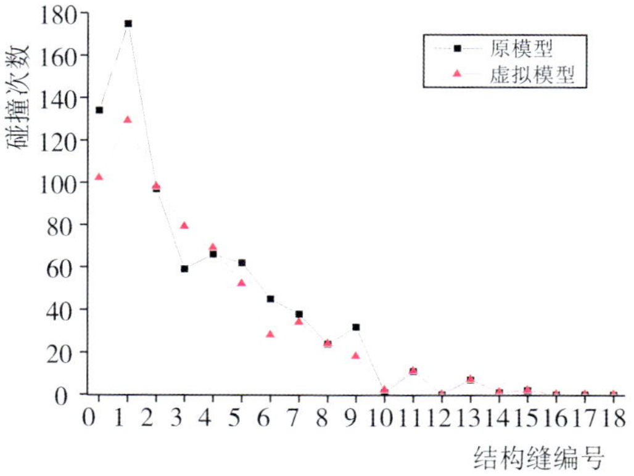

(b)RSN-1633

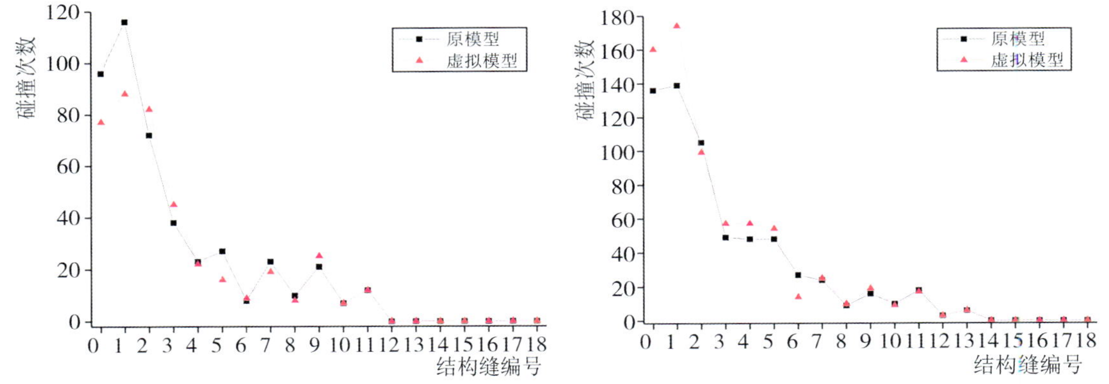

(c)RSN-3954　　(d)人工波

图 6.3-18　原模型与虚拟模型碰撞次数对比图

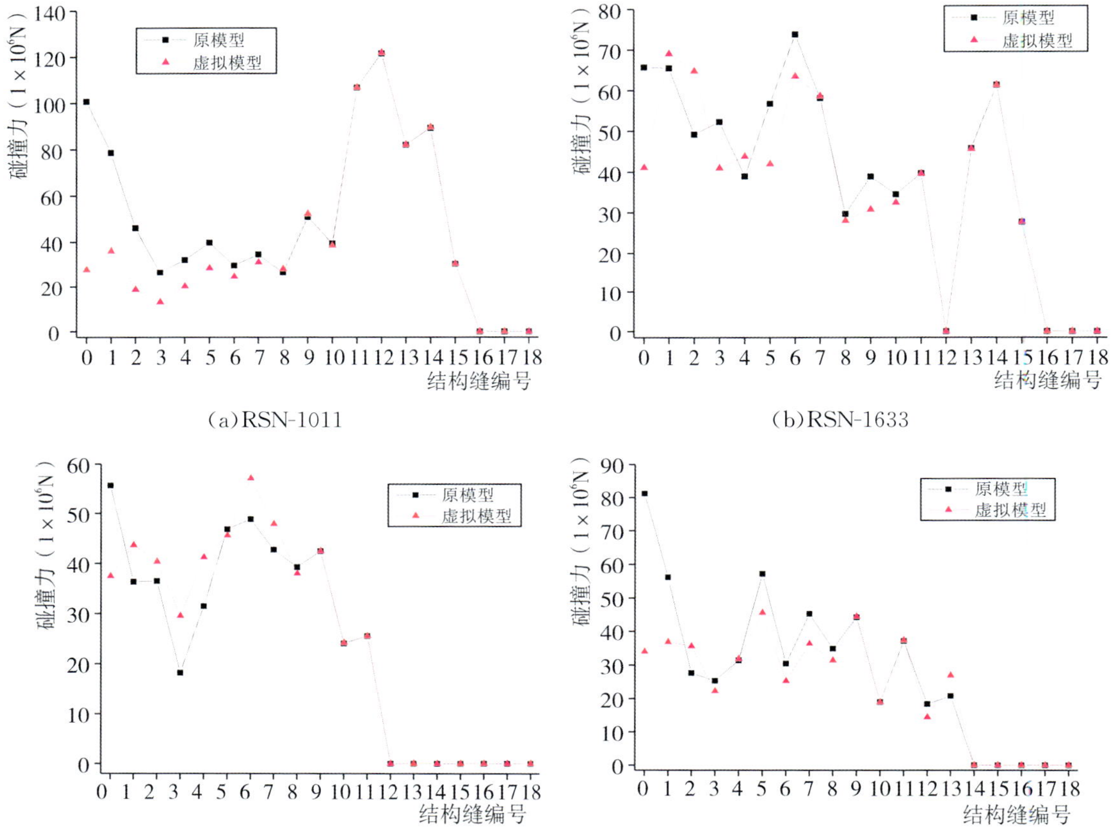

(a)RSN-1011　　(b)RSN-1633

(c)RSN-3954　　(d)人工波

图 6.3-19　原模型与虚拟模型碰撞力对比图

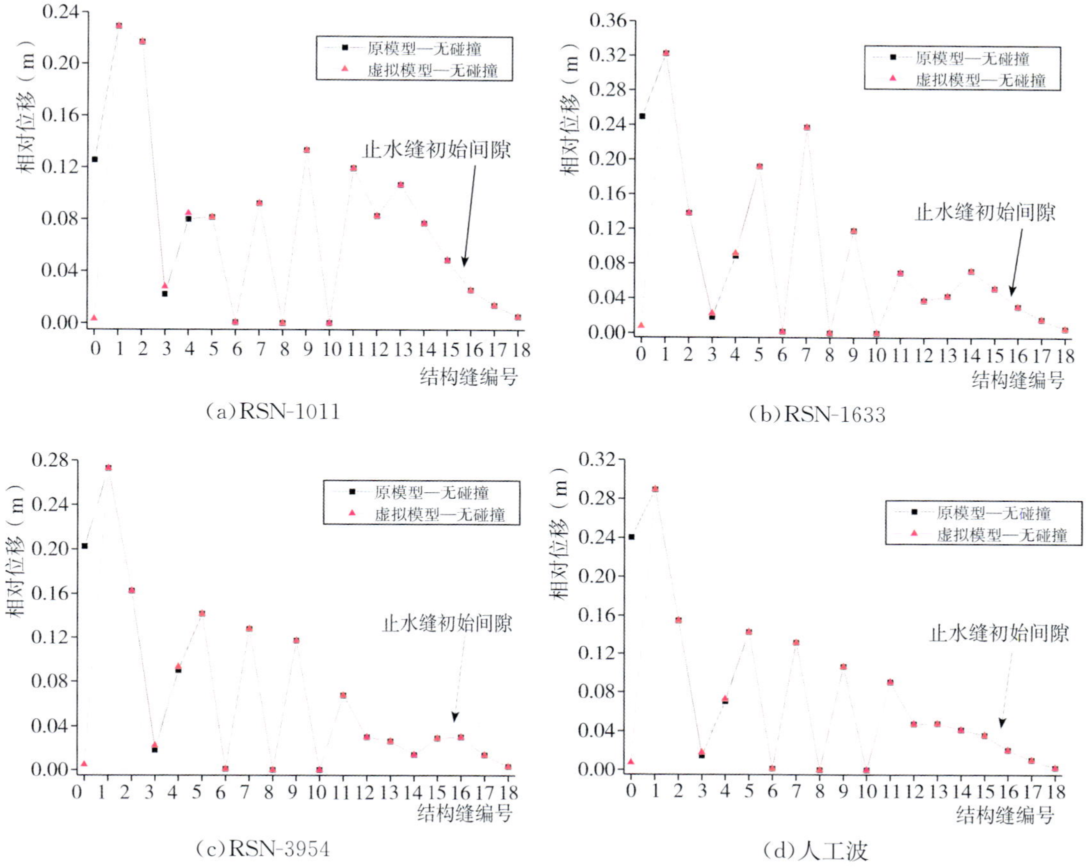

图 6.3-20　无碰撞下最大相对位移对比图

由图 6.3-18 至图 6.3-20 可以看出：

①不同地震动作用下，0#、1#结构缝碰撞次数显著不同。RSN-1011、RSN-1633、RSN-3954 地震动作用时，0#、1#结构缝碰撞次数明显下降，但碰撞次数仍保持在 80 次以上；人工波作用时，0#、1#结构缝碰撞次数有一定增加，增幅为 20 次左右；与此同时，原结构中 0#结构缝处巨大碰撞力降为 40MN 以下，且碰撞次数、碰撞力的不利位置由原模型中的 0#结构缝变为虚拟模型中的 1#结构缝；2#～7#结构缝处的碰撞次数、碰撞力也有所波动，8#～18#结构缝处的碰撞次数与碰撞力，与原模型一致，不受影响。

②观察图 6.3-18 至图 6.3-20 的虚拟模型，由图 6.3-20 中无碰撞情况的相对位移可知，由于升船机塔柱与第一跨渡槽的基本周期相同，两者的位移基本同步，0#结构缝处最大相对位移基本为 0，远小于初始间隙 4cm；图 6.3-18、图 6.3-19 中有碰撞情况可见，0#结构缝处仍发生碰撞。与此同时，图 6.3-20 中的 1#结构缝处相对位移达到 30cm，远远超过初始间隙 4cm；图 6.3-18 也显示 1#结构缝处仍发生最高次数的碰撞。由此可见，此时 0#结构缝处的碰撞由 1#结构缝处的碰撞的传递效应引起，结构中高墩区碰撞传递效应源点由原结构的 0#结构缝变为虚拟模型中的 1#结构缝。

③在虚拟模型中，消除了导致强烈碰撞的升船机塔柱与相邻渡槽跨显著的周期差异，0#、6#、8#、10#结构缝对应的相邻渡槽跨的周期比均为1，相邻结构动力特性完全一致，但是仍有等同于原结构各结构缝的显著碰撞发生。由图6.3-16可见，上述结构缝对应的槽墩位移均保持在一个峰值区域，再次说明当高墩发生大的位移时，尽管相邻结构周期差异不是很大，周期比大于0.7，仍会引起碰撞。由此可见，具有大位移的高墩是影响碰撞的另一重要控制因素。

由碰撞特征及控制因素分析可见，对于升船机塔柱、通航渡槽这种结构形式，纵向地震作用下碰撞的发生几乎是必然的。碰撞会在结构缝处产生大的碰撞力，尤其是在升船机塔柱与相邻渡槽跨处，碰撞次数高，碰撞力大，除了会引起槽体自身局部损伤外，还可能引发结构缝止水的破坏，因此必须开展抗震防撞设计。

(2)碰撞对简支渡槽地震响应的影响

由碰撞特征与控制因素的分析可见，地震作用下多个结构缝会发生碰撞。为研究碰撞对通航渡槽墩顶位移、墩底受力、支座剪力等响应的影响，定义系数γ为原模型有、无碰撞响应峰值之比，见式(6.3-3)。

$$\gamma=\frac{R_P}{R_n} \tag{6.3-3}$$

式中：R_p——有碰撞模型响应峰值；

R_n——无碰撞模型响应峰值。

当系数$\gamma>1$时，表示碰撞放大了结构响应峰值；当$\gamma<1$时，表示碰撞降低了结构响应峰值。4条地震动作用下碰撞对墩顶位移、墩底弯矩、墩底剪力、固定支座剪力的响应影响见图6.3-21。

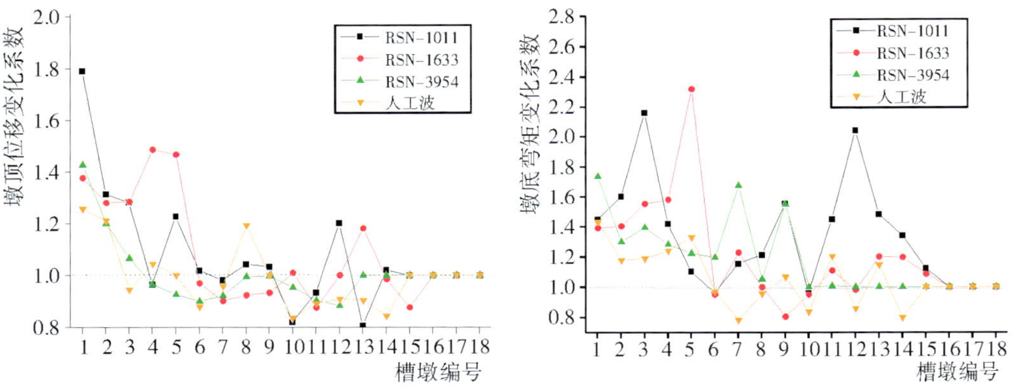

(a)墩顶位移　　(b)墩底弯矩

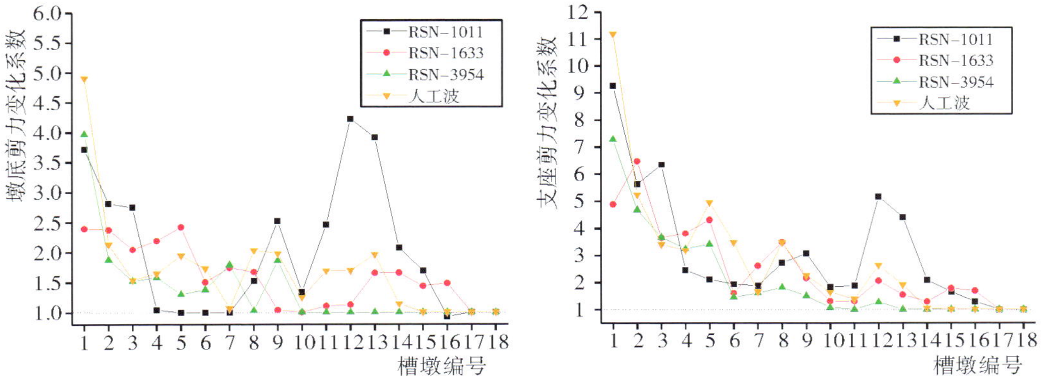

(c)墩底剪力　　　　(d)固定支座剪力

图 6.3-21　有、无碰撞模型响应地震峰值变化系数图

由图 6.3-21(a)可以看出，碰撞显著的 0[#]～2[#]结构缝对应槽墩的墩顶位移均有放大，其中 1[#]墩墩顶位移峰值放大了 1.2～1.8 倍，2[#]墩墩顶位移峰值也放大了约 1.3 倍；碰撞对 4[#]～18[#]墩墩顶位移基本起到限制作用，降低了槽墩墩顶位移；RSN-1011 地震动作用时的 12[#]墩、RSN-1633 地震动作用时的 13[#]墩的墩顶位移峰值放大了 1.2 倍，结合图 6.3-15(b)，其槽墩对应的结构缝均发生了剧烈的碰撞。以往桥梁碰撞研究认为：碰撞会限制位移发展，降低桥墩的位移响应。但是在本研究中，由于剧烈的碰撞以及 1[#]、2[#]墩为位移能力强的高墩，出现了位移放大现象。与以往桥梁结构碰撞会限制位移发展、降低桥墩位移响应的认识不同。

与位移响应类似，图 6.3-21(b)显示碰撞明显放大了 1[#]、2[#]墩墩底弯矩，放大幅度为 1.5～2.2 倍；碰撞对其他槽墩墩底弯矩也基本上呈现放大的趋势，但放大程度有限。由图 6.3-21(c)可以看出，碰撞对墩底剪力影响比对弯矩的影响程度大，1[#]墩剪力最高放大了 5.0 倍，在碰撞显著的 5[#]、12[#]、13[#]结构缝，相应槽墩的墩底剪力也有明显放大现象。

受碰撞影响最大的是支座剪力，图 6.3-21(d)显示，碰撞剧烈发生的 1[#]、2[#]墩的支座剪力最高放大了 11 倍；在碰撞显著的 5[#]、12[#]、13[#]结构缝，支座剪力也放大了 4～6 倍。

从综合来看，碰撞会放大结构响应，对结构不利，特别是与升船机相近的 1[#]、2[#]墩，在实际使用中应特别注意高墩区地震影响。

利用有、无碰撞条件下结构响应的变化系数 γ，可以观察碰撞对结构响应峰值的影响。响应峰值是认识与指导工程实践最重要的参数，但观察地震动作用下槽墩全过程响应可以对结构响应有更全面、深入的认识。由图 6.3-21 可知，在非人工波的 3 条地震波中，RSN-1011 地震动作用时，1[#]墩的墩底剪力、弯矩、固定支座剪力受碰撞的影响都比较突出，因此给出该地震动作用下，有、无碰撞两种条件下，碰撞影响最剧烈的 1[#]墩的结构响应时程曲线以及 0[#]结构缝处的碰撞力时程(图 6.3-22)，以方便进一步展示碰撞对振动状态的具体影响方式。

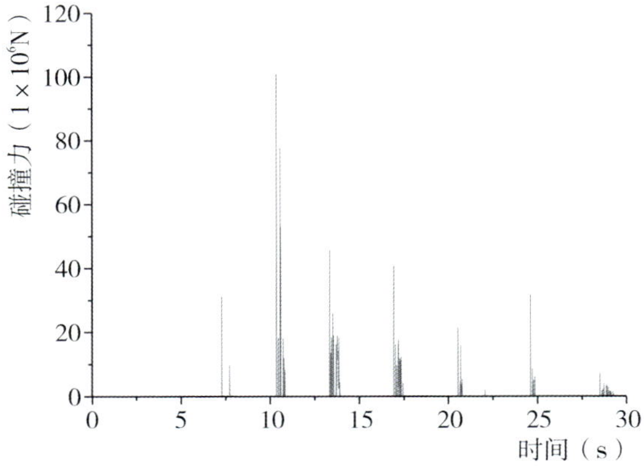

(a)0# 结构缝处碰撞力时程

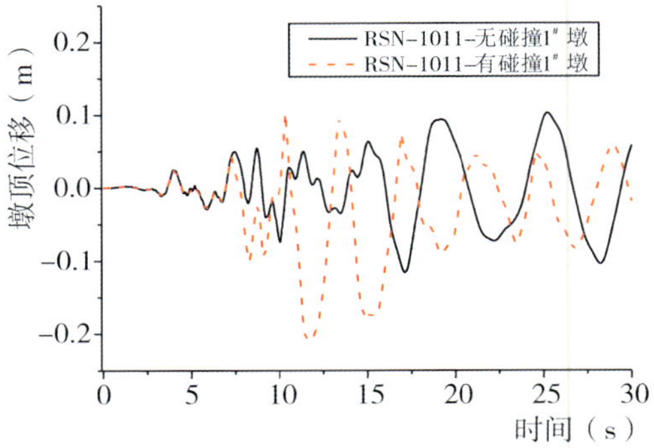

(b)1# 墩顶位移时程

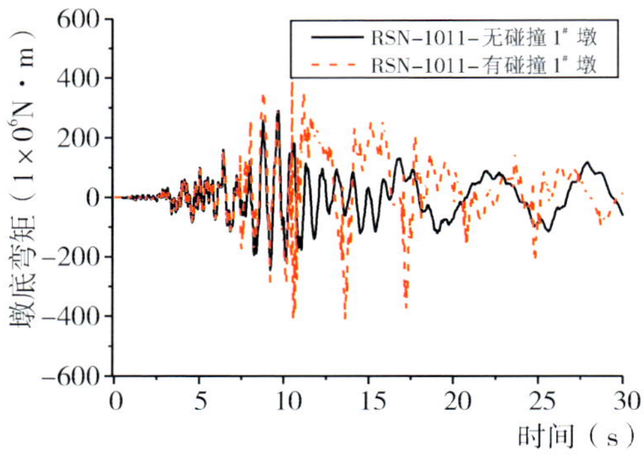

(c)1# 墩底弯矩时程

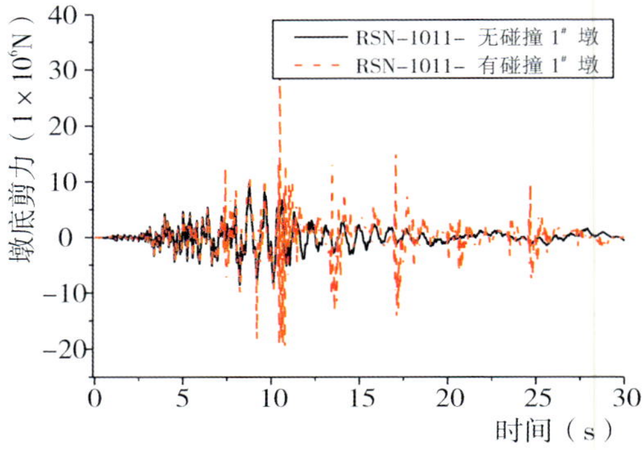

(d)1# 墩底剪力时程

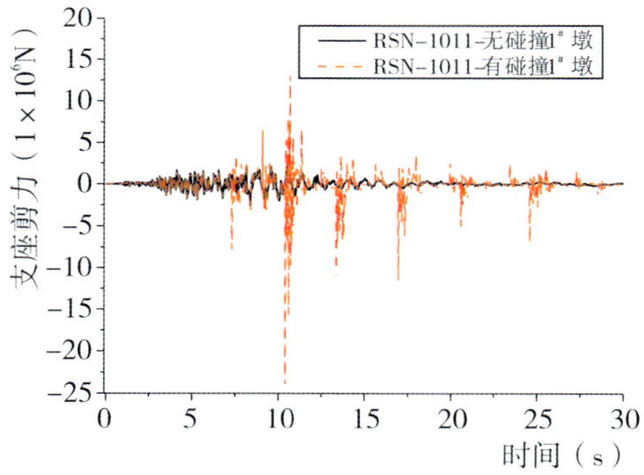

(e)1# 墩固定支座剪力时程

图 6.3-22　RSN-1011 地震动作用下碰撞响应时程对比图

由图 6.3-22 可知：①结构缝处产生强烈碰撞力时刻，对应着 1# 墩各响应的脉冲式放大，结构最大响应由剧烈碰撞力导致；②有、无碰撞条件下结构响应的峰值不在同一时刻，图 6.3-21 中变化系数 γ 是有、无碰撞条件下结构响应峰值（不在同一时刻）的比值，反映了碰撞前后结构面临风险的上升程度。

6.3.2 液体黏滞阻尼器原理分析及参数目标化设计

纵向地震作用下，通航渡槽剧烈碰撞是由高墩位移能力大以及与相邻渡槽跨周期差异大所导致的。通航渡槽的墩高通常由地形决定，白鹤滩通航渡槽所处地形由高到低连续变化，通过调整墩高来改变周期比很难实现；通航渡槽结构形式与桥梁类似，为简支梁或连续梁，常用跨径为20～30m，可借鉴桥梁结构的减震措施来降低通航渡槽的剧烈碰撞。

在桥梁设计中引入阻尼器，耗散输入的地震能量，从而减少结构的位移和惯性力，是常用的减震方式。因此考虑在通航渡槽结构缝处引入阻尼装置降低位移，达到减震、防撞的目的。

金属阻尼器、黏弹性阻尼器、磁流变阻尼器以及液体黏滞阻尼器(FVD)是工程中常用的阻尼器。金属阻尼器具有很好的耗能能力，但会发生不可恢复的残余变形；黏弹性阻尼器变形能力有限，黏弹性材料易损坏；磁流变阻尼器需要外部电源供给，并且控制算法复杂；FVD是一种有效的减震耗能装置，可以在不增加结构本身刚度的基础上吸收和消耗地震能量，减小结构在地震作用下的响应。目前，FVD已经很好地解决了缸体的密封问题，使用过程中可以做到数十年无泄漏；同时FVD精确性好、稳定性高、在静止情况下没有起始刚度、不影响结构的其他计算，如温度等，因此考虑通航渡槽采用FVD作为减震装置进行减震设计。

6.3.2.1 FVD基本介绍

FVD的组成部分主要有不锈钢圆柱缸体及活塞杆、活塞及阻尼孔、黏性阻尼液等。其工作原理是利用活塞杆往复运动在活塞两端形成压力差，促使高黏性阻尼介质以射流方式高速通过阻尼孔来产生阻尼力，阻尼介质射流与缸体内的阻尼介质相互摩擦生热耗散能量，从而达到耗能目的。这种内置黏滞阻尼液的速度型阻尼器，性能可靠稳定，并已经发展成从规范、设计工程到分析计算程序、产品检验的完整体系。

FVD一般为速度相关型，阻尼器的性能主要由两个参数决定：一是阻尼系数c，二是表征液体黏滞阻尼器非线性程度的速度指数α。阻尼器的阻尼力可以用式(6.3-4)表示：

$$F_D = c\,\dot{v}^{\alpha} \tag{6.3-4}$$

式中：F_D——FVD的阻尼力，kN；

α——速度指数；

c——阻尼系数，kN/(m·s^{-1})，与油缸直径、活塞直径、导杆直径和流体黏度等因素有关。

速度指数α与阻尼器内部的构造有关，不同的产品有不同的取值。依据速度指数α的取值，可以将FVD分为3类：线性黏滞阻尼器(α=1)、非线性黏滞阻尼器(α<1)和超线性黏滞阻尼器(α>1)。

(1)FVD参数影响分析

为了分析FVD阻尼力在不同速度条件下随阻尼系数c和速度指数α的变化规律，根据式(6.3-4)将不同条件下阻尼力的变化绘制于图6.3-23中。

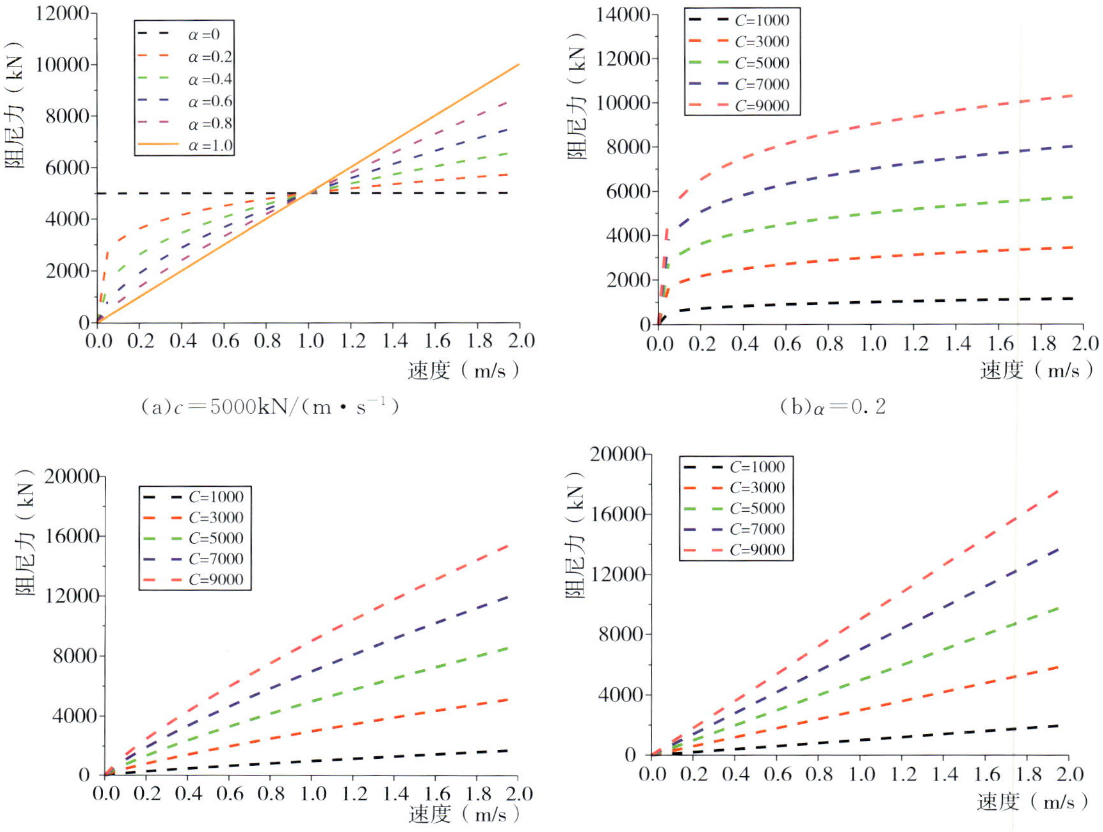

(a)$c=5000\mathrm{kN}/(\mathrm{m}\cdot\mathrm{s}^{-1})$　(b)$\alpha=0.2$

(c)$\alpha=0.8$　(d)$\alpha=1.0$

图 6.3-23　阻尼力随不同参数的变化规律

由图 6.3-23(a)可知，速度为 1.0m/s 是阻尼力随速度指数变化的一个分界点，其具体表现在：①当速度小于 1.0m/s 时，越靠近零速度的低速区，阻尼力受速度指数的影响越明显，且速度指数 α 越小，阻尼力越大；越靠近 1.0m/s 的相对低速区，速度指数对阻尼力的影响越小，且当速度为 1.0m/s 时，不同速度指数对应的阻尼力相同；靠近零速度的低速区与靠近 1.0m/s 速度的相对低速区的中间段，阻尼力平滑过渡变化。②当速度大于 1.0m/s 时，阻尼力受速度指数的影响规律与小于 1.0m/s 时完全相反，速度指数越大，阻尼力越大，基本呈线性增加趋势。

由图 6.3-23(b)至图 6.3-23(d)可知，速度指数会影响阻尼力对速度变化的敏感程度，具体表现在：①速度指数 α 越小(接近 0)时，越靠近零速度的低速区，阻尼力的增长速度越快，且阻尼系数越大，阻尼力越大；越靠近 2.0m/s 的高速区，速度对阻尼力的影响越小，阻尼力基本不发生变化，且在不同阻尼系数条件下均有相同的变化趋势；对于低速区与高速区的中间段，阻尼力变化由急到缓逐步变化。②速度指数越大，阻尼力随速度变化的趋势越接近于线性，且在不同阻尼系数下均保持相同的变化趋势。

由以上分析结果可知，阻尼力的变化与速度有明显的相关性，其中速度指数对阻尼力影响规律以 1.0m/s 为分界点，在分界点的两端，阻尼力会呈现完全相反的变化趋势；阻尼系数对阻尼力的影响规律具有很好的一致性，即阻尼系数越大，阻尼力越大。

在研究外荷载作用下阻尼力、耗能能力受阻尼系数、速度指数等参数的影响时，常假设外荷载为正弦简谐波。

假设有正弦简谐波作用于 FVD，即

$$
\begin{aligned}
u(t) &= u_0 \sin\omega t \\
\dot{u}(t) &= u_0 \omega \cos\omega t
\end{aligned}
\tag{6.3-5}
$$

式中：ω——简谐荷载频率，rad/s；

u_0——荷载峰值位移，m。

联立式(6.3-4)、式(6.3-5)可得阻尼力为：

$$
f_D = c u_0^{\alpha} \omega^{\alpha} \left| \cos\omega t \right|^{\alpha} \tag{6.3-6}
$$

FVD 提供的最大输出力为：

$$
f_{D\max} = c u_0^{\alpha} \omega^{\alpha} \tag{6.3-7}
$$

阻尼系数 c 越大，阻尼力越大，取阻尼系数 c 为定值 5000kN/(m・s^{-1})，分析位移 u_0、频率 ω、速度指数 α 等因素对阻尼力的影响。

结合第 6.3.1 节的模态分析结果，简支通航渡槽各跨的周期范围为 0.247～5.649s，其中 1#～9# 墩是容易引起剧烈碰撞的区间，其周期范围为 2.2～5.6s；简支渡槽不考虑碰撞条件下的分析结果表明，不同地震动作用时各槽墩的墩顶纵向位移峰值基本在 0.2m 以内，其中 1# 墩的墩顶纵向位移峰值最大，约为 0.22m。在研究不同荷载频率和位移对阻尼力的影响中，位移 u_0 以 1# 墩的墩顶纵向峰值位移 0.22m 为基准，最小为 0.05m，最大为 0.40m；周期范围取 1.0～8.0s(表 6.3-13)。

表 6.3-13　　位移、荷载频率统计表

u_0(m)	0.05	0.10	0.15	0.20	0.25	0.30	0.35	0.40
周期(s)	1.0	2.0	3.0	4.0	5.0	4.0	7.0	8.0
ω(rad/s)	4.28	3.14	2.09	1.57	1.26	1.05	0.90	0.79

将表 6.3-13 中的参数代入式(6.3-6)，计算不同组合条件下的阻尼力，阻尼力随荷载频率的变化见图 6.3-24，随速度指数的变化见图 6.3-25。

由图 6.3-24 可知，当速度指数 α 取为定值时，阻尼力与荷载频率、位移均呈现正相关性，即位移越大，阻尼力越大；荷载频率越高，阻尼力越大。

由图 6.3-25 可知：①当荷载频率与位移乘积 $u_0 \cdot \omega < 1$(相当于图 6.3-23(a)中的 $\dot{v} < 1$)时，速度指数和位移对阻尼力的影响规律为：速度指数越小($\alpha = 0$ 时，阻尼力保持不变，此时 FVD 退化成摩擦型阻尼器)，阻尼力越大；位移越大，阻尼力越大，但是阻尼力的增大幅度随着位移的增大而逐渐减小；②当荷载频率与位移乘积 $u_0 \cdot \omega > 1$(相当于图 6.3-23(a)中

的 $\dot{v}>1$)时，位移越大，阻尼力越大，位移对阻尼力的影响趋势保持不变，但是速度指数对阻尼力的影响则与 $u_0\cdot\omega<1$ 时完全相反，即速度指数越大，阻尼力越大。

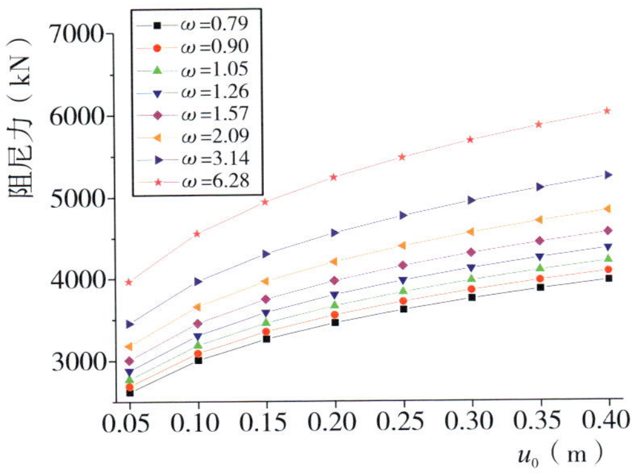

(a)速度指数 $\alpha=0.2$

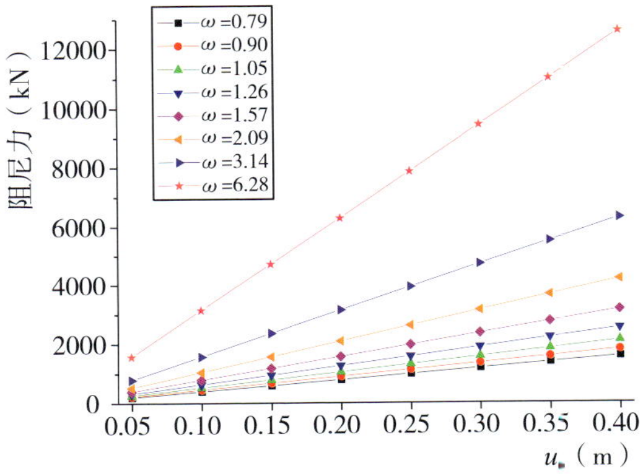

(b)速度指数 $\alpha=1.0$

图 6.3-24　阻尼力随荷载频率变化图

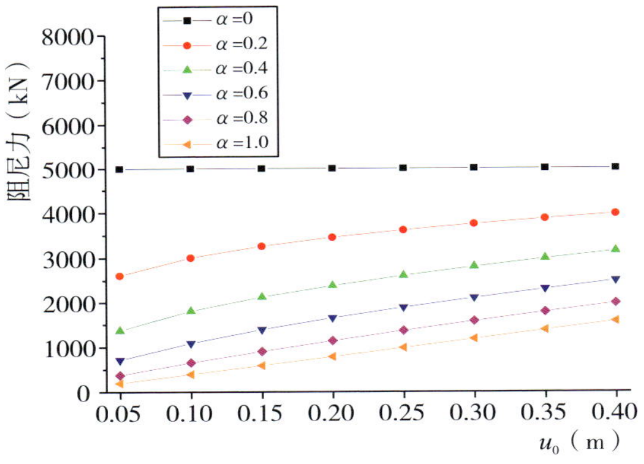

(a)荷载频率 $\omega=0.79$rad/s

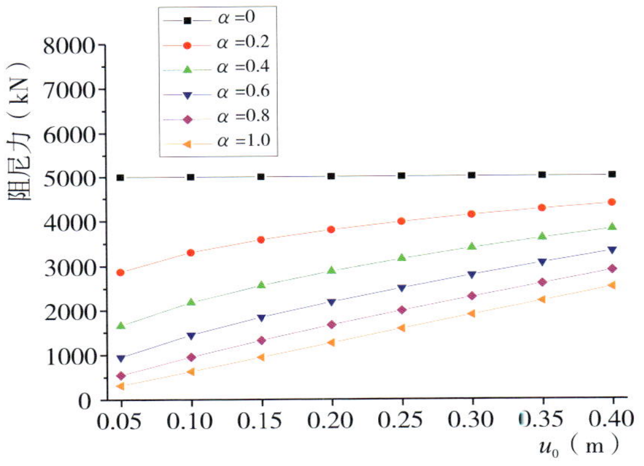

(b)荷载频率 $\omega=1.26$rad/s

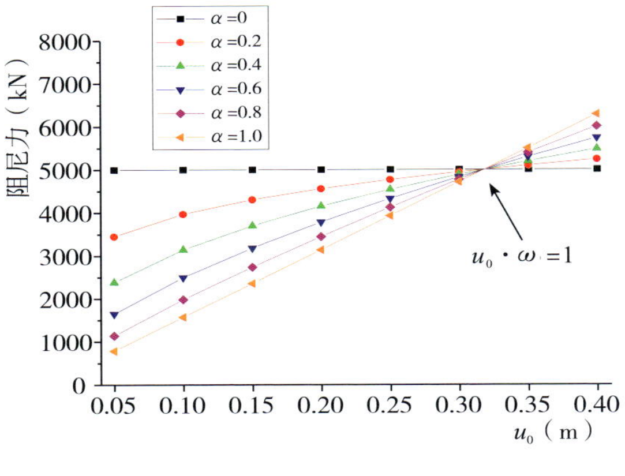

(c)荷载频率 $\omega=3.14$rad/s

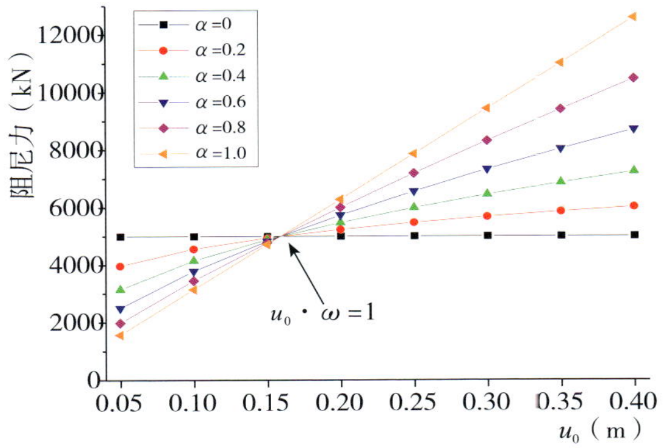

(d)荷载频率 $\omega=4.28$rad/s

图 6.3-25　阻尼力随速度指数变化图

由以上FVD阻尼力参数敏感性分析可以得到以下结论：

①当速度指数 α 确定时，阻尼力与阻尼系数 c、相对速度 $\dot{v}$、荷载频率 ω、相对位移 u_0 均呈现出正相关性，即以上参数取值越大，阻尼力越大。

②速度指数对阻尼力的影响规律会随着 $\dot{v}$ 或 $u_0 \cdot \omega$ 取值的不同而呈现相反的变化规律。当 $\dot{v}<1$ 或者 $u_0 \cdot \omega<1$ 时，阻尼力与速度指数之间呈现负相关性，即速度指数越小，阻尼力越大；当 $\dot{v}>1$ 或者 $u_0 \cdot \omega>1$ 时，阻尼力与速度指数之间呈现正相关性，速度指数越大，阻尼力越大。

以上主要分析了FVD阻尼参数与外荷载参数对阻尼力的影响。阻尼力的大小仅是设计阻尼参数的参考因素之一，实际使用中FVD的主要作用是参与耗能，降低结构在地震作用下的响应，因此以下将分析速度指数、阻尼系数等参数对FVD耗能的影响。

仍假设正弦简谐波 $u(t)=u_0\sin\omega t$ 作用于FVD上，则FVD做功为：

$$E_D=\int f_D\mathrm{d}u=\int_0^{2\frac{\pi}{\omega}} f_D\dot{u}\mathrm{d}t=\int_0^{2\frac{\pi}{\omega}} C_\alpha|\dot{u}|^{1+\alpha}\mathrm{d}t \tag{6.3-8}$$

对上式积分得：

$$E_D=\pi\beta_\alpha C_\alpha\omega^\alpha u_0{}^{1+\alpha} \tag{6.3-9}$$

$$\beta_\alpha=\frac{2^{(2+\alpha)}\Gamma^2(1+\frac{\alpha}{2})}{\Gamma(2+\alpha)} \tag{6.3-10}$$

式中：Γ——伽马函数，其值求解可以借助相关的数学求解公式表格，对于不同速度指数 α，β_α 取值见表6.3-14。

表6.3-14　β_α 取值统计表

α	0.1	0.2	0.3	0.4	0.5	0.6	0.7	0.8	0.9	1.0
β_α	1.236	1.201	1.170	1.140	1.113	1.087	1.063	1.041	1.020	1.000

对于线性黏滞阻尼器，$\alpha=1$，$\beta_\alpha=1$，此时式(6.3-9)变为：

$$E_D=\pi c_1\omega u_0^2 \tag{6.3-11}$$

对于纯摩擦阻尼器，$\alpha=0$，$\beta_\alpha=4/\pi$，此时式(6.3-9)变为：

$$E_D=4c_0u_0 \tag{6.3-12}$$

由式(6.3-9)可见，影响FVD耗能的参数也主要是阻尼系数 c、速度指数 α、荷载频率 ω 和相对位移 u_0 等。

基于能量等效原则，假设线性黏滞阻尼器与非线性黏滞阻尼器的耗能一致，即式(6.3-9)与式(6.3-11)相等，则可以得出阻尼系数 c_1 与阻尼系数 c_α 和速度指数 α 之间的关系，见式(6.3-13)：

$$c_\alpha = \frac{(\omega u_0)^{1-\alpha}}{\beta_\alpha} c_1 \tag{6.3-13}$$

阻尼器耗能能力可以通过力—位移滞回曲线表现，滞回曲线越饱满，耗能能力越强。现将同一阻尼系数 c（c=5000kN/(m·s^{-1})）和荷载频率 ω（$\omega=F/cu_0$=5Hz），不同速度指数 α（α=0、0.2、0.8、1.0）对应的阻尼器滞回曲线绘制于图 6.3-26 中。

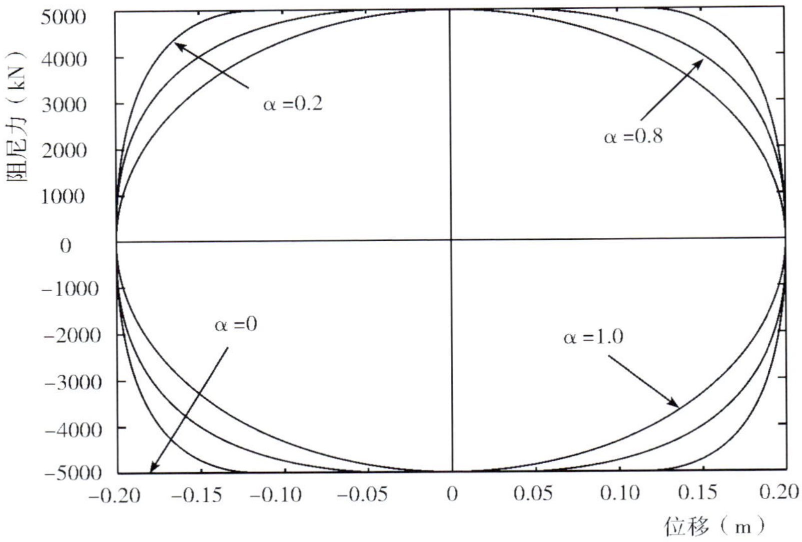

图 6.3-26　不同阻尼器滞回曲线的比较

由图 6.3-26 可见，在简谐荷载作用下，线性黏滞阻尼器的滞回曲线近似于圆—椭圆；非线性黏滞阻尼器的滞回曲线近似于矩形—椭圆，非线性黏滞阻尼器滞回曲线的饱和程度要高于线性黏滞阻尼器，具有更强的耗能能力；速度指数越小，滞回曲线包络的面积越大，阻尼器耗能能力越强。

(2)FVD 等效线性化理论

工程中利用能量相等原理发展了非线性黏滞阻尼器的线性化理论。Terenzi、Lin 和 Chopra 等发展了以附加阻尼比 ξ_{sd} 表征非线性黏滞阻尼器耗能能力的理论。

附加阻尼比 ξ_{sd} 的物理含义是：固有体系阻尼比为 ξ_0 的单自由度体系，设置阻尼系数为 c_α、速度指数为 α 非线性液体黏滞阻尼器（NFVD）使之成为非线性体系，其与不设 NFVD 时的线弹性体系相比，若线弹性体系中阻尼比取 $\xi_0+\xi_{sd}$，则两种体系具有相同的耗能能力，并可近似以线弹性体系代替设置了 FVD 的非线性体系。

对于一个质量为 m、刚度为 k 的线性单自由度系统，设置如式(6.3-14)所定义的 FVD 后，基于等效线性黏滞阻尼概念，黏滞阻尼器的附加阻尼比可以通过下式计算：

$$\xi_{sd} = \frac{E_D}{4\pi E_{So}} = \frac{E_D}{2\pi k u_0^2} \tag{6.3-14}$$

式中：E_{So}——单自由度系统在达到最大位移 u_0 时所储存的弹性能，J；

E_D——黏滞阻尼器做功，J。

以 ω_n 表示单自由度体系自振频率，荷载外加激励为简谐荷载，当荷载频率 ω 与自振频率 ω_n 相等时，结构共振，荷载激励起的结构响应最不利，将式(6.3-9)中的 ω 替换成 ω_n，并代入式(6.3-14)，得到附加阻尼比 ξ_{sd} 的计算式(6.3-15)：

$$\xi_{sd}=\frac{\beta_\alpha c_\alpha}{2\pi k u_0}(\omega_n u_0)^\alpha=\frac{\beta_\alpha c_\alpha}{2m\omega_n}(\omega_n u_0)^{\alpha-1} \tag{6.3-15}$$

式中：α——速度指数；

c_α——速度指数为 α 时对应的阻尼系数，kN/(m·s^{-1})；

u_0——单自由度体系最大位移，m；

ω_n——单自由度体系自振圆频率，rad/s；

β_α——取值见表 6.3-14。

从式(6.3-15)可以看出，阻尼器提供的附加阻尼比并不是跟某一个单一的因素有关，而是与 α、c_α、u_0 等均存在关联。为了更加清楚直观地了解附加阻尼比 ξ_{sd} 与各参数的关系，以线性黏滞阻尼器提供的附加阻尼比 ξ_{sd0} 为参考对象，其计算公式如下：

$$\xi_{sd0}=\frac{\beta_{\alpha 0} c_0}{2m\omega_n}(\omega_n u_0)^{\alpha_0-1} \tag{6.3-16}$$

结合第 6.3.1 节通航渡槽的分析，取 ω_n 为周期最大(5.649s)的第一跨对应的频率(0.177Hz)，即 $\omega_n=\omega_1=0.177\times2\pi=0.354\pi$；结构纵向位移响应 $u_0=0.2$m。当 $\alpha_0=1$ 时，式(6.3-16)相当于线性黏滞阻尼器的计算模型 $\xi_{sd0}=\frac{c_0}{2m\omega_n}$。

设：$c=\gamma_1 c_0$，$\alpha=\gamma_2\alpha_0$，$u=\gamma_3 u_0$，带入式(6.3-15)，则不同参数阻尼器对结构响应产生的附加阻尼比对比见式(6.3-17)：

$$\frac{\xi_{sd}}{\xi_{sd0}}=\frac{\beta_{\alpha 0}}{\beta_{\alpha 0}}\gamma_1\gamma_3^{\gamma_2-1}(\omega_n u_0)^{\gamma_2-1} \tag{6.3-17}$$

由式(6.3-17)计算得到变化各参数时附加阻尼比随 γ_2、γ_3 变化的规律，数据见表 6.3-15、表 6.3-16。

表 6.3-15　最大位移比 γ_3 取值不同时，ξ_{sd}/ξ_{sd0} 随速度指数比 γ_2 变化表

γ_2	γ_3									
	0.1	0.2	0.3	0.4	0.5	0.6	0.7	0.8	0.9	1.0
0.1	37.98	20.35	16.3—16	10.91	8.92	7.57	4.59	5.85	5.26	4.78
0.2	25.23	14.49	10.47	8.32	4.96	4.02	5.32	4.78	4.35	4.00
0.3	14.80	10.34	7.78	4.36	5.44	4.79	4.30	3.92	3.61	3.35
0.4	11.18	7.38	5.79	4.87	4.26	3.82	3.48	3.21	2.99	2.81
0.5	7.46	5.28	4.31	3.73	3.34	3.05	2.82	2.64	2.49	2.36
0.6	4.98	3.78	3.21	2.86	2.62	2.43	2.29	2.17	2.07	1.98

续表

γ_2	γ_3									
	0.1	0.2	0.3	0.4	0.5	0.6	0.7	0.8	0.9	1.0
0.7	3.33	2.70	2.39	2.20	2.05	1.95	1.86	1.78	1.72	1.67
0.8	2.23	1.94	1.79	1.69	1.62	1.56	1.51	1.47	1.44	1.41
0.9	1.49	1.39	1.34	1.30	1.27	1.25	1.23	1.21	1.20	1.19

表 6.3-16　　速度指数比 γ_2 取值不同时，ξ_{sd}/ξ_{sd0} 随最大位移比 γ_3 变化表

γ_3	γ_2									
	0.1	0.2	0.3	0.4	0.5	0.6	0.7	0.8	0.9	1.0
0.1	37.98	25.96	17.74	12.13	8.29	5.66	3.87	2.65	1.81	1.24
0.2	19.78	14.49	10.61	7.77	5.69	4.17	3.06	2.24	1.64	1.20
0.3	13.38	10.20	7.78	5.94	4.53	3.46	2.64	2.01	1.53	1.17
0.4	10.06	7.90	4.20	4.87	3.82	3.00	2.36	1.85	1.45	1.14
0.5	8.04	4.45	5.18	4.16	3.34	2.68	2.15	1.73	1.39	1.11
0.6	4.66	5.45	4.45	3.64	2.98	2.43	1.99	1.63	1.33	1.09
0.7	5.67	4.71	3.91	3.24	2.69	2.24	1.86	1.54	1.28	1.06
0.8	4.92	4.14	3.49	2.93	2.47	2.08	1.75	1.47	1.24	1.04
0.9	4.34	3.69	3.15	2.68	2.28	1.94	1.65	1.41	1.20	1.02

图 6.3-27(a)为位移幅值不同时附加阻尼比与速度指数关系曲线，可以看出当速度指数 $\alpha<1.0$ 时，结构位移响应幅值越小，附加阻尼比越大，即对于 NFVD 而言，结构位移响应幅值较小时附加阻尼比对阻尼器速度指数越为敏感。

图 6.3-27(b)为速度指数不同时附加阻尼比与位移幅值关系曲线，可以看出速度指数取 $\alpha=1.0$，即 $\gamma_2=1.0$ 时(即线性黏滞阻尼器)，阻尼器提供附加阻尼比不受结构位移响应幅值的影响，能为结构提供稳定的附加阻尼比；当速度指数 $\alpha<1.0$ 时，速度指数 α 愈小，附加阻尼比越大，且结构位移响应幅值愈小时这一趋势越明显。

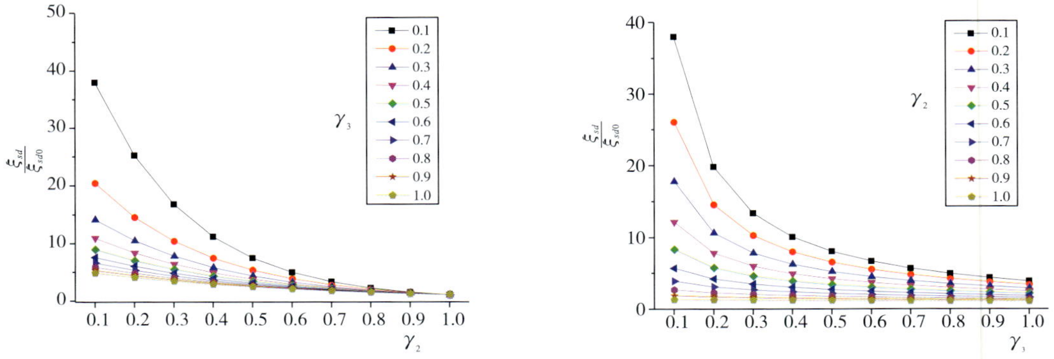

(a)位移幅值不同时附加阻尼比与速度指数关系曲线　　(b)速度指数不同时附加阻尼比与位移幅值关系曲线

图 6.3-27　附加阻尼比与速度指数及位移幅值关系曲线

6.3.2.2 基于 DMF 的 FVD 参数目标化设计

目前以采用参数敏感性分析法为主对阻尼器的阻尼系数和速度指数进行优化设计。采用参数敏感性分析方法确定阻尼器计算及数据处理工作量大、耗时长、效率低。鉴于以上特点，提出以 DMF 与附加阻尼比为工具，结合设计位移目标减震效率，优化 FVD 阻尼参数的设计方法，并通过对不同结构的验证分析，判断该方法的合理性和适用性。

(1)地震动记录的 DMF 曲线

DMF 定义为阻尼比非 5%(ξ)反应谱谱值与阻尼比为 5%的反应谱谱值之比。其可以表达为：

$$\mathrm{DMF}=\frac{\beta(\xi,T)}{\beta(5\%,T)} \tag{6.3-18}$$

式中：$\beta(\xi,T)$——非 5%阻尼比的反应谱谱值；

$\beta(5\%,T)$——5%阻尼比的反应谱谱值；

T——结构周期，s；

ξ——阻尼比。

每一条时程曲线均可生成在不同阻尼比水平下的反应谱，包含相对位移谱、相对速度谱、绝对加速度谱。任一阻尼比 ξ 对应的位移反应谱谱值与阻尼比 5%对应的反应谱谱值之比，即为该阻尼水平 ξ 对应的 DMF 值，其为周期函数。例如，本书分析所选用的 4 条地震动记录，其在不同阻尼比条件下的 DMF 曲线见图 6.3-28。

对于设置 FVD 的单自由度体系(图 6.3-29)，当 $\alpha=1$ 时，表示在结构中引入线性黏滞阻尼器，结合 DMF 的定义，可直接通过 DMF 曲线观察到减震效果；当 $\alpha<1$ 时，表示在结构中引入非线性黏滞阻尼器，可通过等效阻尼比将其转化为线性模型，以观察阻尼器的减震效果。

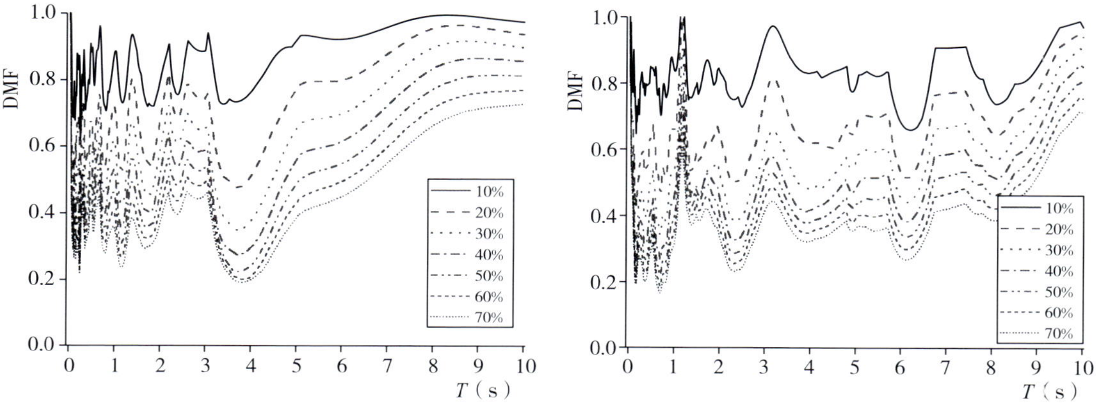

(a)RSN-1011　　(b)RSN-1633

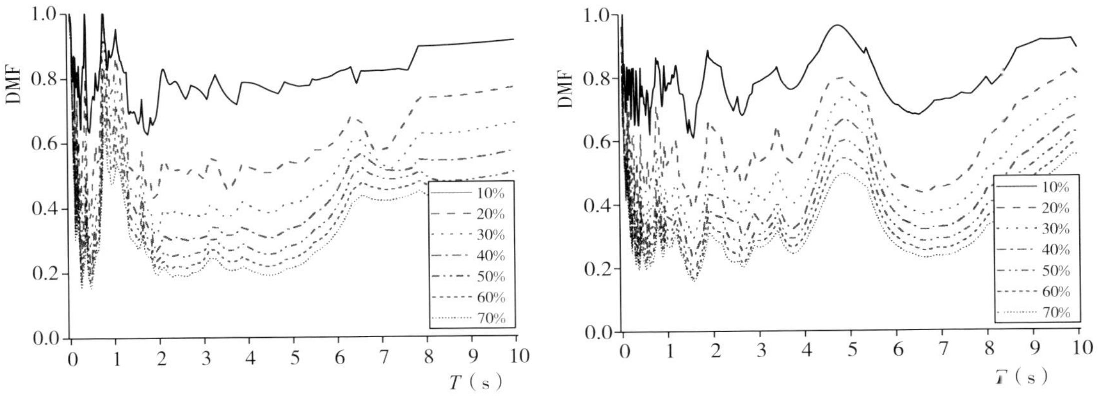

（c）RSN-3954　　　　（d）人工波

图 6.3-28　不同阻尼比条件下的 DMF 曲线

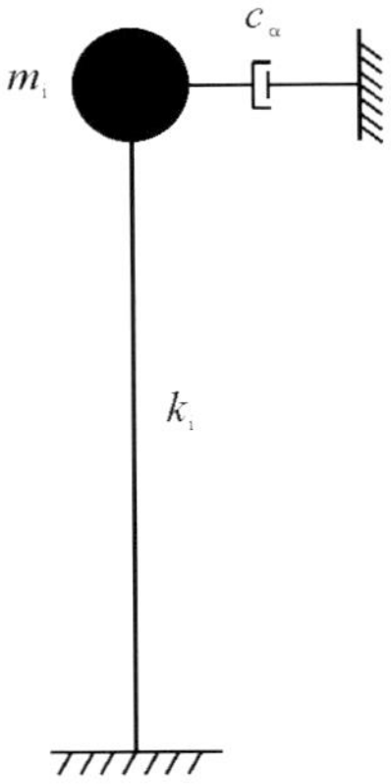

图 6.3-29　单自由度模型与阻尼装置示意图

基于时程的 DMF 曲线，可进行 FVD 参数的目标化设计，并通过时程分析验证方法的可行性。

（2）阻尼参数目标化设计流程

首先引入需求减震效率的概念，需求减震效率指添加 FVD 后期望结构达到的位移峰值与原结构位移峰值之间的关系，关系式如下：

$$e_D = \frac{u_R - u_D}{u_R} \tag{6.3-19}$$

式中：e_D——需求减震效率。

u_R——原始模型在地震作用下的位移峰值，m，对于单自由度结构，$u_R = u_0$。

u_D——通过减震设计后期望结构达到的位移，m。该值可由结构缝间隙或设计需求等条件予以确定。

DMF 与附加阻尼比的概念和计算方法前文已有介绍。以 DMF 和附加阻尼比为工具，结合需求减震效率，阻尼器参数目标化设计基本步骤如下：

①分析确定结构实际峰值位移 u_R 以及期望位移 u_D，根据式(6.3-19)计算需求减震效率 e_D；

②绘制各地震动记录在不同阻尼水平时的 DMF 曲线，得到与结构主控周期对应，DMF 值达到 DMF_ξ 时所需的阻尼水平 $\xi_{总}$，其中 DMF_ξ 由式 $DMF_\xi=1-e_D$ 求得；

③得到总阻尼比 $\xi_{总}$ 后，假设结构的固有体系阻尼比为 ξ_0，则根据附加阻尼比的物理意义可确定附加阻尼比 $\xi_{sd}=\xi_{总}-\xi_0$；

④将附加阻尼比 ξ_{sd} 代入式(6.3-15)，计算得到参数组合为 c_α、α 的 FVD。

6.3.2.3 FVD 参数目标化设计验证

简支梁形式通航渡槽结构缝设置过多，碰撞位置点太多，相邻结构间存在复杂的相互作用关系，因此，在设置阻尼器的耗能减震研究中，变简支梁形式为连续梁形式，如第 6.3.3.1 节所示。为了研究的整体性，本节验证部分的单自由度模型、单联模型、双联模型，模型结构参数均依据第 6.3.3.1 节中连续梁模型。

(1)单自由度模型分析验证

连续梁形式通航渡槽结构见图 6.3-36。连续梁形式中，由于每一联的主控周期各不相同，故对槽墩高、周期长、位移大、碰撞显著的第一联至第三联渡槽均进行验证分析，等效模型见图 6.3-29。图中 m_i、k_i 分别为连续渡槽第 i 联的等效质量与刚度，其中刚度 k_i 通过单位力作用时各联的力—位移关系得到，质量 m_i 通过公式 $m_i=k_i/\omega_{i2}$ 计算，取值见表 6.3-17，其数据来源见表 6.3-38。

表 6.3-17　单自由度模型等效质量、刚度统计表

模型参数	第一联($i=1$)	第二联($i=2$)	第三联($i=3$)
质量 m_i(1×10^6kg)	5.65	7.63	6.77
刚度 k_i(1×10^6N/m)	10.450	22.285	36.533
周期(s)	4.620	3.678	2.705
频率 ω_n(rad/s)	1.56	1.709	2.323

以下将根据 FVD 阻尼参数目标化设计的基本步骤，计算 FVD 的阻尼参数，并将其引入单自由度模型。

1)计算需求减震效率

为了计算需求减震效率，需要确定结构不添加 FVD 时的实际位移峰值 u_R 和添加 FVD 后的期望位移 u_D。

不添加阻尼器时的实际位移峰值 u_R 可直接通过时程分析得到，见表 6.3-18。

表 6.3-18　　单自由度模型实际位移峰值统计表　　(单位:m)

位移峰值	RSN-1011	RSN-1633	RSN-3954	人工波
第一联	0.093	0.138	0.153	0.088
第二联	0.140	0.133	0.118	0.124
第三联	0.058	0.115	0.086	0.097

添加 FVD 后的期望位移 u_D 可以依据结构缝间隙确定。通航渡槽结构缝间隙为 4cm，当结构缝两端的相对位移峰值小于 4cm 时，结构缝间的碰撞可以完全避免，因此取期望位移 u_D 为 4cm。

将实际位移峰值 u_R、期望位移 u_D 代入式(6.3-19)，求得 4 条地震动作用时，各联等效单自由度模型的需求减震效率，见表 6.3-19。

表 6.3-19　　需求减震效率 e_D 统计表

需求减震效率	RSN-1011	RSN-1633	RSN-3954	人工波
第一联(T=4.620s)	0.57	0.71	0.74	0.55
第二联(T=3.678s)	0.71	0.70	0.66	0.68
第三联(T=2.705s)	0.31	0.65	0.53	0.59

由表 6.3-19 可见，同一联渡槽结构在不同地震时程激励时的需求减震效率明显不同。如第一联渡槽，为使位移降低到 4cm，RSN-1011 地震时程的减震效率达到 0.57 即可满足要求，而 RSN-1633 地震时程的减震效率则需要达到 0.71。

2)确定总阻尼比 $\xi_{总}$

由公式 $1-\text{DMF}_\xi=e_D$，计算不同地震动作用下，与结构主控周期对应的 DMF_ξ，见表 6.3-20。

表 6.3-20　　DMF_ξ 统计表

DMF_ξ	RSN-1011	RSN-1633	RSN-3954	人工波
第一联(T=4.620s)	0.43	0.29	0.26	0.45
第二联(T=3.678s)	0.29	0.30	0.34	0.32
第三联(T=2.705s)	0.69	0.35	0.47	0.41

结合 DMF 曲线，确定满足 DMF_ξ 要求的总阻尼比 $\xi_{总}$，见表 6.3-21。

表 6.3-21　　总阻尼比 $\xi_{总}$ 统计表　　(单位:%)

$\xi_{总}$	RSN-1011	RSN-1633	RSN-3954	人工波
第一联(T=4.620s)	45	/	50	73
第二联(T=3.678s)	39	75	37	40
第三联(T=2.705s)	30	60	23	26

表 6.3-21 中并未给出 RSN-1633 地震动作用时第一联通航渡槽等效单自由度模型的总阻尼比，因为对于该联模型，即使阻尼水平达到 95%，其减震效率也仅为 0.65，无法满足减震效率达到 0.71 的要求(见与第一联周期(T=4.62s)对应的 DMF 值、减震效率(1—DMF)随阻尼水平的变化图 6.3-30)，故忽略 RSN-1633 时程作用下的第一联渡槽的工况。

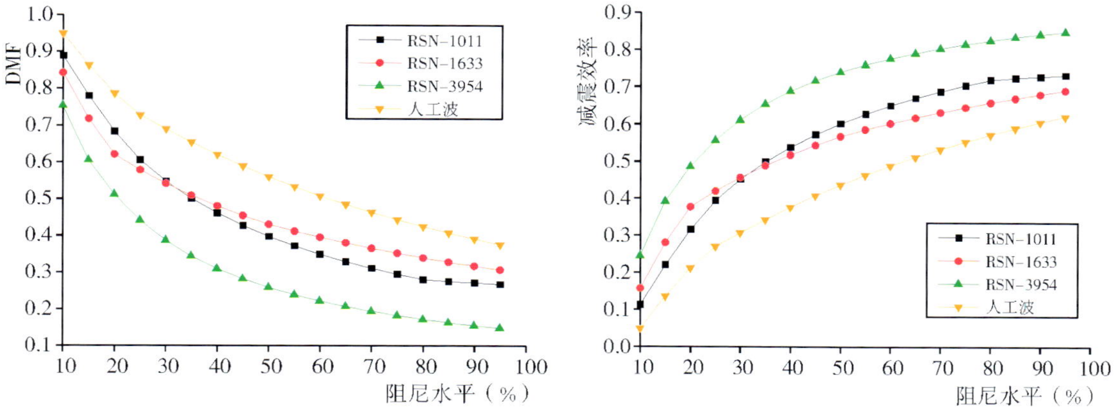

(a)DMF 值　　(b)减震效率

图 6.3-30　第一联通航渡槽对应的 DMF 值、减震效率随阻尼水平变化图

3)确定附加阻尼比 ξ_{sd}

对于钢筋混凝土结构，固有体系阻尼比 ξ_0 一般取 5%，根据 $\xi_{sd}=\xi_{总}-\xi_0$，计算求得附加阻尼比 ξ_{sd}，见表 6.3-22。

表 6.3-22　附加阻尼比 ξ_{sd} 统计表　(单位：%)

ξ_{sd}	RSN-1011	RSN-1633	RSN-3954	人工波
第一联(T=4.620s)	40	/	45	68
第二联(T=3.678s)	34	70	32	35
第三联(T=2.705s)	25	55	18	21

4)计算 FVD 阻尼参数

将表 6.3-17 中单自由度模型等效质量、圆频率，表 6.3-22 中附加阻尼比 ξ_{sd} 代入式(6.3-15)，并假设速度指数 α 分别为 0.2、0.4、0.6、0.8、1.0，计算求得不同参数组合的 FVD 阻尼参数见表 6.3-23。

将不同参数组合的 FVD 引入单自由度结构(图 6.3-29)。将添加 FVD 后单自由度模型的计算位移作为实际计算位移；将计算需求减震效率时的期望位移 u_D 作为校核目标位移。通过比较实际计算位移、校核目标位移之间的关系，判断阻尼参数目标化设计的效果。

将不同地震动作用下，添加 FVD 后单自由度结构的实际计算位移峰值统计于表 6.3-24 中。

表 6.3-23　　**FVD 阻尼参数统计表**　　（单位：1×10^{6} N/(m·s^{-1})）

α	c_{α}	RSN-1011	RSN-1633	RSN-3954	人工波
0.2	第一联	0.50	/	0.56	0.85
	第二联	0.86	1.78	0.81	0.89
	第三联	0.98	2.15	0.70	0.82
0.4	第一联	1.06	/	1.06	1.60
	第二联	1.60	3.20	1.46	1.60
	第三联	1.66	3.65	1.19	1.66
0.6	第一联	1.99	/	1.99	3.00
	第二联	2.87	5.74	2.63	2.87
	第三联	2.80	4.15	2.01	2.80
0.8	第一联	3.71	/	3.71	5.61
	第二联	5.13	10.25	4.69	5.13
	第三联	4.70	10.33	3.38	4.70
1.0	第一联	4.92	/	4.92	10.45
	第二联	9.13	18.26	8.35	9.13
	第三联	7.86	17.30	5.66	7.86

表 6.3-24　　**引入 FVD 后结构位移峰值统计表**　　（单位：m）

速度指数 α	槽跨位置	实际计算位移			
		RSN-1011	RSN-1633	RSN-3954	人工波
0.2	第一联	0.038	/	0.036	0.037
	第二联	0.041	0.043	0.037	0.039
	第三联	0.040	0.033	0.036	0.039
0.4	第一联	0.037	/	0.037	0.041
	第二联	0.039	0.041	0.038	0.039
	第三联	0.039	0.033	0.039	0.037
0.6	第一联	0.039	/	0.038	0.039
	第二联	0.036	0.042	0.039	0.041
	第三联	0.040	0.036	0.038	0.036
0.8	第一联	0.039	/	0.039	0.041
	第二联	0.038	0.041	0.039	0.041
	第三联	0.039	0.038	0.037	0.037
1.0	第一联	0.040	/	0.040	0.041
	第二联	0.040	0.041	0.040	0.040
	第三联	0.040	0.039	0.040	0.039

由表 6.3-24 可见：①在单自由度结构中引入线性黏滞阻尼器后，实际计算位移与校核目标位移基本上完全一致，FVD 的减震效果得到了充分发挥；②在单自由度结构中引入非线性 FVD 后，实际计算位移与校核目标位移有差异，总体来看，阻尼器非线性程度越高，差异越大，但差异率在 10%以内。

由 6.3.2.1 节 FVD 参数影响分析可以看出，阻尼系数 c_α 和速度指数 α 对 FVD 阻尼力影响显著。以下将对比不同参数组合时，FVD 阻尼力的差异。将 4 条地震动作用下，FVD 阻尼力峰值与速度指数关系曲线绘制于图 6.3-31 中。

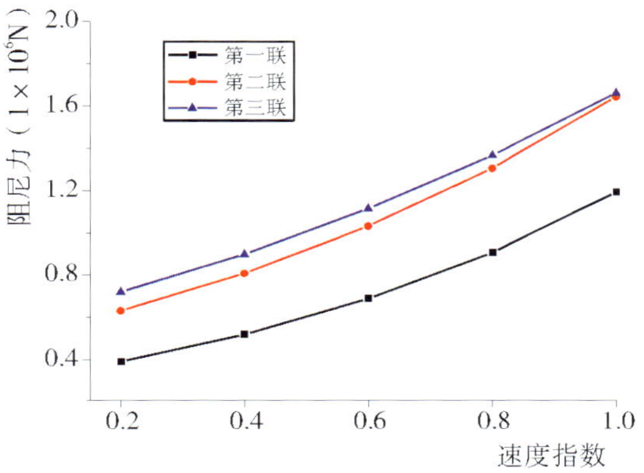

(a)阻尼力(RSN-1011)

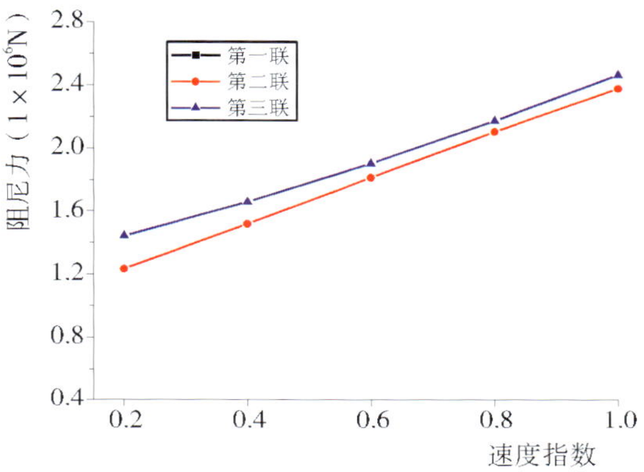

(b)阻尼力(RSN-1633)

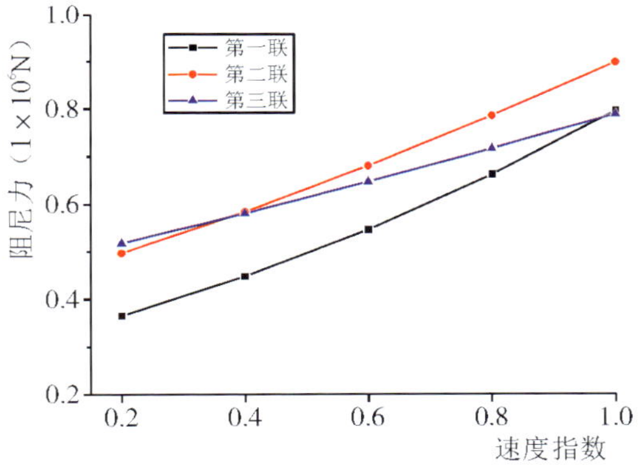

(c)阻尼力(RSN-3954)

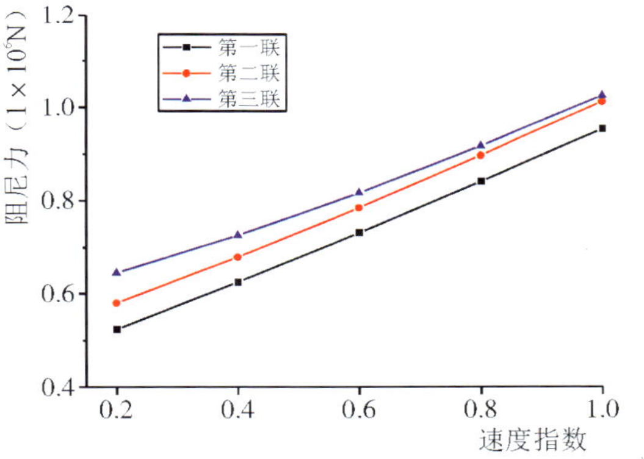

(d)阻尼力(人工波)

图 6.3-31 峰值阻尼力与速度指数关系变化图

由图 6.3-31 可以看出，不同地震动作用下，阻尼力随速度指数变化规律相似，速度指数越大，阻尼力越大，$\alpha=1.0$ 时的阻尼力为 $\alpha=0.2$ 时的 2～3 倍。可见对于提供相同减震效果的黏滞阻尼器，阻尼器非线性程度越低(α 越大)，阻尼力越大。

阻尼系数、相对速度随速度指数的变化见图 6.3-32。

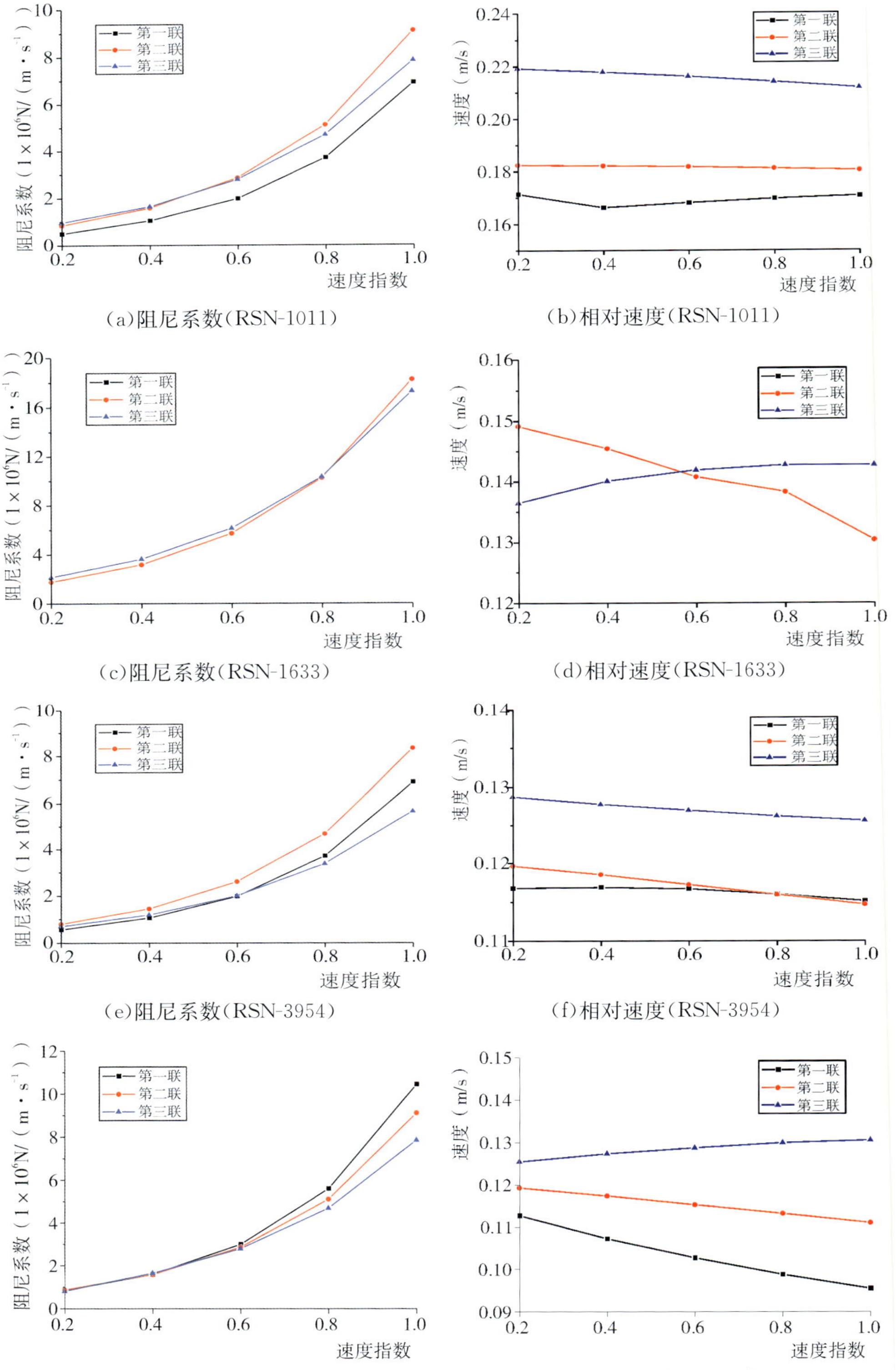

(a)阻尼系数(RSN-1011)　(b)相对速度(RSN-1011)

(c)阻尼系数(RSN-1633)　(d)相对速度(RSN-1633)

(e)阻尼系数(RSN-3954)　(f)相对速度(RSN-3954)

(g)阻尼系数(人工波)　(h)相对速度(人工波)

图 6.3-32　不同速度指数阻尼器阻尼系数、相对速度峰值变化图

从图 6.3-31 可见，FVD 参数设计时，选择小速度指数可在满足减震需求的前提下，明显降低 FVD 的阻尼力。

由图 6.3-32 可知：①对于提供相同附加阻尼比的 FVD，速度指数对阻尼系数影响明显，速度指数越大，阻尼系数越大，$\alpha=1.0$ 时的阻尼系数约为 $\alpha=0.2$ 时的 10 倍；②各地震动作用下，阻尼器两端的相对速度峰值均明显小于 1m/s，基本在 0.1～0.2m/s。

(2)单联模型分析验证

通过等效单自由度模型验证了使用 DMF 方法计算 FVD 阻尼参数的有效性。对于实际的通航渡槽结构，槽墩的墩高较高，存在高阶振型参与现象。因此对通航渡槽单联模型进行分析，观察高阶振型对 DMF 方法计算 FVD 阻尼参数的影响。通航渡槽单联模型示意图见图 6.3-33。

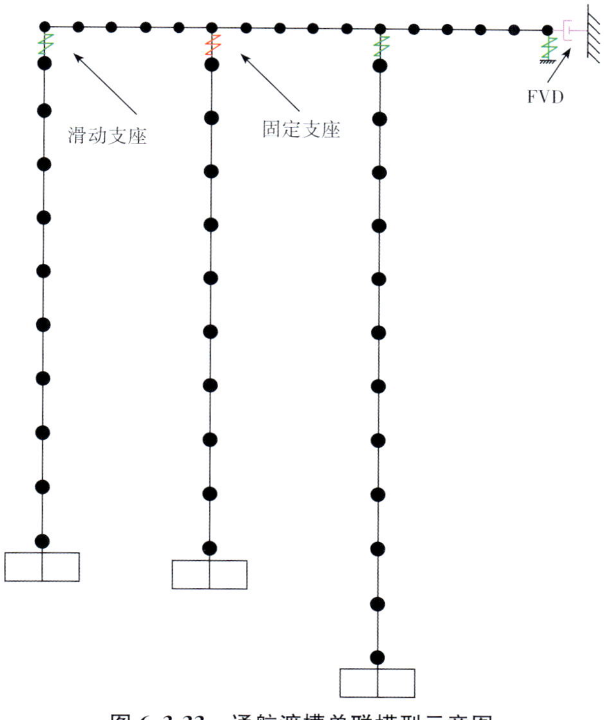

图 6.3-33 通航渡槽单联模型示意图

首先对连续渡槽第一联至第三联模型进行模态分析，观察不同阶振型的贡献程度。将各联周期、振型质量参与系数等结果统计于表 6.3-25 中。

由模态分析结果可以看出，各联渡槽第一阶模态对应的周期为主控周期，其振型质量参与系数在 70%左右。在等效单自由度模型验证分析中，通过公式 $m_i=k_i/\omega_{i2}$ 计算等效质量所采用的频率即为表 6.3-25 中主控周期所对应的频率。

以第二联通航渡槽为对象进行分析验证，将添加 FVD 后单联模型的计算位移作为实际计算位移；将计算需求减震效率时的期望位移 u_D 作为校核目标位移。

表 6.3-25　第一联至第三联模态分析结果统计表

	第一联			第二联			第三联		
模态阶数	1	2	4	1	2	4	1	2	4
周期	4.620	0.655	0.224	3.678	0.530	0.184	2.705	0.360	0.123
振型质量参与系数	0.67	0.18	0.061	0.67	0.19	0.061	0.70	0.18	0.057
振型质量参与系数累加值	0.911			0.921			0.937		

1)计算需求减震效率

不添加 FVD 时第二联渡槽的实际位移峰值 u_R 可直接通过时程分析得到，见表 6.3-26；添加 FVD 后的期望位移 u_D 仍取为通航渡槽结构缝间隙 4cm。将实际位移峰值 u_R、期望位移 u_D 代入式(6.3-19)，求得 4 条地震动作用时，第二联渡槽模型的需求减震效率，于表 6.3-26 中一并列出。

表 6.3-26　第二联模型位移、需求减震效率统计表　(单位：m)

地震时程	实际位移峰值 u_R	期望位移 u_D	需求减震效率 e_D
RSN-1011	0.183	0.04	0.78
RSN-1633	0.178	0.04	0.78
RSN-3954	0.156	0.04	0.74
人工波	0.166	0.04	0.76

2)确定阻尼水平

由公式 $1-DMF_{\xi}=e_D$，计算不同地震动作用下，与结构主控周期对应的 DMF_{ξ}；结合 DMF 曲线，确定与主控周期 $T=3.678s$ 对应，满足 DMF_{ξ} 要求的总阻尼比 $\xi_{总}$；仍取固有体系阻尼比 ξ_0 为 5%，根据 $\xi_{sd}=\xi_{总}-\xi_0$，计算求得附加阻尼比 ξ_{sd}。具体见表 6.3-27。

表 6.3-27　阻尼水平统计表

地震时程	DMF_{ξ}	总阻尼比 $\xi_{总}$	附加阻尼比 ξ_{sd}
RSN-1011	0.22	55%	50%
RSN-1633	0.22	/	/
RSN-3954	0.26	53%	48%
人工波	0.24	70%	65%

与等效单自由度模型分析一样，表 6.3-27 中也未给出 RSN-1633 地震动作用时第二联通航渡槽的总阻尼比，因为即使阻尼水平达到 95%，其减震效率也仅为 0.72，无法满足减震效率达到 0.78 的要求。

3)计算 FVD 阻尼参数

将表 6.3-27 中的附加阻尼比 ξ_{sd} 代入式(6.3-15),并假设速度指数 α 分别为 0.2、0.4、0.6、0.8、1.0,计算求得不同参数组合的黏滞阻尼器(表 6.3-28)。不同参数组合的黏滞阻尼器引入单联结构(图 6.3-33)。

表 6.3-28 第二联黏滞阻尼器阻尼参数统计表 (单位:1×10^6 N/(m·s^{-1}))

地震时程	α=0.2	α=0.4	α=0.6	α=0.8	α=1.0
RSN-1011	1.27	2.29	4.10	7.32	13.04
RSN-3954	1.22	2.20	3.94	7.03	12.52
人工波	1.65	2.97	5.33	9.52	14.95

将添加 FVD 后以时程法计算的单联模型的计算位移作为实际计算位移;将计算需求减震效率时的期望位移 u_D 作为校核目标位移,通过比较实际计算位移、校核目标位移之间的关系,判断高阶振型对阻尼参数目标化设计有效性的影响。

添加 FVD 后第二联渡槽的实际计算位移、校核目标位移对比见表 6.3-29。

表 6.3-29 实际计算位移、校核目标位移对比统计表 (单位:m)

地震时程	校核目标位移	实际计算位移				
		α=0.2	α=0.4	α=0.6	α=0.8	α=1.0
RSN-1011	0.04	0.046	0.045	0.044	0.043	0.040
RSN-3954	0.04	0.032	0.033	0.036	0.039	0.041
人工波	0.04	0.044	0.044	0.043	0.042	0.040

由表 6.3-29 可知:①与等效单自由度模型一致,在单联结构中引入线性黏滞阻尼器后,实际计算位移与校核目标位移基本上一致,高阶振型基本不影响线性黏滞阻尼器参数目标化设计的有效性;②在单联结构中引入非线性黏滞阻尼器后,实际计算位移与校核目标位移有差异,且阻尼器非线性程度越高,差异越大,差异率最高可达 15%。单自由度结构计算分析时实际计算位移与校核目标位移差异率约为 10%,高阶振型使得误差在阻尼指数最小为 0.2 时又略微扩大。

由以上分析可知,对于主控振型对结构响应占主要贡献的通航渡槽,利用 DMF 方法进行线性黏滞阻尼器阻尼参数目标化设计的有效性很高。高阶振型参与、阻尼器非线性程度对有效性都有影响,但影响程度有限。

(3)双联模型分析验证

实际连续梁形式渡槽结构为多联结构,在地震作用下结构缝两端均会发生运动,FVD 参数设计受相邻结构共同影响,此时阻尼参数目标化设计过程中参数选取方式需要进一步研究。以第一联、第二联通航渡槽模型为研究对象,判断 FVD 参数目标化设计的合理性,并确定计算参数的选取原则。第一联、第二联通航渡槽基本信息统计见表 6.3-30,通航渡槽双联模型示意图见图 6.3-34。

表 6.3-30　　第一联、第二联通航渡槽基本信息统计表

信息	第一联	第二联
周期(s)	4.620	3.678
频率(Hz)	0.216	0.272
圆频率(rad/s)	1.356	1.709
等效质量(1×10^6 kg)	5.650	7.630
等效刚度(1×10^6 N/m)	10.450	22.285

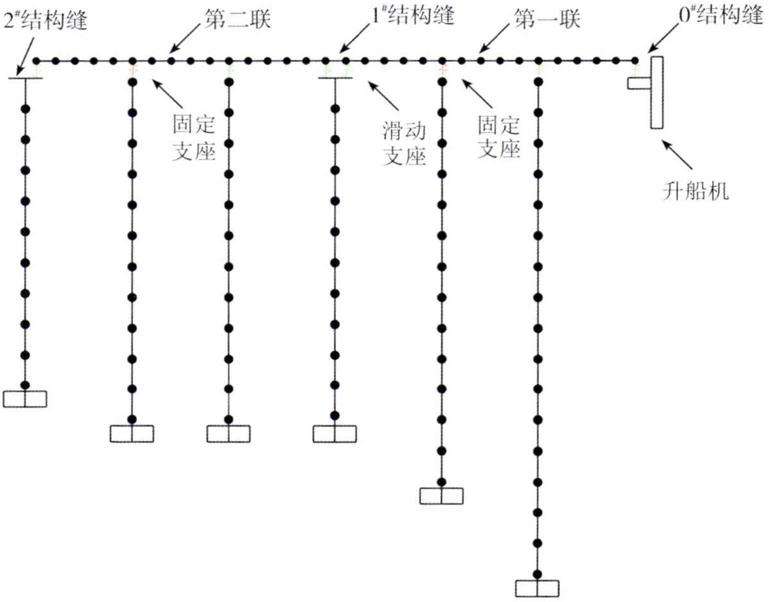

图 6.3-34　通航渡槽双联模型示意图

假定 0#、2# 结构缝处的缝宽足够大，碰撞仅在 1# 结构缝处发生，FVD 也仅设置在 1# 结构缝处。由附加阻尼比计算公式 $\xi_{sd}=\dfrac{\beta_\alpha c_\alpha}{2m\omega_n}(\omega_n u_0)^{\alpha-1}$ 可知，当 FVD 提供的附加阻尼比 ξ_{sd} 确定时(通过减震效率 e_D 获得)，计算阻尼参数需要明确频率 ω_n、质量 m 等参数的取值。

频率 ω_n 有 3 种取值方式：①与第一联通航渡槽主控周期对应的圆频率；②与第二联通航渡槽主控周期对应的圆频率；③第一联、第二联通航渡槽梁端相对位移频谱分析中响应幅值所对应的频率。

质量 m 有 2 种取值方式：①第一联通航渡槽的等效质量；②第二联通航渡槽的等效质量。参数组合具体见表 6.3-31。

表 6.3-31 $1^{\#}$ 结构缝处 FVD 阻尼参数选取方式

类别	频率 ω_n	质量 m	目标位移 u_0
方式一	第一联渡槽主控频率	第一联质量	第一联、第二联相对位移
方式二	第二联渡槽主控频率	第二联质量	第一联、第二联相对位移
方式三	相对位移频谱分析	第一联质量	第一联、第二联相对位移
方式四	相对位移频谱分析	第二联质量	第一联、第二联相对位移

以下将对上述不同计算参数组合的 FVD 分别进行计算分析，以判断参数选取方式。

1)计算需求减震效率

对不添加 FVD 的模型进行时程分析，得到不同地震动作用时第一联与第二联通航渡槽间的 $1^{\#}$ 结构缝处的梁端相对位移峰值(表 6.3-32)。仍取期望相对位移为 4cm，需求减震效率于表 6.3-32 中一并给出。

表 6.3-32 无 FVD 时相对位移统计表 (单位:m)

地震时程	无阻尼器相对位移峰值	期望相对位移	需求减震效率
RSN-1011	0.140	0.04	0.71
RSN-1633	0.153	0.04	0.74
RSN-3954	0.153	0.04	0.74
人工波	0.121	0.04	0.67

2)确定阻尼水平

结合 DMF 曲线和表 6.3-32 中的需求减震效率，即可求得各类周期(频率)对应的阻尼水平，即 $\xi_{总}$。第一联与第二联的基本信息表 6.3-30 已经给出。$1^{\#}$ 结构缝处阻尼参数计算方式三、四所需频率需要通过频谱分析得到，故对第一联、第二联结构缝处的相对位移进行频谱分析(图 6.3-35)。

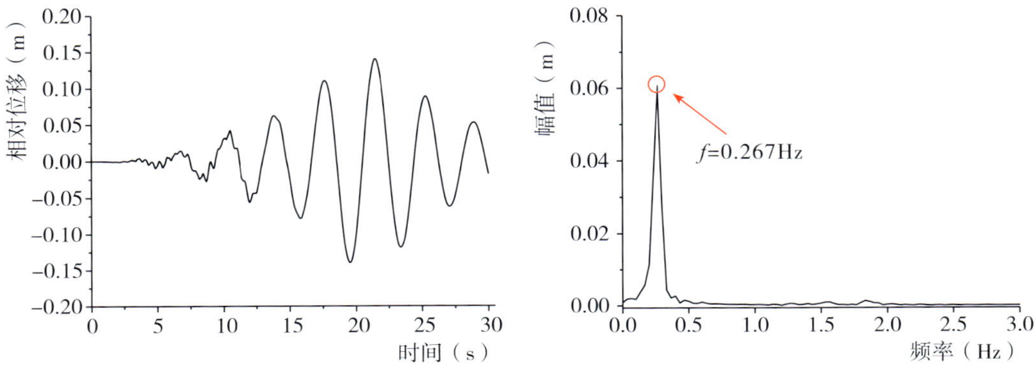

(a)RSN-1011 作用时相对位移曲线 (b)RSN-1011 作用时频谱分析曲线

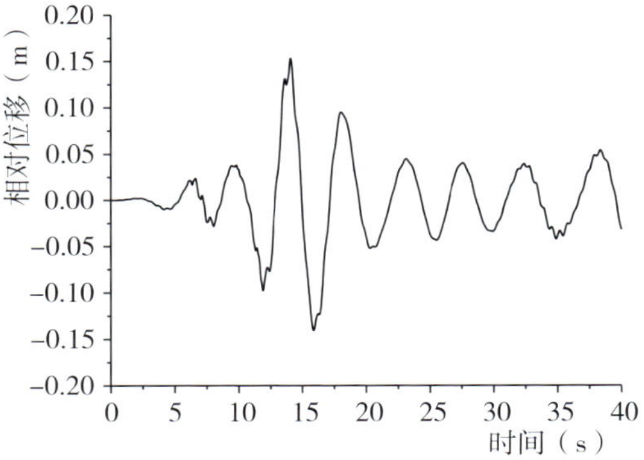

(c)RSN-1633 作用时相对位移曲线

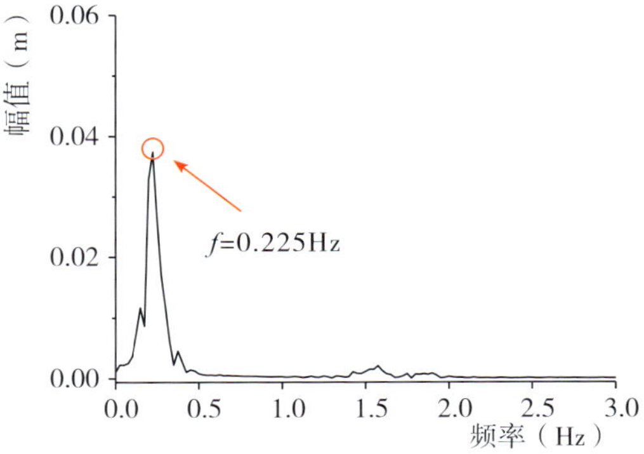

(d)RSN-1633 作用时频谱分析曲线

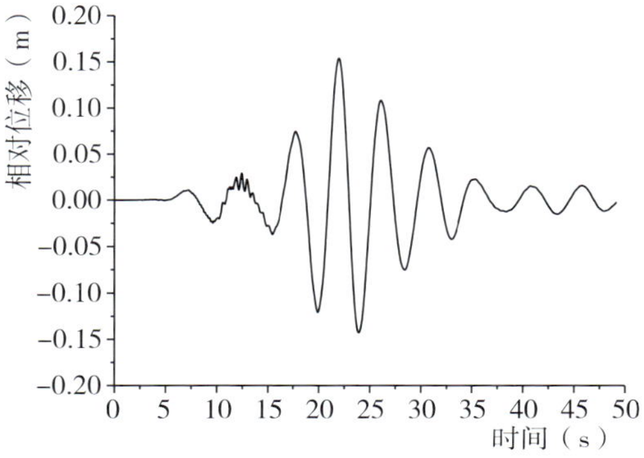

(e)RSN-3954 作用时相对位移曲线

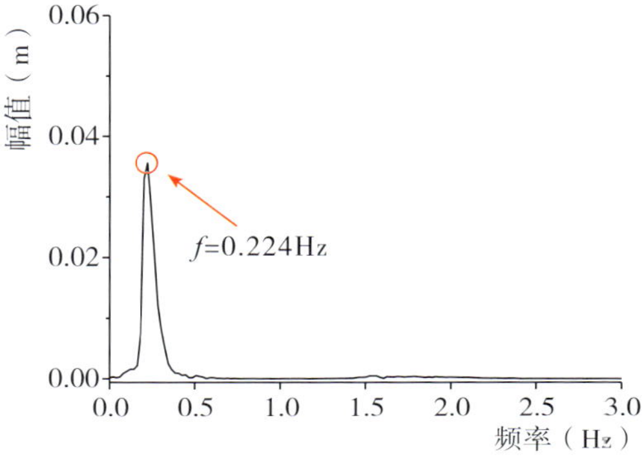

(f)RSN-3954 作用时频谱分析曲线

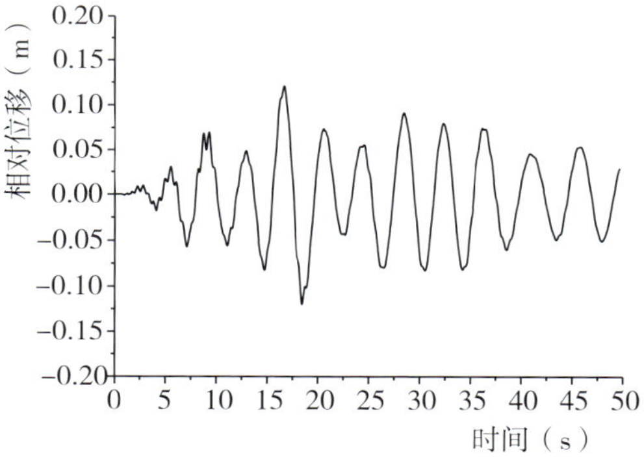

(g)人工波作用时相对位移曲线

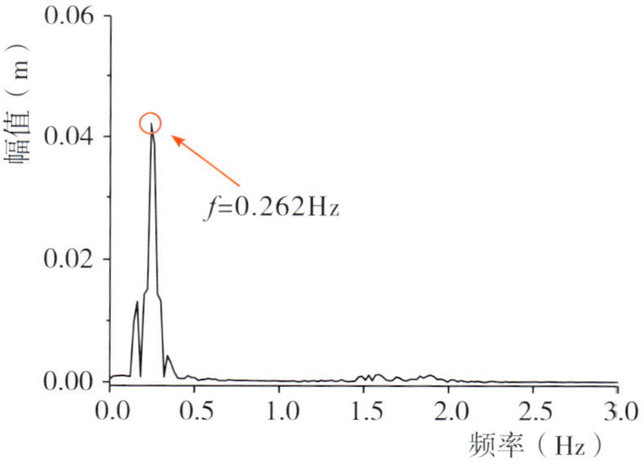

(h)人工波作用时频谱分析曲线

图 6.3-35　相对位移及其频谱分析曲线图

将第一、二联相对位移频谱分析结果统计于表 6.3-33。

由表 6.3-33 可知，相对位移频谱分析响应幅值所对应的频率与某一相邻联的主控频率相近，如 RSN-1011、人工波作用下，相对位移频谱分析所得的频率与第二联渡槽主控频率相近（$\omega_2=1.709$rad/s）；RSN-1633、RSN-3954 作用下，相对位移频谱分析所得的频率与第一联渡槽主控频率相近（$\omega_1=1.356$rad/s）。

表 6.3-33　　第一、二联相对位移频谱分析统计表

地震动	RSN-1011	RSN-1633	RSN-3954	人工波
频率(Hz)	0.267	0.225	0.224	0.262
圆频率(rad/s)	1.677	1.414	1.407	1.646
周期(s)	3.745	4.444	4.464	3.817

对应表 6.3-31 中 4 种方式各自的周期，结合 DMF 曲线，得到总阻尼比(表 6.3-34)。与单自由度模型、单联模型分析一样，表 6.3-34 中也未给出 RSN-1633 地震动作用时的总阻尼比，因为即使阻尼水平达到 95%，其减震效率也仅为 0.72，无法满足减震效率达到 0.74 的要求。

表 6.3-34　　不同阻尼参数选取方式总阻尼比 $\xi_{总}$ 统计表　　(单位：%)

类别	RSN-1011	RSN-1633	RSN-3954	人工波
方式一	75	/	50	85
方式二	40	/	50	40
方式三	40	/	50	40
方式四	40	/	50	40

仍取固有体系阻尼比 ξ_0 为 5%，根据 $\xi_{sd}=\xi_{总}-\xi_0$，计算 ξ_{sd}(表 6.3-35)。

表 6.3-35　　不同阻尼参数选取方式附加阻尼比 ξ_{sd} 统计表　　(单位：%)

类别	RSN-1011	RSN-1633	RSN-3954	人工波
方式一	70	/	45	80
方式二	35	/	45	35
方式三	35	/	45	35
方式四	35	/	45	35

3)计算 FVD 阻尼参数

将表 6.3-35 中的附加阻尼比 ξ_{sd} 代入式(6.3-15)，计算 FVD 的阻尼参数(表 6.3-36)。此时仅以线性黏滞阻尼器进行验证分析。

表 6.3-36　　黏滞阻尼器阻尼系数 c_α 统计表　　(单位：1×10^6 N/(m·s^{-1}))

α	c_α	RSN-1011	RSN-3954	人工波
1.0	方式一	10.76	4.92	12.29
	方式二	9.13	11.74	9.13
	方式三	4.63	7.15	4.51
	方式四	8.96	9.66	8.79

将添加 FVD 后多联模型时程分析 1# 结构缝处的相对位移作为实际计算位移；将计算

需求减震效率时的期望位移 u_D 作为校核目标位移。通过比较实际计算位移、校核目标位移之间的关系，判断 FVD 参数目标化设计的有效性和计算参数如何选取。实际计算相对位移、校核目标相对位移计算结果见表 6.3-37。

由表 6.3-37 可知，通过方式三（频率 ω_n 通过相对位移频谱分析得到、质量 m 为第一联渡槽质量）进行阻尼器阻尼参数目标化设计效果最好，添加阻尼参数为方式三计算所得的 FVD 后，实际计算相对位移峰值与校核目标相对位移（0.04m）基本一致。方式三、方式四进行 FVD 阻尼参数计算时，均考虑了相邻结构相对运动的影响，两种方式的主要不同是质量选取差异，由于第一联渡槽相较于第二联渡槽更柔，地震作用下对位移贡献更大，因此以第一联渡槽的质量（即方式三）进行阻尼参数目标化设计的准确性更高。

表 6.3-37　添加 FVD 后相对位移统计表　（单位：m）

c_α 计算方式	校核目标相对位移	实际计算相对位移峰值		
		RSN-1011	RSN-3954	人工波
方式一	0.04	0.027	0.042	0.026
方式二	0.04	0.030	0.028	0.033
方式三	0.04	0.037	0.041	0.042
方式四	0.04	0.030	0.032	0.034

6.3.3 降低通航渡槽纵向地震响应措施分析

6.3.3.1 通航渡槽主梁布置方式调整

由于升船机与通航渡槽同时存在碰撞传递、多个剧烈碰撞区域、支座剪力对碰撞敏感等现象，其抗震防撞设计需要从体系改造与防撞装置设计等角度同时考虑。

体系改造主要指通航渡槽主梁布置方式的调整，可以考虑连续梁形式或简支梁、连续梁组合形式。简支形式通航渡槽结构缝设置过多，相邻结构间存在复杂的相互作用。改变渡槽主梁布置方式为连续梁形式可减少结构缝数量，降低碰撞潜在发生位置。连续梁形式通航渡槽以三跨一联为主，固定支座设置于每一联渡槽的较低槽位处，具体见图 6.3-36。各联基本信息统计见表 6.3-38。

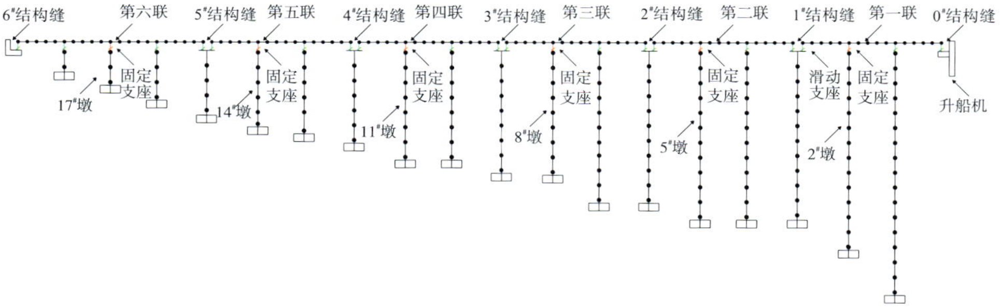

图 6.3-36　连续梁形式通航渡槽示意图

表 6.3-38 通航渡槽各联基本信息统计表

信息	第一联	第二联	第三联	第四联	第五联	第六联
周期(s)	4.620	3.678	2.705	2.177	1.233	0.594
频率(Hz)	0.216	0.272	0.370	0.459	0.811	1.684
圆频率(rad/s)	1.356	1.709	2.323	2.886	5.096	10.578
等效质量(1×10^6kg)	5.650	7.630	6.770	6.200	5.437	6.390
等效刚度(1×10^6N/m)	10.450	22.285	36.533	51.676	141.044	714.286

改变主梁布置方式会影响质量分布，引起周期变化。将连续梁形式通航渡槽各联周期及周期比统计于表 6.3-39 中。

表 6.3-39 连续渡槽各联周期及周期比统计表 (单位:s)

编号	0#	第一联	第二联	第三联	第四联	第五联	第六联
周期	1.593	4.620	3.678	2.705	2.177	1.233	0.594
周期比	0.34	0.80	0.74	0.81	0.57	0.48	

注:0#对应为升船机塔柱。

由 6.3.1 节分析可见，高墩位移能力大是影响碰撞的重要因素之一，为了观察主梁布置方式改变后槽墩墩顶位移峰值的变化，首先给出不考虑碰撞条件下简支渡槽、连续渡槽固定支座对应槽墩的墩顶位移峰值对比曲线(图 6.3-37)。

由图 6.3-37 可知：①中、高墩区连续渡槽固定支座对应槽墩的墩顶位移峰值基本上大于相应的简支渡槽，这主要是因为连续渡槽固定支座上部梁体的质量明显大于简支渡槽；②低墩区(14#、17#)简支渡槽、连续渡槽槽墩墩顶位移峰值差异不大，这主要是因为矮墩刚度大。

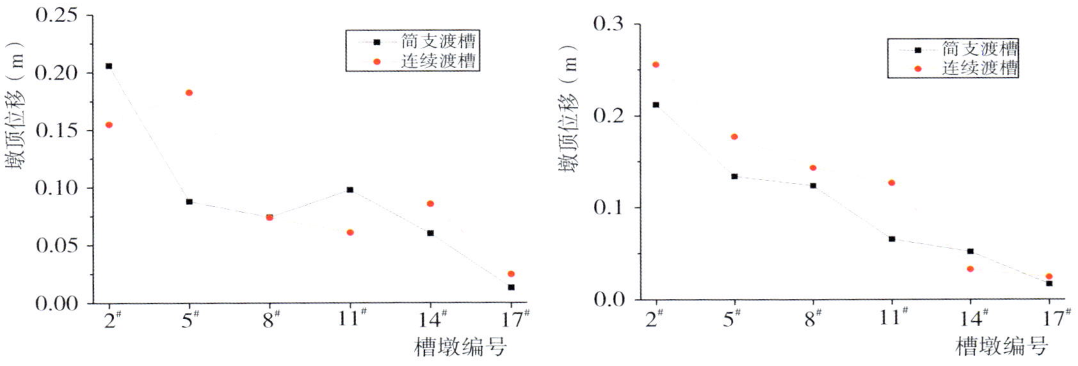

(a)RSN-1011 (b)RSN-1633

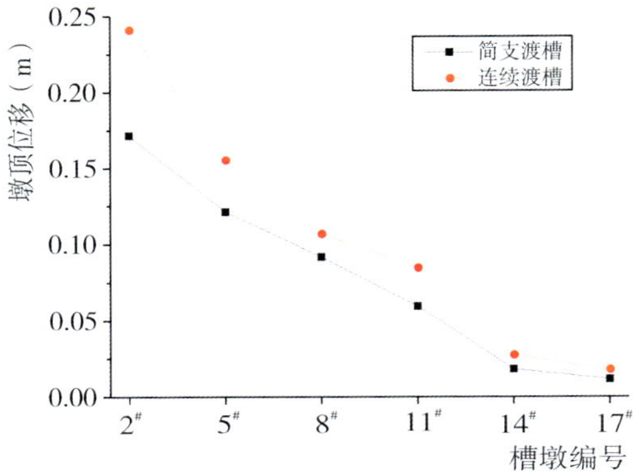

(c)RSN-3954

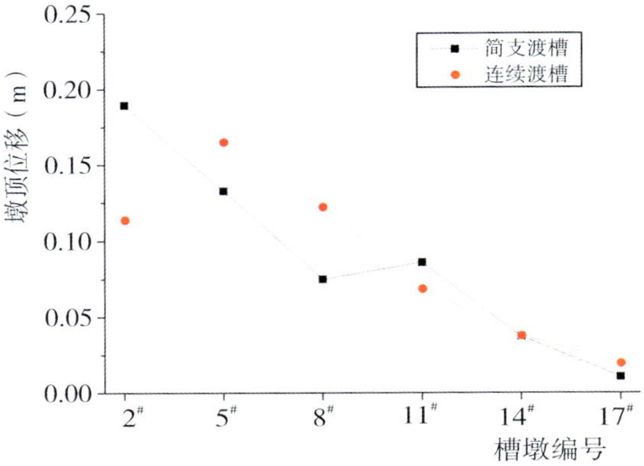

(d)人工波

图 6.3-37　不考虑碰撞时槽墩墩顶位移峰值对比曲线

改变通航渡槽主梁布置方式后，高墩区墩顶位移峰值仍很大。初步可以判断，仅改变主梁布置方式无法降低结构缝处的剧烈碰撞。将连续渡槽结构缝处的碰撞情况绘制于图 6.3-38 中，为方便对比，一并画出简支渡槽相应结构缝处的碰撞情况。

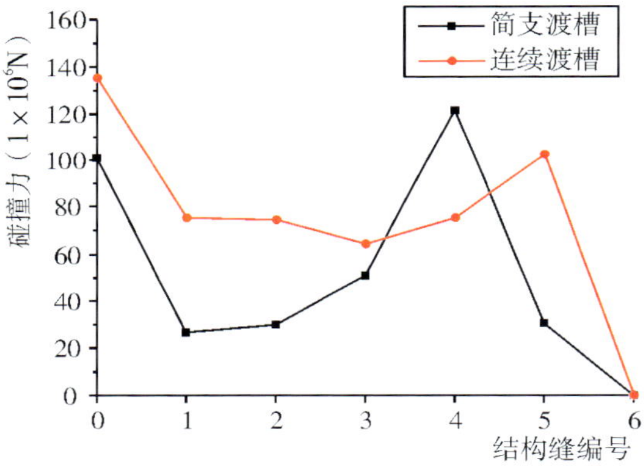

(a)RSN-1011

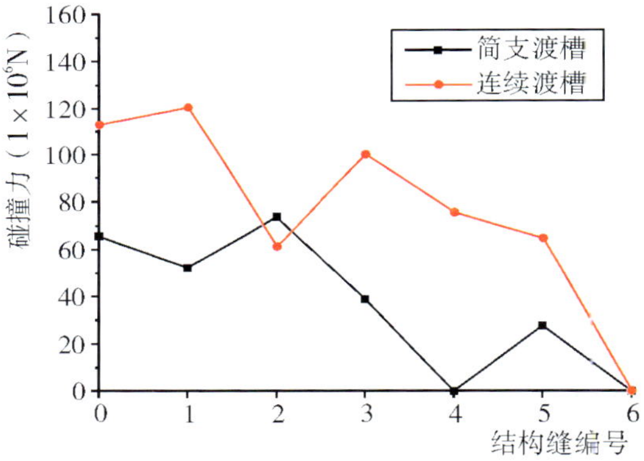

(b)RSN-1633

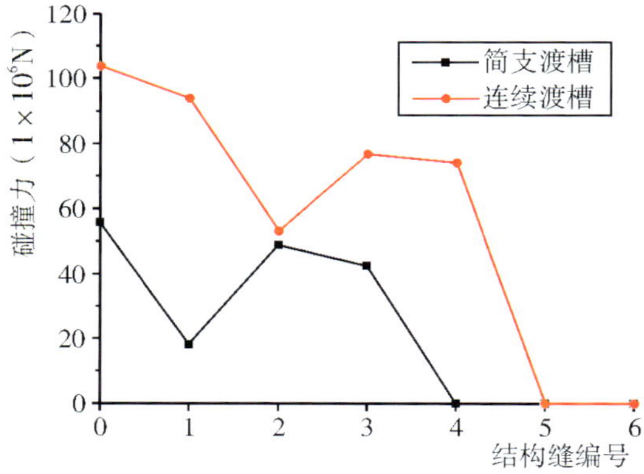

(c)RSN-3954

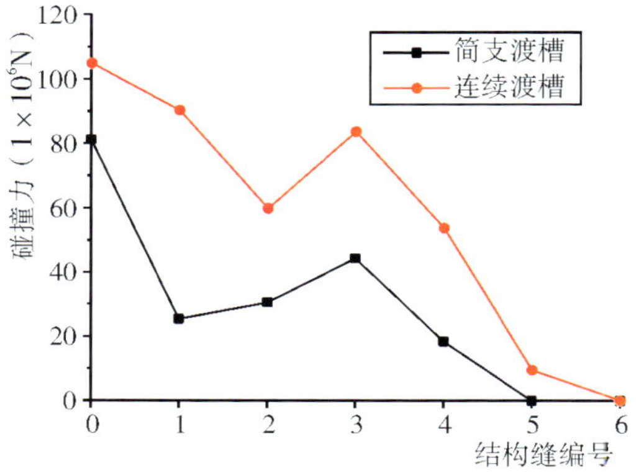

(d)人工波

图 6.3-38　两类渡槽主梁布置方式碰撞力对比图

由图6.3-38可知,连续渡槽结构缝处的碰撞力明显大于相应的简支渡槽,采用连续渡槽虽然减少了结构缝数量与碰撞潜在发生位置,但结构缝处仍有剧烈碰撞发生。可见,仅通过体系改造无法降低通航渡槽碰撞现象,通航渡槽抗震防撞设计需要从体系改造与引入阻尼装置两个角度同时考虑。

6.3.3.2 基于FVD的通航渡槽纵向碰撞响应分析

(1)连续渡槽FVD阻尼参数计算

结构缝间设置FVD,通过6.3.2节提出的阻尼参数目标化设计方法,计算FVD的阻尼参数。FVD添加于1#~5#结构缝处,具体见图6.3-36。

为了得到需求减震效率,计算不考虑碰撞条件下结构缝间的相对位移峰值,见表6.3-40。由6.3.2.3节分析可见,RSN-1633地震动记录对阻尼水平大幅增加很不敏感,因此本节仅考虑RSN-1011、RSN-3954以及人工波3条地震动记录。

表6.3-40 无FVD时相对位移峰值统计表 (单位:m)

结构缝位置	RSN-1011	RSN-3954	人工波
1#	0.140	0.153	0.121
2#	0.135	0.114	0.136
3#	0.086	0.126	0.129
4#	0.101	0.093	0.084
5#	0.091	0.039	0.035

对于连续渡槽,期望相对位移为4cm,由此计算所得的需求减震效率见表6.3-41。由于RSN-3954、人工波作用下,5#结构缝处的相对位移小于4cm,结构缝间本身无碰撞发生,无须引入FVD。

表6.3-41 需求减震效率统计表

结构缝位置	RSN-1011	RSN-3954	人工波
1#	0.75	0.77	0.71
2#	0.74	0.69	0.74
3#	0.59	0.72	0.73
4#	0.65	0.62	0.58
5#	0.62	/	/

结合DMF曲线和表6.3-41中的需求减震效率,即可求得各类周期(频率)对应的阻尼水平,即$\xi_{总}$。对1#~5#结构缝处的相对位移进行频谱分析,以得到计算所需的频率(图6.3-39),各联相对位移频谱分析结果统计见表6.3-42。

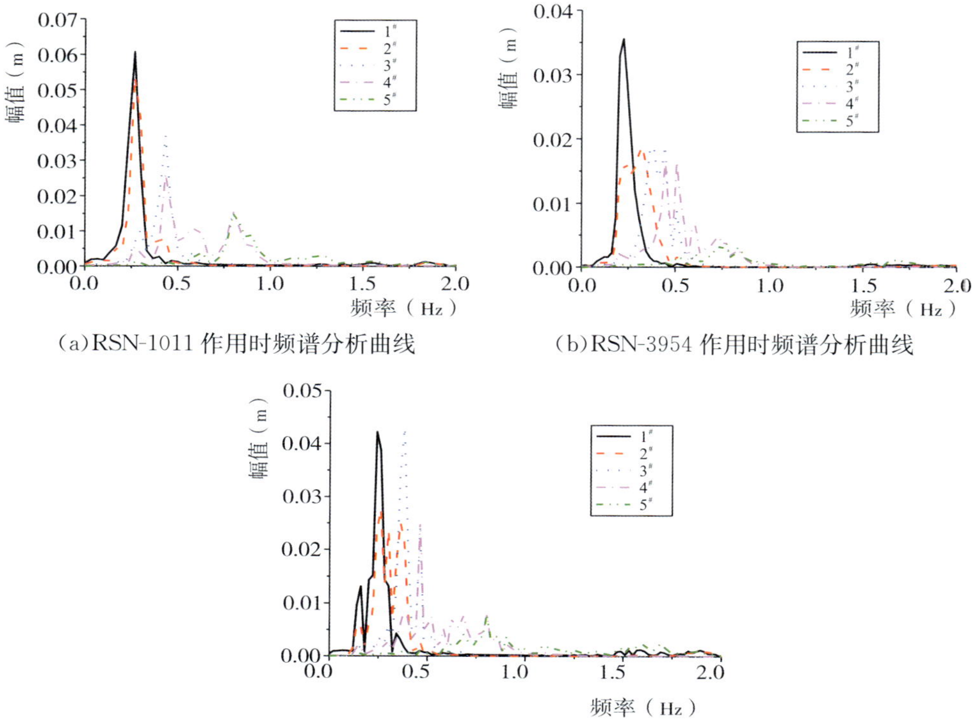

(a)RSN-1011 作用时频谱分析曲线

(b)RSN-3954 作用时频谱分析曲线

(c)人工波作用时频谱分析曲线

图 6.3-39　相对位移频谱分析曲线

表 6.3-42　相对位移频谱分析结果统计表

结构缝	类型	RSN-1011	RSN-3954	人工波
1#	频率(Hz)	0.267	0.224	0.242
	圆频率(rad/s)	1.678	1.407	1.521
	周期(s)	3.745	4.464	6.3～162
2#	频率(Hz)	0.267	0.325	0.262
	圆频率(rad/s)	1.678	2.042	1.646
	周期(s)	3.745	3.077	3.817
3#	频率(Hz)	0.433	0.447	0.383
	圆频率(rad/s)	2.721	2.809	2.406
	周期(s)	2.309	2.237	2.611
4#	频率(Hz)	0.433	0.447	0.463
	圆频率(rad/s)	2.721	2.809	2.909
	周期(s)	2.309	2.237	2.160
5#	频率(Hz)	0.800	0.773	0.805
	圆频率(rad/s)	5.027	4.857	5.058
	周期(s)	1.250	1.294	1.242

根据不同周期，结合 DMF 曲线得到总阻尼比 $\xi_{总}$；固有体系阻尼比 ξ_0 为 5%，根据 $\xi_{sd}=\xi_{总}-\xi_0$，计算 ξ_{sd}（表 6.3-43）。

将表 6.3-43 中的附加阻尼比 ξ_{sd} 代入式（6.3-15），计算 FVD 的阻尼系数（表 6.3-44）。由 6.3.2.2 节参数目标化设计验证分析可知，对于提供相同附加阻尼比 ξ_{sd}，不同 c_α、α 参数组合的 FVD，其减震效果几乎相同，但选择小速度指数的参数组合可在满足减震需求的前提下，明显降低 FVD 的阻尼力，因此选取 $\alpha=0.4$ 的参数组合。

表 6.3-43　　附加阻尼比 ξ_{sd} 统计表　　（单位：%）

结构缝位置	RSN-1011	RSN-3954	人工波
1#	40	55	70
2#	45	40	65
3#	65	40	55
4#	75	30	45
5#	40	/	/

表 6.3-44　　FVD 阻尼系数 c_α 统计表　　（单位：$1\times10^6\,\mathrm{N/(m\cdot s^{-1})}$）

α	结构缝位置	RSN-1011	RSN-3954	人工波
0.4	1#	1.21	1.26	1.82
	2#	1.84	2.25	2.58
	3#	5.12	3.32	3.56
	4#	5.41	2.28	3.62
	5#	6.77	/	/

（2）外加 FVD 对通航渡槽碰撞响应的影响

为了观察结构缝间引入 FVD 后碰撞的降低效果，以及渡槽与升船机连接处剧烈碰撞对阻尼器减震效果的影响，选取 3 类分析模型进行计算分析（表 6.3-45）。

表 6.3-45　　分析模型组合类型

分析模型类型	0# 结构缝间隙	是否添加 FVD	
		1#～5# 结构缝	0# 结构缝
类型 1	足够大	是	否
类型 2	4cm	是	否
类型 3	4cm	是	是

注：类型 1 中 0# 结构缝间隙足够大，是为了实现 0# 结构缝处无碰撞发生的目的。

类型 1 分析模型通过使第一联通航渡槽与升船机之间 0# 结构缝处间隙足够大，实现了 0# 结构缝处无碰撞发生的效果，避免了由于该处剧烈碰撞的传递效应影响观察 FVD 的减震效果。类型 20# 结构缝仍为 4cm，此时 0# 结构缝处有碰撞发生。对比观察类型 1、类型 2 分析模型，可以判断 0# 结构缝处的剧烈碰撞对 FVD 减震效果的影响。

类型 3 分析模型在 0# 结构缝处也引入了 FVD。由于升船机与相邻结构动力特性差异过大，不适合利用 DMF 方法进行阻尼参数的目标化设计，因此 0# 结构缝处 FVD 的阻尼参数直接拟定。为了与其他结构缝处 FVD 相一致，速度指数 α 也取 0.4，阻尼系数 $c=1\times10^{6}\mathrm{N/(m\cdot s^{-1})}$、$7\times10^{6}\mathrm{N/(m\cdot s^{-1})}$（参考其他结构缝阻尼参数的最小值、最大值取值）。

图 6.3-40 给出 0# 结构缝处未设置 FVD 下，类型 1、类型 2 的碰撞响应对比图。

图 6.3-40 中，所有分析模型的 0# 结构缝处均没有添加 FVD。由图 6.3-40 中原模型与类型 1 结构缝间的碰撞情况可见，在 1#～5# 结构缝添加 FVD 后，结构缝间的碰撞完全避免或有轻微碰撞发生，有轻微碰撞发生时，碰撞力基本在 20MN 以内，碰撞次数则基本在 3 次以内。可见，引入阻尼参数为 DMF 方法计算所得的 FVD 有很好的减震效果，结构缝间的碰撞基本上完全避免。

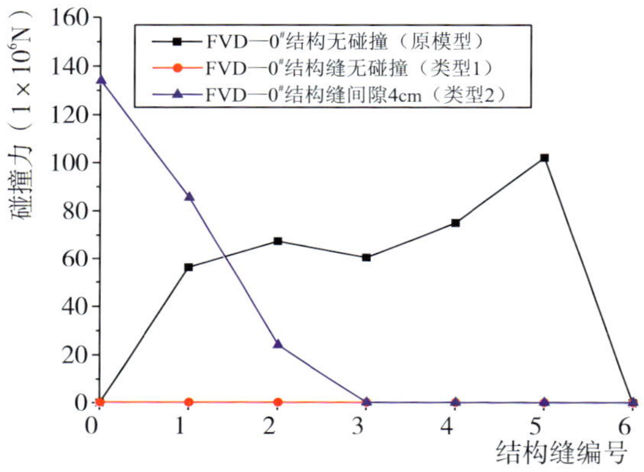

(a)RSN-1011 作用时碰撞力对比

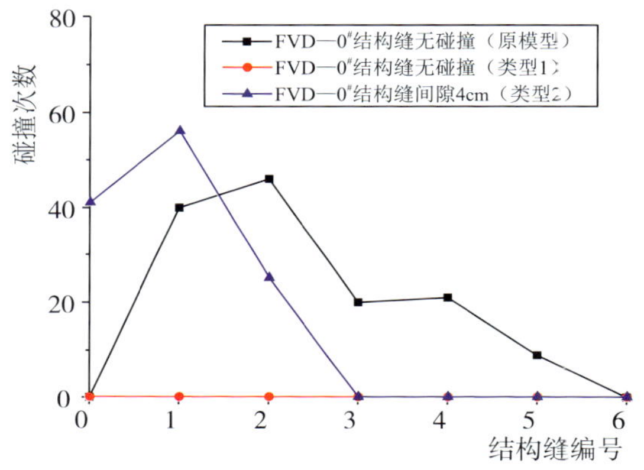

(b)RSN-1011 作用时碰撞次数对比

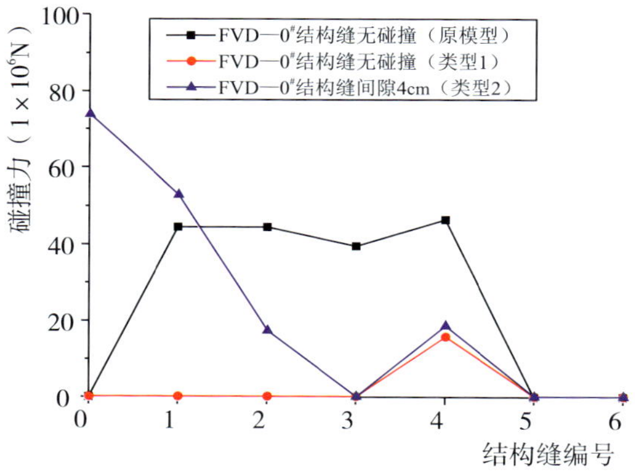

(c)RSN-3954 作用时碰撞力对比

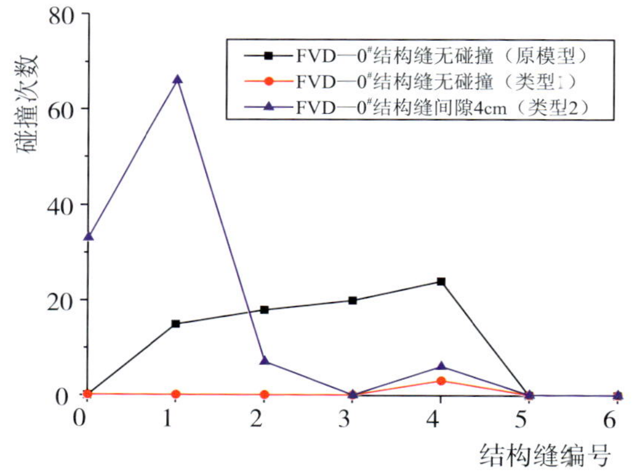

(d)RSN-3954 作用时碰撞次数对比

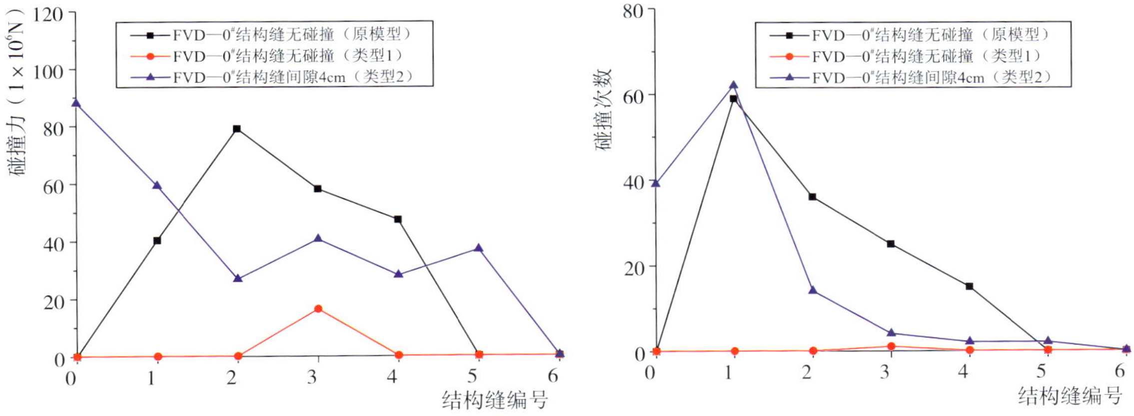

(e)人工波作用时碰撞力对比　　(f)人工波作用时碰撞次数对比

图 6.3-40　结构缝间碰撞响应对比图

对比图 6.3-40 中类型 1、类型 2 两类模型结构缝间的碰撞情况可见，受 $0^{\#}$ 结构缝剧烈碰撞的影响，即使在 $1^{\#}\sim5^{\#}$ 结构缝间引入 FVD，$1^{\#}\sim5^{\#}$ 结构缝仍有剧烈碰撞发生，特别是与升船机相近的 $1^{\#}$、$2^{\#}$ 结构缝，碰撞力最高可达 80MN，碰撞次数最高也可达 70 次。可见，受 $0^{\#}$ 结构缝剧烈碰撞的影响，$1^{\#}\sim5^{\#}$ 结构缝处的 FVD 减震效果基本没有发挥。以上分析表明，$0^{\#}$ 结构缝的碰撞控制对整个连续渡槽结构的碰撞响应起到至关重要的作用。

类型 3 分析模型在 $1^{\#}\sim5^{\#}$ 结构缝处引入了通过 DMF 方法计算阻尼参数的阻尼器，在升船机 $0^{\#}$ 结构缝处也引入了 FVD。将类型 2、类型 3 的碰撞情况绘制于图 6.3-41 中，观察升船机结构缝间隙为 4cm，引入 FVD 后结构缝间碰撞的降低程度。

由图 6.3-41 可见，在 $0^{\#}$ 结构缝引入阻尼系数为 1×10^{6}N/(m·s^{-1})的 FVD 对降低碰撞程度几乎没有影响；即使在 $0^{\#}$ 结构缝处引入阻尼系数为 7×10^{6}N/(m·s^{-1})的 FVD，结构缝间仍有较为剧烈的碰撞发生，碰撞力最高仍可达 60MN、碰撞次数也保持在 15 次左右。

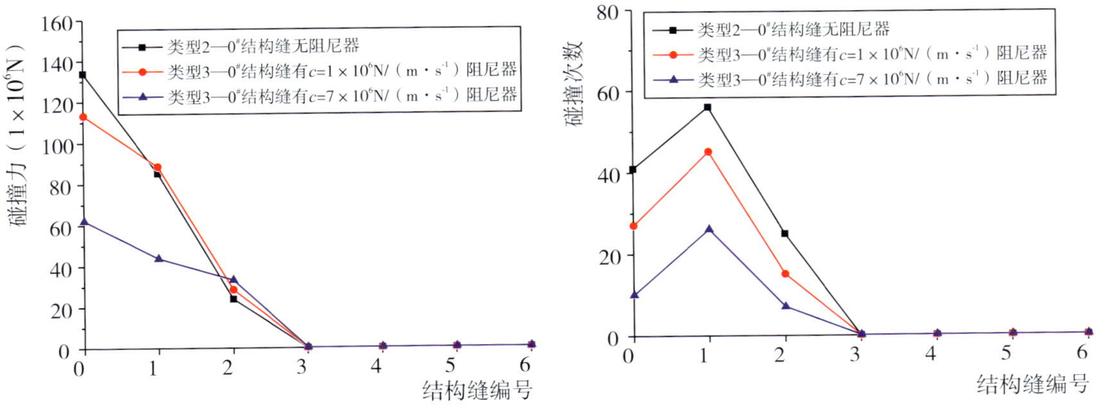

(a)RSN-1011 作用时碰撞力对比　　(b)RSN-1011 作用时碰撞次数对比

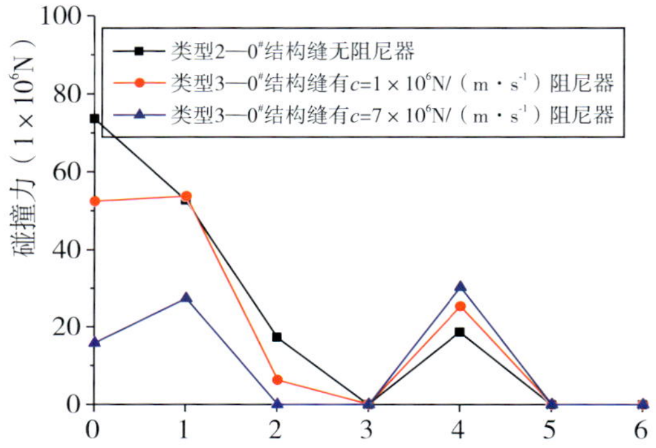

（c）RSN-3954 作用时碰撞力对比

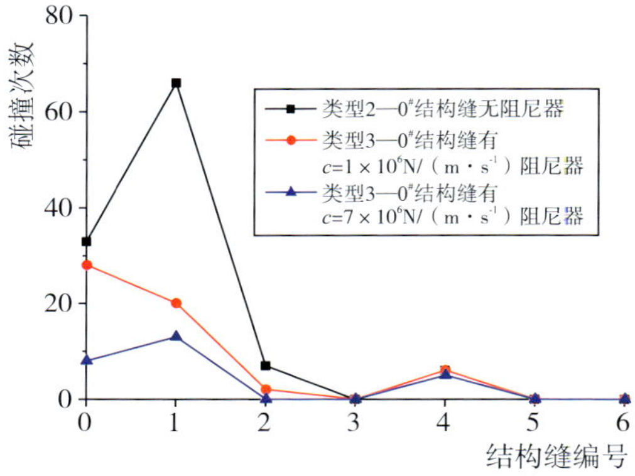

（d）RSN-3954 作用时碰撞次数对比

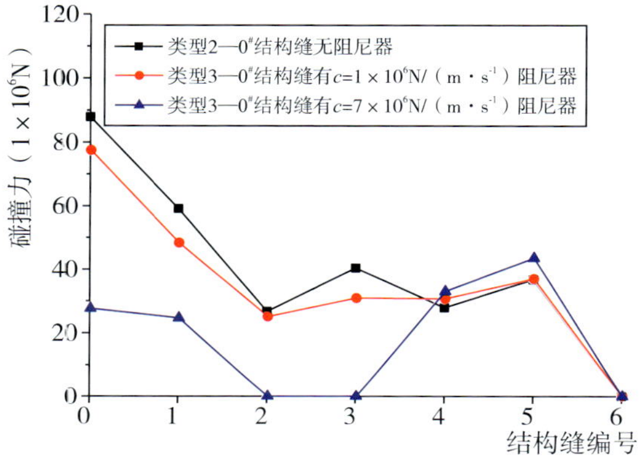

（e）人工波作用时碰撞力对比

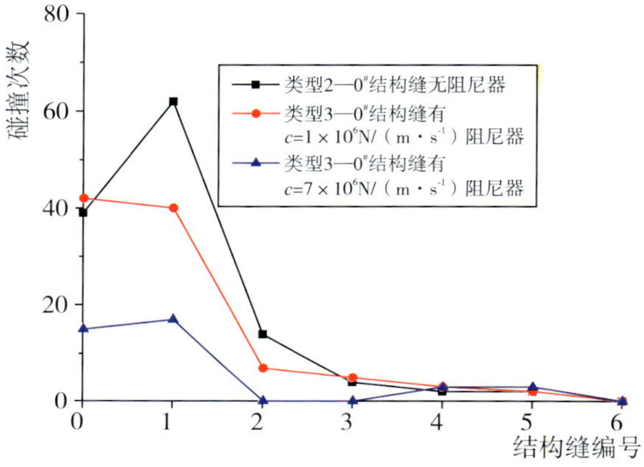

（f）人工波作用时碰撞次数对比

图 6.3-41　类型 2、类型 3 模型结构缝间碰撞情况对比图

以上分析结果表明，如果仅通过在结构缝处引入 FVD，而不调整 0# 结构缝的间隙，FVD 的减震效果无法有效发挥，地震作用下依然有剧烈碰撞发生。

6.3.3.3　0# 结构缝间隙敏感性分析

由上述分析可知，如果仅通过在结构缝处引入 FVD，而不调整 0# 结构缝的间隙，FVD 的减震效果无法有效发挥，地震作用下依然有剧烈碰撞发生。

升船机塔柱与其相邻跨通航渡槽动力特性差异明显，地震作用下相邻结构的异相运动，产生远超过原设计结构缝间隙 4cm 的相对位移，引起剧烈碰撞。由于升船机塔柱的质量、刚度远大于通航渡槽，通过在结构缝处引入 FVD 对碰撞的控制效果有限。为了降低通航渡槽与升船机塔柱间的剧烈碰撞现象，进行 0# 结构缝合理间隙研究。

（1）升船机塔柱位移敏感性分析

为了观察升船机塔柱位移响应是否受碰撞以及 FVD 的影响，绘制不同条件下升船机塔柱位移时程曲线。为了与上一节内容相协调，速度指数 α 仍取 0.4，阻尼系数 $c=1\times10^6$N/(m·s^{-1})、7×10^6N/(m·s^{-1})。根据 0# 结构缝考虑碰撞与否以及 FVD 添加情况，以

4 种工况进行对比分析：①不考虑碰撞、不添加 FVD；②考虑碰撞、不添加 FVD；③考虑碰撞、添加阻尼系数为 1×10^6 N/(m·s^{-1})的 FVD；④考虑碰撞、添加阻尼系数为 7×10^6 N/(m·s^{-1})的 FVD。4 种分析工况下升船机塔柱位移时程曲线见图 6.3-42，升船机塔柱位移峰值统计见表 6.3-46。

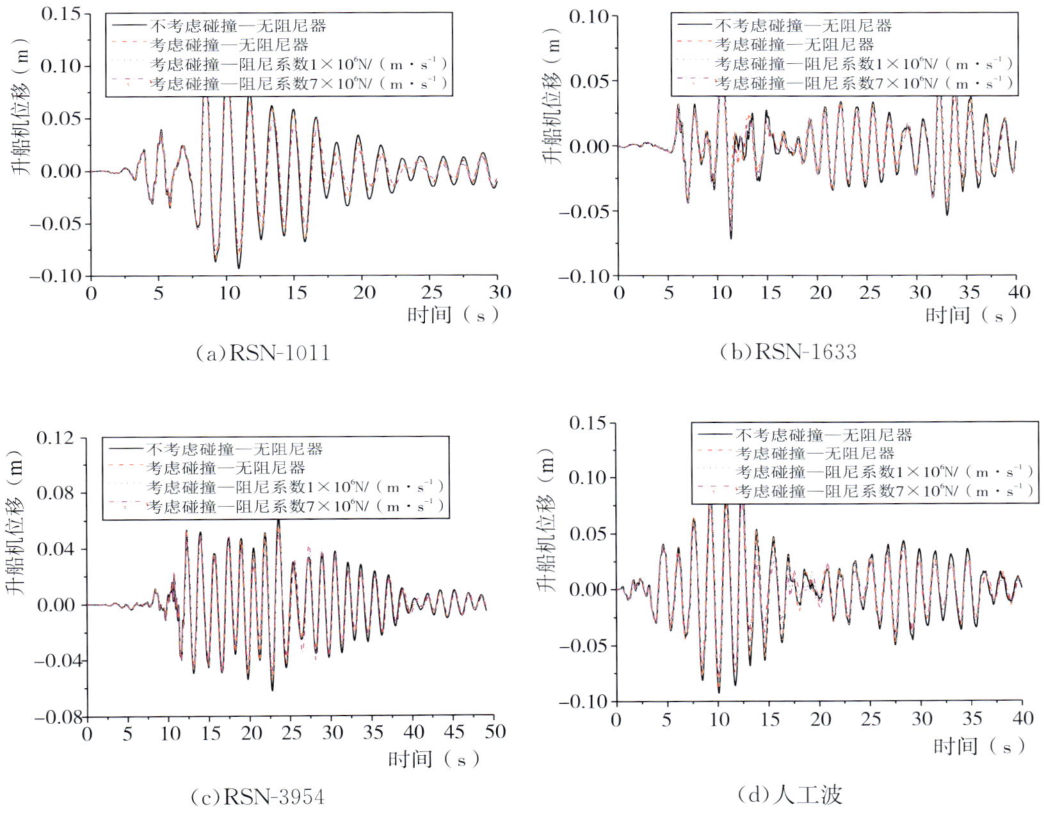

图 6.3-42 不同条件下升船机塔柱位移时程曲线

表 6.3-46 **升船机塔柱位移峰值统计表** （单位：m）

分析工况	RSN-1011	RSN-1633	RSN-3954	人工波
不考虑碰撞—无阻尼器	0.099	0.072	0.063	0.100
考虑碰撞—无阻尼器	0.096	0.067	0.057	0.090
考虑碰撞—阻尼系数 1×10^6(N/(m·s^{-1}))	0.093	0.064	0.053	0.082
考虑碰撞—阻尼系数 7×10^6(N/(m·s^{-1}))	0.091	0.066	0.051	0.079

由图 6.3-42 和表 6.3-43 可见：

①结构缝间考虑碰撞与否以及 FVD 添加情况不影响升船机塔柱位移时程曲线的基本

走势；

②碰撞限制了升船机塔柱位移的发展，考虑碰撞时升船机塔柱的位移响应均小于无碰撞时升船机塔柱位移响应，但碰撞对升船机塔柱位移的降低效果有限，位移降低率基本在5%以内；

③引入FVD对升船机塔柱的位移响应影响有限，即使添加速度指数为0.4、阻尼系数为7×10^6N/(m·s^{-1})的非线性FVD，升船机塔柱的位移响应降低效果也不明显，与不添加FVD相比，位移降低率在10%以内，且峰值位移仍在很高水平(RSN-1011：0.091m、人工波：0.079m)。

升船机塔柱位移峰值受碰撞以及FVD的影响较小，但与其自身的结构特性关系紧密。这是因为与每一联通航渡槽相比，升船机塔柱刚度与质量巨大(表6.3-47)。

表6.3-47　　等效质量与等效刚度统计表

等效参数	结构对象				
	升船机塔柱	第一联	第二联	第三联	第四联
等效质量(1×10^6kg)	63.01	5.65	7.63	6.77	6.20
等效刚度(1×10^6N/m)	982.63	10.45	22.28	36.53	51.68

如果升船机塔柱与通航渡槽间结构缝伸缩量过小，则无论是改变主梁布置方式，还是在结构缝间添加FVD，碰撞始终会很严重。因此需要研究升船机塔柱与相邻通航渡槽结构缝间隙的合理设计值。

(2)升船机与相邻通航渡槽间合理间隙确定

如果升船机与通航渡槽间发生剧烈碰撞，一方面对升船机与第一联通航渡槽产生不利影响，导致止水开裂破坏，影响航行安全；另一方面由于碰撞的传递作用，加剧其他相邻渡槽的碰撞风险。由于升船机塔柱与相邻渡槽跨间的周期比调整难度大，且升船机塔柱位移基本不受FVD的影响，因此考虑调整升船机塔柱与相邻通航渡槽结构缝间隙。

为了确定0#结构缝的合理间隙，以6.3.3.3节所采用的模型(1#～5#结构缝添加FVD)作为分析模型，观察间隙改变对升船机处碰撞程度和FVD减震效果的影响。

首先将不同地震动作用下，升船机与相邻通航渡槽结构缝间的相对位移记录于表6.3-48中。

表6.3-48　　0#结构缝处相对位移峰值统计表　　(单位：cm)

相对位移峰值	RSN-1011	RSN-3954	人工波
0#结构缝	15.6	11.2	12.2

由表6.3-48可见，0#结构缝处的相对位移远大于原结构缝间隙4cm，最高可达15.6cm，当结构缝间隙大于相对位移峰值时，则结构缝间的碰撞可以完全避免，因此从理论

上说，将结构缝间隙调整为 16cm，上述地震动作用下渡槽与升船机处均无碰撞发生。

引入 FVD 对升船机塔柱位移响应影响较小，但可以降低与升船机相邻渡槽的位移响应，增强相邻结构运动的一致性，从而减小相对位移。故以下将对不同间隙的渡槽模型进行时程分析，分别计算不添加 FVD、添加 FVD 两种条件下 0# 结构缝处的碰撞情况，判断同时调整 0# 结构缝间隙和引入黏滞阻尼器后结构缝碰撞情况。

0# 结构缝间隙以原始间隙 4cm 为基准，以 2cm 递增；0# 结构缝处 FVD 的阻尼系数 $c=1\times10^6$ N/(m·s^{-1})、4×10^6 N/(m·s^{-1})和 7×10^6 N/(m·s^{-1})。碰撞力对比见图 6.3-43。

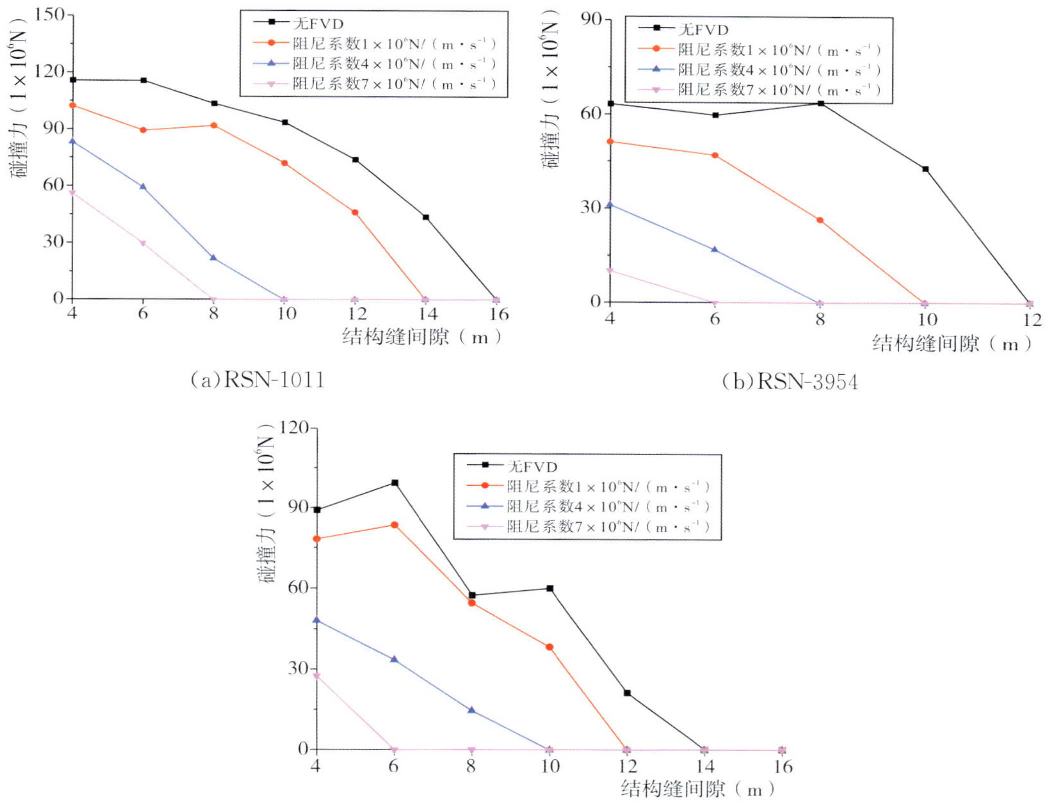

(a)RSN-1011　　(b)RSN-3954

(c)人工波

图 6.3-43　不同结构缝条件下 0# 结构缝处碰撞力对比图

由图 6.3-43 可见，添加 FVD 后，碰撞力明显减小，且一般而言，结构缝间隙越大，碰撞力降低越明显。FVD 阻尼参数取值越大，碰撞程度降低越明显，如当添加阻尼系数为 7×10^6 N/(m·s^{-1})的 FVD 后，在很小的结构缝间隙下，即可完全避免碰撞发生，但 FVD 的参数需要考虑可行性、经济性等因素的影响，阻尼参数也不宜过大；当阻尼系数取较小的 1×10^6 N/(m·s^{-1})时，结构缝间的碰撞也有一定程度的下降。可见，在渡槽与升船机连接处引入 FVD 可以起到降低结构缝间碰撞的效果。在实际应用中，可以根据抗震设防实际需要，选择合理结构缝间隙和 FVD 阻尼参数组合的方式，既满足结构缝止水和控制碰撞的需求，又满足工程经济性的要求。如对于本书的工程实际，选取结构缝间隙为10cm、阻尼系数为4×10^{6}N/(m·s^{-1})的组合，可以在较小的结构缝间隙和阻尼参数的条件下，完全避免0#结构缝间的碰撞。

6.3.3.4　通航渡槽结构响应对比分析

由6.3.3.2节分析可见，对于连续通航渡槽，当不考虑0#结构缝碰撞时，在结构缝间引入通过DMF方法计算阻尼参数的FVD后，基本上完全避免了碰撞发生；由6.3.3.3节分析可见，选取升船机与渡槽间结构缝间隙为10cm、阻尼系数为4×10^{6}N/(m·s^{-1})的组合，可以在较小的结构缝间隙和阻尼参数的条件下，完全避免0#结构缝间的碰撞。

综合上述研究内容，在1#～5#结构缝处添加表6.3-44 DMF计算阻尼系数的FVD，在0#结构缝添加阻尼系数为4×10^{6}N/(m·s^{-1})的FVD，并调整该处结构缝间隙为10cm。由此观察结构缝间碰撞响应和通航渡槽槽墩、支座响应的改变。

首先观察通航渡槽原模型与调整升船机间隙并添加FVD后结构缝间的碰撞情况，碰撞力对比见图6.3-44。由图6.3-44可见，基本可以完全避免结构缝间的碰撞发生。响应峰值变化系数见图6.3-45。

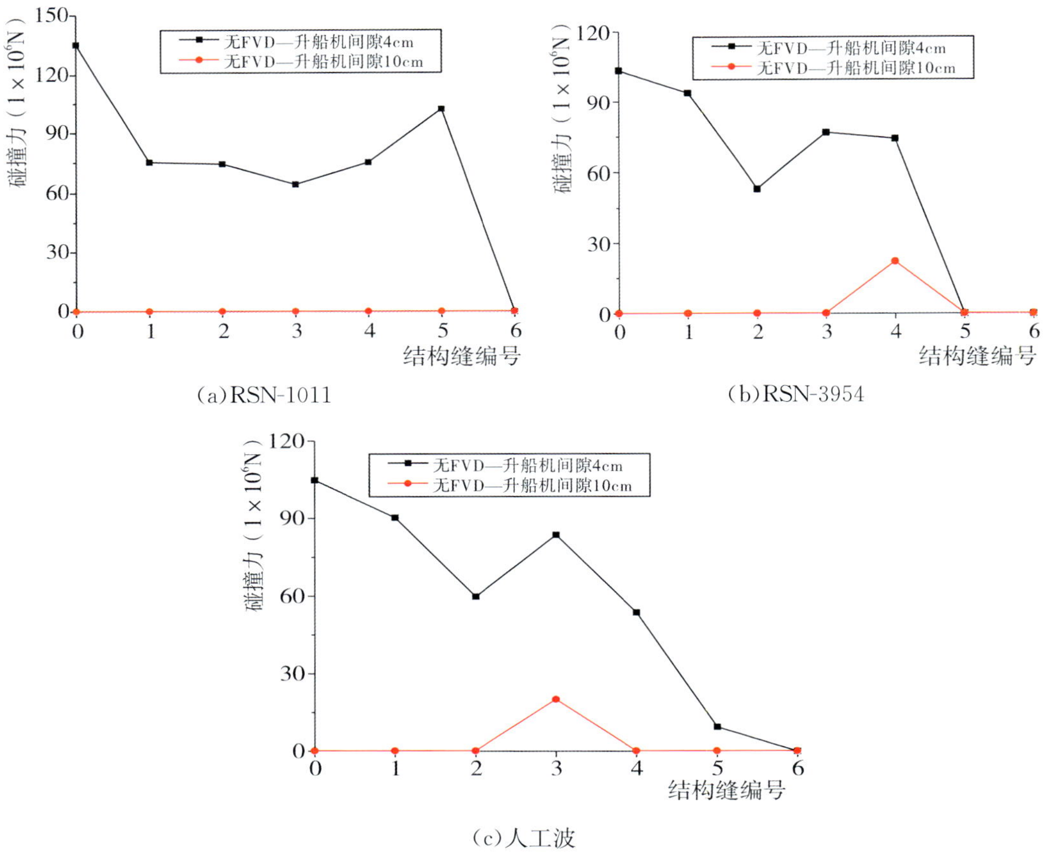

(a)RSN-1011　(b)RSN-3954　(c)人工波

图6.3-44　两类模型结构缝间碰撞力对比图

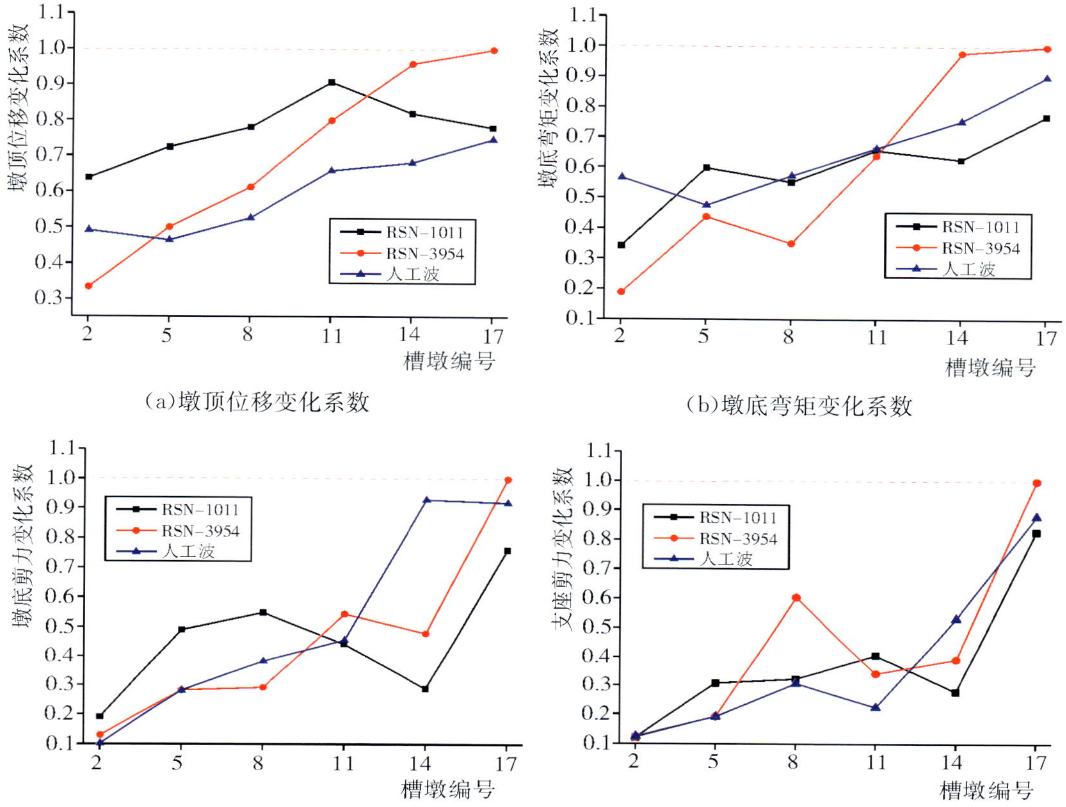

(a)墩顶位移变化系数　(b)墩底弯矩变化系数

(c)墩底剪力变化系数　(d)固定支座剪力变化系数

图 6.3-45　响应峰值变化系数图

碰撞会引起固定支座对应槽墩响应的变化，为了进一步观察渡槽与升船机结构缝间隙和外加 FVD 后，槽墩、支座响应的变化，将不同地震动作用下固定支座对应槽墩的响应汇总于表 6.3-49。

表 6.3-49　固定支座对应槽墩响应对比表

响应类型	槽墩编号	RSN-1011		RSN-3954		人工波	
		无 FVD	有 FVD	无 FVD	有 FVD	无 FVD	有 FVD
墩顶位移(m)	2#	0.112	0.071	0.162	0.054	0.154	0.076
	5#	0.094	0.068	0.124	0.062	0.128	0.059
	8#	0.074	0.058	0.094	0.058	0.089	0.047
	11#	0.054	0.049	0.063	0.050	0.056	0.037
	14#	0.048	0.039	0.029	0.028	0.045	0.031
	17#	0.032	0.025	0.018	0.018	0.019	0.014

续表

响应类型	槽墩编号	RSN-1011		RSN-3954		人工波	
		无 FVD	有 FVD	无 FVD	有 FVD	无 FVD	有 FVD
墩底弯矩 (1×10^6 N·m)	2#	631.65	215.92	834.85	157.44	628.54	355.20
	5#	562.83	336.20	691.93	302.20	652.21	309.56
	8#	481.29	265.30	563.88	197.62	534.53	306.51
	11#	316.26	207.78	406.37	259.53	443.09	294.49
	14#	439.92	275.35	229.28	224.61	311.70	235.28
	17#	484.49	373.00	266.85	266.85	291.30	262.46
墩底剪力 (1×10^6 N))	2#	38.30	7.29	53.20	6.91	42.25	4.35
	5#	29.12	14.29	34.74	9.80	34.73	9.78
	8#	23.80	13.06	27.10	7.89	24.53	9.41
	11#	20.20	8.94	23.13	12.60	23.08	10.56
	14#	31.68	9.08	19.75	9.48	11.53	10.72
	17#	23.76	18.05	12.46	12.46	14.02	12.89
固定支座剪力 (1×10^6 N)	2#	33.34	4.01	26.28	3.22	26.62	3.32
	5#	22.12	6.79	28.27	5.43	30.98	5.92
	8#	21.25	6.84	11.31	6.83	16.42	5.03
	11#	14.88	6.03	22.84	7.80	24.76	5.54
	14#	23.43	6.49	16.40	6.41	13.72	7.31
	17#	19.96	16.51	11.45	11.45	12.68	11.16

注:表中有 FVD 模型,0# 结构缝间隙已调整为 10cm。

由表 6.3-49 可见,不同地震动作用下,固定支座对应槽墩的结构响应有明显下降,特别是墩底剪力与支座剪力,降幅达到 70%～90%。

为清晰展现结构响应的变化,使用式(6.3-3)中定义的变化系数 γ,此时 γ 定义为有阻尼器响应与无阻尼器响应之比。当系数 $\gamma>1$ 时,表示调整渡槽与升船机结构缝间隙并添加黏滞阻尼器后响应放大;当 $\gamma<1$ 时,表示调整渡槽与升船机结构缝间隙并添加黏滞阻尼器后结构响应减小。由图 6.3-45 可以更清晰地看出,改变 0# 结构缝间隙为 10cm 并添加黏滞阻尼器后,固定支座对应槽墩的结构响应有明显下降。

6.4 横向设置钢阻尼器的通船渡槽抗震优化设计研究

升船机塔柱高度高、结构刚度大,由槽台向升船机方向,通航渡槽的墩高由低到高连续变化,与升船机相邻的通航渡槽为高墩结构,两者动力特性的横向差异很大。通航渡槽和升船机之间的横向连接,无论是固定或滑动均存在一定隐患。采用滑动支座,通航渡槽与升船机之间可以相对自由运动，与升船机塔柱相邻的通航渡槽为横向悬臂梁；采用固定支座，升船机质量大、刚度大，对相邻通航渡槽的内力影响较大。通航渡槽和升船机横向连接的结构特点，决定了横向连接装置的研究不仅仅局限于抗震性能，还需要兼顾静力性能。即横向连接装置需要具有以下功能：提供静力状态下通航渡槽与升船机之间一定的横向刚度，以避免与升船机相邻的通航渡槽成为横向悬臂梁，同时能限制升船机传向通航渡槽的横向水平力。

通航渡槽载重大，纵向相邻主梁之间结构缝伸缩量小，因此，通航渡槽支座由于承载力要求高、变形量要求低而通常选用钢支座。桥梁常用的减隔震支座有板式橡胶支座、盆式橡胶支座、铅芯橡胶支座、夹层橡胶支座、高阻尼橡胶支座、滑动摩擦型支座，以及近几年开发的大型弹塑性钢支座等。若采用通常的减震耗能支座，难以实现支座初始刚度满足静力下通航渡槽与升船机塔柱之间有一定的横向刚度，同时以支座屈服力限制升船机传向通航渡槽的横向力。升船机塔柱与通航渡槽之间横向的静力相对变形，如温度、风荷载等引起的相对变形，属于发生概率很大的服役状态下持久状况的性能要求，通常的隔震耗能支座进入弹塑性是在强震作用罕遇状况下发生的。一方面，在地震作用下支座进入弹塑性状态是罕遇荷载下的低周疲劳问题，若应用在静力作用下，频繁地进入弹塑性状态，支座的性能无法保证。另一方面，通航渡槽载重大，若支座损伤，更换成本高且直接影响通航。根据结构的特征以及需求，在以白鹤滩水电站通航渡槽为工程背景的研究中，保持通航渡槽与升船机之间横向连接为滑动支座，通过附加三角形钢阻尼器，以实现：①静力下通航渡槽与升船机塔柱之间有一定的横向刚度，同时能限制升船机传向通航渡槽的横向力；②可随时更换，满足维护便利性的需求；③大震下发挥减震耗能作用。

具体而言，在不改变原横向滑动支座连接的基础上，选用新型钢阻尼器，以固定支座时的受力为目标，获取横向力传递比例的新型钢阻尼器设计方法。其中横向力传递可根据通航渡槽承担横向力的程度预先设定，方便满足静力需求。

6.4.1 有限元模型建立

连续梁形式的通航渡槽在进行纵、横向分析时的建模方式基本一致，仅支座布置、水体模拟存在差异，以下仅对支座布置、水体模拟进行说明。

6.4.1.1 支座布置方式介绍

渡槽支座布置采用两种方案：第一种是支座采用一般连续梁桥的布置方式，即对于每一联槽跨，纵槽向仅设置一个固定支座，其他为滑动支座，横槽向均为固定支座（固定支座模型）；第二种是渡槽与升船机连接处的支座纵、横向均为滑动（滑动支座模型）。固定支座模型支座布置、滑动支座模型支座布置示意图分别见图 6.4-1、图 6.4-2。

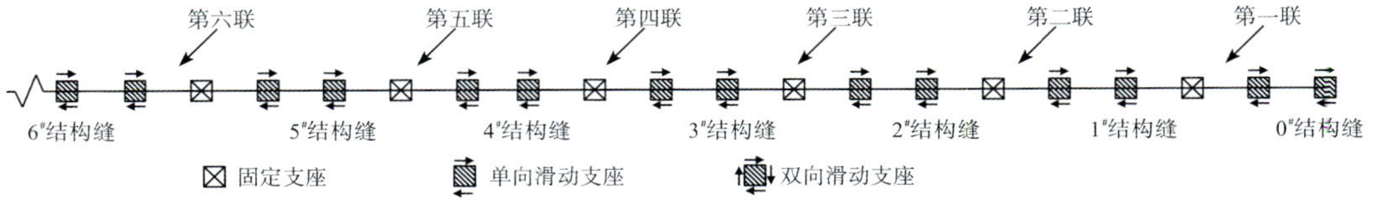

图 6.4-1　固定支座模型支座布置示意图

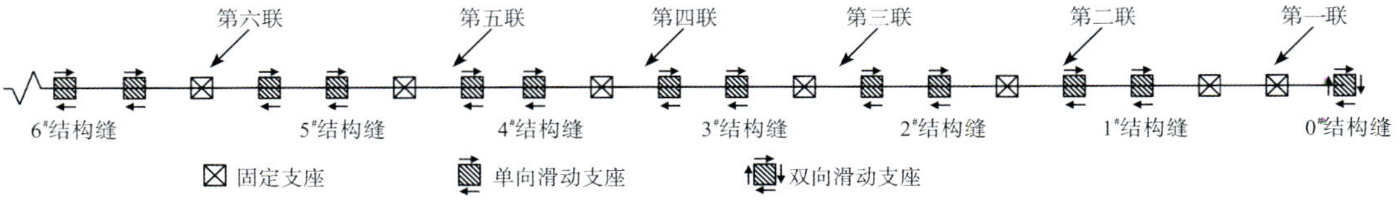

图 6.4-2　滑动支座模型支座布置示意图

6.4.1.2　通航渡槽水体的模拟

渡槽中水体重量与结构重量相当，甚至超过结构重量，横向抗震分析时需要考虑水体的影响。水体与渡槽间的相互作用属于结构动力学中的流—固耦合振动问题，渡槽体系振动时流体会伴随结构的振动而产生晃动，反过来流体的晃动又将对结构的振动产生影响。

目前，渡槽内考虑流—固耦合作用水体简化的方法大体上分为两种：一种是线性方法，把水体当作附加质量作用于渡槽结构上，与渡槽一起进行动力研究，如附加质量、Housner模型；另一种是非线性方法，研究流体非线性晃动对渡槽影响，如边界元法、有限元法等。

水工建筑物抗震计算中常见的动水压力简化计算方法有 Westergaard 附加质量法和 Housner 附加质量法。我国行业标准《水工抗震规范》及美国、日本等国的水工建筑物设计规范均推荐使用附加质量法计算重力坝的动水压力。在渡槽结构的抗震计算中，主要采用 Westergaard 附加质量法和 Housner 附加质量法计算动水压力。首先对 Westergaard 附加质量法和 Housner 附加质量法的基本概念以及计算方法进行简要介绍。

(1) Westergaard 附加质量法

Westergaard 基于以下假设研究了刚性大坝在地震作用下的动水压力：坝体是刚性垂直、水深为常量、水体为不可压缩的理想液体，库水向上游无限延伸及地面运动为水平简谐振动。将动水压力的解转化为二维波动方程在边界条件下的解析解问题，得到了在水平简谐振动下刚性垂直坝面的动水压力计算公式。Westergaard 附加质量法不仅应用于求解刚性结构的动水压力，而且还推广到一般弹性结构的抗震分析上。

将坝体动水压力及 Westergaard 附加质量法应用于渡槽，得到渡槽槽体一侧单位面积水的附加质量计算式：

$$M_w(z)=\frac{7}{8}\eta\rho\sqrt{hz} \tag{6.4-1}$$

式中：$M_w(z)$——距离水面 z 处的附加质量，kg；

z——计算点到水面的距离，m；

h——渡槽内水体的深度，m；

ρ——水的密度，kg/m^3。

由于该公式是基于半无限大水域得出的，在应用于有限水域（渡槽）时需要乘以一个折减系数 η，其取值见表 6.4-1，表中 b 为水面的宽度。

表 6.4-1　　有限宽度水域时附加质量的折减系数

b/h	0.2	0.4	0.6	0.8	1.0	1.2	1.4	1.6	1.8	2.0	2.5	≥3
η	0.16	0.30	0.47	0.56	0.66	0.74	0.80	0.85	0.89	0.92	0.96	1.00

（2）Westergaard 附加质量计算

由式(6.4-1)可见，计算槽体一侧的单位面积水的附加质量，需要明确计算点到水面的距离 z，渡槽内水深 h，有效宽度折减系数 η。结合白鹤滩通航渡槽 1000 吨级的基本资料，可得相应的附加质量计算参数，具体见表 6.4-2。

表 6.4-2　　Westergaard 附加质量计算参数表

类别	密度 ρ (kg/m^3)	水深 h (m)	距离 z (m)	水面宽 b (m)	$\eta(b/h\geq3)$	$M_w(z)$ (kg)
数值	1000	4	4	12～22	1	3500

由表 6.4-2 的计算结果可见，槽体一侧单位面积水的附加质量 M_w 为 3500kg，单跨主梁长度为 25m，水深为 4m，单跨槽体水的附加质量为 $M_{横}=3500\times25\times4=350000$kg。将单跨主梁划分为 5 段，则每个节点的水体附加横向质量为 70000kg。在实际模拟中，给相应节点指定大小为 70000kg 的横槽向质量，以模拟水体对结构动力特性及地震响应的影响。

（3）Housner 附加质量法

Housner 借助于流体力学的势流理论及储液容器运动时液体流动的物理直观现象，研究了矩形储液容器受到的液动压力问题，提出了著名的 Housner 弹簧—质量模型。该模型采用与侧壁相连的弹簧质量系统来等效计算液体对容器侧壁产生的脉冲压力和对流压力。其计算简图见图 6.4-3。

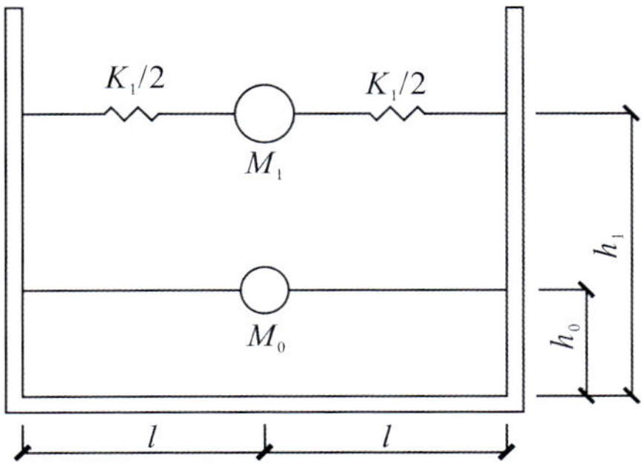

图 6.4-3　Housner 附加质量法计算简图

模型中质量 M_0，质量 M_1，分别采用式(6.4-2)、式(6.4-3)计算，分别代表流—固耦合中的脉冲压力水体和对流压力水体。

在横槽向水平地震动作用下，脉动压力水体的质量作用高度 h_0 可以由式(6.4-4)计算，对流动水压力的作用可通过 h_1 高度处的弹簧—质量体系考虑，对于矩形渡槽，高度 h_1 和等效弹簧刚度 K_1 可分别按式(6.4-5)、式(6.4-6)计算。

$$M_0 = M\frac{\tanh\left(\sqrt{3}\,\frac{l}{H}\right)}{\sqrt{3}\,\frac{l}{H}} \tag{6.4-2}$$

$$M_0 = 2\rho_w Hl\left[\frac{1}{3}\sqrt{\frac{5}{2}}\,\frac{l}{H}\tanh\left(\sqrt{\frac{5}{2}}\,\frac{H}{l}\right)\right] \tag{6.4-3}$$

$$h_0 = \frac{3}{8}H\left[1+\frac{4}{3}\left(\frac{\sqrt{3}\,\frac{l}{H}}{\tanh\left(\sqrt{3}\,\frac{l}{H}\right)}-1\right)\right] \tag{6.4-4}$$

$$h_1 = H\left[1-\frac{\cosh\left(\sqrt{\frac{5}{2}}\,\frac{H}{l}\right)-2}{\sqrt{\frac{5}{2}}\,\frac{H}{l}\sinh\left(\sqrt{\frac{5}{2}}\,\frac{H}{l}\right)}\right] \tag{6.4-5}$$

$$k_1 = M_1\frac{g}{l}\sqrt{\frac{5}{2}}\tanh\left(\sqrt{\frac{5}{2}}\,\frac{H}{l}\right) \tag{6.4-6}$$

式中：M——渡槽轴向单宽长度的水体总质量，对于矩形渡槽 $M=2\rho_w H_l$，kg；

ρ_ω——水体的密度，kg/m^3；

H——渡槽内水的深度，m；

l——槽体宽度的一半，m。

(4)Housner 附加质量计算

由式(6.4-2)到式(6.4-6)可见，计算 Housner 附加水体质量需要水体密度 ρ、水深 H、槽体半宽 l 等参数，将以上参数取值汇总于表 6.4-3 中。

表 6.4-3　Housner 附加质量计算参数表

类别	密度 ρ(kg/m^3)	水深 h(m)	槽体半宽 l(m)
1#～3#	1000	4	6
4#			8.5
5#～18#			11

将表 6.4-3 中的基本数据代入式(6.4-2)至式(6.4-6)，计算求得冲击质量 M_0、冲击质量等效高度 h_0、对流质量 M_1、对流质量等效高度 h_1、等效弹簧刚度 K_1，计算结果统计于表 6.4-4 中。

表 6.4-4　　**Housner 单位长度通航渡槽水体附加质量计算结果统计表**

类别	冲击质量 M_0(kg)	冲击质量等级高度 h_0(m)	对流质量 M_1(kg)	对流质量等效高度 h_1(m)	等效弹簧刚度 K_1(N/m)
$1^{\#}$～$3^{\#}$	18271.7	4.75	29727.7	5.18	60142.95
$4^{\#}$	18451.7	4.87	48101.1	8.69	55382.33
$5^{\#}$～$18^{\#}$	18472.5	9.03	66195.0	13.51	48393.76

由表 6.4-4 的计算结果可见，通过 Housner 附加质量法计算的水体冲击质量等效高质、对流质量等效高度最高达 13.51m，这主要是因为白鹤滩通航渡槽的横向宽度高达 22m，远大于侧壁高度 6m，因此需要进一步讨论。

(5)附加质量计算结果对比

以上分别通过 Westergaard 附加质量法、Housner 附加质量法计算了槽内水体的等效质量，为了对比两种方式等效质量和实际水体质量在数值上的差异，将单位长度内的水体质量结果统计于表 6.4-5。

表 6.4-5　　**单位长度通航渡槽水体质量计算结果对比表**　　(单位：kg)

类别	Westergaard 附加质量法	Housner 附加质量法			水体实际质量
		冲击质量 M_0	对流质量 M_1	M_0+M_1	
$1^{\#}$～$3^{\#}$	14000	18271.7	29727.7	47999.4	48000
$4^{\#}$	14000	18451.7	48101.1	66552.8	68000
$5^{\#}$～$18^{\#}$	14000	18472.5	66195.0	84667.5	88000

由表 6.4-5 可见，渡槽宽度对 Westergaard 附加质量法和 Housner 附加质量法冲击质量 M_0 计算结果影响不大；Housner 对流质量受槽宽影响明显，槽宽越大，对流质量占总质量的比例越大。

虽然通过 Housner 附加质量法计算所得的冲击质量与对流质量数值之和，与水体实际质量更为接近，但其中占主要部分的是对流质量，鉴于不确定 Housner 模型是否适合模拟宽度远大于高度的通航渡槽横向水体，因此，采用 Westergaard 附加质量法进行水体的计算模拟。

6.4.1.3　模态分析

对两种支座布置方式的通航渡槽进行模态分析，观察第一联支座约束方式差异对结构自振特性的影响。将连续通航渡槽主要联的周期及振型特征统计于表 6.4-6 中。其中无水体模型是指不模拟水体的固定支座模型分析模型；固定支座模型是指模拟水体的固定支座模型分析模型；滑动支座模型是指模拟水体的滑动支座模型分析模型。

表 6.4-6　　不同条件下连续通航渡槽动力特性统计表

模态	无水体模型		固定支座模型		滑动支座模型	
	周期(s)	振型特征	周期(s)	振型特征	周期(s)	振型特征
1	5.067	1# 墩纵向振动	5.067	1# 墩纵向振动	4.783	1#、2# 墩,主梁纵向振动
2	4.620	2# 墩、主梁纵向振动	4.620	2# 墩、主梁纵向振动	3.678	5# 墩、主梁纵向振动
3	3.678	5# 墩、主梁纵向振动	3.678	5# 墩、主梁纵向振动	3.541	1#、2# 墩,主梁横向振动
4	2.813	4# 墩纵向振动	2.813	4# 墩纵向振动	2.813	4# 墩纵向振动
5	2.812	3# 墩纵向振动	2.812	3# 墩纵向振动	2.812	3# 墩纵向振动
6	2.705	8# 墩、主梁纵向振动	2.705	8# 墩、主梁纵向振动	2.705	8# 墩、主梁纵向振动
7	2.227	6# 墩纵向振动	2.227	6# 墩纵向振动	2.227	6# 墩纵向振动
8	2.225	7# 墩纵向振动	2.225	7# 墩纵向振动	2.225	7# 墩纵向振动
9	2.177	11# 墩、主梁纵向振动	2.177	11# 墩、主梁纵向振动	2.177	11# 墩、主梁纵向振动
10	1.837	第一、二联横向振动	1.907	第一、二联横向振动	1.815	第一、二联横向振动
11	1.764	8# 墩纵向振动	1.764	8# 墩纵向振动	1.764	8# 墩纵向振动
12	1.737	升船机,第一、二联横向反对称振动	1.750	升船机,第一、二联横向反对称振动	1.738	升船机横向振动

固定支座模型除了赋予主梁节点横槽向水体附加质量外,其余条件均与无水体模型一致。由模态分析可见,两类模型的纵向周期完全一致,横向振型相同,但附加水体质量后结构的横向周期有一定增大。

固定支座模型、滑动支座模型通航渡槽除了第一联主梁的支座布置方式不同外,其余条件均一致。从模态分析结果可见,两种方案主要在与第一联相关的动力特性存在差异,具体模态见图 6.4-4。

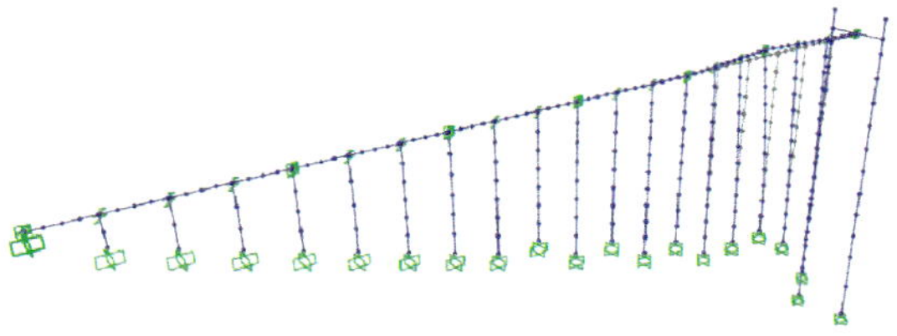

(a)固定支座模型(模态 10)

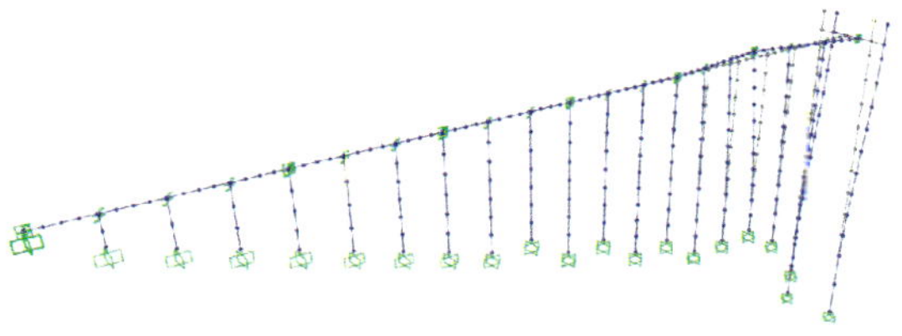

(b)固定支座模型(模态 12)

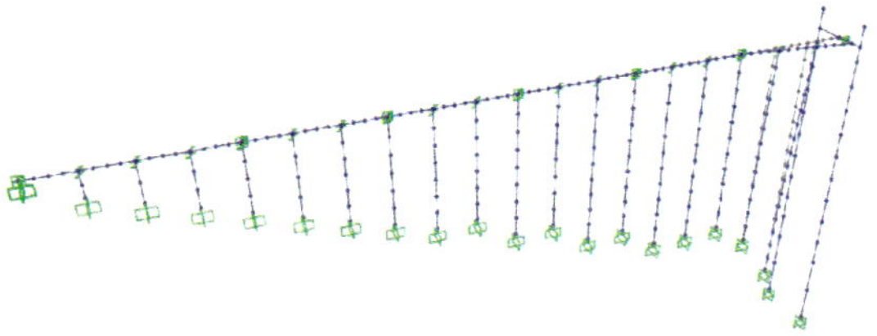

(c)滑动支座模型(模态 3)

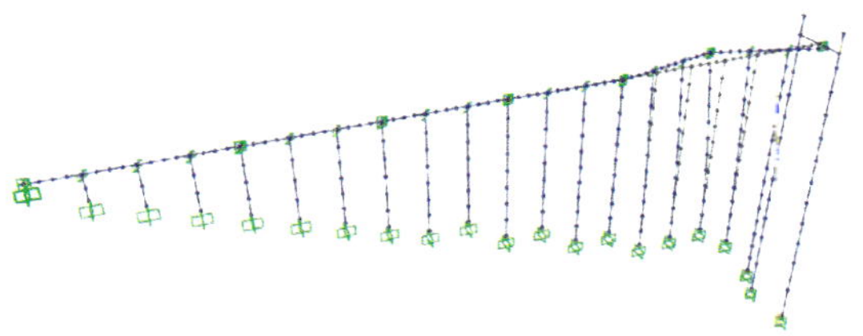

(d)滑动支座模型(模态 10)

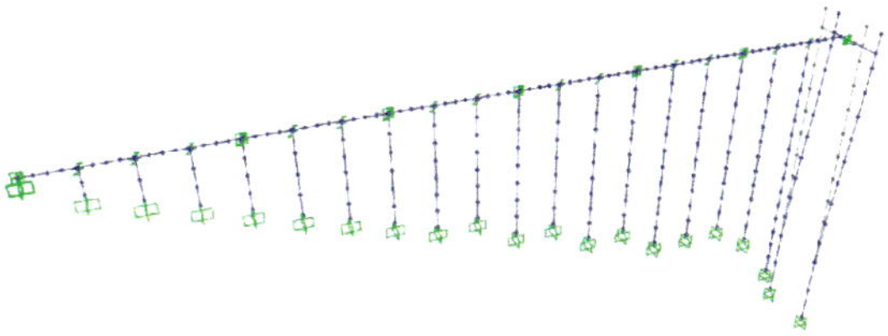

(e)滑动支座模型(模态 12)

图 6.4-4 两种方案通航渡槽横向主要振型对比图

通过以上简单分析可见,支座布置方式的调整对支座相关联的动力特性有明显影响,考虑水体附加质量会导致通航渡槽横向振动周期有所增大。

6.4.2 两种支座布置方式的通航渡槽分析

6.4.2.1 槽墩和支座响应差异

首先计算在不同地震动作用下,固定支座模型、滑动支座模型通航渡槽的受力和位移响应,判断支座布置方式改变对结构地震响应的影响。将两种模型的墩顶横槽向位移统计于表 6.4-7 中,墩底横槽向剪力与弯矩统计于表 6.4-8、表 6.4-9 中,支座横向剪力统计于表 6.4-10 中。分析发现,两种支座模型条件下,7# ~18# 槽墩受力和位移响应基本上完全一致,故表 6.4-7 至表 6.4-10 中仅给出 1# ~6# 槽墩的响应结果。

由表 6.4-7 可见,与固定支座模型相比,滑动支座模型通航渡槽 1# 槽墩的墩顶位移有明显的增大,增幅达 100%。这主要是由于主梁端部为双向滑动支座时,其端部横向运动不受限制,从而引起 1# 槽墩横向位移的显著增大;2# 槽墩的墩顶位移峰值则有明显的减低,降幅最高可达 40%;其余槽墩的墩顶位移峰值基本都呈现减小趋势,但从总体来看影响程度较小,基本维持在 10%以内。

表 6.4-7 不同地震动作用下墩顶横槽向位移统计对比表 (单位:m)

槽墩编号	RSN-1011		RSN-1633		RSN-3954		人工波	
	固定支座模型	滑动支座模型	固定支座模型	滑动支座模型	固定支座模型	滑动支座模型	固定支座模型	滑动支座模型
1#	0.091	0.175	0.085	0.172	0.089	0.155	0.061	0.155
2#	0.101	0.089	0.103	0.066	0.123	0.079	0.082	0.069
3#	0.124	0.123	0.120	0.099	0.129	0.098	0.093	0.085
4#	0.087	0.093	0.079	0.071	0.100	0.082	0.063	0.058
5#	0.063	0.067	0.062	0.051	0.042	0.026	0.045	0.038
6#	0.081	0.084	0.063	0.068	0.028	0.024	0.045	0.043

表 6.4-8　　不同地震动作用下墩底横槽向剪力统计表　　(单位:1×10⁶N)

槽墩编号	RSN-1011		RSN-1633		RSN-3954		人工波	
	固定支座模型	滑动支座模型	固定支座模型	滑动支座模型	固定支座模型	滑动支座模型	固定支座模型	滑动支座模型
1#	9.24	10.02	13.59	15.13	7.68	8.03	4.60	8.34
2#	15.22	14.06	13.40	9.95	15.34	15.93	10.91	9.81
3#	13.16	14.15	17.36	18.50	11.89	14.51	11.16	13.68
4#	8.96	10.20	10.17	9.89	8.50	8.41	8.72	9.53
5#	24.48	24.44	27.20	25.49	20.00	22.40	14.22	17.24
6#	39.66	40.17	33.09	34.29	20.78	20.95	21.93	22.41

表 6.4-9　　不同地震动作用下墩底横槽向弯矩统计表　　(单位:1×10⁶N·m)

槽墩编号	RSN-1011		RSN-1633		RSN-3954		人工波	
	固定支座模型	滑动支座模型	固定支座模型	滑动支座模型	固定支座模型	滑动支座模型	固定支座模型	滑动支座模型
1#	498.8	514.4	544.0	592.7	340.3	414.5	497.7	517.4
2#	572.7	545.5	634.4	418.7	568.7	559.4	493.9	392.2
3#	684.9	839.9	819.9	674.2	804.0	537.8	638.5	612.4
4#	472.7	518.1	458.0	371.5	514.9	339.0	434.6	380.4
5#	1852.1	1952.4	1944.4	1677.5	1108.5	824.2	1254.4	1070.4
6#	2881.2	2934.0	2137.4	2274.0	974.7	932.5	1533.5	1492.5

表 6.4-10　　不同地震动作用下支座横向剪力对比表　　(单位:1×10⁶N)

槽墩编号	RSN-1011		RSN-1633		RSN-3954		人工波	
	固定支座模型	滑动支座模型	固定支座模型	滑动支座模型	固定支座模型	滑动支座模型	固定支座模型	滑动支座模型
0#	10.81	0.00	11.77	0.00	4.57	0.00	4.93	0.00
1#	4.79	5.13	7.15	4.78	4.89	4.36	5.00	4.07
2#	8.44	8.56	7.24	7.35	7.41	7.52	3.72	5.01
3#(右)	9.33	5.60	9.18	5.24	4.43	5.24	5.57	4.59
3#(左)	4.60	4.64	7.41	4.05	4.88	5.37	4.38	3.93
4#	4.36	4.20	7.21	4.45	5.08	5.79	4.71	4.25
5#	12.66	13.11	14.38	14.40	10.53	13.19	10.03	13.29
6#(右)	12.37	13.18	12.82	11.57	8.62	8.51	7.41	7.44
6#(左)	9.81	9.50	9.22	8.82	4.66	5.76	5.59	5.71

由表 6.4-8、表 6.4-9 可见，调整第一联通航渡槽支座布置方式，对大多数槽墩的横向剪力、弯矩影响有限，1# 槽墩的受力呈现放大趋势，2# 槽墩的受力则有一定程度的减小。

由表 6.4-10 可见，支座布置方式改变对支座横向剪力的影响范围基本与墩底剪力和弯矩一致。值得注意的是，由于释放了升船机对渡槽的横向约束，支座横向基本可以自由滑动，升船机不会通过支座将横向力传递到第一联渡槽结构，所以滑动支座模型中 2#、3# 槽墩的支座剪力有所减小。

由以上受力、位移分析结果可见，升船机对通航渡槽主梁约束方式的差异主要对第一联槽墩的响应产生影响，其中对位移响应的影响最大，对墩底受力和支座剪力影响相对有限。

6.4.2.2 渡槽主梁响应差异

由模态分析可见，两种支座布置方式下，第一、二联渡槽主梁横向振动振型也有明显不同，为了观察两联渡槽主梁地震响应差异，将主梁的横向剪力、横向弯矩统计于表 6.4-11、表 6.4-12 中。

表 6.4-11 不同地震动作用下主梁横向剪力对比表 （单位：1×10^6 N）

主梁截面位置	RSN-1011		RSN-1633		RSN-3954		人工波	
	固定支座模型	滑动支座模型	固定支座模型	滑动支座模型	固定支座模型	滑动支座模型	固定支座模型	滑动支座模型
1 跨中	9.17	2.08	9.36	2.38	5.35	1.71	5.63	1.39
1 支座	4.85	3.68	7.21	4.30	4.66	3.19	4.46	2.48
2 跨中	3.22	3.87	4.82	2.71	2.96	3.45	2.52	2.58
2 支座	4.69	4.01	4.95	2.70	3.70	3.47	3.76	2.36
3 跨中	4.76	4.51	8.11	3.62	5.17	4.47	3.79	3.21
3 支座	8.77	5.13	9.48	4.65	4.12	5.03	5.06	4.03
4 跨中	7.20	7.49	8.21	5.01	4.77	5.17	4.19	3.78
4 支座	7.24	7.79	7.11	5.68	5.07	5.17	4.22	3.77
5 跨中	4.94	4.97	5.05	4.57	4.67	4.84	4.02	5.05
5 支座	5.60	5.02	4.90	4.81	4.80	5.27	4.25	5.35
6 跨中	9.09	8.57	8.81	7.78	7.57	7.36	5.94	7.68
6 支座	11.25	11.76	9.12	7.76	8.16	7.94	4.86	7.50

注：1 跨中表示架设于 1# 槽墩上，位于槽墩右侧的一跨渡槽主梁跨中；1 支座表示架设于 1# 槽墩上，位于槽墩右侧的一跨渡槽主梁支座位置；其余以此类推，下表同。

表 6.4-12　　不同地震动作用下主梁横向弯矩对比表　　(单位:1×10^6N·m)

主梁截面位置	RSN-1011		RSN-1633		RSN-3954		人工波	
	固定支座模型	滑动支座模型	固定支座模型	滑动支座模型	固定支座模型	滑动支座模型	固定支座模型	滑动支座模型
1 跨中	114.53	18.04	121.47	20.59	68.85	14.75	72.44	12.04
1 支座	204.16	58.16	207.00	67.27	119.91	48.68	127.55	39.05
2 跨中	209.39	68.49	219.76	74.19	128.38	73.24	121.51	54.52
2 支座	178.01	110.42	204.32	91.37	131.62	111.60	97.43	82.39
3 跨中	99.69	58.41	110.17	50.70	70.71	58.73	54.33	45.79
3 支座	0.01	0.01	0.00	0.01	0.00	0.00	0.00	0.00
4 跨中	84.78	84.91	101.44	59.29	54.16	61.64	50.68	44.17
4 支座	172.31	180.50	190.41	118.39	115.36	122.91	97.89	87.84
5 跨中	194.49	210.13	205.66	151.71	149.90	150.26	117.64	122.77
5 支座	229.46	217.71	214.81	188.11	180.87	177.95	143.66	184.90
6 跨中	125.15	129.22	109.13	92.57	93.92	90.55	77.60	90.80
6 支座	0.01	0.01	0.01	0.01	0.01	0.01	0.01	0.01

由表 6.4-11、表 6.4-12 可见,滑动支座模型渡槽第一跨主梁的横向受力明显小于固定支座模型,响应值约为固定支座模型的 20%。这主要是由于滑动支座模型中升船机处的支座为双向滑动支座,与升船机塔柱相邻的一跨渡槽主梁相当于悬臂结构,其横向运动不受约束。第二、三跨主梁受力也主要呈现出减小的趋势。

通航渡槽第一联中靠近升船机的一跨渡槽,由于没有横向约束限制,其横向位移会有明显的增大,第一联渡槽主梁端部的横向位移峰值记录于表 6.4-13。

表 6.4-13　　主梁横向位移峰值对比表　　(单位:m)

地震动编号	固定支座模型	滑动支座模型
RSN-1011	0.092	0.286
RSN-1633	0.071	0.284
RSN-3954	0.066	0.256
人工波	0.070	0.260

由表 6.4-13 可见,滑动支座模型中,主梁端部的横向位移峰值基本上比固定支座模型放大了约 4 倍,最高达到了 28.6cm。

通过以上分析可知,对于滑动支座模型通航渡槽,梁端支座形式为双向滑动支座,可以避免升船机塔柱的巨大响应传递到第一联渡槽结构,对保护渡槽主梁地震下的安全有利,但由于梁端没有了横向约束的限制,会引起很大的梁端横向位移。可见对于滑动支座模型这类支座布置形式,应采取有效的措施控制主梁的横向位移,以减少或避免横向碰撞的发生。

6.4.3 通航渡槽横向减震设计

两种支座布置方式的渡槽响应对比分析可见，对于与一般连续梁桥支座布置方式相同的固定支座模型，支座横向固定虽然限制了渡槽主梁的横向位移，但由于支座的传力作用，使得升船机塔柱对主梁受力影响显著，主梁承受了巨大的横向剪力与弯矩；对于滑动支座模型，支座横向滑动避免了升船机塔柱对主梁受力的影响，明显降低了主梁的横向剪力与弯矩，但此时主梁相当于悬臂结构，横向位移明显增大，增加了横向碰撞的可能性，不利于结构的安全。

为了保证主梁承受较小横向力的同时仍能限制主梁横向位移，将结合沈星等提出的三角形钢板阻尼器进行通航渡槽横向减震设计。在升船机与第一联渡槽主梁连接处引入三角形钢板阻尼器，通过预设横传递向力水平，期望达到同时降低主梁受力和横向位移的目的。

6.4.3.1 三角形钢板阻尼器基本介绍

沈星、叶爱君等从桥梁结构横向抗震需求出发，在现有钢阻尼器研究成果的基础上，提出了适用于桥梁的横向三角形钢板阻尼器(图 6.4-5)。

该装置以采用悬臂构造形式的三角形钢板为基本构件，在上顶板的钢挡块两侧设置聚四氟乙烯滑板，并通过调整钢挡块的纵向尺度适应桥梁纵向变形。三角形钢板顶部放置半球形钢传力键，即使在复杂的相对运动条件下，钢传力键也能与上顶板上的钢挡块保持点接触，确保三角形钢板在地震过程中仍有明确的传力路径。

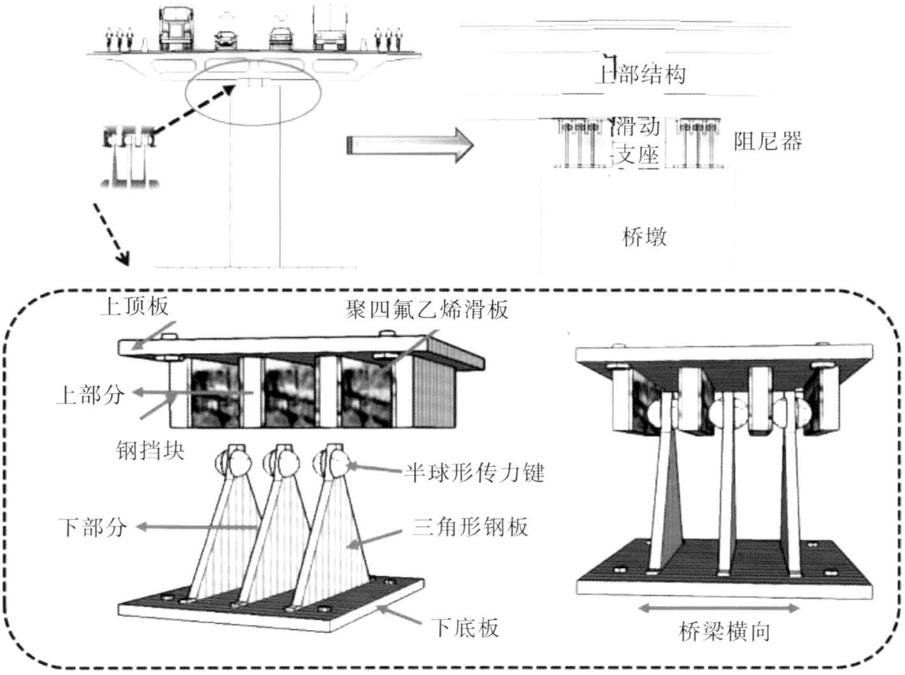

(a)三维结构示意图

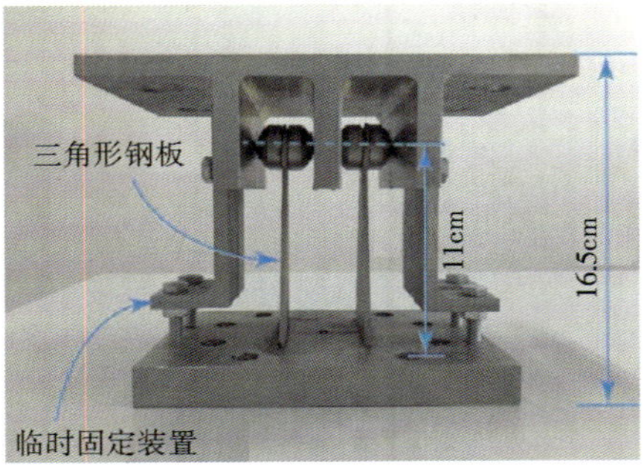

(b)缩尺模型

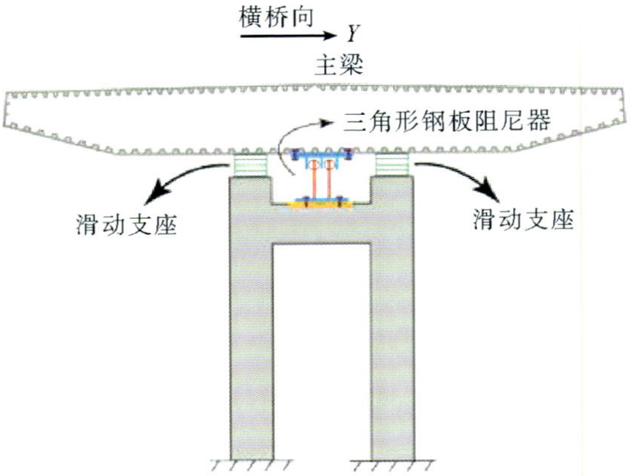

(c)横向阻尼器布置

图 6.4-5　桥梁三角形钢板阻尼器构造及布置示意图

三角形钢板阻尼器主要有以下特点：①具有很好的滞回耗能能力和较大的位移能力；②能够很好地适应桥梁纵向较大变形且性能不受影响；③在主梁横向复杂的振动特性下仍具有很好的传力特性；④力学性能明确。三角形钢板阻尼器的减震效果也通过实验与理论分析进行了验证。

三角形钢板阻尼器一般采用双线性恢复力模型模拟其弹塑性性能，关键的力学参数包括屈服前刚度、等效屈服力、屈服后刚度和设计变形能力。

在抗震设计中，根据减震需求确定结构墩梁间最大横向位移 D_{max}，三角形钢板阻尼器的极限位移 $D_{u1} \geqslant D_{max}$。在利用三角形钢板阻尼器进行抗震设计时，钢板的等效屈服力 F_{eff} 越小，三角形钢板阻尼器耗能越早，对上部结构的保护作用越强，但为了满足结构正常使用的要求，三角形钢板阻尼器的等效屈服力也不宜太小，一般可控制在固定支座吨位的 10%左右，计算见式(6.4-7)；单块钢板的弹性刚度 K_y 通过式(6.4-8)计算；为防止减隔震装置发生过大变形，应具有一定的屈服后刚度，屈服后刚度 K_h 为弹性刚度 K_y 的 0.063 倍，见式(6.4-9)。

$$F_{eff} = 1.3\frac{\sigma_y B t^2}{6H} \tag{6.4-7}$$

$$K_y = \frac{EBt^3}{6H^3} \tag{6.4-8}$$

$$K_h = 0.063\frac{EBt^3}{6H^3} \tag{6.4-9}$$

式中：σ_y——钢材的屈服应力，Pa；

B、H、t——三角形钢板的宽度、高度和厚度，m；

E——钢材的弹性模量，Pa。

实际使用时，板数为 N，将上述单块钢板的等效屈服力、弹性刚度乘以相应板数即可。

6.4.3.2　三角形钢板阻尼器参数计算

三角形钢板阻尼器除了要满足力学性能的要求之外，还需要保证构造细节和空间安装的可行性。三角形钢板阻尼器原件的高度 H 和宽度 B 必须满足在桥墩、盖梁或系梁顶部安装与布置的空间要求。板的高度 H 一般需要小于墩顶至梁底的距离，同时预留出上下顶板宽度、半球形传力键的半径和半球形传力键顶部与上顶板之间的间隙（一般为 2cm）；板的宽度 B 也要依据桥墩的纵向长度进行合理布置。

结合通航渡槽设计方案，通航渡槽主梁与升船机的联结构造特征见图 6.4-6。渡槽主梁与盖梁或升船机处横向隔挡装置的间距为 20cm，主梁外侧与横向挡块间距为 12cm；腹板底与盖梁或升船机架梁平台顶的间距为 50cm，该高度可以通过调节垫石高度予以调整，主梁与升船机纵向搭接宽度为 120cm。由以上尺度可以初步拟定三角形钢板阻尼器的基本尺度范围。

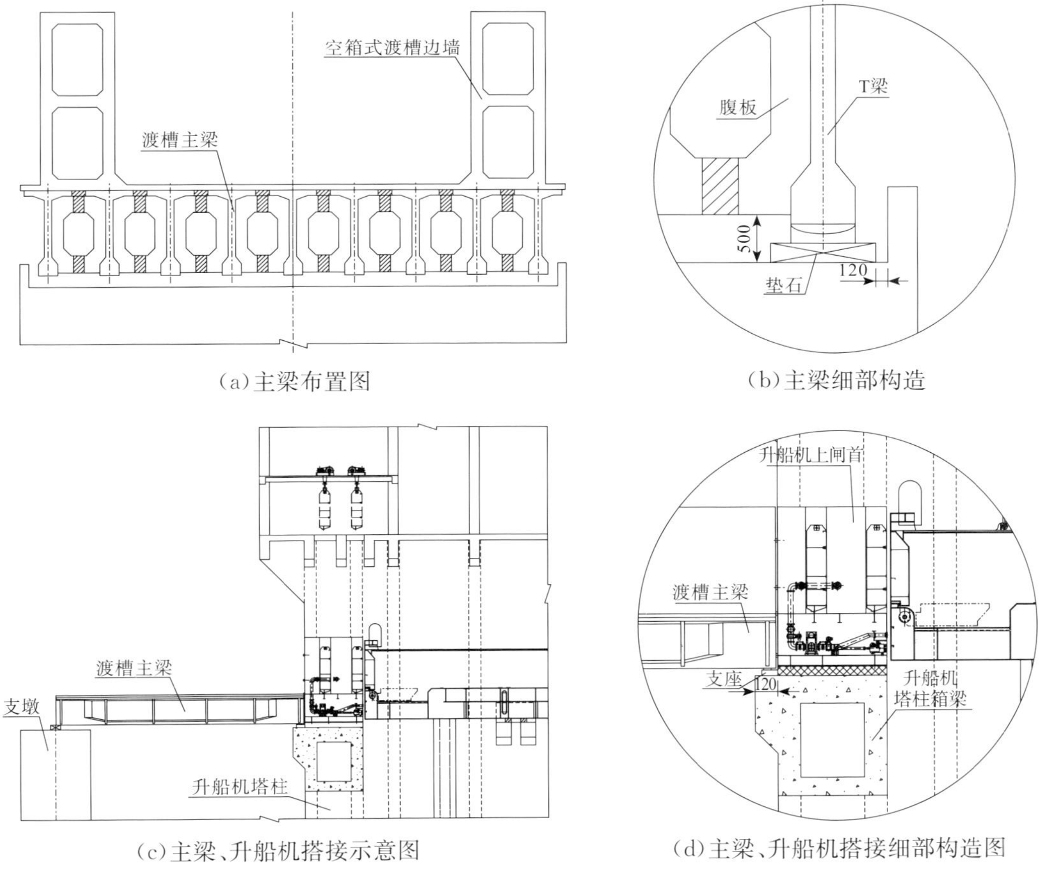

(a)主梁布置图　(b)主梁细部构造

(c)主梁、升船机搭接示意图　(d)主梁、升船机搭接细部构造图

图 6.4-6　联结构造示意图(单位:cm)

极限位移 D_u：$D_u \geqslant D_{\max}=0.12\text{m}$；

板的宽度 B：$B \leqslant 1.2\text{m}$；

板的高度 H：$H \leqslant 0.5\text{m}$。

设置三角形钢板阻尼器的目标主要是为了调整主梁、支座受力，兼顾控制横向位移，将渡槽与升船机间的支座替换为具有减震消能作用的三角形钢板阻尼器，承担横向支座的作用，将各地震动作用下支座水平向峰值剪力(约 12MN)作为等效屈服力，视为第一种分析工况，同时为了研究三角形钢板阻尼器的耗能效果，将三角形钢板阻尼器的等效屈服力调整为支座峰值剪力的一半，视为第二种分析工况。

三角形钢板阻尼器的参数计算步骤如下：

①确定钢板的等效屈服力 F_{eff}；

②初拟符合基本尺度范围和等效屈服力要求的 B、H、t 值；

③通过式(6.4-8)计算钢板的弹性刚度；

④通过式(6.4-9)计算钢板的屈服后刚度；

⑤由以上计算结果得出三角形钢板阻尼器的双线性模型。

表 6.4-10 中支座峰值剪力约为 12MN，故三角形钢板阻尼器的等效屈服力分别为 12MN(工况一)、6MN(工况二)。按上述步骤确定其他参数。三角形钢板阻尼器的双线性恢复力模型见图 6.4-7。图 6.4-7(a)为单块三角形钢板的双线性恢复力模型；图 6.4-7(b)为等效屈服力 12MN 时三角形钢板阻尼器的双线性恢复力模型；图 6.4-7(c)为等效屈服力 6MN 时三角形钢板阻尼器的双线性恢复力模型。

三角形钢板的宽度 B、高度 H 分别为 0.55m、0.4m，$B/H=1.375$，满足基本尺度和建议宽度比(0.67～1.5)的要求；偏安全的取三角形钢板的极限位移为 0.2m。该尺度单块三角形钢板的等效屈服力为 0.25MN，结合图 6.4-6(a)主梁布置，对于工况一，在渡槽与升船机间的支座设置 8 组三角形钢板阻尼器，每组阻尼器设置 6 块三角形钢板，共 48 块，即 $N=48$，等效屈服力约为 12MN；对于工况二，在支座设置 4 组三角形钢板阻尼器，每组阻尼器设置 6 块三角板，共 24 块，即 $N=24$，等效屈服力约为 6MN。

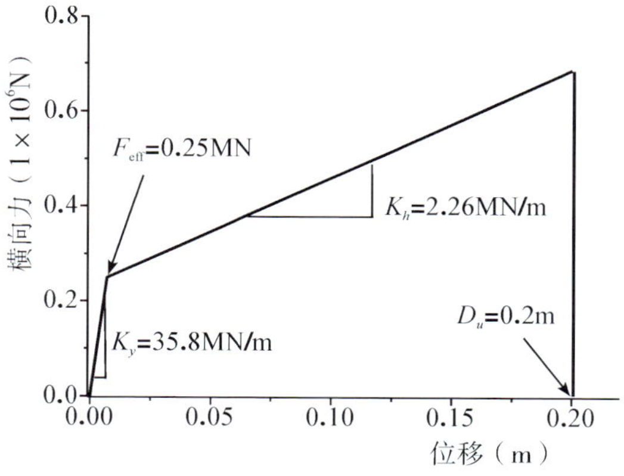

(a)$B=0.55$m，$H=0.4$m，$t=0.05$m，$N=1$

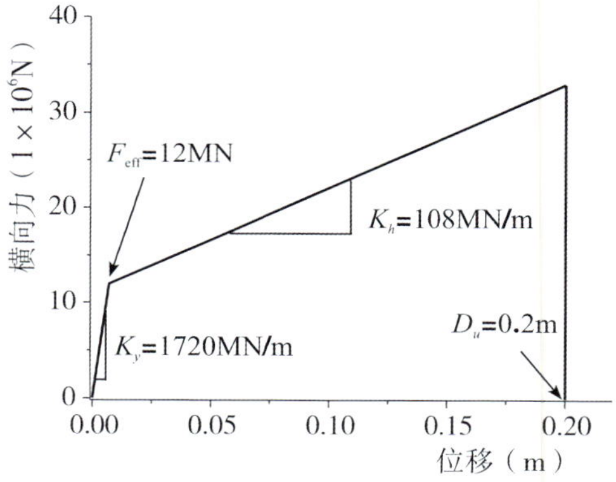

(b)$B=0.55$m，$H=0.4$m，$t=0.05$m，$N=48$

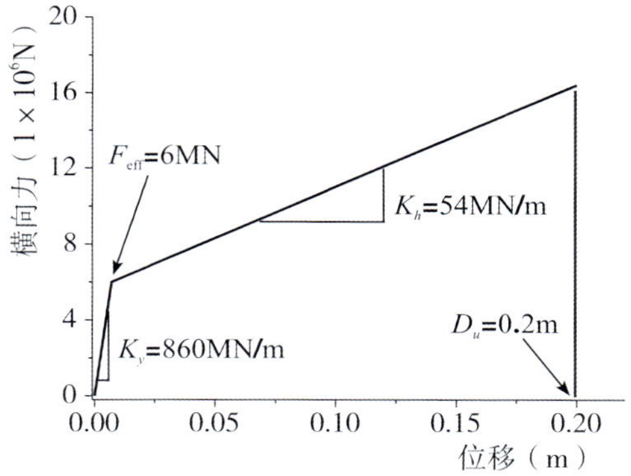

(c)$B=0.55$m，$H=0.4$m，$t=0.02$m，$N=24$

图 6.4-7 三角形钢板阻尼器双线性恢复力模型

由以上参数计算可见，当其应用在通航渡槽与升船机的横向连接时，可以根据通航渡槽槽体承担的横向力预先设定，以满足静力需求。

6.4.3.3 三角形钢板阻尼器减震效果计算

当添加等效屈服力为 12MN 的横向三角形钢板阻尼器（12MN—阻尼器）时，该工况相当于固定支座模型，其分析结果应当与固定支座模型基本一致；当添加等效屈服力为 6MN 的三角形钢板阻尼器（6MN—阻尼器）时，三角形钢板阻尼器将进入塑性耗能阶段，结构响应有不同程度的降低。为了验证上述判断的合理性，将 12MN—阻尼器、6MN—阻尼器所承受的剪力汇总于表 6.4-14 中，同时为了对比观察剪力变化，将固定支座模型的支座峰值剪力一并记录。

由表 6.4-14 可见，12MN—阻尼器在 RSN-1011、RSN-1633 地震动作用下产生轻微耗能作用，在 RSN-3954 和人工波作用下，则保持完全弹性状态，没有耗能；6MN—阻尼器在各地震动作用下的横向受力均大于 6MN，阻尼器进入塑性耗能状态。

表 6.4-14 **阻尼器横向剪力峰值统计表** （单位：1×10^6N）

地震动编号	固定支座模型	12MN—阻尼器	6MN—阻尼器
RSN-1011	10.81	12.02	7.96
RSN-1633	11.77	12.06	7.18
RSN-3954	4.57	11.31	4.23
人工波	4.93	8.76	4.97

12MN—阻尼器、6MN—阻尼器两种工况下，主梁横向位移和横向受力统计于表 6.4-15、图 6.4-8、图 6.4-9 中，为了方便对比观察，将固定支座、滑动支座模型的分析结果一并列出。

表 6.4-15　　主梁端部横向位移峰值对比表　　（单位：m）

地震动编号	固定支座模型	滑动支座模型	12MN—阻尼器	6MN—阻尼器
RSN-1011	0.092	0.286	0.097	0.103
RSN-1633	0.071	0.284	0.077	0.079
RSN-3954	0.066	0.256	0.068	0.069
人工波	0.070	0.260	0.073	0.081

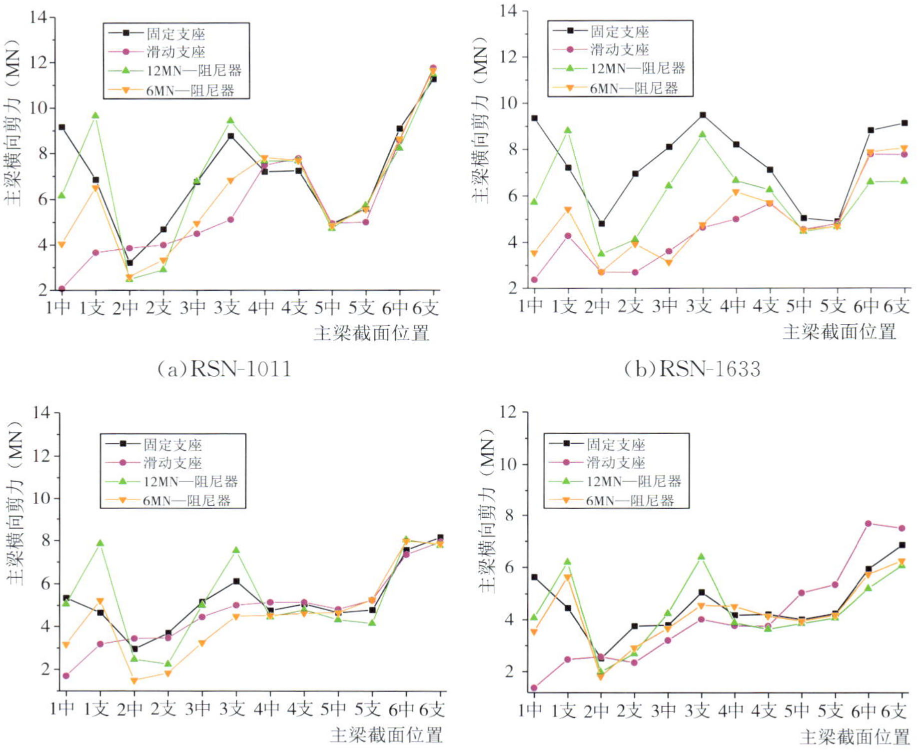

(a)RSN-1011　　(b)RSN-1633

(c)RSN-3954　　(d)人工波

图 6.4-8　不同条件下主梁横向剪力对比图

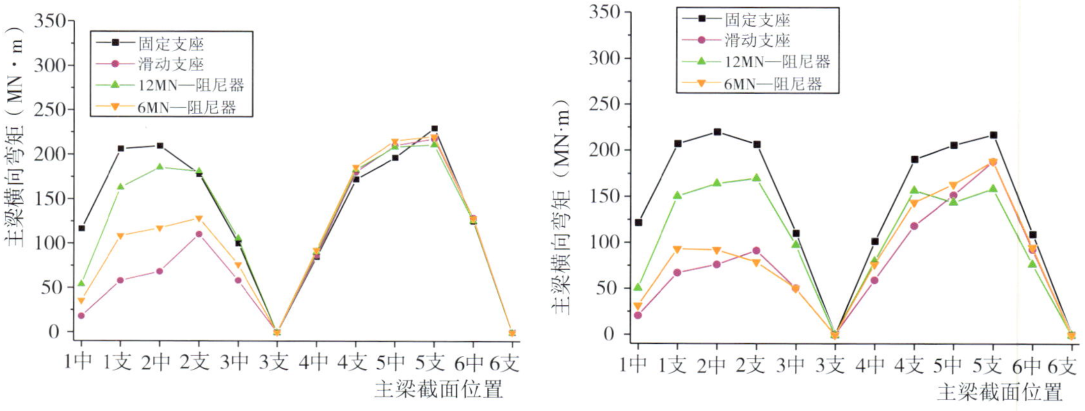

(a)RSN-1011　　(b)RSN-1633

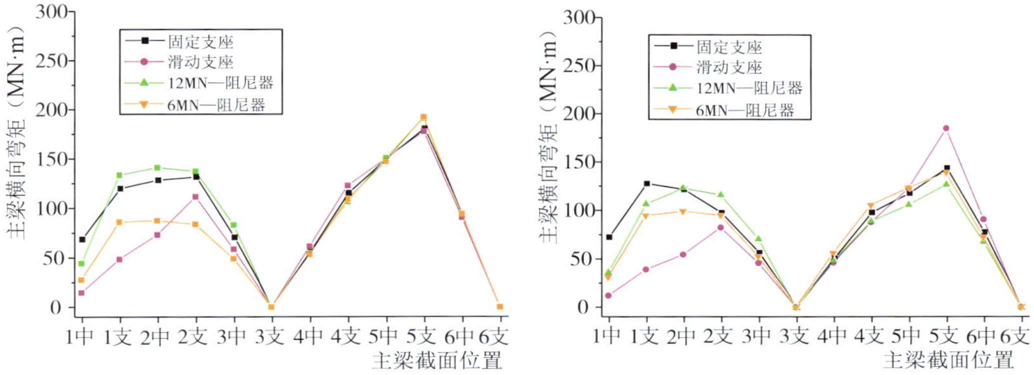

(c)RSN-3954　　(d)人工波

图 6.4-9　不同条件下主梁横向弯矩对比图

由表 6.4-15 可见：

①采用固定支座模型和 12MN—阻尼器时的主梁横向位移几乎完全一致。这表明当横向三角形钢板阻尼器的等效屈服力足够大时，相当于在结构中添加了固定支座，其限制横向位移的效果明显。

②对比滑动支座模型、12MN—阻尼器和 6MN—阻尼器 3 种条件下主梁的横向位移可以发现，添加三角形钢板阻尼器很好地限制了主梁的横向位移，与滑动支座对应的横向位移相比，降幅约达 65%；6MN—阻尼器对应的主梁横向位移略大于 12MN—阻尼器时的分析结果，这主要是因为 6MN—阻尼器发生了塑性变形。

由图 6.4-8、图 6.4-9 可见：

①设置三角形钢板阻尼器可以很好地控制主梁受力。无论是主梁的横向剪力还是弯矩，与固定支座模型相比，设置 6MN—阻尼器后，截面位置 1 处的主梁横向受力下降 40%～60%。

②设置三角形钢板阻尼器后，主要对 1～3 跨(第一联)主梁截面受力产生影响，第二联主梁受力基本不受影响。

由以上位移和主梁受力分析结果可见，设置三角形钢板阻尼器，特别是采用发挥耗能效果的 6MN—阻尼器后，在限制主梁端部横向位移的同时，也明显降低了主梁的横向弯矩与剪力。合理设计横向阻尼器参数，既可以起到固定支座限制位移的效果，也可以作为柔性耗能材料调节与升船机相邻联的主梁受力。为了进一步分析是否对支座及槽墩响应也存在影响，将槽墩和支座响应结果绘制于图 6.4-10 至图 6.4-13。由于升船机对渡槽主梁约束方式的改变主要影响第一、二联($1^{\#}$～$6^{\#}$)的响应，因此仅对比分析前两联的响应值。

由图 6.4-10 至图 6.4-13 可见：

①设置三角形钢板阻尼器对于槽墩墩顶位移以及墩底弯矩基本没有影响，响应值与固定支座模型对应槽墩的分析结果基本一致。

②与固定支座模型对应的槽墩受力分析结果相比，设置三角形钢板阻尼器后会放大 $1^{\#}$ 槽

墩墩底剪力峰值，放大幅度约为20%；1#槽墩支座横向剪力受三角形钢板阻尼器影响很大，响应值约放大了1倍，这主要是因为横向连接刚度发生了变化，从而引起支座剪力的变化。

由以上分析可见，在升船机与主梁连接处设置三角形钢板阻尼器，可以起到固定支座的效果，限制相邻槽墩的墩顶位移峰值，但会略微放大固定支座横向剪力。

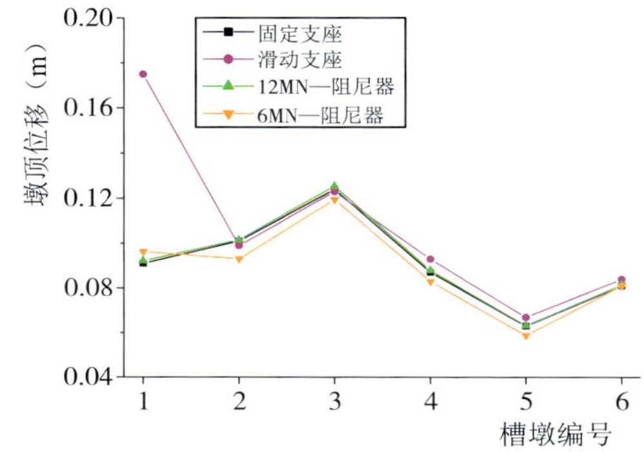

(a)RSN-1011

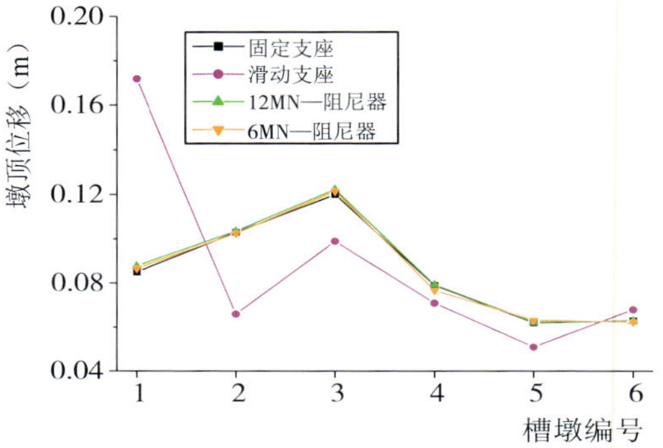

(b)RSN-1633

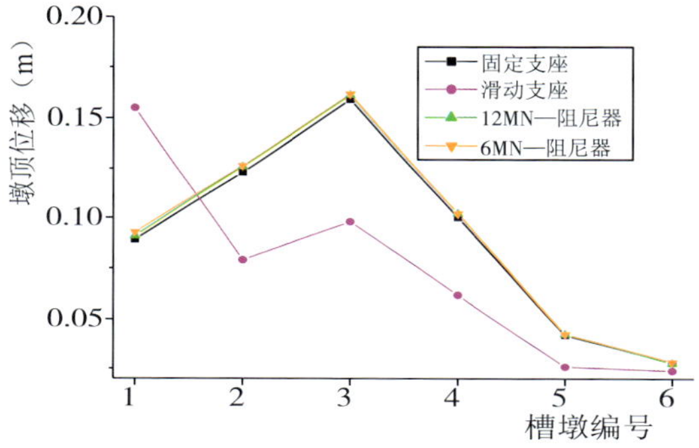

(c)RSN-3954

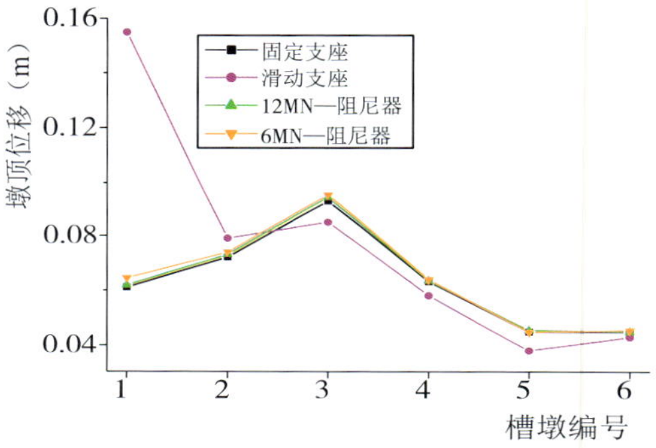

(d)人工波

图6.4-10　不同条件下墩顶位移对比图

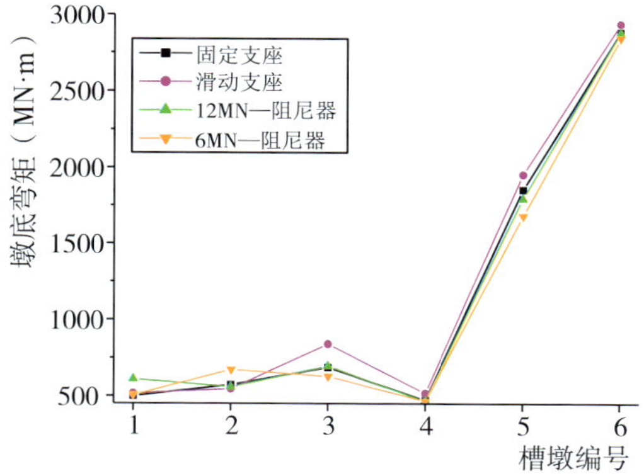

(a)RSN-1011

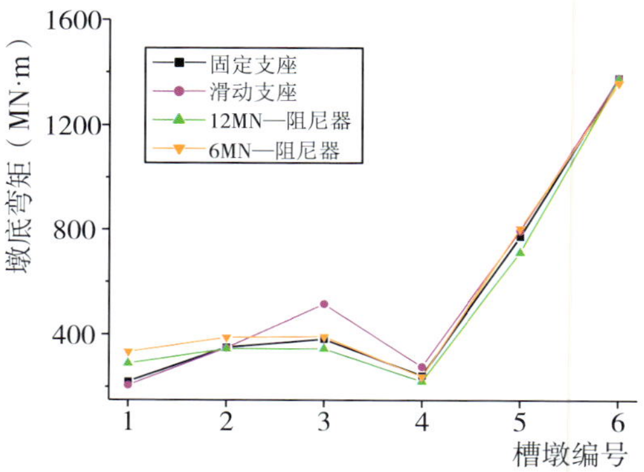

(b)RSN-1633

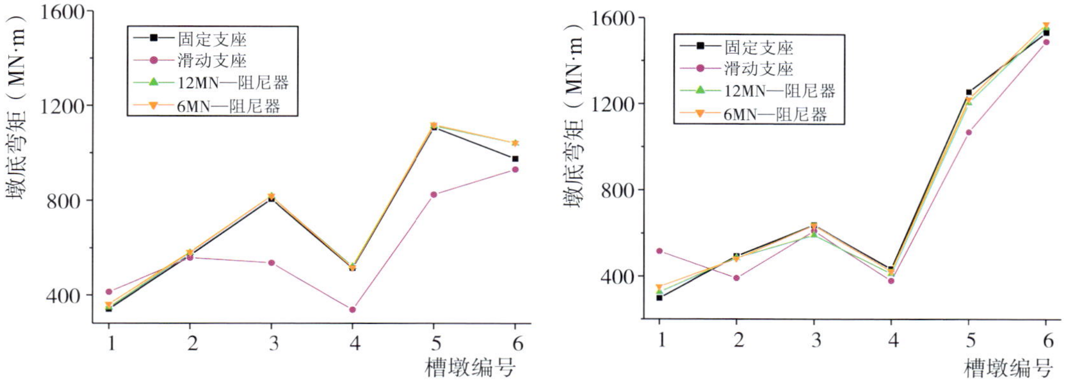

(c)RSN-3954 (d)人工波

图 6.4-11 不同条件下墩底弯矩对比图

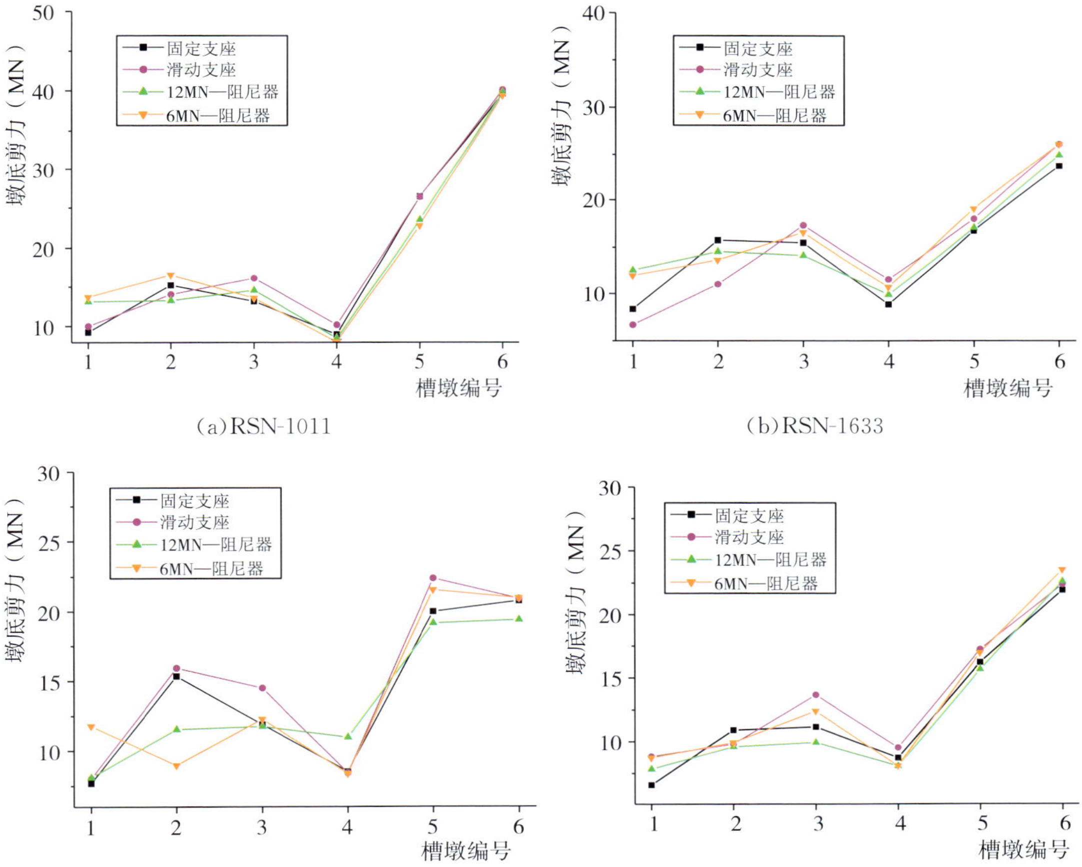

(a)RSN-1011 (b)RSN-1633

(c)RSN-3954 (d)人工波

图 6.4-12 不同条件下墩底峰值剪力对比图

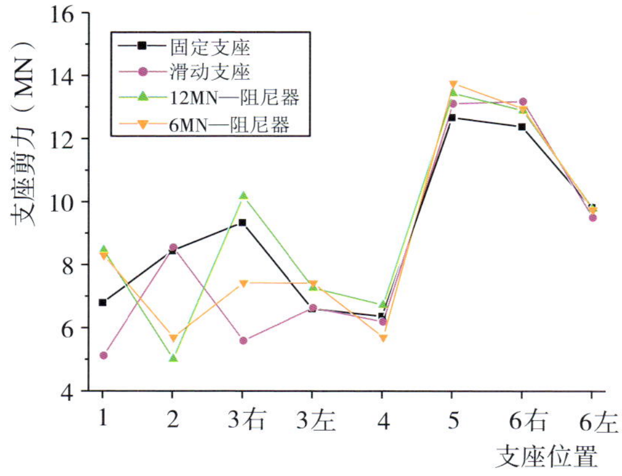

(a)RSN-1011

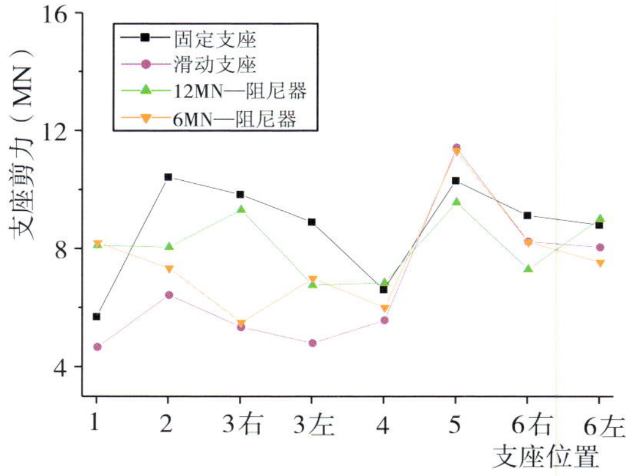

(b)RSN-1633

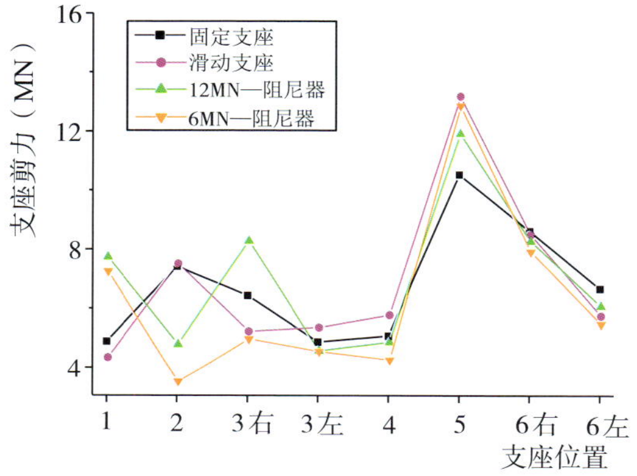

(c)RSN-3954

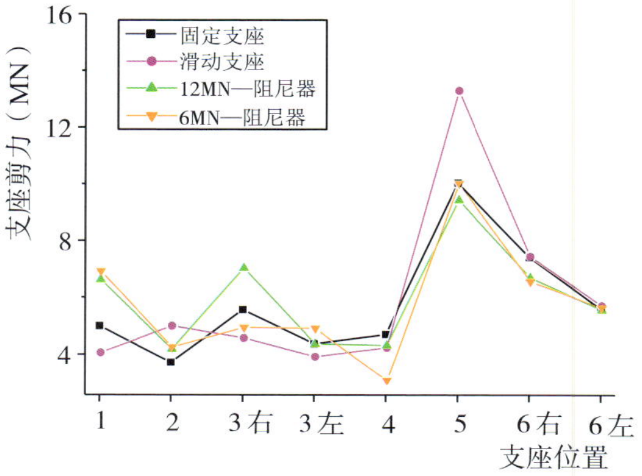

(d)人工波

图 6.4-13　不同条件下支座剪力对比图

6.5　小结

升船机塔柱与通航渡槽两者间结构刚度、基本周期、适应变形能力的差异大。围绕基于性能的抗震设防标准、基于内在一致性的位移谱阻尼修正系数、基于地震时程阻尼修正系数的通航渡槽纵向耗能装置目标化设计方法、横向设置钢阻尼器的通航渡槽抗震优化设计等展开研究，为强震区高架通航渡槽设计提供技术支撑。

①垂直升船机存在适合三阶段设计的可能性，即增加与机械设备对应的设计阶段；通航渡槽没有特殊要求，适合两阶段抗震设计。

②DMF 在结构周期超过 8s 后，减震效率大幅度降低，减震效率主要受震级和震源距的影响，其中震级的影响很大，场地类别的影响较小。

③基于 RB14 公式 0～10s 和 CF08 公式 10～20s 公式的 DMF 曲线，重新拟合回归系数，提出了适合工程抗震设计的仅含周期、阻尼比的 DMF 建议公式。

④纵向地震作用下，以地震时程 DMF 和附加阻尼比为工具，结合设计位移目标减震效率，提出了黏滞阻尼器阻尼参数的目标化设计方法；阻尼器非线性程度会影响黏滞阻尼器阻尼参数目标化设计的准确性，位移响应差异在 10%以内。

⑤改变简支梁形式通航渡槽为连续梁形式，纵向地震作用下，在通航渡槽结构缝间引入通过 DMF 方法计算阻尼参数的 FVD，可基本避免碰撞的发生。

⑥在通航渡槽横向，塔柱处主梁支座布置的差异对第一联槽墩位移响应的影响最大，对墩底受力和支座剪力影响较小；滑动支座可以避免塔柱的响应传递到第一联渡槽，但由于没有横向约束，会引起较大的梁端横向位移。

⑦横向地震作用下，横向钢阻尼器等效屈服力选取高值时，限制主梁端部的横向位移作用显著。选取低值时，可以作为柔性耗能构件调节与塔柱相邻的渡槽主梁横向受力的大小，明显降低主梁的横向弯矩与剪力。

参考文献

[1] 国家能源局. 水电工程水工建筑物抗震设计规范：NB 35047—2015[S]. 北京：中国电力出版社，2015.

[2] 中华人民共和国住房和城乡建设部，中华人民共和国国家质量监督检验检疫总局. 建筑抗震设计规范：GB 50011—2010[S]. 北京：中国建筑工业出版社，2010.

[3] 中华人民共和国交通运输部. 公路工程抗震规范：JTG B 02—2013[S]. 北京：人民交通出版社，2013.

[4] 中华人民共和国住房和城乡建设部，中华人民共和国国家质量监督检验检疫总局. 铁路工程抗震设计规范：GB 50111—2006[S]. 北京：中国计划出版社，2009.

[5] 中华人民共和国交通运输部. 水运工程设计通则：JTS 141—2011[S]. 北京：人民交通出版社，2011.

[6] 中华人民共和国交通运输部. 公路桥梁抗震设计细则：JTG/T B02—01—2008[S]. 北京：人民交通出版社，2008.

[7] 中华人民共和国水利部. 水工混凝土结构设计规范：SL 191—2008[S]. 北京：中国水利水电出版社，2009.

[8] 中华人民共和国交通运输部. 渠化工程枢纽总体设计规范：JTS 182—1—2009[S]. 北京：人民交通出版社，2009.

[9] 中华人民共和国住房和城乡建设部，中华人民共和国国家质量监督检验检疫总局. 升船机设计规范：GB 5117—2016[S]. 北京：中国计划出版社，2017.

[10] 中华人民共和国住房和城乡建设部，中华人民共和国国家质量监督检验检疫总

局.城市轨道交通结构抗震设计规范:GB 50909—2014[S].北京:中国计划出版社,2014.

[11] Lin Y Y,Chang K C. Study on Damping Reduction Factor for Buildings under Earthquake Ground Motions[J]. Journal of Structural Engineering,2003,129(2):206-214.

[12] Lin Y Y,Chang K C. Effects of Site Classes on Damping Reduction Factors[J]. Journal of Structural Engineering,2004,130(11):1667-1675.

[13] Rezaeian S,Bozorgnia Y,Idriss I M,et al. Spectral Damping Scaling Factors for Shallow Crustal Earthquakes in Active Tectonic Regions[R]. Berkeley:Pacific Earthquake Engineering Research Center,2012.

[14] Rezaeian S,Bozorgnia Y,Idriss I M,et al. Damping Scaling Factors for Elastic Response Spectra for Shallow Crustal Earthquakes in Active Tectonic Regions:"Average" Horizontal Component[J]. Earthquake Spectra,2014,30(2):939-963.

[15] Cauzzi C, Faccioli E. Broadband (0. 05 to 20s) prediction of displacement response spectra based on worldwide digital records[J]. Journal of Seismology,2008,12(4):453-475.

[16] Daneshvar P, Bouaanani N. Damping modification factors for eastern Canada[J]. Journal of Seismology,2017,21(6):1487-1504.

[17] Cauzzi C,Faccioli E,Vanini M,et al. Updated predictive equations for broadband (0. 01 to 10s) horizontal response spectra and peak ground motions, based on a global dataset of digital acceleration records[J]. Bulletin of Earthquake Engineering,2015,13(6):1587-1612.

[18] David M B,Jonathan P S. NGA-West2 Equations for Predicting PGA,PGV,and 5% Damped PSA for Shallow Crustal Earthquakes [J]. Earthq Spectra, 2014, 30:1057-1085.

[19] Hatzigeorgiou G D. Damping modification factors for SDOF systems subjected to near-fault,far-fault and artificial earthquakes[J]. Earthquake Engineering & Structural Dynamics,2010,39(11):1239-1258.

[20] P A, Uday A, Moustafa S S R, et al. Pseudo-Spectral Damping Reduction Factors for the Himalayan Region Considering Recorded Ground-Motion Data[J]. PLOS ONE,2016,11(9):e0161137. https://doi.org/10.1371/journal.pone.0161137.

[21] Benahmed B. Formulation of damping reduction factor for the Algerian seismic code[J]. Asian Journal of Civil Engineering,2018,19(2):1-11.

[22] Daneshvar P, Bouaanani N, Goda K, et al. Damping Reduction Factors for

Crustal, Inslab, and Interface Earthquakes Characterizing Seismic Hazard in Southwestern British Columbia, Canada[J]. Earthquake Spectra, 2016, 32(1): 45-74.

[23] Cen. Design of structures for earthquake resistance, part 1: general rules, seismic actions and rules for buildings[S]. Brussels, 2008.

[24] Bommer J J, Mendis R. Scaling of spectral displacement ordinates with damping ratios[J]. Earthquake Engineering & Structural Dynamics, 2005, 34(2): 145-165.

[25] Officials A A O S. American Association of State Highway and Transportation Officials (AASHTO) LRFD Bridge Design Specifications: AASHTO-2011[S]. Washington, D. C, 2011.

[26] Li Y, Wang J. A supplementary, exact solution of an equivalent mechanical model for a sloshing fluid in a rectangular tank[J]. Journal of Fluids and Structures, 2012, 31: 147-151.

[27] 李遇春，来明. 矩形容器中流体晃动等效模型的建议公式[J]. 地震工程与工程振动，2013，33(1): 124-127.

[28] 李正农，周振纲，朱旭鹏. 槽墩高度对渡槽结构水平地震响应的影响[J]. 地震工程与工程振动，2013(3): 245-257.

[29] 徐建国，王博，陈淮，等. 地震作用下大型渡槽结构纵向碰撞非线性分析[J]. 地震工程与工程振动，2010，30(5): 126-133.

[30] 高建勇，胡晓，邢义川. 向家坝升船机塔柱简化结构大震不倒研究[J]. 地震工程与工程振动，2015(1): 167-173.

[31] 张艳红，胡晓，高季章. 三峡升船机结构地震反应分析[J]. 土木工程学报，2010(9): 144-150.

[32] 王军文，李建中，范立础. 非规则梁桥伸缩缝处的碰撞对地震反应的影响[J]. 土木工程学报，2006(1): 54-59.

[33] Won J, Mha H, Kim S. Effects of the earthquake-induced pounding upon pier motions in the multi-span simply supported steel girder bridge[J]. Engineering Structures, 2015, 93: 1-12.

[34] Bi K, Hao H. Numerical simulation of pounding damage to bridge structures under spatially varying ground motions[J]. Engineering Structures, 2013, 46: 62-76.

[35] 张钦宇，闫聚考，许宏伟，等. 地震作用下桥梁防碰撞及防落梁措施研究综述[J]. 地震工程与工程振动，2017，37(2): 132-141.

[36] Kim J M, Feng M Q, Shinozuka M. Energy dissipating restrainers for highway

bridges[J]. Soil Dynamics and Earthquake Engineering,2000,19(1):65-69.

[37] Shinozuka M,Feng M Q,Kim J,et al. Mitigation of seismic pounding effect on bridges using dynamic restrainers[C]. SPIE,2000.

[38] 张俊发,刘云贺,王颖,等. 渡槽—水体系统的地震反应分析[J]. 西安理工大学学报,1999(4):46-51.

[39] 戴湘和,陈玲玲,吴杰芳. 南水北调中线跨黄河渡槽抗震计算研究[J]. 长江科学院院报,2002(3):52-55.

[40] 瞿伟廉,周耀. 三峡升船机结构简化力学模型[J]. 华中科技大学学报(城市科学版),2003(4):1-3.

[41] 吕明云,瞿伟廉,陈伟. 基于有限元的升船结构简化力学模型[J]. 武汉理工大学学报,2002(5):55-57.

[42] 蒋凯. 向家坝升船机塔柱抗震性能研究[D]. 南京:河海大学,2007.

[43] 聂利英,陈佳彬,刘群,等. 基于 IDA 方法的悬索桥地震破坏机理分析中地震输入合理选择[J]. 土木工程学报,2015(6):64-72.

[44] Katsanos E I,Sextos A G,Manolis G D. Selection of earthquake ground motion records: A state-of-the-art review from a structural engineering perspective[J]. Soil Dynamics and Earthquake Engineering,2010,30(4):157-169.

[45] 李建中,范立础. 非规则梁桥纵向地震反应及碰撞效应[J]. 土木工程学报,2005(1):84-90.

[46] Zhao L,Bi K,Hao H,et al. Numerical studies on the seismic responses of bridge structures with precast segmental columns[J]. Engineering Structures,2017,151:568-583.

[47] Terenzi G. Dynamics of SDOF Systems with Nonlinear Viscous Damping[J]. Journal of Engineering Mechanics,1999,125(8):956-963.

[48] Lin W H,Chopra A K. Earthquake response of elastic SDF systems with non-linear fluid viscous dampers[J]. Earthquake Engineering & Structural Dynamics,2002,31(9):1623-1642.

[49] Westergaard M H. Water pressures on dams during earthquakes[J]. Trans Asce,1933,98(2):418-432.

[50] Housner. Dynamic pressures on accelerated fluid containers[J]. Bull Seism Soc Am,1957.

[51] 刘腾飞,沈星,叶爱君. 桥梁用三角形钢板阻尼器恢复力模型的参数确定[J]. 结构工程师,2014,30(6):54-60.

[52] 沈星,倪晓博,叶爱君.桥梁新型横向金属阻尼器研究[J].振动与冲击,2014,33(21):96-101.

[53] 沈星,叶爱君,倪晓博,等.适用于桥梁结构的横向减震阻尼器.CN102953327A[P].2013-03-06.

[54] Zhou L, Wang X, Ye A. Shake table test on transverse steel damper seismic system for long span cable-stayed bridges[J]. Engineering Structures,2019,179:106-119.

[55] 叶爱君,方家欣,张少为,等.小箱梁桥横向减震体系及其耗能特性[J].中国公路学报,2017,30(12):21-29.

[56] Shen X, Wang X, Ye Q, et al. Seismic performance of Transverse Steel Damper seismic system for long span bridges[J]. Engineering Structures,2017,141:14-28.

[57] 沈星,倪晓博,叶爱君.大跨度斜拉桥边墩新型三角形钢板阻尼器减震体系及设计方法[J].土木工程学报,2016,49(5):110-119.

[58] 管仲国,叶爱君.桥梁抗震[M].北京:人民交通出版社,2017.

第 7 章 通航建筑物高陡边坡岩体变形控制技术

7.1 高山峡谷地区高陡边坡岩体自然卸荷特征

7.1.1 高陡边坡地质条件及其赋存地质环境

青藏高原的东侧以及印藏板块碰撞带附近存在多条规模巨大的板块缝合线，基本上是一个中生代以来长期演化的造山带。其北侧以阿尼玛卿缝合带与劳亚古陆相隔，西侧以金沙江缝合带与冈瓦纳大陆外缘的羌塘—昌都拼贴地体毗邻，东南缘以龙门山—锦屏山与扬子克拉通相连。造山带之西北部——巴颜喀拉山呈近东西向条带状展布，而东侧——川西高原却是一个变形强烈的向北急剧收敛的倒三角形，东北部的摩天岭又与中国的脊梁——秦岭造山带连接。我国西南大地构造位置见图 7.1-1。

受青藏高原近百万年来持续隆升的影响，青藏高原、云贵高原和四川盆地之间形成了总体呈南北走向的巨大的大陆地形坡降带，构成我国大陆地形从西向东急剧骤降的特点。在此过程中发育了金沙江、雅砻江、大渡河、岷江以及雅鲁藏布江、澜沧江、怒江等深切峡谷，从而在这个巨大的大陆地形坡降带上形成了高山峡谷的地貌特征。也正是由于受到青藏高原持续隆升的影响，高原物质向东部及东南部挤出，从而在高原周边扬子地台西缘形成和发育了大量挽近期以来有强烈走滑和逆冲活动的活动性断裂，导致形成了“高地壳应力”和“强地震活动”的区域内动力条件。内、外动力条件在该地区的强烈叠加与转换，促成了这一地区特殊复杂的地质环境条件和强烈的河谷动力学过程，主要表现为：高地应力环境、强烈断裂活动性及强震的特殊动力环境、深切峡谷的强卸荷改造环境、复杂岩(土)体结构环境、复杂水文地质环境和特殊的河床深厚覆盖层环境等。

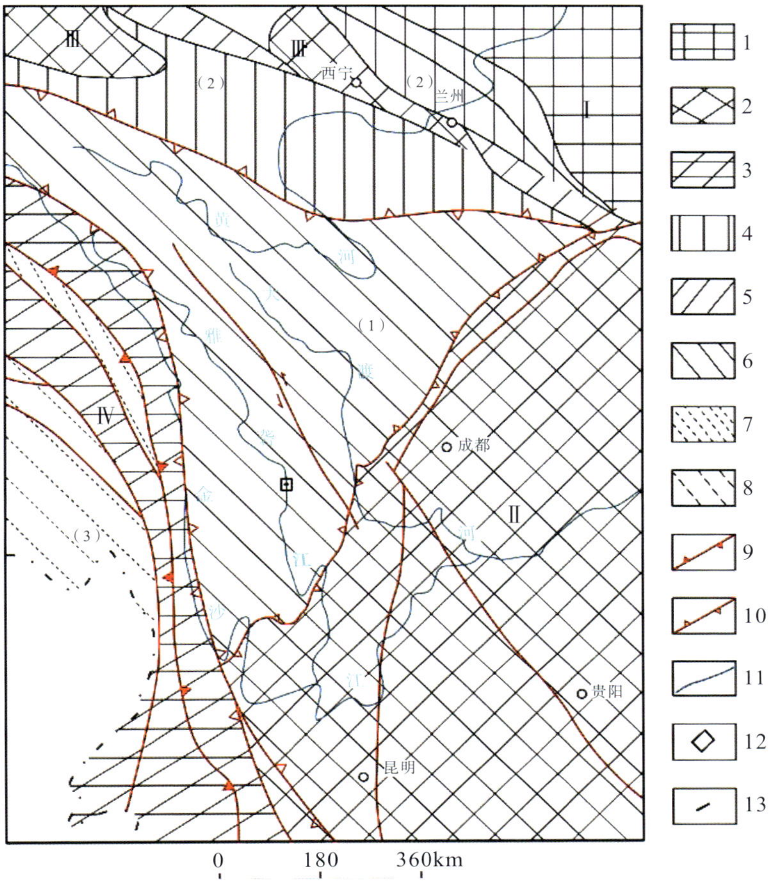

图 7.1-1 我国西南大地构造位置图

陆块及地块：Ⅰ. 华北陆块；Ⅱ. 扬子陆块；Ⅲ. 塔里木陆块；Ⅳ. 羌塘—宝山陆块；皱带及活动带：(1)松潘—甘孜褶皱带；(2)秦岭褶皱带；(3)冈底斯—腾冲活动带；1. 早元古代末固结；2. 中、晚元古代末固结；3. 晚元古代末固结；4. 加里东期；5. 华力西期；6. 印支期；7. 燕山期；8. 喜山期；9. 板块结合带；10. 地壳拼结带；11. 次级构造单元界线

7.1.1.1 区域构造地质背景

我国西南地区位于青藏高原的东缘，主要有一系列由西(西北)向东(东南)逆冲推覆构造形成的近南北—东北向构造带，整体上隶属于松潘—甘孜造山带。

造山作用包含了诺利克—瑞替克期(T32～T33)以来劳亚陆块、羌塘—昌都陆块及扬子陆块碰撞拼贴及长期陆内会聚作用；以及岩石圈的滑脱—收缩作用，伸展作用，平移作用及其相伴随的岩浆、变质事件的全过程。新特提斯洋在冈底斯—念青唐古拉地块的南部打开，随后新特提斯洋底向北俯冲，以及印度板块和欧亚板块在 5000 万年期间的碰撞和大规模的陆内俯冲，致使作为喜马拉雅碰撞带后陆东侧的松潘—甘孜造山带发生了强大的扭转，并深深地打上了新特提斯的烙印。因此，松潘—甘孜造山带保存了古特提斯及新特提斯连续造山事件极为复杂的构造，是一个复合造山带。

松潘—甘孜造山带位于特提斯—喜马拉雅构造的东缘，和世界两大巨型造山带——特提斯造山带及环太平洋造山带的交会部位。它还遭受了印度板块、太平洋板块及欧亚板块的共同作用和影响，因此松潘—甘孜造山带，尤其是其边界断裂带，如龙门山断裂带、鲜水河断裂带、理塘—德巫断裂带及金沙江红河断裂带的变形及活动性均较强烈。

松潘—甘孜造山带具有倒三角形的特殊几何形态，它的不对称是双向的，具有双向的造山极性：一个是向北的造山极性，另一个是与之近于垂直的向东的造山极性。近东西向往南凸出的弧形构造位于造山带主体内，包括被动陆缘三叠系复理石楔内的一系列弧形构造带，如马尔康弧、祝桑弧、雅江弧、丹巴弧及木里弧等。近 NS 向往 E 凸出的弧形构造带位于西部碰撞结合带，反映了印支以来近 EW 向收缩作用的形迹。

松潘—甘孜造山带内部以鲜水河断裂带为界划分为两大块体，即川滇块体和川青块体（图 7.1-2）。

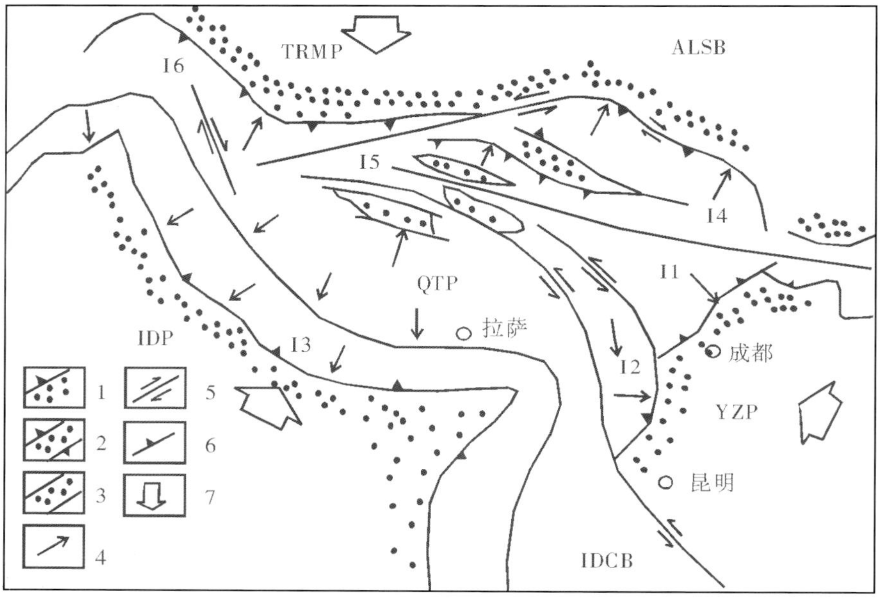

图 7.1-2　川滇块体与川青块体侧向滑移运动示意图

1. 前陆盆地；2. 挤压沉积盆地；3. 伸展沉积盆地；4. 岩石圈表层滑移方向；5. 走滑断裂带；6. 逆冲断裂带；7. 板块运动方向；I1. 龙门山逆冲推覆构造带（川青块体）；I2. 锦屏山逆冲推覆构造带（川滇块体）；I3. 喜马拉雅逆冲推覆构造带；I4. 北祁连逆冲推覆构造带；I5. 阿尔金走滑逆冲推覆构造带；I6. 西昆仑走滑逆冲推覆构造带 QTP：青藏高原；ALSB：阿拉善地块；IDP：印度板块；YZP：扬子板块；TRMP：塔里木板块；IDCB：印支地块

鲜水河断裂带即为两大块体造山极性转化形成的传递断层，同时也是该区板内一条发震断裂。区内褶皱构造的表现形式为断层相关褶皱类型，分布有多级滑脱层，最深的滑脱层位于深处 20km 左右，与汶川地震震源深度相当。断层相关褶皱的大量发育，形成大量的层间剪切带，这些剪切带的存在为后期坡体的演化创造了先天条件。

7.1.1.2 区域地层和岩石类型特征

(1)川滇块体内部地层和岩石类型特征

川滇块体内部出露地层相对简单,主要由三叠系和第四系组成。三叠系为变质岩系,变形较为复杂,岩性厚度变化较大;第四系主要分布于川滇断块的北部,为拉张性盆地内部充填式沉积体系,其余地区主要为残(崩)坡积和冲洪积。

出露的岩石类型以岩浆岩和变质岩为主,沉积岩分布较少,主要分布于川滇块体的北部。岩浆岩按其产状和岩性进一步分为花岗岩和脉岩;变质岩可分为区域变质岩、接触变质岩和动力变质岩。川滇块体区域岩浆岩主要以花岗岩为主,主要分布于大渡河、雅砻江、金沙江流域附近,其岩石类型分属石英闪长岩、花岗闪长岩、二长花岗岩和黑云母(普通)花岗岩,进一步按岩石的结构和次要矿物的特征,将其定名为细粒(角闪)黑云石英闪长岩、中细粒(角闪)黑云花岗闪长岩、中细粒黑云二长花岗岩和中细粒(片麻状)黑云母花岗岩等4种主要类型。川滇块体区域脉岩发育较为局限,主要分布于雅砻江流域,以花岗伟晶岩脉为主,存在少量花岗斑岩、细晶岩等酸性岩脉和少量辉绿岩、煌斑岩等基性岩脉。

从总体上来看,川滇块体区域分布的变质岩系原岩,以富泥质和长英质岩石为主,经多期多类型变质,大多发育多期面理,后期叠加的构造改造明显,故除厚层—块状变质砂岩外,其余的岩层稳定性和抗风化能力相对较差。构造破碎带及其影响带的岩石,特别是原岩为富泥质的岩石,或薄层—条带状夹互层的岩石组合属相对软弱的夹层或夹块。脉岩抗风化能力偏弱,特别是伟晶岩脉抗风化能力更弱。

(2)拉萨块体内部地层和岩石类型特征

拉萨块体内部地层从震旦系至第四系均有出露。前震旦系吉塘群、前寒武系加玉桥群等构成该区的基底。

晚古生界地层以海相为主,并存在3种环境的沉积:①相对稳定型沉积,局部夹中酸性火山岩;②扩张环境的巨厚堆积与基性熔岩共存;③石炭—二叠纪时期由于冈瓦纳大陆冰川的影响在低喜马拉雅地区形成冰碛岩群。

中生界地层出露面积大,分布广泛,岩石类型复杂,以海相沉积为主,存在少量陆相或海陆交互相。在金沙江流域的江达地层区、怒江流域的木嘎岗日地层区还分布有厚度巨大的复理石沉积。

蛇绿岩及裂谷火山岩系在该地区也有分布,如江达地层区有泥盆纪、石炭—早二叠世及晚三叠世裂谷型基性火山熔岩;丁青—吉塘地层区有下石炭—晚二叠世裂谷型熔岩,延伸到云南省及青海省南部,见有蛇绿岩残片;木嘎岗日地层区有晚三叠世—侏罗纪时期的蛇绿岩和裂谷型火山岩。

7.1.1.3 河谷地貌特征

青藏高原块体的东缘水系山脉见图7.1-3,山顶海拔高程一般为4000～5300m,最高峰海拔 7556m，属极高山区。

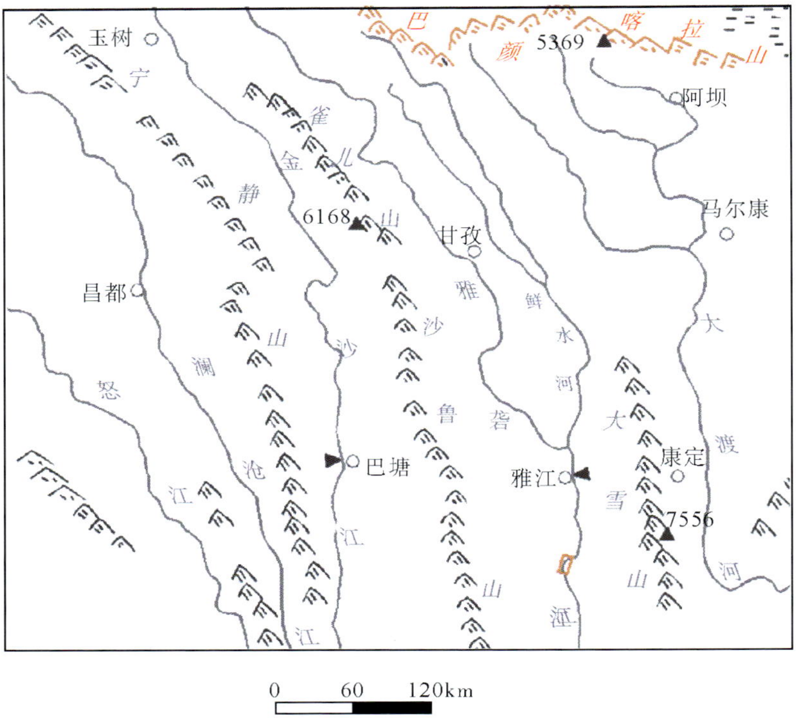

图 7.1-3　青藏高原东缘水系山脉示意图

青藏高原东部复杂的地质构造背景和高山或极高山地貌特征，形成了独特的工程地质环境，随之而来的高陡边坡问题几乎成了重大工程建设的首要工程地质问题。

7.1.1.4　水文地质条件特征

我国西南地区的多数河谷两侧地下水主要受大气降水和高山地区冰雪融水补给，赋存于基岩裂隙或松散体孔隙中，缓慢地向就近沟谷或河床排泄。因而地下水按赋存介质条件主要有 3 种类型，即非可溶岩（砂泥岩以及岩浆岩）区形成的基岩裂隙水、可溶岩（灰岩）区形成的岩溶地下水和松散堆积层中的孔隙水。按其埋藏条件，在工程所涉及范围之内基本上以潜水的形式存在，并以下降泉为主要排泄方式，表现为对河水的补给。

基岩裂隙水：主要埋藏于风化带岩体裂隙中，在地表以下降泉的形式出露，受冰雪融水及大气降水补给，排泄于就近沟谷、河流。

岩溶地下水：主要埋藏于可溶岩内形成的溶缝、溶洞及溶蚀裂隙内，受冰雪融水及大气降水补给，在褶曲、断裂作用下，往往以裂隙水的方式排泄入河流。

孔隙潜水：主要埋藏于漫滩、阶地等松散堆积层中，含水较丰，受大气降水和地表径流补给，随季节性变幅大，在地表以下降泉的形式出露，排泄于就近沟谷或入渗补给到下伏基岩裂隙中，最终沿基岩裂隙面排泄入河流。

7.1.2 高陡边坡特征与自然卸荷地质力学模型

由于所处的特殊地域与地质环境条件，西南地区岩石高陡边坡的表现特征与这一地区的深切峡谷地貌和活跃的内外动力地质条件是紧密联系在一起的，是地壳表层内外动力地质作用在边坡地质体上的综合表现。从总体上来看，西南地区岩石高陡边坡具有以下几个方面的特征。

7.1.2.1 坡高陡，坡形复杂

坡高陡，坡形复杂是西南地区岩石高陡边坡最为直接的表观特征。边坡的高度通常是指边坡从坡脚到第一个坡肩（或分水岭）的垂直高度。目前，我国的水电工程天然高陡边坡最大高度已超过1000m，人工高陡边坡最大已经达到约700m，而天然边坡的平均坡度大多在40°以上。这样规模的高陡边坡在全世界范围内也是罕见的（表7.1-1）。很多坡体目前还表现为单一的斜坡系统，从河谷一直延伸到分水岭高程，中间不存在次一级台阶状地貌。

表7.1-1　西南地区在建和拟建的大型水电工程高陡边坡情况

工程名称	自然坡(m)	自然坡度(°)	人工坡高(m)	超高比
小湾水电站高陡边坡	700～800	47	670	2.7
天生桥水电站高陡边坡	400	50	350	3.0
锦屏水电站高陡边坡	>1000	>55	>300	>3.0
溪洛渡水电站高陡边坡	330	>60	300	1.25
向家坝水电站高陡边坡	350	>40	200	2.0
糯扎渡水电站高陡边坡	800	>43	>400	2.6
拉西瓦水电站	700	>55	>300	2.8
紫坪铺水电站	350	>40	280	2.2
如美水电站	950	>55	700	

7.1.2.2 高地应力

西南地区恰好处于环青藏高原东侧的周边地带，印度板块与欧亚板块碰撞导致青藏高原物质向东及东南挤出，致使环青藏高原周边地带的强烈挤压，形成这一区域的高地应力环境和活动性断层的强烈新活动；加之深切河谷的地貌特征，加剧了高陡边坡应力场的复杂性。

区域地应力场量值较高，局部存在特殊的高应力集中机制，环青藏高原周边地带区域构造应力场总体背景水平为6～10MPa，高构造地应力主要集中于块体内部的隆起部位；大型断裂的交会部位，以川滇菱形断块中段的安宁河断裂带最为典型；近南北向的安宁河断裂带，其旁侧发育了东北向及西北向的次级断层，它们与安宁河断裂带交会，构成"构造楔形体"。在近东西向的构造应力场作用下，楔形断块尖端强力挤入并错断安宁河主断裂带，导

致安宁河断裂带的走滑活动受阻而形成高构造应力集中；另外在背斜转折端附近，特别是箱状背斜两翼岩层变陡处，有利于构造应力集中。

在河谷下切或边坡开挖过程中，随着边坡侧向应力的解除（卸荷），边坡产生回弹变形，边坡应力产生相应的调整，形成二次应力重新分布。大量的实测资料和模拟研究表明，边坡二次应力场具有如图 7.1-4 所示的特征，包括应力降低区（$\sigma<\sigma_0$）、应力增高区（$\sigma>\sigma_0$）和原岩应力区（$\sigma=\sigma_0$，卸荷影响以外的区域）。其中，应力降低区和应力增高区之间的宽度对应了边坡的卸荷影响范围。

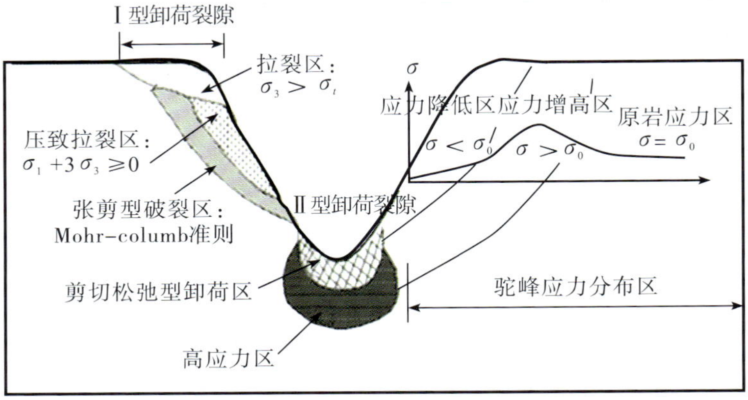

图 7.1-4　河谷应力场的分布

应力降低区（或应力松弛带）：指靠近河谷岸坡部位，由于谷坡应力释放（松弛）而使河谷应力（主要指 σ_1）小于原始地应力的区域。这个区的范围一般与野外鉴定的谷坡卸荷带范围大致相当，其深度（水平距岸坡表面）一般为 0～50m，实测的最大主应力一般为 0～5.0MPa。当边坡受特定的结构面控制并具有很高的原始构造应力背景时，边坡卸荷应力释放也可导致异常深度的应力松弛或卸荷带形成，其水平深度可达 150～200m，但通常表现为不均匀的松弛，局部还可能保存较高的应力水平（15～20MPa）。大量的工程实践表明，应力降低区由于边坡发生了卸荷松弛，是岩体工程地质特性产生变异最为显著的区域。大部分的岩体工程地质现象和工程地质问题都发生在这个区域内。

7.1.2.3　岩体的地质结构特征

我国西南地区大江大河流经区域的岩石类型主要是变质岩和岩浆岩，沉积岩次之，受构造运动影响，岩石中裂隙发育（原生节理构造和次生节理构造）。岩体地质结构主要表现为碎裂结构特征，其次在沉积岩分布区和部分变质岩分布区表现为层状结构特征，散体结构不发育。

7.1.2.4　西南地区高陡坡体演化的动力学过程

岩石边坡失稳之前，一般都要经历一个随时间发展的变形破坏过程，岩石高陡边坡变形破坏机制的研究一直为人们所关注。其中，最为重要的研究方法就是通过对现象的观察和分析，研究岩石边坡所经历的变形过程及伴随这一过程岩体内部的破裂行为；通过分析，阐明边坡失稳之前，潜在滑动面的孕育、累进性破坏及可能的贯穿过程，从而为岩石高陡边坡稳定性的评价及失稳预测提供基础。实际上，变形破坏机制分析已经成为岩体稳定性工程地质评价的一个重要组成部分，以至于仅靠传统的强度理论计算，难以对具有复杂地质结构和变形历史行为的边坡做出稳定性的确切判断，转而提出了变形稳定性的概念。研究表明，岩石高陡边坡变形和失稳是一个动态的地质历史过程，这种过程的地质—力学行为表现在两个方面：

一是在岩质高陡坡体形成过程中，伴随河谷的下切或地貌的改造过程，河谷构造应力释放，从而驱动边坡岩体产生变形和破裂，以适应新的平衡状态。这个过程称之为表生改造或自然卸荷过程，是应力调整的直接结果。

二是当边坡由于表生改造而完成应力场的调整，边坡应力场转为以自重应力场为主的状态，此时，边坡可能形成新的稳定结构而处于平衡状态，也可能由于不良的地质条件，而在自重应力场的驱动下，继续发生变形，这个变形过程称之为时效变形。边坡时效变形的持续发展过程，也就是边坡潜在滑动面的逐渐形成过程，当潜在滑动面发展到一定的阶段，将进入累进性破坏阶段，对应于边坡监测位移—时间关系的加速变形阶段。从边坡进入持续性变形直至最终的破坏，称之为失稳破坏阶段。边坡经表生改造进入时效变形，再由时效变形进入最终的失稳破坏阶段，这是任何一个边坡演化都将经历的 3 个阶段。但是，从是否具有工程地质意义的角度来讲，边坡的演化能否进入时效变形阶段，并通过时效变形进入最终的失稳破坏，主要还取决于边坡的地质结构特征。

边坡的表生改造和时效变形是边坡演化的两个不同阶段，其不稳定的发展结果是导致边坡岩体潜在滑动面逐渐形成，并最终在边坡自身或某种外营力的驱动和触发下失稳破坏，产生滑坡。

在典型的河谷区，尤其是峡谷地貌区，高陡边坡演化具有明显的垂向分带性，从河谷边坡的下部到顶部，将会依次出现表生改造、时效变形及失稳破坏 3 个阶段的边坡特征（图 7.1-5）。在河谷边坡的底部，由于谷底的限制作用，根据圣维南原理，一定深度和高程影响范围内的应力得不到释放，从而形成谷底的高地应力区（应力集中区）。向上一定高程范围内处于由卸荷所引起的构造应力释放阶段，也就是表生改造阶段，在这个区域内可以见到各种表生改造的现象。到了河谷边坡的中—高高程部位，谷坡应力已得到充分的释放，各种时效变形现象开始充分发育，边坡处于时效变形阶段。而到了谷坡的顶部附近，岸坡往往已结束了时效变形阶段的演化，表现出各类破坏现象，尤以大型崩塌、滑坡的发育为典型。上述河谷演化阶段垂直分带应限制在同一斜坡系统研究范围内，在我国西南地区，这一范围往往与分水岭相一致。

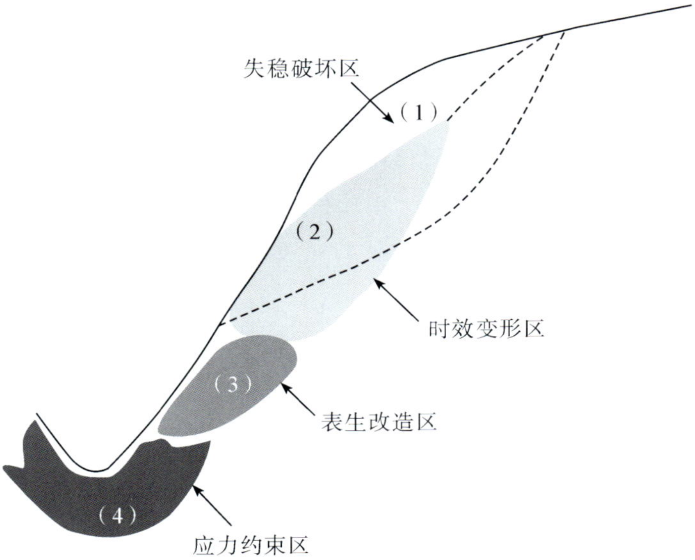

图 7.1-5 典型河谷边坡演化阶段的垂直分带

7.1.2.5 西南地区高陡坡体自然卸荷状态下的地质力学模型

伴随河谷下切的卸荷—应力释放过程是造成岸坡岩体松动的主要因素，表现为岸坡浅表部卸荷强烈，向坡体内部逐渐减弱至消失，相对于已经发生变形的岩体则存在一个明显的松动界限，只是由于在浅表部卸荷作用的叠加更为强烈。特别是在发育缓倾角结构面的情况下，易以顺坡缓倾角结构面为底滑面发生差异回弹错动拉裂变形、倾倒拉裂变形以及滑移剪切变形，从而造成岩体松动(图 7.1-6)。在缓倾角结构面延伸较长的情况下(一般 30m 左右就可出现)，常常发生压碎构造，形成松动岩体(图 7.1-7)。

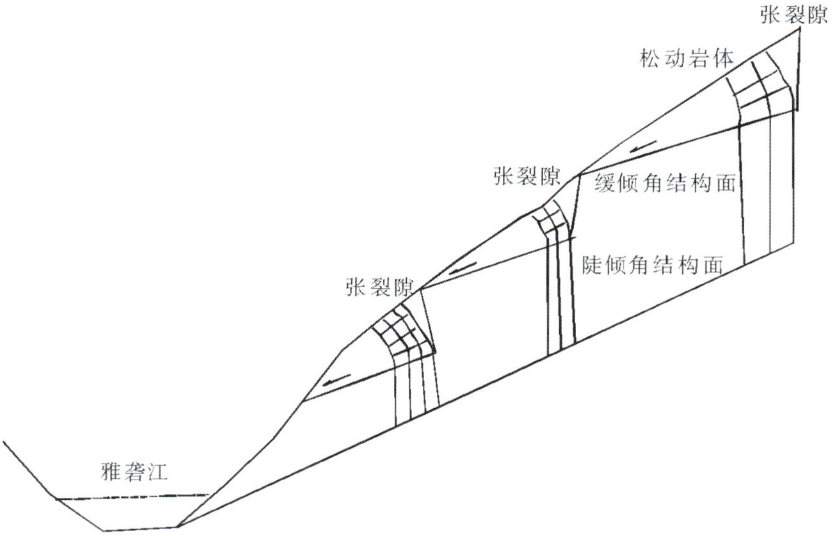

图 7.1-6 松动岩体变形演化地质模型 1

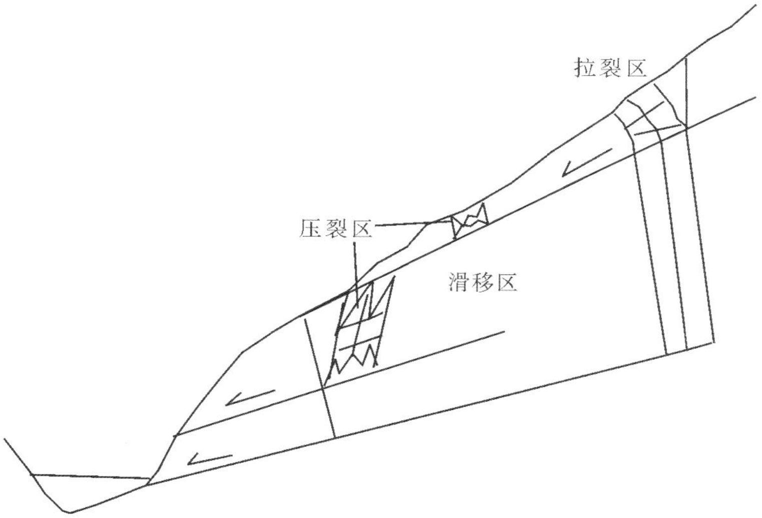

图 7.1-7 松动岩体变形演化地质模型 2

相对于顺层软硬相间岩体组合而言，一个受控于坡体软弱层间挤压带的“滑移—弯曲”型变形体，可分为变形性质不同的两个部分，即中上部的顺层滑移段和下部的弯曲—隆起段。从力学机制上，对应于“主动传力区”(A 区)和“被动挤压区”(B 区)，A 区坡体的自重下滑分力驱使坡体沿软弱夹层产生顺层滑移，而 B 区由于岩层向下深入至河床以下，故 A 区所传递的力在此部位不能沿层面以滑移的形式释放，而产生被动挤压。其结果是岩层只能通过产生垂直于层面的变形，即弯曲—隆起来协调上部坡体的作用力。这种主传力区的滑移和被动区的挤压隆起构成一个协调的体系，控制了斜坡变形破坏的作用过程，产生了目前边坡所呈现的上述一系列变形破坏现象。显然，坡体的最终失稳破坏只能通过被动挤压区的进一步弯曲、隆起，形成新的连接蠕滑带与坡体表面的剪切破裂面而实现。

岩石高陡边坡是一类特殊的工程地质体。西南地区高陡边坡不同于其他地区边坡，一般来说都只处于坡体演化的初级阶段。整体上具有坡高陡、高地应力的特征。

7.1.3 乌东德水电站岩体自然卸荷特征

以乌东德水电站坝址为中心，周围 170～260km 范围内包含了川西南、滇中地区历史及现今主要大震震中。

7.1.3.1 坝址区域基本地质条件

(1)地形地貌

坝址所处区域属于中山峡谷地貌，两岸山岭高程大多为 2000～3000m，金沙江为区域内最低侵蚀基准面。两岸呈现不连续、不规则、向江中倾斜的台状地形。第一岸坡范围内，两岸可见相对明显的第Ⅰ级剥夷面和第Ⅲ级金沙江侵蚀残留台面，分别为第Ⅴ级剥夷面(高程 1800～2000m)和第Ⅰ级(高程 1500～1700m)、第Ⅱ级(高程 1100～1200m)、第Ⅲ级(高程 950～1000m)侵蚀残留台面;第Ⅱ级侵蚀残留台面以上金沙江河谷相对宽缓;以下金沙江河谷狭窄。

(2)地层岩性

坝址区域地层岩性主要由前震旦系浅变质岩、震旦系及二叠系沉积岩、多期岩浆岩组成;第四系主要分布在河床,见图 7.1-8。

图 7.1-8　坝址区域地貌航片

坝址区域前震旦系由中元古界会理群因民组(Pt_2y)、落雪组(Pt_2l)和黑山组(Pt_2hs)组成,震旦系由澄江组(Z_1c)、观音崖组(Z_2g)和灯影组(Z_2d)组成,二叠系由梁山组(P_1l)、阳新组(P_2y)和峨眉山组(P_3em)组成。

前震旦系地层构成褶皱基底,震旦系及二叠系为盖层。褶皱基底和盖层之间为角度不整合接触;盖层内震旦系与二叠系之间缺失寒武系—石炭系地层,为平行不整合接触。

前震旦系与震旦系角度不整合接触面:前震旦系会理群(Pt_2h)地层整体呈单斜状,地层走向近东西,即为 260°~280°,与金沙江近正交;倾向南,即倾下游;倾角 60°~80°。震旦系澄江组(Z_1c)和观音崖组(Z_2g)及上覆灯影组(Z_2d)整体呈单斜状,地层走向 290°~320°、倾向东北、倾角 16°~30°,地层缓倾上游偏左岸。震旦系地层与下伏前震旦系会理群(Pt_2h)地层呈角度不整合接触,接触面为硬性接触,胶结较紧密。该角度不整合接触面自上游向下游出露位置逐渐变高,左岸分布于自然边坡中部,高程 1020~1260m;右岸分布于独头岩、大红沟沟头至乌东德台地一带,高程 920~1600m。

震旦系与二叠系平行不整合接触面:二叠系(P)地层直接覆于震旦系(Z)地层之上,其间缺失寒武系(∈)—石炭系(C)地层,存在沉积间断,形成平行不整合接触面。平行不整合接触面处于灯影组(Z_2d)白云岩与梁山组(P_1l)石英砾岩或阳新组(P_2y)灰岩之间,呈带状,局部起伏较大。主要分布于左岸自然边坡上部,高程 1500~1650m。两平行不整合接触面均位于河谷边坡中上部,与枢纽建筑物无直接关系。

(3)地质构造

坝址区地层由前震旦系会理群褶皱基底浅变质岩和震旦系及其后沉积岩、部分岩浆岩盖层组成,其变形特征在流变学剖面中属于脆性层至脆韧性层,构造变形模式可概略分为褶皱基底和盖层两大部分。

褶皱基底由中元古代地层组成,早期处在地表以下 5～11km,属脆—韧性域,以韧性变形为主,晋宁运动以及后来构造运动的叠加,元古代地层强烈褶皱,表现出同斜倒转型、倾竖型、钩状残余型等,局部发育韧性剪切变形带,晚期发育脆性断裂及节理;盖层由震旦系及其以上地层组成,处在地壳浅层的脆性域,少量宽缓褶皱,构造变形以脆性断裂及节理为主。构造形迹主要有褶皱、断层、裂隙、层间剪切带、层内劈理等。

1)角度不整合接触面

坝址区域分布有上元古界(Pt_3)震旦系(Z)与中元古界(Pt_2)会理群(Pt_2h)角度不整合界面(图 7.1-9、图 7.1-10)。在枢纽建筑物布置区内(红沟断层—花山沟断层之间)左岸分布高程为 1020～1260m,右岸分布高程为 1390～1600m。角度不整合接触面自上游向下游出露位置逐渐变高。

图 7.1-9 坝址右岸角度不整合接触面

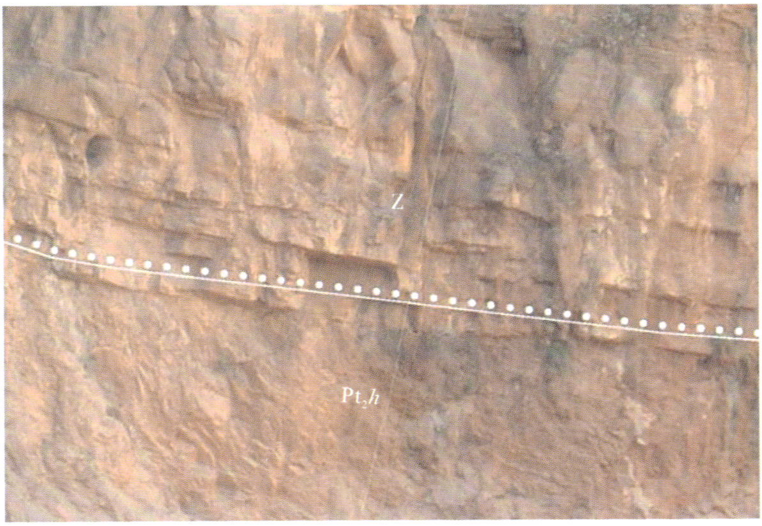

图 7.1-10 坝址右岸角度不整合接触面(局部放大)

坝址区域角度不整合接触面总体平直，走向为290°～320°、倾东北（上游偏左岸）、倾角一般为16°～30°。界面上部为澄江组（Z_1c）灰白色厚层中—粗粒石英砂岩及观音崖组（Z_2g）灰色中厚层、薄层白云岩夹薄层、极薄层粉砂质泥岩、页岩，偶见辉绿岩侵入岩脉；下部为因民组（Pt_2y）和落雪组（Pt_2l）浅变质的碳酸盐岩地层；角度不整合接触面多为硬性接触，胶结多较紧密，未见古岩溶，亦未见明显古风化壳。

2）褶皱

坝址区域位于基底褶皱——铜厂顶背斜南翼东延部分的一个次级向斜北翼，主要由因民组（Pt_2y）、落雪组（Pt_2l）地层构成，地层整体上呈单斜状，地层走向260°～280°、倾向南、倾角60°～80°。

坝址区域见规模较小的断层牵引褶曲——老鹰嘴叠加背斜，及局部层间倾竖褶曲等。老鹰嘴叠加背斜位于左岸F_3与F_{14}之间，因民组第二段（Pt_2y^2）薄层大理岩夹深灰色中厚层灰岩，以深灰色中厚层灰岩标志层为依据发现，背斜轴迹走向、倾伏端方位为东北55°，叠加在早期南北向褶皱的基础上形成，轴面近直立，两翼为中等倾角。

坝址区域盖层地层发育不全，变形轻微，褶皱不明显，呈倾向东北，倾角15°～30°的平缓单斜构造。

3）断层

坝址区域断层总体不发育，长大断层（长度大于1000m）有5条，从上游至下游分别为红沟断层（F_3）、白沟断层（F_{14}）、花山断层（F_6）、雷家湾沟断层（F_{15}）、梁子断层（F_7）。除雷家湾沟断层（F_{15}）走向北北东与河流流向夹角相对较小（为45°）外，其余断层走向北东东与河流流向近于正交，均为陡倾角断层。断层带宽度一般为1.5～3m，花山沟断层较宽，达8～10m。

红沟断层（F_3）构造岩带宽2～3m，主要为碎裂岩，嵌合较紧密（图7.1-11）；白沟断层（F_{14}）构造岩带宽约1.5m，主要由岩粉夹岩屑或岩屑夹岩粉、碎裂岩、角砾岩组成，岩粉夹岩屑或岩屑夹岩粉厚3～8cm，呈泥或泥夹岩屑状，碎裂岩、角砾岩厚1～1.5m，嵌合较紧密（图7.1-12）；雷家湾沟断层（F_{15}）构造岩带宽约2m，主要为碎裂岩夹岩粉，碎裂岩夹岩粉厚10～20cm，较纯的碎裂岩厚约2m，嵌合较紧密（图7.1-13），沿断层侵入10～20m厚的辉绿岩脉，呈镶嵌结构。

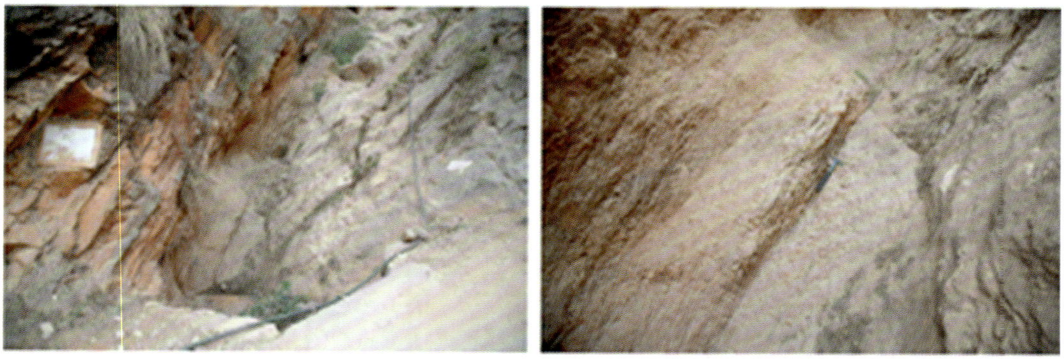

图7.1-11　红沟断层（F_3）及其构造岩

图 7.1-12　白沟断层(F_{14})及其构造岩

图 7.1-13　雷家湾沟断层(F_{15})及其构造岩

7.1.3.2　坝址区域边坡自然卸荷破坏模式

乌东德水电站边坡的变形破坏模式与薄层大理岩化白云岩的工程地质特性密切相关。陡倾的薄层大理岩化白云岩岩体在边坡开挖后，临空面失去约束，形成类似“组合悬臂梁”结构，支点在边坡底部。由于层面附绢云母薄膜结合力不强，边坡开挖后应力调整，岩层在重力作用下岩体易沿层面产生卸荷松弛。

“组合悬臂梁”的上部岩体沿层面出现松弛张裂，与上部岩体脱离。此时，若不及时完成支护，层内拉张效应渐趋强烈，岩体倾倒变形持续发展，导致变形岩体的作用力矩随之增大，则岩层越易发生弯曲或折断，从而逐渐形成具有一定规模的塌落，为上部稳定岩体倾倒提供变形空间，进而影响边坡的稳定(图 7.1-14、图 7.1-15)。

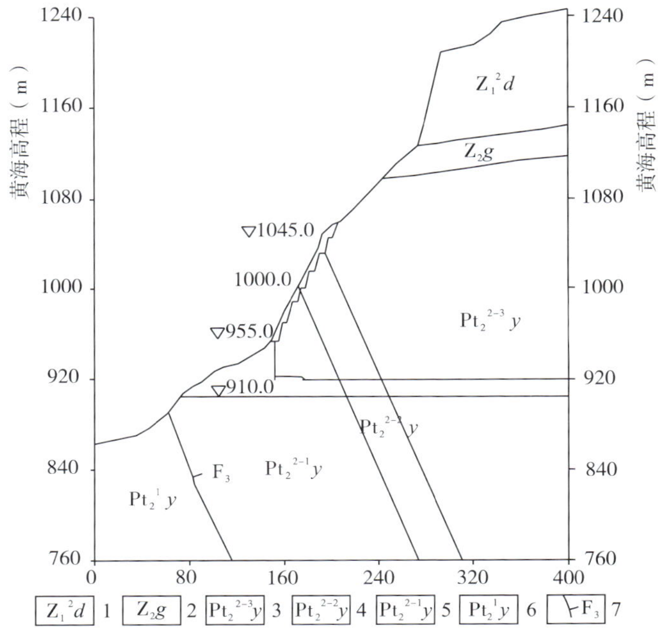

图 7.1-14　正面边坡工程地质剖面图

1. 震旦系灯影组：厚层白云岩；2. 震旦系观音涯组：薄层白云岩；3. 因民组第二段第三亚段：中厚层白云岩；4. 因民组第二段第二亚段：互层灰岩；5. 因民组第二段第一亚段：薄层大理岩化白云岩；6. 因民组第一段：薄层夹互层大理岩化白云岩；7. 红沟断层

图 7.1-15　边坡薄层状岩体局部变形破坏影像

7.1.4　白鹤滩水电站岩体自然卸荷特征

白鹤滩水电站位于金沙江下游河段，是金沙江下游 4 个梯级水电站中的第二级，坝址左岸属四川省凉山彝族自治州宁南县跑马乡，右岸属云南省昭通市巧家县大寨镇，距离上游巧家县城 45km，距上游乌东德水电站约 182km，距离下游溪洛渡水电站约 195km。

7.1.4.1　坝址区域基本地质条件

（1）地形地貌

坝址所处区域属于中山峡谷地貌，地势北高南低，向东侧倾斜。左岸为大凉山山脉东南坡，山峰高程2600m，整体上呈向金沙江倾斜的斜坡地形；右岸为药山山脉西坡，山峰高程在3000m以上，主要为陡坡与缓坡相间的地形。

坝址区域自大寨沟上游800m起，至白鹤滩村止，河段长3.6km。金沙江由南向北流入坝址区域，枯水期水面宽50～115m，上游水位约591m，下游水位约578m，水深9～18m，水流湍急，常年浑浊。

(2)地层岩性

坝址区域主要出露二叠系上统峨眉山组玄武岩，上覆三叠系下统飞仙关组砂、泥岩。地层呈假整合接触。第四系松散堆积物主要分布于河床及缓坡台地上。

1)二叠系上统峨眉山组

坝址区域峨眉山组玄武岩，具有多个喷发旋回，表现为中心式喷发及裂隙式间歇性喷发两种形式，中心式喷发表现为$P_2\beta_1$含大型灰岩捕虏体的玄武岩，其他为裂隙式间歇性喷发，喷发序列为斑状玄武岩、隐晶玄武岩、杏仁状玄武岩、角砾熔岩、凝灰岩，根据喷发间断共划分为11个岩流层。

每一个岩流层自下而上一般为熔岩、角砾熔岩，顶部为凝灰岩，熔岩主要为斜斑玄武岩、隐晶质玄武岩、少量微晶玄武岩、杏仁状玄武岩，隐晶玄武岩中发育柱状节理的称之为柱状节理玄武岩。因此，玄武岩岩性主要分为含角砾(集块)玄武岩、斜斑玄武岩、隐晶质玄武岩、柱状节理玄武岩、杏仁状玄武岩、角砾熔岩、凝灰岩等7种。

2)三叠系下统飞仙关组

三叠系下统飞仙关组为一套紫红色河湖相沉积的泥质粉砂岩、泥岩、砂岩。假整合于峨眉山组玄武岩之上，飞仙关组砂岩总厚度为265～267m，分布于坝址右岸高程1105m以上。

3)第四系

第四系地层主要为上更新统(Q_3apl)含泥沙碎石层和全新统(Q_4)松散堆积层。

(3)地质构造

坝址区域地质构造主要表现为原生构造、褶皱构造、断裂构造等。

1)原生构造

玄武岩原生构造主要包括原生流动构造和原生破裂构造。原生流动构造是岩浆在塑性流动过程中形成的，包括流动线理和流动面理。流动线理和面理由拉长气孔和杏仁、定向岩屑与细粒矿物等表现。原生破裂构造是熔岩在冷凝过程中形成的具有一定规律的破裂面，在白鹤滩坝址区域玄武岩中，主要表现为柱状节理及柱体内的微裂隙。

2)褶皱构造

坝址区域位于联合乡背斜东翼，大跨山向斜西翼，为倾向东南的单斜构造，岩层产状N30°～55°E，SE∠15°～20°，缓倾上游偏右岸。坝址区地质剖面示意图见图7.1-16。

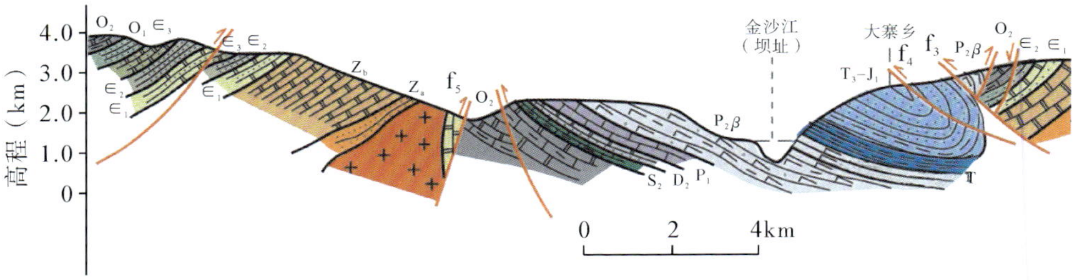

图 7.1-16　坝址区地质剖面示意图

3)断层构造

断层是指具有较大规模或明显位移的断裂构造。白鹤滩坝址区域断层指倾角陡于岩流层倾角 20°以上，宽度 5cm 以上的断裂构造。

断层构造的共同特征是，普遍具有 60°以上的陡倾角，性质以平移或走滑为主。在地表的延伸距离均不大，一般不超过 2km；在剖面上，它们的深度一般不超过 1km。断层构造根据形成时期可归结为早期（燕山期）和晚期（喜山期）构造运动的产物。

坝址区断层构造除东北向的 F_{17} 外，主要为西北向，并以北西西和北北西两个方向组最为发育，占总数的 88%（图 7.1-17）。两岸断层产状发育规律与总体规律一致。

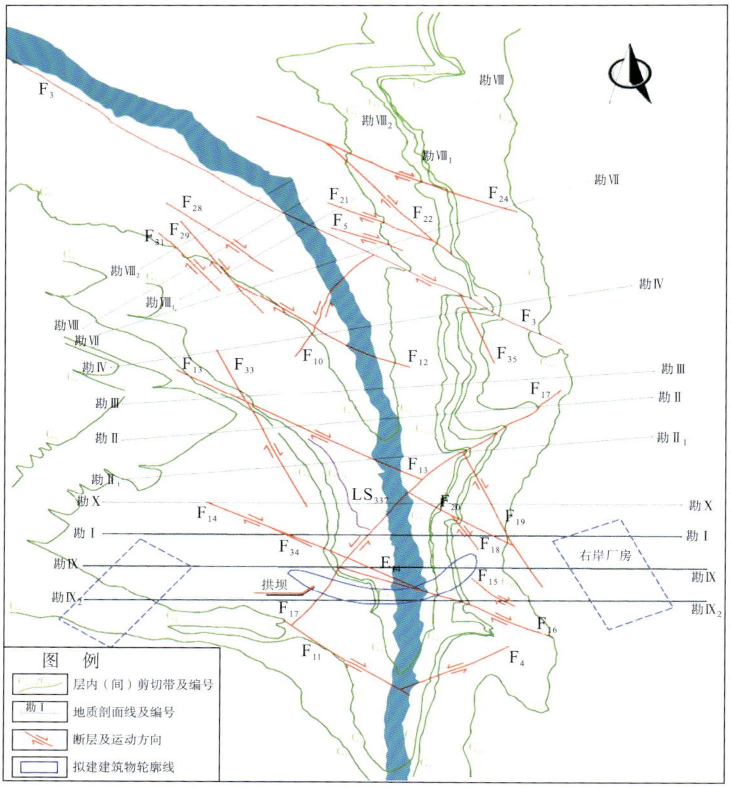

图 7.1-17　白鹤滩坝址区主要断层构造分布图

7.1.4.2 坝址区域边坡自然卸荷破坏模式

白鹤滩水电站边坡的变形破坏模式与峨眉山玄武岩发育的柱状节理和顺河向缓倾角结构面密切相关。坎状地形平缓地带均沿缓倾角错动带，反映了岸坡改造过程中错动带的底滑面作用，缓倾角错动带是边坡稳定的控制性因素；在竖直方向上，卸荷裂隙大部分止于缓倾角结构面；大型陡崖均呈西北向，沿西北向断层发育，表明规模较大的西北向断层是边坡变形的侧向控制边界（图 7.1-18），隐晶玄武岩中西北向陡倾结构面发育，面平直，充填方解石脉（表 7.1-2）。

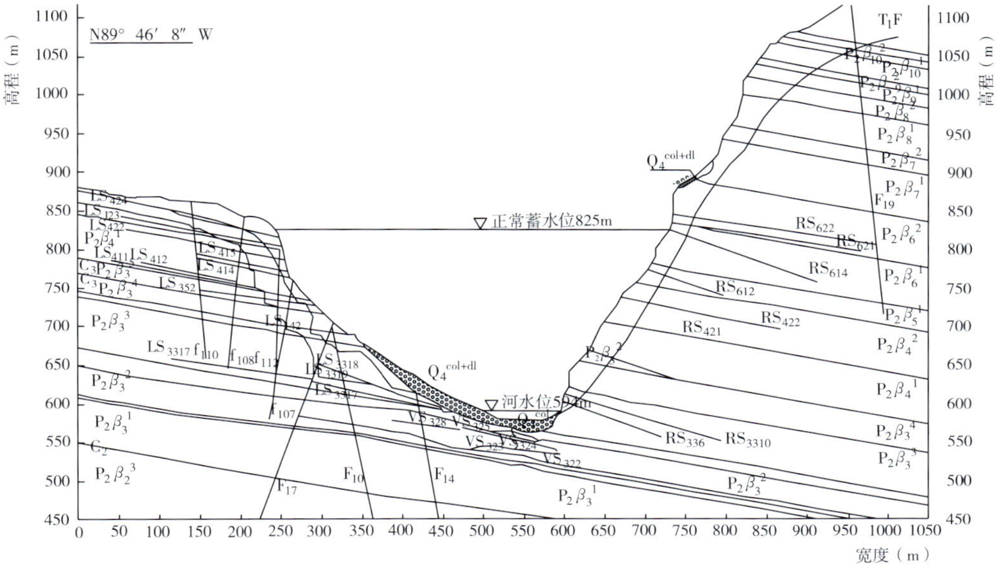

图 7.1-18 坝址区地质剖面示意图

表 7.1-2 隐晶玄武岩中结构面优势方位及特征

序号	产状	性状
1	N20°～60°W，SW∠80°～85°	面平直，充填方解石脉
2	N20°～60°W，NE∠80°～85°	面平直，充填方解石脉

7.2 高陡边坡岩体卸荷流变力学特性

7.2.1 灰岩三轴压缩力学特性

7.2.1.1 试验条件

将取自乌东德水电站右岸高陡边坡现场的灰岩岩体样本加工成 ϕ50mm×H100mm 标准圆柱体试样（图 7.2-1）。试样符合《水利水电工程岩石试验规程》(DLT 5368—2007)。采用 NM-4B 非金属超声检测分析仪(图 7.2-2),剔除纵波波速偏差较大、密度值异常的试样,消除试件离散性带来的影响,筛选完成的试件基本物理参数见表 7.2-1。

图 7.2-1　灰岩试件图

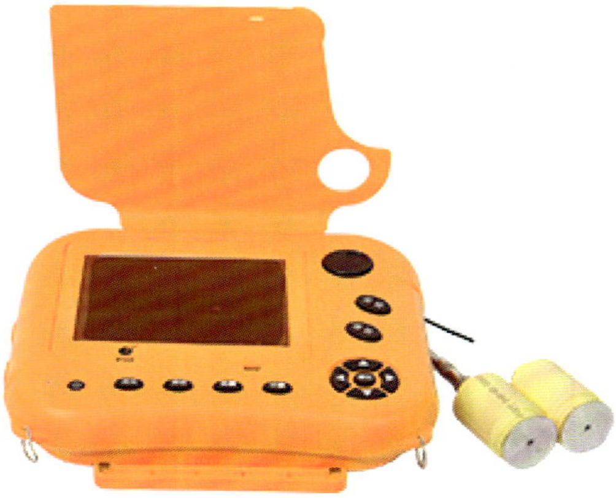

图 7.2-2　NM-4B 非金属超声检测分析仪

表 7.2-1　试件基本物理参数

质量(g)	高度(mm)	直径(mm)	密度(g/cm^3)	波速(m/s)
519.94～536.42	98.95～100.53	49.94～50.22	2.64～2.73	5208～6298

对灰岩试件利用 RMT-150C 岩石力学数字控制式电液伺服试验机(图 7.2-3)进行单轴和三轴压缩试验,分析其在常规试验下的瞬时变形破坏及强度特征,结合常规三轴压缩试验结果,利用 RLW-2000 微机控制岩石三轴蠕变试验机(图 7.2-4)进行三轴卸荷—流变试验,分析灰岩的力学特性、变形机制和破坏特征。

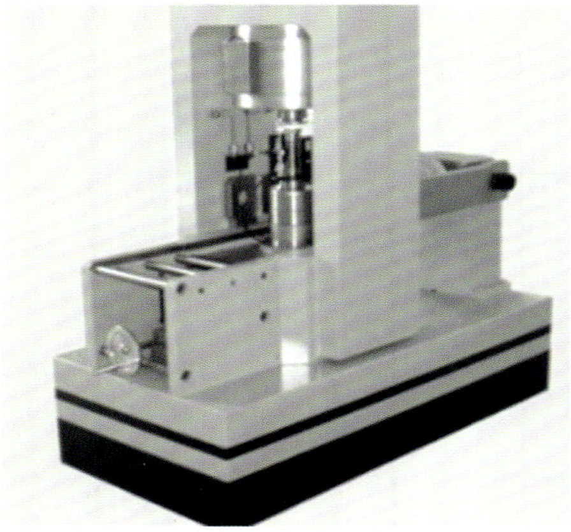

图 7.2-3　RMT-150C 岩石力学数字控制式电液伺服试验机

图 7.2-4　RLW-2000 微机控制岩石三轴蠕变试验机

7.2.1.2　灰岩三轴压缩试验分析

(1)参数统计

对灰岩试件进行单轴试验以及围压分别为 5MPa、7MPa、9MPa、11MPa 和 13MPa 的三轴压缩试验,分析其在常规试验下的瞬时变形及破坏特征,为灰岩卸荷—流变力学特性的试验研究提供参数建议。绘制不同围压下灰岩偏应力—轴向应变曲线,见图 7.2-5。

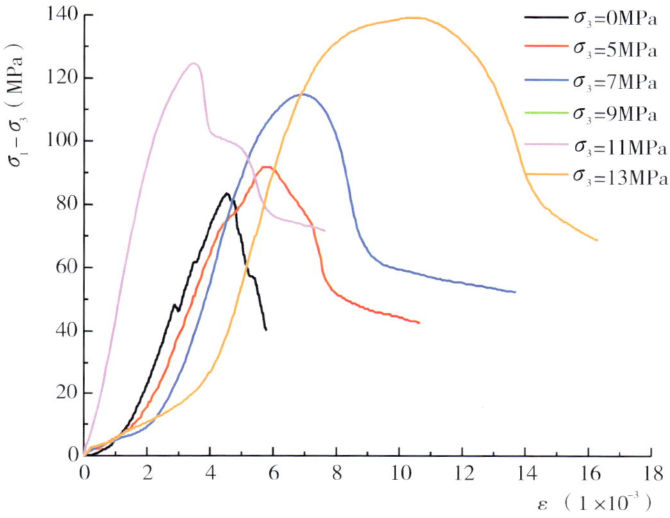

图 7.2-5　不同围压下灰岩偏应力—轴向应变曲线

根据试验数据求得灰岩的峰值应变、变形模量、弹性模量等岩石试验物理参数,见表 7.2-2。

表 7.2-2　灰岩各项物理参数

σ_3(MPa)	σ_1(MPa)	$\sigma_1-\sigma_3$(MPa)	峰值应变 ε_1(1×10^{-3})	变形模量 (GPa)	弹性模量 (GPa)	泊松比 μ
0	84.336	84.336	4.566	18.357	25.215	0.25
5	107.987	102.987	6.713	23.669	35.996	0.27
7	117.968	110.968	7.719	27.705	39.403	0.27
9	124.009	115.009	8.289	29.810	41.222	0.28
11	130.416	119.416	8.755	31.649	42.550	0.29
13	134.764	121.764	9.040	32.709	43.474	0.30

注:σ_3 代表围压;σ_1 代表轴向应力;$\sigma_1-\sigma_3$ 代表偏应力。

根据灰岩试件单轴、三轴试验结果,统计整理并绘制围压大小与轴向应力间的关系曲线,见图 7.2-6。

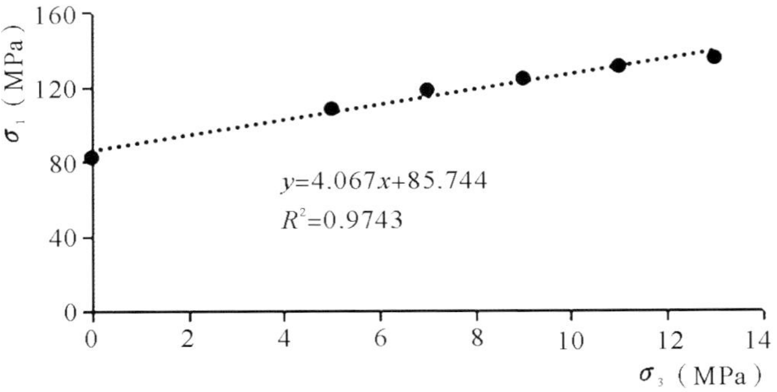

图 7.2-6 灰岩轴向应力与围压的关系曲线

由图 7.2-6 可知，线性曲线 $k=4.067$，$b=85.744$，相关系数为 0.9743；由 Mohr-Coulomb 准则判断灰岩破坏强度，建立关于应力和围压的直角坐标系，并进行线性拟合，最终得到最大主应力和最小主应力的计算关系式，由式(7.2-1)和式(7.2-2)计算可得岩石的黏聚力 c 与内摩擦角 φ：

$$c=b\frac{1-\sin\varphi}{2\cos\varphi} \tag{7.2-1}$$

$$\varphi=\sin^{-1}\frac{k-1}{k+1} \tag{7.2-2}$$

式中：k——曲线斜率；

b——曲线在 Y 轴上的截距。

因此，可得灰岩黏聚力 $c=22.53$MPa，内摩擦角 $\varphi=34.68^{\circ}$。

(2)变形分析

以围压为 7MPa 时的灰岩偏应力—轴向应变曲线为例，用图像划分形式阐述灰岩三轴压缩试验中的各个时间段变形(图 7.2-7)。分析图 7.2-7 可知，整个曲线基本可以区分为 5 个阶段：孔隙压密阶段 OA、弹性变形阶段 AB、屈服变形阶段(塑性变形)BC、峰值阶段 CD、峰后破坏阶段 DE。

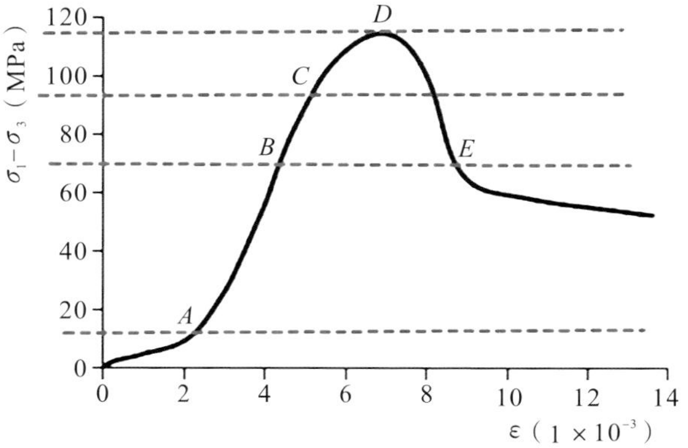

图 7.2-7 三轴压缩试验灰岩偏应力—应变曲线($\sigma_3=7$MPa)

(3)破坏特征分析

在常规三轴压缩试验过程中,灰岩试样并未出现能观察到的裂纹扩展或显著变形,试样碎裂破坏时曲线图像突然下拐,轴向应力急剧下降,同时伴随清脆短促的岩石裂开声音,此时岩石轴向应变急剧增加,出现典型的脆性变形破坏特征。灰岩试样在不同围压下的破坏形式见图 7.2-8。

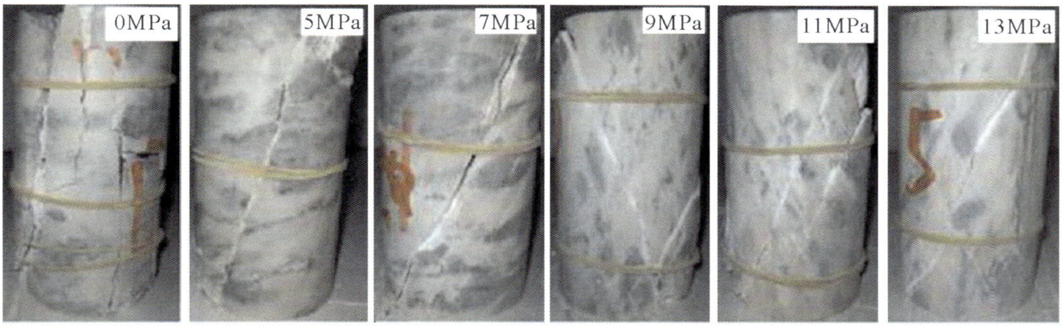

图 7.2-8 常规三轴试验各围压下灰岩破坏

从图 7.2-8 可以明显看出,在灰岩单轴压缩试验后,试样破坏形式以张拉破坏为主,出现近乎贯通上下端面且平行圆柱体中轴线的张拉裂隙(面),裂隙周围飞溅存在大量的破碎小石渣;在进行灰岩不同围压下的常规三轴压缩试验后,试样破坏形式大致相同,均是在张拉应力的作用下顺着破坏面产生的张剪破坏。

7.2.2 灰岩卸荷—流变力学特性

试验采用微机控制岩石三轴蠕变试验机(RLW-2000),结合常规三轴压缩试验结果完成不同应力水平和卸荷速率的灰岩三轴卸荷—流变试验,分析灰岩卸荷—流变力学特性、变形机制和破坏特征。

7.2.2.1 灰岩卸荷—流变试验方案

三轴卸荷—流变试验初始应力水平分别取 9MPa 围压下峰值强度的 70%、80%、90%,试验拟定 4 个卸围压速率等级,卸荷速率分别取常规轴压加载速率的 1/10、1/2、1、3/2,即卸荷速率分别取 0.01MPa/s、0.05MPa/s、0.10MPa/s、0.15MPa/s。设定每一级卸荷后流变等待时间为 40h,以保证每一级卸荷后的岩石试样都有足够时间变形。每个交互条件下至少做 2 个试样,以消除岩石的力学离散性。

7.2.2.2 灰岩卸荷—流变变形分析

结合试验所得数据,绘制灰岩 3 种初始应力水平及 2 种卸荷速率下的卸荷—流变偏应力—应变曲线(图 7.2-9)。

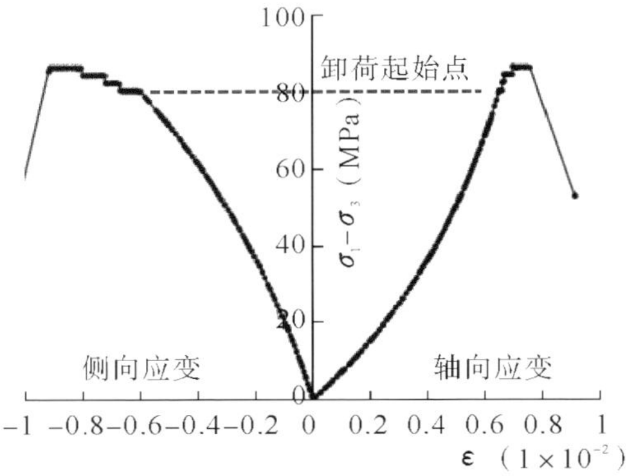

(a)速率 0.01MPa/s;应力 89.8MPa

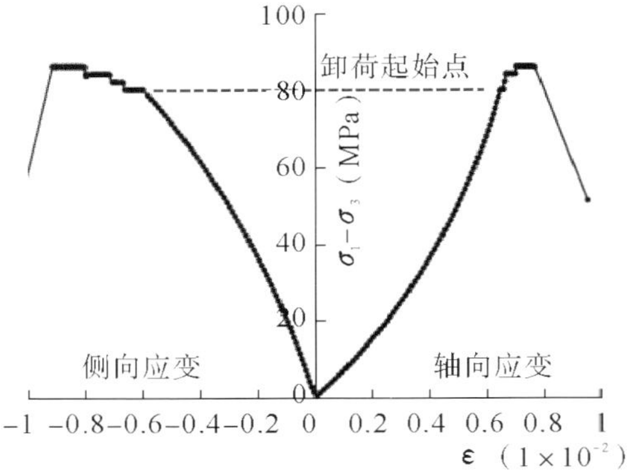

(b)速率 0.1MPa/s;应力 89.8MPa

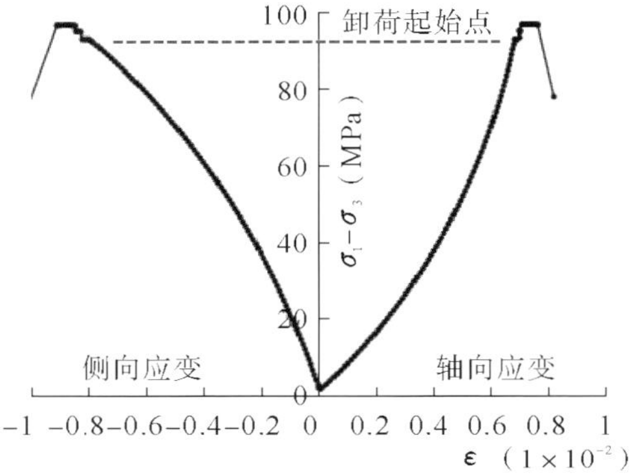

(c)速率 0.01MPa/s;应力 99.2MPa

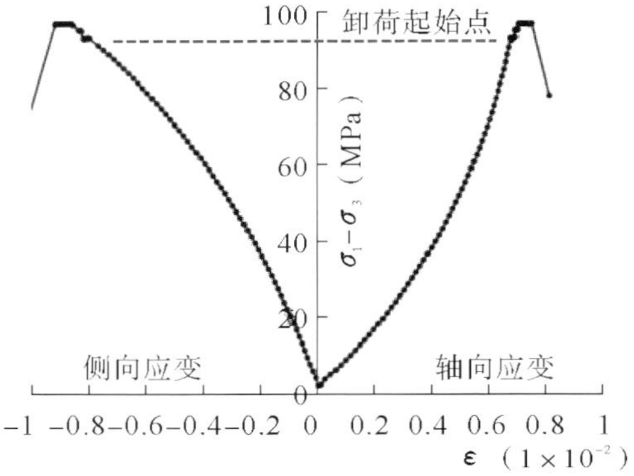

(d)速率 0.1MPa/s;应力 99.2MPa

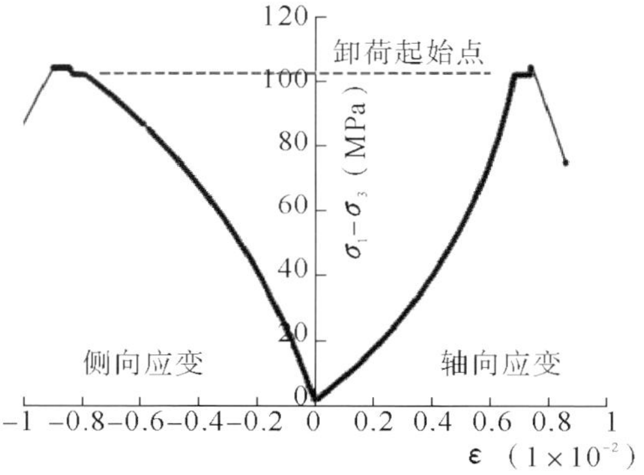

(e)速率 0.01MPa/s;应力 111.6MPa

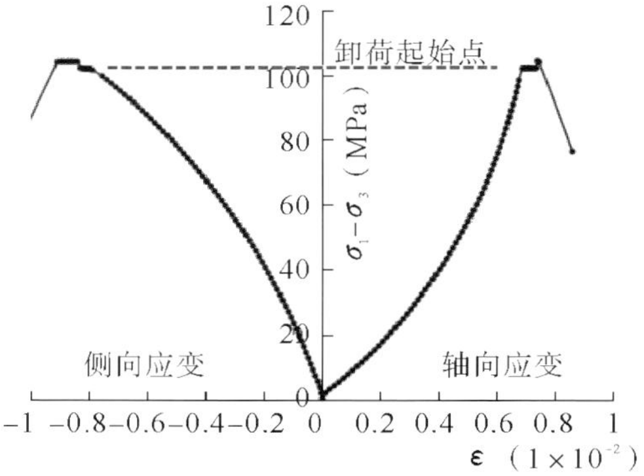

(f)速率 0.1MPa/s;应力 111.6MPa

图 7.2-9 灰岩卸荷—流变偏应力—应变曲线

由图 7.2-9 可知,不同试验条件下的灰岩卸荷—流变偏应力—应变曲线初始加载阶段规律大体上相同,轴向表现为压缩变形,侧向表现为膨胀变形。此外,对比不同试验条件的灰岩卸荷—流变偏应力—应变曲线可以发现,加载压密阶段的灰岩曲线特征都近似相同,卸除围压后,当级围压下试样的轴向和侧向流变应变增量都比卸荷前试样对应的流变应变增量更大,到了流变后期,相同卸除 2MPa 围压的试样轴向及侧向应变也会更大。

以试样在初始应力水平 $\sigma_1=89.8$MPa、卸荷速率为 0.01MPa/s 为例,用图像划分形式阐述灰岩卸荷—流变试验中的各个时间段变形(图 7.2-10)。分析图 7.2-10 可知,整个曲线基本可以划分为 3 个阶段:①加载压密阶段 AB;②减速—稳定流变阶段 BC;③加速流变阶段 CD。

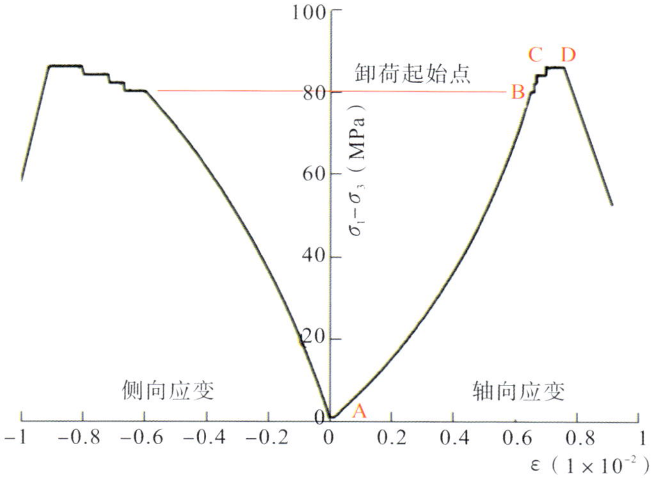

图 7.2-10　灰岩卸荷—流变偏应力—应变曲线

(1)不同卸荷速率应力—应变曲线关系

1)轴向流变特性

以 σ_1=89.8MPa 时 4 种不同速率下的灰岩试样为例,作轴向流变曲线(图 7.2-11)。从图 7.2-11 可以看出,灰岩在卸荷—流变过程中其轴向应变速率随时间呈非线性增长,在初始围压及偏应力恒定的情况下,卸荷速率越大,灰岩轴向的瞬时应变也就越大。

2)侧向流变特性

灰岩在不同卸荷速率下侧向流变曲线见图 7.2-12。从图 7.2-12 可以看出,随着时间的增加,侧向变形相对于轴向变形更加明显;试样由于侧向应变不断增大,宏观表现为侧向扩容,最终破坏形式为体积扩容破坏。

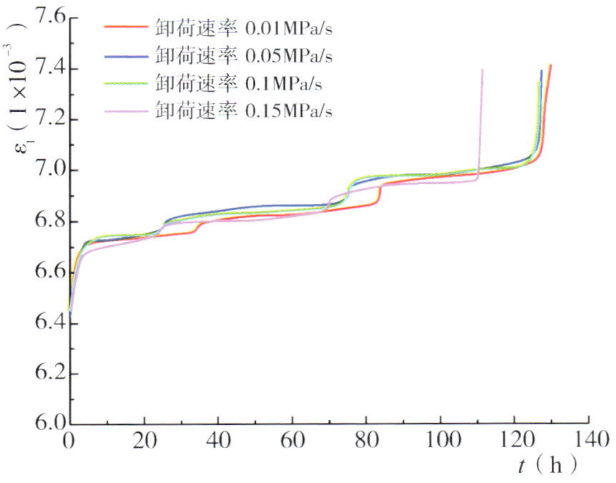

图 7.2-11　在不同卸荷速率下灰岩轴向流变曲线

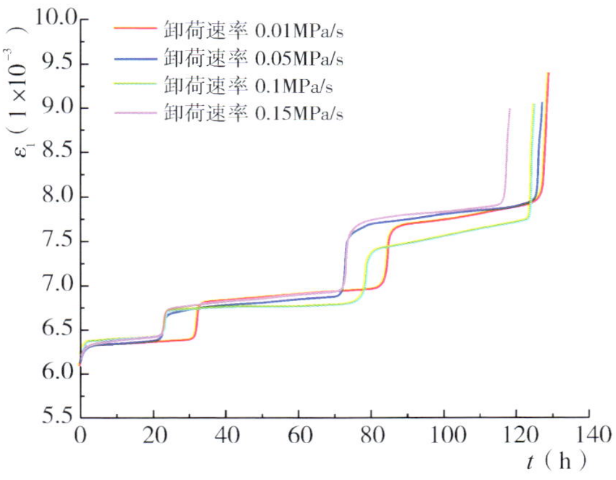

图 7.2-12　在不同卸荷速率下灰岩侧向流变曲线

3)流变速率特性

以卸荷速率 0.01MPa/s 和 0.15MPa/s,初始应力 89.8MPa 条件下的试样为例,研究灰岩卸荷—流变速率的变化规律(图 7.2-13)。可以看出,曲线在每次卸围压时流变速率会发生突变,总是伴随产生一个波峰之后快速跌落并趋于下个平稳,当卸荷速率较低时,峰值也较低。

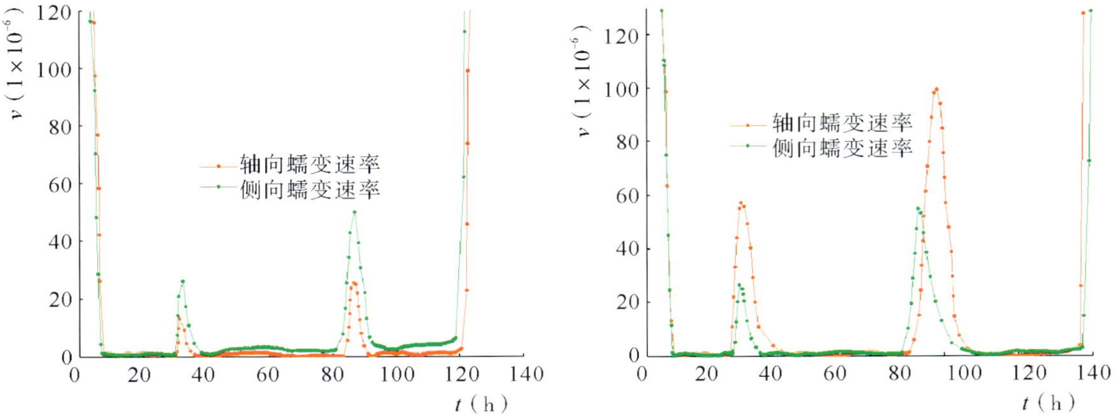

(a)卸荷—流变速率 0.01MPa/s　(b)卸荷—流变速率 0.15MPa/s

图 7.2-13　不同卸荷速率下灰岩卸荷—流变速率规律曲线

(2)不同应力水平应力—应变曲线关系

在不同应力水平下灰岩应力—应变曲线见图 7.2-14,以卸荷速率为 0.01MPa/s 为例,对 σ_1 分别为 89.8MPa、99.2MPa 和 111.6MPa 时的试样轴向和侧向应变总量进行分析。当卸荷速率相同时,初始应力水平越大,试样轴向和侧向应变总量越小,这是因为在更高应力作用下,试样天然孔裂隙不仅被压密,且内部已经出现裂隙带,所以试样在加载完成后强度已经降低,轴向及侧向应变更接近破坏应变,后面进行流变试验时产生的流变变形也就更小。由于灰岩在卸荷—流变试验中破坏的主要原因是侧向变形过大,因此应力大小对初始状态下的灰岩侧向变形影响更加明显。

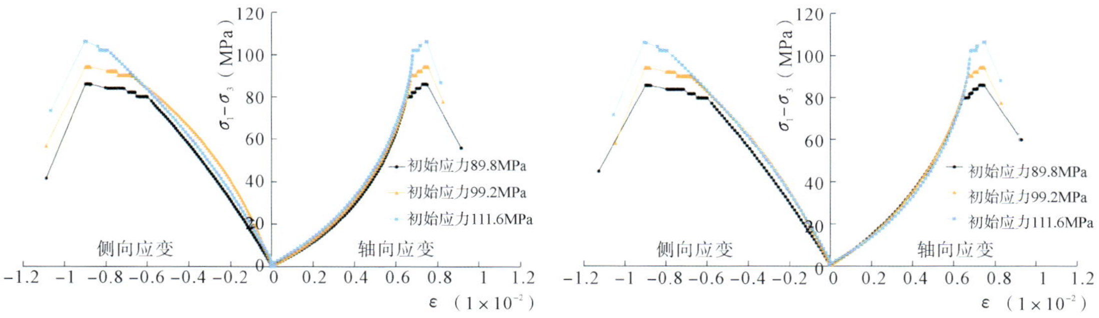

(a)卸荷速率 0.01MPa/s　(b)卸荷速率 0.05MPa/s

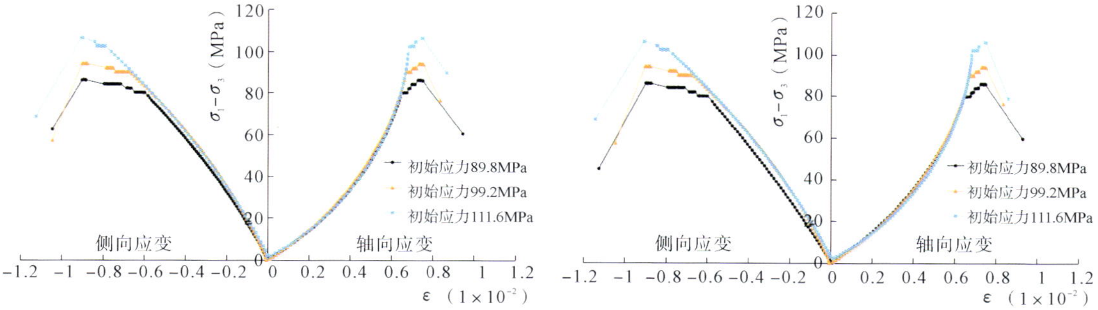

（c）卸荷速率 0.1MPa/s　　（d）卸荷速率 0.15MPa/s

图 7.2-14　在不同应力水平下灰岩应力—应变曲线

1）轴向流变特性

以在 0.01MPa/s 卸荷速率下不同应力水平灰岩卸荷—流变试验数据为例，分析不同的初始应力水平对试样轴向和侧向流变变形特性的影响（图 7.2-15）。

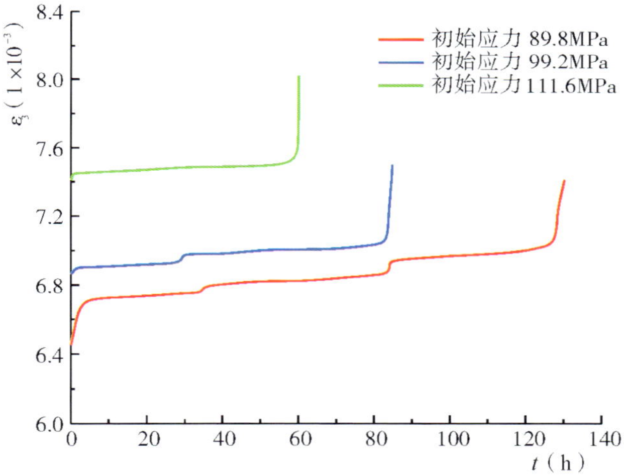

图 7.2-15　在 0.01MPa/s 卸荷速率下不同应力水平轴向流变曲线

由图 7.2-15 可以看出，卸荷速率相同时，初始应力水平越大，试样的卸荷—流变应变量就越小，经历的流变时长也就越短。由于更大应力水平下的试样在初始加载阶段局部就已经出现大量裂纹，卸除围压时，更大的应力水平迫使岩石更快产生贯通裂隙，在相同条件下达到失稳破坏的试验时长更短。

当应力水平从 99.2MPa 增加至 111.6MPa 后，轴向平均流变速率随之增加。这是由于当卸荷—流变试验中的应力水平超过某个阈值时，岩石内部微裂隙不仅被压密，主裂隙上也产生了新的次生裂隙，整个岩石在加载完成后强度已经降低，此阶段试样接近临界破坏状态，所以更大应力水平下试样的轴向应变增量更小，即平均流变速率会减小。

2）侧向流变特性

根据试验数据作 0.01MPa/s 卸荷速率下不同应力水平与侧向应变关系曲线，见

图 7.2-16。

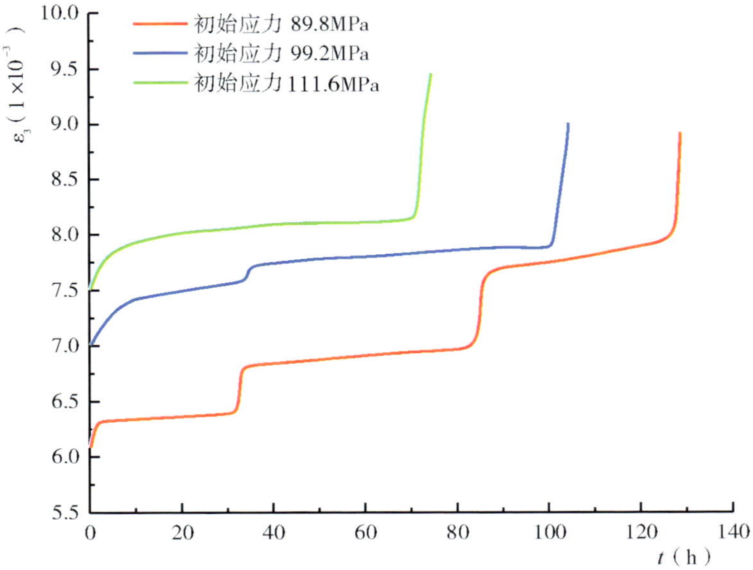

图 7.2-16 在 0.01MPa/s 卸荷速率下不同应力水平侧向应变曲线

试验初始应力水平越大，则试样经历流变时长越短，侧向应变增量也越小。这是由于在围压恒定条件下试样达到破坏时的侧向应变大致相等，而初始较大的应力已经使试样发生了较大的侧向变形，围压卸除后试样内部裂隙在较大轴向应力作用下更快发育延伸，使整体更快完成应力重分布从而达到临时稳定状态，所以达到破坏时试样在流变阶段的侧向应变较小。

7.2.2.3 灰岩卸荷—流变破坏分析

(1)卸荷—流变破坏宏观表现

在不同试验条件下灰岩卸荷—流变破坏形式见图 7.2-17。

从图 7.2-17 可以看出，灰岩卸荷—流变破坏特征主要是：①初始应力水平较小时，各卸荷速率下的试样均表现出沿轴向的张拉破坏，其中伴随主裂隙贯通形成的裂隙带；②初始应力水平较大时，试样破坏的宏观表现由张拉破坏转变为斜向 45°的张剪破坏，部分裂隙延伸贯通形成主裂隙带，裂隙带上有明显的上下错动位移，以及一定数量但并未贯通的次生裂隙；③卸荷速率在应力水平较低时对灰岩卸荷—流变破坏特征的影响不明显，而研究较大应力水平下卸荷速率分别为 0.01MPa/s 和 0.15MPa/s 的试样破坏表现，能明显发现卸荷速率越大，试样破坏时整体结构越差，试验结束后小碎石崩落的情况越严重，伴随更多的碎石粉末，个体还出现了共轭剪切破坏；④各试验条件试样流变临近破坏时，首先在应变曲线上表现出突然的轴向、侧向位移增加，破坏瞬间试样侧向变形急剧扩大，能听到流变室内清脆的岩石爆裂声，这都表现出典型的脆性破坏特征。

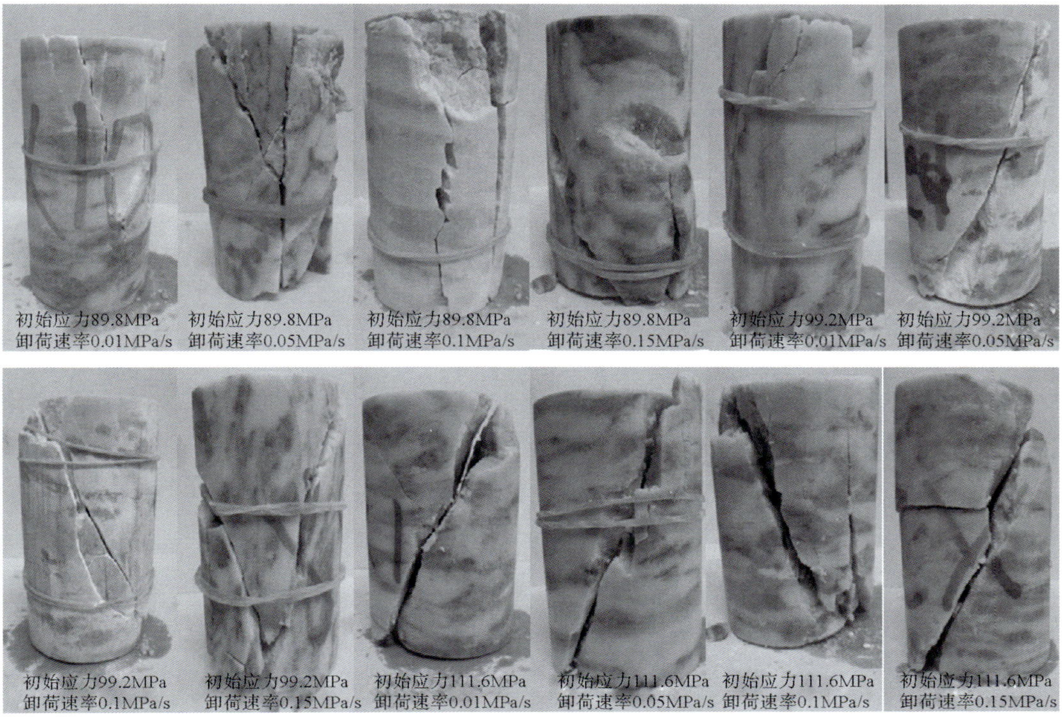

图 7.2-17 不同试验条件下灰岩卸荷—流变破坏形式

(2)卸荷—流变强度特性

根据灰岩卸荷—流变试验数据,研究灰岩流变变形后的残余强度和长期强度,为边坡开挖后临时支挡方案和坝址区域边坡稳定性监测提供参考。

1)残余强度

硬岩在破坏时并不是彻底崩坏碎裂,具有一定的残余强度。以不同应力水平和0.01MPa/s和0.15MPa/s卸荷速率的试样数据为样本。表7.2-3给出了灰岩在不同条件下轴向抗压强度和残余强度的应力差。

表 7.2-3 灰岩在不同条件下轴向抗压强度和残余强度的应力差

三轴		卸荷速率 (MPa/s)	σ_1 恒定卸荷—流变		
σ_3(MPa)	应力差(MPa)		σ_3(MPa)	σ_1(MPa)	应力差(MPa)
9	56.69	0.01	9	89.8	86.08
				99.2	95.59
				111.6	108.16
		0.15	9	89.8	85.95
				99.2	95.55
				111.6	108.23

由表 7.2-3 可见：①表中应力差越大，试样残余强度越小，所以初始应力较大的试样在流变过程后岩石自身强度降低更明显；②卸荷—流变试验时，相同应力但不同速率的试样残余强度相差不大，分析原因是流变试验中卸荷速率主要与卸除围压过程的小段时间有关，与整个流变时长相比短时间内影响程度不明显，对研究流变破坏后试样的残余强度影响不大；③应力水平增加，应力差 $\sigma_1-\sigma_3$ 也相应增大，侧面反映了初始应力越大，试样卸荷—流变破坏程度越显著。

2）长期强度

长期强度就是岩体长时间可以承受且不发生内部破坏的临界应力，采用引入 λ 的稳定流变速率交点法来确定。

当灰岩侧向流变速率超过轴向流变速率的这个时刻点可以看作灰岩两种状态的转换点，这个时刻对应的岩石强度即可判定为灰岩的长期强度。为了降低卸荷过程对流变速率的影响，增加整个判定方法的准确性，在稳定流变速率交点法的基础上引入一个参数 λ 对灰岩卸荷—流变试验数据进行分析，以轴向变形为例说明：设试样卸除围压期间轴向应变为 ε_0，整个流变过程轴向应变为 ε_1，则计算参数 λ 见式(7.2-3)：

$$\lambda=\left|\frac{\varepsilon_0-\varepsilon_1}{\varepsilon_1}\right| \tag{7.2-3}$$

通过计算不同条件下的参数 λ，见表 7.2-4 和表 7.2-5。

表 7.2-4　　灰岩不同试验条件下的 λ 值(轴向应变)

卸荷速率(MPa/s)	应力水平(MPa)		
	89.8	99.2	111.6
0.01	0.978	0.980	0.991
0.05	0.981	0.982	0.992
0.1	0.984	0.987	0.996
0.15	0.992	0.994	0.999

表 7.2-5　　灰岩不同试验条件下的 λ 值(侧向应变)

卸荷速率(MPa/s)	应力水平(MPa)		
	89.8	99.2	111.6
0.01	0.937	0.940	0.944
0.05	0.941	0.944	0.949
0.10	0.946	0.949	0.953
0.15	0.951	0.954	0.958

根据表 7.2-4 数据和引入 λ 的稳定流变速率交点法绘制应力—速率关系图，为了验证合理性，选取 0.01MPa/s 速率及 89.8MPa 和 99.2MPa 应力下的试样为例进行分析(图 7.2-18)。

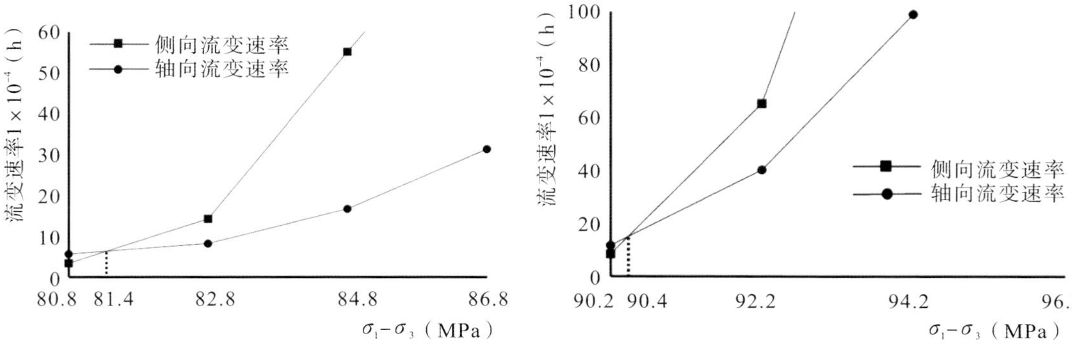

(a)σ_1＝89.8MPa　　(b)σ_1＝99.2MPa

图 7.2-18　应力—速率关系图

图 7.2-18 中所示的轴向流变速率和侧向流变速率均有一个交点，该点即判定为此应力水平下岩石对应的长期强度。由此可知，在 0.01MPa/s 卸荷速率下初始应力 89.8MPa 的岩石长期强度为 81.4MPa，初始应力 99.2MPa 的岩石长期强度为 90.4MPa。

7.2.3　灰岩卸荷—流变力学模型

以乌东德水电站坝址区域高陡边坡灰岩为研究对象，结合分数阶微积分理论和非线性流变模型元件建立灰岩卸荷—流变力学模型，引入(1－K)因量模拟灰岩在卸荷—流变过程中的损伤特性，再通过反向推算或曲线拟合的方法辨识模型参数。

7.2.3.1　灰岩分数阶卸荷—流变本构模型

(1)灰岩卸荷—流变特征分析

以 0.01MPa/s 卸荷速率和应力水平 89.8MPa 的灰岩试样卸荷—流变曲线为例分析，各级卸荷—流变曲线关系见图 7.2-19。

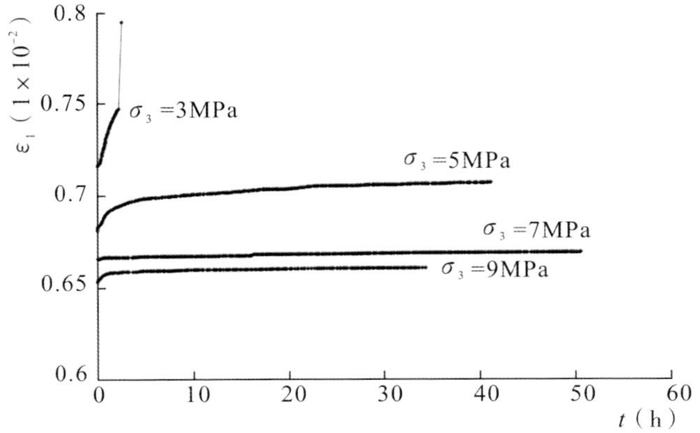

图 7.2-19　在特定条件下灰岩各级卸荷—流变曲线

由图 7.2-19 可以得出：

①卸除围压后，各级流变曲线间都会出现一个明显的瞬时应变。

②试样在流变过程中应变随时间非线性增大，应变增量先增大后保持稳定。

③初期流变阶段，岩石主要表现为典型的减速和稳定流变特征，应变随时间先快速增加而后趋于稳定；到了流变后期，试样流变速率开始增加，瞬时应变也逐渐增大，表现为典型的加速流变阶段特征。

可见，偏应力较低时，灰岩表现为典型的黏弹性材料，此时流变本构模型至少应包括黏性和弹性模型元件；到了卸荷后期，灰岩表现为非线性的黏塑性材料，所以此时建立的灰岩卸荷—流变本构模型应包括黏性、弹性、塑性 3 类模型元件。

(2)灰岩卸荷—流变本构模型分析

结合灰岩卸荷—流变各级变形规律，引入一个因子$(1-K)$以模拟损伤弹性体中的损伤变量，模拟岩石在流变过程中的损伤特性，将相关元件串联后组成分数阶导数灰岩卸荷—流变本构模型，即损伤弹性体、分数阶黏弹性元件和分数阶黏塑性元件组成的力学模型(图 7.2-20)。

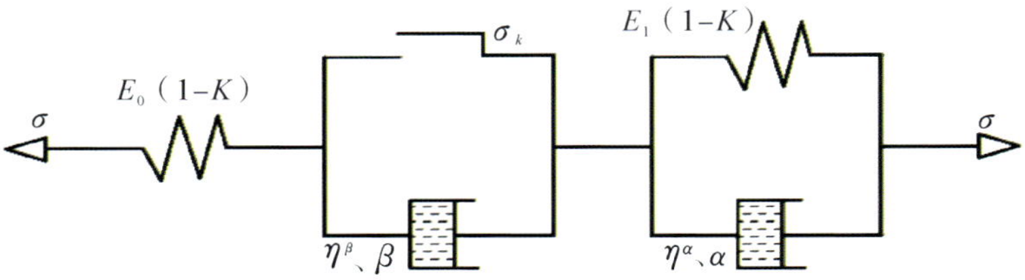

图 7.2-20　灰岩卸荷—流变本构模型

K. 损伤系数；E_0. 弹性模量，MPa

图 7.2-20 所示灰岩卸荷—流变力学本构模型使用分数阶微积分，避免了整数阶导数描述不准确、元件冗杂的缺点，使该模型更适合描述硬质岩石在不同卸荷—流变阶段的流变特性。该组合力学模型的本构关系分析如下。

1)损伤弹性体 $\sigma-\varepsilon$ 方程

由胡克定律，设 E_0 表示损伤弹性体弹性模量，得到损伤弹性体流变本构方程：

$$\varepsilon_v(m)=\frac{\sigma}{E_0(1-k)}=\frac{\sigma}{E_0\,\mathrm{e}^{-\lambda m}} \tag{7.2-4}$$

其中，将相关系数$(1-k)$用指数函数$\mathrm{e}^{-\lambda m}$表示，以模拟弹性体在弹性应变时的指数级变化。

2)分数阶损伤黏弹性体 $\sigma-\varepsilon$ 方程

$$\sigma=\eta^a\,\mathrm{e}^{-\lambda t}\,\frac{\mathrm{d}^a\left[\varepsilon_{ve}(m)\right]}{\mathrm{d}m^a}+E\,\mathrm{e}^{-\lambda t}\varepsilon_{ve}(m) \tag{7.2-5}$$

将 $\varepsilon_{ve}(m)$ 单独放在等式一边表示，整理后得：

$$\varepsilon_{ve}(m)=\frac{\sigma}{\eta^{a}}\mathrm{e}^{\lambda m}\int_{0}^{m}\mathrm{e}^{-\lambda\tau}\tau^{\alpha-1}\sum_{i=0}^{\infty}\frac{\left(\frac{E_1}{\eta^{a}}\right)^{i}\tau^{\alpha i}}{\Gamma(i\alpha+\alpha)}\mathrm{d}\tau \quad (7.2\text{-}6)$$

式中：η^a——黏弹性体黏性系数，MPa · h。

式(7.2-6)即为分数阶黏弹性流变本构方程。

3)分数阶损伤黏塑性体 $\sigma-\varepsilon$ 方程

设滑块摩擦力为 σ_f(MPa)，岩石长期强度为 σ_c(MPa)，则

$$\sigma_f=\begin{cases}\sigma & (\sigma<\sigma_c)\\ \sigma_c & (\sigma\geqslant\sigma_c)\end{cases} \quad (7.2\text{-}7)$$

由串联组合模型特性可推得：

$$\sigma=\sigma_n+\sigma_f \quad (7.2\text{-}8)$$

此时，当 $\sigma<\sigma_c$，由以上两式可知 $\varepsilon_f=0$。

当 $\sigma\geqslant\sigma_c$，有

$$\frac{\mathrm{d}^{\beta}[\varepsilon_{vp}(m)]}{\mathrm{d}m^{\beta}}=\frac{\sigma-\sigma_c}{\eta^{\beta}}\mathrm{e}^{am} \quad (7.2\text{-}9)$$

将式(7.2.9)用拉普拉斯变换后逆变换，可得到分数阶黏塑性材料流变方程式，即

$$\varepsilon_{vp}(m)=\frac{\sigma-\sigma_c}{\eta^{\beta}}m^{\beta}\sum_{i=0}^{\infty}\frac{(am)^{i}}{\Gamma(i+1+\beta)} \quad (7.2\text{-}10)$$

综上，由于3个元件是串联状态，根据力学模型元件连接性质，灰岩卸荷—流变本构模型可以用式(7.2-11)表示，即

$$\varepsilon(m)=\varepsilon_v(m)+\varepsilon_{ve}(m)+\varepsilon_{vp}(m) \quad (7.2\text{-}11)$$

结合式(7.2-4)、式(7.2-6)、式(7.2-10)，带入式(7.2-11)中可得根据分数阶导数推导的灰岩卸荷—流变本构模型方程：

$$\begin{cases}\varepsilon(m)=\dfrac{\sigma}{E_0\,\mathrm{e}^{-am}}+\dfrac{\sigma}{\eta^{\alpha}}\mathrm{e}^{am}\displaystyle\int_0^m\mathrm{e}^{-am}\tau^{\alpha-1}\sum_{i=0}^{\infty}\frac{\left(\frac{E_1}{\eta^{a}}\right)^{i}\tau^{\alpha i}}{\Gamma(i\alpha+\alpha)}\mathrm{d}\tau & (\sigma<\sigma_c)\\[2ex] \varepsilon(m)=\dfrac{\sigma}{E_0\,\mathrm{e}^{-am}}+\dfrac{\sigma}{\eta^{\alpha}}\mathrm{e}^{am}\displaystyle\int_0^m\mathrm{e}^{-am}\tau^{\alpha-1}\sum_{i=0}^{\infty}\frac{\left(\frac{E_1}{\eta^{a}}\right)^{i}\tau^{\alpha i}}{\Gamma(i\alpha+\alpha)}\mathrm{d}\tau+\dfrac{\sigma-\sigma_c}{\eta^{\beta}}m^{\beta}\sum_{i=0}^{\infty}\frac{(am)^{i}}{\Gamma(i+1+\beta)} & (\sigma\geqslant\sigma_c)\end{cases}$$

(7.2-12)

(3)三维应力应变下的卸荷—流变本构模型

弹塑性材料在三维应力状态下的应力、应变张量分别为：

应力张量

$$\sigma_{ij}=S_{ij}+\delta_{ij}\sigma_m \quad (7.2\text{-}13)$$

应变张量

$$\varepsilon_{ij}=S_{ij}+\delta_{ij}\varepsilon_m \quad (7.2\text{-}14)$$

式中：σ_m——应力球张量，MPa，$\sigma_m=\frac{1}{3}\sigma_{ii}$；

S_{ij}——应力偏张量，MPa；

ε_m——应变球张量，$\varepsilon_m=\frac{1}{3}S_{ii}$；

e_{ij}——应变偏张量。

因为有

$$\sigma_m=3K\varepsilon_m;S_{ij}=2Ge_{ij} \tag{7.2-15}$$

$$G=\frac{E}{2(1+\nu)};K=\frac{E}{3(1-2\nu)} \tag{7.2-16}$$

式中：G——剪切模量，MPa；

K——体积模量，MPa；

ν——泊松比。

联立式(7.2-15)和式(7.2-16)，可以得到损伤弹性体、分数阶黏弹性体和分数阶黏塑形体的应变方程。

1)损伤弹性体应变方程

$$\varepsilon_{ij}=\left[\frac{1}{2G}S_{ij}+\frac{1}{3K}\sigma_m\delta_{ij}\right]\mathrm{e}^{at} \tag{7.2-17}$$

2)分数阶黏弹性体应变方程

$$\varepsilon_{ij}^{d}=\frac{S_{ij}}{2N}\mathrm{e}^{at}\int_0^t\mathrm{e}^{-at}\tau^{\alpha-1}\sum_{i=0}^{\infty}\frac{\left(\frac{G}{N}\right)^k\tau^{ak}}{\Gamma(k\alpha+\alpha)}\mathrm{d}\tau \tag{7.2-18}$$

3)分数阶黏塑形体应变方程

定义一个屈服函数 L，令

$$L=\sqrt{J_2}-\frac{\sigma_s}{\sqrt{3}} \tag{7.2-19}$$

则应变方程可写为：

$$\varepsilon_{ij}^{q}=\begin{cases}0 & (L<0)\\ \frac{1}{2N_1}\left[\frac{L}{L_0}\right]^m\frac{\partial L}{\partial\sigma_{ij}}t^{\beta}\sum_{i=0}^{\infty}\frac{(at)^i}{\Gamma(i+1+\beta)} & (L\geqslant 0)\end{cases} \tag{7.2-20}$$

式中：H——三维分数阶黏滞系数；

L_0——L 函数的初始值；

J_2——应力偏量，MPa；

N_1——三维黏性系数。

室内试验由于设备技术等原因，大多为假三轴试验，即 $\sigma_Y=\sigma_Z$，可以定义屈服函数 L 初始值为 1，则令 $m=1$ 时，常规三轴流变试验本构方程可写成：

$$\begin{cases}\sigma_m<\sigma_s,\varepsilon(t)=\left(\dfrac{\sigma_1+2\sigma_3}{9K}+\dfrac{\sigma_1-\sigma_3}{3G}\right)\mathrm{e}^{at}+\dfrac{\sigma_1-\sigma_3}{3H}\ \mathrm{e}^{at}\displaystyle\int_0^t \mathrm{e}^{-at}\tau^{\alpha-1}\sum_{i=0}^{\infty}\dfrac{\left(\dfrac{G}{H}\right)^k\tau^{\alpha k}}{\Gamma(k\alpha+\alpha)}\mathrm{d}\tau \\ \sigma_m\geqslant\sigma_s,\varepsilon(t)=\left(\dfrac{\sigma_1+2\sigma_3}{9K}+\dfrac{\sigma_1-\sigma_3}{3G}\right)\mathrm{e}^{at}+\dfrac{\sigma_1-\sigma_3}{3H}\ \mathrm{e}^{at}\displaystyle\int_0^t \mathrm{e}^{-at}\tau^{\alpha-1}\sum_{i=0}^{\infty}\dfrac{\left(\dfrac{G}{H}\right)^k\tau^{\alpha k}}{\Gamma(k\alpha+\alpha)}\mathrm{d}\tau \\ +\dfrac{\sigma_1-\sigma_3-\sigma_s}{6H_1}t^{\beta}\displaystyle\sum_{i=0}^{\infty}\dfrac{(at)^k}{\Gamma(k+1+\beta)}\end{cases}$$

(7.2-21)

7.2.3.2 力学模型参数辨识

拟定灰岩流变的参数辨识步骤如下：选定一个样本，将黏弹塑性元件体模型与灰岩卸荷—流变试验曲线特征结合，建立符合要求的力学模型；使用优化理论方法确认模型拟合的参数，看其是否与试验曲线相符。

灰岩卸荷—流变力学模型（式(7.2-12)）参数包括 E、E_0、η^{α}、η^{β}、a、α、β，其中，对于损伤弹性体变量参数 α，当应力水平小于长期强度时，α 取值 $0.00001\mathrm{h}^{-1}$，当应力水平大于长期强度时，α 取值 $0.00005\mathrm{h}^{-1}$。

求解过程如下：

(1)建立函数式

$$L(x)=\sum_{i=1}^{C}e_i^2(E,E_0,\eta^{\alpha},\eta^{\beta},\alpha,\beta) \tag{7.2-22}$$

$$\varepsilon_k(E,E_0,\eta^{\alpha},\eta^{\beta},\alpha,\beta)=\sum_{i=1}^{c}\{\varepsilon_i-\varepsilon(t_i)\}^2 \tag{7.2-23}$$

式中：ε_k——最小二乘法拟合误差；

ε_i、t_i——i 时刻岩石应变和时间点；

C——数据对个数；

e_i——残差向量。

(2)定义目标函数式

首先令一个雅可比矩阵 N，使其等于残差向量矩阵的转置；然后写一个定义目标函数值 Z_k 的数据搜索方程式，即

$$-[N^{\mathrm{T}}(Z_k)N(Z_k)+\lambda_k E_K^{\mathrm{T}}E_K](Z_{k+1}-Z_k)=N(Z_k)^{\mathrm{T}}r_i \tag{7.2-24}$$

又有

$$Z_k=(E^k,E_0^k,\eta^{\alpha k},\eta^{\beta k},\alpha^k,\beta^k)^{\mathrm{T}}=\sum_{i=1}^{C}\{\varepsilon_i-\varepsilon(t_i)\}^2 \tag{7.2-25}$$

式中：k——迭代次数。

(3)求解步骤

使用 Matlab 软件中的 L—M 法加全局优化法求解，操作如下：

①令 $i=0$，确定初始值 Z_i；

②将 Z_i 分别带入式(7.2-24)，得到 $N(Z_i)$、$N^{\mathrm{T}}(Z_i)$、$r(Z_i)$；

③计算 $S_{i+1}=-[N^{\mathrm{T}}(Z_i)N(Z_i)+\lambda E_i^{\mathrm{T}}E_i]^{-1}\cdot N(Z_i)^{\mathrm{T}}r(Z_i)$；

④若 $Z_{i+1}=Z_i+S_{i+1}$ 则满足条件，否则令 $i=i+1$ 后继续计算。

以卸荷速率 0.01MPa/s、初始应力水平 89.8MPa 下的灰岩卸荷—流变试验数据为例。已知其长期强度为 81.4MPa，对灰岩轴向和侧向流变进行拟合。拟合结果见表 7.2-6 和表 7.2-7，模型拟合曲线和试验曲线见图 7.2-21 和图 7.2-22。

表 7.2-6　　灰岩卸荷—流变轴向应变参数辨识

$\sigma_1-\sigma_3$ (MPa)	E (MPa)	E_0 (MPa)	η^α (MPa·h)	α	η^β (MPa·h)	β	R^2
80.80	137.09	4837.18	21895.65	0.073	\	\	0.9994
82.80	144.66	5325.92	27694.84	0.143	\	\	0.9892
84.80	131.82	143.87	313.59	0.018	22.83	0.033	0.9967
86.80	138.45	1516.42	6891.57	0.095	247.93	0.014	0.8547
平均	138.00	2955.85	14198.91	0.082	135.38	0.024	\

表 7.2-7　　灰岩卸荷—流变侧向应变参数辨识

$\sigma_1-\sigma_3$ (MPa)	E (MPa)	E_0 (MPa)	η^α (MPa·h)	α	η^β (MPa·h)	β	R^2
80.80	627.87	74.91	24599.43	0.284	\	\	0.9991
82.80	541.64	219.66	154.87	0.006	\	\	0.9946
84.80	439.57	42.39	873.46	0.129	282.73	0.120	0.9999
86.80	325.32	84.73	14260.82	0.263	519.26	0.213	0.8897
平均	483.60	105.42	9972.15	0.171	401.00	0.167	

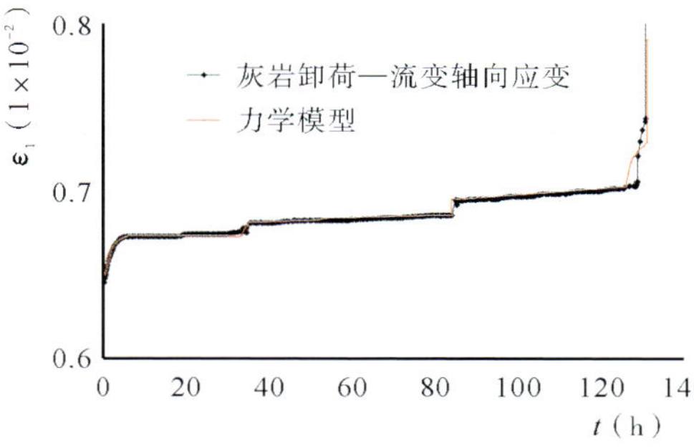

图 7.2-21　灰岩卸荷—流变轴向应变曲线簇

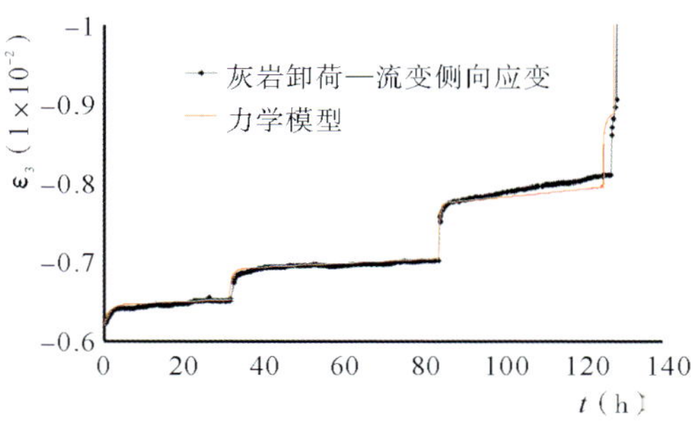

图 7.2-22　灰岩卸荷—流变侧向应变曲线簇

由图 7.2-21 和图 7.2-22 可知，建立的模型拟合曲线能大致符合灰岩卸荷—流变轴向试验曲线特征，在流变的 3 个阶段都可以反映出岩石实际的流变特性。由此可以认为，该力学模型符合灰岩卸荷—流变变形破坏过程。

7.2.3.3 参数敏感性分析

结合表7.2-6，将σ=86.8MPa、E=138.45MPa、E_0=1516.42MPa及η^{α}=6891MPa·h、η^{β}=247.93MPa·h、α=0.095、β=0.014代入本构方程式(7.2-21)，改变其中一个参数，查看各个参数对模型的影响程度。

(1)初始应力水平σ的影响

设定不同应力水平，使σ=82.8MPa、83.8MPa、84.8MPa、85.8MPa、86.8MPa，得到相应条件下岩石的卸荷—流变曲线(图7.2-23)。不难发现，初始偏应力越高，应变也越大，同时减速—稳定流变也越早结束，加速流变阶段更快到来。

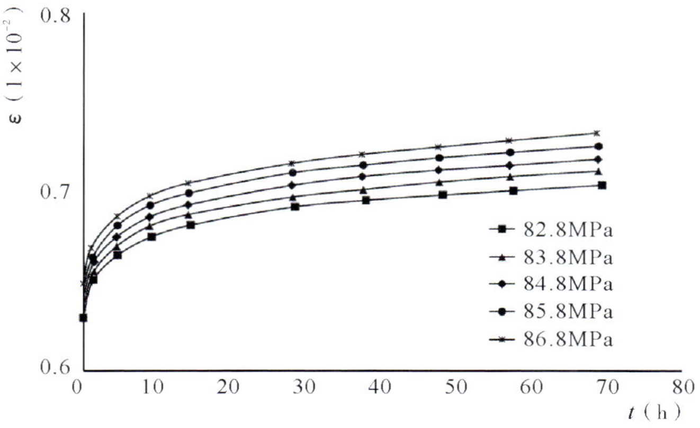

图7.2-23 不同应力水平卸荷—流变曲线

(2)分数阶导数α的影响

设定不同分数阶导数α，使α=0.1、0.3、0.5、0.7、0.9，得到一簇不同α值下的卸荷—流变曲线(图7.2-24)。可见，卸荷—流变曲线与α值呈非线性增长趋势，在α<0.5时，应变增量先增大后稳定减小，在α>0.5时，应变增量先增大后急剧减小，即当α值越大时，其稳定流变阶段越短，也越难反映加速流变阶段试样变形特征，说明分数阶黏弹性体无法反映加速阶段岩石流变变形情况

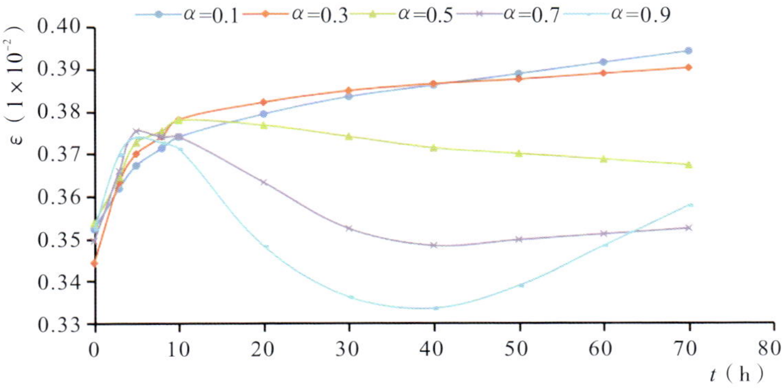

图7.2-24 不同导数α值卸荷—流变曲线

(3)分数阶导数 β 的影响

设定不同分数阶导数 β,使 $\beta=0.005$、0.01、0.015、0.02、0.025,得到一簇不同 β 值下的卸荷—流变曲线,见图 7.2-25。可见分数阶黏塑性体可以反映岩石 3 个流变阶段的变形过程,β 值越大,试样平均流变速率也越大,稳定流变时长越短,进入加速流变期时间越短。

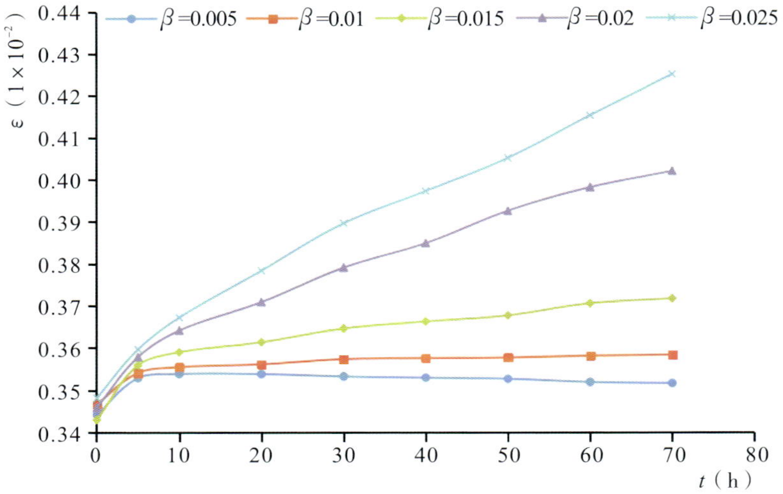

图 7.2-25 不同导数 β 值卸荷—流变曲线

由图 7.2-25 可知,灰岩卸荷—流变过程主要受 3 个参数的影响,即初始应力水平 σ、黏弹性分数阶导数 α、黏塑性分数阶导数 β。初始应力水平 σ 对灰岩在减速—稳定流变阶段以及进入加速流变阶段的时间有较大影响;分数阶导数 α、β 主要影响灰岩卸荷—流变不同阶段时期应变变形和平均流变速率。

7.3 高陡边坡开挖卸荷区划分方法研究

7.3.1 高陡边坡开挖卸荷理论与方法

7.3.1.1 高陡岩质边坡开挖卸荷理论

随着沟谷的下切,斜坡岩体发生卸荷作用,在斜坡岩体的一定范围内形成卸荷松动区。斜坡岩体的卸荷深度和卸荷强度与地质构造、岩石类型、斜坡高度、沟谷下切过程、地应力场等因素有关。研究表明,伴随河谷下切,谷坡以岩体结构的表生改造方式释放应力、达到新的平衡状态,以原有结构面体系复活和新生破裂体系两种形式形成谷坡卸荷裂隙带。

工程研究一般将自然边坡卸荷划分为强卸荷、弱卸荷和集中卸荷 3 种类型,对应有强卸荷带、弱卸荷带和集中卸荷带 3 种表现形式。其中前两者是正常卸荷的范畴,后者则是近年来在西南地区高山峡谷中揭露的一种特例。自然边坡卸荷带通常划分为强卸荷带和弱卸荷带。划分的方法有定性和定量两种，野外宏观地质调查见到的卸荷岩体发育的特征和表象为定性划分提供了依据，而在此基础上量测得到的各种物理指标如裂隙发育程度、节理开度、纵波速度、岩体卸荷回弹值及岩体的密度等则为定量划分提供了依据。

开挖卸荷岩体力学理论包括工程地质条件、岩体质量评价方法、岩体卸荷力学特性及力学参数的确定方法、卸荷岩体的力学模型、卸荷岩体稳定分析方法、工程结构与岩体相互作用、卸荷岩体的加固理论与方法、卸荷岩体的施工方法与过程模拟、卸荷岩体安全监测、卸荷岩体多场耦合作用等。

(1)工程地质条件研究

工程地质条件研究是卸荷岩体力学研究的基础，主要是研究卸荷岩体的地质背景、地质构造、构造特征、地质环境等工程地质条件，包括岩体结构构造、地应力、地下水、结构面特性等。尤其是地应力和结构面的工程特性(即工程优势面)，这是影响卸荷岩体力学特征、卸荷程度、卸荷区大小，以及岩体稳定性十分重要的因素之一，是卸荷岩体力学研究的必要条件。

(2)岩体质量评价方法

岩体质量评价是掌握卸荷岩体质量状况及其力学特性的基础，常规的岩体质量评价方法，也称其为工程岩体分类方法。该方法重点是在现有的工程岩体分类的基础之上，主要研究岩体在开挖卸荷条件下的质量评价体系，比如国际上常在RMR(Rock Mass Rating)工程岩体分类系统中，引进卸荷程度对岩体质量影响这一因素，来研究岩体考虑卸荷损伤的RMR工程岩体分类法及其改进。

(3)卸荷岩体力学特性及力学参数的确定方法

卸荷岩体力学特性及力学参数研究是卸荷岩体力学研究的重要基础，通过室内外岩石试验、数值模拟、地球物理等方法和手段，重点研究岩体在卸荷条件下的力学特性及其相关参数，包括卸荷岩体力学特性的应力应变关系、变化规律、各向异性、尺寸效应、损伤特性、流变变形等问题，也包括岩体试验、模拟试验、数值仿真等方法的研究。同时，在研究各类岩体宏观力学参数，尤其是卸荷条件下力学参数的确定方法和岩体的宏观力学参数，包括多尺度裂隙岩体的力学参数确定等方面，提出了一些实用的方法。

(4)卸荷岩体的力学模型

卸荷岩体的力学模型研究包括卸荷岩体本构关系、卸荷屈服准则、卸荷强度理论等，能否较为准确地描述卸荷岩体的本质关系是关键，涉及力学理论的描述是否与实际情况一致。也就是要建立起描述岩体在卸荷条件下的应力应变关系、屈服准则、强度准则等问题。除了常规的弹性、弹塑性本构模型外，更重要的是探讨非线性力学模型、流变模型、损伤模型、各向异性非线性模型等。研究和探讨正交各向异性弹性、正交各向异性非线性弹性、弹塑性损伤、蠕变损伤、脆弹塑性等力学模型，这些内容是进行卸荷岩体稳定分析的基础。

(5)卸荷岩体稳定分析方法

岩体稳定性分析有多种多样的方法，目前应用比较多的主要有两类：一类是数值分析方法，另一类是极限平衡分析方法。前者比较好地描述了岩体的应力应变分布，从而了解整个岩体的受力状况，但一般不知道整体的安全性如何；后者则是岩体的一个总体的安全性概念，不清楚岩体的应力分布状况。前者也有学者进行了改进，提出了安全系数的概念，比如有限元强度折减法、容重增加法等，有效解决了安全系数等问题。后者的方法很多，如条分法、Bishop法、Janbu法、Morgenstern-Price法、Spencer法、Sarma法等。卸荷岩体力学研究中应用得比较多的是数值分析方法，而且是有限元法，其他方法也尝试过考虑。运用有限元法进行卸荷岩体稳定性分析时，要根据岩体的卸荷状况对岩体进行分区，其力学参数是根据各区岩体的卸荷状况，选用相对应的力学参数来进行分析。计算中，总结了一套有效的分析方法——卸荷岩体分析的基本方法。这种分析方法比较适合卸荷岩体的实际情况。其他数值方法，如离散元法、边界元法、流形元法和差分法等也在卸荷岩体力学中得到了应用。

(6)工程结构与岩体相互作用

水利水电工程的一个显著特点是岩体工程与水工建筑物密切相连。衬砌式船闸的衬砌结构与边坡连接，边坡岩体不但要承担由于岩体开挖带来的应力变化作用，还要承担衬砌结构传递过来的应力作用，经历了开挖卸荷—承荷这样复杂的作用过程，也就是说，这类边坡岩体是多种作用的叠加和演化。换句话说，边坡岩体的工作状态直接影响到结构的应力状态及其安全。实际上结构与边坡是相互作用的，并且岩体的受力过程十分复杂，同时也会导致结构受力过程的复杂性。因此，工程结构与边坡的相互作用在卸荷岩体力学中是一个非常重要的问题。

(7)卸荷岩体的加固理论与方法

岩体开挖卸荷后，一般需要提供外加的支护，才能使得岩体维持稳定。传统的加固理论与方法值得商榷。卸荷岩体加固的时间、部位、措施是一个值得研究的课题。由于岩体的卸荷有一个过程，不同的加固时间，所需的支护不同。不同的加固部位，支护的效果不同。相同的加固条件，具体措施的支护效果有很大的差异。并且不同的岩体工程结构，加固的方式方法有异。因此，卸荷岩体的加固理论和方法与传统的加固理论和方法是有差别的。卸荷岩体的加固理论与方法研究还涉及加固技术本身的研究和多层面的优化问题、卸荷岩体稳定的安全性与经济性评价问题等。同时，岩体加固数值模拟分析中的许多问题，如锚杆锚索的模拟、预应力的模拟、参数选取等都需要进一步改进。

(8)卸荷岩体的施工方法与过程模拟

开挖是导致卸荷岩体最直接、最主要的因素。由于岩体并非理想弹性体,而是弹塑性体,且伴有流变等特性,岩体的开挖直接影响到卸荷岩体的力学状态。岩体开挖的施工方法与施工过程不同,岩体所承受的荷载作用过程和结果不同。卸荷岩体承受不同的荷载作用,所展现出的岩体力学性质不同,从而直接影响到岩体的安全稳定性。因此,卸荷岩体的施工方法与过程模拟研究是卸荷岩体力学研究必不可少的内容之一。这个方向包括多个方面:一是岩体的施工方法研究;二是岩体的施工过程仿真模拟研究;三是施工过程的岩体稳定性研究。从某种程度来讲,它是一种应力路径影响问题。

(9)卸荷岩体安全监测

卸荷岩体中的不确定因素比较多,其地质条件和力学特性在研究阶段和工程建设阶段不可能了解得十分清楚,还需要通过对岩体布置监测网来监测了解岩体的变形和应力情况,通过监测到的数据来综合判断其稳定性。因此,对岩体进行监测是必不可少的。研究内容分为3个方面:一是监测技术;二是监测结果的分析,包括反分析;三是反馈设计和预测。前者发展十分迅速,由常规的多点位移计、倾斜仪等,发展到了光纤传感技术、GPS技术等。后两者的发展也是同样迅速,许多新的理论用于数据处理和变形的预报预测,在反馈设计和预测位移方面起到了十分重要的作用。

(10)卸荷岩体多场耦合作用

卸荷岩体本身是一个复杂的系统,涉及岩性、结构面及其组合、结构面性质等方面。除了力的作用外,岩体的开挖卸荷使其力学特性变得更加复杂与多变,影响因素增多。此外,尚有渗流、温度、动力、化学等多个因素作用,卸荷岩体所承受的作用往往是多个因素作用的组合,比如应力和渗流、渗流与温度等两场耦合问题,应力、渗流和温度三场耦合问题等。因此,对卸荷岩体进行多个因素的耦合分析,尤其是卸荷与其他因素的耦合分析是十分必要的,这种考虑可能更加符合卸荷岩体的实际情况。

7.3.1.2 高陡岩质边坡开挖卸荷岩体分析方法

卸荷岩体力学研究涉及多个学科,比如工程地质、勘测技术、工程力学、工程结构和施工、工程数学、计算机和经济学等。这些学科既相互关联又相互制约,卸荷岩体力学问题的解决需要多学科交叉与协同攻关。无论是研究内容的安排,还是工程问题的解决,都需要系统地设计与考虑。因此,卸荷岩体力学研究是一个典型的系统工程问题。

在实际工程中,卸荷岩体力学问题需要用系统工程的原理与方法来研究,卸荷岩体分析方法见图7.3-1。

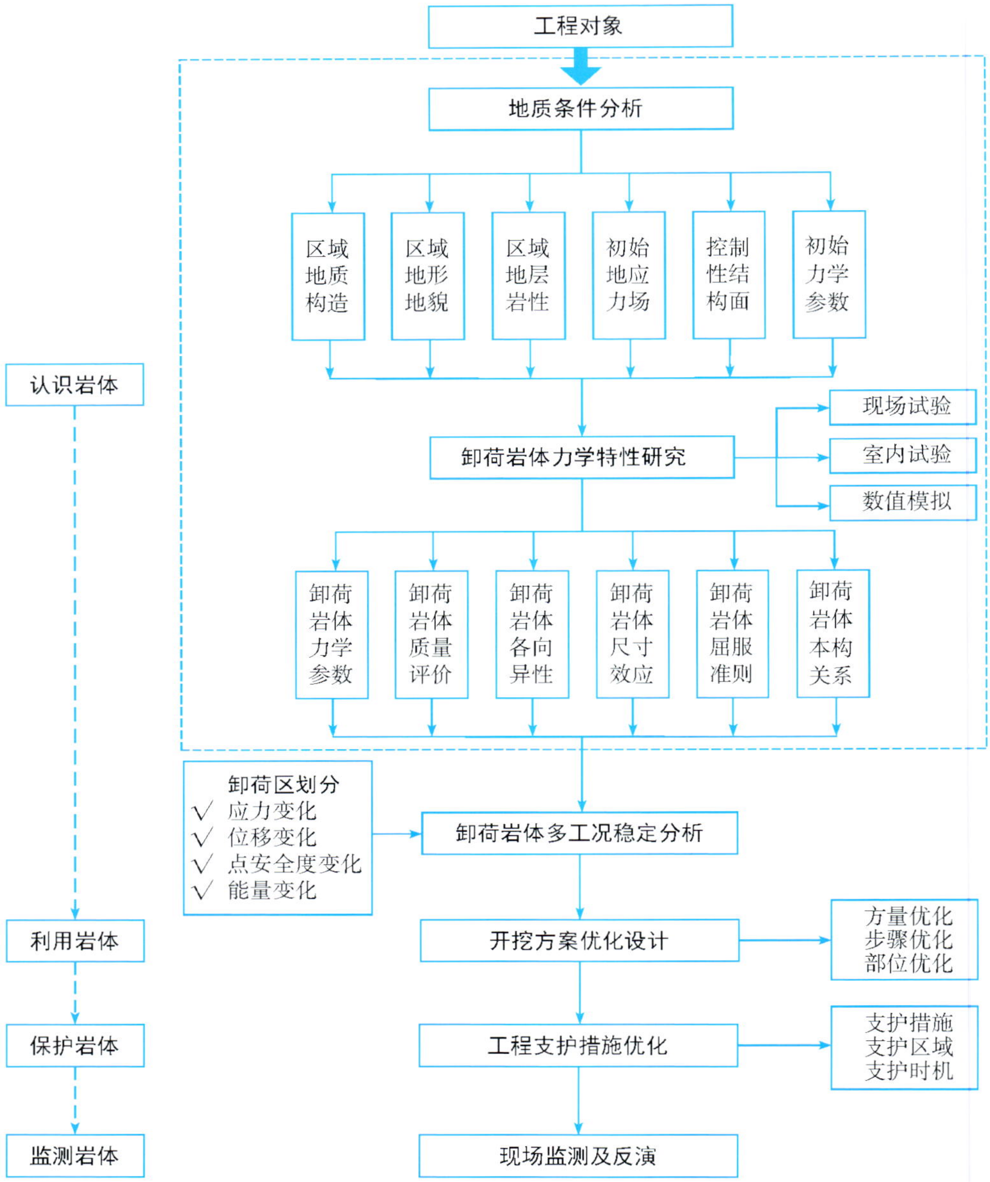

图 7.3-1　卸荷岩体分析方法框图

7.3.1.3　高陡边坡开挖卸荷区划应力分析法

边坡开挖后，岩体初始应力平衡状态被打破，通过应力调整建立新的平衡状态，且随着开挖施工的进行，初始应力场不断受到扰动与调整，其扰动与调整程度随边坡开挖距离（空间）的变化而变化。

研究边坡在开挖前后不同应力的变化特征时采用的具体计算步骤如下：①建立边坡的力学模型；②计算岩体初始应力场；③计算开挖边界释放荷载；④计算开挖后的应力场；⑤比较开挖前后的应力场，计算卸荷率并以此划分卸荷区；⑥重复②③④⑤，直到边坡开挖完成，其中②③④均按常规加载岩体力学理论进行计算，见图 7.3-2。

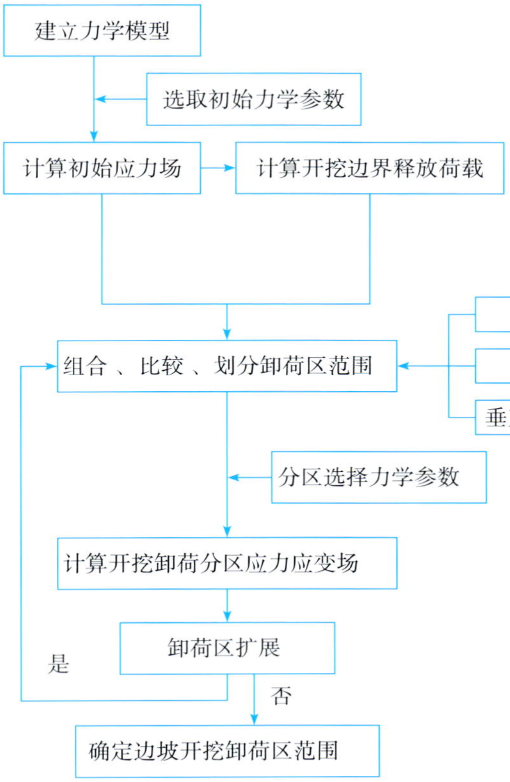

图 7.3-2　应力分析法计算步骤

第一主应力、第三主应力、水平向应力和竖直向应力卸荷率计算方法如下：

$$\eta=\frac{\sigma_0-\sigma_1}{\sigma_0} \tag{7.3-1}$$

式中：σ_0——开挖前应力，MPa；

σ_1——开挖后边坡岩体应力，MPa。

垂直坡面方向应力卸荷率计算方法如下，首先根据式(7.3-2)计算垂直坡面方向应力(图 7.3-3)：

$$\sigma_0=\frac{1}{2}(\sigma_x+\sigma_y)+\frac{1}{2}(\sigma_x-\sigma_y)\cos2\alpha+\tau_x\sin2\alpha \tag{7.3-2}$$

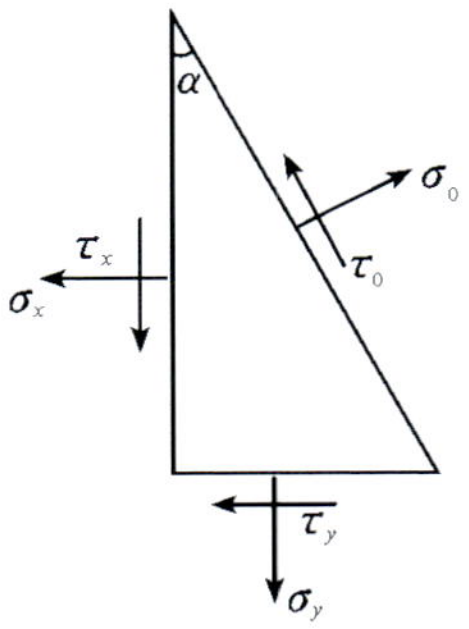

图 7.3-3　垂直坡面应力计算

式中：σ_x——开挖前水平向应力，MPa；

σ_y——开挖前竖直向应力，MPa；

σ_0——开挖前应力，MPa。

同理，得到开挖后垂直坡面方向应力 σ_1，根据式(7.3-1)计算卸荷率。

根据式(7.3-3)计算平均应力：

$$\sigma_m = \frac{1}{2}(\sigma_{s\min} + \sigma_{s\max}) \tag{7.3-3}$$

式中：$\sigma_{s\min}$——开挖前第三主应力，MPa；

$\sigma_{s\max}$——开挖前第一主应力，MPa；

σ_m——开挖前平均应力，MPa。

同理，得到开挖后平均应力 σ_m，根据式(7.3-1)计算卸荷率。

7.3.2 高陡边坡开挖卸荷效应数值分析

7.3.2.1 计算剖面选取

以我国西南某大型水电工程为研究背景，结合地质条件和工程布置，选取边坡典型剖面作为二维有限元计算剖面，选取原则是：①剖面所在位置应对工程具有重要作用；②坡面内部结构面简单，无断层、软弱带等影响卸荷区的发展。所选取剖面见图 7.3-4。

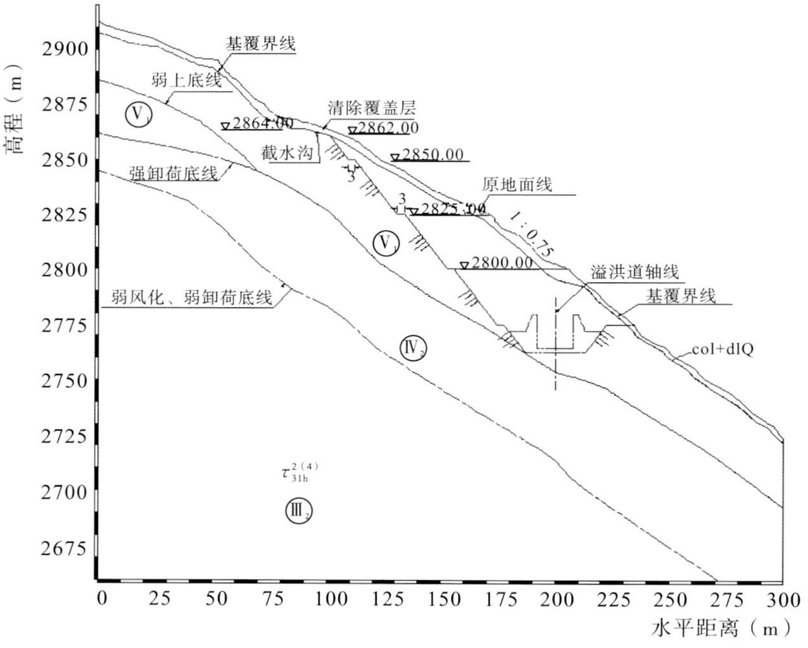

图 7.3-4 计算剖面图

7.3.2.2 计算参数取值

计算坡面岩土体主要分为两层：①覆盖层(col＋dlQ)，表现为松散堆积土；②岩体($T_3lh^{2(4)}$)，为粉砂质板岩夹绢云母板岩。同时，该部又分为强卸荷、弱上风化层(Ⅴ$_1$)，弱卸荷、弱风化层(Ⅳ$_2$)，以及新鲜岩体(Ⅲ$_2$)。通过室内试验、现场试验以及工程类比法，确定岩土体初始力学参数，见表 7.3-1。

表 7.3-1 岩土体初始力学参数表

岩类	变形模量 E_a (GPa)	泊松比 μ	φ(°)	c(MPa)	岩石干密度 ρ(g/cm³)
Ⅲ₂	7.5	0.28	40.4	0.85	2.82
Ⅳ₂	3	0.33	31.2	0.45	2.72
Ⅴ₁	1.85	0.38	26.4	0.12	2.70
col+dlQ	0.3	0.3	26.0	0.028	1.95

7.3.2.3 关键节点选取

根据模型以及岩体物理参数值，利用 FLAC-3D 中的摩尔—库伦准则模拟边坡初始地应力，得到开挖前坡体的第一主应力分布，并统计得到开挖前各关键点的第一主应力值 σ_0。按照 10m 一级进行分步开挖，直至 7 级开挖全部完成。关键节点位置见图 7.3-5。

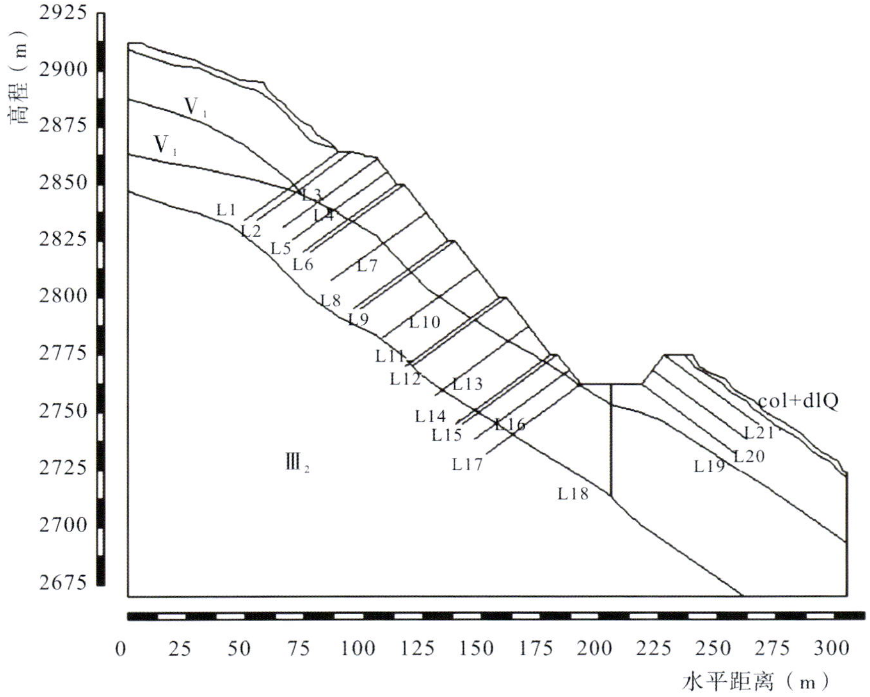

图 7.3-5 关键节点位置图

7.3.3 考虑应力的高陡边坡开挖卸荷区划分方法

7.3.3.1 边坡开挖前后应力变化及卸荷区划分

按照上述方案对坡体进行开挖模拟，得到坡体开挖前后第一主应力云图(图 7.3-6)。

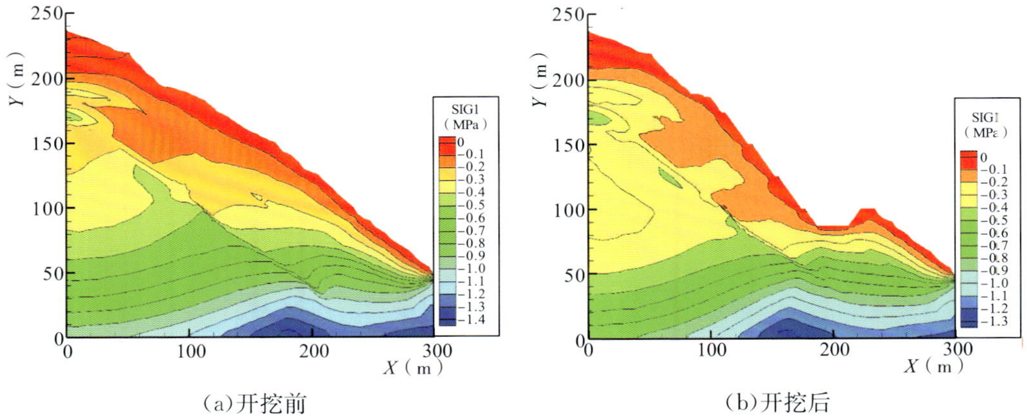

图 7.3-6　坡体开挖前后第一主应力云图

按式(7.3-1)计算卸荷率,得到各关键点的第一主应力卸荷率。将所得数据按小于30%、30%~50%、50%~80%和大于80%为标准分为4个部分,并将该范围内的区域分别定义为卸荷无影响区、微卸荷区、弱卸荷区和强卸荷区(图7.3-7)。

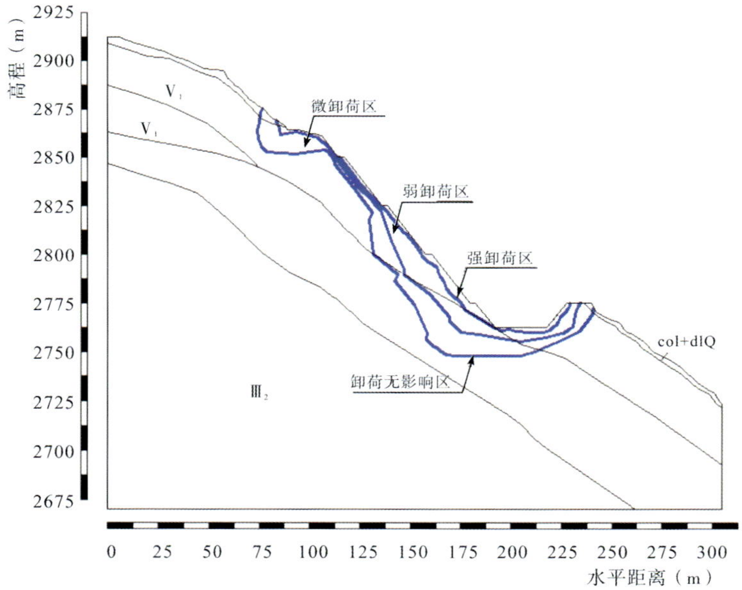

图 7.3-7　第一主应力划分卸荷区

综合上述分析可知:

①除第一、二开挖面上的L1~L3外,其他各线上的卸荷分区基本符合开挖方量越大,卸荷范围越广的规律。

②L1~L3所在位置开挖方量较小,而微卸荷区深度较大,与其他各处所示规律不符。该处异常可能是由下部坡体开挖,开挖面附近应力重分布引起的,在实际工程中对下部边坡稳定性的影响较小,故而不予考虑。

③强卸荷区的深度约为 3m；弱卸荷区基本位于 V_1 岩层内，仅第六、七开挖面附近深入 IV_2 岩层；微卸荷区深入 IV_2 岩层中，深度为 30～40m；开挖面垂直距离 50m 以外均为卸荷无影响区。

同理，根据第三主应力、水平向应力、竖直向应力、垂直坡面应力和平均应力水平的卸荷率进行卸荷区划分，见图 7.3-8。

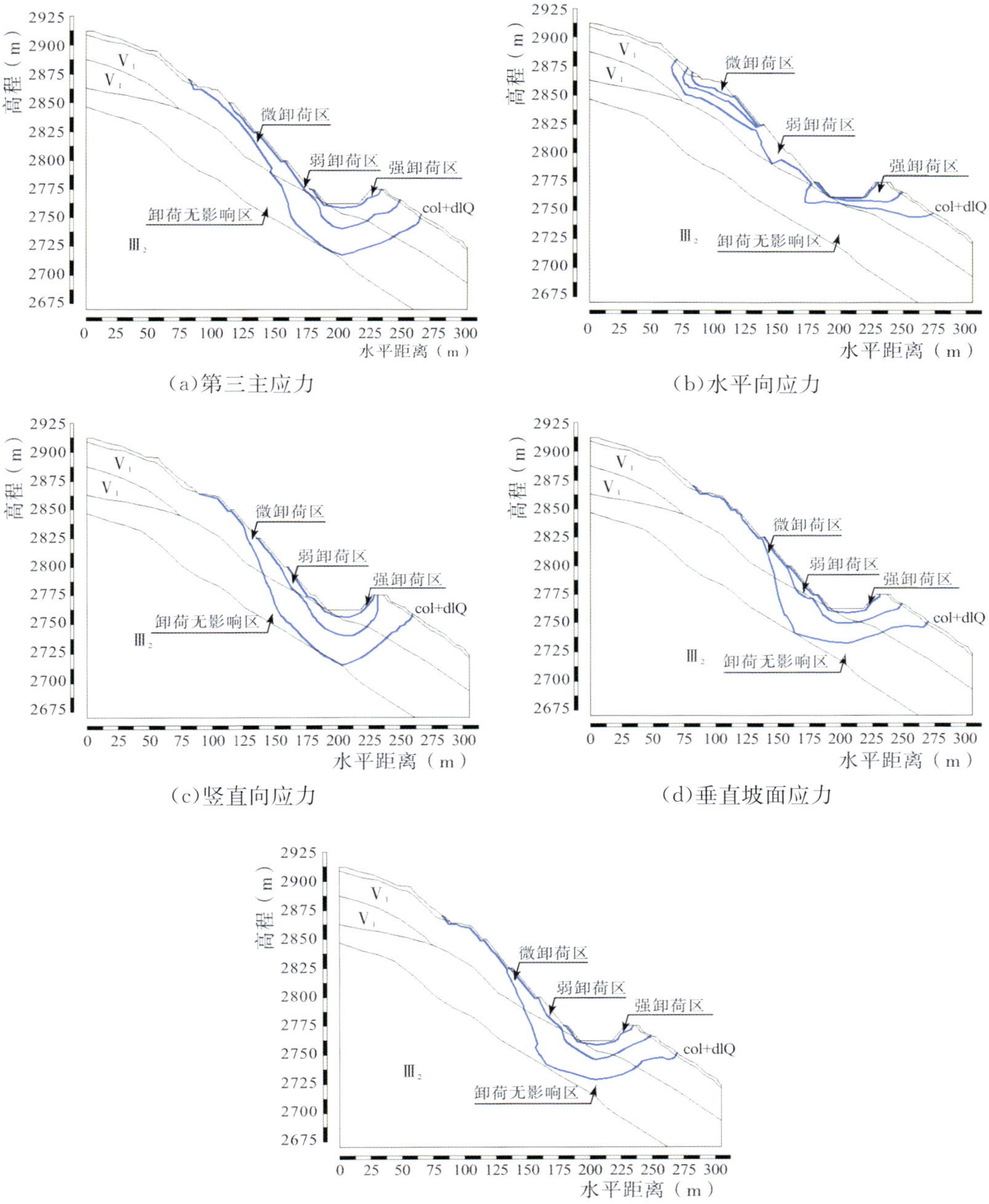

(a)第三主应力　(b)水平向应力　(c)竖直向应力　(d)垂直坡面应力　(e)平均应力

图 7.3-8　不同应力划分卸荷区

由于 FLAC-3D 中无法直接读取垂直坡面应力，分析时须转换。转换方法如下：

$$\sigma_0 = \frac{1}{2}(\sigma_x + \sigma_y) + \frac{1}{2}(\sigma_x - \sigma_y)\cos 2\alpha + \tau_x \sin 2\alpha \tag{7.3-4}$$

同样，FLAC-3D 中无法直接读取平均应力，故该应力须经转换获得。换算公示如下：

$$\sigma_m = \frac{1}{2}(\sigma_{s\min} + \sigma_{s\max}) \tag{7.3-5}$$

7.3.3.2 不同应力卸荷划分指标与声波衰减的关系

(1)单孔声波测试结果

采用建立在固体介质中弹性波传播理论基础上的钻孔法进行单孔测试，判断岩体强卸荷区的范围。在计算边坡 2800m 的高程长观孔 ZK03 平硐处进行了 7 次声波测试，该孔测试延续时间为 193 天，测试长度为 50m，判断岩体强卸荷区的范围。相关计算式如下。

声波速度 V_p 的计算方法：

$$V_p = \frac{\Delta L}{t_1 - t_2} \tag{7.3-6}$$

式中：ΔL——测试长度，m；

$t_1 - t_2$——测试时间差，s。

声波波速在不同深度处的衰减率计算方法：

$$q = \frac{v_1 - v_2}{v_1} \tag{7.3-7}$$

式中：v_1——初始速度，m/s；

v_2——末速度，m/s。

定义累计衰减率为不同深度上声波衰减率之和：

$$Q = \sum_{0}^{50} q_i \tag{7.3-8}$$

由式(7.3-6)、式(7.3-7)、式(7.3-8)计算得到平均声波速度及波速衰减率见表 7.3-2。

ZK03 长观孔可分为强卸荷、弱卸荷、微卸荷、卸荷无影响 4 个统计段，其中 0～5m 段强卸荷岩体波速累计衰减 4.3%，5.0～7.4m 段弱卸荷岩体波速累计衰减 3.5%，7.4～24.0m 段微卸荷岩体波速累计衰减 3.0%，24.0～50.0m 段卸荷无影响岩体波速累计衰减 1.5%(表 7.3-2)。

(2)卸荷深度与卸荷区的关系

由于声波测试长观孔 ZK03 结果来源于计算边坡高程 2800m 处，为方便对比，各应力卸荷区深度同样取自该处。根据各应力状态及波速变化下所得卸荷区深度，统计分析得不同卸荷划分指标下所得卸荷区深度见表 7.3-3。

表 7.3-2　　计算边坡 ZK03 长观孔单孔声波速度统计表

卸荷程度	分段(m)	第一次	第二次			第三次			第四次		
		波速(m/s)	波速(m/s)	天数	衰减(%)	波速(m/s)	天数	衰减(%)	波速(m/s)	天数	衰减(%)
强卸荷	0.0～5.0	2740	2697	34	1.6	2672	59	2.5	2655	92	3.1
弱卸荷	5.0～7.4	3240	3205		1.1	3181		1.8	3163		2.4
微卸荷	7.4～24.0	4522	4496		0.6	4467		1.2	4443		1.7
卸荷无影响	24.0～50.0	5451	5428		0.4	5401		0.9	5396		1.0
卸荷程度	分段(m)	/	第五次			第六次			第七次		
			波速(m/s)	天数	衰减(%)	波速(m/s)	天数	衰减(%)	波速(m/s)	天数	衰减(%)
强卸荷	0.0～5.0		2640	129	3.6	2633	153	3.9	2622	193	4.3
弱卸荷	5.0～7.4		3150		2.8	3141		3.1	3126		3.5
微卸荷	7.4～24.0		4425		2.1	4408		2.5	4386		3.0
卸荷无影响	24.0～50.0		5400		0.9	5382		1.3	5367		1.5

据表 7.3-3 可知，数值模拟计算得出的卸荷区范围均小于波速测试划分结果；数值模拟中不同卸荷划分指标的划分结果也有区别。采用最大主应力 s_{max} 为卸荷区划分标准时所得结果与波速测试结果最为接近，竖直向应力 s_{yy} 次之，后面依次为最小主应力 s_{min}、水平向应力、平均应力、垂直坡面应力。

表 7.3-3　　不同卸荷划分指标下所得卸荷区深度　　（单位：m）

位置	卸荷划分指标	强卸荷	弱卸荷	微卸荷	卸荷无影响
L11/ ZK03	第一主应力	1.88	13.27	17.09	>17.09
	第三主应力	1.20	1.89	11.40	>11.40
	水平向应力	0.99	1.37	15.20	>15.20
	竖直向应力	1.35	2.87	18.81	>18.81
	垂直坡面应力	0.86	1.33	13.27	>13.27
	平均应力	0.96	1.88	13.27	>13.27
	声波	5.00	7.40	24.00	>24.00

将各不同卸荷划分指标所得卸荷区深度与卸荷强度进行指数拟合，得到不同卸荷划分指标下卸荷区深度与卸荷强度的关系（图 7.3-9）。

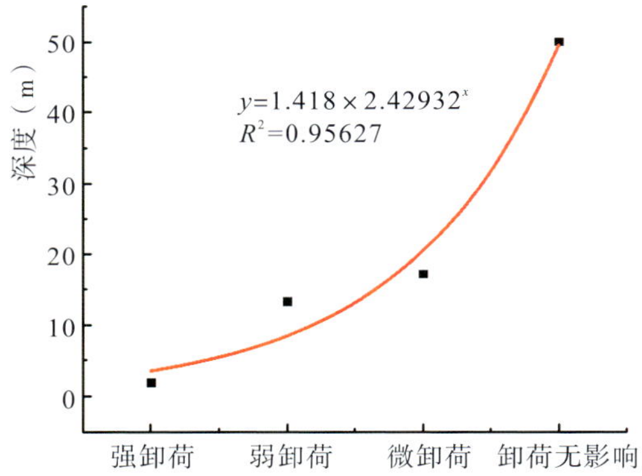

(a)第一主应力

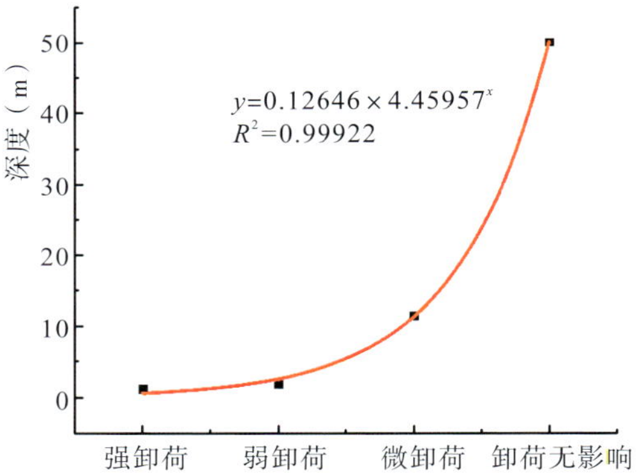

(b)第三主应力

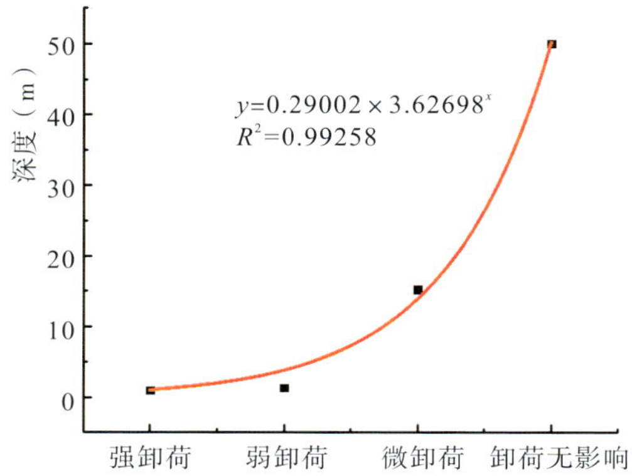

(c)水平向应力

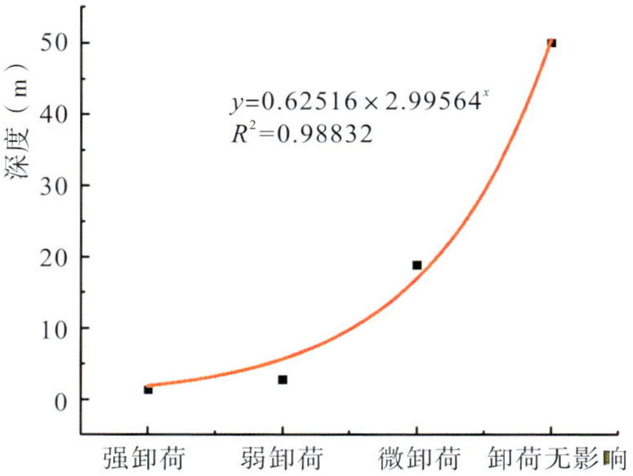

(d)竖直向应力

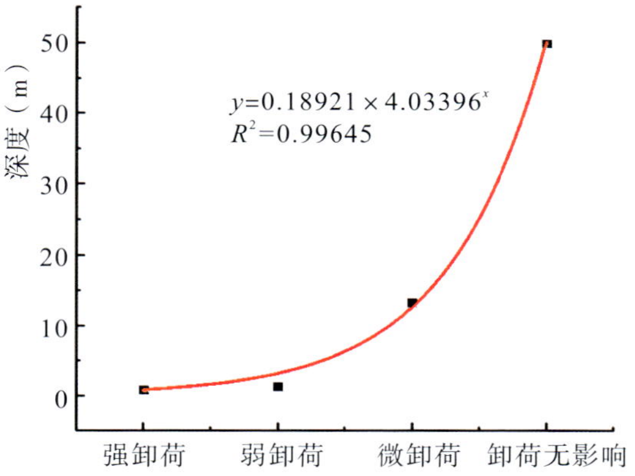

(e)垂直坡面应力

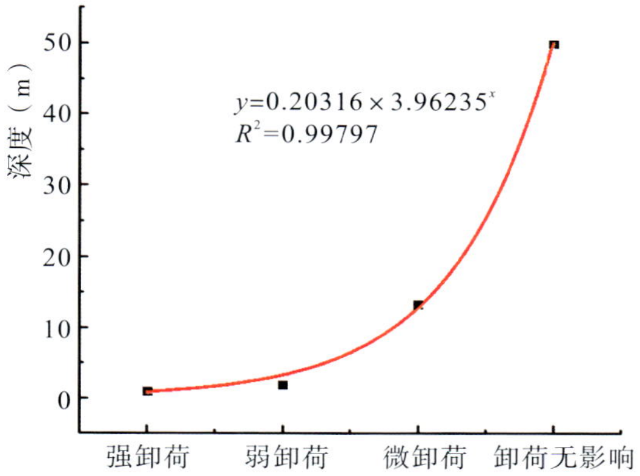

(f)平均应力

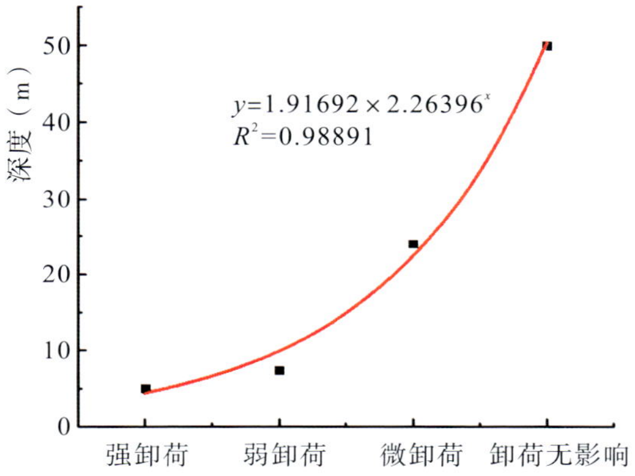

(g)声波

图 7.3-9 不同卸荷划分指标下卸荷区深度与卸荷强度的关系

图 7.3-9 表明，除最大主应力的相关系数为 0.96 外，其余各拟合函数的相关系数均大于 0.98，即所求函数表达式正确反映了两者之间的变化规律，推理得到卸荷区深度与卸荷强度分区之间的变化规律符合指数函数关系，且该函数的表达式为：

$$y = A \times B^x \tag{7.3-9}$$

式中：y——卸荷深度；

x——卸荷强度分区；

A、B——常数。

(3)卸荷率与声波衰减率的关系

读取声波在各点的速度，并计算开挖前后各点的速度变化率，统计声波衰减累计值与不同卸荷划分指标下卸荷标准值(表 7.3-4)。

据表 7.3-4 所示数据，分别对声波衰减累计值与不同卸荷划分指标的卸荷标准值进行函数拟合，建立等量关系，所得结果见图 7.3-10。

表 7.3-4　　不同卸荷划分指标下卸荷标准值统计表　　(单位:%)

声波衰减累计	卸荷率					
	第一主应力	第三主应力	水平向应力	竖直向应力	垂直坡面应力	平均应力
8.34	63.05	36.41	66.81	68.79	34.72	41.48
6.16	62.38	34.47	50.19	52.84	36.45	39.73
6.48	63.12	36.92	46.13	49.22	39.69	41.8
12.83	60.15	35.94	43.68	46.11	39.06	40.42
21.96	58.55	34.84	40.35	43.01	38.18	39.18
32.61	58.09	33.46	37.72	40.17	37.32	37.9
40.65	56.88	32.27	35.62	37.48	36.26	36.66
40.82	55.05	30.51	33.45	35.08	34.7	34.87
43.98	51.95	23.03	33.22	29.63	24.37	25.44
40.20	49.11	22.54	32.27	27.86	23.89	24.72
41.38	48.04	21.98	30.72	26.71	23.71	24.14
42.15	46.01	21.18	28.23	25.17	23.07	23.45
45.43	44.55	20.22	28.1	23.57	22.55	22.67
50.91	43.25	19.63	25.6	22.84	22.41	22.15
52.27	42.03	18.87	23.29	21.56	21.88	21.6
55.51	40.74	17.95	22.85	20.23	21.22	20.85
60.42	39.3	17.13	20.62	19.1	20.75	20.2
63.94	38.46	16.56	18.31	18.03	20.26	19.33
62.67	37.68	15.91	17.16	17.02	19.8	19.35
64.76	37.37	15.3	16.99	16.58	19.78	18.9
65.40	36.55	14.65	16.78	15.66	19.25	18.41
67.79	36.65	14.17	14.74	14.85	18.89	18.07
69.68	35.88	13.75	13.39	14.08	18.58	17.78
71.40	35.58	13.31	12.24	13.74	18.48	17.37
71.74	35.55	12.93	10.44	13.43	18.46	17.08
77.44	27.24	7.88	9.19	9.96	11.56	11.2
83.69	26.87	7.77	5.63	9.45	11.23	11

由图 7.3-10 可知，各拟合函数的相关系数均大于 0.98，即所求函数表达式正确反映了两者之间的变化规律，故总结得到声波衰减累计值与不同卸荷划分指标的卸荷标准值之间的函数表达式为：

$$y = A\ln x + B \tag{7.3-10}$$

式中：y——声波衰减累计值；

x——卸荷标准值；

A、B——常数。

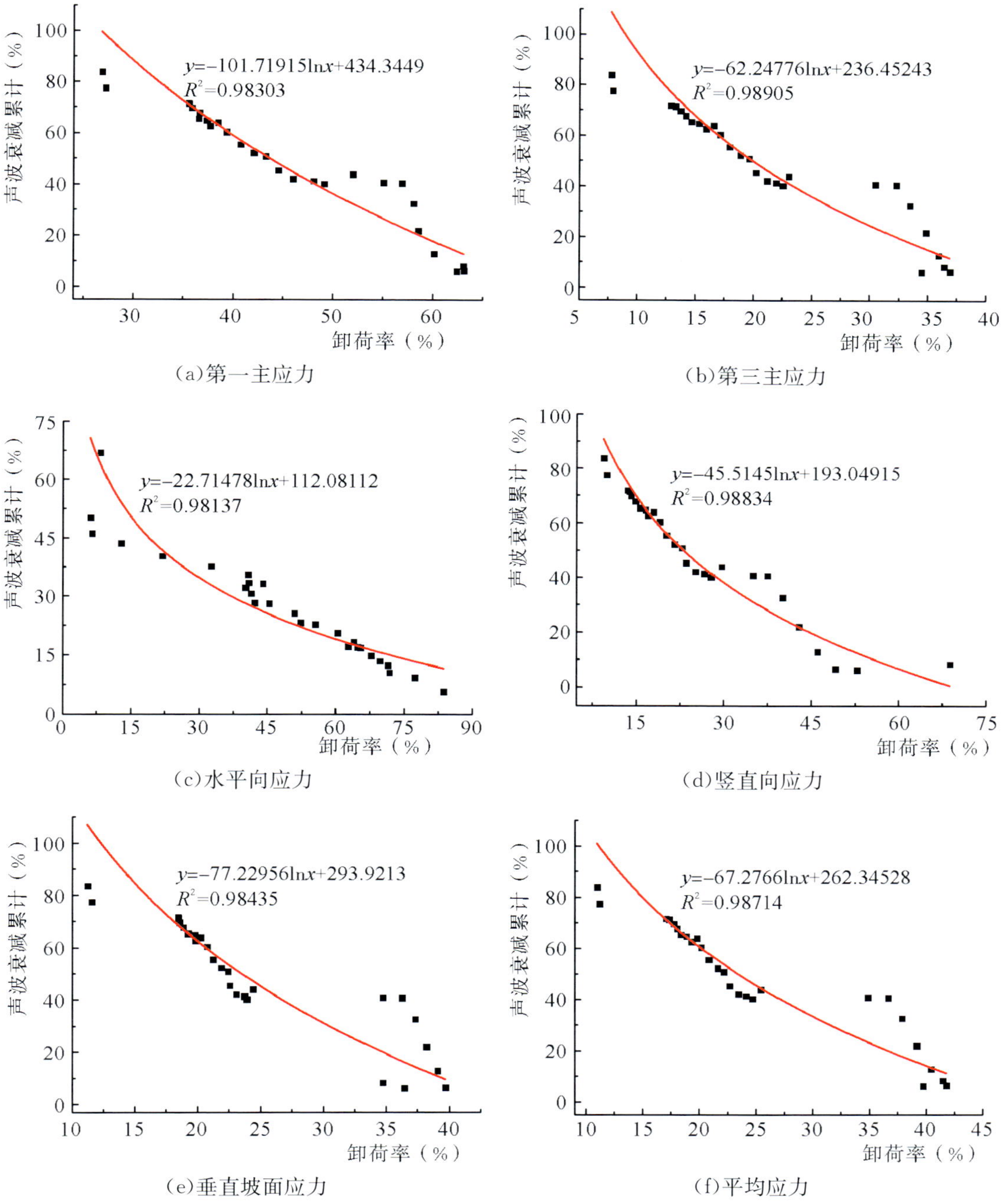

图 7.3-10　声波衰减累计与卸荷标准值的拟合曲线

7.3.4 考虑位移的高陡边坡开挖卸荷区划分方法

7.3.4.1 水平向位移卸荷划分指标及卸荷区划分

提取开挖前后长观孔 ZK03 平硐朝坡内水平向 50m 范围内(图 7.3-11)的水平向位移值,进行分析。

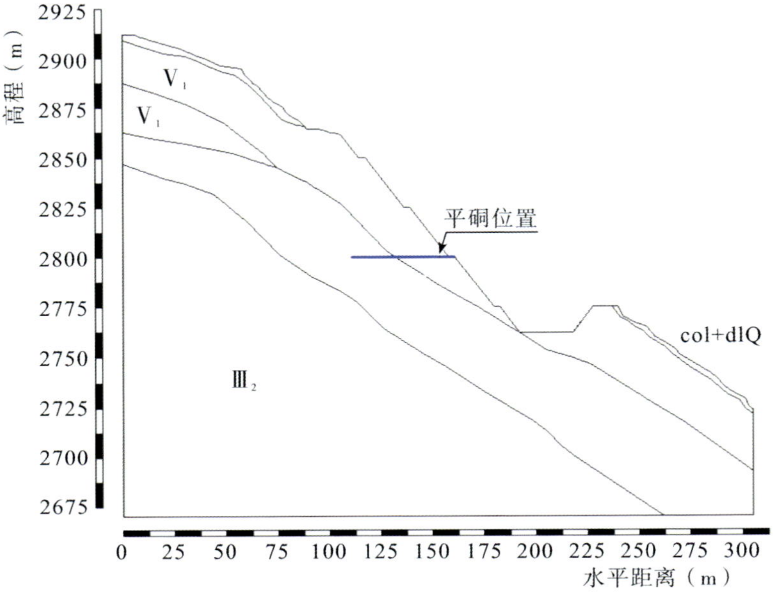

图 7.3-11 数值模拟结果提取位置图

引入位移差 U(mm),绝对变化率 U',相对变化率 U'',其中:

$$U = W_0 - W_1 \tag{7.3-11}$$

$$U'' = \frac{W_0 - W_1}{W_0 + W_1} \times 100\% \tag{7.3-12}$$

$$U' = \frac{W_0 - W_1}{W_0} \times 100\% \tag{7.3-13}$$

式中:W_0——开挖前水平(竖直)向位移,mm;

W_1——开挖后水平(竖直)向位移,mm。

由于声波衰减累计值与不同卸荷划分指标的卸荷标准值之间满足 $y = A\ln x + B$ 的函数关系,将水平向位移的位移差、位移绝对变化率、位移相对变化率分别带入函数 $y = A\ln x + B$ 中进行拟合,得到拟合结果(图 7.3-12)。

水平向位移的位移差与声波衰减累计值之间存在 $y = A\ln x + B$ 的函数关系,且相关系数为 0.99978,水平向位移划分卸荷区时应采用位移差作为卸荷区划分指标。

按照开挖方案对坡体进行分步开挖,利用式(7.3-11)、式(7.3-12)、式(7.3-13)进行位移差计算,分析水平向位移差的大小及分布情况,确定水平向位移卸荷区划分方法如下:

①以位移差 $U=W_0-W_1$ 作为划分依据；

②定义强卸荷区 $U>4\text{mm}$，弱卸荷区 $3\text{mm}<U<4\text{mm}$，微卸荷区 $1\text{mm}<U<3\text{mm}$，卸荷无影响区 $U<1\text{mm}$。

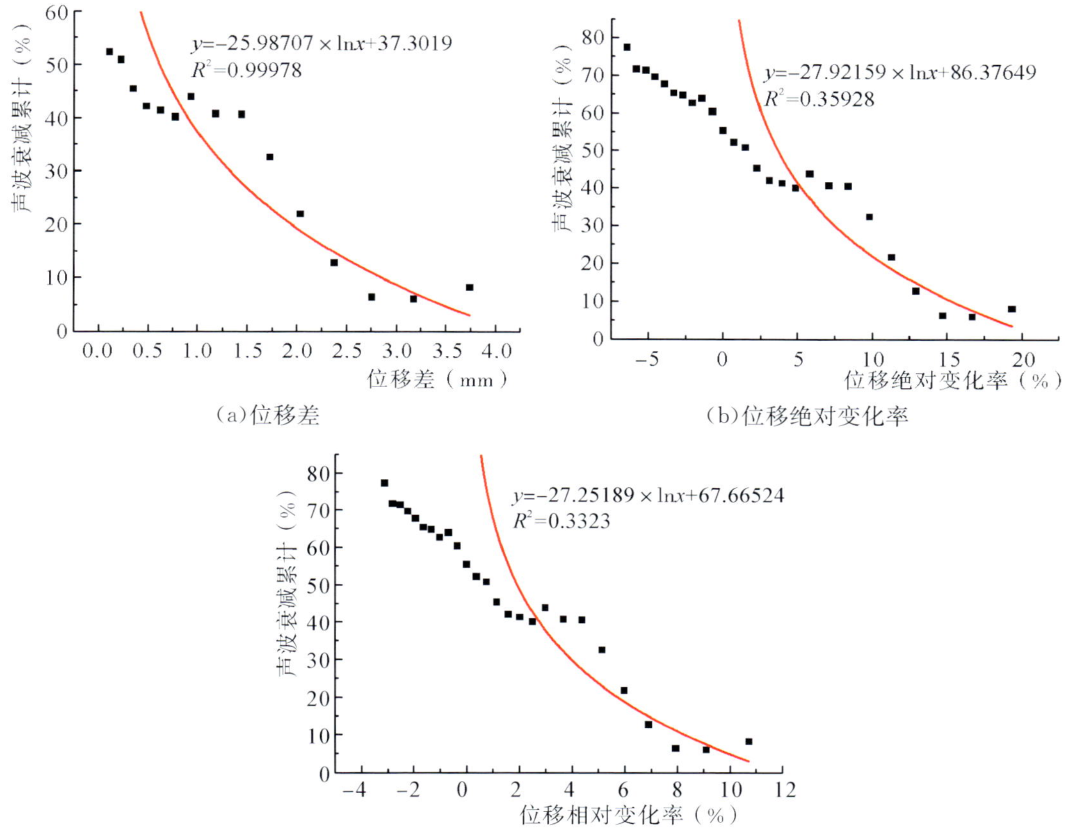

(a)位移差

(b)位移绝对变化率

(c)位移相对变化率

图 7.3-12　声波衰减累计与水平向位移卸荷标准值的拟合曲线

7.3.4.2　竖直向位移卸荷划分指标及卸荷区划分

提取开挖前后长观孔 ZK03 平硐朝坡内水平向 50m 范围内(图 7.3-11)的竖直向位移值，并进行数据分析。

声波衰减累计值与卸荷标准值之间满足 $y=A\ln x+B$ 的函数关系，推理可知声波衰减累计值与位移的卸荷标准值间也存在该函数关系。将竖直向位移的位移差、位移绝对变化率、位移相对变化率分别带入函数 $y=A\ln x+B$ 中进行拟合，得到拟合结果(图 7.3-13)。

竖直向位移的位移差、位移绝对变化率、位移相对变化率与声波衰减累计值之间都存在 $y=A\ln x+B$ 的函数关系，综合考虑水平向位移的卸荷区划分标准，确定竖直向位移划分卸荷区时应采用位移差作为卸荷区划分指标。

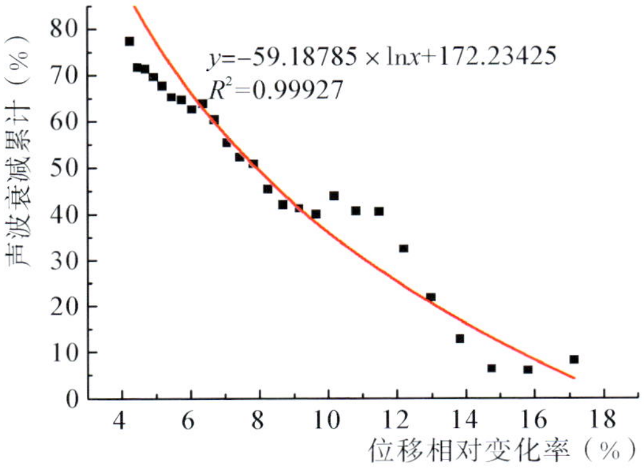

(a)位移差

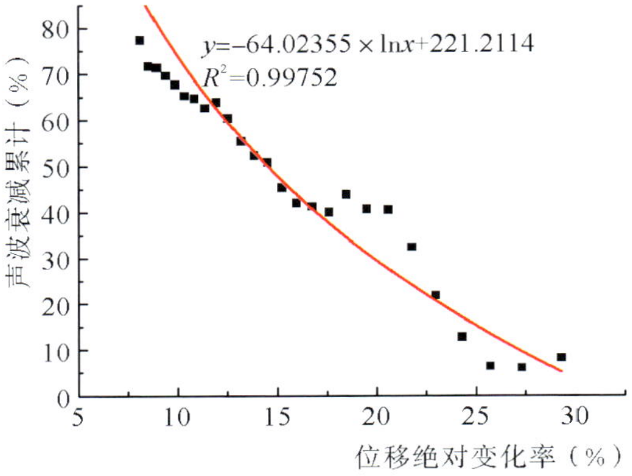

(b)位移绝对变化率

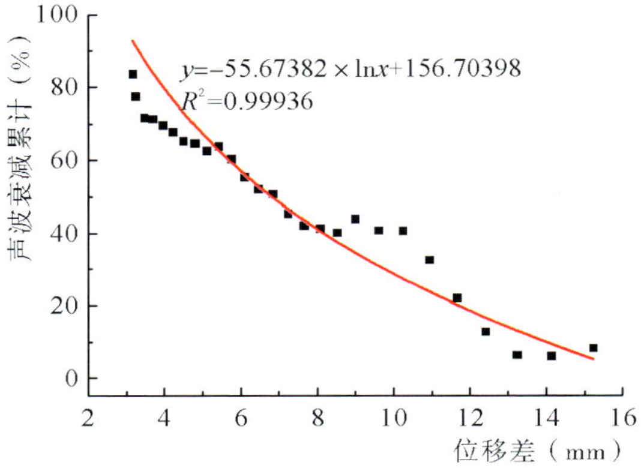

(c)位移相对变化率

图 7.3-13　声波衰减累计与竖直向位移卸荷标准值的拟合曲线

按照开挖方案对坡体进行分步开挖，利用式(7.3-11)、式(7.3-12)、式(7.3-13)进行位移差计算，分析竖直向位移差的大小及分布情况，确定竖直向位移卸荷区划分方法如下：

①以位移差 $U=W_0-W_1$ 作为划分依据；

②定义强卸荷区 $U>15$mm，弱卸荷区 10mm$<U<$15mm，微卸荷区 5mm$<U<$10mm，卸荷无影响区 $U<$5mm。

7.3.5　考虑点安全系数的高陡边坡开挖卸荷区划分方法

提取开挖前后长观孔 ZK03 平硐朝坡内水平向 50m 范围内(图 7.3-11)的点安全系数，并进行数据分析。

其中，令点安全系数的变化值 C，点安全系数之和 C_1，绝对变化率 C'，相对变化率 C'' 如下式所示：

$$C=K_1-K_0 \tag{7.3-14}$$

$$C_1=K_0+K_1 \tag{7.3-15}$$

$$C' = \frac{K_1 - K_0}{K_0} \times 100\% \tag{7.3-16}$$

$$C'' = \frac{K_1 - K_0}{K_0 + K_1} \times 100\% \tag{7.3-17}$$

式中：K_0——开挖前点安全系数；

K_1——开挖后点安全系数。

由于声波衰减累计值与各卸荷划分指标的卸荷标准值之间满足 $y = A\ln x + B$ 的函数关系，将点安全系数的变化值 C、绝对变化率 C'、相对变化率 C'' 分别带入函数 $y = A\ln x + B$ 中进行拟合，得到拟合结果（图 7.3-14）。

由图 7.3-14 可知，点安全系数相对变化率为最符合 $y = A\ln x + B$ 的函数规律，点安全系数划分卸荷区时应采用点安全系数相对变化率作为卸荷区划分指标。

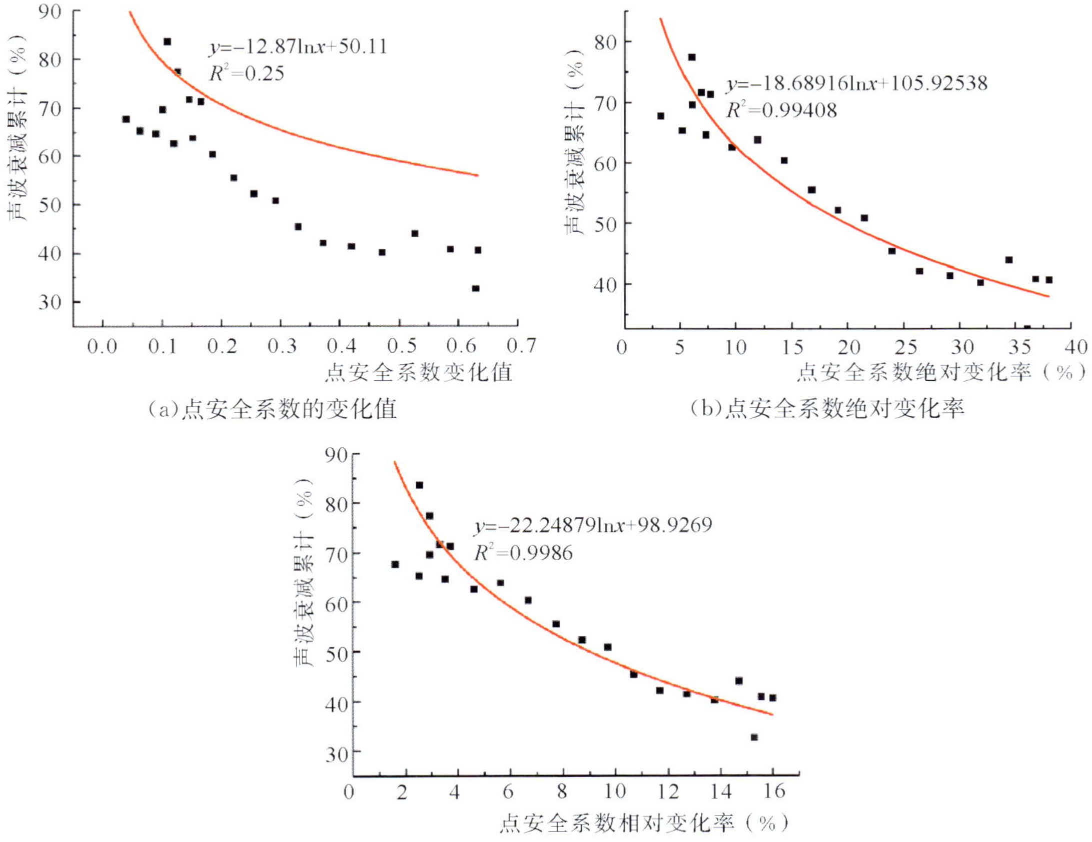

（a）点安全系数的变化值　（b）点安全系数绝对变化率

（c）点安全系数相对变化率

图 7.3-14　声波衰减累计与点安全系数卸荷标准值的拟合曲线图

按照开挖方案对坡体进行分步开挖，利用式（7.3-14）、式（7.3-15）、式（7.3-16）、式（7.3-17）进行点安全系数相对变化率计算，分析点安全系数相对变化率的大小及分布情况，确定点安全系数卸荷区划分方法如下：

①点安全系数相对变化率 $C''=\frac{K_1-K_0}{K_0+K_1}\times 100\%$ 作为划分依据；

②卸荷区划分时以数据突变点作为分界线，且定义卸荷无影响区点安全系数相对变化率小于10%。其中，数据突变点分为2种，分别为：①符号突变，相对变化率由负数变为正数或由正数变为负数；②数值大小突变，相对变化率突然变化5%～10%。

7.3.6 高陡边坡开挖卸荷区多指标划分方法

据表7.3-5中不同卸荷划分指标下的卸荷区深度数据绘制出卸荷区深度对比图（图7.3-15）。由图7.3-15可知，各卸荷划分指标所得卸荷区范围呈显著的指数性增长，与现场声波得出的卸荷区范围较为接近。总体来说，对于所研究的高陡边坡，以点安全系数为卸荷划分指标得出的卸荷区划分结果现场声波最为接近。

表7.3-5　不同卸荷划分指标所得卸荷区深度　（单位：m）

卸荷划分指标	强卸荷	弱卸荷	微卸荷	卸荷无影响
第一主应力	1.88	13.27	17.09	>17.09
水平向位移	5.64	9.28	18.55	>18.55
竖直向位移	5.54	15.46	37.31	>37.31
点安全系数	6.57	10.23	25.01	>25.01
声波	5.00	7.40	24.00	>24.00

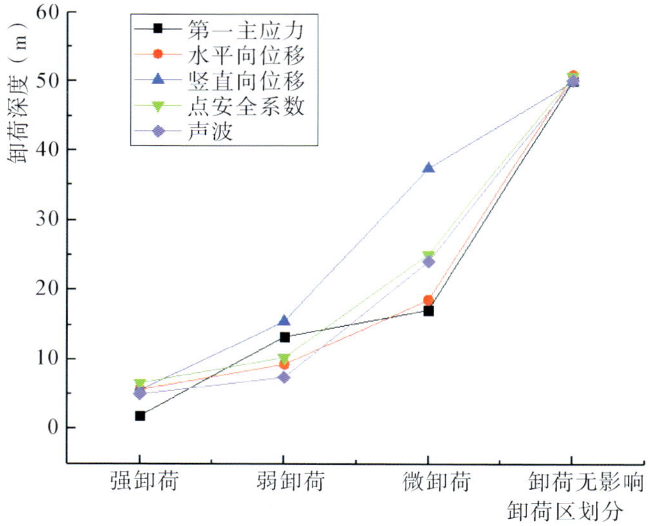

图7.3-15　卸荷区深度对比图

高陡边坡在开挖过程中由于地质结构、初始应力场分布和开挖方式等差异会影响卸荷区的划分。因此，在进行高陡边坡开挖卸荷区划分时应考虑多卸荷划分指标，并结合现场监测数据进行（图7.3-16）。

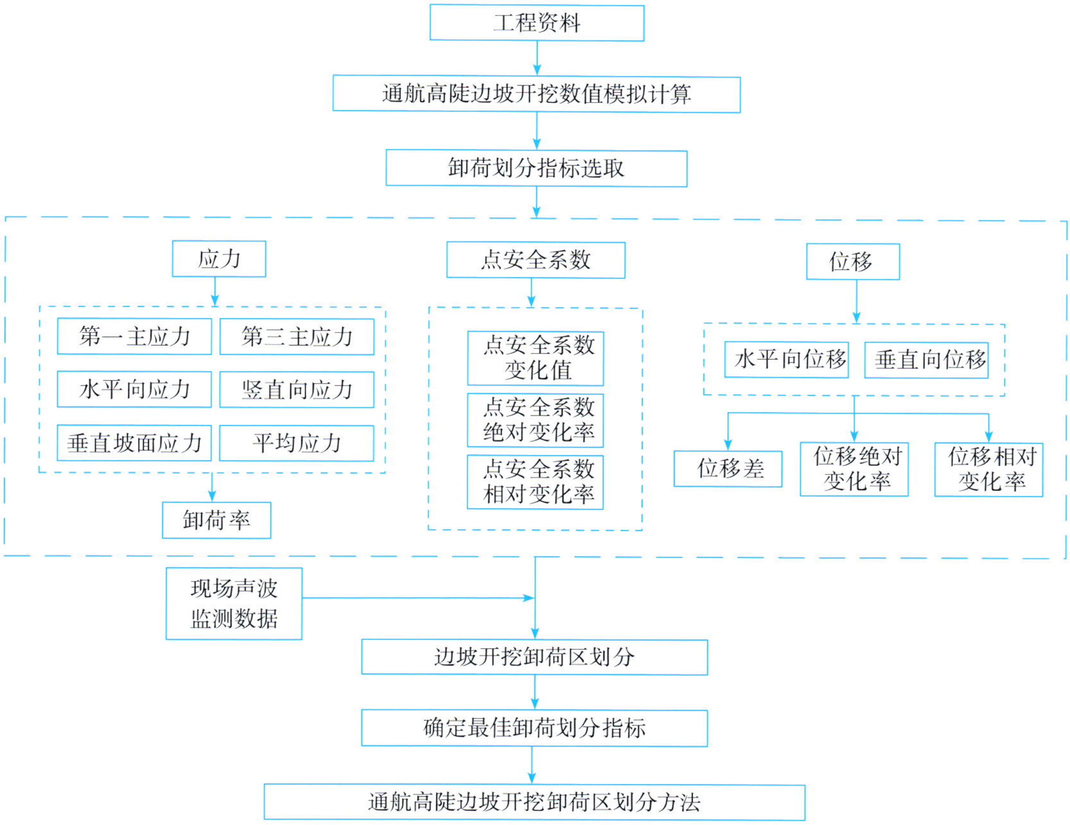

图 7.3-16　高陡边坡开挖卸荷区划分方法

7.4　高陡边坡开挖卸荷效应物理模型试验

7.4.1　相似比及材料参数

以灰岩为模拟对象，开展高陡边坡开挖概化模型试验。选择容重相似比为 1∶1，几何相似比为 1∶100，得出模型试验各参数相似比（表 7.4-1）。

表 7.4-1　模型试验各参数相似比

类别	几何	容重	应力	应变	弹性模量	泊松比	抗压强度	黏聚力	内摩擦角	抗拉强度
相似比	1∶100	1∶1	1∶100	1∶1	1∶100	1∶1	1∶100	1∶100	1∶1	1∶100

依据表 7.4-1 和乌东德水电站右岸灰岩的基本力学参数，得出相似材料的各理论指标（表 7.4-2）。

表 7.4-2 灰岩和相似材料参数

材料	密度 (g/cm^3)	弹性模量 (MPa)	泊松比	抗拉强度 (MPa)	黏聚力 (MPa)	内摩擦角 (°)
灰岩	2.65	27539.27	0.23	5.34	26.15	52.51
相似材料理论值	2.65	275.39	0.23	0.053	0.26	52.51

基于表 7.4-2 中相似材料的各指标理论值，得出相似材料基本配比为：密度 $2.65g/cm^3$，重晶石粉与砂质量比为 73∶27，石英砂目数为 35 目，石膏占骨料比为 7.6%，松香溶液浓度为 6.4%。按照上述配比，制作标准试样，测试力学指标，将相似材料的力学指标实际值与理论值进行比较(表 7.4-3)。

表 7.4-3 灰岩和相似材料参数

材料	密度 (g/cm^3)	弹性模量 (MPa)	泊松比	抗拉强度 (MPa)	黏聚力 (MPa)	内摩擦角 (°)
相似材料理论值	2.65	275.39	0.23	0.053	0.26	52.51
相似材料实际值	2.62	237.25	0.19	0.046	0.23	47.64
相对偏差(%)	1.13	13.85	17.39	13.21	11.54	9.27

表 7.4-3 中，除泊松比外，其他参数的相对误差在 15%以内，根据建筑砂浆基本性能试验方法标准，回归方程的准确性满足要求。

7.4.2 试验装置

7.4.2.1 加载装置

试验模型尺寸为 50cm×50cm×50cm(长×宽×高)，填筑箱分为填筑和开挖两部分，模型填筑箱见图 7.4-1，按照设计开挖要求，模型坡高 30cm，坡比为 2.7∶1，坡角约 70°。

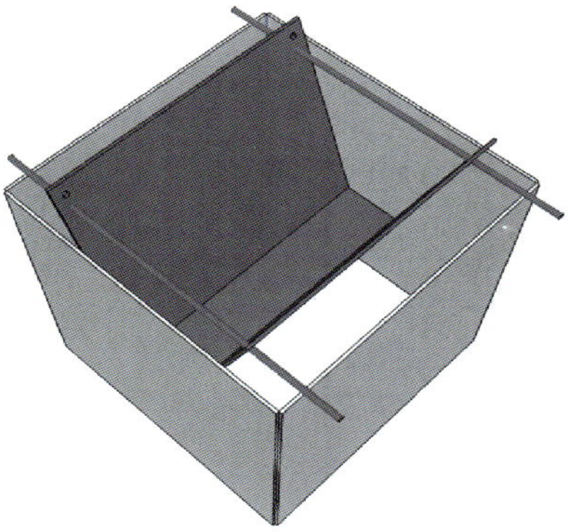

(a)模型填筑箱效果图

(b)模型填筑箱实物图

图 7.4-1 模型填筑箱

边坡地质力学模型试验荷载的模拟，主要是地应力的模拟，在高地应力区的岩体工程中，岩体地应力主要由自重应力和构造应力组成，并且以构造应力为主，其中自重应力按照 $\sigma_v = \gamma h$ 分布，通过控制相似材料的密度与原型材料密度一致来模拟，水平向构造应力取5MPa，通过液压千斤顶模拟。

为了模拟水平向构造应力，设计制作了图7.4-2所示的模型试验加载系统。该系统由液压千斤顶加载装置和一套千斤顶加载反力框架组成。该系统克服了当前多数模型试验中加载反力装置固定，不能根据模型试验的尺寸范围进行灵活调节的缺陷，结构简单，整体稳定，可满足多尺寸模型试验加载需求。

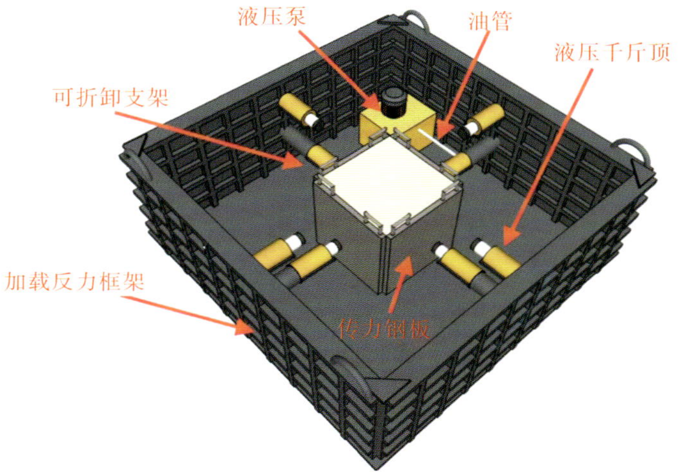

图7.4-2 模型试验加载系统

如图7.4-2所示，电动液压泵经1根主油管连接一个带4支液压表的分配器，分配器通过4根油管分别连接4个液压千斤顶，液压千斤顶置于上层千斤顶支架时，实现对100cm×100cm×100cm(长×宽×高)的模型加载，置于下层时，可实现对50cm×50cm×50cm(长×宽×高)的模型加载，千斤顶压力经传力钢板均匀扩散至整个模型加载面。加载时，4个千斤顶压力分别可调，且互不干扰。

7.4.2.2 监测设备

模型试验监测数据一般有应力、位移、应变、孔隙水压力、温度、裂缝等，结合当前模型试验的试验目的及模型设计尺寸，试验主要监测物理量为应变、压力，其中应变主要通过应变花及应变片监测，压力通过薄膜式压力传感器监测，传感器感知的信号通过对应的采集设备采集，可实时输出监测数据图像变化，并可导出数据进行处理分析。数据采集系统见图7.4-3。

根据模型试验尺寸、采集仪通道数量，共布置8个监测点，所有监测点均沿模拟地应力加载方向(X 方向)布置，同时在 XOZ 平面内形成监测场，水平向、竖直向监测数据均匀可比。测点布置见图7.4-4。

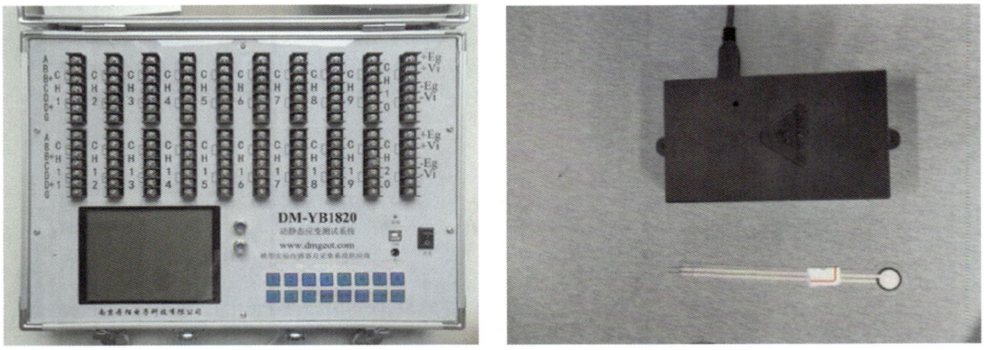

(a)应变采集仪　　(b)压力采集仪

图 7.4-3　数据采集装置

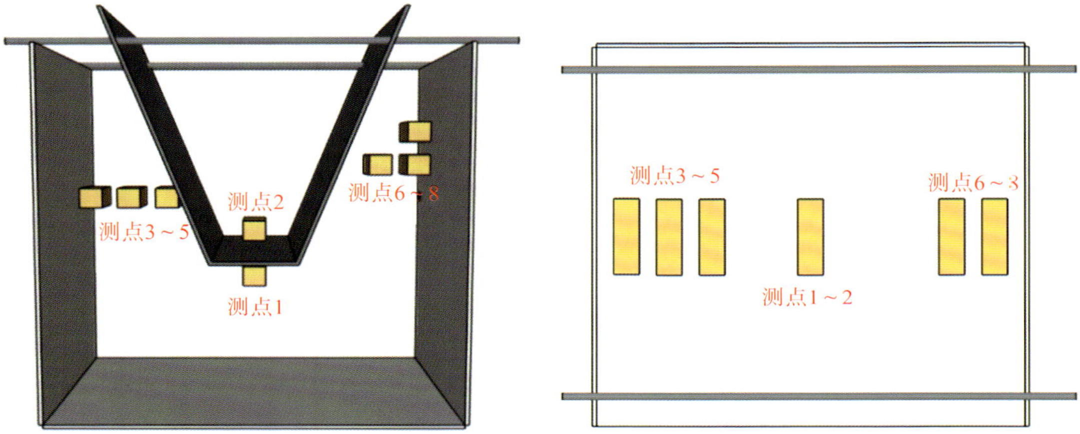

(a)测点布置主视图　　(b)测点布置图—俯视图

图 7.4-4　测点布置图

模型试验中，如果采用单一的电阻应变片，只能求得单一方向的应变和应力，可以将 3 片单向应变片互成夹角组成应变花，通过式(7.4-1)，求得这一点的平面内主应力大小。

$$\sigma_{1,2}=E\left\{\frac{\varepsilon_a+\varepsilon_c}{2(1+\mu)}\pm\frac{1}{2(1+\mu)}\sqrt{(\varepsilon_a-\varepsilon_c)^2+[2\varepsilon_b-(\varepsilon_a-\varepsilon_c)]^2}\right\} \tag{7.4-1}$$

式中：E——弹性模量；

μ——泊松比；

ε_a、ε_b、ε_c——3 个方向的应变。

按照上述测点布置方案，采用相似材料，以既定配比预制 8 个测量砖，每个测量砖上均布置 1 片压力片、3 片应变花，其中压力片垂直于主要加载方向的 XOZ 面。将干燥成型的模型整体吊装到试验加载反力框架内，卸掉模型填筑箱，加装千斤顶传力钢板，千斤顶连接液压泵，开启液压泵，让千斤顶与传力钢板刚好接触，加载系统连接完成。

将各测点的应变花与压力片线材，连接至相应的采集仪通道，监测应变和压力，连接完成后的模型试验整体装置见图 7.4-5，模拟地应力时液压千斤顶 1 和 2 保持不变，至约束 Y 方向模型的位移，液压千斤顶 3 和 4 逐渐增加至 0.05MPa，模拟水平地应力。

图 7.4-5 模型试验整体装置

7.4.3 物理试验分析及数值计算验证

7.4.3.1 物理模型试验分析

将测点 1～8 应变数据进行统计，计算出监测点所在剖面的水平向和竖直向应力值，通过式(7.4-1)求得测点布置平面内的最大主应力、最小主应力，并与压力片所监测数据进行比较。当应变片计算出的最大主应力大于压力片所测的水平加载方向的压力值时，认为应变花所测量出的数据是相对可靠的，当计算出的最大主应力小于压力片所监测压力值时，认为所获得的最大主应力数据不可靠。测点 1～8 的不同方向应力变化见图 7.4-6。

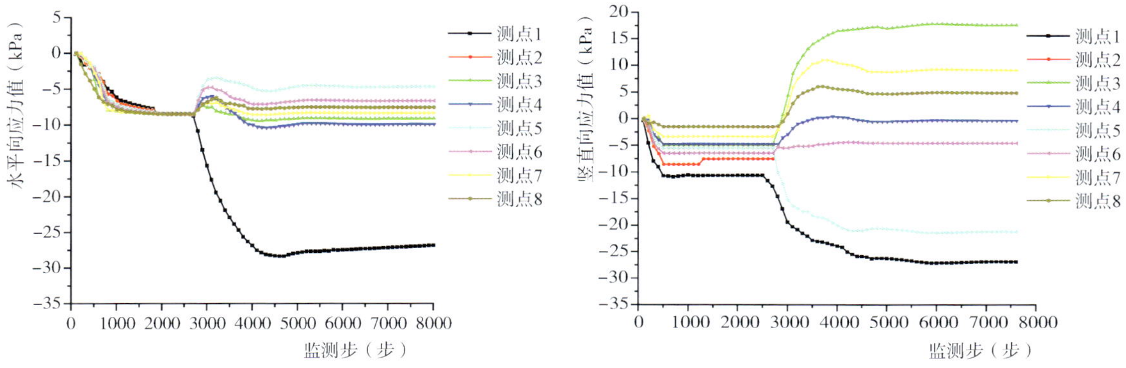

(a)水平向 (b)竖直向

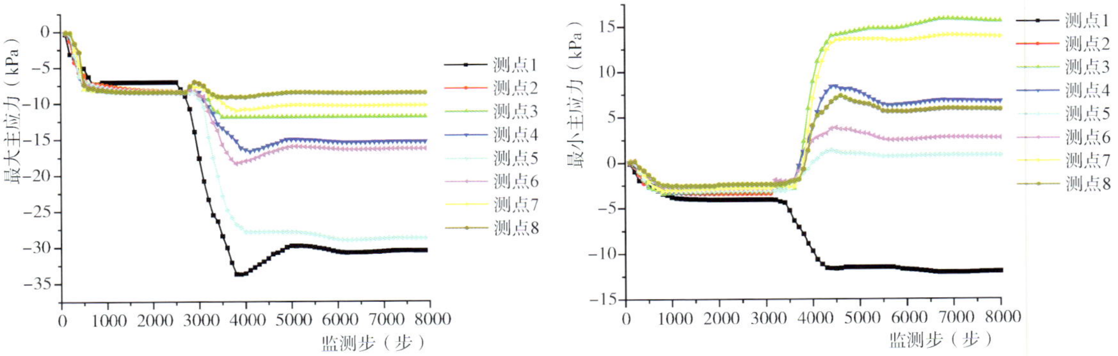

（c）最大主应力　　　　（d）最小主应力

图 7.4-6　测点 1～8 不同方向应力变化曲线

比较测点 1～8，开挖前，所有测点的水平向应力均为压应力，且各测点的水平压应力值基本一致，最大压应力为 9.5kPa。开挖后，观察测点 3～8，水平向应力先增大后逐渐平衡稳定，稳定后的水平向应力与开挖前基本一致。开挖后测点 1 由于受到模型两侧构造应力的影响，水平向压应力逐渐增大到 27.5kPa。经过应力相似常数换算后各测点水平向主应力变化范围为－2.75～0MPa。

开挖前，所有测点的竖直向应力均为压应力，最大压应力值为 11.5kPa，出现在测点 8，最小压应力出现在测点 1。开挖后，距离开挖面一定范围外的测点 3、4，测点 6、7、8，压应力逐渐释放并出现拉应力。比较测点 3、4、5 和测点 6、7，离开挖面越远，竖直向压应力释放越大，最大拉应力为 17.5kPa，出现在测点 3。测点 1 与测点 5，距离开挖面最近，开挖后由于水平向构造应力的影响，竖直向压应力逐渐增大，其中测点 1 同时受到两侧构造应力的影响，竖直向压应力值提升更大，最大压应力值为 27.5kPa。经过应力相似常数换算后各测点竖直向应力变化范围为－2.75～1.75MPa。

开挖前，所有测点的最大主应力均为压应力，且最大主应力值基本一致，为 7.5～8.0kPa。开挖后，模型的最大主应力整体为压应力，分别比较测点 4、6 和测点 3、7、8，最大主应力基本相同，即从开挖面底部往上，随着开挖方量的增加，最大主应力并没有明显变化。比较测点 3、4、5，最大主应力值逐渐增大，表明距离开挖面越远，最大主应力越小。开挖后最大主应力最大值为 30.0kPa，出现在测点 1。经过应力相似常数换算后各测点最大主应力变化范围为－3.0～0MPa。

开挖前，最小主应力整体为压应力，最小主应力最大值为 4.9kPa，出现在测点 1。比较测点 1、3、7、8，发现最小主应力随高度成层分布，靠近模型底部最小主应力最大，模型顶部最小主应力最小；开挖后，观察测点 3～8，发现开挖面两侧最小主应力释放，并逐渐出现拉应力；分别比较测点 3、4、5 和测点 6、7 可知，最小主应力逐渐释放并转为拉应力，同时距离开挖面越远，最小主应力释放量越大。分别比较测点 4、6 和测点 3、7、8 也发现，距离开挖面越远，最小主应力释放量越大。开挖后最小主应力的最大值为 15.0kPa，出现在测点 3，最小主应力的最小值为−12.5kPa，出现在测点 1。经过应力相似常数换算后各测点最小主应力变化范围为−1.25～1.50MPa。

7.4.3.2　数值计算验证

为了对物理模型试验结果进行验证，采用 FLAC3D 有限差分软件建立边坡概化数值模型，进行开挖计算分析。数值模型尺寸为 50m×50m×50m（长×宽×高），保持 1∶100 的几何相似比，开挖坡比为 2.7，开挖坡高为 30m，计算参数见表 7.4-2。

在数值模型底部施加 Z 方向竖直向上的垂直约束，顶面为自由面，在模型前后即 Y 方向施加模拟位移约束，在模型左右侧即 X 方向施加应力约束。其中水平向地应力的大小为 5MPa，屈服准则采用 Mohr-Coulomb 准则，模型见图 7.4-7。

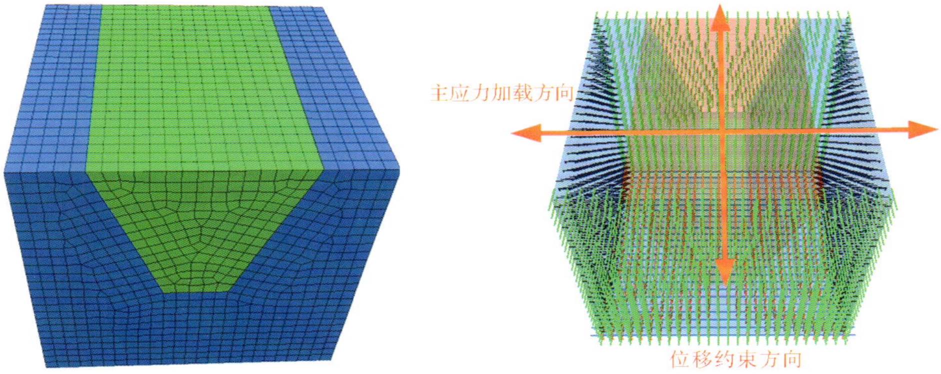

（a）模型网格图　　（b）模型约束图

图 7.4-7　FLAC3D 数值模型图

在与物理模型试验相对应的监测位置设置 8 个监测点，监测应力及位移等数据。开挖前后数值模型竖直向位移云图见图 7.4-8，开挖过程中各测点 Z 向位移的变化见图 7.4-9。开挖前后数值模型水平向位移云图见图 7.4-10，开挖过程中各测点 X 向位移的变化见图 7.4-11。对构造应力作用下开挖前和开挖后的位移场分析如下。

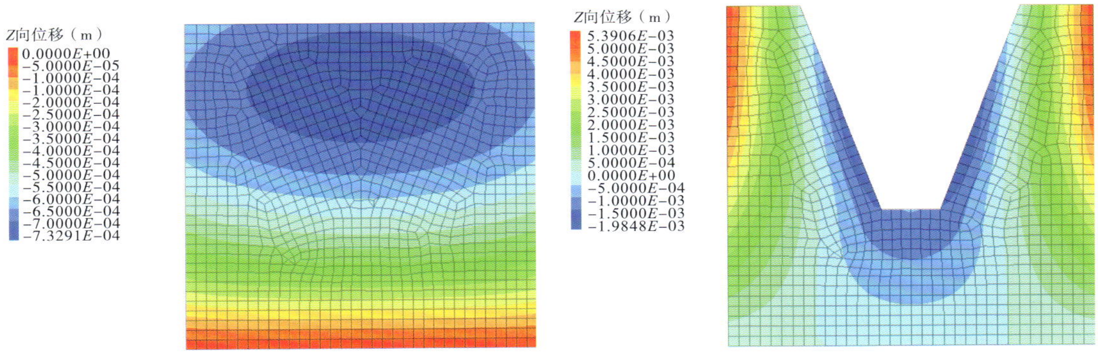

（a）开挖前　　（b）开挖后

图 7.4-8　开挖前后数值模型竖直向位移云图

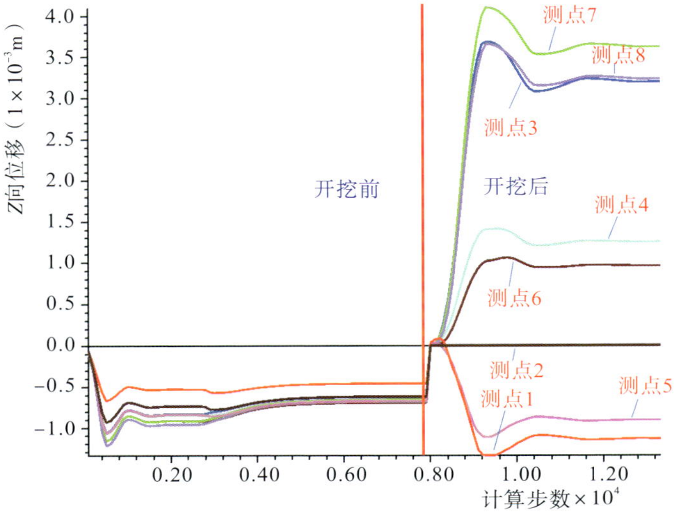

图 7.4-9 各测点 Z 向位移监测曲线

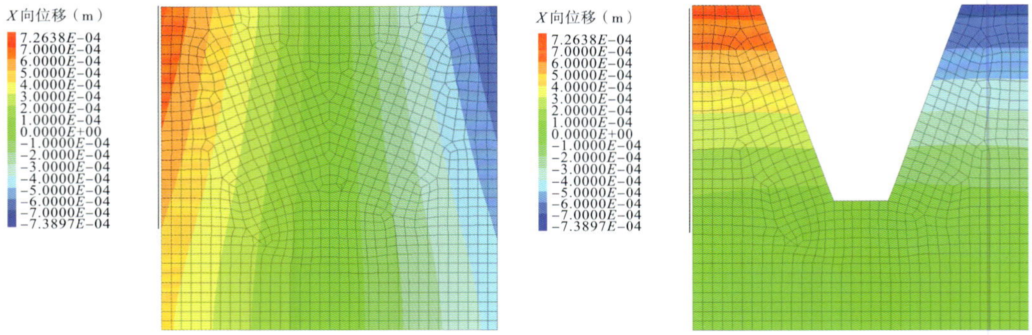

(a)开挖前　(b)开挖后

图 7.4-10 开挖前后数值模型水平向位移云图

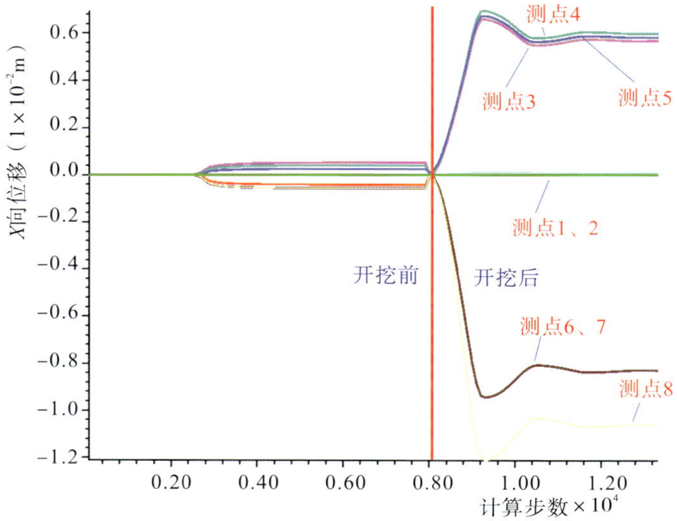

图 7.4-11 各测点 X 向位移监测曲线

根据图 7.4-9，开挖前，受自重应力的影响，竖直向位移方向向下，从底部向顶部逐渐增大，最大竖直向位移为 7.3×10^{-4} m，出现在模型的中上部区域。开挖后，由于中构造应力的影响大于卸荷回弹的影响，最大竖直向位移发生在两侧开挖面下部和底部开挖面附近区域，最大为 1.98×10^{-3} m，并且随着距离开挖面越来越远，竖直向位移先逐渐减小，模型的竖直向位移整体上关于开挖面中轴线对称。

根据图 7.4-10，测点 5 距离左侧开挖面下部区域最近，测点 5 位于底部开挖面下部区域，开挖后，由于构造应力的影响，测点 1 和测点 5 的竖向位移较开挖前增大。比较测点 3 与 4，测点 6 与 7，离开挖面越远，竖直向位移的“释放值”越大。

根据图 7.4-11，开挖前后，水平向位移整体关于开挖中轴线对称。开挖前，由于水平向构造应力的影响，水平向位移在水平方向呈现明显的分层现象，两侧的水平向位移最大，为 7×10^{-4} m，由两侧向模型中部水平向位移呈现逐渐减小的趋势。开挖后，模型的水平向位移从底部开挖面往上逐渐增大，在竖直方向呈明显的分层现象，最大水平向位移出现在模型顶部开挖面两侧区域，为 7.3×10^{-4} m。

由图 7.4-11 所示，开挖后分别比较测点 3、4、5 和测点 6、7 的水平向位移，基本相同。比较测点 1、3、7、8，测点 8 的水平向位移值大于测点 7 大于测点 3 大于测点 1，表明开挖后，随着开挖方量越大，水平向构造应力对水平向位移的影响越大。

开挖过程中各测点不同方向应力变化见图 7.4-12。

边坡开挖后，比较测点 4、6 的最大主应力基本相同，测点 3、7、8 的最大主应力也基本一致，从开挖面底部往上，随着开挖方量的增加，最大主应力并没有明显的变化。比较测点 3、4、5，最大主应力值逐渐增大，表明距离开挖面越远，最大主应力越小。观察各测点开挖前后最大主应力的变化，开挖后由于水平向构造应力的影响，最大主应力方向由水平向转为顺坡向，且最大主应力都有增大的趋势。

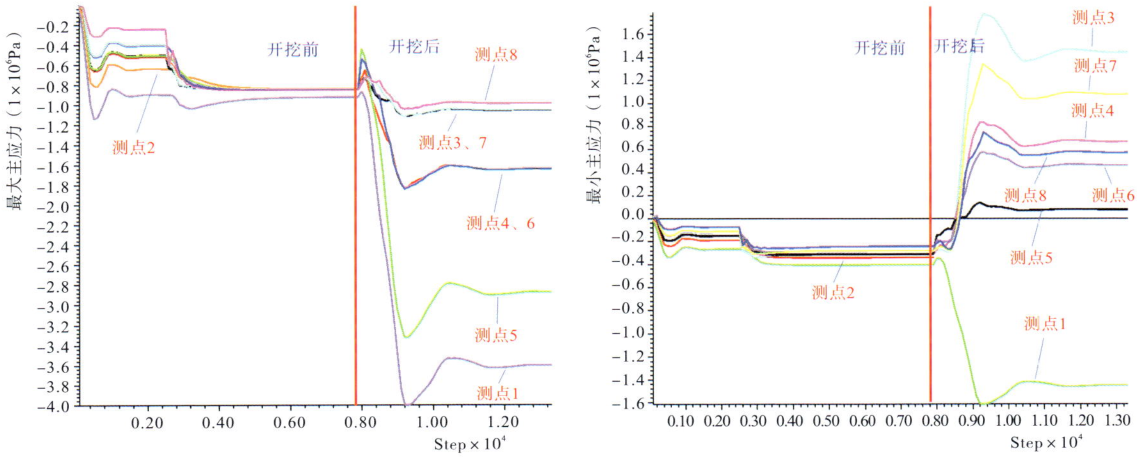

(a)最大主应力　　　　(b)最小主应力

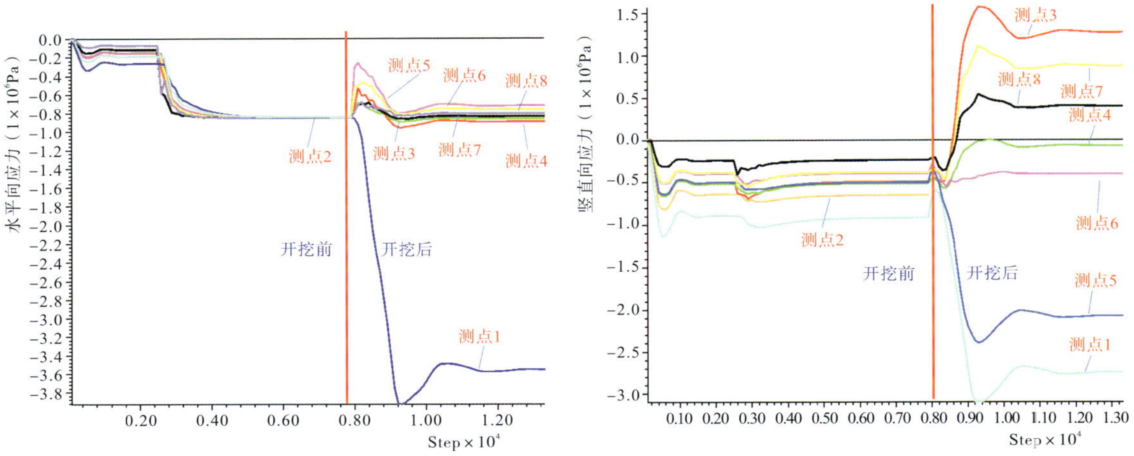

(c)水平向应力　　　　(d)竖直向应力

图 7.4-12　各测点不同方向应力变化图

边坡开挖后，分别比较测点 3、4、5 和测点 6、7 可知，最小主应力逐渐释放并转为拉应力，同时距离开挖面越远，最小主应力释放量越大。分别比较测点 4、6 和测点 3、7、8 也发现，距离开挖面越远，最小主应力释放量越大。

比较测点 1～8，开挖前水平向应力整体为压应力，且各测点的水平向压应力值基本一致。开挖后，观察测点 3～8，较开挖前开挖面两侧的水平向应力没有明显的变化。观察测点 1，开挖后测点 1 由于受到模型两侧构造应力的影响，水平向压应力逐渐增大到 3.6MPa。

比较测点 1～8，开挖前竖直向应力整体为压应力，并且从模型底部向模型顶部竖 句压应力值逐渐增大。开挖后，观察测点 1、5，由于构造应力的作用，开挖面附近及开挖面底部区域的竖直向压应力进一步增大，开挖面底部同时受到两侧开挖面构造应力的共同影响，竖直向压应力值相对最大，最大压应力值为 2.8MPa。距离开挖面一定范围外的测点 3、4，测点 6、7、8 压应力逐渐释放并出现拉应力。比较测点 3、4、5 和测点 6、7，离开挖面越远，竖直向压应力释放越大，最大拉应力为 1.20MPa，出现在测点 3。

监测点布置平面内模型试验与数值模拟的各测点水平向应力、竖直向应力、最大主应力和最小主应力变化规律基本一致。模型试验中所得到的水平向应力变化范围：－27.5～0kPa，竖直向应力变化范围：－27.5～17.5kPa，最大主应力变化范围：－30.0～0kPa，最小主应力变化范围：－12.5～15.0kPa，经过应力相似常数换算后分别为：－2.75～0MPa，－2.75～1.75MPa，－3.00～0MPa，－1.25～1.50MPa。不考虑自重应力的影响，数值模拟中得到的水平向应力变化范围：－3.40～0MPa，竖直向应力变化范围：－1.90～1.60MPa，最大主应力变化范围：－2.60～0MPa，最小主应力变化范围：－1.10～1.70MPa，两者基本吻合，说明所研制的相似材料可以运用于高陡边坡开挖模型试验。

7.4.3.3　高陡边坡施工期开挖卸荷应力响应特征

通过物理模型试验与数值模拟分析发现，在不同应力方向上坡体的卸荷特征各异，具体表现如下。

(1)沿着主构造应力方向的卸荷特征

随着坡体的开挖,开挖面至坡体 1～2 倍开挖量的范围内,坡体应力主要体现为沿着主构造应力方向的卸荷行为,由初始压应力逐渐减小到出现拉应力,随着开挖完成又迅速趋于稳定,其中远离开挖面处的拉应力回归到压应力状态,靠近开挖面处仍出现拉应力,仅表现为量值有所减小,靠近开挖面的卸荷应力调整程度显著高于远离开挖面的区域。开挖面竖直下方的坡体内,由于上部的开挖卸荷,在原构造应力的影响下开挖后沿着主构造应力方向呈现出加荷特点。

(2)次构造应力方向上的卸荷特征

开挖前,在水平向构造应力的影响下,坡体在次构造应力方向上的应力均为压应力,开挖后距离开挖面 1～2 倍开挖量范围内的坡体压应力逐渐释放并出现拉应力,且离开挖面越远,压应力释放越大,距离开挖面最近,开挖后由于水平向构造应力的影响,竖直向压应力逐渐增大。开挖面竖直下方的坡体内,开挖后沿着次构造应力方向也呈现出加荷特点。

(3)主应力方向上的卸荷特征

坡体开挖后,最大主应力整体呈现出加载的趋势,由于最大主应力与主构造应力方向相近,在开挖面竖直下方的坡体内,由于上部的开挖卸荷,开挖后沿着主构造应力方向呈现出加荷特点;但在开挖面至坡体 1～2 倍开挖量的范围内,坡体最小主应力卸荷现象显著,最小主应力逐渐释放并转为拉应力,距离开挖面越远,最小主应力释放量越大。

综合上述卸荷特点认为,在高陡边坡岩体开挖过程中,会出现显著的卸荷现象,且沿着主构造应力方向的卸荷程度更为突出,同时从变形与应力演化的角度分析认为,卸荷主要影响区域多在开挖面向坡体 1～2 倍开挖量的范围内,且随着开挖卸荷的应力调整,变形响应明显,整体表现为:开挖卸荷影响区范围整体出现了垂直于主构造应力方向的回弹变形以及顺着主构造应力方向的水平变形,并随着应力调整平衡而趋于平稳,开挖后沿着次构造应力方向加荷的坡体出现了压缩变形。可见,坡体开挖阶段变形演化主要是受构造应力释放与调整所控制,尤其是主构造应力的影响更为直接和显著。

7.5　高陡边坡开挖卸荷变形控制技术

7.5.1　开挖卸荷变形控制数值模拟

7.5.1.1　计算分析条件

(1)数值计算模型

以我国西南地区某大型水电站近坝段岸坡为研究对象建立三维数值计算模型。模型垂直河流向和顺河流向长度分别为 450m、400m,高程范围为 450～890m。考虑到建模的复杂性，边坡局部的地质特征很难真实模拟，建模仅考虑了对边坡开挖影响较大的 F_{17} 和 F_{16} 断层，宽度为 0.3～1.5m，数值计算模型网格划分和材料分区见图 7.5-1，共有 28 种材料，模型采用四面体网格，共 307164 个计算节点，1753520 个单元。

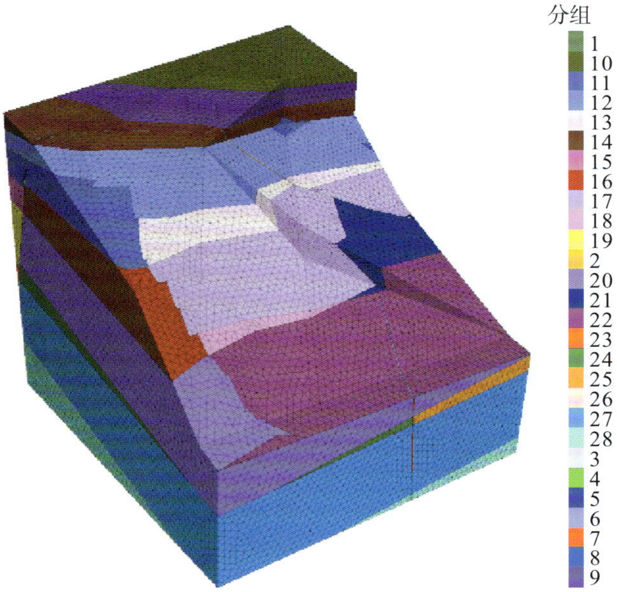

图 7.5-1　数值计算模型网格划分及材料分区

模型模拟的开挖坡高约 300m，开挖总量约 308 万 m^3，不同剖面的开挖分级不同，具体的开挖高程及主要坡比见表 7.5-1，边坡开挖后模型见图 7.5-2。

表 7.5-1　不同剖面开挖高程和坡比

开挖步	2-2 剖面		3-3 剖面		1-1 剖面	
	相应高程(m)	开挖坡比	相应高程(m)	开挖坡比	相应高程(m)	开挖坡比
1	地表～834	1∶0.5	地表～834	1∶0.5	地表～834	1∶0.5
2	834～806	1∶0.75	834～800	1∶0.9	834～810	1∶0.45
3	806～768	1∶0.3	800～760	1∶0.8	810～790	1∶0.4
4	768～740	1∶0.3	760～750	1∶0.9	790～760	1∶0.5
5	740～714	1∶0.25	750～680	1∶0.6	760～740	1∶0.7
6	714～690	1∶0.25	680～653.8	1∶1.1	740～720	1∶0.7
7	690～674	1∶0.25	653.8～600	1∶1.5	720～690	1∶0.7
8	674～653.8	1∶0.25	600～580	1∶1.7	690～676	1∶6
9	653.8～634	1∶0.25			676～653.8	1∶1
10	634～614	1∶0.25			653.8～634	1∶1
11	614～580	1∶0.5			634～580	1∶1.2

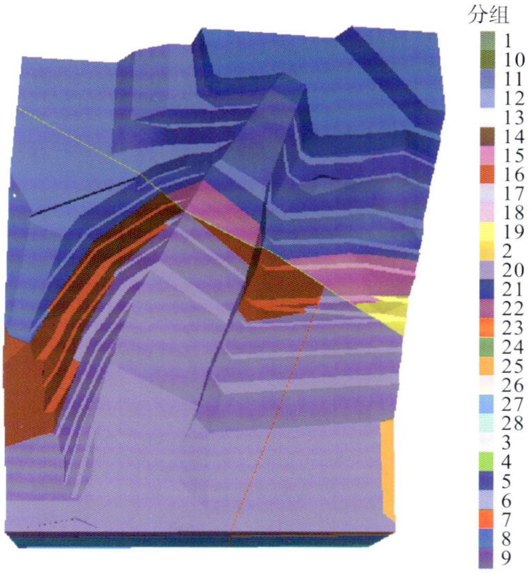

图 7.5-2　边坡开挖后模型

为了深入分析高陡边坡的应力变形情况，在模型上剖取了 3 个竖直向切面，剖面的位置分布示意图见图 7.5-3。

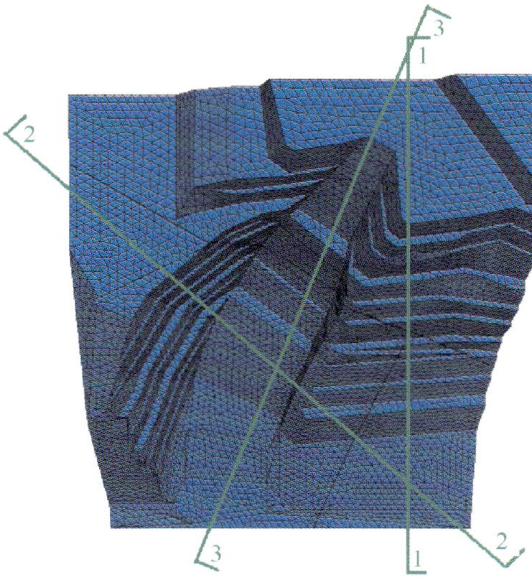

图 7.5-3　剖面位置分布示意图

(2)计算方案

1)初始地应力计算

根据工程地质条件，对高陡边坡原始应力场进行计算，了解高陡边坡在开挖之前应力场的分布情况，便于与其他方案的计算结果进行对比，得到高陡边坡在不同方案下位移的净增量和应力场的变化情况。

2)考虑地应力释放计算

针对高地应力区的高陡边坡,分析开挖前期释放及控制地应力对边坡开挖后变形的影响,判断边坡开挖前是否需要进行地应力释放与控制。

3)考虑开挖卸荷效应计算

在地应力释放的基础上考虑边坡开挖后岩体卸荷效应,即岩体卸荷区内的损伤劣化,计算开挖但未加固时高陡边坡的应力应变分布情况,了解加固前边坡产生的变形情况。

4)不同开挖时步计算

模拟高陡边坡不同开挖时步与规模的施工过程,计算边坡不同开挖卸荷条件下高陡边坡的变形情况,了解相应开挖方案的边坡岩体应力场和变形响应。

5)不同加固时机与加固部位计算

分析不同加固时机和加固部位对开挖过程中高陡边坡变形的影响,通过对比分析确定出合理的加固时间和加固部位。

(3)本构模型及岩土体参数

计算本构模型采用岩土力学通用的摩尔—库伦弹塑性本构模型。计算模型中岩土体均视为均质各向同性体,其物理力学参数见表7.5-2。

表7.5-2　边坡岩土体物理力学参数

岩层	卸荷状况	密度 ρ (kg/m³)	弹性模量 E (GPa)	泊松比 ν	黏聚力 c (MPa)	摩擦系数 f	抗拉强度 T (MPa)
$P_2\beta_2$	/	2870	23.0	0.18	2.2	1.65	5.5
$P_2\beta_3^1$	/	2730	15.0	0.20	1.6	1.40	4.7
$P_2\beta_3^2$	/	2730	10.0	0.22	1.0	1.20	4.7
	弱卸荷	2580	5.0	0.24	0.8	1.00	3.3
$P_2\beta_3^3$	/	2680	10.0	0.22	0.8	1.10	3.6
	弱卸荷	2530	5.0	0.22	0.7	0.90	3.0
$P_2\beta_3^4$	/	2650	22.0	0.18	2.0	1.50	4.3
	弱卸荷	2400	6.0	0.17	0.7	0.90	2.5
$P_2\beta_4^1$	/	2610	22.0	0.12	2.0	1.55	2.5
	弱卸荷	2350	5.0	0.17	0.7	0.90	1.6
	强卸荷	2200	3.0	0.17	0.3	0.70	1.0
$P_2\beta_4^2$	/	2560	22.5	0.18	2.1	1.60	3.5
	弱卸荷	2380	6.0	0.24	0.8	1.00	1.8
	强卸荷	2100	4.0	0.25	0.5	0.80	1.0
断层 F_{17}	/	2100	4.0	0.32	0.1	0.50	0.5
断层 F_{16}	/	2200	4.0	0.30	0.1	0.60	0.5

7.5.1.2 初始地应力计算结果及分析

模型底部边界条件采用竖直向约束，竖直方向施加重力荷载，两岸水平边界采用水平向约束。三维地应力测试结果汇总见表 7.5-3，三维地应力换算结果见表 7.5-4。

表 7.5-3 三维地应力测试结果汇总表

测点位置		第一主应力 σ_1			第二主应力 σ_2			第三主应力 σ_3		
		最大值（MPa）	方位	倾角（°）	最大值（MPa）	方位	倾角（°）	最大值（MPa）	方位	倾角（°）
左岸 PD61	DK1 525m	16.5	N44°E～N37°E	27～−25	10.1	S27°E～S40°E	−32～−25	5.9	S78°E～EW	45～51
	DK1 400m	10.7	N63°E～N82°E	−34～−23	8.1	S34°E～S19°E	9～25	5.1	N44°E～N29°E	54～55
	DK1 267m	13.4	N35°E～N53°E	−12～−24	10	N42°E～N32°E	−46～−10	5.6	N66°E～S79°E	41～63

表 7.5-4 三维地应力换算结果表

测点位置		垂直河流向最大应力（MPa）	竖直向最大应力（MPa）	顺河流向最大应力（MPa）
左岸 PD61	DK1 525m	19.53	0.009	4.27
	DK1 400m	14.2	1.41	−1.7
	DK1 267m	15.1	−4.3	19.37

竖直方向施加重力荷载，水平方向按实测地应力值减去重力作用下产生的侧压力值，按三角形荷载或梯形荷载施加。左岸垂直河流向最大应力为 34.85MPa，顺河流向最大应力为 26MPa。整个边坡基本处于受压状态，压应力随高程的降低而增加，边坡表面的压应力较边坡内小，或者呈拉应力状态。断层均出现明显的应力集中现象。最大压应力出现在模型底部断层附近，最大拉应力出现在坡面断层附近。

7.5.1.3 地应力释放对高陡边坡开挖的影响

（1）不考虑地应力释放时边坡开挖计算结果

不考虑地应力释放时边坡开挖后各方向的位移计算结果见图 7.5-4。

边坡应力的整体分布情况和未开挖时相似，压应力随高程的降低而增大，断层处出现应力集中现象。与初始工况相比，边坡整体压应力减小，坡体表面拉应力变化不大，坡面局部区域压应力增大，这是开挖后地应力释放导致坡体内应力重新分布的结果。从位移云图可以看出，垂直河流向最大位移为 1.5cm 左右，位移较大的位置主要在 3-3 剖面和 1-1 剖面坡顶向下至底部断层周围。竖直向最大位移为 5cm 左右。顺河流向最大位移为 3.5cm 左右，位于 2-2 剖面坡顶。

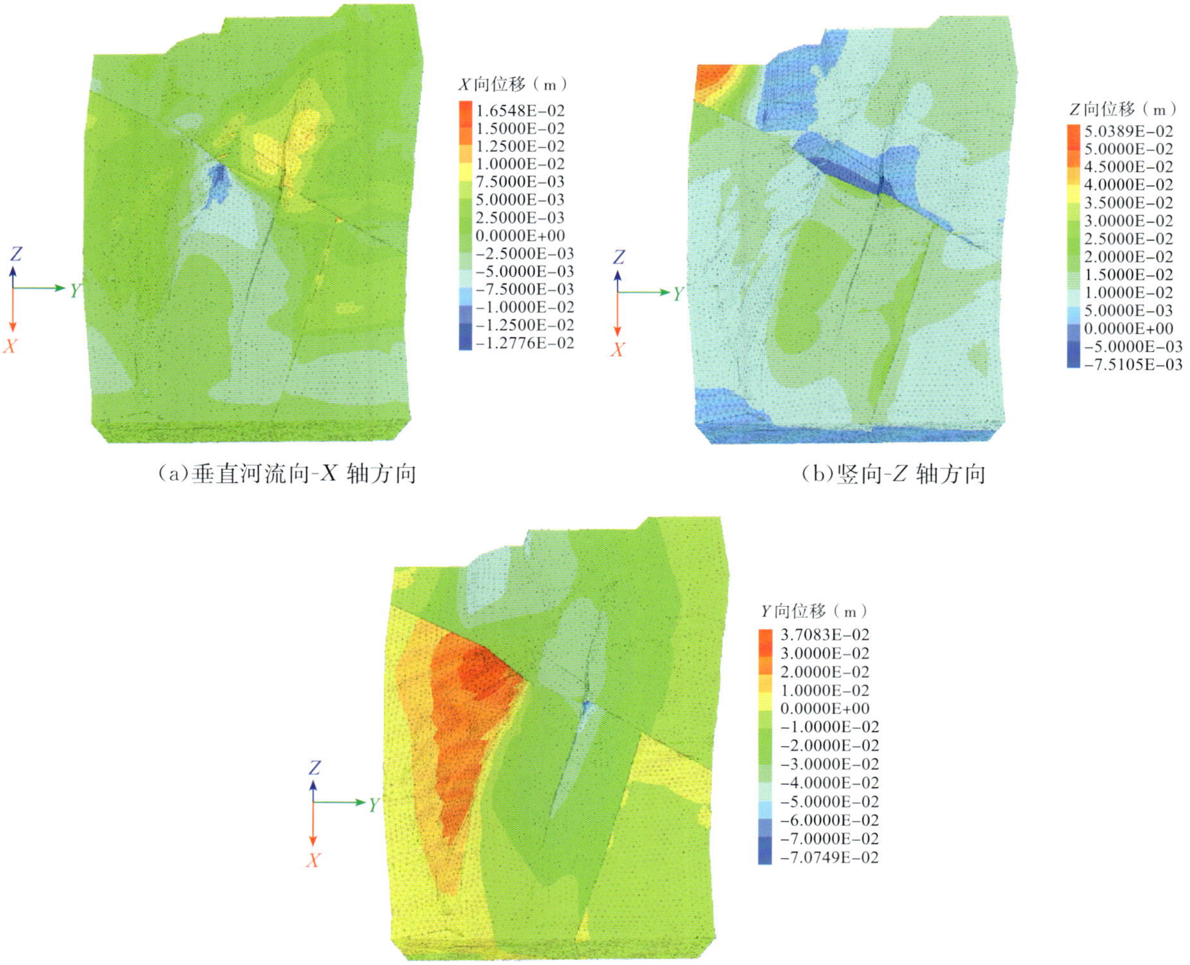

(a)垂直河流向-X 轴方向

(b)竖向-Z 轴方向

(c)顺河流向-Y 轴方向

图 7.5-4　边坡开挖后(初始应力场)各方向位移云图

(2)考虑地应力释放边坡开挖计算结果

地应力释放后高陡边坡垂直河流向的最大位移为 1cm 左右，出现在 1-1 剖面底部断层的上方。这是由于断层的岩性相对于周围岩体较弱，在开挖卸荷过程中周围岩体对断层形成了挤压，造成断层周围的变形与其他区域的变形有所区别。竖直向最大位移在断层底部附近 4cm 左右，而没有断层的其他区域竖直向位移最大为 2cm 左右。顺河流向最大位移出现在上游边坡，其最大位移只有 5mm 左右。总体来说，地应力释放后，边坡整体变形减小，边坡更加稳定。因此，对于存在地应力区域的高陡边坡在开挖之前应采取措施释放地应力。后续研究均为基于考虑地应力释放条件下的计算与分析。

7.5.1.4 考虑卸荷效应对高陡边坡开挖的影响

为研究岩体由于开挖卸荷产生的质量劣化、材料参数降低等岩体损伤对边坡应力变形的影响，将考虑卸荷效应和不考虑卸荷效应的计算结果进行对比分析，其中未考虑卸荷效应的计算结果即为地应力释放边坡开挖的计算结果。

在考虑开挖卸荷岩体损伤之前，需要根据高陡边坡开挖前后的计算结果对比分析确定出卸荷区范围。根据卸荷区划分准则，可考虑开挖前后竖直向应力变化来确定坡体各处的卸荷率，从而对卸荷区进行划分。在 1-1 剖面、2-2 剖面和 3-3 剖面处分别设置了距离坡面垂直距离为 1m、5m、10m、20m、30m、40m、50m 和 60m 的共 8 个监测点，整理计算后各剖面监测点卸荷率结果见表 7.5-5 至表 7.5-7。

表 7.5-5　　1-1 剖面各监测点卸荷率　　（单位：%）

开挖步 深度(m)	1	2	3	4	5	6	7	8	9	10	11
1	62.0	79.6	75.8	60.6	64.2	74.7	30.4	76.9	66.4	40.9	21.2
5	64.6	60.0	70.8	57.1	47.6	72.6	10.0	76.9	63.2	40.0	20.5
10	62.8	54.4	60.6	46.2	42.9	69.6	−38.3	73.1	63.1	45.2	42.3
20	50.8	40.5	51.6	40.9	34.5	36.8	−15.7	66.0	17.6	48.6	40.0
30	63.3	32.4	42.7	31.3	25.6	23.5	6.4	35.2	29.6	44.7	35.7
40	27.2	26.0	32.5	27.3	22.4	17.5	8.9	28.1	28.8	18.1	33.0
50	20.6	19.3	26.4	19.2	20.7	13.8	9.2	−5.5	26.5	27.5	28.3
60	6.5	16.1	24.5	16.5	18.8	15.6	9.7	−1.5	−4.9	28.4	26.1

表 7.5-6　　2-2 剖面各监测点卸荷率　　（单位：%）

开挖步 深度(m)	1	2	3	4	5	6
1	52.3	42.2	46.6	27.0	25.0	74.7
5	26.8	42.0	45.3	24.3	30.2	72.6
10	49.5	38.7	40.0	26.4	27.0	44.9
20	43.6	39.9	38.8	26.1	34.8	36.0
30	38.5	30.9	33.5	28.0	30.2	39.2
40	35.6	28.2	32.9	35.3	32.0	37.1
50	35.6	25.8	31.8	33.7	30.9	33.3
60	34.4	29.6	30.5	31.6	30.0	30.4

表 7.5-7　　3-3 剖面各监测点卸荷率　　(单位:%)

深度(m) \ 开挖步	1	2	3	4	5	6
1	24.5	25.6	−16.9	−28.9	−44.4	74.7
5	25.0	24.3	25.9	−6.5	22.7	72.6
10	20.0	15.6	8.0	5.8	33.3	39.9
20	17.2	5.6	35.9	54.3	−11.5	42.9
30	21.9	−19.5	42.1	45.9	33.3	33.3
40	21.9	86.0	34.4	52.3	31.8	33.1
50	17.9	73.6	61.7	57.6	29.6	35.6
60	20.4	71.8	56.4	49.2	28.0	29.7

将所得数据按小于 30%、30%～50%和 50%～80%和大于 80%为标准分别定义为卸荷无影响区、微卸荷区、弱卸荷区和强卸荷区。从 3 个剖面的结果可以看出,开挖后形成的强卸荷区很少,其深度在 1m 以内。下游边坡的弱卸荷区深度在 20m 左右,微卸荷区深度在 30m 左右,上游边坡和坝肩边坡的卸荷区大部分为微卸荷区。断层周围监测点的卸荷率明显变化,由于开挖卸荷后断层处的应力更加集中,导致断层周围岩体的应力产生较大的变化,导致部分监测点卸荷率为负值。

通过对不同卸荷程度的岩体进行参数调整,研究开挖卸荷效应对边坡应力和位移的影响。考虑开挖卸荷影响后,各方向的位移有明显的增加。位移变化的趋势与未考虑卸荷效应时相似,垂直河流向最大位移出现在 1-1 剖面,顺河流向最大位移出现在 2-2 剖面,竖直向最大位移在底部断层周围。相比于不考虑卸荷效应的情况,1-1 剖面最大位移增加了 2.5cm 左右,2-2 剖面顺河流向位移增加了 1cm 左右,竖直向最大位移变化在 1cm 以内。由于开挖卸荷引起开挖面附近的岩体质量劣化,考虑卸荷后岩体的位移增加至不考虑卸荷时的 2 倍左右。结果表明,为了保证高陡边坡在开挖过程中的稳定性,需要考虑开挖引起的卸荷效应。因此,后续研究方案均为考虑卸荷效应下的计算与分析。

7.5.1.5　开挖时步对高陡边坡变形的影响

为了研究高陡边坡在不同地应力释放速度和程度下的应力变形情况,分析开挖时步和规模对高陡边坡变形的影响,选取合适的开挖方案,进行了 3 种不同开挖方案的计算。方案一:分一步开挖,高程从地表～580m 进行一次开挖;方案二:分两步开挖,第一次开挖高程从地表～740m,第二次开挖高程从 740～580m;方案三,分四步开挖,从上至下开挖高程分别为地表～790m、790～740m、740～653.8m 和 653.8～580m。不同开挖方案中高陡边坡各方面最大位移值及开挖高程等信息见表 7.5-8。

3 种开挖方案中最大垂直河流向位移出现在 1-1 剖面,最大竖直向位移主要出现在 3-3 剖面,最大顺河流向位移出现在 1-1 剖面。水平向出现最大位移的方向主要与 1-1、2-2 剖面的开挖卸荷方向紧密相关,竖直向位移最大值出现在 3-3 剖面边坡的原因是开挖深度相对较深,造成了更多应力的释放导致出现更大的位移。竖直向位移最大值都在底部断层周围,由于断层为软弱层,应力释放会受到周围岩体的挤压,造成周围岩体变形相对较大。从表 7.5-8 中可以看出,随着开挖次数的增加,各方向的最大位移都有所减少。结果表明,开挖步数越多,最终边坡就越稳定。

表 7.5-8　　不同开挖方案中高陡边坡各方向最大位移值及开挖高程

开挖方式	垂直河流向位移			竖直向位移			顺河流向位移		
	位移(cm)	高程(m)	位置	位移(cm)	高程(m)	位置	位移(cm)	高程(m)	位置
一步开挖	3.759	779.7	1-1 剖面	4.909	695.4	3-3 剖面	−3.838	730.5	1-1 剖面
两步开挖	3.872	779.7	1-1 剖面	4.109	768	2-2 剖面	−2.957	730.5	1-1 剖面
四步开挖	3.807	772.2	1-1 剖面	3.126	695.4	3-3 剖面	−2.979	730.5	1-1 剖面

7.5.1.6 加固时机与部位对高陡边坡变形的影响

加固时机与部位对高陡边坡的稳定性有着非常重要的作用,选择合理的加固方案不仅能有效地提高陡边坡的安全性,也能减少工程中的浪费。在四步开挖方式的基础上,主要考虑加固时间和加固范围对边坡稳定性的影响。将第几步开挖和第几步加固边坡进行简写,如第一步开挖为挖 1,第一步加固为固 1。

方案一:挖一步加固一步,即每一步开挖完成后就开始进行加固支护,开挖加固过程为挖 1→固 1→挖 2→固 2→挖 3→固 3→挖 4→固 4。

方案二:开挖第二步对第一步开挖的边坡进行加固支护,即直到所有边坡开挖加固支护完成,开挖加固过程为挖 1→挖 2→固 1→挖 3→固 2→挖 4→固 3→固 4。

方案三:开挖两步进行两步的加固,开挖加固过程为挖 1→挖 2→固 1-2→挖 3→挖 4→固 3-4。

方案四:开挖第三步对第一步开挖的边坡进行加固,开挖加固过程为挖 1→挖 2→挖 3→固 1→挖 4→固 2→固 3→固 4。

方案五:开挖第三步加固第一步和第二步开挖的边坡,开挖加固过程为挖 1→挖 2→挖 3→固 1-2→挖 4→固 3-4。

方案六:开挖第四步加固第一步开挖的边坡,开挖加固过程为挖 1→挖 2→挖 3→挖 4→固 1→固 2→固 3→固 4。

方案七:开挖第四步加固第一步和第二步开挖的边坡,开挖加固过程为挖 1→挖 2→挖 3→挖 4→固 1-2→固 3-4。

方案一是开挖一步后就进行加固，方案二和方案三是开挖两步后不同加固范围的计算，方案四和方案五是开挖三步后不同加固范围的计算，方案六和方案七是开挖四步后不同加固范围的计算。前7种方案主要是为了研究加固时间和加固范围对高陡边坡应力变形的影响，为了简化计算和结果对比，将对所有开挖的边坡都进行加固支护，加固支护效果图如图7.5-5(a)所示。

同时为了研究加固部位对高陡边坡稳定性的影响，进行了不同加固部位的计算。方案八：在挖一步加固一步（方案一）的基础上，对边坡开挖过程中位移较大的区域进行加固，对于位移较小的部位不进行加固。根据边坡开挖的计算结果，进行边坡加固部位的设计。2-2剖面较大的位移出现在高程600～768m，1-1剖面较大位移出现在底部断层周围和上方。因此在计算中2-2剖面高程600～768m和1-1剖面高程653.8～834m内进行加固支护，其余部分不进行加固支护，加固支护效果见图7.5-5(b)。以上所有方案中均采用间距为6m，排距为10m的预应力锚索，量级分别为3000kN、2000kN和1000kN，长度对应为50m、40m和30m。不同加固方案后高陡边坡各方向的最大位移值见表7.5-9。

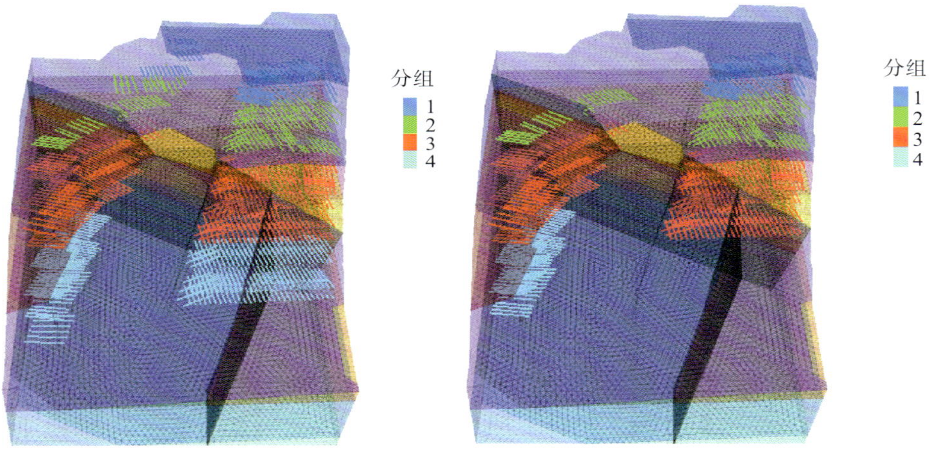

(a)全部边坡进行加固　　(b)部分边坡进行加固

图7.5-5　加固支护效果图

表7.5-9　　不同加固方案后高陡边坡各方向最大位移值

加固方案		垂直河流向位移			竖值向位移			顺河流向位移		
		位移(cm)	高程(m)	位置	位移(cm)	高程(m)	位置	位移(cm)	高程(m)	位置
方案一	挖1固1	1.467	808.1	2-2	2.227	790	3-3	−1.405	817.8	2-2
	挖2固2	2.009	806	2-2	3.3	740	3-3	−2.045	803.5	2-2
	挖3固3	3.576	772.2	1-1	3.101	768	2-2	−2.929	730.8	1-1
	挖4固4	3.686	772.2	1-1	3.117	695.4	3-3	−2.982	730.8	1-1

续表

加固方案		垂直河流向位移			竖值向位移			顺河流向位移		
		位移（cm）	高程（m）	位置	位移（cm）	高程（m）	位置	位移（cm）	高程（m）	位置
方案二	挖12固1	2.043	806	2-2	3.301	740	3-3	−2.084	803.5	2-2
	挖3固2	3.661	772.2	1-1	3.106	768	2-2	−2.913	730.8	1-1
	挖4固3	3.763	772.2	1-1	3.121	695.4	3-3	−3.025	730.8	1-1
	固4	3.763	772.2	1-1	3.121	695.4	3-3	−3.034	730.8	1-1
方案三	挖1挖2固12	2.04	806	2-2	3.3	740	3-3	−2.115	803.5	2-2
	挖3挖4固34	3.705	772.2	1-1	3.123	695.4	3-3	−3.014	730.8	1-1
方案四	挖123固1	3.694	772.2	1-1	3.102	768	2-2	−2.918	730.8	1-1
	挖4固2	3.792	772.2	1-1	3.127	695.4	3-3	−3.001	730.8	1-1
	固3	3.792	772.2	1-1	3.127	695.4	3-3	−3.009	730.8	1-1
	固4	3.792	772.2	1-1	3.127	695.4	3-3	−3.005	730.8	1-1
方案五	挖1挖2挖3固12	3.689	772.2	1-1	3.105	768	2-2	−2.927	730.8	1-1
	挖4固3-4	3.782	772.2	1-1	3.126	695.4	3-3	−3.002	730.8	1-1
方案六	挖1挖2挖3挖4固1	3.808	772.2	1-1	3.126	695.4	3-3	−3.004	730.8	1-1
	固2	3.804	772.2	1-1	3.127	695.4	3-3	−3.010	730.8	1-1
	固3	3.803	772.2	1-1	3.127	695.4	3-3	−3.012	730.8	1-1
	固4	3.803	772.2	1-1	3.127	695.4	3-3	−3.013	730.8	1-1
方案七	挖1挖2挖3挖4固12	3.803	772.2	1-1	3.127	695.4	3-3	−3.010	730.8	1-1
	固34	3.803	772.2	1-1	3.127	695.4	3-3	−3.012	730.8	1-1
方案八	挖1固1	1.478	828.1	2-2	2.227	790	3-3	−1.401	820.3	2-2
	挖2固2	2.049	806	2-2	3.3	740	3-3	−2.087	803.5	2-2
	挖3固3	3.577	772.2	1-1	3.102	768	2-2	−2.972	730.8	1-1
	挖4固4	3.686	772.2	1-1	3.121	695.4	3-3	−2.974	730.8	1-1

将开挖未加固和加固的结果进行对比分析，得出边坡加固后2-2剖面和1-1剖面的各方向位移均减小，位移减少幅度不超过1cm，表明加固支护可以适当阻止边坡岩体的位移。从位移云图中可以看出，各种加固方案后各边坡的位移趋势相同，加固时间与开挖时间越近，边坡的位移越小。高陡边坡变形较大部位进行加固比全部边坡加固产生各方向的最大位移变化不超出1mm，表明可以适当减少加固范围。由表7.5-9可知，在边坡加固前边坡的开挖步数对边坡位移影响较大，开挖步数越多，边坡加固后的效果越差。同一开挖步数后加固，

每次加固的范围越大，边坡越稳定。开挖加固完成后，垂直河流向最大位移出现在 1-1 剖面，高程为 772.2m。竖直向最大位移出现在 3-3 剖面底部断层附近，高程为 695.4m。顺河流向最大位移出现在 1-1 剖面，高程为 730.8m，较大的位移均出现在坡面、坡顶或断层附近。因此，不同时机的加固方案均能增加边坡的稳定性，但明显支护时间越早，支护范围越多，边坡产生的位移就越小。因此在高陡边坡的开挖过程中，应尽早地采取加固支护。

7.5.2 施工期变形控制技术

基于上述地应力释放、卸荷效应、开挖时机、加固时机及部位对边坡开挖应力变形的影响分析，初步总结了对高陡边坡施工期的变形进行控制的措施，即对于高地应力区高陡边坡，宜尽量在开挖前提前释放地应力，同时高陡边坡开挖后应考虑开挖卸荷引起的岩体劣化等卸荷效应，在施工期间应尽量采用多步开挖及时加固的施工方案。此外，针对高地应力区通航建筑物，由于其开挖卸荷的规模及程度较大，在考虑提前释放地应力的基础上，进一步考虑地应力释放对卸荷分区的影响，以此对施工期加固方案进行优化，进一步完善通航建筑物高陡边坡施工期变形控制技术。

7.5.2.1 施工期加固方案优化

（1）考虑地应力释放的高陡边坡卸荷区划分

根据 7.5.1.3 节中对考虑地应力释放和未考虑地应力释放的边坡开挖计算结果，采用较为常用的主应力指标卸荷区划分方法，分别对高陡边坡开挖后的卸荷区进行划分（图 7.5-6、图 7.5-7）。

从图 7.5-6、7.5-7 中可以看出，高陡边坡开挖对岩体的扰动区是客观存在的，相对于未考虑地应力释放的卸荷区，考虑地应力释放后开挖卸荷区分布范围整体变化不大，但是强卸荷区范围减小更为显著，此时边坡开挖卸荷区主要存在弱卸荷区和微卸荷区，微卸荷区范围显著增大。可见，在高地应力区提前释放地应力，对高陡边坡施工期的卸荷效应有明显的抑制作用，大部分强卸荷区转变为弱卸荷区。

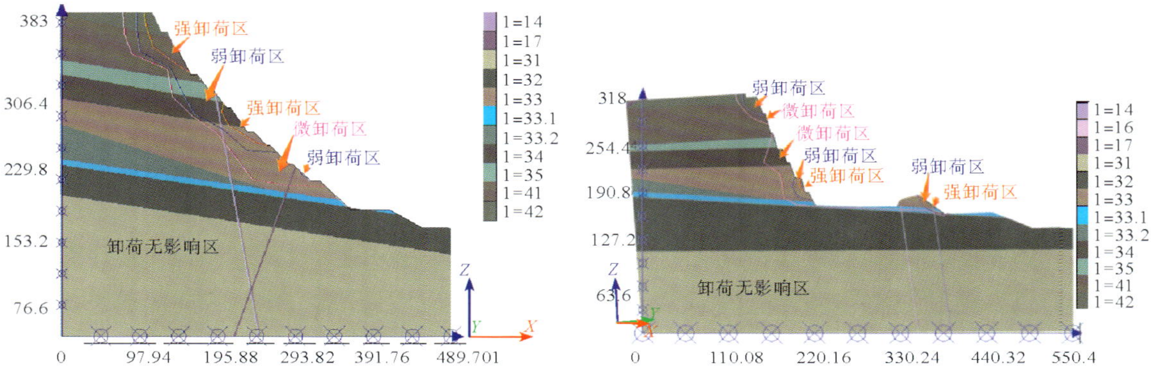

(a)1-1 剖面　　(b)2-2 剖面

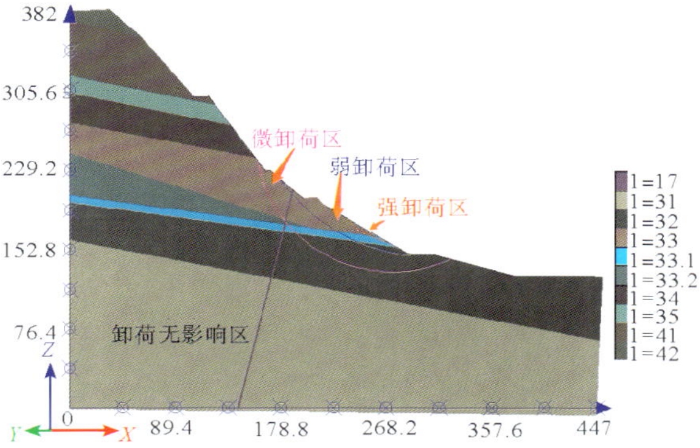

(c)3-3 剖面

图 7.5-6 未考虑地应力释放的边坡卸荷区划分

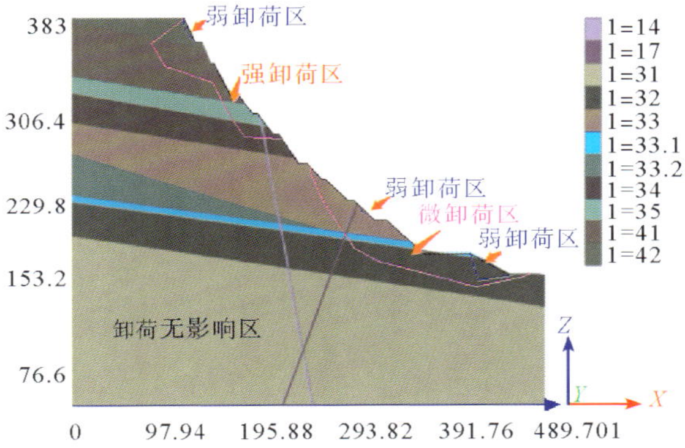

(a)1-1 剖面

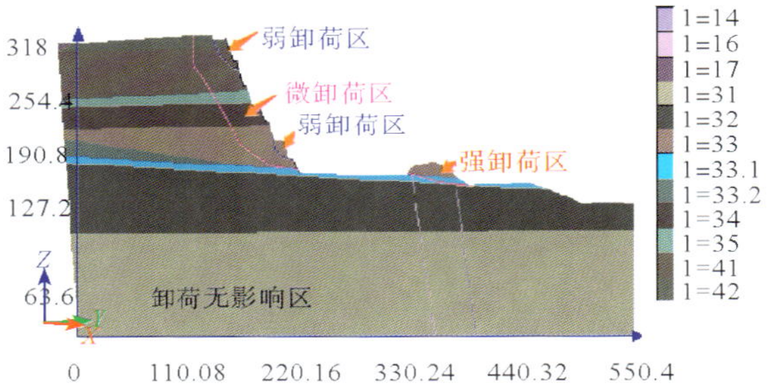

(b)2-2 剖面

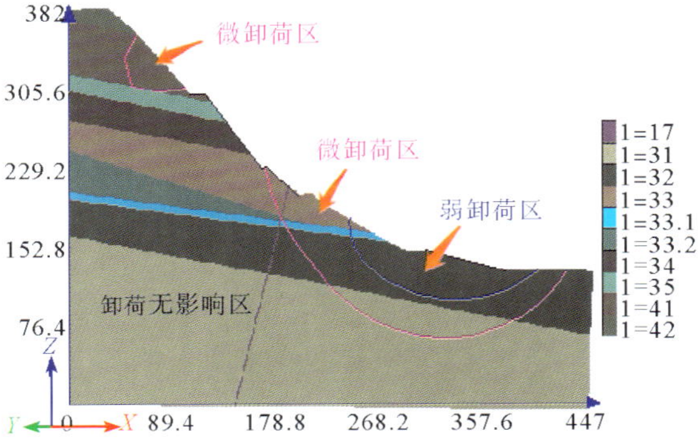

(c)3-3 剖面

图 7.5-7 考虑地应力释放的边坡卸荷区划分

(2)高陡边坡施工期加固方案优化

前述研究发现,高陡边坡由于开挖规模较大,其卸荷影响范围及效应显著,尤其对于高地应力区。同时,在边坡开挖支护施工前考虑地应力释放,会有效抑制卸荷作用引起的参数劣化并减小强卸荷区的分布。为此,在采用“开挖一步支护一步”的加固支护时机的基础上,研究考虑地应力释放条件下的边坡加固支护优化方案。

优化前，虽然在考虑地应力释放条件下开展加固计算分析，但未按照卸荷区的实际分布情况进行预应力锚索的设计，通过对工程设计方案概化，设置了间距为 6m、排距为 10m 的 3 种预应力锚索，量级分别为 3000kN、2000 kN 和 1000 kN，长度对应为 50m、40m 和 30m，见 7.5.1.6 节图 7.5-5(b)。

优化后，按照考虑地应力释放的卸荷分区重新布设锚索，在强卸荷区布设预应力锚索长度为 50m，量级为 3000kN；在弱卸荷区布设预应力锚索为 40m，量级为 2000kN；在微卸荷区布设预应力锚索为 30m，量级为 1000kN。高陡边坡加固优化后锚索布置见图 7.5-8。

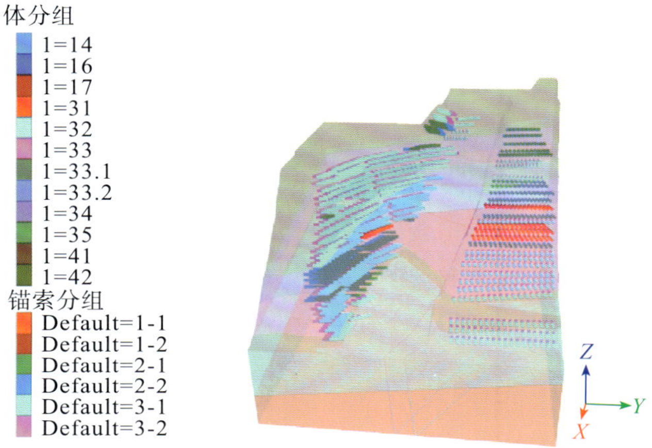

图 7.5-8　高陡边坡加固优化后锚索布置图

不同加固方案中锚索布置和高陡边坡各方向的最大位移值见表 7.5-10。

表 7.5-10　不同加固方案中锚索布置和高陡边坡各方向的最大位移值

工况	加固方案				最大位移(cm)		
	锚索长度(m)	量级(kN)	数量(根)	总数量(根)	垂直河流向	竖向	顺河流向
考虑地应力释放(加固方案优化前)	50	3000	254	1144	3.686	3.117	−2.982
	40	2000	491				
	30	1000	399				
考虑地应力释放(加固方案优化后)	50	3000	85	1144	3.686	3.121	−2.974
	40	2000	245				
	30	1000	814				

按照考虑地应力提前释放条件下的高陡边坡卸荷分区情况，对预应力锚索的长度和量级及分析范围进行优化调整，与优化前的加固效果相比，优化后边坡各方向的最大位移非常

接近，仅存在毫米级的差别。可见，加固方案优化后，在保证坡体变形稳定条件相同的前提下，预应力锚索总长度由44310m减小到38470m，尤其是大吨位预应力锚索用量减小最为显著。

上述分析表明，准确对边坡开挖卸荷区进行识别后，根据不同卸荷区布设不同的加固措施是合理并且有效的。优化后的加固方案不仅能够保证边坡开挖稳定，还能降低经济成本。

7.5.2.2 施工期变形控制技术方案

高陡边坡施工期变形与初始地应力场的大小、开挖卸荷效应、地应力释放速度、开挖规模、加固时机和加固区域等密切相关。通过数值模拟分析了考虑地应力释放、开挖卸荷效应、不同开挖方案和不同加固方案下高陡边坡的变形响应。高地应力场对高陡边坡的变形影响较大，边坡开挖前进行初期地应力释放后，对高陡边坡施工期的卸荷效应有明显的抑制作用，边坡开挖后产生的变形比未释放地应力时小，表明开挖前地应力释放能有效控制边坡变形；根据地应力场的分布情况，可采取边坡局部开挖或钻孔等方式释放地应力。开挖卸荷造成的岩体损伤和劣化使高陡边坡开挖后产生较大变形，因此在计算时应考虑边坡开挖卸荷效应；开挖时步和开挖规模与高陡边坡地应力的释放速度及程度密切相关，开挖速率越快，地应力释放越快越多，边坡整体产生的变形就越大。加固时间、加固区域和加固方式能够有效地控制高陡边坡施工期的变形，开挖后加固时间越早、加固范围越广，边坡的变形控制效果越好。

综合考虑高陡边坡变形各影响因素，提出高陡边坡施工期变形控制技术，技术路线见图7.5-9。

高陡边坡施工期变形控制首先以工程地质条件为基础，分析计算初始地应力场的方向和大小，判断初始地应力场是否会对边坡开挖变形产生影响，对于影响较大尤其是高地应力条件时宜在边坡开挖施工前先释放部分地应力。其次考虑开挖卸荷引起的地应力进一步释放和卸荷区岩体参数劣化对高陡边坡变形的影响，从地应力释放和控制的角度监测不同开挖方案下高陡边坡变形响应，优化开挖时步、开挖部位和开挖规模，形成高陡边坡变形控制的开挖方案。再以不同加固方案下高陡边坡变形响应为监测目标，优化开挖后坡体的加固时机、加固区域和加固方式，形成高陡边坡变形控制的加固方案。同时，在高陡边坡实际施工过程中进行应力变形实时监测，对于应力集中和变形较大区域及时采取加固措施。

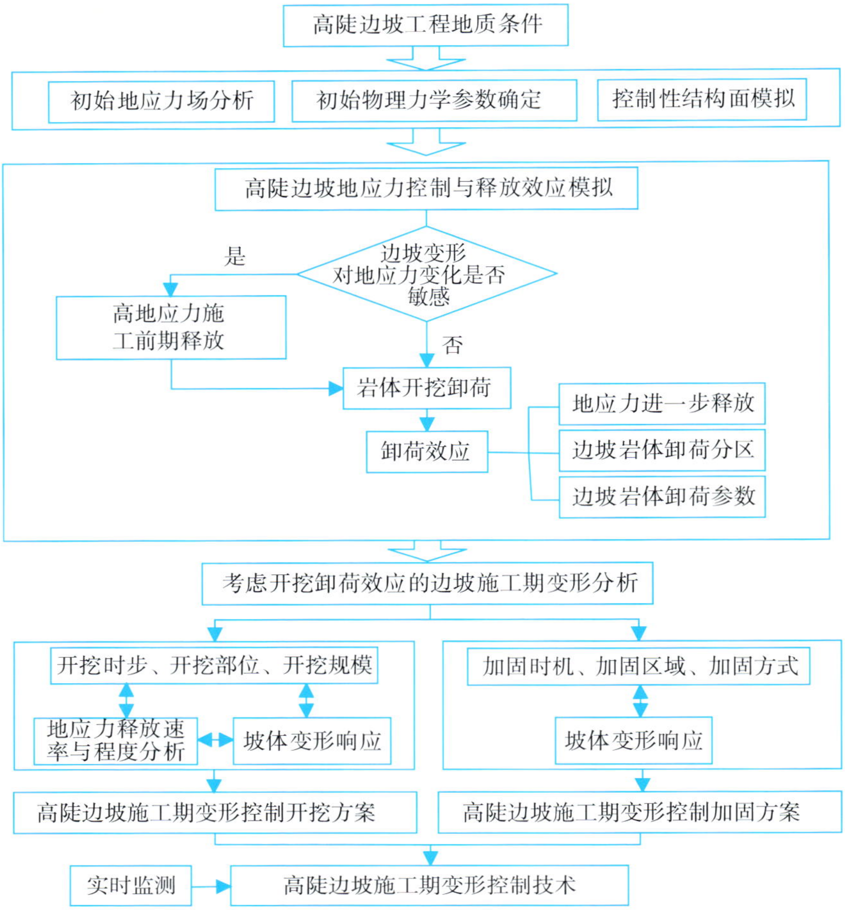

图 7.5-9　高陡边坡施工期变形控制技术路线

7.6　高陡边坡运行期变形预测模型及控制技术

7.6.1　变形预测模型

7.6.1.1　Copula 理论介绍

Copula 理论的核心在于对一个 n 维随机变量$(X_1, X_2, \cdots, X_n)$，若其联合累积分布函数为 $F(x_1, x_2, \cdots, x_n)$，其中各变量的边缘累积分布函数记为 $F_i(i=1,2,\cdots,n)$，则存在一个 n 维 Copula 函数 C 使得

$$F(x_1, x_2, \cdots, x_n) = C(F_1, F_2, \cdots, F_n) \tag{7.6-1}$$

同时，若边缘累积分布函数是连续的，则相应的 Copula 函数 C 是唯一的。反之，如果 C 是一个 Copula 函数，那它就等于所对应变量的联合累积分布函数 $F(x_1, x_2, \cdots, x_n)$。

任意一个 n 维联合累积分布函数可以分解为 n 个边缘累积分布和一个连接它们的

Copula 函数。Copula 函数就是边缘累积分布函数的连接函数，它能够构造出与联合累积分布函数的关系，还能描述变量之间的相关性。n 元 Copula 函数 C 是定义在$[0,1]^n$ 空间上均匀分布的联合分布函数，其概率表达形式如下：

$$C(u_1,\cdots,u_n)=P(U_1\leqslant u_1,\cdots,U_n\leqslant u_n) \tag{7.6-2}$$

式中：u_i 和 U_i——第 i 个均匀随机变量和对应的取值；

P——概率值。

在 Copula 函数构建多变量联合分布的同时，变量间的相关结构需要通过 Copula 函数参数进行表达。由此，通过 Copula 函数构建的 n 维随机变量联合分布函数 $F(x_1,\cdots,x_n)$可进一步表达为：

$$F(x_1,\cdots,x_n)=C(F_1(x_1),\cdots,F_n(x_n);\theta_1,\cdots,\theta_q) \tag{7.6-3}$$

利用 Copula 函数能够方便地构建具有任意边缘分布形式的相关变量的联合分布函数。在此过程中，需要确定各个变量各自的最优分布类型、分析变量之间的相关特性、对称结构等，进而以此开展 Copula 函数的选择及其函数参数的确定；在实际分析时，经常选取多个 Copula 函数构建联合分布模型，还需要对其进行优度评价，以期识别出最优的 Copula 模型。

7.6.1.2 高陡边坡变形 Copula 预测模型

贝叶斯条件概率是一种后验概率，如有事件 A 和 B，条件概率 $P(B/A)$表示 A 发生条件下 B 发生的概率，体现出了 A 事件发生后用 B 事件对 A 进一步的探究和验证，$P(B/A)$也称为事件 B 的后验概率，$P(B)$则为先验概率。相应的表达为贝叶斯公式：

$$P(B/A)=P(A/B)\cdot P(B)/P(B/A) \tag{7.6-4}$$

凑巧的是，Copula 函数是描述变量间相关结构的一类分布函数。换句话说，Copula 函数是连接具有任意边缘分布形式的变量的多维分布（密度）函数。基于条件概率思想，Copula 函数的条件联合分布函数，具有如下表述：

对于二维随机变量 X 和 Y，其各自的累计分布函数为 $F(x)=U$ 和 $F(y)=V$，此时，有 $Y=y$ 条件下变量 X 的条件分布函数为：

$$F(X\leqslant x\mid Y=y)=C(u\mid V=v)=\lim_{\Delta V\to 0}\frac{C(u,v+\Delta v)-C(u,v)}{\Delta v}=\frac{\partial}{\partial v}C(u,v)\mid_{V=v} \tag{7.6-5}$$

对于三变量 X、Y、Z 时，若变量 Z 的累计分布函数 $F(z)=W$，有 $Y=y$ 且 $Z=z$ 条件下变量 X 的条件分布函数为：

$$F(X\leqslant x\mid Y=y,Z=z)=C(u\mid V=v,W=w)=\frac{\dfrac{\partial^2}{\partial v\partial w}C(u,v,w)}{\dfrac{\partial^2}{\partial v\partial w}C(u,v)}\mid_{V=v,W=w} \tag{7.6-6}$$

式中：$F(\cdot)$——变量的联合分布函数；

$C(\cdot)$——Copula 函数。

基于上述 Copula 函数条件分布原理，针对遭遇极端条件下（如暴雨、水位快速升降及地震等）的高陡边坡，可以选取上述两种因子量化值与坡体变形值组成随机变量，如库水位、地震能量、坡体变形，在构建其联合分布后，可以实现不同保证率下具有某一确定库水位条件和地震能量级的坡体代表性测点变形的预测。这里，将地震能量、库水位、代表性测点变形分别记为 X_E、X_W、X_D，且记其各自的累计分布函数为 $F(x_e)=U$、$F(x_w)=V$、$F(x_d)=W$，同时，定义在坡体代表性测点变形预测值 X_{DP} 条件下，实际值小于 X_{DP} 的概率为保证率 α，则有：

$$F(X_{DP})=P(X_D \leqslant X_{DP})=\alpha \tag{7.6-7}$$

可见，保证率 α 较大，预测值大于实际值的可能性越大，即当坡体代表性测点变形预测值偏大时，α 较大，反之较小。

根据 X_E、X_W、X_D 构造的最优 Copula 函数，在已知 $X_E=X_{E1}$、$X_W=X_{W1}$ 的条件下求该 Copula 函数的条件概率，便能得到坡体变形、破坏预测模型：

$$\begin{aligned} F(X_{DP} \mid X_R=X_{R1},X_W=X_{W1}) &= P(X_D \leqslant X_{DP} \mid X_R=X_{R1},X_W=X_{W1}) \\ &= \frac{\dfrac{\partial^2}{\partial X_R \partial X_W}F(X_{DP},X_{R1},X_{W1})}{f_{X_R X_W}(X_{R1},X_{W1})} = C(w \leqslant w' \mid u=u',v=v') \\ &= \left.\frac{\dfrac{\partial^2}{\partial u \partial v}C(u',v',w')}{\dfrac{\partial^2}{\partial u \partial v}C(u',v')}\right|_{V=v,W=w} \end{aligned} \tag{7.6-8}$$

式中：$C(u',v')$——X_E 和 X_W 的二维联合分布，$C(u',v')=C(u',v',1)$；

$C(u',v',w')$——三维联合分布；

其他符号意义同前。

复杂条件下高陡边坡变形预测模型分析流程见图 7.6-1。

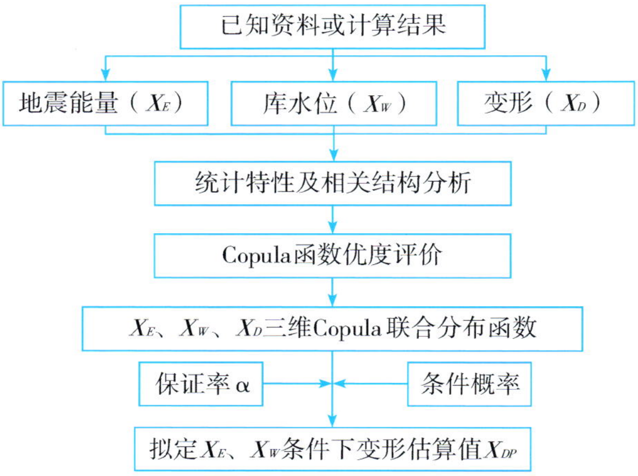

图 7.6-1　复杂条件下高陡边坡变形预测模型分析流程

对于库水位—地震震级—坡体变形的监测数据，通过分析其统计特性和相关关系，借助上述变形预测模型，可得出一定保证率下已知地震震级和库水位信息条件的坡体变形预估值。

7.6.2 变形数值模拟

高陡边坡运行期的变形数值模拟计算模型及参数等计算条件见 7.5.1.1 节，运行期的计算工况主要包含正常运行、地震及库水位升降等工况，其中正常运行工况是模拟边坡在最低水位条件下的长期变形演化，地震工况模拟考虑西南地区Ⅶ度地震烈度条件下边坡在最低水位时的长期变形演化，水位升降工况模拟不同升降速率的变幅水位下边坡的长期变形演化。计算中，采用 Burgers 蠕变本构模型模拟运行期不同时长下的应力及变形，开展边坡长期变形演化分析。

7.6.2.1 正常运行工况下高陡边坡计算结果

以高陡边坡进行四步开挖，开挖一步加固一步方案为基础，计算边坡运行期蠕变后的变形分布情况。高陡边坡受断层和卸荷的影响，岩体变形在运行初期发展较快，经历 6 个月后进入低速率蠕变，边坡的位移变化很小且趋于稳定。不同运行时长后高陡边坡各方向的最大位移值见表 7.6-1。

表 7.6-1 不同运行时长后高陡边坡各方向最大位移值

运行时间	垂直河流向位移			竖直向位移			顺河流向位移		
	位移（cm）	高程（m）	位置	位移（cm）	高程（m）	位置	位移（cm）	高程（m）	位置
1 月	4.002	772.2	1-1	2.785	695.4	3-3	−3.095	714.1	1-1
2 月	5.226	688.2	1-1	2.892	653.8	3-3	−3.433	714.1	1-1
4 月	5.906	688.2	1-1	2.925	653.8	3-3	−3.586	714.1	1-1
6 月	6.019	688.2	1-1	2.967	591.2	3-3	−3.612	714.1	1-1
1 年	6.077	688.2	1-1	2.995	591.2	3-3	−3.654	714.1	1-1

结果表明：边坡由于断层和开挖卸荷的影响，岩体变形在运行初期发展较快，经历 6 个月后进入低速率蠕变，边坡的位移变化很小且趋于稳定。运行期垂直河流向最大位移为 6cm 左右，竖直向最大位移为 3cm 左右，顺河流向最大位移为 3.7cm 左右。

7.6.2.2 地震工况下高陡边坡计算结果

根据潜在震源区划分、地震活动性参数和地震动衰减关系确定的结果，对坝址进行地震危险性计算，综合得到各概率水平的设计地震动参数（表 7.6-2）。因此根据工程区活动参数，选取水平加速度为0.16g作为地震计算工况，只考虑垂直河流向的水平加速度。水平地震作用使边坡位移都有所增大，最大的位移增量为垂直河流向，增加了5.5cm左右。

表 7.6-2　各概率水平设计地震动参数

超越概率	50年			100年	
	63%	10%	5%	2%	1%
地震动峰值加速度 PGA(gal)	51	165	212	325	420

7.6.2.3　水位升降工况下高陡边坡计算结果

为了研究水库水位升降速率变化对边坡变形的影响，依据地下水位资料，设置渗流边界条件，同时施加随时间的变力来模拟水位的上升和下降。结合三峡、白鹤滩水电站库水位调度实际，并考虑到特殊洪水出现的可能，分别设置1m/d和2m/d的库水位升降速率，模拟从死水位765m上升至正常蓄水位825m，以及从正常蓄水位下降至死水位的过程。统计高陡边坡在水位不同升降速率下各方向最大位移值见表7.6-3。

库水位升降对边坡岩体影响较小，在正常运行工况变形的基础上，库水升降产生的最大变形约为1.5cm，大多变形均为毫米级别，较大的库水位升降速率对应的位移相对较大，不同方向的位移中，垂直于河流向的位移最大。

表 7.6-3　高陡边坡在水位不同升降速率下各方向最大位移值

上升/下降速率(m/d)	死水位上升至正常蓄水位			正常蓄水位下降至死水位		
	垂直河流向位移(cm)	竖向位移(cm)	顺河流向位移(cm)	垂直河流向位移(cm)	竖向位移(cm)	顺河流向位移(cm)
1	7.019	3.376	−3.833	7.211	3.297	−3.903
2	7.533	3.853	−3.929	7.638	3.662	−4.042

7.6.3　变形控制技术

高陡边坡运行期由于边坡岩体的蠕变特性和库水位升降作用，边坡岩体会有一定的变形。高陡边坡运行前期变形较快，经历一段时间后边坡岩体蠕变速率降低，边坡岩体变形趋于稳定。不同高程的边坡岩体在库水位变化时会有不同的变形规律：死水位以下的岩体变形与静水压力大小呈正相关，水位升降速度越快，对边坡整体变形影响相对会较大，尤其在水位下降阶段，且主要影响仍为边坡垂直河流方向的变形。

综合考虑高陡边坡运行期间岩体变形影响因素，提出高陡边坡运行期变形控制技术，主要包含施工期变形控制优化方案、库水位调度运行方案以及高陡边坡运行期变形控制加固方案三个方面，技术路线见图 7.6-2。首先通过变形预测模型和数值模拟计算分析高陡边坡在正常运行、水位升降和地震作用等工况下的长期变形规律；然后根据高陡边坡长期变形分析结果，预测和识别坡体潜在的主要变形区域，以此为调控对象，优化施工期变形控制方案，使高陡边坡施工期和运行期的变形均能满足要求；根据不同库水位和水位升降速率影响高陡边坡变形的规律，形成高陡边坡运行期变形控制库水位调度运行方案；基于不同工况下高陡边坡变形预测，结合运行期边坡变形实时监测，对边坡危险区域进行加固，对施工期加固失效的区域重新进行加固，形成高陡边坡运行期变形控制加固方案。

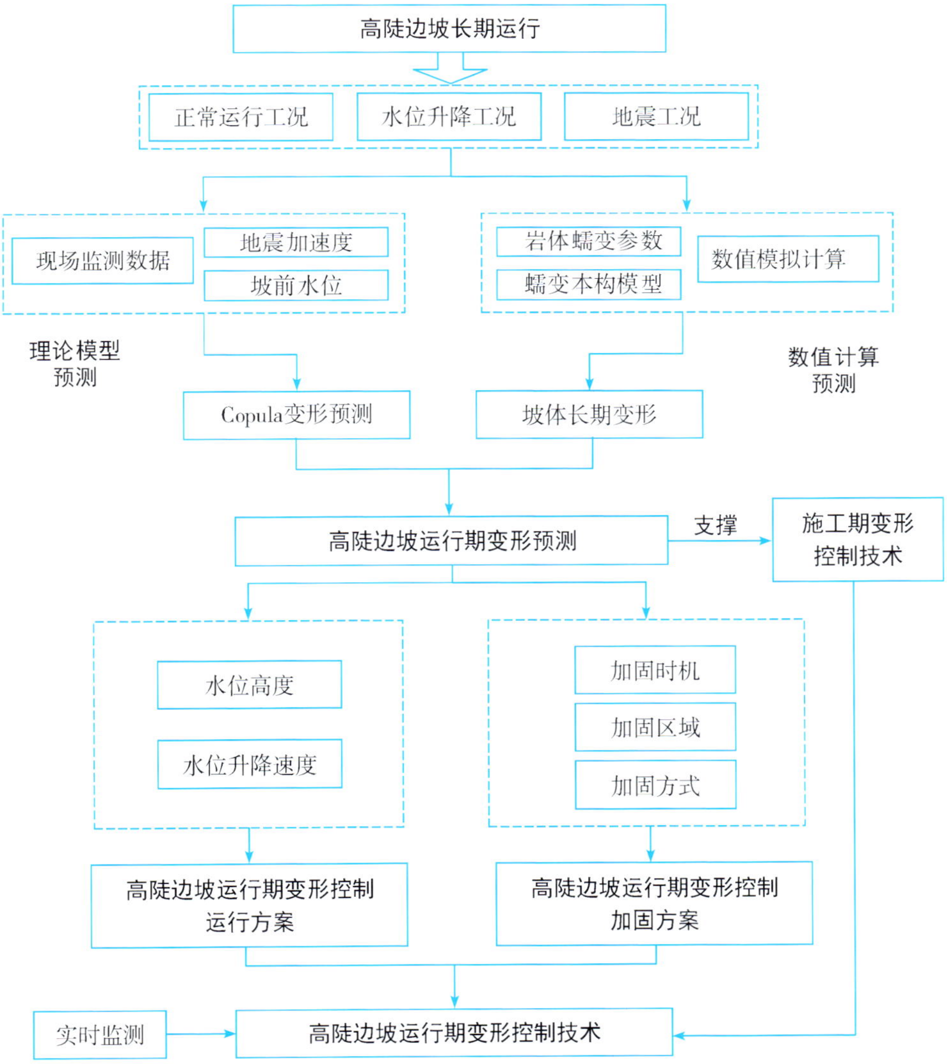

图 7.6-2　高陡边坡运行期变形控制技术路线

7.7 小结

围绕高山峡谷地区通航建筑物高陡边坡变形控制问题，开展岩体自然卸荷特征、岩体卸荷流变力学特性、岩体开挖卸荷区划分、开挖卸荷变形控制技术，以及运行期变形控制技术研究，主要研究结论如下：

①我国西南地区河谷边坡具有高陡复杂的特征，河谷附近形成高地应力集中区，区域内自然边坡演化破坏自下而上可划分为应力约束区、表生改造区、时效变形区和破坏区，岩体自然卸荷规律决定了后期卸荷变形的性态。

②乌东德水电站灰岩力学试验研究表明，在不同应力水平和卸荷速率条件下，偏应力—应变曲线表现出加载压密阶段、减速—稳定流变阶段和加速流变阶段；卸荷速率越大，灰岩轴向和侧向的瞬时应变越大；初始应力水平越大，试样的卸荷—流变应变量越小，经历的流变时长越短。

③实测声波衰减累计值与卸荷划分指标间存在 $y=A\ln x+B$ 的函数关系，而卸荷区深度与卸荷区强度之间存在 $y=A\cdot B\hat{}x$ 的函数关系，工程中可采用最大主应力作为卸荷区划分指标，更宜结合监测数据进行多指标下的卸荷区划分。

④边坡开挖卸荷程度沿着主构造应力方向更为突出，卸荷主要影响区域为开挖面向坡体 1～2 倍开挖厚度的范围，卸荷影响区范围出现垂直于主构造应力方向的回弹变形以及顺着主构造应力方向的水平变形，并随着应力调整平衡而趋于平稳；坡体开挖阶段变形演化主要是受构造应力释放与调整所控制。

⑤高陡边坡施工期变形主要受初始地应力场、开挖卸荷效应、地应力释放速度和加固措施等因素影响。高地应力对高陡边坡的变形影响较大，开挖前宜释放部分地应力，有利于对卸荷效应的抑制，减小变形；边坡开挖速度越快，规模越大，造成地应力释放越快越多，对边坡整体变形影响越大。

⑥边坡变形在运行初期发展较快，后期进入低速率蠕变，变形趋于稳定；运行期变形控制应分别对施工期和运行期的重点加固区域和监测部位进行识别，优化开挖和加固方案，形成对运行期潜在危险部位的防控。

参考文献

[1] 王兰生. 斜坡稳定问题的工程地质研究[J]. 水文地质工程地质，1989(4)：27-29.

[2] 黄润秋，张倬元，王士天. 论岩体结构的表生改造[J]. 水文地质工程地质，1994(4)：1-6.

[3] 黄润秋. 中国西南岩石高陡边坡的主要特征及其演化[J]. 地球科学进展，2005，

20(3):292-297.

[4] 中华人民共和国水利部. 水利水电工程岩石试验规程:SL/T 264—2020[S]. 北京:中国水利水电出版社,2020.

[5] 李建林. 卸荷岩体力学原理与应用[M]. 北京:科学出版社,2016.

[6] 中华人民共和国住房和城乡建设部. 建筑砂浆基本性能试验方法标准:JGJ/T 70—2009[S]. 北京:中国建筑工业出版社,2009.

[7] 韩晓玉,黄孝泉,李永松,等. 乌东德水电工程河谷地应力场分布规律[J]. 长江科学院院报,2015,32(11):34-39.

[8] 李典庆,唐小松,周创兵. 基于Copula理论的岩土体参数不确定性表征与可靠度分析[M]. 北京:科学出版社,2014.

图书在版编目（CIP）数据

高坝通航建筑物设计与研究 / 钮新强等著 .
—武汉 ： 长江出版社，2020.9
ISBN 978-7-5492-7197-9
Ⅰ．①高… Ⅱ．①钮… Ⅲ．①高坝－通航建筑物－建筑设计 Ⅳ．① U64

中国版本图书馆 CIP 数据核字 (2020) 第 181104 号

高坝通航建筑物设计与研究
GAOBATONGHANGJIANZHUWUSHEJIYUYANJIU
钮新强等 著

责任编辑：郭利娜 闫彬
装帧设计：汪雪 王聪
出版发行：长江出版社
地　　址：武汉市江岸区解放大道 1863 号
邮　　编：430010
网　　址：http://www.cjpress.com.cn
电　　话：027-82926557（总编室）
　　　　　027-82926806（市场营销部）
经　　销：各地新华书店
印　　刷：湖北金港彩印有限公司
规　　格：787mm × 1092mm
开　　本：16
印　　张：43.5
字　　数：1050 千字
版　　次：2020 年 9 月第 1 版
印　　次：2022 年 8 月第 1 次
书　　号：ISBN 978-7-5492-7197-9
定　　价：298.00 元